国家科学技术学术著作出版基金资助出版

昆仑植物志

FLORA KUNLUNICA

第三卷

吴玉虎 主编

国家自然科学基金资助项目

№ 30970181

重庆出版集团 重庆出版社

·重 庆·

图书在版编目(CIP)数据

昆仑植物志.第3卷/吴玉虎主编;吴珍兰,吴玉虎,安峥皙编;方瑞征等编著. —重庆:重庆出版社,2012.6
ISBN 978-7-229-05316-1

Ⅰ.①昆… Ⅱ.①吴… ②吴… ③安… ④方… Ⅲ.①喀喇昆仑山—植物志②昆仑山—植物志 Ⅳ.①Q948.5

中国版本图书馆CIP数据核字(2012)第129782号

昆仑植物志 第三卷
KUNLUN ZHIWUZHI DISANJUAN
吴玉虎 主编

出 版 人:罗小卫
责任编辑:叶麟伟 傅乐孟
责任校对:李小君
装帧设计:重庆出版集团艺术设计有限公司·吴庆渝

重庆出版集团
重庆出版社 出版
重庆长江二路205号 邮政编码:400016 http://www.cqph.com
重庆出版集团艺术设计有限公司制版
自贡兴华印务有限公司印刷
重庆出版集团图书发行有限公司发行
E-MAIL:fxchu@cqph.com 邮购电话:023-68809452
全国新华书店经销

开本:787 mm×1 092 mm 1/16 印张:62.75 插页:18 字数:1330千
2012年6月第1版 2012年6月第1次印刷
ISBN 978-7-229-05316-1
定价:236.00元

▲黄花补血草 *Limonium aureum* (Linn.) Hill.

▲花叶丁香 *Syringa protolaciniata* P. S. Green et M. C. Chang

▲西藏点地梅 *Androsace mariae* Kanitz

▲羽叶点地梅 *Pomatosace filicula* Maxim.

▲扁蕾 *Gentianopsis barbata* (Froel.) Ma

本书彩色图版之照片均由吴玉虎拍摄。

▲刺芒龙胆 *Gentiana aristata* Maxim.

▲达乌里秦艽 *Gentiana dahurica* Fisch.

▲管花秦艽 *Gentiana siphonantha* Maxim. ex Kusnez.

▲湿生扁蕾 *Gentianopsis paludosa*（Hook. f.）Ma

▲南山龙胆 *Gentiana grumii* Kusnez.

▲紫红假龙胆 *Gentianella arenaria*（Maxim.）T. N. Ho

▲田旋花 *Convolvulus arvensis* Linn.

▲附地菜 *Trigonotis peduncularis*（Trev.）Benth. ex Baker et Moore

▲锡金微孔草 *Microula sikkimensis*（C. B. Clarke）Hemsl.

▲西藏微孔草 *Microula tibetica* Benth.

▲糙草 *Asperugo procumbens* Linn.

▲蒙古鹤虱 *Lappula intermedia*（Ledeb.）M.Popov

▲薄荷 *Mentha haplocalyx* Briq.

▲白苞筋骨草 *Ajuga lupulina* Maxim.

▲并头黄芩 *Scutellaria scordifolia* Fisch. ex Schrank

▲鼬瓣花 *Galeopsis bifida* Boenn.

▲高原香薷 *Elsholtzia feddei* Levl.

▲细穗密花香薷 *Elsholtzia densa* Benth. var. *ianthina* (Maxim. ex Kanitz) C. Y. Wu et S. C. Huang

▲独一味 *Lamiophlomis rotata* (Benth.) Kudo

▲黏毛鼠尾草 *Salvia roborowskii* Maxim.

▲密花香薷 *Elsholtzia densa* Benth.

▲密花角蒿 *Incarvillea compacta* Maxim.

▲夏至草 *Lagopsis supina* (Steph.) Ik- Gal. ex Knorr.

▲列当 *Orobanche coerulesens* Steph.

▲曼陀罗 *Datura stramonium* Linn.

▲马尿泡 *Przewalskia tangutica* Maxim.

▲新疆枸杞 *Lycium dasystemum* Pojark.

▲天仙子 *Hyoscyamus niger* Linn.

▲山莨菪 *Anisodus tanguticus* (Maxim.) Pascher

▲甘肃马先蒿 *Pedicularis kansuensis* Maxim.

▲四数獐牙菜 *Swertia tetraptera* Maxim.

▲毛果婆婆纳 *Veronica eriogyne* H. Winkl.

▲斑唇马先蒿 *Pedicularis longiflora* Rudolph var. *tubiformis*（Klotz.）Tsoong

▲中国马先蒿 *Pedicularis chinensis* Maxim.

▲轮叶马先蒿 *Pedicularis verticillata* Linn.

▲硕大马先蒿 *Pedicularis ingens* Maxim.

▲长花马先蒿 *Pedicularis longiflora* Rudolph

▲拉拉藤 *Galium aparine* Linn. var. *echinospermum* (Wallr.) Cuf.

▲硬毛拉拉藤 *Galium boreale* Linn. var. *ciliatum* Nakai

▲阿拉善马先蒿 *Pedicularis alaschanica* Maxim.

▲肉果草 *Lancea tibetica* Hook. f. et Thoms.

▲藏玄参 *Oreosolen wattii* Hook. f.

彩色图版 XII

▲莛子藨 *Triosteum pinnatifidum* Maxim.

▲岩生忍冬 *Lonicera rupicola* Hook. f. et Thoms.

▲刚毛忍冬 *Lonicera hispida* Pall. ex Roem. et Schult.

▲矮生忍冬 *Lonicera minuta* Batal.

▲小叶忍冬 *Lonicera microphylla* Willd. ex Roem. et Schult.

▲蓬子菜 *Galium verum* Linn.

▲大籽蒿 *Artemisia sieversiana* Ehrhart ex Willd.

▲红花岩生忍冬 *Lonicera rupicola* Hook. f. et Thoms. var. *syringantha* (Maxim.) Zabel

▲细花缬草 *Valeriana meonantha* C. Y. Cheng et H. B. Chen

▲阿尔泰狗娃花 *Heteropappus altaicus* (Willd.) Novopokr.

▲丝毛飞廉 *Carduus crispus* Linn.

▲车前状垂头菊 *Cremanthodium ellisii* (Hook. f.) Kitam.

▲矮火绒草 *Leontopodium nanum* (Hook. f. et Thoms.) Hand.-Mazz.

▲小缬草 *Valeriana tangutica* Batal.

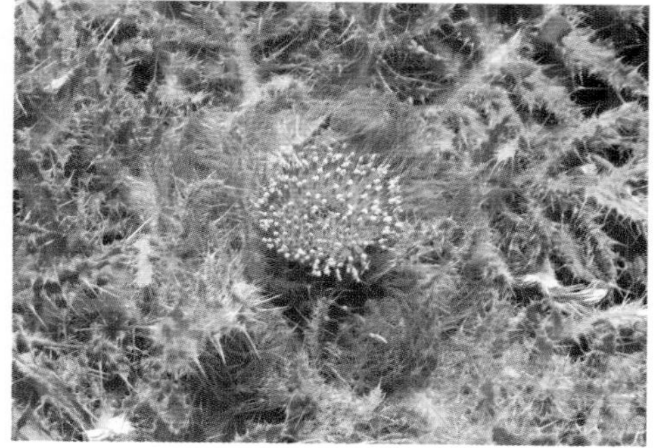

▲葵花大蓟 *Cirsium souliei* (Franch.) Mattf.

▲钻裂风铃草 *Campanula aristata* Wall.

▲圆萼刺参 *Morina chinensis* (Batalin) Diels

▲窄叶小苦荬 *Ixeridium gramineum* (Fisch.) Tzvel.

▲细叶亚菊 *Ajania tenuifolia* (Jacq.) Tzvel.

彩色图版 XVI

▲条叶垂头菊 *Cremanthodium lineare* Maxim.

▲水母雪莲花 *Saussurea medusa* Maxim.

▲弯茎还阳参 *Crepis flexuosa* (Ledeb.) C. B. Clarke

▲天山千里光 *Senecio thianschanicus* Regel et Schmalh.

▲乳白香青 *Anaphalis lactea* Maxim.

▲钝苞雪莲 *Saussurea nigrescens* Maxim.

▲肉叶雪兔子 *Saussurea thomsonii* C. B. Clarke

▲牛蒡 *Arctium lappa* Linn.

▲蒙古鸦葱 *Scorzonera mongolica* Maxim.

▲灌木小甘菊 *Cancrinia maximowczii* C. Winkl.

▲膜苞雪莲 *Saussurea bracteata* Decne.

▲圆头蒿 *Artemisia sphaerocephala* Krasch.

▲黄缨菊 *Xanthopappus subacaulis* C. Winkl.

▲飞蓬 *Erigeron acer* Linn.

▲小垂头菊 *Cremanthodium nanum* (Decne.) W. W. Smith

▲美头火绒草 *Leontopodium calocephalum* (Franch.) Beauv.

▲箭叶橐吾 *Ligularia sagitta* (Maxim.) Mattf.

▲铃铃香青 *Anaphalis hancockii* Maxim.

▲夏河紫菀 *Aster yunnanensis* Franch. var. *labrangensis* (Hand.-Mazz.) Ling

▲黄帚橐吾 *Ligularia virgaurea* (Maxim.) Mattf.

▲重冠紫菀 *Aster diplostephioides* (DC.) C. B. Clarke

FLORA KUNLUNICA

Tomus 3

Editor in Chief: Wu Yuhu

The Project Supported by the National Natural Science Foundation of China, the National Fund for Academic Publication in Science and Technology, and the Chongqing Publishing Group Fund for Academic Publication in Science

CHONGQING PUBLISHING GROUP · CHONGQING PUBLISHING HOUSE
Chongqing, China 400016

内容提要

《昆仑植物志》是我国第一部系统记载喀喇昆仑山-昆仑山地区植物的大型专著。全书分为 4 卷，共收录喀喇昆仑山-昆仑山地区迄今所知的维管束植物 2 600 余种（包括种下类型）。本卷收录被子植物门双子叶植物纲合瓣花亚纲杜鹃花科至菊科植物共 24 科 184 属 786 种 11 亚种 53 变种 2 变型。书中除在各属种名下列出其主要相关文献、形态特征、产地分布和生境外，还特别列出附带详细地点的凭证标本号以供查阅。另含属种检索表若干，墨线图版 165 个，彩色图版 20 个；书末附有新分类群特征集要、植物中名索引和拉丁名索引，以及喀喇昆仑山-昆仑山地区范围图和山文水系图。

本书可供植物学，以及自然地理、生态环境、生物多样性、农林牧、中医药、植物资源保护与开发利用等相关领域的科研、教学、生产工作者和大中专院校师生参考。

《昆仑植物志》编辑委员会

编 著 者：方瑞征（中国科学院昆明植物研究所）

杨永昌　陈世龙　卢学峰　吴珍兰　吴玉虎　并邀陈春花
（中国科学院西北高原生物研究所）

王玉金（兰州大学）

迪利夏提·哈斯木　王　兵　周桂玲　魏　岩（新疆农业大学）

徐海燕（新疆医科大学）

翟大彤（太原师范学院）

EDITORIAL COMMITTEE

Editor in Chief: Wu Yuhu

Vice Editors in Chief: An Zhengxi, Wu Zhenlan

Members of Editorial Committee:

Wang Yujin, Fang Ruizheng, Feng Ying, Lu Shenglian, Lu Xuefeng, An Zhengxi, Yang Yongping, Yang Yongchang, Wu Yuhu, Wu Zhenlan, Zhang Yaojia, Shen Guanmian, Chen Shilong, Wu Sugong, Zhou Lihua, Zhou Guiling, Mei Lijuan, Yan Ping, Lian Yongshan

Redactors: Wu Zhenlan, Wu Yuhu, An Zhengxi

Authors:

Fang Ruizheng (*Kunming Institute of Botany, Chinese Academy of Sciences*)

Yang Yongchang, Chen Shilong, Lu Xuefeng, Wu Zhenlan, Wu Yuhu and Chen Chun hua (*Northwest Plateau Institute of Biology, Chinese Academy of Sciences*)

Wang Yujin (*Lanzhou University*)

Dilixiati Hasimu, Wang Bing, Zhou Guiling, Wei Yan (*Xinjiang Agricultural University*)

Xu Haiyan (*Xinjiang Medical University*)

Zhai Datong (*Taiyuan Normal University*)

序

喀喇昆仑山、昆仑山从帕米尔高原隆起，横贯东西 2 500 余千米，草原和荒漠，茫茫苍苍，雪峰高耸，冰川纵横，巍峨神奇。从远古开始，昆仑山就成为中华各民族共同向往的圣地，在中华民族的文化史上具有“万山之祖”的显赫地位。中国古老的地理著作《山海经》、《禹贡》和《水经注》对它都不止一次地提到，其中记述大多与一些神话传说联系在一起。汉代以降，许多边塞诗吟咏的内容均涉及这一区域，然而直到近代，国内外的一些探险考察队进入这一地区，这一地区地理、生物的概貌才逐渐被揭开。

刘慎谔是第一个到喀喇昆仑山和昆仑山考察的中国植物学家。他于 1932 年（民国二十一年）初，由叶城入昆仑山区，在西藏西北部考察，8 月抵克什米尔的列城，采集标本 2 500 余号（《刘慎谔文集》，科学出版社 1985 年版）。此后，随着 20 世纪 50 年代的新疆考察，1973 年开始的青藏高原综合考察，中国植物学者才对这一地区的植物进行了较详细的调查和采集。1975 年我由格尔木出发，经西大滩，翻过海拔 4 700 余米的昆仑山山口，在五道梁、风火山、沱沱河地区进行了路线考察，亲身感受到在这一地区考察的艰辛。这里植物种类虽然较少，但有其特殊性。植物区系中许多中亚高山成分和旱生成分，与塔吉克斯坦、巴基斯坦、阿富汗等邻近国家，以及兴都库什山、帕米尔高原的植物区系都有联系，而与我国其他区域的植物有很大不同。

我很高兴看到《昆仑植物志》由诸多同行编著完成并即将出版。这部著作凝集了中国科学院西北高原生物研究所等单位研究植物分类的同行们的心血，是他们在工作条件和生活条件相对困难的情况下，继完成《青海植物志》之后又一部同心协力完成的力作，难能可贵。《昆仑植物志》的出版，必将促进对这一地区植物的更深入研究，也将为野生植物资源的开发和生态环境的保护提供重要的科学依据。

《中国植物志》已出版了，但《中国植物志》并不能完全替代地方植物志，尤其是一些边远和自然环境特殊地区的植物志。地方植物志针对植物的地区信息，如植物形态上有无变异、有何特殊用途，以及分布地点等的记载更为详尽。这些内容可补全国植物志的不足，也更便于应用。

青海长云暗雪山，孤城遥望玉门关。
黄沙百战穿金甲，不破楼兰终不还。

唐代王昌龄《从军行》（七首之四）概括描绘了当地的风光，展现了保卫边疆的决心。如今，时代不同了，但保卫和建设国家的精神是永远的。

是为序。

吴征镒

九十四岁衰翁

2010 年 3 月 8 日于昆明

前 言

《昆仑植物志》终于就要付梓出版了。这使我倍感欣慰，也使我终于放下了近10多年来一直悬着的心。此时，我也才真正体会到了编书不比著书易。我真诚地感谢所有参加编撰的同人以及为此书提供过帮助和关心的人。

被喻为地球第三极的青藏高原，以其独有的海拔高度，会聚了亚洲许多巨大的山系而成为亚洲主要河流的发源地，是一个独特的自然地理单元。这里由昔日的特提斯大洋不断隆升、崛起，最后演变成今天地球上最高、最大和最具特色的高原。它不仅改变了亚洲和全球的地理面貌，同时也一举改变了亚洲乃至北半球的大气环流以及气候与生态等系统的格局，更因此而成为全球生物多样性的独特区和重点保护区、大型珍稀动物种群的集中分布区、中国气候变化的预警区和亚洲季风的启动区，以及全球变化的敏感区和典型生态系统的脆弱区，成为地球科学的最大之谜。但是，这里同时又被认为是一个全球环境变化研究的天然实验室和解开地球科学之谜的金钥匙，因而亦成为20世纪80年代以来地球系统科学的一个热点和知识创新的生长点，并进而成为当今国际学术界强烈竞争的重要地区。喀喇昆仑山和昆仑山地区更是作为"关键地区"而置身其中。

由国家自然科学基金委员会和中国科学院共同支持的"喀喇昆仑山-昆仑山地区综合科学考察研究"项目自1987年开始野外工作，至1991年该项目结束，历时5个年头。其中参加由武素功研究员任组长的生物组植物专业考察的先后有吴玉虎、夏榆、费勇、大场秀章（H. Ohba）等。野外考察每年从5月中下旬开始至10月上旬结束。考察结束后，由于种种原因（主要是联合资深植物学家和组织编研队伍以及筹集编研经费等），虽历经专业组成员的千辛万苦，资料和标本收获累累，并且都非常珍贵，但却一直未能有一部全面反映本次植物区系考察的专著问世，所采标本也一直被尘封而未作系统研究，从而使得本次综合考察，特别是植物区系考察留下了最大的遗憾。

有关自然地理单元，特别是独特的自然地理单元的植物志书的编撰和出版越来越受到国内外学界同人的欢迎和重视。昆仑山位于青藏高原的西北部，它西起帕米尔高原的东缘，东止于四川西部，绵延约 2 500 千米。它横卧于我国西部，和喀喇昆仑山一起，构成青藏高原西北隅及其北部边缘的高原、高山区。昆仑山脉以其巍峨高峻的山势而闻名于世，素有“亚洲脊柱”之称。这里是高原上极端干旱的地区，却又是大陆性高山冰川集中发育的地方和生物多样性的独特区域。其自然地理单元包括昆盖山、东帕米尔高原、喀喇昆仑山、昆仑山及其东延部分巴颜喀拉山和阿尼玛卿山等。区内有阿尔金山、可可西里和江河源等 3 个国家级自然保护区。这里分布着独特而典型的高寒类型植被和我国最大的野生动物群，但却是自然科学基础研究的相对薄弱区。就植物学研究来说，昆仑山地区地处青藏高原植物区系和中亚植物区系的地理交接地带，植物区系独特。它同时与吉尔吉斯斯坦、塔吉克斯坦、阿富汗、巴基斯坦、克什米尔和印度等多个国家和地区接壤，是多国交界的薄弱研究区，甚至有些地区此前还是野外考察的空白区；在国内，它跨越新疆、西藏、青海、四川、甘肃等西部省区和少数民族地区，地理位置十分重要，国际影响广泛，其重要性不言而喻。

作为我国和世界植物区系研究的薄弱区和部分空白区，对昆仑山地区的（多次）考察，由于涉及的地区偏远，范围广袤，交通不便，进入和开展工作都异常艰难，一般的业务部门和小型考察队都难以到达。所以，中国科学院昆仑山综合科学考察队所采集的植物标本，在世界范围内大多都非常珍贵。而这些珍贵的标本，在此前的近 20 年间竟未发挥应有的作用。不仅相邻各国的植物志书未能涉及这些来之不易的考察成果，就是我国的相关植物志书也未及利用这些标本，以致一些国内外的植物学家在中国科学院青藏高原标本馆查阅标本时，对该馆昆仑山地区的标本都表现出了极大的兴趣，包括其中的一些新分类群的标本，同时也对这些标本的未被系统研究而备觉惋惜。

正如我们所熟知的那样，任何植物志书的编写，其最艰巨、最危险的工作和最费时、费力、费钱的工作都在于野外考察。作为一项国家自然科学基金和中国科学院资助的重大项目，当其花费了国家巨额经费的野外考察工作结束，随后的工作就应该是系统地整理和研究所获得的第一手资料。而编研该地区的植物志书正是其中最重要的内容之一。所以，无论是就我国或是世界植物学研究而论，作为以西部独特自然地理单元存在的昆仑山地区的植物学专著 ——《昆仑植物志》是迟早要编著的。这项工作，现在不做，将来还是要做。我们不做，外国人，特别是相邻的别国就可能去做。那时，就有可能出现 100 多年以前任由外国人代替我们研究昆仑山地区的植物区系的情况，并且是利用我们的考察成果去发表他们的论文或新的分类群，类似的工作日本人近 20 年来一直在积极地进行着。不仅如此，我们还认为，包括《昆仑植物志》编研在内的该地区植物区系地理的研究，不仅对了解昆仑山地区乃至整个青藏高原的生物区系起源与发展及其地质历史等都具有积极作用，而且还涉及该地区植物区系分区的重要性以及国际影响和世界植物科学发展的需要。所以，为着消除国家青藏高原喀喇昆仑山-昆仑山科学考察的遗憾和完善国家重大基金项目的后续工作，以喀喇昆仑山和昆仑山地区这一独特地理单元为范围，编撰一部系统的《昆仑植物志》就尤显重要。

编撰《昆仑植物志》的想法由来已久。我国植物学界的先驱刘慎谔先生曾于1932年就考察过喀喇昆仑山地区的植物。作为第一个在本区进行植物考察的中国人，他早在20世纪50年代就提出要编撰《昆仑植物志》，并先后同中国科学院西北高原生物研究所的研究员郭本兆和周立华两位先生进行过交流。刘老真诚地希望有着地缘优势，并以动物、植物区系分类学起家和发展起来的该所植物研究室能够承担起组织这项工作的责任。但是，由于当时和后来很长一段时间，针对该地区植物区系研究所进行的野外考察不多，所涉及的范围太小，掌握的标本和资料有限等原因，直到刘慎谔先生去世，此事一直都未能提上议事日程。进入20世纪80年代，有我所（中国科学院西北高原生物研究所）参加的喀喇昆仑山和昆仑山地区大型综合科学考察完成以后，周立华和新疆农业大学的安峥皙教授又多次提出过编撰《昆仑植物志》的建议。不过，又由于经费和植物分类学人才短缺，以及跨省区、跨部门协作问题等原因而未能如愿。后来，在1993年2月和1998年初我们又同青海省农业资源区划办公室主任苟新京和副主任赵念农联合筹划过此事，两次希望《昆仑植物志》的编撰能在青海省农业资源区划办公室获得立项资助。为此，当时已经退休多年的安峥皙教授还专程从乌鲁木齐乘火车硬座来到西宁。但是，最终又因编研经费未能及时到位而只能中途作罢。再后来（2003年），我们又试图以“抢救曾经为我所的起家和发展创造过辉煌的植物区系分类学科”和“培养新人并为我所奉献专著类成果”的目的申请“所长基金”，然而，又终因该项目既无法列入所里的“重点学科”而又非考核所认为的“尖端创新类”项目而再一次落空。尽管如此，曾经为中国科学院西北高原生物研究所的创立和发展作出过不灭贡献的几位老先生却一直未能忘怀此事并仍在不断地积极努力。在当时，可以说，《昆仑植物志》虽尚未编写，却呼声已高，并已成为我国几代植物学家所梦寐以求之愿。

在争取《昆仑植物志》编研立项的过程中，最早提出编研《昆仑植物志》的刘慎谔教授已经作古；数次积极筹划编研《昆仑植物志》的周立华和安峥皙等业已退休多年；曾带队进行昆仑山植物区系考察并曾启动过《昆仑植物志》英文版编撰工作的武素功研究员也已退休；而已经答应承担虎耳草科编撰任务的潘锦堂研究员又于2005年底突然去世。还有，曾参加昆仑山植物野外考察工作的年轻植物学家费勇先生在后来的野外考察工作中已不幸以身殉职。这些都给《昆仑植物志》的编研带来不小的损失。失去潘锦堂研究员这样一位资深专家，不仅对《昆仑植物志》的编写来说是一大损失，而且原本可以由其通过编研《昆仑植物志》来对我国年轻一代虎耳草科研究人才进行培养和对其丰富的学识进行抢救的计划也都成为了泡影。必须看到，由于《昆仑植物志》编委会所会聚的和所依靠的都是年事已高的老一辈科学家（这正是由植物志书编研应该以资深植物分类学家为主的研究工作的特点决定的），无论是从编撰《昆仑植物志》本身或是从培养传统基础学科人才的角度出发，对他们丰富学识的抢救都已经到了刻不容缓的地步——包括我所在内的我国植物学经典分类人才队伍日渐萎缩，许多标本馆（当然也包括中国科学院青藏高原生物标本馆在内）的大量馆藏标本（这是植物学研究创新的基础和国家生物学研究的战略资源）未能定名，许多在研的相关课题所采集的凭证标本苦于无人鉴定，而青藏高原区研究薄弱甚至不乏空白区的现状更是呼唤大量经典分类人才。这甚至使得周俊和洪德元两位院士于2008年末先后在《科学时报》上提出“直面传统学科危机”，并疾呼“不要等到‘羊’去‘牢’空”！

中华人民共和国成立以来到20世纪末，我国科学家曾对青藏高原进行过3次大型的综合性科学考察，每次都有植物区系学科人员参加，并有相应的植物分类学专著问世。例如：20世纪70年代对西藏暨喜马拉雅山地区的科学考察后，有了5卷本的《西藏植物志》问世；80年代初对横断山地区的科学考察之后，又有了上、下两册的《横断山地区维管植物》的出版；80年代后期到90年代初，对喀喇昆仑山和昆仑山地区的科学考察是青藏高原综合科学考察的第三阶段。

如今，就国家层面来说，围绕昆仑山和喀喇昆仑山地区的大型综合科学考察工作已经结束，多次植物区系考察中所获得的植物标本也应该可以覆盖整个昆仑山和喀喇昆仑山地区。仅就中国科学院青藏高原生物标本馆的馆藏而言，除了有吴玉虎曾参加过的喀喇昆仑山-昆仑山地区综合科学考察队于1987～1991年采集的约5 000号近1万份标本外，还有1974年潘锦堂带领的由刘尚武、张盍曾等组成的中国科学院西北高原生物研究所新疆-西藏考察队采集的1 450号标本和1986年由黄荣福参加的中、德两国乔戈里峰考察队采集的500余号标本，以及刘海源等于1986年在昆仑山北坡和阿尔金山地区及塔里木盆地南缘所采集的约500号标本。更为重要的是，中国科学院西北高原生物研究所青藏高原生物标本馆自建馆40多年以来，收藏有昆仑山地区特别是东昆仑山地区的植物标本不下数万份。此外，还有中国科学院昆明植物研究所、北京植物研究所和新疆生态与地理研究所，以及新疆农业大学、石河子大学、兰州大学、西北师范大学等标本馆（室）所收藏的该地区1万余份植物标本。所采集和保藏的这些标本，都是国家和地方以及中国科学院历年来多次专项、综合和重大自然科学基金支持的研究项目所产生的宝贵财富。作为科学依据，这些标本已经足以支持和保证《昆仑植物志》编撰研究的需要。

无疑，《昆仑植物志》的编研出版可在填补研究地区空白的同时为国家的高原生物学培养传统学科的研究人才，其后续的补点考察还为独具高原特色的中国科学院青藏高原生物标本馆增加了数千份本区珍贵的植物标本。此外，这类“空白区”和“薄弱区”植物标本的继续收集、保藏，还将对青藏高原生物学及其相关学科的理论研究和学科发展等产生积极的后发效应。这也是我们积极投入《昆仑植物志》的编研并希望得到支持的重要原因。

为了不辜负老一辈植物学家寄予的厚望，我于2003年初开始担当起编撰和出版《昆仑植物志》的组织、协调，以及筹划、申请编撰和出版经费的工作。尽管困难重重，但好在有众多德高望重的老前辈和年轻一辈学人的支持、帮助和鼓励，我始终锲而不舍。经几位不计得失也愿意为编研《昆仑植物志》出力的老专家的真诚建议，也出于对参加《昆仑植物志》编研的资深老专家的学识和经验抢救的紧迫感以及时代赋予我们的责任感，我们在初时未能得到任何经费支持的情况下，提前启动了《昆仑植物志》的编研工作。

令人感动的是，在国内科技界因“一刀切”的简单管理和考评方式而助长浮躁、急功近利之风且负面报道时有出现的情况下，在我国植物区系地理研究和植物系统分类研究等传统学科的发展跌入最低谷的时期，在我国植物区系分类人才遭遇断档危机的情况下，在当时还未能获得任何专项经费支持的困难情况下，本书的编研得到了相关专家的热切响应。有这样一批老科学家，他们本已退休，原本可以心安理得地安享晚年，但是，他们不为名利，不计报酬，只是想发挥自己的余热，为我国的植物分类学研究多作一些贡献，为后人的研究工作多留下一些可供参考的基础性研究成果，哪怕这其中尚有不尽如人意之处。甚至有些老先生还说，只要有人组织，哪怕没有任何报酬我们也愿意干，因为《昆仑植物志》确实值得一做。还有一些年轻的科研人员，在自身工作时间紧、任务重、压力大，并且明知科技创新体制下植物区系分类研究等传统学科已经不再时髦的情况下，不计分文报酬和研究经费，在百忙中挤出各自的工作时间，牺牲业余时间，自筹经费外出查阅标本，以自己的实际行动支持这一工作并亲自加入到《昆仑植物志》的编研中来，认真地鉴定标本、认真地查阅资料、认真地撰写文稿。还有一些老先生，虽然自己未能参加《昆仑植物志》的编研，但却想方设法多方支持这项工作，如中国科学院新疆生态与地理研究所原党委副书记潘伯荣教授曾答应《昆仑植物志》可以通过扫描复制引用《新疆植物志》中的图版；中国科学院西北高原生物研究所已经退休的阎翠兰、王颖等先生答应为《昆仑植物志》的绘图提供他们往年积累下来的所有植物图版底稿或是可以通过扫描引用他们在《中国植物志》、《青海植物志》和《青海经济植物志》等书中的图版。这是我们在感受植物系统分类学和植物区系地理学等传统学科被边缘化的悲哀以及传统学科研究后继乏人的悲哀之时所能享受到的莫大欣慰和鼓舞。没有这样一批老科学家和这样一些年轻科学工作者的奉献精神、积极参与及其严谨的学风和一丝不苟的工作态度，以及对我国植物学科研发展的责任心，《昆仑植物志》的编撰工作就不可能在无任何经费支持的情况下启动，更不可能现在完成。这些都是值得我们倍加珍惜、好好学习并加以弘扬的。在这里，我谨对他们表示深深的敬意和诚挚的感谢。

由于《昆仑植物志》涉及的地域较广，所需鉴定的标本量大，编研人员较多，到多个标本馆查阅标本和资料的出差较多，需要补点考察的地区条件艰苦且耗费较大等，要完成本书近 3 000 种植物的编研，不仅工作量浩大，所需经费亦较高。因此，我们于 2003 年开始撰写申请报告，曾向多方提出申请，希望能够得到经费资助。虽然我们认为这项工作符合《国家中长期科学和技术发展规划纲要（2006～2020 年)》中关于加强对基础研究的支持精神，但前数年的申请都未能如愿。在此后的几年中，我们在提前启动项目的同时，一边继续完善我们的基金申请报告，一边还从 2004 年开始，先后对巴颜喀拉山南坡、沱沱河下游流域、阿尼玛卿山南部和东北部以及布尔汗布达山等标本欠缺的地区有重点地进行了补点考察，共采集标本 8 000 余号。经过多次申请并几经采纳历年专家评委关于申请书的建议，数易其稿，最终申请到了国家自然科学基金的资助。所以，我不但要感谢历年来国家自然科学基金的评委们对我本人的信任、鼓励、帮助和支持，而且还要感谢他们对本项目研究所提出的宝贵意见和建议。

还有必要特别指出的是，在植物系统分类学等传统学科发展艰辛的时期，不仅研究经费有限，而且出版经费更是没有着落，致使《昆仑植物志》在编撰之时还担心完稿后能否及时出版。而在这时，经青海人民出版社科技出版部原主任、编审陈孝全先生协助联系，我们很欣喜地申请到了“重庆出版集团科学学术著作出版基金”的资助，最终使得本书有机会和广大读者见面。在此，我们愿代表所有希望看到本书出版以及希望使用本书的各界人士并以我们自己的名义向相关支持者表示诚挚的感谢和深深的敬意。同时，我们还要感谢在百忙中抽出时间为本书作序和为本书出版基金的申请积极撰写推荐信的中国科学院院士吴征镒研究员、郑度研究员和洪德元研究员，以及中国科学院植物研究所所长马克平研究员；感谢本项目每一位参与者所作出的积极贡献；感谢徐文婷博士欣然应邀为本书精心绘制了地图。

另外，在《昆仑植物志》的编著过程中，除了各科作者和绘图者外，曾先后参加过标本整理、登记、文献查证、计算机录入、审核、校对、编著指导、文献提供和补点考察等工作的还有陈春花、吴瑞华、侯玉花、杨安粒、周静、黄荣福、方梅存、阳忠新、严海燕、祁海花、李小红、田宇、吴蕊洁、杨明、薛延芳、杜兰香、韩玉、熊淑惠、郑林、韩秀娟、杨应销、李炜祯、马文贤、蒋春香、郭柯、周浙昆、常朝阳、李小娟、蔡联柄等，在此也一并致谢。总之，我要感谢所有关心本套志书的编研、出版以及为之提供过帮助和为之做过有益工作的人们。

对于本套志书中难免出现的疏漏和不足之处，恳请读者不吝指正。

吴玉虎

2009 年 10 月

于中国科学院西北高原生物研究所

编写说明

1.《昆仑植物志》分为 4 卷，共收录我国昆仑山和喀喇昆仑山地区截至目前所知的野生和重要的露天栽培维管束植物 87 科，仅有栽培种而无野生种的科不收录。其中，第一卷收录蕨类植物、裸子植物和被子植物杨柳科至十字花科，第二卷收录被子植物景天科至伞形科，第三卷收录被子植物杜鹃花科至菊科，第四卷收录被子植物香蒲科至兰科。

2.《昆仑植物志》所收录植物种类的分布范围涉及县级行政区域的有新疆的乌恰、喀什、疏附、疏勒、英吉沙、莎车、阿克陶、塔什库尔干、叶城、皮山、墨玉、和田、策勒、于田、民丰、且末、若羌等县（自治县），西藏的日土、改则（北纬 34°以北）、尼玛（北纬 34°以北）、双湖、班戈（北纬 34°以北）等县（区），青海的茫崖、格尔木、都兰、兴海、治多（通天河以北的可可西里地区）、曲麻莱、称多、玛多、玛沁、达日、甘德、久治、班玛等县（区），四川的石渠县（北纬 33°以北的巴颜喀拉山南坡）和甘肃的阿克塞（阿尔金山尾部）、玛曲（阿尼玛卿山的尾部）等县（自治县）。以行政区划名称标示的植物地理分布结果，使得一些分布于山前荒漠地带的种类亦进入收录范围。

3. 本书的系统，在蕨类植物按照秦仁昌（1978 年）的系统；在裸子植物，按照郑万钧在《中国植物志》第七卷（1978 年）的系统；在被子植物，按照恩格勒（Engler）的《植物分科纲要》（*Syllabus der Pflanzenfamilien*）第 11 版（1936 年）的系统稍作变动，即将单子叶植物排在双子叶植物之后。

4. 所收录植物的科、属、种均列出中文名称和拉丁文名称，并给予形态特征描述；属和种（包括种下等级）均列出其主要文献、检索表；种和种下等级均列出各自的县级产地，凭证标本的采集者、采集号，以及精确到乡镇以下的采集地点，包括海拔高度范围在内的生境和国内外分布区；存疑种并有讨论；重要类群附有墨线图或图版，部分种类附有彩图。

5. 书后附有所有收入正文的植物科、属、种的中名索引和拉丁名索引，以及部分新分类群的特征集要。

6. 本卷收录被子植物门双子叶植物纲合瓣花亚纲杜鹃花科至菊科，共 24 科 184 属 786 种 11 亚种 53 变种 2 变型。有黑白图版 165 个，彩色图版 20 个，地图 2 幅。

7.《昆仑植物志》各卷的编撰除编写规格要求统一之外，采取植物科属（包括文字和图版）作者分工负责制。

8. 按照中国科学院青藏高原生物标本馆（QTPMB）的惯例，凡馆藏有本所（中国科学院西北高原生物研究所）人员参加的联合考察队所采集的植物标本，在采集签上通常将考察队中本所队员的姓名列于考察队名称之后。因此，本套志书中，由中国科学院青藏高原生物标本馆馆藏标本所标记的“青藏队吴玉虎”的所有号标本均指由“喀喇昆仑山-昆仑山综合科学考察队”中以武素功为组长的植物组采集，组员有吴玉虎、夏榆、费勇、大场秀章（H. Ohba）等。所采集的标本，除青藏高原生物标本馆馆藏外，同号标本还同时收藏于中国科学院昆明植物研究所标本馆（KUN）、中国科学院植物研究所（PE）和日本东京都大学博物馆植物研究室（TI）。所采集标本的标签，1987 年采用中文标记，采集人：中国科学院青藏高原综合科学考察队武素功、吴玉虎、夏榆；1988 年采用英文标记为 Expedition to Karakorum and Kunlun Mountain of China，Participants：S. G. Wu，H. Ohba，Y. H. Wu，Y. Fei；1989 年采用英文标记为 Expedition to Karakorum and Kunlun Mountain of China，Participants：S. G. Wu，Y. H. Wu，Y. Fei。另外，还有“可可西里队黄荣福（黄荣福 K.）”、“中德考察队黄荣福（黄荣福 C. G.）”等。“青藏队藏北分队郎楷永”等亦如此。

9. 本书引用了他书部分图版，请尚未取得联系的相关作者主动联系我们，以便致谢。

编 写 分 工

序 …………………………………………………………………………………………… 吴征镒
前言、编写说明、编写分工、系统目录、中名索引、拉丁名索引 ………… 吴玉虎
杜鹃花科 …………………………………………………………………………………… 方瑞征
报春花科、蓝雪科、马鞭草科、列当科、狸藻科、败酱科、川续断科、
　桔梗科 …………………………………………………………………………………… 杨永昌
木犀科、茄科、忍冬科、菊科（千里光族和毛冠菊属） ………………………… 王玉金
龙胆科 ……………………………………………………………………………………… 陈世龙
夹竹桃科、萝藦科、旋花科 ……………………………………………… 迪利夏提·哈斯木
紫草科 ……………………………………………………………………………………… 卢学峰
唇形科 ……………………………………………………………………………………… 王　兵
玄参科、菊科（蓝刺头族） ………………………………………………………………… 吴珍兰
紫葳科 ……………………………………………………………………… 吴玉虎　陈春花
车前科、茜草科 …………………………………………………………………………… 徐海燕
菊科（紫菀族、旋覆花族、向日葵族） …………………………………………… 周桂玲
菊科（春黄菊族） ………………………………………………………………………… 魏　岩
菊科（菜蓟族、菊苣族） ………………………………………………………………… 翟大彤

TABULA AUCTORUM

Preface ·· Wu Zhengyi

Foreword, Illustrate, Authors division of labour, System, Index in Chinese and Latin ·· Wu Yuhu

Ericaceae ·· Fang Ruizheng

Primulaceae, Plumbaginaceae, Verbenaceae, Orobanchaceae, Utricularia, Valerianaceae, Dipsacaceae, Campanulaceae ······ Yang Yongchang

Oleaceae, Solanaceae, Caprifoliaceae, Compositae (Trib. Senecioneae Cass. , Nannog lottis Maxim.) ·· Wang Yujin

Gentianaceae ·· Chen Shilong

Apocynaceae, Asclepiadaceae, Convolvulaceae ···················· Dilixiati Hasimu

Boraginaceae ·· Lu Xuefeng

Labiatae ·· Wang Bing

Scrophulariaceae, Compositae (Trib. Echinopsideae Cass) ··········· Wu Zhenlan

Bignoniaceae ·· Wu Yuhu and Chen Chunhua

Plantaginaceae, Rubiaceae ·· Xu Haiyan

Compositae (Trib. Astereae Cass. , Trib. Inuleae Cass. , Trib. Heliantheae Cass.) ·· Zhou Guiling

Compositae (Trib. Anthemideae Cass.) ······························· Wei Yan

Compositae (Trib. Cynareae Less. , Trib. Lactuceae Cass.) ······ Zhai Datong

目　　录

序

前言

编写说明

编写分工

昆仑植物志第三卷系统目录

被子植物门 ANGIOSPERMAE …… 1

双子叶植物纲 DICOTYLEDONEAE …… 1

合瓣花亚纲 SYMPETALAE …… 1

五十四　杜鹃花科 ERICACEAE …… 1

五十五　报春花科 PRIMULACEAE …… 12

五十六　白花丹科 PLUMBAGINACEAE …… 56

五十七　木犀科 OLEACEAE …… 70

五十八　龙胆科 GENTIANACEAE …… 73

五十九　夹竹桃科 APOCYNACEAE …… 157

六　十　萝藦科 ASCLEPIADACEAE …… 163

六十一　旋花科 CONVOLVULACEAE …… 169

六十二　紫草科 BORAGINACEAE …… 175

六十三　马鞭草科 VERBENACEAE …… 224

六十四　唇形科 LABIATAE …… 228
六十五　茄科 SOLANACEAE …… 314
六十六　玄参科 SCROPHULARIACEAE …… 338
六十七　紫葳科 BIGNONIACEAE …… 436
六十八　列当科 OROBANCHACEAE …… 441
六十九　狸藻科 LENTBULARIACEAE …… 453
七　十　车前科 PLANTAGINACEAE …… 456
七十一　茜草科 RUBIACEAE …… 466
七十二　忍冬科 CAPRIFOLIACEAE …… 477
七十三　五福花科 ADOXACEAE …… 496
七十四　败酱科 VALERIANACEAE …… 499
七十五　川续断科 DIPSACACEAE …… 509
七十六　桔梗科 CAMPANULACEAE …… 518
七十七　菊科 COMPOSITAE …… 529
附录 A　新分类群特征集要 DIAGNOSES TAXORUM NOVARUM …… 906
中名索引 …… 908
拉丁名索引 …… 923
喀喇昆仑山-昆仑山地区范围图
喀喇昆仑山-昆仑山山文水系图

昆仑植物志第三卷系统目录

被子植物门 ANGIOSPERMAE

双子叶植物纲 DICOTYLEDONEAE

合瓣花亚纲 SYMPETALAE

五十四　杜鹃花科 ERICACEAE

1. 杜鹃属 Rhododendron Linn. …… 2

1. 粉钟杜鹃 R. balfourianum Diels …… 3

1a. 粉钟杜鹃（原变种）var. **balfourianum** …… 3

1b. 白毛粉钟杜鹃（变种）var. **aganniphoides** Tagg et Forrest …… 3

2. 雪山杜鹃 R. aganniphum Balf. f. et K. Ward …… 4

3. 白毛杜鹃 R. vellereum Hutch. ex Tagg …… 4

4. 头花杜鹃 R. capitatum Maxim. …… 5

5. 果洛杜鹃 R. gologense C. J. Xu et Z. J. Zhao …… 6

6. 班玛杜鹃 R. bamaense Z. J. Zhao …… 6

7. 雪层杜鹃 R. nivale Hook. f. Rhodod. …… 7

8. 毛嘴杜鹃 R. trichostomum Franch. …… 8

9. 红背杜鹃 R. rufescens Franch. …… 8

2. 北极果属 Arctous（A. Gray）Niedenzu …… 10

1. 北极果 A. alpinus（Linn.）Niedenzu …… 10

五十五　报春花科 PRIMULACEAE

1. 假报春属 Cortusa Linn. …… 13

1. 岩生假报春 C. brotheri Pax ex Lipsky …… 13

2. 假报春 C. **matthioli** Linn. …… 14

2. 报春花属 **Primula** Linn. …… 15

1. 多脉报春 P. **polyneura** Franch. …… 17
2. 圆瓣黄花报春 P. **orbicularis** Hemsl. …… 17
3. 甘青报春 P. **tangutica** Duthie …… 18
4. 心愿报春 P. **optata** Farrer …… 18
5. 岷山报春 P. **woodwardii** Balf. f. …… 19
6. 紫罗兰报春 P. **purdomii** Craib. …… 20
7. 大叶报春 P. **macrophylla** D. Don …… 20
   7a. 大叶报春（原变种）var. **macrophylla** …… 20
   7b. 长苞大叶报春（变种）var. **moorcroftiana**（Wall. ex Klatt）W. W. Smith et Fletcher …… 20
8. 钟花报春 P. **sikkimensis** Hook. f. …… 22
9. 偏花报春 P. **secundiflora** Franch. …… 24
10. 黄花粉叶报春 P. **flava** Maxim. …… 24
11. 寒地报春 P. **algida** Adam …… 25
12. 狭萼报春 P. **stenocalyx** Maxim. …… 26
13. 金川粉报春 P. **fangii** Chen et C. M. Hu …… 26
14. 散布报春 P. **conspersa** Balf. f. et Purdom …… 27
15. 苞芽粉报春 P. **gemmifera** Batal. …… 27
16. 柔小粉报春 P. **pumilio** Maxim. …… 28
17. 束花粉报春 P. **fasciculata** Balf. f. et Ward …… 30
18. 帕米尔报春 P. **pamirica** Fed. …… 31
19. 天山报春 P. **nutans** Georgi …… 31
20. 西藏报春 P. **tibetica** Watt. …… 33

3. 点地梅属 **Androsace** Linn. …… 34

1. 直立点地梅 A. **erecta** Maxim. …… 36
2. 小点地梅 A. **gmelinii**（Gaertn.）Roem. et Schult. …… 36
   2a. 小点地梅（原变种）var. **gmelinii** …… 37
   2b. 短葶小点地梅（变种）var. **geophila** Hand. -Mazz. …… 37
3. 北点地梅 A. **septentrionalis** Linn. …… 37
4. 大苞点地梅 A. **maxima** Linn. …… 38
5. 石莲叶点地梅 A. **integra**（Maxim.）Hand. -Mazz. …… 38

6. 西藏点地梅 A. **mariae** Kanitz …… 39
7. 南疆点地梅 A. **flavescens** Maxim. …… 41
8. 阿克点地梅 A. **akbaitalensis** Derg. …… 42
9. 高山点地梅 A. **olgae** Ovcz. …… 43
10. 天山点地梅 A. **ovczinnikovii** Schischk. et Bobr. …… 43
11. 绢毛点地梅 A. **sericea** Ovcz. …… 44
12. 高原点地梅 A. **zambalensis** (Petitm.) Hand.-Mazz. …… 44
13. 雅江点地梅 A. **yargongensis** Petitm. …… 46
14. 玉门点地梅 A. **brachystegia** Hand.-Mazz. …… 47
15. 苔状点地梅 A. **muscoidea** Duby …… 48
16. 垫状点地梅 A. **tapete** Maxim. …… 48
17. 鳞叶点地梅 A. **squarrosula** Maxim. …… 49
18. 唐古拉点地梅 A. **tangulashanensis** Y. C. Yang et R. F. Huang …… 51

4. 羽叶点地梅属 Pomatosace Maxim. …… 53

1. 羽叶点地梅 P. **filicula** Maxim. …… 53

5. 海乳草属 Glaux Linn. …… 54

1. 海乳草 G. **maritima** Linn. …… 54

五十六　白花丹科 PLUMBAGINACEAE

1. 鸡娃草属 Plumbagella Spach …… 56

1. 鸡娃草 P. **micrantha** (Ledeb.) Spach …… 57

2. 彩花属 Acantholimon Boiss. …… 59

1. 刺叶彩花 A. **alatavicum** Bunge …… 60
2. 浩罕彩花 A. **kokandense** Bunge …… 60
3. 石松状彩花 A. **lycopodioides** (Girard) Boiss. …… 61
4. 乌恰彩花 A. **popovii** Czerniak. …… 61
5. 细叶彩花 A. **borodinii** Krasan …… 62
6. 彩花 A. **hedinii** Ostenf. …… 62
7. 天山彩花 A. **tianschanicum** Czerniak. …… 63
8. 小叶彩花 A. **diapensioides** Boiss. …… 63

3. 补血草属 **Limonium** Mill. …… 65

1. 喀什补血草 L. **kaschgaricum**（Rupr.）Ik. -Gal. …… 65
2. 灰杆补血草 L. **roborowskii** Ik. -Gal. …… 66
3. 黄花补血草 L. **aureum**（Linn.）Hill. …… 66
3a. 黄花补血草（原变种）var. **aureum** …… 67
3b. 星毛补血草（变种）var. **potaninii**（Ik. -Gal.）Peng …… 67
3c. 巴隆补血草（变种）var. **dielsianum**（Wangerin）Peng …… 67
3d. 玛多补血草（变种）var. **maduoensis** Y. C. Yang et Y. H. Wu …… 68
4. 弯穗补血草 L. **drepanostachyum** Ik. -Gal. …… 68
4a. 弯穗补血草（原亚种）subsp. **drepanostachyum** …… 68
4b. 美花补血草（亚种）subsp. **callianthum** Peng …… 68

五十七　木犀科 OLEACEAE

1. 梣属 **Fraxinus** Linn. …… 70

1. 天山梣 F. **sogdiana** Bunge …… 71

2. 丁香属 **Syringa** Linn. …… 71

1. 四川丁香 S. **sweginzowii** Koehne et Lingelsh. …… 72
2. 花叶丁香 S. **persica** Linn. …… 72

五十八　龙胆科 GENTIANACEAE

1. 百金花属 **Centaurium** Hill …… 74

1. 美丽百金花 C. **pulchellum**（Swartz）Druce …… 74
2. 穗状百金花 C. **spicatum**（Linn.）Fritsch. …… 75

2. 龙胆属 **Gentiana**（Tourn.）Linn. …… 75

1. 乌奴龙胆 G. **urnula** H. Smith …… 80
2. 高山龙胆 G. **algida** Pall. …… 81
3. 岷县龙胆 G. **purdomii** Marq. …… 81
4. 云雾龙胆 G. **nubigena** Edgew. …… 82

5. 三歧龙胆 G. **trichotoma** Kusnez. …… 84
5a. 三歧龙胆（原变种）var. **trichotoma** …… 84
5b. 仁昌龙胆（变种）var. **chingii**（Marq.）T. N. Ho …… 85
6. 麻花艽 G. **straminea** Maxim. …… 85
7. 斜升秦艽 G. **decumbens** Linn. f. …… 86
8. 达乌里秦艽 G. **dahurica** Fisch. …… 87
9. 中亚秦艽 G. **kaufmanniana** Regel et Schmalh. …… 88
10. 天山龙胆 G. **tianschanica** Rupr. …… 88
11. 粗茎秦艽 G. **crassicaulis** Duthie ex Burk. …… 89
12. 黄管秦艽 G. **officinalis** H. Smith …… 90
13. 管花秦艽 G. **siphonantha** Maxim. ex Kusnez. …… 90
14. 集花龙胆 G. **olivieri** Griseb. …… 92
15. 短柄龙胆 G. **stipitata** Edgew. …… 92
16. 大花龙胆 G. **szechenyii** Kanitz …… 93
17. 六叶龙胆 G. **hexaphylla** Maxim. ex Kusnez. …… 95
18. 长萼龙胆 G. **dolichocalyx** T. N. Ho …… 96
19. 道孚龙胆 G. **altorum** H. Smith ex Marq. …… 96
20. 蓝玉簪龙胆 G. **veitchiorum** Hemsl. …… 97
21. 华丽龙胆 G. **sino-ornata** Balf f. …… 99
22. 条纹龙胆 G. **striata** Maxim. …… 100
23. 蓝灰龙胆 G. **caeruleo-grisea** T. N. Ho …… 100
24. 膜果龙胆 G. **hyalina** T. N. Ho …… 101
25. 伸梗龙胆 G. **producta** T. N. Ho …… 101
26. 偏翅龙胆 G. **pudica** Maxim. …… 102
27. 圆齿褶龙胆 G. **crenulato-truncata**（Marq.）T. N. Ho …… 103
28. 匐地龙胆 G. **prostrata** Haenk. …… 103
28a. 匐地龙胆（原变种）var. **prostrate** …… 103
28b. 短蕊龙胆（变种）var. **ludllowii**（Marq.）T. N. Ho …… 105
28c. 卡氏龙胆（变种）var. **karelinii**（Griseb.）Kusnezow …… 105
29. 河边龙胆 G. **riparia** Kar. et Kir. …… 105
30. 针叶龙胆 G. **heleonastes** H. Smith ex Marq. …… 106
31. 刺芒龙胆 G. **aristata** Maxim. …… 107
32. 紫花龙胆 G. **syringea** T. N. Ho …… 108
33. 三色龙胆 G. **tricolor** Diels et Gilg …… 109
34. 南山龙胆 G. **grumii** Kusnez. …… 109

35. 肾叶龙胆 G. **crassuloides** Bureau et Franch. ······ 110
36. 假鳞叶龙胆 G. **pseudosquarrosa** H. Smith ······ 111
37. 鳞叶龙胆 G. **squarrosa** Ledeb. ······ 111
38. 水生龙胆 G. **aquatica** Linn. ······ 112
39. 蓝白龙胆 G. **leucomelaena** Maxim. ······ 113
40. 黄白龙胆 G. **prattii** Kusnez. ······ 115
41. 西域龙胆 G. **clarkei** Kusnez. ······ 115
42. 匙叶龙胆 G. **spathulifolia** Maxim. ex Kusnez. ······ 116
43. 阿坝龙胆 G. **abaensis** T. N. Ho ······ 117
44. 白条纹龙胆 G. **burkillii** H. Smith ······ 117
45. 假水生龙胆 G. **pseudo-aquatica** Kusnez. ······ 118

3. 花锚属 **Halenia** Borkh. ······ 119

1. 椭圆叶花锚 H. **elliptica** D. Don ······ 119

4. 扁蕾属 **Gentianopsis** Ma ······ 121

1. 扁蕾 G. **barbata**（Fröel.）Ma ······ 121
1a. 扁蕾（原变种）var. **barbata** ······ 121
1b. 细萼扁蕾（变种）var. **stenocalyx** H. W. Li ex T. N. Ho ······ 122
1c. 黄白扁蕾（变种）var. **albo-flavida** T. N. Ho ······ 123
2. 湿生扁蕾 G. **paludosa**（Hook. f.）Ma ······ 123
2a. 湿生扁蕾（原变种）var. **paludosa** ······ 123
2b. 高原扁蕾（变种）var. **alpina** T. N. Ho ······ 124

5. 喉毛花属 **Comastoma**（Wettst.）Toyokuni ······ 125

1. 喉毛花 C. **pulmonarium**（Turca.）Toyokuni ······ 126
2. 皱边喉毛花 C. **polycladum**（Diels et Gilg）T. N. Ho ······ 127
3. 长梗喉毛花 C. **pedunculatum**（Royle ex D. Don）Holub ······ 127
4. 柔弱喉毛花 C. **tenellum**（Rottb.）Toyokuni ······ 128
5. 镰萼喉毛花 C. **falcatum**（Turcz. ex Kar. et Kir.）Toyokuni ······ 129
6. 蓝钟喉毛花 C. **cyananthiflorum**（Franch. ex Hemsl.）Holub ······ 131

6. 假龙胆属 **Gentianella** Moench ······ 132

1. 尖叶假龙胆 G. **acuta**（Michx.）Hulten ······ 133
2. 新疆假龙胆 G. **turkestanorum**（Gand.）Holub ······ 133
3. 黑边假龙胆 G. **azurea**（Bunge）Holub ······ 134

4. 矮假龙胆 G. **pygmaea**（Regel et Schmalh.）H. Smith …… 135
5. 紫红假龙胆 G. **arenaria**（Maxim.）T. N. Ho …… 136

7. 口药花属 **Jaeschkea** Kurz …… 136

1. 小籽口药花 J. **microsperma** C. B. Clarke …… 137

8. 肋柱花属 **Lomatogonium** A. Br. …… 137

1. 短药肋柱花 L. **brachyantherum**（C. B. Clarke）Fern. …… 139
2. 铺散肋柱花 L. **thomsonii**（C. B. Clarke）Fern. …… 140
3. 宿根肋柱花 L. **perenne** T. N. Ho et S. W. Liu ex J. X. Yang …… 141
4. 大花肋柱花 L. **macranthum**（Diels et Gilg）Fern. …… 141
5. 辐状肋柱花 L. **rotatum**（Linn.）Fries ex Nym. …… 142
5a. 辐状肋柱花（原变种）var. **rotatum** …… 142
5b. 密序肋柱头（变种）var. **floribundum**（Franch.）T. N. Ho …… 143
6. 合萼肋柱花 L. **gamosepalum**（Burk.）H. Smith …… 143
7. 肋柱花 L. **carinthiacum**（Wulfen.）A. Br. …… 144

9. 辐花属 **Lomatogoniopsis** T. N. Ho et S. W. Liu …… 145

1. 辐花 L. **alpina** T. N. Ho et S. W. Liu …… 145

10. 獐牙菜属 **Swertia** Linn. …… 147

1. 短筒獐牙菜 S. **connata** Schrenk …… 148
2. 膜边獐牙菜 S. **marginata** Schrenk …… 148
3. 细花獐牙菜 S. **graciliflora** Gontsch …… 149
4. 二叶獐牙菜 S. **bifolia** Batal. …… 149
5. 华北獐牙菜 S. **wolfangiana** Gruning …… 150
6. 四数獐牙菜 S. **tetraptera** Maxim. …… 151
7. 歧伞獐牙菜 S. **dichotoma** Linn. …… 152
8. 毛萼獐牙菜 S. **hispidicalyx** Burk. …… 153
8a. 毛萼獐牙菜（原变种）var. **hispidicalyx** …… 153
8b. 小毛萼獐牙菜（变种）var. **minima** Burk. …… 153
9. 川西獐牙菜 S. **mussotii** Franch. …… 154
9a. 川西獐牙菜（原变种）var. **mussotii** …… 154
9b. 黄花川西獐牙菜（变种）var. **flavescens** T. N. Ho et S. W. Liu …… 154
10. 抱茎獐牙菜 S. **franchetiana** H. Smith …… 156

五十九 夹竹桃科 APOCYNACEAE

1. **夹竹桃属 Nerium** Linn. ………… 157
   1. **夹竹桃 N. indicum** Mill. ………… 158
2. **罗布麻属 Apocynum** Linn. ………… 158
   1. **罗布麻 A. venetum** Linn. ………… 158
3. **白麻属 Poacynum** Baill. ………… 159
   1. **白麻 P. pictum**（Schrenk）Baill. ………… 160
   2. **大叶白麻 P. hendersonii**（Hook. f.）Woodson. ………… 161

六十 萝藦科 ASCLEPIADACEAE

1. **鹅绒藤属 Cynanchum** Linn. ………… 163
   1. **戟叶鹅绒藤 C. sibiricum** Willd. ………… 164
   2. **羊角子草 C. cathayense** Tsiang et Zhang ………… 164
   3. **竹灵消 C. inamoenum**（Maxim.）Loes. ………… 165
   4. **地梢瓜 C. thesioides**（Freyn）K. Schum. ………… 165
   5. **喀什牛皮消 C. kashgaricum** Liou f. ………… 167

六十一 旋花科 CONVOLVULACEAE

1. **菟丝子属 Cuscuta** Linn. ………… 169
   1. **欧洲菟丝子 C. europaea** Linn. ………… 169
2. **旋花属 Convolvulus** Linn. ………… 170
   1. **灌木旋花 C. fruticosus** Pall. ………… 171
   2. **刺旋花 C. tragacanthoides** Turcz. ………… 171
   3. **银灰旋花 C. ammannii** Desr. ………… 172
   4. **田旋花 C. arvensis** Linn. ………… 172

六十二　紫草科 BORAGINACEAE

1. 天芥菜属 **Heliotropium** Linn. …… 176

   1. 椭圆叶天芥菜 **H. ellipticum** Ledeb. …… 177

2. 李果鹤虱属 **Rochelia** Reichenbach …… 177

   1. 心萼李果鹤虱 **R. cardiosepala** Bunge …… 178

3. 软紫草属 **Arnebia** Forssk. …… 178

   1. 黄花软紫草 **A. guttata** Bunge …… 179
   2. 紫筒花 **A. obovata** Bunge …… 179
   3. 灰毛软紫草 **A. fimbriata** Maxim. …… 180
   4. 软紫草 **A. euchroma** (Royle) Johnst. …… 180

4. 紫筒草属 **Stenosolenium** Turcz. …… 181

   1. 紫筒草 **S. saxatiles** (Pall.) Turcz. …… 181

5. 糙草属 **Asperugo** Linn. …… 183

   1. 糙草 **A. procumbens** Linn. …… 183

6. 牛舌草属 **Anchusa** Linn. …… 185

   1. 狼紫草 **A. ovata** Lehmann …… 185

7. 腹脐草属 **Gastrocotyle** Bunge …… 186

   1. 腹脐草 **G. hispida** (Forssk.) Bunge …… 186

8. 附地菜属 **Trigonotis** Stev. …… 186

   1. 西藏附地菜 **T. tibetica** (C. B. Clarke) Johnst. …… 187
   2. 附地菜 **T. peduncularis** (Trev.) Benth. ex Baker et Moore …… 187

9. 微孔草属 **Microula** Benth. …… 188

   1. 西藏微孔草 **M. tibetica** Benth. …… 190

      1a. 西藏微孔草（原变种）var. **tibetica** …… 191

1b. 小花西藏微孔草（变种）var. **pratensis**（Maxim.）W. T. Wang ··· 192
2. 多花微孔草 **M. floribunda** W. T. Wang ······ 192
3. 疏散微孔草 **M. diffusa**（Maxim.）Johnst. ······ 192
4. 宽苞微孔草 **M. tangutica** Maxim. ······ 192
5. 柔毛微孔草 **M. rockii** Johnst. ······ 194
6. 长果微孔草 **M. turbinata** W. T. Wang ······ 194
7. 长叶微孔草 **M. trichocarpa**（Maxim.）Johnst. ······ 195
8. 甘青微孔草 **M. pseudotrichocarpa** W. T. Wang ······ 195
9. 小果微孔草 **M. pustulosa**（C. B. Clarke）Duthie ······ 197
10. 小微孔草 **M. younghusbandii** Duthie ······ 197
11. 尖叶微孔草 **M. blepharolepis**（Maxim.）Johnst. ······ 198
12. 微孔草 **M. sikkimensis**（C. B. Clarke）Hemsl. ······ 198
13. 总苞微孔草 **M. involucriformis** W. T. Wang ······ 199

10. 长柱琉璃草属 **Lindelofia** Lehm. ······ 201

1. 长柱琉璃草 **L. stylosa**（Kar. et Kir.）Brand ······ 201

11. 锚刺草属 **Actinocarya** Benth. ······ 202

1. 锚刺果 **A. tibetica** Benth. ······ 202

12. 琉璃草属 **Cynoglossum** Linn. ······ 202

1. 西南琉璃草 **C. wallichii** G. Don ······ 203
1a. 西南琉璃草（原变种）var. **wallichii** ······ 203
1b. 倒钩琉璃草（变种）var. **glochidiatum**（Wall. ex Benth.）Kazmi ······ 203

13. 颈果草属 **Metaeritrichium** W. T. Wang ······ 204

1. 颈果草 **M. microuloides** W. T. Wang ······ 204

14. 鹤虱属 **Lappula** Moench ······ 206

1. 蒙古鹤虱 **L. intermedia**（Ledeb.）M. Popov ······ 207
2. 两形鹤虱 **L. duplicicarpa** N. Pavl. ······ 207
3. 蓝刺鹤虱 **L. consanguinea**（Fisch. et C. A. Mey.）Gürke ······ 208
4. 费尔干鹤虱 **L. ferganensis**（M. Popov）Kamelin et G. L. Chu ······ 209
5. 短梗鹤虱 **L. tadshikorum** M. Popov ······ 209
6. 草地鹤虱 **L. pratensis** C. J. Wang ······ 210

7. 小果鹤虱 L. **microcarpa** (Ledeb.) Gürke …… 210
8. 狭果鹤虱 L. **semiglabra** (Ledeb.) Gürke …… 211
9. 卵果鹤虱 L. **patula** (Lehm.) Aschers. ex Gürke …… 212
10. 绢毛鹤虱 L. **sericata** M. Popov …… 212

15. 齿缘草属 **Eritrichium** Schrad. …… 213

1. 帕米尔齿缘草 E. **pamiricum** Fedtsch. …… 214
2. 宽叶齿缘草 E. **latifolium** Kar. et Kir. …… 215
3. 对叶齿缘草 E. **pseudolatifolium** M. Popov …… 215
4. 青海齿缘草 E. **medicarpum** Lian et J. Q. Wang …… 216
5. 无梗齿缘草 E. **sessilifructum** Lian et J. Q. Wang …… 216
6. 疏花齿缘草 E. **laxum** Johnst. …… 217
7. 矮齿缘草 E. **humillimum** W. T. Wang …… 217
8. 毛果齿缘草 E. **lasiocarpum** W. T. Wang …… 218
9. 半球齿缘草 E. **hemisphaericum** W. T. Wang …… 218
10. 假鹤虱齿缘草 E. **thymifolium** (DC.) Lian et J. Q. Wang …… 219
11. 灰毛齿缘草 E. **canum** (Benth.) Kitamura …… 219
12. 阿克陶齿缘草 E. **longifolium** Decaisne …… 220
13. 新疆齿缘草 E. **subjacquemontii** M. Popov …… 221
14. 小果齿缘草 E. **sinomicrocarpum** W. T. Wang …… 221

六十三 马鞭草科 VERBENACEAE

1. 莸属 **Caryopteris** Bunge …… 224

1. 蒙古莸 C. **mongholica** Bunge …… 224
2. 唐古特莸 C. **tangutica** Maxim. …… 225
3. 毛球莸 C. **trichosphaera** W. W. Smith …… 225

六十四 唇形科 LABIATAE

1. 筋骨草属 **Ajuga** Linn. …… 231

1. 白苞筋骨草 A. **lupulina** Maxim. …… 232
1a. 白苞筋骨草（原变型）f. **lupulina** …… 232

1b. 矮小白苞筋骨草（变型）f. **humilis** Sun ex C. H. Hu ······ 233
2. 圆叶筋骨草 **A. ovalifolia** Bur. et Franch. ······ 234
2a. 圆叶筋骨草（原变种）var. **ovalifolia** ······ 234
2b. 美花圆叶筋骨草（变种）var. **calantha**（Diels）C. Y. Wu et C. Chen ······ 236

2. 黄芩属 **Scutellaria** Linn. ······ 237

1. 连翘叶黄芩 **S. hypericifolia** Lévl. ······ 237
2. 并头黄芩 **S. scordifolia** Fisch. ex Schrank ······ 238
3. 平卧黄芩 **S. prostrata** Jacq. ······ 239
4. 少齿黄芩 **S. oligodonta** Juz. ······ 239
5. 乌恰黄芩 **S. jodudiana** B. Fedtsch. ······ 241

3. 夏至草属 **Lagopsis** Bunge ex Benth. ······ 241

1. 黄花夏至草 **L. flava** Kar. et Kir. ······ 242
2. 毛穗夏至草 **L. eriostachys**（Benth.）Ik.-Gal. ex Knorr. ······ 244
3. 夏至草 **L. supina**（Steph.）Ik.-Gal. ex Knorr. ······ 245

4. 扭藿香属 **Lophanthus** Adans. ······ 245

1. 帕米尔扭藿香 **L. subnivalis** Lipsky. ······ 246

5. 裂叶荆芥属 **Schizonepeta** Briq. ······ 246

1. 小裂叶荆芥 **S. annua**（Pall.）Schischk. ······ 248

6. 荆芥属 **Nepeta** Linn. ······ 249

1. 长苞荆芥 **N. longibracteata** Benth. ······ 249
2. 里普氏荆芥 **N. lipskyi** Kudr. ······ 251
3. 塔什库尔干荆芥 **N. taxkorganica** Y. F. Chang ······ 251
4. 密花荆芥 **N. densiflora** Kar. et Kir. ······ 252
5. 绒毛荆芥 **N. kokanica** Regel ······ 253
6. 丛卷毛荆芥 **N. floccosa** Benth. ······ 253
7. 淡紫荆芥 **N. yanthina** Franch. ······ 255
8. 蓝花荆芥 **N. coerulescens** Maxim. ······ 257
9. 康藏荆芥 **N. prattii** Levl. ······ 258

7. 扭连钱属 **Phyllophyton** Kudo ······ 259

1. 扭连钱 **P. complanatum** (Dunn) Kudo ······ 259
2. 西藏扭连钱 **P. tibeticum** (Jacquem.) C. Y. Wu ······ 260

8. 长蕊青兰属 **Fedtschenkiella** Kudr. ······ 261

1. 长蕊青兰 **F. staminea** (Kar. et. Kir.) Kudr. ······ 261

9. 青兰属 **Dracocephalum** Linn. ······ 263

1. 甘青青兰 **D. tanguticum** Maxim. ······ 264
   1a. 甘青青兰（原变种）var. **tanguticum** ······ 264
   1b. 矮生甘青青兰（变种）var. **nanum** C. Y. Wu et W. T. Wang ······ 265
   1c. 灰毛甘青青兰（变种）var. **cinereum** Hand. -Mazz. ······ 265
2. 异叶青兰 **D. heterophyllum** Benth. ······ 266
3. 香青兰 **D. moldavica** Linn. ······ 267
4. 全缘叶青兰 **D. integrifolium** Bunge ······ 269
5. 多节青兰 **D. nodulosum** Rupr. ······ 269
6. 光青兰 **D. imberbe** Bunge ······ 270
7. 宽齿青兰 **D. paulsenii** Briq. ······ 272

10. 沙穗属 **Eremostachys** Bunge ······ 272

1. 美丽沙穗 **E. speciosa** Rupr. ······ 273

11. 糙苏属 **Phlomis** Linn. ······ 273

1. 高山糙苏 **P. alpina** Pall. ······ 274
2. 山地糙苏 **P. oreophila** Kar. et Kir. ······ 274
3. 萝卜秦艽 **P. medicinalis** Diels ······ 275

12. 独一味属 **Lamiophlomis** Kudo ······ 277

1. 独一味 **L. rotate** (Benth.) Kudo ······ 277

13. 鼬瓣花属 **Galeopsis** Linn. ······ 279

1. 鼬瓣花 **G. bifida** Boenn. ······ 279

14. 野芝麻属 **Lamium** Linn. ······ 280

1. 短柄野芝麻 **L. album** Linn. ······ 280

2. 宝盖草 L. amplexicaule Linn. ······ 281

15. 元宝草属 Alajja S. Ikonn. ······ 283

1. 异叶元宝草 A. anomala (Juz.) S. Ikonn. ······ 283

16. 兔唇花属 Lagochilus Bunge ······ 285

1. 宽齿兔唇花 L. macrodentus Knorr. ······ 285
2. 阔刺兔唇花 L. platyacanthus Rupr. ······ 286
3. 喀什兔唇花 L. kaschgaricus Rupr. ······ 288

17. 益母草属 Leonurus Linn. ······ 288

1. 细叶益母草 L. sibiricus Linn. ······ 289

18. 绵参属 Eriophyton Benth. ······ 289

1. 绵参 E. wallichii Benth. ······ 289

19. 水苏属 Stachys Linn. ······ 291

1. 甘露子 S. sieboldii Miq. ······ 291

20. 鼠尾草属 Salvia Linn. ······ 292

1. 康定鼠尾草 S. prattii Hemsl. ······ 293
2. 甘西鼠尾草 S. przewarlskii Maxim. ······ 293
3. 黏毛鼠尾草 S. roborowskii Maxim. ······ 294

21. 分药花属 Perovskia Karel. ······ 296

1. 帕米尔分药花 P. pamirica C. Y. Yang et B. Wang ······ 297

22. 新塔花属 Ziziphora Linn. ······ 299

1. 帕米尔新塔花 Z. pamiroalaica Juz. ex Nevski ······ 299

23. 百里香属 Thymus Linn. ······ 300

1. 高山百里香 T. diminutus Klok. ······ 300
2. 乌恰百里香 T. seravschanicus Klok. ······ 302

24. 薄荷属 Mentha Linn. ······ 302

1. 薄荷 M. haplocalyx Briq. ······ 303

2. 亚洲薄荷 M. **asiatica** Boriss. 303

25. 地笋属 **Lycopus** Linn. 305

1. 欧洲地笋 L. **europaeus** Linn. 305

26. 香薷属 **Elsholtzia** Willd. 306

1. 鸡骨柴 E. **fruticosa**（D. Don）Rehd. 307
2. 小头花香薷 E. **cephalantha** Hand. -Mazz. 307
3. 毛穗香薷 E. **eriostachya** Benth. 308
4. 密花香薷 E. **densa** Benth. 309
   4a. 密花香薷（原变种）var. **densa** 309
   4b. 矮密花香薷（变种）var. **calycocarpa**（Diels）C. Y. Wu et S. C. Huang 310
   4c. 细穗密花香薷（变种）var. **ianthina**（Maxim. ex Kanitz）C. Y. Wu et S. C. Huang 310
5. 高原香薷 E. **feddei** Levl. 311

27. 香茶菜属 **Rabdosia**（Bl.）Hassk. 311

1. 马尔康香茶菜 R. **smithiana**（Hand. -Mazz.）Hara 312

六十五 茄科 SOLANACEAE

1. 茄属 **Solanum** Linn. 315

1. 茄 S. **melongena** Linn. 316
2. 阳芋 S. **tuberosum** Linn. 317
3. 龙葵 S. **nigrum** Linn. 317
4. 红果龙葵 S. **alatum** Moench 319

2. 枸杞属 **Lycium** Linn. 319

1. 黑果枸杞 L. **ruthenicum** Murr. 320
2. 新疆枸杞 L. **dasystemum** Pojark. 321
   2a. 新疆枸杞（原变种）var. **dasystemum** 321
   2b. 红枝枸杞（变种）var. **rubricaulium** A. M. Lu 323
3. 宁夏枸杞 L. **barbarum** Linn. 323

3. 烟草属 **Nicotiana** Linn. ······ 323

1. 黄花烟草 **N. rustica** Linn. ······ 324
2. 烟草 **N. tabacum** Linn. ······ 324

4. 泡囊草属 **Physochlaina** G. Don ······ 325

1. 西藏泡囊草 **P. praealta**（Decne.）Miers ······ 325

5. 天仙子属 **Hyoscyamus** Linn. ······ 326

1. 天仙子 **H. niger** Linn. ······ 326

6. 番茄属 **Lycopersicon** Mill ······ 327

1. 番茄 **L. esculentum** Mill. ······ 327

7. 假酸浆属 **Nicandra** Adans. ······ 328

1. 假酸浆 **N. physaloides**（Linn.）Gaertn. ······ 328

8. 山莨菪属 **Anisodus** Link et Otto ······ 328

1. 山莨菪 **A. tanguticus**（Maxim.）Pascher ······ 330

9. 马尿泡属 **Przewalskia** Maxim. ······ 332

1. 马尿泡 **P. tangutica** Maxim. ······ 332

10. 曼陀罗属 **Datura** Linn. ······ 334

1. 曼陀罗 **D. stramonium** Linn. ······ 335

11. 茄参属 **Mandragora** Linn. ······ 335

1. 青海茄参 **M. chinghaiensis** Kuang et A. M. Lu ······ 336

12. 辣椒属 **Capsicum** Linn. ······ 336

1. 辣椒 **C. annuum** Linn. ······ 337
   - 1a. 辣椒（原变种）var. **annuum** ······ 337
   - 1b. 菜椒（变种）var. **grossum**（Linn.）Sendt. ······ 337
   - 1c. 朝天椒（变种）var. **conoides**（Mill.）Irish ······ 337

六十六　玄参科 SCROPHULARIACEAE

1. 柳穿鱼属 **Linaria** Mill. ······ 339

  1. 帕米尔柳穿鱼 **L. kulabensis** B. Fedtsch. ······ 340
  2. 中亚柳穿鱼 **L. popovii** Kuprian. ······ 340

2. 肉果草属 **Lancea** Hook. f. et Thoms. ······ 341

  1. 肉果草 **L. tibetica** Hook. f. et Thoms. ······ 341

3. 水茫草属 **Limosella** Linn. ······ 342

  1. 水茫草 **L. aquatica** Linn. ······ 342

4. 玄参属 **Scrophularia** Linn. ······ 344

  1. 青海玄参 **S. przewalskii** Batal. ······ 345
  2. 小花玄参 **S. souliei** Franch. ······ 345
  3. 齿叶玄参 **S. dentata** Royle ······ 346
  4. 羽裂玄参 **S. kiriloviana** Schischk. ······ 347
  5. 砾玄参 **S. incisa** Weinm. ······ 348

5. 藏玄参属 **Oreosolen** Hook. f. ······ 348

  1. 藏玄参 **O. wattii** Hook. f. ······ 350

6. 兔耳草属 **Lagotis** Gaertn. ······ 350

  1. 短穗兔耳草 **L. brachystachya** Maxim. ······ 352
  2. 球穗兔耳草（新纪录）**L. globosa**（Kurz）Hook. f. ······ 353
  3. 短管兔耳草 **L. brevituba** Maxim. ······ 353
  4. 狭苞兔耳草 **L. angustibracteata** Tsoong et Yang ······ 355
  5. 全缘兔耳草 **L. integra** W. W. Smith ······ 356
  6. 倾卧兔耳草 **L. decumbens** Rupr. ······ 356
  7. 紫叶兔耳草 **L. praecox** W. W. Smith ······ 357
  8. 圆穗兔耳草 **L. ramalana** Batal. ······ 358

7. 细穗玄参属 **Scrofella** Maxim. ······ 358

  1. 细穗玄参 **S. chinensis** Maxim. ······ 360

8. 婆婆纳属 **Veronica** Linn. …… 360

1. 北水苦荬 **V. anagallis-aquatica** Linn. …… 362
2. 红叶婆婆纳 **V. ferganica** M. Popov …… 362
3. 两裂婆婆纳 **V. biloba** Linn. …… 363
4. 弯果婆婆纳 **V. campylopoda** Boiss. …… 365
5. 长梗婆婆纳 **V. deltigera** Wall. ex Benth. …… 365
6. 短花柱婆婆纳 **V. lasiocarpa** Pennell. …… 366
7. 唐古拉婆婆纳 **V. vandellioides** Maxim. …… 366
8. 光果婆婆纳 **V. rockii** Li …… 368
9. 毛果婆婆纳 **V. eriogyne** H. Winkl. …… 368
10. 长果婆婆纳 **V, ciliata** Fisch. …… 369

9. 野胡麻属 **Dodartia** Linn. …… 371

1. 野胡麻 **D. orientalis** Linn. …… 371

10. 小米草属 **Euphrasia** Linn. …… 371

1. 小米草 **E. pectinata** Ten. …… 372
2. 短腺小米草 **E. regelii** Wettst. …… 373

11. 松蒿属 **Phtheirospermum** Bunge …… 373

1. 细裂叶松蒿 **P. tenuisectum** Bur. et Franch. …… 375

12. 马先蒿属 **Pedicularis** Linn. …… 375

1. 阴郁马先蒿 **P. tristis** Linn. …… 381
2. 粗野马先蒿 **P. rudis** Maxim. …… 382
3. 硕大马先蒿 **P. ingens** Maxim. …… 382
4. 假硕大马先蒿 **P. pseudo-ingens** Bonati …… 384
5. 毛盔马先蒿 **P. trichoglossa** Hook. f. …… 385
6. 绒舌马先蒿 **P. lachnoglossa** Hook. f. …… 386
7. 毛颏马先蒿 **P. lasiophrys** Maxim. …… 386
8. 灰色马先蒿 **P. cinerascens** Franch. …… 388
9. 准噶尔马先蒿 **P. songarica** Schrenk …… 389
10. 黄花马先蒿 **P. flava** Pall. …… 389
11. 长根马先蒿 **P. dolichorrhiza** Schrenk …… 390

12. 欧氏马先蒿 P. **oederi** Vahl …… 392

12a. 欧氏马先蒿（原变种）var. **oederi** …… 392

12b. 华马先蒿（变种）var. **sinensis**（Maxim.）Hurus. …… 393

13. 拟鼻花马先蒿 P. **rhinanthoides** Schrenk ex Fisch. et C. A. Mey. …… 393

13a. 拟鼻花马先蒿（原亚种）subsp. **rhinanthoides** …… 395

13b. 太唇马先蒿（亚种）subsp. **labellata**（Jacques）Tsoong …… 395

14. 西藏马先蒿 P. **tibetica** Franch. …… 396

15. 藓生马先蒿 P. **muscicola** Maxim. …… 398

16. 青藏马先蒿 P. **przewalskii** Maxim. …… 398

16a. 青藏马先蒿（原亚种）subsp. **przewalskii** …… 398

16b. 青南马先蒿（亚种）subsp. **australis**（Li）Tsoong …… 399

17. 凸额马先蒿 P. **cranolopha** Maxim. …… 399

18. 长花马先蒿 P. **longiflora** Rudolph …… 400

18a. 长花马先蒿（原变种）var. **longiflora** …… 400

18b. 斑唇马先蒿（变种）var. **tubiformis**（Klotz.）Tsoong …… 401

19. 中国马先蒿 P. **chinensis** Maxim. …… 402

20. 刺齿马先蒿 P. **armata** Maxim. …… 404

20a. 刺齿马先蒿（原变种）var. **armata** …… 404

20b. 三斑点马先蒿（变种）var. **trimaculata** X. F. Lu …… 405

21. 二齿马先蒿 P. **bidentata** Maxim. …… 405

22. 琴盔马先蒿 P. **lyrata** Prain ex Maxim. …… 405

23. 全叶马先蒿 P. **integrifolia** Hook. f. …… 406

24. 狭叶马先蒿 P. **heydei** Prain …… 407

25. 团花马先蒿 P. **sphaerantha** Tsoong …… 408

26. 多花马先蒿 P. **floribunda** Franch. …… 408

27. 三叶马先蒿 P. **ternata** Maxim. …… 410

28. 绵穗马先蒿 P. **pilostachya** Maxim. …… 412

29. 西敏诺夫马先蒿 P. **semenovii** Regel …… 412

30. 短唇马先蒿 P. **brevilabris** Franch. …… 413

31. 细根马先蒿 P. **ludwigii** Regel …… 413

32. 皱褶马先蒿 P. **plicata** Maxim. …… 414

33. 轮叶马先蒿 P. **verticillata** Linn. …… 415

33a. 轮叶马先蒿（原亚种）subsp. **verticillata** …… 415

33b. 唐古特马先蒿（亚种）subsp. **tangutica**（Bonati）Tsoong …… 416

34. 儒侏马先蒿 P. **pygmaea** Maxim. …… 416

35. **堇色马先蒿 P. violascens** Schrenk ………… 417
36. **四川马先蒿 P. szetschuanica** Maxim. ………… 418
37. **草甸马先蒿 P. roylei** Maxim. ………… 419
38. **甘肃马先蒿 P. kansuensis** Maxim. ………… 420
38a. 甘肃马先蒿（原变型）subsp. **kansuensis** Maxim. f. **kansuensis** ………… 420
38b. 白花甘肃马先蒿（变型）subsp. **kansuensis** Maxim. f. **albiflora** Li ………… 422
38c. 青海马先蒿（亚种）subsp. **kokonorica** Tsoong ………… 422
38d. 厚毛马先蒿（亚种）subsp. **villosa** Tsoong ………… 423
39. **半扭卷马先蒿 P. semitorta** Maxim. ………… 423
39a. 半扭卷马先蒿（原变种）var. **semitorta** ………… 423
39b. 紫花半扭卷马先蒿（新变种）var. **porphyrantha** Z. L. Wu ………… 424
40. **拟篦齿马先蒿 P. pectinatiformis** Bonati ………… 424
41. **碎米蕨叶马先蒿 P. cheilanthifolia** Schrenk ………… 425
41a. 碎米蕨叶马先蒿（原亚种）subsp. **cheilanthifolia** ………… 425
41b. 斯文马先蒿（亚种）subsp. **svenhedinii**（Pauls.）Tsoong ………… 426
42. **鸭首马先蒿 P. anas** Maxim. ………… 427
42a. 鸭首马先蒿（原变种）var. **anas** ………… 427
42b. 黄花鸭首马先蒿（变种）var. **xanthantha**（Li）Tsoong ………… 429
43. **鹅首马先蒿 P. chenocephala** Diels ………… 429
44. **具冠马先蒿 P. cristatella** Pennell et Li ex Li ………… 430
45. **鹬形马先蒿 P. scolopax** Maxim. ………… 430
46. **阿拉善马先蒿 P. alaschanica** Maxim. ………… 431
47. **假弯管马先蒿 P. pseudocurvituba** Tsoong ………… 433
48. **弯管马先蒿 P. curvituba** Maxim. ………… 434

六十七　紫葳科 BIGNONIACEAE

1. 角蒿属 Incarvillea Juss. ………… 436

1. **四川角蒿 I. beresowskii** Batal. ………… 437
2. **密花角蒿 I. compacta** Maxim. ………… 437
3. **藏角蒿 I. younghusbandii** Sprague ………… 438
4. **鸡肉参 I. mairei**（Levl.）Griers. ………… 438

4a. 鸡肉参（原变种）var. **mairei** …… 440
4b. 大花角蒿（变种）var. **grandiflora**（Wehrhahn）Griers. …… 440

六十八 列当科 OROBANCHACEAE

1. 肉苁蓉属 Cistanche Hoffmanns et Link. …… 441

1. 管花肉苁蓉 **C. tubulosa**（Schrenk）Wight …… 442
2. 盐生肉苁蓉 **C. salsa**（C. A. Mey.）G. Beck …… 442

2. 列当属 Orobanche Linn. …… 443

1. 多齿列当 **O. uralensis** G. Beck …… 444
2. 短齿列当 **O. kelleri** Novopokr. …… 444
3. 长齿列当 **O. coelestis**（Reuter）Boiss. et Reuter ex Beck …… 445
4. 分枝列当 **O. aegyptiaca** Pers. …… 446
5. 列当 **O. coerulescens** Steph. …… 446
6. 弯管列当 **O. cernua** Loefling …… 447
   6a. 弯管列当（原变种）var. **cernua** …… 447
   6b. 直管列当（变种）var. **hansii**（A. Kerner）G. Beck …… 448
7. 美丽列当 **O. amoena** C. A. Mey. …… 448

3. 草苁蓉属 Boschniakia C. A. Mey. ex Bong. …… 449

1. 丁座草 **B. himalaica** Hook. f. et Thoms. …… 449

4. 豆列当属 Mannagettaea H. Smith …… 451

1. 矮生豆列当 **M. hummelii** H. Smith …… 451
2. 豆列当 **M. labiata** H. Smith …… 452

六十九 狸藻科 LENTBULARIACEAE

1. 狸藻属 Utricularia Linn. …… 453

1. 狸藻 **U. vulgaris** Linn. …… 453

七十　车前科 PLANTAGINACEAE

1. 车前属 **Plantago** Linn. ······ 456

1. 车前 **P. asiatica** Linn. ······ 457
2. 龙胆状车前 **P. gentianoides** Sibth. et Smith ······ 458
   2a. 龙胆状车前（原亚种）subsp. **gentianoides** ······ 458
   2b. 革叶车前（亚种）subsp. **griffithii**（Decne.）Rech. f. ······ 458
3. 大车前 **P. major** Linn. ······ 458
4. 蛛毛车前 **P. arachnoidea** Schrenk. ······ 459
5. 平车前 **P. depressa** Willd. ······ 460
6. 沿海车前 **P. maritime** Linn. ······ 461
   6a. 沿海车前（原亚种）subsp. **maritime** ······ 461
   6b. 盐生车前（亚种）subsp. **ciliata** Printz ······ 461
7. 长叶车前 **P. lanceolata** Linn. ······ 462
8. 小车前 **P. minuta** Pall. ······ 463
9. 北车前 **P. media** Linn. ······ 463
10. 苣叶车前 **P. perssonii** Pilger ······ 465

七十一　茜草科 RUBIACEAE

1. 茜草属 **Rubia** Linn. ······ 466

1. 染色茜草 **R. tinctorum** Linn. ······ 467
2. 西藏茜草 **R. tibetica** Hook. f. ······ 467
3. 茜草 **R. cordifolia** Linn. ······ 468

2. 拉拉藤属 **Galium** Linn. ······ 468

1. 麦仁珠 **G. tricorne** Stokes ······ 469
2. 原拉拉藤 **G. aparine** Linn. ······ 470
   2a. 原拉拉藤（原变种）var. **aparine** ······ 470
   2b. 拉拉藤（变种）var. **echinospermum**（Wallr.）Cuf. ······ 470
   2c. 猪殃殃（变种）var. **tenerum**（Greni et Godr）Rchb. ······ 471
3. 北方拉拉藤 **G. boreale** Linn. ······ 471

3a. 北方拉拉藤（原变种）var. **boreale** ······ 471
3b. 硬毛拉拉藤（变种）var. **ciliatum** Nakai ······ 472
3c. 宽叶拉拉藤（变种）var. **latifolium** Turcz. ······ 472
4. **蓬子菜 G. verum** Linn. ······ 472
4a. 蓬子菜（原变种）var. **verum** ······ 473
4b. 毛蓬子菜（变种）var. **tomentosum**（Nakai）Nakai ······ 473
4c. 粗糙蓬子菜（变种）var. **trachyphyllum** Wallr. ······ 474
5. **单花拉拉藤 G. exile** Hook. f. ······ 474
6. **准噶尔拉拉藤 G. soongoricum** Schrenk ······ 476

七十二　忍冬科 CAPRIFOLIACEAE

1. 莛子藨属 Triosteum Linn. ······ 477
1. **莛子藨 T. pinnatifidum** Maxim. ······ 478
2. 忍冬属 Lonicera Linn. ······ 478
1. **毛花忍冬 L. trichosantha** Bur. et Franch. ······ 480
2. **岩生忍冬 L. rupicola** Hook. f. et Thoms. ······ 482
2a. 岩生忍冬（原变种）var. **rupicola** ······ 482
2b. 红花岩生忍冬（变种）var. **syringantha**（Maxim.）Zabel ······ 484
3. **矮生忍冬 L. minuta** Batal. ······ 485
4. **棘枝忍冬 L. spinosa** Jacq. ex Walp. ······ 485
5. **沼生忍冬 L. alberti** Regel ······ 487
6. **小叶忍冬 L. microphylla** Willd. ex Roem. et Schult. ······ 487
7. **唐古特忍冬 L. tangutica** Maxim. ······ 488
8. **四川忍冬 L. szechuanica** Batal. ······ 489
9. **异叶忍冬 L. heterophylla** Decne. ······ 489
10. **华西忍冬 L. webbiana** Wall. ex DC. ······ 490
11. **刚毛忍冬 L. hispida** Pall. ex Roem. et Schult. ······ 490
12. **藏西忍冬 L. semenovii** Regel ······ 492
13. **截萼忍冬 L. altmannii** Regel et Schmalh. ······ 493
14. **杈枝忍冬 L. simulatrix** Pojark. ······ 494
15. **灰毛忍冬 L. cinerea** Pojark. ······ 494
16. **矮小忍冬 L. humilis** Kar. et Kir. ······ 495

七十三　五福花科 ADOXACEAE

1. 五福花属 Adoxa Linn. ········ 496

1. 五福花 A. moschatellina Linn. ········ 496

七十四　败酱科 VALERIANACEAE

1. 败酱属 Patrinia Juss. ········ 499

1. 中败酱 P. intermedia（Horn.）Roem. et Schult. ········ 500

2. 缬草属 Valeriana Linn. ········ 500

1. 缬草 V. pseudofficinalis C. Y. Cheng et H. B. Chen ········ 502
2. 细花缬草 V. meonantha C. Y. Cheng et H. B. Chen ········ 503
3. 小花缬草 V. minutiflora Hand.-Mazz. ········ 503
4. 小缬草 V. tangutica Batal. ········ 504
5. 新疆缬草 V. fedtschenkoi Coincy ········ 504

3. 甘松属 Nardostachys DC. ········ 505

1. 甘松 N. chinensis Batal. ········ 505

4. 新缬草属 Valerianella Mill. ········ 507

1. 新缬草 V. cymbocarpa C. A. Mey. ········ 507

七十五　川续断科 DIPSACACEAE

1. 刺续断属 Morina Linn. ········ 509

1. 刺续断 M. nepalensis D. Don ········ 510
1a. 刺续断（原变种）var. **nepalensis** ········ 510
1b. 白花刺参（变种）var. **alba**（Hand.-Mazz.）Y. C. Tang ex C. H. Hsing ········ 510
2. 圆萼刺参 M. chinensis（Batal.）Diels ········ 511

3. 青海刺参 M. **kokonorica** Hao ······ 512

2. 川续断属 **Dipsacus** Linn. ······ 512

1. 大头续断 D. **chinensis** Batal. ······ 514

3. 翼首花属 **Pterocephalus** Vaill. ex Adans. ······ 514

1. 匙叶翼首花 P. **hookeri** (C. B. Clarke) Höck. ······ 514

4. 蓝盆花属 **Scabiosa** Linn. ······ 516

1. 黄盆花 S. **ochroleuca** Linn. ······ 516

七十六　桔梗科 CAMPANULACEAE

1. 蓝钟花属 **Cyananthus** Wall. ex Benth. ······ 518

1. 蓝钟花 C. **hookeri** C. B. Clarke ······ 519

2. 党参属 **Codonopsis** Wall. ······ 519

1. 脉花党参 C. **nervosa** (Chipp) Nannf. ······ 520
2. 新疆党参 C. **clematidea** (Schrenk) C. B. Clarke ······ 521
3. 二色党参 C. **bicolor** Nannf. ······ 521
4. 绿花党参 C. **viridiflora** Maxim. ······ 522

3. 风铃草属 **Campanula** Linn. ······ 522

1. 钻裂风铃草 C. **aristata** Wall. ······ 523

4. 沙参属 **Adenophora** Fisch. ······ 523

1. 喜马拉雅沙参 A. **himalayana** Feer ······ 524
2. 长柱沙参 A. **stenanthina** (Ledeb.) Kitagawa ······ 525
   2a. 长柱沙参（原亚种）subsp. **stenanthina** ······ 525
   2b. 林沙参（亚种）subsp. **sylvatica** Hong ······ 525
3. 川藏沙参 A. **liliifolioides** Pax et Hoffm. ······ 526

七十七　菊科 COMPOSITAE

(一) 紫菀族 Trib. Astereae Cass.

1. 狗娃花属 **Heteropappus** Less. ………… 531

  1. 青藏狗娃花 H. **bowerii** (Hemsl.) Griers. ………… 532
  2. 阿尔泰狗娃花 H. **altaicus** (Willd.) Novopokr. ………… 533
  3. 半卧狗娃花 H. **semiprostratus** Griers. ………… 534
  4. 圆齿狗娃花 H. **crenatifolius** (Hand.-Mazz.) Griers. ………… 536
  5. 拉萨狗娃花 H. **gouldii** (C. E. C. Fisch.) Griers. ………… 536

2. 紫菀属 **Aster** Linn. ………… 538

  1. 灰枝紫菀 A. **poliothamnus** Diels ………… 539
  2. 缘毛紫菀 A. **souliei** Franch. ………… 541
  3. 东俄洛紫菀 A. **tongolensis** Franch. ………… 541
  4. 块根紫菀 A. **asteroides** (DC.) O. Kuntze ………… 542
  5. 高山紫菀 A. **alpinus** Linn. ………… 542
     5a. 高山紫菀（原变种）var. **alpinus** ………… 544
     5b. 异苞高山紫菀（变种）var. **diversisquamus** Ling ………… 544
  6. 柔软紫菀 A. **flaccidus** Bunge ………… 544
     6a. 柔软紫菀（原亚种）subsp. **flaccidus** ………… 545
     6b. 腺毛柔软紫菀（亚种）subsp. **glandulosus** (Keissl.) Onno ………… 546
  7. 若羌紫菀 A. **ruoqiangensis** Y. Wei et Z. X. An ………… 546
  8. 云南紫菀 A. **yunnanensis** Franch. ………… 547
     8a. 云南紫菀（原变种）var. **yunnanensis** ………… 547
     8b. 夏河紫菀（变种）var. **labrangensis** (Hand.-Mazz.) Ling ………… 547
  9. 重冠紫菀 A. **diplostephioides** (DC.) C. B. Clarke ………… 549

3. 岩菀属 **Krylovia** Schischk. ………… 550

  1. 岩菀 K. **limoniifolia** (Less.) Schischk. ………… 550

4. 乳菀属 **Galatella** Cass. ………… 551

  1. 紫缨乳菀 G. **chromopappa** Novopokr. ………… 551

5. 碱菀属 Tripolium Nees ······ 552

1. **碱菀 T. vulgare** Nees ······ 552

6. 紫菀木属 Asterothamnus Novopokr. ······ 553

1. **灌木紫菀木 A. fruticosus**（Winkl.）Novopokr. ······ 553
2. **中亚紫菀木 A. centrali-asiaticus** Novopokr. ······ 555
   2a. 中亚紫菀木（原变种）var. **centrali-asiaticus** ······ 555
   2b. 高大中亚紫菀木（变种）var. **procerior** Novopokr. ······ 556

7. 短星菊属 Brachyactis Ledeb. ······ 556

1. **短星菊 B. ciliata** Ledeb. ······ 558
2. **西疆短星菊 B. roylei**（DC.）Wendelbo ······ 558
3. **高山短星菊 B. alpinus** Y. Wei et Z. X. An ······ 559

8. 寒蓬属 Psychrogeton Boiss. ······ 561

1. **藏寒蓬 P. poncinsii**（Franch.）Ling et Y. L. Chen ······ 561

9. 飞蓬属 Erigeron Linn. ······ 562

1. **蓝舌飞蓬 E. vicarius** Botsch. ······ 563
2. **绵苞飞蓬 E. eriocalyx**（Ledeb.）Vierh. ······ 563
3. **山地飞蓬 E. oreades**（Schrenk）Fisch. et C. A. Mey. ······ 565
4. **光山飞蓬 E. leioreades** M. Popov ······ 566
5. **长茎飞蓬 E. elongatus** Ledeb. ······ 566
   5a. 长茎飞蓬（原变种）var. **elongatus** ······ 566
   5b. 腺毛飞蓬（变种）var. **glandulosus** Y. Wei et Z. X. An ······ 567
6. **飞蓬 E. acer** Linn. ······ 567
7. **革叶飞蓬 E. schmalhausenii** M. Popov ······ 568
8. **西疆飞蓬 E. krylovii** Serg. ······ 568
9. **假泽山飞蓬 E. pseudoseravschanicus** Botsch. ······ 569

10. 毛冠菊属 Nannoglottis Maxim. ······ 571

1. **青海毛冠菊 N. ravida**（Winkl.）Y. L. Chen ······ 571
2. **毛冠菊 N. carpesioides** Maxim. ······ 572
3. **狭舌毛冠菊 N. gynura**（Winkl.）Ling et Y. L. Chen ······ 572

（二）旋覆花族 Trib. Inuleae Cass.

11. 蝶须属 **Antennaria** Gaertn. ······ 575

1. 蝶须 A. **dioica**（Linn.）Gaertn. ······ 575

12. 火绒草属 **Leontopodium** R. Brown ······ 576

1. 香芸火绒草 L. **haplophylloides** Hand.-Mazz. ······ 577
2. 戟叶火绒草 L. **dedekensii**（Bur. et Franch.）Beauv. ······ 578
3. 银叶火绒草 L. **souliei** Beauv. ······ 579
4. 美头火绒草 L. **calocephalum**（Franch.）Beauv. ······ 579
5. 矮火绒草 L. **nanum**（Hook. f. et Thoms.）Hand.-Mazz. ······ 581
6. 短星火绒草 L. **brachyactis** Gandog. ······ 582
7. 长叶火绒草 L. **longifolium** Ling ······ 583
8. 弱小火绒草 L. **pusillum**（Beauv.）Hand.-Mazz. ······ 583
9. 火绒草 L. **leontopodioides**（Willd.）Beauv. ······ 585
10. 黄白火绒草 L. **ochroleucum** Beauv. ······ 587
11. 山野火绒草 L. **campestre**（Ledeb.）Hand.-Mazz. ······ 588

13. 香青属 **Anaphalis** DC. ······ 590

1. 铃铃香青 A. **hancockii** Maxim. ······ 591
2. 淡黄香青 A. **flavescens** Hand.-Mazz. ······ 591
3. 纤枝香青 A. **gracilis** Hand.-Mazz. ······ 593
   3a. 纤枝香青（原变种）var. **gracilis** ······ 593
   3b. 糙叶纤枝香青（变种）var. **aspera** Hand.-Mazz. ······ 593
4. 黄腺香青 A. **aureo-punctata** Lingelsh et Borza ······ 594
5. 蜀西香青 A. **souliei** Diels ······ 594
6. 二色香青 A. **bicolor**（Franch.）Diels ······ 595
   6a. 二色香青（原变种）var. **bicolor** ······ 595
   6b. 青海香青（变种）var. **kokonorica** Ling ······ 596
7. 乳白香青 A. **lactea** Maxim. ······ 596

14. 鼠麴草属 **Gnaphalium** Linn. ······ 598

1. 秋鼠麴草 G. **hypoleucum** DC. ······ 599
2. 矮鼠麴草 G. **stewartii** C. B. Clarke ex Hook. f. ······ 599

15. 蜡菊属 **Helichrysum** Mill. …… 600

1. 喀什蜡菊 H. kashgaricum Z. X. An …… 600

16. 旋覆花属 **Inula** Linn. …… 602

1. 羊眼花 **I. rhizocephala** Schrenk …… 602
2. 蓼子朴 **I. salsoloides**（Turcz.）Ostenf …… 603

（三）向日葵族 Trib. Heliantheae Cass.

17. 苍耳属 **Xanthium** Linn. …… 605

1. 苍耳 **X. sibiricum** Patrin. ex Widder …… 606

18. 鬼针草属 **Bidens** Linn. …… 606

1. 小花鬼针草 **B. parviflora** Willd. …… 608

（四）春黄菊族 Trib. Anthemideae Cass.

19. 短舌菊属 **Brachanthemum** DC. …… 609

1. 星毛短舌菊 **B. pulivinatum**（Hand. -Mazz.）Shih …… 609

20. 匹菊属 **Pyrethrum** Zinn. …… 610

1. 川西小黄菊 **P. tatsienense**（Bur. et Franch.）Ling ex Shih …… 611
2. 美丽匹菊 **P. pulchrum** Ledeb. …… 611
3. 灰叶匹菊 **P. pyrethroides**（Kar. et Kir.）B. Fedtsch. ex Krasch. …… 612
4. 光滑匹菊 **P. arrasanicum**（Winkl.）O. et B. Fedtsch. …… 614

21. 扁芒菊属 **Waldheimia** Kar. et Kir. …… 614

1. 羽叶扁芒菊 **W. tomentosa**（Decne.）Regel …… 615
2. 光叶扁芒菊 **W. stoliczkae**（C. B. Clarke）Ostenf. …… 615
3. 扁芒菊 **W. tridactylites** Kar. et Kir. …… 616
4. 西藏扁芒菊 **W. glabra**（Decne.）Regel …… 617

22. 女蒿属 **Hippolytia** Poljak. …… 617

1. 大花女蒿 **H. megacephala**（Rupr.）Poljak. …… 618

2. 束伞女蒿 **H. desmantha** Shih ········ 618

23. 小甘菊属 **Cancrinia** Kar. et Kir. ········ 619

1. 灌木小甘菊 **C. maximowiczii** C. Winkl. ········ 619

24. 亚菊属 **Ajania** Poljak. ········ 620

1. 分枝亚菊 **A. ramosa**（Chang）Shih ········ 621
2. 多花亚菊 **A. myriantha**（Franch.）Ling ex Shih ········ 621
3. 细叶亚菊 **A. tenuifolia**（Jacq.）Tzvel. ········ 622
4. 铺散亚菊 **A. khartensis**（Dunn）Shih ········ 623
5. 西藏亚菊 **A. tibetica**（Hook. f et Thoms. ex C. B. Clarke）Tzvel. ········ 624
6. 单头亚菊 **A. scharnhorstii**（Regel et Schmalh.）Tzvel. ········ 624
7. 矮亚菊 **A. trilobata** Poljak. ········ 626
8. 灌木亚菊 **A. fruticulosa**（Ledeb.）Poljak. ········ 626
9. 新疆亚菊 **A. fastigiata**（Winkl.）Poljak. ········ 627

25. 喀什菊属 **Kaschgaria** Poljak. ········ 628

1. 密枝喀什菊 **K. brachanthemoides**（Winkl.）Poljak. ········ 628

26. 蒿属 **Artemisia** Linn. ········ 630

1. 大花蒿 **A. macrocephala** Jacq. ex Bess. ········ 638
2. 大籽蒿 **A. sieversiana** Ehrhart ex Willd. ········ 639
3. 冷蒿 **A. frigida** Willd. ········ 640
   3a. 冷蒿（原变种）var. **frigida** ········ 641
   3b. 紫花冷蒿（变种）var. **atropurea** Pamp. ········ 641
4. 银叶蒿 **A. argyrophylla** Ledeb. ········ 643
5. 岩蒿 **A. rupestris** Linn. ········ 643
6. 内蒙古旱蒿 **A. xerophytica** Krasch. ········ 644
7. 香叶蒿 **A. rutifolia** Steph. ex Spreng. ········ 645
8. 垫型蒿 **A. minor** Jacq. ex Bess. ········ 645
9. 藏白蒿 **A. younghusbandii** J. R. Drumm. ex Pamp. ········ 648
10. 冻原白蒿 **A. stracheyi** Hook. f. et Thoms. ex C. B. Clarke ········ 648
11. 莳萝蒿 **A. anethoides** Mattf. ········ 649
12. 伊朗蒿 **A. persica** Boiss. ········ 649
13. 白莲蒿 **A. sacrorum** Ledeb. ········ 650

14. 细裂叶莲蒿 A. **gmelinii** Web. ex Stechm. ······ 651
15. 毛莲蒿 A. **vestita** Wall. ex Bess. ······ 653
16. 黄花蒿 A. **annua** Linn. ······ 654
17. 臭蒿 A. **hedinii** Ostenf. et Pauls. ······ 654
18. 湿地蒿 A. **tournefortiana** Reichb. ······ 655
19. 米蒿 A. **dalai-lamae** Krasch. ······ 656
20. 矮丛蒿 A. **caespitosa** Ledeb. ······ 657
21. 银蒿 A. **austriaca** Jacq. ······ 657
22. 野艾蒿 A. **lavandulaefolia** DC. ······ 659
23. 北艾 A. **vulgaris** Linn. ······ 660
24. 灰苞蒿 A. **roxburghiana** Bess. ······ 660
25. 白叶蒿 A. **leucophylla** (Turcz. ex Bess.) C. B. Clarke ······ 662
26. 叶苞蒿 A. **phyllobotrys** (Hand. -Mazz.) Ling et Y. R. Ling ······ 663
27. 蒙古蒿 A. **mongolica** (Fisch. ex Bess.) Nakai ······ 664
28. 小球花蒿 A. **moorcroftiana** Wall. ex DC. ······ 665
29. 绒毛蒿 A. **campbellii** Hook. f. et Thoms. ······ 666
30. 球花蒿 A. **smithii** Mattf. ······ 667
31. 西南圆头蒿 A. **sinensis** (Pamp.) Ling et Y. R. Ling ······ 668
32. 黏毛蒿 A. **mattfeldii** Pamp. ······ 668
33. 多花蒿 A. **myriantha** Wall. ex Bess. ······ 669
34. 龙蒿 A. **dracunculus** Linn. ······ 670
35. 圆头蒿 A. **sphaerocephala** Krasch. ······ 671
36. 盐蒿 A. **halodendron** Turcz. ex Bess. ······ 672
37. 藏岩蒿 A. **prattii** (Pamp.) Ling et Y. R. Ling ······ 672
38. 昆仑沙蒿 A. **saposhnikovii** Krasch. ex Poljak. ······ 673
39. 藏沙蒿 A. **wellbyi** Hemsl. et Pears. ex Deasy ······ 673
40. 藏龙蒿 A. **waltonii** J. R. Drumm. ex Pamp. ······ 674
41. 江孜蒿 A. **gyangzeensis** Ling et Y. R. Ling ······ 675
42. 掌裂蒿 A. **kuschakewiczii** Winkl. ······ 676
43. 纤杆蒿 A. **demissa** Krasch. ······ 676
44. 猪毛蒿 A. **scoparia** Waldst. et Kit. ······ 678
45. 直茎蒿 A. **edgeworthii** Balakr. ······ 680
46. 纤梗蒿 A. **pewzowii** Winkl. ······ 680
47. 沙蒿 A. **desertorum** Spreng. ······ 681
48. 青藏蒿 A. **duthreuil-de-rhinsi** Krasch. ······ 682

49. 昆仑蒿 A. **nanschanica** Krasch. ························ 683
50. 牛尾蒿 A. **dubia** Wall. ex Bess. ························ 684
51. 指裂蒿 A. **tridactyla** Hand. -Mazz. ························ 685

27. 绢蒿属 **Seriphidium** (Bess.) Poljak. ························ 686

1. 伊犁绢蒿 S. **transiliense** (Poljak.) Poljak. ························ 688
2. 蒙青绢蒿 S. **mongolorum** (Krasch.) Ling et Y. R. Ling ························ 688
3. 苍绿绢蒿 S. **fedtschenkoanum** (Krasch.) Poljak. ························ 689
4. 伊塞克绢蒿 S. **issykkulense** (Poljak.) Poljak. ························ 690
5. 费尔干绢蒿 S. **ferganense** (Krasch. ex Poljak.) Poljak. ························ 690
6. 纤细绢蒿 S. **gracilescens** (Krasch. et Iljin) Poljak. ························ 692
7. 高山绢蒿 S. **rhodanthum** (Rupr.) Poljak. ························ 694
8. 昆仑绢蒿 S. **korovinii** (Poljak.) Poljak. ························ 696
9. 高原绢蒿 S. **grenardii** (Franch.) Y. R. Ling et C. J. Humphries ······ 696
10. 聚头绢蒿 S. **compactum** (Fisch. ex Bess.) Poljak. ························ 697

28. 栉叶蒿属 **Neopallasia** Poljak. ························ 697

1. 栉叶蒿 N. **pectinata** (Pall.) Poljak. ························ 698

（五）千里光族 Trib. Senecioneae Cass.

29. 多榔菊属 **Doronicum** Linn. ························ 700

1. 狭舌多榔菊 D. **stenoglossum** Maxim. ························ 701
2. 西藏多榔菊 D. **thibetanum** Cavill. ························ 702

30. 蟹甲草属 **Parasenecio** W. W. Smith et Small ························ 703

1. 三角叶蟹甲草 P. **deltophyllus** (Maxim.) Y. L. Chen ························ 703

31. 千里光属 **Senecio** Linn. ························ 705

1. 细梗千里光 S. **krascheninnikovii** Schischk. ························ 706
2. 北千里光 S. **dubitabilis** C. Jeffrey et Y. L. Chen ························ 707
  2a. 北千里光（原变种）var. **dubitabilis** ························ 707
  2b. 线叶千里光（变种）var. **linearifolius** Z. X. An et S. L. Keng ······ 708
3. 昆仑山千里光 S. **kunlunshanicus** Z. X. An ························ 708
4. 林荫千里光 S. **nemorensis** Linn. ························ 708

5. 天山千里光 S. **thianshanicus** Regel et Schmalh. ······ 710
6. 羽叶千里光 S. **diversipinnus** Ling ······ 711
7. 新疆千里光 S. **jacobaea** Linn. ······ 713

32. 狗舌草属 Tephroseris (Reichenb.) Reichenb. ······ 715

1. 橙舌狗舌草 T. **rufa** (Hand.-Mazz.) B. Nord. ······ 715
2. 草原狗舌草 T. **praticola** (Schischk. et Serg.) Holub ······ 716

33. 蒲儿根属 Sinosenecio B. Nord. ······ 717

1. 耳柄蒲儿根 S. **euosmus** (Hand.-Mazz.) B. Nord. ······ 718

34. 橐吾属 Ligularia Cass. ······ 718

1. 褐毛橐吾 L. **purdomii** (Turrill) Chittenden ······ 721
2. 昆仑山橐吾 L. **kunlunshanica** Z. X. An ······ 722
3. 西域橐吾 L. **thomsonii** (C. B. Clarke) Pojark. ······ 722
4. 天山橐吾 L. **narynensis** (Winkl.) O. et B. Fedtsch. ······ 723
5. 掌叶橐吾 L. **przewalskii** (Maxim.) Diels ······ 723
6. 箭叶橐吾 L. **sagitta** (Maxim.) Mattf. ······ 725
7. 大叶橐吾 L. **macrophylla** (Ledeb.) DC. ······ 727
8. 阿勒泰橐吾 L. **altaica** DC. ······ 727
9. 帕米尔橐吾 L. **alpigena** Pojark. ······ 729
10. 缘毛橐吾 L. **liatroides** (Winkl.) Hand.-Mazz. ······ 731
11. 唐古特橐吾 L. **tangutorum** Pojark. ······ 731
12. 黄帚橐吾 L. **virgaurea** (Maxim.) Mattf. ······ 732
12a. 黄帚橐吾（原变种）var. **virgaurea** ······ 732
12b. 疏序黄帚橐吾（变种）var. **oligocephalum** (R. Good) S. W. Liu ······ 733

35. 垂头菊属 Cremanthodium Benth. ······ 733

1. 喜马拉雅垂头菊 C. **decaisnei** C. B. Clarke ······ 735
2. 狭舌垂头菊 C. **stenoglossum** Ling et S. W. Liu ······ 735
3. 条叶垂头菊 C. **lineare** Maxim. ······ 736
4. 褐毛垂头菊 C. **brunneo-pilosum** S. W. Liu ······ 737
5. 盘花垂头菊 C. **discoideum** Maxim. ······ 737
6. 车前状垂头菊 C. **ellisii** (Hook. f.) Kitam. ······ 739

7. 小舌垂头菊 C. **microglossum** S. W. Liu ······ 740
8. 小垂头菊 C. **nanum** (Decne.) W. W. Smith ······ 741
9. 矮垂头菊 C. **humile** Maxim. ······ 743

(六) 蓝刺头族 Trib. Echinopsideae Cass.

36. 蓝刺头属 **Echinops** Linn. ······ 744

1. 矮蓝刺头 E. **humilis** M. Bieb. ······ 745
2. 砂蓝刺头 E. **gmelini** Turcz. ······ 745
3. 丝毛蓝刺头 E. **nanus** Bunge ······ 746

(七) 菜蓟族 Trib. Cynareae Less.

37. 苓菊属 **Jurinea** Cass. ······ 749

1. 南疆苓菊 J. **kaschgarica** Iljin ······ 749
2. 矮小苓菊 J. **algida** Iljin ······ 750
3. 帕米尔苓菊 J. **pamirica** Shih ······ 751

38. 风毛菊属 **Saussurea** DC. ······ 751

1. 膜苞雪莲 S. **bracteata** Decne. ······ 759
2. 唐古特雪莲 S. **tangutica** Maxim. ······ 760
3. 苞叶雪莲 S. **obvallata** (DC.) Edgew. ······ 760
4. 褐花雪莲 S. **phaeantha** Maxim. ······ 761
5. 红柄雪莲 S. **erubescens** Lipsch. ······ 763
6. 膜鞘雪莲 S. **tunicata** Hand.-Mazz. ······ 763
7. 球花雪莲 S. **globosa** Chen ······ 764
8. 钝苞雪莲 S. **nigrescens** Maxim. ······ 765
9. 多鞘雪莲 S. **polycolea** Hand.-Mazz. ······ 765
   9a. 多鞘雪莲(原变种)var. **polycolea** ······ 765
   9b. 尖苞雪莲(变种)var. **acutisquama** (Ling) Lipsch. ······ 765
10. 星状雪兔子 S. **stella** Maxim. ······ 766
11. 草甸雪兔子 S. **thoroldii** Hemsl. ······ 767
12. 肉叶雪兔子 S. **thomsonii** C. B. Clarke ······ 768
13. 红叶雪兔子 S. **paxiana** Diels ······ 770
14. 昆仑雪兔子 S. **depsangensis** Pamp. ······ 770

15. 羌塘雪兔子 S. **wellbyi** Hemsl. …… 772

16. 云状雪兔子 S. **aster** Hemsl. …… 773

17. 冰川雪兔子 S. **glacialis** Herd. …… 773

18. 鼠麹雪兔子 S. **gnaphalodes** (Royle) Sch. -Bip. …… 774

19. 黑毛雪兔子 S. **hypsipeta** Diels …… 776

20. 小果雪兔子 S. **simpsoniana** (Field. et Gardn.) Lipsch. …… 776

21. 玉树雪兔子 S. **yushuensis** S. W. Liu et T. N. Ho …… 777

22. 水母雪兔子 S. **medusa** Maxim. …… 777

23. 裂叶风毛菊 S. **laciniata** Ledeb. …… 778

24. 类尖头风毛菊 S. **pseudomalitiosa** Lipsch. …… 780

25. 钻状风毛菊 S. **nematolepis** Ling …… 780

26. 尖头风毛菊 S. **malitiosa** Maxim. …… 781

27. 钻叶风毛菊 S. **subulata** C. B. Clarke …… 783

28. 腺毛风毛菊 S. **glanduligera** Sch. -Bip. ex Hook. f. …… 784

29. 异色风毛菊 S. **brunneopilosa** Hand. -Mazz. …… 784

29a. 异色风毛菊（原变种）var. **brunneopilosa** …… 784

29b. 矮丛风毛菊（变种）var. **eopygmaea** (Hand. -Mazz.) Lipsch. …… 785

30. 白叶风毛菊 S. **leucophylla** Schrenk …… 786

31. 昆仑风毛菊 S. **cinerea** Franch. …… 786

32. 小风毛菊 S. **minuta** Winkl. …… 788

33. 西藏风毛菊 S. **tibetica** Winkl. …… 788

34. 圆裂风毛菊 S. **pulviniformis** Winkl. …… 789

35. 矮小风毛菊 S. **pumila** Winkl. …… 790

36. 无梗风毛菊 S. **apus** Maxim. …… 791

37. 长毛风毛菊 S. **hieracioides** Hook. f. …… 791

38. 重齿风毛菊 S. **katochaete** Maxim. …… 792

39. 牛耳风毛菊 S. **woodiana** Hemsl. …… 793

40. 沙生风毛菊 S. **arenaria** Maxim. …… 793

41. 康定风毛菊 S. **ceterach** Hand. -Mazz. …… 795

42. 川藏风毛菊 S. **stoliczkai** C. B. Clarke …… 796

43. 狮牙草状风毛菊 S. **leontodontoides** (DC.) Sch. -Bip. …… 797

44. 尖苞风毛菊 S. **subulisquama** Hand. -Mazz. …… 797

45. 藏新风毛菊 S. **kuschakewiczii** Winkl. …… 799

46. 乌恰风毛菊 S. **ovata** Benth. …… 800

47. 垫状风毛菊 S. **pulvinata** Maxim. …… 800

48. 阿尔金风毛菊 S. **aerjingensis** K. M. Shen ······ 802
49. 打箭风毛菊 S. **tatsienensis** Franch. ······ 802
50. 木质风毛菊 S. **chondrilloides** Winkl. ······ 803
51. 中亚风毛菊 S. **pseudosalsa** Lipsch. ······ 804
52. 高盐地风毛菊 S. **lacostei** Danguy. ······ 804
53. 喀什风毛菊 S. **kaschgarica** Rupr. ······ 805
54. 达乌里风毛菊 S. **davurica** Adams. ······ 805
55. 中新风毛菊 S. **famintziniana** Krassn. ······ 807
56. 盐地风毛菊 S. **salsa**（Pall.）Spreng. ······ 807
57. 林生风毛菊 S. **sylvatica** Maxim. ······ 808
58. 锯叶风毛菊 S. **semifasciata** Hand. -Mazz. ······ 809
59. 卵叶风毛菊 S. **ovatifolia** Y. L. Chen et S. Y. Liang ······ 809
60. 青藏风毛菊 S. **bella** Ling ······ 810
61. 柳叶菜风毛菊 S. **epilobioides** Maxim. ······ 812
62. 小花风毛菊 S. **parviflora**（Poir.）DC. ······ 812
63. 川西风毛菊 S. **dzeurensis** Franch. ······ 813
64. 弯齿风毛菊 S. **przewalskii** Maxim. ······ 814
65. 优雅风毛菊 S. **elegans** Ledeb. ······ 814

39. 刺头菊属 Cousinia Cass. ······ 816

1. 光苞刺头菊 C. **leiocephala**（Regel）Juz. ······ 817
2. 丛生刺头菊 C. **caespitosa** Winkl. ······ 817
3. 丝毛刺头菊 C. **lasiophylla** Shih ······ 818
4. 硬苞刺头菊 C. **sclerolepis** Shih ······ 819

40. 虎头蓟属 Schmalhausenia C. Winkl. ······ 819

1. 虎头蓟 S. **nidulans**（Regel）Petrak ······ 819

41. 牛蒡属 Arctium Linn. ······ 820

1. 牛蒡 A. **lappa** Linn. ······ 820

42. 顶羽菊属 Acroptilon Cass. ······ 821

1. 顶羽菊 A. **repens**（Linn.）DC. ······ 821

43. 黄缨菊属 Xanthopappus C. Winkl. ······ 822

1. 黄缨菊 X. **subacaulis** C. Winkl. ······ 823

44. 蝟菊属 Olgaea Iljin ………… 823

1. **新疆蝟菊 O. pectinata** Iljin ………… 824
2. **假九眼菊 O. roborowskyi** Iljin ………… 824

45. 翅膜菊属 Alfredia Cass. ………… 825

1. **薄叶翅膜菊 A. acantholepis** Kar. et Kir. ………… 825

46. 蓟属 Cirsium Mill. ………… 826

1. **葵花大蓟 C. souliei** (Franch.) Mattf. ………… 827
2. **莲座蓟 C. esculentum** (Sievers) C. A. Mey. ………… 829
3. **新疆蓟 C. semenovii** Regel et Schmalh. ………… 829
4. **丝路蓟 C. arvense** (Linn.) Scop. ………… 831
5. **藏蓟 C. lanatum** (Roxb. ex Willd.) Spreng. ………… 832

47. 大翅蓟属 Onopordum Linn. ………… 834

1. **羽冠大翅蓟 O. leptolepis** DC. ………… 834

48. 飞廉属 Carduus Linn. ………… 835

1. **丝毛飞廉 C. crispus** Linn. ………… 835

49. 麻花头属 Serratula Linn. ………… 836

1. **歪斜麻花头 S. procumbens** Regel ………… 836

(八) 菊苣族 Trib. Lactuceae Cass.

50. 菊苣属 Cichorium Linn. ………… 839

1. **腺毛菊苣 C. glandulosum** Boiss. et Huet. ………… 839

51. 鸦葱属 Scorzonera Linn. ………… 840

1. **帚状鸦葱 S. pseudodivaricata** Lipsch. ………… 841
   - **1a.** 帚状鸦葱（原变种）var. **pseudodivaricata** ………… 841
   - **1b.** 光果鸦葱（变种）var. **leiocarpa** Z. X. An ………… 841
2. **光鸦葱 S. parviflora** Jacq. ………… 842
3. **细叶鸦葱 S. pusilla** Pall. ………… 842

4. 帕米尔鸦葱 S. **pamirica** Shih ······ 844
5. 和田鸦葱 S. **hotanica** Z. X. An ······ 844
6. 蒙古鸦葱 S. **mongolica** Maxim. ······ 845

52. 婆罗门参属 **Tragopogon** Linn. ······ 847

1. 婆罗门参 T. **pratensis** Linn. ······ 847
2. 准噶尔婆罗门参 T. **songoricus** S. Nikit. ······ 848

53. 毛连菜属 **Picris** Linn. ······ 848

1. 日本毛连菜 P. **japonica** Thunb. ······ 849

54. 苦苣菜属 **Sonchus** Linn. ······ 849

1. 花叶滇苦菜 S. **asper**（Linn.）Hill ······ 850
2. 苦苣菜 S. **oleraceus** Linn. ······ 850
3. 苣荬菜 S. **arvensis** Linn. ······ 851
4. 全叶苦苣菜 S. **transcaspicus** Nevski ······ 853

55. 乳苣属 **Mulgedium** Cass. ······ 854

1. 乳苣 M. **tataricum**（Linn.）DC. ······ 854

56. 还阳参属 **Crepis** Linn. ······ 855

1. 金黄还阳参 C. **chrysantha**（Ledeb.）Turcz. ······ 856
2. 多茎还阳参 C. **multicaulis** Ledeb. ······ 858
3. 北方还阳参 C. **crocea**（Lam.）Babcock ······ 859
4. 红花还阳参 C. **lactea** Lipsch. ······ 859
5. 乌恰还阳参 C. **karelinii** M. Popov et Schischk. ex Czer. ······ 860
6. 矮小还阳参 C. **nana** Richards. ······ 860
7. 草甸还阳参 C. **pratensis** Shih ······ 861
8. 弯茎还阳参 C. **flexuosa**（Ledeb.）C. B. Clarke ······ 861
   8a. 弯茎还阳参（原变种）var. **flexuosa** ······ 862
   8b. 细叶还阳参（变种）var. **tenuifolia** Z. X. An ······ 864

57. 黄鹌菜属 **Youngia** Cass. ······ 864

1. 无茎黄鹌菜 Y. **simulatrix**（Babcock）Babcock et Stebbins ······ 865
2. 细裂黄鹌菜 Y. **diversifolia**（Ledeb. ex Spreng.）Ledeb. ······ 867

3. 细叶黄鹌菜 Y. **tenuifolia** (Willd.) Babcock et Stebbins ······ 868
4. 叉枝黄鹌菜 Y. **tenuicaulis** (Babcock et Stebbins) Czer. ······ 868
5. 长果黄鹌菜 Y. **seravschanica** (B. Fedtsch) Babcock et Stebbins ······ 870

58. 河西苣属 Zollikoferia DC. ······ 871

1. 河西苣 Z. **polydichotoma** (Ostenf.) Iljin ······ 871

59. 绢毛苣属 Soroseris Stebbins ······ 873

1. 空桶参 S. **erysimoides** (Hand. -Mazz.) Shih ······ 873
2. 绢毛苣 S. **glomerata** (Decne.) Stebbins ······ 874
3. 金沙绢毛苣 S. **gillii** (S. Moore) Stebbins ······ 875

60. 合头菊属 Syncalathium Lipsch. ······ 875

1. 青海合头菊 S. **qinghaiense** (Shih) Shih ······ 876

61. 岩参属 Cicerbita Wallr. ······ 876

1. 岩参 C. **azurea** (Ledeb.) Beauv. ······ 877

62. 小苦荬属 Ixeridium (A. Gray) Tzvel. ······ 877

1. 窄叶小苦荬 I. **gramineum** (Fisch.) Tzvel. ······ 878

63. 毛鳞菊属 Chaetoseris Shih ······ 878

1. 川甘毛鳞菊 C. **roborowskii** (Maxim.) Shih ······ 879

64. 粉苞苣属 Chondrilla Linn. ······ 880

1. 短喙粉苞苣 C. **brevirostris** Fisch. et C. A. Mey. ······ 881
2. 中亚粉苞苣 C. **ornata** Iljin ······ 881
3. 粉苞苣 C. **piptocoma** Fisch. et C. A. Mey. ······ 883
4. 刺苞粉苞苣 C. **lejosperma** Kar. et Kir. ······ 883
5. 宽冠粉苞苣 C. **laticoronata** Leonova ······ 884
6. 无喙粉苞苣 C. **ambigua** Fisch. ex Kar. et Kir. ······ 884

65. 蒲公英属 Taraxacum Wigg. ······ 886

1. 毛叶蒲公英 T. **minutilobum** M. Popov ex Kovalevsk. ······ 888
2. 葱岭蒲公英 T. **pseudominutilobum** Kovalevsk. ······ 889

3. 小叶蒲公英 T. **goloskokovii** Schischk. ········ 889
4. 线叶蒲公英（新种）T. **taxkorganicum** Z. X. An ex D. T. Zhai ········ 891
5. 短喙蒲公英 T. **brevirostre** Hand. -Mazz. ········ 891
6. 寒生蒲公英 T. **subglaciale** Schischk. ········ 893
7. 光果蒲公英 T. **glabrum** DC. ········ 894
8. 角苞蒲公英 T. **stenoceras** Dahlst. ········ 894
9. 策勒蒲公英 T. **qirae** D. T. Zhai et Z. X. An ········ 895
10. 尖角蒲公英 T. **pingue** Schischk. ········ 895
11. 和田蒲公英 T. **stanjukoviczii** Schischk. ········ 896
12. 藏蒲公英 T. **tibetanum** Hand. -Mazz. ········ 896
13. 锡金蒲公英 T. **sikkimense** Hand. -Mazz. ········ 898
14. 中亚蒲公英 T. **centrasiaticum** D. T. Zhai et Z. X. An ········ 899
15. 白花蒲公英 T. **leucanthum**（Ledeb.）Ledeb. ········ 899
16. 红角蒲公英 T. **luridum** Hagl. ········ 900
17. 粉绿蒲公英 T. **dealbatum** Hand. -Mazz. ········ 902
18. 双角蒲公英 T. **bicorne** Dahlst. ········ 903
19. 药用蒲公英 T. **officinale** Wigg. ········ 903

被子植物门 ANGIOSPERMAE

双子叶植物纲 DICOTYLEDONEAE

合瓣花亚纲 SYMPETALAE

五十四　杜鹃花科 ERICACEAE

灌木或乔木，体型小或大；地生或附生；通常常绿，少有半常绿或落叶；有具芽鳞的冬芽。叶互生，少有假轮生或交互对生，全缘或常有锯齿，不分裂，被各式毛或鳞片或无覆被物；不具托叶。花组成总状、伞形总状或圆锥状花序，少有单生、顶生或腋生，两性，具苞片或小苞片；花萼 4～8 裂，宿存；花瓣合生（杜香属 *Ledum* 和叶状苞杜鹃 *R. redowskianum* 除外），花冠常 5 裂，稀 4，6，8 裂；雄蕊为花冠裂片数的 2 倍，少有同数稀更多，花丝分离，花药背部或顶部有或无附属物，或顶部具伸长的管，顶孔开裂稀纵裂，花粉为四分体稀单体；子房上位或下位，（2～）5（～12）室，稀更多，每室有胚珠多数，稀 1 枚；花柱和柱头单一。蒴果或浆果，少有浆果状蒴果。种子小，粒状或锯屑状，或两端有伸长的尾状附属物。

约 103 属 3 350 种。除沙漠地区外，广布于南、北半球的温带及北半球亚寒带，少数属、种环北极或北极分布，也分布于热带高山，大洋洲种类极少。我国有 15 属，约 750 种，分布于全国各地，主产西南部山区；昆仑地区产 2 属 11 种。

据近期研究资料，本科的属、种数更为扩大，反映在 2005 年出版的英文版《中国植物志》（*Flora of China*）第 14 卷，鹿蹄草科、水晶兰科、岩高兰科均包括在杜鹃花科内。此书载本科约有 125 属 4 000 种，我国产 22 属，约 820 种。

分属检索表

1. 果为蒴果；叶片全缘；花冠显著，漏斗状、钟状、管状或高脚碟状，通常长 10 mm 以上；常绿稀落叶灌木或乔木，体型小或大 …………… **1. 杜鹃属 Rhododendron** Linn.

1. 果为浆果；叶缘有锯齿；花冠短小，坛状，长 4～6 mm；落叶矮小灌木…………………………………………………………… **2. 北极果属 Arctous**（A. Gray）Niedenzu

1. 杜鹃属 **Rhododendron** Linn.

Linn. Sp. Pl. 392. 1753.

灌木或乔木，地生或附生，具各式毛被或鳞片或无毛。叶常绿或落叶、半落叶，互生，全缘，极稀有不明显的小齿。花显著，小至大型，组成总状、伞形总状花序，花少至多数，稀单花，通常顶生，有时侧生；花萼宿存 5～8 裂或退化成环状，无明显裂片；花冠漏斗状、钟状、管状、高脚碟状或辐状，整齐或略两侧对称，5（～8）裂，裂片在芽内呈覆瓦状；雄蕊 5～10（～27）枚，着生花冠基部，花药无附属物，顶孔开裂或略偏斜的孔裂；花盘 5～10（～14）裂；子房，上位 5（～18）室，花柱细长劲直或粗短，弯弓状，宿存。蒴果自顶部向下室间开裂，果瓣木质，或质薄者果瓣开裂后多少扭曲。种子多数，细小，有翅或无翅，两端具尾状附属物。

约 1 000 种，分布于亚洲、欧洲、北美洲，主产东亚和东南亚，2 种产澳大利亚。我国有 571 种，主要集中于西南、华南；昆仑地区产 9 种，集中在青海境内，少数种亦见于甘肃西南。

分种检索表

1. 植株被毛，尤以叶背面明显可见；叶较大型，通常长 4 cm 以上（常绿杜鹃亚属 Subgen. Hymenanthes，大理杜鹃亚组 Subsect. Taliensia）。
  2. 花萼长 5～10 mm，裂片卵形或长圆状椭圆形；花梗、花萼外及子房密生具柄腺体 …………………………………………………… **1. 粉钟杜鹃 R. balfourianum** Diels
  2. 花萼小，长 0.5～1.5 mm，裂片齿状，花梗、花萼外及子房无具柄腺体。
    3. 叶柄无毛；叶下面具 1（～2）层毛被；蒴果长 1.2～1.5 cm，直立 …………………………………………… **2. 雪山杜鹃 R. aganniphum** Balf. f. et K. Ward
    3. 叶柄上面被白色丛卷毛；叶下面有 2 层毛被；蒴果长 2.3～3.5 cm，极弯弓 …………………………………………… **3. 白毛杜鹃 R. vellereum** Hutch. ex Tagg
1. 植株被鳞片，尤以叶下面明显可见；叶较小，通常长 2 cm 以下（杜鹃亚属 Subgen. Rhododendron）。
  4. 花冠宽漏斗状或漏斗状；雄蕊和花柱伸出花冠筒；雄蕊 10；叶下面鳞片 2 色或同色（昆仑地区所产的种，下面鳞片全为 2 色），全缘（高山杜鹃亚组 Subsect. Lapponica）。
    5. 叶下面鳞片深色与浅色两者数量约相等；叶片通常长于 1 cm。
      6. 叶片长 0.7～1.8 cm；花序有花 2～5 朵；花萼裂片长 0.5～2.0 mm；花冠

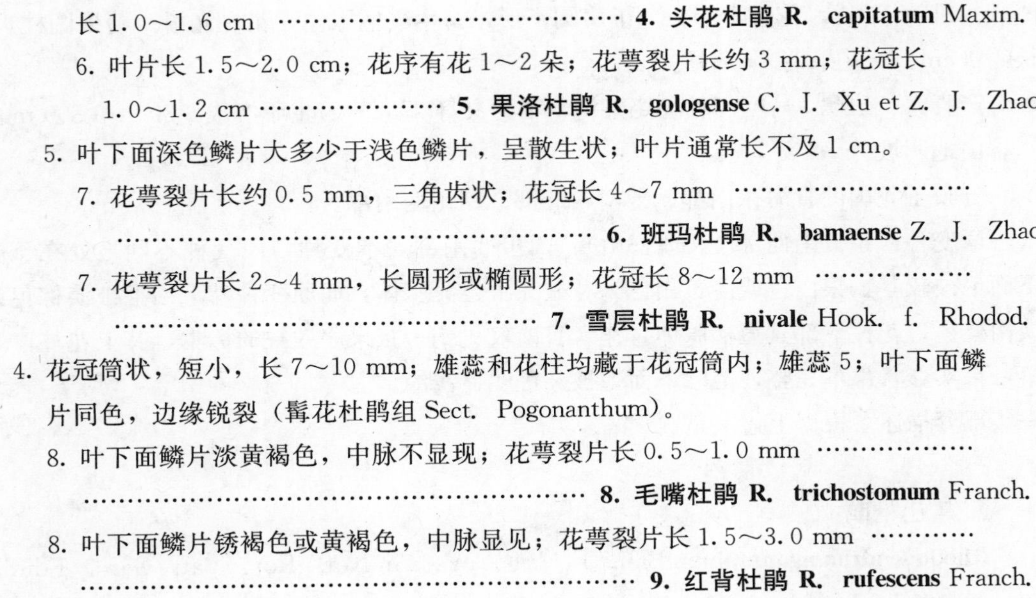

长 1.0～1.6 cm …………………………………… **4. 头花杜鹃 R. capitatum** Maxim.

6. 叶片长 1.5～2.0 cm；花序有花 1～2 朵；花萼裂片长约 3 mm；花冠长 1.0～1.2 cm ………………… **5. 果洛杜鹃 R. gologense** C. J. Xu et Z. J. Zhao

5. 叶下面深色鳞片大多少于浅色鳞片，呈散生状；叶片通常长不及 1 cm。

7. 花萼裂片长约 0.5 mm，三角齿状；花冠长 4～7 mm ……………………………………………………………… **6. 班玛杜鹃 R. bamaense** Z. J. Zhao

7. 花萼裂片长 2～4 mm，长圆形或椭圆形；花冠长 8～12 mm …………………………………………………… **7. 雪层杜鹃 R. nivale** Hook. f. Rhodod.

4. 花冠筒状，短小，长 7～10 mm；雄蕊和花柱均藏于花冠筒内；雄蕊 5；叶下面鳞片同色，边缘锐裂（髯花杜鹃组 Sect. Pogonanthum）。

8. 叶下面鳞片淡黄褐色，中脉不显现；花萼裂片长 0.5～1.0 mm ……………………………………………………………… **8. 毛嘴杜鹃 R. trichostomum** Franch.

8. 叶下面鳞片锈褐色或黄褐色，中脉显见；花萼裂片长 1.5～3.0 mm ………………………………………………………………… **9. 红背杜鹃 R. rufescens** Franch.

1. 粉钟杜鹃

Rhododendron balfourianum Diels in Not. Bot. Gard. Edinb. 5：214. 1917；中国植物志 57（2）：189. 图版 59：1～6. 1994.

1a. 粉钟杜鹃（原变种）

var. **balfourianum**

昆仑地区不产。

1b. 白毛粉钟杜鹃（变种）

var. **aganniphoides** Tagg et Forrest in Not. Roy. Bot. Gard. Edinb. 15：306. 1927；Tagg in Stevenson Spec. Rhodod. 636. 1930；Martin J. S. Sands in Curtiss Bot. Mag. t. 531. 1969；云南植物志 4：420. 图版 115：6～10. 1986；中国植物志 57（2）：189. 1994；青海植物志 3：7. 1996，pro specie；Fl. China 14：382. 2005；青藏高原维管植物及其生态地理分布 672. 2008.

灌木，高 1～2 m；幼枝无毛，干后褐色。叶常绿；叶片革质，长圆状椭圆形，长 4～9 cm，宽 1.5～4.0 cm，顶端锐尖，基部钝圆至宽楔形，边缘软骨质，上面无毛，中脉、侧脉和网脉微下凹，下面被白色或淡褐色绵毛，表面黏结成膜状，仅见凸起且被毛的中脉；叶柄长 1～2 cm，疏生腺毛，后变无，上面有凹槽。花序总状伞形，有花 6～12朵；花序轴长约5 mm，具腺体，花后长约 2 cm；花梗长 1.5～2.0 cm，密生具柄腺体；花萼长 5～10 mm，裂片卵形或长圆状椭圆形，外面被具柄腺体，边缘密生具腺睫毛；花冠粉红色，钟状，长3.5～4.0 cm，筒部上方具深红色斑点，裂片 5 枚，边缘凹入；雄蕊10枚，花丝不等长；子房圆锥形，密生具柄腺体，花柱光滑。蒴果圆柱形，长约1 cm。 花果期6～7月。

产青海：班玛（马柯河林场烧柴沟，王为义等27529）。生于海拔3 300～3 800 m的沟谷山地阴坡。

分布于我国的青海东南部、云南西北部、四川西南部。

原变种产于云南西部（大理苍山）、四川西南部。本变种与原变种不同之处在于叶下面毛被较厚，银白色或淡黄白色，花柱无毛也无腺体，而原变种叶下面毛被淡棕色或淡肉桂色，花柱下部具短柄腺体。作者目前仅见到一张果序残缺的标本，其上花柱已脱落，果实形状也不完整，但叶下面毛被颜色明显浅淡。

部分描述系根据上述文献。

2. 雪山杜鹃

Rhododendron aganniphum Balf. f. et K. Ward in Not. Roy. Bat. Gard. Edinb. 10：80. 1917；Fang in Contr. Biol. Lab. Sci. Soc. China Bot. 12：53. 1939；Chamberlain in Not. Roy. Bot. Gard. Edinb. 39：354. 1982；西藏植物志3：618. 图245：1～5. 1986；云南植物志4：422. 1986；中国四川杜鹃花127～129. 1986；中国植物志57（2）：208. 图版68：1～5. 1994；青海植物志3：6. 1996；Fl. China 14：386. 2005；青藏高原维管植物及其生态地理分布670. 2008.

灌木，高1～2 m；幼枝无毛，干后褐色或灰黄色。叶常绿；叶片革质，长圆形或椭圆形，长4.5～11.0 cm，宽2～5 cm，顶端锐尖，基部宽楔形至钝圆，边缘略反卷，上面无毛，中脉、侧脉和网脉微下凹，下面被1层稀2层（据英文版《中国植物志》）白色或淡褐白色绵毛，表面黏结成膜状，仅见凸起而被毛的中脉；叶柄长1～2 cm，无毛，上面有凹槽。花序总状伞形，有花10～20朵；花序轴长约5 mm，无毛，花后可伸长至2 cm；花梗长0.8～1.5 cm，无毛；花萼小，萼齿长0.5～1.5 mm，无毛；花冠粉红色，漏斗状钟形，长约3 cm，筒部上方具紫红色斑点，裂片5枚，边缘多少呈波状；雄蕊10枚，花丝不等长；子房无毛，花柱无毛。蒴果长卵形，长1.2～1.5 cm。 花果期6～8月。

产青海：久治（龙卡湖，果洛队533；年保山希门错湖，藏药队551）、班玛（马柯河林场，王为义等26779、27206、27286、27729、27739）。生于海拔3 300～4 200 m的阴坡。

分布于我国的青海南部、西藏东南部、云南西北部和四川西部。

3. 白毛杜鹃

Rhododendron vellereum Hutch. ex Tagg in Stevenson Spec. Rhodod. 688. 1930；中国高等植物图鉴3：137. 图4228. 1974；西藏植物志3：621. 1986，pro varietate；中

国植物志 57（2）：211. 图版68：8～12. 1994；Fl. China 14：387. 2005；青藏高原维管植物及其生态地理分布 697. 2008.

常绿小乔木，高 2～5 m；幼枝被薄层丛卷毛，后变无毛。叶厚革质，长圆状椭圆形至长圆状披针形，长 6～11 cm，宽 2.0～4.5 cm，顶端钝或急尖，基部圆形或心形，上面无毛，微皱，中脉凹入，侧脉 14～15 对，下面毛被厚，银白色或灰黄色，海绵状，表面黏结成膜状，中脉凸起且被毛；叶柄长 1.5～2.0 cm，上面有凹槽，被白色丛卷毛，下面圆形，近无毛。花序总状伞形，有花 10～20 朵；花序轴长约 1 cm；花梗长 1.5～2.0 cm，红色，无毛或疏被丛卷毛；花萼小，长约 1 mm，浅 5 裂呈波状，略被丛卷毛；花冠白色带粉红，漏斗状钟形，长 3.5～4.0 cm，内面一侧具紫色斑点，裂片 5 枚，边缘微缺；雄蕊 10 枚，花丝不等长；子房长圆锥状，无毛，有时基部疏生丛卷毛，花柱无毛。蒴果狭长圆柱形，极弯弓，无毛，长 2.3～3.5 cm。 花期 5～6 月，果期 7～9月。

分布于我国的青海东南部、西藏南部和东南部。生于海拔 3 000～4 500 m 的高山针叶林下或杜鹃灌丛。

未见到采自本区的标本，是据志书记载认为昆仑地区产。以上记述系据中文版和英文版的《中国植物志》。

4. 头花杜鹃 图版 1：1～3

Rhododendron capitatum Maxim. in Bull. Imp. Sci. St.-Pétersb. 23：351. 1877；Hutch. in Stevenson Spec. Rhodod. 395. 1930；中国高等植物图鉴 3：53. 图 4060. 1974；Davidian，Rhodod. Spec. 1：177. 1982；中国四川杜鹃花 295. 1986；青海植物志 3：11. 图版 3：4～6. 1996；中国植物志 57（1）：110. 1999；Fl. China 14：291. 2005；青藏高原维管植物及其生态地理分布 674. 2008.

小灌木，高 0.3（～1.5）m；分枝多，枝条伸直，稠密，褐色至黑色，密被鳞片。叶芽鳞早落。叶芳香，常绿；叶片长圆形或椭圆形，长 0.7～1.8 cm，宽 4～10 mm，顶端圆钝，无小短尖头，基部圆至楔形，上面灰绿色至暗绿色，密被鳞片，下面被 2 色鳞片，浅色鳞片淡黄绿色，深色鳞片褐色，两者均匀混生，对比明显；叶柄长 1～3 mm，被鳞片。花序顶生，头状，有花 2～5 朵；花芽鳞在花期存在；花梗长 0.5～1.0 mm，被鳞片。花萼裂片长 0.5～2.0 mm，不等大，膜质，外面无鳞片或基部有少数鳞片；花冠紫色或淡紫色，宽漏斗状，长 1.0～1.6 cm，外面无鳞片，内面喉部密被短柔毛，冠檐展开，裂片长于花冠管；雄蕊 10 枚，伸出，花丝基部密生白色绵毛；子房被鳞片，花柱通常长于雄蕊，下部被微毛。蒴果长圆形，长 4～5 mm，被鳞片。 花果期 6～8 月。

产青海：玛沁（西哈垄河谷，吴玉虎等 5645；军功乡，区划二组 2015；雪山乡至东倾沟乡，黄荣福等 C. G. 81－175）、班玛（马柯河林场，王为义等 27741）、兴海

(河卡山，采集人不详 6618)。生于海拔 3 500～4 330 m 的山坡灌丛或灌丛草甸。

分布于我国的青海东部至东北部、甘肃西南部、四川西北部。

5. 果洛杜鹃

Rhododendron gologense C. J. Xu et Z. J. Zhao Fl. Lign. Qinghai. Addenda 2. 1987；中国植物志 57 (1)：115. 1999；Fl. China 14：293. 2005；青藏高原维管植物及其生态地理分布 680. 2008.

直立灌木，高 0.5～1.0 m；当年生枝伸长，细瘦，密被褐色鳞片。叶聚生枝顶，常绿；叶片椭圆形或长圆形，长 1.5～2.0 cm，宽 4～8 mm，顶端圆，基部圆钝或宽楔形，上面暗绿色，密被金黄色鳞片，鳞片邻接或稍邻接，下面被 2 色鳞片，浅色鳞片淡黄白色，深色鳞片深褐色；叶柄长 1.5～2.0 mm，密被鳞片。花单生或成对，顶生；花梗短，长 0.5～1.0 mm，疏生鳞片和柔毛；花萼长约 3 mm，5 裂，裂片长圆形，无鳞片，无缘毛；花冠漏斗状，长 1.0～1.2 cm，紫色，花冠筒部长约 5 mm，内面喉部有柔毛；雄蕊 10 枚，较花冠管短或等长，花丝基部以上有白色柔毛；子房长约 2 mm，被鳞片，花柱长约 1.1 cm，长于雄蕊，疏生白色短柔毛。 花期 8 月。

产青海：班玛（马柯河林场，孙应德和张鸿昌 00138)。生于海拔 3 800 m 左右的林中。模式标本产区。

作者未见到本种的模式标本或模式产地标本，描述据所引文献。从文字描述来看，本种与头花杜鹃 *R. capitatum* 极相近似，不同仅在于后者叶较短，长 0.7～1.8 cm，有花2～5朵，其他特征几近相同。作者怀疑果洛杜鹃这个种能否成立，除非有大量标本为据，否则应视为是头花杜鹃的种内个体变异。

6. 班玛杜鹃

Rhododendron bamaense Z. J. Zhao Fl. Lign. Qinghai. Addenda 4. 1987；中国植物志 57 (1)：115. 1999；Fl. China 14：292. 2005；青藏高原维管植物及其生态地理分布 672. 2008.

直立小灌木，高约 0.6 m；小枝短而细，稠密，被褐色或暗褐色鳞片，老枝灰色或灰黑色。叶常绿；叶片长圆形、椭圆形或卵形，长 4～8 mm，宽 2～4 mm，顶端圆钝，无小短尖头，基部圆钝至楔形，上面深绿色或灰绿色，密生鳞片，下面被 2 色鳞片，浅色鳞片淡黄色或灰绿色，深色鳞片褐色，数量一般稍少于浅色鳞片，呈散生状；叶柄长 0.5～2.0 mm，密被褐色鳞片。花单生枝顶；花芽鳞在花期存在；花梗长 0.5 mm，被鳞片；花萼裂片长约 0.5 mm，三角齿状，密生鳞片；花冠深紫或紫红色，宽漏斗状，长 4～7 mm，外面无鳞片，内面喉部无毛，冠檐展开，裂片长于花冠管 2～3 倍；雄蕊 10 枚，伸出花冠，花丝基部密生白色绵毛；子房密生鳞片，花柱长于雄蕊，光滑。蒴果长圆形，长 3～4 mm，被鳞片。 花果期5～8月。

产青海：久治（门堂乡附近，藏药队 260；索乎日麻乡，尼玛宋晓 22）、班玛（马柯河林场北沟，陈实 25；马柯河林场烧柴沟，王为义 27496、27513）。生于海拔 3 300～4 300 m的灌丛。模式标本采自班玛县马柯河林场北沟。

7. 雪层杜鹃 图版 1：4～6

Rhododendron nivale Hook. f. Rhodod. Sikkim-Himalaya 3：t. 26（B）. 1851；中国高等植物图鉴 3：55. 图 4063. 1974. 1983；Philipson et M. N. Philipson in Not. Bot. Gard. Edinb. 34：50. 1975；Davidian Rhodod. Spec. 1：197. 1982；西藏植物志 3：667. 图 267：7～12. 1986；云南植物志 4：514. 1986；青海植物志 3：11. 1996；中国植物志 57（1）：117. 图版 26：11. 1999；Fl. China 14：293. 2005；青藏高原维管植物及其生态地理分布 686. 2008.

直立小灌木，高 0.3～1.0 m；小枝短而细，稠密，被褐色或暗褐色鳞片，老枝灰色或灰黑色。叶常绿；叶片卵形或椭圆形，长 4～10 mm，宽 2～5 mm，顶端圆钝，无小短尖头，基部宽楔形，上面暗灰绿色或灰绿色，密被灰白色鳞片，下面被 2 色鳞片，浅色鳞片浅黄褐色，深色鳞片褐色，通常少于浅色鳞片，呈散生状，有时两者均匀混生；叶柄长 0.5～2.0（～3.0）mm，密被褐色鳞片。花单生或 2（～3）朵顶生；花芽鳞在花期存在；花梗长约 0.5 mm，有鳞片；花萼裂片长 2～4 mm，淡紫色，呈长圆形或椭圆形，外面通常有中央鳞片带，有时鳞片很少，边有或无缘毛；花冠深紫、淡紫或粉红色，宽漏斗状，长 8～12 mm，外面无鳞片，有时有少数呈薄片状灰白鳞片，喉部通常有短柔毛，冠檐展开，裂片长于花冠管约 2 倍；雄蕊 10 枚，与花冠等长或稍短，花丝基部密生白色绵毛；子房密生鳞片，花柱与雄蕊近等长或短于雄蕊，下部密被微柔毛或光滑。蒴果长圆形，长 3～5 mm，被鳞片。 花果期 6～9 月。

产青海：称多（歇武寺，杨永昌 005、刘有义 83－411；毛洼营，刘尚武 2374、2376；采集地不详，郭本兆 388）、玛沁（采集地不详，马柄奇 1106）、久治（门堂乡，藏药队 279，果洛队 103、106、127；龙卡湖，果洛队 536；北面山上，果洛队 22）、达日（满掌山，陈世龙等 1629）、班玛（马柯河林场，王为义等 26769、26777、27077、27547，陈实 60038）。生于海拔 3 200～4 500 m 的高原地带沟谷阴坡灌丛、河谷山地高寒灌丛。

分布于我国的青海东南部、西藏东南至东北部；不丹，印度东北部，尼泊尔也有。

志书载青海南部还分布有雪层杜鹃的亚种北方雪层杜鹃 *R. nivale* subsp. *boreale* M. N. Philipson et Philipson，其与原亚种的区别在于花萼裂片近于退化，叶片顶端有小短尖头。经检查上述地点的若干标本，其特征均属原亚种的特征。

产于久治、班玛的一些标本曾被定名为光亮杜鹃 *R. nitidulum* Rehd. et Wils. 或毛蕊杜鹃 *R. websterianum* Rehd. et Wils.，但这两个种的叶片下面均被浅色且 1 色的鳞片，而上述标本均不属此。另据英文版《中国植物志》第 14 卷（2005）载，光亮杜鹃和毛蕊杜鹃均仅产于四川。

本种的原始文献引证系抄自 2005 年出版的英文版《中国植物志》，而此前见诸志书中的写法均为：Hook. f. Rhodod. Sikkim Himalaya 29（1849）。在此遵从最近的资料。

8. 毛嘴杜鹃

Rhododendron trichostomum Franch. in Journ. Bot. 9：396. 1895；中国高等植物图鉴 3：75. 图 4104. 1974；Davidian Rhodod. Spec. 1：64. t. 1. 1982；西藏植物志 3：676. 1986；中国四川杜鹃花 315. 1986；云南植物志 4：531. 1986；青海植物志 3：10. 1996；中国植物志 57（1）：185. 1999；Fl. China 14：316. 2005；青藏高原维管植物及其生态地理分布 696. 2008.

分枝缠结的小灌木，高 0.3～1.0（～1.5）m；小枝短而细，密被鳞片，幼时黄褐色，后变灰黑色；叶芽鳞早落。叶芳香，常绿；叶片卵形、卵状长圆形或线状披针形，长 0.8～2.0 cm，宽 0.3～0.8 cm，顶端锐尖或钝，有小短尖头，基部圆或宽楔形，上面疏生鳞片，下面密被淡黄褐色鳞片，鳞片重叠成 2～3 层；叶柄长 1～3 mm，被淡黄褐色鳞片。花序顶生，头状，有花 3 朵或更多；花芽鳞在花期存在；花梗长 0.5～1.0 mm，有鳞片；花萼小，裂片长 0.5～1.0 mm，外面无鳞片，边缘有短缘毛；花冠白色或淡红色，筒状，长 7～9 mm，外面无鳞片，内面喉部密被柔毛，冠檐裂片较筒部短；雄蕊 5 枚，内藏；子房被鳞片，花柱长约 1 mm。蒴果长圆形，长 3～4 mm，被鳞片。 花果期 7～8 月。

产青海：称多（歇武乡赛巴沟，刘尚武 2504）。生于海拔 4 200 m 左右的沟谷山地阴坡、河谷山坡高寒灌丛。

分布于我国的青海南部（玉树、囊谦）、西藏东部、云南西北部和四川西部。

9. 红背杜鹃

Rhododendron rufescens Franch. in Journ. Bot. 9：396. 1895；Balf. f. in Not. Roy. Gard. Edinb. 9：286. 1916，descr. ampl.；中国高等植物图鉴 3：76. 图 4106. 1974；Davidian，Rhodod. Spec. 1：63. 1982；中国四川杜鹃花 317. 1986；青海植物志 3：9. 1996；中国植物志 57（1）：173. 图版 40：6～10. 1999；Fl. China 14：312. 2005；青藏高原维管植物及其生态地理分布 690. 2008.

小灌木，高 0.2～0.5（～1.2）m；小枝短而细，枝多而密集，被褐色鳞片，老枝灰黑色或黄白色，茎皮薄片状脱落；叶芽鳞早落。叶略芳香，常绿；叶片长圆形或椭圆形，长 0.8～1.6 cm，宽 4～7 mm，顶端钝或圆，有小短尖头，基部圆形或楔形渐狭，上面暗绿色，疏生鳞片或无鳞片，下面锈褐色或黄褐色，鳞片叠生成 2～3 层，中脉上疏生鳞片；叶柄长 1～3 mm，被锈色或黄褐色鳞片。花序顶生，头状，有花 5 朵或更多；花芽鳞在花

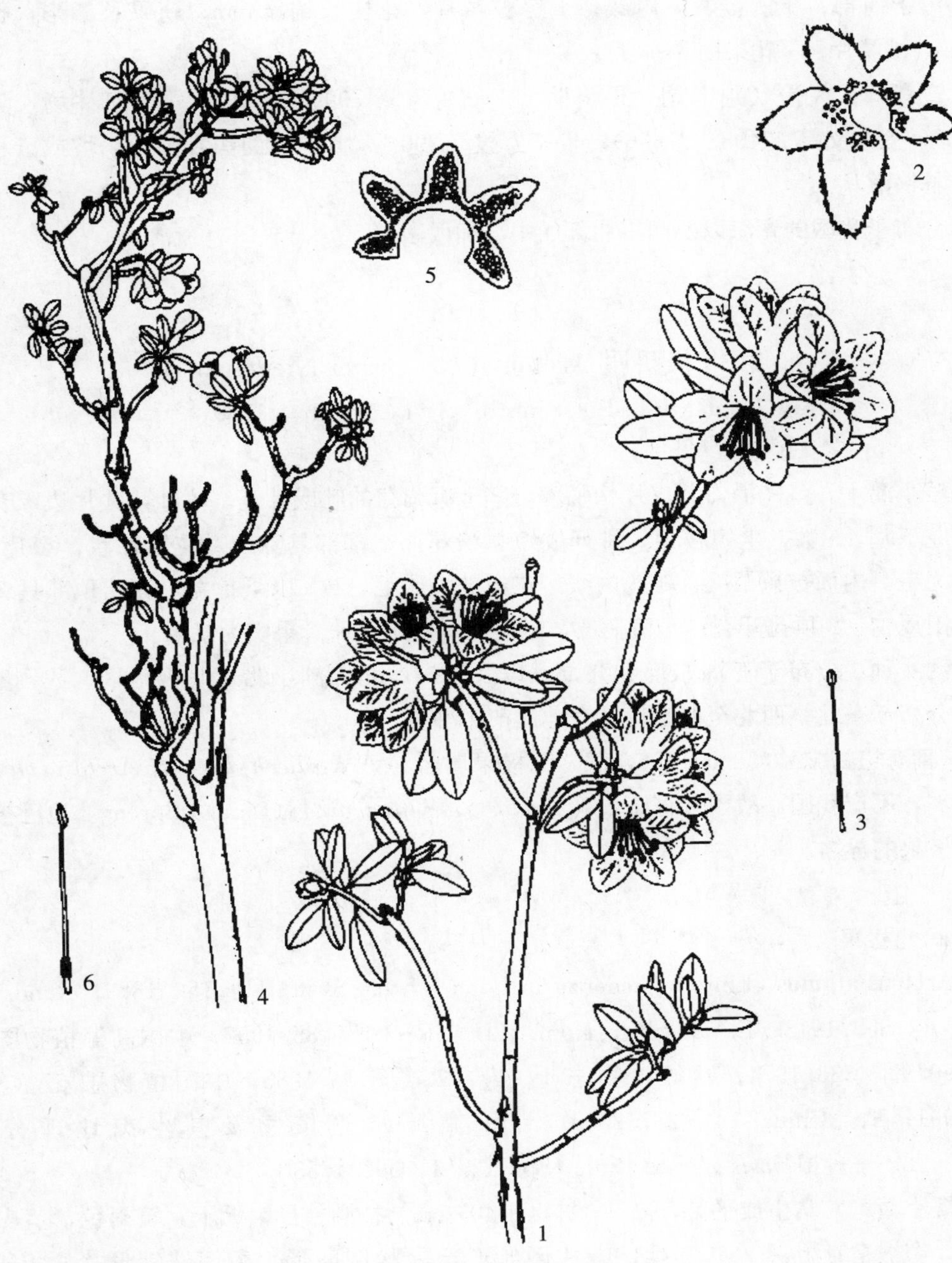

图版1 头花杜鹃**Rhododendron capitatum** Maxim. 1. 花枝；2. 花萼；3. 雄蕊。雪层杜鹃**R. nivale** Hook. f. 4. 花枝；5. 花萼；6. 雄蕊。（刘进军绘）

期存在；花梗长 0.5～1.0 mm，有鳞片；花萼裂片长 1.5～3.0 mm，外面无鳞片，有短缘毛；花冠白色或淡红色，筒状，长约 1 cm，外面无鳞片，内面喉部密被柔毛，冠檐展开，裂片短于筒部；雄蕊 5 枚，内藏；子房被鳞片，花柱长约 1 mm。蒴果长圆形，长约 4 mm，被鳞片。 花果期 6～8 月。

产青海：久治（龙卡湖，果洛队 537、藏药队 709）、班玛（马柯河林场，陈实 60035，王为义等 27408、27536）。生于海拔 3 300～4 100 m 的沟谷山地阴坡或云杉林下、林缘灌丛。

分布于我国的青海以及四川北部、中部和西南部。

2. 北极果属 **Arctous** (A. Gray) Niedenzu

Niedenzu in Bot. Jahrb. Syst. 11: 180. 1889.

矮小灌木。茎平滑，茎皮片状脱落，茎上有凋存的叶或叶基。落叶，叶片边缘有锯齿。花下垂，5 数，生短枝顶，排列成短总状花序，基部具芽鳞；花冠坛状，裂片短，外面无毛，内面被短柔毛；雄蕊内藏，花丝被短柔毛，1/3 以下扩宽，花药顶部具 2 枚芒状附属物，2 顶孔开裂；子房上位，光滑，每室 1 胚珠。果实为浆果。

约 4 种，分布于亚洲东部和北部，以及欧洲、北美洲，北达北极地区。我国有 3 种，分布于东北、西北至西南；昆仑地区产 1 种。

《青海植物志》(3: 5. 1996) 载，北极果属名为 *Arctostaphylos*，查 *Arctostaphylos* 产美洲，不产我国，故予以订正，且 *Arctostaphylos alpina* (Linn.) Spreng. 也已被作为北极果的异名。

1. 北极果

Arctous alpinus (Linn.) Niedenzu in Bot. Jahrb. Syst. 11: 180. 1889; Rehd. et Wils. 1: 556. 1913; E. Busch in Kom. Fl. URSS 18: 85. 1952; 中国高等植物图鉴 3: 190. 图 4333. 1974; 秦岭植物志 1 (4): 25. 图 25. 1983; 中国植物志 57 (3): 71. 1991; Fl. China 14: 257. 2005; 青藏高原维管植物及其生态地理分布 664. 2008.—— *Arbutus alpina* Linn. Sp. Pl. 1: 395. 1753.

矮小灌木，丛生或平卧，高 3～20 (～40) cm。枝圆柱形，无毛，黄褐色，茎皮剥落状，密被宿存叶基。叶互生，叶片倒卵形至匙状倒卵形，稀倒披针形，长 1.4～2.0 cm，宽0.6～1.0 cm，纸质或厚纸质，顶端钝圆或锐尖，基部楔形渐狭，边缘有细锯齿，近基部的两侧连同叶柄被疏长柔毛，上面绿色，脉纹下陷，下面灰绿色，网脉明显，两面无毛；叶柄两侧有叶基下延的狭翅，长 1.0～1.4 cm。总状花序有 3～7 朵花；花梗长约 5 mm，无毛；花萼小，无毛，裂片宽而短，锐尖；花冠白色，长 4～6 mm，裂片齿状；雄蕊 10 枚，长 1～2 mm，花药深红色，花丝被短柔毛；花柱较雄蕊长，较花冠短。浆果球形，直径 6～8 mm，初时红色，后变黑紫色，多汁。 花果期 6～8 月。

产青海：久治（龙卡湖畔，果洛队 530、藏药队 708)。生于海拔 3 900～4 200 m 的杜鹃灌丛。

分布于我国的新疆（天山)、甘肃、青海东北部、陕西（太白山)、四川北部、内蒙古；蒙古，日本，俄罗斯，欧洲，北美洲也有。

五十五　报春花科 PRIMULACEAE

多年生或一、二年生草本，稀为亚灌木。茎直立或匍匐，不分枝或多分枝，常在地下形成根状茎，地表成纤匐茎，根出条或根出短枝，或无地上茎。叶全部基生者呈莲座叶丛，或兼有茎生者互生、对生或轮生，全缘，稀分裂；花单生或组成伞形、总状或穗状花序，稀头状，生于花葶上，花葶有时无；花两性，辐射对称；苞片存在，无小苞片；花萼通常5裂，稀4或6～9裂，宿存；花冠钟状、漏斗状、坛状，下部合生，呈管状，上部开裂，裂片一般5枚，稀无花冠；雄蕊着生于花冠管上，与花冠裂片同数而对生，花丝短而分离，稀联合；子房上位，稀半下位，1室，胚珠1或多数，生于特立中央胎座上，花柱单一，柱头头状，不开裂。蒴果5齿裂或瓣裂，稀周裂。种子小，少数至多数，种皮光滑，或有网纹、小瘤状突起或带乳头状毛，有棱角，种脐位于腹面中部区，胚小而直，有丰富的胚乳。

约24属，近1 000种，主要分布于我国的有13属，近500种。广布于全世界，主产北半球温带。在我国的西部高原和山区，四川西部、云南西北部和西藏东南部是报春花属、点地梅属和独花报春属的现代分布中心，羽叶点地梅属为我国所特有；昆仑地区产5属40种2变种。

分属检索表

1. 花有花冠；花萼不为花瓣状。
  2. 雄蕊着生于花冠管的基部，花药先端尖锐；苞片先端具齿 …………………………………………………… **1. 假报春属 Cortusa** Linn.
  2. 雄蕊着生于花冠管的中下部至中上部，花药先端钝；苞片全缘。
    3. 蒴果瓣裂。
      4. 花冠管伸长，长于花萼，管口不收缩；花通常分长花柱和短花柱两型花；种子多数，较小 ……………………………………… **2. 报春花属 Primula** Linn.
      4. 花冠管一般与花萼近等长，坛状，管口收缩；花一型；种子较少并较大 ……………………………………………………… **3. 点地梅属 Androsace** Linn.
    3. 蒴果周裂 ……………………………………… **4. 羽叶点地梅属 Pomatosace** Maxim.
1. 花无花冠；花萼为花瓣状 ………………………………………… **5. 海乳草属 Glaux** Linn.

1. 假报春属 Cortusa Linn.

Linn. Sp. Pl. 144. 1753.

多年生草本，被多细胞柔毛。叶全部基生，叶片心状圆形，中裂至浅裂，裂片有牙齿或缺刻，具长柄。花葶直立；伞形花序顶生，具苞片；花梗纤细，不等长；花萼5裂，宿存；花冠漏斗状钟形，红色或黄色，裂片5枚，裂片长圆形或卵圆形，先端钝或圆形，冠筒短，喉部无附属物；雄蕊5枚，贴生在冠筒的基部，花丝极短，花药大，顶端具小尖头，成熟后纵裂；子房卵球形，具多数胚珠，花柱细长，柱头头状。蒴果圆筒形顶端5瓣裂。种子多数，扁球形，具皱纹和角棱。

约10种，分布于欧洲和亚洲。我国有2或3种，昆仑地区产2种。

分种检索表

1. 叶片小，直径约4 cm；叶片、叶柄和花葶近光滑；叶柄无翅；苞片卵状披针形……
……………………………………………………… **1. 岩生假报春 C. brotheri** Pax ex Lipsky

1. 叶片大，直径6～8 cm；叶片背面和叶柄被柔毛和具柄腺毛，花葶被稀疏柔毛；叶柄具翅；苞片长圆形或倒披针形……………………………… **2. 假报春 C. matthioli** Linn.

1. 岩生假报春

Cortusa brotheri Pax ex Lipsky in Acta Hort. Petrop. 18：37. 1901；Fl. Kazakh. 7：40. t. 5：2. 1964；Yas. J. Nasir in E. Nasir et S. J. Ali Fl. Pakist. 157：77. Fig. 15：F～J. 1984；新疆植物志4：18. 图版6：3～4. 2004；青藏高原维管植物及其生态地理分布709. 2008.

多年生草本。须根多数。根状茎短。叶基生，叶片圆形或圆肾形，长约3 cm，宽约4 cm，边缘浅圆裂，裂片具钝齿，齿顶端具小尖头，基部深心形，凹缺达叶片全长的1/4，上面绿色，近光滑，下面色较淡，近光滑或稍有毛；叶柄细长，长为叶片的2～3倍，通常光滑，仅叶柄顶端有时被柔毛。花葶细软，长15～20 cm，近光滑；伞形花序顶生，含花3～8朵；花粉红色，花期下垂；苞片不等长，卵状披针形，长4～7 mm，先端浅裂，裂齿尖锐，表面近光滑，边缘具极小的腺毛；花梗不等长，长1～3 cm，细软，光滑或微有毛；花萼钟状，绿色，长4～5 mm，开裂至中部，裂片三角状披针形，先端渐尖，一般光滑；花冠钟状，长1.0～1.5 cm，裂片长圆形，先端圆钝；雄蕊着生于花冠管的基部，花丝极短，花药长圆形，先端达花冠开裂的凹缺处，顶部有小尖头；子房近卵形，花柱长达花冠裂片上部，柱头小，球形。 花期（7）8月。

产新疆：叶城（柯克亚乡，青藏队吴玉虎870812）。生于海拔3 700 m左右的山顶岩石上。《哈萨克斯坦植物志》记载喀什有。

分布于我国的新疆；阿富汗，吉尔吉斯斯坦，塔吉克斯坦也有。又见于喜马拉雅山西北部。

2. 假报春

Cortusa matthioli Linn. Sp. Pl. 144. 1753；Fed. in Kom. Fl. URSS 18：248. 1952；中国植物志 59（1）：138. 1989；青藏高原维管植物及其生态地理分布 710. 2008.

多年生草本。根状茎短，发出多数细长的须根。叶基生，叶片圆形至肾状圆形，直径 6～8 cm，基部深心形，边缘具多数浅圆裂，裂片具少数钝齿，上面仅脉上具柔毛，下面毛密，后脱落，边缘具缘毛和腺毛；叶柄细长，其长为叶片长的 3～5 倍，具翅，有柔毛和具柄腺毛，叶柄顶端尤密。花葶直立，其长超过叶丛不到 1 倍，直径 1～3 mm，被稀疏的柔毛。伞形花序顶生，含花 4～10 朵；苞片长圆形或倒披针形，长 6～10 mm，上半部具浅齿或深齿；花梗细弱，微下垂，长 1～8 cm，不等长；花萼钟形或漏斗状钟形，长约 6 mm，中裂或微深裂，裂片披针形，先端渐尖，全缘；花冠漏斗状，紫红色或粉红色，长约 1 cm，直径约1.5 cm，裂片长圆形，先端圆形；雄蕊着生于管的基部 2 mm 处，花丝短，花药长卵形，其长超过花冠裂片凹缺，先端具小尖头；花柱伸出花冠外。蒴果椭圆形，长 6～8 mm，略超过宿存花萼。 花果期 6～8 月。

产新疆：阿克陶（阿克塔什，青藏队吴玉虎 870174）、叶城（棋盘乡，青藏队吴玉虎 4689；柯克亚乡，青藏队吴玉虎 870808）。生于海拔 3 000～3 600 m 的沟谷山坡云杉林下。

分布于我国的新疆；哈萨克斯坦，吉尔吉斯斯坦，阿富汗也有。

青藏高原生物标本馆的上述馆藏标本，与假报春 *Cortusa matthioli* Linn. 的原始描述有些性状不符，而与《苏联植物志》和《哈萨克斯坦植物志》中的 *Cortusa turkestanica* A. Los. 在性状和产地分布上很近似。目前后者已归于假报春之下，即 *Cortusa matthioli* Linn. subsp. *turkestanica*（A. Los.）Iranshakr et Wendelho，我们同意这样的处理，但因目前资料有限，故暂为假报春。

存疑种：

产于新疆阿克陶县恰尔隆乡的 1 个小标本，体高不到 15 cm；叶片质厚，上面深绿色，被长柔毛，后脱落，下面灰绿色，脉上为长柔毛，脉间为短柔毛，叶缘、叶柄和花葶密被具柄腺毛；花梗被微毛，花冠裂片边缘波状，花柱长于花冠裂片。

2. 报春花属 Primula Linn.

Linn. Sp. Pl. 142. 1753.

多年生草本，稀二年生。叶全部基生，莲座状。花葶一般存在，常花后延长，有的种明显短缩，似无花葶；伞形花序在花葶顶端着生，较少为总状花序、短穗状或近头状花序，有时花单生；花 5 基数；花萼钟状或筒状，具齿或深裂；花冠漏斗状或钟状，筒部一般长于花萼，裂片全缘、具齿或 2 裂，喉部不收缩；雄蕊贴生于冠筒上，花丝极短；子房上位、球形，花柱有长短 2 型。蒴果球形、长圆形或筒状，顶端开裂或不规则开裂，稀为盖裂。种子小，多数。

约 500 种，主要分布于北半球温带和高山地区，很少种类在南半球出现。我国有 293 种 21 亚种和 18 变种，集中分布在喜马拉雅山脉及云南、四川；昆仑地区产 19 种 1 变种。

本属植物花多艳丽，多为花卉种类，有的种已培育出园艺品种。

分种检索表

1. 叶片掌状，边缘具 7～11 深裂，基部心形 …………… **1. 多脉报春 P. polyneura** Franch.
1. 叶片椭圆形、卵形、长圆形或披针形，边缘有齿或全缘，基部楔形下延。
  2. 叶丛基部由鳞片和叶柄包叠成假茎状；花冠裂片全缘。
    3. 花冠黄色，花冠裂片近圆形或宽长圆形 … **2. 圆瓣黄花报春 P. orbicularis** Hemsl.
    3. 花冠紫红色或蓝紫色。
      4. 花冠裂片线形，宽约 1 mm …………………… **3. 甘青报春 P. tangutica** Duthie
      4. 花冠裂片椭圆形、卵圆形至披针形，宽超过 1 mm。
        5. 叶片匙形、倒卵形或长圆形，边缘有齿，端近圆形 …………………………………………………………………………… **4. 心愿报春 P. optata** Farrer
        5. 叶披针形或倒披针形，边缘全缘或微有齿，顶端钝尖。
          6. 花萼内面无粉；花梗和花萼无毛无粉；花冠裂片披针形或长圆形 ……………………………………………… **5. 岷山报春 P. woodwardii** Balf. f.
          6. 花萼内面被粉；花梗有短毛；花冠裂片长圆形、椭圆形或倒卵圆形。
            7. 苞片和花萼表面被短毛；花萼开裂达中部；花冠裂片全缘 ……………………………………………… **6. 紫罗兰报春 P. purdomii** Craib
            7. 苞片和花萼表面几无毛；花萼开裂达中部以下；花冠裂片微凹或浅波状 ………………………………… **7. 大叶报春 P. macrophylla** D. Don
  2. 叶丛基部无鳞片，叶柄散开；花冠裂片先端 2 裂、凹缺或近全缘。

8. 花冠钟状，黄色 ………………………………… **8. 钟花报春 P. sikkimensis** Hook. f.

8. 花冠漏斗状，一般紫红色或蓝紫色，稀黄色。

9. 伞形花序常 2 轮；花冠裂片顶端全缘或凹缺；花萼裂片背面无粉，2 裂片间密被白粉 ………………………………… **9. 偏花报春 P. secundiflora** Franch.

9. 伞形花序常 1 轮；花冠裂片顶端深 2 裂；花萼无上述情况。

10. 植株被粉；叶缘具齿。

11. 花冠黄色；叶片近圆形或椭圆形，基部宽楔形或近圆形，下延……………………………………………… **10. 黄花粉叶报春 P. flava** Maxim.

11. 花冠紫红色或蓝紫色；叶片卵形或披针形，基部渐狭下延。

12. 伞形花序密集；花梗短；苞片果期外反 ……………………………………………………………… **11. 寒地报春 P. algida** Adam

12. 伞形花序较疏松；花梗一般长于苞片；苞片直立或近直立。

13. 花萼筒状，具 5 棱；叶片稍被粉 ……………………………………………………… **12. 狭萼报春 P. stenocalyx** Maxim.

13. 花萼钟状，无棱；叶片具明显的粉 ……………………………………………… **13. 金川粉报春 P. fangii** Chen et C. M. Hu

10. 植株无粉；叶片全缘或具不明显的齿。

14. 花萼内面被粉。

15. 花萼长 3.5～5.5 mm；花冠直径约 1 cm 或稍过之 ………………………………… **14. 散布报春 P. conspersa** Balf. f. et Purdom

15. 花萼长（5）6～10 mm；花冠直径 1.5～2.0 cm ……………………………………………… **15. 苞芽粉报春 P. gemmifera** Batal.

14. 花萼内面无粉。

16. 苞片非长圆形，不下延成耳状。

17. 苞片卵状椭圆形或退化成鳞片状，明显短于花萼 …………………………………………… **16. 柔小粉报春 P. pumilio** Maxim.

17. 苞片线形，长于花萼，如花单生则无苞片 ……………………………… **17. 束花粉报春 P. fasciculata** Balf. f. et Ward.

16. 苞片长圆形，基部下延成耳状。

18. 花萼裂片边缘被毛；花葶长于花梗。

19. 叶片基部渐狭成窄翅；伞形花序含花 6～14 朵 ……………………………………… **18. 帕米尔报春 P. pamirica** Fed.

19. 叶片基部近圆形或宽楔形；伞形花序含花 3～6 朵 ……………………………………… **19. 天山报春 P. nutans** Georgi

18. 花萼裂片边缘无毛；花葶常短于花梗 ………………………………………………………… **20. 西藏报春 P. tibetica** Watt.

1. 多脉报春

Primula polyneura Franch. in Journ. Bot. Morot 9：448. 1895；Pax in Engl. Pflanzenr. 22（4. 237）：28. 1905；中国植物志 59（2）：32. 1990；青海植物志 3：27. 1996；青藏高原维管植物及其生态地理分布 722. 2008.

多年生草本。须根多数，栗色，呈纤维状。根状茎短。叶阔卵形或近不规则圆形，长 1. 5～5. 0 cm，宽与长近相等，基部心形，边缘具 7～11 掌状深裂，裂片长圆形，边缘具齿，上面疏被短柔毛，下面密被短柔毛或仅沿脉被短柔毛，叶脉 3～6 对，最下方 1 对基出；叶柄明显长于叶片，被褐栗色长柔毛。花葶长 20～40 cm，被栗褐色长柔毛；伞形花序 1 轮，含花 3～9 朵；苞片披针形，长 3～7 mm，被毛；花梗纤细，长 1. 0～1. 5 cm，被毛；花萼管状，长 5～10 mm，外面被稀疏毛，开裂达花萼的中部，裂片窄披针形或披针形，先端渐尖，具突出 3～5 脉；花冠紫红色，筒长 1. 0～1. 2 cm，冠檐直径 1. 0～1. 5 cm，裂片倒卵形，顶端深凹缺；长花柱花：雄蕊着生于筒的中部，花柱与筒等长；短花柱花：雄蕊着生于筒口处，花柱长达冠筒的中部。蒴果长圆形，约与花萼等长。 花果期 6～8 月。

产青海：班玛（亚尔堂乡王柔，吴玉虎 26227、26230、26242，王为义等 26724；马柯河宝藏沟，王为义等 27249；班前沟，诸国本 034；红军沟，王为义等 26811；德昂沟，陈实 60017；可培育苗圃，王为义等 27114）。生于海拔 3 200～3 800 m河谷地带的阴坡灌丛草甸、沟谷山坡林缘草地。

分布于我国的甘肃、青海、云南、四川。

2. 圆瓣黄花报春

Primula orbicularis Hemsl. in Gard. Chron. ser. 3. 39：290. 403. 1906；中国植物志 59（2）：166. 1990；青海植物志 3：29. 1996；青藏高原维管植物及其生态地理分布 722. 2008.

多年生草本。须根肉质，伸长，多数。根状茎短。叶基生，叶丛外围有少数鳞片和黑栗色的残叶柄包叠成假茎状，高 2～4 cm；叶片狭椭圆形、长圆形或倒披针形，长 2～7 cm，宽 1～2 cm，先端钝尖，边缘全缘或具细齿，常外卷，基部渐狭窄，两面被极短腺毛，上面稀少；叶柄短，具宽翅，花期短，果期与叶片近等长。花葶高 10～20 cm，顶端被黄粉；伞形花序顶生，1 轮，含 4 至多花；苞片基部为三角形，上部为锥形，长约 1 cm，被稀疏短毛；花梗略长于苞片，被黄色粉和短腺毛，开花时下弯；花萼狭钟状至钟状，长 7～12 mm，外被短腺体，有的局部被黄粉，内面被黄粉，先端开裂到中部或稍下，裂片披针状长圆形，先端钝圆；花冠黄色，冠筒长 1. 1～1. 4 mm，冠檐直径约 1. 5 cm，喉部有环，裂片长圆形，全缘；长花柱花：雄蕊着生于距冠筒基部约 5 mm 处，花柱长约 9 mm；短花柱花：雄蕊着生于冠筒中上部，花柱长约 4 mm。

蒴果长圆形，稍长于花萼。 花果期6～8月。

产青海：玛沁（那木棱吉山，玛沁队106；县城附近，玛沁队037、藏药队192）、久治（索乎日麻乡扎龙尕玛山，藏药队311、果洛队153；智青松多附近山上，果洛队033；龙卡湖，藏药队752、果洛队586）、甘德（安拉山垭口，陈世龙等221）。生于海拔3 650～4 650 m的高山草甸、高山流石坡、山地砾石带、宽谷河滩高寒草甸。

四川：石渠（菊母乡，吴玉虎29900、29832A、29868）。生于海拔4 620 m左右的高寒草甸、流石坡中。

分布于我国的甘肃、青海、四川。

3. 甘青报春 图版2：1～2

Primula tangutica Duthie in Gard. Chron. 38：42. fig. 17. 1905；Pax in Engl. Pflanzenr. 22（4. 237）：108. 1905；中国植物志 59（2）：172. 1990；青海植物志 3：27. 图版8：3～4. 1996；青藏高原维管植物及其生态地理分布 726. 2008.

多年生草本，全株无粉。须根多数，近肉质，淡褐色。根状茎粗短。叶片近椭圆形，长圆状倒披针形，连柄长4～10 cm，先端钝尖，边缘具细齿，基部楔形，下延，有时下面被小腺点；叶柄不明显或短于叶片，具宽翅。花葶高3～8 cm，或较高；伞形花序1～2轮，每轮含3～7花；苞片狭披针形，长5～10 mm，被缘毛；花梗长5～20 mm，微被柔毛，有的较密，开花时稍下弯，果时直立；花萼筒状，长约1 cm，开裂达全长的1/3～1/2，裂片披针形或三角状披针形，被微缘毛，常显黑蓝色或黑蓝色短线条；花冠紫红色、玫瑰色或黑紫色，冠筒与花萼近等长或稍长，冠檐直径约1.5 cm，裂片线形，宽约1 mm；长花柱花：雄蕊着生于冠筒基部2.5 mm处，花柱长约6 mm；短花柱花：雄蕊着生在冠筒近喉部，花柱长约2 mm。蒴果筒状，明显长于花萼。 花果期6～8月。

产青海：兴海（河卡山，郭本兆6400、何廷农021；加尔吾，何廷农147；也隆沟，何廷农142；河卡乡满丈沟，吴珍兰073）、玛沁（县城附近，玛沁队035）、久治（索乎日麻乡扎龙尕玛山，藏药队330；门堂乡，果洛队112、藏药队294）。生于海拔3 400～4 600 m的河谷滩地高山草甸、沟谷山地灌丛、山坡灌丛草甸。

四川：石渠（菊母乡，吴玉虎29852）。生于海拔4 600 m左右的沟谷山坡高寒草甸、高山流石坡中。

分布于我国的甘肃、青海、四川。

4. 心愿报春

Primula optata Farrer in Not. Roy. Bot. Gard. Edinb. 9：187，1916；中国植物志 59（2）：149. 图版31：5～8. 1990；青海植物志 3：29. 1996；青藏高原维管植物及其生态地理分布 722. 2008.

多年生草本。须根多数，细长。根状茎短。叶基生，叶丛外围残存的枯叶；叶片椭圆形或匙形，长 2～5 cm，宽约 1.5 cm，顶端近圆形或钝尖，边缘有近整齐钝齿或具稀疏的齿，基部渐窄或突然变窄，被极短的柔毛；叶柄甚短，稀长于叶片。花葶在花期长约10 cm，近顶端被短毛；伞形花序顶生，1 轮，含 4～7 花；苞片披针形，长约 7 mm，疏被毛；花梗在花期长 5～7 mm，被毛；花萼狭钟状，长 7～10 mm，外面疏被腺毛，内面被粉，开裂达中部或过之，裂片长圆形或长圆状披针形，先端钝尖；花冠蓝紫色，冠筒长 1.0～1.5 cm，冠檐直径约 2 cm，裂片长圆形或狭椭圆形，长约 8 mm 处，全缘；长花柱花：雄蕊着生于距冠筒基部 3～4 mm 处，花柱长达近冠筒喉部；短花柱花：雄蕊生于冠筒中上部，花柱长约4 mm。蒴果筒形。　花期 6 月。

产青海：玛沁（德勒龙沟，玛沁队 042；那木棱吉山，玛沁队 105）、久治（希门错日拉山，果洛队 486）。生于海拔 3 500～4 000 m 的阴坡草甸、高山地带林缘草地、河滩湿地和山坡石缝中。

分布于我国的甘肃、青海、四川。

5. 岷山报春　图版 3：1～3

Primula woodwardii Balf. f. in Not. Roy. Bot. Gard. Edinb. 9：61. 1915；中国植物志 59（2）：154. 图版 32：1～4. 1990；青海植物志 3：32. 图版 7：6～8. 1996；青藏高原维管植物及其生态地理分布 728. 2008.

多年生草本。须根肉质，少数，粗长。根状茎短。叶基生，外以鳞片和残存栗色叶鞘包围，栗色叶鞘高约 3 cm，鳞片背面常被黄粉；叶片披针形、卵状长圆形或倒披针形，长4～6 cm，宽 1～2 cm，先端钝尖，边缘全缘，常外卷，基部渐窄；叶柄具宽翅，短于叶片。花葶高 8～20 cm，伞形花序 1 轮，含 3～10 花；苞片线状披针形，基部加宽，长约 8 mm，先端渐尖，无毛无粉；花梗长 5～20 mm，细软，无毛，花期外弯；花萼狭钟状，长约 8 mm，开裂至中部或略过之，裂片披针形或长圆状披针形，先端钝尖，外面无毛，仅在边缘被短缘毛；花冠蓝紫色或较淡，冠筒长 10～13 mm，冠檐直径 1.5～2.0 cm，裂片披针形或长圆形；长花柱花：雄蕊着生于冠筒基部的 4 mm 处，花柱长 5.5 mm；短花柱花：雄蕊着生于冠筒中上部，花柱长 2.5 mm。　花期 6 月。

产青海：久治（索乎日麻乡，藏药队 245、318，果洛队 149；德黑日麻沟，藏药队 241；夏德尔定伯垭豁口，果洛队 084；都哈尔玛，果洛队 078；哈尕垭口，果洛队 073）、称多（竹节寺，吴玉虎 32528）、兴海（河卡乡火隆山，何廷农 341）、玛沁（采集地不详，区划队二组 092；阿尼玛卿山东南面，黄荣福 C. G. 81-132、C. G. 81-084）、玛多（花石峡，吴玉虎 975）。生于海拔 3 800～4 000 m 的山坡潮湿处草地、河谷滩地高山草甸中。

分布于我国的甘肃、青海、陕西。

6. 紫罗兰报春 图版 2：3～4

Primula purdomii Craib in Bot. Mag. t. 8535. 1914；中国植物志 59（2）：154. 1990；青海植物志 3：31. 图版 8：1～2. 1996；青藏高原维管植物及其生态地理分布 723. 2008.

多年生草本。须根肉质，少数，较粗且长。根状茎粗短。叶基生，叶丛外围有破碎或纤维状的枯叶柄，高约 5 cm；由外向内鳞片卵状长圆形、长圆形至披针形，栗褐色至褐色；叶片卵状长圆形、披针形或倒披针形，先端钝或急尖，基部渐狭窄，边缘全缘或具细齿，通常多反卷，长 3～8 cm，宽 1～2 cm，被白粉或近无粉；叶柄具宽翅，短于叶片或近等长于叶片，通常为鳞片和枯死叶柄所覆盖。花葶高 8～25 cm，近顶处常被白粉或黄粉；伞形花序 1 轮，含花 4～15 朵；苞片近披针形，长 5～10 mm，上面稍被毛，边缘毛较密；花梗长 5～15 mm，被短毛，有的被白粉或短毛，果期梗直立伸长；花萼狭钟形，长 6～10 mm，开裂至中部或稍过之，裂片长圆形，先端钝，外被短腺毛，内面被粉；花冠蓝紫色，冠筒长 1.1～1.5 mm，冠檐直径 1.3～2.0 cm，裂片长圆形、椭圆形，全缘；长花柱花：雄蕊着生于筒基3～4 mm处，花柱长约 6 mm；短花柱花：雄蕊着生于冠筒中部，花柱长 2～3 mm。蒴果长圆形，明显长于花萼。 花果期 6～8 月。

产青海：格尔木（西大滩煤矿沟，黄荣福 K-013），兴海（河卡乡火隆山，何廷农 341B）、曲麻莱（曲麻河乡乌朋，黄荣福 033）、称多（歇武乡毛拉，刘尚武 2355；县城，郭本兆 419）、玛多（花石峡乡，吴玉虎 975B）、玛沁（采集地不详，马柄奇 2092；阿尼玛卿山，黄荣福 C. G. 81-084B、C. G. 81-132B）、达日（吉迈乡赛纳纽达山，H. B. G. 1225）、久治（索乎日麻乡扎龙尕玛山，果洛队 147、藏药队 341；龙卡湖，藏药队 752；都哈尔玛，果洛队 073B）、治多（新部张尕也龙，周立华 263）。生于海拔 3 850～4 850 m 的河谷地带潮湿山坡草地、高山碎石坡、冰川石碛顶部、山顶岩穴、山坡缝隙处的高寒草甸中。

分布于我国的甘肃、青海、四川。

7. 大叶报春

Primula macrophylla D. Don Prodr. Fl. Nepal. 80. 1825.

7a. 大叶报春（原变种）

var. **macrophylla**

昆仑地区不产。

7b. 长苞大叶报春（变种）

图版 2　甘青报春 **Primula tangutica** Duthie 1. 植株；2. 花。
紫罗兰报春 **P. purdomii** Craib 3. 植株；4. 花。（王颖绘）

var. **moorcroftiana** (Wall. ex Klatt) W. W. Smith et Fletcher in Trans. Roy. Soc. Edinb. 60：590. 1942；Yasin J. Nasir in E. Nasir and S. J. Ali Fl. Pakist. 157：9. 1984；中国植物志 59（2）：157. 1990；青藏高原维管植物及其生态地理分布 720. 2008.—— *Primula moorcroftiana* Wall. ex Klatt in Journ. Bot. 6：120. 1868.—— *Primula macrophylla* non D. Don，新疆植物志 4：38. 图版 11：1～3. 2004.

多年生草本。须根多数。粗长，近肉质。根状茎短。叶基生，叶丛外围常被破裂成纤维状的老叶所包围，黑栗色；叶片狭椭圆形或倒披针形，长 5～10 cm，宽 0.7～3.0 cm，先端圆或钝，边缘全缘或具细齿，通常极狭外卷，基部渐下延，上面无粉，下面有时被白粉；叶柄短于或近等长于叶片，具宽翅。花葶高约 15 cm，稍超出叶丛，被短毛或粉，近顶端尤密；伞形花序 1 轮，具 2～8 花；苞片黑色，披针形、狭披针形至锥形，长 8～10 mm，先端长渐尖；花梗短于苞片，被短毛和粉，果时稍伸长，明显长于苞片；花萼黑色，筒状，长 8～10 mm，开裂超过花萼长的一半，裂片披针形，先端锐尖，内面明显被粉；花冠蓝紫色，冠筒长 1.0～1.3 mm，冠檐直径为 1.0～1.7 cm，喉部黄色，裂片倒卵圆形，先端波状或微凹缺；长花柱花：雄蕊着生于冠筒基部 4 mm 处，花柱约与花萼等长；短花柱花：雄蕊着生处与花萼等高，花柱长 4～5 mm。蒴果筒状，长超过花萼。　花果期 6～8 月。

产新疆：塔什库尔干（麻扎种羊场萨拉勒克，青藏队吴玉虎 870341；明铁盖，青藏队吴玉虎 4982；红其拉甫，青藏队吴玉虎 4887，高生所西藏队 3188、3201；克克吐鲁克，高生所西藏队 3280）、叶城（柯克亚乡，青藏队吴玉虎 870882；阿格勒达坂，黄荣福 C. G. 86-137）。生于海拔 4 200～4 700 m 的沟谷河边、河漫滩草地、沟坡流水线，山坡冰水平台的湿地草甸、沼泽化草甸。

分布于我国的新疆、西藏西部；尼泊尔，克什米尔地区，巴基斯坦也有。

本变种根据叶片短而窄小，花葶具少数花、花梗较柔软、花冠裂片先端 2 裂，可以与原变种区分。

8. 钟花报春　图版 3：4～6

Primula sikkimensis Hook. f. in Bot. Mag. 4597. 1851；Hook. f. Fl. Brit. Ind. 3：491. 1882；Pax in Engl. Pflanzenr. 22（4. 237）：100. fig. 29A. 1905；西藏植物志 3：830. 图 322. 1986；中国植物志 59（2）：137. 图版 30：1. 1990；青海植物志 3：27. 图版 7：3～5. 1996；青藏高原维管植物及其生态地理分布 724. 2008.

多年生草本。须根多数，栗色，细长。根状茎粗短。叶基生，叶片长圆形或倒披针形，长 5～15 cm，宽 2～4 cm，先端圆形，基部渐狭窄，边缘具锐尖或稍钝的牙齿，上面光滑，下面具短柄腺体，网脉显著；叶柄短，或与叶片近等长，具明显翅。花葶粗壮，高 10～60 cm，顶端被粉；伞形花序顶生，多花；苞片狭披针形，长 5～7 mm，先

图版 3 岷山报春 **Primula woodwardii** Balf. f. 1. 植株；2. 花；3. 冠筒纵剖。钟花报春 **P.sikkimensis** Hook. f. 4. 植株；5. 花；6. 花冠纵剖。（王颖绘）

端渐尖，基部稍膨大；花梗长短不等，纤细，长 1～8 cm，顶端被黄粉；花萼狭钟状，花期长 5 mm，果期长 7 mm，具明显 5 棱，两面均被黄粉，开裂达全萼长的 1/3，裂片狭披针形或三角形，先端锐尖；花冠黄色，或干后变为绿色，冠筒长约 1 cm，冠檐直径 1.0～1.5 cm，筒口周围被黄粉，裂片倒卵状长圆形，全缘或凹缺；长花柱花：雄蕊着生于冠筒基部 2～3 mm 处，花柱长达喉部；短花柱花：雄蕊着生于冠筒近喉部，花柱长约 2 mm。蒴果长圆形，稍长于花萼。　花果期 6～9 月。

产青海：曲麻莱（东风乡江荣寺，刘尚武等 843）、称多（歇武乡赛巴沟，刘尚武等 2502）。生于海拔 4 000～4 200 m 的河滩水流处潮湿草地、河谷阶地高寒草甸。

分布于我国的青海、西藏、云南、四川；尼泊尔，印度东北部，不丹也有。

9. 偏花报春

Primula secundiflora Franch. in Bull. Soc. Bot. France 32：267. 1885；Pax in Engl. Pflanzenr. 22（4. 237）：106. 1905；西藏植物志 3：836. 图 324. 1986；中国植物志 59（2）：113. 1990；青藏高原维管植物及其生态地理分布 724. 2008.

多年生草本。须根多数，近肉质，细长。根状茎极短。叶基生，叶片长圆形或倒披针形，长 5～13 cm，宽 1.5～2.5 cm，先端圆或钝圆，基部渐狭成楔形，边缘具三角形小牙齿，齿端为软骨质，两面疏被小腺体，下面较多；叶柄不明显，或长仅为叶片的 1/2，具宽翅。花葶高 40～80 cm，粗壮，近顶端被粉；伞形花序 1～2 轮，每轮含花 5～10朵；苞片披针形或长圆状披针形，长 5～7 mm，先端渐尖；花梗长 2～3 cm，果期伸长，长达 4 cm，开花时下弯，先端被粉，果期直立，粉脱落；花萼狭钟形或钟状，长 5～8 mm，裂片披针形、长圆状披针形或三角形，常染紫色，裂片为花萼全长的 1/3～1/2，沿裂片背面下延至基部一线无粉，2 裂片间密被白粉；花冠紫红色，冠筒长约1 cm，稍长于花萼，冠檐直径可达 1 cm；长花柱花：雄蕊着生于冠筒近中部，花柱与冠筒近等长；短花柱花：雄蕊着生于冠筒近喉部，花柱长 2～3 mm。蒴果圆形，稍长于花萼。　花果期 6～8 月。

产青海：久治（采集地不详，陈桂琛等 1582）、班玛（亚尔堂乡王柔，吴玉虎 26286、26294、26309；烧柴沟，王为义等 27503）。生于海拔 3 700～4 200 m 的沟谷山地林缘灌丛、山坡柏树林下、河滩沼泽湿地。

分布于我国的青海、西藏、云南、四川。

10. 黄花粉叶报春

Primula flava Maxim. in Bull. Acad. Sci. St.-Pétersb. 27：497. 1881；Pax in Engl. Pflanzenr. 22（4. 237）：116. 1905；中国植物志 59（2）：200. 图版 41：5～8. 1990；青海植物志 3：32. 1996；青藏高原维管植物及其生态地理分布 717. 2008.

多年生草本。须根多数，细长。根状茎短。叶基生，莲座状，在基部围有栗色枯叶，稀出现芽鳞，叶片椭圆形或近圆形，长 1～5 cm，宽 1～3 cm，先端圆形，边缘具钝锯齿，基部宽楔形或近圆形，下延，上面疏被短柔毛，下面被粉或具粉质腺体，粉易脱落；叶柄纤细，具狭翅，与叶片等长或长于叶片 2～3 倍。花葶似侧生，高 2～5 cm，被短柔毛；伞形花序顶生，含 3～10 花；苞片披针形，长 5～10 mm，被小腺毛；花梗长 0.5～3.0 cm，被短腺毛；花萼钟状，长 5～6 mm，常具稀疏白粉及短腺毛，分裂达花萼全长的 2/3，裂片披针形或长圆形，先端钝，边缘具小腺毛，内面常被粉；花冠黄色，干后为绿色，冠筒管状，长 0.8～1.3 cm，冠檐直径 1.0～1.5 cm，裂片倒圆卵形，先端 2 深裂；长花柱花：雄蕊着生于冠筒中部，花柱长达冠筒喉部；短花柱花：雄蕊着生于冠筒近喉部，花柱长达冠筒的中部。蒴果长圆形，与花萼近等长。 花果期 6～9 月。

产青海：兴海（中铁林场恰登沟，吴玉虎 45360）、玛沁（德勒龙沟，玛沁队 044、H. B. G. 852；军功乡西哈垄河谷，H. B. G. 359，吴玉虎等 5671、5715；阿尼玛卿山，黄荣福C. G. 81- 067；尕柯河岸，玛沁队 123；雪山乡，黄荣福 C. G. 81 - 051；军功乡，区划二组 001；大武乡二大队冬场，区划三组 132；大武至江让途中，植被地理组 509）、久治（龙卡湖，果洛队 620，藏药队 691、774）。生于海拔 3 300～4 300 m的峡谷山坡、阴坡高寒灌丛草甸、山地柏树林下，常出现在石缝、石崖缝隙、岩石上。

分布于我国的甘肃、青海、四川。模式标本采自黄河上游。

11. 寒地报春

Primula algida Adam in Weber et Mohr. Beitr. Natruk. 1：46.1805；Fed. in Kom. Fl. URSS 18：158. t. 6：6.1952；中国植物志 59（2）：190. 图版 8～12.1990；新疆植物志 4：30. 图版 12：1～2.2004；青藏高原维管植物及其生态地理分布 712.2008.

多年生草本。具极短的根状茎和多数细长纤维状的根。叶莲座状，高 2～7 cm，基部无芽鳞；叶片椭圆形、椭圆状长圆形、倒披针形，长 1.5～5.0 cm，宽 0.5～2.0 cm，先端圆形或钝，基部渐狭窄，边缘具锐尖小牙齿或全缘，上面无粉，下面被稀薄的粉；叶柄具翅，在花期短，在果期长达叶片的 1/2。花葶高 5～15 cm，果期延长，可达 20 cm，先端被粉；伞形花序近头状，含花 3～12 朵；苞片线形或线状披针形，长约 1 cm，宽 1～2 mm，基部稍呈囊状，果期反折；花梗短于苞片，初花期长 1～3 mm，果期长约 1 cm；花萼管状或狭钟状，常为暗紫色，长 6～8 mm，具 5 棱，外面无粉，内面通常被粉，开裂达花萼全长的 1/2，裂片长圆形或长圆状披针形，先端钝或尖；花冠蓝紫色，冠筒褐黄色，长 6～8 mm，略长于花萼，冠檐直径 1.0～1.5 cm，裂片倒卵形，先端 2 深裂，喉部具环状附属物；长花柱花：雄蕊着生于冠筒中下部，花柱长约冠筒的 2/3；短花柱花：雄蕊着生于冠筒的中部，花柱长约冠筒的 1/3。果实长圆形，稍长于花萼。　花期 5～6 月，果期 7～8 月。

产新疆：阿克陶（阿克塔什，青藏队吴玉虎 870176；恰克拉克，青藏队吴玉虎 870615；恰尔隆，青藏队吴玉虎 5013）、塔什库尔干（克克吐鲁克，青藏队吴玉虎 870497；麻扎种羊场，青藏队吴玉虎 870317 ）、叶城（柯克亚乡，青藏队吴玉虎 870802；红其拉甫达坂，高生所西藏队 3191）。生于海拔 3 500～4 600 m 的沟谷山坡、水边、河谷阶地高寒草甸、河滩高寒沼泽草甸、溪流水边砾石地、高山流石坡湿草甸。

分布于我国的新疆；俄罗斯，哈萨克斯坦，吉尔吉斯斯坦，塔吉克斯坦，蒙古，阿富汗，伊朗也有。

12. 狭萼报春　图版 4：1～2

Primula stenocalyx Maxim. in Bull. Acad. Sci. St.-Pétersb. 27：498. 1881；Pax in Engl. Pflanzenr. 22（4. 237）：87. 1905；西藏植物志 3：778. 1986；中国植物志 59（2）：193. 图版 39：1～4. 1990；青海植物志 3：34. 图版 9：1～2. 1996；青藏高原维管植物及其生态地理分布 726. 2008.

多年生草本。根状茎短，具多数须根。叶基生，呈莲座状，基部有少数枯叶柄；叶片倒卵形、倒卵状长圆形、倒披针形或匙形，连柄长 1. 5～5. 0 cm，先端圆形或钝，基部下延成柄，边缘具齿，两面被短毛或短柄腺体，上面稀疏或无；叶柄甚短，具翅，花后期伸长。花葶直立，高 5～20 cm，被短柄腺体；伞形花序含 4～16 花，苞片狭披针形，长约 10 mm，基部稍膨大，两面近光滑，边具缘毛；花梗长 3～30 mm，被短柄腺体；花萼筒状，长 7～10 mm，具 5 棱，外面被短柄腺体，裂片长圆形，先端钝，边缘具短毛；花冠紫红色或蓝紫色，冠筒长约 1. 3 cm，稍长于花萼，冠檐直径可达 1. 5 cm，喉部近黄色，裂片倒心形，先端 2 深裂；长花柱花：雄蕊着生于筒基约 2 mm 处，花柱约与花萼等长；短花柱花：雄蕊着生稍高于筒的中部，花柱长 1. 5～3. 0 mm。蒴果长圆形，与花萼近等长。　花果期 6～8 月。

产青海：称多（歇武寺，生物所玉树队 009；称文乡，刘尚武 2352；歇武乡毛拉，刘尚武 2368）、久治（门堂乡，藏药队 254；县城附近，果洛队 18；希门错日拉山，高生所果洛队 486）、玛沁（军功乡一大队三小队，区划二组 086）。生于海拔 3 620～4 400 m山地阴坡、沟边的杜鹃灌丛、山生柳灌丛、高山草甸、灌丛草甸，少数生于灌丛中的石隙和石崖。

四川：石渠（红旗乡，吴玉虎 29432、29434B；长沙贡玛乡，吴玉虎 29743；国营牧场，吴玉虎 30091）。生于海拔 3 840～4 200 m 的沟谷山坡高山草甸、河谷山地灌丛、山坡石隙。

分布于我国的甘肃、青海、西藏、四川。

13. 金川粉报春

Primula fangii Chen et C. M. Hu Fl. Reipubl. Popul. Sin. 59（2）：204，

294. 1990；青藏高原维管植物及其生态地理分布 717. 2008.

多年生草本。须根肉质，多数，较粗且伸长。根状茎短。叶基生，莲座状；叶片长圆形或椭圆形，长 2～4（8）cm，宽 1～2 cm，先端钝圆，边缘具小圆齿，上面常出现褐色小点，下面密被白粉（干时呈乳黄色），易脱落，主脉和网脉明显；叶柄初期不明显，后可达叶片的 1/3。花葶高 15～30 cm；伞形花序含花 4～25 朵，苞片披针形，长 4～7 mm，上面有稀疏腺体，下面有粉；花梗不等长，长 1～7 cm，有白粉，伸长后无粉，并具小腺体；花萼钟状，长 5～6 mm，外面多少被粉，后期无，内面密被白粉，分裂达萼长的 1/3 或稍长；裂片三角形或卵状长圆形，先端钝尖；花冠淡紫红色，喉部黄色，冠筒长 8～10 mm，冠檐直径约1. 5 cm，裂片圆卵形，先端 2 深裂；长花柱花：雄蕊着生于离筒基 3 mm 处，花柱长约5 mm；短花柱花：雄蕊着生于筒的中上部，花柱长约 1. 5 mm。蒴果长圆形，稍长于花萼。 花果期 7～8 月。

产青海：班玛（马柯河林场，魏振铎 288；农场红军沟，王为义 26883）。生于海拔 3 400～3 600 m 的沟谷阴坡草地、高寒草甸、河谷湿草地。

分布于我国的青海、四川。

与原种描述的区别为：花萼内面密被白粉，非乳黄色粉；蒴果略短。

14. 散布报春

Primula conspersa Balf. f. et Purdom in Not. Roy. Bot. Gard. Edinb. 9: 14. 1915；中国植物志 59（2）：212. 图版 44：1～4. 1990；青藏高原维管植物及其生态地理分布 716. 2008.

多年生草本。须根多数，细长，稍肉质。根状茎短。叶片椭圆形或椭圆状长圆形，长 1. 5～6. 0 cm，宽 1～2 cm，先端圆形或钝，边缘波状，基部渐狭窄，两面光滑；叶柄长为叶片的 1/2 或与叶片等长。花葶高 25～40 cm，先端稍具微小的腺体；伞形花序顶生，1 轮，含花 5～12 朵；苞片线状披针形，长 4～7 mm，基部加厚；花梗纤细，长 2～5 cm，被腺体，长短不等；花萼狭钟状或钟状，具 5 棱，长约 5 mm，外面被腺体，内面被粉，分裂约达中部，裂片狭三角形，缘毛不明显；花冠蓝色或淡蓝色，冠筒长约 1 cm，冠檐直径约 1 cm，裂片倒卵形，先端深裂；长花柱花：雄蕊生于冠筒的中部，花柱长达喉部；短花柱花：雄蕊生于近冠筒口处，花柱长达冠筒的中部。蒴果长圆形，略长于宿存花萼。 花果期 5～8 月。

产青海：班玛（马柯河林场，王为义等 26883、26923）、久治（龙卡湖北岸，藏药队 729）。生于海拔 3 400～3 500 m 的沟谷山地阴坡草丛、高寒草甸。

分布于我国的甘肃、青海、陕西、山西。

15. 苞芽粉报春 图版 4：3～5

Primula gemmifera Batal. in Acta Hort. Petrop. 9: 491. 1891；西藏植物志 3：

780. 1986；青海植物志 3：35. 图版 9：6～8. 1996；中国植物志 59 (2)：214. 1990；青藏高原维管植物及其生态地理分布 718. 2008.

多年生草本。须根多数。根状茎极短。叶莲座状，叶片狭椭圆形、卵状长圆形或近匙形，长 1～3 cm，先端圆形，边缘具不整齐牙齿，基部渐狭窄，下面被多数小腺体，上面稀少或无；叶柄短至长于叶片 1～2 倍，具狭翅。花葶高 6～30 cm，被短腺毛，老时脱落；伞形花序顶生，含花 3～10 朵；苞片卵状披针形或长圆状披针形，长 5～8 mm，先端急尖，基部稍膨大，常染紫色，被短腺毛；花梗长 5～30 mm，密被短柄腺体；花萼近钟状，长 5～10 mm，常为暗紫色，有时绿色，被短柄腺体，裂片披针形或狭三角形，除外面被腺体外，边缘具明显绿色，内面密被粉；花冠紫红色，冠筒管状，长 1.0～1.2 cm，冠檐直径 1.2～1.6 cm，裂片倒心形，先端 2 裂；长花柱花：雄蕊着生于冠筒中部，花柱长达喉部；短花柱花：雄蕊着生于冠筒上部，花柱长达冠筒中部。蒴果长圆形，长 0.8～1.0 cm，稍长于花萼。 花果期 5～8 月。

产青海：玛多（塘格玛，吴玉虎 1144）、玛沁（尕柯河岸，玛沁队 135；军功乡，区划二组 86）、达日（吉迈乡赛纳纽达山，H. B. G. 1302；桑日麻乡，陈世龙等 262）、久治（希门错湖畔，果洛队 454；门堂乡，藏药队 257、果洛队 97；索乎日麻乡高山顶，果洛队 259、藏药队 406；龙卡湖，藏药队 751，果洛队 571、618）、班玛（马柯河林场烧柴沟，王为义 27571；灯塔乡，王为义 27413、27472；马柯河林场宝藏沟，王为义 27242；马柯河林场，郭本兆 487）。生于海拔 3 200～4 500 m 的河漫滩、湖畔、山坡、水沟边、河边砾石堆的林下、沟谷灌丛草甸、山地草甸中。

分布于我国的甘肃、青海、西藏、四川。

16. 柔小粉报春

Primula pumilio Maxim. in Bull. Acad. Sci. St.-Pétersb. 27：498. 1881；西藏植物志 3：784. 1986；中国植物志 59 (2)：217. 1990；青海植物志 3：35. 1996. —— *P. pygmaeorum* Balf. f. et W. W. Smith in Not. Roy. Bot. Gard. Edinb. 13：17. 1920；青藏高原维管植物及其生态地理分布 723. 2008.

多年生矮小草本，全株无粉。须根多数。根状茎极短。叶基生，莲座状，叶丛紧密，外围以褐色枯叶柄；叶片椭圆形、匙形或近菱形，长 4～7 mm，先端急尖或钝，基部渐狭，全缘或具不明显的波状齿，质地较厚，两面或边缘略具短腺体；叶柄通常短于叶片，有膜质窄翅，在果期伸长。花葶短，多藏于叶丛中；伞形花序顶生，含花 2～6 朵；苞片椭圆状披针形，长 0.5～3.0 mm，先端钝，基部略加厚，但不呈囊状；花梗短，果期稍延长；花萼狭钟状，长约 4 mm，具 5 棱，分裂近中部，裂片狭三角形或披针形，外面有短腺体；花冠粉红色，冠筒稍长于花萼，冠檐直径 5～7 mm，喉部黄色，裂片倒卵形，先端深 2 裂；长花柱花：雄蕊着生于冠筒中部，花柱长达喉部；短花柱花：雄蕊着生于冠筒中上部，花柱长达冠筒中部。蒴果管状或长柱状，明显长于花萼。

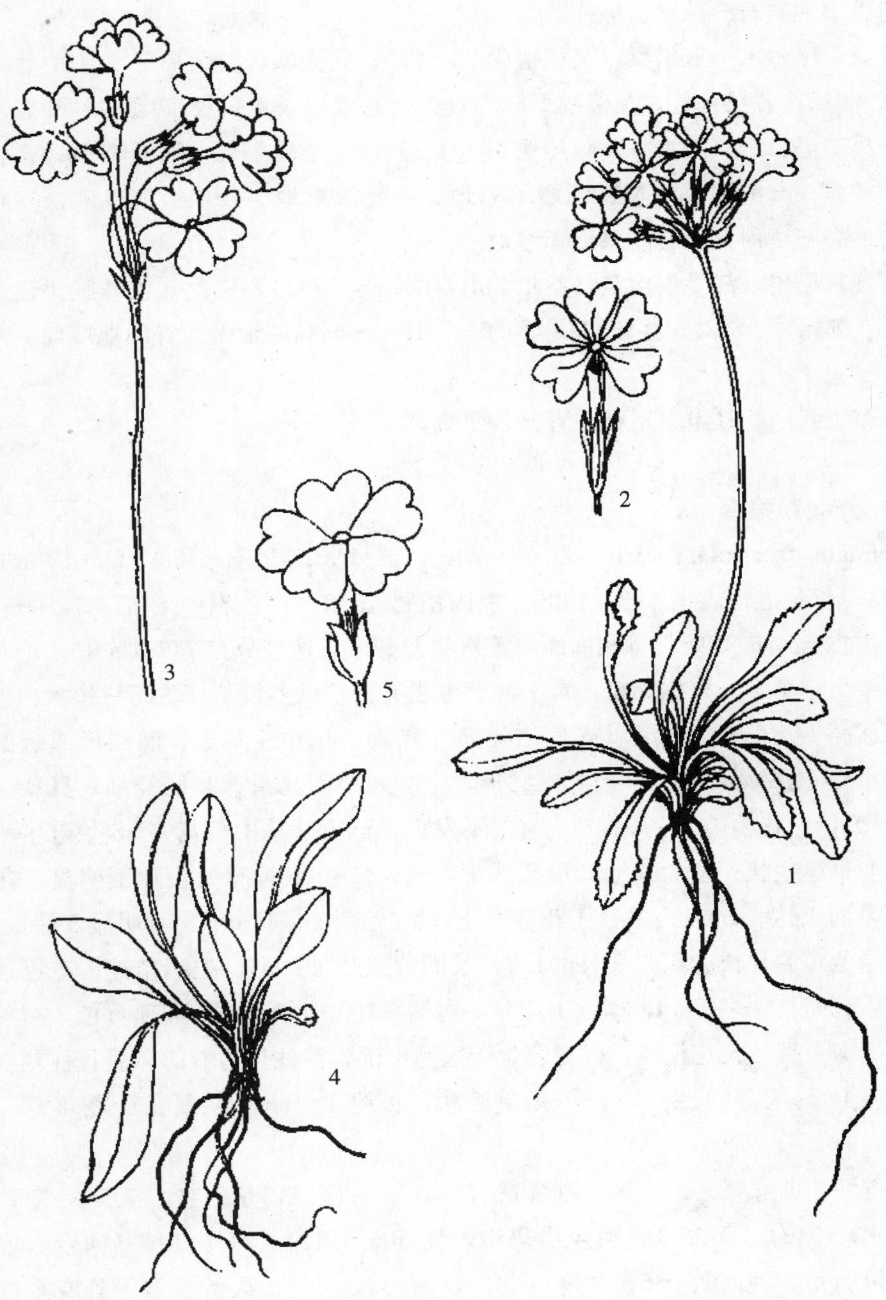

图版 4 狭萼报春 **Primula stenocalyx** Maxim. 1. 植株；2. 花。苞芽粉报春 **P. gemmifera** Batal. 3. 植株上部；4. 植株下部；5. 花。（王颖绘）

花果期 6～8 月。

产新疆：策勒（奴尔乡，青藏队 1920、1944）。生于海拔 3 900～4 100 m 的山坡草地、沟谷山地岩石缝隙处。

青海：格尔木（五道梁，吴征镒等 75－250；西大滩，黄荣福 K－011；煤矿沟，黄荣福 K－612；各拉丹冬，黄荣福 K－026）、兴海（温泉乡，吴玉虎 17226）、玛多（黄河乡，吴玉虎1111；清水乡，陈桂琛 1870）、玛沁（县城附近，玛沁队 021）。生于海拔 3 750～4 750 m 的沟谷山坡、河漫滩草地、沙滩湿草地、沙丘上的草地、高寒草甸草原、山地高寒草甸、河谷高寒沼泽湿地。

西藏：尼玛（江爱雪山至马益尔雪山，郎楷永 9711）、班戈（色哇区比让彭错至念不那董，郎楷永 9512）。生于海拔 5 050～5 150 m 的高原地带沟谷山地草甸、河滩高寒草甸。

分布于我国的甘肃、新疆、青海、西藏。

17. 束花粉报春

Primula fasciculata Balf. f. et Ward in Not. Roy. Bot. Gard. Edinb. 9：16. 1915；西藏植物志 3：784. 1986；中国植物志 59（2）：218. 图版 45：6～7. 1990；青海植物志 3：36. 1996；青藏高原维管植物及其生态地理分布 717. 2008.

多年生小草本，全株无粉，常多株聚生成丛。须根多数，细弱而呈丝状。根状茎极短。叶丛高 1～3 cm，外围以褐色枯死老叶残迹；叶片长圆形、椭圆形或近圆形，长 4～10 mm，先端圆，基部广楔形或圆形，全缘，两面光滑；叶柄纤细，具狭翅，比叶片长 1～2 倍。花葶长 5～10 mm，有的不发育，藏于叶丛中；花 1～5 朵着生于花葶顶端，或似呈丛生状；苞片狭披针形或线形，长 7～9 mm，有的苞片不明显；花梗长约 1 cm，果期长达 2 cm，一般长于花葶；花萼筒状，长 3～5 mm，具明显 5 棱，棱绿色，棱间淡绿色，裂片长达花萼全长的1/3，长圆形或狭披针形，先端稍钝；花冠紫红色或淡红色，冠筒长 4～7 mm，稍长于花萼，冠檐直径 8～10 mm，喉部黄色，裂片宽倒卵形，先端深 2 裂；长花柱花：雄蕊着生于冠筒中部，花柱长达喉部；短花柱花：雄蕊着生于冠筒上部，花柱长约 2 mm。蒴果筒状，长约 10 mm，明显长于花萼。 花果期 5～8月。

产青海：曲麻莱（巴干乡，刘尚武等 583）、称多（清水河乡，王为义等 72；野牛沟，杨永昌 846）、玛多（黄河乡白玛纳，吴玉虎 1012）、玛沁（昌马河乡，陈桂琛等 1739；拉加乡，玛沁队 086；扎麻日北山，玛沁队 062）、久治（索乎日麻乡，果洛队 152；康赛至门堂，果洛队 682；德黑日麻沟，藏药队 239；都哈尔玛，果洛队 075A）。生于海拔3 600～4 800 m 的河漫滩、河边、阳坡、山顶、沟谷中的高山草甸、灌丛边缘、谷底湿地。

西藏：班戈（色哇区，郎楷永 9409）。生于海拔 4 600 m 左右的高原河湖滩地、高寒沼泽草甸、河滩草地。

分布于我国的甘肃、青海、西藏、云南、四川。

18. 帕米尔报春

Primula pamirica Fed. in Schischkin et Bobrov，Fl. URSS 18：724，t. 7：4. 1952；Yalin J. Nasir in Fl. Pakist. 157：24. t. 5：A～C. 1984；新疆植物志 4：34. 图版 13：4～5. 2004；青藏高原维管植物及其生态地理分布 722. 2008.

多年生草本，全株无粉。须根多数，细而长。根状茎短。叶莲座状，叶片椭圆形、匙形、卵形或倒卵状长圆形，长 3～5（7）cm（带柄），宽 7～15 mm，先端圆形，边全缘或具不明显的疏齿，基部渐狭；叶柄明显，具狭翅，等长或长于叶片 2 倍，无毛。花葶粗壮，高 15～30 cm，无毛；伞形花序 1 轮，含花 6～14 朵；苞片长圆形，长 7～10 mm，顶端尖，基部下延成耳状，被短毛；花梗长 1～2 cm，等于或长于苞片，被短腺毛；花萼筒状，长5～7 mm，淡绿色，稍具 5 棱，被腺毛，开裂到花萼全长的 1/3，裂片长圆形，被缘毛；花冠淡蓝紫色或粉色，花冠管长于花萼 1 倍，冠檐直径 1.5～2.0 cm，裂片倒心形，先端 2 深裂，喉部黄色。蒴果长圆形，较花萼长。 花果期 5～8 月。

产新疆：乌恰（老县城附近，青藏队吴玉虎 870080）、阿克陶（琼块勒巴什，青藏队吴玉虎 870641；恰尔隆乡，青藏队吴玉虎 4614；布伦口乡，克里木 729）、塔什库尔干（慕士塔格，青藏队吴玉虎 870307；塔什库尔干林场，新疆农科院农林所 810292、采集人不详 810287；麻扎种羊场，青藏队吴玉虎 870431；麻扎至卡拉其古，青藏队吴玉虎 4955；县城北温泉，西植所新疆队 834）、皮山（三十里营房赛图拉，高生所西藏队 3390）、叶城（乔戈里峰，采集人、采集号不详）、若羌（阿尔金山保护区鸭子泉，青藏队吴玉虎 2144；明布拉克东，青藏队吴玉虎 4198）。生于海拔2 700～4 000 m 的河边沼泽地、山前冲积平原、河边沙砾地的湿润草甸。

分布于我国的新疆；巴基斯坦，吉尔吉斯斯坦，塔吉克斯坦，阿富汗也有。

19. 天山报春 图版 5：1～2

Primula nutans Georgi Bemerk. Reise 1：200. 1775；中国植物志 59（2）：221. 图版46：1～2. 1990；青海植物志 3：35. 图版 6：1～2. 1996；新疆植物志 4：33. 图版 13：1～3. 2004；青藏高原维管植物及其生态地理分布 721. 2008. —— *P. sibirica* Jacq. Misc. Austr. 1：161. 1778；中国高等植物图鉴 3：245. 图 4443. 1974.

多年生草本，全株无粉。须根多数，细而长。根状茎极短。叶莲座状，叶片椭圆形、长圆形、椭圆状长圆形，稀卵形或匙形，长 0.5～3.0 cm，宽 0.4～2.0 cm，先端圆形，有时钝，基部近圆形或宽楔形，全缘或有稀疏微齿，光滑；叶柄细长，等于或长于叶片 2～3 倍，具狭翅。花葶高 3～20 cm，较细弱，无毛；伞形花序含花 2～6 朵；苞

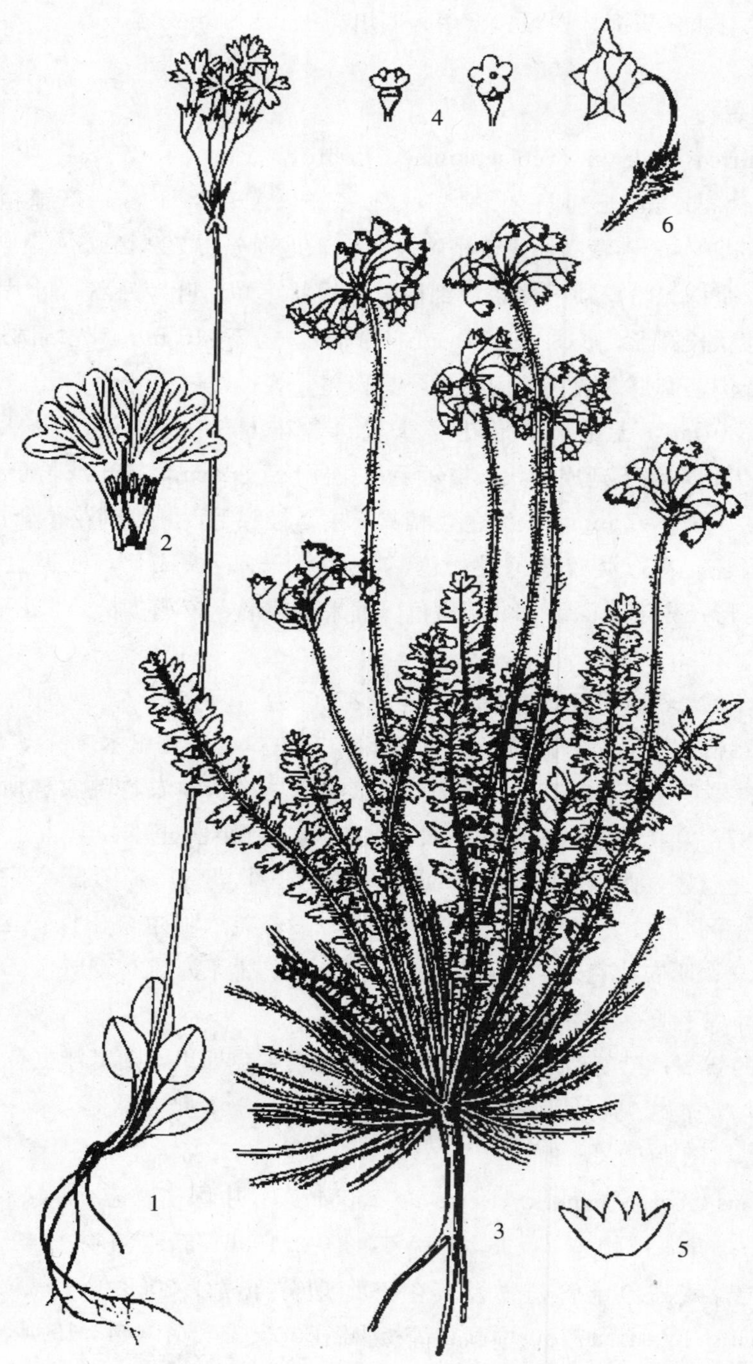

图版 **5** 天山报春 **Primula nutans** Georgi 1. 植株；2. 花冠纵剖。羽叶点地梅 **Pomatosacefilicula** Maxim. 3. 植株；4. 花冠；5. 花萼；6. 花及苞片。（王颖绘）

片宽长圆形或椭圆形，长3～7 mm，先端渐尖或钝尖，基部具耳，耳长 0.5～2.0 mm；花梗细瘦，长 1～3 cm，初花期短，有时具稀疏腺毛；花萼管状或窄钟状，长 5～8 mm，具 5 棱，绿色，具紫色微小的线段，基部稍加厚，有的稍呈囊状，开裂达花萼全长的 1/3 或稍深，裂片长圆状披针形，先端急尖或渐尖；花冠蓝紫色，花冠管和喉部土黄色，花冠管长 6～10 mm，喉部有环状附属物，冠檐直径 1～2 cm，裂片倒卵形，先端 2 深裂；长花柱花：雄蕊着生于冠筒中部，花柱稍伸出冠筒口；短花柱花：雄蕊着生于冠筒上部，花柱稍高于冠筒中部。蒴果长圆形，长 7～8 mm，稍长于花萼。 花期 5～6 月，果期 7～8 月。

产新疆：阿克陶（奥依塔克，青藏队吴玉虎 4850）、塔什库尔干（慕士塔格，青藏队吴玉虎 870304；克克吐鲁克，高生所西藏队 3291、青藏队吴玉虎 870486）、叶城（库地至胜利达坂，高生所西藏队 3358；乔戈里峰，青藏队吴玉虎 1508；克勒克河，青藏队吴玉虎 1536）、皮山（康西瓦，高生所西藏队 3411；三十里营房，青藏队吴玉虎 1179）。生于海拔 2 700～4 300 m 的高山草甸、林下湿地、河漫滩、河边沼泽地、沙砾地。

西藏：日土（班公湖西段，高生所西藏队 3623）。生于海拔 4 200 m 的高原地带河滩湖边草甸。

青海：格尔木（纳赤台，秦志业 10001、采集人不详 048）、兴海（黄青河畔，吴玉虎42701；河卡滩，何廷农 100；温泉乡，刘海源 556；大河坝，吴玉虎 42578）、玛多（黑河乡，陈桂琛等 1767；哈姜茶卡，植被地理组 578、吴玉虎 1578；黄河乡白玛纳，吴玉虎 1038；清水乡，吴玉虎 29006；长石头山以南，刘海源 694；黑河乡野马滩，吴玉虎 29030、29025）、玛沁（尕柯河岸，玛沁队 118；雪山乡浪日，H. B. G. 412；雪山乡西哈垄，黄荣福 C. G. 81－183；大武乡，区划二组 11；军功乡哲尔沟，区划二组 67）、班玛（马柯河林场，王为义等 26923）。生于海拔 3 200～4 500 m 的宽谷河漫滩、溪流河边草甸、沟谷山地林下湿地、高山草甸、山地阴坡草地、河边沙砾地上的草甸、沼泽化草甸、沼泽湿地。

四川：石渠（红旗乡，吴玉虎 29465）。生于海拔 4 200 m 的沟谷山地高寒草甸。

分布于我国的新疆、甘肃、青海、西藏、四川、内蒙古；俄罗斯西伯利亚，哈萨克斯坦，吉尔吉斯斯坦，北欧，北美也有。

20. 西藏报春

Primula tibetica Watt. in Journ. Linn. Soc. Bot. 20：6，t. 11A. 1882；Hook. f. Fl. Brit. Ind. 3：488. 1882；Pax in Engl. Pflanzenr. 22（4. 237）：78. 1905；西藏植物志 3：782. 图 302. 1986；中国植物志 59（2）：221. 图版 46：3～4. 1990；青藏高原维管植物及其生态地理分布 727. 2008.

多年生小草本，全株无粉。须根多数，丝状。根状茎短。叶丛高 1～2 cm，叶片椭圆形、匙形，有时卵形，长 5～8 mm，先端圆形，边缘全缘或微波状，基部广楔形，两面秃净；叶柄纤细，一般长于叶片，可长达叶片的 2～4 倍，无翅或有极狭的翅。花葶初时深藏于叶丛中，开花时长可达 3～5 cm；花 1 至数朵生于花葶顶端；苞片长圆形或披针形，长 4～7 mm，先端钝或尖，基部下延成垂耳状，囊长 0.5～1.0 mm；花梗纤细，长 1～3 cm，平滑；花萼管状或狭钟状，长约 5 mm，具明显 5 棱，棱青常带紫色，开裂至花萼全长的 1/3～1/2，裂片披针形或三角形，先端锐尖；花冠粉红色或蓝紫色，花冠管淡褐色，一般长于花萼，冠檐直径 7～10 mm，喉部黄色，裂片倒卵形，先端 2 深裂；长花柱花：雄蕊着生于冠筒中部，花柱略伸出冠筒口部；短花柱花：雄蕊着生于冠筒上部，花柱长达冠筒中部。蒴果筒状，稍长于花萼。 花果期 7～9 月。

产西藏：日土（日松乡过巴，青藏队吴玉虎 1392；巴沟东尕，高生所西藏队 3557）。生于海拔 4 350 m 左右的河谷山坡及河滩高寒沼泽草甸。

分布于我国的西藏；印度，尼泊尔，不丹也有。

3. 点地梅属 **Androsace** Linn.

Linn. Sp. Pl. 141. 1753.

多年生或一、二年生小草本。茎一般为根状茎、纤匍茎、根出条和根出短枝，稀有直立地上茎。叶同型或异型，基生或簇生于根状茎或根出条端，形成莲座状叶丛，极少互生于直立的茎上；莲座状叶丛单生、数枚簇生或多数紧密排列成垫状；叶柄有或无。花组成伞形花序生于花葶端，很少单生或无花葶；有苞片，稀无；花萼钟状、杯状或半球形，5 浅裂至深裂；花冠白色至深红色，稀为黄色，呈坛状，与花萼近等长，喉部收缩成环状突起或不显，裂片 5 枚，全缘或先端微凹；雄蕊 5 枚，花丝较短，着生于花冠管上，花药卵形；子房上位，花柱短，内藏。蒴果近球形，5 瓣裂。种子通常少数，稀多数。

100 余种，主要分布于北半球温带。我国有 71 种和 7 变种，西藏、云南、四川省区种类较多，西北、华北、东北、华东及华南亦有少量分布；昆仑地区产 17 种 1 变种。

本属植物的营养器官分化较为强烈，变化多样。本志书采用中国植物志 59（1）：141～142. 1989 的形态术语，对营养器官进行描述。

分种检索表

1. 莲座叶丛单生；一或二年生植物，稀多年生。
   2. 植物具明显直立的茎；叶在茎上互生；伞形花序生于茎上部叶腋…………………………………………………………………………………… **1. 直立点地梅 A. erecta** Maxim.
   2. 植株无茎；叶丛生成莲座状；伞形花序生于花葶顶端。

3. 叶片近圆形，基部具心形弯缺；叶片和叶柄分化明显 ………………………… **2. 小点地梅 A. gmelinii** (Gaertn.) Roem. et Schult.

3. 叶片非圆形，基部楔形或渐狭；叶片和叶柄无分化现象，无柄。

4. 一年生草本；叶片倒披针形、倒卵状长圆形或椭圆形，不等大，边缘具齿，无软骨质边缘。

5. 苞片小，长 2～3 mm；花萼具明显 5 棱，果时不增长 ………………………… **3. 北点地梅 A. septentrionalis** Linn.

5. 苞片大，长 5～7 mm；花萼无棱，果时增大 ………………………… **4. 大苞点地梅 A. maxima** Linn.

4. 二年生草本（或多年生?）；叶片匙形，同形且等大，边全缘，有软骨质边缘 ………………………… **5. 石莲叶点地梅 A. integra** (Maxim.) Hand. -Mazz.

1. 莲座叶丛由根出条或根出短枝联结，形成疏丛、密丛或垫状，稀单生；多年生植物。

6. 伞形花序含多花。

7. 莲座叶为两型叶，即外层和内层叶，叶片分化明显。

8. 叶片两面无毛或被疏毛，边缘具软骨质 ……… **6. 西藏点地梅 A. mariae** Kanitz

8. 叶片上面被毛，边缘无软骨质。

9. 花冠黄色；苞片倒卵状长圆形或倒披针形，先端常带紫色 ………………………… **7. 南疆点地梅 A. flavescens** Maxim.

9. 花冠白色或紫红色；苞片长圆形或倒卵状披针形。

10. 花冠紫红色；花萼开裂达全长的 1/3，裂片带紫红色；叶片被粗毛或糙伏毛 ………………………… **8. 阿克点地梅 A. akbaitalensis** Derg.

10. 花冠白色、淡红色或喉部紫红色；花萼开裂达中部，裂片绿色；叶片被多细胞柔毛。

11. 内层叶较宽，呈倒披针形，长 6～7 mm，先端被画笔状毛；苞片基部呈囊状；花梗在果期延长，被多细胞柔毛 ………………………… **9. 高山点地梅 A. olgae** Ovcz.

11. 内层叶狭，线状披针形；苞片基部无囊状物；花梗细瘦被腺毛，稀被柔毛 ……… **10. 天山点地梅 A. ovczinnikovii** Schischk. et Bobr.

7. 叶片不为两型叶，分化不明显。

12. 叶片被绢状长柔毛。中上部毛密；除叶片外，花葶、苞片、花梗和花萼均被绢状长柔毛 ………………………… **11. 绢毛点地梅 A. sericea** Ovcz.

12. 叶片上面无毛，边缘具流苏状短睫毛，或上面被短硬毛或粗毛。

13. 外层叶干后变褐色或暗红色；苞片椭圆形或狭长圆形。

14. 叶上面被短硬毛 ………………………… **12. 高原点地梅 A. zambalensis** (Petitm.) Hand. -Mazz.

14. 叶边缘被睫毛，上面无毛或沿中脉有稀疏短硬毛 ………………………… **13. 雅江点地梅 A. yargongensis** Petitm.

13. 外层叶干后白色、干膜质，叶片两面无毛，仅边缘具稀疏睫毛 ………………………………… **14. 玉门点地梅 A. brachystegia** Hand. -Mazz.

6. 伞形花序仅含 1 花，稀有 2 朵。

15. 叶片密被长柔毛，顶部毛尤密，呈画笔状。

16. 植株为疏丛或密丛；苞片 2 枚；花萼钟状，无棱 …………………………………………………………… **15. 苔状点地梅 A. muscoidea** Duby

16. 植株密集成不规则半圆形坚实垫状体；苞片 1 枚，线形；花萼筒状，具 5 棱 ……………………………………… **16. 垫状点地梅 A. tapete** Maxim.

15. 叶片无毛或被疏毛，稀被密毛，但不成画笔状。

17. 叶片反折，枯死莲座丛的叶更明显；苞片 2 枚，同形而等长；花萼钟状，无棱；成熟花不脱 ……………………… **17. 鳞叶点地梅 A. squarrosula** Maxim.

17. 叶片不反折；苞片不等长；花萼陀螺状，具棱；成熟时花脱落 ………………… **18. 唐古拉点地梅 A. tangulashanensis** Y. C. Yang et R. F. Huang

1. 直立点地梅 图版 6：1～3

Androsace erecta Maxim. in Bull. Acad. Sci. St. -Pétersb. 27：499. 1881；中国植物志 59（1）：201. 图版 53：3～4. 1989；青海植物志 3：16. 图版 4：4～6. 1996；青藏高原维管植物及其生态地理分布 704. 2008.

多年生草本。主根细长，有少数支根。茎单生，稀丛生，直立，高 10～20 cm，被多细胞柔毛。基生叶丛生，常早枯；茎生叶互生，卵状长圆形、椭圆形，长 4～11 mm，质地稍厚，先端具软骨质骤尖头，边缘全缘，软骨质，基部楔形，两面均被柔毛和短柄腺毛，而上面毛稀少；叶柄无或极短。伞形花序顶生或腋生；苞片卵状披针形，长约 3 mm，叶状，具软骨质边缘和骤尖头，被短柄腺毛；花梗细，长 5～30 mm，无毛或疏被短柄腺体；花萼钟状，长3～4 mm，分裂近中部，裂片三角形，先端急尖，疏被短柄腺体，有明显的条棱；花冠白色或粉红色，冠筒等于或稍长于花萼，冠檐直径达 5 mm，裂片小，长圆形，先端近圆形。蒴果长圆形，稍长于花萼。 花果期 5～8 月。

产青海：兴海（中铁乡，吴玉虎 42765、42789、45496；中铁林场中铁沟，吴玉虎 45505、45532、45564、45627、47607；卡日红山，何廷农 172；中铁乡前滩，吴玉虎 45403、45414、45438、45487、47695）、称多（称文乡，刘尚武 2292）、玛沁（拉加乡，吴玉虎 5794、6029、6129；军功乡尕柯河，区划二组 169）。生于海拔 3 000～3 500 m 的山前洪积扇、河边干旱山坡的草甸化草原或弃耕地、宽谷滩地高寒杂类草草甸，少数生于岩石上。

分布于我国的甘肃、青海、西藏、云南、四川；尼泊尔也有。

2. 小点地梅

Androsace gmelinii（Gaertn.）Roem. et Schult. Syst. Veg. 4：165. 1819；青藏

高原维管植物及其生态地理分布 705. 2008.

2a. 小点地梅（原变种）

var. **gmelinii**

昆仑地区不产。

2b. 短葶小点地梅（变种） 图版 8：1～4

var. **geophila** Hand.-Mazz. in Acta Hort. Gothob. 2：112. 1926；中国植物志 59（1）：154. 图版 40：1～3. 1989；青藏高原维管植物及其生态地理分布 705. 2008.

一年生草本。主根细长，具丝状须根。叶基生，莲座状；叶片近圆形或圆肾形，直径4～8（10）mm，边缘具 7～8 圆齿，基部心形或深心形，两面被稀少贴伏柔毛；叶柄长 1～3 cm，平滑或具稀少的短硬毛。花葶极短，长不到 1 cm，或无；花序仅含花 2 朵，花梗细弱，长 1～2 cm，稀被毛；苞片线形；花萼钟形，长约 2 mm，密被白色长柔毛和短柄腺毛，分裂约达中部，裂片三角形或卵状三角形，先端尖，果期稍反折；花冠白色，等于或稍长于花萼，冠檐直径约 2 mm，裂片卵状长圆形。蒴果球形，明显长于花萼，直径 3 mm，嫩时紫红色，老时白色。种子小，栗褐色，有角棱，呈多面体状。花期 6～8 月。

产青海：玛多（黄河乡贺洛合夏日公马，吴玉虎 1040、1137）、玛沁（东倾沟，玛沁队 340；大武乡德勒龙，H. B. G. 829；雪山乡东倾河，H. B. G. 444）、达日（建设乡，H. B. G. 1063）、甘德（上贡麻乡，H. B. G. 925；柯曲乡，吴玉虎 25735）、久治（索乎日麻乡，藏药队 371）。生于海拔 3 900～4 500 m 的河谷阶地草甸、宽谷河漫滩、沟谷山坡草地、山地石坡、溪流河边的山地灌丛草甸、沙砾河床黑刺林下、高山草甸、湿草地处，有的也生于石隙中。

分布于我国的甘肃、青海、四川。

本变种的性状仅出现在海拔 4 000 m 以上的特殊环境中，且仅分布于上述 3 省，故以变种处理。

3. 北点地梅

Androsace septentrionalis Linn. Sp. Pl. 142. 1753；Hook. f. Brit. Ind. 3：497. 1882；Fl. Kazakh. 7：37. t. 4：7. 1964；中国植物志 59（1）：164. 1989；新疆植物志 4：20. 图版 7：4～6. 2004；青藏高原维管植物及其生态地理分布 708. 2008.

一或二年生草本。主根细长，具少数支根。莲座状叶丛单生，直径 2～4 cm；叶倒披针形或线状倒披针形，长 1～2 cm，宽 1～3 mm，先端钝，中上部边缘具稀疏齿牙，基部渐狭，无柄，两面稀疏被毛。花葶数枚由莲座叶丛中抽出，高 3～10 cm，不等长，当中 1 枚较大，被短毛和腺毛。伞形花序顶生，含花 3～10 朵；苞片 2～3 mm，披针形或钻形，疏被短柔毛；花梗不等长，明显短于花葶，被稀疏短腺毛和短毛；花萼倒陀螺形，长达 3 mm，平滑或具稀少短腺毛，具明显 5 棱，分裂达全长的 1/3，裂片三角形，先端尖；花冠白色，冠筒短于花萼，裂片长圆形或狭倒卵形，先端近全缘。蒴果近球形，光滑，革质，稍长于花萼。种子褐色，10 余枚，长圆形，具棱，表面有网纹。 花果期 5～7 月。

产新疆：塔什库尔干（麻扎种羊场萨拉勒克，青藏队吴玉虎 345；红其拉甫达坂，青藏队吴玉虎 4905；县城至水布浪沟途中，高生所西藏队 3185）。生于海拔 4 400～4 600 m的沟谷砾石山坡、沙砂地、河边湿地的草甸。

分布于我国的新疆、河北、内蒙古；俄罗斯东部，亚洲，北美洲也有。

在该区所采标本中，还有短葶北点地梅即 *A. fedtschenkoi* Ovcz. （*A. septentrionalis* Linn. var. *breviscapa* Kryl.）标本，笔者认为这 2 种的区别仅是花葶和花梗长短问题，其余性状并无多大差别，且分布于同一地点，故暂把它们合并。

4. 大苞点地梅

Androsace maxima Linn. Sp. Pl. 141. 1753；中国植物志 59（1）：165. 1989；青海植物志 3：20. 1996；新疆植物志 4：22. 图版 8：1～3. 2004；青藏高原维管植物及其生态地理分布 707. 2008.

一或二年生草本。主根细长，具少数支根。莲座状叶丛单生；叶片狭椭圆形、倒卵状长圆形或倒披针形，长约 1.5 cm，宽 3～5 mm，先端稍钝，中下部边缘全缘，上部有钝齿，基部渐窄无叶柄，两面被长柔毛，质地较厚。花葶 5～8 枚自叶丛中抽出，被白色卷曲柔毛和短腺毛；伞形花序顶生，多花，密集成头形；苞片大，椭圆形或倒卵状长圆形，长 5～8（15）mm，宽约 3 mm，先端钝或微尖，两面被白色柔毛；花梗直立，长 1.0～1.5 cm；花萼钟状，长 3～4 mm，果期增大，长可达 5～10 mm，分裂可达花萼全长的 2/5，裂片长圆形或三角形，被稀疏柔毛和短腺毛，质地稍厚；花冠粉红色或紫红色，喉部黄色，冠檐直径4 mm，裂片长圆形，先端圆形或微凹。蒴果球形，为宿存的花萼所包。 花果期 5～8 月。

产新疆：塔什库尔干（红其拉甫达坂，吴玉虎 870465；麻扎种羊场萨拉勒克，吴玉虎 337；水布浪沟，高生所西藏队 3176、新疆队 1459）。生于海拔 4 000～4 500 m 的山坡草地、砾石山坡、缓坡沙砾地。

分布于我国的新疆、甘肃、青海、宁夏、陕西、内蒙古、山西；北非，欧洲，中亚地区各国，俄罗斯西伯利亚也有。

5. 石莲叶点地梅 图版 6：4～6

Androsace integra（Maxim.）Hand.-Mazz. in Acta Hort. Gothob. 2：112. 1926；中国植物志 59（1）：199. 1989；青海植物志 3：18. 图版 4：7～9. 1996；青藏高原维管

植物及其生态地理分布 706. 2008. ——*Androsace aizoon* Duby var. *integra* Maxim. in Bull. Acad. Sci. St.-Pétersb. 32：501. 1888.

二年生或多年生草本。主根细长，具少数支根。莲座状叶丛单生，直径 2～4 cm，叶片匙形，近等长，长 1～3 cm，先端圆形，有软骨质的小尖头，边缘软骨质，全缘，具短的篦齿状缘毛，两面被短腺毛，上面稀少，渐变为无毛；无柄。花葶 2 至多枚由叶丛中伸出，高 5～12 cm，密被多细胞柔毛并杂有少数短柄腺毛。伞形花序顶生，含 2 至多花；苞片长圆形或卵状披针形，长 2～4 mm，被稀疏柔毛和缘毛；花梗初期较短，果期伸长达 3 cm，被柔毛和腺毛；花萼钟形，长达 5 mm，分裂达中部，裂片三角形，先端钝尖，背肋加厚，被短毛，边缘膜质，被缘毛；花冠紫红色，冠筒与花萼近等长，冠檐直径 6 mm，裂片倒卵形，全缘。蒴果长圆形，稍长于宿存花萼。 花果期 6～8 月。

产青海：班玛（江日堂乡，吴玉虎 26057、26059、26073；灯塔乡加不足沟，王为义 27391）。生于海拔 3 000～3 500 m 的干旱山坡草地。

分布于我国的青海、西藏、云南、四川。

6. 西藏点地梅 图版 6：7～9

Androsace mariae Kanitz in Wiss. Erg. R. Szechenyi Ostas. 2：714. 1891；中国植物志 59（1）：193. 图版 51：1～4. 1989；青海植物志 3：20. 图版 4：1～3. 1996；青藏高原维管植物及其生态地理分布 706. 2008.

多年生草本。主根木质，具少数支根。根出条短或长，莲座状叶丛的间距短或长，形成疏丛或密丛，在高海拔地方，在莲座丛上生出 1～2 层根出短枝，使莲座丛紧密叠生，下面的死亡，残留有枯死莲座；叶两型，外层叶舌形或匙形，长 3～5 mm，先端尖，两面无毛，稍软骨质，边缘具白色缘毛；内层叶倒披针形或狭长圆形，长 1～4 cm，先端急尖，具骤尖头，基部渐窄，两面无毛，下面被腺体或上面被白色长柔毛，或者下面被白色长柔毛和腺体，边缘软骨质，具缘毛。花葶 1～2 由叶丛中抽出，高 3～17 cm，被白色多细胞毛和短柄腺体；伞形花序含 4～10 花；苞片披针形，长约 5 mm，与花梗和花萼同具白色多细胞柔毛，先端钝尖，基部微呈囊状；花梗长 5～15 mm，长于苞片；花萼钟状，长约 3 mm，分裂达中部，裂片卵状三角形或卵状长圆形；花冠红色或白色，冠檐直径 6～10 mm，裂片倒卵形，全缘。蒴果球形，稍长于宿存花萼。 花果期 5～7 月。

产青海；都兰（中铁林场卓琼沟，吴玉虎 45707；香日德考尔沟，黄荣福 C. G. 81-265；英德尔羊场东沟，杜庆 0406）、兴海（黄青河畔，吴玉虎 42656、42749；河卡乡，吴珍兰 020、郭本兆 6096、何廷农 48；青根桥，王作宾 20152；温泉乡，吴玉虎 28725、28742，刘海源 539；温泉乡鄂拉山，陈世龙 046；大河坝，吴玉虎 42471、42535）、玛多（黑海乡南果滩，吴玉虎 966）、玛沁（大武乡，区划三组 010、黄荣福

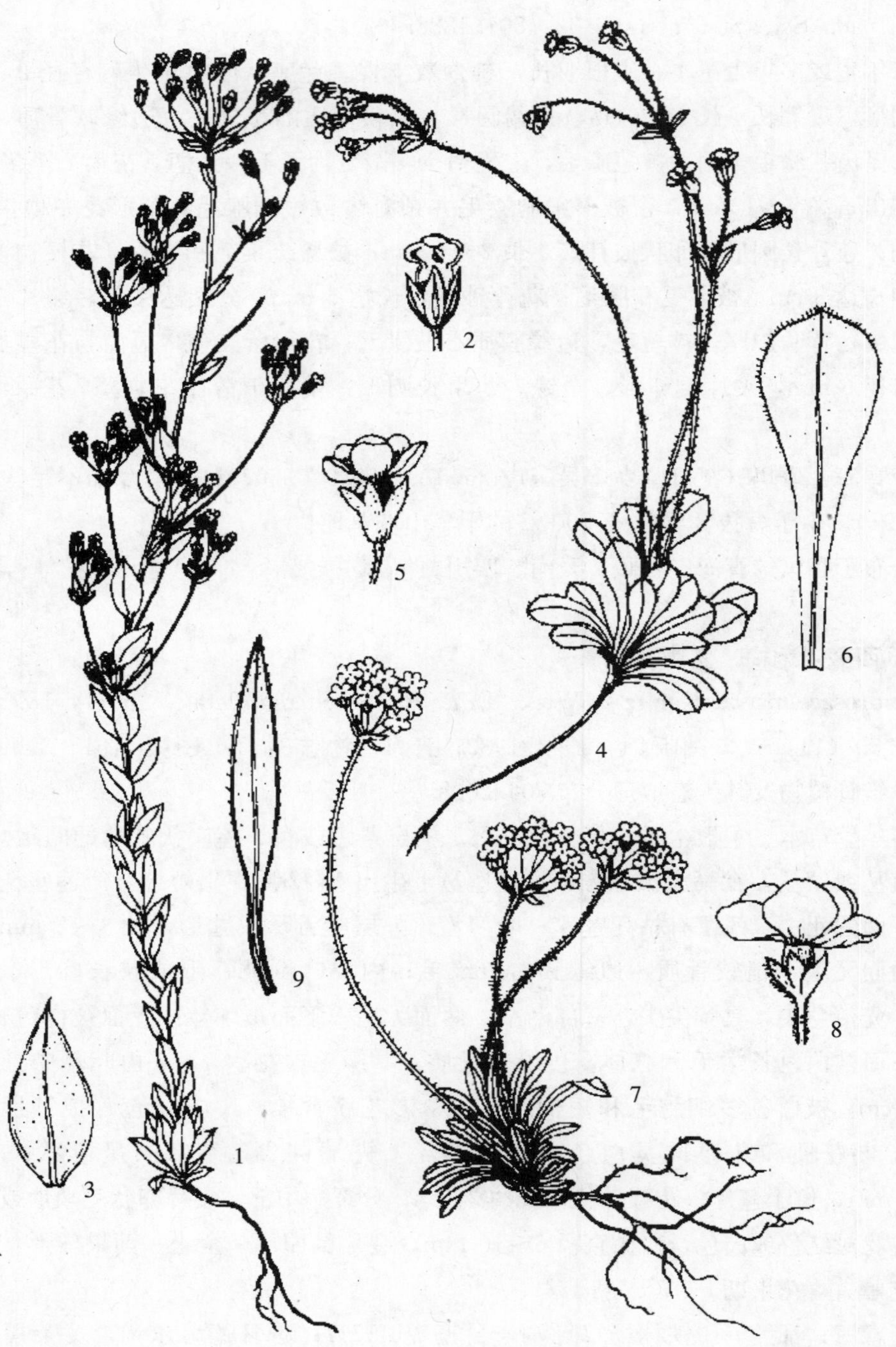

图版6　直立点地梅**Androsace erecta** Maxim. 1. 全株；2. 花；3. 叶。石莲叶点地梅 **A. integra**（Maxim.）Hand.-Mazz. 4. 全株；5. 花；6. 叶。西藏点地梅 **A.mariae** Kanitz 7. 植株一部分；8. 花；9. 叶。（王颖绘）

C. G. 81-003，H. B. G. 507、667；江让水电站，植被地理组 478、455，王为义等 26656，玛沁队 16，吴玉虎 1455、1478；军功乡西哈垄，吴玉虎 5710、5603、21264；军功乡塔拉隆，H. B. G. 217、区划二组 20；尕柯河岸，玛沁队 124；当项尼亚嘎玛沟，区划一组 126）、达日（建设乡达日河纳日，H. B. G. 1084；桑日麻乡，陈世龙 256）、甘德（上贡麻乡，吴玉虎 25845；青珍乡青珍山垭口，陈世龙等 218）、久治（哇尔依乡，吴玉虎 26667；索乎日麻乡，藏药队 350、461、2350；门堂乡，藏药队 258、果洛队 104；白玉乡，吴玉虎 26579；县城背后山上，果洛队 040）。生于海拔 3 200～4 500 m 的沟谷山坡草地、宽谷河漫滩草甸、河谷台地、高山流石滩、石质山坡、山地沟谷高山草甸、山坡高寒灌丛。

四川：石渠（长沙贡玛乡，吴玉虎 29686；红旗乡，吴玉虎 29472、29480）。生于海拔4 000～4 200 m 的沟谷山地高山草甸、河谷山坡高寒灌丛、山坡岩石缝隙。

甘肃：玛曲（黄河岸边，陈桂琛 1080）。生于海拔 3 200 m 左右的沟谷山坡高山草甸。

分布于我国的甘肃、青海、西藏、四川、内蒙古。

7. 南疆点地梅

Androsace flavescens Maxim. in Bull. Acad. Sci. St.-Pétersb. 32：50. 1888；Yasin J. Nasir et S. I. Ali Fl. Pakist. 157：54. t. 11：A～D. 1984；中国植物志 59(1)：174. 1989；新疆植物志 4：23. 图版 10：1～4. 2004；青藏高原维管植物及其生态地理分布 704. 2008.

多年生草本。植株是由根出条联结莲座叶丛而形成的疏丛；根出条通常 1～3 条由每个叶丛中抽出，长约 2 cm，具 1～2 节（低海拔生长的长达 5 cm，海拔 4 000 m 以上的很短，且紧缩）。叶呈不明显的两型，外层叶舌形或舌状长圆形，长 5～10 mm，先端圆形，基部稍狭，下面顶端及边缘具粗毛状长毛，无柄；内层叶狭椭圆形、长圆形或倒披针形，长 8～20 mm，先端钝圆，基部渐狭，最后几成柄状，上面近于无毛，下面上半部稀疏被毛，边缘具缘毛。花葶 1～3 枚由叶丛中抽出，高 1～7 cm，细弱，被开展的柔毛和短柄腺毛，顶端尤密；伞形花序含 3～8 花；苞片倒卵状长圆形或披针形，淡黄色（高海拔地区带紫红色），叶状，长 5～7 mm，先端圆形，被长柔毛和腺毛；花梗细弱，短于或等长于苞片，被稀疏柔毛和腺毛；花萼杯状，长约 3 mm，黄绿色（高海拔处常带紫红色边），被长柔毛和腺毛，先端似被画笔状毛，开裂达花萼的 1/3，裂片近卵形，先端圆钝；花冠淡黄色，冠檐直径 8～10 mm，裂片宽倒卵形或倒卵状长圆形，全缘，喉部紧缩成环。 花期 6 月。

产新疆：乌恰、莎车、阿克陶（采集地不详，青藏队吴玉虎等 4634、5107；阿克塔什，青藏队吴玉虎 870135、870220；恰克拉克，青藏队 870614、870617；奥依塔克，青藏队吴玉虎 4788、4844；恰尔隆乡，青藏队吴玉虎 4654）、塔什库尔干（麻扎种羊场萨拉勒克，青藏队吴玉虎 870320；克克吐鲁克，青藏队吴玉虎 870519；红其拉甫，青藏队 4919；麻扎，高生所西藏队 3155)、叶城（柯克亚乡，青藏队吴玉虎 870844、870891；棋盘乡，青藏队吴玉虎 4668；库地至胜利达坂，高生所西藏队 3355；麻扎达坂，黄荣福 C. G. 86－038；苏克皮亚，青藏队吴玉虎 1089)、皮山（垴阿巴提乡布琼，青藏队 1828、1848、1849、3014；喀尔塔什，青藏队吴玉虎 2028、3615；垴阿巴提乡，青藏队吴玉虎 2418)、和田（喀什塔什，青藏队吴玉虎 2016、2028、2555、3045)、策勒（奴尔乡亚门，青藏队吴玉虎 1945)、于田（普鲁到火山，青藏队吴玉虎 3667)、且末（昆其布拉克，青藏队吴玉虎 2068)、若羌。生于海拔 2 800～4 800 m 的宽谷河漫滩、沟谷山坡草甸、高原河滩沙砾地、冰川冲积的平缓山坡的高寒草甸、沟谷山坡云杉林下、高山寒旱生植被及水边湿润草地。

分布于我国的新疆。

本种为本区特有种，其模式标本产于田克里雅河上游的库拉布（Kurab)。

8. 阿克点地梅

Androsace akbaitalensis Derg. in O. Fedtschenko Fl. Pamir 143. 1903，et in Acta Horti Petrop. 21：375. 1903；Yasin J. Nasir in E. Nasir and S. J. Ali Fl. Pakist. 157：67. 1984；新疆植物志 4：23. 2004；青藏高原维管植物及其生态地理分布 703. 2008.

多年生草本，由莲座叶丛中伸出的 2～5 条根出条再联结莲座丛而形成的疏丛植物。根出条长 0. 5～2. 5 cm，栗褐色，细弱；新生的莲座叶丛生于上部根出条的顶部，直径约1 cm，下部残留枯死莲座丛。叶两型，外层叶倒卵形、近椭圆形或长圆形，长 3～6 mm，先端圆形或急尖，秃净或被稀疏糙伏毛，边缘具缘毛，内层叶长圆形或倒卵状长圆形，长8～12 mm，叶片上半部被糙伏毛，边缘具多细胞缘毛和少许腺体。花葶高 1～4 cm，被开展的稀疏多细胞毛和腺体；伞形花序含花 4～8 朵，密集或开展；苞片长圆形或倒披针形，长 4～6 mm，被开展的多细胞柔毛；花梗等长或明显长于苞片，被稀疏多细胞柔毛；花萼钟状，长约 3 mm，开裂达花萼全长的 1/3，裂片卵形，先端紫色，外被稀疏的短柔毛和缘毛；花冠紫红色或白色，冠檐直径约 8 mm，裂片倒卵形，全缘，喉部具环。 花果期6～8月。

产新疆：塔什库尔干（达布达尔乡帕依克，新疆农科院农林所 810326；麻扎种羊场，青藏队吴玉虎 870367；托克满苏老营房，新疆队 1391；水布浪沟，张彦福 1443)、叶城（麻扎东达坂，青藏队吴玉虎 1156；乔戈里冰川，黄荣福 C. G. 86－193)。生于海拔 4 000～4 800 m的沟谷砾石山坡、山前冲积砾石地及河谷草甸。

分布于我国的新疆；俄罗斯，蒙古，哈萨克斯坦，塔吉克斯坦，吉尔吉斯斯坦，巴基斯坦也有。

9. 高山点地梅 图版 7：1～3

Androsace olgae Ovcz. in Not. Syst. Herb. Hort. Bot. Petrop. 3. 26：103. 1922；Schischk. et Bobr. in Kom. Fl. URSS 18：230. 1952；新疆植物志 4：23. 图版 9：1～3. 2004.

多年生草本。主根细长，具少数支根。植株由莲座叶丛中抽出根出条，根出条联结次生莲座叶丛，使连续间断的植物形成疏丛；根出条 2～5 条，平卧地面，紫红色，节间长 1～2 cm，疏被短毛。叶两型，外层叶舌形，长约 3 mm，先端圆形或钝尖，中上部密被多细胞柔毛；内层叶倒披针形，长 6～7 mm，宽 2～3 mm，先端近圆形，中部以上被柔毛和腺毛，顶端柔毛密集，几呈画笔状，后期近无毛。花葶单一，高 1～2 cm，被向下的多细胞柔毛和腺毛；伞形花序含花 2～5 朵；苞片长圆形或倒卵状长圆形，长 5～6 mm，先端钝圆，基部稍下延成囊状附属物，上面和边缘被多细胞柔毛和腺体；花梗短于苞片，果期延长，可等长于苞片，被多细胞毛和腺毛；花萼钟状，长约 5 mm，外面被与花梗相同的毛，果期脱落，开裂近中部，裂片半圆形或卵形；花冠白色，喉部红色，冠檐直径 5～6 mm，裂片倒卵形，边缘波状。 花期 6～8 月。

产新疆：乌恰、塔什库尔干（麻扎种羊场，青藏队吴玉虎 870367）、叶城（阿格勒达坂，黄荣福 C. G. 86－139）、若羌。生于海拔 3 700～4 800 m 的山顶平缓石坡、砾石山坡的岩石上、沟谷山地高寒草甸。

分布于我国的新疆；吉尔吉斯斯坦也有。

10. 天山点地梅 图版 7：4～7

Androsace ovczinnikovii Schischk. et Bobr. in Kom. Fl. URSS 18：729. 1952；中国植物志 59：(1)：186. 1989；新疆植物志 4：26. 图版 9：4～7. 2004；青藏高原维管植物及其生态地理分布 707. 2008.

多年生草本。植株由根出条联结莲座叶丛形成有间断的疏丛植物；根出条细，节间长 1～2 cm，幼时红褐色，疏被长柔毛，老时紫褐色，无毛。莲座叶丛直径 1.5～2.5 cm；叶近两型，外层叶狭长圆形或狭倒卵状长圆形，长达 7 mm，黄褐色，上面中上部和边缘被多细胞柔毛；内层叶线状倒披针形，长达 1.5 cm，先端圆形，与外层叶被毛相同。花葶长达5 cm，仅 1 枚由莲座叶丛中抽出，被长柔毛；伞形花序含花 6～7 朵；苞片长圆形或倒卵状披针形，长 5～8 mm，被多细胞柔毛，顶端密集；花梗细瘦，等长或微长于苞片，被稀疏腺毛，多细胞柔毛少数；花萼杯状或阔钟状，长达 3 mm，开裂近中部，裂片半圆形，先端圆形，被多细胞柔毛和腺毛；花冠白色或粉红色，冠檐直径约 5 mm，裂片倒卵形，先端近全缘。 花期 7月。

产新疆：乌恰、莎车（喀拉吐孜矿区，青藏队吴玉虎 870660）、阿克陶。生于海拔 3 000 m左右的山坡湿润处。

分布于我国的新疆；俄罗斯，蒙古，哈萨克斯坦，吉尔吉斯斯坦也有。

11. 绢毛点地梅 图版 7：8～11

Androsace sericea Ovcz. in Kom. Fl. URSS. 18：728. 1952；Fl. Kazakh. 7：34. t. 4：1. 1964；新疆植物志 4：26. 图版 9：8～11. 2004；青藏高原维管植物及其生态地理分布 708. 2008.

多年生草本。植株由根出条和莲座叶丛相互联结形成疏丛；新生根出条细瘦，上举，紫褐色，被开展长柔毛，长约 1.5 cm；老的根出条，栗褐色，较粗壮，无毛或仅被少数柔毛。莲座叶丛直径 1.0～1.5 cm；叶近一型，狭长圆形、狭倒披针形，最内面的叶几呈线形，先端急尖或钝，基部渐狭，长 5～8 mm，宽 0.8～1.5 mm，上面有时近无毛，下面和边缘被绢状长柔毛。花葶 1 枚，由莲座叶丛中抽出，高 3～4 cm，绿褐色，细弱，被开展的绢状长柔毛；伞形花序含花 2～4 朵；苞片椭圆形或长圆披针形，长达 6 mm，密被开展的绢状长柔毛；花梗不等长，长 2～10 mm，被开展的绢状长柔毛；花萼钟状，长 3～4 mm，被开展的绢状柔毛，开裂达中部，裂片长圆状披针形，先端密被绢状毛；花冠白色，喉部红色，冠檐直径 6～7 mm，裂片宽卵形，边缘波状。花期 6～7 月。

产新疆：阿克陶（阿克塔什，青藏队吴玉虎 870131、870209）、叶城（新藏公路叶城南 121 km 处，张彦福 9749）。生于海拔 3 300 m 左右的沟谷山坡林缘草甸、山地灌丛草甸。

分布于我国的新疆、西藏；哈萨克斯坦，吉尔吉斯斯坦也有。

12. 高原点地梅

Androsace zambalensis (Petitm.) Hand.-Mazz. in Not. Roy. Bot. Gard. Edinb. 15：283. 1927；中国植物志 59（1）：180. 1989；青海植物志 3：23. 1996；青藏高原维管植物及其生态地理分布 709. 2008.—— *Androsace villosa* Linn. var. *zambalensis* Petitm. in Bull. Herb. Beiss. 2. ser. 8：368. 1908.

多年生草本。植株由多数根出条和莲座叶丛形成密丛或疏散密丛。主根不显，丝状须根多数。根出条稍粗壮，淡栗褐色，节间长 5～10 mm，上部节间短，节上有枯老叶丛，枯老莲座状叶丛叠生数目少，故不成柱状；当年生莲座叶丛生于其上，直径 6～8 mm；叶近两型，外层叶长圆形、舌形，长 3～4 mm，早枯，栗褐色或褐色，先端钝或近圆形，稍向内弯拱，两面近无毛；内层叶倒披针状长圆形或倒披针形，长 5～7 mm，淡绿色，靠外面的为褐色，下面被多细胞硬毛和无柄腺毛，边缘被睫毛，外面的叶毛较少，内面的较密。花葶单生，高 8～15 mm，密被开展的长柔毛；伞形花序含花 3～5 朵；苞片倒卵状长圆形或阔倒披针形，长 5～6 mm，先端钝，常带紫色，基部略呈囊状，下部和边缘被长柔毛，上半部密；花梗短于苞片，长约 3 mm，被柔毛；花

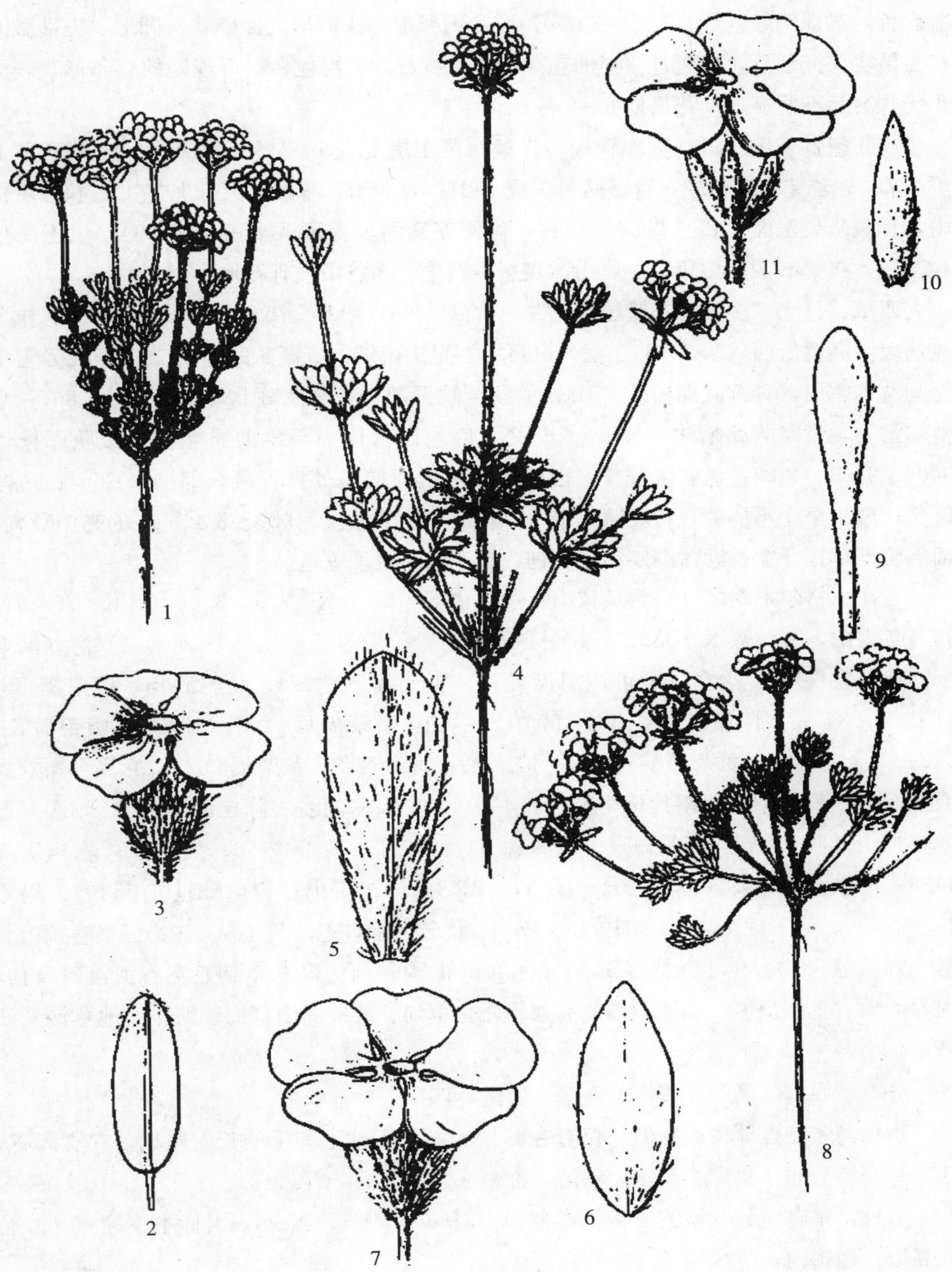

图版**7**　高山点地梅 **Androsace olgae** Ovcz. 1. 植株；2. 叶；3. 花。天山点地梅 **A. ovczinnikovii** Schischk. et Bobr. 4. 植株；5. 叶；6. 苞叶；7. 花。绢毛点地梅 **A. sericea** Ovcz. 8. 植株；9. 叶；10. 苞片；11. 花。（引自《新疆植物志》，谭丽霞绘）

萼杯状，长约3 mm，被开展柔毛，分裂几达中部，裂片卵形或半圆形，先端圆形；花冠白色，喉部粉红色，直径5～6 mm，裂片倒卵形、圆卵形或倒卵状长圆形，先端微波状。果实狭椭圆形，略超过宿存的花萼。种子少数，栗褐色，呈不规则的扁卵形，表面小疣状突起不明显。 花果期6～8月。

产新疆：于田（阿克赛库勒湖，青藏队吴玉虎3756；乌鲁克库勒湖，青藏队吴玉虎3728）、若羌（鲸鱼湖，青藏队吴玉虎4081；月牙湾，青藏队吴玉虎2739；祁漫塔格山，青藏队吴玉虎2185、2656、3996；喀什克勒河，青藏队吴玉虎4159）。生于海拔4 200～5 000 m的高山草甸、高山冰川边砾石地、沟谷山坡砾石地。

西藏：日土（多玛区芒错至拉竹龙，青藏队76-4001、76-8381、76-9001；拉那克达坂，高生所西藏队3593）、尼玛（可可西里山南坡，青藏队郎楷永9981；江爱雪山至马益尔雪山，青藏队郎楷永9708；兰湖至缺天湖，青藏队藏北分队郎楷永9867；马益尔雪山，青藏队郎楷永10049）、班戈（色哇区宫位山至雅曲雅土，青藏队郎楷永9466、9475、4466；色哇区普鲁强巴与普鲁阿巴河交汇处，青藏队郎楷永9564；色哇区比让彭错至念不那董，青藏队郎楷永9514）。生于海拔4 900～5 400 m的高山草甸、河谷阶地草地、宽谷湖盆高寒沼泽草甸、溪流河滩及沙砾地。

青海：格尔木辖区（乌兰乌拉山，黄荣福K-154、K-730、K-746、K-753；各拉丹冬雪山，黄荣福K-033；各拉丹冬通天河，黄荣福C. G. 89-317）、兴海（河卡乡，何廷农308）、治多（可可西里岗扎日，黄荣福K-226；勒斜武担，黄荣福K-253、K-847；太阳湖，黄荣福K-904；马兰山，黄荣福K-268；五雪峰，黄荣福K-948；西金乌兰湖，黄荣福K-794）、曲麻莱（曲麻河乡，黄荣福0022；麻多乡，刘尚武等632）、称多（巴颜喀拉山南麓，郭本兆122；清水河乡，陈桂琛1871）、玛多（巴颜喀拉山北坡，陈桂琛等1952、刘海源831；城区，吴玉虎56；黑河乡，陈桂琛等1784；清水乡活勒果该垭口，H. B. G. 1343；玛积雪山垭口，陈世龙1116）、玛沁（昌马河乡，吴玉虎18333、陈桂琛等1733；优云乡冷许忽，玛沁队510；巴颜喀拉山北麓，刘海源831）。生于海拔3 600～5 400 m的沟谷河边高寒草甸、宽谷河漫滩草甸、河谷滩地、平缓山坡、高原山麓的高寒沼泽化草甸、滩地高山草甸、河滩湿地草甸及沙砂地。

分布于我国的新疆、青海、西藏、云南、四川。

本种与雅江点地梅极相似，仅有在叶片上面有无被毛和毛的长短区别。在青海省，这2种交错分布于兴海、玛多、玛沁、称多一带。

另外，来自新疆叶城的1份标本似*A. ojhorensis* Y. Nasir，因标本不完整，故暂放高原点地梅内，待今后进一步研究。

13. 雅江点地梅 图版8：5～8

Androsace yargongensis Petitm. in Bull. Herb. Boiss. 2：ser. 8：367. 1908；

Hand.-Mazz. in Not. Roy. Bot. Gard. Edinb. 15：286.1927；中国植物志 59（1）：181. 图版 47：4～5.1989；青海植物志 3：23. 图版 5：5～8.1996；青藏高原维管植物及其生态地理分布 709.2008.

多年生草本。主根短，支根发达，多须根。根出条多数，节间长 10～15 mm，当年生的褐色，老时栗褐色带紫，无毛，节上生有棕褐色枯老叶丛，多数根出条和枯老莲座叶丛联结形成稍密丛植物；当年生的莲座叶丛位于顶端，直径 8～10 mm，褐绿色。叶两型，外层叶舌状长圆形，长 3～5 mm，深红色，早枯，先端钝，质地稍厚，两面无毛，仅边缘被少数的短硬睫毛；内层叶长圆状匙形，黄绿色，长 5～7 mm，先端钝，微内凹，下面上半部带紫色，两面无毛，上半部边缘具绿毛，有的下面稍有稀疏短毛。花葶单一，高 1.0～2.5 cm，被卷曲长柔毛和短柄腺体；伞形花序头状，含花 5～6 朵；苞片宽长圆形或近椭圆形，长约 5 mm，常对折成舟状，先端钝，基部微呈囊状，先端常带紫色，被柔毛和腺毛；花梗短于苞片，微弯，毛被同苞片；花萼钟状，长约 3 mm，开裂为花萼全长的 1/3～1/2，裂片卵形或近半圆形，先端圆钝，被长柔毛和缘毛；花冠粉红色，花檐直径约 6 mm，裂片倒卵形，边缘微波状。果实近圆卵形，等长于宿存花萼。种子少数，为不整齐的多角形，外显小疣状凸起。 花果期 6～9 月。

产青海：兴海（温泉乡曲隆，H. B. G. 1411）、称多（清水河乡阿尼海，苟新京 83-17；竹节寺，吴玉虎 32545）、玛多（巴颜喀拉山，吴玉虎 29091、刘海源 777；清水乡，H. B. G. 1343）、玛沁（尼卓玛山，H. B. G. 733、767；昌马河乡，吴玉虎 18322）、久治（索乎日麻乡扎龙尕玛山，果洛队 336、836）、班玛（班前乡，郭本兆 548；巴颜喀拉山，藏药队 1015）。生于海拔 4 000～5 100 m 的河漫滩、沟谷、山坡、山顶、砾石地和冻土地带的沼泽草甸、高山草甸、杂类草草甸处。

分布于我国的甘肃、青海、四川。

14. 玉门点地梅

Androsace brachystegia Hand.-Mazz. in Not. Roy. Bot. Gard. Edinb. 15：285.1927；中国植物志 59（1）：181.1989；青海植物志 3：22.1996；青藏高原维管植物及其生态地理分布 703.2008.

多年生草本，植株是根出条和根出短枝联结莲座叶丛形成的疏丛。根出条或根出短枝栗褐色，细软，节间长 5～8 mm，节上有残存的枯老叶丛。当年生的莲座丛，生于根出短枝顶端，直径 7～10 mm。叶呈不明显的两型，外层叶狭舌形或卵状长圆形，长 2～3 mm，先端钝，两面无毛，通常早枯变为淡土黄色，下面中脉凸起；内层叶绿色，狭椭圆形或倒卵状长圆形，长 3～5 mm，先端钝，下面中脉微隆起，两面无毛，仅在中脉上被小短硬毛，边缘被开展的硬缘毛。花葶单一，细弱，高 7～14 mm，栗褐色，被长硬毛和稀疏腺毛；伞形花序含花 1～3 朵；苞片卵形或卵状披针形，长 2～3 mm，淡绿色，先端钝，基部呈囊状，边缘密被缘毛；花梗短，长约 1.5 mm，短于苞片，密被柔毛和腺毛；花萼杯状，长约 3 mm，基部微加厚，分裂到花萼的中部，裂片卵状长圆形，带紫色，先端钝圆，疏被短柔毛，边缘具缘毛；花冠粉红色，喉部近黄色，冠檐直径 6～8 mm，裂片倒卵形或倒卵状长圆形，先端圆形或波状。幼果近球形。 花期 6～7月。

产青海：久治（索乎日麻乡扎龙尕玛山，藏药队 332、果洛队 172）。生于海拔 4 000～4 600 m 的沟谷阴坡的高山草甸中。

分布于我国的甘肃、青海、四川。

15. 苔状点地梅

Androsace muscoidea Duby in DC. Prodr. 8：48. 1844；Hook. f. Fl. Brit. Ind. 3：499. 1882；Yasin J. Nasir in E. Nasir and. S. J. Ali Fl. Pakist. 157：66. Fig. 12：P～U. 1984；青藏高原维管植物及其生态地理分布 707. 2008.

多年生草本。主根细长，具少数支根。植株下部有多数根出条和上部具多数根出短枝组成的疏丛或密丛植物：根出条节间长为 0.5～2.0 cm，节处有枯叶丛；根出短枝的下部节较明显，上部很短使枯叶丛叠生成柱状体，柱长 5～15 mm，直径 4～6 mm，新叶丛生于柱状体顶部，灰绿色。叶略不同型，外层叶淡栗褐色，倒披针形，长约 3 mm，宽约 1 mm，无毛，内层叶长圆状披针形、狭披针形或线形，长 3～4 mm，中上部被画笔状柔毛，边缘具缘毛和短柄腺毛。花葶仅 1 枚由莲座丛中抽出，等于或稍高于叶丛，密被长柔毛和腺体；苞片 2 枚，披针形或宽披针形，长 3～4 mm，密被多细胞柔毛，在顶端尤密；花梗很短，长可达 2 mm；花 1 朵，白色；花萼长 2.5 mm，钟状，开裂达花萼全长的 1/3 或略过之，裂片三角状披针形，密被多细胞柔毛和腺体；花冠筒等长于花萼，冠檐直径 5～6 mm，裂片倒卵形，全缘或微波状。 花期 6 月。

产新疆：乌恰（吉根乡斯木哈纳，青藏队吴玉虎 870050）。生于海拔 3 300 m 左右的高原山顶垫状草地。

分布于我国的新疆；克什米尔地区，巴基斯坦西部也有。又见于喜马拉雅山西北部。

我们的标本在下部老莲座叶丛中能发出丛状不定根。

16. 垫状点地梅 图版 8：9～12

Androsace tapete Maxim. in Bull. Acad. Sci. St.-Pétersb. 32：505. 1888；Kunth in Engl. Pflanzenr. 22（4. 237）：202. 1905；中国植物志 59（1）：191. 图版 50：7～10. 1989；青海植物志 3：21. 图版 5：9～12. 1996；新疆植物志 4：27. 图版 10：9～13. 2004；青藏高原维管植物及其生态地理分布 709. 2008.

多年生草本，轮廓为半球形的坚实垫状体。根木质，支根稀少。株体由多数根出短枝紧密排列而成；根出短枝分枝多，节间极短，多数枯死莲座叶丛覆盖呈柱状，暗栗褐色或棕栗色。当年生莲座叶丛叠生于柱状体顶部，直径 2～3 mm；叶两型，外层叶卵形、椭圆形或卵状长圆形，长 2～3 mm，近革质，先端钝，背部隆起似脊状；内层叶狭长圆形、线形或狭披针形，淡绿色，长约 3 mm，先端钝，中上部被密集白色画笔状毛，下部白色，膜质，边缘具缘毛。花葶短或无；花单生，无梗，包藏于叶丛中；苞片线形，近膜质，有绿色细肋，约与花萼近等长或过之；花萼筒状，长 3～4 mm，具明显 5 棱，棱通常白色，膜质，分裂达花萼全长的 1/3，裂片三角形，先端钝，上部被毛；花冠粉红色，直径约 5 mm，裂片倒卵形，边缘近波状。 花期 6 月。

产新疆：阿克陶（阿克塔什，青藏队吴玉虎 970133）、叶城（柯克亚乡，青藏队吴玉虎 823；新藏公路库地南 27 km，采集人不详 443）。生于海拔 3 700 m 左右的沟谷山坡岩石上。

西藏：改则（产地不详，黄荣福 3718；麻米区，青藏队郎楷永 10189；至措勤县途中，青藏队郎楷永 10265）、尼玛（双湖马益尔雪山，青藏队郎楷永 10068）、班戈（色哇区至温泉，青藏队郎楷永 9406；色哇区，青藏队郎楷永 9401、9409、9501；色哇区岗日贡玛冰川，青藏队郎楷永 9546；昂达尔错至安德尔错，青藏队郎楷永 9453）。生于海拔 3 600～5 600 m 的沟谷山坡、宽谷河漫滩高寒沼泽草甸、山顶平台、山前洪积扇、山地岩石缝隙。

青海：格尔木（各拉丹冬，黄荣福 K-018、K-025、K-629、C. G. 89-325；尕尔曲，黄荣福 K-014、吴玉虎 17050；唐古拉山乡雀莫错，吴玉虎 17056；当曲，黄荣福 K-090；西大滩对面昆仑山北坡，吴玉虎 36799、36806、36907）、治多（可可西里察日错，黄荣福 K-41、K-048A；玛章错钦，黄荣福 K-688、K-696；鹿场东面山上，周立华 52）、曲麻莱（县城，刘尚武等 614）、称多（清水河乡，吴玉虎 17224）、玛沁（大武乡格曲，H. B. G. 584）、玛多（巴颜喀拉山北坡，吴玉虎 29155）、兴海（鄂拉山，吴玉虎 38989）。生于海拔 3 700～5 300 m 的沟谷山坡、河漫滩、洪积扇、山顶平台、宽谷河滩、湖滨、平缓山坡草原、高山草原及山坡草地，有的生于岩石缝隙和草甸。

分布于我国的新疆、甘肃、青海、西藏、云南、四川；尼泊尔也有。

17. 鳞叶点地梅

Androsace squarrosula Maxim. in Bull. Acad. Sci. St.-Pétersb. 32：504. 1888；中国植物志 59（1）：196. 图版 52：4～6. 1989；新疆植物志 4：27. 图版 10：5～8. 2004；青藏高原维管植物及其生态地理分布 708. 2008.

多年生草本。主根细长，具少数支根。植株下部有少数根出条，上部具多数根出短枝，组成疏丛；根出条节间长，可达 3～7 mm，节处有枯叶丛，根出短枝节间短或无，节处的枯叶丛叠生，形成长 1～2 cm 的柱状体，枯叶多反折。莲座叶丛小，直径 3.0～4.5 mm；叶长圆形、倒卵状长圆形或长卵形，长 2～4 mm，较肥厚，背部微具脊，先

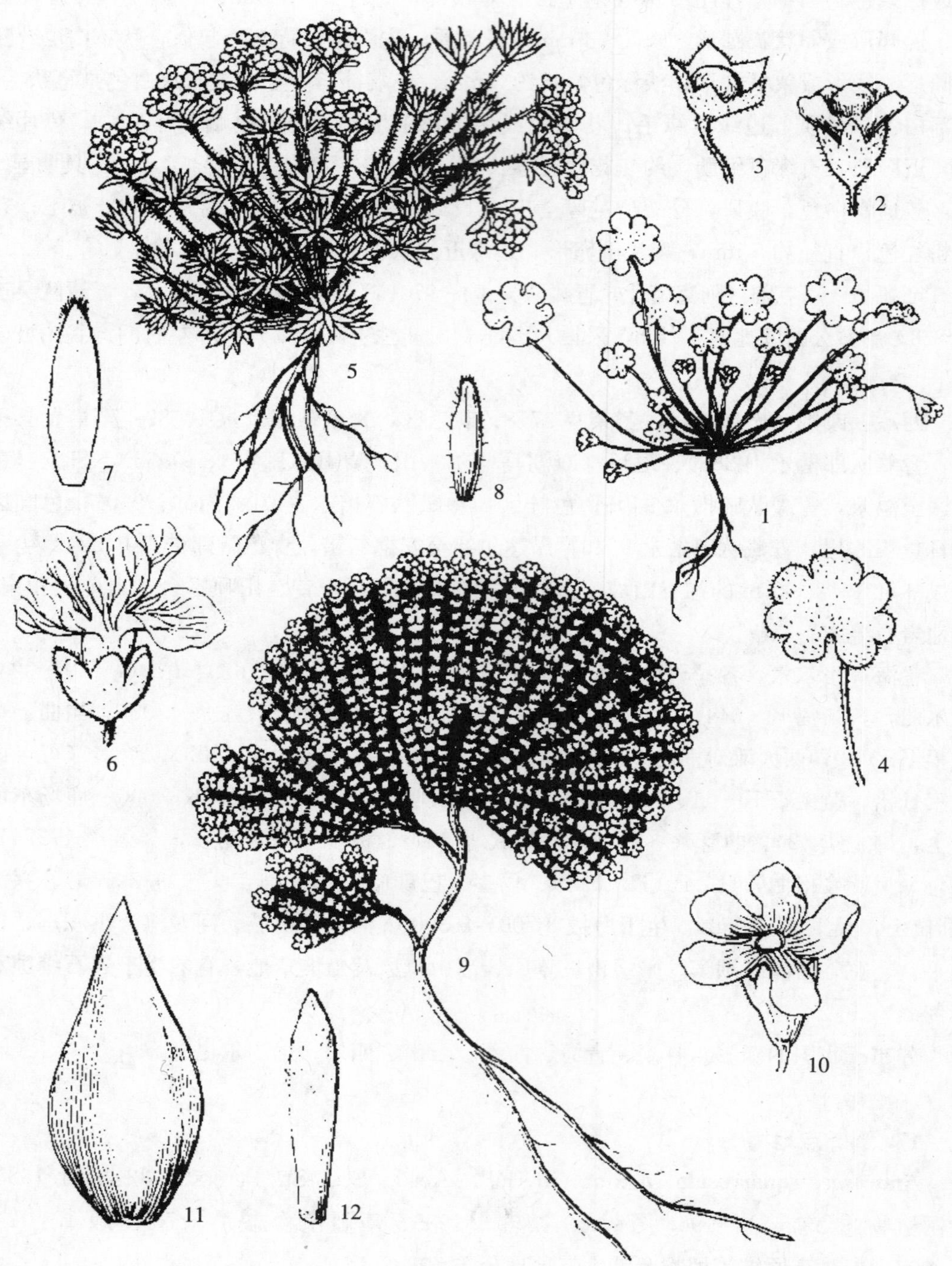

图版 8 短葶小点地梅 **Androsace gmelinii** (Gaertn.) Roem. et Schult. var. **geophila** Hand.-Mazz. 1. 植株；2. 花；3. 花萼及果；4. 叶（放大）。雅江点地梅 **A. yargongensis** Petitm. 5. 植株一部分；6. 花；7. 外层叶；8. 中层叶。垫状点地梅 **A. tapete** Maxim. 9. 植株一部分；10. 花；11. 外层叶；12. 内层叶。（王颖绘）

端钝尖，边缘软骨质，向外反折，两面无毛或微有毛，边缘具稀疏缘毛。花葶短，长2～10 mm，细弱，被多细胞柔毛和短柄腺毛；苞片2枚，披针形或宽披针形，长3～5 mm，无毛，仅顶端具少数毛；花梗短，近无梗，花萼钟状，长3～4 mm，开裂达中部，裂片三角状卵形，外面几无毛，仅边缘密被柔毛；花1朵，白色，稀喉部粉红色，冠筒稍长于花萼，冠檐直径6～7 mm，裂片倒卵状长圆形。 花果期6～8月。

产新疆：莎车（喀拉吐孜矿区，青藏队吴玉虎870704）、阿克陶（恰尔隆乡，青藏队吴玉虎4642；阿克塔什，青藏队吴玉虎870133）、叶城（苏克皮亚，青藏队吴玉虎871127；昆仑山，高生所西藏队3342）、皮山（喀尔塔什，青藏队吴玉虎3614、3648；垴阿巴提至布琼途中，青藏队吴玉虎2431；布琼，青藏队吴玉虎1826、1864）、和田（喀什塔什，青藏队吴玉虎2600）、策勒（奴尔乡亚门，青藏队吴玉虎88－1951）、于田（阿羌乡普鲁至火山，青藏队吴玉虎88－3670）、且末（昆其布拉克，青藏队吴玉虎88－2087、2600、3861）、塔什库尔干（采集地不详，吴玉虎等4905；红其拉甫达坂，青藏队吴玉虎870461；麻扎种羊场萨拉勒克，青藏队吴玉虎870345；水布浪沟，高生所西藏队3185）。生于海拔2 700～4 000 m的沟谷山坡上的高寒草原、高寒荒漠化草原中，有时生于山地岩石上。

分布于我国的新疆。

本种为新疆特有种，模式标本产于田克里雅河上游的库拉布（Kurab）和库克-艾格里（Kuk-Egil）。

18. 唐古拉点地梅

Androsace tangulashanensis Y. C. Yang et R. F. Huang in Acta Phytotax. Sin. 24：226. 1986；中国植物志 59（1）：184. 图版 49：1～3. 1989；青海植物志 3：22. 1996；青藏高原维管植物及其生态地理分布 708. 2008.

多年生草本，轮廓为不规则半球形的垫状体。主根细长，栗褐色，具多数丝状须根。植株由比较粗壮的根出条和极多数的根出短枝，并每一短枝覆以很多叠生的枯死莲座叶丛形成柱状体，柱状体紧密排列，直径3～4 mm，栗褐色，当年生嫩叶丛叠生于老叶丛之顶部，黄绿色。叶近两型，外层叶卵形或披针形，长3～4 mm，早枯，栗褐色，先端急尖，背部具脊，内凹，无毛或被稀疏毛；内层叶长圆形、狭披针形或条形，长5～6mm，淡绿色，先端被稀疏毛或较密毛。花葶单一，高达8 mm，被开展柔毛或无柄腺体，自当年叶丛中抽出，常伴有极小的不孕枝。苞片2（3）枚，1枚大，宽披针形，基部加宽，似半抱葶状，其余较狭小，先端尖，基部膜质，具缘毛，宿存；花1朵，无梗，易脱落；花萼陀螺状，长约4 mm，分裂达中部，裂片卵状三角形或卵状披针形，先端钝，背部具脊，裂片间为白色膜质，具缘毛，干后收缩显5棱；花冠白色，冠檐直径约6 mm，裂片倒卵形，边缘波状，花冠管短于花萼。果实狭椭圆形，长约2 mm，膜质。种子1枚，呈不规则的半椭圆形，栗色，腹面扁，表面被稀疏瘤状突起。

花期6～7月，果期8月。

产新疆：若羌（喀什克勒河，青藏队吴玉虎4162；阿尔金山保护区鸭子泉，青藏队吴玉虎4006；祁漫塔格山，青藏队吴玉虎2175、2676；鲸鱼湖，青藏队吴玉虎4101；碧云山，青藏队吴玉虎2221；依夏克帕提，青藏队吴玉虎4261）。生于海拔4 200～5 000 m的沟谷山坡砾石地、高原宽谷河滩砾石质高寒草甸岩隙。

西藏：日土（芒错至拉竹龙，青藏队76－8374、76－9002、76－8383；多玛乡，青藏队76－8383）、改则（扎吉玉湖，高生所西藏队4340）、尼玛（江爱雪山，青藏队郎楷永9686；双湖至巴木求宗，青藏队郎楷永9906；拉支岗日雪山，青藏队郎楷永9619、9631、9638；约级台错至克拉木仑山口途中，青藏队郎楷永9954、9967；马益尔雪山至申扎，青藏队郎楷永10083）、班戈（色哇区至达尔卓，青藏队郎楷永9425；比让彭错湖，青藏队郎楷永9490；安德尔错，青藏队郎楷永9451；色哇区科龙山北坡，青藏队郎楷永9439；无人区可可西里山脉，青藏队郎楷永9981）。生于海拔4 700～5 500 m的高山宽谷湿润草地、高原滩地沙砾地、溪流河滩草地、宽谷滩地高寒沼泽草甸、沟谷山坡草甸。

青海：格尔木（昆仑山口，采集人不详123；西大滩，黄荣福K－003、K－005、K－603；小南川，青甘队466；乌兰乌拉山，黄荣福K－130、K－762；各拉丹冬，蔡桂全029；岗齐曲，黄荣福K－076）、都兰（诺木洪南山沟，黄荣福C. G. 81－298）、兴海（温泉乡，吴玉虎17225、17725，刘海源538；温泉乡曲隆，H. B. G. 1408；姜路岭，吴玉虎28758、28773）、治多（可可西里库赛湖，黄荣福K－441、K－500、K－1001；苟鲁错湖，黄荣福K－058、K－645；可可西里山，黄荣福K－220；西金乌兰湖，黄荣福K－180、K－777；盐湖，黄荣福K－188）、曲麻莱（巴干乡，刘尚武等586）、称多（歇武乡毛拉，刘尚武等2358）、玛多（黄河沿，弃耕地考察队014；布青山，吴玉虎1530；花石峡长石头山，吴玉虎28983；城郊，吴玉虎015、陈桂琛等1830、植被地理组530；清水乡，H. B. G. 1350；黑河乡，陈桂琛等1759；扎陵湖，黄荣福C. G. 81－196，刘海源714；黄河乡，吴玉虎1007）、玛沁（县城郊，玛沁队030；阿尼玛卿山东南面，黄荣福C. G. 81－0082、C. G. 81－0098；雪山乡知亥代垭口，玛沁队472；尼卓玛山垭口，H. B. G. 738；下大武乡，玛沁队493；昌马河乡，H. B. G. 1476、刘海源1225；优云乡冷许忽，玛沁队517；德勒龙沟，玛沁队45）、达日（吉迈乡赛纳纽达山，H. B. G. 1206、1287）。生于海拔3 000～5 000 m的宽谷河漫滩高寒草甸、沟谷山坡草地、山前冲积扇、宽谷河滩草甸、高原山顶、火山岩石堆、山坡砾石地、高原宽谷湖盆、高山冰碛、雪山前缘的高山草甸、稀疏灌丛草甸、杂草草甸、沼泽草甸及退化草场。

分布于我国的新疆、青海、西藏。

在长江源区发现，本种有的花萼表面有毛，需今后进一步研究。

4. 羽叶点地梅属 Pomatosace Maxim.

Maxim. in Bull. Acad. Sci. St.-Pétersb. 27：499. 1881.

二年生草本。叶基生，羽状深裂。花葶多枚由叶丛中抽出，伞形花序生于花葶顶端，含少数花；花5基数；苞片小，线状披针形，花梗短，近等长于苞片；花萼杯状，5裂，果时稍增大；花冠白色，稍长于花萼，冠筒坛状，喉部有环状附属物，冠檐5裂；雄蕊生于筒的中上部，花丝短，花药卵形，先端钝；子房近球形，花柱短，柱头头状。蒴果近球形，周裂成上下两半。种子小，有纵肋，表面有乳头状突起。

我国特有单种属。分布于我国的青海、西藏、四川。

1. 羽叶点地梅 图版5：3～6

Pomatosace filicula Maxim. in Bull. Acad. Sci. St.-Pétersb. 27：500. 1881；西藏植物志3：845. 图327. 1986；中国植物志59（2）：286. 图版59：1～5. 1990；青海植物志3：15. 图版6：7～10. 1996；青藏高原维管植物及其生态地理分布712. 2008.

约二年生草本，高3～9 cm。主根细长，具少数须根。叶基生，多数，叶片近长圆形，长2～10 cm，宽10～15 mm；羽状全裂，裂片狭长圆形，宽1～2 mm，先端钝或稍尖，全缘，稀有齿；叶柄长达叶片的1/2，被长柔毛，长柔毛常沿叶下面主脉深入到叶片中部。花葶多数，自叶丛中抽出，高3～15 cm，疏被长柔毛；伞形花序顶生，含花5～10朵，密集；苞片线形，长2～6 mm，疏被柔毛；花梗短，短于或稍长于苞片，无毛；花萼陀螺状，长2～3 mm，果时稍增大，疏被白毛，5裂，开裂达花萼的1/3，裂片近三角形，钝尖；花冠白色或粉红色，冠筒长约2 mm，冠檐直径约2 mm，裂片卵状长圆形，宽约1 mm，先端钝圆。蒴果球形，直径3～4 mm，盖裂，分为上下两半。种子黑色，有6～12枚。 花果期5～8月。

产青海：兴海（温泉乡，刘海源等543、546、603，郭本兆159；河卡乡叶龙，郭本兆6197；鄂拉山，张盍曾63098；火隆沟，何廷农157；曲隆，H. B. G. 1409；黄青河畔，吴玉虎42726）、治多（可可西里各拉丹冬通天河，黄荣福C. G. 89－311）、曲麻莱（吴玉虎38787；曲麻河乡，黄荣福70；麻多乡，刘尚武等665）、称多（称文乡，刘尚武2341；歇武寺，杨永昌706、吴玉虎29343、郭本兆432；清水河乡，吴玉虎34453；竹节寺，吴玉虎32553）、玛多（县城附近，吴玉虎242、1634、18203、18210；县牧场，吴玉虎18086、18151、18160；清水乡，吴玉虎18183、18192、18198、18226、28989、29008，刘海源674；鄂陵湖，吴玉虎1565、1569、18089，植被地理组369、569；扎陵湖乡，吴玉虎18272、19034；黑海乡红土坡，吴玉虎18040；黑河乡，吴玉虎364；巴颜喀拉山北坡，陈桂琛等1971；苦海滩至醉马滩途中，陈世龙等 084)、玛沁（当项乡，区划一组 134；优云桥附近，区划一组 180；大武乡德勒龙，H. B. G. 815；东倾沟乡，玛沁队 323；拉加乡龙穆尔贡玛，吴玉虎 21158、25680；军功乡西哈垄，吴玉虎 21213、21231、21268；军功乡宁果公路，吴玉虎 21181；昌马河乡，陈世龙 125)、达日（建设乡，陈桂琛等 1690、吴玉虎 27116；达日河纳日，H. B. G. 1082；吉迈乡赛纳纽达山，H. B. G. 1326；德昂乡，吴玉虎 25922；县城东 25 km 处黄河边，陈世龙等 284)、甘德（柯曲乡，吴玉虎 25727；青珍乡，吴玉虎 25720；上贡麻乡，H. B. G. 930)、久治（哇尔依乡，吴玉虎 26763；索乎日麻乡，藏药队 358、果洛队 275；白玉乡，吴玉虎 26374、26438)、班玛（马柯河林场宝藏沟，王为义等 27280；灯塔乡，王为义等 27399；亚尔堂乡王柔，吴玉虎 26201；马柯河林场红军沟，陈世龙等 339)、格尔木（西大滩对面昆仑山北坡，吴玉虎 36344A、36849、36862、36881、36889、36897)。生于海拔 3 200～5 100 m 的河漫滩、山坡、河边、山前砾石地、沙地、田边荒地、裸坡等草地、高寒草甸、高寒草原、沼泽草甸、退化草地、灌丛草甸和河滩沙棘水柏枝灌丛，稀生于岩石缝隙。

四川：石渠（长沙贡玛乡，吴玉虎 29629)。生于海拔 4 000 m 左右的河滩沙棘水柏枝林下沙砾地。

甘肃：玛曲（河曲军马场，吴玉虎 31918；齐哈玛大桥，吴玉虎 31848、31852)。生于海拔 3 440～3 460 m 的高山草甸岩石缝隙。

分布于我国的青海、西藏、甘肃、四川。

5. 海乳草属 Glaux Linn.

Linn. Sp. Pl. 207. 1753.

多年生草本，全株无毛，稍带肉质。茎直立或基部匍匐，通常分枝。叶对生或有时在茎上部互生，近无柄；叶片线形、长圆形、长椭圆形或卵形，全缘。花单生于叶腋，有短梗；花萼花冠状，白色或粉红色，钟状，分裂达中部，裂片 5 枚，长圆形，宿存；无花冠；雄蕊 5 枚，着生于花萼基部，与萼片互生，花丝丝状，花药卵状心形，先端钝；子房卵球形，花柱丝状，柱头小头状。蒴果卵球形，先端略呈喙状，下半部为萼筒包藏，上部 5 裂。种子少数，椭圆形，小，褐色。

本属仅 1 种，广布于北半球温带。昆仑地区亦产。

1. 海乳草

Glaux maritima Linn. Sp. Pl. 207. 1753；中国植物志 59 (1)：134. 图版 35：5～6. 1989；青海植物志 3：14. 1996；新疆植物志 4：17. 图版 6：1～2. 2004；青藏高原维管植物及其生态地理分布 710. 2008.

株高 2～15 cm，直立或下部匍匐，节间短，通常有分枝。叶交互对生或有时互生，近于无柄，间距 1～6 mm，近茎基部的 3～4 对叶鳞片状、膜质，上部叶肉质，叶线形、长圆形、长椭圆形或卵形，长 4～11 mm，宽 1.5～3.5 mm，先端钝或稍尖，全缘，基部楔形。花单生叶腋；花梗长约 3 mm，有的极短；花萼钟状，长约 4 mm，粉红色，花冠状，分裂达中部，裂片长圆形，宽 1.5～2.0 mm，先端圆形；无花冠；雄蕊 5 枚，稍短于花萼；子房卵球形，上半部密被小腺点，花柱与雄蕊近等长。蒴果卵状球形，长 2.5～3.0 mm，先端稍尖呈喙状。　花果期 5～8 月。

产新疆：乌恰（乌拉根，青藏队吴玉虎 87006；巴尔库提，采集人不详 9697）、喀什（高生所西藏队 3064、3066）、阿克陶（恰克拉克，青藏队吴玉虎 870564；却合拉东北草湖，采集人不详 027；布伦口乡，新疆队 720）、塔什库尔干（县城东，西植所新疆队 803；县城北温泉旁，西植所新疆队 841、875）、叶城（乔戈里峰，青藏队吴玉虎 1505）、和田（大红柳滩，青藏队吴玉虎 1189）、皮山（垴阿巴提乡布琼，青藏队吴玉虎 3019）、且末（阿羌乡昆其布拉克，青藏队吴玉虎3859、采集人不详 9368）、民丰（安迪尔乡，采集人不详 9564）、若羌（阿尔金山保护区鸭子泉，青藏队吴玉虎3890；库木库勒湖，青藏队吴玉虎 2322；土房子，青藏队吴玉虎 3090）。生于海拔2 100～4 200 m的河滩沙地、沟谷溪流边盐碱湿地。

西藏：改则（康托区米巴，青藏队郎楷永 10211；麻米区，青藏队郎楷永 10145）、尼玛（来多格林，青藏队郎楷永 9785；双湖办事处后山山沟，青藏队郎楷永 9854）。生于海拔 4 500～4 900 m 的高原宽谷盆地高寒草原沙砾地、溪流河滩高寒草地、沟谷山坡岩石缝隙。

青海：茫崖（阿拉尔，植被地理组 114、136；茫崖镇附近，刘海源 23；镇西北 19 km 处，克里木 84A－016、84A－106、84A－360）、格尔木（市区，杜庆 26；格尔木河，弃耕地调查队 65、郭本兆 11765；纳赤台，青甘队 415、吴玉虎 36684）、兴海（河卡乡卡日红山，郭本兆6133；温泉乡，陈桂琛等 2002）、玛多（黄河乡白玛纳，吴玉虎 1015；黑河乡，陈桂琛 1750、1805）、玛沁（拉加乡，区划二组 221；雪山乡浪日，H. B. G. 410）、久治（门堂乡，藏药队 283、果洛队 102）。生于海拔 2 700～4 500 m 的河漫滩、水边、阴坡坡底的盐生草甸、盐生沼泽、盐碱草地、沙地、披碱草丛和沼泽湿地，少数生于山坡底部和温泉古泉华上。

甘肃：玛曲（大水军牧场黑河北岸，陈桂琛等 1120）。生于海拔 3 300 m 左右的高原宽谷滩地、高寒沼泽湿地。

分布于我国的甘肃、新疆、青海、陕西、西藏、四川、内蒙古、河北、黑龙江、辽宁；日本，俄罗斯，欧洲，北美洲也有。

五十六　白花丹科 PLUMBAGINACEAE

一年生或多年生草本、半灌木或小灌木。茎枝直立、上升或紧缩成垫状，常被钙质颗粒。茎枝发育正常或在根端短缩而成通常肥大的茎基。单叶互生或基生，全缘或偶为羽状浅裂，叶柄有或无，无托叶。花两性，整齐，通常1～5朵集为簇状小穗，多数小穗在序轴上成1侧或2侧排列，形成穗状花序，多数穗状花序又可组成各种复穗状花序；小穗基部有苞片1枚，每花基部具小苞2枚或1枚，苞与小苞宿存；花萼漏斗状或管状，膜质或干膜质，稀草质，有色彩，具5脉，通常沿脉隆起成宽钝的棱，裂片5枚，有时间生小裂片，结果时萼变硬，包于果实之外，与果实一起脱落；花冠下位，较萼长，由5枚花瓣或多或少联合而成，花后萎缩于萼内；雄蕊5枚，与花冠裂片对生或生于花冠基部，花丝扁，线形，基部多少加宽；雌蕊1枚，由5心皮结合而成，子房上位，1室，胚珠1枚，花柱在子房顶部着生，5枚，分离或基部联合，或联合成1枚，柱头5枚，扁头状、圆柱状或横的长圆形。蒴果5裂或不规则环裂。种子有薄层粉质胚乳。

有21属，约580种，主产于地中海区域和亚洲中部。我国有7属，约40种；昆仑地区产3属12种1亚种2变种。

分属检索表

1. 一年生草本；花萼有具柄腺体；花柱1 …………………… **1. 鸡娃草属 Plumbagella** Spach
1. 多年生草本、半灌木或小灌木；花萼无腺体；花柱5，分离。
    2. 团块状垫状灌木，老枝上枯叶宿存；柱头扁头状；叶片纤细，针刺状…………………………………………………………………… **2. 彩花属 Acantholimon** Boiss.
    2. 多年生草本或半灌木，不为垫状，叶当年脱落；柱头圆柱形或丝状圆柱形；叶片宽阔 ……………………………………………… **3. 补血草属 Limonium** Mill.

1. 鸡娃草属 Plumbagella Spach

Spach Hist. Nat. Veg. Phan. 10：333. 1841.

单种属，特征同种。

1. 鸡娃草 图版 9：1～3

Plumbagella micrantha（Ledeb.）Spach Hist. Nat. Veg. Phan. 10：333. 1841；中国植物志 60（1）：9. 图版 1：7～8. 1987；青海植物志 3：37. 图版 10：5～7. 1996；新疆植物志 4：41. 图版 16：1～2. 2004；青藏高原维管植物及其生态地理分布 732. 2008.—— *Plumbago micrantha* Ledeb. Fl. Alt. 1：171. 1829.

一年生草本，高 10～40 cm。茎直立，由基部分枝，节间由下到上逐渐增强，具条棱，沿棱有稀疏细小皮刺，叶腋的茎节被短小淡黄色毛。叶茎生，叶片卵状披针形或披针形，长 2～9 cm，宽 1～2 cm，先端急尖或渐尖，全缘，基部耳状抱茎。花序生于小枝的顶部或生于顶部叶的叶腋，长 0.5～3.0 cm，含 4～15 小穗，穗轴被淡红褐色短毛；小穗含花 2～3 朵；苞片下部者较萼长，上部者变短，宽卵形，先端渐尖，有数条脉，小苞片膜质，披针形长圆形或长圆形，1 脉，明显较小；花萼绿色，长圆形，长 4～5 mm，筒部具 5 棱，先端具直立的 5 枚狭三角形或披针形裂片，裂片长约 2 mm，两侧具有柄腺体，结果时棱上生鸡冠状突起并增大变硬；花冠蓝紫色，狭钟形，略长于花萼，裂片 5 枚，卵状三角形；雄蕊略等长于花冠；子房卵形。蒴果红褐色。 花果期 7～9月。

产青海：兴海（中铁乡天葬台沟，吴玉虎 45797；温泉乡曲隆，H. B. G. 1403；中铁乡附近，吴玉虎 42802、42809、42961）、称多（城郊，郭本兆 382，吴玉虎 29222、29235；歇武乡，刘有义 83-345；尕朵乡，苟新京等 83-321）、玛多（扎陵湖，采集人不详 43）、玛沁（军功乡，吴玉虎 25671、21246、20666、20695、21220、21277、21194、21232；红土山前，吴玉虎 18702；宁果公路，吴玉虎 21144、26951；拉加乡，区划二组 236、238；大武乡江让水电站，吴玉虎 18398、18415；雪山乡，区划三组 245、玛沁队 403；当项乡黄河边，玛沁队 570）、达日（建设乡，陈桂琛 1709，吴玉虎 27154、27164；达日河纳日，H. B. G. 1013、1093）、久治（智青松多，果洛队 680；白玉乡，吴玉虎 26412、26437；白玉乡科索沟，藏药队 663；哇尔依乡，吴玉虎 26684、26748A、26759)。生于海拔 3 300～4 300 m 的宽谷河漫滩砾石地、沟谷山坡草甸、山谷草甸砾地、山坡田边、山麓砾石地、河谷滩地灌丛草甸、杂类草草原、沟谷山坡高寒草甸、山地岩石缝隙、山地阴坡高寒灌丛草甸。

甘肃：玛曲（河曲军马场，吴玉虎 31857、31859）。生于海拔 3 440 m 左右的沟谷山坡岩石缝隙、河谷山地高寒草甸、河谷砾地。

分布于我国的新疆、甘肃、青海、西藏、四川；蒙古，俄罗斯，哈萨克斯坦也有。

图版 **9** 鸡娃草 **Plumbagella micrantha**（Ledeb.）Spach 1. 植株；2. 花；3. 花蕾。黄花补血草 **Limonium aureum**（Linn.）Hill. 4. 花枝；5. 花；6. 茎生叶；7. 基生叶。（王颖绘）

2. 彩花属 **Acantholimon** Boiss.

Boiss. Diagn. Pl. Or. 1.7：69.1846. p. p.

垫状小灌木，外貌呈不规则的半球形，分枝上升、平卧或直立且排列紧密，老枝宿存枯叶，当年生新枝有互生新叶。春叶和夏叶同形或不同形，线形、线状披针形或针刺状，横切面近扁平或扁三棱形，先端常有软骨质小尖头。花序由新枝上部叶腋中生出，有的花序着生在花序轴上，不分枝，有的无花序轴，小穗数枚簇生在似莲座状的叶腋中，花序由2～8枚无柄小穗组成，排列成穗状；小穗含单花或2～3（5）朵花；外苞短小，第1内苞与外苞相似，但较大，均有草质部分和膜质边缘；花萼漏斗状，干膜质，有5条脉棱，萼檐紫色、粉红色或白色，先端有5～10个宽短裂片；花冠紫红色或粉红色，略长于花萼，由5枚基部联合、下部以内曲边缘结合的花瓣组成，先端分离；雄蕊着生于花冠基部；子房线状圆柱形，上端渐细过渡至花柱，花柱5枚，分离，柱头扁头状。蒴果长圆状线形。

约190种。我国有8种，昆仑地区均产。

分种检索表

1. 花序有花序轴，小穗在花序轴上组成穗状花序。
  2. 外苞和第1内苞无毛；每年小枝增长部分可见。
    3. 当年枝上基部叶略短于上部叶；萼筒脉上被毛 …………………………………………………………………………………… **1. 刺叶彩花 A. alatavicum** Bunge
    3. 当年枝上基部叶明显短于中上部叶；萼筒脉间被稀疏的毛 ………………………………………………………………………… **2. 浩罕彩花 A. Kokandense** Bunge
  2. 外苞和第1内苞被毛；每年小枝增大不很明显。
    4. 叶片长1 cm；小穗含1或2花……………………… **5. 细叶彩花 A. borodinii** krasan.
      5. 小穗在花序轴上排成2列，为穗状花序 …………………………………………… **3. 石松状彩花 A. lycopodioides** (Girard) Boiss.
      5. 小穗在花序轴上几成一侧排列，使花序几成头状的穗状花序 ……………………………………………………………… **4. 乌恰彩花 A. popovii** Czerniak.
    4. 叶片长1～2 cm；小穗含2～3花。
1. 花序无花序轴，1～3枚小穗簇生于似莲座状的叶腋内。
  6. 叶先端渐尖，具软骨质的小尖头，长4～6 mm；花萼长6～9 mm，5脉直达萼檐顶缘。
    7. 小穗常2～3枚簇生；萼檐白色 ………………………… **6. 彩花 A. hedinii** Ostenf.

7. 小穗常单生；萼檐紫红色 ………………… **7. 天山彩花 A. tianschanicum** Czerniak.

6. 叶先端钝，无软骨质小尖头，长 2～3 mm；花萼短，长 5～6 mm，5 脉在萼檐边缘处消失 ……………………………………………… **8. 小叶彩花 A. diapensioides** Boiss.

1. 刺叶彩花

Acantholimon alatavicum Bunge in Mém. Acad. Sci. St.-Pétersb. 7.18（2）：40.1872；中国植物志 60（1）：17. 图版 3：9～10.1987；新疆植物志 4：43. 图版 16：3～5.2004；青藏高原维管植物及其生态地理分布 729.2008.

矮小灌木，高 10～15 cm。嫩枝长 1.0～1.5 cm，被多数叶围绕。叶灰绿色，针状或线状锥形，长 1.5～2.0 cm，宽约 1 mm，横切面扁三棱形，刚硬，两面无毛，有钙质颗粒，先端具软骨质长尖头，春叶略短于夏叶。花序轴不分枝，长 1～3 cm，不超出或超出叶，多少被短毛，先端有 1～4 枚小穗组成的简单穗状花序，似 2 行排列；每小穗含花 1 朵；外苞卵状披针形，长 5～6 mm，先端渐尖，边缘窄膜质，第 1 内苞长圆状卵形，长约 7 mm，先端渐尖，边缘宽膜质，外苞和第 1 内苞上面无毛；花萼漏斗状，长 10～12 mm，萼筒长约6 mm，棱间被稀疏短毛，尤在上部明显，萼檐直径约 7 mm，白色，无毛，先端有 5～10 个浅圆裂片，脉紫褐色，直达萼檐顶缘；花冠紫红色。 花期 6 月。

产新疆：乌恰（老县城附近，青藏队吴玉虎 87074；县城东 60 km 处，采集人不详 9686；吉根乡斯木哈纳，西植所新疆队 2179、青藏队吴玉虎 870049B）、喀什（县城西面 71 km 处，采集人不详 381；哈拉贡 7 km 处，采集人不详 412）、阿克陶（采集地不详，张镱锂 020）、叶城。生于海拔 2 800 m 左右的荒漠砾石戈壁滩。

分布于我国的新疆；中亚地区各国也有。

2. 浩罕彩花 图版 10：1～2

Acantholimon kokandense Bunge in Acta Hort. Petrop. 3（2）：99.1875；中国植物志 60（1）：18. 图版 3：7～8.1987；新疆植物志 4：46. 图版 17：4～5.2004；青藏高原维管植物及其生态地理分布 729.2008.

小灌木，疏松垫状。新枝长 3～10 mm。叶灰绿色，细针状，夏叶长 1.0～1.5 cm，宽 0.6～0.7 mm，质硬，横切面近扁平，被微小短毛，有细小的钙质颗粒，先端有软骨质锐尖头；春叶较短，长约 5 mm。花序轴不或明显伸出叶外，长 2～3 cm，不分枝，被短毛；简单穗状花序顶生，由 2～4 枚小穗组成，每小穗含花 1 朵；外苞和第 1 内苞无毛或被稀疏微毛；外苞宽卵状长圆形，长约 5 mm，先端渐尖，边缘狭膜质；第 1 内苞卵状长圆形，长 7～8 mm，先端渐尖，边缘有较宽的狭膜质；花萼漏斗状，长约 10 mm，萼筒脉间被短毛，萼檐白色，直径 4.0～4.5 mm，脉紫色，可伸达顶缘，先端有浅裂片；花冠粉红色。 花期 6～7 月。

产新疆：乌恰（吉根乡斯木哈纳，青藏队吴玉虎 870049；夏尔麻扎，采集人不详

16)。生于海拔 3 200 m 左右的沟谷砾石山坡。

分布于我国的新疆；中亚地区各国也有。

3. 石松状彩花

Acantholimon lycopodioides (Girard) Boiss. in DC. Prodr. 12：632. 1848；西藏植物志 3：851. 1986；青藏高原维管植物及其生态地理分布 729. 2008. ——*Statice lycopodioides* Girard in Ann. Sc. Nat. 3. 2：330. 1844. excl. syn. Willd.

垫状灌木，直径达 20 cm。叶灰绿色或淡褐绿色，线状披针形，坚硬，长 1.0～1.5 cm，宽 1.0～1.5 mm，先端渐尖，有软骨质尖头，两面有钙质颗粒，无毛，仅边缘有极短的糙缘毛。花序轴长约 2 cm 或过之，不分枝，长于或等长于叶长，密被短毛；简单穗状花序顶生，有小穗 3～5 枚，每小穗含花 2～3 朵；外苞宽卵形、草质，长 4～5 mm，先端突缩成渐尖或长渐尖，边缘狭膜质，被短毛；第 1 内苞卵状长圆形，长 6～7 mm，先端有尖头，边缘白色膜质，下部被毛；第 2 内苞膜质，卵状长圆形，长 4～5 mm，紫色中脉 1 条。果未见。 初花期 8 月。

产新疆：塔什库尔干（明铁盖达坂，青藏队吴玉虎 5054）、莎车（喀拉吐孜矿区，青藏队吴玉虎 870663）。生于海拔 2 800～4 400 m 的沟谷砾石山坡、河谷山坡荒漠草原砾石地。

分布于我国的新疆、西藏；克什米尔地区，阿富汗，巴基斯坦，中亚地区各国也有。

4. 乌恰彩花

Acantholimon popovii Czerniak. in Acta Inst. Bot. Acad. Sci. URSS 3：264. f. 4. 1937；中国植物志 60（1）：18. 1987；新疆植物志 4：44. 2004；青藏高原维管植物及其生态地理分布 729. 2008.

疏松垫状小灌木，新枝长 3～5 mm。叶绿色或淡灰绿色，线形，长 1～2 cm，宽 0.8～1.0（偶基部叶宽达 1.5）mm，横切面近扁平，两面无毛，常多少有细小的钙质颗粒，先端有短锐尖。花序有明显花序轴，高 4.5～6.0 cm，伸出叶外，不分枝，被密毛，上部由2～4枚小穗偏于一侧排列成近头状的穗状花序；小穗含花 2～3 朵；外苞长 4～5 mm，宽倒卵形，先端急尖，背面草质部被密毛；第 1 内苞长 8.0～9.5 mm，先端钝，沿脉被密毛；萼长 10～12 mm，漏斗状，萼筒长 8～9 mm，沿脉被密毛，萼檐白色，宽约 3 mm，沿脉多少被毛，先端有 10 个大小相间的浅裂片，脉暗紫红色，常略伸于萼檐顶缘之外；花冠粉红色。 花期 6～8 月，果期 7～9 月。

产新疆：乌恰、喀什。生于海拔 1 800～2 000 m 的高山草原。模式标本采自新疆乌恰。

5. 细叶彩花

Acantholimon borodinii Krasan. Enum. Pl. Tian Shan Or. 128. 96. 1887；中国植物志 60（1）：17. 图版 3：5～6. 1987；新疆植物志 4：44. 2004；青藏高原维管植物及其生态地理分布 729. 2008.

较紧密的垫状植物，新枝长 2～5 cm。叶褐绿色，线形或线状锥形，长 5～8 mm，宽 0.5～0.7 mm，横切面扁平或扁三角形，无毛，略有钙质颗粒，先端有软骨质短尖头。花序轴长 1～2 cm，密被短毛，不分枝，略伸出叶外；穗状花序顶生，由 2～4 枚小穗组成，每小穗含花 1～2 朵；外苞卵圆形，长 4～6 mm，背部草质部分密被短毛，先端近圆形或急尖，边缘较宽、膜质；第 1 内苞卵状长圆形，长约 7 mm，先端近圆形，边缘宽膜质，草质部分密被毛；花萼漏斗状，长约 9 mm，萼管长约 5 mm，脉间和脉上密被毛，萼檐直径 3～4 mm，白色，下部密被毛，先端波状圆裂，脉紫褐色，伸达萼檐顶缘；花冠粉红色。　花期 6～7 月。

产新疆：阿克陶（阿克塔什，青藏队吴玉虎 870284、870286）。生于海拔 2 400 m 左右的沟谷山坡及溪流河滩砾石地。

分布于我国的新疆；中亚地区各国也有。

6. 彩　花

Acantholimon hedinii Ostenf. in Sven Hedin S. Tibet 6（3）：48. t. 4. f. 2. 1922；中国植物志 60（1）：19. 1987；新疆植物志 4：46. 2004；青藏高原维管植物及其生态地理分布 729. 2008.

垫状小灌木。分枝非常密集，每年增长的小枝极短，下部枝包围有多数残留枯叶，分枝成短柱状体，每柱状体的顶端生出当年生叶，叶簇生，为几层紧密贴伏的新叶组成，形似莲座状。叶淡灰绿色，披针形或长圆状披针形，长 5～6 mm，宽不足 1 mm，横切面近扁平或近三棱形，先端渐尖，具软骨质小尖头，两面无毛。花序无花序轴，簇生于当年生叶丛的中部，每一簇有 1～3 枚小穗，每小穗含花 1～2 朵；外苞宽卵形，长 3～4 mm，先端急尖，边缘膜质，第 1 内苞卵形，长约 6 mm，先端渐尖或钝，边缘狭膜质；外苞和第 1 内苞表面无毛，2 苞上半部带紫红色；花萼漏斗状，长约 9 mm，萼筒棱上和棱间密被短毛，萼檐白色，脉呈紫褐色，有时檐下部脉上被短毛，先端深波状或浅圆裂，脉伸达萼缘，或成小尖伸出；花冠粉红色。　花果期 6～8 月。

产新疆：乌恰（巴音库鲁提 25 km 处，采集人不详 9714）、阿克陶（阿克塔什，青藏队吴玉虎 87253、870284、8702536）、叶城（棋盘乡，青藏队吴玉虎 5127、5128）。生于海拔 2 400～3 100 m 的河谷山坡草地或山地柏林下。

分布于我国的新疆；帕米尔高原西部高山地区也有。

7. 天山彩花 图版 10：3～4

Acantholimon tianschanicum Czerniak. in Acta Inst. Bot. Acad. Sci. URSS 1. 3：262. f. 3. 1937；中国植物志 60（1）：21. 图版 3：1～2. 1987；新疆植物志 4：47. 图版 17：1～2. 2004；青藏高原维管植物及其生态地理分布 730. 2008.

垫状小灌木。分枝上部有密集小分枝，小分枝顶端每年增长极短，仅几层紧密贴伏的新叶。叶褐绿色，线状披针形，长 4～6 mm，宽 0. 7～0. 8 mm，横切面扁三棱形或近扁平，先端渐尖，略有软骨质小尖头，两面无毛，钙质颗粒不显。花序无花序轴，1～3 枚小穗簇生于叶腋，小穗含花 1～3 朵；外苞和第 1 内苞无毛，外苞宽卵形，长约 4 mm，先端急尖，边缘狭膜质；第 1 内苞卵状长圆形，长 5～6 mm，先端急尖，边缘宽膜质；花萼漏斗状，长 6～7 mm，萼筒脉上被稀疏短毛，萼檐淡紫红色，无毛，先端近截形或不明显浅圆裂，深紫红色的脉直达萼檐顶端；花冠紫红色。 花期 6～7 月。

产新疆：阿克陶（阿克塔什，青藏队吴玉虎 284）、皮山（哈巴格达坂，青藏队吴玉虎 4771；喀尔塔什，青藏队吴玉虎 3655）。生于海拔 2 400～3 700 m 的沟谷山坡草地、山坡砾石地和河滩砾石地上。

分布于我国的新疆；中亚地区各国也有。

8. 小叶彩花 图版 10：5

Acantholimon diapensioides Boiss. in DC. Prodr. 12：624. 1848；中国植物志 60（1）：19. 图版 3：3～4. 1987；新疆植物志 4：47. 图版 17：3. 2004；青藏高原维管植物及其生态地理分布 729. 2008.

紧密垫状灌木。上部分枝密集，每年小枝增长极短，具数层紧密贴伏的新叶。叶褐绿色，长圆形，长 2～3 mm，宽 0. 5～1. 0 mm，横切面近扁平或扁三棱形，先端急尖或钝，无软骨质小尖头，两面无毛。花序轴无，小穗 1～2 枚稀 3 枚簇生于新叶叶腋，因叶片呈莲座状外展，故小穗显露在外；小穗含花 1 朵，稀 2 朵；外苞宽卵形或卵状长圆形，长约 3 mm，先端急尖或渐尖，边缘狭膜质；第 1 内苞卵状长圆形，长约 5 mm，先端急尖，边缘宽膜质，外苞和第 1 内苞均无毛；花萼漏斗状，长约 7 mm，萼筒被稀少毛，萼檐白色，脉紫红色，脉到萼檐边缘消失，边缘近截形，或微波状；花冠淡紫色红色。 花果期 6～9 月。

产新疆：乌恰（吉根乡斯木哈纳，青藏队吴玉虎 870053、采集人不详 73－61、采集人不详 73－108；托云乡，西植所新疆队 2212）、喀什（土尔加尔特，采集人不详 9757）、阿克陶（木吉乡琼壤，采集人不详 011；阿克塔什，青藏队吴玉虎 870253）、塔什库尔干（克克吐鲁克，青藏队吴玉虎 870524、870475、870457；明铁盖，青藏队吴玉虎5053；麻扎，高生所西藏队 3174；提孜那甫乡开甫日克沟，采集人不详 126）。生于海拔3 700～4 600 m的沟谷砾石山坡和水边沙砾地。

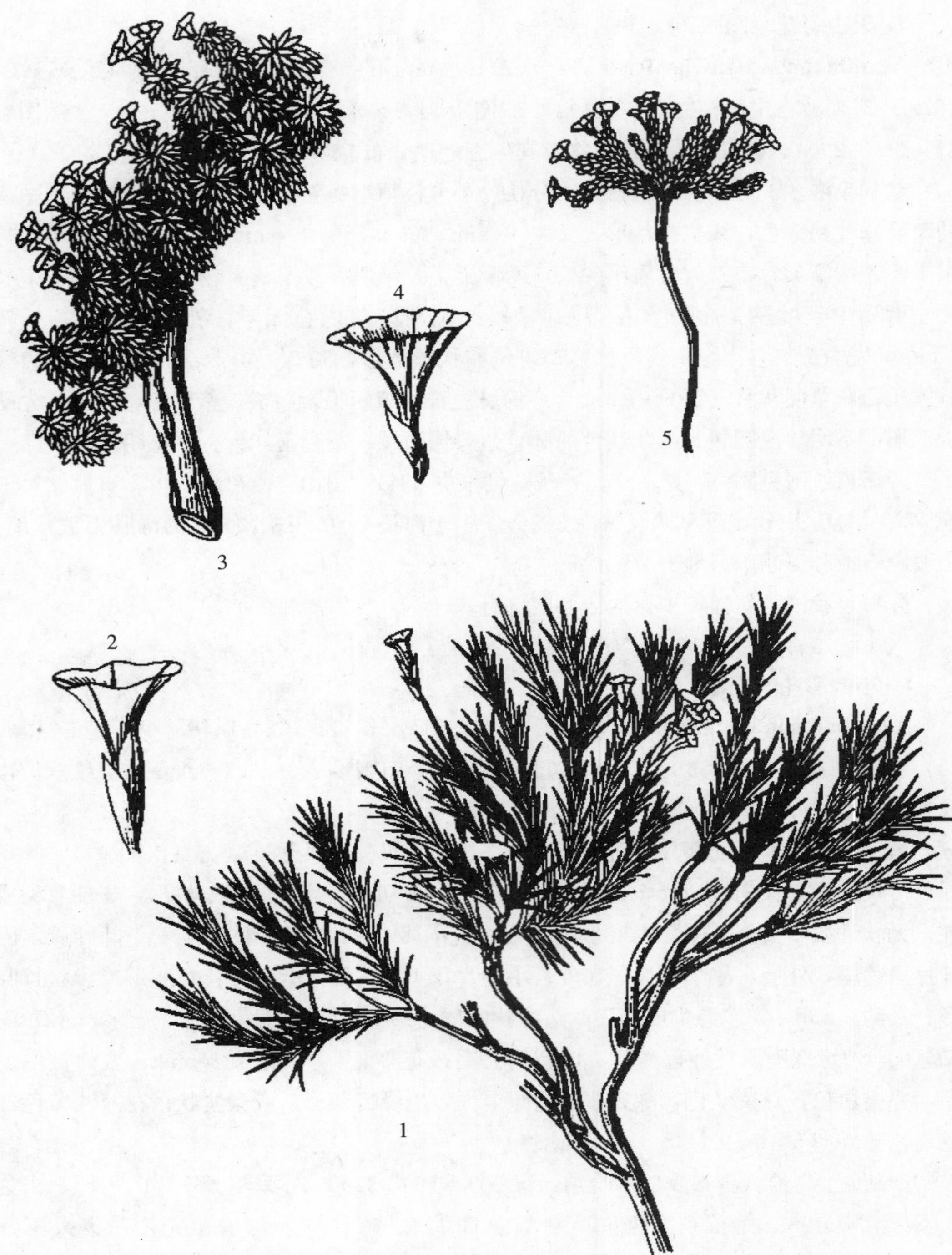

图版 **10**　浩罕彩花 **Acantholimon kokandense** Bunge 1. 植株；2. 花。天山彩花 **A. tianschanicum** Czerniak. 3. 植株；4. 花。小叶彩花 **A. diapensioides** Boiss. 5. 植株。（引自《新疆植物志》，谭丽霞绘）

分布于我国的新疆；帕米尔高原西部和西南部地区也有。

3. 补血草属 Limonium Mill.

Mill. Gard. Dict. Abridg. ed. 4. 1754.

多年生草本，稀半灌木。叶基生，常呈莲座状，全缘，有的早枯。复花序伞房状或圆锥状；花序轴1或数枚，常作数回叉状分枝，下部分枝常不育；穗状花序着生于分枝的上部和顶端；小穗含花1至数朵；外苞片短小，1枚，具狭膜质边缘，或几乎全为膜质；内苞1～2枚，明显大于外苞，具宽膜质边缘，包被花的大部或局部，第2内苞多为膜质；花萼漏斗状或管状，具5棱（即5脉），萼檐干膜质，5裂，边缘有齿或全缘，稀裂片间有小裂片；花冠由5花瓣在基部联合而成，下部以内曲的边缘密接成筒，上部分离而外展；雄蕊5枚，生于花冠基部；花柱5枚。蒴果倒卵形。

约300种，分布于世界各地，主产于欧亚大陆的地中海沿岸。我国有17～18种，分布于东北、华北、西北、河南等省区；昆仑地区产3种，1亚种，2变种。

分种检索表

1. 花萼漏斗状；萼檐开展，裂片边缘有褶皱或间有小裂片。
 2. 茎基有许多白色膜质鳞片。
  3. 萼与花冠紫红色；茎基多回分枝，分枝节间短而密集，几成垫状 …………… …………………………… **1. 喀什补血草 L. kaschgaricum**（Rupr.）Ik.-Gal.
  3. 萼与花冠黄色；茎基分枝少数，不密集，不为垫状 …………………………… ………………………………………………… **2. 灰杆补血草 L. roborowskii** Ik.-Gal.
 2. 茎基有许多褐色草质鳞片；花萼裂片正三角形，脉伸出裂片先端成明显的芒尖和短尖；花萼与花冠黄色 ……………………… **3. 黄花补血草 L. aureum**（Linn.）Hill.
1. 花萼管状；萼檐直立，裂片边缘全缘，无褶皱和小裂片 …………………………… ………………… **4. 美花补血草 L. drepanostachyum** Ik.-Ga. subsp. **callianthum** Peng

1. 喀什补血草

Limonium kaschgaricum（Rupr.）Ik.-Gal. in Acta Inst. Bot. Acad. Sci. URSS 1. 2：255. 1936；中国植物志 60（1）：35. 图版 5：9. 1987；新疆植物志 4：59. 2004；青藏高原维管植物及其生态地理分布 731. 2008.——*Statice kaschgarica* Rupr. in Mém Acad. Sci. St.-Pétersb. Ⅶ. 14（4）：69. 1869.

多年生草本，高10～30 cm，全株（除花萼外）几无毛。主根较粗，稀分枝，黑褐色。茎基木质，多次分枝，分枝节间短而密集，到顶端形成多头，头上残留多数白色膜质芽鳞和叶柄基部。叶基生，倒披针形、倒长圆状匙形或线状倒披针形，长 1～2 cm，宽 1～3 mm，先端钝或急尖，基部渐狭成扁柄。花序轴多数，从下至上作数回叉状分枝，细而硬，其中多数分枝不具花；穗状花序位于部分小枝的顶端，全株的穗状花序又形成伞房状；每 1 个穗状花序由 3～5 个小穗组成，每小穗含花 2～3 朵；外苞卵形，长 2～3 mm，先端钝，草质，边缘白色膜质；第 1 内苞长 6～7 mm，边缘宽膜质，无毛；花萼漏斗形，长 7～9 mm，萼筒的棱上密被长毛，棱间无或微有短毛，萼檐淡紫红色，干后色变淡，裂片披针形，先端渐尖，脉伸达裂片顶端并突出成小尖，沿脉被毛，裂片间具齿或有小裂片；花冠淡紫红色。 花期 6 月。

产新疆：乌恰（吉根乡，采集人不详 73－142）、喀什（八音坷北 4 km 处，采集人不详8423）、塔什库尔干。生于海拔 2 300～3 000 m 沟谷山地草原、碎石山坡和戈壁。

分布于我国的新疆；中亚地区各国也有。模式标本采自新疆乌恰县托云乡。

2. 灰杆补血草

Limonium roborowskii Ik.-Gal. in Acta Inst. Bot. Acad. Sci. URSS 1. 2：255. 1936；中国植物志 60（1）：37. 图版 6：3～4. 1987；新疆植物志 4：59. 2004；青藏高原维管植物及其生态地理分布 731. 2008.

多年生草本，高 20～40 cm，全株（除萼外）无毛。茎基木质，有分枝，分枝节间较长，疏离，枝端被白色膜质鳞片和残存的黄褐叶柄基部。叶基生，生于茎基分枝的顶端，常早枯，倒披针状长圆形或匙形，长 1.5～2.0 cm，宽约 4 mm，先端钝或急尖，下部渐狭成柄，基部扁平，加宽，边缘窄膜质。花序轴灰绿色，细瘦，叉状分枝，节间细长，长达 2～10 cm，下部短，越到顶部越长，多数分枝顶端不具花；穗状花序单生于分枝的顶端，由 2～3 枚小穗组成，小穗含花 2 朵；外苞卵形，长 2～3 mm，先端急尖；第 1 内苞卵状长圆形，长 8～9 mm，先端圆形，边缘膜质；花萼漏斗状，长约 10 mm，萼筒（脉间和脉上）密被长毛，萼檐鲜黄色，裂片卵状长圆形或三角形，先端钝或圆形，脉伸至裂片顶端无或微有小尖头，沿脉常被毛，几无间生裂片；花冠橙黄色。 花期 6 月。

产新疆：乌恰、疏附。生于海拔 1 200～2 500 m 的荒漠戈壁的山坡、砾石质荒漠。

分布于我国的新疆；帕米尔高原西部也有。模式标本采自新疆乌恰县托云乡。

3. 黄花补血草 图版 9：4～7

Limonium aureum（Linn.）Hill. Veg. Syst. 12：37. 1767；中国植物志 60（1）：37. 图版 6：1～2. 1987；青海植物志 3：39. 图版 10：1～2. 1996；新疆植物志 4：59. 图版 22：1～2. 2004；青藏高原维管植物及其生态地理分布 730. 2008.—— *Statice aurea* Linn. Sp. Pl. 1：276. 1753.

3a. 黄花补血草（原变种）

var. **aureum**

多年生草本，高 10～40 cm，全株（除萼外）无毛。茎基被残存叶柄和红褐色芽鳞。叶基生，匙形或倒披针形，长 2～6 cm，宽 5～15 mm，先端圆形或急尖，基部渐窄成柄。花序轴多数，灰绿色，从下部作数回叉状分枝，下部的多数分枝节间短，多为不育枝，分枝上多少有疣状突起；穗状花序生于上部分枝顶端，多数穗状花序形成圆锥状，有时伞房状，每穗状花序由 3～5 枚小穗组成，小穗含花 2～3 朵；外苞宽卵形，长 2～3 mm，先端钝或圆形，边缘膜质；第 1 内苞椭圆形，长约 6 mm，先端钝，边缘宽膜质；萼漏斗状，长约 7 mm，5 裂，裂片正三角形，长约 2 mm，脉伸出裂片先端成短芒，间生裂片不明显，萼檐黄色，萼筒近管状，脉上和脉间被毛，尤在脉上明显；花冠橙黄色。 花期 7～8 月。

产新疆：叶城（柯克亚乡高沙斯至莫莫克，青藏队吴玉虎 870749）、若羌（采集地不详，青藏队吴玉虎 2772；阿尔金山北坡，青藏队吴玉虎 4303、刘海源 044；若羌至且末途中，青藏队吴玉虎 2123；若羌至茫崖途中，采集人不详 84A－07）。生于海拔 2 000～3 100 m的山前洪积扇、山坡砾石、沙丘谷地等处。

青海：兴海（河卡乡羊曲，吴玉虎 20469、20477、20508）、格尔木（三岔河大桥附近，吴玉虎 36731、36767；西大滩附近，吴玉虎 37613、38981、38983）、玛多（苦海滩，吴玉虎 38984、陈世龙等 077）。生于海拔 3 700～4 300 m 左右的高山荒漠、滩地草原、沟谷山地荒漠草原砾石地。

甘肃：阿克赛（城北沙漠，黄荣福 C. G. 81－434）。生于海拔 2 600 m 左右的戈壁荒漠草原、沟谷山间谷地。

分布于我国的西北、华北、东北及四川西部；蒙古，俄罗斯也有。

3b. 星毛补血草（变种）

var. **potaninii**（Ik.-Gal.）Peng Fl. Reipul. Popul. Sin. 60（1）：38. 1987；青海植物志 3：39. 1996.——*L. potaninii* Ik.-Gal. in Acta Inst. Bot. Acad. URSS 1. 2：255 f. 2. 1936.

本变种在花序分枝的疣状突起上生有星状毛，其他特征同原变种。

产青海：兴海（尕玛羊曲，吴玉虎 20508、20477、20430；羊曲台地，吴珍兰 025）。生于海拔 2 500～3 500 m 的黄河河谷台地、山地阳坡砾石地、干旱山地的草原和半荒漠化草原。

分布于我国的甘肃、青海。模式标本采自青海民和。

3c. 巴隆补血草（变种）

var. **dielsianum**（Wangerin）Peng Fl. Reipul. Popul. Sin. 60（1）：38. 1987；

青海植物志 3：39. 1996. —— *Statice dielsiana* Wangerin in Fedde Repert. Sp. Nov. 17：399. 1921.

本变种植株低矮；花序轴叉状分裂，平滑，几无疣状突起；花序伞房状。

产新疆：若羌（阿尔金山保护区鸭子泉，青藏队吴玉虎 2279、4230、4239；祁漫塔格山，青藏队 2326、4288）。生于海拔 3 100～4 300 m 的砾石台地、干旱砾石山谷、砂质山坡。

青海：格尔木（西大滩，青藏队 2904；市区，黄荣福 C. G. 81－327、弃耕地调查队 4）、都兰（诺木洪乡，杜庆 001、336；香日德，黄荣福 C. G. 81－277）。生于海拔 2 800～4 200 m 的山前洪积扇、高山砾石滩、荒漠戈壁沙砾地、盐渍滩地、河谷台地、山坡和谷地中的草地。

分布于我国的新疆、青海。模式标本采自青海省都兰县巴隆乡。

3d. **玛多补血草**（变种）

var. **maduoensis** Y. C. Yang et Y. H. Wu in Journ. Wuhan Bot. Res. 24（4）：323. 2006.

本变种与原变种的区别：花序轴花葶状；叉状分枝集中于顶部，形成多花的圆球形头状花序，多数头状花序簇集成顶生伞房花序；萼檐波状，无芒尖。

产青海：都兰、玛多（黑海乡斗错滩，H. B. G. 1432）。生于海拔 4 150 m 的沟谷山地高寒草原、盐碱化土壤。

青海特有种。模式标本采自青海省玛多县黑海乡醉马滩。

4. **弯穗补血草**

Limonium drepanostachyum Ik.-Gal. in Acta Inst. Bot. Acad. Sci. URSS 1. 2：267. f. 4. 1936. 中国植物志 60（1）：40. 1987.

4a. **弯穗补血草**（原亚种）

subsp. **drepanostachyum**

昆仑地区不产。

4b. **美花补血草**（亚种）

subsp. **callianthum** Peng in Guihaia 3（4）：292. 1983；中国植物志 60（1）：42. 1987；新疆植物志 4：61. 图版 22：5～6. 2004；青藏高原维管植物及其生态地理分布 731. 2008.

多年生草本，高 30～40 cm。叶基生，倒卵状匙形或匙形，长 2. 5～5. 0 cm，宽 1～2 cm，先端圆或钝，基部渐狭成扁平的柄。花序圆锥状，花序轴通常单生，圆柱状，无毛，常多少呈“之”字形曲折，由下部作数回分枝，分枝较细长，无或有很少的不育枝；穗状花序位于小枝的顶端，由（2）5～8（10）枚小穗组成，小穗含花 2～4 朵；外苞小，宽卵形，长 1.5～2.5 mm，先端钝圆或急尖，无毛；第 1 内苞长圆状卵形，长 4.5～5.5 mm，先端圆，无毛或局部被毛；花萼管状，长 6.5～7.0 mm，中部直径约 1.3 mm，筒部被长毛，萼檐白紫色或近白色，无毛或下部脉上有毛，先端裂片短小，脉暗紫红色，通常伸至裂片基部变无色，有时伸出裂片之外；花冠蓝紫色。 花期 7～9 月。

产新疆：南疆西部。生于低海拔的山麓地带。模式标本采自新疆阿图什。

五十七　木犀科 OLEACEAE

乔木，直立或藤状灌木。叶对生，稀互生或轮生，单叶、三出复叶或羽状复叶，稀羽状分裂，全缘或具齿；具叶柄；无托叶。花辐射对称，两性，稀单性或杂性，雌雄同株、异株或杂性异株；通常聚伞花序排列成圆锥花序，或为总状、伞状、头状花序，顶生或腋生，或聚伞花序簇生于叶腋，稀花单生；花萼4裂，有时多达12裂，稀无花萼；花冠4裂，有时多达12裂，浅裂、深裂至近离生，或有时在基部成对合生，稀无花冠，花蕾时呈覆瓦状或镊合状排列；雄蕊2枚，稀4枚，着生于花冠管上或花冠裂片基部，花药纵裂，花粉通常具3沟；子房上位，由2心皮组成2室，每室具胚珠2枚，有时1或多枚，胚珠下垂，稀向上，花柱单一或无花柱，柱头2裂或头状。果为翅果、蒴果、核果、浆果或浆果状核果。种子具1枚伸直的胚；具胚乳或无胚乳；子叶扁平；胚根向下或向上。染色体基数 $x=11\sim24$。

约27属，400余种，广布于两半球的热带和温带地区，亚洲地区种类尤为丰富。我国有12属，约180种；昆仑地区产2属，3种。

分属检索表

1. 奇数羽状复叶；翅果；种子无翅 ………………………………… **1. 梣属 Fraxinus** Linn.
1. 单叶；蒴果；种子有翅 ………………………………………… **2. 丁香属 Syringa** Linn.

1. 梣属 Fraxinus Linn.

Linn. Sp. Pl. 1057. 1753.

落叶乔木，稀灌木。芽大，多数具芽鳞2～4对，稀为裸芽。嫩枝在上下节间交互呈两侧扁平状。叶对生，奇数羽状复叶，稀在枝梢呈3枚轮生状，有小叶3至多枚；叶柄基部常增厚或扩大；小叶具锯齿或近全缘。花小，单性、两性或杂性，雌雄同株或异株；圆锥花序顶生或腋生于枝端，或着生于去年生枝上；苞片线形至披针形，早落或缺如；花梗细；花芳香，花萼小，钟状或杯状，萼齿4枚，或为不整齐的裂片状，或退化至无花萼；花冠白色至淡黄色，4裂至基部，裂片线形、匙形或舌状，早落或退化至无花冠；雄蕊通常2枚，与花冠裂片互生，花丝通常短，或在花期迅速伸长，伸出花冠之外，花药2室，纵裂；子房2室，每室具下垂胚珠2枚，花柱较短，柱头多少2裂。果实为含1枚或偶有2枚种子的坚果，扁平或凸，先端翅，翅长于坚果，为单翅果。种子卵状长圆形，扁平，种皮薄，脐小；胚乳肉质；子叶扁平；胚根向上。染色体基数 $x=23$。

60余种，大多数种分布在北半球暖温带，少数种伸展至热带森林中。我国有近30种，遍及各省区；昆仑地区产1种。

1. 天山梣

Fraxinus sogdiana Bunge in Mém. Acad. Sci. St.-Pétersb. Sav. Étrang. 7: 390. 1854；中国植物志 61：39. 图版 11：3～4. 1992；新疆植物志 4：67. 图版 24. 2004；Fl. China 15：279. 1996.

乔木，高25 m。树冠圆形，树皮灰褐色纵裂，小枝灰棕色或棕色。单数羽状复叶，对生，小叶7～11枚，长卵圆形、卵状披针形或狭披针形，光滑，边缘有不整齐的锐尖粗锯齿，长3～6 cm，宽1～4 cm。雌雄异株或杂性花；短总状花序，侧生于去年生枝叶腋；花2～3轮生；无花被；雄蕊2枚。翅果狭窄，果翅几乎下延至基部，披针形或矩圆状倒卵形，长3～4 cm，宽0.5～0.8 cm，柱头宿存，小坚果小于或等于翅果之半。花期3～4月，果期9～10月。

产新疆：喀什（县城，西植所新疆队1556）、疏勒（牙甫泉，新喀087）、莎车、和田。生于海拔1 250～1 400 m的山前冲积平原。

分布于我国的新疆；俄罗斯，中亚地区各国也有。

2. 丁香属 Syringa Linn.

Linn. Sp. Pl. 9. 1753.

落叶灌木或小乔木。小枝近圆柱形或带四棱形，具皮孔。冬芽被鳞片，顶芽常缺。叶对生，单叶，稀复叶，全缘，稀分裂；具叶柄。花两性，聚伞花序排列成圆锥花序，顶生或侧生，与叶同时抽生或叶后抽生；具花梗或无花梗；花萼小，钟状，具4齿或为不规则齿裂，或近截形，宿存；花冠漏斗状、高脚碟状或近辐状，裂片4枚，开展或近直立，花蕾时呈镊合状排列；雄蕊2枚，着生于花冠管喉部至花冠管中部，内藏或伸出；子房2室，每室具下垂胚珠2枚，花柱丝状，短于雄蕊，柱头2裂。果为蒴果，微扁，2室，室间开裂。种子扁平，有翅；子叶卵形，扁平；胚根向上。染色体基数 $x=23$ 或22、24。

约20种。我国约有17种，昆仑地区产2种。

分种检索表

1. 圆锥花序由顶芽抽出，基部常有叶；叶片下面及边缘多少被毛；花冠淡紫红色 ……
……………………………………… **1. 四川丁香 S. sweginzowii** Koehne et Lingelsh.

1. 圆锥花序由侧芽抽出，基部常无叶；叶片无毛；花冠淡紫色或白色 ……………… …………………………………………………………………… **2. 花叶丁香 S. persica** Linn.

1. 四川丁香

Syringa sweginzowii Koehne et Lingelsh. in Fedde Repert. Sp. Nov. 8：9.1910；中国植物志 61：61. 图版 17：4～5.1992；青海植物志 3：42.1996；Fl. China 15：283～284.1996；青藏高原维管植物及其生态地理分布 741.2008.

灌木，高约 2.5 m。老枝灰褐色，幼枝红褐色，无毛。叶卵形，长 1. 5～4.0 cm，宽1.0～1.6 cm，先端急尖或渐尖，全缘，具稀少缘毛，基部近圆形，两面无毛；叶柄长 5～10 mm，无毛。圆锥花序顶生，由顶芽和侧芽抽出，长达 13 cm；花序轴及花梗紫褐色，无毛；花萼钟形，长约 2 mm，萼齿不明显，近截形；花冠淡紫红色，长约 1.5 cm，冠筒细，裂片卵状长圆形或披针形，长达 6 mm，先端稍呈兜状；雄蕊着生于冠筒喉部下方，花药黄色。蒴果（未成熟）先端渐尖。 花果期 7～8 月。

产青海：班玛（马柯河林场，王为义等 27142）。生于海拔 3 400～3 700 m 的沟谷山坡林缘、山谷林场苗圃。

分布于我国的青海东部、四川西部。

2. 花叶丁香

Syringa persica Linn. Sp. Pl. 9.1753；中国植物志 61：78.1992；新疆植物志 4：71.2004；青藏高原维管植物及其生态地理分布 741.2008.

灌木，高 1～2 m。嫩枝细弱，枝条灰色或灰褐色。叶椭圆形、矩圆状椭圆形或宽披针形，稀 3～9 深裂，先端渐尖，基部楔形，长 2～4（～7）cm，无毛，全缘，下面具微小黑点，边缘略内卷，时常出现 3 裂或 2～4 羽状裂片的叶子。圆锥花序长而多分枝，长 5～15 cm；花冠淡紫色或白色，长 15～20 mm，直径约 8 mm，筒细长，裂片卵形或矩圆状卵形，顶端尖或钝；花药着生于花冠筒中部略靠上，蒴果略呈四棱状，长 1 cm，无毛，顶端钝或有短喙。种子长 1 cm，四棱形，具狭细膜状种翅，深红黄色。 花期 4～5 月，果期 7～8 月。

产新疆：和田、莎车有栽培。

我国北部地区有栽培；中亚，西亚，地中海地区至欧洲也有。

五十八　龙胆科 GENTIANACEAE

一年生或多年生草本。茎直立或斜升，有时缠绕。叶对生，全缘，基部常合生或至少为1横线相联结。聚伞花序或复聚伞花序，或因花减少而呈顶生单花；花两性，一般为4～5基数；花萼筒状至辐状；花冠筒状、漏斗状、高脚杯状或辐状，有时基部有距；雄蕊着生于冠筒上与裂片互生，花丝长或极短；雌蕊由2个心皮组成，子房上位，1室；腺体着生于子房基部或花冠上。蒴果2瓣裂。种子多数。

约80属，700种。我国有22属，427种；昆仑地区产10属，82种，14变种。

分属检索表

1. 花序常为假二叉状分枝；花冠高脚杯状，花药在花后期卷作螺旋形 ……………………………………………………………… 1. 百金花属 **Centaurium** Hill

1. 花序常为聚伞花或单花。
  2. 花冠浅裂，冠筒长，裂片间具褶；腺体着生于子房基部 ……………………………………………… 2. 龙胆属 **Gentiana**（Tourn.）Linn.
  2. 花冠深裂，冠筒短，裂片间不具褶；腺体着生于花冠上。
    3. 花冠基部具4个距；腺体着生于距中 ………………… 3. 花锚属 **Halenia** Borkh.
    3. 花冠无距；腺体着生于冠筒或裂片上。
      4. 花冠筒形，浅裂，冠筒长于裂片。
        5. 花蕾稍扁压，具4棱；花萼裂片不等大，通常1对短而宽，另1对较长而狭；种子表面有指状突起 ……………………… 4. 扁蕾属 **Gentianopsis** Ma
        5. 花蕾非扁压；花萼裂片近等大；种子表面光滑。
          6. 花冠喉部具多数无维管束的流苏状副冠 …………………………………… 5. 喉毛花属 **Comastoma**（Wettst.）Toyokuni
          6. 花冠喉部无副冠。
            7. 花冠裂片离生；雄蕊着生于冠筒上，花丝较长 ……………………………………… 6. 假龙胆属 **Gentianella** Moeneh.
            7. 花冠裂片部分重叠；雄蕊着生于冠筒喉部，花丝极短 ……………………………………………… 7. 口药花属 **Jaeschkea** Kurz
      4. 花冠辐状，深裂近基部，冠筒远短于裂片。
        8. 花冠外部2色，一侧色深，另一侧色浅；无花柱，柱头沿着子房缝合线下延成肋。

9. 花冠裂片基部有明显的腺窝，腺窝管形或片状，边缘有齿………………………………………………………… **8. 肋柱花属 Lomatogonium** A. Br.

9. 花冠裂片基部无腺窝，具长圆形片状附属物，附属物先端全缘………………………… **9. 辐花属 Lomatogoniopsis** T. N. Ho et S. W. Liu

8. 花冠外面1色；有花柱，柱头不下延 …………… **10. 獐牙菜属 Swertia** Linn.

1. 百金花属 Centaurium Hill

Hill, Brit. Herb. 62.1756.

一年生草本。茎纤细。叶对生，无柄。花多数，排列成假二叉分枝式的聚伞花序或有时为穗状聚伞花序，4～5数；花萼筒形，深裂；花冠高脚杯状，冠筒细长，浅裂；雄蕊着生于冠筒喉部，与裂片互生，花丝短，丝状，花药初时直立，后卷作螺旋形；子房半2室，无柄，花柱细长，线形，柱头2裂，裂片膨大，圆形。蒴果内藏，成熟后2瓣裂。种子多数，极小，表面具浅蜂窝状网隙。

40～50种，除非洲外，广布。我国有3种，昆仑地区产2种。

分种检索表

1. 花梗长3～5 mm；花序为疏散的二歧式或总状复聚伞花序……………………………………………………………… **1. 美丽百金花 C. pulchellum** (Swartz) Druce

1. 花无梗；花序为总状穗状花序 …………… **2. 穗状百金花 C. spicatum** (Linn.) Fritsch.

1. 美丽百金花

Centaurium pulchellum (Swartz) Druce Fl. Oxf. 342.1897；中国植物志 62：10.1988；Fl. China 16：3.1995；新疆植物志 4：74.2004；青藏高原维管植物及其生态地理分布 744.2008.——*Gentiana pulchellum* Swartz in Vet. Acad. Handl. 85. t. 3. f. 8～9.1783.

一年生草本，高4～10（15）cm，全株无毛。茎直立，浅绿色，几四棱形，多分枝。叶无柄，基部分离，边缘平滑，叶脉1～3条，在下面明显；中下部叶椭圆形或卵状椭圆形，长6～17 mm，宽3～6 mm，先端钝；上部叶椭圆状披针形，长6～13 mm，宽2～4 mm，先端急尖，有小尖头。花多数，排列成疏散的二歧式或总状复聚伞花序；花梗细弱，长3～5 mm，几四棱形，直立；花萼5深裂，裂片线状披针形，长2.5～3.0 mm，有小尖头，边缘膜质，光滑，背面中脉明显，弯缺楔形；花冠桃红色，漏斗形，长13～15 mm，冠筒狭长，圆柱形，喉部突然膨大，顶端5裂，裂片短，狭矩圆形，长 2.7～3.2 mm，先端钝，全缘；雄蕊 5 枚，稍外露，着生于冠筒喉部，整齐，花丝短，线形，长 1.5～2.0 mm，花药矩圆形，长 0.5～0.7 mm，初时直立，后卷作螺旋形；子房半 2 室，无柄，椭圆形，长 7～8 mm，花柱细，丝状，长 2.0～2.2 mm，柱头 2 裂，裂片膨大，圆形。蒴果无柄，椭圆形，长 7.5～9.0 mm，先端具长的宿存花柱。种子黑褐色，球形，直径 0.2～0.3 mm，表面具浅蜂窝状网隙。 花果期 5～7 月。

产新疆：乌恰。生于海拔约 2 700 m 的山地草甸、河谷水边草地。

分布于我国的新疆；欧洲（模式标本产地），俄罗斯，印度，亚洲西部至埃及也有。

2. 穗状百金花

Centaurium spicatum (Linn.) Fritsch. in Mitt Naturw. Ver. Wien. 5：97. 1907；Semiotr. in Fl. Kazakh. 7：97. t. 11：3. 1964；新疆植物志 4：72. 2004；青藏高原维管植物及其生态地理分布 745. 2008.——*Gentiana spicata* Linn. Sp. Pl. 1：230. 1753.

一年生淡绿色草本，高 4～40 cm。茎四棱形，常从茎基部分枝。基生莲座状叶宽卵形，早期枯落；茎生叶长圆状椭圆形或长圆状披针形，长 1.4～3.0 cm，宽 0.2～1.0 cm，基部近圆状，先端渐尖。花单生或 2 朵顶生或腋生成为穗状花序；小苞片 2，线形，长 0.7～1.0 cm，宽 1～2 cm；花萼短管状，长 0.8～1.2 cm；花冠粉红色，有时白色，细管状，长1.0～1.4 cm，宽 6～8 mm，裂片长卵状圆形，先端钝。蒴果长圆形，长约 1 cm。种子细小，多数，圆盘状，具疣状突起，棕褐色。 花期 6～7 月，果期 8～9（10）月。

产新疆：乌恰。生于海拔 2 700 m 左右的河谷草地、溪流水边草甸。

分布于我国的新疆；欧洲，亚洲西部也有。

2. 龙胆属 Gentiana (Tourn.) Linn.

(Tourn. Inst. 80. t. 40. 1700.) Linn. Sp. Pl. 227. 1753.

一年生或多年生草本。茎直立，四棱形，斜升或铺散。叶对生，稀轮生，在多年生的种类中，不育茎或营养枝的叶常呈莲座状。复聚伞花序、聚伞花序或花单生；花两性，4～5 数，稀 6～8 数；花萼筒形或钟形，浅裂，萼筒内面具萼内膜，萼内膜高度发育呈筒形或退化，仅保留在裂片间呈三角袋状；花冠筒形、漏斗形或钟形，常浅裂，稀分裂较深，使冠筒与裂片等长或较短，裂片间具褶，裂片在蕾中右向旋卷；雄蕊着生于冠筒上，与裂片互生，花丝基部略增宽并向冠筒下延成翅，花药背着；子房 1 室，花柱明显，一般较短，有时较长呈丝状；腺体小，多达 10 个，轮状着生于子房基部。蒴果 2 裂。种子小，甚多，表面具多种纹饰，有致密的细网纹、增粗的网纹、蜂窝状网隙或海绵状网隙，常无翅，少有翅或幼时具狭翅，老时翅消失。

约400种。我国有247种，昆仑地区产45种3变种。

分种检索表

1. 多年生草本，具略肉质的根及莲座状叶丛。
  2. 植株有发达的匍匐茎；叶扇状楔形；花冠壶状；种子表面具蜂窝状网隙…………………………………………………………………… **1. 乌奴龙胆 G. urnula** H. Smith
  2. 植株不具匍匐茎；叶为其他形状。
    3. 合轴分枝，植株的顶芽死亡，侧芽发育，生长点不断更替。
      4. 花冠黄色。
        5. 花冠裂片具多数蓝灰色细圆斑点，无短细条纹 ……………………………………………………………………………… **2. 高山龙胆 G. algida** Pall.
        5. 花冠裂片无细圆斑点，而具蓝灰色宽条纹和短细条纹 ………………………………………………………………………… **3. 岷县龙胆 G. purdomii** Marq.
      4. 花冠蓝色。
        6. 花1～3朵；几无花梗；植株矮，近无茎 ……………………………………………………………………………… **4. 云雾龙胆 G. nubigena** Edgew.
        6. 花3～8朵；作三歧分枝，具花梗；植株较高大，具茎 ……………………………………………………………… **5. 三歧龙胆 G. trichotoma** Kusnez.
    3. 单轴分枝，全株具不育枝，叶密集莲座状，包被着中心的顶芽。
      7. 植株基部密被枯叶鞘纤维；须根多数，扭结成一个粗大的圆柱状根；种子表面具细网纹。
        8. 聚散花序顶生及侧生，排成疏松的花序，稀为单花，花多少有花梗。
          9. 花萼筒一侧开裂呈佛焰苞状，裂片小，远短于萼筒。
            10. 花冠黄绿色，漏斗形，长3.5～4.5 cm ……………………………………………………………… **6. 麻花艽 G. straminea** Maxim.
            10. 花冠蓝紫色，筒状钟形，长3.0～3.5 cm ……………………………………………………………… **7. 斜升秦艽 G. decumbens** Linn. f.
          9. 花萼筒不裂成一侧浅裂，筒状，裂片长，与萼筒等长或稍短。
            11. 蒴果无柄；根向左扭转 …………… **8. 达乌里秦艽 G. dahurica** Fisch.
            11. 蒴果具明显的柄；根不扭转。
              12. 花冠蓝紫色或深蓝色，大，长4～5 cm，褶有不整齐细齿 …………………………… **9. 中亚秦艽 G. kaufmanniana** Regel et Schmalh.
              12. 花冠浅蓝色，小，长3～3.5 cm，褶明显深2裂 ……………………………………………… **10. 天山龙胆 G. tianschanica** Rupr.

8. 花多数，簇生枝顶呈头状或腋生呈轮状；无总花梗，稀从叶腋抽出 1～2 条总花梗。
    13. 茎生叶不比莲座状叶小，最上部叶大，卵状披针形，呈苞叶状包被头状花序 …………………… **11. 粗茎秦艽 G. crassicaulis** Duthie ex Burk.
    13. 茎生叶明显比莲座状叶小，最上部叶小，不呈苞叶状，不包被头状花序。
        14. 花冠黄绿色，具蓝色细条纹或斑点 ……………………………………………………………………… **12. 黄管秦艽 G. officinalis** H. Smith.
        14. 花冠深蓝色、蓝色或蓝紫色。
            15. 花萼筒常带紫红色，长 4～6 mm，萼齿丝状或钻形，长 1.0～3.5 mm … **13. 管花秦艽 G. siphonantha** Maxim. ex Kusnez.
            15. 花萼筒黄绿色，长 10～15 mm，萼齿锥状披针形，长 5～6 mm …………………………… **14. 集花龙胆 G. olivieri** Griseb.
7. 植株基部包被膜质叶鞘或残枝；须根不扭结；种子表面具蜂窝状或海绵状网膜。
    16. 植株具粗大、圆锥状或圆柱状的主根；不育茎的莲座状叶较宽；叶及花萼裂片较宽；具明显的软骨质边缘。
        17. 枝多数，铺散，长 7～10 cm；茎生叶多对，中下部者疏离，上部者密集；花萼裂片倒披针形，基部狭缩 ………………………………………………………………………… **15. 短柄龙胆 G. stipitata** Edgew.
        17. 枝少数，较短，长 2～3 cm，斜上升；茎生叶少，密集，覆瓦状排列；花萼裂片披针形或倒披针形，基部不狭缩 ………………………………………………………………………… **16. 大花龙胆 G. szechenyii** Kanitz
    16. 植株具多数略肉质的须根；不育茎的莲座状叶较窄；叶及花萼裂片常为线形，无软骨质边缘。
        18. 茎生叶 6～7 枚轮生；花 6～7 数，稀 5～8 数 ……………………………………………… **17. 六叶龙胆 G. hexaphylla** Maxim. ex Kusnez.
        18. 茎生叶对生；花 5 数。
            19. 花大型，长 6～7 cm；花萼长为花冠的 3/5～2/3，裂片长于萼筒；叶宽线形，长达 4.5 cm ……………………………………………… **18. 长萼龙胆 G. dolichocalyx** T. N. Ho
            19. 花中型，少为大型；花萼短，花为花冠的 1/3～1/2，裂片长短于萼筒，稀与之等长。
                20. 花枝中只有少数枝有花；花冠倒锥形，长 3.0～4.5 cm …………………… **19. 道孚龙胆 G. altorum** H. Smith ex Marq.
                20. 花枝中多数枝有花；花冠漏斗形，稀倒锥形，长 4～6 cm。
                    21. 中部、下部茎生叶宽，卵形或卵状披针形；花冠上部深蓝色，下部黄绿色，具深蓝色条纹褐斑点，狭漏斗形或漏斗形 ……………… **20. 蓝玉簪龙胆 G. veitchiorum** Hemsl.

21. 中部、下部茎生叶狭，披针形；花淡蓝色，具黄绿色条纹，无斑点，狭倒锥形 ……… **21. 华丽龙胆 G. sinoornata** Balf. f.

1. 一年生草本，具木质细根，无莲座状丛叶。

22. 蒴果长而窄，狭椭圆形或矩圆形，先端及两侧边缘均无翅；基生叶小，茎生叶向茎上部渐大。

23. 花大型，长 4～6 cm，褶偏斜，截形；花柱长 1.0～1.5 cm；蒴果内藏，种子沿棱具翅 ………………………………………… **22. 条纹龙胆 G. striata** Maxim.

23. 花小型，褶整齐；花柱短，短于子房；蒴果外露，种子有的幼时具翅，老时消失。

24. 叶自茎上部至基部近等大；花梗长，从茎生叶中伸出；花萼漏斗形，裂片扁平，中脉仅稍凸起。

25. 花冠内面白色，外面具蓝灰色宽条纹，长 11～13 mm ……………………………………………… **23. 蓝灰龙胆 G. caeruleogrisea** T. N. Ho

25. 花冠蓝紫色或蓝色。

26. 植株纤细，矮小，高 1.5～3.0 cm；花小，细筒形，长 12～15 cm，宽 1.5～2.0 mm；蒴果瓣膜质透明……………………………………………………… **24. 膜果龙胆 G. hyalina** T. N. Ho

26. 植株较粗壮，高（3）6～12 cm；花大，长 18～25 mm，喉部直径 3～8 mm；蒴果果瓣不透明。

27. 花冠细筒形，蓝色，喉部具深蓝色条纹；种子无翅 ……………………………… **25. 伸梗龙胆 G. producta** T. N. Ho

27. 花冠漏斗形或宽筒形，上部蓝紫色，下部黄绿色，无深色条纹；种子一侧具宽翅 ………… **26. 偏翅龙胆 G. pudica** Maxim.

24. 叶自茎上部至基部渐小；花梗短，藏于上部茎生叶中；花萼筒形，裂片中脉凸起呈龙骨状，使裂片略呈三棱形。

28. 花冠紫红色，高脚杯状；褶约等长于裂片 ……………………………… **27. 圆齿褶龙胆 G. crenulatotruncata**（Marq.）T. N. Ho

28. 花冠蓝色，筒状，褶长约为裂片的 1/2 ……………………………………………………… **28. 匐地龙胆 G. prostrata** Haenk.

22. 蒴果宽而短，倒卵形、匙状长圆形或长圆形，先端有宽翅，两侧边缘有自上而下渐狭的窄翅；基生叶发达，茎生叶近于等大；褶大，整齐；种子表面具细网纹。

29. 茎直立，基部单一，中上部分枝；花冠蓝色，漏斗形，长 10～20 mm ……………………………………………… **29. 河边龙胆 G. riparia** Kar. et Kir.

29. 茎从基部多分枝，似丛生状，主茎不明显，枝上部再作二歧分枝，铺散或斜升。

30. 茎生叶对折，线形，叶柄的联合部分愈向上部愈长。

31. 花冠筒形，裂片边缘有疏的细锯齿；花药直立，长约 1 mm ………
……………………… **30. 针叶龙胆 G. heleonastes** H. Smith ex Marq.

31. 花冠倒锥形；花药弯曲呈弓形或肾形。

32. 花冠的褶长圆形，长为裂片之半，先端截形，有不整齐条裂 …
……………………………………… **31. 刺芒龙胆 G. aristata** Maxim.

32. 花冠的褶卵形，与裂片近等长，先端钝，全缘或边缘有细齿。

33. 花冠紫红色，喉部具多数黑紫色斑点 ………………………
………………………………… **32. 紫花龙胆 G. syringea** T. N. Ho

33. 花冠蓝色。

34. 基生叶倒卵圆形；花冠喉部无斑点 ………………………
………………………… **33. 三色龙胆 G. tricolor** Diels et Gilg

34. 基生叶卵圆形；花冠喉部具多数深蓝灰色斑点 …………
……………………………… **34. 南山龙胆 G. grumii** Kusnez.

30. 茎生叶非线形，叶柄的联合部分愈向上部愈短。

35. 花萼裂片外反或直立，卵形，基部收缩。

36. 花萼裂片直立，茎上部叶及花萼裂片肾形，先端圆形或截形；花冠较花萼长 2～3 倍 ………………………………………………
………………… **35. 肾叶龙胆 G. crassuloides** Bureau et Franch.

36. 花萼裂片反折。

37. 花冠较花萼长 1 倍；种子淡褐色 ……………………………
…………………… **36. 假鳞叶龙胆 G. pseudosquarrosa** H. Smith

37. 花冠仅稍伸出花萼外；种子黑褐色 …………………………
………………………………………… **37. 鳞叶龙胆 G. squarrosa** Ledeb.

35. 花萼裂片直立，三角形或披针形，基部不收缩。

38. 茎生叶椭圆形或基部者卵形，其余为椭圆形，稀全部茎生叶为卵形，先端钝；基生叶常不发达，较小，少数。

39. 叶及花萼裂片具不明显的膜质边缘；种子表面的网纹念珠状。

40. 花冠筒形，喉部无斑点，浅灰色，具蓝灰色宽条纹……
………………………………… **38. 水生龙胆 G. aquatica** Linn.

40. 花冠钟形，喉部具多数蓝色斑点 ………………………
……………………… **39. 蓝白龙胆 G. leucomelaena** Maxim.

39. 叶及花萼裂片具比较明显的软骨质或膜质边缘；种子表面的网纹非念珠状。

41. 花冠黄绿色，褶长圆形，先端啮蚀形；叶及花萼裂片边缘密生短睫毛 …………… **40. 黄白龙胆 G. prattii** Kusnez.

41. 花冠淡蓝色，褶卵形，先端 2 裂；叶及花萼裂片边缘光

滑 ………………………………… **41. 西域龙胆 G. clarkei** Kusnez.

38. 茎生叶倒卵状匙形或匙形，先端钝圆或急尖；基生叶特别发达，较大或多数。

42. 花冠紫红色；茎生叶常为匙形，先端三角状急尖。

43. 叶及花萼光滑；花冠喉部无斑点和细条纹 ……………… ………… **42. 匙叶龙胆 G. spathulifolia** Maxim. ex Kusnez.

43. 叶及花萼背面密生小柔毛；花冠喉部具多数黑紫色斑点 ………………………… **43. 阿坝龙胆 G. abaensis** T. N. Ho

42. 花冠蓝色；茎生叶通常倒卵形或匙形，先端钝圆或急尖。

44. 花萼筒形，稍短于花萼，萼筒具5条宽的白色膜质纵纹 ……………………… **44. 白条纹龙胆 G. burkillii** H. Smith

44. 花萼筒状漏斗形，长为花萼之半，萼筒绿色，无膜质纵纹 ……………… **45. 假水生龙胆 G. pseudoaquatica** Kusnez.

1. 乌奴龙胆

Gentiana urnula H. Smith in Kew Bull. 15（1）：51.1961；西藏植物志 3：932.1986；中国植物志 62：128. 图版 20：4～6.1988；Fl. China 16：56.1995；青海植物志 3：50.1996；青藏高原维管植物及其生态地理分布 762.2008.

多年生草本，高 4～6 cm，具发达的匍匐茎。须根多数，略肉质，淡黄色。枝多数，稀疏丛生，直立，极低矮，节间短缩。叶密集，覆瓦状排列，基部为黑褐色残叶，中部为黄褐色枯叶，上部为绿色或带淡紫色的新鲜叶，扇状截形，长 7～13 mm，宽 5～10 mm，先端截形，中央凹陷，基部渐狭，边缘厚软骨质，平滑，中脉软骨质，在下面呈脊状凸起，平滑；叶柄白色膜质，光滑。花单生，稀 2～3 朵簇生枝顶，基部包围于上部叶丛中；无花梗；花萼筒膜质，裂片绿色或紫红色，叶状，与叶同形，但较小，长 3.0～3.5 mm，宽 5～6 mm，弯缺极窄，截形；花冠淡紫红色或淡蓝紫色，具深蓝灰色条纹，壶形或钟形，长 2～3（4）cm，裂片短，宽卵圆形，长 2.0～2.5 mm，先端钝圆，全缘，褶整齐，形状多变化，截形或圆形，与裂片等长或长为裂片的一半，边缘具不整齐细齿；雄蕊着生于冠筒中下部，整齐，花丝线状钻形，长 6.0～7.5 mm，花药狭矩圆形，长 2.5～3.0 mm；子房披针形或线状椭圆形，长3～4 mm，先端渐尖，基部钝，柄长 4～5 mm，花柱明显，线形，长 9～11 mm，柱头小，2 裂，裂片外反，三角形。蒴果外露，卵状披针形，长 1.5～1.8 cm，先端急尖，基部钝，柄细瘦，长至 4 cm。种子黑褐色，矩圆形，长 2.3～2.5 mm，表面具蜂窝状网隙。 花果期 8～10 月。

产青海：称多。生于海拔约 4 000 m 的高山砾石带、沟谷山坡高寒草甸、河谷山地沙石坡。

分布于我国的西藏、青海西南部；尼泊尔，印度东北部，不丹也有。

2. 高山龙胆

Gentiana algida Pall. Fl. Ross. 1（2）：107. t. 95. 1788；中国植物志 62：109. 1988；Fl. China 16：51. 1995；新疆植物志 4：85. 图版 30：1～3. 2004.

多年生草本，高 8～20 cm，基部被黑褐色枯老膜质叶鞘包围。根茎短缩，直立或斜升，具多数略肉质的须根。枝 2～4 个丛生，其中有 1～3 个营养枝和 1 个花枝；花枝直立，黄绿色，中空，近圆形，光滑。叶大部分基生，常对折，线状椭圆形或线状披针形，长 2.0～5.5 cm，宽 0.3～0.5 cm，先端钝，基部渐狭，叶脉 1～3 条，在两面均明显，并在下面稍凸起，叶柄膜质，长 1.0～3.5 cm；茎生叶 1～3 对，叶片狭椭圆形或椭圆状披针形，长 1.8～2.8 cm，宽 0.4～0.8 cm，两端钝，叶脉 1～3 条，在两面均明显，并在下面稍突起，叶柄短，长至 0.6 cm，愈向茎上部叶愈小，柄愈短。花常 1～3 朵，稀至 5 朵，顶生；无花梗或具短梗；花萼钟形或倒锥形，长 2.0～2.2 cm，萼筒膜质，不开裂或一侧开裂，萼齿不整齐，线状披针形或狭矩圆形，长 5～8 mm，先端钝，弯缺狭窄，截形；花冠黄白色，具多数深蓝色斑点，尤以冠檐部为多，筒状钟形或漏斗形，长 4～5 cm，裂片三角形或卵状三角形，长5～6 mm，先端钝，全缘，褶偏斜，截形，全缘或边缘有不明显细齿；雄蕊着生于冠筒中下部，整齐，花丝线状钻形，长 13～16 mm，花药狭矩圆形，长 2.5～3.2 mm；子房线状披针形，长 13～15 mm，两端渐狭，柄长 10～15 mm，柱头 2 裂，裂片外反，线形。蒴果内藏或外露，椭圆状披针形，长 2～3 cm，先端急尖，基部钝，柄细长，长至 4.5 cm。种子黄褐色，有光泽，宽矩圆形或近圆形，长 1.4～1.6 mm，表面具海绵状网隙。 花果期 7～9 月。

产青海：兴海（温泉山，王为义 133）、曲麻莱（叶格乡，黄荣福 096；秋智乡坡洛从其山，黄荣福、刘尚武 3697）、玛多（清水乡，吴玉虎 561A；巴颜喀拉山，周国杰 008）、治多（扎河乡阿牛先当山，周立华 239）。生于海拔 4 000～4 600 m 的高原宽谷河滩草地、沟谷山坡高山草甸。

四川：石渠（采集地点不详，王全教 7561）。生于海拔约 4 000 m 的沟谷山坡高寒草地、宽谷河滩高寒草甸、高寒沼泽草甸。

分布于我国的新疆、青海、四川、吉林（长白山）；俄罗斯，中亚地区各国，日本也有。

3. 岷县龙胆 图版 11：1～3

Gentiana purdomii Marq. in Kew Bull. 1928：55. 1928 et 1937：164. 1937；西藏植物志 3：927. 1986；中国植物志 62：110. 图版 17：1～4. 1988；Fl. China 16：52. 1995；青海植物志 3：50. 图版 12：1～3. 1996；青藏高原维管植物及其生态地理分布 758. 2008.

多年生草本，高 8～20 cm，基部被黑褐色枯老膜质叶鞘包围。根茎短缩，直立或斜升，具多数略肉质的须根。枝2～4个丛生，其中有1～3个营养枝和1个花枝；花枝直立，黄绿色，中空，近圆形，光滑。叶大部分基生，常对折，线状椭圆形，稀狭矩圆形，长2～6 cm，宽0.2～0.9 cm，先端钝，基部渐狭，中脉在两面明显，并在下面稍凸起，叶柄膜质，长2.0～3.5 cm；茎生叶1～2对，狭矩圆形，长1～3 cm，宽0.3～0.6 cm，先端钝，叶柄短，长至6 mm。花常1～8朵，顶生和腋生；无花梗至长达4 cm的花梗；花萼倒锥形，长1.4～1.7 cm，萼筒叶质，不开裂，裂片直立，稍不整齐，狭矩圆形或披针形，长2.5～8.0 mm，先端钝，背面脉不明显，弯缺截形或圆形；花冠淡黄色，具蓝灰色宽条纹和细短条纹，筒状钟形或漏斗形，长3.0～4.5 cm，裂片宽卵形，长3.0～3.5 mm，先端钝圆，边缘有不整齐细齿，褶偏斜，截形，边缘有不明显波状齿；雄蕊着生于冠筒中部，整齐，花丝丝状钻形，长9～11 mm，花药狭矩圆形，长3.0～3.5 mm；子房线状披针形，长13～15 mm，两端渐狭，柄长10～12 mm，花柱线形，长3～4 mm，柱头2裂，裂片外反，线形。蒴果内藏，椭圆状披针形，长1.8～2.5 cm，先端急尖，基部钝，柄长至2 cm；种子黄褐色，有光泽，宽矩圆形或近圆形，长1.5～2.0 mm，表面具海绵状网隙。 花果期7～10月。

产青海：格尔木（野牛沟，中普队191；西大滩，青藏队吴玉虎2810）、称多（歇武乡当巴沟，王为义219；歇武乡歇武山，刘有义83-363；采集地不详，郭本兆427；扎朵乡日阿吾查罕，苟新京83-277；歇武寺西南直沟，杨永昌717）、玛沁（优云乡黄河边，玛沁队531）、达日（吉迈乡赛纳纽达山，H. B. G. 1234、1252；满掌乡垭口，H. B. G. 1198）、久治（索乎日麻乡扎龙尕玛山，果洛队360、藏药队494；白玉乡隆格山垭口，陈世龙等390、393；门堂乡乱石山垭口，陈世龙等413）、班玛（马柯河林场烧柴沟，王为义27540）。生于海拔2 700～4 300 m的河谷阶地高山草甸、高原山顶流石滩稀疏植被带、宽谷河滩高寒草甸。

分布于我国的西藏、四川西部、青海南部、甘肃。模式标本采自甘肃岷县。

4. 云雾龙胆 图版11：4～6

Gentiana nubigena Edgew. in Trans. Linn. Soc. 20：85. f. 49. 1846；西藏植物志3：925. 1986；中国植物志62：112. 图版18：1～3. 1988；Fl. China 16：51. 1995；青海植物志3：52. 图版12：4～6. 1996；青藏高原维管植物及其生态地理分布756. 2008.

多年生草本，高8～17 cm，基部被黑褐色枯老膜质叶鞘包围。枝2～5个丛生，其中有1～4个营养枝和1个花枝；花枝直立，常带紫红色，中空，近圆形，幼时具乳突，老时光滑。叶大部分基生，常对折，线状披针形、狭椭圆形至匙形，长2～6 cm，宽0.4～1.1 cm，先端钝或钝圆，基部渐狭，两面光滑或幼时具乳突，叶脉1～3条，在两面均明显，并在下面稍凸起，叶柄膜质，长1～3 cm；茎生叶1～3对，无柄，狭椭圆形或椭圆状披针形，长1.5～3.0 cm，宽0.3～0.7 cm，先端钝，中脉在下面稍凸起。

图版 11 岷县龙胆 **Gentiana purdomii** Marq. 1. 全株；2. 花萼纵剖；3. 花冠纵剖。云雾龙胆 **G. nubigena** Edgew. 4. 植株；5. 花萼纵剖；6. 花冠纵剖。条纹龙胆 **G. striata** Maxim. 7. 植株；8. 花萼纵剖；9. 花冠纵剖；10.果实；11.种子。（阎翠兰绘）

花1～2（3）朵，顶生；无花梗或具短的花梗；花萼筒状钟形或倒锥形，长1.5～2.7 cm，萼筒草质，有时膜质，具绿色或蓝色斑点，不开裂，裂片直立，不整齐，狭矩圆形，长2.0～8.5 mm，先端钝，中脉在背面明显或否，弯缺窄，圆形或截形；花冠上部蓝色，下部黄白色，具深蓝色的、细长的或短的条纹，漏斗形或狭倒锥形，长3.5～6.0 cm，裂片卵形，长3.0～4.5 mm，先端钝，上部全缘，下部边缘有不整齐细齿，褶偏斜，截形，边缘有不整齐波状齿或啮蚀状；雄蕊着生于冠筒下部，整齐，花丝钻形，长12～22 mm，花药狭矩圆形或线形，长2.0～3.5 mm；子房披针形，长1.0～1.6 cm，两端渐狭，柄长3～6 mm，柱头2裂，裂片线形。蒴果内藏或仅先端外露，椭圆状披针形，长2～3 cm，两端钝，柄长至3 cm。种子黄褐色，有光泽，宽矩圆形或近圆形，长1.6～2.0 mm，表面具海绵状网隙。 花果期7～9月。

产青海：兴海（温泉山，张盍曾 63110；河卡山，何廷农 215；河卡乡科学滩开特沟，何廷农 236；河卡乡日干山，何廷农 265；温泉乡姜路岭，陈世龙等 065）、玛多（清水乡，H. B. G. 1363；清水一队，吴玉虎 866；花石峡乡，H. B. G. 1481；玛积雪山，王为义等 27689）、玛沁（雪山乡，玛沁队 351、H. B. G. 471；当项乡错龙沟垴，区划一组 141；大武乡，H. B. G. 666；大武乡德罗龙曲，H. B. G. 727；拉加乡，吴玉虎 6139；尼卓玛山，玛沁队 303）、曲麻莱（六盘山，刘海源 845）。生于海拔3 000～4 800 m的河谷滩地高寒沼泽草甸、沟谷山地高山灌丛草原、河谷阶地高山草甸、高山流石滩稀疏植被。

四川：石渠（菊母乡，吴玉虎 29783、29835、29905）。生于海拔4 620 m左右的山地高寒草甸砾石坡。

分布于我国的西藏、四川西部、青海、甘肃。模式标本采自喜马拉雅地区。

5. 三歧龙胆

Gentiana trichotoma Kusnez. in Acta Hort. Petrop. 13：61. 1893 et 15：281. 1898；中国植物志 62：115. 1988；Fl. China 16：52. 1995；青海植物志 3：52. 1996；青藏高原维管植物及其生态地理分布 762. 2008.

5a. 三歧龙胆（原变种）

var. **trichotoma**

多年生草本，高15～35 cm，基部被膜质枯叶鞘。根茎短，具肉质须根。枝2～4个，其中有1～2个花枝；花枝直立。叶大部分基生，狭椭圆形至狭倒披针形，长2～8 cm，宽至1 cm，先端钝，基部渐狭；茎生叶多对，狭椭圆形或披针形，长2～4 cm。花3～5朵，顶生，呈三歧分枝；花梗不等长；花萼倒锥形，长1.5～2.0 cm，萼筒不开裂，裂片直立，不整齐，叶状，狭椭圆形或披针形，长4～8 mm；花冠蓝色，或下部黄白色，具蓝色细短条纹，漏斗形，长4～5 cm，裂片卵形，长约4 mm，褶偏斜，截形。蒴果内藏。种子表面具海绵状网隙。 花果期 8～9 月。

产青海：兴海（河卡山，王作宾 20163）、玛多（花石峡乡，吴玉虎 716A、716B）、玛沁（黑土山，吴玉虎 18472、18482、18488、18495、18504；江让水电站，吴玉虎 18361、18365、18378、18387；石峡煤矿，吴玉虎 27003；军功乡，吴玉虎 26943；拉加乡得科河，区划二组 208）。生于海拔 3 450～4 300 m 的高原山地高山草甸、山地阳坡草地、沟谷山地阴坡高寒灌丛草甸。

分布于我国的青海、四川。模式标本采自四川康定。

5b. 仁昌龙胆（变种）

var. **chingii**（Marq.）T. N. Ho in Novon 4（4）：372. 1994.——*G. chingii* Marq. in Kew Bull. 1931：83. 1931；青海植物志 3：52. 1996；青藏高原维管植物及其生态地理分布 762. 2008.

本变种与原变种的区别在于基生叶线形，花 1～3 朵。

产青海：兴海（河卡山，王作宾 20163）、玛多（花石峡乡，吴玉虎 716）、玛沁（黑土山，吴玉虎 5765；大武镇一大队冬场，区划三组 200；拉加乡得科河，区划二组 208）。生于海拔3 200～4 000 m沟谷山地阴坡草地、宽谷河滩高寒沼泽草甸、河谷山坡灌丛。

分布于我国的青海、甘肃。

6. 麻花艽 图版 12：1～5

Gentiana straminea Maxim. in Bull. Acad. Sci. St.-Pétersb. 27：502. 1881；西藏植物志 3：917. 图版 348：7～9. 1986；中国植物志 62：62. 图版 9：4～8. 1988；Fl. China 16：34. 1995；青海植物志 3：53. 图版 13：1～5. 1996；青藏高原维管植物及其生态地理分布 760. 2008.

多年生草本，高 10～35 cm。全株光滑，基部被枯存的纤维状叶鞘包裹。须根多数，扭结成一个圆锥形的根。花枝多数，斜升。莲座丛叶宽披针形或卵状椭圆形，长 6～20 cm，宽 0.8～4.0 cm，两端渐狭，叶脉 3～5 条，叶柄宽，膜质，长 2～4 cm；茎生叶小，线状披针形至线形，长 2.5～8.0 cm，宽 0.5～1.0 cm，叶柄宽，长 0.5～2.5 cm。聚伞花序顶生或腋生，排列成疏松的花序；花梗斜升，不等长，小花梗长达 4 cm，总花梗长达 9 cm；花萼膜质，长 1.5～2.8 cm，一侧开裂，萼齿 2～5 个，钻形，长 0.5～1.0 mm；花冠黄绿色，喉部具绿色斑点，漏斗形，长 3.5～4.5 cm，裂片卵形，长 5～6 mm，褶偏斜，三角形，长 2～3 mm；雄蕊整齐。蒴果内藏。种子褐色，表面有细网纹。 花果期 7～10 月。

产青海：都兰（诺木洪乡布尔汗布达山三岔口，吴玉虎 36489、36517、36637；巴隆乡三合村，吴玉虎 36388）、兴海（大河坝乡赞毛沟，吴玉虎 47130；赛宗寺，吴玉虎

46172、46178、46188、47735；中铁林场卓琼沟，吴玉虎 45748；温泉乡，吴玉虎 17937、17941、17949、17960；赛宗寺后山，吴玉虎 46327、46332、46370；河卡乡，郭本兆 191、6294、6330、6422，吴珍兰 00191；中铁乡附近，吴玉虎 42903、42830、42824、42884、42854；大河坝沟，采集人不详 324、吴玉虎 42591；黄青河畔，吴玉虎 42668、42748；中铁乡至中铁林场途中，吴玉虎 43034)、称多（采集地不详，郭本兆 416；珍秦乡，苟新京 165；县城，刘尚武 2443；县城郊，吴玉虎 29234；称文乡，吴玉虎 29290)、曲麻莱（叶格乡，黄荣福 111；县城附近，刘尚武、黄荣福 711)、玛多（扎陵湖，植被地理组 595、吴玉虎 423；鄂陵湖，吴玉虎 1595、18097；错日尕则，吴玉虎 18106)、玛沁（黑土山，吴玉虎 18549、18630、18633；石峡煤矿，吴玉虎 27014；雪山乡，玛沁队 386、H. B. G. 397；大武乡，H. B. G. 636、817，植被地理组 493；雪山乡哈龙沟，吴玉虎 5716；拉加乡，吴玉虎 6093；军功乡，吴玉虎 26965、26980、26986，H. B. G. 302；江让水电站，吴玉虎 18411、18385、18391、18397，陈世龙等 176；昌马河乡，刘海源 1193)、达日（建设乡，吴玉虎 27176、H. B. G. 1165；吉迈乡，吴玉虎 27028；莫坝乡，吴玉虎 27097、27101；德昂乡，吴玉虎 25896、25903、25915)、甘德（上贡麻乡，H. B. G. 987、吴玉虎 25798；柯曲乡，吴玉虎 25739)、久治（哇尔依乡，吴玉虎 26698；年宝滩，果洛队 501；白玉乡，藏药队 622，吴玉虎 26363、26388；门堂乡乱石山垭口，陈世龙等 414；康赛乡，吴玉虎 30708)。生于海拔 3 200～4 500 m 的沟谷山地高山草甸、溪流河谷山坡灌丛、山地林下、林间空地、河谷山沟、多石干山坡及河滩等地、山地高寒荒漠的山崖石隙。

四川：石渠（西区，王德泉 7551；红旗乡，吴玉虎 29420B、29454、29491；长沙贡玛乡，吴玉虎 29597、29604、29614、29646；新荣乡，吴玉虎 30003)。生于海拔 4 000～4 200 m 的沟谷山地高寒草甸、高原山坡高寒灌丛草甸。

甘肃：玛曲（尼玛乡哇尔玛，吴玉虎 32128；河曲军马场，吴玉虎 31828；齐哈玛乡，陈世龙等 440；齐哈玛大桥附近，吴玉虎 31743；欧拉乡，吴玉虎 32106、32034；大水军牧场，王学高 172)。生于海拔 3 400 m 左右的沟谷山地高山草甸、山地高寒草甸石隙。

分布于我国的甘肃、青海、宁夏、西藏、四川、湖北西部；尼泊尔也有。模式标本采自青海大通河流域。

7. 斜升秦艽

Gentiana decumbens Linn. f. Suppl. 174. 1781；中国植物志 62：61. 1988；Fl. China 16：33. 1995；新疆植物志 4：76. 图版 26：4～6. 2004；青藏高原维管植物及其生态地理分布 751. 2008.

多年生草本植物，高 10～30 cm。全株光滑无毛，基部被枯存的纤维状叶鞘包裹。须根多条，黏结或扭结成一圆锥形的根。枝少数丛生，斜升，黄绿色，近圆形。莲座丛叶宽线形或线状椭圆形，长 3～20 cm，宽 1.2～1.8 cm，先端渐尖，基部渐狭，边缘粗糙，叶脉1～5条，细，在两面均明显，并下面突起；叶柄膜质，长 1～3 cm，包被于枯存的纤维状叶鞘中；茎生叶披针形至线形，长 2～9 cm，宽 0.3～0.6 cm，2～3 对，先端渐尖，基部钝，边缘粗糙，叶脉 1～3 条，细，在两面均明显，中脉在下面凸起；叶柄长 1.0～1.5 cm，愈向茎上部叶愈小，柄愈短。聚伞花序顶生及腋生，排列成疏松的花序；花梗斜升，黄绿色，不等长，总花梗长达 5 cm，小花梗 1 cm；花萼筒膜质，黄绿色，长 1.0～1.6 cm，一侧开裂呈佛焰苞状，萼齿 1～5 个，钻形，长 0.5～1.0 mm；花冠蓝紫色，筒状钟形，长3.0～3.5 cm，裂片卵圆形，长 4～5 mm，先端钝圆，全缘，褶偏斜，截形或卵状三角形，长 1.0～1.5 mm，全缘；雄蕊着生于冠筒中下部，整齐，花丝线状钻形，长 10～13 mm，花药矩圆形，长 2～3 mm；子房线形，长 15～18 mm，两端渐狭，柄长 3～5 mm；花柱线形，连柱头长 1.5～2.0 mm。蒴果内藏或先端外露，椭圆形或卵状椭圆形，长 2.0～2.5 cm，先端钝，基部渐狭，柄长2.2 cm。种子褐色，光滑，卵状椭圆形，长 1.2～1.5 mm，表面具细网纹。 花果期 8 月。

产新疆：和田。生于海拔 1 200～2 700 m 的山地草原、亚高山草甸、沟谷林缘草地、山坡灌丛草甸。

分布于我国的新疆；俄罗斯，蒙古，哈萨克斯坦也有。

8. 达乌里秦艽

Gentiana dahurica Fisch. in Mém. Soc. Nat. Mosc. 3：63. 1812；中国植物志 62：64. 1988；Fl. China 16：35. 1995；青海植物志 3：53. 1996；青藏高原维管植物及其生态地理分布 751. 2008.

多年生草本，高 5～20 cm；基部被枯存的纤维状叶鞘。须根黏结成左拧的圆柱形根。枝多数，斜升，常紫红色，光滑。莲座丛叶披针形或线状椭圆形，长 5～15 cm，宽 0.8～1.4 cm，先端渐尖，叶柄膜质，鞘状，长至 4 cm；茎生叶少，线形至线状披针形，长至 4 cm，鞘长至 1 cm。花少数，顶生和腋生，组成疏松的聚伞花序；花梗不等长，长至 2.5 cm；花萼筒膜质，黄绿色，筒状，不裂，稀一侧开裂，长 7～15 mm，萼齿 5 枚，不整齐，线形，长 1～6 mm，弯缺平截或近圆形；花冠深蓝紫色，有时喉部有黄色斑点，筒状或漏斗形，长 3.5～4.5 cm，或侧花稍短，裂片 5 枚，卵形或卵状椭圆形，长 5～7 mm，先端钝或圆形，稀稍有尖头；褶小，三角形；雄蕊着生于冠筒中下部。蒴果内藏。种子表面有细网纹。 花果期 7～9 月。

产青海：都兰（英德尔羊场，杜庆 424）、兴海（中铁乡附近，吴玉虎 42984、42778；中铁乡至中铁林场途中，吴玉虎 43100；中铁林场中铁沟，吴玉虎 45568；赛宗寺，吴玉虎 46184；尕玛羊曲，吴玉虎 20453；中铁乡前滩，吴玉虎 45402；河卡乡叶龙，郭本兆 522、G292、6292；河卡乡政府附近，吴珍兰 192；河卡乡卡日红山，郭本兆 6091、6125；唐乃亥乡沙那，采集人不详 6292；中铁乡附近，吴玉虎 41666；温泉乡姜路岭，吴玉虎 28818)、玛多（县城郊，吴玉虎 267)、玛沁（雪山乡，玛沁队 465)、达日（吉迈乡赛纳纽达山，H. B. G. 1232)。生于海拔 2 900～4 500 m 的沟谷山地田边、田林路旁、宽谷河滩草甸、高原湖边沙地、溪流水沟边、向阳山坡及干草原、宽谷滩地高寒杂类草草甸、山地阴坡高寒灌丛草甸、阳坡山麓灌丛草地。

分布于我国的西北、华北、东北等地区，四川北部及西北部；俄罗斯，蒙古也有。

9. 中亚秦艽

Gentiana kaufmanniana Regel et Schmalh. in Acta Hort. Petrop. 6：331. 1879；中国植物志 62：66. 图版 9：9～11. 1988；Fl. China 16：35. 1995；新疆植物志 4：79. 图版 29：1～3. 2004；青藏高原维管植物及其生态地理分布 754. 2008.

多年生草本植物，高 10～25 cm，全株光滑无毛，基部被枯存的纤维状叶鞘包裹。须根数条，黏结成一个细瘦的、圆柱形、直下的根。枝少数丛生，斜升，紫红色或黄绿色，近圆形。莲座丛叶宽披针形，狭椭圆形至线形，长 3～8 cm，宽 0.5～1.8 cm，先端钝，基部渐狭，边缘平滑，叶脉 3～5 条，细，在两面均明显，并在下面凸起，叶柄宽，膜质，长 1～2 cm，包被于枯存的纤维状叶鞘中；茎生叶 2～3 对，线状披针形或线状椭圆形，长3.0～5.2 cm，宽 0.7～1.2 cm，先端钝，基部渐狭，边缘平滑，叶脉 1～3 条，细，中脉在下面凸起，叶柄短，长 0.2～0.9 cm。聚伞花序顶生或腋生，排列成疏散的花序；花梗粗，紫红色或黄绿色，总花梗长 6 cm，小花梗长 1.8 cm；花萼筒膜质，黄绿色或紫红色，倒锥状筒形，长 10～14 mm，不裂或一侧浅裂，裂片 5 枚，不整齐，绿色，线状披针形或宽线形，长 6～21 mm，先端钝，边缘平滑，中脉在背面凸起，并向萼筒下延成脊，截形；花冠蓝紫色或深蓝色，宽漏斗形，长 4～5 cm，裂片卵形，长 6～9 mm，先端钝，全缘，褶偏斜，截形，边缘具不整齐细齿；雄蕊着生于花冠筒中部，整齐，花丝线状钻形，长 9～10 mm，花药矩圆形，长 3.0～4.5 mm；子房披针形或狭椭圆形，长 11～17 mm，两端渐狭，柄粗，长 5～8 mm，花柱线形，连柱头长 1.5～2.0 mm，柱头 2 裂，裂片叉开，线形。蒴果内藏，狭椭圆形或狭椭圆状披针形，长 13～20 mm，两端渐狭，柄长 7～11 mm。种子褐色，有光泽，矩圆形，长 1.4～1.6 mm，表面具细的网纹。 花期 7～8 月，果期 8～9 月。

产新疆：乌恰（托云乡，采集人不详 145；托云乡苏约克，西植所新疆队 1926)。生于海拔3 500 m左右的河谷山地高寒草甸。

分布于我国的新疆；哈萨克斯坦，吉尔吉斯斯坦也有。

10. 天山龙胆

Gentiana tianschanica Rupr. in Mém. Acad. Sci. St.-Pétersb. 7. ser. 19：461. 1869；中国植物志 62：66. 1988；Fl. China 16：35. 1995；新疆植物志 4：76. 图版 27：1～3. 2004；青藏高原维管植物及其生态地理分布 761. 2008.

多年生草本，高 15～30 cm。全株光滑无毛，基部被枯存的纤维状叶鞘包裹。须根数条，黏结成一个较细瘦、圆锥状的根。枝少数丛生，斜升，黄绿色或上部紫红色，近圆形。莲座状叶丛，叶片线状椭圆形，长 8～16 cm，宽 0.8～2.0 cm，两端渐尖，边缘粗糙，叶脉 3～5 条，细，在两面均明显，并在下面凸起，叶柄宽，膜质，长 2～5 cm，包被于枯存的纤维状鞘中；茎生叶与莲座丛叶同形，而较小，长 3～7 cm，宽 0.5～1.0 cm，叶柄长 0.5～1.5 cm，愈向茎上部叶愈小，柄愈短。聚伞花序顶生或腋生，排列成疏松的花序；花梗斜升，紫红色，极不等长，总花梗长 4 cm，常无小花梗；花萼筒膜质，黄绿色，筒形，长 7～9 mm，不裂或一侧浅裂；裂片 5 枚，不整齐，绿色，线状椭圆形或线形，长 7～10 mm，先端渐尖，边缘粗糙，中脉在背面明显或否。花冠浅蓝色，漏斗形，长 3.0～3.5 cm，裂片卵状椭圆形或卵形，长 5.5～6.0 mm，先端钝，全缘，褶整齐，狭三角形，长 2～3 mm，先端 2 裂；雄蕊着生于冠筒中部，整齐，花丝线状钻形，长 10～13 mm，花药狭矩圆形，长 2～3 mm；子房宽线形，长 10～15 mm，两端渐狭，柄粗，长 3～4 mm，花柱线形，连柱头长 2～3 mm，柱头 2 裂，裂片狭矩圆形。蒴果内藏，狭椭圆形，长 12～15 mm，先端钝，基部渐狭，柄长 7～9 mm。种子褐色，有光泽，矩圆形，长 1.2～1.5 mm，表面具细网纹。　花期 8 月，果期 9 月。

产新疆：乌恰、叶城（苏克皮亚，青藏队吴玉虎 1041）、民丰。生于海拔 2 700～3 100 m的山地草原、沟谷山坡林缘草甸、河谷灌丛草甸。

分布于我国的新疆；俄罗斯，哈萨克斯坦也有。

11. 粗茎秦艽

Gentiana crassicaulis Duthie ex Burk. in Journ. Asiat. Soc. Bengal n. ser. 2：311. 1906；中国植物志 62：67. 图版 10：1～4. 1988；Fl. China 16：36. 1995；青海植物志 3：55. 1996；青藏高原维管植物及其生态地理分布 750. 2008.

多年生草本，高约 40 cm，基部被枯叶鞘纤维。须根黏结成圆柱形根。枝粗壮，茎约8 mm，少数，斜升。莲座丛叶宽椭圆形或椭圆形，稀卵状椭圆形，长 11～30 cm，宽至9.5 cm，先端急尖，叶柄宽，长达 8 cm；茎生叶卵形或卵状椭圆形，长至 11 cm，宽达 5 cm，最上部叶苞叶状，包被花序。花多数，无梗，簇生枝顶呈头状，或腋生作轮状；花萼膜质，长 6～8 mm，一侧开裂，顶端平截或圆形，萼齿极不明显；花冠壶形，下部黄白色，上部蓝紫色，有斑点，长约 2 cm，裂片 5 枚，卵状三角形，长约 3 mm，先端钝，褶偏斜，三角形，边缘有齿；雄蕊着生于冠筒中部。蒴果内藏。种子表面具细网纹。　花果期 7～9 月。

产青海：班玛（班前乡马柯河林场，王为义 26904；马柯河林场红军沟，王为义 26885 ）。生于海拔 3 400～3 800 m 的沟谷山地半阴坡高寒草甸。

分布于我国的甘肃、青海、西藏、云南、四川、贵州。模式标本采自云南丽江。

12. 黄管秦艽 图版 12：6～8

Gentiana officinalis H. Smith in Hand.-Mazz. Symb. Sin. 7：979.1936；中国植物志 62：72.1988；Fl. China 16：37.1995；青海植物志 3：55. 图版 13：6～8.1996；青藏高原维管植物及其生态地理分布 756.2008.

多年生草本，高 15～40 cm，基部被枯存的纤维状叶鞘包裹。花枝多数，斜升。莲座丛叶宽披针形或椭圆披针形，连柄长 6.5～30.0 cm，宽 1.5～3.5 cm，先端渐尖，基部渐狭成柄；茎生叶披针形或卵状披针形，长 3～6 cm，宽 0.5～2.2 cm。聚伞花序顶生或腋生，呈头状或轮状；无花梗；苞叶宽卵状披针形至披针形，长 4～6 cm，宽至 2 cm；花 5 数；花萼膜质，长 4～10 mm，萼齿 5 枚，长至 3 mm 或无萼齿，萼筒不开裂或一侧开裂，顶端平截；花冠淡黄色或黄白色，有时具淡绿色斑点，细筒状，长 1.5～2.2 cm，裂片卵形，长 3～5 mm，先端钝圆，褶偏斜，三角形；雄蕊整齐。蒴果内藏，狭椭圆形。种子多数，褐色表面具细网纹。 花果期 8～9 月。

产青海：玛沁（军功乡西哈垄河谷，吴玉虎 5661；拉加乡，吴玉虎 6070；军功乡，吴玉虎 4609、26956、26965、26986，H. B. G. 300；宁果公路 398 km 处，吴玉虎 21172、21193；黑土山，吴玉虎 18514）、久治（沙柯河隆木达，藏药队 868）、班玛（马柯河林场苗圃，王为义 26796）。生于海拔 3 150～4 200 m 的河谷滩地高山草甸、沟谷山地灌丛、山坡草地、河滩草甸及地边。

分布于我国的四川北部、青海东南部、甘肃南部。标本采自四川松潘。

13. 管花秦艽 图版 12：9～11

Gentiana siphonantha Maxim. ex Kusnez. in Mél. Biol. Acad. Sci. St.-Pétersb. 13：176.1891；中国植物志 62：74. 图版 10：8～10.1988；Fl. China 16：37.1995；青海植物志 3：56. 图版 13：9～11.1996；青藏高原维管植物及其生态地理分布 759.2008.

多年生草本，高 10～30 cm，基部被枯叶鞘纤维。须根黏结成圆柱状根。枝少数，直立，光滑。莲座丛叶线形或线状披针形，长达 15 cm，一般宽 7～10 mm，有时宽或窄，先端渐尖，叶柄长 3～6 cm；茎生叶与莲座丛叶同形，较小。花多数，无梗，簇生茎顶呈头状；花萼长为花冠的 1/5～1/4，萼筒膜质，长 4～6 mm，一侧开裂或不开裂，萼齿不整齐，丝状或钻形，长 1.0～3.5 mm；花冠深蓝色，筒形，长 2.0～2.8 cm，裂片 5 枚，长圆形，长约 4 mm，先端钝圆，褶狭三角形，长约 3 mm，全缘或 2 裂；雄蕊着生于冠筒下部。蒴果内藏。种子表面具细网纹。 花果期 7～9 月。

产新疆：且末（昆其布拉克牧场，青藏队吴玉虎 2623）、若羌（至茫崖途中，青藏队吴玉虎 2336；阿尔金山南坡，青藏队吴玉虎 2789）。生于海拔 3 600～4 000 m 的沟谷山坡湿润草甸、河谷山坡草地、砾石山坡。

图版 **12** 麻花艽 ***Gentiana straminea*** Maxim.1. 植株；2. 花萼纵剖；3. 花冠纵剖；4. 雄蕊；5. 雌蕊。黄管秦艽 ***G. officinalis*** H. Smith 6. 花序；7. 花萼纵剖；8. 花冠纵剖。管花秦艽 ***G. siphonantha*** Maxim. 9. 植株；10. 花萼纵剖；11. 花冠纵剖。（阎翠兰绘）

青海：格尔木（西大滩，青藏队吴玉虎 2861、青藏冻土植物队 213；野牛沟，中普队，采集号不详）、兴海（河卡山开特沟，何廷农 183；温泉山，张盍曾 63112）、曲麻莱（叶格乡，黄荣福 0109；县城附近，刘尚武、黄荣福 712、736；曲麻河乡，采集人、采集号不详）、玛多（清水乡玛积雪山，吴玉虎 18225、18241；花石峡乡，H. B. G. 1483、吴玉虎 702；黑海乡曲纳麦尔，H. B. G. 1437；清水乡阿尼玛卿山下，吴玉虎 18186）、玛沁（军功乡，采集人不详20692；军功乡宁果公路 396 km 处，吴玉虎 20667、20692；下大武乡，玛沁队 496）、治多（扎河乡邦巴沟，周立华 223）。生于海拔 3 000～4 500 m 的沟谷山坡高寒草原、山地高寒草甸、灌丛草甸及河滩草地。

分布于我国的四川西北部、甘肃、新疆、青海、宁夏西南部。模式标本采自青海祁连山。

14. 集花龙胆

Gentiana olivieri Griseb. Gen. et Sp. Gent. 278. 1839；Semiotr. in Fl. Kazakh. 7：105. t. 12：5. 1964；新疆植物志 4：84. 2004；青藏高原维管植物及其生态地理分布 756. 2008.

多年生草本，高（10）12～30（40）cm。全株光滑无毛，基部被枯存的纤维状叶鞘包裹。枝少数丛生，直立或斜升，黄绿色或有时紫红色。莲座丛叶 5～10 数，长披针形或狭椭圆状披针形，长 5～20 cm，宽 4～8（10）mm，边缘光滑，先端钝或急尖，基部渐狭，叶脉 3～5（7）条，在两面均明显，并在下面凸起，叶柄宽，长 2～3 cm，包被于枯存的纤维状叶鞘中；茎生叶椭圆状披针形或狭椭圆形，长 2.5～4.5 cm，宽 3～6 mm，先端急尖，基部钝，2（3）对生叶基部包茎形成叶鞘，长 3～8 mm，叶脉 1～3（5）条，在两面均明显，并在下面凸起，边缘平滑。花多数，花无梗或有时花梗长 5 cm，簇生枝顶呈头状或腋生，呈伞形花序；花萼筒膜质，黄绿色，长 10～15 mm，裂片锥状披针形，长 5～6 mm；花冠筒部黄绿色，花冠蓝色或蓝紫色，有时淡蓝色至白色，长 2.5～3.0 cm，稀 1～2 cm，裂片卵形或卵圆形，先端钝，长 5～6 mm，全缘，褶整齐，长 1.5～2.5 mm，三角形，先端 2 裂；雄蕊着生于管筒中下部，整齐，花丝线状钻形，长 6～10 mm，花药矩狭圆形，长 1.5～2.5 mm；子房有柄，连柱头长 2～3 mm，柱头 2 裂，裂片矩圆形。蒴果内藏或外露，卵状椭圆形。种子褐色，无翅，有光泽，矩圆形，长 1.0～1.2 mm，表面具细网纹。 花果期 7～10 月。

产新疆：塔什库尔干、民丰（大完土希拉克，祁贵等 035）。生于海拔 3 500～4 000 m 的河谷山地草原、高寒草甸。

分布于我国的新疆；俄罗斯，哈萨克斯坦，吉尔吉斯斯坦，塔吉克斯坦也有。

15. 短柄龙胆 图版 13：1～3

Gentiana stipitata Edgew. in Trans. Linn. Soc. 20：84. 1846；中国植物志 62：

75. 图版 11：1～2. 1988；Fl. China 16：41. 1995；青海植物志 3：56. 1996；青藏高原维管植物及其生态地理分布 760. 2008.

多年生草本，高 4～10 cm，基部被多数枯存残茎包围。主根粗大，短缩，圆柱形，具多数略肉质的须根。花枝多数丛生，斜升，黄绿色，光滑或具乳突。叶常对折，先端钝圆或渐尖，边缘白色软骨质，具乳突，中脉白色软骨质，在两面均明显，并在下面凸起，具乳突，叶柄白色膜质，光滑；莲座丛叶发达，卵状披针形或卵形，长 1.5～2.0 cm，宽 0.40～0.55 cm；茎生叶多对，中下部叶疏离，卵形或椭圆形，长 4～7 mm，宽 2.5～4.0 mm，上部叶较大，密集，椭圆形、椭圆状披针形或倒卵状匙形，长 10～16 mm，宽 4～8 mm。花单生枝顶，基部包于上部叶丛中；花无梗；花萼筒白色膜质，倒锥状筒形，长 8～12 mm，裂片绿色，叶状，略不整齐，倒披针形，长 5～10 mm，宽 2.0～4.5 mm，先端钝，基部狭缩，边缘白色软骨质，具乳突，中脉白色软骨质，在背面凸起，光滑或具乳突，弯缺截形；花冠浅蓝灰色，稀白色，具深蓝灰色宽条纹，有时具斑点，宽筒形，长（2.5）3.0～4.5 cm，裂片卵形，长 4.0～4.5 mm，先端钝，具短小尖头，全缘，褶整齐，卵形，长 2.0～2.5 mm，先端钝，全缘；雄蕊着生于冠筒中部，花丝线状钻形，长 8～12 mm，花药线形，长 4.0～4.5 mm；子房线状披针形，长 1～2 cm，先端渐尖，基部钝，柄长 2.5～3.5 mm，花柱线形，连柱头长 1.0～1.5 cm，柱头 2 裂，裂片狭三角形。蒴果内藏，披针形，长 1.5～1.7 cm，先端渐尖，基部钝，柄长至 6 mm。种子深褐色，矩圆形，长 1.3～1.5 mm，表面具浅蜂窝状网隙。 花果期 6～11 月。

产青海：称多（歇武寺西南直沟，杨永昌 727；歇武乡赛巴沟，刘尚武 2534；歇武乡温泉，苟新京、刘有义 83－431）、玛沁（当洛乡，玛沁队 565；当项乡，玛沁队 576）、达日（采集地不详，吴玉虎 23369）、久治（索乎日麻乡，藏药队 456；索乎日麻乡章库河，藏药队 673；县城附近，果洛队 646；龙卡湖出水口，藏药队 800；索乎日麻乡背面山上，果洛队 199）、班玛（采集地不详，郭本兆 447）。生于海拔 3 200～4 600 m的河滩草地、高寒沼泽草甸、高山灌丛草甸、山地阳坡石隙内。

分布于我国的西藏东南部、四川、青海；印度，尼泊尔也有。

16. 大花龙胆 图版 13：4～6

Gentiana szechenyii Kanitz Pl. Exped. Szechenyi in As. Centr. Coll. 40. t. iv. f. ii. 2. 1891；西藏植物志 3：934. 1986；中国植物志 62：79. 图版 11：5～7. 1988；Fl. China 16：41. 1995；青海植物志 3：58. 图版 14：1～3. 1996；青藏高原维管植物及其生态地理分布 761. 2008.

多年生草本，高 5～7 cm，基部被枯存的膜质叶鞘，形似"主根"。须根肉质。花枝丛生，斜升。叶常对折，三角状披针形或椭圆状披针形，先端尖，边缘有白色软骨质，密被乳突，中脉在背面凸起，具白色软骨质，叶柄膜质；莲座丛叶发达，长 3～

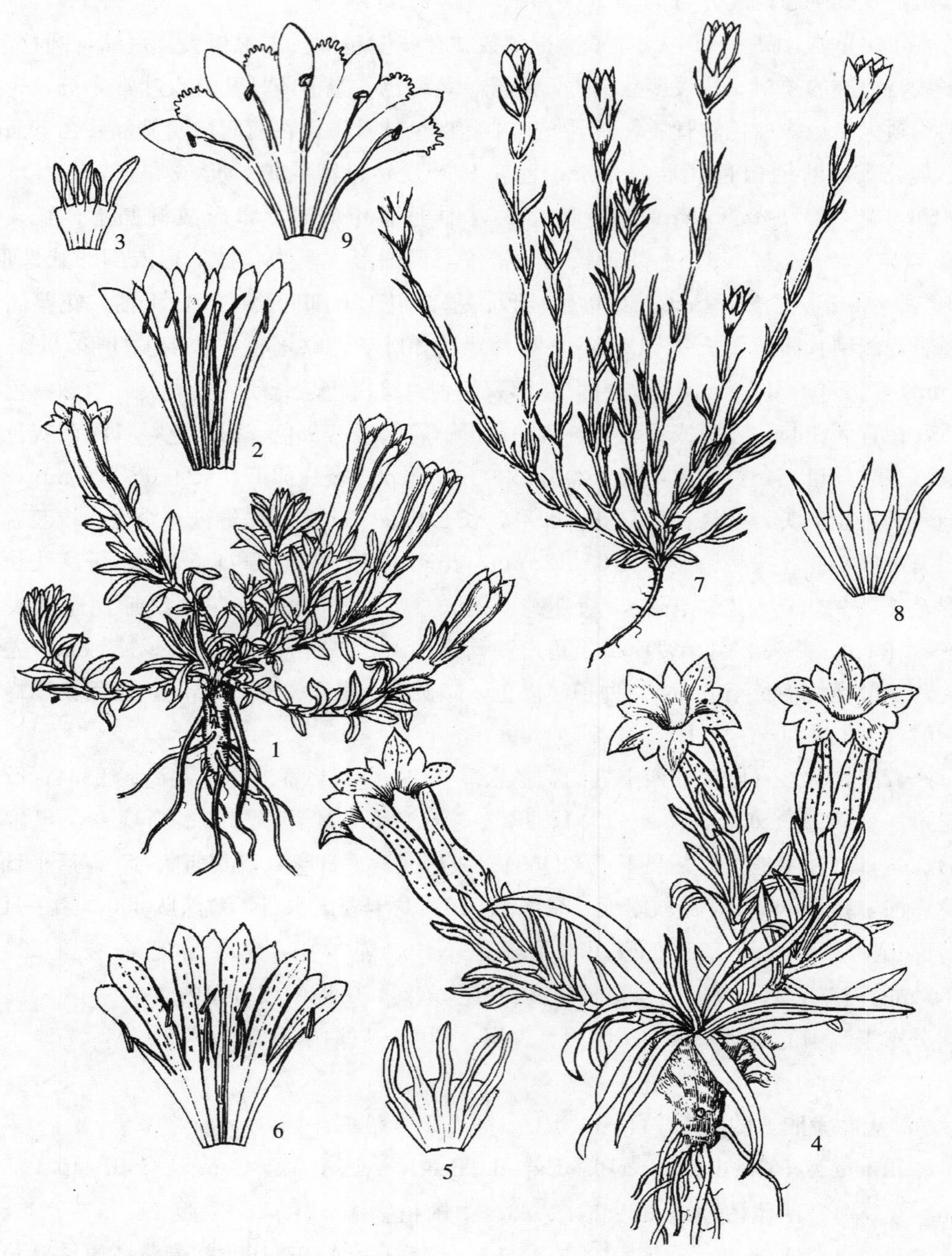

图版 13　短柄龙胆 **Gentiana stippitata** Edgew. 1. 植株；2. 花萼纵剖；3. 花冠纵剖。大花龙胆 **G. szechenyii** Kanitz. 4. 植株；5. 花萼纵剖；6. 花冠纵剖。刺芒龙胆 **G. aristata** Maxim. 7. 植株；8. 花萼纵剖；9. 花冠纵剖。（阎翠兰绘）

6 cm，宽 0.4～0.6（1.5）cm；茎生叶密集，长 1.0～2.5 cm，宽 0.3～0.4 cm。花单生枝端，无花梗；萼筒膜质，黄白色或上部带紫红色，长 1.3～1.5 cm，裂片披针形，长 10～12 mm，边缘白色软骨质，具乳突；花冠内面白色，外面具深蓝灰色宽条纹和斑点，筒状钟形，长 4～5 cm，裂片卵形，全缘，褶卵圆形，长 2.5～3.0 mm，全缘或有不明显细齿；雄蕊着生于冠筒中下部，整齐或略不整齐，2 长和 3 短，花丝钻形，长 10～12 mm，花药线状矩圆形，长 3～4 mm；子房披针形，长 1.2～1.5 cm，先端渐尖，基部钝，柄粗壮，长 7～8 mm，花柱线形，连柱头长 7～9 mm，柱头小，2 裂，裂片三角形。蒴果内藏，长 2.0～2.3 cm，具柄。种子深褐色，长圆形，长 1.0～1.2 mm，表面具浅蜂窝状网隙。　花果期 8～9 月。

产青海：兴海（河卡乡宁曲山，何廷农 313；河卡乡邓吉山，何廷农 378；温泉乡，王为义 118）、曲麻莱（东风乡叶格滩，刘尚武、黄荣福 801）、称多（扎朵乡日阿吾查罕，苟新京 83-283；歇武乡，刘有义 83-340）、玛多（清水乡阿尼玛卿山，吴玉虎 18173、18139、18227、18220；花石峡乡，H. B. G. 1504；黑河乡，杜庆 502；黑海乡红土坡，吴玉虎 833）、玛沁（优云乡，玛沁队 522；大武镇一大队冬场，区划三组 202）。生于海拔 3 400～4 900 m 的河谷阶地高寒草原、沟谷山坡高寒草甸草原、滩地高山草甸、山地阳坡砾石地。

四川：石渠（菊母乡，吴玉虎 29816）。生于海拔 4 200 m 左右的沟谷山坡高寒草甸砾石地。

分布于我国的青海、甘肃西南部、西藏东北部、四川。模式标本采自四川康定。

17. 六叶龙胆　图版 14：1～3

Gentiana hexaphylla Maxim. ex Kusnez. in Mél. Biol. Acad. Sci. St.-Pétersb. 13：337. 1894；中国植物志 62：84. 图版 12：6～9. 1988；Fl. China 16：43. 1995；青海植物志 3：59. 图版 15：7～9. 1996；青藏高原维管植物及其生态地理分布 754. 2008.

多年生草本，高 5～20 cm。根多数略肉质，须状。花枝多数丛生，铺散，斜升，紫红色或黄绿色，具乳突。莲座丛叶极不发达，三角形，长 5～10 mm，宽 1.5～2.0 mm，先端急尖；茎生叶 6～7 枚，稀 5 枚轮生，先端钝圆，具短小尖头，边缘粗糙，叶脉在两面均不明显或仅中脉在下面明显，下部叶小，疏离，在花期常枯萎，卵形或披针形，长 2.5～6.0 mm，宽 1～2 mm，中、上部叶大，由下向上逐渐密集，线状匙形，长 5～15 mm，宽 1.5～3.0 mm。花单生枝顶，下部包围于上部叶丛中，6～7 数，稀 5 或 8 数；无花梗；花萼筒紫红色或黄绿色，倒锥形或倒锥状筒形，长 8～10 mm，裂片绿色，叶状，与上部叶同形，长 5～11 mm，弯缺狭，截形；花冠蓝色，具深蓝色条纹或有时筒部黄白色，筒形或狭漏斗形，长 3.5～5.0 cm，喉部直径 1.0～1.5 cm，裂片卵形或卵圆形，长 4.5～6.0 mm，先端钝，具长 2.0～2.5 mm 的尾尖，边缘具明显或不明显的啮蚀形，褶整齐，截形或宽三角形，长 0.5～1.0 mm，先端钝，边缘啮蚀形；雄蕊着生于冠筒下部，整齐，花丝钻形，长2～3 mm，花药狭矩圆形，长2～3 mm；子房线状披针形，长7～10 mm，先端渐狭，基部钝，柄长14～16 mm，花柱线形，连柱头长3～5 mm，柱头2裂，裂片外反，矩圆形。蒴果内藏，稀先端外露，椭圆状披针形，长13～17 mm，先端渐狭，基部钝，柄长至5 cm。种子黄褐色，有光泽，矩圆形或卵形，长1.2～1.5 mm，表面具浅蜂窝状网隙。花果期7～9月。

产青海：久治（希门错日拉山，果洛队475；县城附近，藏药队853；索乎日麻乡希门错湖，藏药队589、597；龙卡湖北面山上，果洛队615；错那合马湖，藏药队687；年保山北坡，果洛队385）、班玛（马柯河林场烧柴沟，王为义27583）。生于海拔3 300～4 300 m的山坡高寒草地、沟谷山坡路旁、河谷滩地高山草甸及高寒灌丛草地。

分布于我国的四川西北部、青海东南部、甘肃南部。模式标本采自四川北部。

18. 长萼龙胆

Gentiana dolichocalyx T. N. Ho in Acta Phytotax. Sin. 23（1）：43. Pl. 1. f. 5～7. 1985；中国植物志 62：86. 1988；Fl. China 16：46. 1995；青海植物志 3：59. 1996；青藏高原维管植物及其生态地理分布 751. 2008.

多年生草本，高10～15 cm。根多数略肉质，须状。花枝多数丛生，铺散，斜升，黄绿色或紫红色，光滑。叶先端急尖，边缘平滑或微粗糙，叶脉在两面均不明显或中脉在下面明显，叶柄背面具乳突；莲座丛叶极不发达，披针形，长4～6（20）mm，宽2.5～3.5 mm；茎生叶多对，愈向茎上部叶愈密、愈长，下部叶矩圆形，长4～6 mm，宽1.5～2.0 mm，中、上部叶宽线形，长20～45 mm，宽1.5～2.5（3.0）mm。花单生枝顶，下部包围于上部叶丛中；花梗黄绿色或紫红色，长5～15 mm，光滑；花萼长为花冠的3/5～2/3，萼筒绿色或紫红色，倒锥状筒形，长15～17 mm，裂片与上部叶同形，长23～35 mm，宽1.0～1.5 mm，弯缺截形；花冠上部淡蓝色，下部黄绿色，具深蓝色条纹，倒锥状筒形，长6～7 cm，喉部直径2.5～3.0 cm，裂片卵圆形，长6～7 mm，先端钝圆，全缘，褶整齐，宽卵形，长2～3 mm，先端钝，边缘啮蚀形或全缘；雄蕊着生于冠筒中下部，整齐，花丝钻形，长9～11 mm，基部联合成短筒包围子房，花药矩圆形，长3.5～4.0 mm；子房线状披针形或线形，长1.5～1.7 cm，两端渐狭，柄长1.8～2.0 cm，花柱线形，长5～7 mm，柱头2裂，裂片外卷，线形。蒴果内藏，椭圆形，长1.5～1.7 cm，两端钝，柄粗壮，长至2.6 cm。种子黄褐色，有光泽，矩圆形，长1.0～1.2 mm，表面具蜂窝状网隙。花果期8～9月。

产青海：久治（龙卡湖畔，果洛队531）。生于海拔2 950 m左右的沟谷山地高山草甸、山地阴坡高寒灌丛草地中。

分布于我国的四川西北部、青海、甘肃西南部。模式标本采自青海久治。

19. 道孚龙胆

Gentiana altorum H. Smith ex Marq. in Kew Bull. 1937：129. 1937；西藏植物志

3：940.1986；中国植物志 62：89.1988；Fl. China 16：46.1995；青海植物志 3：61.1996；青藏高原维管植物及其生态地理分布 748.2008.

多年生草本，高 4～6 cm。根略肉质，须状。花枝数个丛生，铺散，斜升，黄绿色，光滑。叶先端急尖，基部钝或渐狭，边缘粗糙，叶脉在两面均不明显或中脉在下面明显，叶柄背面具乳突；莲座丛叶极不发达，披针形，长 5～10 mm，宽 2.5～4.0 mm；茎生叶多对，愈向茎上部叶愈密、愈长，中、下部叶卵形，长 2～4 mm，宽 2.0～2.5 mm，上部叶狭椭圆形或披针形，长 5～8（13）mm，宽 2.5～3.0 mm。花单生枝顶，基部包围于上部叶丛中；无花梗；花萼长为花冠的 1/3，萼筒倒锥状筒形，长 7～11 mm，裂片与上部叶同形，长 5～7 mm，宽 2.5～3.0 mm，弯缺截形；花冠上部淡蓝色，下部黄绿色，具深蓝色条纹，有时具斑点，倒锥形，长 3.0～4.5 cm，喉部直径 1.0～1.5 cm，裂片卵状三角形，长 4～6 mm，先端急尖或钝，全缘，褶整齐，宽卵形，长 2.0～2.5 mm，先端钝，边缘具不整齐细齿；雄蕊着生于冠筒中下部，整齐，花丝蓝色，钻形，长 8～9 mm，基部联合成短筒包围子房，稀彼此离生，花药黄色，狭圆形，长 2～3 mm；子房线形，长 9～12 mm，两端渐狭，柄长 8～12 mm，花柱线形，连柱头长 4～5 mm，柱头 2 裂，裂片外卷，线形。蒴果内藏，椭圆状披针形，长 11～14 mm，先端渐狭，基部钝，柄长至 15 mm。种子黄褐色，有光泽，矩圆形，长 1.0～1.2 mm，表面具蜂窝状网隙。 花果期 8～9 月。

产青海：称多（歇武乡，苟新京 83-422）、久治（索乎日麻乡北岸高山，藏药队 703；索乎日麻乡，藏药队 593；希门错日拉山，果洛队 485；白玉乡，吴玉虎 26364）。生于海拔3 700～4 200 m 的河谷山坡草地、山地高寒草甸。

分布于我国的西藏东部、四川西部、青海。模式标本采自四川道孚。

20. 蓝玉簪龙胆 图版 14：4～6

Gentiana veitchiorum Hemsl. in Gard. Chron. 46：178. t. 74.1909；西藏植物志 3：936.1986；中国植物志 62：90. 图版 13：3～5.1988；青海植物志 3：59. 图版 15：1～3.1996；青藏高原维管植物及其生态地理分布 762.2008.

多年生草本，高 5～10 cm。根略肉质，须状。花枝多数丛生，铺散，斜升，黄绿色，光滑。叶先端急尖，边缘粗糙，叶脉在两面均不明显或中脉在下面明显，叶柄背面具乳突；莲座丛叶发达，线状披针形，长 30～55 mm，宽 2～5 mm；茎生叶多对，愈向茎上部叶愈密、愈长，下部叶卵形，长 2.5～7.0 mm，宽 2～4 mm，中部叶狭椭圆形或披针形，长 7～13 mm，宽 3.0～4.5 mm，上部叶宽线形或线状披针形，长 10～15 mm，宽 2～4 mm。花单生枝顶，下部包围于上部叶丛中；无花梗；花萼长为花冠的 1/3～1/2，萼筒常带紫色，筒形，长 1.2～1.4 cm，裂片与上部叶同形，长 6～11 mm，宽 2.0～3.5 mm，弯缺截形；花冠上部深蓝色，下部黄绿色，具深蓝色条纹和斑点，稀淡黄色至白色，狭漏斗形或漏斗形，长 4～6 cm，裂片卵状三角形，长 4～7 mm，先端

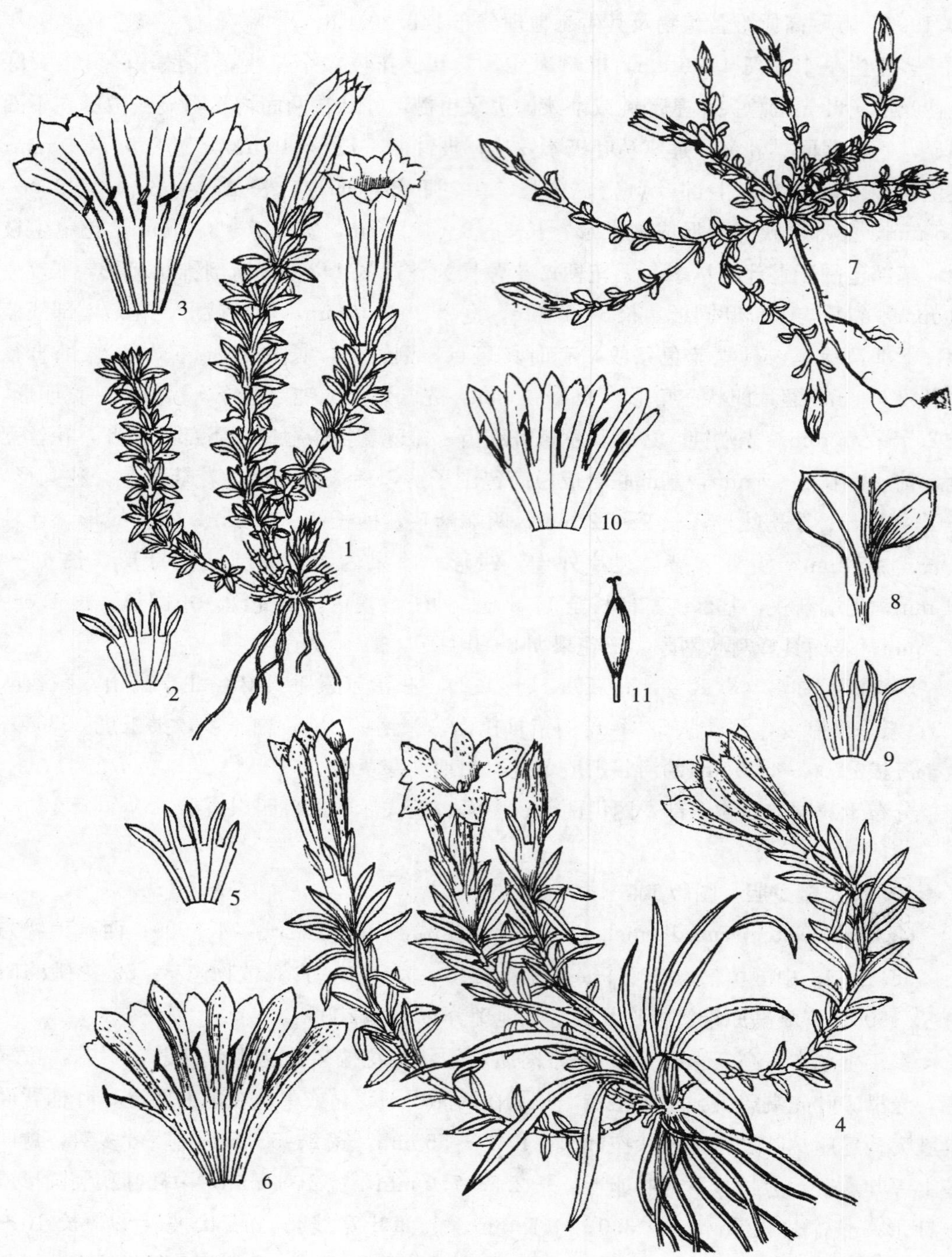

图版1 4　六叶龙胆**Gentiana hexaphylla** Maxim. ex Kusnez. 1. 植株一部分； 2. 花萼纵剖； 3. 花冠纵剖。蓝玉簪龙胆 **G. veitchiorum** Hemsl. 4. 植株； 5. 花萼纵剖； 6. 花冠纵剖。假水生龙胆 **G. pseudo-aquatica** Kusnez. 7. 植株； 8. 叶； 9. 花萼纵剖； 10. 花冠纵剖； 11. 子房。（阎翠兰绘）

急尖，全缘，褶整齐，宽卵形，长 2.5～3.5 mm，全缘或截形，边缘啮蚀形；雄蕊着生于冠筒中下部，整齐，花丝钻形，长 9～13 mm，基部联合成短筒包围子房，花药狭矩圆形，长 3.0～3.5 mm；子房线状椭圆形，长 10～12 mm，两端渐狭，柄长 15～20 mm，花柱线形，连柱头长 5～6 mm，柱头 2 裂，裂片线形。蒴果内藏，椭圆形或卵状椭圆形，长 1.5～1.7 cm，先端渐狭，基部钝，柄细，长至 3 cm。种子黄褐色，有光泽，矩圆形，长 1.0～1.3 mm，表面具蜂窝状网隙。　花果期 6～10 月。

产青海：兴海（河卡乡鄂尔火山，何廷农 368；河卡乡大克久，何廷农 405）、曲麻莱（东风乡东青，刘尚武和黄荣福 838）、称多（歇武寺西南直沟，杨永昌 710；歇武乡争托，刘有义 83－375；歇武乡赛巴沟，刘尚武 2462）、久治（龙卡湖，果洛队 634）、玛沁（优云乡，玛沁队 550；当洛乡，玛沁队 558）。生于海拔 3 200～4 200 m 的河谷山坡草地、溪流河滩草地、高原滩地高山草甸、山地灌丛草甸及林下、沟谷林缘草甸。

四川：石渠（中区，刘照光 7622；西区，王德泉 7556）。生于海拔 3 800 m 左右的河谷滩地高山草甸、山坡高寒灌丛草甸。

分布于我国的西藏、云南西北部、四川、青海、甘肃；尼泊尔也有。模式标本采自四川康定。

21. 华丽龙胆

Gentiana sino-ornata Balf f. in Trans. Proc. Bot. Soc. Edinb. 27：253. 1918；西藏植物志 3：938. 1986；中国植物志 62：93. 图版 14：1～3. 1988；青藏高原维管植物及其生态地理分布 759. 2008.

多年生草本，高 10～15 cm。根略肉质，须状。花枝多数丛生，铺散，斜升，黄绿色，光滑。叶先端急尖，边缘微粗糙，叶脉在两面均不明显或中脉在下面明显，叶柄背面具乳突；莲座丛叶不发达，狭三角形，长 4～6 mm，宽 2～5 mm；茎生叶多对，密集，内弯，在叶腋有极不发育的小枝，叶愈向茎上部愈长，中、下部叶披针形，长 7～10 mm，宽 2.0～2.5 mm，上部叶线状披针形，长 10～35 mm，宽 2～3 mm。花单生枝顶，基部包围于上部叶丛中；无花梗；花萼长为花冠的 1/2～3/5，萼筒倒锥状筒形，长 13～15 mm，裂片与上部叶同形，长 13～15 mm，弯缺截形；花冠淡蓝色，具黄绿色条纹，无斑点，稀淡黄色至白色，狭倒锥形，长 5～6 cm，裂片卵形，长 7～8 mm，先端钝，全缘，褶整齐，宽卵形，长 2.5～3.0 mm，先端钝，边缘有不整齐细齿；雄蕊着生于冠筒中部，整齐，花丝钻形，长 10～12 mm，基部联合成短筒包围子房，花药狭矩圆形，长 3.0～3.5 mm；子房线状披针形，长 12～14 mm，两端渐狭，柄细，长 18～20 mm，花柱线形，连柱头长 6～7 mm，柱头 2 裂，裂片线形。蒴果内藏，椭圆状披针形，长 2.5～2.7 cm，先端渐狭，基部钝，柄长至 2.5 cm。种子黄褐色，有光泽，矩圆形，长 0.8～1.0 mm，表面具蜂窝状网隙。　花果期 5～10 月。

产青海：兴海（河卡山小克久沟，何廷农 410；河卡乡羊曲，何廷农 471）、玛沁

（当洛乡，玛沁队 557）。生于海拔 3 600～4 200 m 的河谷滩地高寒草甸、沟谷山坡草地。

分布于我国的西藏东南部、云南西北部、四川西南部；缅甸东北部也有。模式标本采自云南西北部。

22. 条纹龙胆 图版 11：7～11

Gentiana striata Maxim. in Bull. Acad. Sci. St.-Pétersb. 27：501. 1881；中国植物志 62：150. 图版 24：6～10. 1988；Fl. China 16：61. 1995；青海植物志 3：62. 图版 12：7～11. 1996；青藏高原维管植物及其生态地理分布 760. 2008.

一年生草本，高 10～30 cm。根细，少分枝。茎淡紫色，直立或斜升，从基部分枝，节间长 2～7 cm，具细条棱。茎生叶无柄，稀疏，长三角状披针形或卵状披针形，长 1～3 cm，宽 0.5～1.2 cm，先端渐尖，基部圆形或平截，抱茎呈短鞘，边缘粗糙或被短毛，上部稀疏。花单生茎顶；花萼钟形，萼筒长 1.0～1.3 cm，具狭翅，裂片披针形，长 8～11 mm，先端尖，中脉凸起下延成翅，边缘及翅粗糙，被短硬毛，弯缺圆形；花冠淡黄色，有黑色纵条纹，长4～6 cm，裂片卵形，长约 7 mm，宽约 5 mm，先端具 1～2 mm 长的尾尖，褶偏斜，截形，宽约 3 mm，边缘具不整齐齿裂；雄蕊着生于冠筒中部，有长短 2 型，在长雄蕊花中，花丝线形，长 8～15 mm，在短雄蕊花中，花丝钻形，长 2～5 mm，花药淡黄色，矩圆形，长约3 mm；子房矩圆形，长约 1.5 cm，柄长约 1 cm，花柱线形，长 1.0～1.5 cm，柱头线形，2 裂，反卷。蒴果内藏或先端外露，矩圆形，扁平，长 2.0～3.5 cm，宽 0.7～0.8 cm，柄粗壮，长 1.5～2.0 cm，2 瓣裂。种子褐色，长椭圆形、三棱状，沿棱具翅，长 3.0～3.5 mm，宽约2 mm，表面具网纹。花果期 8～10 月。

产青海：称多（歇武乡昌坡陇，刘有义 83 - 402）、久治（龙卡湖上段，藏药队 772；上龙卡沟，果洛队 611；县城附近山上，果洛队 653）。生于海拔 3 900 m 左右的沟谷山坡草地及山地高寒灌丛。

分布于我国的四川、青海、甘肃、宁夏。模式标本采自青海。

23. 蓝灰龙胆

Gentiana caeruleo-grisea T. N. Ho in Bull. Bot. Res. 4 (1)：77. Pl. 4，f. 10～15. 1984；中国植物志 62：157. 1988；青海植物志 3：63. 1996；青藏高原维管植物及其生态地理分布 749. 2008.

一年生草本，高 2～8 cm。茎从基部多分枝，枝铺散，斜升。基生叶稍大，在花期枯萎，卵形或近圆形，长 4～6 mm，宽 3.5～5.0 mm，先端圆形，叶柄宽而短；茎生叶小，疏离，下部叶匙形，中、上部叶椭圆形至线形，长 2～6 mm，宽 1.0～2.5 mm，先端钝或钝圆，边缘膜质不显。花单生枝顶；花梗长达 17 mm；花萼狭漏斗形，长约

7 mm，萼筒具5条膜质纵纹，裂叶披针形，长约1 mm，边缘膜质，中脉在背部凸起呈龙骨状；花冠内面白色，外面具蓝灰色宽条纹，筒状漏斗形，长11～13 mm，裂片卵形，长约1.5 mm，褶宽卵形，先端具细齿。蒴果内藏，长圆形，无翅，柄比果实细。种子黑色，长圆形，表面有细网纹。 花果期8～9月。

产青海：玛多（清水乡活勒果该垭口，H. B. G. 1346；清水乡曲纳麦尔，H. B. G. 1448；采集地不详，吴玉虎279）、玛沁（大武乡格曲，H. B. G. 544；东科河江强，H. B. G. 782；黑土山，吴玉虎等18592）。生于海拔3 400～4 250 m的沟谷山地草甸、河滩草甸、滩地高寒沼泽草甸。

分布于我国的青海、甘肃、西藏。模式标本采自青海泽库。

24. 膜果龙胆

Gentiana hyalina T. N. Ho in Bull. Bot. Res. 4 (1)：82. Pl. 3. f. 6～12. 1984；西藏植物志3：967. 图366：12～18. 1986；中国植物志62：159. 1988；青海植物志3：63. 1996；青藏高原维管植物及其生态地理分布754. 2008.

一年生草本，高1.5～3.0 cm。茎从基部分枝，枝铺散，斜升。基生叶小，早落，茎生叶匙形或倒卵形，长2.5～3.5 mm，宽至1.5 mm，先端钝圆，边缘狭膜质。花单生小枝顶端；花梗长至8 mm；花萼筒形，长7～9 mm，裂片三角形，长约1 mm，先端急尖，边缘膜质，中脉在背部凸起呈龙骨状；花冠蓝色，细筒形，长12～15 mm，喉部宽1.5～2.0 mm，裂片卵形，长约2 mm，褶卵形，先端有不整齐小齿。蒴果外露，狭长圆形，两端钝，无翅，柄比果实细，果瓣膜质、透明。种子椭圆形，表面具细网纹。 花果期8～9月。

产青海：玛多、玛沁（与同德县河北乡交界处，吴玉虎21866）。生于海拔4 100～4 600 m的山坡草地、河谷滩地草甸、河滩草地、高山草甸。

分布于我国的青海、西藏。模式标本采自青海玉树。

25. 伸梗龙胆

Gentiana producta T. N. Ho in Bull. Bot. Res. 4 (1)：80. t. 4：1～4. 1984；Fl. China 16：65. 1995；中国植物志62：159. 1988.

一年生草本，高6～12 cm。茎黄绿色，光滑，在下部多分枝，枝铺散，斜升。叶矩圆状匙形至狭椭圆形，长5～8 mm，宽2～3 mm，愈向茎上部叶愈大，先端圆形或钝圆，边缘有极不明显的狭窄膜质并具细乳突，两面光滑，叶脉在两面均不明显或仅中脉在下面明显，叶柄光滑，联合成长1～2 mm的筒；基生叶小，在花期枯萎，宿存；茎生叶疏离，短于节间。花多数，单生于小枝顶端；花梗黄绿色，光滑，长17～40 mm，裸露；花萼筒状漏斗形，长9～10 mm，裂片三角形，长1.5～1.7 mm，先端钝，边缘膜质，平滑，中脉在背面高高凸起呈龙骨状，并向萼筒下延成翅，弯缺截形；花冠蓝色或蓝紫色，喉部具深蓝色细而短的条纹，细筒形，长 18～20 mm，喉部直径 3.0～3.5 mm，裂片卵状椭圆形，长 3.0～3.5 mm，先端钝圆，褶宽矩圆形，长 2.0～2.5 mm，先端截形，有不整齐条裂状齿；雄蕊着生于冠筒中部，整齐，花丝丝状，长 3.0～4.5 mm，花药线状矩圆形，长 1.4～1.6 mm；子房线状椭圆形，长 8～9 mm，两端渐狭，柄长 3.5～4.0 mm，花柱线形，连柱头长 1.5～2.0 mm，柱头 2 裂，裂片半圆形。蒴果内藏，线状矩圆形，长 10～13 mm，两端钝，边缘无翅，柄长至 5 mm。种子褐色，有光泽，线状矩圆形，长 1.0～1.2 mm，表面具细网纹。 花果期 9 月。

产青海：兴海（河卡乡火隆山，何廷农 348、75-23）、称多（珍秦乡浓任隆巴，苟新京 83-175）、玛多（县城附近，吴玉虎 279）、玛沁（优云乡，玛沁队 553）。生于海拔 4 000 m 以上的沟谷山坡草地、高山草甸及河滩草甸、山坡草地。

分布于我国的青海、四川。模式标本采自四川甘孜玉隆。

26. 偏翅龙胆 图版 15：1～5

Gentiana pudica Maxim. in Bull. Acad. Sci. St.-Pétersb. 26：497. 1880；中国植物志 62：157. 图版 27：1～5. 1988；Fl. China 16：56. 1995；青海植物志 3：65. 图版 16：1～5. 1996；青藏高原维管植物及其生态地理分布 758. 2008.

一年生草本，高 3～12 cm。茎黄绿色，光滑，在基部多分枝，枝铺散。叶圆匙形或椭圆形，长 4.5～9.0 mm，宽 1.2～3.5 mm，愈向茎上部叶愈大，先端钝圆，边缘膜质、极狭窄、光滑或疏生细乳突，两面光滑，中脉在下面明显，叶柄光滑，联合成长 1.5～3.0 mm 的筒，愈向茎上部筒愈长；基生叶在花期枯萎，宿存；茎生叶疏离，短于节间。花多数，单生于小枝顶端；花梗黄绿色，光滑，长 10～25 mm，裸露；花萼外面常带蓝紫色，筒状漏斗形，长 10～12 mm，裂片三角形，长 2.5～3.0 mm，先端钝，边缘膜质，平滑，中脉在背面高高凸起呈龙骨状，并向萼筒下延成翅，弯缺截形；花冠上部深蓝色或蓝紫色，下部黄绿色，宽筒形或漏斗形，长 20～25 mm，喉部直径 6～8 mm，裂片卵形或卵状椭圆形，长 4～5 mm，先端钝或渐尖，褶宽矩圆形，长 2.5～3.5 mm，先端截形或钝，具不整齐细齿；雄蕊着生于冠筒中部，整齐，花丝丝状钻形，长 4～5 mm，花药狭矩圆形，长 1.5～1.7 mm；子房线状椭圆形，长 6.5～7.5 mm，两端渐狭，柄长 3～4 mm，花柱线形，连柱头长 1.5～2.0 mm，柱头 2 裂，裂片半圆形。蒴果内藏或先端外露，狭矩圆形，长 8～10 mm，两端钝，边缘无翅，柄长至 7 mm。种子褐色，有光泽，矩圆形或线状矩圆形，长 1.0～1.2 mm，表面具细网纹，一侧具翅。 花果期 6～9 月。

产青海：玛多（花石峡乡，H. B. G. 1474）、玛沁（德勒龙沟，H. B. G. 808；江让水电站，吴玉虎 18406；黑土山，吴玉虎等 18479、18602）、达日（吉迈乡赛纳纽达山，H. B. G. 1251；建设乡胡勒安玛，H. B. G. 1191）、兴海（中铁乡附近，吴玉虎 42910）。生于海拔 3 400～4 600 m 的沟谷山坡高寒草地、高山草甸及河滩草地。

分布于我国四川西部、青海、甘肃。模式标本采自青海大通河流域。

27. 圆齿褶龙胆 图版 15：6～9

Gentiana crenulato-truncata（Marq.）T. N. Ho Fl. Reipubl. Popul. Sin. 62：163. t. 27：16～20. 1988；Fl. China 16：64. 1995；青海植物志 3：62. 图版 16：6～9. 1996；青藏高原维管植物及其生态地理分布 750. 2008. —— *G. prostrata* var. *crenulatotruncata* Marq. in Journ. Linn. Soc. Bot. 48：205. 1929.

一年生草本，高 2～3 cm。茎从基部有少数分枝或不分枝。叶倒卵形或匙形，长 3～6 mm，宽 1.5～2.5 mm，愈向茎上部叶愈大，先端圆形，边缘膜质，中脉在下面凸起；基生叶少，宿存；茎生叶覆瓦状排列。花单生于茎或小枝顶端；无花梗；花萼筒状，长为花冠的 3/4，长（9）12～15 mm，萼筒直径 4～5 mm，上部草质，下部膜质，裂片三角形，长 2～3 mm，先端钝，边缘膜质，中脉在背面凸起呈龙骨状；花冠深蓝色或蓝紫色，宽筒形，长（10）16～22 mm，裂片卵形，长约 1.5 mm，褶平截，边缘有小齿，稀 2 浅裂；雄蕊花丝长约3 mm。蒴果内藏，稀外露，狭长圆形，无翅，两端略狭，或先端钝；种子狭长圆形，表面具细网纹，幼时一端具翅。 花果期 5～9 月。

产新疆：和田（喀什塔什，青藏队吴玉虎 2562）、且末（昆其布拉克牧场，青藏队吴玉虎 2100、2114）、若羌（拉慕祁漫，青藏队吴玉虎 2637；阿尔金山保护区鸭子泉，青藏队吴玉虎 3940）。生于海拔 3 600～4 000 m 的高原沟谷山坡高寒草甸、河谷水边草甸、山坡高寒草原、山谷湿润草地。

青海：兴海（温泉乡姜路岭，H. B. G. 1428）、玛多（清水乡，H. B. G. 1349；花石峡乡，H. B. G. 1470）、治多（五道梁，吴玉虎 16214）。生于海拔 3 000～5 000 m 的高原滩地高山草甸、高山碎石带、山坡砂质草甸、高原山顶裸露地、山沟草滩及河湖水边砂质地。

分布于我国的青海、西藏、四川北部。

28. 匐地龙胆

Gentiana prostrata Haenk. in Jacq. Collect. Bot. 2：66. t. 17：2. 1789；T. N. Ho et S. W. Liu World. Monogr. Gentiana 327. 2001；新疆植物志 4：86. 2004；青藏高原维管植物及其生态地理分布 757. 2008. —— *G. nutans* Bunge in Ledeb. Fl. Alt. 1：284. 1829；中国植物志 62：163. 1988.

28a. 匐地龙胆（原变种）

var. **prostrate**

一年生或二年生草本，高 3～10 cm。全株灰绿色，无毛，自基部多分枝，枝开展，小枝不再分枝，匍匐于地面或上升。叶卵形或卵状披针形，全缘无毛，长 3～5 mm，宽

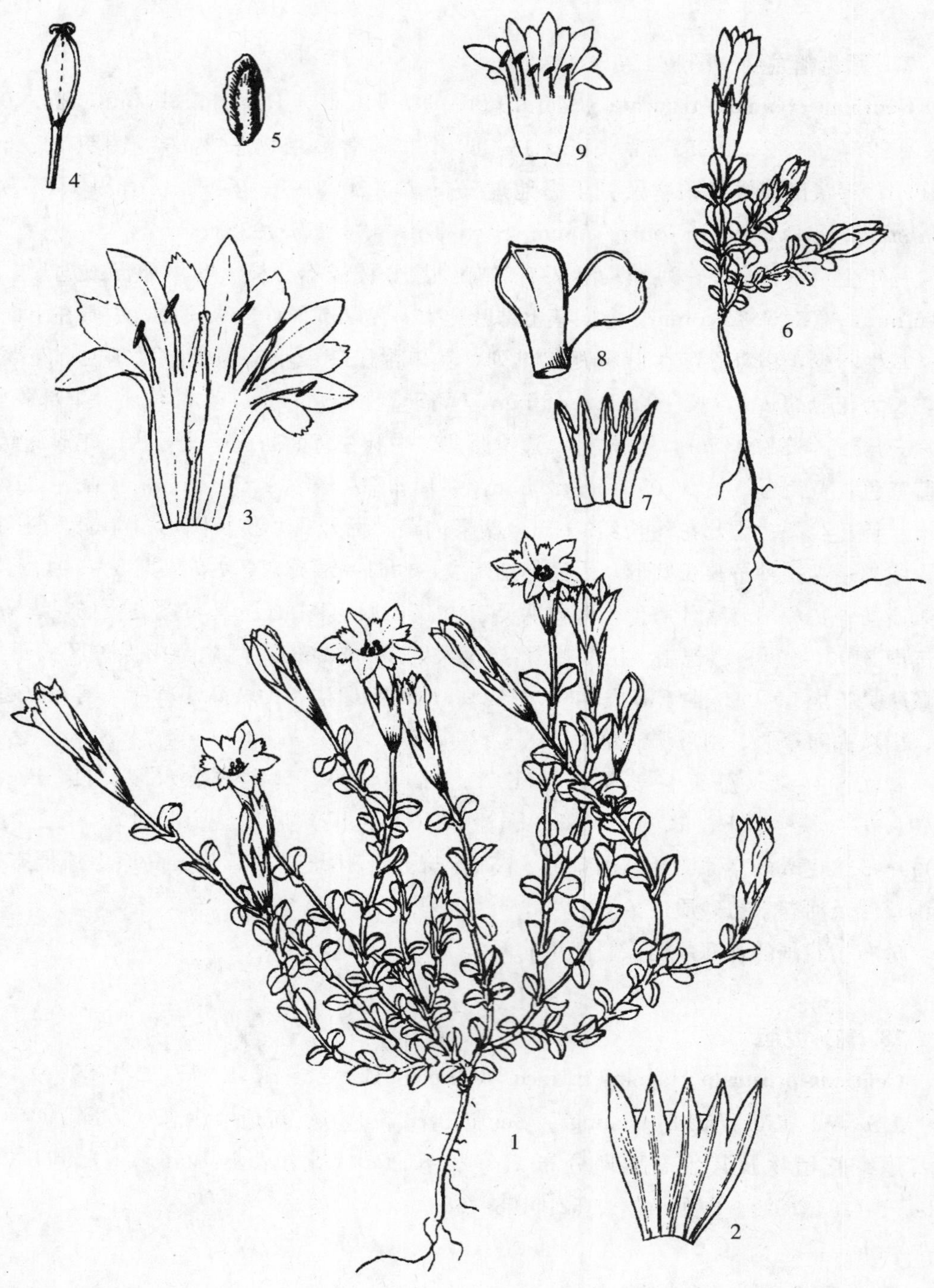

图版 **15**　偏翅龙胆 **Gentiana pudica** Maxim. 1. 植株；2. 花萼纵剖；3. 花冠纵剖；4.果实；5.种子。圆齿褶龙胆 **G. crenulato-truncata** （Marq.） T. N. Ho 6. 植株；7. 花萼纵剖；8. 叶放大；9. 花冠纵剖。（阎翠兰绘）

3～4 mm，先端钝圆，具芒尖，边缘软骨质、平滑，叶基部渐狭，并成长 1～2 mm 的筒。花单生于小枝顶端；花梗弧曲，稀直立；花萼 5 或 4 裂，狭筒形，长 7～10 mm，长于花冠的 3/4，裂片披针形，先端钝尖，长 2～3 mm；花冠狭筒形，长 13～18 mm，裂片上部亮蓝色，卵形或椭圆形，先端钝渐尖，长 4～6 mm，褶椭圆形，短于花冠裂片的 1/2，先端渐尖，具细齿；花柱甚短，远短于子房。蒴果外露，稀内藏，狭圆形至矩圆形，长约 10 mm，宽 2.0～2.5 mm，先端两侧边缘均无翅，具短柄。种子多数，表面具细网纹，椭圆形，长 0.5 mm，先端渐尖，幼时具翅，老时消失。 花期 7～8 月，果期 8 月。

产新疆：乌恰。生于海拔 2 700 m 左右的沟谷山地草甸、山坡草地。

分布于我国的新疆；俄罗斯，外高加索，北欧，阿拉斯加，蒙古，伊朗，哈萨克斯坦，吉尔吉斯斯坦，塔吉克斯坦也有。

28b. 短蕊龙胆（变种）

var. **ludllowii**（Marq.）T. N. Ho in Novon 4（4）：371. 1994；Fl. China 16：65. 1995；青海植物志 3：62. 1996；T. N. Ho et S. W. Liu World. Monogr. Gentiana 328. 2001；青藏高原维管植物及其生态地理分布 758. 2008.—— *G. ludllowii* Marq. in Kew Bull. 1973：189. 1937；中国植物志 62：162. 1988.

与原变种的区别在于：茎和叶边缘有乳头状小突起，花萼通常长为花冠的 1/2。

产青海：称多（珍秦乡竹节寺，杨永昌 818）、玛多（县城，黄荣福 1638；黄河乡，吴玉虎 1107）、玛沁（雪山乡知亥代垭口，玛沁队 475）。生于海拔 4 100～5 100 m 的山坡草地、沙砾滩地草甸、高寒沼泽草地、河谷石灰岩碎石坡草地。

分布于我国的青海、西藏；尼泊尔也有。

28c. 卡氏龙胆（变种）

var. **karelinii**（Griseb.）Kusnezow，Trudy Imp. St.-Péterburgsk. Bot. Sada 15：368. 1904；T. N. Ho et S. W. Liu World. Monogr. Gentiana 328. 2001.—— *G. karelinii* Griseb. in DC. Prodr. 9：106. 1845；中国植物志 62：162. 1988；新疆植物志 4：88. 2004；青藏高原维管植物及其生态地理分布 754. 2008.

与原变种的区别在于：叶的边缘有软骨质；种子无翅。

产新疆：乌恰、和田（喀什塔什，青藏队吴玉虎 2052）、策勒（奴尔乡亚门，青藏队吴玉虎 1966、1968、2528）。生于海拔 3 100～3 300 m 的河谷滩地高寒草甸、山坡草地、河边砾石草地。

分布于我国的新疆；俄罗斯，哈萨克斯坦，吉尔吉斯斯坦，乌兹别克斯坦也有。

29. 河边龙胆

Gentiana riparia Kar. et Kir. in Bull. Soc. Nat. Mosc. 14：706. 1841；中国植

物志 62：250.1988；Fl. China 16：66.1995；新疆植物志 4：91. 图版 31：7～10.2004；青藏高原维管植物及其生态地理分布 759.2008.

一年生或二年生草本，高 2～8 cm，灰绿色。茎直立，黄绿色或淡红色，光滑或有时具乳突，基部单一，中上部分枝，稀不分枝。叶密集，覆瓦状排列，圆匙形至匙形，有短尖头，下部叶边缘软骨质、平滑，叶脉不明显，上部叶边缘膜质、平滑，中脉在下面凸起，两面光滑；叶柄光滑，基部联合成长 1.0～1.5 mm 的筒。花多数，单生于小枝顶端，密集；花梗黄绿色或淡紫红色，光滑或有细乳突，长 2～8 mm，藏于最上部叶；花萼漏斗形，长 6.5～8.0 mm，裂片卵状三角形、卵形，长 1.2～1.5 mm，先端钝，具极短小尖头，边缘膜质，平滑，中脉在背面呈脊状凸起，弯缺截形；花冠蓝色，漏斗形，长 10～12 mm，裂片卵形，长 2.5～3.0 mm，先端钝，褶卵形，长 1.5～2.0 mm，先端钝，全缘；雄蕊着生于冠筒中部，整齐，花丝丝状钻形，长 2.5～3.0 mm，花药矩圆形，长 1.0～1.3 mm；子房椭圆形，长 3～4 mm，两端钝，花柱线形或缺，连柱头长 1.5～2.0 mm，柱头 2 裂，裂片狭矩圆形。蒴果外露，倒卵圆形，长 3.0～3.5 mm，先端圆形，有宽翅，两侧边缘有狭翅，基部渐狭，柄长10 mm。种子褐色，椭圆形，长 0.8～1.0 mm，表面具致密细网纹。 花果期 4～5 月。

产新疆：和田。生于海拔 1 500 m 左右的昆仑山北麓的山地草原。

分布于我国的新疆、甘肃、山西；俄罗斯，哈萨克斯坦，吉尔吉斯斯坦，塔吉克斯坦，阿富汗，蒙古也有。

30. 针叶龙胆

Gentiana heleonastes H. Smith ex Marq. in Kew Bull. 1937：132.174.1937；中国植物志 62：195. 图版 31：11～13.1988；Fl. China 16：75.1995；青海植物志 3：66.1996；青藏高原维管植物及其生态地理分布 754.2008.

一年生草本，高 5～15 cm。茎黄绿色或紫色，光滑，在基部多分枝，枝直立或铺散，斜升。基生叶大，在花期枯萎、宿存，倒卵圆形或卵圆形，长 5～7 mm，宽 3～5 mm，先端钝圆，具短小尖头，边缘软骨质、光滑，叶脉 1～3 条，不明显或在下面凸起，叶柄膜质、光滑，联合成长 0.5～1.0 mm 的筒；茎生叶对折，疏离，短于节间，常外弯，稀直立，边缘膜质、狭窄、光滑，两面光滑，中脉在下面凸起，叶柄光滑，联合成长 1.5～5.0 mm 的筒，愈向茎上部联合愈长；下部叶匙形，长 4～6 mm，宽 1.5～2.0 mm，先端钝圆，具短小尖头；中、上部叶线状披针形，长 6～10 mm，宽 1.0～1.5 mm，先端渐尖，有小尖头。花数朵，单生于小枝顶端；花梗黄绿色，光滑，长 1.3～2.0mm，裸露；花萼漏斗形，长 7～9 mm，光滑，裂片线状披针形，长2～3 mm，先端急尖，有小尖头，边缘膜质、光滑，中脉绿色、细，在背面凸起，并向萼筒下延，弯缺圆形；花冠内面白色，外面淡蓝色或蓝灰色，筒形，长 14～16 mm，裂片卵圆形或卵形，长 2.5～3.5 mm，先端钝圆，边缘疏生细锯齿，褶宽矩圆形，长 1.5～2.0 mm，先端钝或截形，有不整齐条裂；雄蕊着生于冠筒下部，整齐，花丝丝状钻形，长 2.5～3.5 mm，花药矩圆形，直立，长 0.8～1.0 mm；子房椭圆形，长 2.5～4.5 mm，两端渐狭，柄长 1.5～2.0 mm，花柱线形，连柱头长 1.2～2.0 mm，柱头 2 裂，裂片狭矩圆形。蒴果内藏，矩圆形或倒卵状矩圆形，长 6.0～6.5 mm，先端钝圆，有宽翅，两侧边缘有狭翅，基部渐狭成柄，柄粗，直立，长 4.5～10.0 mm。种子淡褐色，有光泽，大，狭矩圆形，长 1.3～1.6 mm，表面具致密的细网纹。 花果期 6～9 月。

产青海：玛多（巴颜喀拉山北坡，陈桂琛 1959、1987）、玛沁（拉加乡，玛沁队 094；大武乡格曲，H. B. G. 542）、久治（索乎日麻乡扎龙尕玛山，果洛队 369；索乎日麻乡附近，藏药队 383；龙卡湖东南面，果洛队 584；门堂乡卡群沟，果洛队 131）。生于海拔 3 800～4 200 m的向阳湿润草地、沟谷山地高寒灌丛草甸、河谷阶地高寒沼泽草甸。

分布于我国的四川北部、青海东南部。模式标本采自四川西北部。

31. 刺芒龙胆 图版 13：7～9

Gentiana aristata Maxim. in Bull. Acad. Sci. St.-Pétersb. 26：497. 1880；西藏植物志 3：957. 1986；中国植物志 62：189. 图版 30：8～10. 1988；Fl. China 16：75. 1995；青海植物志 3：69. 图版 17：1～3. 1996；青藏高原维管植物及其生态地理分布 748. 2008.

一年生草本，高 3～10 cm。茎黄绿色，光滑，在基部多分枝，枝铺散，斜升。基生叶大，在花期枯萎、宿存，卵形或卵状椭圆形，长 7～9 mm，宽 3.0～4.5 mm，先端钝或急尖，具小尖头，边缘膜质、狭窄、具细乳突或光滑，两面光滑，中脉软骨质，在下面凸起，叶柄膜质，光滑，联合成长 0.5 mm 的筒；茎生叶对折，疏离，短于或等于节间，线状披针形，长 5～10 mm，宽 1.5～2.0 mm，愈向茎上部叶愈长，先端渐尖，具小尖头，边缘膜质、光滑，两面光滑，中脉在下面呈脊状凸起，叶柄膜质、光滑，联合成长 1.0～2.5 mm 的筒。花多数，单生于小枝顶端；花梗黄绿色，光滑，长 5～20 mm，裸露；花萼漏斗形，长 7～10 mm，光滑，裂片线状披针形，长 3～4 mm，先端渐尖，具小尖头，边缘膜质、狭窄、光滑，中脉绿色、草质，在背面呈脊状凸起，并向萼筒下延，弯缺宽，截形或圆形；花冠下部黄绿色，上部蓝色、深蓝色或紫红色，喉部具蓝灰色宽条纹，倒锥形，长 12～15 mm，裂片卵形或卵状椭圆形，长3～4 mm，先端钝，褶宽矩圆形，长 1.5～2.0 mm，先端截形，不整齐短条裂状；雄蕊着生于冠筒中部，整齐，花丝丝状钻形，长 3～4 mm，先端弯垂，花药弯拱，矩圆形至肾形，长 0.7～1.0 mm；子房椭圆形，长 2～3 mm，两端渐狭，柄粗，长 1.5～2.0 mm，花柱线形，连柱头长 1.5～2.0 mm，柱头狭矩圆形。蒴果外露，稀内藏，矩圆形或倒卵状矩圆形，长 5～6 mm，先端钝圆，有宽翅，两侧边缘有狭翅，基部渐狭成柄，柄粗壮，长至 20 mm。种子黄褐色，矩圆形或椭圆形，长 1.0～1.2 mm，表面具致密的细网纹。 花果期6～9月。

产青海：兴海（中铁林场卓琼沟，吴玉虎45664、45782；大河坝乡赞毛沟，吴玉虎46493；赛宗寺后山，吴玉虎46361；河卡山，吴珍兰119、171，王作宾20266，何廷农160；河卡乡科学滩火隆沟，何廷农237；中铁乡至中铁林场途中，吴玉虎43060）、称多（毛洼营，刘尚武2378；清水河乡，苟新京83-72、吴玉虎32481；歇武乡南面山上，刘有义83-390；歇武寺西南直沟，杨永昌725、728）、玛多（清水乡，陈桂琛1896、吴玉虎32481）、玛沁（大武乡二大队冬场，区划三组128；东倾沟，玛沁队318；大武乡黑土山，H. B. G. 210；当洛乡，何廷农117；江让水电站，植被地理组442；黑土山，吴玉虎5746；尕柯河电站，吴玉虎5995；当项尼亚嘎玛沟，区划一组117；军马场，陈世龙等137；石峡煤矿，吴玉虎26996）、达日（建设乡胡勒安玛，H. B. G. 1193；吉迈乡，吴玉虎27063）、久治（索乎日麻乡背面山上，果洛队244；索乎日麻乡斗曲，果洛队292；索乎日麻乡附近，藏药队404、吴玉虎26467；门堂乡乱石山垭口，陈世龙等408；索乎日麻乡扎龙尕玛山，果洛队364）、班玛（多贡麻乡，吴玉虎25990）、甘德（东吉乡，吴玉虎25777）。生于海拔3 200～4 600 m的河滩草地、沟谷河滩灌丛下、高寒沼泽草地、河湖溪水边草滩、山地高寒草甸、沟谷山坡高寒灌丛草甸、高寒草甸草原、河谷山坡林间草丛、山地阳坡砾石地、山谷及山顶砾石质高寒草地。

甘肃：玛曲（河曲军马场，陈桂琛1105；大水军牧场黑河北岸，陈桂琛1155；尕海，陈桂琛1046；欧拉乡，吴玉虎32114、31998；齐哈玛大桥附近，吴玉虎31833）。生于海拔3 400 m左右的河谷滩地高寒草甸、高寒沼泽草地。

分布于我国的西藏东部、云南西北部、四川北部、青海、甘肃。模式标本采自青海大通河流域。

32. 紫花龙胆

Gentiana syringea T. N. Ho in Acta Plat. Biol. Sin. 3：24. t. 2：4. 1984；中国植物志 62：192. 1988；Fl. China 16：75. 1995；青海植物志 3：67. 1996；青藏高原维管植物及其生态地理分布 761. 2008.

一年生草本，高3～5 cm。茎黄绿色或紫红色，光滑或具细乳突，在基部多分枝，枝铺散，斜升。基生叶大，卵圆形或卵形，长5～8 mm，宽3.0～7.5 mm，先端钝圆，具短小尖头，边缘软骨质、光滑，两面光滑，叶脉1～3条、细，在两面均明显，叶柄膜质、光滑，联合成长0.5～1.0 mm的筒；茎生叶对折，疏离，短于或长于节间，匙形或狭椭圆形，稀披针形，长4～6 mm，宽1～2 mm，先端钝至渐尖，具短小尖头，边缘光滑，下部叶边缘软骨质，上部叶边缘膜质，两面光滑，中脉在下面呈脊状凸起，叶柄光滑，联合成长1.0～1.5 mm的筒。花数朵，单生于小枝顶端；花梗黄绿色或紫红色，光滑或具细乳突，长5～10 mm，常藏于上部叶中，稀裸露；花萼漏斗形，长

6.5～8.0 mm，光滑，裂片三角形，长 2.0～2.5 mm，先端钝或急尖，具短小尖头，边缘膜质、狭窄、光滑，两面光滑，中脉在背面呈脊状凸起，并向萼筒作短的下延，弯缺截形；花冠紫红色或蓝紫色，外面具黑紫色宽条纹，喉部具多数黑紫色斑点或短细条纹，倒锥状筒形，长 10～13（16）mm，裂片卵状椭圆形，长 2～3 mm，先端钝，褶卵状椭圆形，长 1.5～2.5 mm，先端钝，全缘或有不整齐细齿；雄蕊着生于冠筒下部，整齐，花丝丝状钻形，长 4.5～5.0 mm，先端弯垂，花药微弯曲，椭圆形，长 0.8～1.0 mm；子房狭椭圆形，长 3.5～4.0 mm，两端渐狭，柄细，直立，长 2～3 mm，花柱线形，连柱头长 1.5～2.0 mm，柱头 2 裂，裂片矩圆形。蒴果外露，矩圆形或倒卵状矩圆形，长 4.5～5.0 mm，先端钝圆，有宽翅，两侧边缘有狭翅，基部渐狭成柄，柄细，直立，长至 20 mm；种子褐色，狭矩圆形，长 1.2～1.3 mm，表面具细网纹。 花果期 6～8 月。

产青海：玛沁（大武乡格曲，H. B. G. 611；县城，玛沁队 010；德勒龙沟，玛沁队 041）。生于海拔 3 700～3 900 m 的河滩高寒草甸、沟谷山地草坡、河谷阶地高山草甸。

分布于我国四川北部、青海南部、甘肃南部。模式标本采自四川若尔盖。

33. 三色龙胆

Gentiana tricolor Diels et Gilg in Futterer. Durch Asien Bot. Repr. 3：15，t. lc. 1903；中国植物志 62：190.1988；Fl. China 16：75.1995；青海植物志 3：69.1996；青藏高原维管植物及其生态地理分布 762.2008.

一年生草本，高 3～7 cm。茎从基部分枝，枝铺散。基生叶大，宿存，倒卵圆形或卵形，长 7～11 mm，宽约 6 mm，先端钝，具小尖头，边缘软骨质；茎生叶对折，长圆状披针形或线状披针形，长 4～7 mm，宽约 2 mm，先端渐尖，具小尖头，边缘膜质。花单生分枝顶端；花梗有乳突，常包于上部 1 对叶中；花萼倒锥状，长 7～8 mm，裂片披针形或三角形，长约 3 mm，先端渐尖或急尖，中脉在背部凸起；花冠上部蓝色或淡蓝色，喉部黄色，下部黄绿色，外面具绿色宽条纹，筒形，长 9～13 mm，裂片卵形或卵状椭圆形，长约 2 mm，先端具小尖头，褶卵形，与裂片等长，全缘。蒴果外露，倒卵状长圆形，先端钝，有宽翅，边缘有窄翅。种子表面具细网纹。 花果期 6～8 月。

产青海：兴海（河卡乡纳滩，潘锦堂 001、何廷农 103）、玛沁（大武乡格曲，H. B. G. 609）。生于海拔 3 200～4 500 m 的宽谷河滩草地、沟谷山坡草地、湖边高寒草甸。

分布于我国的甘肃、青海。模式标本采自青海湖。

34. 南山龙胆

Gentiana grumii Kusnez. in Acta Hort. Petrop. 13：63.1893；中国植物志 62：190. 图版 31：8～10.1988；Fl. China 16：75.1995；青海植物志 3：67.1996；青藏高

原维管植物及其生态地理分布 753. 2008.

一年生草本，高 2.5～4.0 cm。茎下部有乳突，从基部分枝，枝铺散。基生叶大，在花期枯萎，卵形或卵圆形，长 6.5～10.0 mm，宽 3.5～6.0 mm，先端钝，具小尖头，边缘软骨质；茎生叶小，对折，长圆状披针形或线状披针形，长 5～6 mm，宽 1～2 mm，先端钝或渐尖，具小尖头，边缘膜质。花单生分枝顶端；花梗长 2～5 mm，藏于最上 1 对叶中；花萼倒锥形，长 5～6 mm，裂片三角形，长约 2 mm，先端急尖，具小尖头，边缘膜质，中脉在背面凸起；花冠上部深蓝色，下部黄绿色，喉部具多数蓝黑色斑点，倒锥形，长 11～12 mm，裂片卵形，长约 2 mm，褶卵形，全缘；花药稍弯曲。蒴果外露，长圆形，两端钝，边缘有翅。种子表面有细网纹。 花果期 6～7 月。

产青海：兴海（河卡乡纳滩，吴珍兰 005）、称多（毛哇山垭口，吴玉虎 29283）。生于海拔 3 200 m 左右的河滩草甸、沟谷山地阴坡草甸。

分布于我国的青海。模式标本采自青海祁连山。

35. 肾叶龙胆

Gentiana crassuloides Bureau et Franch. in Journ. de Bot. 5：104. April. 1891；西藏植物志 3：952. 1986；中国植物志 62：200. 图版 32：5～7. 1988；Fl. China 16：79. 1995；青海植物志 3：65. 1996；青藏高原维管植物及其生态地理分布 750. 2008.

一年生草本，高 2～6 cm。茎常带紫红色，密被黄绿色、有时夹杂有紫红色乳突，在基部多分枝，枝铺散，斜升。叶基部心形或圆形，突然收缩成柄，边缘厚软骨质，仅基部及叶柄边缘疏生短睫毛，其余平滑，两面光滑，中脉白色软骨质，光滑，在下面凸起，叶柄背面密生黄绿色、有时夹杂有紫红色乳突，仅联合成长 0.5～1.0 mm 的筒；基生叶大，在花期枯萎，宿存，长 3～10 mm，宽 1.5～6.0 mm，先端急尖，具小尖头；茎生叶近直立，疏离，短于节间，中、下部者卵状三角形，长 1.5～3.0 mm，宽 1.5～3.5 mm，先端急尖至圆形，具外反的小尖头，上部者肾形或宽圆形，长 1.5～4.0 mm，宽 2.0～4.5 mm，先端圆形至截形，具外反的小尖头。花数朵，单生于小枝顶端；花梗常带紫红色，密被黄绿色、有时夹杂有紫红色乳突，长 1.5～3.0 mm，藏于最上部 1 对叶中；花萼宽筒形或倒锥状筒形，长 5～12 mm，萼筒膜质常带紫红色，裂片绿色，直立稀外反，整齐，肾形或宽圆形，长 1.2～1.5 mm，宽 1.5～2.0 mm，先端圆形或截形，有外反的小尖头，基部心形或圆形，突然收缩成短爪，边缘厚软骨质，仅基部疏生短睫毛，其余平滑，两面光滑，中脉白色软骨质，在下面凸起，并向萼筒下延成脊，弯缺狭窄，截形；花冠上部蓝色或蓝紫色，下部黄绿色，高脚杯状，长 9～21 mm，冠筒细筒形，冠檐突然膨大，喉部直径 1.5～5.0 mm，裂片卵形，长 1.5～2.5 mm，先端钝圆或钝，无小尖头，褶宽卵形，长 1.0～1.5 mm，先端钝，边缘啮蚀形；雄蕊着生于冠筒中上部，整齐，花丝丝状，长 1.2～4.0 mm，花药狭矩圆形，长 1.0～1.2 mm；子房矩圆形或椭圆形，长 3～7 mm，先端钝，两端渐狭成柄，柄粗，长 1～3 mm，花柱线形，长1.5～3.5 mm，柱头2裂，裂片外反，宽线形。蒴果外露或内藏，矩圆形或倒卵状矩圆形，长3.5～5.0 mm，先端钝圆，有宽翅，两侧边缘有狭翅，基部渐狭成柄，柄粗壮，长至18 mm。种子淡褐色，矩圆形或椭圆形，长1.0～1.2 mm，表面具致密的细网纹。 花果期6～9月。

产青海：达日（建设乡胡勒安玛，H. B. G. 1166）、久治（希门错湖北面，果洛队489）。生于海拔4 000～4 300 m的山坡草地、高寒沼泽草地、沟谷山地灌丛草甸、山坡林下及林缘灌丛、山顶草地、冰碛垅、溪流河边及水沟边草地。

分布于我国的甘肃、青海、西藏、云南西北部、四川西部及西北部、陕西、湖北西部；印度，尼泊尔也有。模式标本采自四川康定。

36. 假鳞叶龙胆

Gentiana pseudosquarrosa H. Smith in Hand.-Mazz. Symb. Sin. 7：963.1936；中国植物志62：199.1988；Fl. China 16：81.1995；青海植物志3：66.1996；青藏高原维管植物及其生态地理分布758.2008.

一年生草本，高3～6 cm。茎紫红色，有乳突，从基部分枝，铺散。叶先端急尖或钝圆，具小尖头，基部渐狭或圆形，边缘软骨质，叶柄边缘具短睫毛；基生叶大，宿存，卵形或卵状椭圆形，长至10 mm，宽到6 mm；茎生叶外反，匙形或倒卵状匙形，长至7 mm，宽约2 mm。花单生分枝顶端；花梗紫红色，有乳突，常藏于上部一对叶中；花萼倒锥状筒形，长4～6 mm，萼筒有绿、白相间的条纹，裂片叶状，外反，卵圆形，长约2 mm，先端有小尖头，基部狭缩；花冠深蓝色，下部黄绿色，漏斗形，长10～12 mm，裂片卵形，长2.0～2.5 mm，褶卵形，全缘或2浅裂。蒴果外露，倒卵状长圆形，先端及边缘有翅；种子淡褐色，表面具细网纹。 花果期6～8月。

产青海：兴海（大河坝乡，陈世龙等042）、班玛（马柯河林场灯塔乡加不足沟，王为义27428）、久治（康赛乡，吴玉虎26494；索乎日麻乡，吴玉虎26449）。生于海拔3 200～4 200 m的山坡草地、高山草甸、山地灌丛草甸。

分布于我国的青海、西藏东部、云南西北部、四川西部。模式标本采自四川康定。

37. 鳞叶龙胆

Gentiana squarrosa Ledeb. in Mém. Acad. Sci. St.-Pétersb. 5：520.1812；中国植物志62：197. 图版32：1～4.1988；Fl. China 16：80.1995；青海植物志3：65.1996；新疆植物志4：88.2004；青藏高原维管植物及其生态地理分布760.2008.

一年生草本，高2～8 cm。茎黄绿色或紫红色，密被黄绿色有时夹杂有紫色乳突，自基部起多分枝，枝铺散，斜升。叶先端钝圆或急尖，具短小尖头，基部渐狭，边缘厚软骨质，密生细乳突，两面光滑，中脉白色软骨质，在下面凸起，密生细乳突，叶柄白色膜质，边缘具短睫毛，背面具细乳突，仅联合成长0.5～1.0 mm的短筒；基生叶大，在花期枯萎，宿存，卵形、卵圆形或卵状椭圆形，长 6～10 mm，宽 5～9 mm；茎生叶小，外反，密集或疏离，长于或短于节间，倒卵状匙形或匙形，长 4～7 mm，宽 1.7～3.0 mm。花多数，单生于小枝顶端；花梗黄绿色或紫红色，密被黄绿色乳突，有时夹杂有紫色乳突，长 2～8 mm，藏于或大部分藏于最上部叶中；花萼倒锥状筒形，长 5～8 mm，外面具细乳突，萼筒常具白色膜质和绿色叶质相间的宽条纹，裂片外反，绿色，叶状，整齐，卵圆形或卵形，长 1.5～2.0 mm，先端钝圆或钝，具短小尖头，基部圆形，突然收缩成爪，边缘软骨质，密生细乳突，两面光滑，中脉白色软骨质，在下面凸起，并向萼筒下延成短脊或否，密生细乳突，弯缺狭，截形；花冠蓝色，筒状漏斗形，长 7～10 mm，裂片卵状三角形，长 1.5～2.0 mm，先端钝，无小尖头，褶卵形，长 1.0～1.2 mm，先端钝，全缘或边缘有细齿；雄蕊着生于冠筒中部，整齐，花丝丝状，长 2.0～2.5 mm，花药矩圆形，长 0.7～1.0 mm；子房宽椭圆形，长 2.0～3.5 mm，先端钝圆，基部渐狭成柄，柄粗，长 0.5～1.0 mm，花柱柱状，连柱头长 1.0～1.5 mm，柱头 2 裂，外反，半圆形或宽矩圆形。蒴果外露，倒卵状矩圆形，长 3.5～5.5 mm，先端圆形，有宽翅，两侧边缘有狭翅，基部渐狭成柄，柄粗壮，直立，长至 8 mm。种子黑褐色，椭圆形或矩圆形，长 0.8～1.0 mm，表面有白色光亮的细网纹。花果期 4～9 月。

产新疆：塔什库尔干（采集地不详，高生所西藏队 3122）。生于海拔 3 600 m 左右的沟谷山地高寒草甸、山坡草地。

青海：兴海（大河坝乡赞毛沟，吴玉虎 47140；尕玛羊曲，何廷农 040；河卡滩，何廷农 489；河卡乡也隆沟，吴珍兰 012；中铁乡附近，吴玉虎 42965）、曲麻莱（县城附近，刘尚武、黄荣福 738）、玛沁（大武乡江让水电站，H. B. G. 638、吴玉虎 18406；西哈垄河谷，H. B. G. 341）。生于海拔 2 600～4 200 m 的沟谷山坡高寒草甸、山谷草地、高原山顶、山坡干草原、宽谷河滩草地、荒地和路边草地、山地高寒灌丛及高山草甸。

分布于我国的西南（除西藏）、西北、华北、东北等地区；印度东北部，俄罗斯，中亚地区各国，蒙古，朝鲜，日本也有。

38. 水生龙胆

Gentiana aquatica Linn. Sp. Pl. 229. 1753; Grossh. in Kom. Fl. URSS 18: 579. 1952；中国植物志 62：215. 1988；Fl. China 16：87. 1995；新疆植物志 4：90. 2004.

一年生草本，高 3～5 cm。茎绿色或黄绿色，密被乳突，自基部多分枝，似丛生状，枝再作多次二歧分枝，铺散，斜升。叶先端钝圆或急尖，外反，边缘软骨质，具极细乳突，两面光滑，中脉软骨质，在背面凸起；基生叶大，在花期枯萎，宿存，卵圆形或圆形，长 3～6 mm，宽 3～5 mm，叶柄宽，长 1～2 mm；茎生叶疏离或密集，覆瓦状排列，倒卵形或匙形，长 3～5 mm，宽 2～3 mm，叶柄边缘具乳突，背面光滑，联合成长 1.0～1.5 mm 的筒。花多数，单生于小枝顶端；花梗紫红色或黄绿色，长 2～13 mm，藏于上部叶中或裸露；花萼筒状漏斗形，长 5～6 mm，裂片三角形，长 1.5～2.0 mm，先端急尖，边缘膜质、狭窄、光滑，中脉在背面呈脊状凸起，并下延至萼筒基部，弯缺截形；花冠深蓝色，外面常具黄绿色宽条纹，漏斗形，长 9～14 mm，裂片卵形，长 2.0～2.5 mm，先端急尖或钝，褶卵形，长 1.5～2.0 mm，先端钝，全缘或边缘啮蚀形；雄蕊着生于冠筒中下部，整齐，花丝丝状，长 3.0～3.5 mm，花药矩圆形，长 1.0～1.5 mm；子房狭椭圆形，长 2.5～3.5 mm，两端渐狭，柄粗而短，长 1～2 mm，花柱线形，连柱头长 1.5～2.0 mm，柱头 2 裂，裂片外卷，线形。蒴果外裸，倒卵状矩圆形，长 3～4 mm，先端圆形，具宽翅，两侧边缘具狭翅，基部钝，柄长至 18 mm。种子褐色，椭圆形，长 1.0～1.2 mm，表面具明显的细网纹。 花果期 4～8 月。

产新疆：塔什库尔干（采集地不详，藏药队 3120）、叶城（采集地不详，吴玉虎 834）。生于海拔 3 600～3 800 m 的沟谷山坡草甸、河滩草地。

西藏：日土。生于海拔 4 200 m 左右的河谷山地高寒草甸、河滩草地、河谷阶地。

青海：称多（称文乡，刘尚武 2283；清水河乡，苟新京 92）。生于海拔 3 200～4 600 m的沟谷河滩草地、溪流水沟边草甸、沟谷山坡草地、高寒沼泽草甸及林下林缘灌丛草甸。

甘肃：玛曲（大水军牧场，陈桂琛 1137）。生于海拔 3 400 m 左右的宽谷滩地高寒沼泽草甸。

分布于我国的西藏东部、四川、青海、甘肃、新疆、山西、河北、河南、内蒙古以及东北地区；印度，俄罗斯，中亚地区各国，蒙古，朝鲜也有。

39. 蓝白龙胆

Gentiana leucomelaena Maxim. in Bull. Acad. Sci. St.-Pétersb. 34：505. f. 5～10. 1892；西藏植物志 3：963. 1986；中国植物志 62：212. 图版 35：1～3. 1988；Fl. China 16：87. 1995；青海植物志 3：70. 1996；新疆植物志 4：89. 2004；青藏高原维管植物及其生态地理分布 755. 2008.

一年生草本，高 1.5～5.0 cm。茎黄绿色，光滑，在基部多分枝，枝铺散，斜升。基生叶稍大，卵圆形或卵状椭圆形，长 5～8 mm，宽 2～3 mm，先端钝圆，边缘有不明显的膜质、平滑，两面光滑，中脉不明显，或具 1～3 条细脉，叶柄宽，光滑，长 1～2 mm；茎生叶小，疏离，短于或长于节间，椭圆形至椭圆状披针形，稀下部叶为卵形或匙形，长 3～9 mm，宽 0.7～2.0 mm，先端钝圆至钝，边缘光滑，膜质，狭窄或不明显，叶柄光滑，联合成长 1.5～3.0 mm 的筒，愈向茎上部筒愈长。花数朵，单生于小枝顶端；花梗黄绿色，光滑，长 4～40 mm，藏于最上部一对叶中或裸露；花萼钟形，长 4～5 mm，裂片三角形，长 1.5～2.0 mm，先端钝，边缘膜质、狭窄、光滑，中脉细，明显或否，弯缺狭窄，截形；花冠白色或淡蓝色，稀蓝色，外面具蓝灰色宽条纹，喉部具蓝色斑点，钟形，长 8～13 mm，裂片卵形，长 2.5～3.0 mm，先端钝，褶矩圆形，长 1.2～1.5 mm，先端截形，具不整齐条裂；雄蕊着生于冠筒下部，整齐，花丝丝状锥形，长 2.5～3.5 mm，花药矩圆形，长 0.7～1.0 mm；子房椭圆形，长 3.0～3.5 mm，先端钝，基部渐狭，柄长 1.5～2.0 mm，花柱短而粗，圆柱形，长 0.5～0.7 mm，柱头 2 裂，裂片矩圆形。蒴果外露或仅先端外露，倒卵圆形，长 3.5～5.0 mm，先端圆形，具宽翅，两侧边缘具狭翅，基部渐狭，柄长至 19 mm。种子褐色，宽椭圆形或椭圆形，长 0.6～0.8 mm，表面具光亮的念珠状网纹。 花果期 5～10 月。

产新疆：阿克陶（布伦口乡，西植所新疆队 744、722）、塔什库尔干（县城至国界途中，克里木 T190）、叶城（柯克亚乡，青藏队吴玉虎 870834）、策勒（恰哈乡喀尔塔西夏牧场，采集人和采集号不详）、若羌（鸭子沟，阿尔金山考察队 A134）。生于海拔 2 000 m 左右的沟谷山坡草地、河谷阶地湿草地。

西藏：日土（麦卡，西藏考察队 3680；上曲龙，西藏考察队 3479）、尼玛（县城附近，青藏队 76－8365）。生于海拔 4 300～5 000 m 的宽谷河滩高寒草地、沟谷山地高寒草甸、高原滩地高寒草原砾地。

青海：茫崖（茫崖镇阿拉尔以西，植被地理组 119）、格尔木（西大滩对面昆仑山北坡，吴玉虎 36866；纳赤台，吴玉虎 36685）、都兰（诺木洪乡昆仑山北坡三岔口河滩，吴玉虎 36579；香日德，吴玉虎 36261）、兴海（河卡乡纳滩，何廷农 102、吴珍兰 109；河卡乡日干山，何廷农 243；河卡山，郭本兆 6411；野马台滩，吴玉虎 42199；温泉乡曲隆，H. B. G. 1406；温泉乡，刘海源等 551）、治多（可可西里库赛湖东部，黄荣福 K－430）、曲麻莱（曲麻河乡，黄荣福 072；秋智乡，刘尚武和黄荣福 673）、称多（称文乡刚查，郭本兆 394；清水河乡南面，苟新京 83－58；歇武乡赛巴沟，刘尚武 2535）、玛多（黑河乡，吴玉虎 374；花石峡乡，H. B. G. 1472；清水乡，H. B. G. 1344、陈桂琛 1857；布青山南面，植被地理组 539；扎陵湖畔，吴玉虎 1539）、玛沁（大武乡乳品厂牧场，H. B. G. 490；大武乡三大队冬场，区划三组 068；雪山乡日通沟口，玛沁队 361；西哈垄河谷，H. B. G. 370，昌马河乡，吴玉虎 1529；陈桂琛、陈世龙、黄志伟 1736）、久治（索乎日麻乡斗曲附近，果洛队 289；索乎日麻乡附近，果洛队 312）、甘德（上贡麻乡，吴玉虎 25844）。生于海拔 2 900～5 000 m 的河谷阶地沼泽化草地、高寒沼泽地、山谷湿草地、河滩草地、山坡高寒草地、山地灌丛草甸、沟谷山地高寒草甸。

四川：石渠（长沙贡玛乡，吴玉虎 9687）。生于海拔 4 100 m 的沟谷山地岩石缝隙，河滩砾地、山坡高山柳灌丛。

甘肃：玛曲（欧拉乡，吴玉虎 32033）。生于海拔 3 330 m 的沟谷河滩高寒草甸。

分布于我国的西藏、四川、青海、甘肃、新疆；印度，尼泊尔，俄罗斯，中亚地区各国，蒙古也有。

40. 黄白龙胆

Gentiana prattii Kusnez. in Acta Hort. Petrop. 13：63.1903；中国植物志 62：208.图版 34：1～4.1988；Fl. China 16：87.1995；青海植物志 3：69.1996；青藏高原维管植物及其生态地理分布 757.2008.

一年生草本，高 2～4 cm。茎黄绿色，密被细乳突，在基部多分枝，枝铺散，斜升。基生叶大，在花期枯萎，宿存，卵圆形，长 3.0～3.5 mm，宽 2.5～3.0 mm，先端圆形，具短小尖头，边缘软骨质，具小睫毛，两面光滑，中脉在背面呈脊状凸起，叶柄宽，长 1.0～1.5 mm；茎生叶小，密集，覆瓦状排列，或疏离，与节间等长，卵形至椭圆形，稀下部为匙形，长 4～5 mm，宽 1.5～2.0 mm，先端钝，具小尖头，边缘密生小睫毛，下部叶边缘软骨质，中、上部叶边缘膜质，两面光滑，中脉在下面呈脊状凸起，叶柄边缘密生小睫毛，联合成长 0.5～1.0 mm 的筒。花数朵，单生于小枝顶端；花梗黄绿色，密生细乳突，长 1～3 mm，藏于最上部 1 对叶中；花萼筒状漏斗形，长 5.0～5.5 mm，裂片卵状披针形或三角形，长 1.5～2.0 mm，先端钝或渐尖，有小尖头，边缘膜质，狭窄，常密生小睫毛，中脉在背面呈龙骨状突起，并下延至萼筒上部，弯缺狭窄，截形；花冠黄绿色，外面有黑绿色宽条纹，筒形，长 8～9 mm，裂片卵形，长 1.5～2.0 mm，先端钝，褶矩圆形，长 0.7～1.0 mm，先端啮蚀形；雄蕊着生于冠筒中部，整齐，花丝丝状钻形，长 1.5～2.0 mm，花药矩圆形，长 0.8～1.0 mm；子房椭圆形，长 2.5～3.0 mm，两端渐狭，柄长约 1 mm，花柱线形，柱头长约1 mm，2 裂，裂片线形。蒴果外露或内藏，矩圆状匙形，长 4～5 mm，先端圆形，有宽翅，两侧边缘有狭翅，柄长至 8 mm。种子褐色，椭圆形，长 1.0～1.2 mm，表面有致密的细网纹。

花果期 6～9 月。

产青海：称多（县城附近，刘尚武 2432）、达日（满掌乡满掌河，H. B. G. 1200；吉迈乡赛纳纽达山，H. B. G. 1270、1306）、久治（索乎日麻乡，果洛队 192、264，藏药队 394）。生于海拔 3 200～4 300 m 的高原山地草甸、山坡草地、沟谷山地高寒草甸、河谷滩地草甸。

分布于我国的云南西北部、四川、青海、陕西（太白山）。模式标本采自四川省康定县。

41. 西域龙胆

Gentiana clarkei Kusnez. in Acta Hort. Petrop 15：409.1904；中国植物志 62：211.1988；Fl. China 16：66.1995；青藏高原维管植物及其生态地理分布 749.2008.

一年生草本，高 3～4 cm。茎黄绿色，光滑，在基部多高枝，枝铺散，斜升。基生叶稍大、卵形，长 4～7 mm，宽 3～5 mm，先端钝，边缘软骨质，光滑，叶脉 1～3 条，在下面明显，叶柄宽，光滑，长 1～2 mm；茎生叶小，密集，覆瓦状排列，卵形至披针形，稀下部为卵状匙形，长 4～5 mm，宽 1.5～2.5 mm，先端钝至渐尖，具小尖头，边缘光滑，下部叶边缘软骨质，上部叶边缘膜质，狭窄，中脉在背面稍凸出，叶柄透明膜质，光滑，联合成长 1.0～1.5 mm的筒。花数朵，单生于小枝顶端；近无花梗；花萼筒形，长 4～6 mm，裂片披针形，三角形，长 2.0～2.5 mm，先端急尖，具小尖头，边缘膜质，光滑，中脉在背面呈脊状凸起，弯缺截形；花冠淡蓝色，筒形，长 7～9 mm，裂片卵形，长 1.5～2.0 mm，先端钝，褶卵形，长 0.7～1.0 mm，先端 2 裂；雄蕊着生于冠筒中部，整齐，花丝丝状钻形，长 2.0～2.5 mm，花药椭圆形，长 0.7～1.0 mm；子房椭圆形或披针，长 2.0～2.5 mm，两端渐狭，柄长 1.0～1.5 mm，花柱圆柱形，连柱头长约 1 mm，柱头 2 裂，裂片宽矩圆形。蒴果内藏或先端外露，倒卵形或矩圆状匙形，长 4～5 mm，先端圆形，有宽翅，两侧边缘有狭翅，柄长 7 mm。种子褐色，椭圆形，长 1.0～1.2 mm，表面具致密细网纹。 花果期 5～8 月。

产西藏：日土（日松乡过巴，青藏队 1390）。生于海拔 4 350 m 的河谷阶地高寒沼泽草甸、山地高寒草甸。

青海：兴海（温泉乡姜路岭，H. B. G. 1426）、玛多（采集地不详，吴玉虎 79-68；黄河乡，吴玉虎 31079）、玛沁（优云乡冷许忽，玛沁队 502）、达日（吉迈乡赛纳纽达山，H. B. G. 1318）。生于海拔 3 500～4 300 m 的沟谷山坡高山草原、河谷阶地高寒草甸、山谷高寒沼泽草甸。

分布于我国的青海、西藏；克什米尔地区，印度，尼泊尔也有。模式标本采自西藏西部。

42. 匙叶龙胆

Gentiana spathulifolia Maxim. ex Kusnez. in Bull. Acad. Sci. St.-Pétersb. 35: 351. f. 53～55. 1894；中国植物志 62：218. 图版 35：4～8. 1988；Fl. China 16: 85. 1995；青海植物志 3：70. 1996；青藏高原维管植物及其生态地理分布 760. 2008.

一年生草本，高 5～13 cm。茎紫红色，密被细乳突，在基部多分枝，似丛生，枝再作二歧分枝，铺散，斜升。基生叶大，在花期枯萎，宿存，宽卵形或圆形，长 4.0～5.5 mm，宽 4～5 mm，先端急尖或圆形，边缘软骨质、光滑，两面光滑，中脉膜质，在下面呈脊状凸起，叶柄宽，长 0.7～1.0 mm；茎生叶疏离，远短于节间，匙形，长 4～5 mm，宽 1.3～2.0 mm，先端三角状急尖，有小尖头，边缘有不明显的软骨质、光滑，两面光滑，中脉膜质，在下面呈脊状凸起，叶柄边缘具乳突，联合成长 0.5～1.0 mm的筒。花多数，单生于小枝顶端；花梗紫红色，密被细乳突，长 3～12 mm，裸露；花萼漏斗形，长 5～7 mm，裂片三角状披针形，长 1.5～2.5 mm，先端急尖，边缘膜质，狭窄，光滑，中脉膜质，在背面呈脊状凸起，并下延至萼筒基部，弯缺宽，截形；花冠紫红色，漏斗形，长（10）12～14 mm，裂片卵形，长 2.0～2.5 mm，先端钝，褶卵形，长 1.5～2.0 mm，先端 2 浅；裂或不裂；雄蕊着生于冠筒中下部，整齐，花丝丝状钻形，长 3.0～3.5 mm，花药椭圆形，长 0.5～0.7 mm；子房椭圆形，长

2.0～2.5 mm，两端渐狭，柄长 1.0～1.5 mm，花柱线形，连柱头长约 1 mm，柱头 2 裂，裂片线形。蒴果外露或内藏，矩圆状匙形，长 5～6 mm，先端截形，有宽翅，两侧边缘有狭翅，基部渐狭，柄长至 15 mm。种子褐色，椭圆形，长 1.2～1.5 mm，表面具细网纹。

花果期 8～9 月。

产青海：久治（县城附近山上，果洛队 648）、班玛（马柯河林场，郭本兆 478）。生于海拔 3 600～3 800 m 的沟谷山坡草地、宽谷河滩高寒草甸。

甘肃：玛曲（河曲军马场，吴玉虎 31836；齐哈玛大桥附近，吴玉虎 31806）。生于海拔3 440 m的岩石缝隙草甸。

分布于我国的四川北部、青海、甘肃南部。模式标本采自甘肃临洮。

43. 阿坝龙胆

Gentiana abaensis T. N. Ho in Acta Plat. Biol. Sin. 3：35. 1984；青海植物志 3：70. 1996；中国植物志 62：219. 1988；Fl. China 16：86. 1995；青藏高原维管植物及其生态地理分布 747. 2008.

一年生草本，高 8～12 cm。茎紫红色，密被乳突，自基部多分枝，似丛生状，枝再作二歧分枝，铺散。基生叶数枚，无柄，卵形或圆形，长 6～9 mm，宽 4.5～5.5 mm，先端钝圆或圆形，具小尖头，边缘软骨质、具乳突，两面光滑，中脉膜质，在下面呈脊状凸起；茎生叶匙形，长4～6 mm，宽 1.5～2.5 mm，先端三角状急尖，基部圆形，边缘及下面密被小柔毛，上面光滑，中脉膜质，在下面呈脊状凸起，叶柄一般长于叶片，边缘具睫毛，背面密生小柔毛。花多数，单生于小枝顶端；花梗紫红色，密被乳突，长 8～10 mm，果时略伸长；花萼漏斗形，长 6～7 mm，外面密被小柔毛，毛以后脱落，裂片钻形，长 2.5～3.5 mm，先端急尖，具小尖头，边缘具糙毛，中脉膜质，在背面呈脊状凸起，弯缺圆形；花冠紫红色，喉部具黑紫色斑点，漏斗形，长 10～12 mm，果时略伸长，裂片卵圆形，长 2～3 mm，先端钝圆，具细尖，全缘，褶卵形，长约 2 mm，全缘；雄蕊着生于冠筒中部，整齐，花丝线形，长约 5 mm，花药椭圆形，长约 0.5 mm；子房狭椭圆形，长4 mm，先端渐尖，花柱长1.5～2.0 mm，柱头 2 裂。蒴果外露或内藏，矩圆状匙形，长约 5 mm，先端圆形，有宽翅，两侧边缘有狭翅，基部渐狭，柄直立，较粗，长至 13 mm。种子多数，深褐色，宽矩圆形，长约 1.5 mm，表面具细网纹。　花果期 8～9 月。

产青海：玛沁、久治（龙卡湖，藏药队 799）、班玛（马柯河林场灯塔乡加不足沟，王为义 27464；马柯河林场烧柴沟，王为义 27565）。生于海拔 3 280～3 950 m 的沟谷山地阴坡灌丛草甸、山坡高寒草甸、河谷阶地草甸。

分布于我国的青海、四川。模式标本采自四川阿坝。

44. 白条纹龙胆

Gentiana burkillii H. Smith in Hand. -Mazz. Symb. Sin. 7：953. 1936；中国植物

志 62：222. 图版 35：11～13.1988；西藏植物志 3：962.1986；Fl. China 16：86.1995；青海植物志 3：72.1996；青藏高原维管植物及其生态地理分布 749.2008.

一年生草本，高 2～8 cm。茎淡紫红色，密被乳突，自基部多分枝，似丛生状，枝再作多次二歧分枝，铺散，斜升。叶先端钝圆或急尖，外反，边缘软骨质，具极细乳突，两面光滑，中脉软骨质，在背面凸起；基生叶大，在花期枯萎，宿存，卵圆形或圆形，长 3～6 mm，宽 3～5 mm，叶柄宽，长 1～2 mm；茎生叶疏离或密集，覆瓦状排列，倒卵形或匙形，长 3～5 mm，宽 2～3 mm，叶柄边缘具乳突，背面光滑，联合成长 1.0～1.5 mm 的筒。花数朵，单生于小枝顶端；花梗淡紫红色，密被乳突，长 3～7 mm，藏于上部叶中或裸露；花萼筒形，长 5～7 mm，具 5 条白色膜质条纹与 5 条绿色条纹相间，裂片短，内拱，三角形，长 1.5～2.0 mm，先端急尖，边缘膜质，狭窄，光滑，中脉在背面呈脊状凸起，并下延至萼筒基部，弯缺截形；花冠蓝色，筒形，仅稍长于花萼，长 9～11 mm，裂片卵形，长 2.0～2.5 mm，先端钝，褶卵形，长 1.5～2.0 mm，先端钝，全缘或边缘有少数细齿；雄蕊着生于冠筒中部，整齐，花丝丝状钻形，长 1.5～2.0 mm，花药狭矩圆形，长 0.8～1.0 mm；子房椭圆形，长 2.0～2.5 mm，两端钝，柄长 1.0～1.5 mm，花柱线形，连柱头长 1.5～2.0 mm，柱头 2 裂，裂片外反，线形。蒴果外露，矩圆形，长 5～7 mm，先端圆形，具宽翅，两侧边缘具狭翅，基部钝，柄长至 27 mm。种子黄褐色，椭圆形，长 0.8～1.0 mm，表面具明显的细网纹。 花果期 6～8 月。

产青海：兴海（河卡山，何廷农 038；河卡乡也隆沟，吴珍兰 010；河卡乡火隆沟，何廷农 162）、曲麻莱（曲麻河，黄荣福 073；县城附近，刘尚武、黄荣福 622）、玛多（清水乡，吴玉虎 548）、玛沁（县城，玛沁队 032）、达日（吉迈乡赛纳纽达山，H. B. G. 1322）。生于海拔 3 600～4 300 m 的沟谷山坡高寒草甸、山沟河滩草地、高原山地高寒灌丛草甸。

分布于我国的西藏、青海；阿富汗，克什米尔地区，尼泊尔，俄罗斯西伯利亚，中亚地区各国也有。

45. 假水生龙胆 图版 14：7～11

Gentiana pseudo - aquatica Kusnez. in Acta Hort. Petrop. 13：63.1893；西藏植物志 3：965.1986；中国植物志 62：221. 图版 35：9～16.1988；青海植物志 3：71. 图版 17：7～11.1996；新疆植物志 4：90. 图版 33：8～12.2004；青藏高原维管植物及其生态地理分布 758.2008.

一年生草本，高 3～10 cm。茎密被乳突，自基部多分枝，枝再作二歧分枝，似丛生状。基生叶大，宿存，卵形，长 3～6 mm，长宽近相等，先端渐尖，外反，边缘软骨质；茎生叶倒卵形或匙形，长 3～5 mm，宽 2～3 mm，先端急尖，外反，有小尖头，边缘软骨质；叶柄合生的筒向上愈长。花单生小枝顶端；花梗长至 15 mm；花萼筒状漏斗形，长 5～7 mm，裂片三角形，长约 2 mm，先端尖，边缘膜质；花冠深蓝色，外面常有黄绿色宽条纹，漏斗形，长 9～14 mm，裂片卵形，长约 2 mm，褶卵形，与裂片近等长，全缘或边缘啮蚀状。蒴果外露，倒卵形，先端钝圆，有宽翅，边缘有窄翅。种子表面具细网纹。　花果期 7～9 月。

产新疆：若羌（阿尔金山距青海茫崖 20 km 处，刘海源 007）。生于海拔 2 900 m 左右的河谷沼泽草甸。

青海：兴海（温泉山，王为义 123；河卡山，何廷农 013、038B，陈世龙等 021；河卡乡火隆沟，何廷农 161；野马台滩，吴玉虎 42199B）、曲麻莱（县城附近，刘尚武和黄荣福 714；叶格乡长江边，黄荣福 137）、称多（歇武乡赛巴沟，刘尚武 2537；称文乡长江边，刘尚武 2284；阿多乡哇利涌，刘尚武 293；清水河乡公路向南，苟新京 83-92）、玛沁（江让水电站，植被地理组 443、吴玉虎 1443；县城附近，玛沁队 034；尕柯河岸，玛沁队 142；军功乡，玛沁队 173；西哈垄河谷阿尼玛卿山南坡，吴玉虎 5702；大武乡乳品厂牧场，H. B. G. 483）、达日（吉迈乡赛纳纽达山，H. B. G. 1323；优云乡纳合青玛，H. B. G. 1310）、甘德（上贡乡黄河边，H. B. G. 982）、久治（哇赛乡黄河边，果洛队 208；索乎日麻乡背面山上，果洛队 196；门堂乡附近，藏药队 266）。生于海拔 3 200～4 600 m 的宽谷河滩高寒草甸、沟谷山地灌丛草甸、河谷山坡林下。

甘肃：玛曲（大水军牧场黑河北岸，陈桂琛 1136）。生于海拔 3 200 m 的宽谷河滩高寒草甸、河谷高寒沼泽草地。

四川：石渠（长沙贡玛乡，吴玉虎 29659）。生于海拔 4 000 m 左右的沙砾河滩沙棘和水柏枝灌丛。

分布于我国的新疆、甘肃、青海、西藏、四川、内蒙古、山西、河北、河南及东北地区；克什米尔地区，印度，不丹，格鲁吉亚，俄罗斯，蒙古，朝鲜也有。

3. 花锚属 **Halenia** Borkh.

Borkh. in Roem. Arch. 1 (1): 25. 1796.

一年生或多年生草本。茎直立，通常分枝或单一不分枝。单叶，对生，全缘，具 3～5脉，无柄或具柄。聚伞花序腋生或顶生，形成疏松的圆锥花序。花 4 数；花萼深裂，萼筒短；花冠钟形，深裂，裂片基部有窝孔并延伸成 1 长距，距内有蜜腺；雄蕊着生于冠筒上，与裂片互生，花药“丁”字着生；雌蕊无柄，花柱短或无，子房 1 室，胚珠多数。蒴果室间开裂。种子小，多数，常褐色。

约 100 种。我国有 2 种，昆仑地区仅有 1 种。

1. 椭圆叶花锚　图版 16：1～5

Halenia elliptica D. Don in London Edinb. Philos. Mag. Journ. Sci. 8:

77.1836；中国植物志 62：291. 图版 48：3～6.1988；Fl. China 16：99.1995；青海植物志 3：72. 图版 18：4～8.1996；新疆植物志 4：107.2004；青藏高原维管植物及其生态地理分布 766.2008.

一年生草本，高 15～60 cm。根具分枝，黄褐色。茎直立，无毛，四棱形，上部具分枝。基生叶椭圆形，有时略呈圆形，长 2～3 cm，宽 5～15 mm，先端圆形或急尖呈钝头，基部渐狭呈宽楔形，全缘，具宽扁的柄，柄长 1.0～1.5 cm，叶脉 3 条；茎生叶卵形、椭圆形、长椭圆形或卵状披针形，长 1.5～7.0 cm，宽 0.5～2.0（3.5）cm，先端圆钝或急尖，基部圆形或宽楔形，全缘，叶脉 5 条，无柄或茎下部叶具极短而宽扁的柄，抱茎。聚伞花序顶生和腋生；花梗长短不相等，长 0.5～3.5 cm；花 4 数，直径 1.0～1.5 cm；花萼裂片椭圆形或卵形，长 3（4）～6 mm，宽 2～3 mm，先端通常渐尖，常具小尖头，具 3 脉；花冠蓝色或紫色，花冠筒长约 2 mm，裂片卵圆形或椭圆形，长约 6 mm，宽 4～5 mm，先端具小尖头，距长 5～6 mm，向外水平开展；雄蕊内藏，花丝长 3～5 mm，花药卵圆形，长约 1 mm；子房卵形，长约 5 mm，花柱极短，长约 1 mm，柱头 2 裂。蒴果宽卵形，长约 10 mm，直径 3～4 mm，上部渐狭，淡褐色。种子褐色，椭圆形或近圆形，长约 2 mm，宽约 1 mm。 花果期 7～9 月。

产青海：兴海（中铁乡至中铁林场途中，吴玉虎 43044、43073、43097、43114B；中铁乡附近，吴玉虎 42940、42997B、43015、43040；中铁林场恰登沟，吴玉虎 44986、45246、45257；大河坝乡赞毛沟，吴玉虎 47138；中铁乡前滩，吴玉虎 45420、45465、45495；中铁乡天葬台沟，吴玉虎 45873、45791）、称多（歇武乡赛巴沟，刘尚武 2472；称文乡刚查，郭本兆 392）、玛多（巴颜喀拉山，采集人、采集号不详）、玛沁（黑土山，吴玉虎 18786、19030；江让水电站，吴玉虎 18728；拉加乡，吴玉虎 6084、区划二组 174；红土山，吴玉虎 18792、18793；军功乡三大队阿尼孜，区划二组 114；军功乡黄河边山坡，吴玉虎 4677、26916；西哈垄河谷，吴玉虎 5594；军功乡，吴玉虎 26976）、久治（哇尔依乡，吴玉虎 26676、26712；康赛乡，吴玉虎 26485、26619、31710；白玉乡，吴玉虎 26630；索乎日麻乡，吴玉虎 26455、26468，藏药队 389；龙卡湖，果洛队 639；门堂乡乱石山垭口，陈世龙等 424）、班玛（多贡麻乡，吴玉虎 25957、25969；江日堂乡，吴玉虎 26010、26070；莫巴乡，吴玉虎 26326；马柯河林场，魏振铎 317；王为义 26720、27448；采集地不详，郭本兆 460；马柯河林场红军沟，王为义 26970；马柯河林场宝藏沟，王为义 27229）。生于海拔 3 000～4 100 m 的高山林下及山谷林缘草甸、沟谷山坡草地、山地阴坡高寒灌丛草甸、溪流水沟边高寒草甸、滩地高寒杂类草草甸。

甘肃：玛曲（河曲军马场，吴玉虎 31829；欧拉乡，吴玉虎 32112；黄河南岸，王学高等 143）。生于海拔 3 150～3 440 m 的宽谷滩地高寒草甸、河滩草甸。

四川：石渠（国营牧场，吴玉虎 30092）。生于海拔 3 840 m 左右的沟谷山坡高寒草甸。

分布于我国的西藏、云南、四川、贵州、青海、新疆、陕西、甘肃、山西、内蒙古、辽宁、湖南、湖北；印度，尼泊尔，不丹，俄罗斯，中亚地区各国也有。

4. 扁蕾属 Gentianopsis Ma

Ma in Acta Phytotax. Sin. 1 (1)：7. 1951.

一年生或二年生草本。茎直立，多少近四棱形。叶对生，常无柄。花单生或分枝顶端；花梗在花时伸长；花蕾椭圆形或卵状椭圆形，稍扁压，具明显的 4 棱，棱的颜色较深；花 4 数；花萼筒状钟形，上部 4 裂，裂片 2 对，等长或极不等长，异形，内对宽而短，外对狭而长，先端渐尖或尾状渐尖，萼内膜位于裂片间稍下方，三角形，袋状，上部边缘具毛；花冠筒状钟形或漏斗形，上部 4 裂，裂片间无褶，裂片下部两侧边缘有细条裂齿（也称剪割）或全缘，腺体 4 个，着生于花冠筒基部，与雄蕊互生；雄蕊着生于冠筒中部，较冠筒稍短；子房有柄，花柱极短至较长，柱头 2 裂。种子小，多数，表面有密的指状突起。

约 24 种。我国有 5 种，昆仑地区产 2 种 3 变种。

分种检索表

1. 花萼等于或长于冠筒，裂片 2 对，极不等长，内对三角状披针形，先端渐尖，短于外对；茎生叶狭披针形至线形，先端渐尖 ……………… **1. 扁蕾 G. barbata** (Fröel.) Ma
1. 花萼短于冠筒，裂片 2 对，近等长，内对较宽，三角形，先端钝尖；茎生叶长圆形或卵状披针形，先端钝或急尖 ………………… **2. 湿生扁蕾 G. paludosa** (Hook. f.) Ma

1. 扁　蕾

Gentianopsis barbata (Fröel.) Ma in Acta Phytotax. Sin. 1 (1)：8. 1951；西藏植物志 3：969. 1986；中国植物志 62：299. 图版 49：6～9. 1988；Fl. China 16：131. 1995；青海植物志 3：74. 1996；新疆植物志 4：92. 图版 31：4～6. 2004；青藏高原维管植物及其生态地理分布 765. 2008. —— *Gentiana barbata* Fröel. Gent. Diss. 114. 1796.

1a. 扁蕾（原变种）

var. **barbata**

一年生或二年生草本，高 8～40 cm。茎单生，直立，近圆柱形，下部单一，上部有分枝，条棱明显，有时带紫色。基生叶多对，常早落，匙形或线状倒披针形，长 0.7～4.0 cm，宽 0.4～1.0 cm，先端圆形，边缘具乳突，基部渐狭成柄，中脉在下面明显，叶柄长至0.6 cm；茎生叶 3～10 对，无柄，狭披针形至线形，长 1.5～8.0 cm，宽 0.3～0.9 cm，先端渐尖，边缘具乳突，基部钝，分离，中脉在下面明显。花单生茎或分枝顶端；花梗直立，近圆柱形，有明显的条棱，长达 15 cm，果时更长；花萼筒状，稍扁，略短于花冠，或与花冠筒等长，裂片 2 对，不等长，异形，具白色膜质边缘，外对线状披针形，长 7.5～20.0 mm，基部宽 2～3 mm，先端尾状渐尖，内对卵状披针形，长 6～12 mm，基部宽 4～6 mm，先端渐尖，萼筒长 10～18 mm，口部宽 6～10 mm；花冠筒状漏斗形，筒部黄白色，檐部蓝色或淡蓝色，长 2.5～5.0 cm，口部宽达12 mm，裂片椭圆形，长 6～12 mm，宽 6～8 mm，先端圆形，有小尖头，边缘有小齿，下部两侧有短的细条裂齿；腺体近球形，下垂；花丝线形，长 8～12 mm，花药黄色，狭长圆形，长约 3 mm；子房具柄，狭椭圆形，长 2.5～3.0 cm，花柱短，子房柄长 8～11 mm，花柱线形，长 3～5 mm。蒴果具柄，与花冠近等长。种子矩圆形，长约 1 mm，褐色。 花果期 7～10 月。

产新疆：乌恰（吉根乡斯木哈纳，西植所新疆队 2087）、塔什库尔干（麻扎，陈英生 11；县城至国界 24 km 处，袁永明 T186－A187；县城南 70 km 处，克里木 T247；当巴什红其拉甫达坂，西植所新疆队 1478、1515）、叶城（柯克亚乡，青藏队吴玉虎 910；苏克皮亚，青藏队吴玉虎 1050；柯克亚乡高沙斯，青藏队吴玉虎 870910）、策勒（奴尔乡都木，采集人不详 083）、和田（桑株河不勒克，祁贵 119）。生于海拔 2 600～4 000 m的沟谷山坡草地、宽谷河滩湿草甸、高原滩地高寒草甸。

青海：都兰（香日德镇，郭本兆、王为义 453、11802）、兴海（赛宗寺，吴玉虎 46175、46183、46188B；大河坝乡赞毛沟，吴玉虎 47118A；唐乃亥乡，何廷农 274；河卡乡日干滩，何廷农 291A；河卡乡纳滩，何廷农 395；河卡乡，何廷农 393；河卡山，何廷农 20319A）、曲麻莱（叶格乡，刘尚武和黄荣福 796A）、称多（歇武乡赛巴沟，刘尚武 2532A）、玛多（县城后山，吴玉虎1637；黑海乡曲纳麦尔，H. B. G. 1459A；县城郊，吴玉虎 246A）、玛沁（军功乡尕柯河电站，吴玉虎等 5991；拉加乡，吴玉虎等 6100；西哈垄河谷，吴玉虎 5615A、5706，H. B. G. 321A；下大武乡，玛沁队 479A；大武乡江让，王为义 26635、H. B. G. 643A）。生于海拔 2 800～4 400 m 的溪流水沟边、山谷河边草地、山坡湿草地、河谷山地林下草地、山坡高寒灌丛、沙丘边缘、干旱山坡。

分布于我国的西北、西南、华北及东北地区；哈萨克斯坦，俄罗斯也有。

1b. 细萼扁蕾（变种）

var. **stenocalyx** H. W. Li ex T. N. Ho in Acta Biol. Plat. Sin. 1：40. 1982；中国植物志 62：300. 1988；Fl. China 16：132. 1995；青海植物志 3：75. 1996；青藏高原维管植物及其生态地理分布 765. 2008.

与原变种的区别是，茎从基部分枝，呈帚状；花萼细筒形，口部宽 2～4 mm，长为花冠的 1/2，远短于花冠筒，裂片线形。

产青海：都兰（俄旦河右岸，青藏队 1669）、兴海（中铁乡天葬台沟，吴玉虎 45941、45915；河卡日干滩，何廷农 291B、20319B；中铁乡附近，吴玉虎 42886、42834、42795）、曲麻莱（东风乡，刘尚武和黄荣福 796B）、称多（歇武乡，刘尚武 2532B）、玛多（清水乡，H. B. G. 1459B、吴玉虎 246B）、玛沁（下大武乡，玛沁队 479B、H. B. G. 643B；西哈垄河谷，吴玉虎 5615B、H. B. G. 321B）。生于海拔 3 300～4 300 m 的河谷高山草甸、山地半阴坡高寒草甸、山坡高寒灌丛草地、河谷林中草地、河滩草甸、河谷阶地高寒沼泽地。

分布于我国的西藏、四川、青海。模式标本采自四川康定。

1c. 黄白扁蕾（变种）

var. **albo-flavida** T. N. Ho in Acta Biol. Plat. Sin. 1：41. 1982；Fl. China 16：132. 1995；青海植物志 3：75. 1996；青藏高原维管植物及其生态地理分布 765. 2008.

与细萼扁蕾十分相似，唯花冠黄白色或淡黄色而不同。

产青海：兴海。生于海拔 3 200 m 左右的山坡草地、河谷滩地高寒沼泽地。

分布于我国的青海。模式标本采自青海杂多。

2. 湿生扁蕾 图版 16：6～8

Gentianopsis paludosa（Hook. f.）Ma in Acta Phytotax. Sin. 1（1）：11. Pl. 3. f. 1. 1951；西藏植物志 3：969. 1986；中国植物志 62：294. 图版 49：1～3. 1988；Fl. China 16：130. 1995；青海植物志 3：75. 图版 18：1～3. 1996；青藏高原维管植物及其生态地理分布 765. 2008. —— *Gentiana detonsa* var. *paludosa* Hook. f. in Hook. Ic. Pl. 9：t. 857. 1852.

2a. 湿生扁蕾（原变种）

var. **paludosa**

一年生草本，高 3.5～40.0 cm。茎单生，直立或斜升，近圆形，在基部分枝或不分枝。基生叶 3～5 对，匙形，长 0.4～3.0 cm，宽 2～9 mm，先端圆形，边缘具乳突，微粗糙，基部狭缩成柄，叶脉 1～3 条，不甚明显，叶柄扁平，长达 6 mm；茎生叶 1～4 对，无柄，矩圆形或椭圆状披针形，长 0.5～5.5 cm，宽 2～14 mm，先端钝，边缘具乳突，微粗糙，基部钝，离生。花单生茎及分枝顶端；花梗直立，长 1.5～20.0 cm，果期略伸长；花萼筒形，长为花冠之半，长 1.0～3.5 cm，裂片近等长，外对狭三角形，长 5～12 mm，内对卵形，长 4～10 mm，全部裂片先端急尖，有白色膜质边缘，背面中脉明显，并向萼筒下延成翅；花冠蓝色，或下部黄白色，上部蓝色，宽筒形，长 1.6～6.5 cm，裂片宽矩圆形，长 1.2～1.7 cm，先端圆形，有微齿，下部两侧边缘有细条裂齿；腺体近球形，下垂；花丝线形，长 1.0～1.5 cm，花药黄色，矩圆形，长 2～3 mm；子房具柄，线状椭圆形，长 2.0～3.5 cm，花柱长3～4 mm。蒴果具长柄，椭圆形，与花冠等长或超出。种子黑褐色，矩圆形至近圆形，直径 0.8～1.0 mm。 花果期 7～10 月。

产青海：兴海（中铁林场卓琼沟，吴玉虎 45662、45730、45783、47678；赛宗寺后山，吴玉虎 46283、46299、46316、46324；黄青河畔，吴玉虎 42650；大河坝乡赞毛沟，吴玉虎 46488、47064、47148、47160、47706；中铁林场恰登沟，吴玉虎 44928、44939、44967、45454、47603；大河坝，吴玉虎 42553、42593，何廷农 334；河卡山，王作宾 20264，郭本兆6183、6288、6337，吴珍兰 202；中铁乡前滩，吴玉虎 42975、45482、45490、47427；赛宗寺，吴玉虎 47735）、曲麻莱（叶格乡，黄荣福 142；县城附近，刘尚武和黄荣福 715）、称多（县城郊，吴玉虎 29218、29270；称文乡长江边，刘尚武 2308；清水河乡南面，苟新京 83－84；采集地不详，郭本兆 436；清水河乡，陈桂琛 1889）、玛多（县城郊，吴玉虎 275、22732；扎陵湖半岛，吴玉虎 426）、玛沁（石峡煤矿，吴玉虎 26990、27021；大武乡黑土山，吴玉虎 25698；东倾沟，玛沁队 333；野马滩煤矿，吴玉虎 1393、1402；红土山，吴玉虎 1502；军功乡西哈垄河谷，吴玉虎 4604；阿尼玛卿山南坡，吴玉虎 5609、5648、5734；大武乡江让，王为义 26672；采集地不详，区划二组 270）、甘德（上贡麻乡，吴玉虎 25808）、达日（吉迈乡，吴玉虎 27039、27056、27071；建设乡达日河纳日，H. B. G. 1055；建设乡胡勒安马，H. B. G. 1194）、久治（哇尔依乡，吴玉虎 26710、26748；康赛乡，吴玉虎 26610；索乎日麻乡附近，吴玉虎 26459，藏药队 379，果洛队 313、261）、班玛（亚尔堂乡王柔，吴玉虎 26218；多贡麻乡，吴玉虎 25954、25978；县城郊，吴玉虎 26016B；马柯河林场，王为义 27112、27612）。生于海拔 3200～4 900 m 的高原宽谷河滩草甸、林场河谷地带、沟谷山坡草地、山地林下及林缘草甸、沟谷阴坡灌丛草甸、滩地高寒杂类草草甸。

甘肃：玛曲（齐哈玛大桥附近，吴玉虎 31800；欧拉乡，吴玉虎 31956、32012、32094；河曲军马场，吴玉虎 31844；尼玛乡哇尔玛，吴玉虎 32135）。生于海拔 3 300～3 460 m 的沟谷山坡高寒草甸、河谷滩地草甸砾地、沟谷山坡高寒灌丛草甸。

四川：石渠（长沙贡玛乡，吴玉虎 29592、29602、29660、29679、29715、；新荣乡，吴玉虎 29968、29993；红旗乡，吴玉虎 29504）。生于海拔 3 900～4 200 m 的沟谷河滩沙棘和水柏枝高寒灌丛草甸、山地高寒灌丛草甸、山坡高寒草甸。

分布于我国的西藏、云南、四川、青海、甘肃、陕西、宁夏、内蒙古、山西、河北；尼泊尔，印度，不丹也有。模式标本采自西藏。

2b. 高原扁蕾（变种）

var. **alpina** T. N. Ho in Acta Biol. Plat. Sin. 1：41. 1982；中国植物志 62：297. 1988；Fl. China 16：130. 1995；青海植物志 3：76. 1996；青藏高原维管植物及其

生态地理分布 766. 2008.

与原变种的区别是：花冠黄色或黄白色，常具蓝色条纹。

产青海：久治（索乎日麻乡，吴玉虎 26444；扎龙尕玛山，藏药队 491）、班玛（亚尔堂乡王柔，吴玉虎 26218）。生于海拔 3 175～4 300 m 的沟谷河滩高寒草甸、河谷山地林下草地、高山石质坡地。

分布于我国的青海。模式标本采自青海久治。

5. 喉毛花属 Comastoma (Wettst.) Toyokuni

Toyokuni in Bot. Mag. Tokyo 74：198. 1961.

一年生或多年生草本。茎不分枝或有分枝。直立或斜升。叶对生；基生叶常早落；茎生叶无柄。花 4～5 数，单生茎或枝端或为聚伞花序；花萼深裂，萼筒极短，无萼内膜，裂片 4～5 枚，稀 2 枚，大都短于花冠；花冠钟形、筒形或高脚杯状，4～5 裂，裂片间无褶，裂片基部有白色流苏状副冠，副冠内无维管束，常呈 1～2 束，当开花时，全部向心弯曲，封盖冠筒口部，冠筒基部有小腺体；雄蕊着生于冠筒上，花丝有时有毛；花柱短，柱头 2 裂。蒴果 2 裂。种子小，光滑。

约 15 种。我国有 11 种，昆仑地区产 6 种。

分种检索表

1. 花冠筒状，喉部不膨大，裂片斜展或近直立，先端急尖或钝。
   2. 茎生叶卵状披针形，基部半抱茎；花冠浅裂，裂片短而直立……………………………………………………………… **1. 喉毛花 C. pulmonarium** (Turca.) Toyokuni
   2. 茎生叶基部钝，不抱茎；花冠近深裂，裂片长。
      3. 花 5 数，花萼裂片披针形，先端渐尖，边缘常皱波状，长于花冠筒 ……………………………………… **2. 皱边喉毛花 C. polycladum** (Diels et Gilg) T. N. Ho
      3. 花 4～5 数，花萼裂片椭圆形，先端急尖，边缘平展，长为花冠的 1/2～2/3。
         4. 花冠蓝色或上部蓝色，下部黄色，具深蓝色脉纹，裂片卵状长圆形，先端钝，有小尖头……… **3. 长梗喉毛花 C. pedunculatum** (Royle ex D. Don) Holub
         4. 花冠淡蓝色，裂片长圆形，先端钝，不具小尖头 …………………………………………………… **4. 柔弱喉毛花 C. tenellum** (Rottb.) Toyokuni
1. 花冠高脚杯状，喉部膨大，裂片开张或近于开展，先端钝圆。
   5. 一年生草本；茎基部无黑褐色残存叶柄；花萼裂片常弯曲成镰状，先端尖，边缘有时皱波状，长为花冠的 1/2 …………………………………… **5. 镰萼喉毛花 C. falcatum** (Turcz. ex Kar. et Kir.) Toyokuni

5. 多年生草本；茎基部被黑褐色残存叶柄；花萼裂片直伸，不呈镰状，长为花冠的 1/3 …………………… **6. 蓝钟喉毛花 C. cyananthiflorum**（Franch. ex Hemsl.）Holub

1. 喉毛花

Comastoma pulmonarium（Turca.）Toyokuni in Bot. Mag. Tokyo 74：198. 1961；中国植物志 62：307. 图版 50：7～10. 1988；西藏植物志 3：975. 1986；Fl. China 16：134. 1995；青海植物志 3：77. 1996；青藏高原维管植物及其生态地理分布 746. 2008. —— *Gentiana pulmonaria* Turcz. in Bull. Soc. Nat. Mosc. 22（4）：317. 1849.

一年生草本，高 5～30 cm。茎直立，单生，草黄色，近四棱形，具分枝，稀不分枝。基生叶少数，无柄，矩圆形或矩圆状匙形，长 1.5～2.2 cm，宽 0.45～0.70 cm，先端圆形，基部渐狭，中脉明显；茎生叶无柄，卵状披针形，长 0.6～2.8 cm，宽 0.3～1.0 cm，茎上部及分枝上叶变小，叶脉 1～3 条，仅在下面明显，先端钝或急尖，基部钝，半抱茎。聚伞花序或单花顶生；花梗斜升，不等长，长至 4 cm；花 5 数；花萼开张，一般长为花冠的 1/4，深裂近基部，裂片卵状三角形，披针形或狭椭圆形，通常长 6～8 mm，先端急尖，边缘粗糙，有糙毛，背面有细而不明显的 1～3 脉；花冠淡蓝色，具深蓝色纵脉纹，筒形或宽筒形，直径 6～7 mm，稀达 10 mm，长 9～23 mm，通常长 15～20 mm，浅裂，裂片直立，椭圆状三角形、卵状椭圆形或卵状三角形，长 5～6 mm，先端急尖或钝，喉部具 1 圈白色副冠，副冠 5 束，长 3～4 mm，上部流苏状条裂，裂片先端急尖，冠筒基部具 10 个小腺体；雄蕊着生于冠筒中上部，花丝白色，线形，长约 3 mm，疏被柔毛，并下延冠筒上成狭翅，花药黄色，狭矩圆形，长 1 mm；子房无柄，狭椭圆形，无花柱，柱头 2 裂。蒴果无柄，椭圆状披针形，通常长 2.0～2.7 cm。种子淡褐色，近圆球形或宽矩圆形，直径约 0.8～1.0 mm，光亮。 花果期 7～11月。

产青海：兴海（温泉山，王为义 139、157；大河坝乡赞毛沟，吴玉虎 46315、46489、47079、47088、47218；河卡山，王为义 20237、20265；大河坝乡，何廷农 323）、曲麻莱（巴干乡，刘尚武和黄荣福 925）、称多（歇武乡赛巴沟，刘尚武 2536；歇武乡当巴沟，王为义 217；扎朵乡日阿吾查罕，苟新京 83－265；县城，刘尚武 2434）、玛沁（大武乡，马柄奇 2203；军功乡，吴玉虎 26971；黑土山，吴玉虎 18468，H. B. G. 194；军功乡尕柯河，区划三组 203；大武乡德勒龙铜矿沟，H. B. G. 853；大武乡格曲，H. B. G. 566、203；雪山乡二大队，区划三组 212）、达日（吉迈乡赛纳纽达山，H. B. G. 1311；建设乡胡勒安玛，H. B. G. 1181；建设乡达日河附近，H. B. G. 1027；建设乡达日河纳日，H. B. G. 1075）、久治（康赛乡，吴玉虎 31699B、31705；白玉乡附近，藏药队 623、626；索乎日麻乡，藏药队 526；索乎日麻乡背面山上，果洛队 281）、班玛（亚尔堂乡王柔，吴玉虎 26223；马柯河林场，吴玉虎 26108；灯塔乡加不足沟，王为义 27403；采集地不详，郭本兆 482、443）。生于海拔

3 200～4 800 m 的宽谷河滩草甸、沟谷山坡高寒草地、河谷山地林下及林缘草甸、山坡高寒灌丛草甸、河谷阶地高寒草甸、河滩沼泽地草甸。

甘肃：玛曲（河曲军马场，吴玉虎 31902）。生于海拔 3 440 m 的滩地高寒草甸、山坡岩隙。

分布于我国的西藏、云南、四川、青海、甘肃、陕西、山西；日本，俄罗斯，中亚地区各国也有。

2. 皱边喉毛花

Comastoma polycladum（Diels et Gilg）T. N. Ho in Acta Biol. Plat. Sin. 1：39. 1982；中国植物志 62：309. 图版 50：11～13. 1988；Fl. China 16：134. 1995；青海植物志 3：79. 1996；青藏高原维管植物及其生态地理分布 745. 2008. ——*Gentiana polyclada* Diels et Gilg in Futterer，Durch Asien Bot. Repr. 3：16. t. 3. 1903.

一年生草本，高 8～20 cm。茎自基部起多分枝，枝极多数或较少，常呈帚状，紫红色，近四棱形，棱上具短糙毛，稀无毛。基生叶在花期凋谢或存在，具短柄，匙形，连柄长 6～11 mm，宽 2.5～5.0 mm，先端圆形，基部渐狭成柄；茎生叶无柄，椭圆形或椭圆状披针形，长至 20 mm，宽至 5 mm，先端钝，边缘常外卷，具紫色皱波状边，基部渐狭，中脉在下面明显。聚伞花序顶生和腋生；花 5 数；花梗紫红色，近四棱形，斜升，长至 11 cm；花萼绿色，长于冠筒，长 6.5～9.0 mm，深裂，裂片披针形或卵状披针形，先端渐尖，边缘黑紫色，外卷，皱波状，稀近平展，背面中脉明显；花冠蓝色，筒状，直径 3～4 mm，通常裂达中部，稀较浅，裂片狭矩圆形，长 5～7 mm，先端钝圆，喉部具 1 圈白色副冠，副冠 10 束，长约2.5 mm，流苏状条裂，冠筒基部具 10 个小腺体；雄蕊着生于冠筒中部，花丝白色，线形，长约 3.5 mm，下延于冠筒上成狭翅；子房无柄，披针形，无花柱，柱头 2 裂。蒴果狭椭圆形或椭圆形，长 1.2～1.5 cm。种子黄褐色，矩圆形，长 0.5～0.7 mm，表面光滑。 花果期 8～9 月。

产青海：玛沁（当项乡错龙沟垴，区划一组 145）、玛多（清水乡，阿尼玛卿山，吴玉虎等 18187；黑海乡，红土坡煤矿，吴玉虎等 18080）。生于海拔 4 100～4 500 m 的山坡草地、宽谷河滩高寒草甸、沟谷高寒草甸。

分布于我国的青海、甘肃、内蒙古、山西。模式标本采自青海湖。

3. 长梗喉毛花

Comastoma pedunculatum（Royle ex D. Don）Holub in Folia Geobot. Phytotax. Praha，3：218. 1968；西藏植物志 3：975. 1986；中国植物志 62：310. 1988；青海植物志 3：78. 1996；青藏高原维管植物及其生态地理分布 745. 2008. ——*Eurythalia pedunculatum* Royle ex D. Don in London Edinb. Philos. Mag. Journ. Sci. 8：76. 1836.

一年生草本，高 4～15 cm。茎常从基部分枝，枝少而疏，斜升，四棱形。基生叶少，近无柄，矩圆状匙形，长 5～16 mm，宽至 3 mm，先端钝或圆形，基部渐狭成柄，叶脉在两面不明显或仅中脉在下面明显；茎生叶无柄，椭圆形或卵状矩圆形，长 2～12 mm，宽 2～5 mm，先端尖，下面中脉不明显。花 5 数，单生分枝顶端，大小不等；花梗斜升，近四棱形，长达 20 cm；花萼绿色，长为花冠之半，长 3～8 mm，深裂近基部，裂片不整齐，卵状披针形或披针形，宽 1～4 mm，先端急尖或渐尖，有时具黑色边缘，基部有浅囊，背面有不明显的 1～3 脉；花冠上部深蓝色或蓝紫色，下部黄绿色，具深蓝色脉纹，筒状，长 6～10 mm，果时长14～18 mm，宽达 4 mm，中裂，裂片近直立，卵状矩圆形，长 3～11 mm，先端钝圆，喉部具 1 圈白色副冠，副冠 5 束，长 2.0～2.5 mm，上部流苏状条裂，冠筒基部具 10 个小腺体；雄蕊着生于冠筒中部，花丝线形，白色，长约 3 mm，基部下延于冠筒成狭翅，花药黄色，宽椭圆形，长约 1 mm；子房无柄，狭椭圆形，花柱不明显，柱头 2 裂。蒴果无柄，略长于花冠。种子深褐色，宽矩圆形，长约 0.5 mm，表面光滑。 花果期 7～10 月。

产青海：格尔木（西大滩，青藏队吴玉虎 2800；野牛沟，中普队 196）、兴海（温泉山，王为义 124、140；河卡乡兴隆山，何廷农 352；大河坝，吴玉虎 42462、42495；黄青河畔，吴玉虎 42681）、治多（可可西里库赛湖东部，黄荣福 K438）、称多（歇武乡赛巴沟，刘尚武 2549）、达日（吉迈乡赛纳纽达山，H. B. G. 1290、1305、1324；建设乡胡勒安玛，H. B. G. 1177）、玛多（黑海乡曲纳麦尔，H. B. G. 1456；清水乡，陈桂琛 1860）。生于海拔 3 200～4 400 m 的沟谷山坡草地、河滩高寒草甸、河谷阶地草甸。

分布于我国的西藏、云南西北部、四川北部及西部、青海、甘肃；克什米尔地区至不丹也有。

4. 柔弱喉毛花

Comastoma tenellum（Rottb.）Toyokuni in Bot. Mag. Tokyo 74：198. 1961；西藏植物志 3：976. 1986；中国植物志 62：309. 1988；新疆植物志 4：95. 图版 32：4～6. 2004；青藏高原维管植物及其生态地理分布 746. 2008.——*Gentiana tenella* Rottb. in Acta Hafm. 10：436. 1770.

一年生草本，高 5～12 cm。主根纤细，茎从基部有多数分枝至不分枝，分枝纤细，斜升。基生叶少，匙状矩圆形，长 5～8 mm，宽 2～3 mm，先端圆形，全缘，基部楔形；茎生叶无柄，矩圆形或卵状矩圆形，长 4～11 mm，宽 2～4 mm，先端急尖，全缘，基部略狭缩，叶质薄，干时有明显网脉。花常 4 数，单生枝顶；花梗长达 8 cm；花萼深裂，裂片 4～5，不整齐，2 大、2 小，或 2 大、3 小，大者卵形，长 6～7 mm，宽 2.5～3.0 mm，先端急尖或稍钝，全缘，小者狭披针形，短而窄，先端急尖；花冠淡蓝色，筒形，长 6～10 mm，宽约 3 mm，浅裂，裂片 4，矩圆形，长 2～3 mm，先端稍钝，呈覆瓦状排列，互相覆盖，喉部具 1 圈白色副冠，副冠 8 束，长约 1.5 mm，冠筒基部具 8 个小腺体；雄蕊 4 枚，着生于花冠筒中下部，花药黄色，卵形，长 0.5～0.7 mm，花丝钻形，长 2 mm，基部宽约 1 mm，向上略狭；子房狭卵形，长约7 mm，先端渐狭，无明显的花柱，柱头 2 裂，裂片长圆形。蒴果略长于花冠，先端 2 裂。种子多数，卵球形，扁平，表面光滑，边缘有乳突。　花果期 6～7 月。

产新疆：乌恰、塔什库尔干（采集人和采集号不详）、和田、于田（普鲁，采集人不详 089）。生于海拔 2 600～2 900 m 的沟谷山坡草地、河谷山麓潮湿处草甸。

西藏：日土（尼亚格祖，青藏队 76－9151）。生于海拔 4 200 m 左右的沟谷山坡高寒草地、河谷阶地草甸。

分布于我国的新疆、西藏、四川、甘肃、山西；俄罗斯，哈萨克斯坦，吉尔吉斯斯坦，塔吉克斯坦，欧洲，北美也有。

5. 镰萼喉毛花　图版 16：9～11

Comastoma falcatum（Turcz.　ex Kar.　et Kir.）Toyokuni in Bot.　Mag.　Tokyo 74：198. 1961；西藏植物志 3：975. 1986；中国植物志 62：306. 图版 50：4～6. 1988；Fl. China 16：134. 1995；青海植物志 3：78. 图版 18：9～11. 1996；新疆植物志 4：94. 图版 32：1～3. 2004；青藏高原维管植物及其生态地理分布 745. 2008.

一年生草本，高 4～25 cm。茎从基部分枝，分枝斜升，基部节间短缩，上部伸长，花葶状，四棱形，常带紫色。叶大部分基生，叶片矩圆状匙形或矩圆形，连柄长 5～15 mm，宽3～6 mm，先端钝或圆形，基部渐狭成柄，叶脉 1～3 条，叶柄长达 20 mm；茎生叶无柄，矩圆形，稀为卵形或矩圆状卵形，长 8～15 mm，一般宽 3～4 mm，有时宽达 6 mm，先端钝。花 5 数，单生分枝顶端；花梗常紫色，四棱形，长达 12 cm，一般长 4～6 cm；花萼绿色或有时带蓝紫色，长为花冠的 1/2，稀达 2/3 或较短，深裂近基部，裂片不整齐，形状多变，常为卵状披针形，弯曲成镰状，有时为宽卵形或矩圆形至狭披针形，先端钝或急尖，边缘平展，稀外反，近于皱波状，基部有浅囊，背部中脉明显；花冠蓝色、深蓝色或蓝紫色，有深色脉纹，高脚杯状，长（9）12～25 mm，冠筒筒状，喉部突然膨大，直径达 9 mm，裂达中部，裂片矩圆形或矩圆状匙形，长 5～13 mm，宽达 7 mm，先端钝圆，偶有小尖头，全缘，开展，喉部具 1 圈副冠，副冠白色，10 束，长达 4 mm，流苏状裂片先端圆形或钝，宽约 0.5 mm，冠筒基部有 10 个小腺体；雄蕊着生于冠筒中部，花丝白色，长 5.0～5.5 mm，基部下延于冠筒上成狭翅，花药黄色，矩圆形，长 1.5～2.0 mm；子房无柄，披针形，连花柱长 8～11 mm，柱头 2 裂。蒴果狭椭圆形或披针形；种子褐色，近球形，直径约 0.7 mm，表面光滑。　花果期 7～9 月。

产新疆：乌恰（托云乡苏约克，西植所新疆队 1928）、塔什库尔干（当巴什红其拉甫，西植所新疆队 1488，采集人不详 T012）、叶城（苏克皮亚，青藏队吴玉虎 1101；阿克拉达坂，青藏队吴玉虎 8701、476；柯克亚乡，青藏队吴玉虎 870897）、和田、策

图版 16　椭圆叶花锚 **Halenia elliptica** D. Don 1. 植株上部；2. 花；3. 花冠裂片；4.花冠纵剖；5. 子房。湿生扁蕾 **Gentianopsis paludosa**（Hook. f.）Ma 6. 植株；7. 花萼纵剖；8. 花冠纵剖。镰萼喉毛花 **Comastoma falcatum**（Turcz.ex Kar. et Kir.）Toyokuni 9. 植株；10. 花萼纵剖；11. 花冠纵剖。（阎翠兰绘）

勒（恰哈乡喀尔塔西夏牧场，采集人和采集号不详）、若羌（鲸鱼湖畔，青藏队吴玉虎 2220、2697、4084；阿雅格库姆库里达坂，袁永明等 A110；阿尔金山保护区鸭子泉，青藏队吴玉虎 3936；祁漫塔格，青藏队吴玉虎 2661；木孜塔格，青藏队吴玉虎 2252；阿尔金山保护区鸭子泉与阿其克库勒湖之间，青藏队吴玉虎 2295；喀什克勒河，青藏队吴玉虎 4153）、且末（解放牧场，青藏队吴玉虎 3065）。生于海拔 3 600～5 100 m 的沟谷山坡高寒草甸、高山流石滩稀疏植被带、宽谷河滩高寒沼泽草甸、高山冰缘山地草甸。

西藏：日土（多玛区种藏莫特，青藏队 76－9033）。生于海拔 5 200 m 左右的沟谷山坡高寒草地、溪流河边湿草地。

青海：都兰（英德尔羊场，杜庆 413）、兴海（河卡日干山，何廷农 247、284；温泉乡曲隆，H. B. G. 1397；鄂拉山垭口，H. B. G. 1388）、治多（可可西里太阳湖南岸，黄荣福 K－303；马兰山东北坡，黄荣福 R275、K－343；卓乃湖东部，黄荣福 K－424；库赛湖南部山地，黄荣福 K－449；新青峰南，黄荣福 K－373）、曲麻莱（东风乡香日公马，黄荣福 146；秋智乡奥哇儿马，刘尚武、黄荣福 774）、称多（扎朵乡日阿吾查罕，刘建全 83－298；歇武乡当巴沟，王为义 223）、玛多（花石峡乡，吴玉虎 18328，H. B. G. 1482；鄂陵湖畔，吴玉虎 18093；黑海乡，刘尚武 508，吴玉虎 068；清水乡曲纳麦尔，H. B. G. 1451；县城附近，吴玉虎 18217；清水乡，H. B. G. 1366；玛积雪山，吴玉虎 18221、18232、18231）、玛沁（兔子山，吴玉虎 18213、18313；大武乡黑土山，吴玉虎 19019，H. B. G. 668；拉加乡附近，吴玉虎 6126）、班玛（采集地不详，郭本兆 461）。生于海拔 3 100～5 300 m 的宽谷河滩高寒草甸、山坡草地、河谷山地林下及林缘草甸、山坡高寒灌丛草甸、河谷阶地高寒草甸、高寒草甸砾石地。

分布于我国的西藏、四川西北部、青海、新疆、甘肃、内蒙古、山西、河北；克什米尔地区，印度，尼泊尔，蒙古，俄罗斯，中亚地区各国也有。

6. 蓝钟喉毛花

Comastoma cyananthiflorum（Franch. ex Hemsl.）Holub in Folia Geobot. Phytotax.（Praha）2（1）：120. 1967；西藏植物志 3：974. 图 369：3～4. 1986；中国植物志 62：302. 图版 50：1～3. 1988；Fl. China 16：134. 1995；青藏高原维管植物及其生态地理分布 745. 2008.——*Gentiana cyananthiflora* Franch. ex Hemsl. in Journ. Linn. Soc. Bot. 26：126. 1890.

多年生草本，高 5～15 cm。根茎短，根黑褐色，颈部被褐色枯存叶柄。茎自基部分枝，斜升，近四棱形，基部节间短缩。基生叶发达，倒卵状匙形，连柄长 15～28 mm，宽 3～7 mm，先端圆形或钝，边缘平滑，基部突然狭缩，下延成柄，仅中脉在下面明显，叶柄细，扁平，长于叶片，长达 15 mm；茎中部叶具短柄，叶片倒卵状匙形，长 5～10 mm，宽 3～6 mm，先端钝或圆形，基部钝，下延成柄。花 5 数，单生分枝顶端；花梗斜升，近四棱形，长至 4.5 cm；花萼绿色，一般长为花冠的 1/3，深裂近基部，裂片稍不整齐，披针形或卵状披针形，长 6～10 mm，先端急尖，背面中脉明显；花冠蓝色，高脚杯状，长 1.4～2.5 cm，冠筒宽筒形，喉部突然膨大，裂达中部，裂片开张，矩圆形或倒卵状矩圆形，长 8～15 mm，先端钝或圆形，基部具 2 束白色副冠，副冠长 2.5～3.0 mm，基部片状，上部流苏状条裂，裂片先端急尖，冠筒基部有 10 个小腺体；雄蕊生于冠筒中部，花丝线形，长 2.0～2.5 mm，基部下延于冠筒上成狭翅，并具少数白色长毛，稀无毛，花药黄色，矩圆形，长 1.2 mm；子房无柄，披针形，长约 9 mm，无花柱。蒴果披针形。种子多数，圆球形，直径 0.5～0.7 mm，表面光滑。花期 6～10 月。

产青海：玛沁（雪山乡日通沟，玛沁队 357）、久治（索乎日麻乡，藏药队 515；索乎日麻乡希门错湖，藏药队 591；索乎日麻乡龙卡湖东南，果洛队 587；年保山北坡，果洛队 416）。生于海拔 4 200～4 600 m 的沟谷山地高寒草甸、山坡高寒灌丛草甸、山地阴坡草地、宽谷河湖边砾石地。

分布于我国的西藏东南部、云南西北部、四川、青海东南部。模式标本采自云南洱源。

久治喉毛花 *C. jigzhiense* T. N. Ho et J. Q. Liu（《青海植物志》3：78. 1996.）与本种的形态特征及分布很多都相同，有待进一步研究。

6. 假龙胆属 **Gentianella** Moench

Moench Meth. Pl. 482. 1794.

一年生草本。茎单一或有分枝。叶对生，基生叶早落，茎生叶无柄或有柄。花 4～5 数，单生茎或枝端，或排列成聚伞花序；花萼叶质或膜质，深裂，萼筒短或极短，裂片同形或异形，裂片间无萼内膜；花冠筒状或漏斗状，浅裂或深裂，冠筒上着生有小腺体，裂片间无褶，裂片基部常光裸，稀具有维管束的柔毛状流苏；雄蕊着生于冠筒上；子房有花柱，柱头小，2 裂。蒴果自顶端开裂。种子多数，表面光滑或有疣状突起。

约 125 种。我国有 9 种，昆仑地区产 5 种。

分种检索表

1. 花冠裂片基部具 6～7 条长柔毛；花萼裂片线形，背部中脉有脊突 ………………………………………………………………… 1. 尖叶假龙胆 **G. acuta**（Michx.）Hulten
1. 花冠裂片基部无长柔毛；花萼裂片中脉无脊突。
    2. 花 5 数；花冠及花萼裂片先端具芒尖；叶无柄，卵形或卵状披针形；花萼膜质，

裂片间弯缺近圆形 ………………… **2. 新疆假龙胆 G. turkestanorum** (Gand.) Holub

2. 花 4 或 5 数；花冠裂片先端无芒尖。

3. 植株较高大，分枝非帚状；叶无柄；花 5 数，长 5～14 mm，花萼稍长于冠筒，裂片边缘黑色 ………………………… **3. 黑边假龙胆 G. azurea** (Bunge) Holub

3. 植株矮小，高不逾 4 cm，从基部分枝，近帚状；叶具明显叶柄；花 4 数，长 5.0～5.5 mm。

4. 花萼裂片长圆形，直立；花冠黄色 ……………………………………………… **4. 矮假龙胆 G. pygmaea** (Regel et Schmalh.) H. Smith

4. 花萼裂片匙形，先端外反；花冠紫红色 ……………………………………………… **5. 紫红假龙胆 G. arenaria** (Maxim.) T. N. Ho

1. 尖叶假龙胆

Gentianella acuta (Michx.) Hulten in Mém. Soc. Fauna Fl. Fenn. 25：76. 1950；中国植物志 62：318. 1988；Fl. China 16：137. 1995；新疆植物志 4：99. 2004；青藏高原维管植物及其生态地理分布 763. 2008.

一年生草本，高 24～35 cm。主根细长。茎直立，单一，上部有短的分枝，近四棱形。基生叶早落；茎生叶无柄，披针形或卵状披针形，长 1.5～3.5 cm，宽 0.3～1.0 cm，先端急尖，基部稍宽，不联合，叶脉 3～7 条，在下面较明显。聚伞花序顶生和腋生，组成狭窄的总状圆锥花序；花 5 数，稀 4 数；花梗细而短，长 2～8 mm，四棱形；花萼长为花冠的 1/2～2/3，深裂，萼筒浅钟形，长 1～2 mm，裂片狭披针形，长 4～7 mm，宽约 1 mm，先端渐尖，边缘略增厚，背部中脉隆起，脊状；花冠蓝色，狭圆筒形，长 8～11 mm，喉部宽约 3 mm，裂片矩圆状披针形，长 3～4 mm，宽约 1.5 mm，先端急尖，基部具 6～7 条排列不整齐的流苏，流苏长柔毛状，内有维管束，冠筒基部具 8～10 个小腺体；雄蕊着生于冠筒中部，花丝线形，长约 2 mm，基部下延成狭翅，花药蓝色，矩圆形，长约 1 mm；子房无柄，圆柱形，长5～6 mm，花柱不明显。蒴果无柄，圆柱形。种子褐色，圆球形，直径 0.6～0.8 mm，表面具小点状突起。 花果期 8～9 月。

产新疆：塔什库尔干。生于海拔 3 500 m 左右的山地草甸、河谷阶地高寒草甸砾地。

分布于我国的东北、华北地区；俄罗斯，中亚地区各国，蒙古，北美洲也有。

2. 新疆假龙胆

Gentianella turkestanorum (Gand.) Holub in Folia Geobot. Phytotax. (Praha) 2 (1)：118. 1967；中国植物志 62：313. 图版 51：1～3. 1988；Fl. China 16：137. 1995；新疆植物志 4：97. 2004；青藏高原维管植物及其生态地理分布 764. 2008.——*Gentiana turkestanorum* Gand. in Bull. Soc. Bot. France 65：60. 1918.

一年生或二年生草本，高 10～35 cm。茎单生，直立，近四棱形，光滑，常带紫红色，常从基部起分枝，枝细瘦。叶无柄，卵形或卵状披针形，长至 4.5 cm，宽至 2 cm，先端急尖，边缘常外卷，基部钝或圆形，半抱茎，叶脉 3～5 条，在下面明显。聚伞花序顶生和腋生，多花，密集，其下有叶状苞片；花 5 数，大小不等，顶花为基部小枝花的 2～3 倍大，直径 3.0～5.5 mm；花萼钟状，长为花冠之半至稍短于花冠，分裂至中部，萼筒长 1.5～7（9）mm，白色膜质，裂片绿色，不整齐，线状椭圆形至线形，长 2～10 mm，宽约 1 mm，先端急尖，具长尖头，边缘粗糙，背面中脉明显，裂片间弯缺宽，近圆形；花冠淡蓝色，具深色细纵条纹，筒状或狭钟状筒形，长 7～20 mm，浅裂，裂片椭圆形或椭圆状三角形，长 3～7 mm，先端钝，具长约 1 mm 的芒尖，冠筒基部具 10 个绿色、矩圆形腺体；雄蕊着生于冠筒下部，花丝白色，线形，长约 7 mm，基部下延于冠筒上成狭翅，花药黄色，矩圆形，长约 1.2 mm；子房宽线形，长 11～12 mm，两端渐尖，子房柄长 1.5～2.0 mm，柱头小，2 裂。蒴果短柄，长 1.8～2.2 cm。种子黄色，圆球形，直径约 0.8 mm，表面具极细网纹。 花果期 6～7 月。

产新疆：乌恰、阿克陶、塔什库尔干（县城至国界途中，克里木 T171；县城南 70 km处，克里木 T251）、叶城（苏克皮亚，吴玉虎 1043；柯克亚乡，青藏队吴玉虎 870847；柯克亚乡高沙斯，青藏队吴玉虎 870911）、策勒（奴尔乡都木，采集人不详 82）、若羌（县城至青海茫崖 125 km 处，青藏队吴玉虎 2335；阿尔金山北坡，青藏队吴玉虎 2781）。生于海拔2 700～3 900 m的宽谷河边草甸、湖边台地、山地阴坡草地、沟谷山坡林下草甸、砾石山坡草地。

分布于我国的新疆；俄罗斯，中亚地区各国，蒙古也有。

3. 黑边假龙胆

Gentianella azurea（Bunge）Holub in Folia Geobot. Phytotax. （Praha）2（1）：116. 1967；西藏植物志 3：973. 1986；中国植物志 62：317. 图版 51：10～12. 1988；Fl. China 16：134. 1995；青海植物志 3：81. 1996；新疆植物志 4：98. 2004；青藏高原维管植物及其生态地理分布 764. 2008.——*Gentiana azurea* Bunge in Mém. Soc. Nat. Mosc. 7：230. 1829.

一年生草本，高 2～25 cm。茎直立，常紫红色，有条棱，从基部或下部起分枝，枝开展。基生叶早落；茎生叶无柄，矩圆形、椭圆形或矩圆状披针形，长 3～22 mm，宽 1.5～7.0 mm，先端钝，边缘微粗糙，基部稍合生，仅中脉在下面较明显。聚伞花序顶生和腋生，稀单花顶生；花梗常紫红色，不等长，长至 4.5 cm；花 5 数，直径 4.5～5.5 mm；花萼绿色，长为花冠之半，长 4～9 mm，深裂，萼筒短，长仅 1.5～2.0 mm，裂片卵状矩圆形、椭圆形或线状披针形，宽 1～2 mm，先端钝或急尖，边缘及背面中脉明显黑色，裂片间弯缺狭而长；花冠蓝色或淡蓝色，漏斗形，长 5～14 mm，近中裂，裂片矩圆形，长 2～6 mm，先端钝，冠筒基部具 10 个小腺体；雄蕊着生于冠筒中部，花丝线形，有时蓝色，长 2.0～4.5 mm，花药蓝色，矩圆形或宽矩圆形，长 0.4～1.0 mm；子房无柄，披针形，长 4.5～10.0 mm，先端渐尖，与花柱界限不明，柱头小。蒴果无柄，先端稍外露。种子褐色，矩圆形，长 1.0～1.2 mm，表面具极细网纹。

花果期 7～9 月。

产新疆：乌恰、叶城（阿格勒达坂，黄荣福 147）、策勒（恰哈乡喀尔塔西夏牧场，袁永明，采集号不详）、若羌（鸭子沟附近，袁永明等 A127；铁木里克，袁永明等 A049）。生于海拔2 700～4 600 m 的沟谷山坡高寒草甸、宽谷河滩草甸、河谷阶地。

青海：兴海（河卡乡火隆山，何廷农 369B；鄂拉山垭口，H. B. G. 1387）、曲麻莱（秋智乡，刘尚武、黄荣福 771）、玛多（清水乡活勒果该垭口，H. B. G. 1369）、达日（吉迈乡赛纳纽达山，H. B. G. 1312）、玛沁（江让水电站，吴玉虎等 18402；黑土山，吴玉虎等 18474、18634；优云乡，玛沁队 552）、久治（县城附近，果洛队 668）。生于海拔 3 200～4 850 m 的沟谷山坡草地、山地林下、山坡高寒灌丛草甸中、河谷阶地高寒草甸、河漫滩草甸。

分布于我国的西藏、云南西北部、四川西北部、青海、甘肃、新疆；不丹东北部，蒙古，俄罗斯，中亚地区各国也有。

4. 矮假龙胆

Gentianella pygmaea（Regel et Schmalh.）H. Smith apud S. Nilsson in Grana Palyn. 7（1）：106. 1967；西藏植物志 3：973. 1986；中国植物志 62：316. 1988；Fl. China 16：137. 1995；青海植物志 3：82. 1996；新疆植物志 4：98. 2004；青藏高原维管植物及其生态地理分布 764. 2008.——*Gentiana pygmaea* Regel et Schmalh. Pl. Nov. Fedsch. 34（2）：54. 1882.

一年生草本，高 1～4 cm。茎从基部分枝，呈帚状，分枝基部节间缩短，上部伸长。基生叶和茎下部叶匙形或倒披针形，连柄长 3～10 mm，宽 1～2 mm，先端急尖或钝，基部渐狭呈短柄。花 4 数，单生枝顶；花梗不等长，斜升，长至 2.5 cm；花萼长为花冠的 2/3 或稍短，长 4～5 mm，裂片椭圆形或棱形，先端急尖，基部不或稍狭缩，直立；花冠淡黄色，筒状，长 5～7 mm，裂达中部，裂片长形，先端钝，冠筒基部具 8 个小腺体；雄蕊着生冠筒上部，花丝白色，花药黄色；子房先端渐尖，与花柱无明显界限。蒴果略长于花冠。种子褐色，表面具极细网纹。 花期 8 月。

产新疆：乌恰、阿克陶、塔什库尔干（Haiying，采集人和采集号不详）。生于海拔 3 500～4 300 m 的河谷、山坡草地。

青海：兴海（鄂拉山垭口，H. B. G. 1391；温泉乡曲隆，H. B. G. 1398；河卡科学滩，何廷农 241）、曲麻莱（东风乡白布滩，刘尚武、黄荣福 793）、称多（称文乡刚查，王为义 167）、达日（建设乡胡勒安玛，H. B. G. 1156；吉迈乡赛纳纽达山，H. B. G. 1323）、玛沁（优云乡冷许忽，玛沁队 515；大武乡大武军牧场，H. B. G.

793)。生于海拔 4 000～4 600 m 的河谷溪流水沟边草地、高山流石滩湿草地、河谷阶地高寒草甸。

分布于我国的西藏、四川、新疆、青海；塔吉克斯坦，印度东北部，以及喀喇昆仑山南坡也有。

5. 紫红假龙胆 图版 17：1～4

Gentianella arenaria (Maxim.) T. N. Ho in Acta Biol. Plat. Sin. 1：39. 1982；西藏植物志 3：973. 1986；中国植物志 62：315. 图版 51：7～9. 1988；Fl. China 16：134. 1995；青海植物志 3：82. 图版 19：6～9. 1996；青藏高原维管植物及其生态地理分布 764. 2008. ——*Gentiana arenaria* Maxim. Diagn. Pl. Nov. Asiat. 8：30. 1893.

一年生草本，高 2～4 cm，全株紫红色。茎从基部多分枝，铺散，基部节间极短缩。基生叶和茎下部叶匙形或倒卵状矩圆形，连柄长 5～8 mm，宽 1. 0～1. 3 mm，先端钝圆，叶脉在两面均不明显，基部渐狭成柄；叶柄扁平，长至 4 mm。花 4 数，单生分枝顶端，直径3. 0～4. 5 mm；花梗斜升，具条棱，长至 3 cm；花萼紫红色，长为花冠的 2/3，长3. 0～4. 5 mm，裂片匙形，先端钝圆，外反，基部狭缩，背面脉不明显；花冠紫红色，筒状，长 5. 0～5. 5 mm，浅裂，裂片矩圆形，长 1. 6～1. 8 mm，先端钝圆，冠筒基部具 8 个小腺体；雄蕊着生于冠筒中上部，花丝白色，线形，长约 2 mm，花药黄色，宽矩圆形，长 0. 2～0. 3 mm；子房无柄，卵状披针形，先端渐尖，与花柱界限不明，柱头裂片线形，外卷。蒴果卵状披针形，长 6.5～7.0 mm。种子深褐色，宽矩圆形，长至 0.9 mm，表面具极细网纹。 花果期 7～9 月。

产青海：格尔木（西大滩，青藏队吴玉虎 2869）、兴海（河卡乡火隆山，何廷农 369）、曲麻莱（县城附近，刘尚武、黄荣福 00744；东风乡上年错，黄荣福 0165）、称多（扎朵乡日阿吾查罕，苟新京 83 - 304、83 - 305；称文乡刚查，王为义 166）、玛多（鄂陵湖畔，吴玉虎 18091；县城郊，吴玉虎 252；县牧场，吴玉虎 18087）、玛沁（兔子山，吴玉虎 18285、18303；雪山乡浪日，H. B. G. 435；大武乡格曲，H. B. G. 572；德勒龙沟，H. B. G. 834；优云桥附近，区划一组 182）、达日（建设乡胡勒安玛，H. B. G. 1141）。生于海拔 3 400～5 400 m 的沟谷河滩沙地、高山流石滩、河谷阶地高寒草甸、河沟草甸砾地、沟谷山地砾石坡草甸。

分布于我国西藏东北部、青海和甘肃。模式标本采自西藏东北部。

7. 口药花属 Jaeschkea Kurz

Kurz in Journ. Asiat. Soc. Bengal 39 (2)：230. 1870.

一年生草本。叶对生。聚伞花序或花多数，单生小枝顶端，稀为单花；花 4～5 数；

花萼深裂近基部，萼筒极短；花冠筒状，分裂至近中部，冠筒基部有腺体，裂片间无褶，不重叠或彼此以 1/3 的宽度互相覆盖，右旋呈深覆瓦状排列；雄蕊着生于裂片一侧的基部，也即相当于裂片间的弯缺处的稍下方与裂片互生，花丝短或极短；子房无柄或有柄，花柱短，胚珠较少。蒴果 2 瓣裂。种子较少，表面光滑。

约 3 种。我国有 2 种，昆仑地区产 1 种。

1. 小籽口药花 图版 17：5～8

Jaeschkea microsperma C. B. Clarke in Hook. f. Fl. Brit. Ind. 4：119. 1883；中国植物志 62：321. 图版 52：3～7. 1988；Fl. China 16：138. 1995；青海植物志 3：83. 图版 19：10～13. 1996；青藏高原维管植物及其生态地理分布 766. 2008.

一年生草本，高 1～4 cm。茎单一，直立，或从基部分枝，枝铺散，四棱形，基部节间短缩。基生叶早落，匙形，连柄长 2～4 mm，宽约 1 mm，先端钝，基部狭缩成柄，边缘微粗糙；茎生叶无柄，矩圆形或披针形，长 2～6 mm，宽至 2 mm，先端圆形或钝，基部不合生，边缘粗糙，叶脉不明显。花 5 数，稀 4 数单生茎或分枝顶端；花梗四棱形，长 5～15 mm；花萼长为花冠的 1/2，深裂至近基部，萼筒长约 1 mm，裂片矩圆形或椭圆形，长 2.5～5.0 mm，宽 1～2 mm，先端钝，基部略狭缩，边缘微粗糙；花冠蓝紫色，长 4～10 mm，冠筒筒状，长 3～7 mm，基部有 8～10 个腺体，裂片卵形，长 1～3 mm，宽 1.5～2.5 mm，先端钝，具小尖头，背面有乳突，深覆瓦状排列，相互覆盖达其宽度的 1/3 以上，外侧的一边下延于冠筒上成较高的纵脊；雄蕊着生于冠筒喉部，花丝长近 1 mm，花药黄色，矩圆形，长约 1 mm；雌蕊与雄蕊等高，子房披针形，先端渐尖，柱头小，2 裂。蒴果卵状披针形，长达 13 mm，仅先端外露。种子褐色，矩圆形，长约 1 mm，表面光滑。 花果期 8 月。

产新疆：和田（喀什塔什，青藏队吴玉虎 2580）、且末（昆其布拉克，青藏队吴玉虎 2106、2627）、策勒（奴尔，青藏队吴玉虎 3042）、若羌（阿尔金山保护区鸭子泉，青藏队吴玉虎 3939；冰河畔，青藏队吴玉虎 4231）。生于海拔 3 100～4 200 m 的高原滩地干旱草原、宽谷河滩高寒草甸、高原沟谷草甸、山坡草地。

青海：称多（称文乡刚查，王为义 165A）。生于海拔 4 200 m 左右的沟谷溪流河边草甸、河谷山麓草地。

分布于我国的青海、新疆、西藏南部及西部；印度也有。

8. 肋柱花属 Lomatogonium A. Br.

A. Br. Flora (Regensburg) 13：221. 1830.

一年生或多年生草本，全株光滑，偶有密被乳突状毛。茎基部单一，上部有分枝或

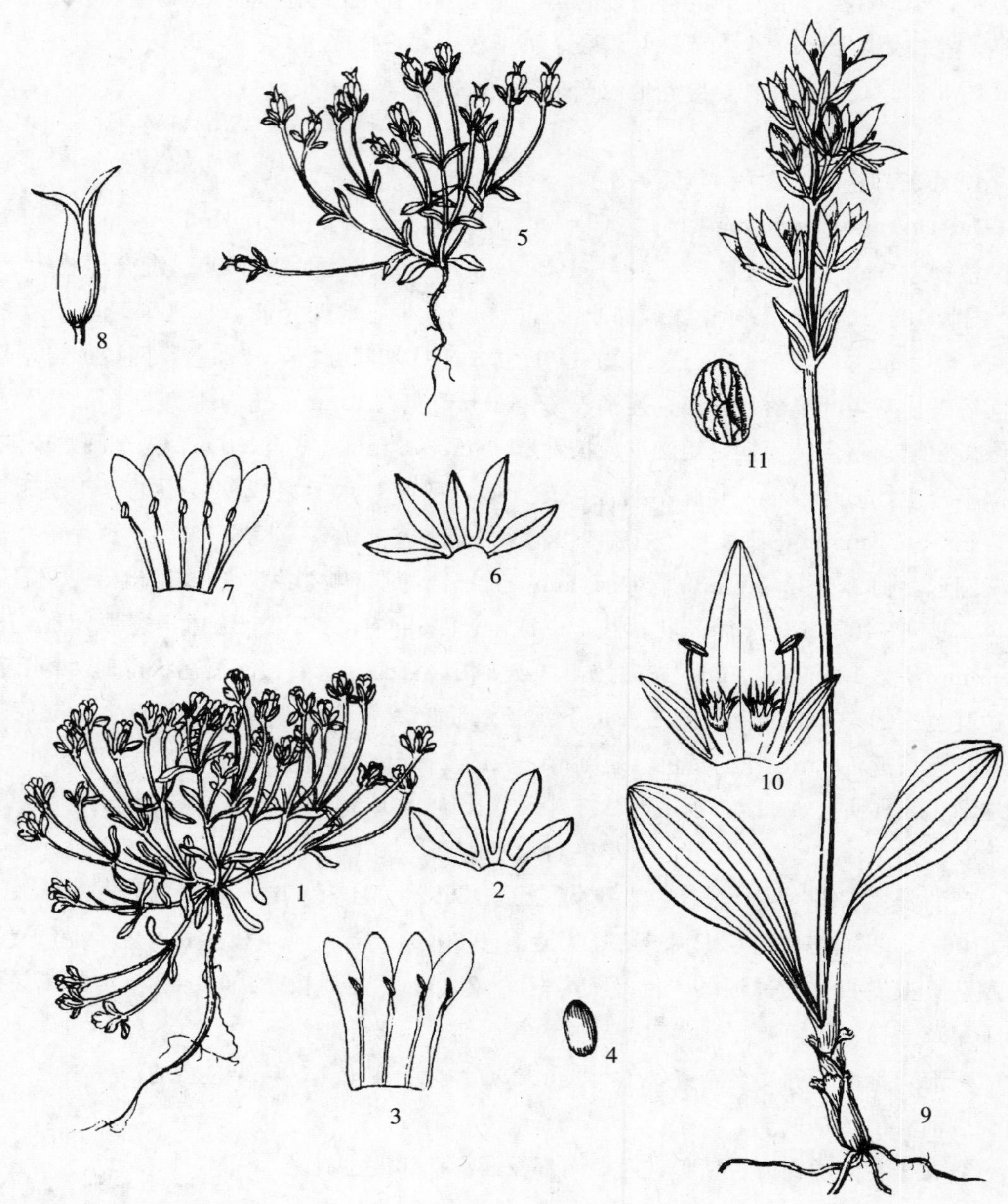

图版 **17** 紫红假龙胆 **Gentianella arenaria**（Maxim.）T. N. Ho 1. 植株；2. 花萼纵剖；3. 花冠纵剖；4. 种子。小籽口药花 **Jaeschkea microsperma** C. B. Clarke 5. 植株；6. 花萼纵剖；7. 花冠纵剖；8. 种子。二叶獐牙菜 **Swertia bifolia** Batal. 9. 植株；10. 花冠裂片；11. 种子。（阎翠兰绘）

从基部起有分枝，分枝直立或铺散。叶对生；基生叶在花期存在或早落。花 5 数，稀 4 数，偶有花冠裂片多至 10 数者，单生或为聚伞花序；花萼深裂，萼筒短，有时稍长，裂片常与叶同形，大都短于花冠；花冠辐状，深裂近基部，冠筒极短，裂片在蕾中右向旋转排列，重叠覆盖，开放时呈明显的二色，一侧色深，一侧色浅，基部有 2 个腺窝，腺窝管形或片状，基部合生或否，边缘有裂片状流苏；雄蕊着生于冠筒基部与裂片互生，花药蓝色或黄色，短于花丝或幼时等长；子房剑形，无花柱，柱头沿着子房的缝合线下延。蒴果 2 裂，果瓣近革质。种子小，多数，近圆形，常光滑。

约 24 种。我国有 20 种，昆仑地区产 7 种 1 变种。

分种检索表

1. 花药黄色，卵状长圆形，长达 1 mm；腺窝片状，位于花冠裂片基部的中央，近于邻接；茎从基部起多枝，铺散，枝下部节间极缩短。
    2. 植株极矮，茎单一或有 2～4 个分枝；花梗短；花常 4 数 ……………………………………………………… **1. 短药肋柱花 L. brachyantherum** (C. B. Clarke) Fern.
    2. 植株较高，茎有多数分枝；花梗长，长达 6.5 cm；花 5 数 ……………………………………………………… **2. 铺散肋柱花 L. thomsonii** (C. B. clarke) Fern.
1. 花药蓝色，长圆形，长 1.5～4.0 mm；腺窝管形或片状，位于花冠裂片基部的两侧，疏离。
    3. 多年生草本，具根茎；茎单一，基部被褐色枯存叶柄；基生叶发达；花单生或少数呈聚伞花序 ……………………… **3. 宿根肋柱花 L. perenne** T. N. Ho et S. W. Liu
    3. 一年生草本，主根明显；基生叶早落。
        4. 花萼裂片披针形或线形，先端常渐尖。
            5. 茎生叶宽，卵状三角形、卵状披针形；花萼裂片长为花冠的 1/2～2/3；花冠蓝紫色 ……………………… **4. 大花肋柱花 L. macranthum** (Diels et Gilg) Fern.
            5. 茎生叶窄，狭披针形、披针形至线形；花萼裂片与花冠近等长或稍短；花冠淡蓝色 ……………………… **5. 辐状肋柱花 L. rotatum** (Linn.) Fries ex Nym.
        4. 花萼裂片卵形、长圆形、卵状披针形或椭圆形，先端圆形、钝或急尖。
            6. 茎生叶倒卵形或椭圆形；花萼裂片互相覆盖 ……………………………………………………… **6. 合萼肋柱花 L. gamosepalum** (Burk.) H. Smith
            6. 茎生叶披针形、椭圆形至卵状椭圆形；花萼裂片不互相覆盖 ……………………………………………………… **7. 肋柱花 L. carinthiacum** (Wulfen.) A. Br.

1. 短药肋柱花

Lomatogonium brachyantherum (C. B. Clarke) Fern. in Rhodora 21: 197. 1919; 西藏植物志 3: 979. 1986; 中国植物志 62: 339. 1988; Fl. China 16: 126. 1995; 青海

植物志 3：84. 1996；青藏高原维管植物及其生态地理分布 767. 2008.

一年生草本，高 1.5～15.0 cm。茎从基部多分枝，铺散地面，枝细瘦，下部节间短缩，上部伸长，光滑。叶对生，大部分于茎下部，无柄，椭圆形或长圆形，长 2～6 mm，宽 1～3 mm，先端钝，全缘，基部略狭，两面光滑。花 4～5 数，单生枝顶；花梗长达 6.5 cm；花萼长为花冠的 1/2，长 3～6 mm，萼筒长 2～3 mm，裂片与叶同形；花冠蓝色或淡蓝紫色，长5～10 mm，冠筒长 2～3 mm，裂片椭圆形或宽椭圆形，先端钝，边缘常为白色（干时），基部具 2 个白色片状腺窝，腺窝邻近，边缘有裂片状流苏；花丝扁平，长 5～6 mm，花药小，长约 1 mm，黄色，卵形；柱头下延至子房中部。蒴果卵状披针形，2 裂。种子小，光滑。 花果期 7～8 月。

产新疆：叶城（柯克亚，青藏队吴玉虎 1065）、皮山（三十里营房，青藏队吴玉虎 1180）。生于海拔 3 400～4 300 m 的宽谷河滩草甸、沟谷山地高寒草甸、河谷阶地草甸。

西藏：日土（县城郊，青藏队吴玉虎 1623；多玛区曲则热都，青藏队 76－9075）、改则（至措勤县途中，青藏队藏北分队郎楷永 10253）。生于海拔 4 200～5 400 m 的宽谷河滩高寒草甸、高山流石滩草甸、沟谷山地草甸。

青海：可可西里（可可西里湖东部，黄荣福 K－402）、玛沁（黑土山，吴玉虎等 18546）、玛多（黑海乡曲纳麦尔，H. B. G. 1439；花石峡乡，H. B. G. 1471）。生于海拔4 000～4 500 m 的湖边草地、高寒灌丛草甸。

分布于我国的青海、西藏、新疆；帕米尔高原西部，克什米尔地区，印度，不丹也有。模式标本采自西藏西部。

2. 铺散肋柱花

Lomatogonium thomsonii（C. B. Clarke）Fern. in Rhodora 21：197. 1919；西藏植物志 3：979. 1986；中国植物志 62：340. 图版 53：9～12. 1988；青藏高原维管植物及其生态地理分布 768. 2008. ——*Pleurogyne thomsonii* C. B. Clarke in Hook. f. Fl. Brit. Ind. 4：120. 1883.

一年生草本，高 5～15 cm。茎从基部起多分枝，铺散，常紫红色。基生叶狭长圆状匙形或狭椭圆形，长 10～15 mm，宽 2.5～3.0 mm，先端钝，边缘微粗糙，基部渐狭成柄；茎生叶无柄，椭圆形或椭圆状披针形，长 3～6 mm，宽 2～3 mm，先端钝。花 5 数，单生分枝顶端，辐状；花梗纤细，长达 6.5 cm；花萼长为花冠的一半，萼筒极短，裂片椭圆形，长 4.5～6.0 mm，先端钝；花冠蓝色，冠筒长约 3 mm，裂片宽椭圆形，长 8～10 mm，先端钝，基部具 2 个有裂片状流苏的腺窝。蒴果椭圆状披针形。种子褐色，圆球形，长 0.5～0.6 mm，表面平滑，具光泽。 花果期8～9月。

产新疆：叶城（依力克其，黄荣福 86；乔戈里峰，青藏队吴玉虎 1500；阿克拉达坂，青藏队吴玉虎 1431；克勒克河，青藏队吴玉虎 1538；岔路口，青藏队吴玉虎 1219）、皮山（三十里营房，青藏队吴玉虎 1100）。生于海拔 4 200～4 800 m 的宽谷河滩高寒草甸、沟谷山地高寒草甸、山坡湿草甸。

西藏：日土（青藏队 1391、8357、9130；斯潘古尔附近，青藏队 76－8778；班摩掌附近，青藏队 76－8775）、改则（麻米区至县城途中，青藏队郎楷永 10171）。生于海拔 3 700～5 200 m的高寒滩地高寒草甸、河漫滩高寒沼泽草地、山坡高山草甸、宽谷湖边草甸、高山流石滩稀疏植被带。

分布于我国的青海、新疆、西藏、甘肃。模式标本采自西藏西部。

3. 宿根肋柱花 图版 18：1～4

Lomatogonium perenne T. N. Ho et S. W. Liu ex J. X. Yang Fl. Tsinl. 1（4）：122. 1983；西藏植物志 3：978. 1986；中国植物志 62：328. 图版 53：5～8. 1988；Fl. China 16：123. 1995；青海植物志 3：84. 图版 20：1～4. 1996；青藏高原维管植物及其生态地理分布 768. 2008.

多年生草本，高 8～25 cm。根茎短，有时有分枝，颈部被深褐色枯存叶柄。花茎单一，直立，细瘦，近四棱形，上部常黑紫色。不育枝的莲座状叶与花茎的基部叶匙形或矩圆状匙形，连柄长 6～15（21）mm，宽 3.0～5.0（8.5）mm，先端钝，边缘具乳突，基部渐狭成柄，叶下面具 3～5 脉，中脉较明显；花茎中上部叶无柄或具短柄，叶片矩圆形或矩圆状匙形，稀为卵状矩圆形，长 6～16 mm，宽 3～6 mm，先端钝，基部宽楔形或半抱茎。花 5 数，常 1～7 朵，单生或呈聚伞花序；花梗细，直立，常带紫红色，长 2.5～5.6 cm；花萼长为花冠的 1/3，稀达 1/2，裂片狭椭圆形、线状矩圆形或线状匙形，长 4.5～8.0 mm，宽 1.0～2.0（3.5）mm，先端钝或急尖，基部常狭缩，背面具 3 脉；花冠深蓝色或蓝紫色，脉纹不明显，冠筒长约 1 mm，裂片狭矩圆形或椭圆形，长 12～17 mm，宽 4～6 mm，先端急尖或钝，基部两侧各具 1 个腺窝，腺窝大而管形，上部具宽的裂片状流苏；花丝浅蓝色，线形，长5～7 mm，花药蓝色，矩圆形，长 2～3 mm；子房长 9～13 mm，柱头下延于子房中部。蒴果（未成熟）线状椭圆形，长约 13 mm；种子小，黄棕色，近圆柱形。 花期 8 月。

产青海：久治（措勒赫湖，果洛队 509；尕唔流阿垭口，果洛队 518；索乎日麻乡希门错湖，藏药队 575）、班玛（知钦乡，陈世龙等 383）。生于海拔 3 950～4 320 m 的沟谷山坡草地、河谷山坡灌丛、河谷阶地高寒草甸、河漫滩草地。

分布于我国的西藏东部、云南西北部、四川西北部、青海东南部、陕西（太白山）。模式标本采自陕西太白山。

4. 大花肋柱花

Lomatogonium macranthum（Diels et Gilg）Fern. in Rhodora 21：197. 1919；中国植物志 62：334. 图版 55：5～8. 1988；西藏植物志 3：980. 1986；Fl. China 16：125. 1995；青海植物志 3：87. 1996；青藏高原维管植物及其生态地理分布 767. 2008.——*Pleurogyne macrantha* Diels et Gilg in Futterer Durch Asien Bot. Repr. 3：17. t. 2. 1903.

一年生草本，高 7～35 cm。茎常带紫红色，分枝少而稀疏，斜升，近四棱形，节间长于叶。叶无柄，卵状三角形、卵状披针形或披针形，长 7～27 mm，宽 2～12 mm，茎上部及小枝的叶较小，先端急尖或钝，基部钝，叶脉不明显或仅中脉在下面明显。花 5 数，生于分枝顶端，常不等大，直径一般 2.0～2.5 cm；花梗细瘦，弯垂或斜升，近四棱形，常带紫色，不等长，长至 9 cm；花萼长为花冠的 1/2～2/3，裂片狭披针形至线形，稍不整齐，长 7～11 mm，先端急尖，边缘微粗糙，背面中脉明显；花冠蓝紫色，具深色纵脉纹，裂片矩圆形或矩圆状倒卵形，长 13～20 mm，先端急尖或钝，具小尖头，基部两侧各具 1 个腺窝，腺窝管形，基部稍合生，边缘具长约 3 mm 的裂片状流苏；花丝线形，长 8～11 mm，仅下部稍增宽，花药蓝色，狭矩圆形，长 3.0～3.2 mm；子房无柄，长至 16 mm，柱头小，下延于子房下部。蒴果无柄，狭矩圆形或狭矩圆状披针形，长 17～21 mm。种子深褐色，矩圆形，长 0.7～0.9 mm，表面微粗糙，稍有光泽。 花期 8～10 月。

产青海：兴海（河卡乡日干滩，何廷农 292；温泉乡曲隆，H. B. G. 1402）、称多（歇武乡争托，刘有义 83－380）、玛多（花石峡乡，H. B. G. 1373；巴颜喀拉山北坡，陈桂琛 1979）、达日（采集地不详，吴玉虎 23368）。生于海拔 3 200～4 800 m 的河滩草地、山坡草地、沟谷山坡灌丛草甸、河谷山地林下及林缘草甸、河谷阶地高山草甸。

分布于我国的西藏、四川、青海、甘肃。模式标本采自青海共和。

5. 辐状肋柱花

Lomatogonium rotatum（Linn.）Fries ex Nym. Consp. Fl. Europ. 500. 1881；中国植物志 62：336. 图版 55：9～12. 1988；Fl. China 16：126. 1995；青海植物志 3：86. 1996；新疆植物志 4：100. 图版 33：1～4. 2004；青藏高原维管植物及其生态地理分布 768. 2008.——*Swertia rotate* Linn. Sp. Pl. 226. 1753.

5a. 辐状肋柱花（原变种）

var. **rotatum**

一年生草本，高 15～40 cm。茎不分枝或自基部有少数分枝，近四棱形，直立，绿色或常带紫色。叶无柄，狭长披针形、披针形至线形，长至 43 mm，宽 1.5～4.0 mm，枝及上部叶较小，先端急尖，基部钝，半抱茎，中脉在两面明显。花 5 数，顶生和腋生，直径 2～3 cm；花梗直立或斜升，四棱形，不等长，长至 8 cm；花萼较花冠稍短或等长，裂片线形或线状披针形，稍不整齐，长 8～22（27）mm，先端急尖；花冠淡蓝色，具深色脉纹，裂片椭圆状披针形或椭圆形，一般长 1.5～2.5 cm，先端钝或急尖，基部两侧各具 1 个腺窝，腺窝管形，边缘具不整齐的裂片状流苏；花丝线形，长 6～8 mm，花药蓝色，狭矩圆形，长3.0～4.5 mm；子房无柄，长 12～14 mm，柱头小，下延于子房下部。蒴果狭椭圆形或倒披针状椭圆形，与花冠等长或稍长。种子淡褐色，圆球形，直径 0.3～0.4 mm，光滑。 花期 8～9 月。

产新疆：和田。生于海拔 1 400 m 左右的山坡草地、水沟旁。

青海：兴海（河卡羊曲雀日旦，何廷农 470）、玛沁（拉加乡，吴玉虎 6120；雪山乡，玛沁队 457；雪山乡附近二大队小队冬场，区划二组 211；优云乡，玛沁队 551）。生于海拔2 600～4 200 m 的河谷溪流水沟边草甸、沟谷山坡高寒草地。

分布于我国西南、西北、华北、东北等地区；俄罗斯，中亚地区各国，日本也有。

5b. 密序肋柱头（变种）

var. **floribundum**（Franch.）T. N. Ho 中国植物志 62：336. 1988；Fl. China 16：126. 1995；青海植物志 3：86. 1996；青藏高原维管植物及其生态地理分布 768. 2008.—— *Pleurogyne rotata* var. *floribunda* Franch. in Bull. Soc. Bot. France 46：309. 1899.

与原变种的不同是：植株上部有密的分枝；圆锥状聚伞花序，花密集；叶披针形。

产青海：兴海（河卡乡羊曲，何廷农 4170）。生于海拔 3 200～3 400 m 的沟谷山坡草地、河沟山地灌丛中。

分布于我国的青海、华北地区。

6. 合萼肋柱花 图版 18：5～8

Lomatogonium gamosepalum（Burk.）H. Smith apud S. Nilsson in Grana Palyn. 7（1）：109. 145. 1967；西藏植物志 3：978. 1986；中国植物志 62：329. 图版 55：1～4. 1988；Fl. China 16：127. 1995；青海植物志 3：84. 图版 20：5～8. 1996；青藏高原维管植物及其生态地理分布 767. 2008. ——*Swertia gamosepala* Bur. in Journ. Asiat. Soc. Bengal n. ser. 2：324. 1906.

一年生草本，高 3～20 cm。茎从基部多分枝，枝斜升，常带紫红色，节间较叶长，近四棱形。叶无柄，倒卵形或椭圆形，长 5～20 mm，宽 3～7 mm，枝及茎上部叶小，先端钝或圆形，基部钝，中脉仅在下面明显。聚伞花序或单花生分枝顶端；花梗不等长，长至 3.5 cm，斜升；花 5 数，直径 1.0～1.5 cm；花萼长为花冠的 1/3～1/2，萼筒明显，长 2～3 mm，裂片稍不整齐，狭卵形或卵状矩圆形，长 3～7 mm，先端钝或圆形，互相覆盖，叶脉1～3条，细而明显；花冠蓝色，冠筒长 1.5～2.0 mm，裂片卵形，长 6～12 mm，先端急尖，基部两侧各具 1 个腺窝，腺窝片状，边缘有浅的齿状流苏；花丝线形，长 3～7 mm，花药蓝色，狭矩圆形，长 2.5 mm；子房长 4～9 mm，花柱长 2.5～3.5 mm，柱头不明显下延。蒴果宽披针形，长 12～14 mm。种子淡褐色，近圆球形，直径 0.5～0.7 mm。 花果期8～10月。

产青海：曲麻莱（东风乡江荣寺，刘尚武和黄荣福 891）、称多（歇武寺西南直沟，采集人不详 705；歇武寺，何廷农 725；歇武乡赛巴沟，刘尚武 2533；拉布乡附近，苟新京、刘有义 83 - 456)、玛沁（黑土山，吴玉虎等 18532、19018；当项乡，玛沁队 574；雪山乡知亥代垭口，玛沁队 474)、久治（哇塞乡黄河边，果洛队 217)。生于海拔 3 500～4 500 m 的沟谷河滩高寒草甸、高原山地林下、山地阴坡高寒灌丛、宽谷滩地高山草甸、山地高寒灌丛草甸。

分布于我国的西藏东北部、四川、青海、甘肃西南部；尼泊尔也有。模式标本采自四川康定。

7. 肋柱花

Lomatogonium carinthiacum（Wulfen.）A. Br. Fl. Germ. Excurs. 421. 1831；西藏植物志 3：980. 1986；中国植物志 62：333. 图版 54：5～7. 1988；Fl. China 16：127. 1995；青海植物志 3：86. 1996；新疆植物志 4：100. 图版 33：5～7. 2004；青藏高原维管植物及其生态地理分布 767. 2008. ——*Swertia carinthaca* Wulf. in Jacq. Misc. 2：53. 1781.

一年生草本，高 5～25 cm。根细，茎基部多分枝（或较高些），茎枝细平滑。基生叶小，长 10～15 mm，宽 3～5 mm，倒卵形或长卵形，基部狭窄，先端钝尖；茎生叶卵圆形、椭圆形或长圆形，先端钝或渐尖，长 3～15 mm，宽 2～5 mm；具长细花梗，长 15～50（80）mm。花 5 基数；花萼深裂，裂片卵状披针形，长 3～8 mm，先端渐尖，短于花冠裂片；花冠蓝色，背面黄绿色或灰绿色，卵形或椭圆形；腺窝淡色，具半裂状的流苏状毛，橙黄色；子房顶端钝。蒴果椭圆形，长 14～15 mm，2 裂。种子小，多数，光滑，直径约 0.5 mm。 花期 7～8 月，果期 8～10 月。

产新疆：乌恰（吉根乡斯木哈纳，刘尚武 1206)、塔什库尔干（水布浪沟，采集人不详 1476；县城至国界 24 km 处，克里木 T189；县城南 70 km 处，采集人不详 T246)、叶城（阿克拉达坂，青藏队吴玉虎 1484；柯克亚乡，青藏队吴玉虎 870837)、若羌（阿其克库勒湖，青藏队吴玉虎 2237；土房子，青藏队吴玉虎 2778；拉慕祁漫，青藏队吴玉虎 4135；祁漫塔格，青藏队吴玉虎 2658；阿尔金山保护区鸭子泉，青藏队吴玉虎 3941)。生于海拔 3 400～4 600 m 的沟谷山坡草地、河谷阶地高山草甸、高原宽谷湖盆高寒草原沙砾地。

青海：格尔木（西大滩，青藏队吴玉虎 2805，黄荣福 CG89 - 008)、曲麻莱（东风乡，刘尚武、黄荣福 818)、称多（歇武乡歇武山，刘有义 83 - 361)、玛多（扎陵湖，吴玉虎 78 - 160)、玛沁（优云乡，玛沁队 524)。生于海拔 3 600～4 400 m 的高山石质山坡草地、山地高寒草甸、宽谷河滩湿草地、沟谷高寒草原湿沙滩。

分布于我国的新疆、甘肃、青海、西藏、云南、四川、山西、河北；俄罗斯，哈萨克斯坦，吉尔吉斯斯坦，塔吉克斯坦，以及欧洲，北美洲，大洋洲也有。

9. 辐花属 Lomatogoniopsis T. N. Ho et S. W. Liu

T. N. Ho et S. W. Liu in Acta Phytotax. Sin. 18 (4): 466. 1980.

一年生草本。叶对生。花常多数，单生小枝顶端或呈聚伞花序，辐状，5 数；花萼深裂，萼筒甚短；花冠深裂，冠筒甚短，裂片在蕾中向右旋转排列，互相重叠着生，开放时呈 2 色，一侧色深，一侧色浅，无腺窝，具 5 个与裂片对生的附属物，附属物膜质，片状或盔形，无脉纹；雄蕊着生于冠筒上与裂片互生，花粉粒近球形，表面有小瘤，有时为网状纹饰；子房 1 室，花柱不明显，柱头 2 裂，自雌蕊顶端沿心皮的缝合线下延。蒴果 2 裂。种子多数，表面光滑。

特产我国，有 3 种，昆仑地区产 1 种。

1. 辐　花　图版 18：9～12

Lomatogoniopsis alpina T. N. Ho et S. W. Liu in Acta phytotax. Sin. 18 (4): 467. Pl. 1：1～5. 1980；西藏植物志 3：981. 1986；中国植物志 62：341. 1988；Fl. China 16：129. 1995；青海植物志 3：88. 图版 20：9～12. 1996；青藏高原维管植物及其生态地理分布 766. 2008.

一年生草本，高 3～10 cm。主根细瘦。茎带紫色，常自基部多分枝，铺散，稀单一，不分枝，具条棱，棱上密生乳突。基生叶具短柄，叶片匙形，连柄长 5～10 mm，宽 2～5 mm；茎生叶无柄，卵形，长（3）6～11 mm，宽（1）3～7 mm，全部叶先端钝，基部略狭缩，边缘具乳突。聚伞花序顶生和腋生，稀为单花；花梗紫色，具条棱，棱上有乳突，长 1～4 cm；花萼长为花冠之半，萼筒甚短，长约 1 mm，裂片卵形或卵状椭圆形，长 3.5～6.5 mm，先端钝圆，边缘密生乳突，背部有 3 脉，中脉具乳突；花冠蓝色，冠筒长 1.0～1.5 mm，裂片 2 色，椭圆形或椭圆状披针形，长 5.5～9.0 mm，宽 4～5 mm，先端急尖，两面密被乳突，附属物狭椭圆形，长 4～6 mm，浅蓝色，具深蓝色斑点，密被细乳突，无脉纹，全缘或先端 2 齿裂；雄蕊着生于冠筒上，花丝线形，长 3～5 mm，花药蓝色，矩圆形，长 1.0～1.2 mm；子房椭圆状披针形，长 5～7 mm，无花柱，柱头下延至子房上部。蒴果无柄，卵状椭圆形，长 9～12 mm。种子浅褐色，近球形，长 0.8～1.0 mm，光滑。　花果期 8～9 月。

产青海：达日（吉迈乡赛纳纽达山，H. B. G. 1233；建设乡胡勒安玛，H. B. G. 1182；满掌山垭口，H. B. G. 1197）、久治（龙卡湖，果洛队 633；龙卡湖东南面，果洛队 588）。生于海拔 3 950～4 300 m 的沟谷山地云杉林缘草甸、山地阴坡高寒草甸、山坡高寒灌丛草甸中。

分布于我国的西藏东北部、青海南部。模式标本采自青海杂多。

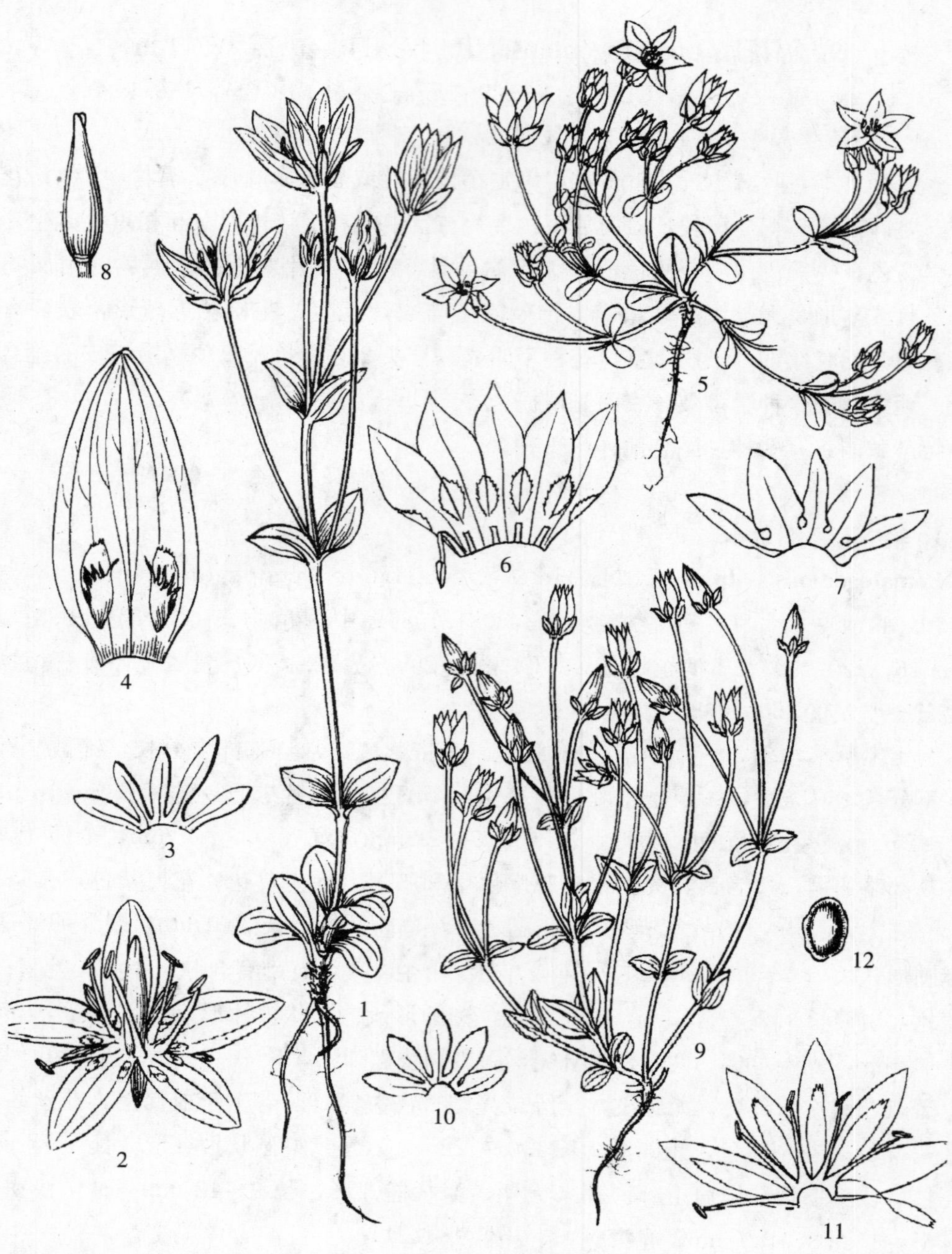

图版 **18** 宿根肋柱花 **Lomatogonium perenne** T. N. Ho et S. W. Liu ex J. X. Yang 1. 植株 2. 花冠；3. 花萼纵剖；4. 花冠裂片。合萼肋柱花 **L. gamosepalum**（Burk.）H.Smith 5. 植株；6. 花冠纵剖；7. 花萼纵剖；8. 子房。辐花 **Lomatogoniopsis alpina** T. N. Ho et S. W. Liu 9. 植株；10. 花冠纵剖；11. 花萼纵剖；12. 种子。（阎翠兰绘）

10. 獐牙菜属 Swertia Linn.

Linn. Sp. Pl. 226. 1753. et Gen. Pl. ed. 5：107. 1754.

一年生或多年生草本。根草质、木质或肉质，常有明显的主根。无茎或有茎，茎粗壮或纤细，稀为花葶。叶对生，稀互生或轮生，在多年生的种类中，营养枝的叶常呈莲座状。复聚伞花序、聚伞花序或为单花；花 4 或 5 数，或在少数种类中两者兼有，辐状；花萼深裂近基部，萼筒甚短，通常长 1 mm；花冠深裂近基部，冠筒甚短，长至 3 mm，裂片基部或中部具腺窝或腺斑；雄蕊着生于冠筒基部与裂片互生，花丝多为线形，少有下部极度扩大，联合成短筒或否；子房 1 室，花柱短，柱头 2 裂。蒴果常被包于宿存的花被中，有顶端向基部 2 瓣裂，果瓣近革质。种子多而小，稀少而大，表面平滑、有折皱状突起或有翅。

约 170 种。我国有 79 种，昆仑地区产 9 种 2 变种。

分 种 检 索 表

1. 多年生草本；基生叶发达，有长柄；花期不枯萎；茎不分枝或仅花序有少数分枝；聚伞花序不甚发达，花较大，数量较少。
  2. 种子周边具宽翅；茎生叶互生；花冠黄绿色，裂片长 8～11 mm，基部具 2 个腺窝 ………………………………………………………… **1. 短筒獐牙菜 S. connata** Schrenk
  2. 种子无翅，具纵皱折；茎生叶对生。
    3. 基生叶 3～4 对，常较狭，线状椭圆形或倒披针形；花冠裂片常 7～12 mm，宽 2～3 mm。
      4. 花冠黄色；花萼裂片具宽膜质的边缘 …… **2. 膜边獐牙菜 S. marginata** Schrenk
      4. 花冠蓝色；花萼裂片具狭膜质的边缘 … **3. 细花獐牙菜 S. graciliflora** Gontsch.
    3. 基生叶 1 或 2 对，卵形或长圆形；花冠裂片长 15～22 mm，宽 5～8 mm。
      5. 花冠蓝色 ………………………………………… **4. 二叶獐牙菜 S. bifolia** Batal.
      5. 花冠黄绿色，背部中央蓝色 ……………… **5. 华北獐牙菜 S. wolfangiana** Gruning
1. 一年生草本，基生叶不发达，具短柄，在花期常枯萎；茎多分枝；聚伞花序很发达，花较小，数量较多。
  6. 茎基部具多数纤细丛生的小枝，花 4 数，其上具小而闭花授粉的花，大小相差 2～3倍，呈明显的异型；花丝基部的背面具 1 个小鳞片 ……………………………………………………………………………… **6. 四数獐牙菜 S. tetraptera** Maxim.
  6. 茎基部无纤细丛生的小枝；花 4～5 数，大小近相等，同型；花丝基部背面无小鳞片。
    7. 花 4 数，腺窝鳞片形，背面中央有角状突起；茎二歧式分枝 …………………

………………………………………………… **7. 歧伞獐牙菜 S. dichotoma** Linn.

7. 花 4 或 5 数，腺窝囊状或沟状；茎多歧分枝。

8. 叶及花萼裂片边缘常具毛（在变种中光滑）；花冠淡紫色或白色，腺窝倒向囊状，即囊的开口向着花冠基部，口部具柔毛状流苏 ………………………… ………………………………………………… **8. 毛萼獐牙菜 S. hispidicalyx** Burk.

8. 叶及花萼裂片边缘无毛；腺窝沟状或囊状，囊的开口向着花冠顶端。

9. 花 4 数，花冠暗紫红色 ……………………… **9. 川西獐牙菜 S. mussotii** Franch.

9. 花 5 数，花冠淡蓝色……………… **10. 抱茎獐牙菜 S. franchetiana** H. Smith

1. 短筒獐牙菜

Swertia connata Schrenk Enum. Pl. Nov. 1：37.1841；中国植物志 62：358.1988；Fl. China 16：107.1995；新疆植物志 4：103.2004；青藏高原维管植物及其生态地理分布 770.2008.

多年生草本，高 50～90（100）cm。根粗壮，光滑无毛。茎直立，下部粗，直径 5～8 mm，不分枝，稀顶部分枝。基生叶长椭圆形或椭圆形，长 18～35 cm，叶柄宽，向下狭窄，先端三角形钝尖；茎部叶少数，长卵形或长椭圆形，对生，基部合生成鞘状，长 5～10 cm。花各部 5 基数，密集圆锥花序；花萼 5 深裂，长 4～5 mm，狭披针形，先端钝尖，边缘白色膜质，短于花瓣的一半；花冠淡黄色，中部带暗紫色斑点，长 7～8 mm；花冠 5 深裂，长圆形，先端尖；各裂片基部具 2 矩圆形腺窝，边缘具流苏状毛。蒴果长 11～13 mm，卵形，顶端钝狭。种子卵形，褐色，具宽翅，约 2 mm 长。花果期 7～8 月。

产新疆：塔什库尔干。生于海拔 3 500 m 左右的山地草原、高山草甸。

分布于我国的新疆；哈萨克斯坦，吉尔吉斯斯坦也有。

2. 膜边獐牙菜

Swertia marginata Schrenk in Bull. Acad. Sci. St.-Pétersb. 10：353.1842；中国植物志 62：364. 图版 58：11～14.1988；Fl. China 16：107.1995；新疆植物志 4：103. 图版 35：3～6.2004；青藏高原维管植物及其生态地理分布 772.2008.

多年生草本，高 15～35 cm。茎直立，黄绿色，中空，近圆形，不分枝，基部直径 2～3 mm，被黑褐色枯老叶柄。基生叶 3～4 对，具长柄，叶片线状椭圆形或狭椭圆形，长 3～8 cm，宽 0.8～2.5 cm，先端钝圆，基部渐狭成柄，叶脉 3～5 条，细而明显，叶柄扁平，长 3.0～7.5 cm；茎中部光裸无叶，上部有 1～2 对极小的呈苞叶状的叶，卵状椭圆形或线状椭圆形，长 1.5～3.5 cm，宽 0.4～1.0 cm，先端钝，基部无柄，离生，半抱茎，叶脉 1～3 条，在下面明显。圆锥状复聚伞花序密集，常狭窄，有间断，多花，长 8～15 cm；花梗黄绿色，斜升或直立，不整齐，长 5～15 mm；花 5 数，直径 1.3～1.5 cm；花萼长为花冠的 2/3，裂片披针形，长 8～10 mm，先端渐尖，具宽的明显的膜质边缘，背面有细的 3 脉；花冠黄色，背面中部蓝色，裂片矩圆形或狭矩圆形，长 10～12 mm，先端钝圆，啮蚀状，基部有 2 个腺窝，腺窝基部囊状，边缘具长 3～4 mm 的柔毛状流苏；花丝线形，长 8～9 mm，基部背面具流苏状短毛，花药蓝色，矩圆形，长 2.0～2.5 mm；子房无柄，狭卵形，长 6～7 mm，花柱不明显，柱头小，2 裂，裂片半圆形或矩圆形。蒴果无柄，狭卵形，与宿存花冠等长。种子褐色，矩圆形，长 1.2～2.0 mm，表面具纵皱褶。 花果期 8～9 月。

产新疆：乌恰（托云乡苏约克，西植所新疆队 1927）、阿克陶、塔什库尔干（当巴什红其拉甫，西植所新疆队 1498，克里木 T113）。生于海拔 2 520～3 500 m 的沟谷山坡草地、河谷滩地高寒草甸、河漫滩草甸。

分布于我国新疆；克什米尔地区，俄罗斯，中亚地区各国，蒙古也有。模式标本采自新疆北部。

3. 细花獐牙菜

Swertia graciliflora Gontsch. in Acta Inst. Bot. Acad. Sci. URSS 1（1）：161. 1933；中国植物志 62：364. 1988；Fl. China 16：107. 1995；新疆植物志 4：105. 2004；青藏高原维管植物及其生态地理分布 771. 2008.

多年生草本，高 10～20 cm。茎直立，黄绿色，有时带紫红色，中空，近圆形，不分枝，基部直径 2～5 mm，被黑褐枯老叶柄。基生叶 3～4 对，具长柄，叶片狭矩圆形或线状椭圆形，长 2.5～6.0 cm，宽 0.6～1.7 cm，先端钝或圆形，基部楔形，渐狭成柄，叶脉 3～4 条，在下面细而明显，叶柄扁平，长 2～5 cm；茎中部常光裸无叶，上部有 1～2 对极小而呈苞叶状的叶，卵状椭圆形，长 1～2 cm，宽 0.4～0.7 cm，先端钝，基部无柄，半抱茎，稀具短柄，联合成筒状抱茎，叶脉 1～3 条，在下面细而明显。圆锥状复聚伞花序密集，狭窄，有间断，长 4～10 cm，具多花；花梗黄绿色，近直立，不整齐，长 0.8～2.0 cm；花萼长为花冠的 1/2～2/3，裂片披针形，长 7～8 mm，先端渐尖，边缘膜质，脉不明显；花冠蓝色，裂片矩圆形，长 8～11 mm，先钝圆形或钝，啮蚀状，基部具 2 个腺窝，腺窝基部啮蚀状，边缘具长3～4 mm 的毛状流苏；花丝长 8～9 mm，基部具少数流苏状短毛；花药蓝色，狭矩圆形，长 2.0～2.5 mm；子房近无柄，披针形或椭圆形，长 6～7 mm，花柱不明显，柱头小，2 裂，裂片半圆形。蒴果无柄，椭圆状披针形，与宿存的花冠等长。种子褐色，宽矩圆形，长 1.0～1.3 mm，表面具纵皱褶。 花果期 7～8 月。

产新疆：乌恰、阿克陶、塔什库尔干（采集地和采集人不详，364）。生于海拔 2 500～4 500 m 的高山草原、河谷阶地高寒草甸、沟谷溪流水边草地。

分布于我国的新疆；吉尔吉斯斯坦，塔吉克斯坦也有。

4. 二叶獐牙菜 图版 17：9～11

Swertia bifolia Batal. in Acta Hort. Petrop. 13：378. 1894；中国植物志 62：362.

图版 58：1～4. 1988；Fl. China 16：107. 1995；青海植物志 3：89. 图版 21：1～3. 1996；青藏高原维管植物及其生态地理分布 769. 2008.

多年生草本，高 10～30 cm，具短根茎。须根黑褐色。茎直立，有时带紫红色，近圆形，具条棱，不分枝，基部被黑褐色枯老叶柄。基生叶 1～2 对，具柄，叶片矩圆形或卵状矩圆形，长 1.5～6.0 cm，宽 0.7～3.0 cm，先端钝或钝圆，基部楔形，渐狭成柄，叶脉 3～7 条，于下面明显凸起，有时 3～5 条于顶端联结，叶柄细，扁平，长 2.5～4.0 cm，基部联合；茎中部无叶；最上部叶常 2～3 对，无柄，苞叶状，卵形或卵状三角形，长 7～18 cm，宽 4～6 cm，常短于花梗，叶脉 1～3 条。简单或复聚伞花序，具花 2～8（13）朵；花梗直立或斜升，有时带蓝紫色，不等长，长 0.5～5.5 cm；花 5 数，直径 1.5～2.0 cm；花萼有时带蓝色，长为花冠的 1/2～2/3，裂片略不整齐，披针形或卵形，长 8～11 mm，先端渐尖，背面有细而明显的 3～5 脉；花冠蓝色或深蓝色，裂片椭圆状披针形或狭椭圆形，一般长 1.5～2.0 cm，有时长达 3 cm，宽 0.5～0.8 cm，先端钝，全缘，或有时边缘啮蚀形，基部有 2 个腺窝，腺窝基部囊状，顶端具长 3.5～4.0 mm 的柔毛状流苏；花丝线形，长 9～11 mm，基部背面具流苏状短毛，花药蓝色，狭矩圆形，长 2.5～3.0 mm；子房无柄，披针形，长 6～8 mm，先端渐尖，花柱不明显，柱头小，2 裂。蒴果无柄，披针形，与宿存的花冠等长或有时稍长，先端外露。种子多数，褐色，矩圆形，长 1.2～1.5 mm，无翅，具纵皱褶。 花果期 7～9 月。

产青海：称多（歇武寺西南直沟，杨永昌 720）、玛多（清水乡阿尼玛卿山下，吴玉虎18136）、玛沁（昌马河乡，吴玉虎 18325、18331；黑土山，吴玉虎 18477、18594、18600；兔子山，吴玉虎 18282；江让水电站，吴玉虎 18360、18366）、达日（吉迈乡赛纳纽达山，H. B. G. 1226、1256）、久治（白玉乡隆格山垭口，陈世龙等 388）。生于海拔 2 850～4 300 m 的高山草甸、沟谷山坡高寒灌丛草甸、河漫滩高寒沼泽草甸、河谷山地林下及林缘草甸。

四川：石渠（菊母乡，吴玉虎 29931）。生于海拔 4 620 m 左右的山地高寒草甸砾石坡。

分布于我国的西藏东南部、四川西北部、青海、甘肃南部、陕西（太白山）。模式标本采自四川北部。

5. 华北獐牙菜

Swertia wolfangiana Gruning in Fedde Repert. Sp. Nov. 12：309. 1913；青海植物志 3：91. 1996；中国植物志 62：363. 1988；青藏高原维管植物及其生态地理分布 773. 2008.

多年生草本，高 8～55 cm，具短根茎。茎直立，中空，近圆形，有细条棱，不分枝，基部直径 1.0～2.5 mm，被黑褐色枯老叶柄。基生叶 1～2 对，具长柄，叶片矩圆形或椭圆形，长 2～9 cm，宽 1～3 cm，先端钝或圆形，基部渐狭成柄，叶脉 3～5 条，在下面凸起，叶柄扁平，长 2.5～6.0 cm；茎中部裸露无叶，上部具 1～2 对极小而呈苞叶状的叶，卵状矩圆形，长 1.5～3.0 cm，宽 0.5～1.0 cm，先端钝，基部无柄，离生，半抱茎，叶脉 1～3 条，在下面细而明显。聚伞花序具 2～7 花或单花顶生；花梗黄绿色，直立或斜升，不整齐，长 2～5 cm；花萼绿色，长为花冠的 1/2～2/3，裂片卵状披针形，长 8～13 mm，宽 3～5 mm，先端急尖，具明显的白色膜质边缘，脉不明显；花冠黄绿色，背面中央蓝色，裂片矩圆形或椭圆形，长 15～20 mm，先端钝或圆形，稍呈啮蚀状，基部有 2 个腺窝，腺窝下部囊状，边缘具长 3～4 mm 的柔毛状流苏；花丝线形，长 8～12 mm，基部背面具流苏状短毛，花药蓝色，矩圆形，长 3～4 mm；子房无柄，椭圆形，长 8～15 mm，花柱不明显，柱头小，2 裂，裂片半圆形。蒴果无柄，椭圆形，与宿存花冠等长。种子深褐色，矩圆形，长 1.0～1.2 mm，具纵皱褶。 花果期 7～9 月。

产青海：兴海、曲麻莱、称多、玛多（花石峡乡，H. B. G. 1493；清水乡活勒果该垭口，H. B. G. 1368；清水乡阿尼玛卿山下，吴玉虎 18136）、玛沁（黑土山，吴玉虎 5737；东科河江强，H. B. G. 784；昌马河乡，陈桂琛、陈世龙和黄志伟 1734）、久治（希门错湖畔，高生所果洛队 456；希门错日拉山，高生所果洛队 479）、甘德（青珍乡青珍山垭口，陈世龙等 205）。生于海拔 3 470～4 600 m 的高山草甸、宽谷河滩高寒沼泽草甸、山地灌丛及山间潮湿地、湖畔沼泽草甸。

分布于我国的西藏东部、四川、青海、甘肃南部、山西、湖北西部。模式标本采自山西五台山。

6. 四数獐牙菜 图版 19：1～6

Swertia tetraptera Maxim. in Bull. Acad. Sci. St.-Pétersb. 27：503. 1881；中国植物志 62：405. 图版 66：1～7. 1988；Fl. China 16：113. 1995；青海植物志 3：92. 图版 22：8～13. 1996；青藏高原维管植物及其生态地理分布 773. 2008.

一年生草本，高 5～30 cm。主根粗，黄褐色。茎直立，四棱形，棱上有宽约 1 mm 的翅，下部直径 2.0～3.5 mm，从基部起分枝，枝四棱形；基部分枝较多，长短不等，长 2～20 cm，纤细，铺散或斜升；中上部分枝近等长，直立。基生叶（在花期枯萎）与茎下部叶具长柄，叶片矩圆形或椭圆形，长 0.9～3.0 cm，宽（0.8）1.0～1.8 cm，先端钝，基部渐狭成柄，叶质薄，叶脉 3 条，在下面明显，叶柄长 1～5 cm；茎中上部叶无柄，卵状披针形，长 1.5～4.0 cm，宽达 1.5 cm，先端急尖，基部近圆形，半抱茎，叶脉 3～5 条，在下面较明显；分枝的叶较小，矩圆形或卵形，长不逾 2 cm，宽在 1 cm 以下。圆锥状复聚伞花序或聚伞花序，多花，稀单花顶生；花梗细长，长 0.5～6.0 cm；花 4 数，大小相差甚远，主茎上部的花比主茎基部和基部分枝上的花大 2～3 倍，呈明显的大小两种类型。大花的花萼绿色，叶状，裂片披针形或卵状披针形，花时开展，长 6～8 mm，先端急尖，基部稍狭缩，背面具 3 脉；花冠黄绿色，有时带蓝紫色，开展，异花授粉，裂片卵形，长 9～12 mm，宽约 5 mm，先端钝，啮蚀状，下部具 2 个腺窝，邻近，沟状，仅内侧边缘具短裂片状流苏；花丝扁平，基部略扩大，长 3.0～3.5 mm，花药黄色，矩圆形，长约 1 mm；子房披针形，长 4～5 mm，花柱明显，柱头裂片半圆形；蒴果卵状矩圆形，长 10～14 mm，先端钝；种子矩圆形，长约 1.2 mm，表面平滑。小花的花萼裂片宽卵形，长 1.5～4.0 mm，先端钝，具小尖头；花冠黄绿色，常闭合，闭花授粉，裂片卵形，长 2.5～5.0 mm，先端钝圆，啮蚀状，腺窝常不明显；蒴果宽卵形或近圆形，长 4～5 mm，先端圆形，有时略凹陷；种子较小。花果期 7～9 月。

产青海：兴海（中铁乡天葬台沟，吴玉虎 45824、45859；大河坝乡赞毛沟，吴玉虎 46507、47732；中铁乡前滩，吴玉虎 45421；中铁林场卓琼沟，吴玉虎 45775；赛宗寺后山，吴玉虎 46305、46323、46329、46350；中铁林场恰登沟，吴玉虎 45009、45240、45456、45950；河卡乡，郭本兆 6188）、称多（歇武乡，郭本兆 254）、玛沁（军功乡三大队阿尼孜，区划二组 115；大武乡德勒龙铜矿沟，H. B. G. 822；江让水电站，陈世龙等 182）、达日（吉迈乡，吴玉虎 27058；建设乡胡勒安玛，H. B. G. 1183；桑日麻乡，陈世龙 260；县城东 25 km 处黄河边，陈世龙 271）、甘德（上贡麻乡，吴玉虎 25858；黄河边，H. B. G. 979）、久治（康赛乡，吴玉虎 31699A；白玉乡，吴玉虎 26336、26633；哇尔依乡，吴玉虎 26715；索乎日麻乡，高生所果洛队 325）、班玛（江日堂乡，吴玉虎 26017；亚尔堂乡王柔，吴玉虎 26196、26285；多贡麻乡，吴玉虎 25975；马柯河林场，陈世龙等 324、327）。生于海拔 3 200～4 000 m 的沟谷山坡潮湿草地、宽谷河滩高寒草甸、山地阴坡高寒灌丛草地、河滩高寒灌丛草甸、沟谷山地林缘灌丛草甸、山地阴坡云杉林缘灌丛草地、滩地高寒杂类草草甸。

甘肃：玛曲（河曲军马场，吴玉虎 31856；大水军牧场，陈桂琛 1144）。生于海拔 3 440 m左右的沟谷山地潮湿山坡、高原宽谷河滩高寒草甸。

四川：石渠（长沙贡玛乡，吴玉虎 29570、29581；新荣乡，吴玉虎 29961）。生于海拔 3 900～4 000 m 的沙砾河滩沙棘和水柏枝灌丛草甸、沟谷山地阴坡高寒草甸、高寒灌丛草甸。

分布于我国的西藏、四川、青海、甘肃。模式标本采自青海祁连山。

7. 歧伞獐牙菜

Swertia dichotoma Linn. Sp. Pl. 227. 1753；中国植物志 62：404. 1988；Fl. China 16：113. 1995；青海植物志 3：92. 1996；新疆植物志 4：105. 2004；青藏高原维管植物及其生态地理分布 770. 2008.

一年生草本，高 5～12 cm。直根较粗，侧根极少。茎细弱，四棱形，棱上有狭翅，从基部作二歧式分枝，枝细瘦，四棱形。叶质薄，下部叶具柄，叶片匙形，长 7～

15 mm，宽 5～9 mm，先端圆形，基部钝，叶脉 3～5 条，细而明显，叶柄细，长 8～20 mm，离生；中上部叶无柄或有短柄，叶片卵状披针形，长 6～22 mm，宽 3～12 mm，先端急尖，基部近圆形或宽楔形，叶脉 1～3 条。聚伞花序顶生或腋生；花梗细弱，弯垂，四棱形，有狭翅，不等长，长7～30 mm；花萼绿色，长为花冠之半，裂片宽卵形，长 3～4 mm，先端锐尖，边缘及背面脉上稍粗糙，背面具不明显的 1～3 脉；花冠白色，带紫红色，裂片卵形，长 5～8 mm，先端钝，中下部具 2 个腺窝，腺窝黄褐色，鳞片半圆形，背面中央具角状突起；花丝线形，长约2 mm，基部背面两侧具流苏状长柔毛，有时可延伸至腺窝上，花药蓝色，卵形，长约0.5 mm；子房具极短的柄，椭圆状卵形，花柱短，柱状，柱头小，2 裂。蒴果椭圆状卵形。种子淡黄色，矩圆形，长 1.3～1.8 mm，表面光滑。 花果期 5～7 月。

产新疆：乌恰。生于海拔 2 700 m 左右的沟谷山地草原、高山草甸。

分布于我国的西北、华北、东北及四川、湖北、河南；俄罗斯，哈萨克斯坦，吉尔吉斯斯坦，蒙古，日本也有。

8. 毛萼獐牙菜

Swertia hispidicalyx Burk. in Journ. Asiat. Soc. Bengal n. ser. 2：321. 1906；西藏植物志，3：992. 1986；中国植物志 62：392. 1988；Fl. China 16：121. 1995；青藏高原维管植物及其生态地理分布 771. 2008.

8a. 毛萼獐牙菜（原变种）

var. **hispidicalyx**

昆仑地区不产。

8b. 小毛萼獐牙菜（变种）

var. **minima** Burk. in Journ. Asiat. Soc. Bengal 2：321. 1906；西藏植物志 3：992. 1986；中国植物志 62：394. 1988；Fl. China 16：121. 1995；青藏高原维管植物及其生态地理分布 771. 2008.

一年生草本，高 4～6 cm。主根明显。茎从基部多分枝，铺散，斜升，四棱形，常带紫色，光滑无毛。基生叶花期枯存；茎生叶无柄，披针形至窄椭圆形，长 9～15 mm，宽2～5 mm，先端钝，边缘有时外卷，光滑无毛，基部半抱茎，下面具 1～3 脉，中脉上常具短硬毛。圆锥状复聚伞花序花开展，多花，几乎占据了整个植株；花梗常带紫色，直立，四棱形，长达 3.5 cm；花 5 数，直径 1～1.2 cm；花萼绿色，略短于花冠，裂片卵形至卵状披针形，长7～9 mm，先端急尖，边缘光滑无毛，背部据 3 脉，中脉上疏生短硬毛；花冠淡紫色或白色，裂片卵形，长 6.5～11.0 mm，先端急尖或钝，基部具 2 个腺窝，腺窝倒向囊状，即囊的口部向着裂片基部，边缘具柔毛状流苏；花丝扁平，长5～6 mm，基部稍增宽，花药矩圆形，长约1.5 mm；子房无柄，卵形，无花柱。蒴果无柄，卵形，长12～16 mm，先端急尖；种子深褐色，矩圆形，长约0.8 mm，平滑。　花果期8～10月。

产西藏：改则。生于海拔4 500～4 800 m的沟谷山坡草地、高原山地石砾山坡、沙砾河滩高寒草甸、山地河谷高寒灌丛下草地。

分布于我国的西藏。模式标本采自西藏亚东。

9. 川西獐牙菜　图版19：7～9

Swertia mussotii Franch. in Bull. Soc. Bot. France 46：316. 1899；西藏植物志 3：994. 1986；中国植物志 62：400. 图版65：4～7. 1988；青海植物志 3：93. 图版22：5～7. 1996；Fl. China 16：117. 1995；青藏高原维管植物及其生态地理分布 772. 2008.

9a. 川西獐牙菜（原变种）

var. **mussotii**

一年生草本，高15～60 cm。主根明显，淡黄色。茎直立，四棱形，棱上有窄翅，下部直径2～5 mm，从基部起呈塔形或帚状分枝，枝斜展，有棱。叶无柄，卵状披针形至狭披针形，长8～35 mm，宽3～10 mm，先端钝，基部略呈心形，半抱茎，下面中脉明显凸起。圆锥状复聚伞花序多花，占据了整个植株；花梗直立或斜升，细瘦，四棱形，长至5 cm；花4数，直径8～13 mm；花萼绿色，长为花冠的1/2～2/3，裂片线状披针形或披针形，长4～7 mm，先端急尖，背面具明显的3脉；花冠暗紫红色，裂片披针形，长7～9 mm，先端渐尖，具尖头，基部具2个腺窝，腺窝沟状，狭矩圆形，深陷，边缘具柔毛状流苏；子房无柄，矩圆形；花柱粗短，柱头2裂，裂片半圆形。蒴果矩圆状披针形，长8～14 mm，先端尖。种子深褐色，椭圆形，长0.8～1.0 mm，表面具细网状突起。　花果期7～10月。

产青海：称多、班玛。生于海拔3 000～4 000 m的沟谷山坡草地、溪流河谷滩地高寒草甸、河谷阶地草甸、河谷山坡林下、林缘灌丛草地、山坡高寒灌丛、溪流水边草甸。

分布于我国的西藏、云南、四川西北部、青海西南部。模式标本采自四川康定。

9b. 黄花川西獐牙菜（变种）

var. **flavescens** T. N. Ho et S. W. Liu in Acta Biol. Plat. Sin. 1：47. 1982；中国植物志 62：401. 1988；Fl. China 16：117. 1995；青海植物志 3：93. 1996；青藏高原维管植物及其生态地理分布 772. 2008.

本变种与原变种的区别是花黄绿色或淡黄色。

产青海：称多。生于海拔3 700 m左右的高原宽谷河滩草地。

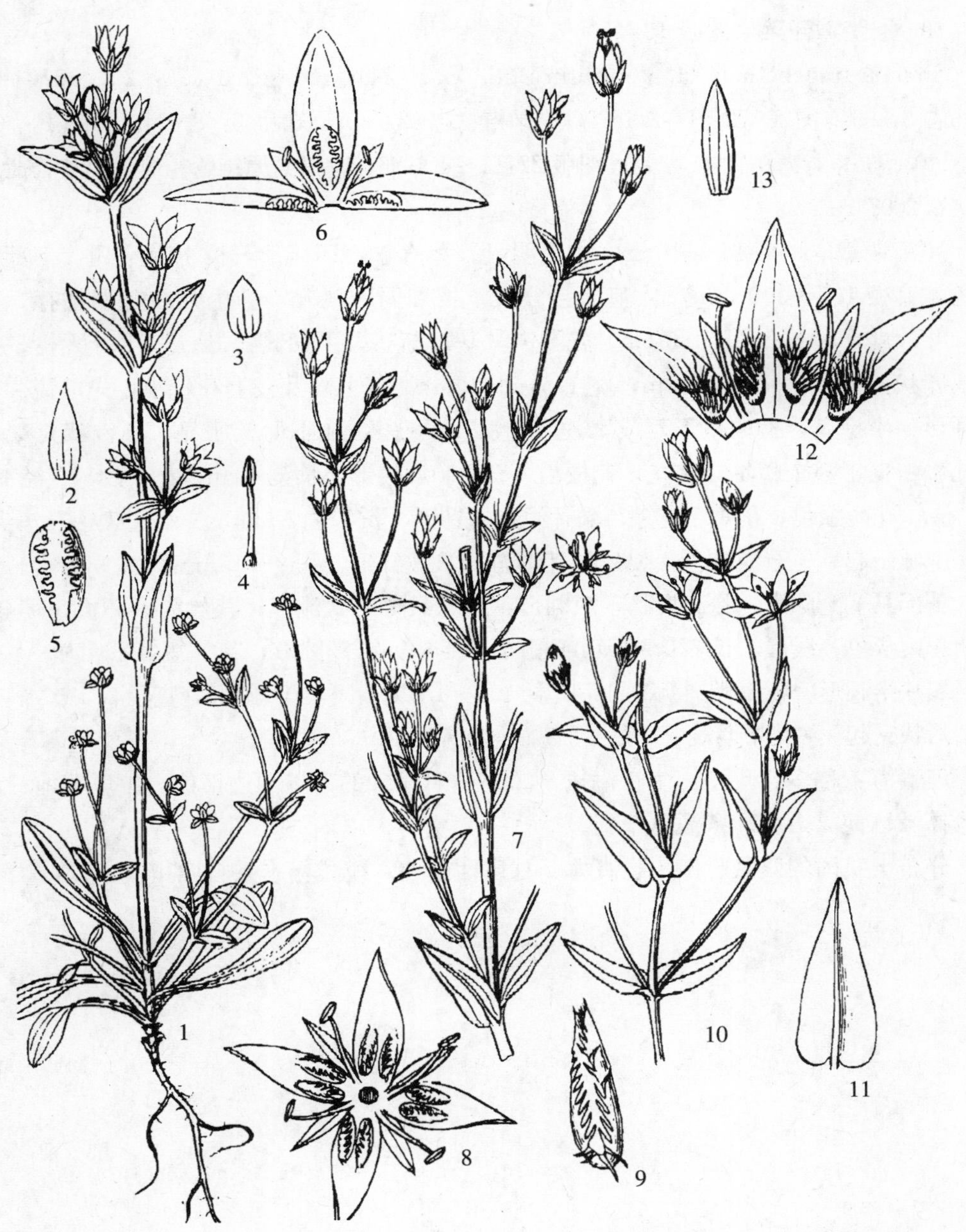

图版 **19** 四数獐牙菜 **Swertia tetraptera** Maxim. 1. 植株；2. 花萼裂片；3. 小花花萼裂片；4. 雄蕊；5. 腺窝；6. 花冠纵切。川西獐牙菜 **S. mussotii** Franch. 7. 花枝；8. 花冠；9. 腺窝。抱茎獐牙菜 **S. franchetiana** H. Smith 10. 花枝；11. 叶；12. 花冠纵剖；13. 花萼裂片。（阎翠兰绘）

分布于我国的四川西北部、青海。模式标本采自青海称多。

10. 抱茎獐牙菜 图版 19：10～13

Swertia franchetiana H. Smith in Bull. Soc. Nat. Mosc. 4 (6)：251. 1970；西藏植物志 3：994. 图版 372：1～2. 1986；中国植物志 62：402. 图版 65：8～11. 1988；Fl. China 16：120. 1995；青海植物志 3：95. 图版 22：1～4. 1996；青藏高原维管植物及其生态地理分布 770. 2008.

一年生草本，高 15～40 cm。主根明显。茎直立，四棱形，棱上有窄翅，下部常带紫色，直径 1.5～3.0 mm，从基部起分枝，枝细弱，斜升。基生叶在花期枯存，具长柄，叶片匙形，长 1.0～1.5 cm，先端钝，基部渐狭，下面具 1 脉；茎生叶无柄，披针形或卵状披针形，长至 37 mm，宽 1.5～8.0 mm，茎上部及枝上叶较小，先端锐尖，基部耳形，半抱茎，柄向茎下延成窄翅，叶脉 1～3 条，在下面较明显。圆锥状复聚伞花序几乎占据了整个植株，多花；花梗粗，直立，四棱形，长至 4 cm；花 5 数，直径 1.5～2.5 cm；花萼绿色，稍短于花冠，裂片线状披针形，长 7～12 mm，先端锐尖，具小尖头，背面中脉凸起；花冠淡蓝色，裂片披针形至卵状披针形，长 9～15 mm，先端渐尖，具芒尖，基部具 2 个腺窝，腺窝囊状，矩圆形，边缘具柔毛状流苏；花丝线形，长 5～7 mm，花药深蓝灰色，线形，长 2.0～2.5 mm；子房无柄，窄椭圆形，花柱短，不明显，柱头 2 裂，裂片半圆形。蒴果椭圆状披针形，长 1.2～1.6 cm；种子近圆形，直径 0.5 mm，表面具细网状突起。 花果期 8～11 月。

产青海：称多、玛沁。生于海拔 3 200～3 800 m 的河谷沟边草甸、山坡草地、沟谷山地林缘草甸、山坡高寒灌丛草甸。

分布于我国的西藏、四川、青海、甘肃西南部。模式标本采自四川康定。

五十九　夹竹桃科 APOCYNACEAE

乔木，直立灌木或木质藤本，也有多年生草本，具乳汁。单叶对生或轮生，稀互生，全缘，稀有细齿；叶脉羽状；常无托叶或退化成腺体，稀有假托叶。花两性，辐射对称，单花或多朵组成聚伞花序，顶生或腋生；花萼5裂，基部合生成筒状或钟状；花冠合瓣，高脚碟状、漏斗状或钟状，先端常5裂，裂片覆瓦状排列，少镊合状排列；花冠喉部常有副花冠或鳞片等附属物；雄蕊5枚，着生于花冠筒上或花冠喉部，内藏或伸出，花丝分离，花药长圆形或箭头状，2室，花粉颗粒状；花盘环状、杯状或无；雌蕊常由2枚离生或合生心皮组成，子房上位，稀半下位，花柱1枚，基部合生或裂开，柱头头状或棍棒状，先端常2裂，胚珠1至多数。果实多为蓇葖果。种子通常一端被毛，通常具胚乳，直胚。

约250属，2 000余种。我国产46属，176种，33变种；昆仑地区产2属3种，栽培1属1种。

分属检索表

1. 常绿灌木；叶轮生（栽培种） ………………………………… **1. 夹竹桃属 Nerium** Linn.
1. 落叶半灌木（野生种）。
    2. 枝、叶通常对生；花冠圆筒状钟形 ……………………… **2. 罗布麻属 Apocynum** Linn.
    2. 枝、叶通常互生；花冠宽钟状……………………………… **3. 白麻属 Poacynum** Baill.

1. 夹竹桃属 Nerium Linn.

Linn. Sp. Pl. 209. 1753.

常绿灌木。单叶，常3枚轮生，少对生或4叶轮生，革质，全缘。花两性，辐射对称，多花组成顶生的聚伞花序；花萼内侧近基部具腺体；花冠漏斗状，上部裂片开展，并向右旋，副花冠鳞片状，顶端撕裂；雄蕊着生于花冠喉部，不外露，花丝极短，花药紧围柱头并与之相连；心皮2个，离生，每室具多数胚珠。果实为2枚伸长的蓇葖果。种子先端具毛。

约4种。我国引入栽培有2种1变种，昆仑地区栽培1种。

1. 夹竹桃

Nerium indicum Mill. in Gard. Dict. ed. 8. no. 20. 1786；中国植物志 63：147. 图版 49. 1977；青海植物志 3：96. 1996；新疆植物志 4：113. 2004；青藏高原维管植物及其生态地理分布 775. 2008.

常绿灌木，高 1～3 m。体内含水液，嫩枝被微毛，老后脱落。叶 3～4 枚轮生，革质，条状披针形，长 8～15 cm，宽 1.5～2.5 cm，先端锐尖，基部楔形，边缘全缘，微反卷，侧脉密而平行；叶柄长约 5 mm，幼时被微毛，老时脱落。聚伞花序顶生；花萼 5 深裂，红色，裂片披针形，长 3～4 mm；花冠单瓣或重瓣，深红色或粉红色，花冠裂片倒卵形，顶端圆形，花冠喉部或花冠裂片基部具鳞片状的副花冠，其顶部撕裂；雄蕊着生于花冠筒中部以上，花丝短，被长柔毛，花药箭头状，内藏，与柱头连生，基部具耳，顶端渐尖；无花盘；心皮 2，离生，被柔毛，花柱丝状，长 7～8 mm，柱头近圆球形，顶端凸尖，每心皮有胚珠多颗。蓇葖果 2 枚，离生，长圆形，两端较细，长 10～23 cm，直径 6～10 mm，绿色，无毛，具细纵条纹；种子长圆形，基部较窄，褐色，种皮被锈色短柔毛，顶端具黄褐色毛，毛长约 1 cm。花期几乎全年，夏秋为最盛；果期一般在冬春季，栽培者较少结果。

产新疆：昆仑北麓地区各县有栽培。

我国多数地区有栽培。

2. 罗布麻属 Apocynum Linn.

Linn. Sp. Pl. 213. 1753.

直立草本或半灌木，具乳汁。叶常对生。圆锥状聚伞花序顶生或腋生；花小；萼 5 裂；花冠钟状，裂片基部具副花冠；雄蕊 5 枚，着生于花冠管的基部，内藏，不伸出于花冠喉部之外，花药箭头状，先端尖，基部具耳；花盘环状，肉质，5 裂；心皮 2 个，分离。蓇葖果 2 枚，平行或叉开，圆筒状，细弱。种子多数，细小，顶端具簇生种毛。

约 14 种。我国产 1 种，昆仑地区也产。

1. 罗布麻 图版 20：1～3

Apocynum venetum Linn. Sp. Pl. 213. 1753；中国植物志 63：158. 图版 52. 1977；青海植物志 3：96. 1996；新疆植物志 4：113. 图版 37：1～6. 2004；青藏高原维管植物及其生态地理分布 744. 2008.

直立半灌木或草本，高 1.5～3（4）m，一般高约 2 m，具乳汁。枝条对生或互生，光滑无毛，紫红色或淡红色。单叶对生，分枝处叶常为互生，叶片椭圆状披针形至矩圆状卵形，长 1～5 cm，宽 0.5～1.5 cm，先端钝，具短尖头，基部圆形，边缘具细齿，两面无毛；叶柄长 3～6 mm，叶柄间具腺体，老时脱落。圆锥状聚伞花序 1 至多歧，常顶生，有时腋生；花梗长约 4 mm，被短柔毛；苞片膜质，披针形，长约 4 mm，宽约 1 mm；小苞片长 1～5 mm，宽 0.5 mm；花萼 5 深裂，裂片披针形或卵圆状披针形，两面被短柔毛，边缘膜质，长约1.5 mm，宽 0.6 mm；花冠紫红色或粉红色，圆筒状钟形，两面密被颗粒状突起，花冠筒长 6～8 mm，直径 2～3 mm，花冠裂片基部向右覆盖，裂片卵状长圆形，长 3～4 mm，宽1.5～2.5 mm，每裂片内外均具 3 条明显红紫色的脉纹，花冠里面基部具副花冠及环状肉质花盘；雄蕊着生在花冠筒基部，与副花冠裂片互生，长 2～3 mm，花药箭头状，顶端渐尖，背部隆起，腹部黏生在柱头基部，基部具耳，花丝短，密被白色茸毛；雌蕊长 2.0～2.5 mm，花柱短，上部膨大，下部缩小，柱头基部盘状，顶端钝，2 裂，子房由 2 枚离生心皮所组成，被白色茸毛。蓇葖果 2 枚，平行或叉开，下垂，圆筒形，长 8～15 cm，直径 2～3 mm，顶端渐尖，基部钝，果外皮棕色，无毛。种子多数，卵圆状长圆形，黄褐色，长 2～3 mm，直径 0.5～0.7 mm，顶端有 1 簇白色绢质的种毛，毛长 1.5～2.5 cm。 花期 5～7 月，果期 8～9 月。

产新疆：莎车（卡拉克阿瓦提，克里木 556；坎拉大克，李秉滔 1752；阿克巴依，采集人不详 9544）、塔什库尔干（温泉，西植所新疆队 855）、皮山（阿依库姆治沙站 2 km处，采集人不详 062）、和田（和田河麻扎山南河岸上，采集人不详 9645）、且末（坎特曼，采集人不详 9537；塔提让，刘名廷 9502；群克西 10 km 处，采集人不详 9495）、若羌（若羌东南 14 km 处，采集人不详 9273；东南 5 km 处，采集人不详 9267；瓦石峡西 2 km 处，克里木 9324）。生于海拔 1 200～3 250 m 的山间冲积平原、河谷、胡杨林间空地。

青海：格尔木（托拉海，植被地理组 173；吴玉虎 37641）；茫崖（油沙山，植被地理组 107）。生于海拔 2 806～3 350 m 的柴达木荒漠胡杨林附近荒漠、戈壁荒漠盐碱地。

分布于我国的新疆、甘肃、青海、陕西、内蒙古、山西、河北、辽宁、河南、山东、江苏；亚洲的温带地区，欧洲及北美洲也有。

3. 白麻属 **Poacynum** Baill.

Baill. in Bull. Soc. Linn. Paris 1：757. 1888.

直立半灌木或草本，具乳汁。枝条互生。叶互生，稀对生，边缘具细齿，具柄，叶柄基部及腋间具腺体。圆锥状聚伞花序 1 至多歧，顶生；花萼 5 裂，内无腺体；花冠钟状盘形，整齐，5 裂，梅花式排列（开花后镊合状排列），花冠筒内面基部具副花冠，肉质，5 裂；雄蕊 5 枚，着生于花冠筒基部，花药箭头状，隐藏在花喉部，花药背面隆起，腹面黏生在柱头的基部，基部具耳，花丝短，被白色茸毛；雌蕊 1 枚，柱头基部盘状，顶端2裂，花柱短；子房半下位，被白色茸毛，胚珠多数。蓇葖果2枚，平行或叉开，细而长，圆筒状。种子多数，细小，顶端具有1簇白色绢质种毛。

约2种，产中亚地区各国。我国2种均产，昆仑地区也产。

分种检索表

1. 叶狭披针形，长1.5～3.5 cm，宽0.2～0.7 cm …… **1. 白麻 P. pictum** (Schrenk) Baill.
1. 叶宽披针形，长1.8～4.4 cm，宽0.6～1.9 cm ……………………………………………… **2. 大叶白麻 P. hendersonii** (Hook. f.) Woodson

1. 白　麻　图版20：4～6

Poacynum pictum (Schrenk) Baill. in Bull. Soc. Linn. Paris 1：757. 1888；中国植物志63：161. 图版53. 1977；青海植物志3：97. 图版23：1～5. 1996；青藏高原维管植物及其生态地理分布775. 2008.——*Apocynum pictum* Schrenk in Bull. Phys. Math. Acad. St.-Pétersb. 2：115. 1844；新疆植物志4：115. 图版38：1～4. 2004.

直立半灌木或草本，高0.5～2 m，基部木质化。茎黄绿色，有条纹；小枝倾向茎的中轴，幼嫩部分外部均被灰褐色柔毛。叶坚纸质，互生，稀在茎的上部对生，线形至线状披针形，长1.5～3.5 cm，宽0.3～0.8 cm，先端渐尖，基部楔形，边缘具细齿；叶柄长2～5 mm。圆锥状聚伞花序1至多数，顶生；苞片、小苞片、花梗、花萼的外部均被灰褐色柔毛；苞片及小苞片披针形，长约3 mm，宽约1 mm；花梗老时向下弯曲，长5～7 mm；花萼5裂，下部合生，裂片卵圆状三角形，长约1.5 cm，宽约1 mm；花冠辐状，粉红色，长达1.5 cm，直径1.5 cm，裂片5枚，每裂片具3条深紫色条纹；副花冠着生于花冠筒的基部，裂片5枚，三角形，基部合生，上部离生，先端长渐凸起；雄蕊5枚，与副花冠裂片互生，花丝短，被茸毛，花药箭头状，先端急尖，基部具耳，耳基部紧接或重叠；花盘肉质环状，高为子房的1/3至1/2；子房半下位，由2枚离生心皮组成，花柱圆柱状，柱头2裂，基部盘状。蓇葖果2枚，平行或略叉开，倒垂，长17～25 cm，直径3～4 mm，外果皮灰褐色，有细纵纹。种子红褐色，长圆形，长3～4 mm，顶端具1簇白色绢质毛，毛长约2 cm。　花期5～7月，果期7～9月。

产新疆：乌恰、阿图什（县城附近，吴玉虎87088）、民丰（至且末途中，青藏队吴玉虎2054）。生于海拔1 420 m左右的戈壁滩河沟沙砾地。

青海：茫崖（阿拉尔红柳泉，青藏队535）、格尔木（市郊北32 km处，青藏队113；托拉海，青藏队122、吴征镒等75237、黄荣福C. G. 81－322）。生于海拔1 400～2 700 m的戈壁荒漠草地、戈壁盐碱地、荒漠戈壁沙砾地。

分布于我国的新疆、甘肃、青海；哈萨克斯坦，塔吉克斯坦，吉尔吉斯斯坦也有。

2. 大叶白麻 图版20：7～9

Poacynum hendersonii（Hook. f.）Woodson. in Ann. Missouri Bot. Gard. 17：167. 1930；中国植物志 63：163. 图版 54. 1977；青海植物志 3：99. 1996；新疆植物志 4：116. 图版 38：5～9. 2004；青藏高原维管植物及其生态地理分布 775. 2008. ——*Apocynum hendersoni* Hook. f. in Henders. et Hume，Lahore to Yarkand 327. 1873.

直立半灌木或草本，高 0.5～2.5 m，植株含乳汁。枝条倾向茎的中轴，无毛。叶坚纸质，互生，叶片椭圆形至卵状椭圆形，长 3～4 cm，宽 1.0～1.5 cm，顶端急尖或钝，具短尖头，基部楔形或圆形，叶缘具细齿，两面无毛；叶柄长 0.5 mm，具颗粒状突起；基部及腋间具腺体，老时脱落。圆锥状聚伞花序 1 至多歧，顶生；总花梗长 3～9 cm；花梗长 0.5～1.0 cm；总花梗、花梗、苞片及花萼外面均被白色短柔毛；苞片披针形，长 1～4 mm，内无腺体；花冠钟状盘形，下垂，直径 1.5～2.0 cm，外面粉红色，内面稍带紫色，两面均具颗粒状突起，花冠筒长 2.5～7.0 mm，直径 1.0～1.5 cm，花冠裂片反折，宽三角形，长 2.5～4.0 cm，宽 3～5 mm，每裂片具 3 条深紫色的脉纹；副花冠裂片 5 枚，着生于花冠筒的基部，裂片宽三角形，基部合生，顶端长尖凸起；雄蕊 5 枚，着生于花冠筒基部，与副花冠裂片互生，花药箭头状，顶端渐尖，隐藏在花喉内，基部具耳，背部隆起，腹面黏生于柱头的基部；花丝短，被白色茸毛；雌蕊 1 枚，长 3～4 mm，柱头短，长 1～3 mm，上部膨大，下部缩小，柱头顶端钝，2 裂，基部盘状，子房半下位，由 2 个离生心皮组成，上部被白色茸毛；胚珠多数；花盘肉质，环状，顶端 5 浅裂或微缺，基部合生，环绕子房。蓇葖果 2 枚，叉开或平行，倒垂，长而细，圆筒状，长 10～30 cm，直径 0.3～0.5 cm，顶端渐尖，幼时绿色，老时黄褐色。种子卵状长圆形，长 2.5～3.0 mm，直径 0.5～0.7 mm，顶端具 1 簇白色绢质种毛，毛长 1.5～3.0 cm。 花期 5～7 月，果期 7～9 月。

产新疆：莎车（莎车林场附近，王焕存 072、014；卡米尔，R 1247；卡拉克阿瓦提学校附近，王焕存 057；莎车至喀什路上，采集人不详 558）、和田（喀什塔什，青藏队吴玉虎 2054、2584；和田河麻扎南麓，蒋英 9560、9650）、且末（至民丰途中 50 km 处，克里木 9539；66 km 处盐碱地上，采集人不详 11、12；县城北 5 km 处，采集人不详 9529；县城西 1 km 处，采集人不详 9499；塔提让附近，采集人不详 9501）、若羌（米兰，蒋英 9332；爪石峡 22 km 处，采集人不详 9333）。生于海拔 1 200 ～3 300 m的戈壁荒漠山前冲积平原、沙砾滩地、河谷滩地草甸盐土上。

青海：格尔木。生于海拔 2 800 m 左右的荒漠戈壁中的盐碱滩地、沙丘。

分布于我国的青海、新疆、甘肃；哈萨克斯坦，塔吉克斯坦，吉尔吉斯斯坦也有。

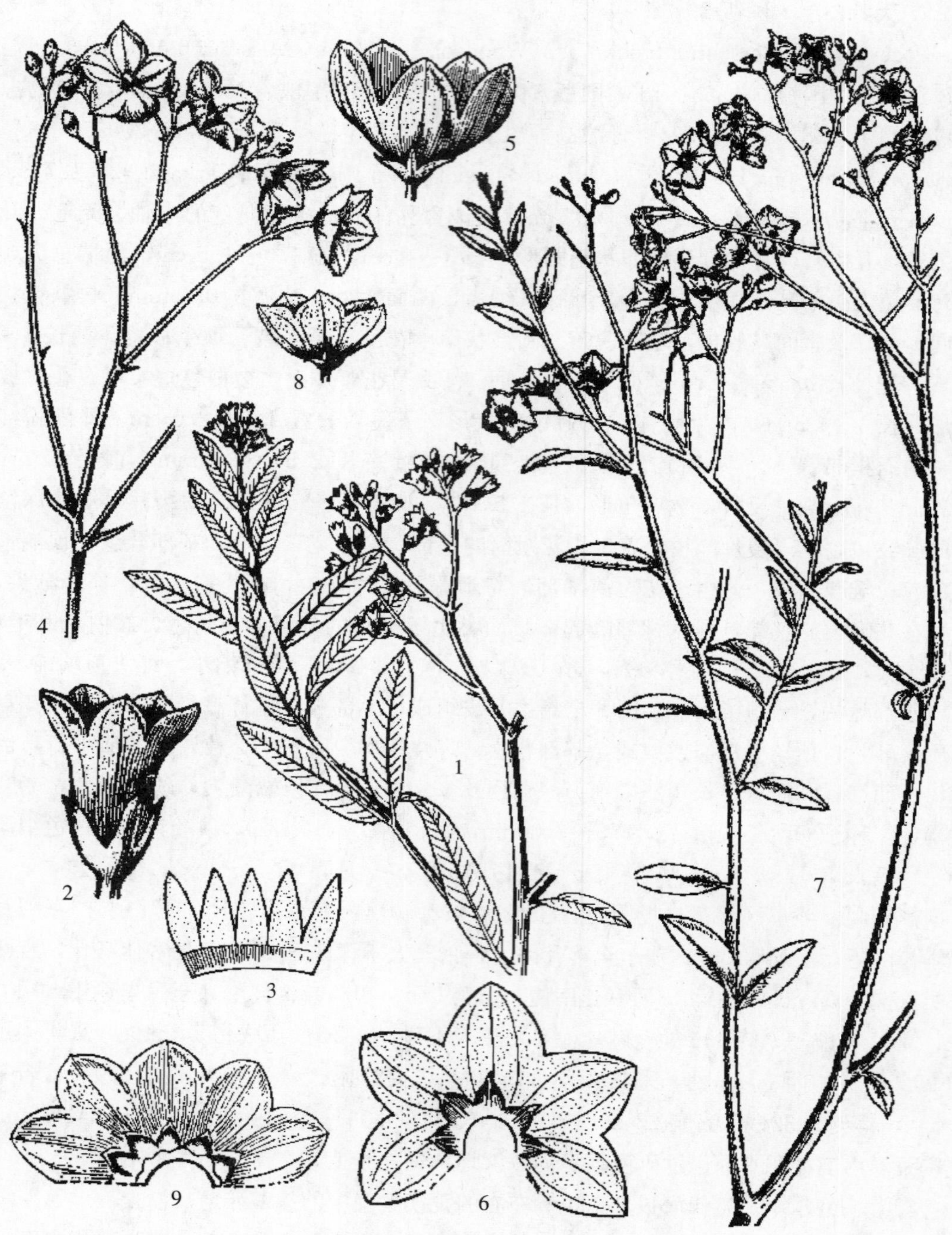

图版 20　罗布麻 **Apocynum venetum** Linn. 1. 花枝；2. 花；3. 花萼展开。白麻 **Poacynum pictum** (Schrenk) Baill. 4. 花枝；5. 花；6. 花冠展开。大叶白麻 **P. hendersonii** (Hook. f.) Woodson. 7. 花枝；8. 花；9. 花冠展开，示副花冠。（杨可四绘）

六十　萝藦科 ASCLEPIADACEAE

多年生草本或藤本，直立或攀缘灌木，有白色乳汁。根部木质或肉质呈块状。叶对生或轮生，全缘；叶柄顶端通常具有丛生的圆形腺体，通常无托叶。聚伞花序伞形，有时呈伞房状或总状，腋生或顶生；花两性，整齐，5 数；萼筒短，5 裂，萼片双盖覆瓦状或镊合状排列，内面通常有腺体；花冠合瓣，辐状或坛状，稀高脚碟状，花冠裂片旋转，覆瓦状或镊合状排列；副花冠通常 1 轮或 2 轮，呈鳞片状或退化成 2 列毛状或瘤状突起；雄蕊 5 枚，与雌蕊合生成合蕊柱，花药连生成环状，腹面贴生于柱头基部，花丝分离或联合，有蜜腺，称合蕊冠，药隔顶端常有膜片；花粉粒联合，包在一层软的薄膜内而呈块状，称花粉块；雌蕊 1 枚，由 2 个离生心皮组成，子房上位，花柱 2 枚，合生，柱头基部具 5 棱；胚珠多数。蓇葖果双生或单生。种子多数，顶端具丛生的白色绢毛；胚直立，子叶扁平。

约 180 属，2 200 种。我国有 44 属 245 种 33 变种，昆仑地区产 1 属 5 种。

1. 鹅绒藤属 **Cynanchum** Linn.

Linn. Sp. Pl. 124. 1753.

多年生草本、灌木或半灌木，直立或攀缘，有乳汁。叶对生，稀轮生。聚伞花序通常组成伞形状；花多数，花小，各种颜色；萼片 5 枚，基部内面有小腺体 5～10 个，有时较多或缺少；花冠通常辐状或近钟状，花冠筒短，花冠裂片 5 枚；副花冠肉质或膜质，5 裂，杯状或筒状，顶端具各式浅裂片或细齿，在各裂片内面有小舌状片或缺；雄蕊 5 枚，药隔顶端具内弯膜片；花粉块每室 1 个，下垂；子房 2 裂，花柱短，柱头基部膨大成五角形。蓇葖果双生或单生，矩圆形或披针形，平滑，稀具软刺或翅。种子顶端具白色绢质种毛。

约 200 种，分布于非洲、地中海地区、欧亚大陆的热带、亚热带及温带地区。我国产 53 种 12 变种，昆仑地区产 5 种。

分 种 检 索 表

1. 多年生缠绕藤本。
   2. 副花冠 2 轮，外轮筒状；蓇葖果长 9～11 cm …… **1. 戟叶鹅绒藤 C. sibiricum** Willd.
   2. 副花冠 1 轮，杯状；蓇葖果长 6～9 cm ……… **2. 羊角子草 C. cathayense** Tsiang et Zhang

1. 直立多年生草本。

3. 根须状，丛生；花黄色或黄绿色；蓇葖果双生，稀单生……………………………………………………………………… **3. 竹灵消 C. inamoenum**（Maxim.）Loes.

3. 根粗壮直生或横生；花淡绿色或暗紫色；蓇葖果单一。

4. 叶条形或窄披针形，长 2.5～5.0 cm，宽 2～5 mm，两面被毛；花冠淡绿色……………………………………… **4. 地梢瓜 C. thesioides**（Freyn）K. Schum.

4. 叶三角状卵形或宽心形，长 0.6～2.0 mm，宽 6～23 mm，两面无毛；花冠暗紫色……………………………………… **5. 喀什牛皮消 C. kashgaricum** Liou f.

1. 戟叶鹅绒藤 图版 21：1～5

Cynanchum sibiricum Willd. in Ges. Naturf. Fr. Neue Schr. 2：124. t. 5. 1779；中国植物志 63：311. 图版 107. 1977；西藏植物志 4：14. 1985；新疆植物志 4：120. 图版 39：8～14. 2004；青藏高原维管植物及其生态地理分布 778. 2008.

多年生缠绕藤本，全株含白色乳汁。根粗壮，圆柱状，土灰色，径约 2 cm。茎被短柔毛。叶对生，纸质，戟形或戟状心形，长 2～8 cm，基部宽 3.0～4.5 cm，先端长渐尖，基部具 2 个长圆形平行或略为叉开的垂片，上面绿色，下面淡绿色，两面均被短疏柔毛，脉及边缘有时毛较密。花序腋生，聚伞花序伞房状，花序梗长 3～5 cm；花萼披针形，长约1.5 mm，外面被柔毛，内部腺体极小；花冠外面白色，内面紫色，裂片短圆形，或窄卵形或宽披针形；长 4 mm，宽 1.3 mm，副花冠 2 轮，外轮筒状，较长，顶端具 5 条不同长短的丝状舌片，内轮 5 条裂片较短；花粉块长圆状，下垂；子房平滑无毛，柱头隆起，顶端微 2 裂。蓇葖果单生，窄披针形，长 9～11 cm，直径约 1 cm。种子长圆形，长 4～6 mm，宽约 2 mm，棕色，顶端有白色绢质种毛，毛长 3 cm。 花期 7 月，果期 8～10 月。

产新疆：喀什、疏勒、疏附、英吉沙（至莎车途中，高生所西藏队 3306）、莎车（卡拉克阿瓦提，王焕存 059）、叶城、墨玉（县城以西 50 km 处，刘海源 198；高生所西藏 3005）、民丰、且末（县城西北 20 km 处，采集人不详 9511；且末修堂，采集人不详 9558）、若羌（昆仑山，青藏队吴玉虎 2125）。生于海拔 1 200～1 400 m 的沟谷山坡沙砾地、冲积平原、绿洲林边。

分布于我国的新疆、内蒙古、甘肃、宁夏、西藏；蒙古，俄罗斯，中亚地区各国也有。

2. 羊角子草 图版 21：6～9

Cynanchum cathayense Tsiang et Zhang in Acta Phytotax. Sin. 12：110. t. 24. 1974；中国植物志 63：379. 图版 137. 1977；中国沙漠植物志 3：47. 1992；新疆植物志 4：120. 2004；青藏高原维管植物及其生态地理分布 777. 2008.

多年生缠绕藤本。根木质，粗壮，灰黄色。茎缠绕，下部多分枝，疏被短柔毛，节上被长柔毛，具纵细棱，节间有毛或无毛。叶对生，纸质，矩圆状戟形或三角状戟形，顶端渐尖或锐尖，基部心状戟形，两耳圆形；中下部叶较大，下部的叶长约 6 cm，宽 3 cm，上部叶较小，长 1.3 cm，宽 1.1 cm，基生脉 5～7 条；叶柄长为叶的 2/3，被短柔毛，顶端具有丛生钻状腺体。聚伞花序伞状或伞房状，1～4 个丛生于叶腋，每花序有花数至 10 朵，总花梗长于叶，长 1～2 cm；花梗纤细，长短不一，被柔毛；苞片条状披针形；花萼裂片卵形，顶端渐尖，长约 1.5 mm，宽约 1 mm，外面被微毛，内面具腺体；花冠紫色，后变成淡红色，裂片窄卵形或矩圆形，长约 4 mm，宽约 2 mm，先端钝，无毛；副花冠杯状，顶部 5 浅裂，裂片卵形，3 裂，中央小裂片锐尖或有尾尖，比合蕊柱长；花粉块卵圆形，下垂，花药近方形；柱头 2 裂。蓇葖果单生，披针形或条形，长 6～9 cm，直径约 1 cm，表面被柔毛。种子矩圆状卵形，长 5～6 mm，宽约 2 mm，顶端具白色绢质种毛，种毛长约 2 cm。 花期 6～8 月，果期 8～10 月。

产新疆：喀什、英吉沙、莎车（治沙站阿瓦提附近，王焕存 075）、叶城、和田（和田河口处，采集人不详 9611）、且末、若羌（县城附近，青藏队吴玉虎 2123，刘海源 063；米兰，采集人不详 9305）。生于海拔 940～2 500 m 的路旁潮湿地及冲积扇田田埂、路旁。

分布于我国的新疆、河北、内蒙古、宁夏、甘肃。模式标本采自甘肃酒泉。

3. 竹灵消

Cynanchum inamoenum（Maxim.）Loes. in Engl. Bot. Jahrb. 34：Beih. 75：60. 1904；中国植物志 63：343. 图版 121. 1977；西藏植物志 4：19. 1985；青海植物志 3：102. 1996；青藏高原维管植物及其生态地理分布 778. 2008.——*Vincetoxicum inamoenum* Maxim. in Bull. Acad. Sci. St.-Pétersb. 23：361. 1877.

直立草本，基部分枝甚多；根须状；茎干后中空，被单列柔毛。叶薄膜质，广卵形，长4～5 cm，宽 1.5～4.0 cm，顶端急尖，基部近心形，脉上近无毛或仅被微毛，有边毛；侧脉约 5 对。伞形聚伞花序，近顶部互生，着花 8～10 朵；花黄色，长和直径均约 3 mm；花萼裂片披针形，急尖，近无毛；花冠辐状，无毛，裂片卵状长圆形；副花冠较厚，裂片三角形，短急尖；花药在顶端具 1 圆形的膜片，花粉块每室 1 个，下垂，花粉块柄短，近平行，着粉腺近椭圆形；柱头扁平。蓇葖果双生，稀单生，狭披针形，向端部长渐尖，长 6 cm，直径 5 mm。 花期 5～7 月，果期 7～10 月。

产青海：班玛（马柯河林场灯塔乡，王为义 27378）。生于海拔 3 450 m 左右的沟谷山坡林缘灌丛草地上。

分布于我国的辽宁、河北、河南、山东、山西、安徽、浙江、湖北、湖南、陕西、甘肃、青海、贵州、四川、西藏；朝鲜，日本也有。

4. 地梢瓜 图版 21：10～13

Cynanthum thesioides（Freyn）K. Schum. in Engl. et Prantl Nat. Pflanzenfam.

图版 21　戟叶鹅绒藤 **Cynanthum sibiricum** Willd. 1. 植株；2. 花；3. 花萼纵剖；4. 花冠纵剖；5. 果实。羊角子草 **C. cathayense** Tsiang et Zhang 6. 植株；7. 花；8. 花萼纵剖；9. 花冠纵剖。地梢瓜 **C.thesioides**（Freyn）K. Schum. 10. 植株；11. 花；12. 花萼纵剖；13. 果实。（1～5，10～13. 引自《新疆植物志》，张荣生绘；6～9. 杨可四绘）

4 (2):252. 1895；中国植物志 63：367. 图版 133. 1977；青海植物志 3：101. 1996；新疆植物志4：122. 图版 39：1～7. 2004；中国沙漠植物志 3：43. 1992；青藏高原维管植物及其生态地理分布 778. 2008. ——*Vincetoxicum thesioides* Freyn in Oest. Bot. Zeitschr. 40：124. 1890.

直立多年生草本，高 15～30 cm，有白色乳汁。地下茎横生，地上茎少数丛生或直立，稍木质化，自基部多分枝，密被柔毛。单叶对生或近对生，条形或窄披针形，长 2. 5～5. 0 cm，宽 2～5 mm，先端渐尖，基部稍狭，两面被毛，下面中脉凸起，全缘，近无柄。伞形聚伞花序腋生，含花 3～7 朵；花梗被柔毛；花萼 5 深裂，裂片披针形，长约 2 mm，外面被柔毛；花冠辐状，长约 5 mm，淡绿色，5 深裂；副花冠杯状，5 裂，裂片三角状披针形，渐尖，与花冠裂片互生，长超过药隔膜片；花粉块每药室 1 个，矩圆形，下垂。蓇葖果纺锤形，单生，长 5～6 cm，直径约 2 cm，表面具纵细纹，先端渐尖，中部膨大，基部楔形。种子棕褐色，扁平，近矩圆形，长 6～8 mm，宽约 3 mm，顶端具 1 束绢质白毛，毛长 1. 5～2. 0 cm。 花期 5～8 月，果期 8～10 月。

产青海：兴海（河卡乡羊曲，何廷农 060；唐乃亥乡，弃耕地调查队 279；大河坝乡青根桥，王作宾 20020；唐乃亥乡，吴玉虎 42070、42080、42113、42136）。生于海拔2 700～3 900 m 的沟谷河滩草甸、半荒漠草原、沙砾质河谷滩地疏林田埂。

分布于我国的新疆、甘肃、陕西、山西、河北、内蒙古、辽宁、吉林、黑龙江、河南、山东、江苏等省区；朝鲜，蒙古，俄罗斯也有。

5. 喀什牛皮消

Cynanchum kashgaricum Liou f. in Fl. Deser. Reipul. Popul. Sin. 3：473. 45. t. 17：5～10. 1992；新疆植物志 4：122. 2004；青藏高原维管植物及其生态地理分布 778. 2008.

多年生草本，直立，高 40～50 cm。主根粗壮，垂直根明显。茎直立，多分枝，黄绿色，有细棱。单叶对生，三角状卵形或宽心形，长 6～20 mm，宽 6～23 mm，先端锐尖，基部心形，两面无毛，黄绿色，上面侧脉不明显，下面侧脉明显。伞房状聚伞花序生于中上部叶腋，总花梗粗壮，长约 5 mm；果时花序轴及总花梗粗壮，长 1. 2～2. 0 cm，直立；花小，直径约 4 mm；花梗长约 2 mm，被鳞毛和腺点；花萼背部密被鳞毛或腺点，绿色，上部边缘有时暗紫色，5 裂，裂片披针形，长约 1 mm；花冠暗紫色，被鳞毛和腺点，5 深裂，裂片长圆状披针形，长 1. 0～1. 5 mm，宽 1 mm；副花冠 2 轮，外轮顶部具齿裂或全缘，内轮先端卵形，副花冠长于合蕊冠。蓇葖果单一，生花序轴顶端，窄披针形，长 5～6 cm，宽 5～6 mm。 花期 5～6 月，果期 8～9 月。

产新疆：莎车（莎车治沙站附近，刘名廷 261）、和田（和田河麻扎山南河岸上，采集人不详 9652）、且末（至民丰途中 50 km 处，采集人不详 9542；县城西 12 km 处，采集人不详 9493；采集地不详，买买提江，采集号不详）、若羌（瓦石峡乡，采集人不详9331)、民丰（采集地不详，刘英心等189)。生于海拔1 200～1 600 m的盐化沙地、山地半荒漠及荒漠。

分布于我国的新疆。模式标本采自新疆民丰。

六十一　旋花科 CONVOLVULACEAE

草本、亚灌木、灌木或寄生植物，植株常具乳汁。有些种类地下具肉质的块根。茎缠绕或攀缘，平卧或匍匐，少直立。单叶互生，螺旋状排列，寄生种类无叶或退化成小鳞片，叶缘全缘、浅裂、深裂或全裂。花整齐，两性，5数，通常美丽，单生于叶腋，或少数至多花组成腋生聚伞花序；花萼分离；花冠合生，漏斗状、钟状、高脚碟状或坛状；雄蕊与花冠裂片等数，互生，花丝丝状，花药2室，花粉粒无刺或有刺；花盘环状或杯状；子房上位，心皮合生，中轴胎座，花柱1～2枚，丝状。蒴果。种子和胚珠同数，三棱形；胚大，胚乳小，肉质至软骨质。

约56属，1 800余种。我国产22属125种，昆仑地区产2属5种。

分属检索表

1. 寄生草本，茎缠绕，无叶，或退化成小的鳞片 ……………… **1. 菟丝子属 Cuscuta** Linn.
1. 直立或缠绕草本，亚灌木或有刺灌木，具有正常的叶 …… **2. 旋花属 Convolvulus** Linn.

1. 菟丝子属 **Cuscuta** Linn.

Linn. Sp. Pl. 124. 1753.

寄生草本，无根，全株无毛。茎缠绕，细长，线形，黄色或红色，不为绿色，借助吸器固着于寄主上。无叶，或退化成小的鳞片。花小，白色或淡红色，无梗或有短梗而呈穗状、总状或簇生成头状花序；苞片小或无；花5～4出数；萼片近于等大，基部或多或少联合；花冠管状、壶状、球形或钟状，在花冠管内面基部雄蕊之下具边缘分裂或流苏状的鳞片；雄蕊着生于花冠喉部或花冠裂片相邻处，通常稍微伸出，具短花丝及内向的花药；花粉粒椭圆形，无刺；子房2室，每室2胚珠，花柱2枚，完全分离或多少联合，柱头球形或伸长。蒴果球形或卵形，有时稍肉质，周裂或不规则破裂。种子1～4枚，无毛；胚在肉质的胚乳之中，线状、螺旋状或呈圆盘形弯曲，无子叶或稀具细小的鳞片状遗痕。

约170种。我国有8种，昆仑地区产1种。

1. 欧洲菟丝子　图版22：1～3

Cuscuta europaea Linn. Sp. Pl. 124. 1753；中国植物志64（1）：151. 图版31：

1～3. 1979；西藏植物志 4：32. 图版 16：1～3. 1985；青海植物志 3：104. 图版 24：11～13. 1996；新疆植物志 4：140. 图版 46：1～3. 2004；青藏高原维管植物及其生态地理分布 782. 2008.

一年生寄生草本。茎缠绕，带黄色或红色，纤细，毛发状，直径不超过 1 mm。无叶。花序侧生，花少数或多数密集成团伞花序；花梗长 1. 5 mm 或更短；花萼杯状，中部以下联合，裂片 4～5，有时不等大，三角状卵形，长 1. 5 mm；花冠淡红色，壶形，长 2. 5～3. 0 mm，裂片 4～5，三角状卵形，通常向外反折，宿存；雄蕊着生花冠凹缺微下处，花药卵圆形，花丝长于花药；鳞片薄，倒卵形，着生于花丝之下，顶端 2 裂或不分裂，边缘流苏较少；子房近球形，花柱 2 枚，柱头棒状，下弯或叉开，与花柱近等长，花柱和柱头短于子房。蒴果近球形，直径约 3 mm，上部覆以凋存的花冠，成熟时整齐周裂。种子通常 4 枚，淡褐色，椭圆形，长约 1 mm，表面粗糙。 花期 6～8 月，果期 8～9 月。

产新疆：乌恰（乌拉根，青藏队吴玉虎 87018）、莎车（喀拉吐孜矿区，青藏队吴玉虎 870681）、叶城（苏克皮亚，青藏队吴玉虎采集号不详）、若羌（县城附近，刘海源 077）。生于海拔 940～2 600 m 的沟谷山坡林缘草地、荒漠绿洲田埂、路旁、滩地草甸、山谷灌丛下，寄生于菊科、豆科、藜科等草本植物。

青海：兴海（大河坝乡赞毛沟，吴玉虎 46423；大河坝，弃耕地调查队 302）、称多（歇武乡，刘有义 83－476）。生于海拔 2 800～3 900 m 的山地草甸、沟谷山坡高寒灌丛。

分布于我国的新疆、甘肃、青海、宁夏、陕西、西藏、云南、四川、内蒙古、山西、黑龙江；西亚，欧洲，非洲北部，美洲也有。

2. 旋花属 **Convolvulus** Linn.

Linn. Sp. Pl. 153. 1753.

一年生或多年生，平卧、直立或缠绕草本，直立亚灌木或有刺灌木。通常被毛，稀无毛。叶心形、箭形、戟形，或长圆形、狭披针形至线形，全缘，稀具浅波状圆齿或浅裂。花腋生，具总梗，由 1 至少数花组成聚伞花序或密集成具总苞的头状花序，或为聚伞圆锥花序；萼片 5，等长或近等长，钝或锐尖；花冠整齐，中等大小或小，钟状或漏斗状，白色、粉红色、蓝色或黄色，具 5 条通常不太明显的瓣中带，冠檐浅裂或近全缘；雄蕊及花柱内藏；雄蕊 5 枚，着生于花冠基部，花丝丝状，等长或不等长，通常基部稍扩大，花药长圆形，花粉粒无刺，椭圆形；花盘环状或杯状；子房 2 室，4 胚珠，花柱 1 枚，丝状，柱头 2 枚，线形或近棒状。蒴果球形，2 室，4 瓣裂或不规则开裂。种子 1～4 枚，通常具小瘤突，无毛，黑色或褐色。

约 250 种。我国 8 种，昆仑地区产 4 种。

分种检索表

1. 亚灌木或小灌木。
  2. 直立的亚灌木；花单生，位于短的侧枝上；蒴果卵形……………………………………………………………………………… 1. **灌木旋花 C. fruticosus** Pall.
  2. 匍匐的有刺亚灌木；花 2～5（6）朵密集于枝端，稀单花；蒴果球形 ……………………………………………………………………… 2. **刺旋花 C. tragacanthoides** Turcz.
1. 多年生草本。
  3. 茎直立；叶及萼片密被毛；叶基部楔形………………… 3. **银灰旋花 C. ammannii** Desr.
  3. 茎缠绕；叶及萼片无毛；叶基部戟形 ……………………… 4. **田旋花 C. arvensis** Linn.

1. 灌木旋花

Convolvulus fruticosus Pall. in Reise 2：734. 1773；中国植物志 64（1）：54. 图版 12：4～5. 1979；新疆植物志 4：127. 图版 41：4～5. 2004；青藏高原维管植物及其生态地理分布 781. 2008.

亚灌木，高 40～50 cm。具多数成直角开展而密集的分枝，近垫状，枝条上具单一的短而坚硬的刺；分枝，小枝和叶均密被贴生绢状毛，稀在叶上被多少张开的疏柔毛；叶几无柄，倒披针形至线形，稀长圆状倒卵形，先端锐尖或钝，基部渐狭。花单生，位于短的侧枝上（枝通常在末端具 2 个小刺）；花梗长（1）2～6 mm；萼片近等大，形状多变，宽卵形、卵形、椭圆形或椭圆状长圆形，长 6～10 mm，密被贴生或多少张开的毛；花冠狭漏斗形，长（15）17～26 mm，外面疏被毛；雄蕊 5 枚，稍不等长，短于花冠，花丝丝状，花药箭形；子房被毛，花柱丝状，2 裂，柱头 2 枚，线形。蒴果卵形，长 5～7 mm，被毛。 花期 4～7 月。

产新疆：乌恰（乌拉根，青藏队吴玉虎 870031；巴尔库提，采集人不详 9709）、喀什（喀什西北 71 km 处，采集人不详 382；喀什北 15 km 处，采集人不详 392）。生于海拔 2 200～2 400 m 的戈壁荒漠沙砾地、干旱山谷、沙砾河滩草地。

分布于我国的新疆；中亚地区各国，伊朗，蒙古也有。

2. 刺旋花 图版 22：4～6

Convolvulus tragacanthoides Turcz. in Bull. Soc. Nat. Mosc. 5：201. 1832；中国植物志 64（1）：55. 1979；新疆植物志 4：128. 图版 41：6～8. 2004；中国高等植物图鉴 3：528. 图5010. 1974；青藏高原维管植物及其生态地理分布 782. 2008.

匍匐的有刺亚灌木，全体被银灰色绢毛，高 4～10（15）cm。茎密集分枝，形成披散垫状；小枝坚硬，具刺。叶狭线形或稀倒披针形，长 0.5～2.0 cm，宽 0.5～4.0

(5～6) mm，先端圆形，基部渐狭，无柄，密被银灰色绢毛。花 2～5 (6) 朵密集于枝端，稀单花，花枝有时伸长，无刺；花柄长 2～5 mm，密被半贴生绢毛；萼片长 5～7 (8) mm，椭圆形或长圆状倒卵形，先端短渐尖或骤细成尖端，外面被棕黄色毛；花冠漏斗形，长 15～25 mm，粉红色，具 5 条密生毛的瓣中带，5 浅裂；雄蕊 5 枚，不等长，花丝丝状，无毛，基部扩大，长为花冠之半；雌蕊较雄蕊长，子房有毛，2 室，每室 2 胚珠，花柱丝状，柱头 2 枚，线形。蒴果球形，有毛，长 4～6 mm。种子卵圆形，无毛。 花期 5～7 月。

产新疆：乌恰（老乌恰县附近，青藏队吴玉虎 870072）、喀什（到伊尔克什坦途中，采集人不详 59687）、阿克陶（阿克塔什，青藏队吴玉虎 870282、张镱锂 019）。生于海拔2 200～2 500 m 的山前洪积扇、荒漠戈壁滩。

分布于我国的新疆、甘肃、宁夏、陕西、四川、内蒙古、河北；蒙古，中亚地区各国也有。

3. 银灰旋花 图版 22：7～8

Convolvulus ammannii Desr. in Lam. Encycl. 3：549. 1789；中国植物志 64 (1)：56. 1979；青海植物志 3：107. 图版 24：5～10. 1996；新疆植物志 4：128. 图版 42：2～3. 2004；青藏高原维管植物及其生态地理分布 781. 2008.

多年生草本，高 2～10 (15) cm。根状茎短，木质化。茎少数或多数，平卧或上升，枝和叶密被贴生稀半贴生银灰色绢毛。叶互生，线形或狭披针形，长 1～2 cm，宽 (0.5) 1～4 (5) mm，先端锐尖，基部狭，无柄。花单生枝端，具长 0.5～7.0 cm 的细花梗；萼片 5，长 (3.5) 4～7 mm，外萼片长圆形或长圆状椭圆形，近锐尖或稍渐尖，内萼片较宽，椭圆形，渐尖，密被贴生银色毛；花冠小，漏斗状，长 (8) 9～15 mm，淡玫瑰色或白色带紫色条纹，有毛，5 浅裂；雄蕊 5 枚，长为花冠之半，基部稍扩大；雌蕊无毛，较雄蕊稍长，子房 2 室，每室 2 胚珠，花柱 2 裂，柱头 2 枚，线形。蒴果球形，2 裂，长 4～5 mm。种子 2～3 枚，卵圆形，光滑，具喙，淡褐红色。

产青海：都兰（黄荣福 C. G. 81－262；香日德农场至都兰途中，植被地理组 269)、兴海（河卡乡羊曲，何廷农 059)。生于海拔 2 600～3 400 的半荒漠草原、山坡沙砾地、沟谷山地高寒草原、山坡荒漠草原。

分布于我国的新疆、甘肃、青海、宁夏、陕西、西藏、内蒙古、山西、河北、河南、辽宁、吉林、黑龙江；朝鲜，蒙古，中亚地区各国也有。

4. 田旋花 图版 22：9

Convolvulus arvensis Linn. Sp. Pl. 153. 1753；中国植物志 64 (1)：58. 1979；青海植物志 3：102. 1996；新疆植物志 4：131. 图版 42：1. 2004；青藏高原维管植物及其生态地理分布 781. 2008.

图版 22　欧洲菟丝子 **Cuscuta europaea** Linn. 1. 花序；2. 雄蕊；3. 花冠纵剖示雄蕊。刺旋花 **Convolvulus tragacanthoides** Turcz. 4. 花枝；5. 花冠纵剖；6. 叶。银灰旋花 **C. ammannii** Desr. 7. 花枝；8. 花冠纵剖示雄蕊。田旋花 **C. arvensis** Linn. 9. 花枝。（引自《新疆植物志》，谭丽霞绘）

多年生草本。根状茎横走。茎平卧或缠绕，有条纹及棱角，无毛或上部被疏柔毛。叶卵状长圆形至披针形，长 1.5～5.0 cm，宽 1～3 cm，先端钝或具小短尖头，基部戟形、箭形或心形，全缘或 3 裂，侧裂片展开，微尖，中裂片卵状椭圆形、狭三角形或披针状长圆形，微尖或圆；叶柄较叶片短，长 1～2 cm；叶脉羽状，基部掌状。花序腋生，总梗长3～8 cm，1 或有时 2～3 至多花；花柄比花萼长得多；苞片 2，线形，长约 3 mm；萼片有毛，长 3.5～5.0 mm，稍不等，2 个外萼片稍短，长圆状椭圆形，钝，具短缘毛，内萼片近圆形，钝或稍凹，或多或少具小短尖头，边缘膜质；花冠宽漏斗形，长 15～26 mm，白色或粉红色，或白色具粉红或红色的瓣中带，或粉红色具红色或白色的瓣中带，5 浅裂；雄蕊 5 枚，稍不等长，较花冠短一半，花丝基部扩大，具小鳞毛；雌蕊较雄蕊稍长，子房有毛，2 室，每室 2 胚珠，柱头 2 枚，线形。蒴果卵状球形或圆锥形，无毛，长 5～8 mm。种子 4 枚，卵圆形，无毛，长 3～4 mm，暗褐色或黑色。

产新疆：喀什（采集地和采集人不详，038）、疏勒（牙甫泉，刘国钧 R928）、莎车（莎车站西南1 km处，王焕存 053）、于田（绿洲克里雅河右岸，采集人不详 116）、和田（城郊，刘国钧 781391）、若羌（昆仑山，青藏队吴玉虎 2126；县城附近，刘海源 083，高生所西藏队 2998、3015；米兰农场，沈观冕 75）。生于海拔 1 200～3 100 m 的戈壁荒漠绿洲田边、河流小溪边草地、沟谷山麓湿草地。

青海：兴海（河卡乡羊曲，何廷农 054；唐乃亥乡，吴玉虎 42023、42085）、称多（歇武乡通天河大桥，刘有义 83－480；称文乡，刘尚武 2304）。生于海拔 2 600～3 900 m的田边荒地、半荒漠化草地、沟谷山地干旱山坡草地。

分布于我国的新疆、甘肃、青海、宁夏、陕西、西藏、内蒙古、山西、山东、河北、河南、辽宁、吉林、黑龙江、江苏；两半球温带，稀在亚热带及热带地区也有。

六十二 紫草科 BORAGINACEAE

一年生至多年生草本，通常全株被糙毛或刚毛。有的种根皮含紫色物质。单叶互生，通常全缘；无托叶。聚伞花序或镰状聚伞花序，有或无苞片。花两性，通常辐射对称；花萼裂至中部或近基部，裂片5枚，通常呈覆瓦状排列，在果期不同程度地增大，喉部或筒部有或无5枚附属物；雄蕊生于花冠筒上，5枚，内藏或多少伸出，花药2室，纵裂；具蜜腺和花盘；雌蕊由2心皮组成，子房2室或4室，花柱生于雌蕊基上；胚珠直生、倒生或半倒生。小坚果4，表面具各种附属物。种子直立或斜升，无胚乳，稀含少量胚乳。

约156属，2 500余种。我国有47属294种，昆仑地区产15属53种2变种。

分属检索表

1. 子房完全或不完全4裂，成熟时内果分裂为2个2室或4个1室的分核；花柱自子房顶端生出 ………………………… **1. 天芥菜属 Heliotropium** Linn.
1. 子房2～4裂，成熟时发育成小坚果；花柱生于小坚果中的雌蕊基上。
  2. 子房2裂，有2粒胚珠，成熟时2裂片发育成2个小坚果 ………………………… **2. 孪果鹤虱属 Rochelia** Reichenbach
  2. 子房4裂，有4粒胚珠，成熟时2裂片发育成4个小坚果，有时1～3个不发育。
    3. 花冠喉部或筒部无附属物。
      4. 雄蕊环状排列于花冠筒中部，处于同一水平面上；小坚果无柄 ………………………… **3. 软紫草属 Arnebia** Forssk.
      4. 雄蕊螺旋状排列于花冠筒中部；小坚果有短柄 ………………………… **4. 紫筒草属 Stenosolenium** Turcz.
    3. 花冠喉部或筒部有5枚与花冠裂片对生的附属物，附属物通常梯形，少有半月形或仅为凸起。
      5. 花萼裂片在花期后强烈增大为蚌壳状，两侧压扁，边缘齿不整齐 ………………………… **5. 糙草属 Asperugo** Linn.
      5. 花萼裂片在花期后不同程度增大，但决不为蚌壳状，裂片整齐。
        6. 小坚果着生面内凹，周围有环状突起。
          7. 花冠附属物有毛；植物体仅被糙毛 ………… **6. 牛舌草属 Anchusa** Linn.
          7. 花冠附属物无毛；植物体有刚毛 ………… **7. 腹脐草属 Gastrocotyle** Bunge
        6. 小坚果着生面不内凹，周围无环状突起。

8. 小坚果无锚状刺。

9. 小坚果四面体形（至少青海的种类如此），表面光滑；花序仅其下部花有几枚苞片，上部无苞片 …………… **8. 附地菜属 Trigonotis** Stev.

9. 小坚果卵形，表面通常具疣状突起；花序上的花均有苞片 ……… ……………………………………………… **9. 微孔草属 Microula** Benth.

8. 小坚果具锚状刺或翅。

10. 茎强烈缩短，分枝多而密集成球形，但绝不为垫状；叶宽大，平铺地面；小坚果有或无背孔 …………… **9. 微孔草属 Microula** Benth.

10. 茎正常或为垫状；叶很小，绝不平铺地面；小坚果绝无背孔。

11. 花冠檐部明显较筒部短；雄蕊和花柱伸出花冠筒外 ………… ………………………………… **10. 长柱琉璃草属 Lindelofia** Lehm.

11. 花冠檐部与筒部近等长或较筒部长；雄蕊和花柱内藏。

12. 锚状刺遍生于小坚果上，稀小坚果背面仅中央具1行锚状刺。

13. 一年生草本；植株弱小；小坚果背面部分锚状刺基部联合成杯状或鸡冠状突起 ……………………………… ………………………… **11. 锚刺果属 Actinocarya** Benth.

13. 多年生草本；植株高大，基生叶发达；小坚果背面锚状刺无上述杯状或鸡冠状突起 …………………………… ………………………… **12. 琉璃草属 Cynoglossum** Linn.

12. 锚状刺规律排列于小坚果背棱上，至多向腹面也有 2～3 行锚状刺。

14. 植株近无毛；单花；小坚果着生面位于腹面顶端 …… ……………… **13. 颈果草属 Metaeritrichium** W. T. Wang

14. 植株通常被糙毛或刚毛；聚伞花序；小坚果着生面位于腹面近中部或中部以下。

15. 雌蕊基与小坚果近等长或稍长，锥形 …………… ………………………… **14. 鹤虱属 Lappula** Moench

15. 雌蕊基较小坚果短许多或近平，金字塔形 ……… …………………… **15. 齿缘草属 Eritrichium** Schrad.

1. 天芥菜属 Heliotropium Linn.

Linn. Sp. Pl. 130. 1753.

草本或亚灌木。叶互生，很少近对生；聚伞花序顶生，穗状或分叉，弯卷如蝎尾；花小，两性，白色或淡蓝色；花萼 5 裂；花冠管状或漏斗状，裂片短，平展；雄蕊 5

枚，内藏；子房完全或不完全的4裂，有胚珠4颗；花柱顶生，顶部冠以扁圆锥状或平坦的盘状体。果干燥，开裂为4个含单种子的或2个具双种子的分核。

约250种，分布于热带和温带地区。我国有11种1变种，产南部至东部；昆仑地区产1种。

1. 椭圆叶天芥菜

Heliotropium ellipticum Ledeb. in Eichw. Pl. Nov. Iter Casp.-Cauc. 10. pl. 4. 1831～1833 et Fl. URSS. 3：100. 1849；中国高等植物图鉴 3：549. 图 5051. 1974；中国植物志 64（2）：26. 图版 3：1～4. 1989；新疆植物志 4：146. 图版 48：1～3. 2004；青藏高原维管植物及其生态地理分布 792. 2008.

多年生草本，高20～50 cm。茎直立或斜升，自基部起分枝，被向上反曲糙伏毛或短硬毛。叶椭圆形或椭圆状卵形，长1.5～4.0 cm，宽1.0～2.5 cm，先端钝或尖，基部宽楔形或近圆形，上面绿色，疏被短硬毛，下面灰绿色，密生短硬毛；叶柄长1～4 cm。蝎尾状聚伞花序顶生或腋生，2叉状分枝或单一，长达4 cm；无花梗；小花在花序枝上排为2列；萼片狭卵形或卵状披针形，长2～3 mm，宽不过1.5 mm，果期不增大，被糙伏毛；花冠白色，长4～5 mm，喉部略收缩，檐部直径3～4 mm，裂片近圆形；雄蕊无花丝，着生于花冠筒近中部；子房具明显的短花柱，柱头长圆锥形，长1.2～1.5 mm，不育部分被短伏毛，基部膨大的环状部分无毛。核果直径2.5～3.0 mm，分核卵形，长约2 mm，具不明显的皱纹及细密疣状突起。 花果期7～9月。

产新疆：喀什、乌恰。生于昆仑山海拔1 400 m左右的低山草坡、山沟、路旁、河谷。

分布于我国的新疆、甘肃西部；中亚地区各国，伊朗，巴基斯坦也有。

2. 孪果鹤虱属 Rochelia Reichenbach

Reichenbach Flora 7：243. 1824.

一年生草本。茎细弱，分枝或不分枝，被糙硬毛。叶互生，具1脉。镰状聚伞花序，具与小花相对生或稍变位的苞片。有花梗；花萼5裂至基部，裂片线形或披针形，果期稍增大，先端通常向内钩状弯曲，很少为直伸；花冠漏斗状，淡蓝色，筒部直或稍弯曲，檐部5裂，喉部具附属物；雄蕊5枚，着生于花冠筒下部，内藏，具短花丝，花药长圆形，先端具微突出的药隔；子房2裂，花柱不分裂，柱头头状；雌蕊基钻状。小坚果孪生，各含1粒种子，表面有疣状突起及锚状刺，或光滑，着生面位于腹面靠近基部。

约15种，主要分布于亚洲中部和西南部，澳大利亚和欧洲。我国有5种，昆仑地区仅 1 种。

1. 心萼孪果鹤虱

Rochelia cardiosepala Bunge in Mém. Acad. Imp. Sci. St.-Pétersb. Divers Savans 7：420. 1851；Fl. China 16：418. 1995；新疆植物志 4：205. 2004；青藏高原维管植物及其生态地理分布 800. 2008.

一年生草本，高 10～40 cm，微灰绿色，被平伏或开展的刚毛。茎从中部分枝。基生叶长圆状椭圆形，常花期枯萎；茎生叶线状匙形，长 1～4 cm，宽 2～5 mm，基部渐狭成柄。花序松散；花梗果期长 5～7 mm；花萼裂片线形，小，长 5～8 mm，果期伸长变宽，基部三角形或心形，中脉明显，侧脉呈网状；花冠蓝色，长约 2.5 mm。小坚果完全隐于闭合花萼中，长 3～4 mm，密被先端有星状毛的瘤突。 花果期 6～7 月。

产新疆：塔什库尔干。生于海拔 3 600 m 左右的沟谷山坡草地。

分布于我国的新疆、西藏西北部；阿富汗，巴基斯坦，俄罗斯，克什米尔地区，中亚地区各国，亚洲西南部也有。

3. 软紫草属 Arnebia Forssk.

Forssk. Fl. Aegypt.-Arab. 62. 1775.

多年生草本，全株有长硬毛。根含紫色物质。茎直立或铺散，有分枝。叶互生，近全缘。镰状聚伞花序；苞片叶状，全缘；花萼裂片 5，近全裂，果期伸长；花冠长漏斗形，外面被毛，筒部长于花萼，檐部较短，5 裂，喉部无附属物；在长柱花中，雄蕊着生于花冠筒中部，内藏，花柱长至喉部；在短柱花中，雄蕊着生于花冠喉部，花柱短，仅伸至花冠筒中部或喉部，药室平行；子房 4 裂，花柱先端 2 裂；雌蕊基平。小坚果斜卵形，具疣状突起，着生面位于腹面基部，三角形，中间平或凹，基部无柄。

约 25 种。我国有 6 种，昆仑地区产 4 种。

分 种 检 索 表

1. 花冠黄色 ………………………………………………… **1. 黄花软紫草 A. guttata** Bunge
1. 花冠蓝色、淡蓝色、粉红色、蓝紫色或紫红色，稀少白色。
  2. 叶片匙状长圆形或倒卵形，宽不过 0.6 cm，先端钝，基部渐狭 ……………………
  ……………………………………………………………… **2. 紫筒花 A. obovata** Bunge
  2. 叶片线形至线状长圆形或线状披针形。
    3. 植株密被白色长硬毛；叶片较小，长不超过 2.5 cm ……………………………
    …………………………………………………… **3. 灰毛软紫草 A. fimbriata** Maxim.

3. 植株通常密被淡黄色长硬毛；叶片较大，长 5 cm 以上 ………………………
………………………………………… **4. 软紫草 A. euchroma** (Royle) Johnst.

1. 黄花软紫草

Arnebia guttata Bunge Ind. Sem. Hort. Dorpat 1840：7. 1840；中国高等植物图鉴 3：550. 图 5053. 1974；西藏植物志 4：39. 图 19：6～10. 1985；中国植物志 64 (2)：42. 1989；Fl. China 16：345. 1995；新疆植物志 4：153. 图版 50：3～4. 2004；青藏高原维管植物及其生态地理分布 785. 2008.

多年生草本，高 10～35 cm。根圆锥形或圆柱形，稍扭曲，外皮紫褐色，常呈片状剥离。茎直立，通常由基部分枝，2～4 条，有时 1 条，直立，密被开展的长硬毛和短伏毛。叶无柄，互生，椭圆形、长卵状披针形或匙状线形，长 1.5～5.5 cm，宽 3～11 mm，先端尖或钝，基部渐狭下延，全缘或有微缺刻，两面密生具基盘的白色长硬毛。镰状聚伞花序，长3～10 cm；花多数，密集；苞片线状披针形。花萼短钟状，5 裂，裂片线状披针形，长 6～10 mm；花冠黄色带紫色斑点，筒状钟形，细长，长约 1.8 mm；子房 4 裂，花柱丝状，稍超过花冠筒之半，先端 2 裂，柱头球形。小坚果 4 枚，三角状卵形，长 2～3 mm，淡黄褐色，有小疣状突起。 花期 6～8 月，果期 8～10 月。

产新疆：乌恰（吉根乡斯木哈纳，采集人不详 73 - 74、73 - 144；巴音库鲁提北 25 km处，采集人不详 9712；老乌恰附近，青藏队吴玉虎 870067）、塔什库尔干（县城附近，高生所西藏队 3134、3141，邱娟和冯建菊，采集号不详；县城至国界途中，克里木 T196；县城北温泉旁，西植所新疆队 878；县城北126 km处，克里木 T290；慕士塔格，青藏队吴玉虎 870290）、疏附、阿克陶（布伦口至塔什库尔干途中，西植所新疆队 735；布伦口至喀什 30 km 处，沈观冕 032；阿克塔什，青藏队吴玉虎 870254）、叶城（依力克其至牧场，黄荣福 C. G. 86 - 075；麻扎至麻扎达拉，黄荣福 C. G. 86 - 070；普沙附近，青藏队吴玉虎 870973；依力克其，青藏队吴玉虎 870412；乔戈里峰大本营，青藏队吴玉虎 1487）、皮山（叶阿公路康西瓦，高生所西藏队 3402）、喀什。生于帕米尔高原和昆仑山海拔 1 200～4 200 m 的前山洪积扇、荒漠戈壁、砾石质山坡、湖滨砾石地。

西藏：日土（县城，高生所西藏队 3562；麦卡，高生所西藏队 3668；班公湖，高生所西藏队 3462，青藏队吴玉虎 1346；班摩掌附近，青藏队 76 - 8764）。生于海拔 4 230～4 600 m 的河滩、山前洪积扇。

分布于我国的西藏、新疆、甘肃西部、宁夏、内蒙古、河北北部；印度西北部，巴基斯坦，蒙古，阿富汗，俄罗斯西伯利亚，中亚地区各国，克什米尔地区也有。

2. 紫筒花

Arnebia obovata Bunge in Mém. Acad. Sci. St.-Pétersb. Étrang. Sav. 7：

407.1851；新疆植物志 4：153.2004；青藏高原维管植物及其生态地理分布 785.2008.

二年生或多年生草本，高 10～20 cm。茎从基部起分枝，开展，被白色硬毛和糙伏毛。叶片匙状长圆形或倒卵形，长 1～3 cm，宽不过 0.6 cm，先端钝，基部渐狭，上面被白色短硬毛，下面密被糙伏毛，中脉明显。聚伞花序多生于花枝顶端，花期强烈内弯，果期略疏松，长 4～8 cm；苞片线形或披针形，短于花；花萼裂片线形或披针形，全裂，长约 7 mm，密被白色长硬糙毛，果时稍伸长；花冠紫红色或蓝紫色，外面密被柔毛，花冠筒长达 15 mm，裂片卵圆形，平展，檐部直径约 8 mm；雄蕊 5 枚，在短柱花中生于花冠筒喉部，完全或几乎伸出喉部，在长柱花中生于花冠筒中部，花药长圆状线形，长约 2 mm，两端钝；花柱先端 2 裂，柱头球状，在长柱花中柱头伸出喉部。小坚果长圆形，长约 3 mm，灰色，有疣状突起。 花果期 4～6 月。

产新疆：疏附、乌恰（吉根乡卡拉达坂，采集人不详 73 - 50）。生于海拔 1 500～2 300 m的山地草原至亚高山草甸。

分布于我国的新疆；中亚地区的帕米尔山也有。

3. 灰毛软紫草

Arnebia fimbriata Maxim. in Bull. Acad. Sci. St.-Pétersb. 27：507.1881；中国植物志 64（2）：43.1989；青海植物志 3：113.1996；Fl. China 16：346.1995；青藏高原维管植物及其生态地理分布 785.2008.

多年生草本，全株密被灰白色长硬毛。茎通常多条，高 10～18 cm，多分枝。叶无柄，线状长圆形至线状披针形，长 8～25 mm，两面密生长硬毛。镰状聚伞花序长 1～3 cm，小花排列较密。花冠淡蓝色或粉红色，有时为白色，长 15～22 mm，外面稍有毛，筒部直或稍弯曲，檐部直径 5～13 mm，裂片边缘有不整齐牙齿；雄蕊着生于花冠筒中部（长柱花）或喉部（短柱花）；花柱稍伸出喉部（长柱花）或仅达花冠筒中部（短柱花），柱头微 2 裂。小坚果三角形卵状，长约 2 mm，无毛。

产新疆：乌恰（乌拉根，青藏队吴玉虎 870120）。生于海拔 2 300 m 左右的山坡沙土地。

青海：都兰。生于海拔 2 800 m 左右的石质山坡、戈壁荒漠。

分布于我国的青海、甘肃西部、宁夏、内蒙古；蒙古也有。

4. 软紫草

Arnebia euchroma（Royle）Johnst. in Contr. Gray Herb. 73：49.1924；中国高等植物图鉴 3：550. 图 5054.1974；西藏植物志 4：40. 图 19：1～5.1985；中国植物志 64（2）：43.1989；Fl. China 16：346.1995；新疆植物志 4：156. 图版 51：1～2.2004；青藏高原维管植物及其生态地理分布 785.2008.——*Lithospermum euchromom* Royle Illustr. Bot. Himal. Mount. 1：305. 1839.

多年生草本，高 15～40 cm。全株被白色或淡黄色长硬毛。根粗壮，略呈圆锥形，根部常与数个侧根扭卷在一起，外皮暗红紫色。茎直立，单一或基部分成二歧，基部有残存叶基形成的茎鞘。基生叶丛生，线状披针形或线形，长 5～20 cm，宽 5～15 cm，先端短渐尖，基部扩展成鞘状；无叶柄。镰状聚伞花序密集于茎上叶腋，长 2～6 cm；苞片叶状，披针形，具硬毛。花两性，花萼短筒状，5 裂，裂片狭条形，两面均密生淡黄色硬毛；花冠筒状钟形，紫色或淡紫色，长 1.0～1.5 cm，裂片椭圆形，开展，外侧略被白毛，喉部与基部光滑，无附属物；雄蕊 5 枚，花丝短或无，着生于花冠筒中部或喉部；子房 4 深裂，花柱纤细，先端浅 2 裂，柱头 2，倒卵形。小坚果宽卵形，褐色，长 3.5 mm，宽约 3 mm，有粗网纹和少数疣状突起。 花期 6～7 月，果期 8～9 月。

产新疆：乌恰（波斯坦铁列克乡一大队六小队，克里木 158、159；吉根乡萨尔布拉克，克里木 132；吉根乡，采集人不详 73-45；斯木哈纳，采集人不详 73-96，青藏队吴玉虎 870045、870294）、阿克陶（木吉乡琼壤，克里木 005；布伦口乡恰克拉克，克里木 003）、塔什库尔干（检查站，克里木 T234；麻扎，高生所西藏队 3143；麻扎种羊场，青藏队吴玉虎 870368）、和田。生于帕米尔高原、昆仑山海拔 1 200～4 000 m 的前山洪积扇、沟谷山坡草地、山麓河滩沙砾地。

西藏：日土（多玛区附近，青藏队 76-8362）。生于海拔 4 300 m 左右的石灰岩石坡、沙砾山坡。

分布于我国的新疆、西藏西部；印度西北部，尼泊尔，巴基斯坦，克什米尔地区，阿富汗，伊朗，俄罗斯西伯利亚，中亚地区各国也有。

4. 紫筒草属 Stenosolenium Turcz.

Turcz. in Bull. Soc. Nat. Mosc. 13：253.1840.

单种属，特征见种。

1. 紫筒草 图版 23：1～6

Stenosolenium saxatiles（Pall.）Turcz. in Bull. Soc. Nat. Mosc. 13：253.1840；中国植物志 64（2）：44.1989；青海植物志 3：113.1995；Fl. China 16：347.1995；青藏高原维管植物及其生态地理分布 800.2008.——*Anchusa saxatile* Pall. Reise Russ. Reich. 3：718. Pl. F. f. l. 1776.

多年生草本，高 15～30 cm，全株被长硬毛及短伏毛。根皮含紫色物质。茎自基部分枝，上部有分枝或否。叶无柄；叶片线状倒披针形至线状披针形，长 1.2～4.0 cm，宽0.4～0.7 cm，顶端钝，全缘。花序花期后伸长；苞片叶状；花梗长不过 2 mm。花萼几 5 全裂，长约 7 mm，花期后增大至 11 mm，基部包围果实；花冠紫色或蓝紫色，干

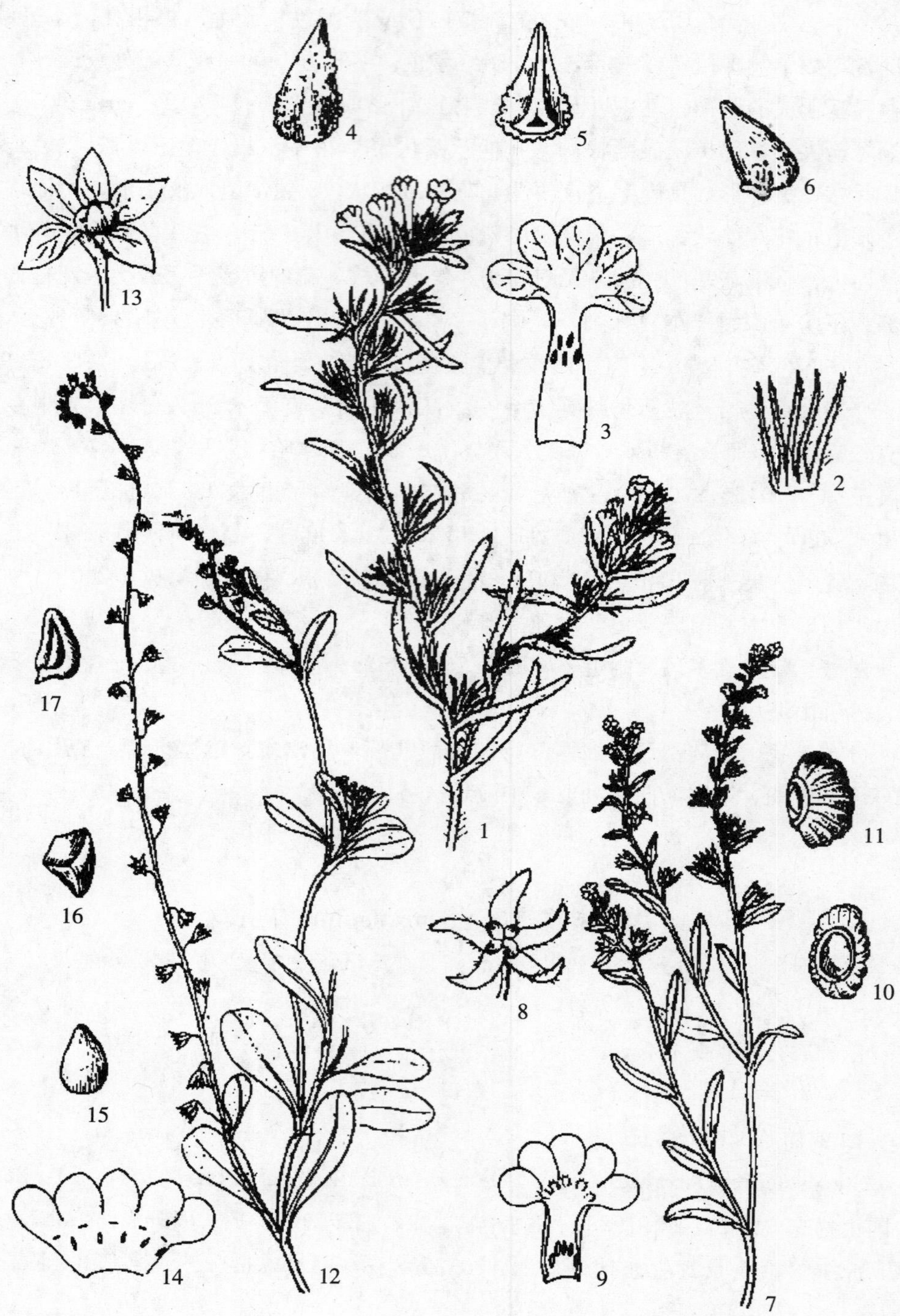

图版 **23** 紫筒草 **Stenosolenium saxatiles**（Pall.）Turcz. 1. 花枝；2. 花萼展开；3. 花冠展开；4～6. 小坚果（示背、腹、侧三面）。狼紫草 **Anchusa ovata** Linn. 7. 花枝；8. 花萼及幼果；9. 花冠展开；10～11. 小坚果。附地菜 **Trigonotis peduncularis**（Trev.）Benth. ex Baker et Moore 12. 花枝；13. 花萼及幼枝；14. 花冠展开；15~17. 小坚果。（阎翠兰绘）

后污黄色，外面被短毛，筒部长 11～12 mm，中部稍细，檐部宽钟形，5 裂，裂片近圆形，开展，喉部无附属物；雄蕊螺旋状着生于花冠筒中部，花丝极短，药室平行；花柱伸至花冠筒中部，柱头 2 裂；雌蕊基平。小坚果背面观宽卵形，顶端稍尖，腹面中线有棱，密被疣状突起，着生面略呈三角形，具短柄的底面。 花果期 5～8 月。

产青海：兴海（采集地不详，何廷农 56）。生于海拔 2 650 m 左右的干旱山坡及半荒漠化草原砾石堆。

分布于我国的甘肃西北部、青海、陕西北部、宁夏、山西、河北、内蒙古、辽宁、吉林、黑龙江；蒙古，俄罗斯也有。

5. 糙草属 Asperugo Linn.

Linn. Sp. Pl. 138. 1753.

单种属，特征同种。

1. 糙　草　图版 24：1～3

Asperugo procumbens Linn. Sp. Pl. 138. 1753；中国植物志 64（2）：212. 1989；西藏植物志 4：80. 图 33. 1985；青海植物志 3：118. 1995；Fl. China 16：417. 1995；新疆植物志 4：202. 图版 59：7～8. 2004；青藏高原维管植物及其生态地理分布 785. 2008.

一年生草本。茎柔弱，长达 60 余 cm，具棱，棱上有短倒钩刺毛，多分枝。最下部叶具长达 4 cm 的柄，向上叶柄渐短至近无柄；叶片匙形至倒卵状长圆形，长达 10 cm，宽达2. 5 cm，全缘或有极疏小齿，基部楔形下延，两面疏被短伏毛。花几可生于所有叶腋；果期花梗伸长而下弯。花萼钟形，长约 2 mm，筒部约占全长的 1/3，裂片狭披针形，背面及边缘被短毛，花后增大，左右压扁，呈蚌壳状，边缘齿不整齐，齿间常有小齿；花冠蓝紫色，长约 3 mm，筒部稍短，檐部裂片宽倒卵形，附属物梯形，顶端微凹；雄蕊着生于花冠筒中部，内藏，花药卵形；花柱内藏，柱头头状。小坚果倒卵形，表面有疣点，稍两侧压扁，背面有不明显的棱，着生面位于腹面近基部，圆形。 花果期 6～9月。

产新疆：乌恰（吉根乡，采集人不详 73-168）、策勒（奴尔乡布丈河，采集人不详 30）、和田。生于海拔 1 400～2 300 m 的山地草原。

青海：久治（白玉乡牧场，藏药队 668）、玛沁、兴海（河卡乡，钟补求 8206；大河坝乡赞毛沟，吴玉虎 46446、46468；草原站，王作宾 20329；河卡山，吴珍兰 181；中铁乡附近，吴玉虎 42978；唐乃亥，吴玉虎 42130B）。生于海拔 3 200～3 900 m 的农田边、村舍附近、山坡干旱处、沟谷山地阴坡高寒灌丛草甸。

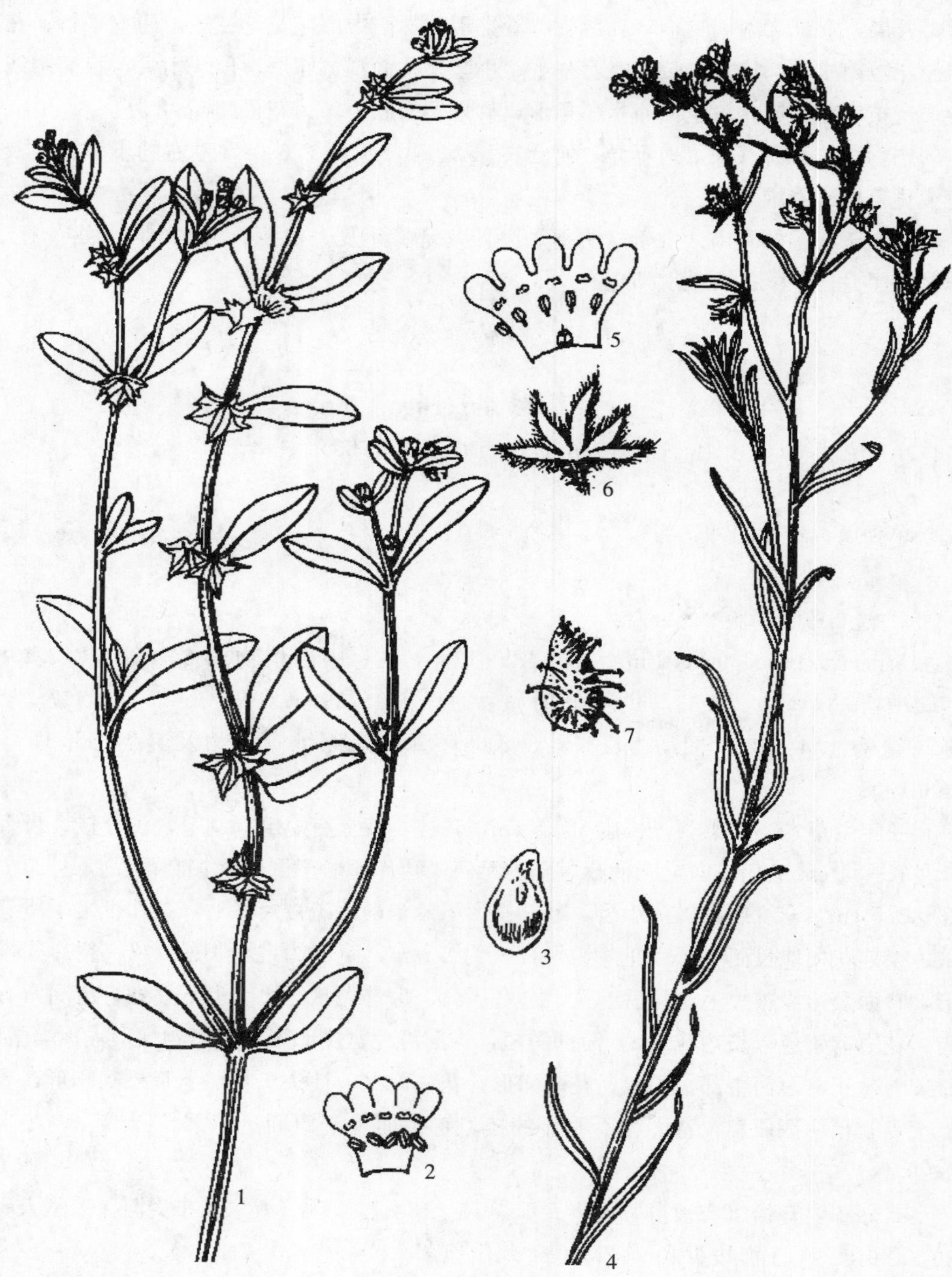

图版 24　糙草 **Asperugo procumbens** Linn. 1. 植株部分；2. 花冠纵剖；3. 小坚果。蓝刺鹤虱 **Lappula consanguinea**（Fisch. et C. A. Mey.）Gürke 4. 植株部分；5. 花冠纵剖；6. 花萼展开；7. 小坚果。（王颖绘）

分布于我国的新疆、青海、西藏东北部、四川西部、陕西北部、山西、内蒙古；欧亚大陆温带地区及非洲也有。

6. 牛舌草属 **Anchusa** Linn.

Linn. Sp. Pl. 133. 1753.

一年生或多年生被毛草本。叶互生。聚伞花序项生，二歧或一侧生花。花萼近5全裂，裂片狭窄，果期常略膨大；花冠管直或中部之下弯曲，圆筒形，长于花萼，喉部很少扩大，上部5裂，裂片覆瓦状排列，具乳头状突起或短柔毛的鳞片状附属物；雄蕊5枚，内藏，着生于花冠筒中部或中部以下，花丝短，丝状，花药卵状长圆形，先端钝；子房4裂，柱头钝，全缘或2裂。小坚果4枚，肾形或斜卵形，具网状皱褶，着生面位于果的基部或近基部，边缘环状加厚突起。

约50种，分布于欧洲、非洲北部和亚洲西部。我国有1种，昆仑地区也产。

1. 狼紫草　图版23：7～11

Anchusa ovata Lehmann，in Pl. Asperif. Nucif. 1：122. 1818；Fl. China 16：352. 1995；新疆植物志4：161. 图版54：2～4. 2004；青藏高原维管植物及其生态地理分布784. 2008. ——*Lycopsis orientalis* Linn. Sp. Pl. 1：139. 1753；中国高等植物图鉴3：557. 图5067. 1974；西藏植物志4：46. 图21. 1985；中国植物志64（2）：69. 图版8：1～4. 1989；青海植物志3：114. 图版26：1～5. 1996.

一年生草本。茎高10～40 cm，常自下部分枝，有开展的长硬毛。茎下部叶具柄，其他的无柄，叶匙形、倒披针形或条状矩圆形，长1.8～14.0 cm，宽0.4～3.0 cm，边缘有微波状小齿，两面疏生硬毛。花序长达25 cm，有苞片；苞片狭卵形至条状披针形。花萼长约4 mm，5裂，近基部裂片条状披针形，果期不等地增大，星状开展，长5～20 mm，有硬毛；花冠蓝紫色，裂片5枚，长约3 mm，筒长约5 mm，中部之下弯曲，喉部有5附属物；雄蕊5枚，着生筒的中部之下。小坚果4枚，狭卵形，长约3 mm，有皱棱和小疣点。（新疆标本未见，描述自青海标本）

产新疆：喀什、疏附、塔什库尔干、策勒。生于海拔1 500～2 000 m间的丘陵、山地草坡或田边，为农田杂草。

青海：兴海（唐乃亥乡，吴玉虎42130）。生于海拔2 860 m左右的河谷台地、疏林田埂。

分布于我国的新疆、青海、甘肃、宁夏、陕西、西藏、河南西部、山西、河北西部、内蒙古；亚洲西部，欧洲也有。

7. 腹脐草属 **Gastrocotyle** Bunge

Bunge in Mém. Acad. Sci. St. Pétersb. 7：405. 1854.

草本。叶互生，狭窄。花细小，单生叶腋，具短的柄上或集聚于腋生、具叶的短花枝上。萼5裂，裂片不相等；花冠有明显的附属物，5裂，裂片覆瓦状排列，钝，扩展；雄蕊5枚，着生于冠管中部，内藏；子房4裂，花柱短，柱头全缘。小坚果4枚，背面近龙骨状凸起，粗糙。

2种，分布于地中海区至亚洲中部和印度西北部。我国有1种，昆仑地区也产。

1. 腹脐草

Gastrocotyle hispida（Forssk.）Bunge in Mém. Acad. Sci. St.-Pétersb. 7：405. 1854；中国植物志 64（2）：72. 1989；Fl. China 16：359. 1995；新疆植物志 4：163. 图版 48：4～5. 2004；青藏高原维管植物及其生态地理分布 791. 2008.——*Anchusa hispida* Forsk. Fl. Aegypt.-Arab. 40. 1775.

一年生草本，高约40 cm。植株灰白色，被开展的粗硬毛及向下的短伏毛，硬毛基部具基盘。茎由基部分枝，分枝多而展散，直立或斜升，具明显的肋棱。叶长圆形或长圆状披针形，长1～2 cm，宽4～8 mm，先端钝，基部圆形或宽楔形，稀心形，上面绿色，被硬毛及短硬毛，中脉凹陷，下面灰色，密生硬毛及短伏毛，中脉凸起。花单生叶腋，具极短的花梗，花梗长1.5～2.0 mm，约为小坚果长度的1/2。花萼长1.5～2.5 mm，花后增大至3.5 mm，外面密生粗硬毛，内面具短伏毛，裂至近基部，裂片披针形；花冠蓝色或紫色，筒状，长约3 mm，基部直径约1 mm，喉部直径约1.5 mm，外面密生短伏毛，内面无毛，裂片近圆形，长宽约1 mm，较花冠筒短2倍，喉部有5个具柔毛的梯形附属物；花药卵圆形，长约0.5 mm；花柱短，长约1 mm，柱头头状。小坚果肾状新月形，淡褐色，长3.5～4.5 mm，腹面环状突起呈长圆形，长约3 mm，背面具稠密的乳头状突起及龟裂状皱褶。 花果期6～8月。

产新疆：策勒。生于海拔1 450 m左右的戈壁滩、盐碱地及冲积扇地带。

分布于我国的新疆天山中部至西部；非洲北部，克什米尔地区，叙利亚，伊拉克，伊朗，阿富汗，巴基斯坦，印度西部也有。

8. 附地菜属 **Trigonotis** Stev.

Stev. in Bull. Soc. Nat. Mosc. 24：603. 1851.

多年生或二年生草本。茎丛生，常铺散，被毛。叶互生。聚伞花序单一或二歧式分枝；无苞片或下部有苞片。花萼5裂，结实后略增大；花冠钟状辐形，筒部较萼短，裂片5枚，开展，喉部附属物半月形或梯形；雄蕊5枚，内藏，花药长圆形；子房深4裂，花柱线形，短于花冠筒，柱头头状；雌蕊基平坦。小坚果4枚，半球状四面体或斜三棱状四面体形，平滑无毛而有光泽或被短毛，背面凸起，腹面3个面近等大，或基底面较小，两侧面较大而近相等，中央具1纵棱，无柄或具短柄，柄生于腹面3个面会合处。

约58种。我国有39种，昆仑地区产2种。

分种检索表

1. 花萼裂片狭披针形；花冠直径2.5～3.5 mm …………………………………………………………… **1. 西藏附地菜 T. tibetica**（C. B. Clarke）Johnst.

1. 花萼裂片卵形或狭椭圆形；花冠直径1.5～2.5 mm …………………………………………………………… **2. 附地菜 T. peduncularis**（Trev.）Benth. ex Baker et Moore

1. 西藏附地菜

Trigonotis tibetica（C. B. Clarke）Johnst. in Contr. Gray Herb. 75：48. 1925；西藏植物志4：73. 1985；中国植物志64（2）：103. 1989；Fl. China 16：373. 1995；青海植物志3：116. 1996；青藏高原维管植物及其生态地理分布801. 2008. ——*Eritrichium tibeticum* C. B. Clarke in Hook. f. Fl. Brit. Ind. 4：165. 1883.

一年生或二年生草本。根颈部有数条黑褐色鳞片。茎细弱，直立或平铺地面，长5～20 cm，被向上短伏毛。基生叶及茎下部叶具柄，叶片卵状椭圆形或狭椭圆形，长不过18 mm，宽达7 mm，顶端急尖，有小突尖或无，两面密被短伏毛。花序顶生，疏松；除中下部有数枚叶状苞片外，其余无苞片；花梗细，长3～6 mm，顶端稍膨大为棒状。花萼近全裂，裂片狭披针形，长约1 mm，被毛；花冠天蓝色至白色，筒部长约1 mm，檐部直径约2.5～3.5 mm，裂片多少卵状矩圆形，附属物梯形，被微毛。小坚果斜三棱锥状四面体形，有光泽，被微毛，背面平凹或稍凸，三角状卵形，基底面稍凸，侧面近等大，中央明显具1纵棱，柄向下方弯曲。 花果期6～8月。

产青海：曲麻莱（刘尚武、黄荣福893）、久治（索乎日麻乡附近，藏药队396）、玛沁（大武乡乳品厂，H. B. G494；西哈垄河谷，吴玉虎等5733；东倾沟，玛沁队331）、兴海（河卡幔帐沟，何廷农358）。生于海拔2 500～4 200 m的河滩灌丛、草甸裸露处、砾石堆、圆柏林下。

分布于我国的青海、西藏、四川西部；不丹，尼泊尔，印度西北部也有。

2. 附地菜 图版23：12～17

Trigonotis peduncularis（Trev.）Benth. ex Baker et Moore in Journ. Linn. Soc.

Bot. 17：384.1879；西藏植物志 4：74.1985；中国植物志 64（2）：104. 图版 15：1～5.1989；Fl. China 16：373.1995；青海植物志 3：116.1996；青藏高原维管植物及其生态地理分布 801.2008.

一年生或二年生草本，高 15～25 cm。根颈部有黑褐色鳞片。茎丛生，常直立或斜升，少铺散，被短伏毛。基部叶与茎下部叶具柄；叶片匙形或倒卵状椭圆形，长 5～18 mm，宽达 11 mm，基部宽楔形或渐狭，顶端圆钝，两面被短伏毛，茎上部叶近无柄或有短柄。花序顶生，花期后逐渐伸长而小花疏松；中下部有少数苞片，上部无苞片；花梗长 3～5 mm，顶端膨大为棒状。花萼近全裂，裂片狭椭圆形或卵形，长约 1 mm，果期稍增大，顶端急尖；花冠天蓝色或淡粉红色，筒部长约 1 mm，檐部开展，附属物梯形，被微毛。小坚果多少斜三棱锥状四面体形，被短毛，背面三角状卵形，顶端尖，有 3 锐棱，基底面圆而凸，侧面近等大，中央有不明显纵棱或凸起，柄向下侧弯曲。花果期 5～9 月。

产青海：玛沁（大武乡德勒龙，H. B. G. 821）、达日（建设乡达日河桥附近，H. B. G. 1025）、兴海（中铁林场卓琼沟，吴玉虎 45761；河卡乡，郭本兆 6242）。生于海拔 2 000～3 800 m沟谷山坡林下、林缘河滩草甸、灌丛地草甸。

分布于我国的新疆、青海、甘肃、西藏、云南、内蒙古、辽宁、吉林、黑龙江、江西、福建、广西北部；欧洲东部，亚洲温带地区也有。

9. 微孔草属 Microula Benth.

Benth. in Benth. et Hook. f. Gen. Pl. 2：853.1876.

常为二年生草本，通常全株被糙硬毛或刚毛。根肉质，圆锥形或杵状。茎分枝，稀强烈缩短。叶互生，叶片边缘常全缘。镰状聚伞花序，初时短而密集，果期稍伸长；苞片上部者不明显，有时在茎分枝处有 1 朵与叶对生的花。花萼 5 深裂，果期稍增大，包住小坚果，通常被短伏毛或杂生糙硬毛；花冠蓝色或白色，低高脚碟状，檐部 5 裂，开展，喉部附属物 5 枚；雄蕊 5 枚，内藏；子房 4 裂，花柱内藏，胚珠倒生，雌蕊基近平坦。小坚果卵形而背腹稍扁，稀背腹伸长而呈陀螺形，通常有小瘤状突起，稀具锚状刺毛，背孔存在或否，着生面位于腹面基部至顶部。

29 种。主要分布于青藏高原，我国各地均产，昆仑地区产 13 种 1 变种。

分种检索表

1. 茎强烈缩短；叶平铺地面，被具极明显基盘的刚毛；小坚果具锚状刺毛，有或无背孔 ………………………………………………………… **1. 西藏微孔草 M. tibetica** Benth.
1. 茎正常；叶茎生，被柔毛、短伏毛或杂有长硬毛或刚毛；小坚果无锚状刺毛。

2. 小坚果无背孔；花序苞片包住花和果实，圆卵形、倒卵圆形至近倒心形…………………………………………………………………… **4. 宽苞微孔草 M. tangutica** Maxim.

2. 小坚果有背孔；花序苞片不为上述特征。

3. 小坚果背孔三角形，在边缘之内有1层膜质突起。

4. 植株无刚毛；花较大，檐部直径5～8 mm ………………………………………………………… **2. 多花微孔草 M. floribunda** W. T. Wang

4. 植株被刚毛；花较小，檐部直径2～3 mm ………………………………………………………… **3. 疏散微孔草 M. diffusa**（Maxim.）Johnst.

3. 小坚果背孔长圆形、圆形或椭圆形，在边缘之内无膜质突起。

5. 小坚果着生面位于腹面近中部。

6. 植株仅被长柔毛，通常下部无毛；茎高不过15 cm，柔弱 ……………………………………………………………………… **5. 柔毛微孔草 M. rockii** Johnst.

6. 植株有刚毛；茎高达35 cm，坚挺 ……………………………………………… **13. 总苞微孔草 M. involucriformis** W. T. Wang

5. 小坚果着生面位于腹面顶端，背孔通常占据整个背面。

7. 小坚果长陀螺形，长大于宽……… **6. 长果微孔草 M. turbinata** W. T. Wang

7. 小坚果卵形，宽大于长或近等长。

8. 茎无刚毛，多少被糙硬毛……… **10. 小微孔草 M. younghusbandii** Duthie

8. 茎有刚毛。

9. 小坚果背孔大，常占据整个果背面 ……………………………………………… **7. 长叶微孔草 M. trichocarpa**（Maxim.）Johnst.

9. 小坚果背孔小，最多占据整个果实背面的1/2。

10. 基生叶及茎下部叶基部圆形，突缩成柄。

11. 小坚果具稀疏疣状突起和短毛，背孔边缘较圆滑；茎上部叶明显具柄，偶见边缘有刚毛 ………………………………………… **11. 尖叶微孔草 M. blepharolepis**（Maxim.）Johnst.

11. 小坚果密被疣状突起和短刺毛，背孔边缘也有突起和短刺毛；茎上部叶无柄，散生刚毛 ………………………………………… **12. 微孔草 M. sikkimensis**（C. B. Clarke）Hemsl.

10. 茎下部叶及基生叶基部渐狭成楔形。

12. 小坚果背孔长0.8～1.5 mm；茎生叶披针状长圆形至倒披针状长圆形；花冠直径3.5～6.0 mm …………………………… **8. 甘青微孔草 M. pseudotrichocarpa** W. T. Wang

12. 小坚果背孔长0.4～0.8 mm；茎生叶椭圆形至倒卵状椭圆形；花冠直径3.5～5.0 mm ………………………………………… **9. 小果微孔草 M. pustulosa**（C. B. Clarke）Duthie

1. 西藏微孔草 图版 25：1～3

Microula tibetica Benth. in Benth. et Hook. f. Gen. Pl. 2：853. 1876；中国植物志 64（2）：172. 图版 32：1～2. 1989；西藏植物志 4：69. 图 29：1～2. 1985；Fl. China 16：402. 1995；青海植物志 3：128. 图版 30：7～9. 1996；新疆植物志 4：181. 2004；青藏高原维管植物及其生态地理分布 797. 2008.

1a. 西藏微孔草（原变种）

var. **tibetica**

植株平铺地面。地下茎直立，长达 8 cm；地上茎极度缩短，多分枝，被短伏毛。叶密集，几呈莲座状，叶片匙形、倒卵状线形至倒披针状线形，长 3～15 cm，宽 1.2～4.0 cm，基部楔形、近圆形或渐狭成很宽的柄，全缘或有极疏的细齿，齿端具短刚毛，顶端圆钝，上面被较密有或无基盘的短伏毛，散生短刚毛，下面仅具有基盘的短刚毛。花序密集；苞片下部者叶状；花梗短，粗壮。花萼裂片狭披针形，长 1.0～1.5 mm，果期略增大，外面及边缘密被短伏毛；花冠蓝色或白色，筒部长约 1.2 mm，近基部稍缢缩，檐部直径 2.5～3.5 mm，附属物半月形或低梯形，被微毛。小坚果卵形，长 1.5～2.2 mm，多少具小瘤状突起和短刺毛，突起顶端具锚状刺毛，无背孔，着生面位于腹面中部之上。 花果期 7～9 月。

产新疆：于田（土木牙，祁贵等 097）、若羌（阿尔金山鲸鱼湖，青藏队吴玉虎，采集号不详）。生于海拔 4 000～4 200 m 的沟谷山坡草地、山地高寒草原、山谷砾石冲沟。

青海：兴海（河卡乡白龙，郭本兆 6194；河卡乡日干山，何廷农 245）、称多（清水河乡，苟新京 83－74、83－21）、格尔木（各拉丹冬，黄荣福 C. G. 89－331；西大滩对面昆仑山北坡，吴玉虎 36851、36870、36895、36952）、治多（可可西里库赛湖，黄荣福 K－466）、玛多（黑海乡，吴玉虎 28878；青山南面，植被地理组 546；后山，吴玉虎 1633；黑河乡，陈桂琛等 1760；县城郊，吴玉虎 221；扎陵湖畔，吴玉虎 1546；长石山以南 40 km 处，刘海源 723；西北 10 km 处，陈桂琛 1884；巴颜喀拉山北坡，陈桂琛 1993，吴玉虎 19054、19095、29140；县城附近，吴玉虎 18209、18213）、甘德（东吉乡，吴玉虎 25754）、玛沁（大武乡乳品厂，H. B. G. 500；优云乡冷许忽，玛沁队 520）、久治（索乎日麻乡附近，藏药队 366）、达日（建设乡，吴玉虎 26828；窝赛乡，H. B. G. 877；建设乡达日河纳日，H. B. G. 1077；吉迈乡赛纳纽达山 H. B. G. 1265；德昂乡，吴玉虎 25893）。生于海拔 3 300～4 700 m 的草甸化草原、沟谷河滩、草甸破坏处、向阳石质山坡。

西藏：日土（上曲龙，高生所西藏队 3488）。生于海拔 4 300 m 左右的沟谷山坡草地、河谷滩地砾石质冲沟。

分布于我国的青海、西藏、新疆南部；印度东北部，克什米尔地区也有。

1b. 小花西藏微孔草（变种） 图版 25：4～5

var. **pratensis**（Maxim.）W. T. Wang in Acta Phytotax. Sin. 18（1）：115. 1980；西藏植物志 4：70. 1985；中国植物志 64（2）：174. 图版 32：3. 1989；Fl. China 16：402. 1995；青海植物志 3：129. 1996. 新疆植物志 4：181. 2004；青藏高原维管植物及其生态地理分布 798. 2008. —— *Tretocarpa pratensis* Maxim. in Bull. Acad. Imp. Sci. St. —Pétersb. 27：505. 1881.

本变种与原变种的区别在于：花较小，花冠部直径 1.5～1.8 cm；小坚果背孔存在，位于背面近中部，近圆形，长 0.2～1.0 mm，着生面位于腹面近中部，有较密的小瘤状突起和短毛。

产新疆：若羌（鲸鱼湖，青藏队吴玉虎，采集号不详）。生于海拔 4 200 m 左右的山坡上。

青海：称多、久治。生于海拔 3 850～4 400 m 的河漫滩、向阳石质山坡。

分布于我国的新疆、青海、西藏；印度东北部，克什米尔地区也有。模式标本采自青海湟源附近。

2. 多花微孔草

Microula floribunda W. T. Wang in Acta Phytotax. Sin. 18（1）：114. 1980；西藏植物志 4：68. 1985；中国植物志 64（2）：170. 图版 32：4～6. 1989；Fl. China 16：401. 1995；青海植物志 3：131. 1996；青藏高原维管植物及其生态地理分布 795. 2008.

植株高 3～35 cm。根稍木质，圆锥状而长。茎自基部多分枝，直立或平铺，被短伏毛或具基盘短伏糙毛。叶匙状线形或倒披针状长圆形，长 1.2～7.0 cm，宽 3～10 mm，基部渐狭，边缘有时反卷，顶端圆钝或微尖，两面被较密的具基盘短糙毛和无基盘短伏毛，偶见有长糙毛。花序少花而密集；苞片叶状；花梗极短。花萼近全裂，裂片 5，狭线形，长约2.5 mm，果期增大，背面及边缘密被伏贴状毛；花冠蓝色，辐状，筒部长约 2 mm，檐部直径 5～10 mm，附属物近三角形或梯形，有微毛；雄蕊内藏。小坚果卵形，长约 2 mm，宽约1.5 mm，具小瘤状突起和短硬毛，背孔三角形，长约 1.2 mm，在边缘之内有膜质突起，着生面位于腹面基部之上。 花果期 7～9 月。

产青海：兴海（中铁乡天葬台沟，吴玉虎 45800、45821、45956；中铁林场恰登沟，吴玉虎 44961、45042）、称多（采集地不详，刘尚武 2394）、玛沁（采集地不详，玛沁队 432）。生于海拔 3 100～3 850 m 的沟谷山地林缘草甸、阳性山坡灌丛、草甸的干旱处及河滩、河谷山地阴坡高寒灌丛草甸。

分布于我国的青海、西藏东部、四川西北部。模式标本采自四川甘孜。

3. 疏散微孔草

Microula diffusa (Maxim.) Johnst. in Journ. Arn. Arb. 33: 72. 1952; 西藏植物志 4: 69. 1985; 中国植物志 64 (2): 171. 图版 32: 7～9. 1989; Fl. China 16: 401. 1995; 青海植物志 3: 131. 1996; 青藏高原维管植物及其生态地理分布 795. 2008. ——*Omphalodes diffusa* Maxim. in Bull. Acad. Sci. St.-Pétersb. 27: 504. 1881.

植株高 5～25 cm。根木质。茎由基部多分枝，被糙伏毛及刚毛。叶下部者具长达 4 cm的柄，上部者柄渐短或无柄；叶片匙状线形、狭长圆形或长圆状倒披针形，长 1.2～5.6 cm，宽 3～10 mm，基部渐狭，边缘有时翻卷，顶端微狭或圆钝，两面疏被伏状毛，上面较疏，常在上面及边缘散生刚毛。花序短而密集；苞片叶状。花萼裂片线形或卵状三角形，边缘及背面密被短毛和长硬毛；花冠蓝色或白色，辐状，筒部长 1～2 mm，檐部直径2～5 mm，附属物半月形或矮梯形，具极短的毛或柔毛；雄蕊内藏。小坚果卵形，长约2.2 mm，有稀疏小瘤状突起和短毛，背孔长三角形，长约 1.2 mm，在边缘之内有膜质突起，着生面位于腹面基部之上。 花果期 7～9 月。

产青海：达日（建设乡胡勒安玛，H. B. G. 1114；吉迈乡赛纳纽达山，H. B. G. 1279）、甘德（上贡麻乡附近，H. B. G. 937）、都兰（植被地理组 222）、兴海（河卡，何廷农 171；河卡乡卡日红山，郭本兆 6119）。生于海拔 2 800～3 800 m 的干旱山坡、沟谷河滩、沙丘、山坡草地。

甘肃：玛曲（黄河南岸沙丘，陈桂琛等 1069）。生于海拔 3 200 m 左右的沟谷山坡草地、河谷砾石地。

分布于我国的甘肃、青海、西藏。模式标本采自青海贵德一带。

4. 宽苞微孔草 图版 25：6～8

Microula tangutica Maxim. in Bull. Acad. Sci. St.-Pétersb. 26: 500. 1880; 西藏植物志 4: 69. 1985; 中国植物志 64 (2): 172. 图版 32: 13～15. 1989; Fl. China 16: 402. 1995; 青海植物志 3: 129. 1996; 青藏高原维管植物及其生态地理分布 797. 2008.

植株高 3～10 cm。茎斜升，自基部起多分枝，多少被柔毛。叶匙形、线状匙形或线状倒披针形，长 5～25 mm，宽 3～9 mm，基部渐狭，顶端圆钝或微尖，上面被较密的端柔毛，下面光滑或仅中脉有短毛。花序少花，密集生于小枝端；苞片宽卵形至倒心形，包被花序，顶端尖或微凹，边缘及内面被柔毛，外面除脉上被毛外无毛。花萼裂片 5，狭披针形，长约 1 mm，果期稍增大，缘毛密集；花冠白色，筒部长约 1 mm，檐部直径约 2.0～2.5（～6）mm，附属物半月形。小坚果卵形，长 1.5～2.0 mm，具小瘤状突起，无毛，背面有钝棱，着生面位于腹面顶端。 花果期 6～9 月。

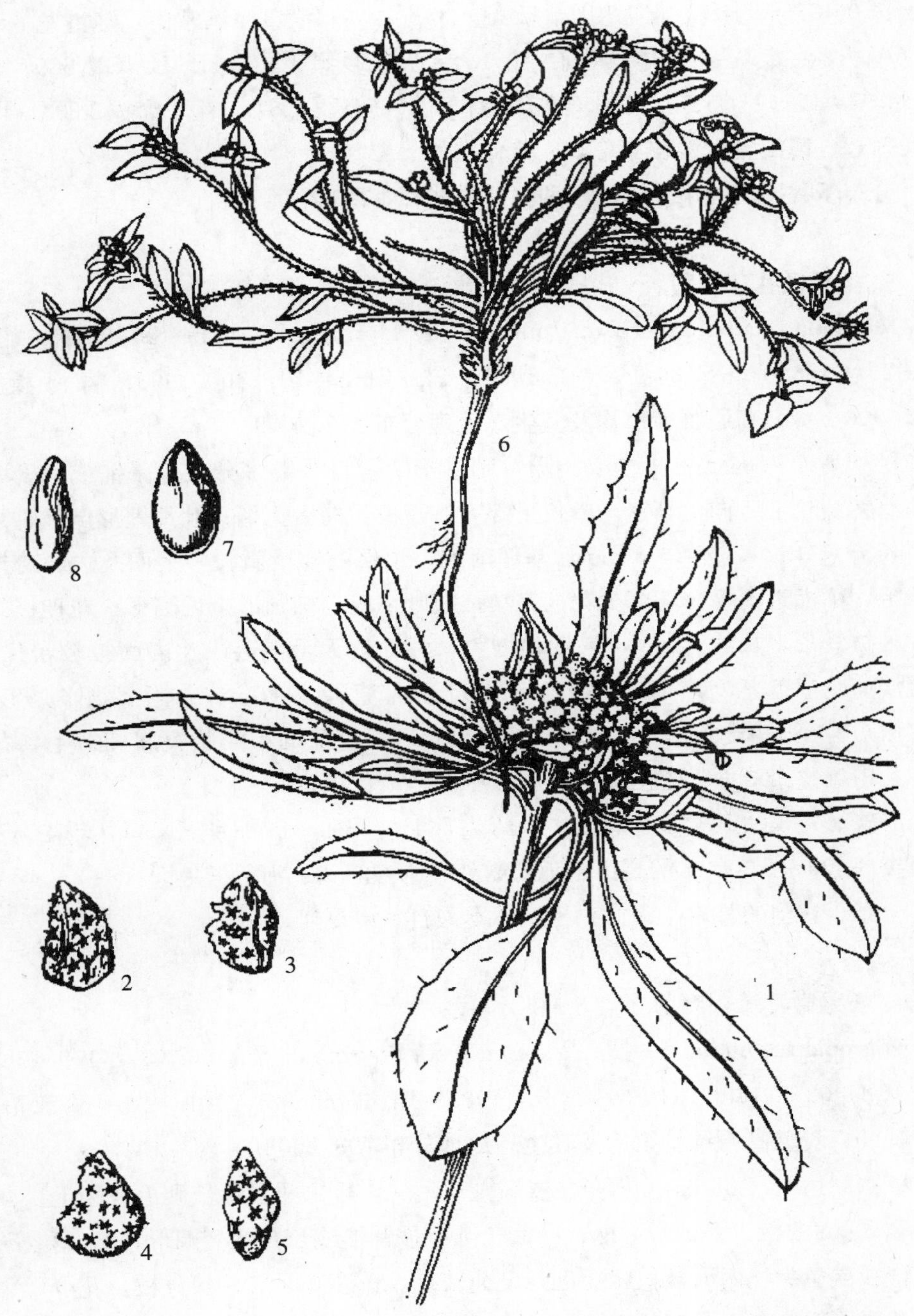

图版 **25** 西藏微孔草 **Microula tibetica** Benth. 1. 植株；2～3. 小坚果（示背面及侧面）。小花西藏微孔草 **M. tibetica** Benth. var. **pratensis**（Maxim.）W. T. Wang 4. 小坚果背面；5. 小坚果侧面。宽苞微孔草 **M. tangutica** Maxim. 6. 植株；7～8. 小坚果（示背面及侧面）。（王颖绘）

产青海：玛多（黄河乡白玛纳，吴玉虎 1059；野牛沟，郭本兆 138）、达日（采集人不详 048；吉迈乡赛纳纽达山，H. B. G. 1244；满掌乡满掌山，陈世龙等 312）、玛沁（军功乡一大队一小队，区划二组 104；大武乡黑土山，H. B. G. 689；尼卓玛山垭口，H. B. G. 751）、兴海（河卡乡日干山，何廷农 251）。生于海拔 2 800～4 700 m 的雪线附近、高山流石滩及其草甸、草甸裸处。

分布于我国的甘肃、青海、西藏。模式标本采自青海中部。

5. 柔毛微孔草 图版 26：1～4

Microula rockii Johnst. in Contr. Gray Herb. n. s. 81：82. 1928；中国植物志 64（2）：166. 图版 30：1～2. 1989；Fl. China 16：400. 1995；青海植物志 3：134. 1996；青藏高原维管植物及其生态地理分布 797. 2008.

植株高 4～10 cm。根多少肉质，圆锥形。茎自基部多分枝，平铺或斜升，下部无毛或有稀疏伏毛，向上渐密。叶仅下部者有短柄，向上无柄；叶片匙形倒披针形或椭圆形，长3～15 mm，宽 2～5 mm，基部渐狭，顶端圆钝或微尖，上面及边缘疏被具基盘伏状毛，下面近无毛。花序少花而密集；苞叶 1 枚，椭圆形至近圆形；花梗极短。花萼裂片狭披针形，长约 2 mm，果期稍增大，背面近无毛，边缘及内面被较密伏贴状毛；花冠淡蓝色或蓝紫色，筒部长约 1.5 mm，檐部直径 5～6 mm，附属物半月形，无毛，花柱极短。小坚果长约2.5 mm，宽约 2 mm，有较疏的小瘤状突起和短毛，背孔近圆形，几占据整个背面，着生面位于腹面中部。 花果期 6～7 月。

产青海：久治（索乎日麻乡，藏药队 504）、玛沁（拉加乡三义口，玛沁队 65）。生于海拔 3 600～4 300 m 的高山草地裸露处、沟谷灌丛、河谷滩地。

分布于我国的甘肃、青海。模式标本采自甘肃夏河。

6. 长果微孔草 图版 26：5～8

Microula turbinata W. T. Wang in Acta Phytotax. Sin. 18（3）：179. 1980；中国植物志 64（2）：169. 图版 31：3～4. 1989；Fl. China 16：401. 1996；青海植物志 3：132. 1996；青藏高原维管植物及其生态地理分布 798. 2008.

植株高达 15～35 cm。茎多分枝，斜升，被较稀的开展的长硬毛或刚毛。叶下部者具长 2.8 cm 的柄，上部者无柄；叶片长圆状披针形或长圆状椭圆形，基部狭楔形下延，全缘，顶端急尖，两面被伏状短毛，上面较疏。花序有时二歧状分枝，花少，果期稍伸长，花序下部常有 1 朵具长 1.0～4.5 cm 花梗的花，与叶对生或互生；下部苞片明显而呈叶状，有时对生。花萼近全裂，裂片线形，长约 2 mm，背面及边缘被伏贴状毛；花冠蓝色或白色而具蓝色斑点，辐状，筒部长约 2 mm，檐部直径 5～6 mm，附属物梯形，被微毛；雄蕊内藏。小坚果长陀螺形，长大于宽，白色，长 2～3 mm，有少数小瘤状突起和微毛，背孔占据整个背面，着生面位于腹面顶端。 花果期 7～8 月。

产青海：玛多（巴颜喀拉山北坡，吴玉虎 29164）、久治（龙卡湖畔，果洛队 527）、班玛（王为义等 27596）。生于海拔 3 900 m 左右的沟谷山地草甸、山坡草地、路边。

四川：石渠（菊母乡，吴玉虎 29855）。生于海拔 4 200 m 左右的沟谷山坡草地、山地高寒草甸裸地、河谷砾石质草地。

分布于我国的甘肃西南部、青海、四川、陕西（太白山）。模式标本采自四川阿坝。

7. 长叶微孔草 图版 26：9～14

Microula trichocarpa（Maxim.）Johnst. in Contr. Gray Herb. n. s. 81: 83. 1928；中国植物志 64（2）：168. 图版 31：5～6. 1989；Fl. China 16：401. 1995；青海植物志 3：132. 1996；青藏高原维管植物及其生态地理分布 798. 2008. ——*Omphalodes trichocarpa* Maxim. in Bull. Acad. Sci. St. Pétersb. 26：500. 1880.

植株高 10～30 cm。茎直立，分枝斜升或仅上部有花序分枝，被开展的长硬毛。下部叶具长达 2.5 cm 的柄，至上部无柄；叶片椭圆形、椭圆状长圆形或卵状长圆形，长 1.5～7.0 cm，宽 0.7～1.5 cm，基部楔形或狭楔形下延，全缘，顶端圆钝或尖，两面被伏贴状短毛，上面较疏。花序顶生，常在下部有 1 朵与叶对生的小花，不分枝或二歧状分枝；苞片最下部者叶状而明显，上部不明显；单花花梗长达 2.6 cm。花萼近全裂，长约 2 mm，果期略开展而增大，背面及边缘被长硬毛；花冠蓝色，辐状，筒部长约 1.5 mm，檐部 5 深裂，直径 4～6 mm，附属物梯形，被短毛；冠生雄蕊内藏。小坚果腹面圆，棱不明显，长约2.5 mm，宽约 2 mm，背孔几完全占据背面，着生面位于腹面顶端。 花果期 6～8 月。

产青海：兴海（中铁乡附近，吴玉虎 42978B、43173B、43184；赛宗寺后山，吴玉虎 46319；中铁乡至中铁林场途中，吴玉虎 43089、43219；大河坝，吴玉虎 42491、42581）、玛沁（东倾沟，玛沁队 332）、久治（采集地不详，魏振铎 345）、班玛。生于海拔 2 400～3 600 m 的沟谷山地林下、山坡林缘、河谷灌丛。

分布于我国的甘肃、青海、四川西部、陕西（太白山）。模式标本采自青海东北部。

8. 甘青微孔草 图版 27：1～6

Microula pseudotrichocarpa W. T. Wang in Acta Phytotax. Sin. 18（3）：274. 1980；西藏植物志 4：67. 1985；中国植物志 64（2）：161. 图版 29：1～3. 1989；Fl. China 16：398. 1995；青海植物志 3：137. 图版 32：12～17. 1996；青藏高原维管植物及其生态地理分布 796. 2008.

植株高 10～35 cm。茎直立或斜升，自基部起分枝，被短伏毛和开展的刚毛或长糙毛。基部叶及茎下部叶有较长的柄，上部叶其柄渐短至无柄；叶片长圆状披针形、长圆形或长圆状倒披针形，长 1.5～4.8 cm，宽 5～12 mm，基部渐狭或微圆，顶端急尖或稍钝，两面密被短伏毛，有时散生刚毛或长硬毛。花序少花，密集，腋生或顶生，果期

图版 **26** 柔毛微孔草 **Microula rockii** Johnst. 1. 植株；2. 花萼及幼果；3. 花冠展开；4. 小坚果侧面。长果微孔草 **M. turbinata** W. T. Wang 5. 花枝；6. 小坚果与花萼之侧面观；7～8. 小坚果（示侧面及腹面）。长叶微孔草 **M. trichocarpa**（Maxim.）Johnst. 9. 花枝；10. 花萼及雌蕊；11. 花冠展开；12～13. 小坚果（示正面及侧面）；14. 小坚果与花萼正面观。（阎翠兰绘）

稍伸长，在花序下常有 1 朵具长梗的花；苞片下部者明显。花萼裂片狭披针形，长 2 mm，果期增大；花冠蓝色，筒部长 1.5～2.0 mm，檐部直径 3.5～6.0 mm，附属物宽三角形或半月形，被微毛。小坚果卵形，长 2.0～2.5 cm，有小瘤状突起和微毛，背孔长圆形，长 0.8～1.5 mm，着生面位于腹面近中部。　花果期 7～9 月。

产青海：班玛（马柯河林场，王为义等 26717）、久治（索乎日麻乡附近，藏药队 411；哇赛乡庄浪沟，果洛队 225；龙卡湖畔，果洛队 544）、玛沁（大武乡德勒龙，H. B. G. 851；军马场，陈世龙等 131）、甘德（上贡麻乡附近，H. B. G. 939）、兴海（中铁林场恰登沟，吴玉虎 45241、44961、44925；河卡乡羊曲，何廷农 077；河卡山，王作宾 20175，采集人不详 414，吴珍兰 077、132；中铁乡附近，吴玉虎 42823、42864、42977、42964；中铁乡至中铁林场附近，吴玉虎 43081）、达日（东 25 km 处黄河边，陈世龙等 270）。生于海拔 2 700～4 500 m 的沟谷山坡林下、林缘高寒灌丛草甸、干旱草地、河谷山地阴坡高寒灌丛、山坡高寒草甸、宽谷滩地。

分布于我国的甘肃、青海、西藏、四川西北部。模式标本采自甘肃夏河。

9. 小果微孔草

Microula pustulosa（C. B. Clarke）Duthie in Kew Bull. 1912：39. 1912；西藏植物志 4：65. 1985；中国植物志 64（2）：155. 图版 28：14～16. 1989；Fl. China 16：396. 1995；青海植物志 3：135. 1996；青藏高原维管植物及其生态地理分布 796，2008. ——*Eritrichium pustulosa* C. B. Clarke in Hook. f. Fl. Brit. Ind. 4：164. 1885.

植株高 10～15 cm。茎斜升，主茎不明显，自基部起多分枝，被短伏毛和开展的刚毛。下部叶有柄，向上渐至无柄；叶片匙形、倒卵状椭圆形或倒卵状长圆形，长 8～22 mm，宽3～12 mm，基部渐狭或宽楔形，顶端圆钝，两面密被短伏毛，边缘有时具极疏长糙毛。花序少花，紧密，腋生或顶生；苞片下部者大，叶状，近圆形或倒卵圆形，长达 16 mm，上部者渐小，倒卵形或匙形。花萼裂片线形，长约 1 mm，顶端圆形或微平截，密被缘毛，果期增大为卵形；花冠蓝色，筒部长约 1.5 mm，檐部直径 3.5～5.0 mm，附属物半月形，被短毛。小坚果卵形，长 1.5～2.2 mm，具小瘤状突起和皱褶，有疏的短毛，背孔近圆形或狭长圆形，长 0.4～0.8 mm，位于背面中部之上，着生面位于腹面基部之上。　花果期 7～9 月。

产青海：达日（建设乡，H. B. G. 1017、1087、1170）。生于海拔 3 500～4 200 m的沟谷林缘干旱草坡、田边、山地路边。

分布于我国的青海、西藏南部及东北部；不丹，印度也有。

10. 小微孔草

Microula younghusbandii Duthie in Kew Bull. 1912：40. 1912；西藏植物志 4：

67. 1985；中国植物志 64（2）：165. 图版 29：5～7. 1989；Fl. China 16：399. 1995；青海植物志 3：134. 1996；青藏高原维管植物及其生态地理分布 798. 2008.

植株矮小，高不过 8 cm。茎斜升，自基部起多分枝，密被短伏毛，下部叶有长达 1. 2 cm 的柄，上部叶无柄；叶片匙形，倒卵状长圆形或倒卵形，长 0. 4～1. 6 cm，宽 3～7 mm，基部楔形或渐狭，顶端圆钝或微尖，两面密被短柔毛。花与叶对生或数朵组成密集而短的花序，顶生或腋生；苞片叶状或仅花序下部者叶状。花萼裂片线形，长约 2 mm，被较密短毛；花冠蓝色或白色，筒部长约 1. 5 mm，檐部直径 3. 0～4. 5 mm，附属物梯形，被密微毛。小坚果卵形，长约 2 mm，有较密小瘤状突起和短毛，背孔近圆形或长圆形，长 0. 2～0. 8 mm，位于背面中部之上，着生面位于腹面中部之下。 花果期 7～8 月。

产青海：久治（索乎日麻乡科尔莫曲，藏药队 305）。生于海拔 3 800～4 400 m 的沟谷山坡草地、山地阳坡石崖下、河谷阶地高寒草甸裸地。

分布于我国的青海、西藏南部、云南西北部、四川西部。模式标本采自西藏南部。

11. 尖叶微孔草 图版 27：7～12

Microula blepharolepis（Maxim.）Johnst. in Journ. Arn. Arb. 33：72. 1952；中国植物志 64（2）：159. 1989；青海植物志 3：135. 图版 32：6～11. 1996；Fl. China 16：397. 1995；青藏高原维管植物及其生态地理分布 795. 2008. ——*Omphalodes blepharolepis* Maxim. in Bull. Acad. Sci. St. —Pétersb. 27：504. 1881.

植株高 15～25 cm。根肉质。茎直立，分枝细弱，被开展刚毛。叶下部者具长达 2. 5 cm的柄，上部者具短柄；叶片卵状披针形或圆卵形，基部宽楔形或圆形，顶端渐尖，两面被伏贴状短毛，偶见边缘疏生长硬毛。花序少花而密集，常作二歧状分枝，最下 1 朵花常有长 7 mm 的柄；苞片最下部者叶状。花萼裂片狭披针形，长 2. 5～3. 0 mm，果期增大，边缘及外面密被短伏毛和长硬毛；花冠淡蓝色或蓝色，辐状，筒部长约 2 mm，檐部直径 2. 5～4. 0 mm，附属物低梯形，顶端密被柔毛；雄蕊内藏。小坚果卵状长圆形，长约2. 2 mm，宽约 1. 2 mm，背孔狭长圆形，位于背部中部之上，长约 1. 5 mm，有稀疏小瘤状突起和短毛，着生面位于腹面基部之上。 花果期 7～8 月。

产青海：班玛（马柯河林场，王为义等 26732）、玛沁（采集地不详，区划二组 074）、兴海（大河坝，吴玉虎 42558；中铁乡附近，吴玉虎 42877；赛宗寺后山，吴玉虎 46306；大河坝乡赞毛沟，吴玉虎 47110）。生于海拔 2 300～3 800 m 的沟谷山坡林下草甸、河谷山地阴坡高寒灌丛草甸、滩地高寒草甸。

青海特有种。模式标本采自青海兴海。

12. 微孔草 图版 27：13～17

Microula sikkimensis（C. B. Clarke）Hemsl. in Hook. Ic. Pl. 26：sub. pl.

2562. 1898；西藏植物志 4：65. 图版 29：7. 1985；中国植物志 64（2）：159. 图版 30：4～5. 1989；Fl. China 16：397. 1995；青海植物志 3：135. 1996；青藏高原维管植物及其生态地理分布 797. 2008. ——*Anchusa sikkimensis* C. B. Clarke in Hook. f. Fl. Brit. Ind. 4：168. 1883.

植株高 5～55 cm。茎自基部起分枝，被短伏毛和开展刚毛。下部叶具长达 6 cm 的柄，叶片卵状披针形，长 1. 5～10. 0 cm，宽 0. 8～1. 6 cm，基部宽楔形至近心形，顶端微尖至渐尖，两面或多或少被短伏毛，并散生刚毛；中上部叶较小，线状披针形或卵状披针形，无柄。花序狭长或短而密集，腋生或顶生，常在花序下有 1 朵具长柄的花；苞片下部者叶状，明显，上部者不明显。花萼裂片线状披针形，长 2～3 mm，果期增大后星状开展，外面及边缘较密被矩毛和刚毛；花冠蓝色或白色，筒部长 2. 5～3. 5 mm，檐部直径 4～11 mm，附属物梯形，被毛。小坚果卵形，长 2～3 mm，有小瘤状突起和短刺毛，背孔狭卵形或长圆形，长 1. 5～2. 0 mm，位于背面中部之上，着生面位于腹面近中部。 花果期 6～9 月。

产青海：曲麻莱（巴干乡政府附近，刘尚武和黄荣福 921、928；东风乡德拉海，黄荣福 154、155）、玛多（吴玉虎 220）、达日、班玛（魏振铎 325；班前乡，郭本兆 547）、久治（索乎日麻乡附近，藏药队 524）、玛沁（江让水电站，吴玉虎等 18346、18358；大武乡乳品厂，H. B. G. 499、504；尕可河电站，吴玉虎 6029；军功乡，吴玉虎等 4618；雪山乡，陈世龙等 159）、甘德（上贡麻乡附近，H. B. G. 944）、兴海（中铁乡天葬台沟，吴玉虎 45961、45821；中铁林场恰登沟，吴玉虎 44867、44894；大河坝乡赞毛沟，吴玉虎 47216；赛宗寺，吴玉虎 47715；中铁乡前滩，吴玉虎 45363；河卡乡政府附近，张盍曾 63510，吴珍兰 157）。生于海拔 2 800～4 400 m的河谷林下、山坡林缘、沟谷阴坡高寒灌丛草甸及其破坏处、河滩地、山麓砾石堆、干旱山坡、弃耕地、田边。

分布于我国的青海、西藏、云南西北部、四川西部、甘肃、陕西西南部；印度东北部也有。

13. 总苞微孔草

Microula involucriformis W. T. Wang in Acta Phytotax. Sin. 18（3）：273. 1980；中国植物志 64（2）：160. 图版 30：8. 1989；青海植物志 3：134. 1996；Fl. China 16：397. 1995；青藏高原维管植物及其生态地理分布 796. 2008.

植株高约 45 cm。根稍肉质。茎直立，具棱，被具基盘的硬毛或刚毛，有分枝。下部叶具长 4 cm 的柄，上部叶无柄；叶片椭圆状长圆形或椭圆状披针形，长 4～9 cm，宽 1. 3～2. 4 cm，基部楔形下延，全缘，顶端钝，两面被短伏毛，上面较疏。花序常二歧式分枝，初时紧密，果期稍伸长；最下部苞叶常对生而明显，宽卵圆形，长约 2 cm，宽约 1. 5 cm。花萼裂片三角状线形，长 4 mm，果期增大，背面及边缘被短伏毛和刚

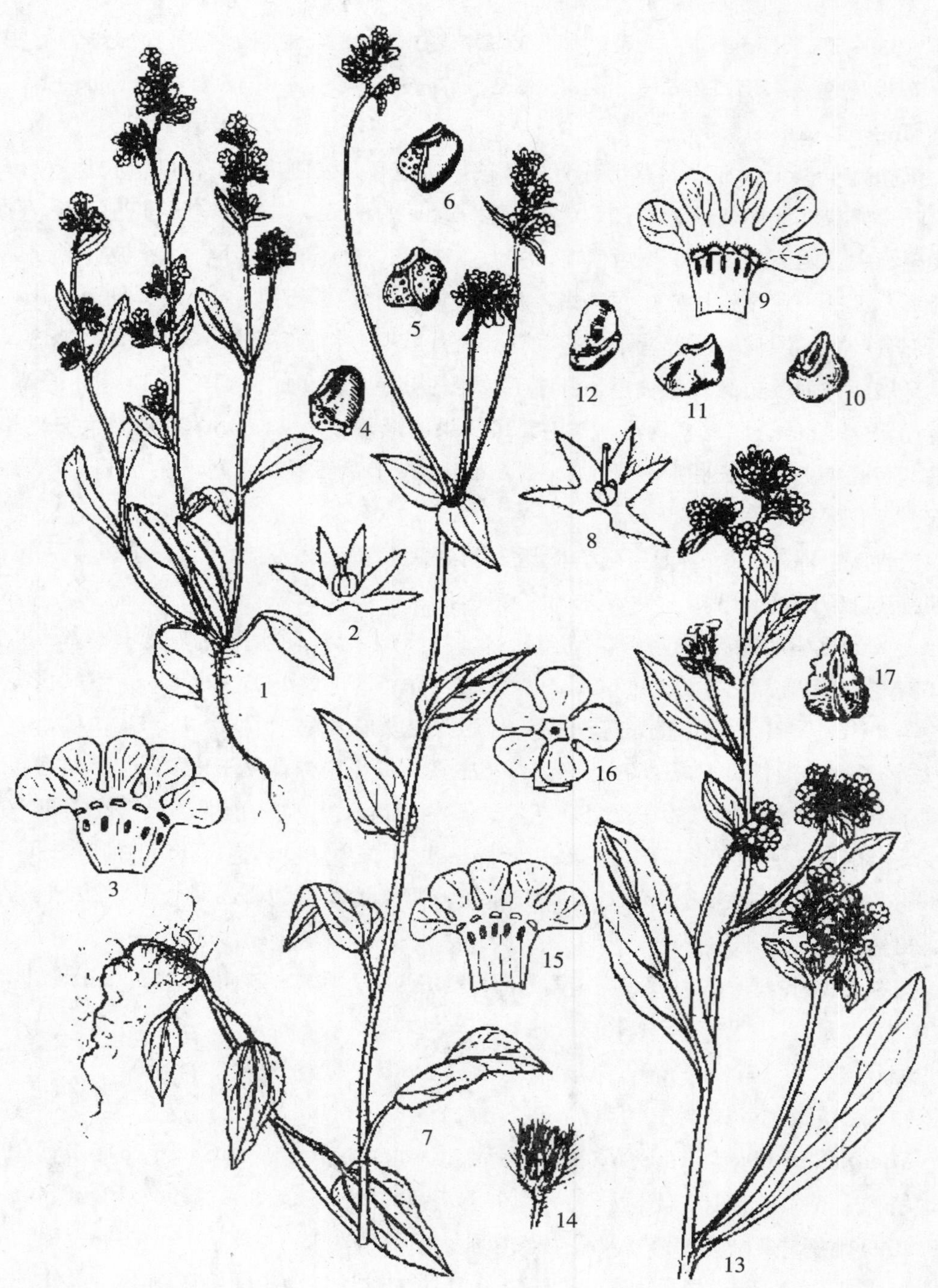

图版 27 甘青微孔草 **Microula pseudotrichocarpa** W. T. Wang 1. 植株；2. 花萼及雌蕊；3. 花冠展开；4～6. 小坚果（示腹、背、正三面）。尖叶微孔草 **M. blepharolepis**（Maxim.）Johnst. 7. 植株；8. 花萼及雌蕊；9. 花冠展开；10～12. 小坚果（示正、侧及腹三面）。微孔草 **M. sikkimensis**（C. B. Clarke）Hemsl. 13. 花枝；14. 花萼；15. 花冠展开；16. 花冠外观；17.小坚果。（阎翠兰绘）

毛；花冠蓝色，辐状，筒部长约 2 mm，檐部直径 7～10 mm，附属物梯形，密被茸毛；冠生雄蕊内藏。小坚果卵形，长 2.5 mm，宽 2 mm，有疏的小瘤状突起或微毛，背孔位于背面中部之上，狭长圆形，长约 2.2 mm，腹面棱明显，着生面位于腹面近基部处。花果期 7～9 月。

产青海：久治（龙卡湖北岸，藏药队 732）。生于海拔 4 000 m 左右的高山灌丛。

分布于我国的青海、四川（宝兴）。模式标本采自四川宝兴。

10. 长柱琉璃草属 Lindelofia Lehm.

Lehm. in Neue Allg. Deutsche Gart.-Blum. 6：351. 1850.

多年生草本。叶基生，具长柄。花组成腋生或顶生的卷伞花序；萼分裂至基部；花冠圆筒状，5 裂，裂片阔卵形，短于花冠管或长椭圆形，与冠管等长；雄蕊 5 枚，着生于花冠喉部附属物之下，花药与花丝近等长，基部箭头形；花柱伸出花冠外。小坚果有瘤状突起和短锚状刺。

约 10 种，主要分布于亚洲中部和西部。我国有 1 种，产西藏、新疆及甘肃西北部，昆仑地区也有。

1. 长柱琉璃草

Lindelofia stylosa（Kar. et Kir.）Brand in Engl. Pflanzenr. Ⅳ. 252（Heft 78）：85. 1921；西藏植物志 4：80. 图 34. 1985；中国植物志 64（2）：229. 1989；Fl. China 16：425. 1995；新疆植物志 4：208. 图版 62：1～3. 2004；青藏高原维管植物及其生态地理分布 794. 2008.——*Cynoglossum stylosa* Kar. et Kir. in Bull. Soc. Nat. Mosc. 15：409. 1842.

多年生草本。根粗，直径约 2 cm。茎高达 50 cm，有贴伏的短柔毛，上部有少数分枝。基生叶长达 28 cm；叶片矩圆形，长约 18 cm，上面和下面均有贴伏的短柔毛，叶柄长、扁，有狭翅，近无毛；茎下部叶近条形，有柄，中部以上叶无柄或近无柄，狭披针形。花序长约 7 cm，无苞片，密生短柔毛，花萼长约 7 mm，密生短柔毛，裂片 5 枚，条形；花冠紫色，筒状，长约 10 mm，筒与花萼近等长，裂片 5，狭，近直展，喉部有 5 个附属物；雄蕊 5 枚，生花冠筒中部之上，花药狭长圆形，伸出于花冠喉部；花柱长，伸出。小坚果卵形，长约 6 mm，扁，有短锚状刺和瘤状突起。

产新疆：乌恰、阿克陶（木吉乡琼壤，采集人不详 12）、塔什库尔干（麻扎，高生所西藏队 3141）。生于海拔 2 000～2 800 m 的山地草坡、河谷或林边。

分布于我国的西藏西北部、新疆、甘肃西部和中部；阿富汗，印度北部，巴基斯坦，蒙古，克什米尔地区，中亚地区各国也有。

11. 锚刺草属 Actinocarya Benth.

Benth. in Benth. et Hook. f. Gen. Pl. 2：846. 1876.

单种属，特征见种。

1. 锚刺果 图版 28：1～3

Actinocarya tibetica Benth. in Benth. et Hook. f. Gen. Pl. 2：846. 1876；西藏植物志 4：70. 图 30. 1985；中国植物志 64（2）：175. 1989；Fl. China 16：403. 1995；青海植物志 3：124. 图版 28：1～3. 1996；青藏高原维管植物及其生态地理分布 784. 2008.

一年生草本，根向下膨大而肉质，根颈部具鳞片。茎铺散丛生，长达 15 cm，被极疏短伏毛或无毛。叶互生，叶片倒卵状线形或匙形，长不过 2.4 cm，宽达 5 mm，仅下面疏被短伏毛，顶端圆钝，全缘，基部渐狭成具翅的短柄。花几生于所有叶腋；花梗至果期长达1.8 cm；花萼 5 枚，几全裂，长约 1 mm，狭披针形，果期增宽至 1 mm 左右，具缘毛；花冠白色或淡蓝色，近辐状，长不过 18 mm，筒部长约 1 mm，檐部 5 深裂，裂片近圆形，喉部具 5 枚肾形附属物，顶端微凹；雄蕊着生于花冠筒中部，内藏，花药卵形，药室叉开；花柱稍高于子房，柱头头状。小坚果狭倒卵形，具锚状刺和短毛，背部部分锚状刺联合成环状或鸡冠状突起，突起边缘具锚状刺或齿。 花果期 7～9 月。

产西藏：日土（上曲龙，高生所西藏队 3470；拉那克达坂，高生所西藏队 3596）、班戈。生于海拔 4 300 m 左右的山坡、河滩。

青海：久治（采集地不详，藏药队 407；白玉乡科索河，高生所藏药队 646；索乎日麻乡附近，果洛队 326，藏药队 407）、玛沁（当项乡，玛沁队 571；大武乡德勒龙，H. B. G. 835）、达日（建设乡达日河桥附近，H. B. G. 1020，德昂乡，陈桂琛等 1673）、兴海（河卡幔帐沟，何廷农 357；黄青河畔，吴玉虎 42684、42746）、玛多（巴颜喀拉山北坡，陈桂琛等 1995）。生于海拔3 100～4 500 m 的宽谷河漫滩、沟谷灌丛草甸及草甸破坏处。

分布于我国的西藏、四川、云南、甘肃、青海；印度东北部，克什米尔地区也有。

12. 琉璃草属 Cynoglossum Linn.

Linn. Sp. Pl. 134. 1753.

二年生或多年生草本。单叶，基生和茎生，全缘。镰状聚伞花序分枝，有或无苞片；花梗果期弯曲，有时稍伸长。花萼近全裂，裂片5枚，果期增大；花冠钟形或钟状辐形，筒部短于或近等长于檐部，檐部5裂，喉部附属物梯形或半月形，顶端通常凹缺；雄蕊5枚，着生于花冠筒近中部，内藏；花药卵圆形，2室；花柱稍呈圆锥形或稍呈四棱锥形，柱头头状，内藏；雌蕊基金字塔形；子房4裂，胚珠倒生。小坚果卵圆形，棱缘具锚状刺，着生面位于小坚果腹面顶部。

约75种。我国12种，昆仑地区产1种1变种。

1. 西南琉璃草

Cynoglossum wallichii G. Don Gen. Syst. 4：354.1838；西藏植物志 4：82.1985；中国植物志 64（2）：224.1989；Fl. China 16：424.1995；青海植物志 3：125.1996；青藏高原维管植物及其生态地理分布 787.2008.

1a. 西南琉璃草（原变种）

var. **wallichii**

二年生草本，高达60 cm。茎单一，稍有棱，密被具基盘的长硬毛及短伏毛。基生叶有长达3 cm的柄，茎生叶柄向上渐短至近无柄；叶片长圆状披针形，长达8 cm，宽达1.4 cm，顶端渐尖，全缘，基部下延，两面密被长硬毛及短伏毛。花序二叉状分枝，顶生或腋生，除其分枝基部有1枚线状披针形苞片外，无苞片；花梗果期长不过6 mm。花萼裂片卵形，长1.5 mm，果期增大为宽卵形，长约3 mm，外面及边缘密被柔毛，略开展；花冠淡蓝色，筒部长约1.5 mm，檐部裂片圆形，长约2 mm；雄蕊内藏；花柱多少呈圆锥形。小坚果宽卵形，长约3.5 mm，于背面星散排列着1～6枚锚状刺，边缘锚状刺基部略联合，着生面位于腹面顶端。 花果期7～8月。

产青海：班玛（采集地不详，魏振铎 321）、玛沁（拉加山，吴玉虎等 6115、6050）。生于海拔3 000～3 300 m的干旱山坡。

分布于我国的甘肃、青海、西藏、云南、四川；阿富汗，巴基斯坦，克什米尔地区，印度也有。

1b. 倒钩琉璃草（变种）

var. **glochidiatum**（Wall. ex Benth.）Kazmi in Journ. Arn. Arb. 52：347.1971；西藏植物志 4：82. 图版 40：4～5.1985；中国植物志 64（2）：224. 图版 40：4～5.1989；Fl. China 16：425.1995. 青海植物志 3：127.1996；青藏高原维管植物及其生态地理分布 787.2008 ——*Cynoglossum glochidiatum* Wall. ex Benth. in Royle，Ill. Bot. Himal. Mount. 1：306.1839.

本变种与原变种的区别在于：小坚果背部锚状刺仅沿中央龙骨状突起排列，有3～5枚，仅偶尔在龙骨状突起边有1枚锚状刺或突起状刺。

产青海：兴海（中铁林场中铁沟，吴玉虎 45515、45571、45591；中铁林场卓琼沟，吴玉虎 45614）、玛沁。生于海拔 2 800～4 300 m 的林下及林缘草地、河漫滩草地、田边、路边、阳坡山麓灌丛草甸、山地圆柏林缘灌丛草甸。

分布于我国的甘肃、青海、西藏、云南、四川；阿富汗，巴基斯坦，克什米尔地区，印度，缅甸也有。

13. 颈果草属 Metaeritrichium W. T. Wang

W. T. Wang in Acta Phytotax. Sin. 18 (4)：514. 1980.

单种属，特征见种。

1. 颈果草 图版 28：4～5

Metaeritrichium microuloides W. T. Wang in Acta Phytotax. Sin. 18 (4)：515. 1980；中国植物志 64 (2)：177. 图版 33：1～5. 1989；西藏植物志 4：62. 图 25：1～5. 1985；Fl. China 16：403. 1995；青海植物志 3：122. 1995；青藏高原维管植物及其生态地理分布 795. 2008.

一年生草本。根肉质直立。茎缩短，由基部分枝，平铺地面，长达 5 cm，疏被伏毛或几无毛。叶匙形或倒卵状长圆形，基部渐狭成长达 1.2 cm 的宽柄，顶端圆钝，全缘，上面几无毛，下面疏被短伏毛。花少，常在茎下部有 1 朵与叶相对的花；花梗较粗，果期长达 1.5 cm；花萼裂片 5，披针形，长约 1.5 cm，果期明显变宽，外面及边缘被毛；花冠淡蓝紫色至白色，长不过 2 mm，筒部稍长，喉部稍缢缩，檐部稍呈钟形，5 深裂，裂片宽椭圆形或近圆形，喉部附属物肾形，中部凹缺；雄蕊着生于花冠筒 1/3 处，花药卵形，内藏；花柱长约 0.5 mm，柱头头状；雌蕊基平。小坚果背腹二面体型，被微毛或无毛，棱缘具锚状刺，刺基部联合成翅，向腹面下部有数行锚状刺，着生面位于腹面近顶端。 花果期 7～8 月。

产新疆：若羌（阿尔金山保护区，吴玉虎 1649，新纪录产地）。生于海拔 4 350～4 550 m的高山流石滩及附近草甸、草甸裸露处。

西藏：班戈（多巴区，青藏队那曲分队陶德定 10619）。生于海拔 5 000 m 左右的河滩沙地、沟谷山地高寒草原地带的沙砾地。

青海：玛沁（大武乡德勒龙，H. B. G. 833B）、格尔木（各拉丹冬，卢学峰 06-512）、兴海（河卡乡日干山，何廷农 278）、治多（可可西里，黄荣福 K-412）。生于海拔 3 600～4 550 m 的高山流石滩、高山草甸。

分布于我国的新疆、西藏、青海。模式标本采自西藏安多。

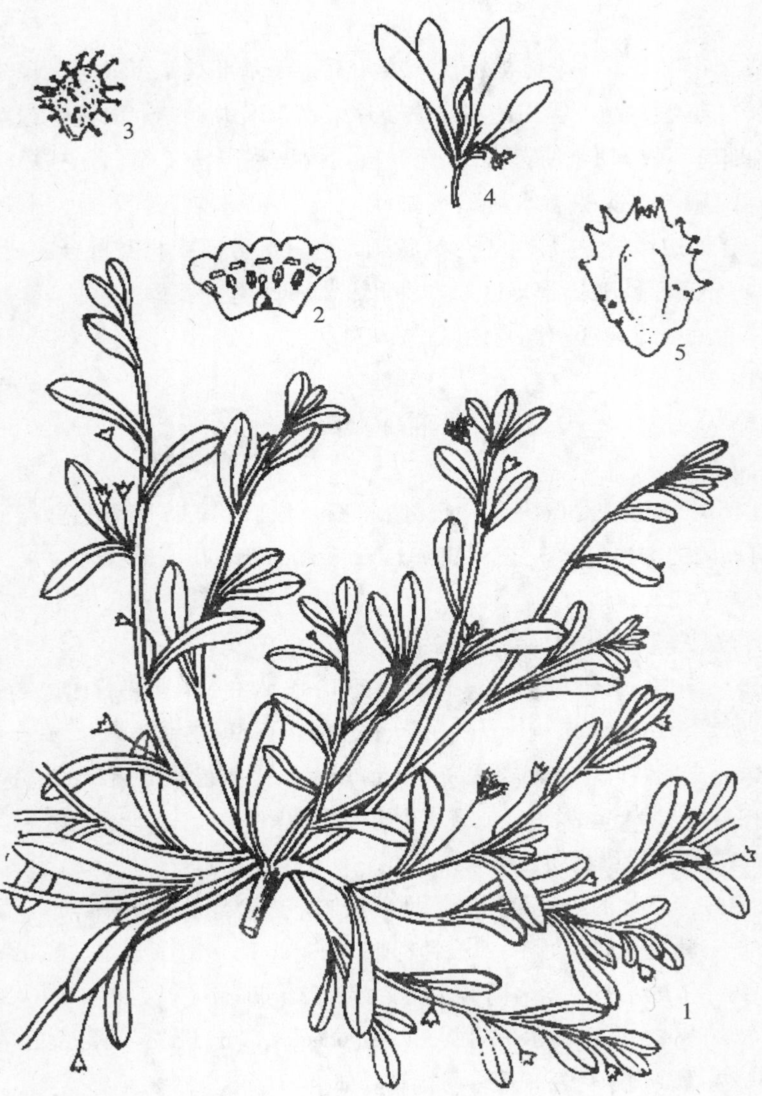

图版 **28**　锚刺果 **Actinocarya tibetica** Benth. 1. 植株；2. 花冠纵剖；3. 小坚果（侧面）。颈果草 **Metaeritrichium microuloides** W. T. Wang 4. 植株部分；5. 小坚果。（王颖绘）

14. 鹤虱属 Lappula Moench

Moench Methodus 416. 1794.

一年生或二年生草本，全体被糙伏毛或柔毛，毛基部具基盘或否。聚伞花序生于枝端，花后伸长。花萼 5 裂，裂几达基部，裂片果期常增大；花冠淡蓝色或蓝色，钟状辐形，5 裂，喉部有 5 枚梯形附属物；雄蕊 5 枚，内藏；子房 4 裂，花柱短，不超出小坚果或稍过之，内藏，柱头头状，雌蕊基锥状，长于或等长于小坚果。小坚果 4 枚，直立，多同形，背面边缘棱上具 1～3 行锚状刺，刺基部分离或相互接合成翅。

约 61 种，分布于欧亚温带地区，非洲和北美洲也有。我国 36 种 7 变种，主产新疆以及西北、华北及东北地区；昆仑地区产 10 种。

分种检索表

1. 小坚果背棱具 3 行锚状刺，最外面一行（第 3 行）位于小坚果下部最宽处，每 2 个小坚果之间有凹陷的空当 … **3. 蓝刺鹤虱 L. consanguinea** (Fisch. et C. A. Mey.) Gürke

1. 小坚果背棱具 1 或 2 行锚状刺。

  2. 小坚果背棱具 2 行锚状刺。

    3. 低矮密丛草本，高不过 15 cm，通常 4～10 条丛生；小坚果背面边缘的锚状刺较短，长不过 0.5 mm ………………………… **10. 绢毛鹤虱 L. sericata** M. Popov

    3. 较高大直立或斜升草本，通常高 10 cm 以上；小坚果背面边缘的锚状刺较长，至少内行刺长 1 mm 以上，或果实中有 1 个小坚果如此。

      4. 小坚果背面边缘具翅，翅宽或窄。

        5. 果序上下部的小坚果同形，均具短刺，中上部的小坚果异形，即其中的 2～3枚具长刺，另 1～2 枚具短刺 …… **2. 两形鹤虱 L. duplicicarpa** N. Pavl.

        5. 果序上的小坚果均为同形，翅缘具疏齿状刺 ……………………………… ………… **4. 费尔干鹤虱 L. ferganensis** (M. Popov) Kamelin et G. L. Chu

      4. 小坚果背面边缘无翅，最多内行刺基部略增宽相互邻接。

        6. 茎自基部起分枝，分枝细而斜升；花较小，檐部直径 2～3 mm ……… ……………………………………… **5. 短梗鹤虱 L. tadshikorum** M. Popov

        6. 茎通常单生，自中部以上有分枝；花较大，檐部直径 4～5 mm ……… ……………………………………… **6. 草地鹤虱 L. pratensis** C. J. Wang

  2. 小坚果背棱具 1 行锚状刺。

    7. 雌蕊基顶端的花柱细长呈丝状，高出小坚果 0.8～1.5 mm；小坚果长 2.5～3.0 mm ……………………………… **7. 小果鹤虱 L. microcarpa** (Ledeb.) Gürke

7. 雌蕊基顶端的花柱短小，通常藏于小坚果之间或仅高出小坚果约 0.5 mm。
  8. 小坚果背面边缘的刺较短，长 1.0～1.5 mm；小坚果长 2.5～3.0 mm ……
  ………………………………………… **1. 蒙古鹤虱 L. intermedia**（Ledeb.）M. Popov
  8. 小坚果背面边缘的刺较长，长 1.5 mm 以上；小坚果长 3～4 mm。
    9. 小坚果狭披针形，长 3～4 mm，背面中央的龙骨状突起常具短刺或疣状突起；果实松散排列于果序上；苞片披针形或狭卵形，常较果实短 ………………………… **8. 狭果鹤虱 L. semiglabra**（Ledeb.）Gürke
    9. 小坚果卵形，长约 3 mm，背面无龙骨状突起；果实排列较密，通常位于果序的一侧；苞片线形，远较果实为长 ………………………………
    …………………… **9. 卵果鹤虱 L. patula**（Lehm.）Aschers. ex Gürke

1. 蒙古鹤虱

Lappula intermedia（Ledeb.）M. Popov in Kom. Fl. URSS 19：440. 1953；中国高等植物图鉴 3：569. 1974；Fl. China 16：407. 1995.——*Echinospermum intermedium* Ledeb. Fl. Alt. 1：199. 1829.——*Lappula redowskii*（Hornem.）Greene in Pittonia 2：182. 1891；中国植物志 64（2）：186. 图版 34：19～21. 1989. no（Hornem.）Greene；西藏植物志 4：75. 1985；青海植物志 3：121. 1995；新疆植物志 4：190. 图版 57：4～6. 2004.

一年生草本，高 15～50 cm，全株密被具基盘的长硬毛。茎直立，通常单生，仅花序分枝或偶有分枝。叶基生或茎生，通常茎中部以下叶及基生叶早枯，茎生叶互生，叶片线形或狭披针形，长 1～4 cm，宽达 4 mm，常沿中脉对折，基部渐狭或微卵形，顶端急尖或渐尖，两面密被硬毛。花序花期后伸长而疏花，有时较细弱；苞片叶状长于花萼；花梗果期稍伸长。花萼近全裂，裂片狭披针形或狭长圆形，长约 1 mm，果期伸长至 6 mm，星状开展；花冠天蓝色或淡蓝色，长 2～3 mm，筒部长约 1 mm，檐部宽钟形，附属物梯形，被微毛。小坚果卵形，具疣状突起或皱褶，边缘具 1 行锚状刺，刺基部增宽相互邻接，向上部离生；花柱与雌蕊基约与小坚果平齐。 花果期 6～9 月。

产新疆：策勒。生于海拔 2 200 m 左右的沟谷山坡草地。

青海：玛沁（采集地不详，吴玉虎等 6053）、兴海（中铁林场中铁沟，吴玉虎 45513；中铁乡前滩，吴玉虎 45413；采集地不详，张盍曽 63529；中铁林场恰登沟，吴玉虎 44975；唐乃亥乡，吴玉虎 42119、42165；野马台滩，吴玉虎 41801；中铁乡，吴玉虎 42771）、都兰（香日德，青甘队 1314）。生于海拔 1 800～3 500 m 的干旱山坡、沟谷田边、沟谷山坡高寒灌丛草甸、阳坡山麓灌丛草甸、沟谷山地阔叶林缘灌丛。

分布于我国的西藏、四川西北部、新疆、甘肃、青海、宁夏、山东以及华北、东北各省区；中亚地区各国，俄罗斯，蒙古也有。

2. 两形鹤虱

Lappula duplicicarpa N. Pavl. in Vestn. Akad. Nauk. URSS 5：90. 1952；中国

植物志 64（2）：191. 图版 34：22～24. 1989；Fl. China 16：409. 1995；青海植物志 3：122. 1996；新疆植物志 4：187. 2004；青藏高原维管植物及其生态地理分布 792. 2008.

一年生草本，高 10～15 cm。茎多分枝，密被长糙毛。叶茎生，下部者有短柄，上部者近无梗；叶片匙状线形或倒披针状线形，长 10～22 mm，宽 3～5 mm，基部渐狭，顶端圆钝，两面密被长糙毛。花序顶生；苞片与花互生；花梗短，长 3～5 mm，果期弯曲使果下垂。花萼裂片线形，长约 1.5 mm，果期增大至 3 mm；花冠淡蓝色，筒状近辐形，筒部长约 1 mm，檐部直径 2 mm，附属物卵形。小坚果异形，果序下部小坚果具短刺，中上部小坚果 2～3 个具长刺，刺长 3～4 mm，另 1～2 个具短刺，刺长不过 1 mm，背面和腹面具疣状突起。　花果期 6～7 月。

产新疆：叶城（高生所西藏队 3333）。生于海拔 2 800 m 左右的沟谷山坡草地、河谷砾石滩地、山麓砾地。

青海：都兰（诺木洪，采集人不详 83）、格尔木（采集地不详，青甘队 140）。生于海拔2 770～3 100 m的干旱石质山坡、滩地。

分布于我国的新疆、青海；中亚地区各国也有。

3. 蓝刺鹤虱　图版 24：4～7

Lappula consanguinea（Fisch. et C. A. Mey.）Gürke in Engl. et Prantl Nat. Pflanzenfam. 4（3a）：107. 1897；中国植物志 64（2）：200. 图版 36：1～4. 1989；Fl. China 16：412. 1995；青海植物志 3：119. 图版 27：1～4. 1996；新疆植物志 4：194. 2004；青藏高原维管植物及其生态地理分布 792，2008.——*Echinospermum consanguineum* Fisch. et C. A. Mey. in Ind. Sem. Hort. Petrop. 5：35. 1838.

一年生或二年生草本，高可达 50 cm。茎单生，少自基部分枝，常自上部分枝，被糙伏毛和硬毛。基生叶长圆状披针形，长 3.0～4.5 cm，密被硬毛；早枯基生叶线状倒披针形，长 2.0～3.8 cm，宽 4～7 mm，先端急尖，基部渐狭，两面密被有基盘的长硬毛。花序生于小枝顶端，果期伸长；苞片小，线状钻形。花萼裂至基部，裂片长钻形，长 2.5 mm，果期稍增大，星状开展；花冠蓝紫色，钟状，长 4 mm，裂片宽倒卵形，喉部附属物明显。小坚果卵形，长 2.5 mm，直立，相邻小坚果之间有狭卵形的狭缝，缝占全长的 1/3～1/2，背面具瘤状突起，边缘具 3 行锚状刺，刺长达 1.5 mm，第 3 行刺极短，生于小坚果最下部，腹面散生瘤状突起。　花果期 5～9 月。

产新疆：莎车。生于海拔 2 700 m 左右的山坡。

青海：兴海（中铁林场中铁沟，吴玉虎 45499、47675；河卡，何廷农 053）、都兰（香日德，青甘队 1341）。生于海拔 3 000～3 600 m 的河滩、村舍边、荒地、路边及干旱山坡。

分布于我国的新疆、青海、宁夏、内蒙古、河北；俄罗斯，蒙古，巴基斯坦，印度北部，克什米尔，中亚地区各国，欧洲也有。

4. 费尔干鹤虱

Lappula ferganensis (M. Popov) Kamelin et G. L. Chu in G. L. Chu, Kamelin, R. R. Mill et M. G. Gilbert, Novon 5: 17. 1995; Fl. China 16: 412. 1995; 青藏高原维管植物及其生态地理分布 792. 2008. ——*Lepechiniella ferganensis* M. Popov in Kom. Fl. URSS 19: 713. 1953. ——*Lappula platyptera* C. J. Wang in Bull. Bot. Res. Harbin 1 (4): 91. 1981; 中国植物志 64 (2): 202. 图版 38: 6～9. 1989.

多年生草本，高约 30 cm。根状茎横生，顶部簇生莲座状叶，节部向上发出地上茎。茎不分枝或分枝较少，疏生灰色细柔毛。基生叶线形或线状倒披针形，长 1.5～4.5 cm，宽 2～4 cm，上面灰绿色，被少量绢毛，下面密被绢毛，呈银灰色，先端钝，基部变狭，无柄；茎生叶稀疏，远离，下部者线形，果期多枯萎，上部者狭卵形，长 0.5～2.0 cm，宽 1.5～2.0 mm，疏生绢毛，无柄。花序顶生，果期伸长，疏生有梗之花及果实；苞片下部者叶状，狭卵形，较果实长，上部者线形，几与果梗等长。花萼 5 深裂，裂片线状长圆形，长约2 mm，果期稍增大，长达 3 mm，先端钝，两面被绢毛；花冠淡蓝色，长约 3 mm，筒部与花萼近等长，檐部直径约 3 mm，裂片长圆形，长 1.0～1.2 mm，喉部附属物明显，梯形，高约 0.5 mm。果实扁球形，长 4.0～4.5 mm，宽 6～7 mm；果梗长 2～4 mm，直立，顶端稍增粗；小坚果有宽翅，呈蝙蝠状，长 3.5～4.0 mm，宽达 7 mm，有皱褶，疏生颗粒状突起，背面卵形，边缘有 2 行锚状刺，内行刺每侧 5～7 个，长短不齐，长 0.5～1.5 mm，基部结合成宽翅，翅近革质，草黄色，宽 1.5～2.0 mm，通常平展，外行刺极短，长 0.2～0.8 mm；花柱极短，隐藏于小坚果之间。 花果期 6～9 月。

产新疆：乌恰。生于海拔 3 300 m 左右的沟谷山坡草地、河谷阶地砾石质草地、山地高山草原。

《新疆植物志》(4: 198. 2004) 中，本种拉丁名和文献引证有误。

5. 短梗鹤虱

Lappula tadshikorum M. Popov in Bot. Mater. Gerb. Bot. Inst. Kom. Akad. Nauk. URSS 14: 319. 1951; 中国植物志 64 (2): 199. 1989; Fl. China 16: 410. 1995; 新疆植物志 4: 192. 2004; 青藏高原维管植物及其生态地理分布 794. 2008.

二年生草本，高约 45 cm。茎自基部起分枝，分枝细而斜升，密被灰色开展或贴伏的糙毛。基生叶莲座状，叶片线形或披针形，长 2～3 cm，宽约 5 mm，先端钝，两面密被灰色长糙毛，无柄。花序果期伸长，长 7～15 cm；基部有 1 或 2 枚叶状苞片，其余苞片极小；花梗极短，果期略伸长，长 1～3 mm，直立，密生糙毛。花萼 5 裂至基部，裂片线形，长约1 mm，果期长达 2 mm，星状开展；花冠淡蓝色，钟形，长约 2.5 mm，筒部于花萼近等长，檐部直径 2～3 mm，裂片近圆形，喉部附属物梯形，淡黄色，高约

0.5 mm。果实球形，长2.5～3.0 mm；小坚果卵形，背面狭披针形，沿中脉龙骨状突起上有 3～4 枚短锚状刺，其余部分散生小疣状突起，边缘有 2 行锚状刺，内行刺长1.5～2.0 mm，基部略增宽，互相分离，外行刺极短，长仅 0.5 mm，腹面密生小疣状突起，着生面通常位于腹面下部；花柱略伸出小坚果，但不超过上方之刺。

产新疆：乌恰、塔什库尔干。生于海拔 2 300～3 520 m 的河谷阶地、沟谷山地草原、山前冲积扇草地。

分布于我国的新疆北部天山北坡。

我国特有种。

6. 草地鹤虱

Lappula pratensis C. J. Wang in Bull. Bot. Res. Harbin 1（4）：87. 1981；中国植物志 64（2）：200. 图版 39：10～12. 1989；Fl. China 16：411. 1995；新疆植物志 4：193. 2004；青藏高原维管植物及其生态地理分布 793. 2008.

二年生草本，高 10～35 cm。主根粗壮，垂直，深褐色。茎通常单生，中部以上有分枝，分枝直立，被灰色糙伏毛。基生叶莲座状，果期存留，有上一年的枯叶柄；叶片匙形或倒披针形，长 3～7 cm，宽 5～10 mm，先端钝圆，中部以下渐狭成叶柄，上面散生灰色糙毛，下面的毛较密且长，幼叶尤密，中脉在叶下面明显隆起；茎生叶甚稀少，线形。花序生小枝顶端，果期伸长，长可达 20 cm；苞片甚小，中上部者较花梗短，下部者较花梗稍长，仅基部的 1 或 2 枚苞片较大呈叶状；花梗下部者长 2～3 mm，上部者较短。花萼 5 深裂，裂片线形，长约 1.5 mm，果期略伸长，长约 3 mm；花冠淡蓝色，长约 4.5 mm，筒部较花萼稍长，檐部直径 4～5 mm，裂片长圆形，平展，长约 2.5 mm，喉部附属物梯形，高约 0.8 mm。果实宽卵形，长约 3 mm；小坚果卵状至狭卵状，长 2.5～3.0 mm，背部三角状卵形或狭卵形，散生颗粒状突起，沿中脉龙骨状突起有数枚短锚状刺，边缘有 2 行锚状刺，内行刺长1～2 mm，基部略增宽相互邻接，外行刺较短，长 0.3～0.7 mm，腹面密生小颗粒状突起；花柱伸出小坚果约 1 mm。花果期 7～8 月。

产新疆：阿克陶。生于海拔 2 300～2 800 m 的沟谷山地针叶林缘、河谷山地阳坡草地、河谷阶地、山坡草甸。

分布于我国的新疆（福海）。

我国特有种。

7. 小果鹤虱

Lappula microcarpa（Ledeb.）Gürke in Engl. et Prantl Nat. Pflanzenfam. 4（3a）：107. 1897；西藏植物志 4：75. 1985；中国植物志 64（2）：187. 图版 35：8～11. 1989；Fl. China 16：406. 1995；新疆植物志 4：192. 2004；青藏高原维管植物及其生态地理

分布 793. 2008 ——*Echinospermum microcarpum* Ledeb. Fl. Alt. 1：202. 1829.

一年生或二年生草本，高 20～45 cm。茎中部以上多分枝，被白色糙伏毛。基生叶莲座状，长圆形，长 3～4 cm，先端钝，基部渐狭，果期常枯萎；茎生叶线形，长 2～3 cm，宽 2～4 mm，常沿中脉纵向对折，两面被灰色具基盘的硬毛，边缘具开展缘毛。花序短，果期伸长；苞片小，线形；果梗直立，长约 2 mm。花萼 5 深裂，裂片线形，长约 3 mm，果期不增大；花冠淡蓝色，钟状，长约 5 mm，筒部比花萼稍长，檐部直径约 4. 5 mm，裂片卵圆形。小坚果卵形，长 2. 5～3. 0 mm，背面狭卵形，有颗粒状突起，沿中线龙骨状突起上有短的锚状刺，边缘具 1 行短锚状刺，刺细，长 0. 8～1. 0 mm，腹面具颗粒状突起，有时下部也具 2 行短刺，锚状刺异形或不同果实上异形；花柱细长，高出小坚果之上 0. 8～1. 5 mm。

产新疆：阿克陶。生于海拔 2 500 m 左右的山地草原、沟谷阳坡草地、河谷阶地草甸、河滩草甸裸地。

分布于我国的新疆、西藏；阿富汗，印度北部，尼泊尔，巴基斯坦，蒙古，俄罗斯，克什米尔地区，中亚地区各国，亚洲西部和西南部也有。

8. 狭果鹤虱

Lappula semiglabra (Ledeb.) Gürke in Engl. et Prantl Nat. Pflanzenfam. 4 (3a)：107. 1897；中国高等植物图鉴 3：569. 图 5092. 1974；中国植物志 64 (2)：190. 图版 35：1～4. 1989；Fl. China 16：407. 1995；青海植物志 3：121. 1996；新疆植物志 4：188. 图版 57：1～3. 2004；青藏高原维管植物及其生态地理分布 793. 2008. ——*Echinospermum semiglabrum* Ledeb. Fl. Alt. 1：204. 1829.

一年生草本。茎直立，高 15～30 cm，多分枝，有细糙毛。茎生叶近无柄，叶片狭长圆形或线状倒披针形，长 1. 2～3. 2 cm，宽 4～5 mm，下面有短糙毛。花序狭长；苞片披针形至狭卵形；花有短梗。花萼 5 深裂，长约 1. 2 mm，有长糙毛；花冠淡蓝色，比萼稍长，檐部 5 裂，喉部附属物 5；雄蕊 5 枚，内藏；子房 4 裂。小坚果 4，狭披针形，长约 3 mm，腹面有小疣状突起或平滑，背部中央有数短刺，边缘有 1 行锚状刺，刺长 4～5 mm，基部略宽，相互连接。 花果期 6～9 月。

产新疆：乌恰（吉根乡斯木哈纳，西植所新疆队 2136）、阿克陶（布伦口至喀什 30 km处，克里木 044）、叶城、塔什库尔干（卡拉其古，西植所新疆队 889）。生于昆仑山和帕米尔高原的低山冲积扇、戈壁、阳坡或田边草地。

西藏：日土（热帮区结沟，高生所西藏队 3554）。生于海拔 4 700 m 的高原河谷沟底。

分布于我国的新疆、青海、甘肃、西藏；印度北部，阿富汗，巴基斯坦，蒙古，中亚地区各国，亚洲西南部也有。

9. 卵果鹤虱

Lappula patula（Lehm.）Aschers. ex Gürke in Engl. et Prantl Nat. Pflanzenfam. 4（3a）：107. 1897；中国高等植物图鉴 3：569. 图 5092. 1974；中国植物志 64（2）：192. 图版 35：5～7. 1989；Fl. China 16：408. 1995；新疆植物志 4：190. 2004；青藏高原维管植物及其生态地理分布 793. 2008. ——*Echinospermum patulum* Lehm. Pl. Asperif. Nucif. 2：124. 1818.

一年生草本，高 20～35 cm。茎中部以上分枝，被灰白色细伏毛。基生叶莲座状，无柄，线形或匙形，长 2.5～3.0 cm，宽 2～4 mm，先端钝，全缘，两面被开展的灰白色糙毛，上面被毛较稀疏，毛基部具小型的基盘；茎生叶与基生叶相似，较小而狭，多为线形。花序在花期较短，果期强烈伸长，长可达 23 cm，常在一侧着生多数果实；苞片叶状，线形；花小型，无梗或具短梗；花梗直，被伏毛，花期长不及 1 mm，果期伸长至 2 mm。花萼 5 裂至基部，被开展的糙毛，裂片线形至狭披针形，花期长 1.5～2.0 mm，果期显著伸长至 5 mm，星状开展；花冠淡蓝色，钟状，长约 2.5 mm，檐部直径 1.5～2.0 mm。果实卵圆形，小坚果同型，卵形，长约 3 mm，侧面有小瘤突，背面狭披针形，无龙骨状突起，有小瘤突，边缘有 1 行锚状刺，刺长 1.5～2.5 mm，基部略增宽，互相远离，每侧通常有 4～5 枚刺；花柱短，长约 0.5 mm，略伸出小坚果。

产新疆：乌恰。生于昆仑山海拔 1 200 m 左右的低山阳坡、荒漠戈壁、河滩。

分布于我国的新疆；阿富汗，印度北部，巴基斯坦，俄罗斯，中亚地区各国，非洲北部，亚洲西南部也有。

10. 绢毛鹤虱

Lappula sericata M. Pop. in Not. Syst. Herb. Inst. Bot. Acad. Sci. URSS 14：320. 1951；中国植物志 64（2）：196. 1989；Fl. China 16：409. 1995；新疆植物志 4：193. 2004；青藏高原维管植物及其生态地理分布 793. 2008.

二年生或多年生草本，高 7～15 cm。茎通常 4～10 条丛生，斜升或铺散，上部有分枝，密被灰白色绢毛。基生叶多数，密集成莲座状，叶片狭细，线形或丝状，先端钝，基部变细，无叶柄；茎生叶似基生叶，长 0.5～1.5 cm。花序生小枝顶端，果期长 3～6 cm；苞片小，线形，通常与果梗等长；果梗粗壮，直立，长 1.5～2.0 mm。花萼 5 深裂，裂片线形，密被绢毛，果期长 2.0～2.5 mm，紧包裹果实；花冠蓝色，直径约 5 mm，筒部长约 2 mm，檐部 5 裂，裂片长圆形，长 1.5～2.0 mm；附属物梯形，高约 0.6 mm。果实卵球形，长约2.5 mm，小坚果卵形，长 2.0～2.5 mm，密被刺状小颗粒状突起，背面卵形，边缘有 2 行锚状刺，内行刺长 0.2～0.5 mm，直立或基部数枚略弯曲，外行刺极短，长仅 0.2 mm；花柱伸出小坚果之上 0.3～0.5 mm。

产新疆：喀什。生于海拔 3 200 m 左右的沟谷山地草原、河谷阶地草甸。

分布于我国的新疆；俄罗斯，中亚地区各国也有。

15. 齿缘草属 Eritrichium Schrad.

Schrad. in Comm. Gotting 4：186. 1820.

多年生或一年生草本。叶常茎生。聚伞花序顶生，常分枝而呈圆锥状或拟总状；具苞片或缺如；花梗弯曲或直立。花萼几裂至基部，裂片 5，有时果期增大而开展，直立；花冠蓝色，少白色，筒状钟形或钟状辐形，裂片 5，花期直立或开展，喉部附属物梯形，明显或为乳突状而不明显；雄蕊生于花冠筒近中部或中部以下，内藏，花丝短，花药卵圆形，2 室；花柱不高于小坚果，内藏；雌蕊基金字塔形。小坚果 4 枚，背腹二面体型或短的倒锥状，有时部分发育，同形或异形，棱缘具翅、齿或锚状刺，着生面位于腹面近中部附近，少位于近顶端。

约 90 种，主要分布于中亚地区各国至喜马拉雅地区，北美洲西部、欧洲和南美也有少数种。我国有 39 种，昆仑地区产 14 种。

分种检索表

1. 茎单一或少数，直立或外倾，远高出叶丛，基部枯叶较少，不丛生为密丛或垫状，通常高 15 cm 以上。
 2. 一年生草本。
  3. 叶线状长圆形或长圆状倒披针形；花梗长约 1 mm；小坚果近陀螺形 ………………………………………… **5. 无梗齿缘草 E. sessilifructum** Lian et J. Q. Wang
  3. 叶匙形或倒披针形；花梗长 2～5 mm；小坚果二面体型 ……………………………………… **10. 假鹤虱齿缘草 E. thymifolium**（DC.）Lian et J. Q. Wang
 2. 多年生草本。
  4. 基生叶较宽，宽 4 mm 以上。
   5. 小坚果陀螺状，较小，除棱缘的刺外长约 2 mm；锚状刺长约 1 mm ……………………………………… **11. 灰毛齿缘草 E. canum**（Benth.）Kitamura
   5. 小坚果背腹 2 面体型，略大，除棱缘的刺外长 2.5～3 mm；锚状刺长达 1.9 mm……………………… **4. 青海齿缘草 E. medicarpum** Lian et J. Q. Wang
  4. 基生叶较狭，宽不过 4 mm。
   6. 花冠蓝色或淡蓝色。
    7. 小坚果腹面无毛；棱缘的刺基部联合 ……………………………………… **12. 阿克陶齿缘草 E. longifolium** Decaisne
    7. 小坚果腹面有微毛；棱缘的刺基部离生 ………………………………

……………………………… **13. 新疆齿缘草 E. subjacquemontii** M. Popov

6. 花冠白色。

8. 叶片卵形，先端圆钝；小坚果着生面位于腹面中部以上 ………………… ……………………………… **3. 对叶齿缘草 E. pseudolatifolium** M. Popov

8. 叶片披针形至卵状披针形，先端渐尖、钝尖或急尖；小坚果着生面位于腹面中部以下。

9. 叶片上面毛被稀疏；锚状刺较短，长达 0.5 mm ……………………… ……………………………… **1. 帕米尔齿缘草 E. pamiricum** Fedtsch.

9. 叶片上面密被糙毛；锚状刺较长，长约 1 mm ……………………… ……………………………… **2. 宽叶齿缘草 E. latifolium** Kar. et Kir.

1. 茎多数密集丛生或成为垫状，纤细，不伸出叶丛或稍伸出叶丛，基部枯叶残柄密集重叠。

10. 小坚果棱缘的刺先端无锚状钩，刺基部联合成翅。

11. 小坚果除棱缘的刺外长约 2 mm；翅的边缘啮齿状，翅上无毛或生微毛…… ……………………………… **7. 矮齿缘草 E. humillimum** W. T. Wang

11. 小坚果除棱缘的刺外长 1.2～1.5 mm；翅先端尖锐呈刺状，翅和刺上有不整齐的刚毛 ……………………… **9. 半球齿缘草 E. hemisphaericum** W. T. Wang

10. 小坚果棱缘的刺先端有锚状钩，基部离生或微联合。

12. 花冠钟状筒形，较小，直径不超过 3 mm；花冠喉部附属物不明显或稍凸起；叶片两面均被伏毛 ………………… **8. 毛果齿缘草 E. lasiocarpum** W. T. Wang

12. 花冠钟状辐形，较大，直径约 5 mm；花冠喉部附属物横向长圆形或梯形，明显。

13. 叶片匙形，宽不过 4 mm；小坚果着生面位于中部以下 ………………… ……………………………… **14. 小果齿缘草 E. sinomicrocarpum** W. T. Wang

13. 叶片匙状披针形或倒卵状披针形，宽 4～8 mm；小坚果着生面位于中部以上……………………………… **6. 疏花齿缘草 E. laxum** Johnst.

1. 帕米尔齿缘草

Eritrichium pamiricum Fedtsch. in Acta Hort. Petrop. 21：385. 1903；中国植物志 64 (2)：122. 1989；Fl. China 16：382. 1995；新疆植物志 4：174. 2004；青藏高原维管植物及其生态地理分布 790. 2008.

多年生草本，高 15～30 cm。茎数条丛生，不分枝，有微毛，基部宿存有枯叶柄。基生叶披针形至椭圆状披针形，长 3.0～5.5 cm，宽 0.5～1.5 cm，先端尖或渐尖，两面被柔毛，叶柄长达 6 cm；茎生叶向上渐小，叶柄渐短至近无柄。花序顶生 2～4 个枝端，每分枝由4～10朵小花形成 1～2 回轮伞状聚伞花序；花梗长达 6 mm，被微毛，花期直立，果期伸长。花萼裂片卵状长圆形，花期直立，果期伸长至 1.5 mm，直立或平展，先端尖，被糙毛；花冠白色，钟状辐形，筒部长约1 mm，檐部直径约6 mm，裂片卵圆形，长约2 mm，附属物半月形，顶端2圆裂，有乳突；花药长约0.5 mm；花柱长约1 mm，雌蕊基高约1 mm。小坚果背腹二面体型，除棱缘的刺外，长2～3 mm，宽1.0～1.5 mm，背面卵状三角形，平或微凸，密被糙毛，腹面具龙骨状突起，有疣突和微糙毛，着生面位于腹面中部以下，锚状刺三角形或披针形，长达0.5 mm，基部分离或稍联合。 花果期6～8月。

产新疆：塔什库尔干、和田。生于海拔3 000～3 200 m左右的山地草原。

分布于我国的新疆；中亚地区各国，俄罗斯也有。

2. 宽叶齿缘草

Eritrichium latifolium Kar. et Kir. in Bull. Soc. Nat. Mosc. 15：403.1842；中国植物志 64（2）：123.1989；Fl. China 16：382.1995；新疆植物志 4：175.2004；青藏高原维管植物及其生态地理分布 789.2008.

多年生草本，高15～30 cm。茎数条丛生，不分枝，被柔毛，基部宿存有枯叶柄。基生叶叶片披针形至椭圆状披针形，长3.0～5.5 cm，宽0.5～1.5 cm，先端钝圆，基部渐狭，两面密生开展柔毛，叶柄长达6 cm；茎生叶披针形，渐小，基部宽楔形至楔形。花序2或3个生于茎顶；花梗长达6 mm，被微毛，最下部小花的花梗长可达3 cm。花萼裂片卵状长圆形至卵状披针形，长约1 mm，果期稍增大，外面密被伏毛，内面近无毛；花冠白色，钟状辐形，筒部长约1 mm，檐部直径约6 mm，裂片倒卵形，附属物近半圆形，肥厚，明显伸出喉部，有乳突；花药长约0.5 mm；雌蕊基高约1 mm。小坚果背腹二面体型，除棱缘的刺外，长2.5～3.0 mm，宽1.5～2.0 mm，背面卵形至宽卵形，微凸，被糙毛，腹面被微毛，着生面卵形，位于腹面中部，锚状刺三角状披针形，长约1 mm，基部分离或联合。 花果期6～8月。

产新疆：和田。生于海拔2 000～3 200 m的沟谷山坡草地、河滩灌丛下。

分布于我国的新疆；哈萨克斯坦也有。

3. 对叶齿缘草

Eritrichium pseudolatifolium M. Popov Fl. URSS 19：400，708. pl. 19：1.1953；中国植物志 64（2）：123.1989；Fl. China 16：383.1995；新疆植物志 4：175. 图版 55：1.2004；青藏高原维管植物及其生态地理分布 790.2008.

多年生草本，高10～25 cm。茎数条丛生，被短柔毛，上部常二叉状分枝，基部密被枯叶残基。基生叶叶柄长达9 cm，果期多枯萎，叶片卵形至椭圆形，长1.0～2.5 cm，宽约1 cm，先端钝圆，基部近圆形，下面被短伏毛，上面近无毛或极稀疏，毛基有或无基盘；茎生叶形同基生叶，互生或假对生，渐小至苞叶状，叶片长1.0～1.5 cm，宽约0.5 cm，被微毛，叶柄渐至近无柄。花腋生或腋外生；花梗长约

0.5 mm，被微毛，果期略伸长；花萼裂片线状长圆形至卵状长圆形，花期直立，果期平展，长约 1.5 mm，外面被伏毛，内面毛少或近无毛；花冠白色，钟状辐形，筒部长约 2 mm，檐部直径 6～8 mm，裂片倒宽卵形至近圆形，附属物梯形，内有 1 乳突，明显伸出喉部；雌蕊基高约 0.5 mm，花柱长约 0.5 mm。小坚果背腹二面体型，除棱缘的刺外，长约 1.5 mm，宽约 1 mm，先端渐尖，基部圆钝，背面微凸，卵形至狭卵形，被短毛，腹面被微毛，着生面卵形，位于腹面中部以上，果实脱落后形成小圆孔状，棱缘的锚状刺锐三角形或披针形，基部离生。 花果期 5～8 月。

产新疆：叶城、于田、和田、策勒。生于海拔 3 000～3 600 m 的沟谷山坡草地、河边草地、山地石缝中。

分布于我国的新疆；中亚地区各国，俄罗斯也有。

4. 青海齿缘草

Eritrichium medicarpum Lian et J. Q. Wang in Bull. Bot. Lab. North-East. Forest. Inst. 9：41. Pl. 2：2. 1980；中国植物志 64（2）：129. 图版 21：1～4. 1989；Fl. China 16：385. 1995；青海植物志 3：139. 1996；青藏高原维管植物及其生态地理分布 789. 2008.

多年生草本，高 15～35 cm。茎直立或斜升，自根顶端起分枝，被短伏毛。下部叶具短柄，叶片线状狭披针形或线状长圆形，长 0.8～2.6 cm，宽不过 6 mm，基部渐狭至狭楔形，顶端圆钝至渐尖，两面被短伏毛。花序多有分枝，花期时紧密，果期时伸长而小花疏松，小花生于苞片腋内或腋外；苞片除花序下部 1～2 枚叶状外，其余均很小，长不过4 mm。花萼裂片线形或狭披针形，长 1.5～2.0 mm，外面及边缘被毛；花冠蓝色或蓝紫色，钟状辐形，筒部长约 1.2 mm，檐部直径 5.0～6.5 mm，附属物梯形，被微毛，高约0.5 mm。小坚果卵形，背面微凸，三角状卵形，被短毛，棱缘刺狭长圆形至狭三角形，长 0.5～1.5 mm，基部分离或微联合，着生面位于腹面近中部。 花果期 7～9 月。

产青海：都兰（香日德，采集人和采集号不详）、玛沁（大武乡江让水电站，H. B. G. 634）。生于海拔 3 200～3 900 m 的山坡草地、灌丛、沙丘、阳坡。模式标本采自青海都兰县香日德。

5. 无梗齿缘草

Eritrichium sessilifructum Lian et J. Q. Wang in Bull. Bot. Lab. North-East. Forest. Inst. 9：42. Pl. 2：3. 1980；中国植物志 64（2）：129. 图版 22：5～7. 1989；Fl. China 16：385. 1995；新疆植物志 4：178. 2004；青藏高原维管植物及其生态地理分布 790. 2008.

一年生草本，高 15～25 cm。茎细弱，斜升，被短伏毛。叶片长圆形至线状倒披针形，长 0.5～2.5 cm，宽不过 3 mm，两面被伏毛，先端钝尖，基部渐狭，下部叶叶柄长达0.5 cm，向上渐至无柄而呈苞叶状。花单生叶腋或腋外生；花梗长约 1 mm，被伏毛。花萼裂片披针形，与花冠筒部等长或稍长，花期直立，长约 0.8 mm，果期略伸长至 1 mm，平展；花冠钟状筒形，长约 1 mm，裂片近圆形，直径约 0.5 mm，附属物近梯形，不明显。小坚果近陀螺形，背面三角状卵形，长约 1.5 mm，宽约 1 mm，被微毛，着生面狭卵形，位于腹面中部，棱缘的锚状刺开展，长约 1 mm，基部离生。 花果期 5～7 月。

产新疆：和田。生于海拔 2 000 m 左右的沟谷山坡草地、河边石旁。新疆特产。

6. 疏花齿缘草

Eritrichium laxum Johnst. in Journ. Arn. Arb. 33：66. 1952；西藏植物志 4：56. 1985；中国植物志 64（2）：133. 1989；Fl. China 16：386. 1995；青海植物志 3：141. 1996；青藏高原维管植物及其生态地理分布 789. 2008.

多年生草本，垫状，高 2～5 cm。茎低矮，不抽出叶丛，基部密被枯叶鞘，多少被糙伏毛。叶密集，基生叶有长达 2.5 cm 的柄，柄基部鞘状，叶片匙形或倒卵状长圆形，长 6～20 mm，宽 5～8 mm，基部渐狭成翅，顶端圆钝，两面被糙伏毛，背面有时稍疏。花 2～5 朵生于茎顶端；花梗长 3～25 mm，被疏毛；花萼裂片狭披针形，长 2 mm，背面被毛，内面近无毛；花冠白色或淡蓝色，钟状辐形，筒部长 1.2～1.5 mm，檐部直径 3.5～5.0 mm，附属物梯形或半圆形，突出喉部。小坚果背腹压扁，除棱缘的刺外，长约 1.7 mm，宽约 1 mm，背面平或微凸为卵状三角形，疏生微毛，着生面位于腹面近端处，棱缘锚状刺长 0.2～0.6 mm，基部离生。 花期 7～8 月。

产西藏：班戈（采集地不详，青藏队藏北分队郎楷永 9452）。生于海拔 4 200 m 左右的沟谷山坡草地。

青海：称多（采集地不详，刘尚武 2489）。生于海拔 4 700～5 100 m 的高山流石滩石缝下潮湿处、湖边裸石缝中及山顶草甸。

分布于我国的西藏、青海和云南西北部。模式标本采自西藏林芝县布久乡则拉岗村。

7. 矮齿缘草 图版 29：1～7

Eritrichium humillimum W. T. Wang in Bull. Bot. Lab. North-East. Forest. Inst. 9：44. Pl. 3：1. 1980；中国植物志 64（2）：134. 图版 24：1～3. 1989；Fl. China 16：387. 1995；青海植物志 3：142. 1996；青藏高原维管植物及其生态地理分布 789. 2008.

多年生低矮草本，高 2～10 cm。茎密集成半球形或多数簇生，基部密被枯叶鞘，疏被糙伏毛。基生叶具长达 2.5 cm 的柄，柄基部鞘状，叶片匙形或倒披针状线形，长达15 mm，宽达 4 mm；茎生叶 1～3 枚，叶柄渐短至无柄，叶片倒卵状长圆形，上面疏生伏毛，下面近无毛。花序有花 2～10 朵，从叶丛中抽出；花梗纤细，长 3～6 mm，果期伸长至2 cm。花萼裂片线形或狭披针形，长约 1.5 mm，果期稍增大，外面被毛，内面近无毛；花冠淡紫色或白色，钟状辐形，筒部长 1.2～1.5 mm，檐部直径 3.5～5 mm，附属物近圆形或近半圆形。小坚果卵形，背腹压扁，长 1.5～2.0 mm，背面微凸或平，多少被微毛，腹面有龙骨状突起，无毛，棱缘具膜质翅，边缘啮蚀状或平滑，多少被微毛。　花果期 7～8 月。

产青海：称多（扎朵乡，苟新京 85-125）、都兰（香日德，采集人和采集号不详）。生于海拔 3 600～4 900 m 的高山流石滩及其草甸、山地陡壁石缝中及河边灌丛。

分布于我国的甘肃、青海。模式标本采自青海治多莫云滩。

8. 毛果齿缘草

Eritrichium lasiocarpum W. T. Wang in Acta Phytotax. Sin. 18：517. 1980；西藏植物志 4：59. 图 28：1～6. 1985；中国植物志 64（2）：137. 图版 25：1～6. 1989；Fl. China 16：387. 1995；青藏高原维管植物及其生态地理分布 789. 2008.

多年生细弱草本，高 5～15 cm。茎细弱直立，斜升或背倚，被伏毛。基生叶倒披针形，长 0.5～1.5 cm，宽不过 5 mm，先端钝尖，基部渐狭，两面被伏毛，叶柄长达 2.5 cm；茎生叶向上渐小呈苞片状，至无柄。花序总状，长至 4 cm，有花 3～10 朵，花小，生于苞腋外；苞片与叶同形，向上变小至缺如；花梗细弱，被伏毛。花萼裂片披针形至狭长圆形，长 1.0～1.5 mm，外面被伏毛，内面无毛或稀疏；花冠淡蓝色，钟状筒形，筒部长约 1 mm，裂片圆形或近圆形，长 0.5～1.5 mm，附属物近倒卵形，2 裂为乳突状；雄蕊着生于花冠筒中部以下。小坚果背腹压扁，除棱缘的锚状刺外长约 1 mm 或略长，宽约 1 mm，背面三角状卵形，微凸，密生糙毛，腹面疏生短毛，着生面位于腹面中部以下，锚状刺长约 0.5 mm，下部呈三角形，基部离生或稍联合成窄翅。　花果期 6～8 月。

产西藏：尼玛（双湖，西藏队 10404）。生于海拔 4 600～4 900 m 的沟谷山坡石缝或砾石下。

分布于我国的西藏。模式标本采自西藏尼玛双湖。

9. 半球齿缘草

Eritrichium hemisphaericum W. T. Wang in Acta Phytotax. Sin. 18（4）：519. 1980；西藏植物志 4：59. 图 26：1～9. 1985；中国植物志 64（2）：139. 图版 26：1～9. 1989；Fl. China 16：391. 1995；青海植物志 3：142. 1996；青藏高原维管植物及其生态地理分布 788. 2008.

多年生草本。茎叶密集成半球形，高 1～3 cm。叶匙形或倒卵披针状长圆形，基部渐狭成柄，顶端圆钝，上面密被白色柔毛，下面仅先端处疏生短毛，边缘生睫毛。花1～2朵生茎顶；花梗较粗，生微毛，果期长1.0～1.5 mm。花萼裂片卵形或宽卵形，外面密被白毛，内面无毛；花冠蓝色，钟状筒形，长约2 mm，筒部较长，常为裂片的2倍长，附属物不明显或呈乳头状。小坚果背腹二面体型，除棱缘翅外，长1.2～1.5 mm，背面卵形，中脉明显，密生微毛，腹面具龙骨状突起，无毛，着生面位于腹面中部，棱缘刺基部形成宽翅，翅和棱缘的边缘有不整齐的刚毛，常有异形小坚果。花果期7～8月。

产西藏：尼玛（双湖无人区北巴木求宗，青藏队藏北分队郎楷永9946）、日土（多玛区种藏莫特，青藏队76－9 037）。生于海拔4 600～5 300 m的沟谷山地洪积扇滩地、老火山岩石堆石缝中。

分布于我国的青海、西藏。模式标本采自西藏日土。

10. 假鹤虱齿缘草

Eritrichium thymifolium（DC.）Lian et J. Q. Wang in Bull. Bot. Lab. North-East. Forest. Inst. 9：46. 1980；西藏植物志 4：61. 1985；中国植物志 64（2）：142. 1989；Fl. China 16：387. 1995；新疆植物志 4：179. 2004；青藏高原维管植物及其生态地理分布 791. 2008. ——*Echinospermum thymifolium* DC. Prodr. 10：136. 1846.

一年生草本，高10～35 cm。茎多分枝，被伏毛。基生叶匙形或倒披针形，长1～3 cm，宽3～4 mm，后期常枯萎；茎生叶线形，长1～3 cm，宽2～3 mm，先端钝圆，基部楔形，两面被伏毛，具短柄或无柄。花序生茎或分枝顶端，总状，有花数至10余朵，常生腋外；花梗长2～5 mm，被微毛，花期直立或斜升，果期多弯垂。花萼裂片线状披针形或披针状长圆形，长约2 mm，外面被伏毛，内面无毛或疏生伏毛，花期直立，果期平展或反折；花冠蓝色或淡紫色，钟状筒形，筒部长约1.3 mm，裂片长圆形，长约0.7 mm，附属物小，乳突状；花药卵状三角形，长约0.3 mm。小坚果二面体型，无毛或被微毛，除棱缘的刺外长约1.5 mm，宽约1 mm，背面微凸，腹面有龙骨状突起，着生面卵形，位于腹面中部以下，棱缘的刺长约1 mm，下部三角形，分离或联合成翅。花果期6～8月。

产新疆：和田、塔什库尔干（慕士塔格，青藏队870292）。生于海拔1 800 m左右的沟谷山地阳坡草地、砾石山坡草地、台地。

西藏：日土（热帮区结沟，高生所西藏队3554）。生于海拔4 700 m左右的沟底。

分布于我国的甘肃、黑龙江、内蒙古、宁夏、新疆；印度北部，哈萨克斯坦，蒙古，俄罗斯，日本也有。

11. 灰毛齿缘草

Eritrichium canum（Benth.）Kitamura in Acta Phytotax. Geobot. 19：103. 1963；

西藏植物志 4：55. 1985；中国植物志 64 (2)：146. 1989；Fl. China 16：388. 1995；新疆植物志 4：180. 2004；青藏高原维管植物及其生态地理分布 788. 2008. ——*Echinospermum canum* Benth. in Royle Ill. Bot. Himal. Mts. 1：306. 1836.

多年生草本，高 15～40 cm。茎直立或外倾，基部常木质化，不分枝或仅上部分枝，密生白色绢毛。基生叶狭披针形，长可达 8 cm，宽约 6 mm，先端急尖至渐尖，基部宽楔形，两面密被白色绢毛，叶柄长达 5 cm，被毛；茎生叶披针形至卵状披针形，渐小，花序下 1 至数枚常呈卵圆形，无柄。花序 2 或 3 个孪生或叉生，小花多数，花期呈伞房状，花后延伸呈总状，长可达 15 cm；苞片线形；花梗果期长 1.0～1.5 cm，直立，被短毛。花萼裂片卵圆形，长 1～2 mm，先端圆钝，两面被伏毛；花冠淡蓝色，钟状辐形，喉部黄色或橙色，筒部较短，裂片近圆形，长约 3 mm，附属物梯形或矮梯形。小坚果陀螺状，除棱缘的刺外，长约2 mm，宽约 1.5 mm，背面平或微凹，被微毛，极少无毛，腹面无毛或被短毛，或有疣突，着生面位于基部，棱缘的刺长约 1 mm，基部联合。 花果期 6～7 月。

产新疆：塔什库尔干、叶城。生于海拔 2 700～5 600 m 的砾石山坡草地或河滩沙地。

分布于我国的新疆、西藏；尼泊尔，印度北部，克什米尔地区，阿富汗，巴基斯坦也有。

12. 阿克陶齿缘草

Eritrichium longifolium Decaisne in Jacq. Voy. Inde 124. 1844；Fl. China 16：383. 1995. ——*Eritrichium aktoense* Lian et J. Q. Wang in Bull. Bot. Lab. North-East. Forest. Inst. 9：43. pl. 2：4. 1980；中国植物志 64 (2)：131. 图版 22：1～4. 1989；新疆植物志 4：178. 2004；青藏高原维管植物及其生态地理分布 788. 2008.

多年生草本，高 5～15 cm。茎直立或斜升，被白色伏毛。叶倒披针形或线状长圆形，长 1.0～1.5 cm，宽 2～3 mm，先端钝圆，基部渐狭，两面被伏毛；基生叶具柄，茎生叶无柄或近无柄。花序生枝端，数至 10 数朵花，果期延伸成总状，长可达 10 cm；具叶状苞片；花梗被伏毛，花期长 3～5 mm，果期可达 1 cm，斜升或弯曲。花萼裂片倒披针形，长 1.5～2.5 mm，两面被伏毛；花冠淡蓝色，钟状辐形，筒部长约 1.5 mm，檐部直径约 6 mm，裂片倒卵形，长约 2.5 mm，附属物乳突状，直径约 0.5 mm；花药椭圆形，长约 0.5 mm。小坚果背腹二面体型，除棱缘的刺外，长约 2.5 mm，宽约 1.5 mm，背面卵形，凸起，密生短毛，腹面具龙骨状突起，无毛或疏生微毛，着生面位于腹面中部，宽卵形或卵形，长约 0.5 mm，中间有 1 小圆孔（维管束痕），棱缘的锚状刺卵状三角形，长约 0.3 mm，基部联合形成翅。

产新疆：皮山（采集地不详，武素功等 4770）、阿克陶、塔什库尔干。生于帕米尔高原海拔 3 500～4 000 m的砾石山坡草地。

分布于我国的新疆。模式标本采自新疆阿克陶。

13. 新疆齿缘草

Eritrichium subjacquemontii M. Popov in Kom. Fl. URSS 19：709. 497. 1953；中国植物志 64（2）：131. 1989；Fl. China 16：384. 1995；新疆植物志 4：179. 2004；青藏高原维管植物及其生态地理分布 791. 2008.

多年生草本。茎细弱，平卧至斜升，长 5～15 cm，数条丛生。基生叶线状匙形，含叶柄长 1.5～3.0 cm，宽 2～3 mm，先端钝，基部渐狭成柄，两面密生短绢伏毛，具长柄；茎生叶线状长圆形，长 1.0～1.5 cm，宽 1～4 mm，先端钝，基部变狭，有短柄至无柄。花序顶生，短，小花稀疏；花梗纤细，被微毛，果期下部者长 1.0～1.5 cm，弯垂；花萼裂片长圆状线形，长 1～2 mm，先端急尖，被绢伏毛；花冠淡蓝色，小，筒部与花萼近等长，长约 1 mm，檐部直径 4～5 mm，裂片倒卵圆形，附属物卵形或近梯形，有乳突，高 0.3～0.5 mm；雄蕊生于花冠筒中部，花药卵圆形或卵状三角形。小坚果常仅 1 或 2 枚发育，背腹二面体型，生微毛，长 2.0～2.5 mm，宽约 1 mm，背面呈卵状三角形，平或微凸，腹面生微毛，着生面位于腹面近中部，突出呈柄状，上方有细的龙骨状突起，棱缘的刺每侧有 3～8 枚，直立，基部远离。 花果期 6～7 月。

产新疆：塔什库尔干（麻扎，采集人不详 3219，高生所西藏队 3214）、阿克陶。生于海拔 3 000～3 800 m 的砾石山坡草地、河谷阶地砾石草地。

分布于我国的新疆；中亚地区也有。

14. 小果齿缘草 图版 29：8～15

Eritrichium sinomicrocarpum W. T. Wang Fl. Reipubl. Popul. Sin. 64（2）：133. t. 26：10～17. 1989；Fl. China 16：384. 1995；新疆植物志 4：179. 2004.——*E. microcarpum* W. T. Wang non DC. （1846）；W. T. Wang in Acta Phytotax. Sin. 18（4）：517. pl. 6：4. 1980；西藏植物志 4：55. 图 26：10～17. 1985；青藏高原维管植物及其生态地理分布 789. 2008.

多年生垫状草本，高 3～5 cm。茎丛生，基部起多分枝，密被深褐色枯叶残基。叶匙形，长 1～2 cm，宽 2～4 mm，先端钝或急尖，基部渐狭成柄，两面密被白色柔毛，边缘有缘毛。花序总状，顶生，长 1.0～1.5 cm，有花 3～5 朵；花梗纤细，长 2～6 mm，直立或叉开。花萼裂片披针形、卵状披针形至线形，长 1.5～2.0 mm，外面被柔毛，内面中部以上被短柔毛，花期直立；花冠淡蓝色，钟状辐形，筒部长 1.5～1.8 mm，檐部直径约 5 mm，裂片卵形或近圆形，长 2.0～2.5 mm，附属物新月形，下方有 1 小乳突；花药卵形至椭圆形，长约 0.5 mm；花柱长约 0.6 mm，低于小坚果。小坚果背腹二面体型，被微毛，除棱缘的刺外，长 1.5～1.7 mm，宽约 1 mm，背面微凸，腹面隆起，着生面位于腹面中部以下，棱缘的刺较稀疏，基部离生或近离生。 花果期

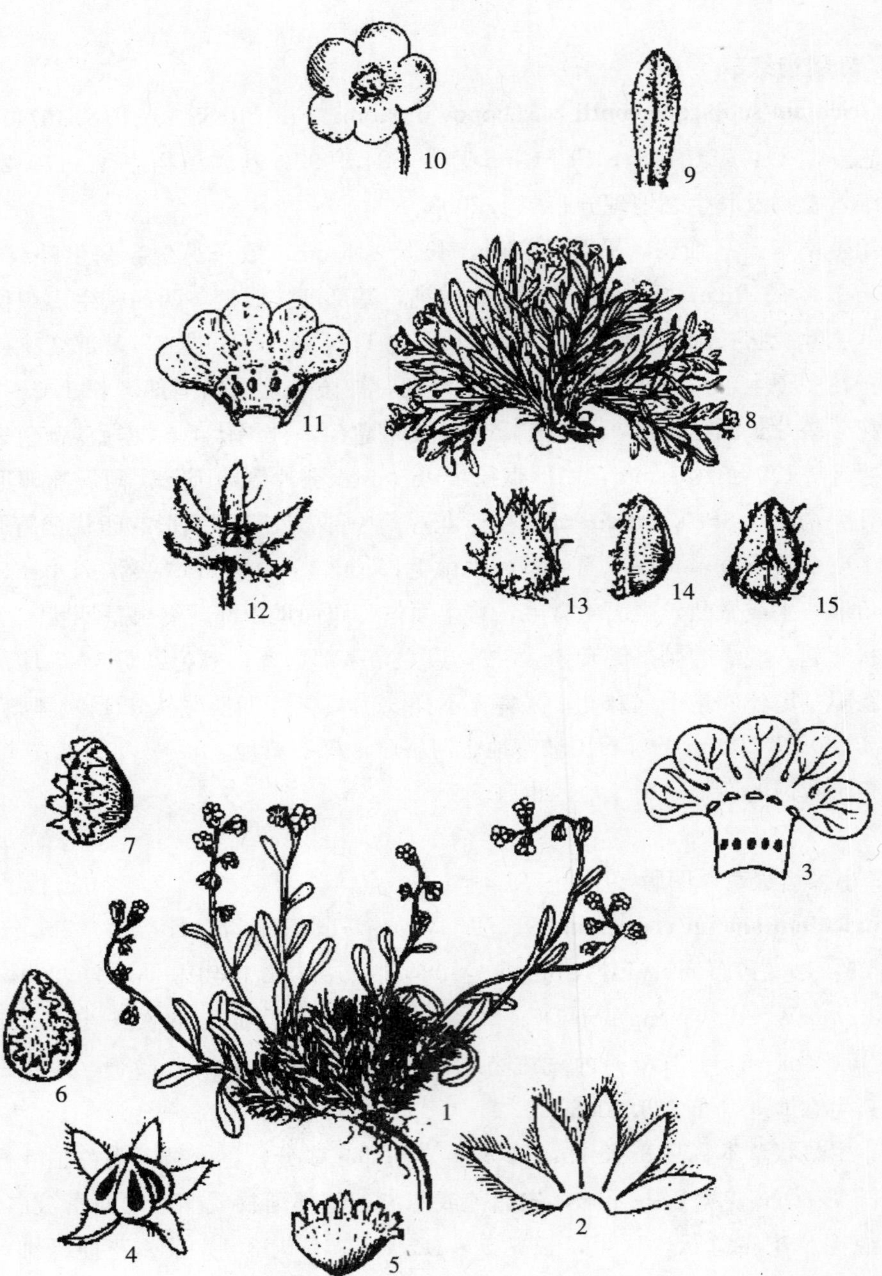

图版 **29** 矮齿缘草 **Eritrichium humillimum** W. T. Wang 1. 植株；2. 花萼展开；3. 花冠展开；4. 花萼及小坚果；5～7. 小坚果（示背、腹、侧三面）。小果齿缘草 **E. sinomicrocarpum** W. T. Wang 8. 植株；9. 叶片（前部示上面，后部示下面）；10. 花冠；11. 花冠纵剖；12. 萼及雌蕊；13. 小坚果背面观；14. 小坚果侧面观；15. 小坚果腹面观。（1～7. 阎翠兰绘；8～15. 引自《西藏植物志》，夏泉绘）

7～8 月。

产新疆：乌恰。生于天山南麓海拔 4 500～5 200 m 的高山垫状植被带、山地高寒草原、高山流石坡。

分布于我国的新疆、西藏。模式标本采自西藏浪卡子。

六十三　马鞭草科 VERBENACEAE

灌木。单叶对生或轮生，无托叶。聚伞花序顶生或腋生，常组成复花序或圆锥花序；具各种苞片，含花宿存，具 4～5 齿；花冠管圆柱状，裂片 5，呈二唇形，有时不等长；雄蕊 4 枚，2 强，着生在冠筒上；雌蕊由 2 心皮组成，子房上位，2～4 室，每室含 1～2 胚珠，花柱顶生，柱头 2 裂或不裂。果实为核果或蒴果。种子的胚直立，无胚乳。

本科约 80 属，3 000 余种，主要分布热带和亚热带地区。我国产 21 属 175 种 31 变种 10 变型，昆仑地区产 1 属 3 种。

1. 莸属 **Caryopteris** Bunge

Bunge Fl. Mongh Chin 27. 1835

小灌木，多分枝。单叶对生，全缘或具齿，稀近浅裂。聚伞花序顶生或腋生，花多数，密集，花两性，两侧对称；花萼 5 裂，宿存，裂片三角形或披针形；花冠二唇形，冠筒筒状，较短，檐部 5 裂，裂片开展，下唇的中裂片较大，其顶端具长流苏状裂或齿；雄蕊 4 枚，2 强，花丝丝状，着生于花冠筒上；子房 4 室，柱头 2 裂。蒴果小，球形，分裂为 4 果瓣，瓣缘如翅，腹面微凹，抱着种子。种子长圆形，直立。

约 15 种。我国产 13 种，昆仑地区产 3 种。

分种检索表

1. 植株被长柔毛并浑有腺毛；花冠最大的 1 枚裂片先端有长的流苏状裂，花多数密集，花序梗和花梗短 ………………………………… **3. 毛球莸 C. trichosphaera** W. W. Smith
   2. 叶片全缘 ………………………………………………… **1. 蒙古莸 C. mongholica** Bunge
   2. 叶片边缘有齿或裂 ………………………………… **2. 唐古特莸 C. tangutica** Maxim.
1. 植株被短毛；花冠最大的 1 枚裂片先端有深齿状至短流苏状裂。

1. 蒙古莸　图版 30：1～3

Caryopteris mongholica Bunge Pl. Mongh. China 28. 1835；中国植物志 65（1）：196. 图 10. 1982；青海植物志 3：143. 图版 34：5～7. 1996；青藏高原维管植物及其生态地理分布 802. 2008.

小灌木，高 20～70 cm。植株由基部分枝，有时有较稀少的不育枝，基部黄褐色，幼枝带紫褐色，幼时被短毛，后脱落。单叶对生，狭长圆状披针形或线状披针形，长 2～4 mm，宽 3～5 mm，全缘，基部楔形，叶上面绿色，下面灰白色，密被短毛，叶具短柄。聚伞花序顶生或腋生，多花密集；花梗短，被短毛；花萼筒状，长约 4 mm，5 中裂，裂片条形或条状披针形，先端圆钝，外面被短毛；花冠蓝紫色，筒状，长约 8 mm，外被短毛，檐部 5 裂，其中下面的 1 裂片较大，先端具齿状至短流苏状裂，其余 4 裂片较小，全缘；雄蕊着生于花冠近喉部，与花柱均伸出花冠外。果球形，长约 4 mm，无毛。　花果期 7～8 月。

产青海：兴海（河卡乡羊曲，吴玉虎 20470、20490、20512、20533；河卡乡黄河沿，张盍曾 63549；唐乃亥乡，吴玉虎 42051、42065、42082、42106、42123、42156、42169、42171；曲什安乡大米滩，吴玉虎 41839、41816）。生于海拔 3 000 m 左右的河谷干山坡、河岸崖壁。

分布于我国的青海、甘肃、陕西、山西、内蒙古等省区；蒙古也有。

2. 唐古特莸　图版 30：4～7

Caryopteris tangutica Maxim. in Bull. Acad. Sci. St.-Pétersb. 27：527. 1881；中国植物志 65（1）：200. 1982；青海植物志 3：145. 图版 34：1～4. 1996；青藏高原维管植物及其生态地理分布 802. 2008.

小灌木，高 20～30 cm。植株基部分枝，老枝褐色或土褐色。幼枝带紫褐色，全株被短毛。叶条形或长圆状披针形，长约 2.5 cm，宽约 0.5 cm，中下部叶小，先端急尖，边缘具齿，基部渐狭成楔形，上面绿色，被稀疏短毛，下面灰白色，密被短毛；叶柄不明显（因渐窄的叶基）。聚伞花序顶生或腋生，有花序梗，位于下部的长 1.5 cm，向上渐短，被短毛；花梗明显，长约 4 mm，被短毛；花萼钟状或管状，长 3～4 mm，5 中裂，裂片披针形，顶端钝，被短毛；花冠蓝紫色，筒状，长约 7 mm，外部被短毛，檐部 5 裂，其中 1 裂片较大，先端有疏流苏状小裂片，其余裂片全缘；雄蕊着生于花冠喉部略下处，与花柱均远伸出花冠外。蒴果球形，光滑。　花果期 8～9 月。

产青海：兴海（河卡乡羊曲，吴玉虎 20512B）。生于 3 000 m 左右的河岸砾石山坡、河谷干山坡崖壁。

分布于我国的青海、甘肃、陕西、四川、河北、河南、湖北。

3. 毛球莸

Caryopteris trichosphaera W. W. Smith in Not. Bot. Gard. Edinb. 10：18. 1917；中国植物志 65（1）：201. 1982；西藏植物志 4：98. 1985；青海植物志 3：145. 1996；青藏高原维管植物及其生态地理分布 802. 2008.

小灌木，高 30～50 cm。植株多由基部分枝，分枝多，老枝土褐色，新枝近紫褐

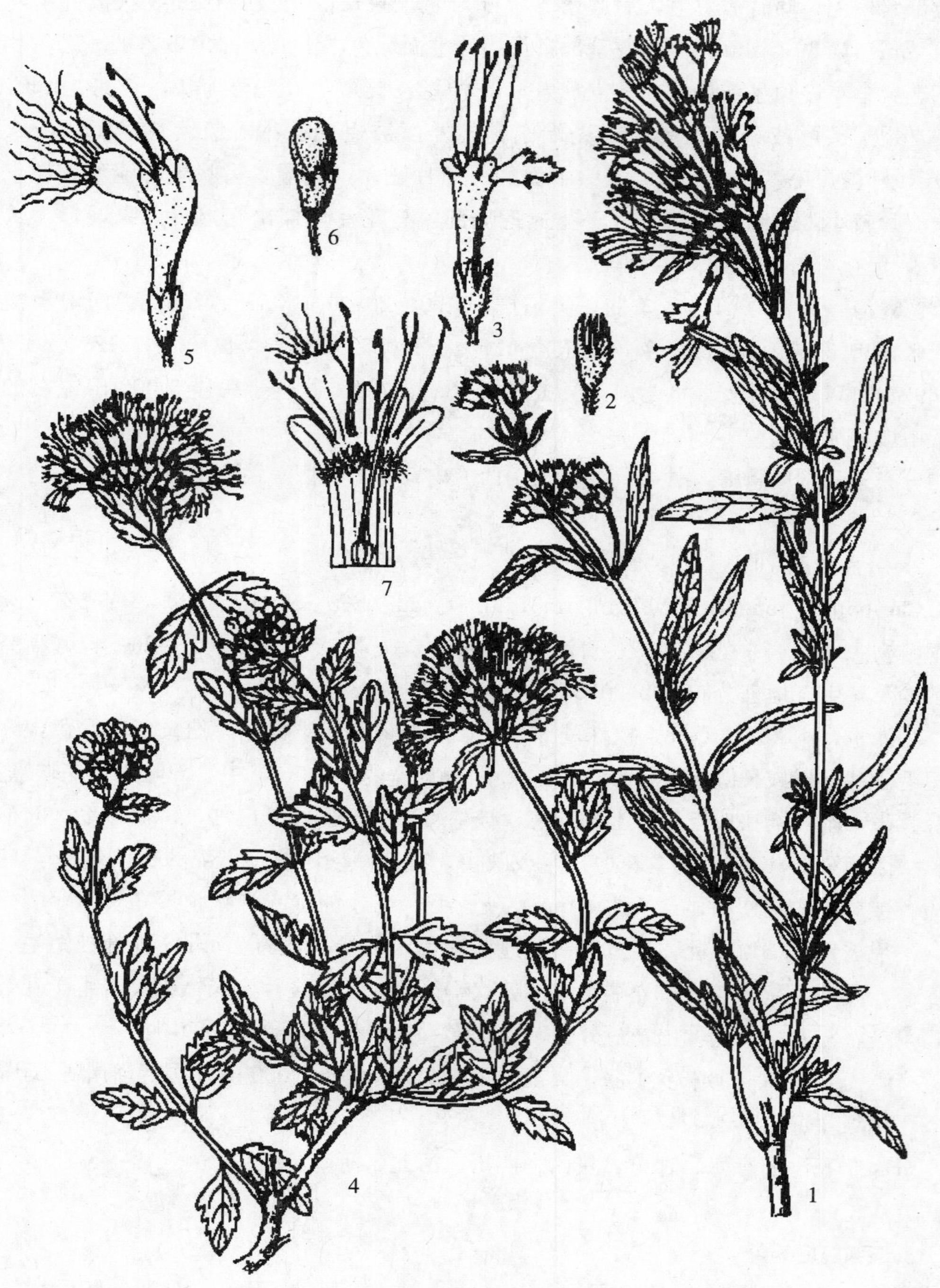

图版 **30** 蒙古莸**Caryopteris mongholica** Bunge 1. 花枝；2. 花萼；3. 花冠纵剖。唐古特莸**C. tangutica** Maxim. 4. 花枝；5. 花；6. 花蕾；7. 花冠纵剖。(阎翠兰绘)

色，密被白色长柔毛，并混有短柄腺毛。叶卵状长圆形或卵形，长 1～4 cm，宽 1～2 cm，先端钝，边缘具圆齿，基部圆形或近截形，上面近绿色，疏生短毛，下面密被白色柔毛，并混有具柄腺毛；叶柄短，被柔毛。聚伞花序顶生或腋生，常多轮，花多数，密集；花序梗与分枝的毛被同；花梗短，长 1～3 mm，毛被与花序梗同；花萼钟状，长约 4 mm，5 裂，裂至花萼近中部，裂片长圆形，外部密被长柔毛和腺毛，果期略膨大；花冠二唇形，蓝紫色，筒状长约 7 mm，檐部开展，5 裂，下唇的中裂片较大，先端流苏状条裂，其余裂片小，全缘，外面密被长柔毛；雄蕊着生于近喉部，花丝丝状，远超出花冠外；子房近球形，长约 1 mm，无毛，花柱丝状，伸出花冠外，柱头 2 裂。蒴果无毛，果瓣边缘有狭翅。 花果期 7～9 月。

产青海：曲麻莱（通天河岸，采集人和采集号不详）、称多（歇武乡，刘尚武 2513；温泉边，苟新京等 83-434）、巴颜喀拉山。生于海拔 3 500～4 000 m的沟谷山地砾石坡、山坡石砾地、河谷阶地灌丛中。

分布于我国的青海、西藏、云南、四川。

六十四　唇形科 LABIATAE

一年生至多年生草本，半灌木或灌木。直根，稀增厚成纺锤形，偶有小块根。茎一般为直立，四棱形，具沟槽，被各式的单毛、具节毛以至于星状毛。叶为单叶或复叶，叶片全缘至有各种锯齿，浅裂或深裂，对生或轮生，两面均被有各种柔毛及星状毛。花序由数个至多个轮伞花序聚合成顶生或腋生的总状、穗状、圆锥状复花序，稀组成头状复花序；苞叶常在茎上向上逐渐过渡成苞片，每朵花下常有 1 对细小的小苞片，由下向上渐成披针状、线状、针刺状或其他形状，苞片颜色各异；花萼钟状、管状或杯状，萼齿常二唇形，有少数在果时不同程度的增大、加厚，萼齿之间有时形成瘤状突起的脉节，脉 8～15 条，萼檐部平或斜，喉部内有时被毛或在萼筒内中部形成毛环，萼筒外部被各种毛茸及腺体；花冠合生，通常有各种颜色，多数伸出于萼筒之外，直立或弯曲，稀扭曲，筒内中部有时有毛环，冠檐4～5裂，通常联合而成二唇形，少数成假单唇形或单唇形，花冠上唇常外凸或盔状，下唇中裂片常发达，多半平展，两侧裂片不甚发达，多为半圆形；雄蕊着生在花冠上，与花冠裂片互生，通常 4 枚，2 长 2 短，有时退化为 2 枚（新塔花属），通常不伸出冠外，但也有少数伸出（长蕊青兰属），花丝分离或两两成对，基部被毛茸或光滑；花药长圆形、卵形或球形，2 室，纵裂，少数在花后贯通为 1 室，有时前对或后对药室退化为 1 室，形成半药，有时平展开，稀被发达的药隔分开，后者变成丝状并在着生于花丝处具关节，无毛或被各式毛；雌蕊由 2 个心皮组成，子房上部一般无花柱，少数具花柱，胚珠单被，直立或倒生，着生在中轴胎座上，花柱一般着生于子房基部，顶端具 2 枚不等长或近等长的裂片；花盘通常肉质，4 裂。果实为 4 个小坚果，倒卵形，光滑具毛或有皱纹，褐色。

有 220 余属，3 500 余种。我国有 99 属 800 余种，昆仑地区产 27 属 61 种 5 变种 1 变型。

分属检索表

1. 子房深 4 裂；花柱着生点常高于子房基部；小坚果侧腹面相接，果脐大而显著；花冠假单唇形 ………………………………………………… **1. 筋骨草属 Ajuga** Linn.

1. 子房全 4 裂；花柱着生于子房基部；花盘通常发达；小坚果有基部、背部或腹部的合生面及通常小的果脐；花冠二唇形。

  2. 种子多少横生；胚有弯曲的胚根，位于 1 片子叶之侧；果萼 2 裂，后裂片背部通常有鳞状小盾片，通常宿存；子房有柄；小坚果具瘤或各种毛，稀具翅…………
  ……………………………………………… **2. 黄芩属 Scutellaria** Linn.

2. 种子直立；胚有短而向下直伸的胚根；果萼不为 2 裂；子房无柄。
3. 雄蕊下倾，平卧于花冠舟形下唇上；花冠上唇具 4 圆裂片，花冠筒基部囊状；萼齿近等长或 3/2 式二唇形 ………………… **27. 香茶菜属 Rabdosia**（Bl.）Hassk.
3. 雄蕊上升或平展而直伸向前。
4. 花冠筒藏于花萼内；雄蕊、花柱藏于花冠筒内，花冠筒内无毛环，上唇全缘；叶圆形，掌状裂 …………………… **3. 夏至草属 Lagopsis** Bunge. ex Benth.
4. 花冠筒通常不藏于花萼内；两性花的雄蕊不藏于花冠筒内，往往达花冠顶端。
5. 花药球形，药室平叉开，在顶端贯通为 1 室；花萼卵状或钟形，5 齿相等；花冠筒短，冠檐 4 裂，上裂片顶端微凹，喉部及花丝基部有或无毛环；花序顶生 ……………………………… **26. 香薷属 Elsholtzia** Willd.
5. 花药非球形，药室平行或叉开，顶部不贯通或稀近贯通。
6. 花冠明显二唇形，具不相似的唇片。
7. 花药卵形，雄蕊 4。
8. 后对雄蕊长于前对雄蕊。
9. 花冠筒扭转（即上下唇交换位置）；萼筒内中部或喉部有毛环；药室平行。
10. 萼齿近相等；直立草本；茎上部苞叶通常远离；叶为阔卵形，分化为茎叶和苞叶；花序由腋生轮伞花序再组成疏松的顶生聚伞状花序 ………… **4. 扭藿香属 Lophanthus** Adans.
10. 萼齿 3/2 式二唇形，口部斜；茎匍匐，下部无叶，上部叶密集，叶近圆形，茎叶与苞叶同形；花序为腋生少花的轮伞花序 ………………………… **7. 扭连钱属 Phyllophyton** Kudo
9. 花冠筒不扭转；萼筒内中部无毛环；药室近于平行或叉开。
11. 2 对雄蕊不互相平行，后对雄蕊上升，前对雄蕊多少向前直伸；花盘前裂片发育较好；花冠下唇中裂片从基部具爪状狭柄；叶常分裂 ………… **5. 裂叶荆芥属 Schizonepeta** Briq.
11. 2 对雄蕊互相平行。
12. 萼齿 5 齿近相等至 3/2 式或 1/4 式二唇形，至少在部分齿间角上具脉结成小瘤；药隔常突出成附属器，花药侧生，有时顶生；花盘相等或前裂片多少增大 ……………………………………… **9. 青兰属 Dracocephalum** Linn.
12. 萼齿 5 齿近相等至 3/2 式二唇形，萼齿间无瘤状突起。
13. 后对雄蕊及花柱不伸出花冠筒或微伸出；花冠上唇 3 齿之间无刺状附属物…… **6. 荆芥属 Nepeta** Linn.
13. 后对雄蕊及花柱远伸出花冠筒外；花冠上唇 3 齿之间有刺状附属物 ………………………………

…………………… **8. 长蕊青兰属 Fedtschenkiella** Kudr.

8. 后对雄蕊短于前对雄蕊。

14. 花柱裂片极不等长。

15. 小坚果顶端多毛；全部或仅后对花丝基部有流苏状附属物；萼齿极宽短，顶端截形有短尖头。荒漠植物 ………………………………………… **10. 沙穗属 Eremostachys** Bunge

15. 小坚果顶端稍有毛或无毛。草原植物。

16. 花冠上唇边缘常多毛或有流苏状缺刻；后对花丝基部多有附属器；花序多为腋生轮伞花序，疏离或密集 ………………………………… **11. 糙苏属 Phlomis** Linn.

16. 花冠上唇边缘多毛，缺刻浅；后对花丝基部无附属器；轮伞花序密集，在短葶上成头状或短穗状复花序 ………………………… **12. 独一味属 Lamiophlomis** Kudo

14. 花柱裂片近于等长或等长。

17. 药室在花时横裂为 2 瓣，内瓣圆形，有纤毛 1 丛，外瓣较大，无毛；花冠唇额上在两侧裂片与中裂片相交处有向上齿状突起（盾片）；萼齿有尖芒 ……………………………………………… **13. 鼬瓣花属 Galeopsis** Linn.

17. 药室平行或展开，具垂直或斜的位置，花冠唇颚上无齿状突起；萼齿无尖芒。

18. 小坚果卵形，顶端钝圆；萼齿 5，三角形，相等或后齿稍长；假穗状花序不密集，花冠筒内面基部有毛环；药室极叉开 ……………… **19. 水苏属 Stachys** Linn.

18. 小坚果多少三棱形。

19. 后对花丝基部无附属器。

20. 花冠喉部不甚膨大；花冠筒稍伸出。

21. 花冠下唇中裂片较大，侧裂片不发达，边缘常有 1 小而尖锐的齿 ………………………………… **14. 野芝麻属 Lamium** Linn.

21. 花冠下唇侧裂片较大，卵形，钝，全缘或深波状；叶阔菱形或楔状扇形，被短茸毛 ……… **15. 元宝草属 Alajja** S. Ikonn.

20. 花冠喉部稍膨大，具稍伸出或伸长的筒部。

22. 萼齿顶端针状；花冠下唇侧裂片直立，长卵圆形，中裂片近水平展开或直立至近直立，极宽而有凹顶；灌木 ……………………… **16. 兔唇花属 Lagochilus** Bunge

22. 萼齿顶端刺状；花冠下唇开展或直伸，中裂片端微凹；草本 …………………… …………………… **17. 益母草属 Leonurus** Linn.

19. 后对花丝基部有附属器。

23. 花萼管状钟形或具膜质宽边的萼檐及锥形或有刺的齿；小坚果有毛。荒漠植物………… …………………… **10. 沙穗属 Eremostachys** Bunge

23. 花萼阔钟形，齿 5，三角形；小坚果大而光滑；各部被有绵毛。高山风化流石滩上的矮小植物…………… **18. 绵参属 Eriophyton** Benth.

7. 花药线形或卵形，雄蕊 2。

24. 花药线形，药隔亦线形；花萼钟形，2/3 式二唇形；花冠上唇弧状，顶端 2 裂；多年生草本 …………………… **20. 鼠尾草属 Salvia** Linn.

24. 花药卵形，药隔小或宽，具平行而下垂的药室；花萼管状钟形，8～10脉，3/2 式二唇形，喉部张开；花冠 4/1 式二唇形；半灌木 ………………………………………… **21. 分药花属 Perovskia** Karel.

6. 花冠近辐射对称，有近相似或略为分化的裂片。

25. 雄蕊上升于花冠上唇之下，花冠二唇形；花萼具 13 脉，二唇形 ；雄蕊仅前对发育，后对退化或无；花萼狭圆柱形，喉部有毛，萼檐较筒部短，花后萼齿多内折；植物体有浓烈的薄荷味 …………………… ………………………………………… **22. 新塔花属 Ziziphora** Linn.

25. 雄蕊上升，超出花冠；花萼具 10～13 脉；雄蕊 4 枚，近等长或仅前对能育，后对退化或缺如。

26. 花冠 2/3 式二唇形；花萼 3/2 式二唇形；叶通常狭小，全缘；药室平行 ………………………………… **23. 百里香属 Thymus** Linn.

26. 花冠近辐射对称，冠檐 4 裂；叶缘具齿或羽状裂。

27. 能育雄蕊 4 枚相等，具平行药室；小坚果顶端圆；花序腋生或顶生 ………………………………… **24. 薄荷属 Mentha** Linn.

27. 能育雄蕊前对发育较好，药室略叉开，后对变为小而棒状的假雄蕊或无；小坚果顶端平截；花序腋生 …………………… ………………………………………… **25. 地笋属 Lycopus** Linn.

1. 筋骨草属 Ajuga Linn.

Linn. Sp. Pl. 561. 1753.

一年生、二年生或多年生草本，稀灌木状，直立或具匍匐茎。茎四棱形。单叶对生。轮伞花序具2至多花，组成间断或密集或下部间断上部密集的穗状；花通常近于无梗；苞叶与茎叶同形；花萼卵状或球状，钟状或漏斗状，通常具10脉，其中5副脉有时不明显，萼齿5枚，近整齐；花冠通常为紫色至蓝色，稀黄色或白色，脱落或在果时仍宿存，冠筒挺直或微弯，内藏或伸出，基部略呈曲膝状或微膨大，喉部稍膨大，内面有毛环或稀无，冠檐二唇形，上唇直立，全缘或先端微凹或2裂，下唇宽大，3裂，中裂片通常倒心形或近扇形，侧裂片通常为长圆形；雄蕊4枚，前对较长，花药2室，其后横裂并贯通为1室；花柱细长，着生于子房底部，先端近相等2浅裂，裂片钻形，细尖；花盘环状，裂片不明显；子房无毛或被毛。小坚果通常为倒卵状三棱形，背部具网纹，侧腹面具宽大果脐，占腹面1/2或2/3。

约40～50种。我国有18种12变种5变型，大多数分布于秦岭以南各地的高山和低丘森林区、山谷林下或山坡阴处；昆仑地区产2种1变种1变型。

分种检索表

1. 苞叶比花长，通常为黄白色、白色或绿紫色；花冠白色或乳白色，具紫斑 ………… …………………………………………………… **1. 白苞筋骨草 A. lupulina** Maxim.
1. 苞叶与花等长或略短，稀长于花，绿色或带紫色；花冠紫色或蓝色 ………………… ………………………………………… **2. 圆叶筋骨草 A. ovalifolia** Bur. et Franch.

1. 白苞筋骨草

Ajuga lupulina Maxim. in Bull. Acad. Sci. St.-Pétersb. 23：390. 1877；Hand.-Mazz. in Acta Hort. Gothob. 9：72. 1934. et Symb. Sin. 7：912. 1936；中国植物志 65（2）：62. 1977；西藏植物志 4：105. 1985；Fl. China 17：65. 1994；青海植物志 3：147. 图版 35：1～2. 1996；青藏高原维管植物及其生态地理分布 806. 2008.

1a. 白苞筋骨草（原变型）

f. **lupulina**

多年生草本，具地下走茎。茎粗壮，直立，高18～25 cm，四棱形，具槽，沿棱及节上被白色具节长柔毛。叶柄具狭翅，基部抱茎，边缘具缘毛；叶片纸质，披针状长圆形，长5～11 cm，宽1.8～3.0 cm，基部楔形，下延，先端钝或稍圆，边缘疏生波状圆齿或几全缘，具缘毛，上面无毛或被极少的疏柔毛，下面仅叶脉被长柔毛或仅近顶端有星散疏柔毛。由多数轮伞花序组成假穗状；苞叶大，向上渐小，白黄、白或绿紫色，卵形或阔卵形，长3.5～5.0 cm，宽1.8～2.7 cm，先端渐尖，基部圆形，抱轴，全缘，上面被长柔毛，下面仅叶脉或有时仅顶端被疏柔毛；花梗短，被长柔毛；花萼钟状或略呈漏斗状，长7～9 mm，基部前方略膨大，具10脉，其中5脉不甚明显，萼齿5枚，狭三角形，长为花萼之半或较长，整齐，先端渐尖，边缘具缘毛；花冠白、白绿或白黄色，具紫色斑纹，狭漏斗状，长 1.8～2.5 cm，外面被疏长柔毛，冠筒基部前方略膨大，内面具毛环，从前方向下弯，冠檐二唇形，上唇小，直立，2 裂，裂片近圆形，下唇延伸，3 裂，中裂片狭扇形，长约 6.5 mm，顶端微缺，侧裂片长圆形，长约 3 mm；雄蕊 4 枚，2 强，着生于冠筒中部，伸出，花丝细，挺直，被长柔毛或疏柔毛，花药肾形，1 室；雌蕊花柱无毛，伸出，较雄蕊略短，先端 2 浅裂，裂片细尖；花盘杯状，裂片近相等，不明显，前方微膨大；子房 4 裂，被长柔毛。小坚果倒卵状或倒卵长圆状三棱形，背部具网状皱纹，腹部中间微微隆起，具 1 大果脐，果脐几达腹面之半。 花期 7～9 月，果期 8～10 月。

产青海：兴海（黄青河畔，吴玉虎 42617、42745；中铁林场恰登沟，吴玉虎 45187、44876；赛宗寺后山，吴玉虎 46330、46389；中铁乡前滩，吴玉虎 42760、42878、45486；河卡山，吴珍兰 197；中铁林场卓琼沟，吴玉虎 45693；河卡草原站附近，郭本兆 6171）、曲麻莱（秋智乡，刘尚武 777、10777）、玛沁（军功乡黑土山，吴玉虎 4630、26979，H. B. G. 229；雪山乡，黄荣福 C. G. 81－020、C. G. 81－019；军马场，陈世龙 133；拉加乡龙穆尔贡玛，吴玉虎 25679；西哈垄河谷，H. B. G. 356、261）、达日（建设乡，吴玉虎 27161、27121，陈桂琛等 1694；桑日麻乡，陈世龙 254；德昂乡，吴玉虎 25925；窝赛乡，H. B. G. 833）、久治（白玉乡，吴玉虎 26638；索乎日麻乡背面山上，果洛队 194；索乎日麻乡附近，藏药队 355）、班玛（亚尔堂乡王柔，吴玉虎 26195）、称多（县城郊，吴玉虎 29282），甘德（东吉乡，吴玉虎 25782、25779）。生于海拔 3 200～4 150 m 的山前坡地、沟谷山坡草甸、高寒草甸、河谷阶地草甸、山坡林地草甸、滩地高寒杂类草草甸、沟谷山地阴坡林缘高寒灌丛草甸。

西藏：改则（至措勤县途中，青藏队藏北分队郎楷永 10243）。生于海拔 5 100 m 的雪山坡。

四川：石渠（长沙贡玛乡，吴玉虎 29752；红旗乡，吴玉虎 29412）。生于海拔 4 000 m的灌丛石隙中。

分布于我国的甘肃、青海、西藏东部、四川西部及西北部、山西、河北。模式标本采自青海大通。

1b. 矮小白苞筋骨草（变型）

f. **humilis** Sun ex C. H. Hu in Acta Phytotax. Sin. 11（1）：36. 1966；中国植物志 65（2）：63. 1977；青藏高原维管植物及其生态地理分布 806. 2008.

与原变型不同在于：植株矮小，高 8～11 cm。叶椭圆状披针形。花冠乳白色，长 14 mm，侧裂片半圆形，冠筒长 12 mm；雄蕊后对与侧裂片等长，前对超过侧裂片。

产青海：玛沁（雪山乡，黄荣福 C. G. 81－020B）。生于海拔 3 700 m 左右的沟谷山坡草地、高寒草甸裸地、河谷阶地草甸。

分布于我国的甘肃、青海、四川南部。

2. 圆叶筋骨草 图版 31：1～4

Ajuga ovalifolia Bur. et Franch. in Journ. de Bot. 5：150. 1890；Kudo in Mém. Fac. Sci. Agr. Taihoku Univ. 2：281. 1929；Hand.-Mazz. in Acta Hort. Gothob. 13：337. 1939；中国植物志 65（2）：64. 图版 12：1～4. 1977；Fl. China 17：65. 1994；青海植物志 3：149. 1996；青藏高原维管植物及其生态地理分布 806. 2008.

2a. 圆叶筋骨草（原变种）

var. **ovalifolia**

多年生草本。茎直立，高 10～23 cm，有时达 30 cm 以上，四棱形，具槽，被白色长柔毛，无分枝。叶柄具狭翅，长 0.7～2.0 cm，绿白色，有时呈紫红色或绿紫色；叶片纸质，长圆状椭圆形至阔卵状椭圆形，长 4～8 cm，宽 2.2～5.0 cm，基部楔形，先端钝或圆形，边缘中部以上具波状或不整齐的圆齿，具缘毛，上面黄绿或绿色，叶脉偶为紫色，满布具节糙伏毛，下面较淡，仅沿脉上被糙伏毛，侧脉 4～5 对，与中脉在上面平坦，下面隆起。穗状聚伞花序顶生，几呈头状，长 2～3 cm，由 3～4 轮伞花序组成；苞叶大，叶状，卵形或椭圆形，长 1.5～4.5 cm，下部者呈紫绿色、紫红色至紫蓝色，具圆齿或全缘，被缘毛，上面被糙伏毛，下面几无毛；花梗短或几无；花萼管状钟形，长 5～8 mm，无毛，仅萼齿边缘被长缘毛，具 10 脉，萼齿 5 枚，长三角形或线状披针形，长为花萼之半或较短；花冠红紫色至蓝色，筒状，微弯，长 2.0～2.5 cm 或更长，外面被疏柔毛，内面近基部有毛环，冠檐二唇形，上唇 2 裂，裂片圆形，相等，下唇 3 裂，中裂片略大、扇形，侧裂片圆形；雄蕊 4 枚，2 强，内藏，着生于上唇下方的冠筒喉部，花丝粗壮，无毛；雌蕊花柱被极疏的微柔毛或无毛，先端 2 浅裂，裂片细尖；花盘环状，前面呈指状膨大。 花期 6～8 月；果期 8 月。

产青海：久治（索乎日麻乡，果洛队 237、241，吴玉虎 26446）。生于海拔 3 300～3 900 m 的山地半阴坡草地、阴坡河滩草地、河谷阶地草甸、高寒灌丛草甸。

甘肃：玛曲（齐哈玛大桥附近，吴玉虎 30810；河曲军马场，吴玉虎 31835）。生于海拔3 200～3 600 m 的沟谷山地高寒草甸、河谷山坡高寒灌丛草甸、山地阴坡。

分布于我国的甘肃西南部、青海、四川西部。

2b. 美花圆叶筋骨草（变种） 图版 31：5～7

var. **calantha**（Diels）C. Y. Wu et C. Chen in Acta Phytotax. Sin. 12（1）：23. Pl. 8. f. 5～6. 1974；中国植物志 65（2）：64. 图版 12：5～6. 1977；西藏植物志 4：106. 图 43：1～3. 1985；Fl. China 17：65. 1994；青海植物志 3：149. 1996——*Ajuga calantha* Diels in Fedde Repert. Sp. Nov. Beih. 12：475. 1922.

与原变种不同在于：植株具短茎，高 3～6（～12）cm，通常有叶 2 对，稀为 3 对。

图版 **31** 圆叶筋骨草 **Ajuga ovalifolia** Bur. et Franch. 1. 植株；2. 花萼纵剖；3. 花冠纵剖；4. 雌蕊。美花圆叶筋骨草 **A. ovalifolia** var. **calantha**（Diels）C . Y. Wu et C. Chen 5. 植株；6. 花；7. 小坚果腹面观。 （1～4. 引自《中国植物志》，刘春荣绘；5～7. 引自《西藏植物志》，肖溶绘）

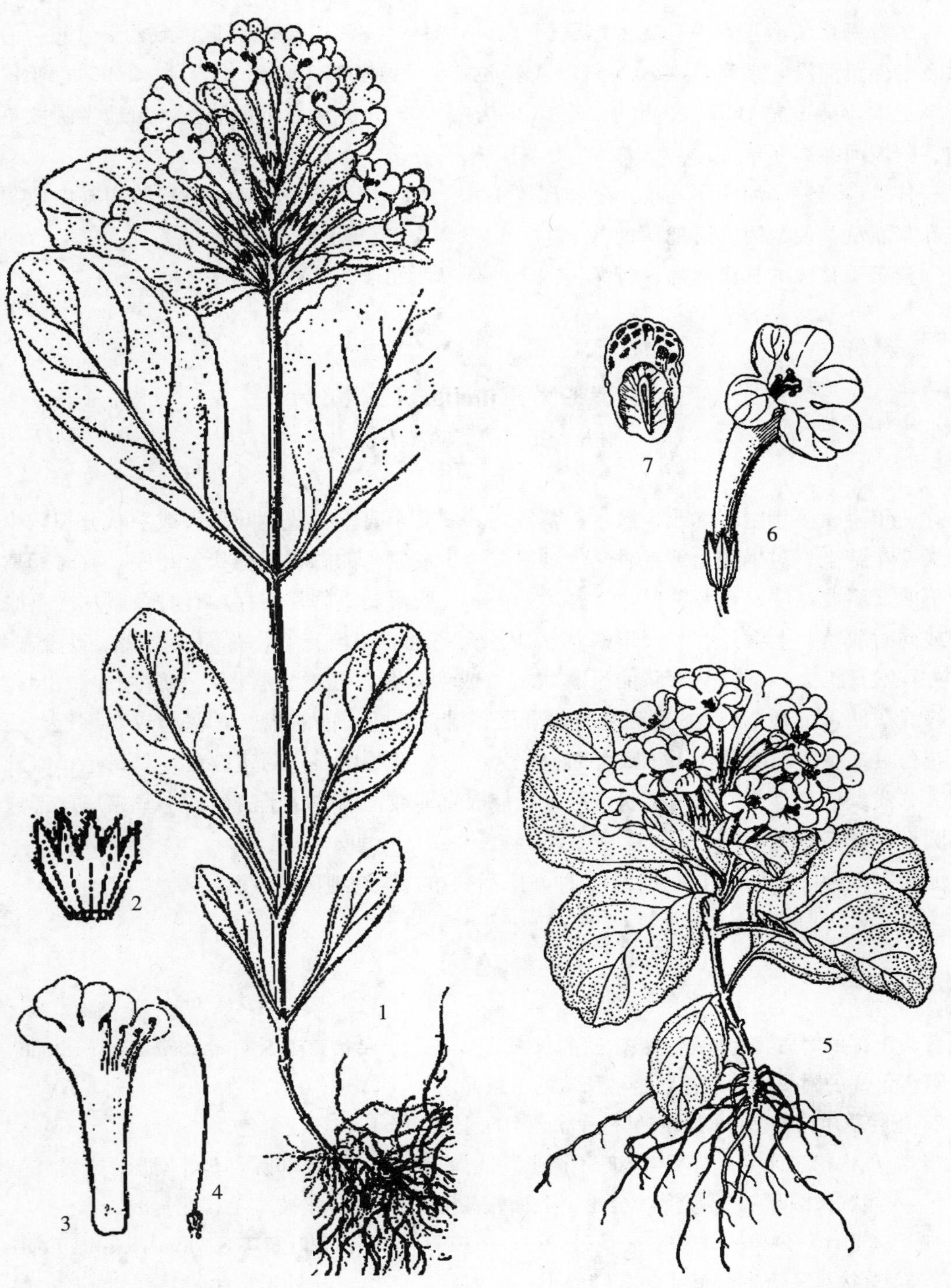

叶宽卵形或近菱形，长 4～6 cm，宽 3～7 cm，基部下延。花冠长 1.5～2.0（～3.0）cm。

产青海：久治（索乎日麻乡，藏药队 448、449、354；县城附近，藏药队 196；门堂乡南面黄河沿，果洛队 105）、班玛（多贡麻乡，吴玉虎 25985、25971、25964；亚尔堂乡王柔，吴玉虎 26276）。生于海拔 3 650～3 900 m 的河谷阶地灌丛、山地半阴坡草甸、阴坡河滩高寒草甸。

甘肃：玛曲（河曲军马场，陈桂琛等 1101）。生于海拔 3 200 m 左右的沟谷山地阴坡高寒灌丛草甸、河谷阶地草甸。

分布于我国的甘肃南部、青海、四川西部、西北部。

2. 黄芩属 Scutellaria Linn.

Linn. Sp. Pl. 598. 1753.

一年生、多年生草本或半灌木。茎匍匐，斜升至直立。茎生叶具齿或羽状分裂，少全缘。花腋生、对生或上部有时互生，组成顶生或侧生的总状或穗状复花序，有时远离而不明显组成花序；花萼钟形，二唇形，上唇片脱落而下唇片宿存，有时 2 唇片均不脱落或同时脱落，上唇片有 1 圆形鳞片状盾片；花冠筒伸出花萼，背面成弓曲或近直立，上方在喉部扩大，下方基部膝曲呈囊状增大或囊状距，冠檐二唇形，上唇直伸，盔状，全缘或微凹，下唇 3 裂，2 侧裂片有时开展；雄蕊 4 枚，前对较长，花药成对靠近，后对花药具 2 室，前对花药由于败育而退化为 1 室，或不明显，药室裂口均具髯毛；雌蕊柱头 2 浅裂，花盘前方常呈指状，后方延伸成直伸或弯曲柱状子房柄。小坚果扁球形或卵圆形，有毛或无毛。

约 300 种。我国约 102 种 29 变种，广泛分布；昆仑地区产 5 种。

分种检索表

1. 萼齿上部的附属物为球形，被浓密的长绵毛 …… **5. 乌恰黄芩 S. jodudiana** B. Fedtsch.
1. 萼齿上部的附属物为盾片状，被稀疏的毛或光滑。
   2. 苞叶草质，与茎叶同形或呈苞片状，但向上渐变小；花冠蓝紫色。
      3. 总状花序顶生；苞叶与茎叶不同形，或向上渐变小，下部者与茎叶同形；叶片卵状长圆形或长圆形，全缘，上面被短毛，下面沿脉被短毛；花冠长 2.4～2.9 cm………………………………………… **1. 连翘叶黄芩 S. hypericifolia** Lévl.
      3. 总状花序腋生；苞叶与茎叶同形；叶卵状长圆形或披针形，边缘具浅齿或全缘，叶下面疏被短柔毛，有腺点；花冠长 2.0～2.2 cm ………………………………………………………… **2. 并头黄芩 S. scordifolia** Fisch. ex Schrank
   2. 苞叶膜质或近膜质，与茎叶异形；花冠淡黄色，上唇及下唇 2 侧裂片顶部紫色。

4. 叶齿明显开展；茎被微柔毛，茎生叶几无柄 ……… **3. 平卧黄芩 S. prostrata** Jacq.

4. 叶齿不明显，常靠合；茎仅在上部被多少平展疏柔毛，毛间杂有具柄的腺毛；茎生叶具短柄，柄长 0.2～0.5 cm ………………… **4. 少齿黄芩 S. oligodonta** Juz.

1. 连翘叶黄芩

Scutellaria hypericifolia Lévl. in Fedde Repert. Sp. Nov. 9：221.1911；中国植物志 65（2）：199.1977；西藏植物志 4：113.1985；Fl. China 17：93.1994；青海植物志 3：156.1996；青藏高原维管植物及其生态地理分布 834.2008.

多年生草本，根茎肥厚，粗达 2 cm，顶端多头。茎多数近直立或弧曲上升，高 10～30 cm，四棱形，基部粗 1.2～2.0 cm，沿棱角上疏被白色平展疏柔毛，其余部分几无毛，在节上被小髯毛，常带紫色，大多不分枝，有时有少数短分枝。叶具短柄或近无柄，柄长 1～2 mm，背凸，疏被白色疏柔毛；叶片草质，大多数卵圆形，在茎上部者有时为长圆形，长 2.0～3.4 cm，宽 0.7～1.4 cm，基部大多圆形或宽楔形，但有时楔形，顶端圆形或钝，稀微尖，边缘全缘或偶有微波状，稀生少数不明显的浅齿，上面绿色，疏生疏柔毛，下面色较淡，常带紫色，有多数浅凹腺点，主要沿中脉及侧脉上被疏柔毛，边缘具缘毛，侧脉 3～4 对，中脉在下面多少凸起而变白色。花序总状，长 6～15 cm；花梗长 2.5～3.0 mm，与序轴均疏被白色平展疏柔毛；苞片下部者似叶，其余的远变小，卵形，顶端急尖，长 7～15 mm，下面常呈紫色，全缘，被缘毛；花萼开花时长约 3 mm，绿紫色，有时紫色，外面被疏柔毛及黄色腺点，盾片高约 1 mm，果时花萼长 6 mm，盾片高3 mm；花冠白、绿白至紫、紫蓝色，长 2.5～2.8 cm，外面疏被短柔毛，内面在膝曲处及上唇片被短柔毛，冠筒长 1.8～2.1 cm，基部膝曲，直径约 2 mm，渐向喉部增大，至喉部径达 6 mm；冠檐唇形，上唇盔状，内凹，先端微缺，下唇中裂片三角状卵圆形，近基部最宽，宽达 9 mm，先端微凹，2 侧裂片与上唇片高度靠合，宽约 2.5 mm；雄蕊 4 枚，前对较长，后对较短，药室具髯毛，花丝扁平，下半部被微柔毛；雌蕊花柱细长，先端锐尖，微裂；花盘环状，肥厚，前方微隆起，子房柄很短，基部具黄色腺体。小坚果卵球形，长 2 mm，宽 1.5 mm，黑色，有基部隆起的乳突，腹面近基部有 1 细小果脐。 花期 6～8 月；果期 8～9 月。

产青海：班玛（采集地不详，郭本兆 457）、久治（康赛乡，吴玉虎 26538；白玉乡附近，藏药队 606；县城附近山上，果洛队 670；智青松多北面山上，果洛队 056）。生于海拔3 200～3 700 m 的山地半阴坡草地、河谷阶地草甸、林缘灌丛草甸。

甘肃：玛曲（齐哈玛大桥附近，吴玉虎 31760）。生于海拔 3 460 m 的高山沟谷山地阴坡高寒灌丛草甸。

分布于我国的青海、甘肃、西藏、四川。

2. 并头黄芩

Scutellaria scordifolia Fisch. ex Schrank in Denkschr. Bot. Ges. Regensb. 2：

55. 1822；Juz. in Fl. URSS 20：99. 1954；中国植物志 65（2）：232. 1977；Fl. China 17：100. 1994；青海植物志 3：155. 1996；新疆植物志 4：222. 图版 65：1～6. 2004；青藏高原维管植物及其生态地理分布 835. 2008.

多年生草本，须根。茎直立，高 15～25 cm，四棱形，疏被微柔毛，基部多分枝。叶具短柄；叶片披针形或长卵形，长 1.5～2.5 cm，宽 0.4～0.7 cm，基部浅心形或近截形，先端钝，边缘具不明显的波状齿或全缘，叶下面沿脉被微柔毛，有时无毛，具多数凹点。花单生于茎枝上部的叶腋内，偏向一侧，近基部有 1 对叶状小苞片；花萼长 3～4 mm，被短柔毛及缘毛；花冠蓝紫色，长 2.0～2.2 cm，外被短柔毛，内无毛，冠筒基部膝曲，冠檐二唇形，上唇盔状，先端微缺，下唇中裂片卵圆形，先端微缺，宽 7 mm，2 侧裂片卵圆形，先端微缺；雄蕊 4 枚，均内藏，前对较长，后对较短，花丝被疏柔毛；雌蕊花柱先端微裂；花盘前方隆起，后方延伸成短子房柄；子房 4 裂。小坚果黑色，椭圆形，具瘤突。　花期 6～7 月，果期 7～8 月。

产青海：玛沁、久治（康赛乡，吴玉虎 26597）、班玛（马柯河林场，吴玉虎 26105；江日堂乡，吴玉虎 26061；莫巴乡，吴玉虎 26324；赛米塘，陈实 069）。生于海拔 3 420～3 680 m 的沟谷山地阴坡林缘灌丛草甸、山坡高山草甸、河谷滩地草甸。

分布于新疆北部、青海、内蒙古、山西、河北、黑龙江；中亚地区各国，蒙古，日本也有。

3. 平卧黄芩　图版 32：1～4

Scutellaria prostrata Jacq. in Benth. Labiat. Gen. et Sp. 733. 1832 ～ 1836；Hook. f. Fl. Brit. Ind. 4：667. 1885；Nasir et Ali Fl. W. Pakist. 633. 1972；中国植物志 65（2）：241. 1977；Fl. China 17：102. 1994；新疆植物志 4：226. 图版 69：5～8. 2004；青藏高原维管植物及其生态地理分布 834. 2008.

多年生草本，根茎木质。茎高约 10 cm，钝四棱形，疏被微柔毛，上部常带紫色。上部的叶近无柄；叶片长卵圆形，长 1.5～1.7 cm，宽 0.7～0.9 cm，基部楔形，先端渐尖，边缘具疏锯齿，两面均绿色，上面疏被微柔毛，下面近无毛但具腺点。轮伞花序聚合成顶生的长约 4 cm 的穗状复花序；苞片宽卵圆形，先端渐尖，上部带紫色，密被疏柔毛，全缘或微具 1～2 齿，具长纤毛；花萼被短柔毛；花冠长 3 cm，淡黄色，上唇及下唇 2 侧裂片顶端紫色，下唇 3 裂，中裂片具紫斑，冠筒外被短柔毛，内无毛环，基部微膝曲状，中部以上渐宽，冠檐二唇形，上唇盔状，先端微缺，外被短柔毛，下唇中裂片近圆形，外被微柔毛，内无毛，先端微缺，2 侧裂片短小；雄蕊 4 枚，前对较长，微伸出，花药退化，后对较短，花药正常发育，花药外面及药室裂口被髯毛，花丝无毛；雌蕊花柱先端微裂；花盘肥厚；子房 4 裂。　花果期 7～8 月。

产新疆：乌恰（玉其塔什，西植所新疆队 1736）、喀什、阿克陶（阿克塔什，吴玉虎 870230）。生于海拔 3 200 m 左右的低山带草地、河谷干山坡草地。

分布于我国的新疆；印度北部也有。

4. 少齿黄芩

Scutellaria oligodonta Juz. in Not. Syst. Herb. Inst. Bot. Acad. Sci. URSS 14：370. 1951，et Fl. URSS 20：187. t. 11. f. 2. 1954；Nasir et Ali Fl. W. Pakist. 634. 1972；中国植物志 65（2）：243. 1977；西藏植物志 4：115. 1985；Fl. China 17：102. 1994；新疆植物志 4：229. 图版 68：1～3. 2004；青藏高原维管植物及其生态地理分布 834. 2008.

半灌木，根茎木质。茎高 6～20 cm，近直立，有时分枝，疏被倒向糙伏毛，在上部被有开展的疏柔毛，混有具柄的腺毛，常带紫色。叶柄长 2～4 mm，具糙伏毛；叶片卵圆形，长 1. 2～2. 5 cm，宽 0. 5～1. 5 cm，基部圆形或宽楔形，先端钝或稍钝，边缘每侧具 1～4 个圆齿状锯齿，个别叶有时全缘，两面均被疏生糙伏毛及具柄的腺毛。总状花序，长 3. 0～5. 5 cm；苞片卵圆状椭圆形或宽椭圆形，基部宽楔形，近草质，先端稍钝，全缘或下部每侧具 1～2 锯齿，均密被平展长柔毛及具柄腺毛，绿色或常带深紫色；花梗长达 4 mm，密被短柔毛；花萼密被柔毛及具柄腺毛；花冠长 2. 5～3. 0 cm，淡黄色，冠檐二唇形，上唇盔状，先端微缺，淡紫色，下唇中裂片近圆形，宽约 1 cm，具紫斑点，先端微缺，2 侧裂片短小，卵圆形，淡紫色；雄蕊 4 枚，均内藏，前对较长，后对较短，药室裂口具白色髯毛，花丝无毛；雌蕊花柱先端微裂，子房 4 裂，裂片等大；花盘前方指状隆起，后方延伸成子房柄。 花果期7～8月。

产新疆：乌恰（托云乡苏约克，王兵 93－2069，西植所新疆队 1920、；玉其塔什，西植所新疆队 1702）。生于海拔 2 500～4 000 m 的沟谷河岸草地、河谷阶地草甸、山坡高山草甸。

分布于我国的新疆、西藏；俄罗斯，中亚地区各国也有。

5. 乌恰黄芩 图版 32：5～8

Scutellaria jodudiana B. Fedtsch. Conspect. Fl. Turkest. 5：158. 1913；Fl. URSS 20：206. 1954；Nasir et Ali Fl. W. Pakist. 634. 1972；新疆植物志 4：230. 图版 69：1～4. 2004；青藏高原维管植物及其生态地理分布 834. 2008.

多年生草本。根木质；根茎多分枝，通常纤细，稍弯曲。茎高 5～20 cm，被短而细的平展的柔毛，大部分稍淡紫色。叶柄长 1 cm，被短柔毛；叶片半圆形或宽卵圆形，长0. 5～1. 0 cm，宽 0. 7～1. 2 cm，基部截形，先端钝或尖，边缘每侧具有 1～4（通常 3）个大而不整齐的浅圆锯齿，两面灰绿色，被短而不甚弯曲的贴伏白色柔毛，上面略呈皱纹状。花序穗状，长 2. 5～3. 0 cm，多花，密集着生在分枝顶端；苞片宽卵形至椭圆形，基部渐狭，先端短尖，最下面的苞片与叶同形，其他的苞片膜质，全缘，具柔毛和短柄的腺毛，通常淡紫色，极少淡绿色；花萼被长柔毛和腺点，通常淡紫色；花冠长

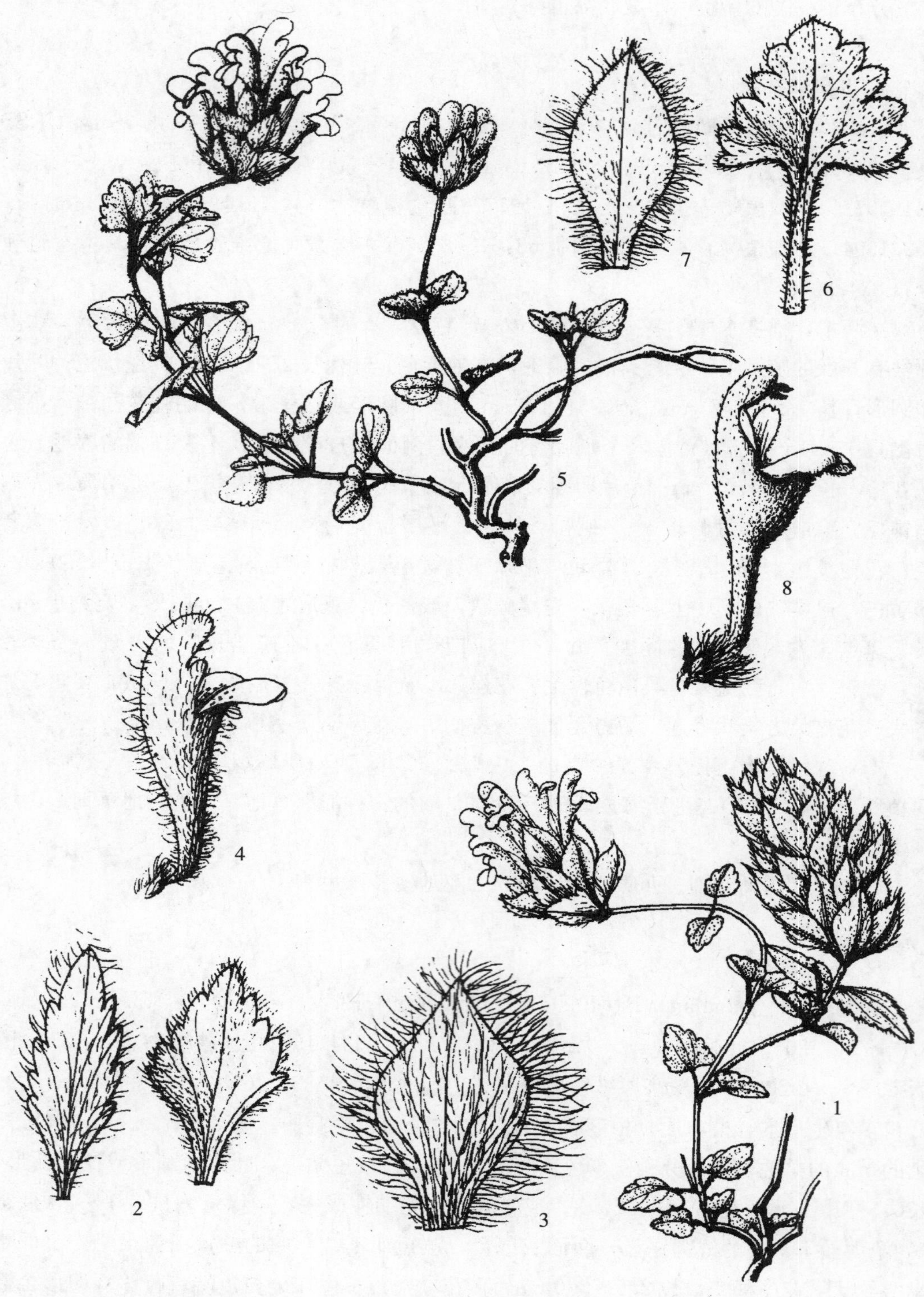

图版 32 平卧黄芩 **Scutellaria prostrata** Jacq. 1. 植株；2. 两种叶形；3. 苞片；4. 花。乌恰黄芩 **S. jodudiana** B. Fedtsch. 5. 植株；6. 叶；7. 苞叶；8. 花。 （引自《新疆植物志》，张荣生绘）

2.0～2.5 cm，冠筒黄色，上部外被稍密的柔毛和具柄腺毛，冠基部膝曲，上部稍宽，冠檐二唇形，上唇盔状，下唇中裂片近圆形，先端微缺，2 侧裂片短小，卵形；雄蕊 4 枚，前对较长，后对较短，花丝无毛，药室裂口具白色髯毛；雌蕊花柱先端微裂，子房 4 裂，裂片等大。小坚果疏被星状微柔毛。 花期 6～7 月；果期 8～9 月。

产新疆：乌恰（玉其塔什，杨昌友 730068）。生于海拔 2 800～3 300 m 的沟谷山坡草地、碎石山坡草地、河滩草甸。

分布于我国的新疆西南部（喀喇昆仑山东北坡）；克什米尔地区，中亚地区各国，俄罗斯也有。

乌恰所产本种，花冠长 2.0～2.5 cm，苞片、花萼盾片及花冠均被稀疏的具短柄的腺毛。而《苏联植物志》所记载的本种，其花冠长 1.2～1.5 cm，对苞片、花萼盾片及花冠均未描述其具短柄腺毛，对其他性状的描述均与乌恰黄芩相吻合。

3. 夏至草属 Lagopsis Bunge ex Benth.

Bunge ex Benth. Labiat. Gen. et Sp. 586. 1836.

矮小多年生草本，铺散或斜升。叶阔卵形、圆形、肾状圆形至心形，掌状浅裂或深裂。轮伞花序腋生；小苞片针状；花小，白色，黄色至褐紫色；花萼管形或管状钟形，萼齿 5 枚，不等大，其中 2 齿稍大，在果时尤为明显展开；花冠筒内无毛环，冠檐二唇形，上唇直伸，全缘或间有微缺，下唇 3 裂，中裂片宽大，心形；雄蕊 4 枚，前对较长，均内藏于花冠筒内，花丝短小，花药 2 室；雌蕊花柱内藏，先端 2 浅裂；花盘平顶。小坚果卵圆状三棱形，光滑或粗糙或具细网纹。

4 种。我国有 3 种，昆仑地区均产。

分种检索表

1. 轮伞花序聚合成紧密、短缩的顶生穗状花序，其上密被绵状毛；花冠黄色或褐紫色。
    2. 花冠黄色；叶轮廓为心形，浅裂；穗状花序短小，卵形 …………………………………………………………………… **1. 黄花夏至草 L. flava** Kar. et Kir.
    2. 花冠褐紫色；叶轮廓为肾状圆形深裂；穗状花序伸长，长卵形 ………………………………………… **2. 毛穗夏至草 L. eriostachys** (Benth.) Ik. -Gal. ex Knorr.
1. 轮伞花序聚合成稀疏、伸长、满布枝条上的穗状花序，其上不被绵状毛；花冠白色，稀粉红色 ………………………… **3. 夏至草 L. supina** (Steph.) Ik. -Gal. ex Knorr.

1. 黄花夏至草

Lagopsis flava Kar. et Kir. in Bull. Soc. Nat. Mosc. 15: 425. 1842; Fl. URSS

20：249. t. 6：2. 1954；Pl. Asiae Centr. 5：23. 1978；中国植物志 65（2）：254. 1977；西藏植物志 4：116. 图 48：4. 1985；Fl. China 17：105. 1994；新疆植物志 4：234. 2004；青藏高原维管植物及其生态地理分布 819. 2008.

多年生草本，根圆锥形。茎常在基部分枝，高 7～20 cm，多少被卷曲的绵状毛。叶柄长 2.0～2.5 cm，茎上部者可达 1 cm；叶轮廓为心形，长 1.0～1.5 cm，宽 1.2～2.0 cm，掌状 3～5 深裂，裂片阔椭圆形或卵形，边缘具硬尖的圆齿，两面均被绵状柔毛，但下面较为密集。轮伞花序常密集聚合成顶生卵形穗状复合花序；小苞片与萼筒等长，或长为萼筒之半，针刺状，密被绵状毛；花萼管状钟形，外被绵状毛，内面除齿被绵状毛外，余部被短柔毛，由于毛被覆盖，在花时不明显，果时毛被脱落，萼齿 5 枚，近等大，其中 2 齿稍长，三角形，先端呈刺状尖头；花冠黄色，但冠筒基部褐色，长约 7 mm，外面仅冠檐被柔毛，内面仅在冠筒疏生微柔毛，无毛环，冠筒长约 5 mm，不伸出萼筒，冠檐二唇形，上唇卵圆形，稍长于下唇，下唇 3 浅裂，中裂片阔椭圆形，先端近全缘或微凹，2 侧裂片椭圆形；雄蕊 4 枚，着生于冠筒中部，前对较长，花丝基部被微柔毛，花药卵圆形，2 室；雌蕊花柱先端 2 浅裂；花盘平顶。小坚果卵状三棱形，黄褐色。　花期 6～7 月，果期 7～8 月。

产新疆：乌恰（波斯坦铁列克，王兵 93－2501）。生于海拔 3 100 m 左右的高山带砾石山坡、沟谷河滩草地。

西藏：日土。生于海拔 5 000 m 左右的高山流石坡稀疏植被带、沟谷山坡高寒草地。

分布于我国的新疆、西藏；中亚地区各国也有。

2. 毛穗夏至草　图版 33：1～5

Lagopsis eriostachys（Benth.）Ik.-Gal. ex Knorr. Fl. URSS 20：250. 1954；中国植物志 65（2）：255. 1977；Fl. China 17：105. 1994；青海植物志 3：159. 1996；新疆植物志 4：234. 图版 71：1～6. 2004. 青藏高原维管植物及其生态地理分布 819. 2008. ——*Marrubium eriostachyum* Benth. in Labiat. Gen. et Sp. 586. 1836.

多年生草本，根圆锥形。茎直立，基部稍分枝，高 25～30 cm，紫色，多少被卷曲的绵毛。中部者叶柄长 2～4 cm，向上渐短，最上部者柄长不到 1 cm；叶轮廓为肾状圆形，通常长 2.5～3.0 cm，宽 3～4 cm，掌状 5 深裂，裂片卵形或阔卵圆形，基部心形，先端有钝圆齿，边缘有 1～2 圆齿，上面多少被柔毛，下面疏被柔毛及腺点。轮伞花序腋生，多花，密集聚合成顶生长卵形穗状花序，有时最下部者有 1～2 轮远离，密被白色绵毛；小苞片针刺状，长约 5 mm，密被绵毛；花萼管状钟形，外面密被绵状毛，内面除齿上被绵毛外，余部被短柔毛，萼齿 5 枚，近等大，长 3～4 mm，其中 2 齿稍大，三角形，先端具尖刺状尖头；花冠褐紫色，长约 8 mm，外面冠檐被柔毛，内面无毛，冠筒圆柱形，长约 6 mm，不伸出萼筒，冠檐二唇形，上唇卵圆形，下唇近等长，3 浅

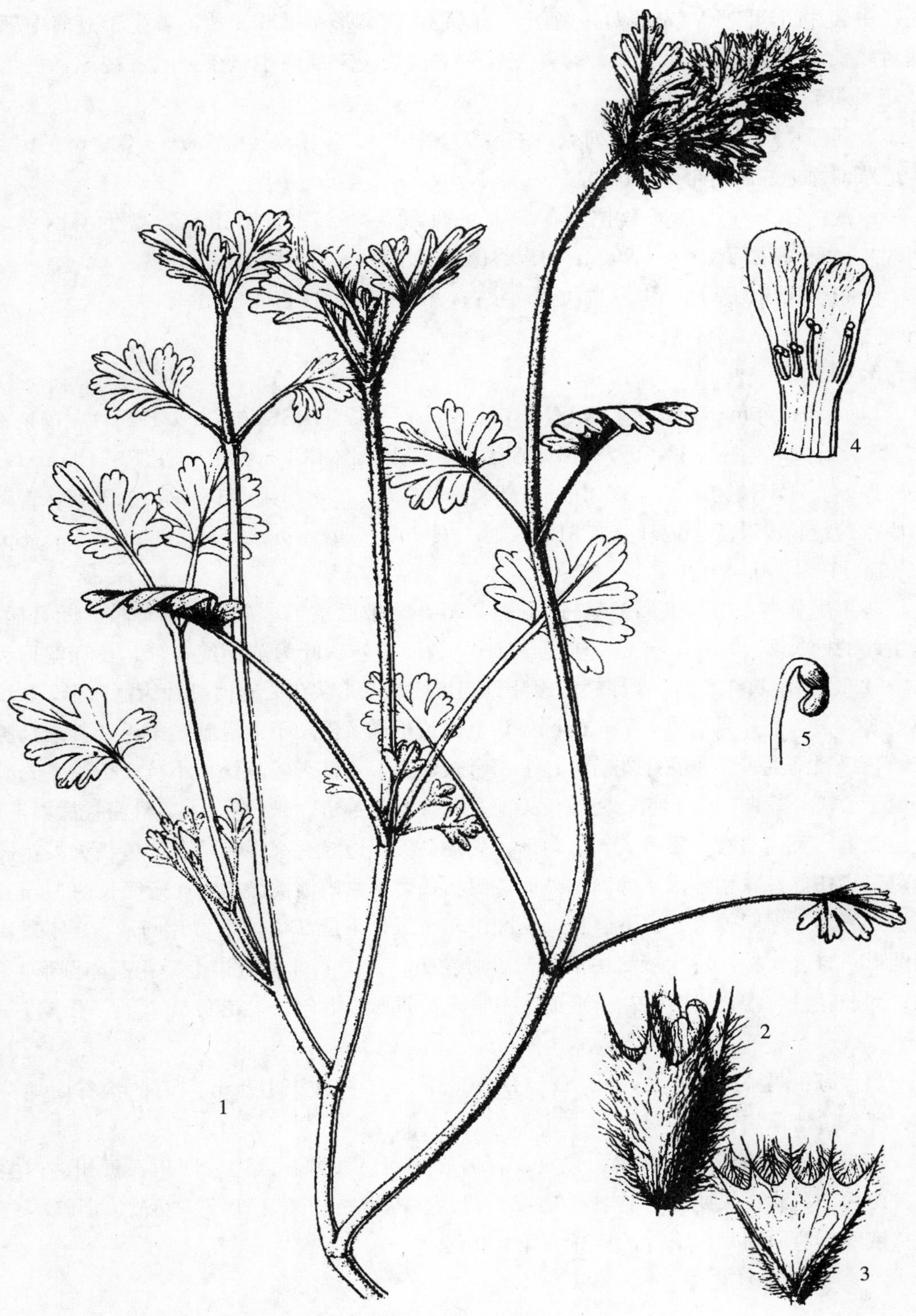

图版 **33** 毛穗夏至草 **Lagopsis eriostachys** (Benth.) Ik. –Gal. ex Knorr. 1. 植株上部；2. 花；3. 花萼纵剖；4. 花冠纵剖；5. 雄蕊。（引自《新疆植物志》，张荣生绘）

裂，中裂片阔卵圆形，先端明显微凹，2 侧裂片椭圆形；雄蕊 4 枚，着生于冠筒中部，前对较长，花药卵圆形，2 室；雌蕊花柱先端浅裂。未成熟小坚果卵状三棱形，褐色。花果期 7～8 月。

产新疆：乌恰（波斯坦铁列克，王兵 93－2507）。生于海拔 3 100～4 700 m 的河谷阶地草甸裸地、高山带砾石山坡。

西藏：日土（热帮区舍拉沟，高生所西藏队 3525；空喀山口，高生所西藏队 3692）。生于海拔 4 700～4 900 m 的沟谷山地高寒草甸、高山带砾石山坡。

分布于我国的新疆、青海、西藏；蒙古，俄罗斯西伯利亚东部也有。

3. 夏至草

Lagopsis supina（Steph.）Ik.-Gal. ex Knorr. Fl. URSS 20：250. 1954；中国植物志 65（2）：256. 图版 52. 1977；西藏植物志 4：117. 图 48：1～3. 1985；Fl. China 17：105. 1994；青海植物志 3：160. 1996；新疆植物志 4：236. 图版 71：7～10. 2004；青藏高原维管植物及其生态地理分布 819. 2008.——*Leonurus supinus* Steph. ex Willd. Sp. Pl. 3：116. 1800.

多年生草本，根圆锥形。茎高 15～35 cm，密被微柔毛，常在基部分枝。叶具柄，基生叶的柄长 2～3 cm，上部者较短，通常 1 cm 左右；叶为圆形或肾形，长和宽均为 1.5～2.0 cm，基部心形，3 深裂，裂片具圆齿或长圆形尖齿，有时叶片为宽卵形，3 浅裂或 3 深裂，裂片无齿或有稀疏的圆齿，上面疏生微柔毛，下面沿脉被柔毛，其余具腺点，边缘具纤毛。轮伞花序花疏，枝上部者较密集，下部者较疏松；小苞片长约 4 mm，稍短于萼筒，弯曲，针刺状，密被微柔毛；花萼管状钟形，长约 4 mm，外密被微柔毛，内面无毛，萼齿 5 枚，不等大，三角形，先端刺尖，边缘有细纤毛，且 2 齿稍大；花冠白色，稀粉红色，稍伸出于萼筒，外面被绵状长柔毛，内面被微柔毛，冠筒长约 5 mm，冠檐二唇形，上唇伸直，比下唇长，长圆形，全缘，下唇 3 裂，中裂片圆形，2 侧裂片椭圆形；雄蕊 4 枚，着生冠筒中下部，后对较短，花丝基部有短柔毛，花药卵圆形，2 室；雌蕊花柱先端 2 浅裂；花盘平顶。小坚果长卵形，褐色。 花期 6～7 月；果期 7～8 月。

产青海：玛沁（军功乡，H. B. G. 306）。生于海拔 3 160 m 左右的沟谷山地草原、河谷阶地草甸。

分布于我国的新疆、甘肃、宁夏、青海、陕西、西藏、云南、四川、贵州、内蒙古、山西、河北、黑龙江、吉林、辽宁、河南、湖北、山东、江苏、安徽、浙江等省区；俄罗斯西伯利亚，蒙古，朝鲜，日本也有。

4. 扭藿香属 Lophanthus Adans.

Adans. Fam. Pl. 2：194. 572. 1763. p. p

多年生草本。叶边缘具齿或齿裂。由数个腋生轮伞花序聚合成聚伞状；苞叶大多数较小；苞片小，线状披针形或线形，稀有披针形；花萼管状或管状钟形，直立或近弯曲，萼筒顶部整齐或斜形，具 5 齿，齿近相等或二唇形，内面在中部或中部以上具毛环；花冠直立或弯曲，冠筒外伸，向上增大，扭转，冠檐二唇形，扭转 90°～180°，上唇（原下唇）3 裂，中裂片较大，下唇（原上唇）2 裂；雄蕊 4 枚，均外伸或后对外伸，前对内藏，药室略平行或不叉开；花盘前面（远轴面）隆起；雌蕊花柱外伸，稀不外伸，先端 2 裂，裂片等长或近等长。小坚果长圆状卵圆形，稍压扁，光滑，褐色。

约 18 种。我国 5 种，昆仑地区产 1 种。

1. 帕米尔扭藿香 图版 34：1～3

Lophanthus subnivalis Lipsky. in Acta Hort. Petrop. 23：209. 1904；Fl. URSS 20：281. 1954；新疆植物志 4：242. 图版 73：1～3. 2004；青藏高原维管植物及其生态地理分布 821. 2008.

多年生草本。茎多数，直立，高 10～15 cm，由基部分枝，分枝较长。下部叶具柄，上部叶近无柄；叶片卵圆形，长 5～15 mm，宽 3～12 mm，基部浅心形或圆形，先端钝，边缘具波状圆齿，叶上面大部分皱波状。由数个轮伞花序聚合成聚伞状，腋生，总梗短或无，中部的总梗长 2～8 mm；苞叶小，通常线状披针形；小苞片极小，线状披针形；花萼管状，长 6～9 mm，稍弯曲，外面密被弯曲的柔毛和腺点，里面在喉部被毛环，萼檐二唇形，萼齿三角状披针形，上唇 3 齿不等宽，裂至本身的 1/2，下唇 2 齿全裂，长为萼筒的 1/4～1/3；花冠淡紫蓝色，长 10～15 mm，冠檐二唇形，上唇 3 裂，中裂片较宽大，倒心形，先端微缺，边缘具锯齿，侧裂片较小，宽圆形，下唇 2 裂；雄蕊 4 枚，后对伸出花冠许多，前对不伸出或稍伸出，药室略叉开；雌蕊花柱伸出花冠许多，顶端 2 裂，裂片细小。小坚果长圆形，稍扁，光滑，褐色。 花期 6 月，果期 7～9 月。

产新疆：乌恰（卡西克苏，张彦福 081；吉根乡阿河铁列克，采集人不详 73－184；吉根乡斯木哈纳，西植所新疆队 2160）。生于海拔 2 500 m 左右的低山砾石山坡、河滩沙石地、沟谷山坡草地。

分布于我国的新疆；吉尔吉斯斯坦也有。

5. 裂叶荆芥属 Schizonepeta Briq.

Briq. in Engl. et. Prantl Nat. Pflanzenfam. 4 (3a): 235. 1897.

多年生或一年生草本。叶指状 3 裂或二回羽状深裂。由多个轮伞花序聚合成顶生的穗状花序；花萼具 15 脉，通常齿弯缺处 2 脉不相会成结，稀形成不明显的结，倒圆锥形，喉部斜，内面无毛环；花冠浅紫色至蓝紫色，略超出花萼，冠筒内面无毛，向上部急骤增大成喉部，冠檐二唇形，上唇直立，先端 2 裂，下唇 3 深裂，中裂片宽大，先端微缺，基部爪状变狭，边缘全缘或具齿，侧裂片较小；雄蕊 4 枚，均能育，后对不伸出或伸出花冠，前对向前直伸，花药药室最初平行，后水平叉开；雌蕊花柱先端 2 裂，裂片近相等；花盘 4 浅裂，前裂片明显较大。小坚果无毛。

共 3 种。我国均产，昆仑地区产 1 种。

1. 小裂叶荆芥 图版 34：4～8

Schizonepeta annua (Pall.) Schischk. in Sched. Herb. Fl. Ross. 10 (64): 72. 1936; Fl. URSS 20: 285. 1954; Pl. Asiae Centr. 5: 28. 1970；中国植物志 65 (2): 268. 1977；西藏植物志 4: 119. 图 50：1～5. 1985; Fl. China 17: 118. 1994；新疆植物志 4: 243. 图版 74：1～5. 2004；青藏高原维管植物及其生态地理分布 833. 2008. ——*Nepeta annua* Pall. in Acta Petrop. 2: 263. 1783.

一年生草本。茎高 13～30 cm，通常自基部分枝，茎枝常浅紫褐色或紫红色，被白色疏柔毛。叶轮廓圆形至长圆状卵形，长 1.0～2.3 cm，宽 0.7～2.1 cm，二回羽状深裂，裂片线状长圆形至卵状长圆形，全缘或少数具 1～2 齿，先端钝或圆形，上面被疏柔毛，下面密被疏柔毛，两面均有黄色腺点。由轮伞花序聚合成顶生的穗状花序，长 2～8 cm，生于主茎上的花序长，生于侧枝上的花序短，花序下部的轮伞花序常有间断；花序下部 1～2 对苞叶大，与茎生叶相似，向上渐变小呈线状披针形，边缘羽状深裂至全缘；苞片线状钻形；花萼长 5～6 mm，外被疏柔毛，内面无毛，喉部倾斜，萼齿 5 枚，卵形，后 3 齿长于前 2 齿，先端具短芒尖；花冠淡紫色，略超过花萼，长 6.5～8.0 mm，外面被具节长柔毛，内面无毛，冠筒长 5～6 mm，冠檐二唇形，上唇短，直立，2 浅裂，裂片圆形，下唇 3 裂，中裂片较大，先端微缺，基部爪状变狭，边缘具不规则的齿缺，侧裂片较小；雄蕊 4 枚，后对略超出花冠；雌蕊花柱先端 2 浅裂。小坚果长圆状三棱形，褐色，顶端圆形，微被短毛或无毛。 花期6～8月，果期 8 月以后。

产西藏：日土（日松乡过巴，青藏队吴玉虎 1398；热帮区，高生所西藏队 3523；上曲龙，高生所西藏队 3487）。生于海拔 4 300～4 700 m 的前山带冲沟沙地、石质山坡、河谷阶地草甸、砾石质河岸草地。

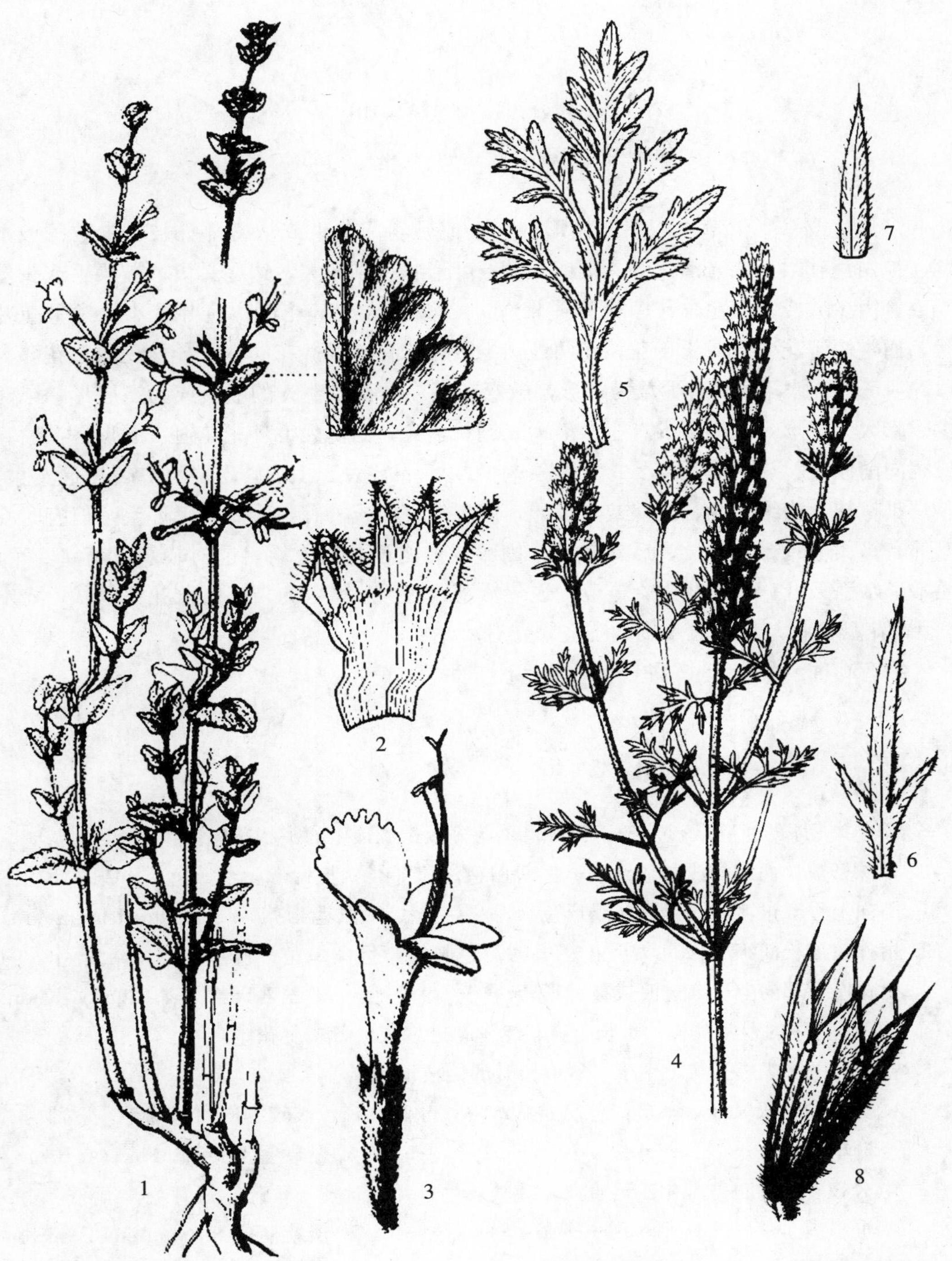

图版 **34**　帕米尔扭藿香 **Lophanthus subnivalis** Lipsky. 1. 植株；2. 花萼纵剖内面观；3. 花。小裂叶荆芥 **Schizonepeta annua**（Pall.）Schischk. 4. 花枝；5. 叶；6. 花序下部苞片；7. 花序上部苞片；8. 花萼。（引自《新疆植物志》，张荣生绘）

分布于我国的新疆、西藏、内蒙古；俄罗斯，蒙古也有。

6. 荆芥属 Nepeta Linn.

Linn. Sp. Pl. 570. 1753. p. p.

多年生或一年生草本。茎四棱形，直立或倾斜，单生或从基部分枝，少数侧枝不育，被白色软柔毛或光滑。叶具柄或无柄；叶形状差别较大，边缘具齿，被柔毛或少数无毛。由少数或多个轮伞花序聚集成聚伞状、穗状或头状花序；苞叶较小，常呈苞片状，通常短于花萼，或长于花；花两性，少数有雌花、两性花同株或异株现象；花萼具（13）15～17 脉，管状，少数为钟形，微弯或直，具斜或整齐的喉，或为二唇形，果时少数膨大为球形，顶端渐尖、芒状渐尖或刺状渐尖，内部无毛环；花冠二唇形，上唇直或稍向前倾，2 深裂或浅裂，少数为顶端微缺，下唇大于上唇，3 裂，中裂片最宽大，顶端具弯缺，边缘全缘、波状或具齿牙，侧裂片直伸或外翻，冠筒内无环毛，但有时在喉部有短柔毛；雄蕊 4 枚，后对较长，内藏或伸出于花冠上唇，前对较短，药室 2 个，通常呈水平叉开；在雌花中，雄蕊为退化雄蕊，花丝扁平，光滑；雌蕊花柱丝状，先端 2 裂；花盘杯状，具等大 4 裂。小坚果光滑。

约 250 种。我国产 45 种，昆仑地区产 9 种。

分种检索表

1. 全部轮伞花序的苞叶及苞片长于花；轮伞花序聚集成顶生的头状花序。
    2. 植株密被长而细的浅灰色茸毛，呈灰白色；苞叶线状披针形，淡紫色，由花序下部向上逐渐过渡成线形、狭线形苞片 ………… **1. 长苞荆芥 N. longibracteata** Benth.
    2. 植株疏被长而细的白色柔毛和密集的黄色腺体，呈黄绿色；苞片卵形，暗紫色，由花序下部向上逐渐过渡成披针形苞片 ……………… **2. 里普氏荆芥 N. lipskyi** Kudr.
1. 全部轮伞花序的苞叶及苞片不长于花；轮伞花序聚集成各式复花序。
    3. 轮伞花序密集成头状，生于平展或斜升的侧枝顶端或总梗顶端。
        4. 分枝少，极叉开，茎被白色丛卷状绵毛；叶圆心形，被较密的白色绵毛，下部叶柄粗壮，平展 ……………………………… **6. 丛卷毛荆芥 N. Floccosa** Benth.
        4. 分枝多数，自基部生出，直立，疏被茸毛；叶心状卵形，疏被短茸毛，下部叶柄斜展 ………………………………………… **7. 淡紫荆芥 N. yanthina** Franch.
    3. 轮伞花序聚集成顶生的穗状、少头状花序。
        5. 顶生穗状花序，在下部常具 1 个远离而间断的轮伞花序。
            6. 茎生叶卵圆形、菱状卵形至圆形；轮伞花序密集成圆锥状或头状。
                7. 萼齿狭披针形，外被具节的长毛及腺毛；花冠淡紫色 ……………………

…………………………… **3. 塔什库尔干荆芥 N. taxkorganica** Y. F. Chang

7. 萼齿狭三角形或披针形，多少为紫色，顶端具硬尖，被白茸毛，花冠蓝色…………………………………………………… **5. 绒毛荆芥 N. kokanica** Regel

6. 茎生叶披针形、卵状披针形至长圆状卵形；轮伞花序密集成穗状或圆筒状。

8. 叶两面被短柔毛并混生黄色小腺点；苞片线状披针形，等长或略超出萼，被长柔毛；花冠蓝色，花小………… **4. 密花荆芥 N. densiflora** Kar. et Kir.

8. 叶上面微被短柔毛，下面沿脉疏被短硬毛及黄色小腺点；苞片线形或线状披针形，短于或等长于萼，微被腺柔毛、黄色小腺点和睫毛；花冠紫色或蓝色，花大 ……………………………………… **9. 康藏荆芥 N. prattii** Levl.

5. 顶生穗状花序下部不间断，轮伞花序生于茎端 4～5（10）节上，密集成长 3～5 cm 卵形的穗状，或展开长达 8.5～12.0 cm；无梗或具 2 mm 的小花梗；花小，长 10～12 mm ……………………………… **8. 蓝花荆芥 N. coerulescens** Maxim.

1. 长苞荆芥 图版 35：1～7

Nepeta longibracteata Benth. in Labiat. Gen. et Sp. 12：737. 1835；Hook. f. Fl. Brit. Ind. 4：660. 1885；Fl. URSS 20：303. 1954；Icon. Pl. Pamir. 210. 1963；Nasir et Ali. Fl. W. Pakist. 623. 1972 "longibracteats"；中国植物志 65（2）：275. 1977；西藏植物志 4：123. 图 51：1～3. 1985；Fl. China 17：109. 1994；新疆植物志 4：246. 图版 75：1～7. 2004；青藏高原维管植物及其生态地理分布 825. 2008.

多年生草本。根状茎细弱；茎高 5～10 cm，细弱，从基部多分枝，具多数不育枝，全为紫褐色，密被平展具节的浅灰色单毛。叶对生，绿色或上部叶为紫褐色，卵形、倒卵状楔形或卵状菱形，基部楔形或宽楔形，先端钝，边缘具大圆齿，上部者有时 3 浅裂，两面密被浅灰色长而细的茸毛。轮伞花序下面的苞叶楔形，灰紫色；花序通常球形；苞片披针形、线形或长圆形，等于或短于花或有少数微长于花，长 16～17 mm，蓝紫色，边缘密被浅灰色长单毛；花萼直立，长约 7 mm，萼齿披针形，前齿比后齿稍狭，萼齿边缘及萼筒被淡灰色长而细的具节毛，其间混生有黄色腺点；花冠蓝色，长 10～17 mm，外面微被短柔毛，花冠筒细而弯，伸出萼筒，上部扩大，冠檐二唇形，上唇先端深裂至中部以上，裂片长圆形，有时先端具细圆齿，下唇大于上唇许多，中裂片扇形，先端具大的缺刻，边缘具疏圆齿，有的中央具大的蓝色斑点或无，侧裂片倒卵形；雄蕊 4 枚，后对稍短于上唇；雌蕊花柱顶端 2 等裂，裂片蓝色。 花期 7～8 月，果期 9 月。

产新疆：乌恰、塔什库尔干（托克满苏老营房，西植所新疆队 1406；当巴什红其拉甫，西植所新疆队 1486；水布朗沟，西植所新疆队 1472）、叶城（阿克拉达坂，青藏队吴玉虎1474；天文点，青藏队吴玉虎 1249）、皮山（黄羊滩，青藏队吴玉虎 4748）。生于海拔4 500～5 100 m 的石质山坡、河谷阶地草甸、高山流石坡湿草地。

西藏：日土（拉龙山，高生所西藏队 3572）、班戈（普保乡，陶德定 10593）。生于

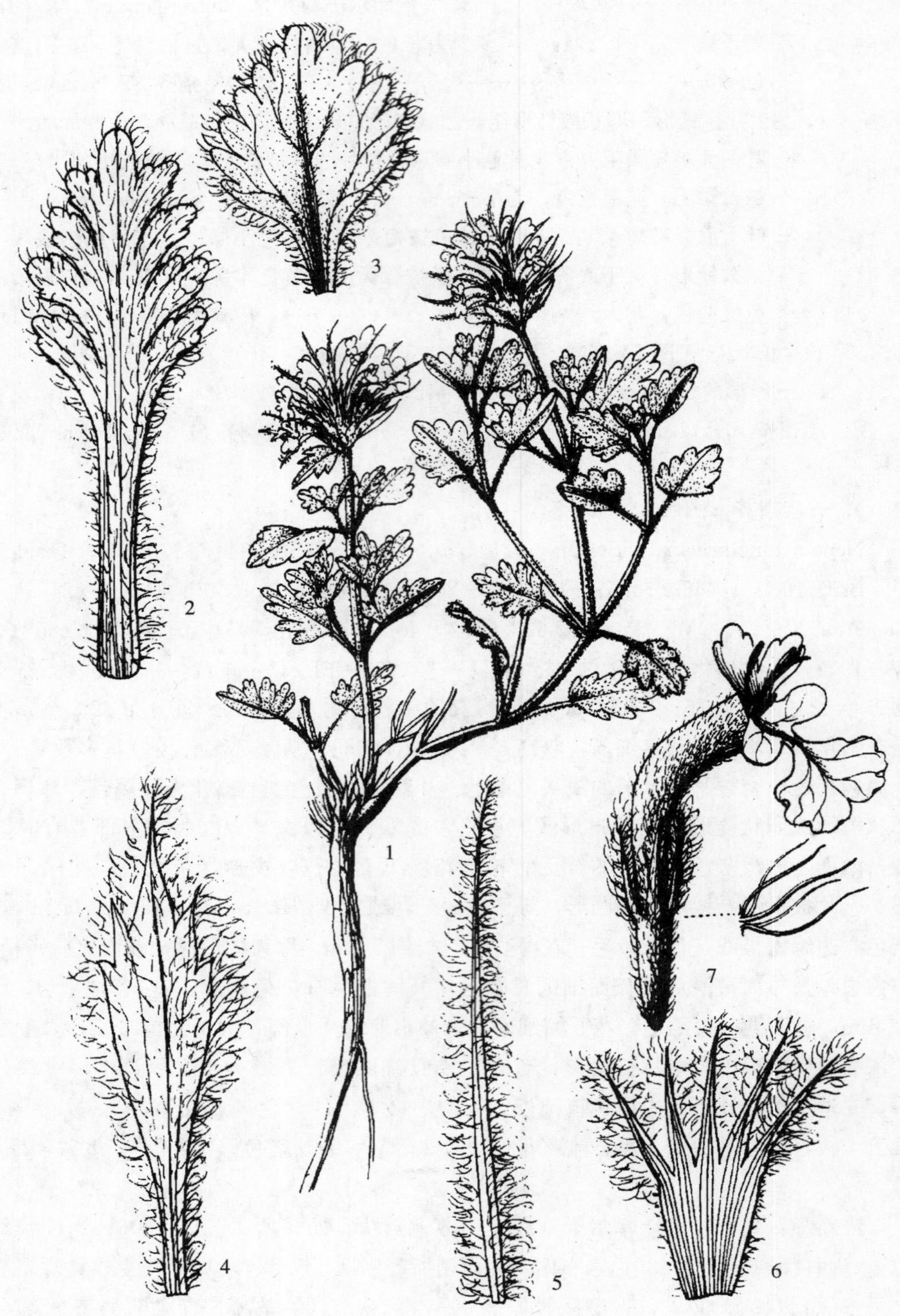

图版 **35** 长苞荆芥 **Nepeta longibracteata** Benth. 1. 植株；2. 花枝下部叶；3. 花枝上部叶；4. 苞叶；5. 苞片；6. 花萼纵剖；7. 花。（引自《新疆植物志》，张荣生绘）

海拔4 700～5 450 m 的沟谷砾石山坡草甸、山地高寒草甸。

分布于新疆、西藏；克什米尔地区，巴基斯坦，印度，中亚地区各国，俄罗斯也有。

2. 里普氏荆芥（中国新纪录） 图版 36：1～3

Nepeta lipskyi Kudr. in Not. Syst. Herb. Inst. Bot. Sci. Uzbekist. Acad. Sci. URSS 9：20. 1947；Fl. URSS 20：305. 1954；青藏高原维管植物及其生态地理分布 825. 2008.

多年生草本，高 10～20 cm。具较长的绳索状根，表面常有残存的黑褐色根皮纤维。砾石堆下根状茎表面被残留的黑褐色茎皮鳞片，地上茎在基部多分枝，较细弱，直立或斜升，四棱形，紫红色，被密集的白色短茸毛及短腺毛。叶柄长 0.6～1.5（～4.0）cm；下部茎生叶小，稀疏，中部叶最大，叶片阔卵形或阔卵状菱形，黄绿色，长 1～2 cm，宽 0.7～2.0 cm，基部楔形或宽楔形，顶端钝，边缘具粗大钝锯齿，两面被有短腺毛、茸毛和尖硬毛。由数个轮伞花序短缩成顶生头状复花序，径 2～5 cm；苞叶卵形，先端长渐尖，暗紫色，背面被无柄的黄色腺体，边缘密被白色长缘毛，由花序下向上逐渐过渡成披针形苞片；苞片紫色，边缘密被白色长缘毛，长 15～22 mm，等于或长于花；花萼长 9～13 mm，二唇形，微弯，萼齿 5 枚，三角状披针形，边缘有睫毛，上唇 3 萼齿长约 5 mm，下唇 2 萼齿长 4 mm，萼筒长 6～8 mm，喉部稍倾斜和扩展，紫色或黄绿色，外被白色短茸毛；花冠蓝色（干后变黄褐色），长 18～21 mm，外面疏被黄色腺毛，喉部稍扩展，冠檐二唇形，上唇直立，顶端 2 裂，裂片圆形，长 1.5～2.0 mm，下唇 3 裂，中裂片平展，顶端微凹呈肾形，长 2.8～3.0 mm，侧裂片卵形；雄蕊 4 枚，后对较长，不伸出。小坚果宽椭圆形，长 2.0～2.5 mm，棕褐色，光滑。花期 7～8 月，果期 9 月。

产新疆：乌恰（托云乡苏约克，王兵 93－2024）。生于海拔 3 800～4 500 m 的沟谷山坡草地、河谷阶地草甸裸地、高山流石山坡。

分布于我国的新疆；塔吉克斯坦的东帕米尔也有。为帕米尔阿赖特有种。

本种与长苞荆芥 *Nepeta longibracteata* Benth. 是本属中 2 个苞片长于花的种，形态十分接近，但本种植株疏被长而细的白色柔毛和密集的黄色腺体，呈黄绿色；苞片卵形，暗紫色，由花序下部向上逐渐过渡成披针形苞片等特征，使二者易于区别。

3. 塔什库尔干荆芥 图版 36：4～8

Nepeta taxkorganica Y. F. Chang in Bull. Bot. Res. 3（1）：163. 1983；Fl. China 17：110. 1994；新疆植物志 4：251. 图版 76：8～12. 2004；青藏高原维管植物及其生态地理分布 826. 2008.

多年生草本，高 15～25 cm。根粗壮，木质化，褐紫色，下部扭曲呈绳状，分枝较多，被褐色鳞片。茎多数，丛生，由基部分出许多侧枝条，直立或斜升，四棱形，节间长 3～6 cm，基部褐色，上部淡绿色，全株均被较稀疏的白色柔毛。叶具柄，长 0.3～0.7 cm；叶片卵圆形或宽卵圆形，长 6～12 mm，宽 0.5～10.0 mm，基部宽楔形或近圆形，顶端钝或近圆形，少数急尖，边缘具锯齿微反卷，偶全缘，上面具较稀疏的短柔毛，下面密被疏松的白色茸毛，不育枝上的叶较小。花顶生，密聚集成圆锥状或间断的假圆锥状，长 1.5～3.5 cm；苞叶宽卵形、卵形或宽披针形，长 2～4 mm，宽 1.5～2.5 mm，基部楔形，顶端渐尖或急尖，多变成硬刺尖，边缘有白色具节长睫毛，两面密被白色短柔毛及混生腺毛；苞片比花萼短，狭线形，与萼被白色短柔毛，边缘被白色具节的长柔毛；花萼细管状，长 5～6 mm，萼齿狭披针形，外被具节的长毛及腺毛；花冠淡紫色，长约 1.2 cm，冠筒伸出萼筒很多，微弯曲，上端扩大，冠檐二唇形，上唇先端深裂而成长圆形裂片，全缘，下唇 3 裂，中裂片先端具凹缺，边缘具不整齐的细缺刻，侧裂片半圆形；雄蕊 4 枚，后对雄蕊不超出上唇。　花期 7 月，果未见。

产新疆：塔什库尔干（明铁盖达坂，西植所新疆队 1174）。生于海拔 3 000～4 580 m 的沟谷山地高寒草甸、高山石质山坡。

分布于我国的新疆。模式标本采自新疆塔什库尔干。

4. 密花荆芥

Nepeta densiflora Kar. et Kir. in Bull. Soc. Nat. Mosc. 14：725. 1841；Fl. URSS 20：314. 1954；Pl. Asiae. Centr. 5：32. 1970；中国植物志 65 (2)：280. 1977；西藏植物志 4：130. 图 54：4. 1985；Fl. China 17：111. 1994；新疆植物志 4：248. 2004；青藏高原维管植物及其生态地理分布 824. 2008.

多年生草本。根茎细长，与茎下部节上被暗褐色鳞片状的叶。茎高 25～40 cm，由基部上升，上部直立，节间长 5～6 cm，被稀疏而弯曲的单柔毛和混生的腺毛，叶腋中均有不育小枝，不育枝下部的较长，上部的短。茎生叶具长 2～4 mm 的柄；叶片鲜绿色，披针形或长圆状卵形，长 15～30 mm，宽 2～10 mm，基部楔形或圆楔形，先端急尖或钝，边缘在中部以下通常全缘，中部以上具 1～4 个疏齿，两面疏被短柔毛及黄色小腺点，后者在下面较多；不育枝上的叶小而狭。花序穗状呈卵形至圆筒形，长 1.5～8.0 cm，下部常有单个远离的轮伞花序，稀无，基部有 1 对绿色与茎叶相同的苞叶；苞片蓝紫色，披针状线形，长7～11 mm，与萼等长或略超出，被长柔毛；花萼蓝紫色，长 8～10 mm，外被短柔毛；花冠长 15～16 mm，外被短柔毛，花冠筒长 9 mm，上部扩大成宽喉，冠檐二唇形，上唇长 3 mm，深裂至 1/2 而成 2 钝裂片，下唇 3 裂，中裂片宽，长 3～4 mm，宽 7～8 mm，中央具宽而深的弯缺，侧裂片圆状三角形；雄蕊 4 枚，后对雄蕊与上唇几等长；雌蕊花柱丝状，先端 2 裂，裂片蓝色。小坚果深棕色，宽卵形。　花期 7 月，果期 8 月。

产新疆：塔什库尔干（克克吐鲁克，吴玉虎 512）。生于海拔 4 500 m 左右的沟谷砾石山坡草地。

西藏：日土（采集地不详，吴玉虎 1632）。生于海拔 4 230 m 左右的沟谷山地高寒草原、河谷高山草甸。

青海：曲麻莱（巴干，黄荣福等 926）。生于海拔 4 100 m 左右的宽谷河滩草丛、河谷阶地草甸、高寒草甸。

分布于我国的新疆、青海、西藏；俄罗斯西伯利亚及蒙古也有。

5. 绒毛荆芥 图版 36：9～11

Nepeta kokanica Regel in Izv. Obschch. Estestv. Antrop. Etnogr. Mosc. Univ. Geogr. Otd. 34（2）：65. 1882；Fl. URSS 20：328. 1954；Fl. Kirghizist. 9：49. 1960；Nasir et Ali. Fl. W. Pakist. 622. 1972；中国植物志 65（2）：282. 1977；Fl. China 17：111. 1994；新疆植物志 4：249. 图版 76：4～6. 2004；青藏高原维管植物及其生态地理分布 825. 2008.

多年生草本。根较粗，暗褐色，分枝较多，根茎及茎基部均被鳞片状叶。茎高 10～40 cm，由基部分枝，茎及侧枝上密被茸毛状短柔毛，节及其花序下面往往被白色交织的茸毛。叶具短柄；叶片圆形或菱状卵形，少数为肾形，长 0.5～1.0 cm，宽 0.3～0.5 cm，基部楔形，先端钝或短渐尖，两面密被白色绵毛，侧枝上的叶较小，通常较狭。轮伞花序通常密集成顶生的头状复花序，稀下部具 1 远离的轮伞花序；苞叶与茎叶相似，较小，密被白色茸毛；苞片比花萼短，狭线形，具较密而长的卷曲白茸毛；花萼管状，微弯，二唇形，长 7.0～7.5 mm，萼齿狭三角形或披针形，多少为紫色，顶端具硬尖，被白茸毛，后齿为萼筒长1/2～2/3，前对齿较后齿稍短；花冠蓝色，长 15～18 mm，外微被短柔毛及腺毛，冠檐二唇形，上唇长 2.7～3.0 mm，先端深裂至 1/3 而成钝的倒卵形裂片，下唇 3 裂，中裂片长 3～4 mm，宽约 6 mm，先端具宽的凹缺，侧裂片近半圆形。小坚果暗褐色，基部略狭，三棱形。 花期 7 月，果期 9 月。

产新疆：乌恰、塔什库尔干（采集地不详，陈永胜 131）。生于海拔 3 000～4 000 m 的高山石质山坡、河谷阶地草甸。

分布于我国的新疆；俄罗斯，吉尔吉斯斯坦也有。

6. 丛卷毛荆芥

Nepeta floccosa Benth. Labiat. Gen. et Sp. 736. 1835；Hook. f. Fl. Brit. Ind. 4：662. 1885；Nasir et Ali Fl. W. Pakist. 621. 1972；中国植物志 65（2）：284. 1977；西藏植物志 4：123. 1985；Fl. China 17：112. 1994；青藏高原维管植物及其生态地理分布 824. 2008.

多年生植物。茎自基部分枝，斜升，粗壮或纤细，中央的常高 66～100 cm，密被白色丛卷状绵毛。基生叶柄粗壮，平展，长至 10 cm，茎生叶具短柄；叶片卵状心形至

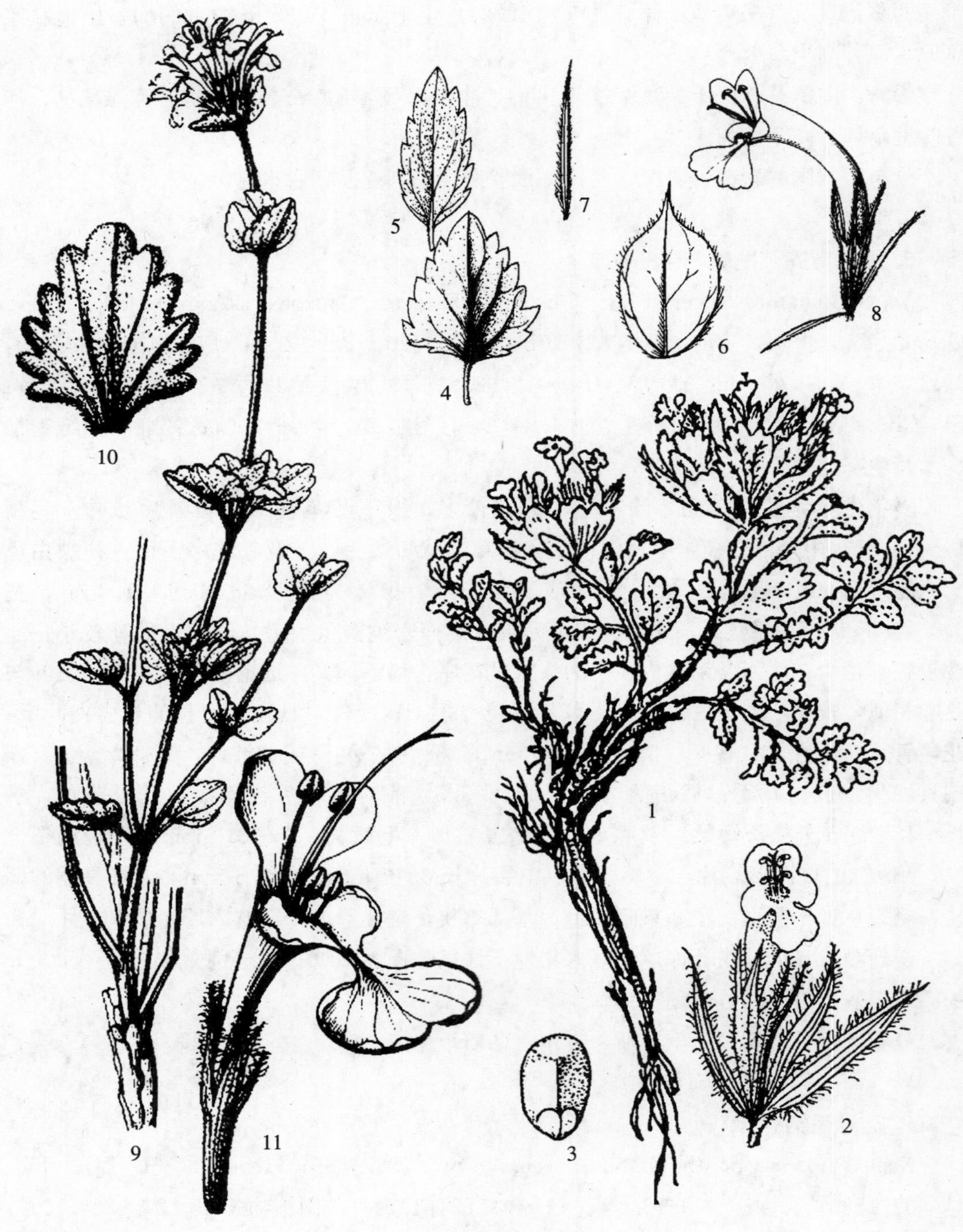

图版 **36** 里普氏荆芥 **Nepeta lipskyi** Kudr. 1. 植株；2. 花；3. 小坚果。塔什库尔干荆芥 **N. taxkorganica** Y. F. Chang 4～5. 两种叶形；6. 总苞片；7. 苞片；8. 花。绒毛荆芥 **N. kokanica** Regel 9. 植株；10. 叶；11. 花。（引自《新疆植物志》，张荣生绘）

圆心形，长 2.5～7.5 cm，宽 1.5～4.0 cm，基部心形，顶端钝，边缘具粗大钝圆齿或缺刻，两面密被白色丛卷状绵毛。轮伞花序密集，多花，头状，径 1.25～2.50 cm，粉红色或紫色，生于平展的、长 2.5～7.5 cm 的侧枝顶端或总梗顶端；苞叶披针形，紫色，全缘，长约 1 cm，被稀疏白色绵毛；苞片线状钻形，与花萼等长；花萼长 6.5～8.0 mm，被长柔毛，喉部斜，二唇形，萼齿比萼筒短许多，后齿狭三角形或披针形，前齿比后齿短；花冠蓝色，长 12～14 mm，花冠筒纤细，与萼等长，上部扩大成宽喉，冠檐二唇形，上唇长 3 mm，深裂为 2 钝裂片，下唇 3 裂，中裂片宽，倒心形，下弯，侧裂片钝三角形；雄蕊 4 枚，后对略超出花冠 。小坚果长约 2 mm，光滑。 花期 7 月，果期 8 月。

产西藏：日土（班公湖，青藏队吴玉虎 1345、1745，高生所西藏队 3682；日松乡过巴，高生所西藏队 3559）。生于海拔 3 700～4 600 m 左右的沟谷山地草原、山坡高寒草甸、裸地河谷阶地高寒草原。

分布于我国的西藏；印度，阿富汗东部，克什米尔地区也有。

7. 淡紫荆芥 图版 37：1～7

Nepeta yanthina Franch. in Bull. Mus. Hist. Nat. Paris 3：324. 1897；中国植物志 65（2）：284. 1977；西藏植物志 4：124. 图 51：4. 1985；青藏高原维管植物及其生态地理分布 827. 2008.——*Nepeta kunlunshanica* C. Y. Yang et B. Wang Bull. Bot. Res. Harbin 7（1）：97～99. 1987；Fl. China 17：112. 1994.——*Nepeta pulchella* Pojark. in Not. Syst. Herb. Inst. Bot. Acad. Sci. URSS 15：283. 1953；新疆植物志 4：255. 图版 78：6～9. 2004.

半灌木状多年生草本。茎基部常扭曲成绳状，分成多数直立的分枝，高 30～35 cm，疏被短柔毛，中部以下叶腋中通常有不育小枝。下部的叶柄长 4.5～5.5 cm，向上缩短至近无柄；叶片心状卵形或三角状心形，长和宽各 1.5～3.0 cm，边缘具不规则的圆齿或近深缺刻状，具泡状隆起，两面密被交织的短茸毛和腺毛。轮伞花序头状，生于平展的、长1～3 cm的侧枝顶端或总梗顶端；苞叶叶状，向上渐变窄呈披针形，被与叶同样的毛；苞片淡紫色，披针形至钻形，被紫色绵毛，较萼短；花萼淡紫色，明显二唇形，上唇的齿几叉开，下面的 2 齿前伸，稍长，均披针形，先端钻形，被紫色绵毛；花冠蓝色或淡蓝色，长 9～13 mm，外面密被短茸毛和腺毛，花冠筒纤细，微弯，超过花萼 2～3 mm，冠檐小；后对雄蕊和花柱略超出花冠。小坚果长圆状椭圆形，长约 2.5 mm，棕色，光滑。 花果期 6～8 月。

产新疆：皮山（康西瓦，安峥皙 100）。生于海拔 3 800 m 左右的河滩草甸、沟谷山地、河谷阶地草甸。

西藏：日土（采集地不详，张新时 13550）。生于海拔 4 300 m 左右的沟谷砾石山坡草地、山坡砾石质草地、河滩砾石地。

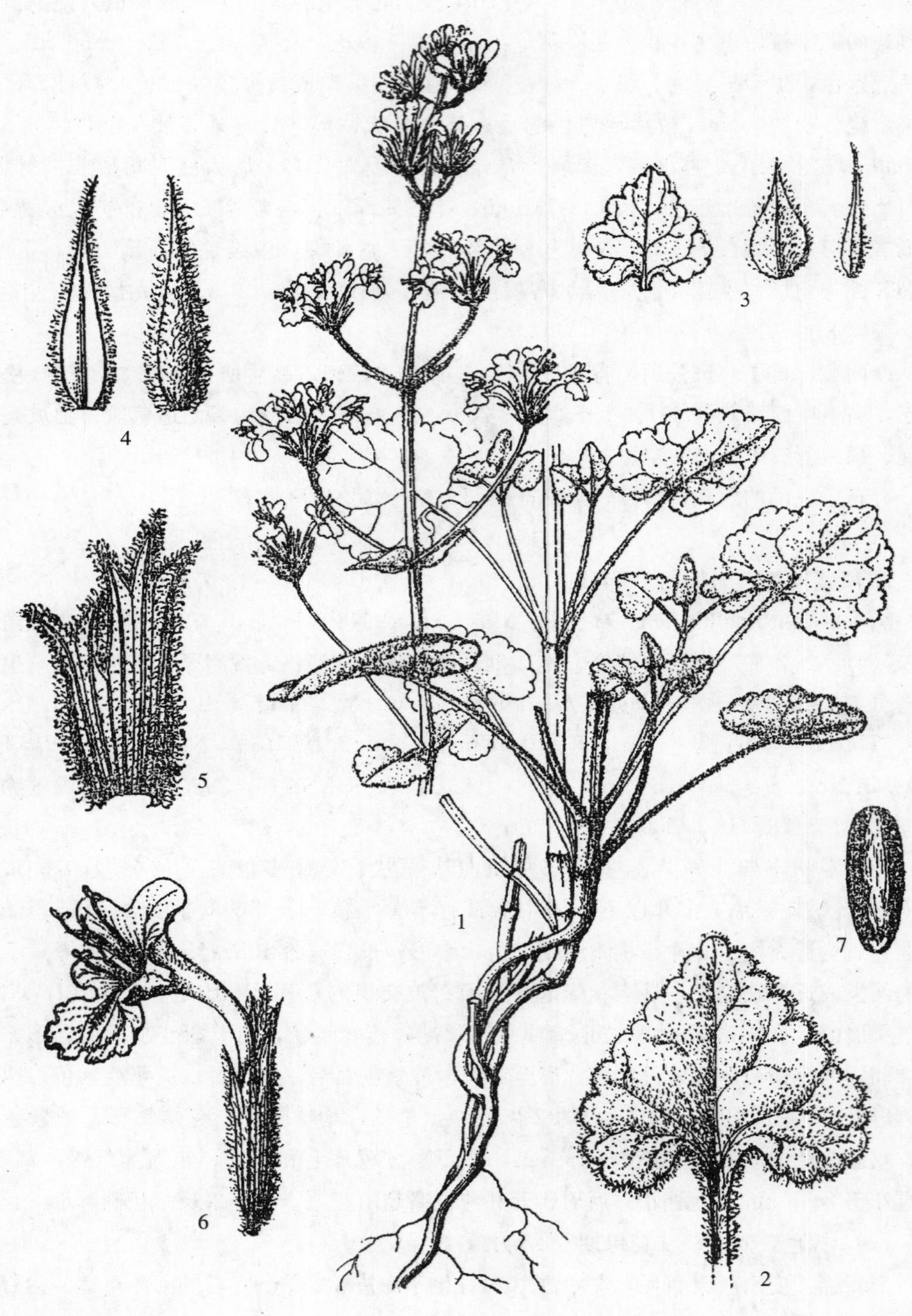

图版 **37** 淡紫荆芥 **Nepeta yanthina** Franch. 1. 植株；2. 叶；3. 苞叶；4. 苞片；5. 花萼纵剖；6. 花；7. 小坚果。（引自《新疆植物志》，张荣生绘）

分布于我国的新疆、西藏；俄罗斯，中亚地区各国也有。

本种与丛卷毛荆芥 *Nepeta floccosa* Benth. 外貌相似，但前者茎和叶上的毛明显少和短，呈黄绿色；后者茎和叶密被白色丛卷状绵毛，而易于区别。

8. 蓝花荆芥

Nepeta coerulescens Maxim. in Bull. Acad. Sci. St. -Pétersb. 27：529. 1881；Nasir et Ali Fl. W. Pakist. 619. 1972；中国植物志 65 (2)：285. 1977；西藏植物志 4：130. 图 55：1. 1985；Fl. China 17：112. 1994；青海植物志 3：167. 图版 37：7～8. 1996；青藏高原维管植物及其生态地理分布 823. 2008.

多年生草本，高 25～42 cm。根纤细而长。茎丛生，几不分枝或中部各节叶腋中有不育小枝，被短柔毛。下部的叶柄较长，长 3～10 mm，上部叶具短柄（长 1.0～2.5 mm）或无柄；叶披针状长圆形，长 2～5 cm，宽 0.9～2.1 cm，基部截形或浅心形，先端急尖，边缘浅锯齿状，纸质，上面橄榄绿色，下面略淡，叶脉上面下陷，下面稍隆起，两面密被短柔毛，下面除短柔毛外并杂有黄色腺点；不育枝上的叶更小。轮伞花序生于茎端 4～5（10）节上，密集成长 3～5 cm 卵形的穗状，或展开长达 8.5～12.0 cm，具长 0～2 mm 的小花梗；苞叶叶状，向上渐变小，近全缘，带蓝色；苞片较萼长或近等长，线形或线状披针形，蓝色，具睫毛；花萼长 6～7 mm，外面被短硬毛及黄色腺点，喉部极斜，上唇 3 浅裂，齿三角状宽披针形，渐尖，下唇 2 深裂，齿线状披针形；花冠蓝色，长 10～12 mm，外被微柔毛，花冠筒长约 6 mm，宽 1.5 mm，向上骤然扩展成长 3.0～3.5 mm、宽约 4.5 mm 的喉部，冠檐二唇形，上唇直立，长约 3 mm，2 深裂片圆形，下唇长约 6.5 mm，3 裂，中裂片大，下垂，倒心形，长约 3 mm，宽约 3.5 mm，先端微缺，基部隆起，被髯毛，侧裂片外翻，半圆形，长 1.5 mm，宽 2 mm；雄蕊短于上唇；雌蕊花柱略伸出。小坚果卵形，长 1.6 mm，宽 1.1 mm，褐色，无毛。　花期 7～8 月，果期 8 月。

产西藏：日土（热帮舍拉沟，高生所西藏队 3527；班公湖，高生所西藏队 3637）。生于海拔 4 360～4 800 m 的沟谷山地草原。

青海：兴海（中铁乡至中铁林场途中，吴玉虎 43186、43217；黄青河畔，吴玉虎 42515、42615；大河坝，吴玉虎 42506、42494、42575，弃耕地调查队 335；鄂拉山，张盍曾 63-99；青根桥，王作宾 20141；河卡乡满丈沟，吴珍兰 79）、称多（歇武乡，刘尚武 2539）、玛沁（西哈垄河谷，H. B. G. 353、吴玉虎等 5699；红土山前，吴玉虎等 18683、18805、18807；军功乡二大队，区划二组 141；大武镇北面山坡，植被地理组 246；后山，吴玉虎 1426；雪山乡，黄荣福 C. G. 81-0013）、久治（白玉乡，吴玉虎 26375；索乎日麻乡附近，藏药队 430）、玛多（军功乡宁果公路 396 km 处，吴玉虎 20664）、治多（采集地不详，苟新京 20669）。生于海拔 3 450～4 150 m 的沟谷干山坡草地、山地阳坡草甸、河滩高寒草甸砾地、河谷山麓砾石堆、沟谷山地阴坡高寒灌丛边缘。

分布于我国的甘肃西部、青海东部、西藏南部及四川西部。

9. 康藏荆芥

Nepeta prattii Levl. in Fedde Repert. Sp. Nov. 9: 245. 1911; 中国植物志 65 (2): 292. 图版 56: 1~4. 1975; 西藏植物志 4: 132. 1985; Fl. China 17: 114. 1994; 青海植物志 3: 168. 1996; 青藏高原维管植物及其生态地理分布 826. 2008.

多年生草本，高 70~90 cm。茎四棱形，具细条纹，无毛或被倒向短硬毛并杂有黄色腺点，不分枝或上部具少数分枝。下部叶具短柄，柄长 3~6 mm，中部以上叶具极短柄至无柄；叶卵状披针形、宽披针形至披针形，长 6.0~8.5 cm，宽 2~3 cm，基部浅心形，先端急尖，边缘具密的齿状锯齿，上面橄榄绿色，微被短柔毛，下面淡绿色，沿脉疏被短硬毛及黄色小腺点，羽状脉 6~8 对。轮伞花序生于茎、枝上部 3~9 节上，下部的远离，顶部的 3~6 节密集成穗状；苞叶与茎叶同形，向上渐变小，长 1.2~1.5 cm，具细锯齿至全缘；苞片较萼短或等长，线形或线状披针形，微被腺柔毛、黄色小腺点和睫毛；花萼长 11~13 mm，疏被短柔毛及白色小腺点，喉部极斜，上唇 3 齿，宽披针形或披针状长三角形，下唇 2 齿狭披针形，齿先端均长渐尖；花冠紫色或蓝色，长 2.8~3.5 cm，外疏被短柔毛，花冠筒微弯，长于萼，向上骤然宽大成长达 10 mm、宽 9 mm 的喉，冠檐二唇形，上唇裂至中部成 2 钝裂片，下唇中裂片肾形，先端中部具弯缺，边缘啮齿状，基部内面具白色髯毛，侧裂片半圆形；前对雄蕊短于下唇，后对略伸出；雌蕊花柱先端近相等 2 裂，伸出上唇之外。小坚果倒卵状长圆形，长约 2.7 mm，宽 1.5 mm，腹面具棱，基部渐狭，褐色，光滑。 花期 7~10 月，果期 8~11 月。

产西藏：日土（上曲龙，高生所西藏队 3498）。生于海拔 4 360 m 的高山河谷草地、河谷阶地草地、山坡灌丛草甸。

青海：兴海（中铁林场恰登沟，吴玉虎 44959、45172、45226；中铁乡天葬台沟，吴玉虎 45957、45968；河卡，郭本兆 6193；中铁乡至中铁林场途中，吴玉虎 43158、43159；中铁乡前滩，吴玉虎 45367、47712；中铁乡附近，吴玉虎 42847、42983）、玛沁（西哈垄河谷，H. B. G. 317）、久治（沙柯河，藏药队 878）、班玛（马柯河林场，吴玉虎 26150）。生于海拔3 150~3 480 m 的沟谷干山坡草地、山地阳坡草甸、溪流河滩草甸、砾石质草地、河谷阴坡高寒灌丛草甸、宽谷滩地高寒杂类草草甸、山坡阔叶林缘灌丛草甸。

分布于甘肃南部、青海西部、陕西南部、西藏东部、四川西部、山西及河北北部。

7. 扭连钱属 Phyllophyton Kudo

Kudo in Mém. Fac. Sci. Agr. Taihoku Univ.：225. 1929.

多年生草本，通常全株被柔毛，具匍匐状根茎或匍匐茎。茎直立或斜升，四棱。叶无柄或近无柄；上部叶覆瓦状密集排列，下部叶排列较疏而小或几无，叶片通常为纸质，近圆形、肾形或肾状卵形，两面粗糙，边缘具齿。腋生的轮伞花序成聚伞状，有短梗，小花通常为上1节的苞叶所覆盖；苞叶与茎叶同形；苞片小，线状钻形；花萼管形，直伸或微弯，具15脉，内面通常在中部具1毛环，萼齿5枚，呈二唇形或近二唇形，上唇3齿，下唇2齿；花冠管状，上部渐宽大，伸出萼外，扭转，冠檐二唇形，具5裂片，上唇（扭转后变下唇）2裂，直立，下唇（扭转后变上唇）3裂，中裂片宽展，微微呈兜状，2侧裂片长圆形或长圆状卵形；雄蕊4枚，2强，前对短，通常内藏，花丝细弱，无毛，花药2室，略叉开；子房4裂，无毛；雌蕊花柱细长，先端2裂；花盘杯状，裂片不甚明显，前方通常呈指状膨大。小坚果长圆状卵形，光滑，基部具1微小果脐。

约5种。我国分布4种，昆仑地区产2种。

分种检索表

1. 植株被白色长柔毛。萼齿卵形或卵状三角形，萼内面除中部具毛环外，中部以上被疏柔毛；花冠淡红色；后对雄蕊伸出花冠 …… **1. 扭连钱 P. complanatum** (Dunn) Kudo
1. 植株被柔毛。萼齿披针形或三角形，萼内面无毛；花冠白色；后对雄蕊内藏 ……………………………………………… **2. 西藏扭连钱 P. tibeticum** (Jacquem.) C. Y. Wu

1. 扭连钱

Phyllophyton complanatum (Dunn) Kudo in Mém. Fac. Sci. Agr. Taihoku Univ. 2：225. 1929；C. Y. Wu in Acta Phytotax. Sin. 8（1）：9. 1959；中国植物志 65（2）：330. 图版 66：1～7. 1977；西藏植物志 4：136. 图 57：1～7. 1985；青海植物志 3：161. 图版 36：6～7. 1996；青藏高原维管植物及其生态地理分布 830. 2008.——*Nepeta complanata* Dunn in Notes Bot. Gard. Edinb. 8：122. 1913，6：166. 1915.

多年生草木，根茎木质，褐色。茎多数，通常在基部分枝，上升或匍匐状，四棱形，高13～25 cm，被白色长柔毛和细小的腺点，下部常无叶，呈紫红色，几无毛。叶柄短或近于无；叶片通常呈覆瓦状紧密排列于茎中上部，茎中部的叶较大，叶片纸质或坚纸质，宽卵状圆形、圆形或近肾形，长1.5～2.5 cm，宽2～3 cm，基部楔形至近心形，先端极钝或圆形，边缘具圆齿及缘毛，上面平坦，通常除脉上无毛外余部被白色长柔毛，下面叶脉明显隆起，通常仅脉上被白色长柔毛。聚伞花序通常 3 花，具梗，总梗长 1～3 mm，稀近无梗；花梗长 1～2 mm，具长柔毛；苞叶与茎叶同形；小苞片线状钻形；花萼管状，向上略膨大，微弯，口部偏斜，略呈二唇形，长 0.9～1.2 cm，外面密被白色长硬毛及短柔毛，内面于上部被疏柔毛，中部有白色柔毛毛环，15 脉，明显，萼齿 5 枚，上唇 3 齿略大，均呈卵形或卵状三角形，长 1.5～2.0 mm，具缘毛；花冠淡红色，长 1.5～2.3 cm，外面被疏微柔毛，内面无毛，花冠筒管状，向上膨大，冠檐二唇形，倒扭，上唇（扭转后变下唇）2 裂，裂片直立，长圆形，长约4 mm，下唇（扭转后变上唇）3 裂，中裂片宽大，卵状长圆形，顶端有时微凹，2 侧裂片小，宽卵状长圆形；雄蕊 4 枚，2 强，后对（扭转后变前对）伸出花冠，花药 2 室，略叉开，纵裂；雌蕊花柱细长，微伸出花冠，无毛；先端 2 裂。子房 4 裂，无毛；花盘杯状，裂片不甚明显，前方呈指状膨大。小坚果长圆形或长圆状卵形，腹部微呈三棱状，基部具 1 小果脐。　花期 6～7 月，果期 7～9 月。

产青海：治多。生于海拔 4 130～5 000 m 的高山强度风化的乱石滩石隙间、河谷山麓砾石地。

分布于我国的青海西部、西藏东部、云南西北部及四川西部。

2. 西藏扭连钱

Phyllophyton tibeticum（Jacquem.）C. Y. Wu in Acta Phytotax. Sin. 8（1）：10. 1959；中国植物志 65（2）：333. 1977；西藏植物志 4：137. 1985；青藏高原维管植物及其生态地理分布 830. 2008.——*Glechoma tibetica* Jacquem. ex Benth. Labiat. Gen. et Sp. 737. 1835.

多年生草本，具细长的根茎，多分枝。茎上升或匍匐状. 高 7.5～15.0 cm，被茸毛。叶柄短，长 4.0～8.3 mm；叶片近革质，圆形或扇形，直径 1.2～2.5 cm，基部宽楔形或楔形，具皱纹，被短柔毛状的绵毛，边缘具圆齿。聚伞花序腋生，花少，较叶为短；苞叶与茎叶同形；苞片丝状，较花梗长；花萼长约 1.2 cm，稍内弯，被柔软的长柔毛，萼齿几相等，披针形或钻形，较萼筒短；花冠白色，长约 1.8 cm，直伸，喉部扩展，漏斗状，冠檐小，规则；雄蕊内藏。小坚果线状长圆形，长约 6 mm，光滑。　花期 6～7月，果期 7～9月。

产西藏：日土（兵站，高生所西藏队 3564）。生于海拔 4 400 m 左右的高山强度风化的石滩、河谷山坡草地、河岸砾石地。

分布于我国的西藏；印度东北部也有。

8. 长蕊青兰属 Fedtschenkiella Kudr.

Kudr. in Not. Syst. Herb. Inst. Bot. Sci. Uzbekist. Acad. Sci. URSS 4：3. 1941.

多年生草本。茎不分枝或少分枝。茎部的叶柄长超过叶片或等长，叶缘具圆齿。轮伞花序生于茎上部，在茎最上部具 2～3 对叶腋者密集成头状；苞叶叶状，边缘锯齿具长刺；花萼管状钟形，15 脉，明显二唇形，齿间无小瘤，外被绵毛，上唇 3 裂至本身 1/3 处，3 齿近等大，齿间有刺状附属物，下唇 2 裂至基部，齿披针形；花冠蓝紫色，二唇形，近等长，上唇直，顶端 2 裂，下唇 3 裂，中裂片最大；雄蕊 4 枚，后对较前对长，伸出花冠之外，花药顶生，2 室，室近水平叉开；雌蕊花柱先端相等，2 裂；子房 4 裂；花盘杯状，明显 4 裂。小坚果长圆形。

仅 1 种。我国昆仑地区亦产。

1. 长蕊青兰 图版 38：1～6

Fedtschenkiella staminea（Kar. et. Kir.）Kudr. in Not. Syst. Herb. Inst. Bot. Sci. Uzbekist. Acad. Sci. URSS 4：3. 1941；中国植物志 65（2）：345. 图版 68：15～21. 1977；西藏植物志 4：138. 图 58. 1985；Fl. China 17：133. 1994；新疆植物志 4：260. 图版 80：1～6. 2004；青藏高原维管植物及其生态地理分布 814. 2008. ——*Dracocephalum stamineum* Kar. et Kir. Bull. Soc. Nat. Mosc. 15：423. 1842.

多年生草本。根茎斜，顶端分枝。茎多数，长 10～27 cm，多数不分枝，紫红色，被下倾的小毛。茎下部叶具长柄，柄长为叶片的 4～5 倍，中部的叶柄与叶片等长；叶片宽卵形，长 0. 8～1. 3 cm，宽 0. 7～1. 4 cm，基部心形，先端钝，边缘具圆齿，两面疏被小柔毛，下面具腺点。轮伞花序在茎最上部 2～3 对叶腋者密集成头状；苞叶叶状，具锯齿，具长达 3. 6 mm 的长刺；苞片小，椭圆状卵形或倒卵形，密被长柔毛，具 4～5 个小齿，齿具长 2. 5～4. 5 mm 的长刺；花具梗；花萼长 6～7 mm，外密被绵毛；2 裂达中部，紫色，上唇 3 裂至 1/3 处，3 齿近等大，三角状卵形，先端刺状渐尖，中齿基部有 2 个长刺的小齿，下唇较上唇稍短，2 裂几达基部，齿披针形；花冠蓝紫色，长约 8 mm，外被短柔毛，2 唇近等长；后对雄蕊长约 11 mm，远伸出花冠之外。小坚果长圆形，长约 2 mm，宽约 1. 2 mm，黑褐色。 花期 6～7 月，果期 7～9 月。

产新疆：乌恰（托云乡苏约克，王兵 93－2286；苏约克附近，西植所新疆队 1882；吉根乡斯木哈纳，采集人不详 73－70，西植所新疆队 2118）、阿克陶（阿克塔什，吴玉虎 870183；张镜锂 017）、塔什库尔干（麻扎，高生所西藏队 3212；卡拉其古，西植所新疆队 931；红其拉甫达坂，吴玉虎等 870466；麻扎种羊场，青藏队吴玉虎 870433）、叶城（乔戈里峰西侧，黄荣福 C. G. 86－179；依力克其至牧场，黄荣福 C. G. 86－

图版 **38** 长蕊青兰 **Fedtschenkiella staminea**（Kar. et Kir.）Kudr. 1. 植株；2. 苞片；3. 花；4. 花萼纵剖；5. 花冠纵剖示雄蕊和雌蕊；6. 雄蕊。（引自《新疆植物志》，谭丽霞绘）

102；克拉克达坂北坡，吴玉虎 871451；克拉克达坂，青藏队吴玉虎 4507；乔戈里峰，青藏队吴玉虎 1522）。生于海拔 3 100～4 340 m的沟谷山坡草地、山麓砾石地草丛、高山河谷沙地。

分布于我国的西藏西部；印度，俄罗斯，哈萨克斯坦也有。

9. 青兰属 **Dracocephalum** Linn.

Linn. Sp. Pl. 594. 1753.

多年生或一年生草本。根木质化。茎常多数自根茎生出，直立或铺地，不分枝或少数分枝，四棱形。叶对生，基叶具较长柄，茎生叶具短柄或无柄；叶片长圆形、卵形或披针形，边缘具圆齿或锯齿，有的全缘，通常不分裂或羽状分裂。轮伞花序密集成头状或穗状；苞片常倒卵形，具锐齿或刺，稀全缘；花萼管形或钟状管形，直立或稍弯曲，具 15 脉，5 齿，每 2 齿之间形成瘤状，齿的排列有时为不明显的 2 唇，上唇 3 裂，裂至中部以下或近基部，萼的 5 齿常近于同形等大，但上唇中齿有时则趋于较大，往往较侧齿宽 2 倍以上，有时为明显的 2 唇，上唇 3 浅裂，齿小，近等大，三角形，下唇 2 浅裂，齿披针形；花冠蓝紫色、紫色、白色或黄色，冠筒下部细，在喉部变宽，冠檐二唇形，上唇直或稍弯或盔形，2 裂或微凹，下唇 3 裂，中裂片圆肾形，顶端微凹，侧裂片小于中裂片，半圆形或卵圆形；雄蕊 4 枚，后雄蕊长于前雄蕊，与花冠近等长，花药 2 室，无毛或具绵状柔毛。果实为小坚果，通常为不明显的三棱形。

约 60 种。我国约 37 种，昆仑地区产 7 种 2 变种。

分种检索表

1. 植株低矮，高 3～15 cm，分枝多而密集；叶小，长 3～5 mm，圆卵形，羽状或掌状深裂，下面密被白色短茸毛；萼上唇中齿较侧齿宽 4～5 倍 ………………………………………… **7. 宽齿青兰 D. paulsenii** Briq.

1. 茎直立或近直立，较高，不分枝或具稀疏的分枝。

  2. 叶羽状全裂，裂片线形，叶下面密被灰白色短茸毛；萼齿 5 枚，披针形，下唇 2 裂近基部 ………………………………………… **1. 甘青青兰 D. tanguticum** Maxim.

  2. 叶片不分裂。

    3. 叶全缘，披针形；苞片每侧具 2～3 小齿；萼上唇 3 裂近本身基部，中齿卵形，较侧齿宽约 2 倍；花药无毛 ………………… **4. 全缘叶青兰 D. integrifolium** Bunge

    3. 叶具锯齿或牙齿。

      4. 花萼明显二唇形。

        5. 叶卵形，基部心脏形，边缘具浅圆齿；苞片每侧具 3～8 个刺齿；花白色………………………………………… 2. 异叶青兰 **D. heterophyllum** Benth.

5. 叶披针形或狭长圆形，基部圆形或宽楔形，边缘具较密的牙齿；苞片每侧具 1～3 刺齿；花蓝色 ……………………… 3. 香青兰 **D. moldavica** Linn.

4. 花萼不明显二唇形，5 齿近等长，上唇 3 裂至中部以下。

6. 叶片宽卵形或卵形，基部楔形，具短柄；花萼上唇中齿较侧齿宽 1.5～2.0 倍以上，齿为圆卵形。花冠干时黄白色 ………………………………………………………………………………………… 5. 多节青兰 **D. nodulosum** Rupr.

6. 叶片圆卵形或肾形，基部深心形，具长柄；花萼上唇中齿与 2 侧齿近相同，近等宽，齿为卵状三角形；花冠蓝紫色 ………………………………………………………………………………………………… 6. 光青兰 **D. imberbe** Bunge

1. 甘青青兰

Dracocephalum tanguticum Maxim. in Bull. Acad. Sci. St.-Pétersb. 27: 530. 1882；C. Y. Wu in Acta Phytotax. Sin. 8（1）: 21. 1959；中国植物志 65（2）: 352. 1975；西藏植物志 4：140. 图 59：1～4. 1985；Fl. China 17：126. 1994；青海植物志 3：164. 图版 37：4～6. 1996；青藏高原维管植物及其生态地理分布 810. 2008.

1a. 甘青青兰（原变种）

var. **tanguticum**

多年生草本，有臭味。茎直立，高 35～55 cm，钝四棱形，上部被倒向短毛，中部以下几无毛，在叶腋中生有短的不育枝（有时能发育成可育的分枝）。叶具柄，长 3～8 mm；叶片轮廓为椭圆状卵形或椭圆形，基部宽楔形，长 2.6～4.0（～7.5）cm，宽 1.4～2.5（～4.2）cm，羽状全裂，裂片 2～3 对，与中脉呈钝角斜展，线形，长 7～19（～30）mm，宽1～2（～3）mm，顶生裂片长 14～28（～44）mm，上面无毛，下面密被灰白色短柔毛，边缘全缘，内卷。轮伞花序生于茎顶部 5～9 节上，通常具 4～6 花，形成间断的穗状花序；苞片似叶，极小，只有 1 对裂片，两面被短毛及睫毛，长约为萼片的 1/3～1/2；花萼长 1.0～1.4 cm，外面中部以下密被伸展的短毛及金黄色腺点，常带紫色，2 裂至 1/3 处，齿被睫毛，先端锐尖，上唇 3 裂至 2/3 稍下处，中齿与侧齿近等大，均为宽披针形，下唇 2 裂至本身基部，齿披针形；花冠紫蓝色至暗紫色，长 2.0～2.7 cm，外面被短毛，下唇长为上唇的 2 倍；雄蕊花丝被短毛。 花期 6～8 月，果期 8～9 月。

产青海：兴海（中铁乡至中铁林场途中，吴玉虎 43036、43090、43206；大河坝沟，吴玉虎 42454、42492、42574；中铁林场恰登沟，吴玉虎44879、44919、44958、45079、45094；黄青河畔，吴玉虎 42636、42661、42665、43702；赛宗寺后山，吴玉虎 46206、46318、46326、46347、46367；中铁乡前滩，吴玉虎 45399、45407、45450；大河坝乡赞毛沟，吴玉虎 47135、47182、47168；河卡，吴珍兰 207，王作宾20223；中

铁乡天葬台沟，吴玉虎 45569、45622、45803、45832、45842、45860；唐乃亥乡沙那，采集人不详 209；中铁林场中铁沟，吴玉虎 45500、45541；中铁乡附近，吴玉虎42812、42912、42921；河卡乡宁曲山，何廷农 320；河卡乡白龙，郭本兆 6313；河卡乡羊曲，吴玉虎 20488、20500、20520）、曲麻莱（东风乡，刘尚武等 833）、称多（县城，刘尚武 2279，采集人不详 8565；县城郊，吴玉虎 29223；歇武乡赛巴沟，刘尚武 2468；毛洼营，刘尚武 2410）、玛沁（军功乡，H. B. G. 304、吴玉虎等 4043；军功乡宁果公路 396 km 处，吴玉虎 21152、21180、21201；军功乡西哈垄，吴玉虎 21280；军功乡尕柯河电站，吴玉虎6038；大武乡江让水电站，吴玉虎 18690，陈世龙等 181；黑土山，吴玉虎 18502、18506、18507、18518、18530、18576；红土山前，吴玉虎 19043）、久治（康赛乡，吴玉虎 26541；白玉乡，吴玉虎 26390、26431；索乎日麻乡附近，藏药队 428）、班玛（亚尔堂乡王柔，吴玉虎 26182、26189；江日堂乡，吴玉虎 25050、26027、26066）、玛多（黑海乡红土坡煤矿，吴玉虎 18051）。生于海拔 3 150～4 100 m 的河谷山坡草地、山麓砾石地、沟谷阴坡台地、沟谷崖壁、河谷阶地草坡、山地阴坡阔叶林缘、阳坡圆柏林缘、阳坡山麓、阴坡高寒灌丛。

四川：石渠（新荣乡雅砻江边，吴玉虎 30042、30063）。生于海拔 4 000 m 左右的山坡岩石缝隙中。

分布于我国的甘肃、青海、西藏、四川。模式标本采自青海祁连。

本种采自兴海县的标本：大河坝沟，吴玉虎 42454、42492、42574；中铁乡附近，吴玉虎 42912、42812 和 42921 等均为茎有分枝的类型。

1b. 矮生甘青青兰（变种）

var. **nanum** C. Y. Wu et W. T. Wang Fl. Reipubl. Popul. Sin. 65（2）：591. 353. 1977；西藏植物志 4：141. 1985；Fl. China 17：127. 1994；青藏高原维管植物及其生态地理分布 810. 2008.

本变种与原变种不同之处在于：茎矮小，不分枝，各部均较小，花序少花。

产西藏：班戈。生于海拔 4 510～4 700 m 的沟谷山坡阳面草地。

分布于我国的西藏。

1c. 灰毛甘青青兰（变种）

var. **cinereum** Hand.-Mazz. in Acta Hort. Gothob. 13：343. 1939；C. Y. Wu in Acta Phytoax. Sin. 8（1）：22. 195；中国植物志 65（2）：353. 1975；Fl. China 17：127. 1994；青海植物志 3：165. 1996；青藏高原维管植物及其生态地理分布 810. 2008.

本变种与原变种不同在于：茎较矮，常自基部至顶部分枝，叶上面密生灰白短茸毛。

产青海：兴海（河卡山，吴珍兰 207）、称多。生于海拔 3 700～4 700 m 的沟谷山地草原、河谷阶地、山坡草丛。

分布于我国的青海、四川。

2. 异叶青兰 图版 39：1～4

Dracocephalum heterophyllum Benth. in Labiat. Gen. et Sp. 738. 1836；Hook. f. Fl. Brit. Ind 4：666. 1885；Fl. URSS 20：465. 1954；Pl. Asiae. Centr. 5：45. 1970；Nasir et Ali Fl. W. Pakist. 611. 1972；中国植物志 65（2）：358. 图版 68：9～10. 1977；西藏植物志 4：141. 图 59：56. 1985；Fl. China 17：127. 1994；青海植物志 3：165. 1996；新疆植物志 4：263. 图版 81：6～9. 2004；青藏高原维管植物及其生态地理分布 809. 2008.

多年生草本，高 15～30 cm。茎于基部多分枝，四棱形，被紧密短柔毛，通常微带紫红色。基生叶和茎下部叶具 2～3 cm 长的叶柄，常为绿色，有时也为紫红色，被短柔毛，上部叶柄较短；叶片较小，阔卵形或卵形，长 1～3 cm，宽 1. 0～2. 5 cm，叶基心形或平截，先端钝圆，边缘具圆锯齿，沿叶脉被较密集的白柔毛。轮伞花序生于茎上部叶腋，密集成穗状，长 5～10 cm；花具短梗；苞片倒卵形，被短柔毛，上部具三角状披针形齿，齿端具长达4 mm的细芒，边缘具睫毛，基部楔形；花萼为明显二唇形，被短柔毛，长约 15 mm，上部膨大，上唇 3 裂至 1/3 处，上萼齿三角状至钻形，几相同，先端具 1～2 mm 细芒，下唇 2 深裂近基部，下萼齿披针形，具与上萼齿相似的芒；花冠淡黄白色或白色，长 20～30 mm，外被密集的白色柔毛，冠檐二唇形，上唇长约 15 mm，直立，先端 2 裂，裂片先端钝尖，下唇与上唇几相等；雄蕊 4 枚，短于花冠，花药暗褐色，花丝光滑。 花期 6～7 月，果期 8～9 月。

产新疆：乌恰（波斯坦铁列克，王兵等 93－1851；吉根乡斯木哈纳，采集人不详 73－66；托云乡苏约克附近，西植所新疆队 1888）、莎车（喀拉吐孜矿区，青藏队吴玉虎 870692）、阿克陶（阿克塔什，青藏队吴玉虎 870275）、塔什库尔干（卡拉其古，青藏队吴玉虎 870550；麻扎，高生所西藏队 3247）、叶城（昆仑山林场，杨昌友 750446；乔戈里冰川西侧山坡，黄荣福 C. G. 86－194）、皮山（康西瓦，安峥皙 He 046）、策勒（恰哈乡，采集人不详 360；恰哈乡喀尔塔西夏牧场，采集人不详 124）、于田（乌鲁克库勒湖，青藏队吴玉虎等 3726）、民丰（布拉克，张志 049）、且末（采集地不详，阿力克 157）、若羌（阿力萨依，青藏队吴玉虎等 2261）。生于海拔 2 420～5 600 m 的沟谷砾石山坡草地、河谷山地草丛、山地阳坡砾石地、阴山坡草地、河谷阶地高寒草甸、滩地高寒草原、河滩砾地、高山流石坡稀疏植被带。

西藏：日土（上曲龙，高生所西藏队 3471；麦卡，高生所西藏队 3644）、改则（扎吉玉湖，高生所西藏队 4341）、班戈（青藏队 10684）。生于海拔 4 300～5 200 m 的河谷山地干旱砾石山坡草地。

青海：都兰（香日德，黄荣福 C. G. 81－275）、格尔木（昆仑山口，吴玉虎

36916、36946；西大滩对面昆仑山北坡，吴玉虎 36856、36911C)、兴海（中铁乡附近，吴玉虎 42839；黄青河畔，吴玉虎 42632；中铁乡至中铁林场途中，吴玉虎 43041、43178；大河坝乡赞毛沟，吴玉虎 46444；中铁乡天葬台沟，吴玉虎 45845、45885、45908、45949；赛宗寺后山，吴玉虎 46302、46331、46369、46388；大河坝，吴玉虎 42489；河卡山，郭本兆 6331)、治多（可可西里太阳湖，黄荣福 K-311)、曲麻莱（麻多乡扎什加山，刘尚武 655)、称多（刘尚武 2262)、玛多（采集地不详，吴玉虎 420；县城郊，吴玉虎 230；黑海乡红土坡煤矿，吴玉虎等 18075；苦海边，吴玉虎 18015；黑河乡，杜庆 526；鄂陵湖西北面，植被地理组 375、吴玉虎 1375；牧场，吴玉虎 1608；布青山前滩，吴玉虎 1575)、玛沁（军功乡，H. B. G. 299；江让水电站，吴玉虎 18442；军功乡宁果公路 396 km 处，吴玉虎 21192；军功乡西哈垄河谷，吴玉虎 21217、21243)、达日（采集地和采集人不详，043)、甘德（上贡麻乡，H. B. G. 984)、久治（白玉乡，吴玉虎 26394；索乎日麻乡附近，果洛队 331)。生于海拔 3 250～4 900 m 的沟谷山地草原、河谷阶地高寒草甸、山地阳坡高寒草原、高寒草甸、砾石山坡草地、沟谷山地阴坡云杉林缘草甸、河谷山坡高寒灌丛草甸、河谷山坡高寒灌丛。

甘肃：玛曲（欧拉乡，吴玉虎 32073、32087)。生于海拔 3 330 m 左右的沟谷高寒草甸河滩。

分布于我国的新疆、甘肃、青海、宁夏、西藏、四川、内蒙古、山西；尼泊尔，印度，中亚地区各国，阿富汗也有。

3. 香青兰 图版 39：5～8

Dracocephalum moldavica Linn. Sp. Pl. 595. 1753；Hook. f. Fl. Brit. Ind 4：665. 1885 "moldavicum"；Fl. URSS 20：463. 1954；Pl. Asiae Centr. 5：46. 1970；Nasir et Ali Fl. W. Pakist. 611. 1972；中国植物志 65（2)：361. 1977；Fl. China 17：128. 1994；新疆植物志 4：265. 图版 84：1～4. 2004.

一年生草本。茎高 50～100 cm，分枝，四棱形，被倒向的短毛，常带紫色。叶具短于叶片 1.5～2.0 倍的柄；叶片长圆状披针形，无毛或被短柔毛，长 3～5 cm，宽 1～2 cm，顶端钝圆，基部楔形或截形，边缘具钝锯齿，有时基部的牙齿呈小裂片状，分裂较深，常具长刺，两面及在脉上具稀疏的小毛及黄色腺点。轮伞花序生于茎或分枝上部，疏松，通常具 4 花；花梗长 3～5 mm；苞叶狭长圆形，下半部边缘具齿状裂片，裂片顶端具长芒，上半部顶端具钝锯齿；苞片长圆形，稍长或短于萼，疏被伏贴的毛，每侧具 2～3 小齿，齿具 2～3 mm 的长刺；花萼长约10 mm，被金黄色腺点及短毛，下部较密，脉常带紫色，2 裂近中部，上唇 3 浅裂，萼齿阔卵形，几相同，具锐尖头，下唇 2 裂至 2/3 处，萼齿长卵状披针形，急尖；花冠淡蓝紫色，长 1.5～2.5（～3.0）cm，喉部以上宽展，外面被白色短柔毛，冠檐二唇形，上唇短舟形，先端微凹，下唇 3 裂，裂片较大，中裂片扁，长约 4 mm，宽约 9 mm，先端 2 裂，裂片近圆形，两侧裂片平

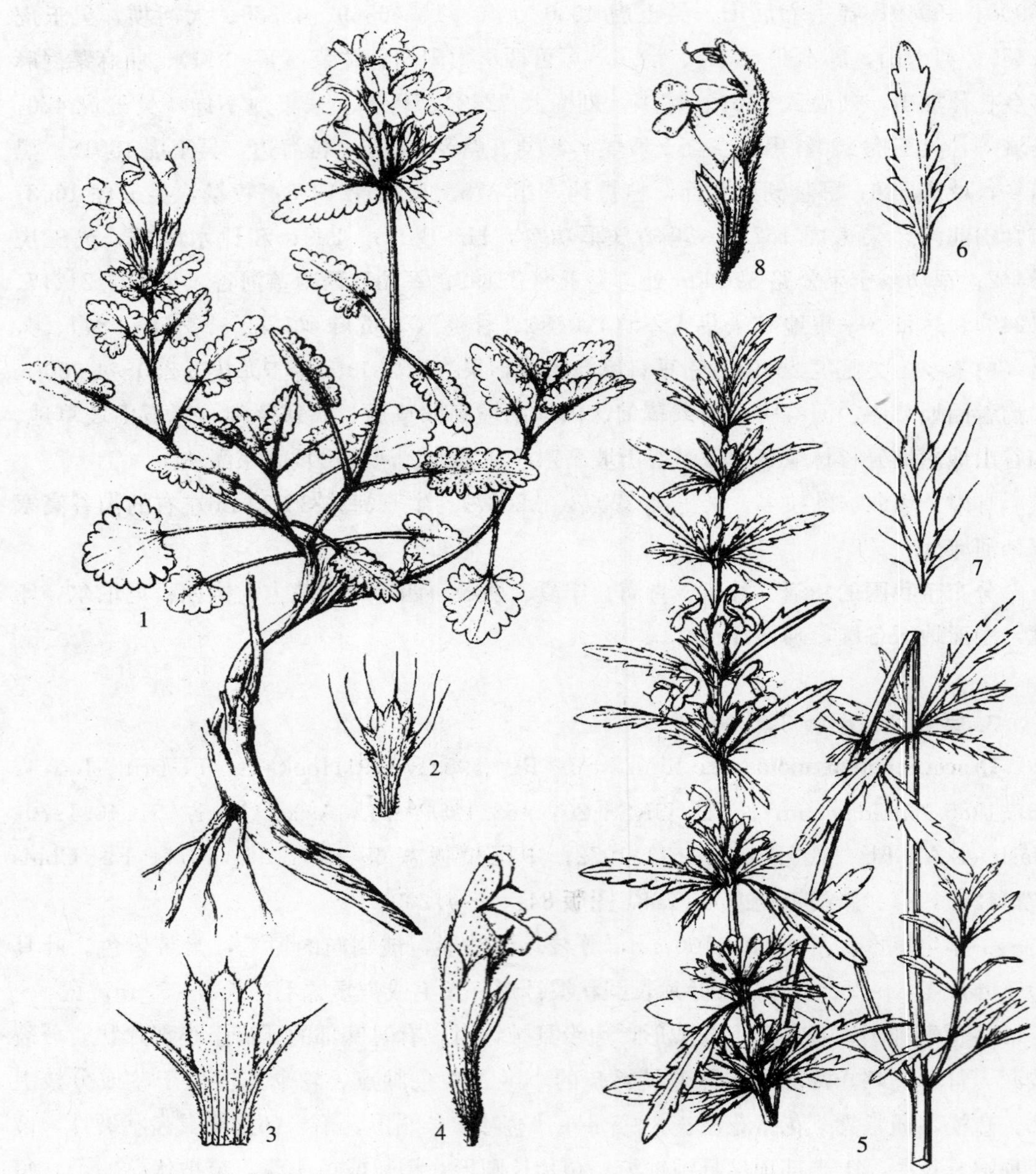

图版39 异叶青兰 **Dracocephalum heterophyllum** Benth. 1. 植株；2. 苞片；3. 花萼纵剖；4. 花。香青兰**D. moldavica** Linn. 5. 花枝；6. 叶；7. 苞片；8. 花。（引自《新疆植物志》，张荣生绘）

截；雄蕊 4 枚，微伸出，花丝无毛，先端尖细；雌蕊花柱无毛，先端 2 等裂。小坚果长圆形，光滑。 花期6～7月，果期 8～9 月。

产青海：玛沁（尕柯河，吴玉虎等 6014）、班玛（马柯河林场，吴玉虎 26159、26171）。生于海拔 3 150～3 400 m 的沟谷山地草原、山坡林缘灌丛、河谷阶地草甸。

分布于我国的甘肃、青海、陕西、内蒙古、山西、河北、黑龙江、吉林、辽宁、河南；中欧，东欧，印度，俄罗斯西伯利亚也有。

4. 全缘叶青兰

Dracocephalum integrifolium Bunge in Ledeb. Fl. Alt. 2：387. 1830；Fl. URSS 20：457. 1954；Fl. Kirghizist. 9：65. t. 4：3. 1960；Pl. Asiae Centr. 5：46. 1970；中国植物志 65（2）：364. 图版 68：3～4. 1977；Fl. China 17：129. 1994；新疆植物志 4：268. 图版 83：1～4. 2004；青藏高原维管植物及其生态地理分布 809. 2008.

多年生草本。根茎粗约 5 mm。茎高 20～40 cm，多不分枝或具短缩小枝，直立或基部伏地，紫褐色，被伏贴的灰白色短柔毛。叶无柄；叶片披针形或长圆状披针形，长 1～3 cm，宽 0.3～1.5 cm，基部渐狭，顶端钝，全缘，无毛或边缘具睫毛。轮伞花序生于茎顶3～6节叶腋，疏松或密集成头状；苞叶与茎叶相似，上部苞叶顶端常有短芒，边缘有时具1～2芒状齿；苞片长卵形，暗紫红色，长 3～4 mm，宽约 1 mm，边缘具 2～7齿状裂片，裂片顶端具长芒；花萼暗紫红色，长 10～12 mm，呈不明显二唇形，上唇 3 裂至 1/3 处，中萼齿近卵形，具长约 1 mm 短芒，宽于披针状侧萼齿 2～3 倍，侧萼齿具短芒，下唇 2 裂近基部，萼齿狭披针形，具短芒；花冠蓝紫红色，长约 15 mm，被短柔毛，上唇 2 裂，裂片半圆形，下唇长于上唇，3 裂，中裂片肾形，顶端微凹，大于半圆形的侧裂片 4～5 倍；雄蕊和雌蕊花柱等长，微伸出花冠。小坚果卵形，暗褐色。 花期 7～8 月，果期 9 月。

产新疆：乌恰（波斯坦铁列克，王兵 93－1746）、阿克陶（奥依塔克，张彦福 047）。生于海拔 2 100～2 800 m 的沟谷山地草原、河谷山坡草地、砾石质草地。

分布于我国的新疆；中亚地区各国也有。

5. 多节青兰 图版 40：1～4

Dracocephalum nodulosum Rupr. in Mém. Acad. Sci. St.-Pétersb. 7. Ser. 14. 4：65. 1869；Fl. URSS 20：460. t. 27：3. 1954；Fl. Kirghizist. 9：66. t. 5：2. 1960；Pl. Asiae Centr. 5：45. 1977；中国植物志 65（2）：365. 1977；Fl. China 17：129. 1994；新疆植物志 4：269. 图版 82：1～4. 2004；青藏高原维管植物及其生态地理分布 810. 2008.

多年生草本，高 15～30 cm。茎不分枝或基部有少量分枝，直立或基部稍倾斜，被短柔毛，紫色，四棱形。叶具 4～6 mm 的短柄；叶片长卵形或卵形，长 1.0～2.5 cm，宽0.5～1.0 cm，基部楔形，顶端钝圆，边缘具圆锯齿，被短柔毛。花假轮生于茎上部叶腋，集成长圆状或长卵状；苞片基部倒卵形，稍短于花萼，上部裂成4～6个披针状齿，齿端具2～4 mm长的芒，基部楔形；萼筒管状或管状钟形，下部紫色，长10～13 mm，被短柔毛，花萼喉部稍弯曲，呈不明显二唇形，上唇3裂至3/4处，中萼齿倒圆卵形，顶端具短尖头，侧萼齿阔披针形，顶端具不明显短芒，中萼齿宽于侧萼齿3～4倍，下唇2裂至基部，萼齿披针形，顶端渐狭呈钻状芒；花冠淡黄白色或白色，长约15 mm，外面被白色短柔毛，冠檐二唇形，上唇直立，长4～5 mm，先端2裂，裂片圆形，下唇中裂片较大，长约5 mm，宽约7 mm，先端深裂，裂片肾状，两侧裂片半圆形；雄蕊4枚，后对雄蕊伸出花冠之外，花药紫色，花丝具短柔毛。小坚果椭圆形，棕褐色，具不明显3棱，长约3 mm，宽约1.5 mm。 花期6～7月，果期8月。

产新疆：乌恰（玉其塔什，张彦福049；吉根乡斯木哈纳，采集人不详73-46、73-138）。生于海拔3 200 m左右的沟谷山地草原带、砾石山坡草地、滩地高寒草地。

分布于我国的新疆；中亚地区各国也有。

6. 光青兰 图版40：5～9

Dracocephalum imberbe Bunge in Ledeb. Fl. Alt. 50. 1836；Fl. URSS 20：453. 1954；Fl. Kirghizist. 9：62. t. 4：2. 1960；Pl. Asiae Centr. 5：45. 1970；中国植物志65（2）：367. 1977；Fl. China 17：130. 1994；新疆植物志4：272. 图版85：6～10. 2004；青藏高原维管植物及其生态地理分布809. 2008.

多年生草本。根茎粗，顶部生数茎。茎高10～40 cm，直立或斜升，不分枝，四棱形，被倒向短毛，杂以长柔毛，上部密，中部以下稍稀疏，节上多为绵状长柔毛。基生叶多数，具长柄，多被与茎相同的毛；茎生叶具短柄或上部几无柄；叶片圆卵形或肾形，先端圆或钝，长1.7～5.0 cm，宽1.5～4.0 cm，基部深心形，边缘具圆齿，两面密被短柔毛，茎生叶小于基生叶。花具不明显的短梗，假轮生于茎上部叶腋，集成长圆形或卵形复花序，往往下部轮伞距离花序较远；苞片倒卵形，暗紫红色，被短柔毛，边缘为绵状长柔毛，长10～12 mm，宽6～10 mm，基部渐狭呈楔形，上部具不规则齿状裂片，裂片无芒；花萼钟状，暗紫红色，长12～16 mm，被粗糙柔毛，呈不明显二唇形，上唇3个萼齿几相同，卵状披针形，齿端具不明显短芒或无芒，裂至本身的2/3处，下唇2裂至基部，萼齿为披针形，齿端为钻状芒；花冠蓝紫色，被短柔毛，长25～35 mm，冠檐二唇形，上唇直立，先端2裂，裂达1/3处，裂片半圆形，下唇较大，中裂片长约5 mm，宽约4 mm，肾形，侧裂片半圆形；雄蕊4枚，后对雄蕊不伸出花冠，花丝疏被毛；雌蕊花柱微伸出上唇。 花期7月，果期8～9月。

产新疆：乌恰（托云乡，王兵93-2104）、阿克陶（奥依塔克，杨昌友750914；阿克塔什，青藏队吴玉虎870162、870212、870222）。生于海拔2 800～3 700 m的亚高山及高山草甸、河谷阶地、沟谷砾石滩地。

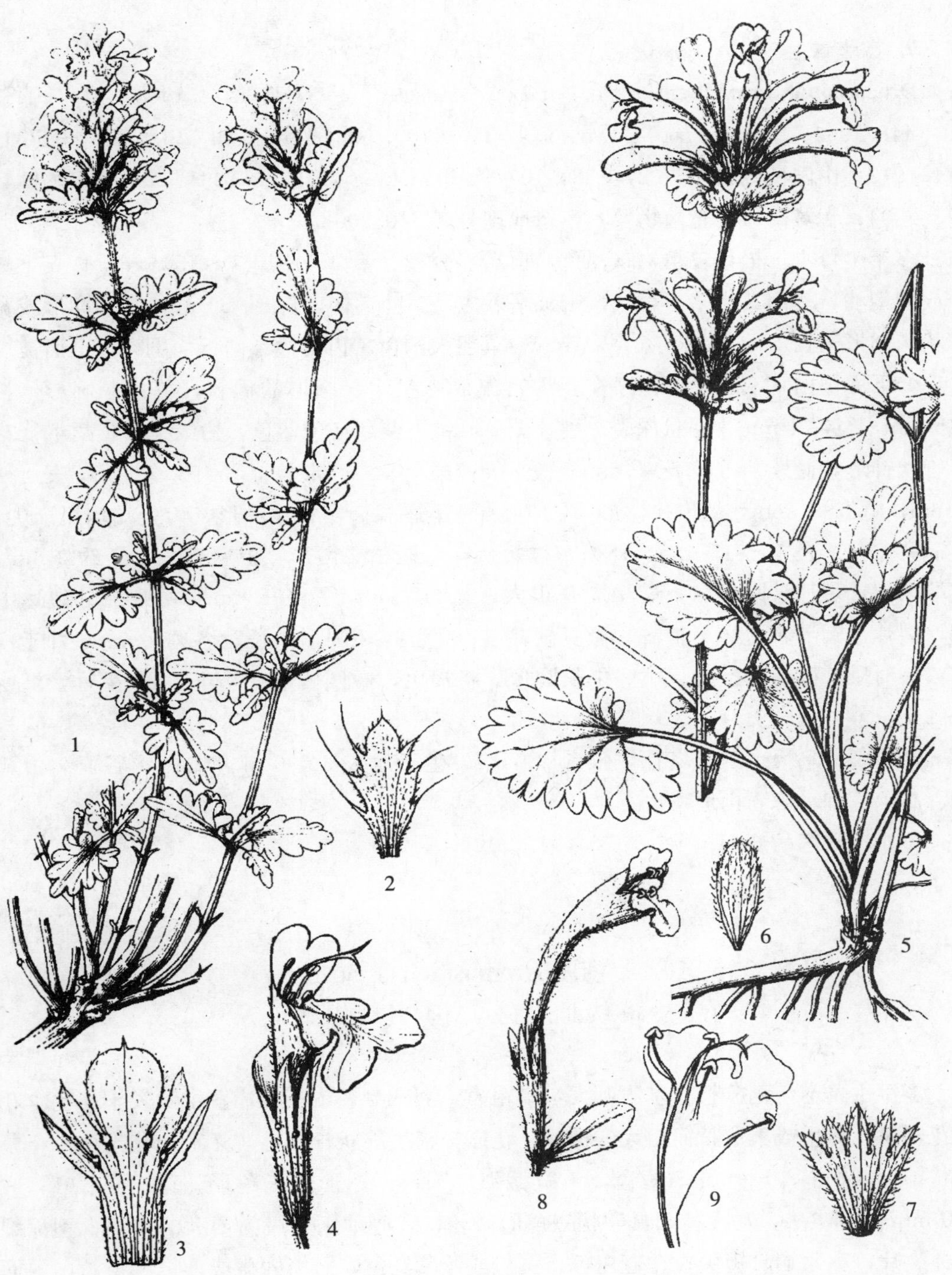

图版 40　多节青兰 **Dracocephalum nodulosum** Rupr. 1. 植株；2. 苞片；3. 花萼纵剖；4. 花。光青兰 **D. imberbe** Bunge 5. 植株；6. 苞片；7. 花萼纵剖；8. 花；9. 花冠纵剖。
（引自《新疆植物志》，张荣生绘）

分布于我国的新疆；中亚地区各国也有。

7. 宽齿青兰

Dracocephalum paulsenii Briq. in Bot. Tidsskr. 28：238. f. 4. 1908；Fl. URSS 20：448. 1954；Pl. Asiae Centr. 5：35. 1970；Nasir et Ali Fl. W. Pakist. 611. 1972；中国植物志 65（2）：381. 1977；Fl. China 17：133. 1994；新疆植物志 4：275. 2004；青藏高原维管植物及其生态地理分布 810. 2008.

多年生草本。根茎较粗，暗褐色，顶端多分枝。茎高 5～10（～15）cm，直立，斜升或匍匐状，基部具许多不育枝，密被平展短毛。叶具柄，长 2～3 mm；叶片卵形或宽卵状椭圆形，长 4～6 mm，宽 3～4 mm，具粗大圆齿，齿的边缘向下面翻卷，上面被短伏毛，下面被白茸毛。轮伞花序在枝顶密集成球状或长圆形的穗状；苞片椭圆形，长 3.5 mm，宽约 1 mm，羽状深裂，裂片先端微钝，紫色或紫蓝色，边缘疏被长柔毛；花萼管状钟形，蓝紫色，长 7～9 mm，被平展疏柔毛，二唇形，上唇中齿宽卵形，长 4～5 mm，宽 2～4 mm，侧齿狭卵形，长 5 mm，下唇 2 齿卵状披针形，齿先端均短渐尖；花冠紫蓝色，长 10～15 mm，外面密被短伏毛，冠檐二唇形，上唇直立，长约 2 mm，先端 2 裂，裂片长圆形，下唇中裂片很大，长约3 mm，宽约 6 mm，由中央分裂达中部，裂片近圆形，边缘不整齐，微具缺刻，2 侧裂片长圆形，长宽各约 1 mm；雄蕊 4 枚，后对雄蕊微超出上唇。小坚果长圆形，暗褐色，微四棱形。 花期 6～7 月，果期 8～9 月。

产新疆：乌恰（玉其塔什，张彦福 053）。生于海拔 3 500 m 左右的沟谷亚高山草甸、高山草甸、砾石山坡草地。

分布于我国的新疆；中亚地区各国也有。

10. 沙穗属 **Eremostachys** Bunge

Bunge in Ledeb. Fl. Alt. 2：414. 1830.

多年生草本，稍分枝。基生叶大，具粗齿，羽状分裂或不裂，茎生叶较小。轮伞花序花密集，离生或集成长而粗大的穗状，花序轴密生绵状长柔毛或无毛；花无梗；花萼管状钟形或阔漏斗形，具 5 短齿，齿宽截形、圆形、卵形或三角形，顶端具长 1.5～7.0 mm 的刺尖头，常在齿间具卵状三角形齿牙，有些种则具极为增大的萼檐，不深裂成钝裂片，在顶端具短尖；花冠白色、黄色或蓝紫红色，冠筒内藏或伸出，狭长，内面在基部或中部具柔毛毛环或无毛环，冠檐二唇形，唇片狭，盔状，内面及边缘上有须毛，下唇开张，3 裂，中裂片较大，裂片近圆形；雄蕊 4 枚，前对较长，后对花丝基部在大多数种中呈流苏状或深裂的附属物，有时花丝基部均有附属物，花药 2 室，药室叉开；雌蕊花柱先端常为不等 2 浅裂，前裂片较大；花盘平顶。小坚果倒卵状三棱形，顶端平截，密被柔毛。

约 60 种，分布于亚洲中部和西部。我国有 6 种，昆仑地区产 1 种。

1. 美丽沙穗

Eremostachys speciosa Rupr. in Mém. Acad. Sci. St.-Pétersb. 7：Ser：14：68. 1869；Fl. URSS 21：29. 1954；Fl. Kirghizist. 9：85. 1960；中国植物志 65（2）：414. 1977；新疆植物志 4：283. 图版 89：1～2. 2004；青藏高原维管植物及其生态地理分布 814. 2008.——*Eremostachys speciosa* var. *viridifolia* M. Popov in Nouv. Mém. Soc. Nat. Mosc. 19：100. 1940；Fl. China 17：140. 1994.

多年生草本。根伸长，粗壮，多呈纺锤状的块根。根状茎粗大，具绵毛。茎高 20～25（～40）cm，直立，四棱形，密被纤细曲折白色具节的绵毛。叶柄长 9～10 cm，基部极扩展，多少抱茎，密被白色卷曲具节绵毛；基出叶片轮廓为卵圆形，长约10 cm，宽约 6 cm，二回羽状深裂，裂片卵圆形，其上有不规则的圆齿，上面疏生具节的短柔毛，下面疏被曲折的白色具节绵毛。轮伞花序常含 4～6 花，密集组成长 6～8 cm 的长椭圆形至球形的穗状花序，其上被白色具节绵毛；最下部的苞叶长超过轮伞花序，上部的等于或短于轮伞花序，苞叶卵圆形，基部楔形，先端钝，边缘具圆齿，近无柄；小苞片线形，长约 1 cm，密被长达 1 cm 的白色具节绵毛；花无梗；花萼管状，外面密被白色卷曲具节绵毛，内面无毛，膜质，萼齿近圆形，先端平截，具刺尖；花冠黄色，冠筒外面无毛，里面近基部处有退化毛环痕，冠檐二唇形，上唇直伸，先端弧状弯曲，外面被白色具节长柔毛，里面及边缘上具须毛，下唇扇形，3 裂，中裂片肾形，侧裂片圆形，裂片边缘均为波状；雄蕊 4 枚，前对较长，花丝中部具蛛丝状毛，基部有纵长的流苏状附属物，花药长圆形，2 室；雌蕊花柱先端不等 2 浅裂；花盘平顶。小坚果顶端具毛。　花期 6～7 月，果期 8 月。

产新疆：乌恰（吉根乡，张彦福 040）。生于海拔 2 300～3 200 m 的沟谷山地草原、河谷阶地砾石质草地。

分布于我国的新疆；伊朗，中亚地区各国也有。

11. 糙苏属 Phlomis Linn.

Linn. Sp. Pl. 584. 1753.

多年生草本。叶常具皱纹。轮伞花序腋生，常多花密集；苞叶通常与茎叶同形，上部者渐变小；苞片通常多数，卵形、披针形至钻形；花通常无梗，稀具梗；花萼管状或管状钟形，5 或 10 脉，脉常凸起，喉部不倾斜，具相等的 5 齿；花冠黄色、紫色至白色，冠筒内藏或略伸出，内面通常具毛环，冠檐二唇形，上唇直伸或盔状，少数弯曲为镰刀状，全缘或具缺刻，具茸毛或长柔毛，下唇3圆裂，中裂片较侧裂片极宽或稍宽；雄蕊4枚，前对较长，后对花丝基部常突出成附属物，花药2室；雌蕊花柱先端2裂；花盘近全缘。小坚果卵状三棱形，先端钝，稀截形，无毛或顶部被毛。

约100种。我国有41种15变种10变型，昆仑地区产3种。

分种检索表

1. 后对雄蕊花丝基部无附属物；茎被向下贴生长柔毛；轮伞花序彼此靠近；小坚果顶端被星状微柔毛 ………………………………… **2. 山地糙苏 P. oreophila** Kar. et Kir.
1. 后对雄蕊花丝基部具附属物；小坚果被毛。
   2. 植物具绳索状的根；叶两面被单毛，基生叶及下部茎生叶心形；上部的苞叶线状披针形 ……………………………………………………… **1. 高山糙苏 P. alpina** Pall.
   2. 植物具块根；叶仅上面被单毛，基生叶卵形、卵状长圆形；上部的苞叶与茎叶同形 …………………………………………………… **3. 萝卜秦艽 P. medicinalis** Diels

1. 高山糙苏

Phlomis alpina Pall. in Acta Acad. Sci. Petrop. 2：265. 1779；pl. Asiae Centr. 5：57. 1970；中国植物志 65（2）：435. 1977；Fl. China 17：146. 1994；新疆植物志 4：289. 2004；青藏高原维管植物及其生态地理分布 829. 2008.

多年生草本，高20～50 cm。具绳索状根。茎单生，多少直立，下部无毛或被短柔毛，上部被下倾的长柔毛和星状毛。基生叶及下部的茎生叶心形，具长超过叶片的柄，向上柄渐短；基生叶长13～15 cm，宽10 cm；茎生叶片长10 cm，宽3～4 cm，两面均疏被单节茸毛。轮伞花序多花，下部分离，向上彼此靠近；下部的苞叶卵状长圆形或长圆状披针形，长7～11 cm，宽2～4 cm，具圆齿，上部的苞叶线状披针形，具钝齿或全缘，长超过轮伞花序许多；苞片长9～11 mm，微弯曲，狭线形，被长而平展的具节茸毛；花萼钟形，被短柔毛，常混生具节长茸毛，下半部被疏短柔毛，齿圆卵形，向上逐渐形成长2～3 mm的刺尖；花冠粉红色，为萼长的2倍，外面被具节茸毛及星芒不等长的星状茸毛，冠筒无毛，上唇在上边为不整齐的锐牙齿状，边缘内侧具髯毛，下唇具阔圆形中裂片及长圆状圆形的侧裂片；雄蕊花丝不伸出花冠，具短距状附属物；雌蕊花柱裂片不等长。小坚果顶端被毛。

产新疆：乌恰（老乌恰，司马义062）、和田（卡拉吉山，和田县医院039）。生于海拔3 000 m左右的亚高山阳坡草甸、河谷阶地、河漫滩草地。

分布于我国的新疆；中亚地区各国也有。

2. 山地糙苏

Phlomis oreophila Kar. et Kir. in Bull. Soc. Nat. Mosc. 15：426. 1842；

pl. Asiae Centr. 5：58.1970；中国植物志 65（2）：436.1977；Fl. China 17：146.1994；新疆植物志 4：289.2004；青藏高原维管植物及其生态地理分布 829.2008.

多年生草本，高 15～50（80）cm。地下根粗壮。茎直立，四棱形，被向下的贴生长柔毛。基生叶柄长 4～8 cm；叶片卵形或宽卵形，长 6～12 cm，宽 3（5）～6（10）cm，基部心形，先端钝，边缘具圆齿。轮伞花序多花，生于茎顶端；上部的苞叶卵状披针形或披针状线形，长 3～6 cm，宽 0.4～2.0 cm，顶端的苞叶狭，近全缘或具极少的齿，超过轮伞花序许多，两面绿色，被短糙伏毛及密柔毛；苞片纤细，长约 1.5 cm，丝状，密被长柔毛，有时混生有腺柔毛；花萼长约 12 mm，管状，外面密被星状微柔毛，脉上被细长柔毛，齿宽卵形，先端钻状渐尖；花冠紫色，超过萼 1 倍，冠檐二唇形，上唇外面密被短柔毛及混生的长柔毛，内具毛环，上唇边缘内面被髯毛，下唇中裂片倒卵状宽心形，侧裂片宽卵形；雄蕊花丝插生于喉部，具长柔毛，基部无附属物；雌蕊花柱 2 裂，裂片不相等。小坚果顶端被星状微柔毛。　花期 7～8 月；果期 9 月。

产新疆：乌恰（波斯坦铁列克，王兵 93-1627；吉根乡斯木哈纳，采集人不详 73-120，西植所新疆队 2143）、阿克陶（阿克塔什，青藏队吴玉虎 120）。生于海拔 3 000～3 300 m 的河谷山地草原、高山和亚高山草甸、沟谷山坡林缘草甸、溪流河谷草甸。

分布于我国的新疆；中亚地区各国也有。

3. 萝卜秦艽　图版 41：1～4

Phlomis medicinalis Diels in Engler Bot. Jahrb. 29：554.1900；中国植物志 65（2）：448.1977；西藏植物志 4：152. 图 64：1～4.1985；Fl. China 17：149.1994；青藏高原维管植物及其生态地理分布 829.2008.

多年生草本。主根肥厚，侧根局部膨大呈圆球形块根。茎高 20～75 cm，具分枝，不明显的四棱形，常带紫红色，疏被星状毛。基生叶柄长 6～23 cm，茎生叶柄长 0.8～7.0 cm；基生叶片卵形或卵状长圆形，长 4.5～14.0 cm，宽 4～11 cm，基部深心形，先端圆形，边缘为粗圆齿，茎生叶片卵形或三角形卵形，长 5～6 cm，宽 2.5～4.0 cm，先端急尖或钝，基部浅心形至几截形，边缘为不整齐的钝齿，全部叶片上面黄绿色，被糙伏毛，下面较淡，密被星状短柔毛。轮伞花序多花，通常 1～4 个生于主茎及分枝上部；苞叶叶柄长0.7～2.0 cm；苞叶卵状披针形至狭菱状披针形，长 3.2～9.0 cm，宽 1.8～3.5 cm，先端渐尖，基部截形、宽楔形至楔形，边缘具钝齿，超过花序许多；苞片线状钻形，先端刺状，长6～10 mm，外部的常斜向下，其余的平展或斜向上，被具节缘毛及腺毛；花萼管状钟形，长约9 mm，宽约 5 mm，10 脉，脉常凸起，外面疏被星状毛及极疏的具节刚毛，喉部整齐，萼檐具 10 个相等的三角状小齿，长约 2 mm，先端丛生长柔毛，边缘被微柔毛，每 2 个三角状小齿间又伸出长 3～5 mm 的斜向下或平展的刺尖；花冠紫红色或粉红色，长约 2 cm，外面在冠筒喉部以上密被星状毛及绢毛，其下无毛，冠筒内在下部 1/3 处具斜向间断的毛环，冠檐二唇形，上唇盔状，长约

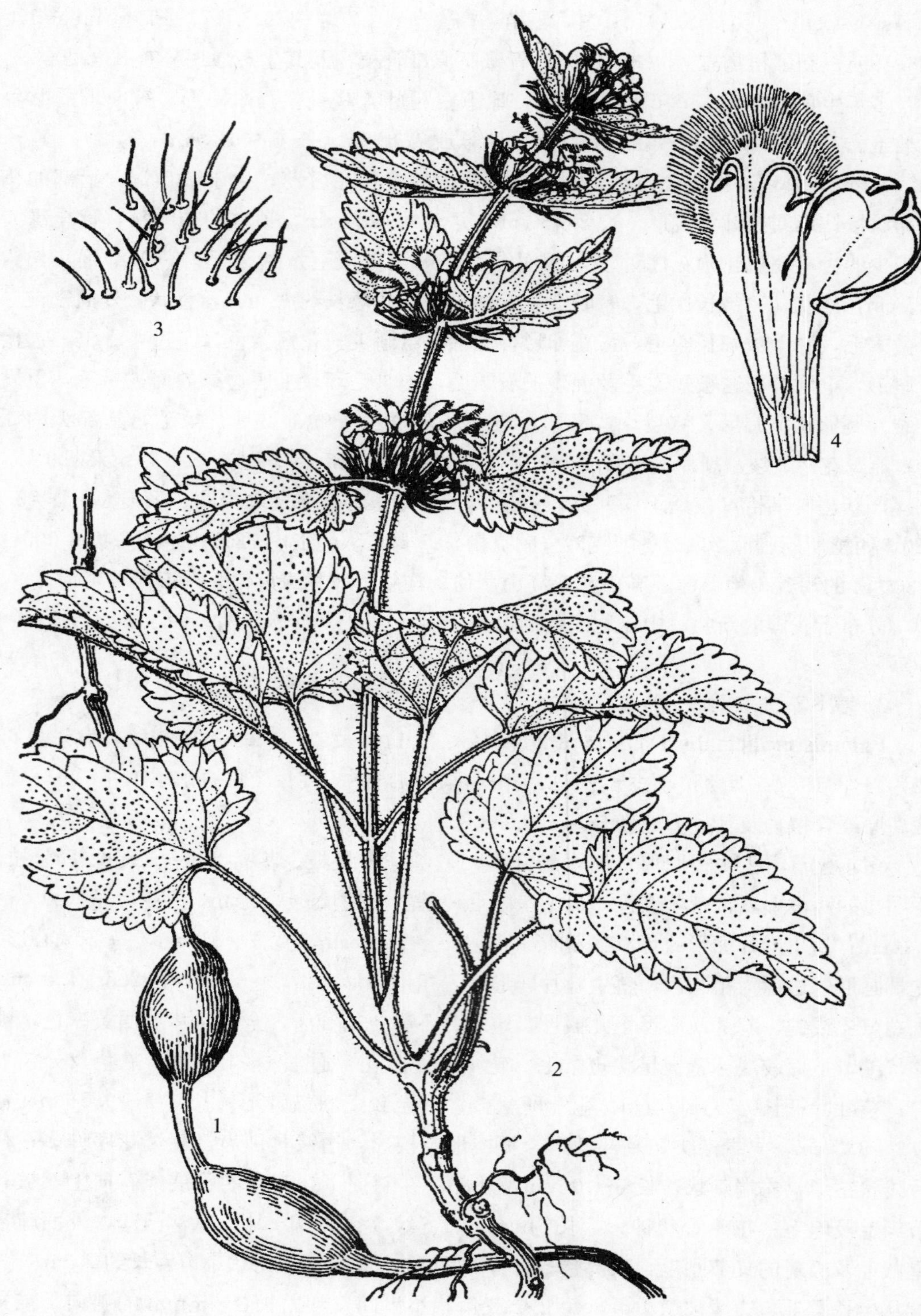

图版 **41** 萝卜秦艽 ***Phlomis medicinalis*** Diels 1. 植株地下部分；2. 植株；3. 叶上面毛被；4. 花冠纵剖。（引自《西藏植物志》，肖溶绘）

1 cm，边缘具不整齐的齿牙，内面被髯毛，下唇平展，长约8 mm，宽约 6 mm，具红色条纹，3 圆裂，中裂片倒卵形，直径约 5 mm，侧裂片阔卵形，较小；后对雄蕊花丝基部在毛环上具舌状向上反折的附属物。小坚果顶端被毛。 花期 5～7 月。

产西藏：改则（县城大滩，高生所西藏队 4322）。生于海拔 4 450～4 600 m 的沟谷山地高山草甸、河滩草甸、山地阳坡草地。

分布于我国的西藏、四川。

12. 独一味属 **Lamiophlomis** Kudo

Kudo in Mém. Fac. Sci. Agr. Taihoku Univ. 2：210. 1929.

单种属，特征同种。

1. 独一味 图版 42：1～6

Lamiophlomis rotate（Benth.）Kudo in Mém. Fac. Sci. Agr. Taihoku Univ. 2：211. 1929；C. Y. Wu in Acta Phytotax. Sin. 8（1）：33. 1959；中国植物志 65（2）：480. 图版 93. 1977；西藏植物志 4：158. 图 68. 1985；Fl. China 17：156. 1994；青海植物志 3：171. 图版 38：4～7. 1996；青藏高原维管植物及其生态地理分布 819. 2008.

草本，花葶高 2.5～10.0 cm。根茎伸长，粗厚，径达 1 cm。基生叶常 4 枚，莲座状排列；下对叶柄伸长，可达 8 cm，上对者变短至无柄，密被短柔毛；叶片菱状圆形、菱形、扇形、横肾形以至三角形，长（4）6～13 cm，宽（4.4）7.0～12.0 cm，基部浅心形或宽楔形，下延至叶柄，先端钝、圆形或急尖，边缘具圆齿，上面绿色，密被白色疏柔毛，具皱纹，下面较淡，仅沿脉上疏被短柔毛，叶脉扇形。轮伞花序密集排列成有短葶的头状或短穗状花序，有时下部具分枝而呈短圆锥状，长 3.5～7.0 cm，花序轴密被短柔毛；苞片披针形、倒披针形或线形，长 1～4 cm，宽 1.5～6.0 mm，下部者最大，向上渐小，先端渐尖，全缘，具缘毛，上面被疏柔毛，小苞片针刺状，长约 8 mm，宽约 0.5 mm；花萼管状，长约 10 mm，宽约2.5 mm，干时带紫褐色，外面沿脉上被疏柔毛，萼齿 5 枚，短三角形，先端具长约 2 mm 的刺尖，内面被毛；花冠长约 1.2 cm，外被微柔毛，内面在冠筒中部密被微柔毛，冠筒管状，基部宽约 1.2 mm，向上略宽，至喉部宽 2 mm，冠檐二唇形，上唇近圆形，直径约 5 mm，边缘具齿牙，内面密被柔毛，下唇 3 裂，中裂片椭圆形，长约 4 mm，宽约 3 mm，侧裂片较小，长约 2.5 mm，宽约 2 mm，外面被微柔毛，内面仅中裂片中部被髯毛；雄蕊 4 枚，前对稍长，稍露出花冠喉部，花丝扁平，中部以上被微柔毛，花药 2 室，药室会合，极叉开。小坚果 4，倒卵三棱形，无毛。 花期 6～7 月，果期 8～9 月。

产西藏：班戈（江错，青藏队郎楷永 10389）。生于海拔 4 700 m 左右的高原或高山

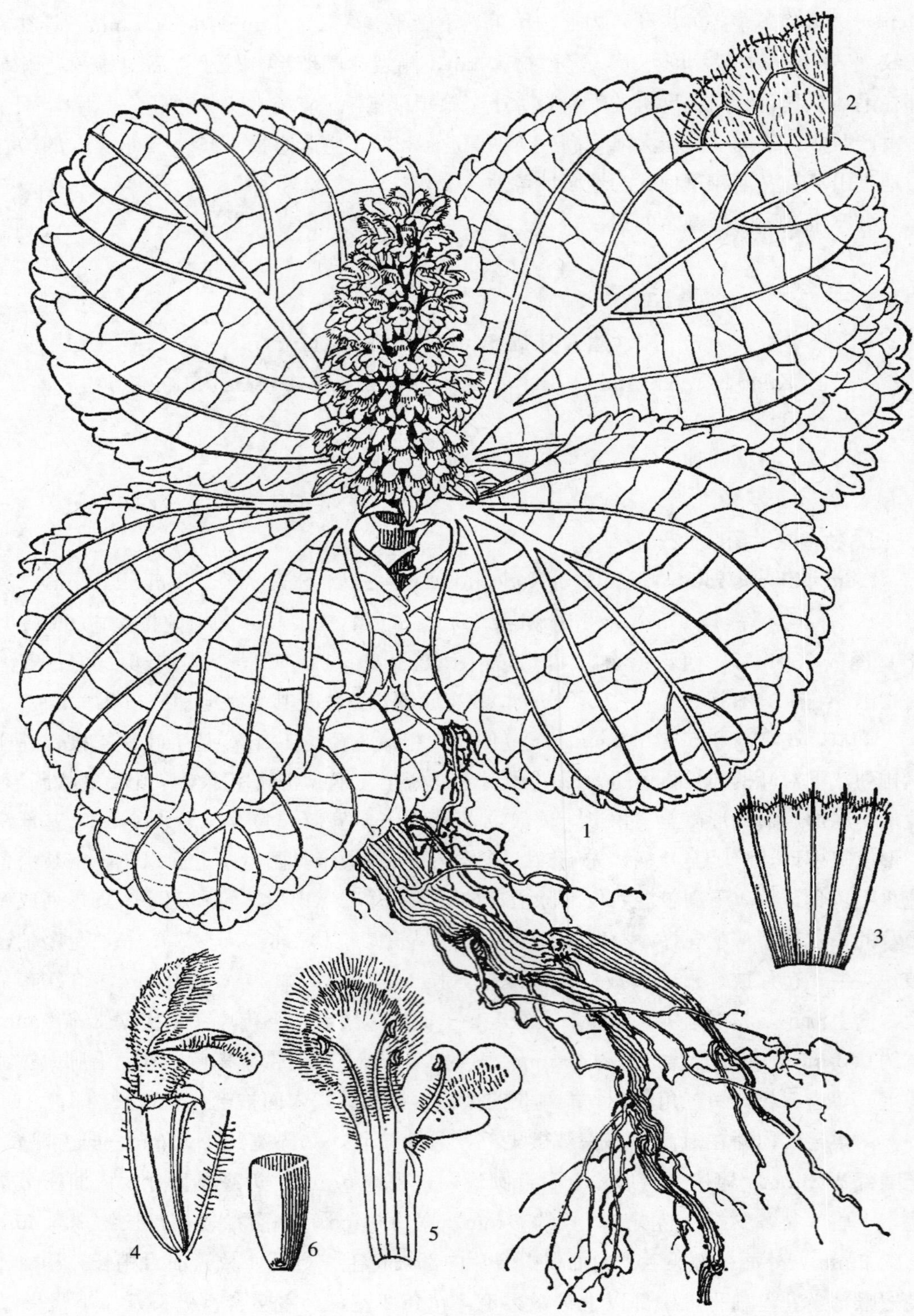

图版 **42**　独一味 **Lamiophlomis rotate**（Benth.）Kudo 1. 植株；2. 叶上面一部分；3. 花萼纵剖；4. 花；5. 花冠纵剖；6. 小坚果腹面观。（引自《西藏植物志》，曾孝濂绘）

上强度风化的碎石滩或石质高山草甸、山前冲积扇砾石地。

青海：称多（清水乡，王为义 073）、玛沁（军功乡，H. B. G. 271）、达日（吉迈乡，吴玉虎 27041）、久治（门堂乡，果洛队 065）。生于海拔 3 400～4 500 m 的高山碎石滩或石质高山草甸、沟谷河滩草地。

分布于我国的甘肃、青海、西藏、云南西北部、四川西部及台湾；不丹，印度东北部，尼泊尔也有。

13. 鼬瓣花属 Galeopsis Linn.

Linn. Sp. Pl. 579. 1753.

一年生草本。茎直立或下部匍匐，四棱形。叶宽披针形或披针形，边缘具齿。轮伞花序着生在叶腋或聚集在茎顶端；小苞片线形或披针形；花萼管状钟形，具 5 齿，或后齿稍长，先端呈坚硬的锥状刺尖；花白色、淡黄色至紫色，花冠筒直，伸出于萼筒，内无毛环，冠檐二唇形，上唇直伸，卵圆形，全缘或具齿，外面被毛，下唇 3 裂，中裂片较大，倒心形，侧裂片卵圆形；雄蕊 4 枚，前对较长，花药 2 室，背着，横向 2 瓣开裂，内瓣较小，有纤毛，外瓣较长较大，无毛；雌蕊花柱先端 2 裂，裂片钻形。小坚果宽倒卵形。

约 10 种。我国有 1 种，昆仑地区亦产。

1. 鼬瓣花

Galeopsis bifida Boenn. Fl. Monast. Prodr. 178. 1824；Fl. URSS 21：119. t. 7：2. 1954；Fl. Kirghizist. 9：112. 1960；Pl. Asiae Centr. 5：62. 1970；中国植物志 65（2）：481. 图版 94. 1977；Fl. China 17：156. 1994；青海植物志 3：161. 图版 37：1～3. 1996；新疆植物志 4：291. 图版 96：1～6. 2004；青藏高原维管植物及其生态地理分布 815. 2008.

一年生草本，高 20～80 cm，少数高者可达 1 m 上下。茎直立，粗壮，四棱形，节间长，淡黄绿色，被较密向下的多节刚毛，上部混杂腺毛，中部有少数不育枝。叶柄长 0.5～1.5 cm，被具节长刚毛及柔毛；叶片卵圆状披针形或披针形，长 2～6（8）cm，宽 1～3（～4）cm，基部宽楔形，先端锐尖或渐尖，边缘有整齐的钝锯齿，上面具稀疏的具节刚毛，下面疏生微柔毛并混生有腺点。轮伞花序密集，多生于茎上部叶腋；苞叶叶状；小苞片线形或披针形，先端刺尖，边缘有刚毛；花萼管状钟形，长约 1 cm，齿 5 枚，近相等，长约5 mm，披针形，先端为长刺状；花冠红色，长约 1 cm，冠筒漏斗状，喉部增大，冠檐二唇形，上唇卵圆形，先端钝，具不等的齿，外面被硬毛，下唇 3 裂，裂片长圆形，近相等，中裂片先端微凹，侧裂片长圆形，全缘；雄蕊 4 枚，均延伸至上唇之下，花丝丝状，下部被疏短毛，花药卵圆形，2室，2瓣横裂，内瓣小，具纤毛；雌蕊花柱先端2裂，子房无毛，褐色。小坚果倒卵状三棱形。 花期7月，果期8～9月。

产青海：称多（歇武，刘尚武 2470；歇武乡石灰窑，苟新京等 83－464）、玛沁（江让水电站，吴玉虎 18413；西哈垄河谷，H. B. G. 352）、久治（白玉乡，藏药队 651）、班玛（江日堂乡，吴玉虎 26096）。生于海拔 3 400～3 800 m 的沟谷山地林间空地、山坡灌木林、河谷阶地高寒草甸、山麓碎石堆。

分布于我国的新疆北部、甘肃、青海、陕西、西藏、云南西北部及东北部、四川西部、贵州西北部、内蒙古、山西、湖北西部、黑龙江、吉林；中欧各国，俄罗斯，蒙古，朝鲜，日本以及北美也有。

14. 野芝麻属 **Lamium** Linn.

Linn. Sp. Pl. 579. 1753.

一年生或多年生草本。叶圆形、肾形、卵圆形或卵圆状长圆形，边缘具极深的圆齿或粗锯齿。轮伞花序4～14花；苞片小，披针状钻形或线形；花萼管状钟形，脉5条，外面被毛，萼齿5枚，近等长；花冠紫红或淡白色，通常较花萼长，外面被毛，里面在冠筒近基部有毛环或无，冠筒直伸或弯曲，上部扩大，冠檐二唇形，上唇直伸，长圆形，先端圆形或微凹，多少内弯呈盔状，下唇向下伸展，3裂，中裂片较大，倒心形，先端微缺或深2裂，两侧裂片半圆形，边缘具锐尖小齿；雄蕊4枚，花丝丝状，被毛，着生在花冠喉部，花药被毛，2室；雌蕊花柱丝状，先端近相等2浅裂，子房光滑，少数有膜质边缘；花盘平顶，具圆齿。

约40种。我国有3种4变种，昆仑地区产2种。

分种检索表

1. 叶卵圆形或卵状长圆形；花白色或淡黄色 ……………… **1. 短柄野芝麻 L. album** Linn.
1. 叶圆形或肾形；花紫红色或粉红色 …………………… **2. 宝盖草 L. amplexicaule** Linn.

1. 短柄野芝麻

Lamium album Linn. Sp. Pl. 579. 1753; Hook. f. Fl. Brit. Ind. 4: 679. 1885; Fl. URSS 21: 134. 1954; Pl. Asiae Centr. 5: 62. 1970; Nasir et Ali Fl. W. Pakist. 614. 1972; 中国植物志 65（2）: 488. 图版 96: 6. 1977; 西藏植物志 4: 163. 1985; Fl. China 17: 157. 1994; 新疆植物志 4: 293. 图版 94: 1～2. 2004; 青藏高原维管植物及其生态地理分布 820. 2008.

多年生草本，高 30～50 cm。茎四棱形，被刚毛。叶柄长 3.5～5.0 cm，被稀疏的短硬毛；茎下部叶较小，中部者最大，叶片卵圆形或卵圆状长圆形，长 2～6 cm，宽 2～4 cm，基部心形，先端急尖或钝，边缘具粗锯齿，两面疏被短硬毛。腋生轮伞花序，有花 5～10 朵；苞叶叶状，近于无柄；苞片线形；花萼钟形，长 0.9～1.2 cm，基部有时紫红色，具稀疏硬毛，萼齿披针形，约为花萼之半，先端具芒状尖，边缘具睫毛；花冠白色或淡黄色，长约2 cm，外面被短柔毛，里面基部有斜向的毛环，冠檐二唇形，上唇倒卵圆形，先端钝，下唇 3 裂，中裂片倒肾形，先端深凹，基部收缩，边缘具长睫毛，侧裂片圆形，具钻形小齿；雄蕊花丝扁平，上部被长柔毛，花药黑紫色，被长柔毛。小坚果长卵圆形。　花期 7～8 月，果期 9 月。

产新疆：乌恰（玉其塔什，张彦福 060）。生于海拔 2 700～3 300 m 的沟谷山地草原、亚高山草甸、河谷山坡灌丛草地、溪流河谷岸边。

分布于我国的新疆、甘肃、内蒙古、黑龙江等省区；印度，中亚地区各国，蒙古，日本也有。

2. 宝盖草　图版 43：1～6

Lamium amplexicaule Linn. Sp. Pl. 579. 1753；Hook. f. Fl. Brit. Ind. 4：679. 1885；Fl. URSS 21：128. 1954；Fl. Kirghizist 9：113. 1960；Pl. Asiae Centr. 5：63. 1970；Nasir et Ali Fl. W. Pakist. 614. 1972；中国植物志 65（2）：485. 图版 95. 1977；西藏植物志 4：162. 图 70. 1985；Fl. China 17：157. 1994；青海植物志 3：174. 1996；新疆植物志 4：294. 图版 95：1～6. 2004；青藏高原维管植物及其生态地理分布 820. 2008.

一年生草本，高 10～20 cm。茎基部多分枝，四棱形，紫蓝色。茎下部叶具长柄，上部叶无柄；叶片圆形或肾形，长 0.5～2.0 cm，宽 0.7～2.5 cm，基部宽楔形，顶端圆形，边缘具圆齿，顶端的齿通常较其余的为大，两面被极稀疏的柔毛。轮伞花序 6～8 花；苞片披针形，具缘毛；花萼钟形，外面密被白色的长柔毛，萼齿 5 枚，披针形，长约 2 mm，边缘具缘毛；花冠紫红色或粉红色，长 1.8～2.0 cm，外面除上唇被有较密带紫红色的短柔毛外，余部均被微柔毛，冠筒细长，冠檐二唇形，上唇直伸，长圆形，长约 4 mm，先端微弯，下唇稍长，3 裂，中裂片倒心形，先端深凹，基部收缩，侧裂片浅圆裂片状；雄蕊花丝光滑，花药被长硬毛；雌蕊花柱丝状，柱头不等 2 浅裂，子房无毛。小坚果倒卵圆形，具 3 棱，淡黄褐色，表面被大疣状突起。　花期 6～8 月，果期 9 月。

产青海：曲麻莱（东风乡，刘尚武等 874）、称多（县城，刘尚武 2263；歇武寺南支沟，杨永昌 716）、玛沁（黑土山，吴玉虎 18664；军功乡宁果公路 396 km 处，吴玉虎 21139；子山乡切木曲，H. B. G. 385；江让水电站，吴玉虎等 18660；军功乡，吴玉虎 20724、20731）、久治（索乎日麻乡，藏药队 410；索乎日麻乡斗曲，果洛队 282；

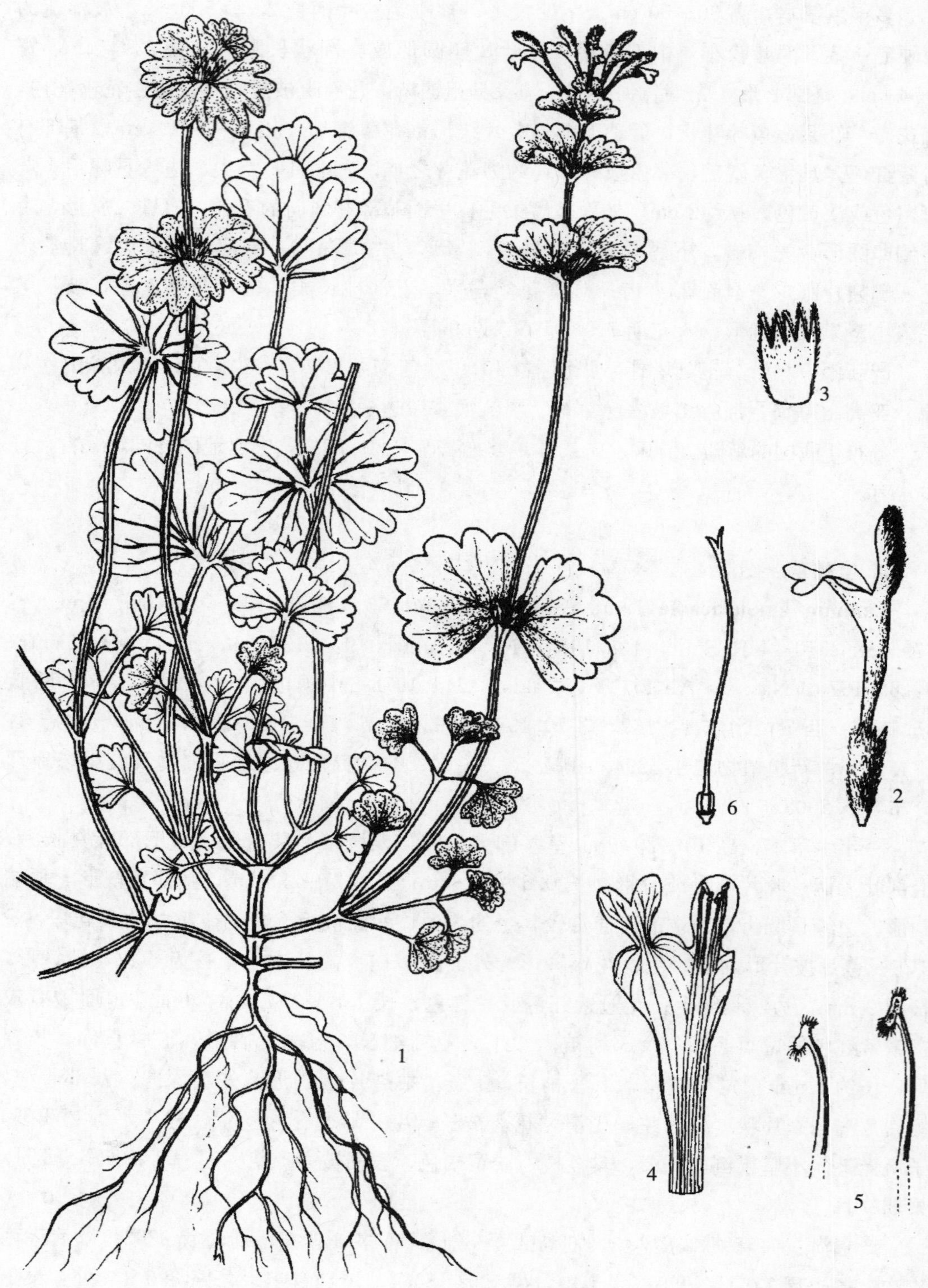

图版 **43** 宝盖草 **Lamium amplexicaule** Linn. 1. 植株；2. 花；3. 花萼纵剖；4. 花冠纵剖；5. 雄蕊；6. 雌蕊。（引自《新疆植物志》，张荣生绘）

白玉乡，吴玉虎 26396；哇尔依乡，吴玉虎 26760）。生于海拔 3 800～4 100 m 的沟谷山坡草地、山坡林缘草甸、河谷阶地高寒草甸、高寒沼泽草甸。

四川：石渠（新荣乡雅砻江边，吴玉虎 30040、30061）。生于海拔 4 000 m 左右的高原沟谷山坡岩石缝隙。

甘肃：玛曲（河曲军马场，吴玉虎 31913）。生于海拔 3 200 m 左右的宽谷滩地高寒草甸、沟谷山地草甸。

分布于我国的新疆北部、青海、甘肃、陕西、西藏、云南、四川、贵州、河南、湖北、湖南、江苏、安徽、浙江、福建；欧洲，亚洲均有广泛的分布。

15. 元宝草属 Alajja S. Ikonn.

S. Ikonn. in Nov. Syst. Pl. Vasc. 8：274. 1971.

一年生或多年生草本。茎直立，单生。叶具短柄或无柄，菱形，全缘或具圆齿，被长柔毛或短茸毛。轮伞花序腋生；花两性；苞片短于或稍长于花萼；花萼钟形，密被绵毛，萼齿 5 枚，线状披针形；花冠紫色，冠筒伸出于外，里面光滑，喉部膨大，冠檐二唇形，上唇长圆状卵圆形，先端微凹或全缘，下唇开展，3 裂，中裂片较大，侧裂片卵圆形或长圆形，先端微凹，全缘；雄蕊 4 枚，花药成对靠近，被长硬毛；雌蕊花柱顶端 2 浅裂，钻形。

约 3 种。我国有 2 种，昆仑地区产 1 种。

1. 异叶元宝草 图版 44：1～4

Alajja anomala (Juz.) S. Ikonn. Novsti Sist. Vyssh. Rast. 8：274. 1971；中国植物志 65（2）：498. 1977；Fl. China 17：160. 1994；新疆植物志 4：294. 图版 97：1～4. 2004；青藏高原维管植物及其生态地理分布 806. 2008.——*Erianthera anomala* (Juz.) Juz. in Not. Syst. Herb. Inst. Bot. Acad. Sci. URSS 15：267. f. 1953.

多年生草本，高 20～30 cm。根茎长而粗，直伸，少分枝，白色，其上有卵圆状披针形的鳞片，地上部分不分枝或通常自基部分枝，近直立，带紫红色，密被白柔毛或淡黄色的绵毛。下部叶小，对生，匙形，全缘，具有较长的柄；上部叶较大，卵状菱形，基部楔形，叶片两面灰绿色，密被灰白色短茸毛。轮伞花序 2～4 花，生于中上部叶腋；苞叶最大，密集，几乎无柄或具短柄，宽菱形或楔状扇形，顶端钝或近圆形，长 2～5 cm，宽 2.0～4.5 cm，上半部具有不明显的圆齿或全缘；苞片长 7～10 mm，与萼筒等长，被茸毛；花萼长 1.5～2.0 cm，钟形，密被绵毛，萼齿长约 7 mm，披针状三角形，密被绵毛；花冠长 3～4 cm，紫色，外面被绵毛，冠筒长 1.5～2.0 cm，冠檐二唇形，上唇长约 1.5 cm，宽大，长圆状卵圆形，先端全缘或微缺，下唇比上唇稍长，3

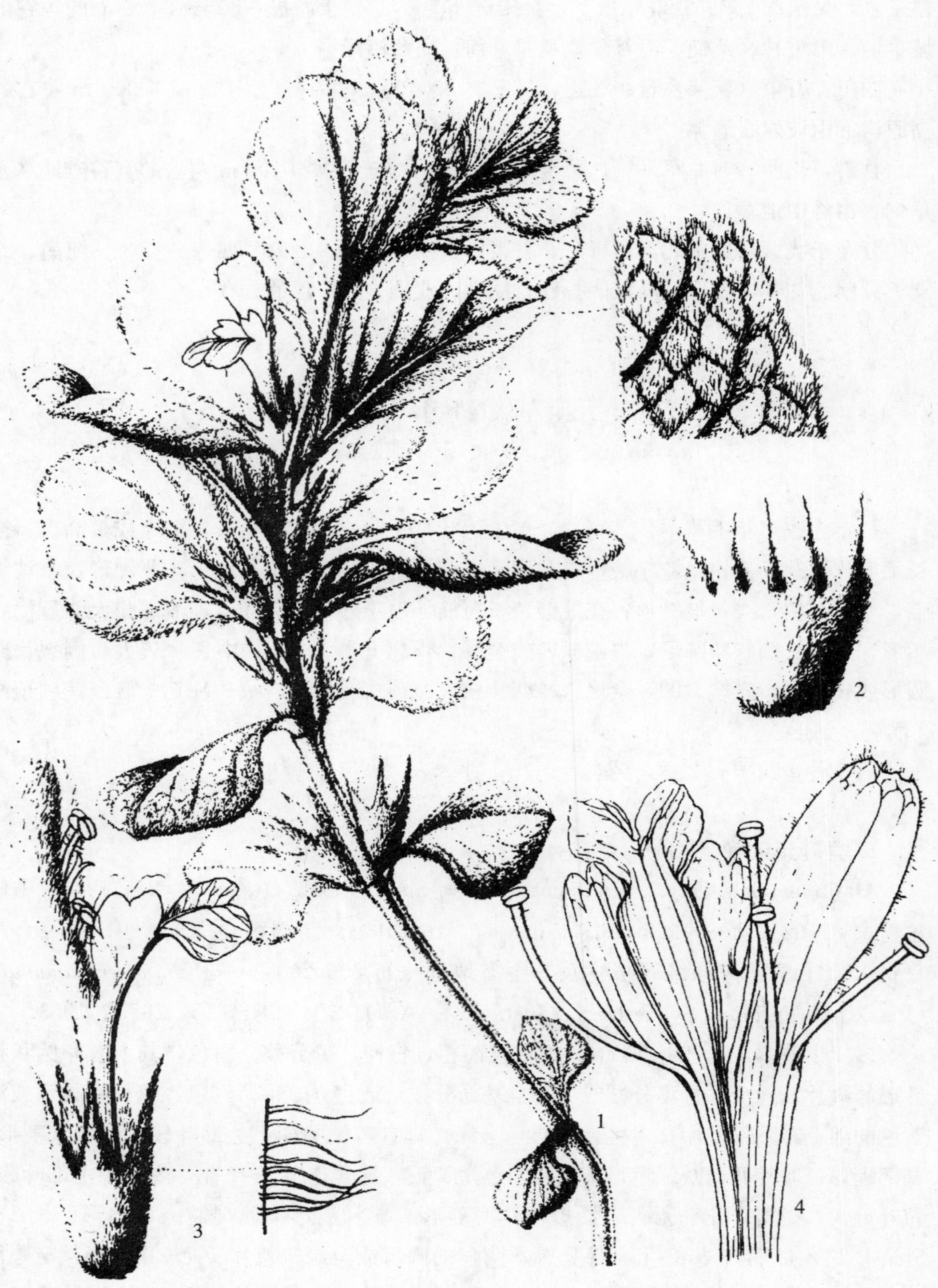

图版 **44** 异叶元宝草 **Alajja anomala**（Juz.）S. Ikonn. 1. 植株；2. 花萼纵剖；3. 花；4. 花冠纵剖示雄蕊。（引自《新疆植物志》，谭丽霞绘）

裂，中裂片较大，倒心形，长 8～10 mm，宽约 6 mm，侧裂片卵圆形或长圆形，先端微凹；雄蕊稍伸出，花药无毛或近无毛。果实未见。　花期 7 月。

产新疆：乌恰（托云乡苏约克，王兵 93－2036；苏约克附近，西植所新疆队 1913）。生于海拔 3 340 m 左右的沟谷砾石山坡、溪流河谷石滩、河谷阶地高寒草甸。

中亚地区各国也有。

16. 兔唇花属 Lagochilus Bunge

Bunge in Benth. Labiat. Gen. et Sp. 640. 1834.

多年生草本或小半灌木。根茎半木质化。茎直立或从基部多分枝，四棱形，被疏硬毛或微光滑。叶柄通常较短；叶片菱形或扇形，全缘或羽状深裂，裂片先端通常具刺。轮伞状花序具 2～10 花；苞片针状或锥形；花萼钟形或管状钟形，具 5 脉，喉部倾斜或直，萼齿 5 枚，近等长或后 3 齿较长，前伸，三角形、长圆形、卵状披针形至宽卵圆形，一般较萼筒为长，少数短于萼筒，先端多为针状；花冠筒内具毛环，冠檐二唇形，上唇直立，长圆形，先端 2 裂或具 4 缺刻，外面被柔毛，下唇 3 裂，中裂片大，倒心形，先端 2 裂，两侧裂片较小或细小，先端尖或微缺；雄蕊 4 枚，花丝扁平，基部有毛或光滑，花药 2 室，边缘具睫毛；雌蕊花柱丝状，先端 2 浅裂；花盘杯状。小坚果扁圆锥形或长圆状倒卵圆形，顶端平截或圆形，外被腺点、毛被物或鳞片，粗糙或光滑。

约 35 种。我国有 11 种，昆仑地区产 3 种。

分种检索表

1. 刺状苞片疏被具节刚毛或柔毛；萼筒密被具节刚毛和柔毛；花冠上唇先端 2 裂，每个裂片顶端又裂成 2 至多个小裂片，下唇中裂片顶端深裂。
    2. 萼齿宽卵圆形，先端圆，萼筒密被具节长柔毛及腺毛；花冠上唇先端 2 裂，每个裂片顶端又裂成 2 至多个小裂片，下唇中裂片 2 深裂，裂片卵圆形，侧裂片长卵形，先端微裂 ………………………………… **1. 宽齿兔唇花 L. macrodentus** Knorr.
    2. 萼齿宽卵圆形，先端三角状，萼筒疏被具节柔毛及腺毛；花冠上唇先端 2 裂，裂片披针形，每个裂片再 2 微分裂，下唇中裂片顶端裂成 2 圆形裂片，侧裂片椭圆形，全缘 ……………………………………… **2. 阔刺兔唇花 L. platyacanthus** Rupr.
1. 刺状苞片无毛；萼筒疏被柔毛；花冠上唇先端 2 深裂，下唇中裂片顶端裂成 2 短齿，侧裂片长圆形，先端具细齿 ……………………… **3. 喀什兔唇花 L. kaschgaricus** Rupr.

1. 宽齿兔唇花　图版 45：1～3

Lagochilus macrodentus Knorr. in Not. Syst. Herb. Inst. Bot. Acad. Sci.

URSS 13：256. 1950；Fl. URSS 21：179. 1954；新疆植物志 4：313. 图版 104：1～3. 2004；青藏高原维管植物及其生态地理分布 818. 2008. ——*L. iliensis* C. Y. Wu et Hsuan. in Acta Phytotax. Sin. 10（3）：219. 1965；中国植物志 65（2）：537. 图版 101：14～16. 1977.

多年生草本，高 20～30 cm。茎淡褐色，自基部分枝，四棱形，疏被小刚毛及具节的柔毛，基部光滑。叶无柄或有具狭翅的短柄；叶片三角状菱形或卵圆形，二回三出羽状深裂，长 2～3 cm，宽 2.1～3.0 cm，先端圆形，具小刺尖，长约 1.5 mm，淡绿色，裂片及小裂片卵圆形至长圆形，两面均被稀疏的白柔毛。轮伞花序具 2～4 花；刺状苞片平展或微下倾，中脉显著，长 8～15 mm，上部被平展具节刚毛，下部无毛；花萼钟形，长约 1.6 cm，萼筒密被具节柔毛，萼齿 5 枚，宽卵圆形，先端圆形，具短小刺尖，长约 8 mm，宽约 7 mm；花冠紫红色，长 3.0～4.3 cm，花冠筒外无毛，上部密被白柔毛，内面疏被短柔毛，近基部有疏柔毛毛环，上唇直立，长约 2.5 cm，宽 1.2 cm，先端 2 裂，每个裂片顶端又裂成 2 至多个小裂片，边缘被长柔毛，下唇略短，长约 1.8 cm，3 裂，中裂片长约 1 cm，顶端 2 深裂，裂片卵圆形，长约 6 mm，宽约 5 mm，两侧裂片长卵形，顶端微裂；雄蕊 4 枚，前对长约 2.4 cm，后对长约 2.1 cm，花丝扁平，边缘膜质，具白柔毛，花药略被疏柔毛；雌蕊花柱与后对雄蕊等长，顶端 2 裂，子房顶端有白色小突起；花盘浅杯状。成熟果实未见。 花期 7 月。

产新疆：乌恰（康苏，崔乃然 820321）。生于海拔 3 000～3 700 m 的沟谷山地草原带及砾石质坡地、河谷山麓砾地。

分布于我国的新疆；中亚地区各国也有。

2. 阔刺兔唇花 图版 45：4～7

Lagochilus platyacanthus Rupr. in Mém. Acad. Sci. St.-Pétersb. Ser. 7，14：68. 1869；Fl. URSS 21：180. 1954；Pl. Asiae Centr. 5：69. 1970；中国植物志 65（2）：538. 1977；Fl. China 17：168. 1994；新疆植物志 4：318. 图版 106：1～3. 2004；青藏高原维管植物及其生态地理分布 818. 2008.

多年生草本，高 15～30 cm。根较细，褐色。茎基部分枝，直立，四棱形，乳白色，被向下伏的糙毛。下部叶具柄，上部叶具短柄或无柄；叶片三角状菱形，二回羽状分裂，裂片线形或卵圆形，先端渐尖成刺，刺长 1.0～1.5 mm，两面绿色，边缘及两面沿叶脉被白色柔毛，腺点明显。轮伞花序具 4～6 花；刺状苞片长 7～12 mm，坚硬，披针形，具明显的肋，密被 2～5 节的茸毛及长腺毛；花萼钟形，长约 1.5 cm，被 2～3 节的茸毛和腺点，萼齿 5 枚，宽卵圆形，先端三角状，顶端渐尖，长约 8 mm，宽约 5 mm，与萼筒等长或比萼筒短；花冠粉红色，长为花萼的 2 倍，上唇直立，长约 2 cm，宽约 7 mm，先端 2 深裂，裂片披针形，每个裂片再微裂，外被白色长柔毛，内面基部有短柔毛及稀疏的长柔毛毛环，下唇长约1.7 cm，宽约 8 mm，3 深裂，中裂片顶端裂

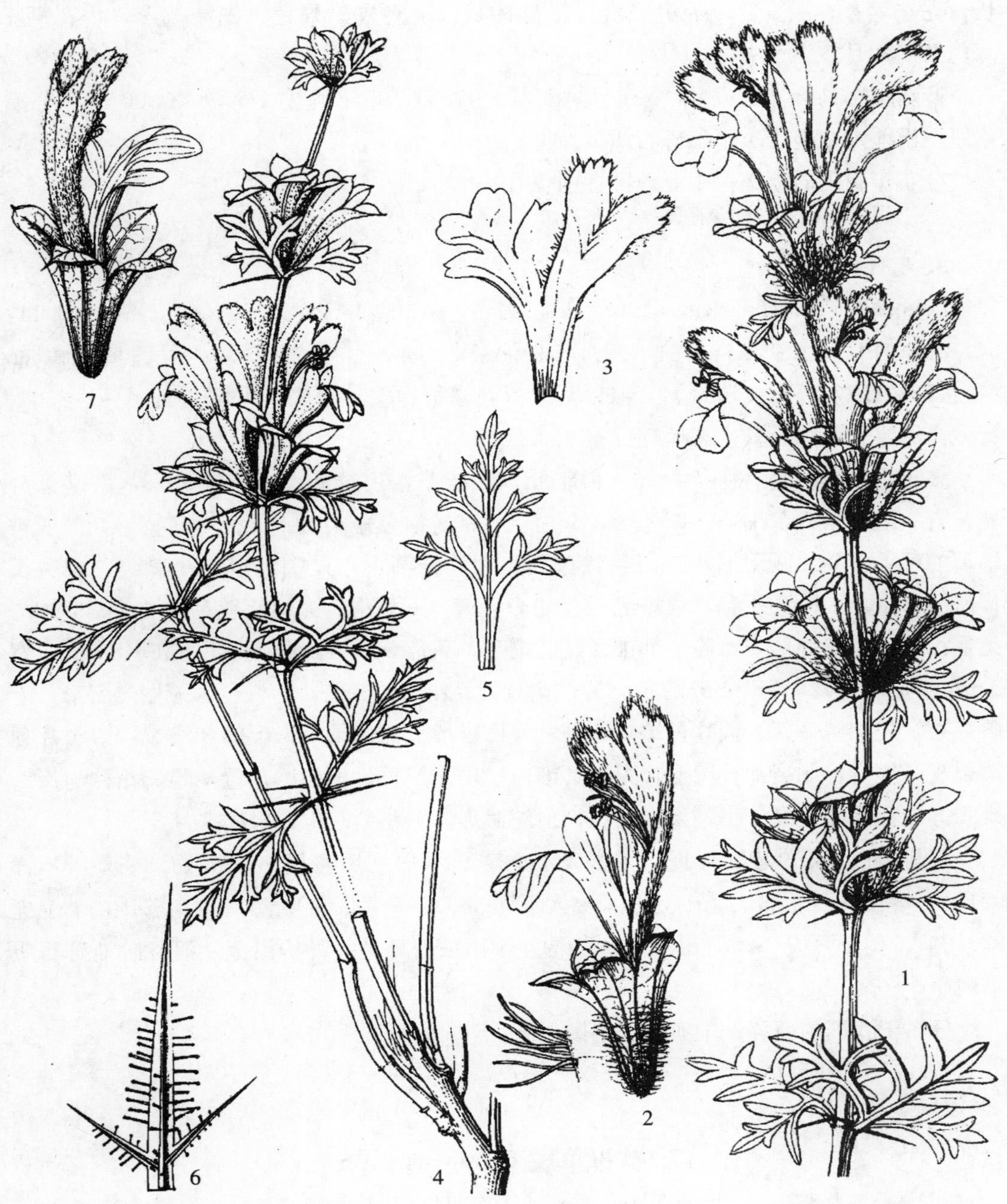

图版 45　宽齿兔唇花 **Lagochilus macrodentus** Knorr. 1. 植株；2. 花；3. 花冠纵剖。阔刺兔唇花 **L. platyacanthus** Rupr. 4. 植株；5. 叶；6. 刺状苞片；7. 花。（引自《新疆植物志》，张荣生绘）

成2圆形裂片，两侧裂片椭圆形，长约4 mm，宽约3 mm；雄蕊着生于冠筒中部以上，花丝扁平，边缘膜质，被微柔毛，前对雄蕊长约2.2 cm，后对长1.8 cm；雌蕊花柱细长，先端等长，2浅裂，子房光滑，花盘杯状。小坚果黑褐色，先端截形。 花期7月，果期8月。

产新疆：乌恰（吉根乡，采集人不详 73-155）。生于海拔2 500～2 800 m的荒漠草原、山前洪积扇带、干旱砾石质坡地上。

分布于我国的新疆；中亚地区各国也有。

3. 喀什兔唇花

Lagochilus kaschgaricus Rupr. in Mém. Acad. Sci. St.-Pétersb. Ser. 7.14：67.1869；Pl. URSS 21：181.1954；Pl. Asiae Centr. 5：72.1970；中国植物志 65(2)：538.1977；Fl. China 17：169.1994；新疆植物志 4：318. 图版 107：1～5.2004；青藏高原维管植物及其生态地理分布 818.2008.

多年生草本，高10～20 cm。根粗壮，多扭曲，顶端膨大，灰褐色。茎由基部分枝，直立或微斜升，细弱，四棱形，灰白色，密被白色短柔毛。叶柄短而宽，光滑或被稀疏的茸毛；叶片阔菱形，二回羽状深裂，裂片长圆形，先端钝或具小刺尖，刺尖长1.0～1.5 mm，边缘外卷，具短缘毛。轮伞花序4～6花；锥刺状苞片长15～23 mm，无毛；花萼管状钟形，萼筒下部被稀疏的糙毛，萼齿5枚，阔卵圆形，长6～8 mm，宽5 mm，先端渐尖，具1 mm的小刺尖；花冠长为花萼的2倍，粉红色，冠檐二唇形，上唇直立，先端深2裂，裂片顶端具缺刻，外面被稀疏的白柔毛，下唇3浅裂，中裂片顶端裂成2短齿，侧裂片长圆形，先端具细齿；雄蕊4枚，不伸出花冠，雌蕊花柱与后对雄蕊等长，顶端2裂。小坚果黑褐色，顶端截形。 花期7月，果期8月。

产新疆：乌恰（巴尔库提，采集人不详 9706；巴音库鲁提 25 km处，采集人不详 9716）、喀什（西北部 71 km处，采集人不详 380）、疏勒、阿克陶（阿克塔什，吴玉虎 870100）。生于海拔2 250～3 120 m的沟谷干山坡石砾地、冲沟沿上、河谷阶地砾石质草甸。

分布于我国的新疆；中亚地区各国也有。

17. 益母草属 Leonurus Linn.

Linn. Gen. Pl. 254.1754.

二年生草本。叶对生，掌状3～5裂。轮伞花序腋生，组成穗状花序；花萼具5脉，萼齿5枚，近等大，不为二唇形；花冠筒内具水平向毛环，二唇形，上唇直立，全缘，下唇开张，3裂；雄蕊4枚，前对较长，开花时与后对平行排列于上唇之内方，花药2

室，药室平行。小坚果 4 枚。

约 20 种。我国产 12 种，昆仑地区产 1 种。

1. 细叶益母草

Leonurus sibiricus Linn. Sp. Pl. 584. 1753；中国植物志 65（2）：511. 1977；青海植物志 3：173. 1996；青藏高原维管植物及其生态地理分布 820. 2008.

二年生草本，高 20～100 cm。茎直立，四棱形，被倒向糙伏毛，常从基部分枝，丛生。叶长 3～5 cm，掌状 3 全裂，裂片再 3 裂或羽状分裂，小裂片线形，宽 1.0～2.5 mm，边缘反卷，两面被糙伏毛；叶柄长约 2 mm，被糙伏毛；最上部苞叶 3 全裂。轮伞花序多花，组成疏离的穗状花序；小苞片刺状，被糙伏毛；花萼筒状，长约 10 mm，外面中部以上脉上密被有节长柔毛，基部被短柔毛，萼齿 5 枚，钻形，具刺尖，开展或下翻；花冠粉红色，长约1.6 cm，外面在冠筒上被长柔毛，内面近基部有毛环，二唇形，上唇比下唇长 1/4，直伸，内面无毛，下唇 3 裂，中裂片倒心形，先端微凹，有紫色脉纹；雄蕊 4 枚，平行于上唇之内，花丝中部有鳞状毛，花药卵形。 花期 7 月。

产青海：兴海（曲什安乡大米滩，吴玉虎 41825、41840、41846）。生于海拔 3 000 m左右的河谷台地阳坡砾石地、山麓砾石堆。

分布于我国的陕西北部、河北、山西、内蒙古；俄罗斯，蒙古也有。

18. 绵参属 Eriophyton Benth.

Benth. in Wall. Pl. Asiat. Rar. 1：63. 1830.

单种属，特征同种。

1. 绵　参　图版 46：1～9

Eriophyton wallichii Benth. in Wall. Pl. Asiat. Rar. 1：63. 1830；Hook. f. Fl. Brit. Ind. 4：679. 1885， "wallchianum"；中国植物志 65（2）：539. 图版 104. 1977；西藏植物志 4：166. 图 72：1985；Fl. China 17：169. 1994；青海植物志 3：160. 图版 36：3～5. 1996；青藏高原维管植物及其生态地理分布 814. 2008.

多年生草本。根肥厚，圆柱形，先端常分叉，有细长的侧根。茎直立，高 10～20 cm，不分枝，钝四棱形，多少变肉质，下部无毛，上部被绵毛。叶柄甚短或近于无；叶片变异很大，茎下部叶细小，苞片状，无色，无毛，茎上部叶大，菱形或圆形，长宽 3～4 cm，最顶端的叶渐变小，边缘在中部以上具圆齿或钝锯齿，两面均密被绵毛，尤以上面为甚，侧脉 3～4 对，几成掌状。轮伞花序通常 6 花，下承以小苞片；小苞片刺

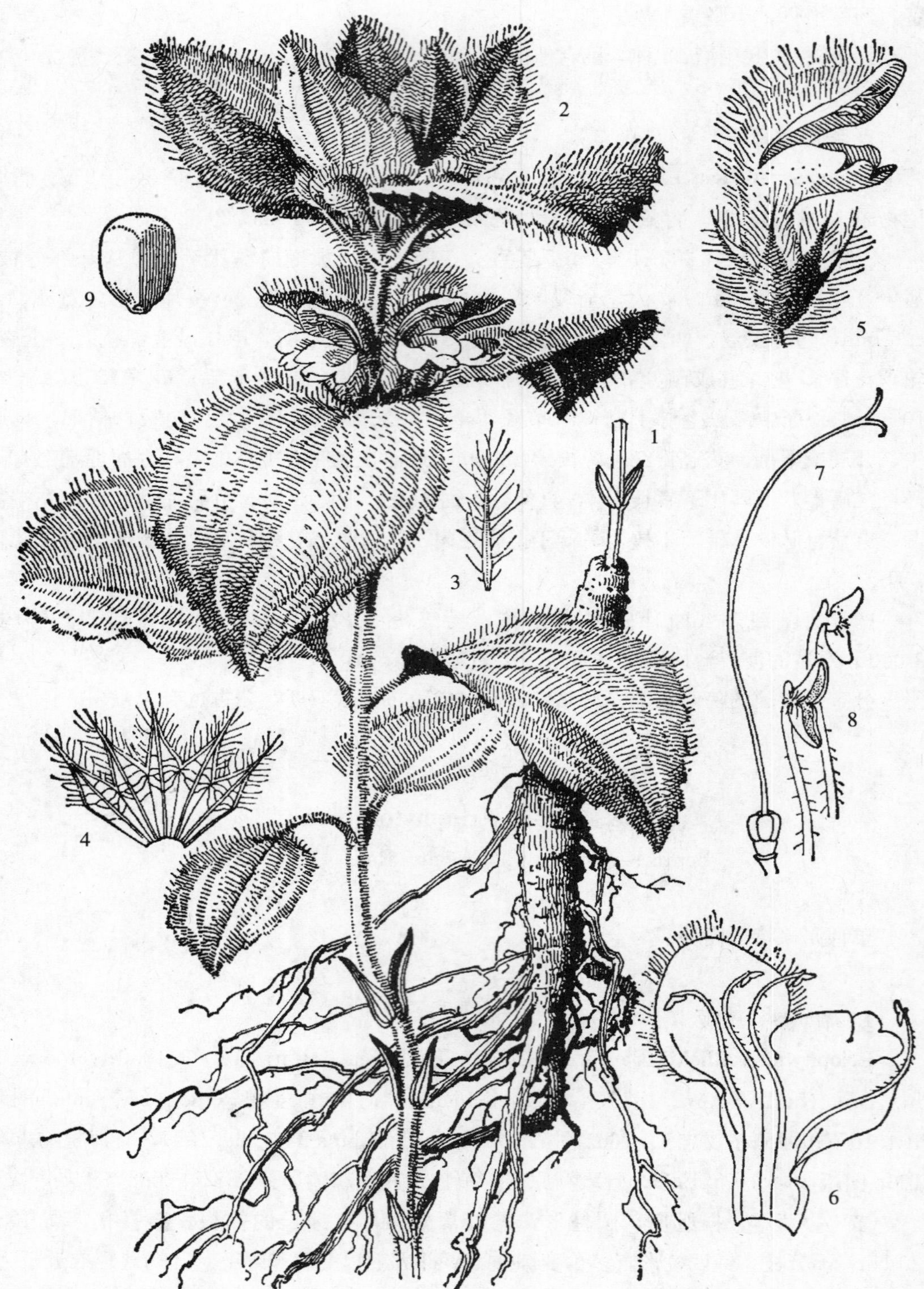

图版 46　绵参 **Eriophyton wallichii** Benth. 1. 植株下部；2. 植株上部；3. 小苞片；4. 花萼纵剖内面观；5. 花；6. 花冠纵剖示雄蕊；7. 雌蕊；8. 雄蕊；9. 小坚果腹面观。（引自《西藏植物志》，曾孝濂绘）

状，长达 1.2 cm，密被绵毛；无花梗；花萼宽钟形，萼筒长 8 mm，隐藏于叶腋中，膜质，外面密被绵毛，内面在萼齿先端及边缘上被绵毛，10 脉，萼齿 5 枚，近等大，三角形，长约 7 mm，与萼筒近等长，先端长渐尖；花冠长 2.2～2.8 cm，淡紫色至粉红色，花冠筒略外倾，长约为花冠之半，冠檐二唇形，上唇宽大，盔状，向下弯曲，覆盖下唇，外面密被绵毛，下唇小，3 裂，中裂片略大，先端微缺，侧裂片圆形；雄蕊 4 枚，前对较长，均延伸至上唇片之下，后对花丝基部加厚，前对花丝顶端宽展，上有突起，花药 2 室，室贯通，极叉开，有长柔毛；雌蕊花柱先端 2 浅裂，子房无毛；花盘平顶。小坚果宽倒卵状三棱形，长约 3 mm，黄褐色。　花期 7～9 月，果期 9～10 月。

产青海：曲麻莱（刘尚武等 827）、称多（歇武乡毛拉，刘尚武 2356）。生于海拔 4 000～5 200 m的高山强度风化形成的乱石堆中、山麓砾石地、高山流石滩稀疏植被中。

分布于我国的青海、西藏、云南西北部、四川西部；尼泊尔，印度也有。

19. 水苏属 Stachys Linn.

Linn. Sp. Pl. 580. 1753.

一年生或多年生草本。地下具匍匐、粗大的根茎或须根。茎直立或散生。叶全缘或具齿。轮伞花序 2 至多花，常着生在茎顶端形成穗状复花序；花萼管状钟形、倒圆锥形或管形，萼齿 5 枚，先端刺状渐尖，外具硬毛；花冠筒圆柱形，内藏或伸出，内面基部具斜向的柔毛环，少数无毛环，冠檐二唇形，上唇顶端微裂或全缘，下唇 3 裂，中裂片大，全缘或微缺，侧裂片较短；雄蕊 4 枚，前对较长，后对较短，花药 2 室；雌蕊花柱先端 2 裂，裂片近相等。小坚果卵形或长圆形，先端钝或圆，光滑或具瘤。

300 余种。我国有 18 种 11 变种，昆仑地区产 1 种。

1. 甘露子

Stachys sieboldii Miq. in Ann. Mus. Bot. Lugd.-Bat. 2：112. 1865；中国植物志 66：18. 图版 3：12～14. 1977；西藏植物志 4：168. 1985；Fl. China 17：181. 1994；青海植物志 3：163. 1996；青藏高原维管植物及其生态地理分布 835. 2008.

多年生草本。根状茎白色，在节上生有须根、螺蛳形肥大块茎及鳞状叶。茎高 30～120 cm，直立或基部倾斜，单一或多分枝，四棱形，具槽，在棱及节上有平展的硬毛。叶柄长 1～3 cm，被硬毛；茎生叶卵圆形或长椭圆状卵圆形，长 3～12 cm，宽 1.5～6.0 cm，先端稍锐尖或渐尖，基部平截至浅心形，有时宽楔形或近圆形，边缘有规则的圆齿状锯齿，下面被有贴生硬毛，但沿脉上仅疏生硬毛，侧脉 4～5 对，上面不明显，下面显著。轮伞花序通常 6 花，多数远离，组成长 5～15 cm 顶生穗伏复花序；

苞叶向上渐变小，呈苞片状，通常反折（尤其栽培型），下部者无柄，卵圆状披针形，长约3 cm，比轮伞花序长，先端渐尖，基部近圆形，上部者短小，无柄，披针形，比花萼短，近全缘；小苞片线形，长约 1 mm，被微柔毛；花梗短，长约 1 mm，被微柔毛。花萼狭钟形，连齿长 9 mm，外被具腺柔毛，内面无毛，具 10 脉，萼齿 5 枚，三角形至长三角形，长约 4 mm，先端具刺尖头，微反折；花冠粉红色至紫红色，下唇有紫斑，长约 1.3 cm，冠筒筒状，长约 9 mm，近等粗，内面在下部 1/3 被微柔毛毛环，冠檐二唇形，上唇长圆形，长 4 mm，宽 2 mm，直伸而略反折，外面被柔毛，内面无毛，下唇长宽约 7 mm，外面在中部疏被柔毛，内面无毛，3 裂，中裂片较大，近圆形，径约 3.5 mm，侧裂片卵圆形，较短小；雄蕊 4 枚，前对较长，升至上唇片之下，花丝丝状，扁平，先端略膨大，被微柔毛，花药卵圆形，2 室，极叉开；雌蕊花柱丝状，略超出雄蕊，先端近相等 2 浅裂。小坚果卵形，径约 1.5 cm，黑褐色，具小瘤。 花期 7～8 月，果期 9 月。

产青海：兴海（中铁林场恰登沟，吴玉虎 44984、45020、45166、45170、47678；赛宗寺后山，吴玉虎 46349；中铁乡天葬台沟，吴玉虎 45868；中铁林场中铁沟，吴玉虎 45529、45535、45540、45576、45586）、称多（称文乡刚查，郭本兆 398）、玛沁（军功乡，H. B. G. 307）。生于海拔 3 150～3 600 m 的沟谷山地草原、河谷阶地砾石地、山麓倒石堆、沟谷山地阔叶林缘灌丛草甸、阳坡山麓灌丛草甸。

分布于我国的甘肃、青海、陕西、山西、河北；云南、四川、辽宁、河南、湖南、山东、江苏、江西、广西、广东，均多栽培；欧洲，日本，北美亦有栽培。

20. 鼠尾草属 Salvia Linn.

Linn. Sp. Pl. 23. 1753.

多年生草本。茎四棱形，被稀疏的短柔毛及腺点。叶对生。轮伞花序 2 至多花，形成总状、圆锥状或穗状复花序；小苞叶较细小；花萼卵形或钟形，二唇形，上唇全缘或具 3 短尖头，下唇 2 齿；花冠筒内藏或外伸，平伸或向上弯或腹部增大，有时内面基部有斜生或横生、完全或不完全的毛环，上唇平伸或竖立，两侧折合，稀平展，直或弯镰形，全缘或顶端微缺，下唇 3 裂，中裂片一般较大，两侧裂片长圆形或圆形；雄蕊 4 枚，2 枚能育，生于冠筒喉部前方，花丝短，药隔延长，线形，横架于花丝顶端，以关节相联结，呈“丁”字形，其上臂顶端着生椭圆形或线形有粉的药室，下臂较细，顶端着生有粉或无粉的药室或无药室，上下臂分离或联合，退化雄蕊 2 枚，生于冠筒喉部的后面，呈棒状或小点；雌蕊花柱先端 2 浅裂；花盘前方略膨大或平顶。小坚果卵状三棱形或长圆状三棱形，光滑。

有 700～1 050 种。我国有 78 种 24 变种 8 变型，昆仑地区产 3 种。

分种检索表

1. 一年生草本；无根茎及基生叶；花小，花冠黄色，全株有黏毛 ………………………………………………………………………… **3. 黏毛鼠尾草 S. roborowskii** Maxim.

1. 多年生草本；根茎粗大；基生叶有长柄；花蓝紫色。

  2. 叶下面疏被短硬伏毛，密被深紫色腺点 …………… **1. 康定鼠尾草 S. prattii** Hemsl.

  2. 叶下面密被灰白色茸毛，腺点不明显………… **2. 甘西鼠尾草 S. przewarlskii** Maxim.

1. 康定鼠尾草

Salvia prattii Hemsl. in Journ. Linn. Soc. Bot. 29：316. 1892；中国植物志 66：79. 图版 12：1～4. 1977；西藏植物志 4：180. 1985；Fl. China 17：199. 1994；青海植物志 3：153. 1996；青藏高原维管植物及其生态地理分布 832. 2008.

多年生直立草本。根部肥大。茎高约 45 cm，不分枝，略被疏柔毛。叶柄长 3～17 cm，下部的最长，向上渐短，被微硬伏毛；几全部为基生叶，茎生叶较少；叶片长圆状戟形或卵状心形，长 3.5～9.5 cm，宽 2.0～5.3 cm，基部心形或近戟形，先端钝，边缘有不整齐的圆齿，纸质，两面被微硬伏毛，下面更多，密被深紫色腺点。轮伞花序 2～6 花，于茎顶排列成总状复花序；苞片椭圆形或倒卵形，长 1.2～2.3 cm，宽 0.4～1.0 cm，先端突尖，全缘，上面被微硬毛，下面有紫色脉纹和柔毛；花梗长达 7 mm，与花序轴密被柔毛；花萼钟状，二唇形；长 1.6～1.9 cm，外被长柔毛，脉上毛更多，明显具深紫色腺点，上唇半圆形，长 6 mm，宽 10 mm，全缘，先端有 3 短尖头，下唇与上唇等长，半裂为 2 齿，齿三角形，锐尖；花冠红色或青紫色，长 4～5 cm，外面被柔毛，内面在冠筒基部有疏柔毛环，花冠长 4～5 cm，基部宽约 4 mm，中部以上宽 1.4 cm，冠檐二唇形，上唇长圆形，长约 1.1 cm，宽8 mm，先端全缘或微凹，两侧压扁，略作拱形，下唇长于上唇，3 裂，中裂片最大，倒心形，长约 7 mm，宽 1.3 cm，侧裂片较小，卵圆形，宽约 5 mm；能育雄蕊伸于上唇内面，花丝扁平，长 8 mm，药隔弧形，长 5.5 mm，退化雄蕊短小，花丝长约 4 mm；雌蕊花柱伸出花冠之外，先端 2 浅裂，裂片不相等，子房裂片椭圆形；花盘环状。小坚果倒卵圆形，长 3 mm，黄褐色，无毛。 花果期 7～9 月。

产青海：称多（歇武，刘尚武 2454）、久治（索乎日麻，藏药队 702）。生于海拔 3 700～5 200 m的高山草甸、河谷阶地高寒草甸、沟谷山坡石隙、山地高寒灌丛草甸。

分布于我国的青海、四川西部和西北部。

2. 甘西鼠尾草 图版 47：1～4

Salvia przewarlskii Maxim. in Bull. Acad. Sci. St.-Pétersb. 27：526. 1881；中国植物志 66：86. 图版 14：6～9. 1977；西藏植物志 4：180. 图 80：1～5. 1985；Fl.

China 17：200. 1994；青海植物志 3：154. 图版 35：6～9. 1996；青藏高原维管植物及其生态地理分布 832. 2008.

多年生草本；根木质，直伸，圆锥状，外皮红褐色，长 10～15 cm，径 3～7 mm。茎高约 60 cm，自基部分枝，丛生，上部偶有分枝，密被短柔毛。根出叶的叶柄长 6～21 cm，茎生叶的叶柄长 1～4 cm，密被微柔毛；叶片三角状或椭圆状戟形，稀心状卵圆形，长 5～11 cm，宽 3～7 cm，先端锐尖，基部心形或戟形，边缘具近于整齐的圆齿，草质，上面绿色，被微硬毛，下面灰白色，密被灰白茸毛。轮伞花序 2～4 朵花，疏离，组成顶生的长 8～20 cm 的总状复花序，有时具腋生的总状花序而形成圆锥复花序；苞片卵圆或椭圆形，长 3～8 mm，宽 2.5～3.5 mm，先端锐尖，基部楔形，全缘，两面被长柔毛；花梗长 1～5 mm，与花序轴密被疏柔毛；花萼钟形，二唇形，长 11 mm，外面密被具腺长柔毛，其间杂有红褐色腺点，内面疏被伏贴毛，上唇三角状半圆形，长 4 mm，宽 5 mm，先端有 3 短尖，下唇较上唇短，长 3 mm，宽 6 mm，半裂为 2 齿，齿三角形，先端锐尖；花冠紫红色，长 21～35（40）mm。外被疏柔毛，在上唇有红褐色腺点，内面离基部 3～5 mm 有斜向的疏柔毛毛环，冠筒长约 17 mm，在毛环下方呈狭筒形，宽约 2 mm，自毛环向上逐渐膨大，直伸花萼外，至喉部宽约8 mm，冠檐二唇形，上唇长圆形，长 5 mm，全缘，顶端微缺，边缘具缘毛，下唇长7 mm，宽 11 mm，3 裂，中裂片倒卵圆形，顶端近平截，侧裂片半圆形；能育雄蕊伸于上唇下面，花丝扁平，长 4.5 mm，水平伸展，无毛，药隔长 3.5 mm，弧形，上臂和下臂近等长，2 下臂顶端各横生药室，并互相联合；雌蕊花柱略伸出花冠，先端 2 浅裂，后裂片极短；花盘上方稍胀大。小坚果倒卵圆形，长 3 mm，宽 2 mm，灰褐色，无毛。 花期 5～8月。

产青海：玛沁、班玛（马柯河林场，吴玉虎 26167）。生于海拔3 800 m左右的高山河谷草甸、沟谷山坡林下草甸。

分布于我国的甘肃、青海、西藏、云南、四川。

3. 黏毛鼠尾草 图版 47：5～7

Salvia roborowskii Maxim. in Bull. Acad. Sci. St.-Pétersb. 27：527. 1881；中国植物志 66：138. 图版 22：5～7. 1977；西藏植物志 4：178. 图 79：4～6. 1985；Fl. China 17：211. 1994；青海植物志 3：154. 1996；青藏高原维管植物及其生态地理分布 832. 2008.

一年生或二年生草本。根长锥形，长 10～15 cm，径 3～7 mm，褐色。茎直立，高 30～90 cm，多分枝，钝四棱形，密被有黏腺的长硬毛。叶柄长 2～6 cm，下部者较长，向茎顶渐变短，毛被同茎；叶片戟形或戟状三角形，长 3～8 cm，宽 2.5～5.5 cm，基部浅心形或截形，先端锐尖或钝，边缘具圆齿，两面被硬伏毛，下面还被有浅黄色腺点。轮伞花序 4～6 花，上部密集下部疏离，组成顶生或腋生的总状复花序；下部苞叶

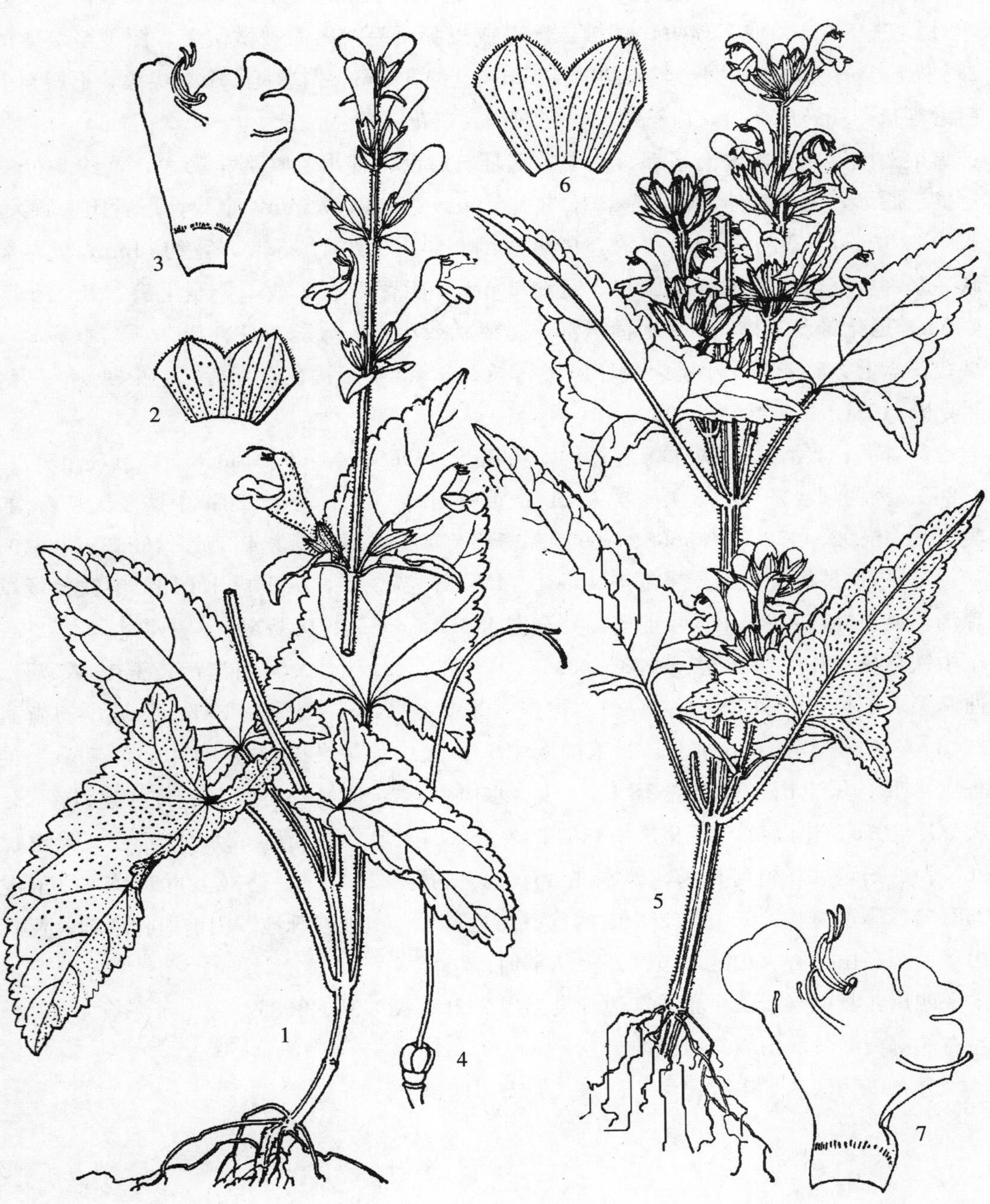

图版 **47**　甘西鼠尾草 **Salvia przewarlskii** Maxim. 1. 植株；2. 花萼纵剖内面观；3. 花冠纵剖内面观；4. 雌蕊。黏毛鼠尾草 **S. roborowskii** Maxim. 5. 植株；6. 花萼纵剖内面观；7. 花冠纵剖内面观。（引自《西藏植物志》，曾孝濂绘）

与茎叶同形，上部苞片披针形或卵圆形，长 5～15 mm，边缘波状或全缘，被长柔毛或腺毛，有浅黄褐色腺点；花梗长约 3 mm，与花序轴被黏腺毛；花萼钟状，二唇形，开花时长 6～8 mm，花后增大，外被长硬毛或短腺柔毛，内面被微伏毛，深裂至花萼的 1/3 处，上唇三角状半圆形，长约 3.5 mm，宽约 5 mm，先端具 3 个短尖头，下唇与上唇近等长，浅裂成 2 齿，齿三角形，先端锐尖；花冠黄色，长 1.0～1.3（1.6）cm，外被疏柔毛或近无毛，内面基部有疏柔毛毛环，冠筒稍伸出，喉部稍膨大，宽约 5 mm，冠檐二唇形，上唇直伸，长圆形，长约 4.5 mm，宽约 2.7 mm，全缘，下唇比上唇大，长约 3.5 mm，宽约 7 mm，3 裂，中裂片倒心形，长约 1.5 mm，宽约3 mm，先端微缺，基部收缩，侧裂片斜半圆形，宽约 2 mm；能育雄蕊 2 枚，伸至上唇，花丝长约 4 mm，退化雄蕊 2 枚，生于冠筒喉部，呈棒状或小点；雌蕊花柱伸出，顶端不等 2 浅裂；花盘上方略膨大。小坚果倒卵圆形，长 2.8 mm，暗褐色，光滑。 花期 6～8 月，果期9～10月。

产青海：兴海（中铁林场恰登沟，吴玉虎 44960、44969、45058、45117、45171、45262；大河坝乡赞毛沟，吴玉虎 47214；黄青河畔，吴玉虎 42720；中铁乡天葬台沟，吴玉虎 45802、45825、45868、45947；赛宗寺后山，吴玉虎 46304、46339、46349、46377；中铁林场中铁沟，吴玉虎 45501、45534；温泉乡，吴玉虎 18013；中铁林场卓琼沟，吴玉虎45728；中铁乡前滩，吴玉虎 43017、45361；唐乃亥乡，采集人不详 284；至中铁林场途中，吴玉虎 43088、43143、43168、43171；大河坝沟，吴玉虎 42577）、曲麻莱（东风乡，刘尚武等 872）、称多（采集地不详，刘尚武 397；县城，刘尚武 2243、2280）、玛沁（拉加乡，吴玉虎 6042；红土山前，吴玉虎等 18645；军功乡，吴玉虎 4619；黑土山，吴玉虎 18625；江让水电站，吴玉虎 18714）、达日（建设乡 H. B. G. 1016；建设乡，吴玉虎 27135）、久治（白玉乡，藏药队 624；康赛乡，吴玉虎 26559）、班玛（马柯河林场，郭本兆 454、吴玉虎 26124）、甘德（上贡麻乡，吴玉虎 25810）。生于海拔 2 900～4 200 m 的沟谷山地草原、山坡沙砾地、山前退化草甸、亚高山草甸至高山河谷、山地阴坡高寒灌丛草甸。

四川：石渠（新荣乡雅砻江边，吴玉虎 29999、30035、30057）。生于海拔 4 000 m 左右的柳树灌丛、山坡岩石缝隙。

分布于我国的甘肃、青海、西藏、云南、四川。

21. 分药花属 **Perovskia** Karel.

Karel. in Bull. Soc. Nat. Mosc. 14：15. 1841.

半灌木。具全缘或有时羽状分裂的对生叶，无毛或被具节单毛、星状毛，满布金黄色圆形无柄腺点。花多数，无梗或具短梗，排列成轮伞花序，由它再组成圆锥状复花序；花萼管状钟形，果时多少增大，密被具节单毛及星状毛，具多数金黄色无柄圆腺点，上唇近全缘或具不明显的 3 齿，下唇具 2 齿；花冠紫色、玫瑰红、黄色或稀为白色，长为花萼的 2 倍，冠筒漏斗状，内面有不完全的毛环，冠檐二唇形，开展，上唇具 4 裂片，裂片不等大，中央 2 裂片较侧裂片小，下唇椭圆状卵圆形，全缘；雄蕊 4 枚，后对雄蕊能育，微露出或伸出，着生在花冠喉部，前对雄蕊不育，小，露出，着生在花冠上唇裂片基部，花药 2 室，线形，平行，直立，药隔小；雌蕊花柱伸出花冠，先端 2 裂，裂片宽而扁平，不等大；花盘环状或前方呈指状膨大。小坚果卵圆形，顶端钝，褐色或棕色，无毛。

本属有 7 种。我国有 1 种，昆仑地区亦产。

1. 帕米尔分药花 图版 48：1～6

Perovskia pamirica C. Y. Yang et B. Wang in Bull. Bot. Res. 7（1）：95～97. 1987；Fl. China 17：223. 1994；新疆植物志 4：349. 图版 120：1～6. 2004；青藏高原维管植物及其生态地理分布 828. 2008.

半灌木。高约 50 cm，通常在基部分枝，并具有纵沟纹，密被星状毛和稀疏的黄色腺点。叶柄长 4～6 mm；叶片狭窄，狭披针形，长 4～5（6）cm，宽 0.4～0.9 cm，基部楔形，顶端钝，羽状深裂，裂片长圆形或卵形，长 2～4 mm，宽 1.0～1.5 mm，两面疏被星状毛和较密的黄色腺点。由开展或下垂的 2～6（8）花组成轮伞花序，生于上部分枝各节，再组成稀疏的总状或圆锥状复花序；苞叶线形，长 8～17 mm，宽 0.8～3.0 mm；苞片淡紫色，小，膜质，易脱落，卵形或椭圆形，长约 0.7 mm，宽约 0.4 mm，边缘密被白色睫毛；花梗长 1.0～1.5 mm，密被短柔毛；花萼管状钟形，长 5～6 mm，宽 1.5～2.0 mm，淡紫色，具 10 脉，密被具节的白色或紫色单毛和黄色腺点，上部被疏短毛或几无毛，萼筒长 4～5 mm，宽1.5～2.0 mm，萼齿边缘具分枝的睫毛，上唇长 1 mm，宽 2 mm，具不明显的三齿，下唇几等长于上唇，具 2 齿；花冠蓝色，长 1 cm，无毛，有稀疏的腺点，花冠筒长 5～6 mm，宽 2 mm，冠檐二唇形，上唇长 3.0～3.5 mm，宽 4.0～5.5 mm，具 4 裂片，裂片不等大，中央 2 裂片较侧裂片稍小，裂片椭圆形或卵形，中央小裂片长 1.5 mm，宽 1 mm，侧裂片长 2 mm，宽 1.5 mm，下唇椭圆形，全缘，长 3 mm，宽 2 mm；雄蕊 4 枚，后对小，内藏，不育，前对伸出花冠，能育；雌蕊花柱微伸出，柱头 2 裂，裂片宽扁。小坚果倒卵形，顶端钝，长 2 mm，宽1 mm，淡褐色，无毛。 花果期 6～7 月。

产新疆：塔什库尔干（库科西鲁格，安峥皙 9571）。生于海拔 2 600～2 700 m的沟谷砾石质山坡及河谷。

分布于我国的新疆。模式标本采自新疆塔什库尔干。

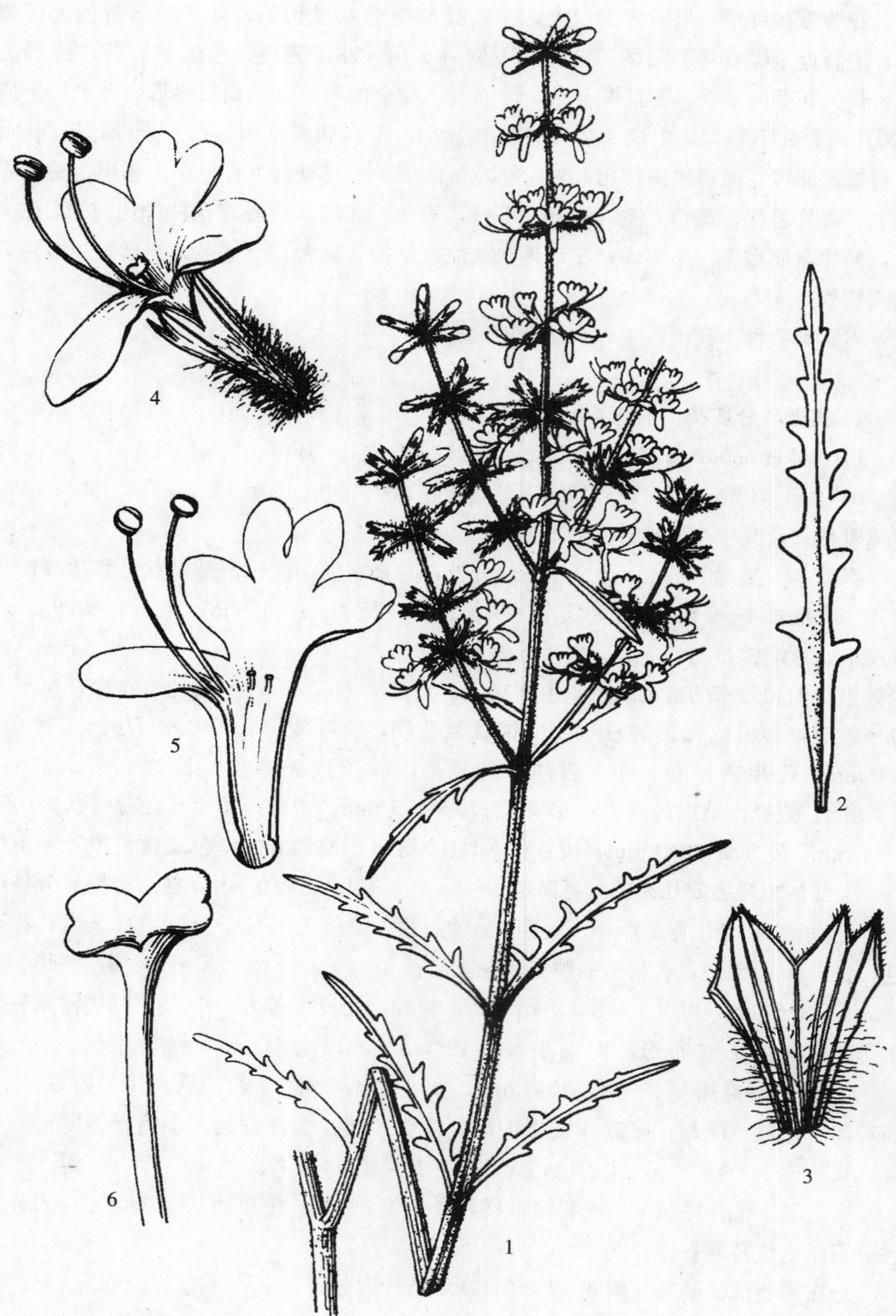

图版 48 帕米尔分药花 **Perovskia pamirica** C. Y. Yang et B.Wang 1. 花枝；2. 叶；3. 花萼纵剖；4. 花；5. 花药纵剖内面观示雄蕊；6. 雌蕊。（引自《新疆植物志》，谭丽霞绘）

22. 新塔花属 **Ziziphora** Linn.

Linn. Sp. Pl. 21.1753.

一年生或多年生草本植物，稀为半灌木。茎四棱形，被较密集下弯的伏毛。叶片对生，全缘或具疏锯齿，两面光滑或被稀疏的白毛，下面通常具腺点，具柄或近无柄。轮伞花序散生叶腋，多数聚集在茎顶端成为头状；苞叶叶状；花萼管状，直立或稍弯曲，具13脉，二唇极不明显，上唇3齿，下唇2齿，齿近等长，在花后常常靠合，稀有不靠合，内面喉部有1毛环；花冠不大，冠檐二唇形，上唇全缘，先端微凹，下唇3裂，中裂片较狭长或3裂片近等大，顶端微缺，侧裂片近圆形；雄蕊4枚，前对雄蕊能育，延伸至上唇，花药2室或仅有1室发育，后对雄蕊退化；雌蕊花柱先端2浅裂，裂片不相等，后裂片短小；花盘平截。小坚果卵球形。

约25～30种。我国有3种，昆仑地区产1种。

1. 帕米尔新塔花 图版49：1～3

Ziziphora pamiroalaica Juz. ex Nevski in Acta Inst. Bot. Acad. Sci. URSS 1(4)：328.1937 et Fl. URSS 21：399.688.1954；Fl. Kirghizist. 9：150.1960；Icon. Pl. Pamir. 213.1963；Pl. Asiae Centr. 5：82. 1970；中国植物志 66：207.1977；Fl. China 17：224.1994；新疆植物志 4：327. 图版 111：1～3.2004；青藏高原维管植物及其生态地理分布 836.2008.

半灌木，高20～50 cm。根粗壮、曲折，与茎同为木质。茎从基部长出多数的枝条，斜升或平卧，四棱形，被疏散而向下弯曲的短毛。叶具柄或近无柄；叶片长圆状、卵圆形至近圆形，长3～14 mm，宽1～5 mm，基部宽楔形，先端钝，全缘，背面脉明显凸起，具分散的黄色脉点。轮伞花序密集成头状；苞叶与叶同形，但常常较小，一般不超过花萼，常反折，具密集的白色长毛；花萼筒形，长约6 mm，绿色或淡紫红色，被密集、长达2～3 mm的白毛，直立或稍弯曲，果期上部微靠合，基部微膨大，萼脉13条；花冠紫红色，长约7 mm，伸出于萼外，冠檐二唇形，上唇直立，先端微凹，两侧裂片近卵圆形；雄蕊4枚，前对雄蕊能育，着生于上唇，伸出花冠之外，花药2室或只有1室发育，后对雄蕊退化，很短；雌蕊花柱先端2浅裂，一长一短，伸出花冠之外很多；花盘平截。小坚果卵球形，光滑。 花期6～7月，果期8～9月。

产新疆：乌恰（托云乡苏约克，西植所新疆队1866、王兵93-2043；吉根乡，采集人不详73-158、73-185；玉其塔什，张彦福062）。生于海拔2 700～3 800 m的砾石质山坡、河谷沙地、沟谷山坡草甸、河谷阶地。

分布于我国的新疆；吉尔吉斯斯坦也有。

23. 百里香属 Thymus Linn.

Linn. Sp. Pl. 590. 1753.

多年生草本或小半灌木。叶长圆形、椭圆形、卵圆形或倒卵形，全缘或两侧各具1～3小齿。轮伞花序紧密排成头状或疏松排成穗状复花序；花具短梗；苞叶与叶同形，至顶端变成小苞片；花萼圆筒形或管状钟形，二唇形，具10（13）条脉，上唇直立，3裂，裂片三角形或披针形，边缘被睫毛，下唇2深裂，裂片钻形，被硬缘毛，喉部被白色毛环；花冠筒内藏或微伸出，紫红色，冠檐二唇形，上唇直立，先端微凹，下唇3裂，裂片近相等或中裂片较长；雄蕊4枚，前对较长，花药2室，药室平行或叉开；雌蕊花柱先端2裂，裂片钻形，相等或近相等。小坚果卵形或长圆形，光滑。

约300～400种。我国有11种2变种，昆仑地区产2种。

分种检索表

1. 叶片卵形、长卵形或长倒卵形，长2～7 mm，宽1～3 mm，具2对侧脉。直立侧枝高2～4 cm；苞叶长圆形 ………………………………… **1. 高山百里香 T. diminutus** Klok.
1. 叶片长卵形、长倒卵形或长椭圆形，长5～10 mm，宽1～3 mm，具2～3对侧脉。直立侧枝高3～6 cm；苞叶卵形 ………………… **2. 乌恰百里香 T. seravschanicus** Klok.

1. 高山百里香 图版49：4～6

Thymus diminutus Klok. in Not. Syst. Herb. Inst. Bot. Acad. Sci. URSS 16：313. 1954；Fl. URSS 21：545. 1954；新疆植物志4：340. 图版116：1～3. 2004；青藏高原维管植物及其生态地理分布836. 2008.

半灌木。主茎匍匐，不育小枝斜升、细小而密集，侧枝直立，高2～4 cm，细弱，紫红色，被稀疏下倾的伏贴毛，具2～3对叶。叶片卵形、长卵形或长倒卵形，长2～7 mm，宽1～3 mm，基部下延成短柄，顶端钝圆，边缘在下部1/3具稀疏的缘毛，叶脉2对，下面具稀疏但明显的黄色腺点。轮伞花序着生在侧枝顶端，密集成头状；苞叶长圆形，边缘具睫毛；花萼狭钟状，二唇形，长3～4 mm，喉部斜，上唇直立，顶端3浅裂，裂片三角形，顶端钝，具稀疏而短的刚毛，边缘具缘毛，下唇2深裂，裂片锥形，内弯，长度超过上唇，边缘具长睫毛；花冠长6～7 mm，紫红色，外面被白柔毛，冠檐二唇形，上唇先端微凹，下唇3裂，裂片近相等；雄蕊4枚，前对较长，伸出花冠之外；雌蕊花柱顶端2裂，裂片等长。 花期6～7月，果期8月。

产新疆：乌恰（玉其塔什，张彦福062）、塔什库尔干（麻扎，高生所西藏队3260）。生于海拔3 500～4 100 m的砾石质山坡、山麓砾石地。

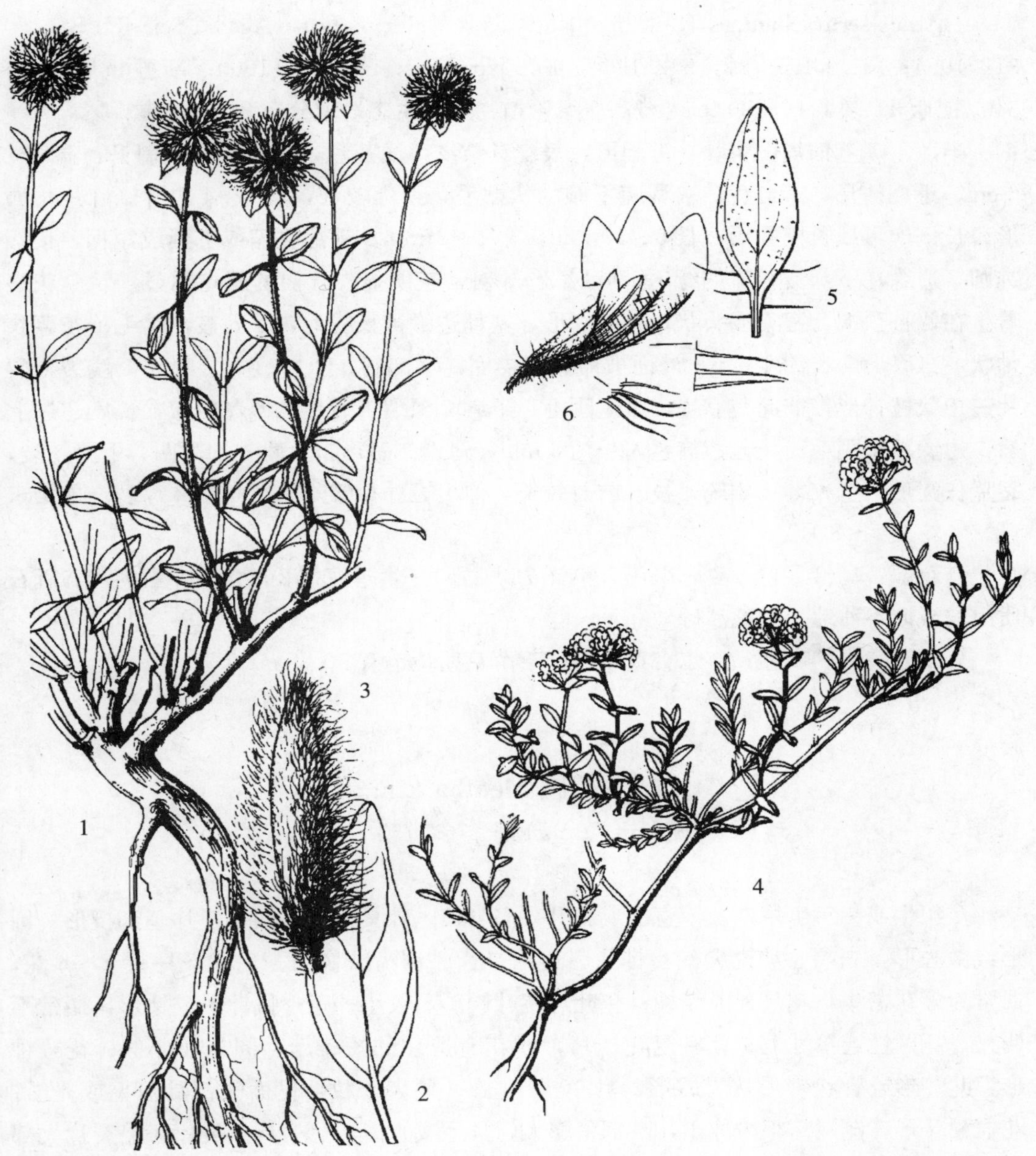

图版 **49** 帕米尔新塔花 **Ziziphora pamiroalaica** Juz. ex Nevski 1. 植株；2. 叶 3. 花萼。高山百里香 **Thymus diminutus** Klok. 4. 植株；5. 叶；6. 花萼。（引自《新疆植物志》，张荣生绘）

分布于我国的新疆；中亚地区各国也有。

2. 乌恰百里香

Thymus seravschanicus Klok. in Not. Syst. Herb. Bot. Acad. Sci. URSS 16: 312. 1954; Fl. URSS 21: 542. 1954; Fl. Kirghizist. 9: 162. 1960; 新疆植物志 4: 340. 图版 115: 1～6. 2004; 青藏高原维管植物及其生态地理分布 836. 2008.

半灌木。茎匍匐，粗壮，近圆形，表皮具皱纹，浅灰色，侧枝直立或斜升，高 3～6 cm，近四棱形，紫红色，被稀疏下倾的伏贴毛，上部较密，具 3～4 对叶。叶片长卵形、长倒卵形或长椭圆形，长 5～10 mm，宽 1～3 mm，基部收缩或下延成短柄，顶端钝圆，边缘在下部具稀疏的缘毛，叶脉 2～3 对，较明显，背面的腺点明显。轮伞花序着生在侧枝顶端，密集成头状；苞叶卵形，基部边缘被长缘毛，下面被白柔毛；花萼狭钟状，二唇形，长约 4 mm，外面被稀疏白柔毛，喉部斜，上唇直立，顶端 3 浅裂，裂片三角状披针形，彼此稍靠拢，具短刚毛，下唇 2 深裂，裂片锥形，内弯，长度超过上唇，边缘被长刚毛；花冠紫红色，长约 5 mm，冠檐二唇形，上唇先端微凹，下唇 3 裂，裂片长圆形，近相等；雄蕊 4 枚，前对较长，伸出冠外；雌蕊花柱先端 2 等裂。果实未见。　花期 7～8 月。

产新疆：乌恰（吉根乡，采集人不详 73-175）。生于海拔 2 900 m 左右的沟谷砾石质山坡或河谷沙地、山麓沙砾地。

分布于我国的新疆；吉尔吉斯斯坦，哈萨克斯坦也有。

24. 薄荷属 Mentha Linn.

Linn. Sp. Pl. 576. 1753.

多年生或一年生草本。茎直立或斜升，多分枝。叶具柄或无柄；叶片基部楔形、圆形或微心形，先端通常锐尖或为钝形，边缘具齿、锯齿或圆齿。轮伞花序稀 2～6 花，通常为多花密集，花具梗或无梗；苞叶与茎叶同形，较小；苞片披针形或钻形，通常不明显；花两性或单性，雄花有退化子房，雌花有退化的短雄蕊，同株或异株；花萼钟形，漏斗形或管状钟形，二唇形，具 10～13 脉，萼齿 5 枚，里面喉部具短毛或光滑；花冠漏斗形，花冠筒很少伸出，喉部稍膨大，具毛或光滑，冠檐具 4 裂片，上裂片大部稍宽，全缘或先端微凹或 2 浅裂，其他 3 裂片等大，全缘；雄蕊 4 枚，直伸超过花冠或少数仅达冠筒之半，花丝光滑或具毛，花药 2 室；雌蕊花柱伸出，先端相等 2 浅裂；花盘平顶。小坚果卵形，无毛或少数顶端被毛。

约 30 种。我国有 12 种，昆仑地区产 2 种。

分种检索表

1. 轮伞花序着生在叶腋；花冠喉部有毛；苞片叶状 ………… **1. 薄荷 M. haplocalyx** Birq.
1. 轮伞花序密集成长穗状着生于茎顶端，花冠喉部无毛；苞片线形 ……………………………………………………………………… **2. 亚洲薄荷 M. asiatica** Boriss.

1. 薄荷 图版 50：1～9

Mentha haplocalyx Briq. in Bull. Soc. Bot. Geneve 5：39. 1889；Fl. URSS 21：607. 1954；中国植物志 66：262. 图版 60. 1977；西藏植物志 4：196. 图 87：1～9. 1985；Fl. China 17：237. 1994；新疆植物志 4：342. 图版 117：3～5. 2004；青藏高原维管植物及其生态地理分布 822. 2008.

多年生草本，高 30～70 cm。根较细，生于水平匍匐根茎的各节。茎四棱形，被微柔毛，于基部分枝，数个丛生。叶柄长 2～10 mm，疏被茸毛；叶片长圆状披针形、披针形、椭圆形，长 3～4（7）cm，宽 0.5～1.5（3.0）cm，基部楔形至近圆形，先端锐尖，边缘在基部上具较粗大的齿状锯齿，两面均被较密的柔毛。轮伞花序球形，腋生，花具梗或无，被微柔毛；花萼管状钟形，长约 2.5 mm，外被微柔毛，具 10 条脉纹，萼齿 5 枚，狭三角状钻形，先端长锐尖；花冠淡紫色，长 4 mm，外面略被微柔毛，内面在喉部被微柔毛，冠檐 4 裂，上裂片先端 2 裂，较大，其余 3 裂片近等大，长圆形，先端钝；雄蕊 4 枚，前对较长，伸出花冠或不伸出，仅达冠筒之半，花丝丝状，花药卵圆形，2 室；雌蕊花柱略超过雄蕊，先端近相等 2 浅裂，裂片钻形。小坚果卵圆形。 花期 7 月，果期 8～9 月。

产新疆：疏附（乌帕尔乡，张彦福 044）、疏勒（牙甫泉，R 944；亚曼牙乡，采集人不详 051）、英吉沙（艾古斯乡，史雄飞 061）、莎车（采集地不详，崔乃然 R1160）、叶城（采集地不详，阿不力米提 273）、于田（新声乡管理区一大队，R 1483）、策勒（古拉哈玛，张彦福 1798）。生于海拔 1 200～3 800 m 的平原绿洲湿地及高山河谷阶地。

分布于我国南北各省区；中亚地区各国，日本，欧洲，北美也有。

2. 亚洲薄荷 图版 50：10

Mentha asiatica Boriss. in Not. Syst. Herb. Inst. Bot. Acad. Sci. URSS 16：280. 1954；Pl. Asiae Centr. 5：92. 1970；中国植物志 66：268. 1977；西藏植物志 4：196. 图 87：10. 1985；Fl. China 17：238. 1994；新疆植物志 4：342. 图版 117：1～2. 2004；青藏高原维管植物及其生态地理分布 822. 2008.

多年生草本，高 30～100（150）cm，全株被短茸毛。根茎斜升，节上生须根。茎直立，较少分枝，四棱形，密被短茸毛。叶柄长 0.5 mm 至无柄；叶片长圆形、长椭圆形或长圆状披针形，长 3～7 cm，宽 1.0～2.5 cm，基部圆形或宽楔形，先端急尖，边

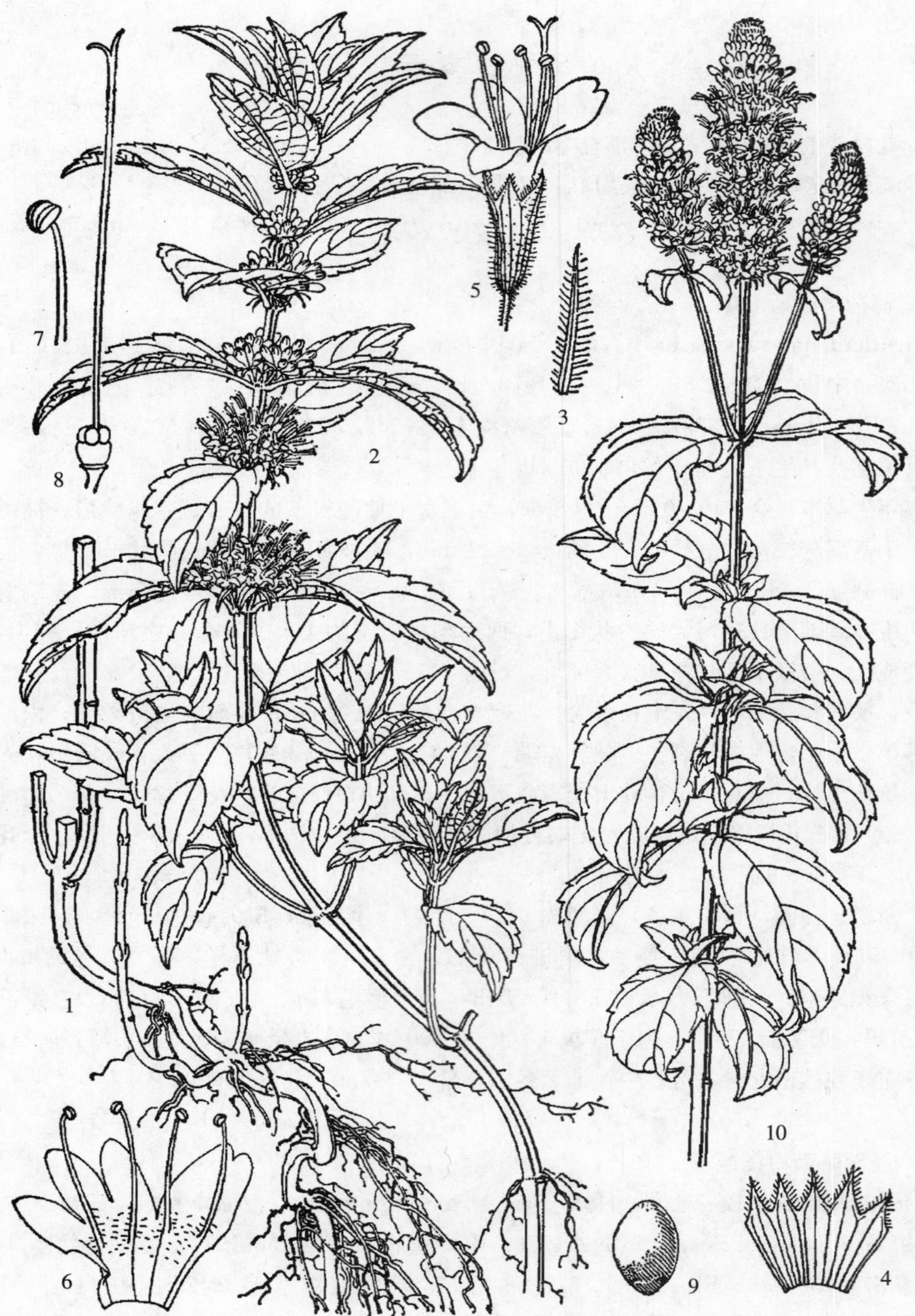

图版 **50** 薄荷 **Mentha haplocalyx** Briq. 1. 植株下部；2. 植株上部；3. 小苞片；4. 花萼纵剖内面观；5. 花；6. 花冠纵剖内面观；7. 雄蕊；8. 雌蕊；9. 小坚果背面观。亚洲薄荷 **M. asiatica** Boriss. 10. 植株。（引自《西藏植物志》，曾孝濂绘）

缘具稀疏不相等的齿，两面密被短茸毛。轮伞花序在茎或枝的顶端密集成长 3～8 cm 的穗状复花序，侧枝顶端的穗状复花序长 2～3 cm；苞片小，线形或钻形，被稀疏的短柔毛；花萼钟状，长约2 mm，外面多少紫红色，被贴生短柔毛或具节柔毛，萼齿 5 枚，线形；花冠紫红色，长约 4 mm，微伸出萼筒之外，花冠筒上部膨大，外面被稀疏的短柔毛，冠檐 4 裂，上裂片卵形，长 2 mm，宽 1.5 mm，先端微凹，其余 3 裂片长圆形，先端钝；雄蕊 4 枚，伸出于花冠筒之外或不伸出，基部具毛；雌蕊花柱伸出花冠很多，先端 2 浅裂。小坚果褐色，顶端被柔毛。 花期7～8月，果期 9 月。

产新疆：疏附（乌帕尔乡，张彦福 043）。生于海拔 1 800 m 左右的戈壁荒漠平原及山地草原。

西藏：日土（采集地不详，张新时 12990）。生于海拔 4 000 m 左右的沟谷山地草原、河谷阶地湿草地。

分布于我国的新疆、西藏及四川北部；俄罗斯，伊朗也有。

25. 地笋属 Lycopus Linn.

Linn. Sp. Pl. 21. 1753.

多年生沼泽或湿地植物。地下根茎横走，具节间。叶长圆状椭圆形或披针状椭圆形，边缘具齿或羽状裂片，两面光滑或被柔毛。轮伞花序多聚集在叶腋形成球状；苞片较小，有时与花萼等长；花小，无梗；花萼钟形，萼齿 4～5 枚，大小不一，先端钝、锐尖或刺状，里面无毛；花冠稍超出花萼，钟形，里面喉部有短柔毛，冠檐二唇形，上唇全缘或微凹，下唇 3 裂，中裂片稍大；雄蕊 4 枚，前对雄蕊能育，后对退化或呈头状，花丝无毛，花药 2 室；雌蕊花柱丝状，伸出于花冠，先端 2 裂，裂片扁平；花盘平顶。小坚果背腹扁平，边缘加厚，褐色，无毛。

约 10（14）种。我国有 4 种 4 变种，昆仑地区产 1 种。

1. 欧洲地笋

Lycopus europaeus Linn. Sp. Pl. 21. 1753；Hook. f. Fl. Brit. Ind. 4：648. 1885；Fl. URSS 21：595. 1954；Pl. Asiae Centr. 5：90. 1970；中国植物志 66：279. 1977；Fl. China 17：240. 1994；新疆植物志 4：344. 2004；青藏高原维管植物及其生态地理分布 821. 2008.

多年生沼泽植物，高 20～60 cm。地下根茎横走，节上生须根，黑褐色。茎直立，基部微弯曲，四棱形，光滑或具极稀的柔毛，紫褐色。叶具短柄或无柄；叶长圆状椭圆形或披针状椭圆形，长 1.5～4.0 cm，宽 0.5～1.5 cm，基部狭楔形，延伸呈柄状，先端渐尖，边缘具宽的齿，上部近全缘或具小齿，毛被物沿叶脉较多。轮伞花序多数着生在茎中上部叶腋形成球状；苞片披针形，多长于花萼，被稀疏的短柔毛及睫毛，先端尖刺状；花萼钟状，外面被稀疏的柔毛，内面无毛，萼齿5枚，披针形，近相等，先端具尖刺；花冠白色，长约3 mm，外面被微柔毛，里面在花丝基部具白柔毛，冠檐二唇形，上唇直伸，长圆形，先端微凹，下唇3裂，裂片近相等，长圆形；雄蕊4枚，前对雄蕊能育，但不伸出冠外，后对雄蕊通常不存在或退化呈丝状，花药卵圆形，2室，花丝丝状；雌蕊花柱稍伸出冠外，先端相等2浅裂，裂片钻形。小坚果三棱形，边缘加厚。花期6月，果期8～9月。

产新疆：喀什（城郊，张彦福2101；七里桥，采集人不详077）、疏附（帕哈太克里乡，张彦福036）、英吉沙（县城，史雄飞057）。生于海拔1 100～1 400 m的平原绿洲林下及河谷湿地。

分布于我国的新疆、陕西、河北、辽宁；印度，中亚地区各国，蒙古也有。

26. 香薷属 Elsholtzia Willd.

Willd. in Bot. Mag. Roem. et Ust. 4 (9)：3. 1790.

多年生草本。茎四棱形，多数由基部分枝。叶对生，卵形、长圆状披针形或披针形，边缘具圆锯齿。轮伞花序着生在茎顶端形成穗状；苞叶卵圆状圆形；花萼钟形，萼齿5枚，披针形，近等长或前2齿较长，喉部无毛，果时花萼通常膨大；花冠小，白色或紫红色，外面常被毛及腺点，里面具毛环或无毛环，冠筒稍长于花萼，冠檐二唇形，上唇直立，先端微缺，下唇3裂，中裂片常较大，2侧裂片较小，全缘；雄蕊4枚，前对较长，花药卵圆形，2室；雌蕊花柱不伸出花冠，先端2浅裂。小坚果长圆形，光滑。

约40种。我国约有33种15变种5变型，昆仑地区产5种2变种。

分种检索表

1. 灌木；叶下面常有毛；苞片线状披针形；花黄白色 ……………………………………………………………………………………………… **1. 鸡骨柴 E. fruticosa** (D. Don) Rehd.

1. 一年或多年生草本；叶两面有毛；花黄色或紫红色。

  2. 花序小，头状，生于叶腋；苞片线形 ……………………………………………………………………………………… **2. 小头花香薷 E. cephalantha** Hand. - Mazz.

  2. 花序穗状，顶生；苞片圆形或卵圆形。

    3. 花序穗状，花全面向。

      4. 花冠黄色；花萼外面密被黄色串珠状长柔毛，果时花萼圆筒状，不十分膨大 ………………………………………………………… **3. 毛穗香薷 E. eriostachya** Benth.

4. 花冠淡紫色；花萼外面密被紫色串珠状长柔毛，果时花萼膨大，近球形 …
………………………………………………… **4. 密花香薷 E. densa** Benth.

3. 穗状复花序的小花偏向一侧 ……………………… **5. 高原香薷 E. feddei** Levl

1. 鸡骨柴

Elsholtzia fruticosa（D. Don）Rehd. in Sarg. pl. Wils. 3：381. 1916；Nasir et Ali Fl. W. Pakist. 612. 1972；中国植物志 66：310. 图版 66：7～8. 1977；西藏植物志 4：202. 图 90：7～8. 1985；Fl. China 17：248. 1994；青海植物志 3：151. 1996；青藏高原维管植物及其生态地理分布 813. 2008.——*Rerilla fruticosa* D. Don，Prodr. Fl. Nepal. 115. 1825.

直立灌木，高 0.8～2.0 m，多分枝。茎、枝钝四棱形，具浅槽，黄褐色或紫褐色，幼时被白色卷曲疏柔毛，老时皮层剥落，变无毛。叶柄极短或近于无；叶片披针形或椭圆状披针形，长 6～13 cm，宽 2.0～3.5 cm，基部狭楔形，先端渐尖，边缘基部以上具粗锯齿，近基部全缘，上面黄绿色，被糙伏毛，下面淡绿色，被弯曲的短柔毛，两面密布黄色腺点，侧脉6～8对，中脉上面凹陷，下面明显隆起。由具短梗、多花的轮伞花序组成的穗状复花序圆柱状，长 6～20 cm，花时径达 1.3 cm，顶生或腋生，其下 2～3 轮伞花序稍间断；苞叶位于穗状花序下部者多少呈叶状，超过轮伞花序，向上渐呈苞片状，披针形至狭披针形或钻形，均较轮伞花序短；花梗长 0.5～2.0 mm，与总花梗、花序轴密被短柔毛；花萼钟形，长约 1.5 mm，外面被灰色短柔毛，萼齿 5 枚，三角状钻形，长约 0.5 mm，近相等，果时花萼圆筒状，长约 3 mm，宽约 1 mm，脉纹明显；花冠白色至淡黄色，长约 5 mm，外面被卷曲柔毛，偶夹有金黄色腺点，内面近基部具不明显斜向毛环，冠筒长约 4 mm，基部宽约 1 mm，至喉部宽达 2 mm，冠檐二唇形，上唇直立，长约 0.5 mm，先端微缺，边缘具长柔毛，下唇开展，3 裂，中裂片圆形，长约 1 mm，侧裂片半圆形；雄蕊 4 枚，前对较长，伸出花冠，花丝丝状，无毛，花药卵圆形，2 室；雌蕊花柱超出或短于雄蕊，但均伸出花冠，先端近等 2 深裂，裂片线形，外卷。小坚果长圆形，长 1.5 mm，径 0.5 mm. 腹面具棱，顶端钝，褐色，无毛。 花期 7～9 月，果期 10～11 月。

产青海：称多（称文乡，刘尚武 2320；称文乡刚查，郭本兆 392)。生于海拔 3 200～4 200 m的宽谷河漫滩、山地草原。

分布于我国的甘肃南部、青海、西藏、云南、四川、贵州、湖北及广西；尼泊尔，不丹，印度北部也有。

2. 小头花香薷

Elsholtzia cephalantha Hand.-Mazz. in Acta Hort. Gothob. 9：90. 1934；中国植物志 66：322. 1977；Fl. China 17：250. 1994；青海植物志 3：151. 1996；青藏高原维管植物及其生态地理分布 811. 2008.

一年生草本，高 5～17 cm。茎通常多数，少分枝，四棱形，被白色卷曲疏柔毛或近无毛，节间长，常具腋生小枝或腋生小枝簇。叶柄稍肥厚，长 0.3～1.3 cm，被与茎相同的毛；叶片宽卵状三角形，长及宽均 0.5～4.0 cm 或较狭，基部截形或微心形，少有近圆形，先端急尖，边缘具圆锯齿，草质，上面绿色，疏被短柔毛，下面略与上面同色或稍带紫色，具极不明显的腺点，沿主脉上疏被短柔毛。轮伞花序球形，顶生或腋生，无梗或具梗，花疏，直径 4～7 mm；苞片线形或匙状，基部楔形，长不及花萼，被具节长柔毛；花梗长 1～2 mm 或更短；花萼杯状，长 3～4 mm，外面被具节长柔毛，内面无毛，果时增大，无毛，10 脉，萼齿 5 枚，长 1.5～2.0 mm，近等长，线状披针形，先端钝；花冠筒在基部以上近球形，与萼筒近等长，冠檐宽钟形，稍长于萼齿，外面常被紫色具节串珠状长柔毛，5 裂，裂片整齐，宽卵形或近三角形，先端圆形；雄蕊 4 枚，于花冠筒中部以上着生、近等长，花丝条形，基部具疏柔毛，花药球形，有时被疏柔毛，内藏或稍伸出花冠；雌蕊花柱粗壮，先端浅 2 裂。小坚果球形，直径约 2 mm，被贴生的微柔毛。　花期 8 月。

产青海：久治（索乎日麻乡希门错，藏药队 676）。生于海拔 4 000 m 左右的沟谷山地半阴坡草甸裸地。

分布于我国的青海及四川西北部。

3. 毛穗香薷

Elsholtzia eriostachya Benth. Labiat. Gen. et Sp. 163. 1833；Hook. f. Fl. Brit. Ind. 4：645. 1885；Nasir et Ali Fl. W. Pakist. 612. 1972；中国植物志 66：330. 1977；西藏植物志 4：205. 1985；Fl. China 17：251. 1994；青藏高原维管植物及其生态地理分布 812. 2008.

一年生草本，高 15～37 cm。茎四棱形，常带紫红色，不分枝或自近基部具短分枝，被微柔毛。叶柄长 1.5～9.0 mm，密被长柔毛；叶长圆形至卵状长圆形，长 0.8～4.0 cm，宽 0.4～1.5 cm，基部宽楔形至圆形，先端略钝，边缘具细锯齿或锯齿状圆齿，草质，两面黄绿色，下面较淡，两面被长柔毛，侧脉与中脉上面下陷，下面隆起。在茎及小枝顶部的轮伞花序组成圆柱状复花序，长（1.0）1.5～5.0 cm，花时径达 1 cm，下部 1～3 个轮伞花序常疏离而略间断；最下部苞叶与叶近同形变小，上部苞叶呈苞片状，宽卵圆形，长 1.5 mm，先端具小突尖，边缘具缘毛，外被疏柔毛，覆瓦状排列；花梗长达 1.5 mm，与序轴密被短柔毛；花萼钟形，长约 1.2 mm，外面密被淡黄色串珠状长柔毛，萼齿 5 枚，三角形，近相等，具缘毛，果时花萼圆筒状，长 4 mm，宽 1.5 mm；花冠黄色，长约 2 mm，外面被微柔毛，边缘具缘毛，冠筒向上渐扩大，冠檐二唇形，上唇直立，先端微缺，下唇近开展，3 裂，中裂片较大；雄蕊 4 枚，前对稍短，内藏，花丝无毛，花药卵圆形；雌蕊花柱内藏，先端相等 2 浅裂。小坚果椭圆形，长 1.4 mm，褐色。　花果期 7～9 月。

产西藏：日土（过巴乡，吴玉虎 1350、1379；上曲龙，高生所西藏队 3486；尼亚格祖，青藏队 76-9150）、改则。生于海拔 3 500～4 350 m 的沟谷山地草原、河谷阶地高寒草甸。

分布于我国的甘肃、青海、西藏、云南、四川等省区；尼泊尔，印度东北部也有。

4. 密花香薷 图版 51：1～4

Elsholtzia densa Benth. in Labiat. Gen. et Sp. 714. 1835；Hook. f. Fl. Brit. Ind. 4：645. 1885；Fl. URSS 21：636. 1954；Pl. Asiae Centr. 5：93. 1970；Nasir et Ali Fl. W. Pakist. 612. 1972；中国植物志 66：332. 1977；西藏植物志 4：207. 图 92：1～3. 1985；Fl. China 17：252. 1994；青海植物志 3：152. 图版 35：3～5. 1996；新疆植物志 4：345. 图版 119：1～4. 2004；青藏高原维管植物及其生态地理分布 812. 2008.

4a. 密花香薷（原变种）

var. **densa**

多年生草本，高 30～80 cm。茎多由基部分枝，直立，四棱形，被稀疏的短柔毛，有不育枝。叶具短柄或无柄；叶片长披针形至椭圆形，长 1～10 cm，宽 0.5～2.5 cm，基部宽楔形或近圆形，先端渐尖，边缘基部以上具锯齿，两面被短柔毛。轮伞花序穗状着生于茎顶端；苞片宽卵圆形，紫红色，先端急尖，边缘具密集的睫毛；花萼钟状，外面及边缘密被紫色串珠状长柔毛，萼齿 5 枚，后 3 齿稍长，近三角形，果期膨大；花冠小，淡紫色，外面及边缘密被紫色串珠状长柔毛，里面基部柔毛环毛稀疏，冠檐二唇形，上唇直立，先端微凹，下唇 3 裂，中裂片小；雄蕊 4 枚，前对较长，微伸出冠外，花药近圆形；雌蕊花柱伸出冠外，先端近等 2 裂。小坚果卵圆形，暗褐色，被柔毛，顶端具小疣突起。 花期 7～8 月，果期 9 月。

产新疆：乌恰（波斯坦铁列克乡，王兵 93-1869；吉根乡斯木哈纳，西植所新疆队 2183）、莎车（恰热克镇，阿布拉 067）、阿克陶（奥依塔克镇，杨昌友 750753）、塔什库尔干（县医院，杨昌友 750224）、叶城（柯克亚乡，吴玉虎 780949；苏克皮亚，吴玉虎 1115）、策勒（奴尔乡亚门一牧场，孙殿军 1740）。生于海拔 2 600～3 600 m 的沟谷山地亚高山草甸。

西藏：日土（日松乡过巴，吴玉虎 1628）。生于海拔 4 320 m 左右的沟谷山地草原、河谷阶地高寒草甸裸地、河谷砾石地。

青海：兴海（中铁乡天葬台沟，吴玉虎 45933、45944；中铁乡至中铁林场途中，吴玉虎 43199、43045、43179；唐乃亥乡，吴玉虎 42124、42061；中铁乡附近，吴玉虎 42951、43018、43179、42894；温泉乡，郭本兆 166）、玛多（城郊，吴玉虎 233；黑海乡红土坡煤矿，吴玉虎 18054）、玛沁（拉加乡龙穆尔贡玛，吴玉虎等 5183；江让水电站，吴玉虎 6034；红土山前，吴玉虎 18648；拉加日科河，区划二组 222；拉加乡附近干旱山坡，吴玉虎 6134；黑土山，吴玉虎 18613、18498；军功乡，吴玉虎 20737；军功乡宁果公路 396 km 处，吴玉虎 21149）、达日（建设乡，陈世龙 1707，吴玉虎 27155；窝赛乡，H. B. G. 878；建设乡达日河纳日，吴玉虎 1035；吉迈乡，吴玉虎 27036）、班玛（马柯河林场，吴玉虎 26036；亚尔堂乡王柔，吴玉虎 2630）、曲麻莱（巴干乡拉交沟，刘尚武 932）、久治（白玉乡附近，吴玉虎 617）。生于海拔 2 780～4 300 m 的沟谷山坡林缘高寒灌丛草甸、河谷阶地高寒草甸、溪流河岸高寒草甸、河谷台地疏林田埂。

甘肃：玛曲（河曲军马场，吴玉虎 31834；尼玛乡哇尔玛，吴玉虎 32138；欧拉乡，吴玉虎 32021）。生于海拔 3 420 m 左右的沟谷干山坡草地。

四川：石渠（新荣乡雅砻江边，吴玉虎 30034；新荣乡，吴玉虎 29959）。生于海拔 3 840 m左右的路边山坡石缝隙。

分布于我国的新疆、甘肃、青海、陕西、西藏、云南、四川、山西、河北；中亚地区各国，印度，巴基斯坦，阿富汗，蒙古也有。

4b. 矮密花香薷（变种）

var. **calycocarpa** (Diels) C. Y. Wu et S. C. Huang in Acta Phytotax. Sin. 12 (3)：344. 1974；中国植物志 66：333. 1977；青海植物志 3：152. 1996；青藏高原维管植物及其生态地理分布 812. 2008. ——*Elsholtzia calycocarpa* Diels in Engler Bot. Jahrb. 29：560. 1900.

本种与原变种不同在于：植株矮小，扭曲，红色，基部多分枝，枝平出上升；叶较小而狭，但非披针形。

产青海：兴海（河卡山科学滩，何廷农 310）、曲麻莱（秋智乡，刘尚武等 781）、达日（吉迈乡，吴玉虎 27036）、久治（索乎日麻乡，藏药队 533）、班玛（县城，王为义等 26718）。生于海拔 3 600～4 200 m 的河谷山地草原、河谷阶地高寒草甸、山麓砾石地。

分布于我国的甘肃、青海、云南、四川、山西。

4c. 细穗密花香薷（变种）

var. **ianthina** (Maxim. ex Kanitz) C. Y. Wu et S. C. Huang in Acta Phytotax. Sin. 12 (3)：344. 1974；中国植物志 66：334. 1977；青海植物志 3：152. 1996；青藏高原维管植物及其生态地理分布 812. 2008. ——*Dysophylla ianthina* Maxim. ex Kenitz, A Novenyt. Gyiijtesek Grôf. Széchenyi 46. 1877.

本种与原变种不同在于：植株高大；叶较狭，披针形；花序一般较细长。

产青海：兴海（中铁乡天葬台沟，吴玉虎 45813、45847、45806；赛宗寺后山，吴玉虎 46393；中铁乡前滩，吴玉虎 45433、45441、45442；中铁林场恰登沟，吴玉虎

45113)、曲麻莱（巴干乡，刘尚武等 932)。生于海拔 4 100 m 左右的河漫滩草甸、山地阴坡林缘草甸、溪流水边草甸、沟谷山地草原、山谷河岸、河谷山坡高寒灌丛草甸。

分布于我国的甘肃、青海、陕西、四川、山西、河北、辽宁。

我们的标本，特别是吴玉虎采自兴海县的 10 余份标本，不仅其植株并不高大，且其花序并不密集，而是全部呈明显间断的轮伞花序，有待进一步研究。

5. 高原香薷

Elsholtzia feddei Levl. in Fedde Repert. Sp. Nov. 9：218. 1911；中国植物志 66：344. 1977；西藏植物志 4：209. 1985；Fl. China 17：254. 1994；青海植物志，3：151. 1996；青藏高原维管植物及其生态地理分布 812. 2008.

细小草本，高 3～20 cm。茎自基部分枝，小枝尤其是在下部的斜倚后直立，被短柔毛。叶柄长 2～8 mm，扁平，被短柔毛；叶片卵形，长 4～24 mm，宽 3～14 mm，基部圆形或阔楔形，先端钝，边缘具圆齿，上面绿色，密被短柔毛，下面较淡或常带紫色，被短柔毛，脉上毛较长而密，腺点稀疏或不明显，叶脉上面略凹陷下面显著。由茎、枝顶端轮伞花序组成穗状复花序，长 1.0～1.5 cm，花偏于一侧；苞片圆形，长宽约 3 mm，先端具芒尖，外面被柔毛，脉上尤显，边缘具缘毛，内面无毛，脉紫色；花梗短，与序轴被白色柔毛；花萼管状，长约 2 mm，外面被白色柔毛，萼齿 5 枚，披针状钻形，具缘毛，长短不相等，通常前 2 枚较长，先端刺芒状；花冠红紫色，长约 8 mm，外被柔毛及稀疏的腺点，冠筒自基部向上扩展、冠檐二唇形，上唇直立，先端微缺，被长缘毛，下唇较开展，3 裂，中裂片圆形，全缘，侧裂片弧形；雄蕊 4 枚，前对较长，均伸出，花丝无毛；雌蕊花柱纤细，伸出，先端相等 2 浅裂。小坚果长圆形，长约 1 mm，深棕色。　花果期 9～11 月。

产青海：曲麻莱（东风乡，刘尚武等 877)、称多（歇武乡，刘尚武 2545)、玛沁（采集记录不详)。生于海拔 3 600～4 200 m 的沟谷山坡林缘、河漫滩及山地草原、河谷阶地砾石地。

分布于我国的甘肃、青海、陕西、西藏、云南、四川、山西、河北。

27. 香茶菜属 Rabdosia (Bl.) Hassk.

Hassk. Flora 25 (2)：Beibl. 25. 1842.

灌木、半灌木或多年生草本。根茎常肥大，疙瘩状，木质。茎草质或木质，被毛或光滑，四棱形或圆柱状，木质茎皮常纵裂、剥落。叶小或中等大，大都具柄，具齿。聚伞花序 3 至多花，排列成多少疏离的总状、狭圆锥状或开展圆锥状，稀密集成穗状；下部苞叶与茎叶同形，上部渐变小；苞片及小苞片均细小；花小或中等大，具梗；花萼开花时钟形，果时多少增大，有时呈管状或管状钟形，直立或下倾，直伸或略弯曲，萼齿5枚，近等大或呈3/2式二唇形；花冠筒伸出，下倾，基部上方浅囊状或呈短距，至喉部等宽或略收缩，冠檐二唇形，上唇外翻，先端具4圆裂片，下唇全缘，通常较上唇长，内凹，常呈舟状；雄蕊4枚，2强，前倾，花丝无齿，无毛或被毛，花药贯通成1室，花后平展，稀药室多少明显叉开；雌蕊花柱丝状，先端相等2浅裂；花盘环状，近全缘或具齿，前方有时呈指状膨大。小坚果近圆球形、卵球形或长圆状三棱形，无毛或顶端略具毛，光滑或具小点。

约150种。我国产90种21变种，昆仑地区产1种。

1. 马尔康香茶菜 图版51：5～6

Rabdosia smithiana（Hand.-Mazz.）Hara in Journ. Jap. Bot. 47（7）：200.1972；中国植物志 66：452.1977；西藏植物志 4：218. 图 94：3～4.1985. Fl. China 17：281.1994；青海植物志 3：157.1996；青藏高原维管植物及其生态地理分布 818.2008.——*Plectranthus smithianus* Hand.-Mazz. in Acta Hort. Gothob. 9：93.1934.

灌木，高50～100 cm。老枝灰褐色，近圆柱形，具条纹，皮剥落，幼枝黄褐色，四棱形，具细条纹，被极短而疏的微柔毛或无毛。叶柄长3～24 mm；叶对生，菱状卵形或卵形，长1.0～4.4 cm，宽0.8～2.0 cm，基部楔形、截形或截状阔楔形，先端钝，边缘除下部及顶部外具粗而少的圆齿或圆齿状齿，草质，平坦，上面橄榄绿色，被小乳头状突起，尤其是边缘被极疏的短硬毛，下面灰绿色，被极短柔毛，两面均密被腺点，下面尤其显著，中脉及少数侧脉在下面隆起。聚伞花序在枝顶组成总状或圆锥状复花序；苞叶仅下部的1～3对叶状，向上渐变小呈苞片状，常全缘，远较聚伞花序为小；小苞片线形，极小，长约1 mm；总梗长5～8 mm或近无梗，小花梗长2～6 mm；花萼钟形，长约3 mm，檐部直径约3 mm，外面被灰白色极短茸毛，内面无毛，萼齿5枚，近3/2式二唇形，卵状三角形，近相等，上唇3齿，中齿较小，下唇2齿稍大，约与萼筒等长，花萼果时增大，长约5 mm，直径约5 mm，稍弯，脉纹明显；花冠上唇白色，下唇紫红色，长7～9 mm，外面被微柔毛，萼筒基部上方浅囊状，至喉部直径约2 mm，冠檐二唇形，上唇与下唇近等长，长约4 mm，直立，稍外翻，先端具4圆裂片，下唇卵形，内凹呈舟状；雄蕊4枚，花丝丝状，中部以下具髯毛；雌蕊花柱丝状，略伸出于花冠下唇，先端相等2浅裂；花盘杯状。小坚果卵圆状三棱形，长约1.5 mm，黄褐色，无毛。 花期7～9月。

产青海：班玛（马柯河，采集人和采集号不详）。生于海拔3 750 m左右的沟谷山地灌丛、河谷山坡、山地林缘灌丛、山坡石隙。

分布于我国的青海、四川西北部。

图版 51　密花香薷 **Elsholtzia densa** Benth. 1. 植株上部；2. 苞片；3. 花萼纵剖内面观；4. 花冠纵剖内面观。马尔康香茶菜 **Rabdosia smithiana**(Hand. –Mazz.) Hara 5. 花枝；6. 花。（引自《西藏植物志》，刘椢、肖溶绘）

六十五　茄科 SOLANACEAE

一年生至多年生草本、半灌木、灌木或小乔木；直立、匍匐、扶升或攀缘；有时具皮刺，稀具棘刺。单叶全缘、不分裂或分裂，有时为羽状复叶，互生或在开花枝段上呈大小不等的2叶双生；无托叶。花单生、簇生或为蝎尾式、伞房式、伞状式、总状式、圆锥式聚伞花序，稀为总状花序；顶生、枝腋或叶腋生，或者腋外生；两性或稀杂性，辐射对称或稍微两侧对称，通常5基数、稀4基数。花萼通常具5齿牙、5中裂或5深裂，稀具2、3、4至10齿牙或裂片，极稀截形而无裂片，裂片在花蕾中呈镊合状、外向镊合状、内向镊合状或覆瓦状排列，或者不闭合，花后几乎不增大或极度增大，果时宿存，稀自近基部周裂而仅基部宿存；花冠具短筒或长筒，辐状、漏斗状、高脚碟状、钟状或坛状，檐部5（稀4～7或10）浅裂、中裂或深裂，裂片大小相等或不相等，在花蕾中呈覆瓦状、镊合状、内向镊合状排列或折合而旋转；雄蕊与花冠裂片同数而互生，伸出或不伸出于花冠，同形或异形（即花丝不等长，或花药大小或形状相异），有时其中1枚较短而不育或退化，插生于花冠筒上，花丝丝状或在基部扩展，花药基底着生或背面着生，直立或向内弓曲，有时靠合或合生成管状而围绕花柱，药室2个，纵缝开裂或顶孔开裂；子房通常由2枚心皮合生而成，2室，有时1室或有不完全的假隔膜而在下部分隔成4室，稀3～5（～6）室，2心皮不位于正中线上而偏斜，花柱细瘦，具头状或2浅裂的柱头；中轴胎座；胚珠多数，稀少数至1枚，倒生、弯生或横生。果实为多汁浆果或干浆果，或者为蒴果。种子圆盘形或肾脏形，胚乳丰富、肉质；胚弯曲成钩状、环状或螺旋状卷曲，位于周边而埋藏于胚乳中，或直而位于中轴位上。

约80属3 000种，广泛分布于全世界温带及热带地区，美洲热带种类最为丰富。我国有24属，近150种；昆仑地区产12属，18种，3变种。

分属检索表

1. 灌木或小乔木。
    2. 花生于聚伞花序上；花冠辐状或狭长筒状 ………………………… **1. 茄属 Solanum** Linn.
    2. 花单生或簇生，花冠漏斗状 ………………………………………… **2. 枸杞属 Lycium** Linn.
1. 一年生或多年生草本，极稀半灌木。
    3. 花集生于各式聚伞花序上，花序顶生、腋生或腋外生。
        4. 花冠钟状、筒状漏斗形、高脚碟状或漏斗状；花药不围绕花柱而靠合；花萼在花后增大，完全或不完全包围果实；蒴果，瓣裂或盖裂。

5. 花冠筒状漏斗形、高脚碟状或筒状钟形；蒴果2瓣裂 ……………………………………………………………………… **3. 烟草属 Nicotiana** Linn.

5. 花冠漏斗状或钟状；蒴果盖裂。

6. 花集生于顶生的聚伞花序上；果萼的齿不具强壮的边缘脉，顶端无刚硬的针刺 ………………………………… **4. 泡囊草属 Physochlaina** G. Don

6. 花在茎枝中下部单生于叶腋且常偏向一侧，而在上部逐渐密集而成蝎尾式总状花序；果萼的齿有强壮的边缘脉，顶端有刚硬的针刺 …………………………………………………………… **5. 天仙子属 Hyoscyamus** Linn.

4. 花冠辐状；花药围绕花柱而靠合；花萼在花后不增大或稍增大，果时不包围果实而仅宿存于果实的基部；浆果。

7. 单叶（唯有阳芋为羽状复叶）；花萼及花冠裂片5数；花药不向顶端渐狭，顶孔开裂 …………………………………………………… **1. 茄属 Solanum** Linn.

7. 羽状复叶；花萼及花冠裂片5～7数；花药向顶端渐狭而成1长尖头，纵向开裂 ……………………………………………… **6. 番茄属 Lycopersicon** Mill.

3. 花单生或2至数朵簇生于枝腋或叶腋。

8. 花萼在花后显著增大，完全包围果实。

9. 花冠辐状、辐状钟形或钟状；浆果 ……………… **7. 假酸浆属 Nicandra** Adans.

9. 花冠钟状、筒状钟形或漏斗状；蒴果盖裂。

10. 植物体有明显的地上茎；花冠钟形；果时花萼近革质，具显著纵肋 ……………………………………………… **8. 山莨菪属 Anisodus** Link et Otto

10. 植物体具短茎，且多埋于地下；花冠筒状漏斗形；果时花萼近膜质，具网脉，无纵肋 ……………………………… **9. 马尿泡属 Przewalskia** Maxim.

8. 花萼在花后不显著增大，不包围果实而仅宿存于果实的基部。

11. 花冠长漏斗状或高脚碟状；蒴果 …………………… **10. 曼陀罗属 Datura** Linn.

11. 花冠辐状、钟状或筒状钟形；浆果。

12. 多年生草本；茎短缩，叶及花聚生于茎顶端 …………………………………………………………………… **11. 茄参属 Mandragora** Linn.

12. 一年生草本；茎发达，多分枝，叶及花散生茎技上 ……………………………………………………………………… **12. 辣椒属 Capsicum** Linn.

1. 茄属 Solanum Linn.

Linn. Sp. Pl. 184. 1753.

草本，亚灌木，灌木至小乔木，有时为藤本。无刺或有刺，无毛或被单毛、腺毛、树枝状毛、星状毛及具柄星状毛。叶互生，稀双生，全缘，波状或作各种分裂，稀为复叶。花组成顶生、侧生、腋生、假腋生、腋外生或对叶生的聚伞花序，蝎尾状、伞状聚伞花序，或聚伞式圆锥花序；少数为单生。花两性，全部能孕或仅在花序下部的为能孕花，上部的雌蕊退化而趋于雄性；萼通常 4～5 裂，稀在果时增大，但不包被果实；花冠星状辐形、星形或漏斗状辐形，多半白色，有时为青紫色，稀红紫色或黄色，开放前常折叠，(4～) 5 浅裂、半裂、深裂或几不裂；花冠筒短；雄蕊 (4～) 5 枚，着生于花冠筒喉部，花丝短，间或其中 1 枚较长，常仅为花药的几分之一，稀有较花药为长，无毛或在内侧具尖的多细胞的长毛，花药内向，长椭圆形、椭圆形或卵状椭圆形，顶端延长或不延长成尖头，通常贴合成 1 圆筒，顶孔开裂，孔向外或向上稀向内；子房 2 室，胚珠多数，花柱单一，直或微弯，被毛或无毛，柱头钝圆，极少数为 2 浅裂。浆果或大或小，多半为近球状、椭圆状，稀扁圆状至倒梨状，呈黑色、黄色、橙色至朱红色，果内石细胞粒存在或不存。种子近卵形至肾形，通常两侧压扁，外面具网纹状凹穴。

有 2 000 余种，分布于全世界热带及亚热带，少数达到温带地区，主要产南美洲的热带。我国约 40 种，15 变种；昆仑地区产 1 种，栽培 3 种。

分种检索表

1. 植物体有刺，花药较长并在顶端延长 ………………………………… **1. 茄 S. melongena** Linn.
1. 植株体无刺；花药较短而厚。
    2. 植株具块茎；叶为奇数羽状复叶 ……………………………… **2. 阳芋 S. tuberosum** Linn.
    2. 植株无块茎；单叶，全缘或分裂。
        3. 花白色，成熟浆果黑色 ……………………………………… **3. 龙葵 S. nigrum** Linn.
        3. 花紫色，成熟浆果红色 ……………………………… **4. 红果龙葵 S. alatum** Moench

1. 茄

Solanum melongena Linn. Sp. Pl. 186. 1753；中国植物志 67 (1)：118. 1978；Fl. China 17：334. 1994；青海植物志 3：180. 1996；新疆植物志 4：369. 2004；青藏高原维管植物及其生态地理分布 843. 2008.

直立分枝草本至亚灌木，高可达 1 m。小枝、叶柄及花梗均被 6～8 (～10) 分枝，平贴或具短柄的星状茸毛。小枝多为紫色（野生的往往有皮刺），渐老则毛被逐渐脱落。叶大，卵形至长圆状卵形，长 8～18 cm 或更长，宽 5～11 cm 或更宽，先端钝，基部不相等，边缘浅波状或深波状圆裂，上面被 3～7 (8) 分枝短而平贴的星状茸毛，下面密被 7～8 分枝较长而平贴的星状茸毛，侧脉每边 4～5 条，在上面疏被星状茸毛，在下面则较密，中脉的毛被与侧脉的相同（野生种的中脉及侧脉在两面均具小皮刺）；叶柄长 2.0～4.5 cm（野生的具皮刺）。能孕花单生，花梗长 1.0～1.8 cm，毛被较密，花后常下垂，不孕花蝎尾状与能孕花并出；萼近钟形，直径约 2.5 cm 或稍大，外面密被与花梗相似的星状茸毛及小皮刺，皮刺长约 3 mm，萼裂片披针形，先端锐尖，内面疏被星状茸毛；花冠辐状，外面星状毛被较密，内面仅裂片先端疏被星状茸毛，花冠筒长约 2 mm，冠檐长约 2.1 cm，裂片三角形，长约 1 cm；花丝长约 2.5 mm，花药长约 7.5 mm；子房圆形，顶端密被星状毛，花柱长4～7 mm，中部以下被星状茸毛，柱头浅裂。果的形状大小变异极大。

原产于亚洲热带。农作物，我国广泛栽培。

2. 阳　芋

Solanum tuberosum Linn. Sp. Pl. 185.1753；中国植物志 67（1）：94. 图版 23：7～10.1978；Fl. China 17：328.1994；青海植物志 3：180.1996；新疆植物志 4：368.2004；青藏高原维管植物及其生态地理分布 844.2008.

草本，高 30～80 cm，无毛或被疏柔毛。地下茎块状，扁圆形或长圆形，直径 3～10 cm，外皮白色，淡红色或紫色。叶为奇数不相等的羽状复叶，小叶常大小相间，长 10～20 cm；叶柄长 2.5～5.0 cm；小叶 6～8 对，卵形至长圆形，最大者长可达 6 cm，宽达 3.2 cm，最小者长宽均不及 1 cm，先端尖，基部稍不相等，全缘，两面均被白色疏柔毛，侧脉每边 6～7 条，先端略弯，小叶柄长 1～8 mm。伞房花序顶生，后侧生；花白色或蓝紫色，萼宽钟形，直径约 1 cm，外面被疏柔毛，5 裂，裂片披针形，先端长渐尖；花冠辐状，直径 2.5～3.0 cm，冠筒隐于萼内，长约 2 mm，冠檐长约 1.5 cm，裂片 5，三角形，长约 5 mm；雄蕊长约 6 mm，花药长为花丝长度的 5 倍；子房卵圆形，无毛，花柱长约 8 mm，柱头头状。浆果圆球状，光滑，直径约 1.5 cm。花期夏季。

原产于热带美洲的山地。农作物，我国广泛栽培。

3. 龙　葵　图版 52：1～6

Solanum nigrum Linn. Sp. Pl. 186.1753；中国植物志 67（1）：76. 图版 19：1～6.1978；Fl. China 17：324.1994；新疆植物志 4：366.2004；青藏高原维管植物及其生态地理分布 843.2008.

一年生直立草本，高 0.25～1.00 m。茎无棱或棱不明显，绿色或紫色，近无毛或被微柔毛。叶卵形，长 2.5～10.0 cm，宽 1.5～5.5 cm，先端短尖，基部楔形至阔楔形而下延至叶柄，全缘或每边具不规则的波状粗齿，光滑或两面均被稀疏短柔毛，叶脉每边 5～6 条；叶柄长 1～2 cm。蝎尾状花序腋外生，由 3～6（～10）花组成，总花梗长 1.0～2.5 cm；花梗长约 5 mm，近无毛或具短柔毛；萼小，浅杯状，直径 1.5～2.0 mm，齿卵圆形，先端圆，基部两齿间连接处成角度；花冠白色，筒部隐于萼内，长不及 1 mm，冠檐长约 2.5 mm，5 深裂，裂片卵圆形，长约 2 mm；花丝短，花药黄色，长约 1.2 mm，约为花丝长度的 4 倍，顶孔向内；子房卵形，直径约 0.5 mm，花柱长约 1.5 mm，中部以下被白色茸毛，柱头小，头状。浆果球形，直径约 8 mm，熟时黑

图版 **52**　龙葵 **Solanum nigrum** Linn. 1. 植株上部；2. 花；3. 花萼展开；4. 花冠展开；5. 雄蕊；6. 雌蕊。（引自《中国植物志》，曾孝濂、张泰利绘）

色。种子多数，近卵形，直径 1.5～2.0 mm，两侧压扁。

产新疆：喀什（县专区招待所，采集人不详 7538）、疏勒、莎车、叶城（洛克乡，高生所西藏队 3321；柯克亚乡，吴玉虎 870967）。生于海拔 1 450～2 800 m 的戈壁荒漠草原。

广泛分布于我国各省区；欧洲，亚洲，美洲的温带至热带地区亦有。

4. 红果龙葵

Solanum alatum Moench Meth. Pl. 474. 1794；中国植物志 67（1）：78. 1978；Fl. China 17：334. 1994；青海植物志 3：180. 1996；新疆植物志 4：367. 2004；青藏高原维管植物及其生态地理分布 842. 2008.

直立草本，高约 40 cm。多分枝，小枝被糙伏毛状短柔毛并具有棱角状的狭翅，翅具瘤状突起。叶卵形至椭圆形，长 2.0～5.5 cm，宽 1～3 cm，先端尖，基部楔形下延，边缘近全缘，浅波状或基部 1～2 齿，很少有 3～4 齿，两面均疏被短柔毛；叶柄具狭翅，长5～8 mm，被有与叶面相同的毛被。花序近伞形，腋外生，被微柔毛或近无毛，总花梗长约 1 cm，花梗长约 5 mm；花紫色，直径约 7 mm，萼杯状，直径约 2 mm，外面被微柔毛，萼齿 5 枚，近三角形，长不及 1 mm，先端钝，基部两萼齿间连接处呈弧形，花冠筒隐于萼内，长约 1 mm，冠檐长约 5 mm，5 裂，裂片卵状披针形，长约 3 mm，边缘被茸毛；花丝长约0.5mm，花药黄色，长约 1.5 mm，顶孔向内；子房近圆形，直径约 0.5 mm，花柱丝状，长约 3 mm，中部以下被白色茸毛，柱头头状。浆果球状，朱红色，直径约 6 mm。种子近卵形，两侧压扁，直径约 1 mm。 花果期 6～9 月。

产新疆：喀什（县城，李安仁等 7538）、策勒。生于海拔 1 275 m 左右的山坡草地，栽培于戈壁绿洲。

分布于我国的河北、山西、甘肃、新疆、青海；欧洲也有。

2. 枸杞属 Lycium Linn.

Linn. Sp. Pl. 191. 1753.

灌木，通常有棘刺或稀无刺。单叶互生或因侧枝极度缩短而数枚簇生，条状圆柱形或扁平，全缘，有叶柄或近于无柄。花有梗，单生于叶腋或簇生于极度缩短的侧枝上；花萼钟状，具不等大的 2～5 萼齿或裂片，在花蕾中镊合状排列，花后不甚增大，宿存；花冠漏斗状、稀筒状或近钟状，檐部 5 裂或稀 4 裂，裂片在花蕾中覆瓦状排列，基部有显著的耳片或耳片不明显，筒常在喉部扩大；雄蕊 5 枚，着生于花冠筒的中部或中部之下，伸出或不伸出于花冠，花丝基部稍上处有 1 圈茸毛到无毛，花药长椭圆形，药室平行，纵缝裂开；子房 2 室，花柱丝状，柱头 2 浅裂，胚珠多数或少数。浆果，具肉质的果皮。种子多数或由于不发育仅有少数，扁平，种皮骨质，密布网纹状凹穴；胚弯曲成大于半圆的环，位于周边，子叶半圆棒状。

约 80 种，主要分布在南美洲，少数种类分布于欧亚大陆温带。我国产 3 种 1 变种，昆仑地区产 3 种。

分 种 检 索 表

1. 果实成熟后紫黑色；叶条形、条状披针形或条状倒披针形；花冠筒长约为檐部裂片长的 2～3 倍 ………………………………………………… **1. 黑果枸杞 L. ruthenicum** Murr.
1. 果实成熟后红色或橙黄色；叶狭披针形、披针形、卵形或卵圆形；花冠筒长为檐部裂片长的 2 倍或更短。
   2. 花冠筒长约为檐部裂片的 2 倍；花丝基部稍上处被极稀疏的茸毛 ……………………………………………………………… **2. 新疆枸杞 L. dasystemum** Pojark.
   2. 花冠筒长于檐部裂片但不到 2 倍；花丝基部稍上处密生 1 圈茸毛………………………………………………………………… **3. 宁夏枸杞 L. barbarum** Linn.

1. 黑果枸杞 图版 53：1～2

Lycium ruthenicum Murr. in Comment. Soc. Sc. Gotting 2：9. 1780；中国植物志 67（1）：10. 图版 2：4～5. 1978；Fl. China 17：302. 1994；青海植物志 3：176. 1996；新疆植物志 4：353～354. 图版 121：1～4. 2004；青藏高原维管植物及其生态地理分布 840. 2008.

多棘刺灌木，高 20～50（～150）cm。多分枝；分枝斜升或横卧于地面，白色或灰白色，坚硬，常呈“之”字形曲折，有不规则的纵条纹，小枝顶端渐尖呈棘刺状，节间短缩，每节有长 0.3～1.5 cm 的短棘刺；短枝位于棘刺两侧，在幼枝上不明显，在老枝上则呈瘤状，生有簇生叶或花、叶同时簇生，更老的短枝呈不生叶的瘤状凸起。叶 2～6 枚簇生于短枝上，在幼枝上则单叶互生，肥厚肉质，近无柄，条形、条状披针形或条状倒披针形，有时呈狭披针形，顶端钝圆，基部渐狭，两侧有时稍向下卷，中脉不明显，长 0.5～3.0 cm，宽 2～7 mm。花 1～2 朵生于短枝上；花梗细瘦，长 0.5～1.0 cm；花萼狭钟状，长 4～5 mm，果时稍膨大成半球状，包围于果实中下部，不规则 2～4 浅裂，裂片膜质，边缘有稀疏缘毛；花冠漏斗状，浅紫色，长约 1.2 cm，筒部向檐部稍扩大，5 浅裂，裂片矩圆状卵形，长为筒部的 1/3～1/2，无缘毛，耳片不明显；雄蕊稍伸出花冠，着生于花冠筒中部，花丝离基部稍上处有疏茸毛，同样在花冠内壁等高处亦有稀疏茸毛；花柱与雄蕊近等长。浆果紫黑色，球状，有时顶端稍凹陷，直径 4～9 mm。种子肾形，褐色，长 1.5 mm，宽 2 mm。 花果期 5～10 月。

产新疆：乌恰（乌拉根，吴玉虎 870024）、喀什、莎车（霍什拉甫乡，青藏队吴玉虎 870735；喀拉吐孜矿区，青藏队吴玉虎 870731）、塔什库尔干（距县城 30 km 处，西植所新疆队 848)、和田、于田（种羊场，青藏队吴玉虎 3813)、且末（库拉木拉克，中科院新疆综考队 9463；县城南 4 km 处，采集人不详 9525)、若羌（米兰至茫崖，郑度等 12264；具体地点不详，高生所西藏队 3321、2984，采集人不详 002；米兰农场，沈观冕 083；米兰农场东 76 km 处，沈观冕 090；米兰，采集人不详 9259、9301)。生于海拔 1 420～3 000 m的荒漠戈壁滩、河滩荒漠。

青海：格尔木（市内，采集人不详 059；市北 5 km 处，青甘队 098；采集地不详，郭本兆 7436、11757；采集地不详，吴征镒等 75－228)、都兰（诺木洪农场，青甘队 181、183)。生于海拔 2 800～2 900 m 的荒漠盐碱滩、沙丘灌丛、河岸崖壁、河滩草地。

分布于我国的新疆、青海、西藏、甘肃、宁夏、陕西北部、内蒙古；中亚地区各国，高加索地区，欧洲也有。

2. 新疆枸杞 图版 53：3

Lycium dasystemum Pojark. in Not. Syst. Herb. Hort. Bot. URSS 13：268. f. 7. 1950；中国植物志 67 (1)：12. 图版 2：9. 1978；Fl. China 17：302. 1994；青海植物志 3：177. 1996；新疆植物志 4：354. 图版 122：1～3. 2004；青藏高原维管植物及其生态地理分布 839. 2008.

2a. 新疆枸杞（原变种）

var. **dasystemum**

多分枝灌木，高达 1.5 m。枝条坚硬，稍弯曲，灰白色或灰黄色，嫩枝细长，老枝有坚硬的棘刺；棘刺长 0.6～6.0 cm，裸露或生叶和花。叶形状多变，倒披针形、椭圆状倒披针形或宽披针形，顶端急尖或钝，基部楔形，下延到极短的叶柄上，长 1.5～4.0 cm，宽5～15 mm。花多 2～3 朵同叶簇生于短枝上或在长枝上单生于叶腋；花梗长 1.0～1.8 cm，向顶端渐渐增粗。花萼长约 4 mm，常 2～3 中裂；花冠漏斗状，长 0.9～1.2 cm，筒部长约为檐部裂片长的 2 倍，裂片卵形，边缘有稀疏的缘毛，花丝基部稍上处同花冠筒内壁同一水平上都生有极稀疏茸毛，由于花冠裂片外展而花药稍露出花冠；花柱稍伸出花冠。浆果卵圆状或矩圆状，长 7 mm 左右，红色。种子可达 20 余个，肾脏形，长1.5～2 mm。 花果期 6～9 月。

产新疆：乌恰（吉根至斯木哈纳途中，西植所新疆队 2058)、于田（采集地不详，中科院新疆综考队 K107)。生于海拔 2 640 m 左右的山坡或绿洲。

青海：都兰（采集地不详，杜庆 438)。生于海拔 3 300 m 左右的沟谷山坡草地、戈壁荒漠沙滩或绿洲。

分布于我国的新疆、甘肃和青海；中亚地区各国也有。

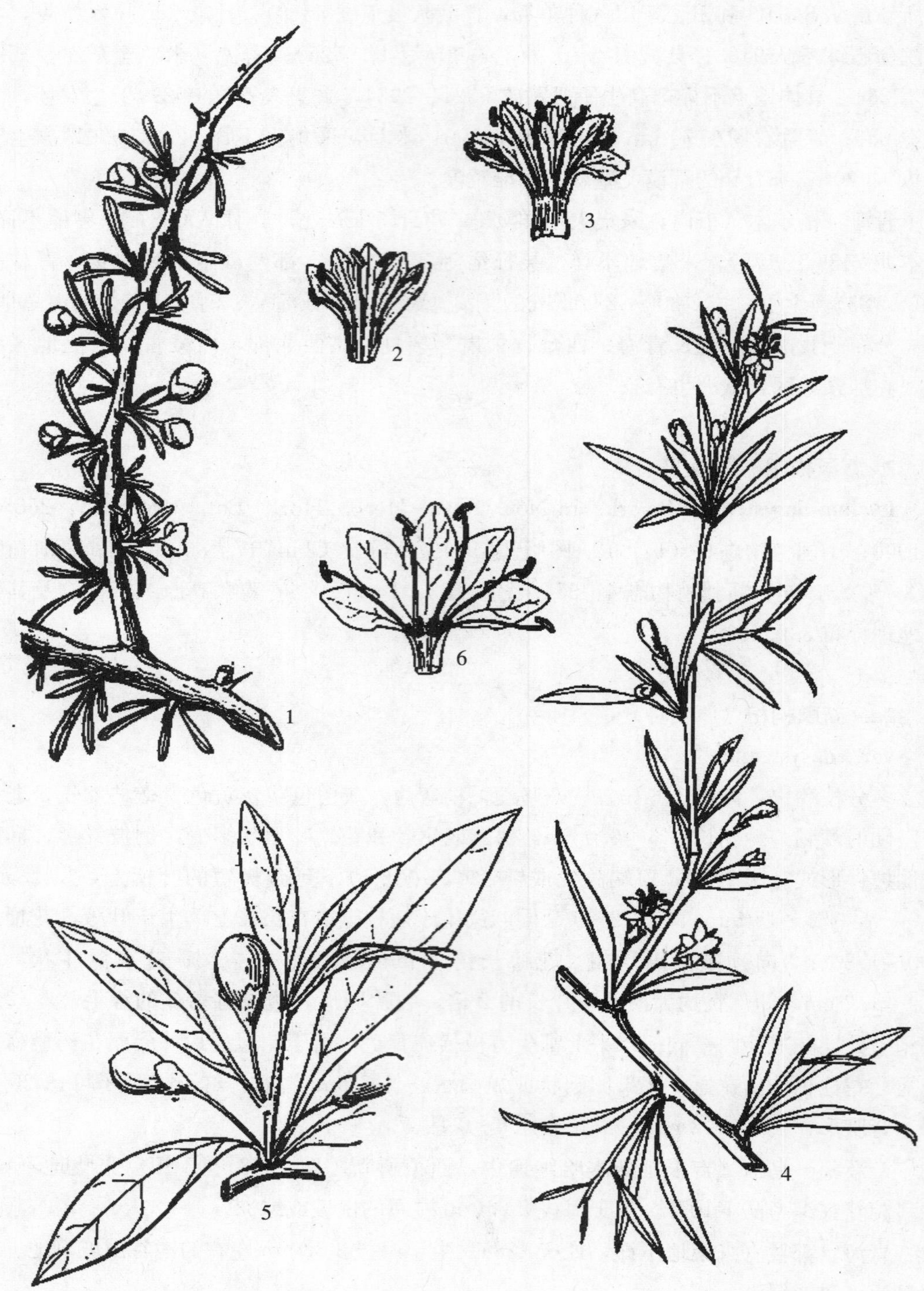

图版 **53** 黑果枸杞 **Lycium ruthenicum** Murr. 1. 花果枝；2. 花冠展开。新疆枸杞 **L. dasystemum** Pojark. 3. 花冠展开。宁夏枸杞 **L. barbarum** Linn. 4. 花枝；5. 果枝；6. 花冠展开。（引自《中国植物志》，蔡淑琴、张泰利、王金凤绘）

2b. 红枝枸杞（变种）

var. **rubricaulium** A. M. Lu Fl. Reipubl. Popul. Sin. 67（1）：13. 158. 1978；青海植物志 3：178. 1996；青藏高原维管植物及其生态地理分布 840. 2008.

本变种与原变种的区别是：老枝褐红色，花冠裂片边缘无缘毛。

产青海：都兰（诺木洪，青甘队 162）。生于海拔 2 900 m 左右的荒漠沟谷山地灌丛。

分布于我国的青海。模式标本采自青海都兰诺木洪。

3. 宁夏枸杞 图版 53：4～6

Lycium barbarum Linn. Sp. Pl. 192. 1753；Pojak. in Not. Syst. Herb Bot. URSS 13：262. 1950；中国植物志 67（1）：13. 图版 2：6～8. 1978；Fl. China 17：303. 1994；青海植物志 3：178. 图版 39：1～4. 1996；新疆植物志 4：354～357. 121：5～9. 2004；青藏高原维管植物及其生态地理分布 839. 2008.

灌木，高 0.6～2.0（3.0）m，栽培种较高大。茎较粗，分枝较密，具纵条纹，灰白色或灰黄色，有生叶与花的长棘刺和不生叶的短棘刺。单叶互生或簇生，披针形或矩圆状披针形，长 2～3 cm，宽 4～6 mm（栽培种长可达 12 cm，宽可达 1.5～2.0 cm），先端短渐尖或锐尖，基部楔形并下延成短柄，全缘。花在长枝上 1～2 朵腋生，在短枝上 2～6 朵同叶簇生；花梗细，长 0.5～1.5（2.0）cm；花萼钟状，长 5～6 mm，通常 2 裂，裂片顶端常有胼胝小尖，有时其中 1 裂片再 2 齿裂；花冠漏斗状，淡紫红色，先端 5 裂，冠筒不到裂片的 2 倍，裂片无缘毛；花丝基部稍下处及花冠内壁同一水平上具 1 圈较密的长毛环。浆果形状及大小多变化，通常宽椭圆形，红色，长 10～20 mm，宽 5～10 mm，先端凸起。种子近肾形，长约 2 mm。 花果期 5～10 月。

产青海：都兰（香日德农场，青甘队 3116）、兴海（大河坝沟，采集人不详 310；唐乃亥乡，吴玉虎 42091、42186、42101）。生于（栽培或逸生）海拔 2 600～2 900 m 的戈壁荒漠灌丛、高寒草原地带的山麓和土崖边、沙砾质河谷台地。

分布于我国的河北、内蒙古、山西、陕西、甘肃、宁夏、青海和新疆，现欧洲及地中海沿岸国家普遍栽培并逸为野生。

3. 烟草属 Nicotiana Linn.

Linn. Sp. Pl. 180. 1753.

一年生草本、亚灌木或灌木，常有腺毛。叶互生，有叶柄或无柄，叶片不分裂，全缘或稀波状。花序顶生，圆锥式或总状式聚伞花序，或者单生；花有苞片或无苞片；花萼整齐或不整齐，卵状或筒状钟形，5 裂，果时常宿存并稍增大，不完全或完全包围果实；花冠整齐或稍不整齐，筒状、漏斗状或高脚碟状，筒部伸长或稍宽，檐 5 裂至几乎全缘，在花蕾中呈卷折状或稀覆瓦状，开花时直立、开展或外弯；雄蕊 5 枚，插生在花冠筒中部以下，不伸出或伸出花冠，不等长或近等长，花丝丝状，花药纵缝裂开；花盘环状；子房 2 室，花柱具 2 裂柱头。蒴果 2 裂至中部或近基部。种子多数，扁压状，胚几乎通直或多少弓曲，子叶半棒状。

约 60 种，分布于南美洲、北美洲和大洋洲。我国栽培 4 种，昆仑地区栽培 2 种。

分种检索表

1. 叶柄无翅；花冠筒状钟形，黄绿色 ………………………… **1. 黄花烟草 N. rustica** Linn.
1. 叶柄有翅或近无柄；花冠漏斗状，粉红色或淡绿色 ………… **2. 烟草 N. tabacum** Linn.

1. 黄花烟草

Nicotiana rustica Linn. Sp. Pl. 180. 1753；中国植物志 67（1）：152. 1978；Fl. China 17：343～344. 1994；新疆植物志 4：372. 2004；青藏高原维管植物及其生态地理分布 841. 2008.

一年生草本，高 40～60 cm，有时达 120 cm。茎直立，粗壮，生腺毛，分枝较细弱。叶生腺毛，叶片卵形、矩圆形、心脏形，有时近圆形或矩圆状披针形，顶端钝或急尖，基部圆或心形偏斜，长 10～30 cm；叶柄常短于叶片之半。花序圆锥式，顶生，疏散或紧缩；花梗长3～7 mm；花萼杯状，长 7～12 mm，裂片宽三角形，1 枚显著长；花冠黄绿色，筒部长1.2～2.0 cm，檐部宽约 4 mm，裂片短，宽而钝；雄蕊 4 枚较长，1 枚显著短。蒴果矩圆状卵形或近球状，长 10～16 mm。种子矩圆形，长约 1 mm，通常褐色。 花期 7～8 月。

产新疆：昆仑山北麓各县有栽培。

原产南美洲。我国西南、西北部及山西、广东等省有栽培。

2. 烟　草

Nicotiana tabacum Linn. Sp. Pl. 180. 1753；中国植物志 67（1）：152. 图版 39：1978；Fl. China 17：344. 1994；青海植物志 3：179. 1996；新疆植物志 4：373. 2004；青藏高原维管植物及其生态地理分布 841. 2008.

一年生或有限多年生草本，全体被腺毛。根粗壮。茎高 0.7～2.0 m，基部稍木质化。叶矩圆状披针形、披针形、矩圆形或卵形，顶端渐尖，基部渐狭至茎呈耳状而半抱茎，长10～30（～70）cm，宽 8～15（～30）cm，柄不明显或成翅状柄。花序顶生，圆锥状，多花；花梗长 5～20 mm。花萼筒状或筒状钟形，长 20～25 mm，裂片三角状披针形，长短不等；花冠漏斗状，淡红色，筒部色更淡，稍弓曲，长 3.5～5.0 cm，檐部宽 1.0～1.5 cm，裂片急尖；雄蕊中 1 枚显著较其余 4 枚为短，不伸出花冠喉部，花丝基部有毛。蒴果卵状或矩圆状，长约等于宿存萼。种子圆形或宽矩圆形，径约 0.5 mm，褐色。 夏秋季开花结果。

产新疆：昆仑山北麓各县有栽培。

原产南美洲。我国广泛栽培。

4. 泡囊草属 Physochlaina G. Don

G. Don Gen. Hist. 4：470. 1838.

多年生草本。根粗壮，圆柱状或块状，肉质；根状茎短，圆柱状，粗壮。茎直立，常多分枝。叶互生，叶片全缘而波状或具少数三角形牙齿。花有长而显明的花梗，排列成疏散的顶生伞房式、伞形式或极稀头状式聚伞花序，有叶状或鳞片状苞片，稀无苞片；花萼筒状钟形、漏斗状或筒状坛形，有 5 枚等长或稍不等长的萼齿，花后宿存而增大，包围果实，形状各式，膜质或近革质，具 10 纵肋和明显的网脉；花冠钟状或漏斗状，檐部稍偏歪，5 浅裂，裂片大小近于相等，在花蕾中呈覆瓦状排列；雄蕊 5 枚，插生在花冠筒中部或下部，等长或稍不等长，内藏或伸出花冠，花丝丝状，花药卵形，药室平行，纵缝裂开；花盘肉质，环状，围绕于子房基部，果时垫座状；子房 2 室，圆锥状，花柱伸长而向上弯，伸出或几乎不伸出花冠，柱头头状，不明显 2 裂。蒴果，自中部稍上处盖状开裂，果盖圆盘状或半球状帽形。种子极多，肾状而稍侧扁，表面有网纹状凹穴；胚环状弯曲，子叶半圆棒状。

约 12 种，分布于喜马拉雅山地区、中亚地区各国至亚洲东部。我国有 7 种，分布于西部、中部和北部；昆仑地区产 1 种。

1. 西藏泡囊草 图版 54：1～2

Physochlaina praealta (Decne.) Miers in Ann. Mag. Nat. Hist. Ser. 2. 5：473. 1850；中国植物志 67 (1)：34. 图版 7：7～8. 1978；西藏植物志 4：236. 图版 105：7～8. 1985；Fl. China 17：310. 1994；青藏高原维管植物及其生态地理分布 841. 2008. ——*Belenia praealta* Decne. in Jacquem. Voy. Bot. 4：144. t. 120. 1844.

体高 30～50 cm。根粗壮，圆柱形；茎分枝，生腺质短柔毛。叶卵形或卵状椭圆形，长 4～7 cm，宽 3～4 cm，顶端钝，基部楔形，全缘而微波状，叶脉有腺质短柔毛，侧脉5～6对；叶柄长 1.0～1.5 cm，由于叶片基部下延而呈狭翼状。花疏散生于圆锥式聚伞花序上；苞片叶状，卵形，长 5～15 mm；花梗长 1.0～1.5 cm，果时稍增粗而伸长达 1.5～3.0 cm，密生腺质短柔毛；花萼短钟状，长及直径均约 6 mm，密生腺质短柔毛，裂片三角形，长约2 mm，果时增大成筒状钟形，长 2.5～3.5 cm，下部贴伏于蒴果而稍膨胀，蒴果之上筒状，萼齿直立或稍张开，近等长，长约 3.5 mm；花冠钟状，长约2 cm，黄色而脉纹紫色，裂片宽而短，顶端弧圆；雄蕊伸出花冠，花药长约2 mm；花柱伸出花冠。蒴果矩圆状，长约1.2 cm。 花果期6～8月。

产西藏：日土（班公湖，高生所西藏队3657、3469、3615及吴玉虎1344、1374；斯潘古尔附近，青藏队8777）。生于海拔4 200～4 800 m的沟谷山坡、河谷阶地、高原湖滨崖壁。

分布于我国的西藏西部和中部；克什米尔地区北部也有。

5. 天仙子属 Hyoscyamus Linn.

Linn. Sp. Pl. 179. 1753.

一年生、二年生或多年生直立草本。叶互生，叶柄极短或无柄，叶片有波状弯缺或粗大牙齿或者为羽状分裂，稀全缘。花无梗或有短梗，在茎下部单独腋生，在茎枝上端则单独腋生于苞状叶的腋内而聚集成偏向一侧的蝎尾式总状或穗状花序；花萼筒状钟形、坛状或倒圆锥状，5浅裂，裂片在花蕾中呈不完全镊合状排列，花后增大，果时包围蒴果并超过蒴果，有明显的纵肋，裂片开张，顶端成硬针刺；花冠钟状或漏斗状，黄色或黄绿色，网脉带紫色，略不整齐，5浅裂，裂片大小不等，顶端钝，在花蕾中呈覆瓦状排列；雄蕊5枚，插生于花冠筒近中部，常伸出于花冠，花丝基部略扩大，上端稍弯曲，花药纵缝裂开；花盘不存在或不明显；子房2室，花柱丝状，柱头头状，2浅裂，胚珠多数。蒴果自中部稍上盖裂。种子肾形或圆盘形，稍扁，有多数网状凹穴；胚极弯曲。

约6种，分布于地中海区域到亚洲东部。我国有3种，昆仑地区产1种。

1. 天仙子

Hyoscyamus niger Linn. Sp. Pl. 179. 1753；中国植物志 67（1）：31. 图版 6：6～7. 1978；西藏植物志 4：234. 图 104. 1985；Fl. China 17：308. 1994；青海植物志 3：179. 1996；新疆植物志 4：359. 图版 123：5～7. 2004；青藏高原维管植物及其生态地理分布 838. 2008.

二年生草本，高达1 m，全体被黏性腺毛。根较粗壮，肉质而后变纤维质，直径2～3 cm。一年生的茎极短，自根茎发出莲座状叶丛，卵状披针形或长矩圆形，长可达30 cm，宽达10 cm，顶端锐尖，边缘有粗牙齿或羽状浅裂，主脉扁宽，侧脉5～6条直达裂片顶端，有宽而扁平的翼状叶柄，基部半抱根茎；第2年春茎伸长而分枝，下部渐木质化，茎生叶卵形或三角状卵形，顶端钝或渐尖，无叶柄而基部半抱茎或宽楔形，边缘羽状浅裂或深裂，向茎顶端的叶呈浅波状，裂片多为三角形，顶端钝或锐尖，两面除生黏性腺毛外，沿叶脉并生有柔毛，长4～10 cm，宽2～6 cm。花在茎中部以下单生于叶腋，在茎上端则单生于苞状叶腋内而聚集成蝎尾式总状花序，通常偏向一侧，近无梗或仅有极短的花梗；花萼筒状钟形，生细腺毛和长柔毛，长 1.0～1.5 cm，5 浅裂，裂片大小稍不等，花后增大成坛状，基部圆形，长 2.0～2.5 cm，直径 1.0～1.5 cm，有 10 条纵肋，裂片开张，顶端针刺状；花冠钟状，长约为花萼的 1 倍，黄色而脉纹紫堇色；雄蕊稍伸出花冠；子房直径约3 mm。蒴果包藏于宿存萼内，长卵圆状，长约 1.5 cm，直径约 1.2 cm。种子近圆盘形，直径约 1 mm，淡黄棕色。 花果期 5～8 月。

产青海：兴海（中铁林场卓琼沟，吴玉虎 45735、45716；河卡乡，何廷农 451、吴珍兰 090)、玛沁（军功乡，玛沁队 192；拉加乡，吴玉虎等 6041)。生于海拔 3 200～3 600 m的河谷水沟边、沟谷河滩、干旱山坡、山麓农田边、河谷山崖、山地圆柏林缘。

分布于我国的华北、西北及西南，华东有栽培或逸为野生；蒙古，俄罗斯，欧洲，印度也有。

6. 番茄属 Lycopersicon Mill.

Mill. Gard. Dict. ed. 4：2. 1754.

一年生或多年生草本，或为亚灌木。茎直立或平卧。羽状复叶，小叶极不等大，有锯齿或分裂。圆锥式聚伞花序，腋外生；花萼辐状，有 5～6 裂片，果时不增大或稍增大，开展；花冠辐状，筒部短，檐部有褶襞，5～6 裂；雄蕊 5～6 枚，插生于花冠喉部，花丝极短，花药伸长，向顶端渐尖，靠合成圆锥状，药室平行，自顶端之下向基部纵缝裂开；花盘不显著；子房 2～3 室，花柱具稍头状的柱头，胚珠多数。浆果多汁，扁球状或近球状。种子扁圆形，胚极弯曲。

6 种，产于南美洲，世界各地广泛栽培。我国栽培 1 种，昆仑地区也有栽培。

1. 番　茄

Lycopersicon esculentum Mill. Gard. Dict. ed. 8：2. 1768；中国植物志 67（1)：137. 图版 35. 1978；Fl. China 17：339. 1994；青海植物志 3：182. 1996；新疆植物志 4：369. 2004；青藏高原维管植物及其生态地理分布 840. 2008.

体高 0.6～2.0 m，全体生黏质腺毛，有强烈气味。茎易倒伏。叶羽状复叶或羽状深裂，长 10～40 cm，小叶极不规则，大小不等，常 5～9 枚，卵形或矩圆形，长 5～7 cm，边缘有不规则锯齿或裂片。花序总梗长 2～5 cm，常 3～7 朵花；花梗长 1.0～1.5 cm；花萼辐状，裂片披针形，果时宿存；花冠辐状，直径约 2 cm，黄色。浆果扁球状或近球状，肉质而多汁液，橘黄色或鲜红色，光滑；种子黄色。 花果期夏秋季。

原产南美洲。我国广泛栽培。

7. 假酸浆属 **Nicandra** Adans.

Adans. Fam. Nat. 2：219. 1763.

一年生直立草本，多分枝。叶互生，具叶柄，叶片边缘有具圆缺的大齿或浅裂。花单独腋生，因花梗下弯而呈俯垂状；花萼球状，5深裂至近基部，裂片基部心脏状箭形，具2尖锐的耳片，在花蕾中为外向镊合状排列，果时极度增大成五棱状，干膜质，有明显网脉；花冠钟状，檐部有褶襞，不明显5浅裂，裂片阔而短，在花蕾中呈不明显的覆瓦状排列；雄蕊5枚，不伸出花冠，插生在花冠筒近基部，花丝丝状，基部扩张，花药椭圆形，药室平行，纵缝裂开；子房3～5室，具极多数胚珠，花柱略粗，丝状，柱头近球状，3～5浅裂。浆果球状，较宿存花萼为小。种子扁压，肾脏状圆盘形，具多数小凹穴；胚极弯曲，子叶半圆棒形。

1种，原产秘鲁。我国南北各省区有栽培或逸为野生，昆仑地区也有栽培。

1. 假酸浆 图版54：3～6

Nicandra physaloides (Linn.) Gaertn. in Fruct. Sem. Pl. 2：237. t. 131. f. 2. 1791；中国植物志67(1)：6. 图版1：1～4. 1978；中国高等植物图鉴3：707. 1980；西藏植物志4：225. 图99. 1985；Fl. China 17：311. 1994；新疆植物志4：352. 2004；青藏高原维管植物及其生态地理分布840. 2008. ——*Atropa physaloides* Linn. Sp. Pl. 181. 1753.

一年生草本。茎直立，有棱条，无毛，高0.4～1.5 m，上部交互不等的二歧分枝。叶卵形或椭圆形，草质，长4～12 cm，宽2～8 cm，顶端急尖或短渐尖，基部楔形，边缘有具圆缺的粗齿或浅裂，两面有稀疏毛；叶柄长为叶片的1/4～1/3。花单生于枝腋而与叶对生，通常有较长的果梗，俯垂；花萼5深裂，裂片顶端尖锐，基部心脏状箭形，有2尖锐的耳片，果时包围果实，直径2.5～4.0 cm；花冠钟状，浅蓝色，直径达4 cm，檐部有褶襞，5浅裂。浆果球状，直径1.5～2.0 cm，黄色。种子淡褐色，直径约1 mm。 花果期夏秋季。

产新疆；莎车有栽培。

原产秘鲁。我国南北各省区有栽培或逸为野生。

8. 山莨菪属 **Anisodus** Link et Otto

Link et Otto Ic. Pl. Select. 77. t. 35. 1824.

多年生草本或亚灌木。茎直立，常具钝棱角，2或3歧分枝；根粗壮，肉质。单

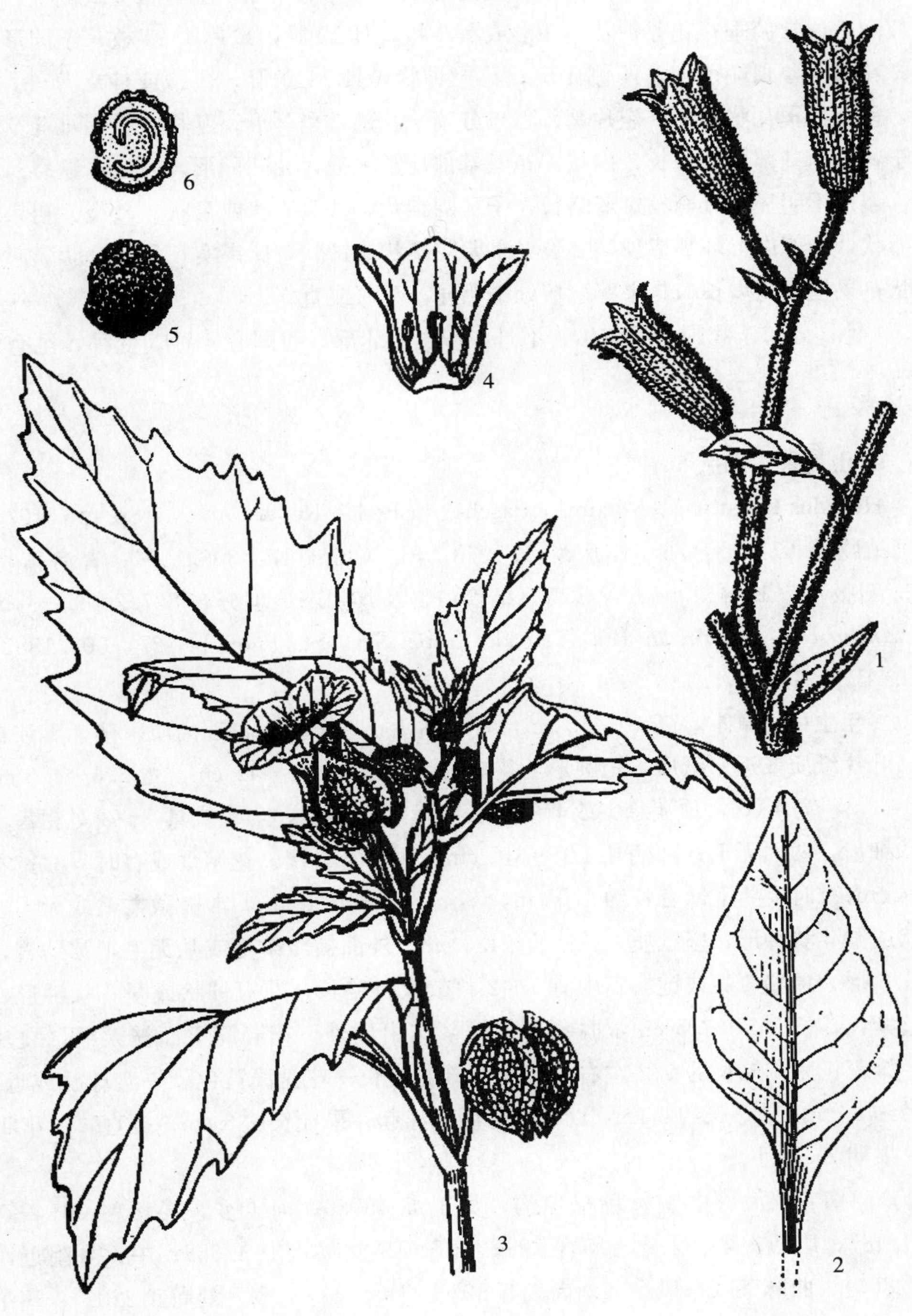

图版 **54** 西藏泡囊草 **Physochlaina praealta**（Decne.）Miers 1. 果枝；2. 叶片。假酸浆**Nicandra physaloides**（Linn.）Gaertn. 3. 花果枝；4. 花的纵剖；5. 种子；6. 种子纵剖。（引自《中国植物志》，王金凤、冀朝祯绘）

叶，互生或大小不等2叶双生，全缘或具粗齿，有叶柄。花单生，腋生或侧生，或生于枝杈间，通常俯垂；花萼钟状漏斗形或漏斗状，具10脉，裂片4～5枚，不同形，不等长，花蕾时萼顶端前伸，两侧压扁；花冠钟状，具15条脉，内藏或伸出萼外，裂片5枚，呈双盖覆瓦状排列，裂片基部各自分离，基部常呈耳形，互相重叠；雄蕊5枚，着生于花冠筒基部，近等长，内藏；花丝基部通常无毛，花药卵形，内向，纵裂；花盘盘状，裂片不明显；雌蕊较雄蕊略长，子房圆锥状，柱头头状或盘状，微裂。朔果球状或近卵状，中部以上环裂或顶端2裂，果萼陀螺状或钟状，比果实长且大，肋隆起或呈扇褶状；果梗增粗增长，与果萼连接处不明显，下弯或直立。

4种，分布于我国，尼泊尔，不丹，印度东北部。我国有4种3变种，昆仑地区产1种。

1. 山莨菪 图版55：1～4

Anisodus tanguticus (Maxim.) Pascher in Fedde Repert. Nov. Sp. 7：167. 1909；中国植物志 67 (1)：26. 图版 4：5. 1978；Fl. China 17：306. 1994；青海植物志 3：182. 图版 40：1～4. 1996；青藏高原维管植物及其生态地理分布 837. 2008. ——*Scopolia tangutica* Maxim. in Bull. Acad. Imp. Sci. St.-Pétersb. 27：508. 1882 et in Mel. Biol. 11：275. 1882.

多年生宿根草本，高40～80 cm，有时达1 m。根粗大，近肉质。茎无毛或被微柔毛。叶片纸质或近坚纸质，矩圆形至狭矩圆状卵形，长8～11 cm，宽2.5～4.5 cm，稀长14 cm，宽4 cm，顶端急尖或渐尖，基部楔形或下延，全缘或具1～3对粗齿，具啮蚀状细齿，两面无毛；叶柄长1.0～3.5 cm，两侧略具翅。花俯垂或有时直立；花梗长2～4 cm，有时生茎上部者长约1.5 cm，茎下部者长达8 cm，常被微柔毛或无毛；花萼钟状或漏斗状钟形，坚纸质，长2.5～4.0 cm，外面被微柔毛或几无毛，脉劲直，裂片宽三角形，顶端急尖或钝，其中有1～2枚较大且略长；花冠钟状或漏斗状钟形，紫色或暗紫色，长2.5～3.5 cm，内藏或仅檐部露出萼外，花冠筒里面被柔毛，裂片半圆形；雄蕊长为花冠长的1/2左右；雌蕊较雄蕊略长；花盘浅黄色。果实球状或近卵状，直径约2 cm，果萼长约6 cm，肋和网脉明显隆起；果梗长达8 cm，挺直。 花期5～6月，果期7～8月。

产青海：兴海（中铁林场卓琼沟，吴玉虎45736；河卡乡，吴珍兰061，何廷农174、487；唐乃亥乡，采集人不详224；黄青河畔，吴玉虎42688；中铁乡附近，吴玉虎42865）、曲麻莱（东风乡，刘尚武等829）、称多（称文乡，刘尚武2282）、玛沁（那木特吉，玛沁队099；雪山乡，黄荣福C. G. 81-016；西哈垄河谷，H. B. G. 348；江让水电站，吴玉虎18723）、班玛（江日堂乡，吴玉虎26054、26403；马柯河林场，王为义等26984，陈世龙360）、久治（白玉乡，吴玉虎26405，陈世龙等386、440；白玉乡附近，藏药队601）。生于海拔2 800～4 200 m的沟谷山坡草地、山地草坡阳处、高

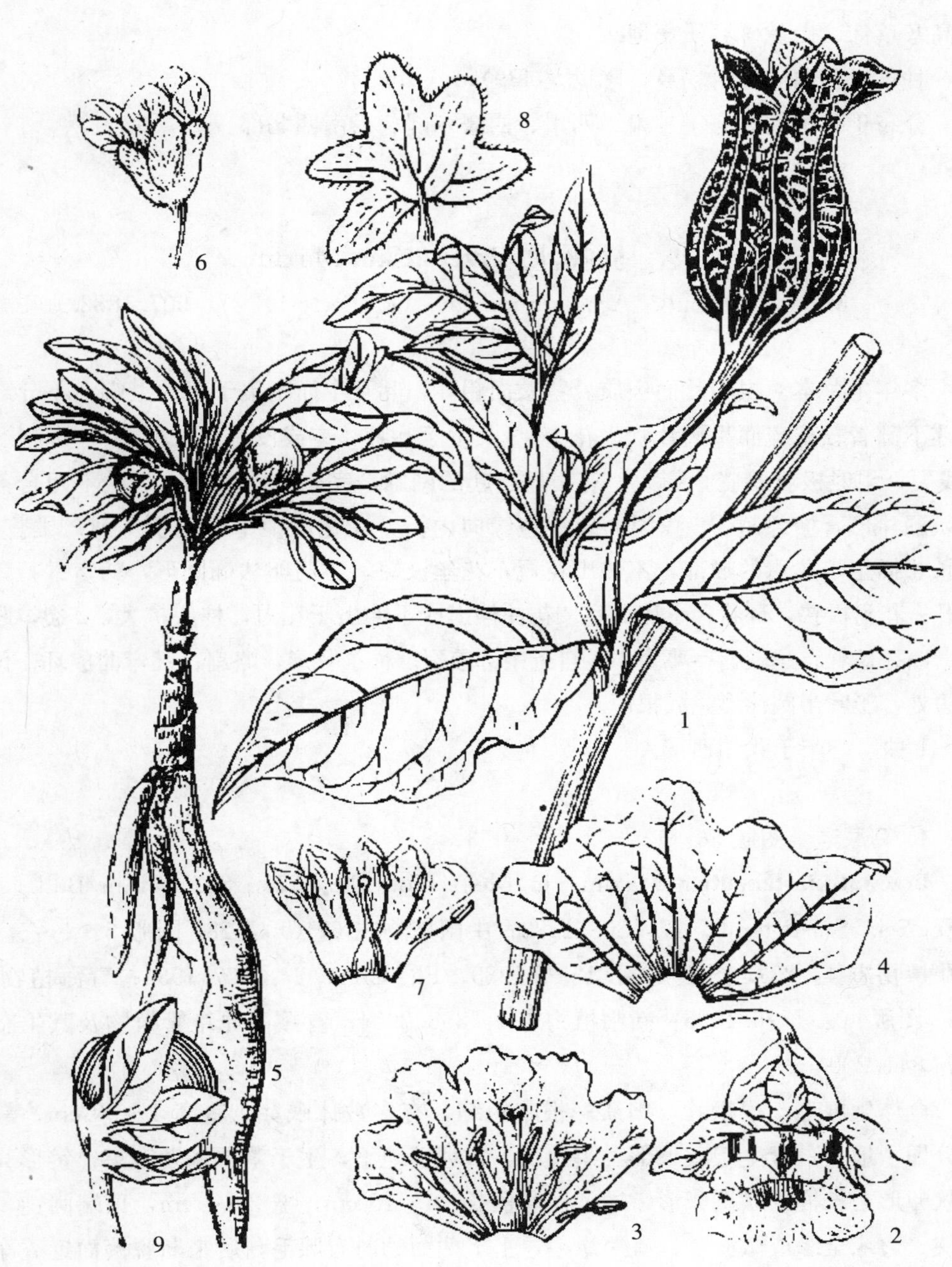

图版 **55** 山莨菪**Anisodus tanguticus**(Maxim.) Pascher 1. 果枝; 2. 花; 3. 花冠纵剖; 4. 花萼展开。青海茄参**Mandragora chinghaiensis** Kuang et A. M. Lu 5. 植株; 6. 花; 7. 花冠纵剖; 8. 花萼; 9. 果实。(王颖绘)

原山麓砾石地、牲畜圈窝附近、牧民定居点周围。

四川：石渠（新荣乡，吴玉虎 29958）。生于海拔 4 000 m 左右的沟谷山地、河谷山坡高寒草甸、山麓砾石质草地。

甘肃：玛曲（齐哈玛乡，陈世龙 439）。

分布于我国的青海、甘肃、四川、西藏东部、云南西北部。

9. 马尿泡属 **Przewalskia** Maxim.

Maxim. in Bull. Acad. Imp. Sci. St.-Pétersb. 27：507. 1882.

多年生草本。根粗壮而肉质。茎矮而粗壮。叶互生而密集于茎的上端，不分裂，生于茎下部者较稀疏而呈鳞片状。花 1～3 朵生于叶腋，有或没有总花梗；花萼筒状钟形，5 浅裂，果时极度膀胱状膨大，有明显凸起的网脉，完全包围蒴果，顶端不闭合；花冠筒状漏斗形，檐部短，5 浅裂，裂片边缘向内折，在花蕾中呈覆瓦状排列；雄蕊 5 枚，等长，插生于花冠的喉部，不伸出花冠，花丝极短，花药卵状椭圆形，药室并行，纵缝裂开；花盘极狭，环状；子房 2 室，花柱伸出或不伸出于花冠，柱头扩大，2 裂，胚珠多数。蒴果球状，远较宿存萼为小，自近中部盖裂。种子肾形，略扁；胚弯曲成环，位于近周边处，子叶半圆棒形，胚根短。

1 种，特产于我国西部。

1. 马尿泡　图版 56：1～6

Przewalskia tangutica Maxim. in Mél. Biol. 11：275. 1882，et in Bull. Acad. Imp. Sci. St.-Pétersb. 27：508. 1882；中国植物志 67（1）：28. 图版 5：1～5. 1978；西藏植物志 4：231. 图版 103：1～5. 1985；Fl. China 17：307. 1994；青海植物志 3：184. 图版 40：1～6. 1996；新疆植物志 4：358. 2004；青藏高原维管植物及其生态地理分布 841. 2008.

全体生腺毛。根粗壮，肉质；根茎短缩，有多数休眠芽。茎高 4～30 cm，常至少部分埋于地下。叶生于茎下部者鳞片状，常埋于地下，生于茎顶端者密集，铲形、长椭圆状卵形至长椭圆状倒卵形，通常连叶柄长 10～15 cm，宽 3～4 cm，顶端圆钝，基部渐狭，边缘全缘或微波状，有短缘毛，上下两面幼时有腺毛，后来渐脱落而近秃净。总花梗腋生，长2～3 mm，有 1～3 朵花；花梗长约 5 mm，被短腺毛。花萼筒状钟形，长约 14 mm，径约5 mm，外面密生短腺毛，萼齿圆钝，生腺质缘毛；花冠檐部黄色，筒部紫色，筒状漏斗形，长约 25 mm，外面生短腺毛，檐部 5 浅裂，裂片卵形，长约 4 mm；雄蕊插生于花冠喉部，花丝极短；花柱显著伸出于花冠，柱头膨大，紫色。蒴果球状，直径 1～2 cm，果萼椭圆状或卵状，长可达 8～13 cm，近革质，网纹凸起，顶

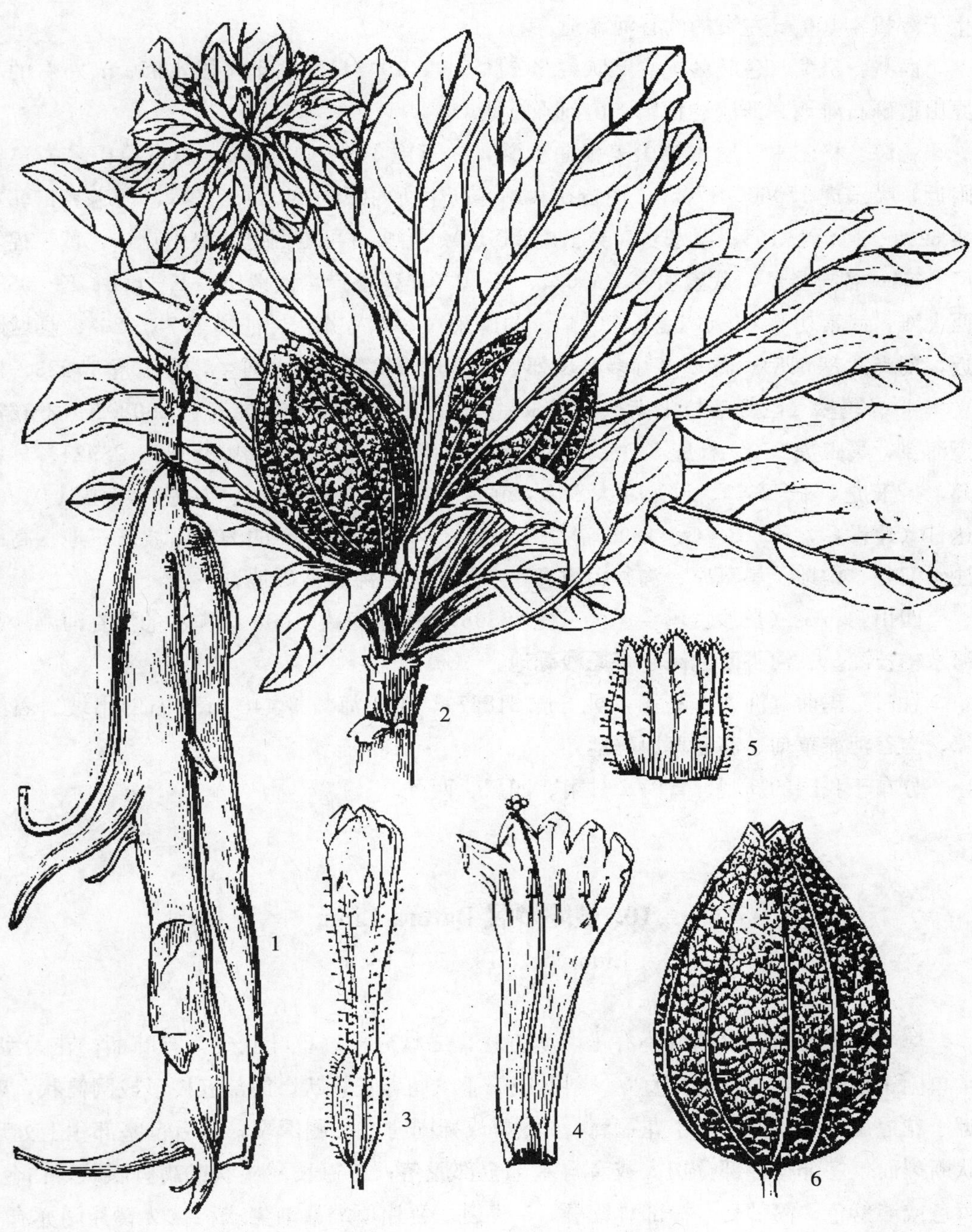

图版 **56**　马尿泡 **Przewalskia tangutica** Maxim. 1. 幼株；2. 果枝；3. 花；4. 花冠纵剖；5. 花萼纵剖；6. 果实。　（王颖绘）

端平截，不闭合。种子黑褐色，长 3 mm，宽约 2.5 mm。 花期 6～7 月。

产新疆：若羌（喀什克勒河，青藏队吴玉虎等 4182；采集地不详，郑度等 12613）。生于海拔 4 400 m 左右的沟谷河滩地。

西藏：班戈（色哇区，青藏队藏北分队 9441、9404）。生于海拔 4 950 m 左右的高原山坡砾石滩地、河流冲积扇、山前砾石地。

青海：格尔木（唐古拉山姜根曲上游，吴玉虎 16981、16978；唐古拉山乡雀莫错附近，吴玉虎 17060、17053；唐古拉兵站，高生所西藏队 4403）、兴海（河卡乡，郭本兆 6207、何廷农 155；温泉乡，吴玉虎 28817）、治多（可可西里苟鲁山克错，黄荣福等 K-665；各拉丹冬，武素功等 K-621、K-020；苟鲁错，武素功等 K-658、K-053；西大滩，武素功等 K-601、K-001）、曲麻莱（木鲁乌苏，吴征镒等 75-263；县城附近，刘尚武等 618）、称多（称多县城郊，吴玉虎 29273；清水河乡，吴玉虎 17223、周立华 4）、玛多（巴颜喀拉山南坡，杨永昌 011；巴颜喀拉山，吴玉虎 29080A、29167；黑河乡，吴玉虎 953、杜庆 540；花石峡乡，黄荣福 3681、吴玉虎 28928、28924；县城郊，吴玉虎 061、236）、玛沁（大武乡，黄荣福 C. G. 81-004；县城，玛沁队 019）、达日（建设乡，H. B. G. 1099）。生于海拔 3 200～5 000 m 的沟谷山坡砾石地、高山沙砾河谷、山地干旱草原、沟谷山坡高寒草原、河湖滩地沙砾地。

四川：石渠（长沙贡玛乡，吴玉虎 29598）。生于海拔 4 000 m 左右的沟谷河滩沙棘河水柏枝灌丛、河谷阶地高寒草原沙砾地。

甘肃：玛曲（河曲军马场，吴玉虎 31867）。生于海拔 3 440 m 左右的山坡岩石缝隙、沟谷河滩草甸、高寒草原砾地。

分布于我国的新疆、青海、甘肃、四川、西藏。

10. 曼陀罗属 **Datura** Linn.

Linn. Sp. Pl. 179. 1753.

草本、半灌木、灌木或小乔木。茎直立，二歧分枝；单叶互生，有叶柄；花大型，常单生于枝分岔间或叶腋，直立、斜升或俯垂。花萼长管状，筒部五棱形或圆筒状，贴近于花冠筒或膨胀而不贴于花冠筒，5 浅裂或稀同时在一侧深裂，花后自基部稍上处环状断裂而仅基部宿存部分扩大或者自基部全部脱落；花冠长漏斗状或高脚碟状，白色、黄色或淡紫色，筒部长，檐部具褶襞，5 浅裂，裂片顶端常渐尖或稀在 2 裂片间亦有 1 长尖头而呈 10 角形，在蕾中折合而旋转；雄蕊 5 枚，花丝下部贴于花冠筒内而上部分离，不伸出或稍伸出花冠筒，花药纵缝裂开；子房 2 室，每个室由于从背缝线伸出的假隔膜而再分成 2 室则成不完全 4 室，花柱丝状，柱头膨大，2 浅裂。蒴果，规则或不规则 4 瓣裂，或者浆果状，表面生硬针刺或无针刺而光滑。种子多数，扁肾形或近圆形；

胚极弯曲。

约16种，多数分布于热带和亚热带地区，少数分布于温带。我国4种，野生或栽培；昆仑地区产1种。

1. 曼陀罗

Datura stramonium Linn. Sp. Pl. 179.1753；中国植物志 67（1）：144. 图版 38：1～2.1978；Fl. China 17：341.1994；青海植物志 3：186.1996；新疆植物志 4：370. 图版 125：1.2004；青藏高原维管植物及其生态地理分布 838.2008.

草本或半灌木状，高 0.5～1.5 m，全体近于平滑或在幼嫩部分被短柔毛。茎粗壮，圆柱状，淡绿色或带紫色，下部木质化。叶广卵形，顶端渐尖，基部不对称楔形，边缘有不规则波状浅裂，裂片顶端急尖，有时亦有波状牙齿，侧脉每边 3～5 条，直达裂片顶端，长8～17 cm，宽 4～12 cm；叶柄长 3～5 cm。花单生于枝杈间或叶腋，直立，有短梗；花萼筒状，长 4～5 cm，筒部有 5 棱角，两棱间稍向内陷，基部稍膨大，顶端紧围花冠筒，5 浅裂，裂片三角形，花后自近基部断裂，宿存部分随果实而增大并向外反折，花冠漏斗状，下半部带绿色，上部白色或淡紫色，檐部 5 浅裂，裂片有短尖头，长 6～10 cm，檐部直径 3～5 cm；雄蕊不伸出花冠，花丝长约 3 cm，花药长约 4 mm；子房密生柔针毛，花柱长约 6 cm。蒴果直立生，卵状，长 3.0～4.5 cm，直径 2～4 cm，表面生有坚硬针刺或有时无刺而近平滑，成熟后淡黄色，规则 4 瓣裂。种子卵圆形，稍扁，长约 4 mm，黑色。 花期 6～10 月，果期7～11月。

产新疆：喀什（县城，西植所新疆队 1544）、莎车、阿克陶、和田。生于海拔 1 400 m左右的山地路边、河沟水边、田野荒地、溪流河岸草丛。

广布于世界各大洲；我国各省区都有分布。

11. 茄参属 Mandragora Linn.

Linn. Sp. Pl. 181.1753.

多年生草本。根粗壮。茎极短缩或伸长。叶在具极短缩的茎上即集生于茎顶端，在伸长的茎上者则集生或在分枝上疏散互生，有叶柄或由于叶片基部下延而无明显的柄；叶片全缘、皱波状或有缺刻状齿。花单生于叶腋或因叶集生茎端而似簇生；花萼辐状钟形或钟状，5 中裂，花后多少增大而宿存；花冠辐状钟形或钟状，5 中裂或浅裂，裂片在花蕾中覆瓦状排列。雄蕊 5 枚，插生于花冠筒中下部，内藏，花丝丝状，花药矩圆形，药室近并行，纵缝裂开；花盘显著；子房 2 室，花柱伸长，柱头膨大，胚珠多数。浆果球状，多汁液。种子扁压，有网纹状凹穴；胚极弯曲。

约 4 种，分布于地中海区域至东喜马拉雅。我国 2 种，分布于青藏高原；昆仑地区产 1

种。

1. 青海茄参　图版 55：5～9

Mandragora chinghaiensis Kuang et A. M. Lu Fl. Reipubl. Popul. Sin. 67 (1)：139. 159. t. 36：2～6. 1978；西藏植物志 4：299. 图 114：2～6. 1985；青海植物志 3：186. 图版 40：5～9. 1996；青藏高原维管植物及其生态地理分布 840. 2008.

多年生草本。根肉质，多分叉，圆柱状或纺锤状，直径 6～15 mm。根茎短缩，圆柱状，密生鳞片状叶。茎高 3～6 cm，下部散生少数鳞片状叶。叶集生于茎顶端，长椭圆形或铲状椭圆形，长 3～6 cm，宽约 1.5 cm，顶端钝圆，基部渐狭，全缘而微波状，密生缘毛，两面疏生柔毛，中脉显著，侧脉细弱，不明显，每边 3～5 条。花单生于叶腋，俯垂，花梗粗壮，疏生柔毛，长 1～2 cm；花萼钟状，长约 7 mm，直径约 7 mm，疏生白色柔毛，5 中裂，裂片稍不等大，矩圆形，顶端钝圆，密生缘毛；花冠黄色，钟状，长约 1 cm，直径约 8 mm，5 浅裂，裂片阔卵形，长约 3.5 mm，基部缢缩，顶端钝圆，外面生柔毛；雄蕊 5 枚，不伸出花冠，插生于花冠筒近基部，花丝丝状，长 3～5 mm，基部疏生柔毛，花药长约 1 mm；子房近球状，花柱长 4 mm，柱头不明显 2 裂。浆果球状，直径 1.0～1.5 cm。种子肾形，长约 2 mm，表面有网纹状凹穴。　花期 5～6 月，果期 7～8 月。

产青海：玛沁（县城，玛沁队 022；大武乡，丁经业等，采集号不详）、久治（县城附近，藏药队 174；索乎日麻乡，果洛队 283）、达日（胡勒安玛，H. B. G. 1172；色尔根查郎寺，H. B. G. 1203）。生于海拔 3 650～4 000 m 的沟谷河滩草地、河谷阶地高寒草甸、河谷山地岩石缝隙。

分布于我国的青海、西藏。模式标本采自青海久治。

12. 辣椒属 Capsicum Linn.

Linn. Sp. Pl. 188. 1753.

灌木、半灌木或一年生；多分枝。单叶互生，全缘或浅波状。花单生、双生或有时数朵簇生于枝腋，或者有时因节间缩短而生于近叶腋；花梗直立或俯垂；花萼阔钟状至杯状，有 5（～7）小齿，果时稍增大宿存；花冠辐状，5 中裂，裂片呈镊合状排列；雄蕊 5 枚，贴生于花冠筒基部，花丝丝状，花药并行，纵缝裂开；子房 2（稀 3）室，花柱细长，冠以近头状的不明显 2（～3）裂的柱头，胚珠多数；花盘不显著。果实俯垂或直立，浆果无汁，果皮肉质或近革质。种子扁圆盘形，胚极弯曲。

有 20 余种，主要分布于南美洲。我国 2 种，栽培或野生；昆仑地区栽培 1 种，2 变种。

1. 辣　椒

Capsicum annuum Linn. Sp. Pl. 188. 1753；中国植物志 67（1）：62. 1978；西藏植物志 4：236. 1985；Fl. China 17：317. 1994；青海植物志 3：187. 1996；新疆植物志 4：367. 2004；青藏高原维管植物及其生态地理分布 837. 2008.

1a. 辣椒（原变种）

var. **annuum**

一年生或有限多年生，高 40～80 cm。茎近无毛或微生柔毛，分枝稍“之”字形折曲。叶互生，枝顶端节不伸长而呈双生或簇生状，矩圆状卵形、卵形或卵状披针形，长 4～13 cm，宽 1.5～4.0 cm，全缘，顶端短渐尖或急尖，基部狭楔形；叶柄长 4～7 cm。花单生，俯垂；花萼杯状，不显著 5 齿；花冠白色，裂片卵形；花药灰紫色。果梗较粗壮，俯垂；果实长指状，顶端渐尖且常弯曲，未成熟时绿色，成熟后呈红色、橙色或紫红色，味辣。种子扁肾形，长 3～5 mm，淡黄色。　花果期 5～11 月。

农作物。昆仑地区有栽培。

原产于墨西哥至哥伦比亚，现在世界各国普遍栽培。

1b. 菜椒（变种）

var. **grossum**（Linn.）Sendt. in Martius Fl. Brasil. 10：157. 1846；中国植物志 67（1）：62. 1978；新疆植物志 4：365. 2004.—— *C. grossum* Linn. in Mant. Pl. 47. 1767.

植物体粗壮而高大。叶矩圆形或卵形，长 10～13 cm。果梗直立或俯垂，果实大型，近球状、圆柱状或扁球状，多纵沟，顶端截形或稍内陷，基部截形且常稍向内凹入，味不辣而略带甜或稍带辣味。

农作物。昆仑地区有栽培。

1c. 朝天椒（变种）

var. **conoides**（Mill.）Irish in Miss. Bot. Gard. 65. 1898；中国植物志 67（1）：62. 1978；新疆植物志 4：367. 2004.——*C. conoides* Mill. Gard. Dict. ed. 8：8. 1768.

植物体多二歧分枝。叶长 4～7 cm，卵形。花常单生于二分叉间；花梗直立，花稍俯垂；花冠白色或带紫色。果梗及果实均直立，果实较小，圆锥状，长约 1.5（～3.0）cm，成熟后红色或紫色，味极辣。

农作物。昆仑地区有栽培。

六十六　玄参科 SCROPHULARIACEAE

草本，稀半灌木或乔木。叶多对生，较少互生或轮生，无托叶。花序总状、穗状或聚伞状，常组成圆锥花序，向心或离心开放。花通常不整齐；花萼常宿存，裂片 5 枚，稀 4（3 或 2）枚，分离或合生；花冠通常二唇形，稀辐射对称，4～5 裂；雄蕊常 4 枚，多少 2 强，稀 2 或 5 枚，着生在花冠管上，少数有退化雄蕊 1～2 枚，花药 1 或 2 室，药室分离或顶端会合；子房上位，无柄，基部常有各式花盘，2 室，稀仅有 1 室；花柱简单，柱头头状，2 裂或 2 片状；胚珠多数至每室 1～2 枚，侧生或横生。蒴果，2 或 4～5 爿裂，少顶端孔裂，极少为浆果状或核果状而不开裂。种子细小，表面有各式网纹，胚乳肉质或缺，胚直或稍弯曲。

约 200 属，3 000 余种，分布于全球各地。我国产 57 属 650 余种，分布于南北各地；昆仑地区产 12 属 81 种。

分属检索表

1. 花冠基部有长距，下唇隆起，稍封闭喉部，使花冠呈假面状；蒴果顶端不规则开裂 ………………………………………… **1. 柳穿鱼属 Linaria** Mill.

1. 花冠无距，不呈假面状；蒴果不裂或规则地 2 或 4 爿裂。

  2. 果实浆果状，近肉质，不裂；低矮草本；根状茎细长，其节上有膜质鳞片；叶数对，几呈莲座状；花自叶丛中发出………… **2. 肉果草属 Lancea** Hook. f. et Thoms.

  2. 果实为干燥蒴果或核果状；植株无节上具鳞片的细长根状茎。

    3. 植株无茎，仅有匍匐茎，有时浮生于水中；花具长梗，单生于具长柄、基生或束生在匍枝上的叶腋 ……………………………………… **3. 水茫草属 Limosella** Linn.

    3. 植株通常具茎，同时也有匍匐茎或缺，但决不浮生水中；叶和花非上述着生方式。

      4. 雄蕊 4，并有 1 退化雄蕊位于花冠上唇中央；花药 1 室，肾形而横生，花丝顶端膨大；聚伞花序或花簇生叶腋，有 1 对小苞片。

        5. 茎明显，高 10 cm 以上；叶脉羽状，通常不凹陷；聚伞花序，有明显花梗，绝不簇生；花冠筒粗短 …………………… **4. 玄参属 Scrophularia** Linn.

        5. 茎极短，贴地而生，高不超过 5 cm；叶脉掌状，均凹陷；花几无梗，簇生于叶腋；花冠具细而长的筒 ……………… **5. 藏玄参属 Oreosolen** Hook. f.

      4. 雄蕊 2 或 4，无退化雄蕊；花药 2 室，叉开或并行，有时顶端会合，花丝顶端不膨大；总状或穗状花序。

6. 雄蕊 2；花冠裂片通常 4，稀 3 或 5，辐射对称；花序穗状、头状或总状。

7. 花萼仅前方开裂至基部，佛焰苞状，或有时后方也开裂为 2 裂片状；叶多基生，常呈莲座状；果为核果不开裂 … **6. 兔耳草属 Lagotis** Gaertn.

7. 花萼 4 或 5 裂；叶全部茎生；果为开裂的蒴果。

8. 花冠二唇形，下唇窄舌状，强烈反折；叶互生，具 1 脉；花序穗状；种子表面具蜂窝状透明的网纹 … **7. 细穗玄参属 Scrofella** Maxim.

8. 花冠近辐状；叶常为对生，少互生或轮生；花序密穗状或总状；种子表面平滑 ………………………………… **8. 婆婆纳属 Veronica** Linn.

6. 雄蕊 4，2 强；花冠明显二唇形，上唇 2 裂，下唇 3 裂；花序总状，稀穗状。

9. 植株较坚挺，从基部至顶端多回分枝，上部分枝稠密，扫帚状；叶不发达，疏生，无柄，条形或为鳞片状，上部互生；花冠上唇短而伸直，不呈盔状；花药分离 ……………………………… **9. 野胡麻属 Dodartia** Linn.

9. 植株分枝无上述特征；花冠上唇稍向前方弓曲成盔状；花药靠拢在一起。

10. 苞片通常比叶大，近圆形；花萼 4 裂，前后两方裂的较深；蒴果顶端圆钝而微凹 ………………………… **10. 小米草属 Euphrasia** Linn.

10. 苞片通常较叶小，不呈圆形；花萼 5 裂，或仅在前方深裂而具 2～5 齿；蒴果顶端尖锐。

11. 花萼具均等的 5 齿；花冠上唇边缘向外反卷 …………………………………………………… **11. 松蒿属 Phtheirospermum** Bunge

11. 花萼常在前方深裂，具 2～5 齿；花冠上唇常延伸成喙，边缘不外卷 ………………………… **12. 马先蒿属 Pedicularis** Linn.

1. 柳穿鱼属 Linaria Mill.

Mill. Gard. Dict. 14. 1768.

一年生或多年生草本。叶互生或轮生，通常无柄。花单生于叶腋，组成顶生的总状花序或穗状花序；花萼 5 裂，几达基部；花冠具长筒，基部有长距，檐部二唇形，上唇直立，2 裂，下唇中央向上隆起并扩大，几封住喉部，花冠呈假面状，顶端 3 裂，在隆起处密被腺毛。雄蕊 4 枚，2 强，内藏，前面 1 对较长；花柱细长，内藏，柱头头状，常有微缺。蒴果卵圆形或球形，近顶端不规则孔裂。种子多数，扁平，常为盘状，边缘有宽翅，中央平滑或有瘤状突起。

约 100 种。我国产 9 种 1 亚种，昆仑地区产 2 种。

分种检索表

1. 花冠紫红色；叶较宽，条状椭圆形，宽 7～15 mm ……………………………………………………………………………… 1. **帕米尔柳穿鱼 L. kulabensis** B. Fedtsch.
1. 花冠黄色；叶较窄，披针形，宽 2～5 mm ………… **2. 中亚柳穿鱼 L. popovii** Kuprian.

1. 帕米尔柳穿鱼

Linaria kulabensis B. Fedtsch. in Fedde Repert. Sp. Nov. 10：380. 1912；Kuprian. in Kom. Fl. URSS 22：205. 1955；中国植物志 67（2）：204. 1979；新疆植物志 4：384. 2004；青藏高原维管植物及其生态地理分布 848. 2008.

多年生草本。高 15～20 cm，全株无毛。茎宿存的部分位于地下，直径约 1 cm，通常茎在中部或上部分枝，而当年生茎在基部分枝。叶互生，条状椭圆形，长 1.5～3.0 cm，宽 7～15 mm，先端渐尖，基部渐狭，具不清晰的 3 条脉。穗状花序具多达 10 朵花，花长达7 cm；苞片卵状披针形，长于花梗；花梗在花期长约 2 mm；花萼下部疏生粗腺毛，裂片长圆形，长约 3 mm，宽 1.0～1.5 mm，顶端钝或圆钝；花冠紫红色，长达 14 mm（不包括距），上唇凹口深约 1.8 mm，裂片中部宽约 3 mm，下唇比上唇短 2 mm，侧裂片短，宽约 3 mm，中裂片稍狭窄，顶端钝，距长 7～8 mm，先端稍弯曲。花期 5～6 月。

产新疆：乌恰（吉根乡卡拉达坂，采集人不详 73-59）、阿克陶。生于海拔 2 000～3 000 m的沟谷砾石山坡、河谷阶地砾石草地、山麓砾石地。

分布于我国的新疆；中亚地区各国也有。

2. 中亚柳穿鱼（新纪录）

Linaria popovii Kuprian. in Acta Inst. Bot. Acad. Sci. URSS 1. 4：319. 1937, et in Kom. Fl. URSS 22：203. t. 9：1. 1955；Smiotr. in Pavl. Fl. Kazakh. 8：36. t. 5：1. 1965.

多年生草本。高约 25 cm，全株无毛。茎单一或数个丛生，直立，略显苍白色或浅蓝灰色，上部分枝，有时从下部分枝。叶互生，条形或披针状条形，长 3～5 cm，宽 2～5 mm，具 1 或 3 条脉，先端渐尖。穗状花序生于茎和枝的顶端，具数朵花至多花；苞片披针状线形，等长于或短于花梗；花梗长 1.5～2.0 mm，光滑；花萼长约 3 mm，裂片披针形，宽1.0～1.5 mm；花冠黄色，长 10～13 mm（不包括距），筒部稍短于檐部，下唇和上唇近等长，裂片先端钝圆，在隆起处被毛，距长 5～8 mm，稍弯曲。蒴果近球形，直径约 5 mm。种子盘状，边缘有宽翅，中央光滑。 花期 7～8 月。

产新疆：塔什库尔干（麻扎，陈英生 002；麻扎至卡拉其古，青藏队吴玉虎 4929）。生于海拔 3 600～3 700 m 的宽谷河滩草地、砾石滩地。

分布于我国新疆；中亚地区各国也有。

本种与帕米尔柳穿鱼 *L. kulabensis* B. Fedtsch. 的体态、花等各部分的结构均非常近似，但花的颜色截然不同，且后者叶较宽，条状椭圆形，因此还是容易区别的。

本种在我国为分布新纪录。

2. 肉果草属 Lancea Hook. f. et Thoms.

Hook. f. et Thoms. in Kew Journ. 9：244. 1857.

多年生矮小草本，近于无毛或有时幼嫩叶被毛。根状茎细长，节上通常具 2 枚鳞片，并具纤维状须根。茎短缩或稍伸长，不分枝或在果期时从花序下的叶腋内生出营养枝。叶对生或因茎短缩几呈莲座状，倒卵状长圆形或匙形，全缘或有浅圆齿，羽状脉。总状花序顶生或数朵花簇生；苞片披针形；花萼钟形，裂片 5 枚，近于相等，约与萼筒等长，果期稍增大，中脉明显；花冠二唇形，上唇 2 深裂，直立或稍向外拱，下唇较长，开展，喉部具 2 条被柔毛的褶，先端 3 裂；雄蕊 4 枚，2 强，花丝无毛或 2 条被毛，药室叉分；子房无毛，柱头扇状或为 2 片状。果实球形，近肉质而不裂，浆果状。种子多数。

约 2 种 1 变种。我国均产，昆仑地区产 1 种。

1. 肉果草 图版 57：1～3

Lancea tibetica Hook. f. et Thoms. in Kew Journ. 9：244. t. 7. 1857；Hook. f. Fl. Brit. Ind. 4：260. 1885；Hand.-Mazz. Symb. Sin. 7：836. 1936；中国植物志 67(2)：113. 图 40. 1979；西藏植物志 4：266. 图 121：1. 1985；青海植物志 3：188. 图版 42：4～6. 1996；青藏高原维管植物及其生态地理分布 848. 2008.

植株高 1.5～5.0 cm，除叶柄被毛外其余无毛。根状茎细长，横走或下伸，节上有 1 对膜质鳞片。茎生叶几成莲座状，具有翅的短柄或无柄；叶片倒卵形或倒卵状披针形、匙形，近革质，长 1.5～6.0 cm，宽 0.5～2.5 cm，顶端钝，常有小突尖，全缘或有疏齿，通常光滑或有时幼叶被毛，后脱落。花通常 3～5 朵簇生，有时伸长成总状花序；花梗长4～8 mm；苞片钻状披针形；花萼钟状，革质，长约 6 mm，裂片钻状三角形，近等大，长约3 mm，果期稍增大；花冠紫色或蓝紫色，长 1.3～2.0 cm，筒部长约为花冠长度的 2/3，上唇裂片稍翻卷，2 深裂，下唇开展，先端 3 浅裂，具褶，黄白色，密被黄色长柔毛；雄蕊着生于花冠筒中部，后方 2 枚稍短，花丝无毛；柱头扇状。果红色或深紫色，卵球形，长约1 cm，宽约 0.5 cm，包于宿存的花萼内。种子多数，棕黄色，长约 1 mm。 花期 6～8 月，果期8～9月。

产西藏：日土（上曲龙，高生所西藏队 3480）、班戈（江错区，青藏队 10392）。生于海拔 4 300～4 700 m 的沟谷山坡草地、河谷阶地高寒草甸、河滩沙砾地草甸、宽谷湖盆沙砾质高寒灌丛草甸。

青海：兴海（大河坝，吴玉虎 42611；黄青河畔，吴玉虎 42695、42757；赛宗寺后山，吴玉虎 46360；中铁乡附近，吴玉虎 42931；河卡乡，吴珍兰 049，郭本兆 6172、6248，何廷农 104）、曲麻莱（秋智乡，刘尚武等 783）、称多（县城郊，吴玉虎，29237；称文乡，吴玉虎 29286）、玛多（黑河乡，吴玉虎 358，刘海源 749）、玛沁（大武乡，吴玉虎 1363；军功乡，吴玉虎 4670，H. B. G. 298、区划二组 043；拉加乡，玛沁队 76；江让水电站，吴玉虎 435；雪山乡，黄荣福 C. G. 81－020A）、达日（德昂乡，陈桂琛等 1674）、甘德（东吉乡，吴玉虎 25771；青珍乡，吴玉虎 25725；上贡麻乡，H. B. G. 905）、久治（县城附近，藏药队 186；门堂乡，藏药队 268）、班玛（马柯河林场，王为义等 27610）。生于海拔 3 160～4 400 m 的沟谷山地高山灌丛下、河谷阶地高寒草甸、河漫滩草地、溪流水沟滩地草甸、山坡草地及弃耕地、宽谷湖盆边沙砾质高寒灌丛草甸、山地阴坡云杉林缘高寒灌丛草甸。

四川：石渠（长沙贡玛乡，吴玉虎 29557、29656）。生于海拔 4 000 m 左右的沟谷河滩草地、山坡草地、河谷阶地高寒草甸。

分布于我国的青海、甘肃、陕西、西藏、云南、四川；印度也有。

3. 水茫草属 Limosella Linn.

Linn. Sp. Pl. 631. 1753.

湿生或水生草本，矮小，丛生，无毛。无茎或具匍匐茎，节上生须根。叶对生、束生或在伸长的枝上互生，有长叶柄；叶片条形、长圆形或匙形，全缘。花小，单生于叶腋；无小苞片，具短花梗；花萼钟状，萼齿 5 枚；花冠近钟形，整齐，筒部极短，檐部 5 裂，裂片近等大；雄蕊 4 枚，着生于花冠筒中部，花药汇合成 1 室；子房不完全 2 室，花柱短，柱头头状。蒴果室背稍开裂，大部分为宿萼所包。种子细小而多数，卵圆形，具网纹。

约 7 种。我国产 1 种，昆仑地区也产。

1. 水茫草 图版 57：4～5

Limosella aquatica Linn. Sp. 631. 1753；Benth. in DC. Prodr. 10：426. 1846；Hand.-Mazz. Symb. Sin. 7： 837. 1936；Gorschk. in Kom. Fl. URSS 22：324. 1955；Smiotr. in. Pavl. Fl. Kazakh. 8：50. t. 6. f. 5. 1964；中国植物志 67(2)：200. 图 54. 1979；西藏植物志 4：275. 图 121：2～3. 1985；青海植物志 3：190. 图版 42：7～8. 1996；新疆植物志 4：383. 2004；青藏高原维管植物及其生态地理分布

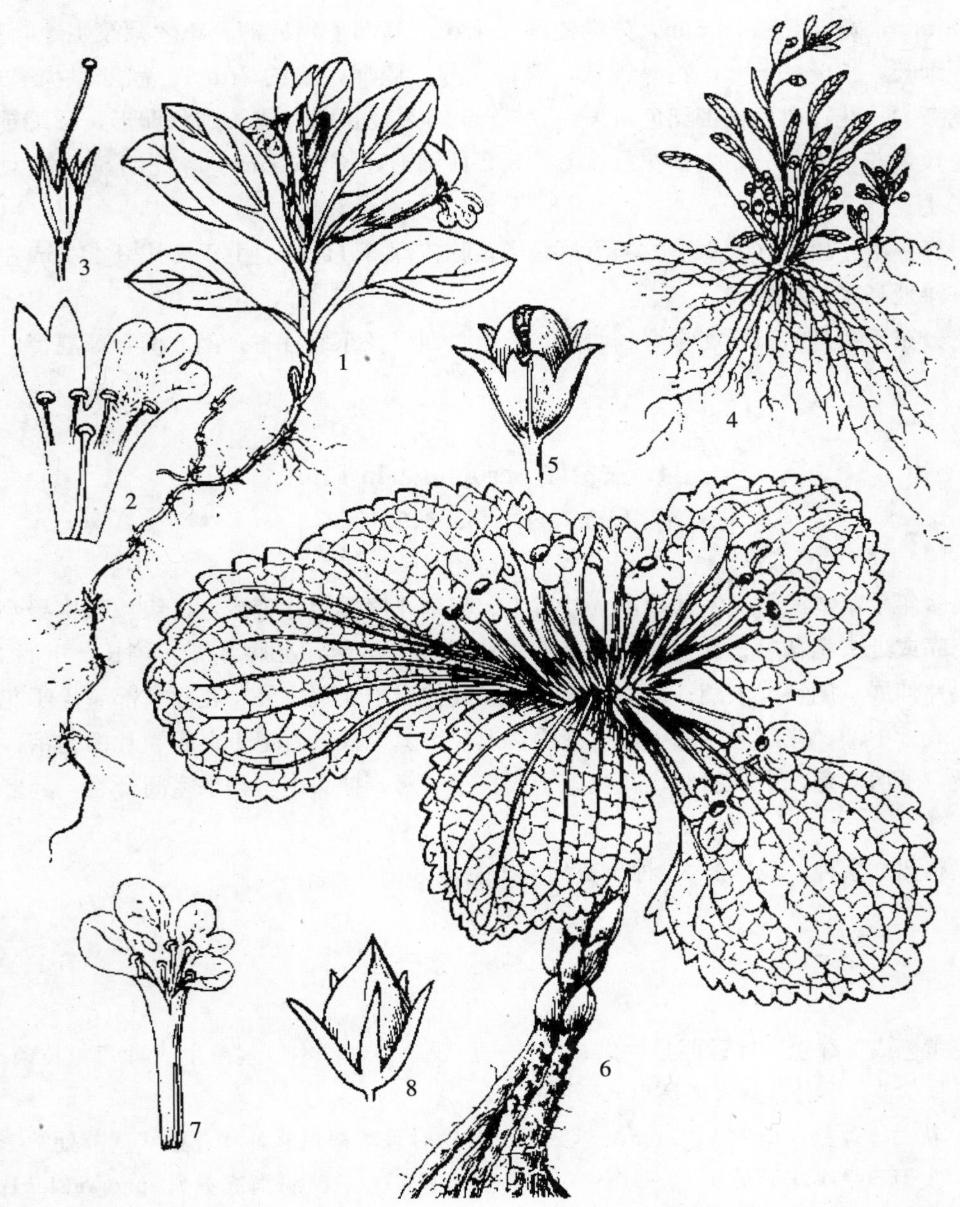

图版 **57** 肉果草 **Lancea tibetica** Hook. f. et Thoms. 1. 植株；2. 花冠展开；3. 花萼及宿存雌蕊。水茫草 **Limosella aquatica** Linn. 4. 植株；5. 果实。藏玄参 **Orosolen wattii** Hook. f. 6. 植株；7. 花冠；8. 果实（示宿存花萼）。（阎翠兰绘）

848. 2008.

一年生水生或浮水生草本。高 2～5 cm，丛生，全体无毛。匍匐茎横走，节上生须根。叶基出，簇生成莲座状，具长 1～4 cm 的叶柄；叶片条形或狭匙形，较叶柄短，长 4～9 mm，宽 0.5～3.0 mm，先端钝圆，全缘，基部下延成柄。花数朵簇生于叶丛中；花梗细长，长6～9 mm；花萼钟状，萼齿 5 枚，膜质，长约 2 mm，萼齿卵状三角形，顶端渐尖；花冠白色或带红色，长约 2.5 mm，裂片长圆形或长圆状卵形，顶端钝；雄蕊 4 枚，花丝大部分贴生于花冠筒上。蒴果卵圆形，长约 3 mm。　花期 5～7 月，果期 6～9 月。

产甘肃：玛曲（大水军牧场黑河北岸，陈桂琛等 1116）。生于海拔 3 440 m 左右的河谷滩地高寒沼泽草甸。

分布于我国的新疆、青海、西藏、云南、四川及东北各省；南北两半球温带也有。

4. 玄参属 Scrophularia Linn.

Linn. Sp. Pl. 619. 1753.

多年生草本或半灌木状草本。叶对生。聚伞花序单生叶腋或可再组成顶生聚伞、穗状花序或近头状花序；具苞片；花萼 5 裂；花冠二唇形，上唇 2 裂，较长，下唇 3 裂，中裂片伸展，侧裂片下翻；雄蕊 4 枚，内藏或伸出于花冠之外，花丝基部着生于花冠筒基部或近中部，花药会合成 1 室，横生，退化雄蕊 1 枚，着生于上唇裂片的基部；花盘明显，子房 2 室，中轴胎座，花柱等于或长于子房，柱头小。蒴果室间开裂，具多数种子。

有 200 余种。我国产 31 种 1 变种，昆仑地区产 5 种。

分种检索表

1. 花黄色或黄绿色；叶脉明显网结；植株一般较矮小，草本；茎单生或具营养枝条；具根状茎，节处常膨大或呈小球形结节。
    2. 花大，黄色，长 14～18 mm；茎最下部叶幼时呈淡褐色鳞片状；根状茎节处常膨大但不呈小球形结节 ………………………………… **1. 青海玄参 S. przewalskii** Batal.
    2. 花小，黄绿色，长 2～3 mm；茎上下部叶同形；根状茎节处膨大成小球形结节 ……………………………………………………………… **2. 小花玄参 S. souliei** Franch.
1. 花紫红色；叶脉不网结；植株通常较高大，基部木质化呈半灌木状。
    3. 植株干后通常变黑或墨绿色；叶无柄或具短柄；叶片狭长圆形或匙状长圆形，宽约 5 mm；萼裂片的膜质边缘在花期时不甚明显；蒴果尖卵形 …………………………………………………………………… **3. 齿叶玄参 S. dentate** Royle

3. 植株干后不变黑；叶下部者具长柄，长达 3 cm；叶片较宽，宽 10～25 mm；萼裂片的膜质边缘在花期时很明显；蒴果球状卵形。

4. 花萼裂片具较宽膜质边缘；叶片羽状全裂或有时基部具较深；退化雄蕊披针形 …………………………………………………… **4. 羽裂玄参 S. kiriloviana** Schischk.

4. 花萼裂片具较狭膜质边缘；叶片有锯齿至羽状浅裂，或呈大头羽裂，有时基部具1～2对深裂片；退化雄蕊长圆形 …………………… **5. 砾玄参 S. incisa** Weinm.

1. 青海玄参 图版 58：1～3

Scrophularia przewalskii Batal. in Acta Hort. Petrop. 13：382. 1894；中国植物志 67（2）：79. 1979；青海植物志 3：200. 图版 44：6～8. 1996；青藏高原维管植物及其生态地理分布 876. 2008.

多年生草本，有时植株 5 cm 高即开花，高者可达 30 cm。根状茎细长或较粗，节部稍膨大。茎幼时近圆柱形，果期明显为四棱形，棱上具狭翅，通常直立，在中上部二歧式分枝，顶端为花序枝，被疏密不等的腺毛。叶均对生，最下部者为淡褐色鳞片状、线状披针形，长达 1. 5 cm，宽达 2. 5 mm，中部以上者叶片匙形、卵形或椭圆形，长 1. 5～5. 0 cm，宽 1. 0～2. 5 cm，边缘具锯齿，基部楔形或渐狭成柄，被腺毛；叶柄长达 2 cm，具狭翅，被腺毛。聚伞花序密集（果期有时疏松、延伸），顶生，较短于营养枝（果期明显），先于营养枝发育；苞片叶状；总花梗长达 6 cm（花初期短，逐渐延伸），花梗通常较短或无梗，均被腺毛；花萼宽钟形，长 4～9 mm，被淡黄色腺毛，具 5 枚不等的裂片，裂片卵形或长圆形，长2～4 mm；花冠黄色，长 1. 4～1. 8 cm，花冠筒长约 10 mm，明显弯曲，外面被短腺毛，上唇长达 7 mm，裂片近圆形，下唇长达 3. 5 mm；雄蕊几达下唇裂片边缘，不伸出花冠外，退化雄蕊倒卵形或卵形，顶端平截或钝；子房卵形，长 3～5 mm，花柱长 7～9 mm。蒴果尖卵圆形，长 9～12 mm（连同尖喙）。种子小，黑色，长约 1 mm，表面具小颗粒状突起。 花果期 6～8 月。

产青海：玛多（野牛沟，杨永昌 004；黄河乡白玛纳，吴玉虎 1018、1150、8066；巴颜喀拉山北坡，吴玉虎 29071、29076、29085、29087D；黑河乡，吴玉虎 32419、32424；黄河乡白玛纳夏场，吴玉虎 8098）、达日（吉迈乡，H. B. G. 1225、1255；德昂乡，吴玉虎 25909、25914、25935、25945）、甘德（上贡麻乡，H. B. G. 957）。生于海拔 3 970～4 620 m 的沟谷高山草甸、河谷阶地砾石质杂类草草甸、山麓沙砾地、高山流石滩及多石山坡。

本种模式标本是 N. M. Przewalski 于 1884 年 5 月 29 日和 6 月 3 日采自青海省黄河上游和通天河之间地带，新种描述特征依据均为幼小植株，现根据中国科学院青藏高原生物标本馆馆藏标本，依 6～8 月植物发育各个时期的标本特征进行了补充描述，所以描述的特征是完整的。

2. 小花玄参 图版 58：4～6

Scrophularia souliei Franch. in Bull. Soc. Bot. France 47：15. 1900；中国高等植

物图鉴 4：6；图 5425. 1975；中国植物志 67（2）：58. 图版 20. 1979；青海植物志 3：200. 图版 44：9～11. 1996；青藏高原维管植物及其生态地理分布 876. 2008.

多年生细弱小草本，高 3～15 cm，全株被腺毛。根状茎细长，节部膨大或球形小结节，小结节长可达 5 mm，外被 1 对鳞片。茎直立，通常单一，有时从基部开始就分枝斜升，下部被多细胞长腺毛，向茎上部细胞渐变短。叶对生，具长 0. 2～2. 5 cm 叶柄；叶片卵形或三角状卵形，长 0. 8～2. 5 cm，宽达 2 cm，基部楔形、近截形或近心形，边缘全缘，具钝锯齿或有锐锯齿，上面疏被白毛，下面脉上被疏毛。圆锥花序狭窄、疏松、顶生，小聚伞花序对生，在花序下部者腋生，通常具 3 花；苞片叶状，在花序上部者为线形，长约 1 mm；花小，花萼稍呈盔状，仅基部合生，长约 1 mm，裂片近圆形，等大，疏被腺毛；花冠黄绿色，喉部带黄褐色，长 2～3 mm，花冠筒球形，上唇裂片宽圆形，下唇明显短于上唇，裂片几乎为上唇裂片的一半，且外翻；雄蕊不伸出，但因下唇裂片外翻而微微显露，退化雄蕊近圆形或肾形；花柱与子房近等长。果实未见。　花期 6～8 月。

产青海：玛沁（大武乡，H. B. G. 509；军功乡，吴玉虎 25675）、久治（门堂乡，果洛队 101；索乎日麻乡，藏药队 360；康赛乡，吴玉虎 26554、26564）。生于海拔 3 380～3 920 m 沟谷的高山草甸、高山流石坡、山坡草地、沟谷山麓砾石地。

分布于我国的青海、甘肃东南部、四川西部。

采自青海省玛沁县大武乡的标本“H. B. G. 509”，植株从基部分枝，形成较大的丛；花较大，长 3 mm；叶缘具钝锯齿。采自青海省久治县康赛乡的标本“吴玉虎 26554”，植株基部的叶，叶缘近全缘或有微波齿；向上部的叶，叶缘具锐锯齿。说明该种植物的叶缘变异较大。

3. 齿叶玄参

Scrophularia dentata Royle in Benth. Scroph. Ind. 19. 1835. et in DC. Prodr. 10：316. 1846；Hook. f. Fl. Brit. Ind. 4：256. 1883；E. Nasir et. S. I. Ali Fl. West Pakist. 660. 1972；中国植物志 67（2）：51. 图版 2：6～10. 1979；西藏植物志 4：260. 图 119：3～7. 1985；青藏高原维管植物及其生态地理分布 875. 2008.

半灌木状草本，高 10～40 cm，通常干后变墨绿色或黑色。茎近圆形，很多条自根部生出，无毛或被微毛。叶片质地常较厚，轮廓为狭长圆形或匙状长圆形，长 1～4 cm，宽约 5 mm，疏具浅齿，羽状浅裂至深裂，下部的裂片较大，其上可疏具 1～2 浅齿，基部渐狭无柄或具短柄，叶脉虽不清晰，但不网结，无毛或被微毛。聚伞圆锥花序较狭长，直立，长达 20 cm，宽达 2 cm，每节具 1～3 花或较稀疏的聚伞花序；总梗和花梗疏被腺毛；花萼裂片近圆形或椭圆形，长 2. 0～2. 5 mm，无毛，顶端钝圆，具极狭的膜质边缘在果期更为明显，边缘全缘或有时为短的流苏状；花冠紫红色，长 5～6 mm，筒部球状筒形，长 3～4 mm，上唇深紫红色，深 2 裂，裂片扁圆形，较下唇长 1

倍，下唇黄褐色；雄蕊短于或近等于下唇，2强，退化雄蕊卵状长圆形，顶端尖；子房长约2 mm，花柱长于雄蕊。蒴果卵形或尖卵形，具短喙，连同喙长5～8 mm。 花果期7～9月。

产西藏：日土（采集地不详，黄荣福3748；班公湖，高生所西藏队3639；热帮乡上曲龙，高生所西藏队3513；多玛乡，青藏队1327）。生于海拔4 500～4 700 m的沟谷山地砾石山坡、宽谷河滩高寒草原、河岸砾石地。

分布于我国的西藏；印度西北部，克什米尔地区，巴基斯坦（拉合尔）也有。

采自西藏日土县的标本，有的具地下茎，其上有褐黄色，具较小叶片。在花期的标本整体都小，叶片边缘羽状浅裂；花序较短，每节多具1花，少数具2～3花。与产于西藏南部地区的标本有所不同，据现有资料暂归于此种。

4. 羽裂玄参

Scrophularia kiriloviana Schischk. in Kom. Fl. URSS 22：306. 1955；Smiotr. in Pavl. Fl. Kazakh. 8：60. 1965；中国植物志67（2）：51. 图版2：1～5. 1979；新疆植物志4：378. 图版128：1～2. 2004.

半灌木状草本，高15～70 cm。根一般粗壮而下伸；根状茎细长。茎基部木质化，通常很多条自根部生出，近圆形，果期略显四棱形，无毛。叶片轮廓卵状长圆形或狭长圆形，长2.5～5.0 cm，宽1.0～2.5 cm，边缘变异较大，前半部边缘具牙齿状缺刻或大锯齿至羽状半裂，后半部羽状深裂，裂片具锯齿，稀全部边缘具大锯齿；上部叶具短柄，长约2 mm，下部叶具长柄，长达3 cm。圆锥花序狭窄、稀疏、顶生，稀腋生，长3.5～30.0 cm，花序轴和花梗均疏被腺毛，通常下部各节的聚伞花序具3～5花；花梗长短不一；花萼长约2.5 mm，短于花冠，花期有时疏被腺毛，裂片近圆形，具明显宽膜质边缘；花冠紫红色，长5～7 mm，花冠筒近球形，长3.5～4.0 mm，上唇裂片近圆形，下唇裂片上端黄褐色，长约为上唇长度的1/2；雄蕊约与下唇等长，退化雄蕊披针形或长圆形，其长约为宽的2.5倍；子房长约1.5 mm，花柱长约4 mm。蒴果长5～6 mm（连同短喙1～2 mm）。 花期6～8月，果期8～9月。

产新疆：阿克陶（恰克拉克至木吉途中，青藏队吴玉虎870598；阿克塔什，青藏队吴玉虎870124；奥依塔克，青藏队吴玉虎4837、7837；恰尔隆，青藏队吴玉虎4606、4607）、塔什库尔干（麻扎中巴公路86 km处，高生所西藏队3142；麻扎种羊场，青藏队吴玉虎592、870392）、叶城（依力克其牧场，黄荣福C. G. 86－080；麻扎达拉，青藏队吴玉虎871413；乔戈里冰川西侧，黄荣福C. G. 86－187；乔戈里峰北坡，黄荣福C. G. 86－201）。生于海拔2 800～4 500 m的沟谷山坡草地、河谷林缘、山地灌丛间、宽谷河滩或平缓砾石山坡。

分布于我国的新疆；中亚地区各国也有。

5. 砾玄参 图版 58：7～11

Scrophularia incisa Weinm. Enum. Pl. Hort. Dorpat. 136. 1810；Gorschk. in Kom. Fl. URSS 22：307. 1955；Smiotr. in Pavl. Fl. Kazakh. 8：61. 1955；中国植物志 67（2）：53. 图 18. 1979；西藏植物志 4：262. 1985；青海植物志 3：198. 图版 44：1～5. 1996；新疆植物志 4：378. 2004；青藏高原维管植物及其生态地理分布 876. 2008.

半灌木状草本，高 25～70 cm。茎直立，基部木质化，近圆柱形或下部四棱形，下部光滑，上部被短腺毛。叶对生，茎上部者具短柄，下部者具长达 3 cm 的叶柄；叶片长圆形或卵状长圆形，长 2～5 cm，宽达 1.5 cm，边缘变化很大，从有锯齿至羽状浅裂，呈大头羽裂，有时基部具 1～2 对深裂片，无毛，顶端锐尖至钝，基部楔形或渐狭呈短柄状。圆锥花序狭窄、稀疏、顶生，通常长 10～25 cm，每节聚伞花序有 1～7 朵花；总花序梗或花梗均被疏密不等的短腺毛；花萼仅基部合生，长 2～13 mm，裂片近圆形，具狭膜质边缘，光滑或疏被短腺毛；花冠紫红色，下唇色浅呈黄褐色，长 4.0～8.5 mm，花冠筒球状筒形，长约为花冠的 1/2，上唇裂片近圆形，长约 2 mm，边缘波状（干时收缩呈细齿状），基部缢缩，下唇裂片长约上唇一半；雄蕊约与花冠等长或稍短，花药通常紫色，花丝白色，退化雄蕊长圆形，顶端钝或略尖；花柱近等长于花冠，约为子房的 2～3 倍。蒴果球状卵形，长 7～9 mm（连同短喙）。种子黑褐色，卵形，长约 1.5 mm，表面具细网纹。 花期 6～8 月，果期7～9 月。

产新疆：乌恰（吉根斯乡木哈纳，西植所新疆队 2075）、叶城（克鲁清河南山，黄荣福 C. G. 86－169）喀什。生于海拔 2 600 m 左右的沟谷河滩草地。

青海：兴海（大河坝乡赞毛沟，吴玉虎 47089、47098、47106、47201；赛宗寺，吴玉虎 46192、46198、46265；河卡乡，张珍万 2034、王作宾 20039、郭本兆 6137；大河坝乡，弃耕地考察队 312；河卡乡卡日红山，何廷农 173）、达日（吉迈乡，吴玉虎 27033）。生于海拔2 800～3 890 m 的山地阴坡灌丛、河滩草地及山谷路边、沟谷高寒灌丛草甸。

分布于我国的新疆、青海、甘肃、宁夏、西藏、内蒙古、黑龙江；蒙古，俄罗斯，中亚地区各国也有。

采自青海省兴海县的标本，花大，长达 8.5 mm；果实也较长，长达 9 mm。特别是采自河卡乡的标本“郭本兆 6137”，花序特长，占植株高的 2/3，下部的花序腋生。而达日县的标本则花小，长 4 mm，其他各部分均较小。

5. 藏玄参属 **Oreosolen** Hook. f.

Hook. f. Fl. Brit. Ind. 4：318. 1884.

多年生矮小草本。叶对生，莲座状集生于茎顶端，具 5～9 条基出掌状叶脉，下部

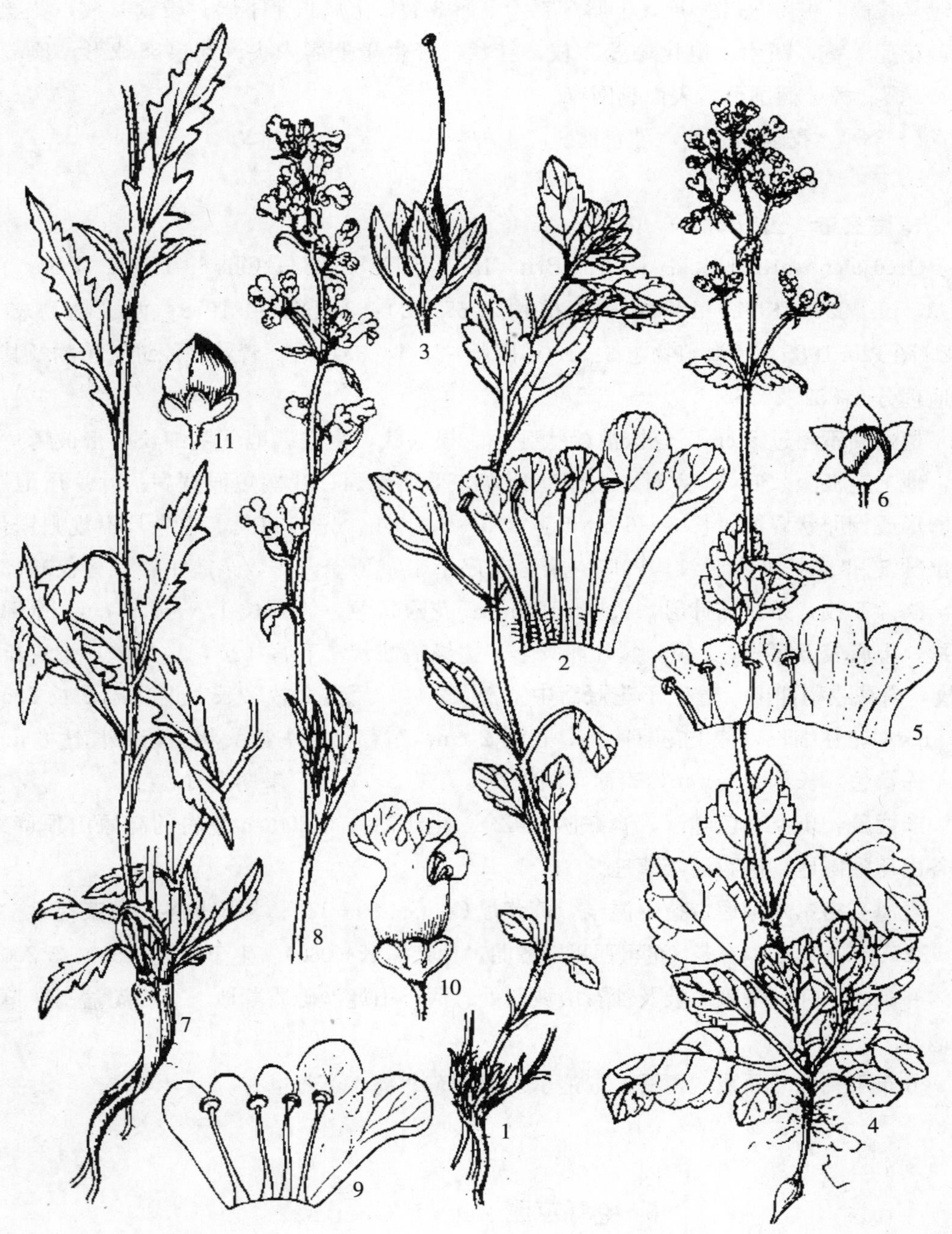

图版 **58**　青海玄参 **Scrophularia przewalskii** Batal. 1. 植株；2. 花冠展开；3. 花萼及雌蕊。小花玄参 **S. souliei** Franch. 4. 植株；5. 花冠展开；6. 果实（带花萼）。砾玄参 **S. incisa** Weinm. 7～8. 植株；9. 花冠展开；10. 花（侧观）；11. 果实（带花萼）。　（阎翠兰绘）

叶鳞片状。花数朵簇生叶腋，具极短的花梗；小苞片1对；花萼5裂，深裂几达基部；花冠具长筒，檐部短二唇形，上唇2裂，下唇3裂，上唇长于下唇；雄蕊4枚，花丝粗壮，花药1室，横生，退化雄蕊1枚，针状，着生于上唇中央。蒴果卵球形，顶端渐尖，2裂。种子椭圆形，表面具网纹。

1～3种。我国产2种，昆仑地区产1种。

1. 藏玄参 图版57：6～8

Oreosolen wattii Hook. f. Fl. Brit. Ind. 4：318. 1884；Oliv in Hook. Icon. Pl. 4，3，pl. 2271. 1892～1894；中国植物志 67（2）：83. 图 30. 1979；西藏植物志 4：262. 图 120. 1985；青海植物志 3：190. 图版 42：1～3. 1996；青藏高原维管植物及其生态地理分布 851. 2008.

植株高不超过5 cm，全株被粒状腺毛。根粗壮，直立。地下茎细长，密被鳞片状叶，地上茎极短。叶2～3对，生于茎顶端，平铺地面；叶柄短而宽扁；叶片质地厚，宽卵形或倒卵状扇形，长3～6 cm，宽2.5～5.5 cm，先端钝圆，边缘具不规则锯齿，基出脉5～7条，所有脉纹均凹陷。聚伞花序生于茎顶端，花数朵簇生；花萼仅基部合生，鳞片5枚，条状披针形，长8～10 mm；花冠黄色，筒部长1.5～2.0 cm，檐部二唇形，上唇较下唇长，2裂，裂片卵圆形，边缘啮蚀状，下唇3裂，裂片倒卵形；雄蕊4枚，内藏或稍伸出，着生于花冠筒中上部，2强，后方2枚较长，退化雄蕊长2.5～3.0 cm；花柱细长，伸出花冠筒外，长约2 cm，宿存，柱头近头状。蒴果长达8 mm。种子深褐色，长约1.5 mm，表面有网纹。 花期6～7月，果期8月。

产西藏：班戈（色哇区，青藏队9432）。生于海拔5 200 m左右的高原山顶草地、河谷山麓沙砾地、砾石河滩草地。

青海：格尔木（唐古拉山温泉，黄荣福C. G. 89-189；各拉丹冬，黄荣福C. G. 89-326、K-027）、治多（可可西里岗齐曲，黄荣福K-080）。生于海拔4 500～5 200 m的沟谷高山草甸、平缓山坡及沙石山坡凹处、河谷山麓沙砾质草地、宽谷湖盆高寒草甸裸地。

分布于我国的西藏、青海；尼泊尔，印度东北部，不丹也有。

6. 兔耳草属 Lagotis Gaertn.

Gaertn. in Nov. Comment. Acad. Sci. Petrop. 14：533. 1770.

多年生矮小草本。根状茎粗壮，直立或斜卧，根多数，圆柱形。无明显主茎，茎或花葶自叶丛中伸出，具匍匐茎或无，无毛。基生叶发达，多呈莲座状；茎生叶少或无。基生叶具叶柄，柄有翅，基部常扩大成鞘状；叶片条状披针形、长圆形、卵圆形或近圆形，边全缘或具齿，稀羽状深裂。花序穗状或头状，具密集的花，无小苞片；苞片全缘或有齿，较花短或稍长；花萼2分裂，或呈佛焰苞状，后方浅裂或微凹，具明显的2条主脉，直达裂片顶端，膜质，常被缘毛；花冠二唇形，筒部伸直或弯曲，短于或长于唇部，上唇全缘或2裂，下唇通常2裂，稀3～5裂；雄蕊2枚，着生于下唇分界处，花丝极短或与唇部近等长；子房上位，常具花盘，2室，花柱内藏或伸出，柱头头状或2裂。果实为不裂的核果，或为裂成2枚的小坚果，含种子1～2粒。

约30种。我国产18种1变种，昆仑地区产8种。

分种检索表

1. 植株具匍匐茎；叶全缘，披针形或线状披针形，莲座状；根颈上密被纤维状棕褐色枯叶鞘 ………………………………………… **1. 短穗兔耳草 L. brachystachya** Maxim.

1. 植株无匍匐茎；叶边缘通常多少具齿或羽状深裂，稀全缘，圆形、卵形或长圆形；根颈上常被数枚宿存或早落的鳞片状叶。

  2. 叶片羽状深裂；穗状花序头状圆球形；苞片密集，呈覆瓦状排列，花后期增大，常把花全部包被在里面…………………… **2. 球穗兔耳草 L. globosa** (Kurz) Hook. f.

  2. 叶片边缘通常多少具各种齿，稀全缘，绝不羽状分裂；穗状花序长圆形，伸长或短缩呈头状。

    3. 花萼仅前方开裂至基部，后方顶端微凹至浅裂不达1/3，呈佛焰苞状；花丝极短，长不超过1 mm。

      4. 花冠筒部通常伸直，较唇部短；苞片通常近圆形 ………………………………………………………………………… **3. 短管兔儿草 L. brevituba** Maxim.

      4. 花冠筒部多少或明显向前弯曲，较唇部长；苞片条状倒披针形至长匙形，或卵形、卵状披针形。

        5. 穗状花序近头状，长2.0～3.5 cm；苞片倒披针形或长匙形；叶片边缘有粗的圆齿 ………………… **4. 狭苞兔耳草 L. angustibracteata** Tsoong et Yang

        5. 穗状花序伸长，长圆形，长3～7 cm；苞片卵形或卵状披针形；叶片边缘具疏而不规则的锯齿或全缘 ……… **5. 全缘兔耳草 L. integra** W. W. Smith

    3. 花萼前后两侧开裂至基部，呈2裂片，或后方仅深裂至中部以下，呈基部合生的两裂片；花丝较长，与唇部近等长或超过之（**L. decumbens** Rupr. 除外）。

      6. 花茎具3～4枚叶；叶柄不具翅；穗状花序多少伸长，长卵形；花丝极短，长不达1 mm …………………………… **6. 倾卧兔耳草 L. decumbens** Rupr.

      6. 花茎无叶或紧接花序下有1～2枚苞片状叶；叶柄具宽窄不等的翅；穗状花序卵球形；花丝细长，与唇部等长，外露。

        7. 花葶常单一；苞片较大，近圆形，长8～12 mm；花萼裂片长5～7 mm，明显长于花冠筒部；花冠筒部较唇部短 ……………………………………

………………………………… 7. **紫叶兔耳草 L. praecox** W. W. Smith

7. 花葶1～5条；苞片较小，宽卵形或倒卵形，长约8 mm；花萼裂片长约3 mm，明显短于花冠筒部；花冠筒部比唇部约长1倍 …………………

………………………………………… 8. **圆穗兔耳草 L. ramalana** Batal.

1. 短穗兔耳草 图版59：1～7

Lagotis brachystachya Maxim. in Bull. Acad. Sci. St.-Pétersb. 27：525.1881，in Mel. Biol. 11：300.1883；中国植物志67（2）：327. 图88.1979；西藏植物志3：205. 图版46：1～7.1996；新疆植物志4：387.2004；青藏高原维管植物及其生态地理分布846.2008.

多年生草本，高2～8 cm，无毛。根状茎直立，长不超过4 cm；根多数，簇生，条形，肉质；根颈上密被纤维状棕褐色枯叶鞘。从叶腋中抽出数条匍匐茎，匍匐茎通常紫红色，长达30 cm，顶端生有须根，形成新的植株，偶有分枝或叶腋内生花。叶全部基生，莲座状；叶柄扁平，长1～3 cm，具宽翅；叶片披针形或线状披针形，长2～8 cm，全缘，顶端渐尖，基部渐狭成具翅的叶柄。花葶纤细，短于叶，顶端为卵圆形或长卵形的穗状花序，长1.0～2.5 cm，花密集；苞片卵状披针形，长4～8 mm，纸质，边缘窄膜质，背面被疏柔毛；花萼约与花冠筒等长或稍短，几为2裂片，或后方裂至1/3，长3～4 mm，膜质，被长缘毛；花冠白色、粉红色或紫色，长5～8 mm，筒部伸直较唇部长，上唇卵状长圆形，较下唇长，下唇2裂，裂片长圆形或条状披针形，长1.0～1.3 mm，开展；雄蕊较花冠短，花丝长3～4 mm，花药蓝色，肾形；花柱伸出花冠外，柱头头状。果实红色，倒卵圆形，外果皮肉质，具1～2枚种子。 花期6～7月，果期7～9月。

产新疆：若羌（拉慕祁漫，青藏队吴玉虎4314；喀尔墩，采集人不详84A-096）。生于海拔4 320 m左右的沟谷水边沙砾地、河谷阶地沙砾质草地。

西藏：改则（可拉可山口，高生所西藏队4363）、尼玛（双湖，青藏队9651）、班戈（多巴区，青藏队10612；色哇区，青藏队9507、9584、9415）。生于海拔4 650～5 150 m的沟谷河滩沙砾地、高原湖边草地、河谷山坡草地。

青海：格尔木（市郊小南川，青甘队450；唐古拉乡沱沱河上游，吴玉虎17106；温泉乡，黄荣福C. G. 89-180；乌兰乌拉，黄荣福K-708、726；各拉丹冬，黄荣福K-636；唐古拉山乡雀莫错，吴玉虎17115、17133）、兴海（河卡乡，吴珍兰001；温泉乡，郭本兆158、吴玉虎28760）、治多（可可西里五雪峰西北坡，黄荣福K-416；可可西里库赛湖，黄荣福K-431）、曲麻莱（巴干乡，刘尚武等585）、称多（珍秦乡，吴玉虎29183）、玛多（花石峡乡，吴玉虎28966；清水乡，吴玉虎28996；黑海乡，杜庆0524；黑河乡，H. B. G. 1449、刘海源751；野牛沟，王为义等066；扎陵湖乡，刘海源722；巴颜喀拉山北坡，吴玉虎29173）、玛沁（大武乡，黄荣福C. G. 89-006；军牧场，吴玉虎1406；东倾沟乡，区划三组151；雪山乡，H. B. G. 416；昌马河乡，刘海源 1221)、达日（吉迈乡，吴玉虎 27043；窝赛乡，吴玉虎 25884)、甘德（上贡麻乡、吴玉虎 2584；H. B. G. 906)、久治（智青松多乡，果洛队 059；门堂乡，藏药队 269；哇赛乡，果洛队 209)。生于海拔 3 200～5 200 m 的高山灌丛、河漫滩、湖边湿沙地、山坡裸地。

四川：石渠（长沙贡玛乡，吴玉虎 29610)。生于海拔 4 000 m 左右的沟谷河滩灌丛、河谷阶地高寒草地。

分布于我国的新疆、西藏、青海、甘肃、四川。模式标本采自青海大通。

2. 球穗兔耳草（新纪录）

Lagotis globosa（Kurz）Hook. f. Fl. Brit. Ind. 4：558. 1885；E. Nasir et S. I. Ail，Fl. West Pakist. 650. 1972.——*Gymnandra globosa* Kurz in Journ. As. Soc. 39（2)：80. t. 7. f. l. 1870.

多年生草本，高 6～15 cm，全株无毛。根状茎细，横卧或伸直，根多数，细长条形，稍肉质；根颈上有数枚褐色、干膜质的卵形鳞片状叶。叶 2～4 枚，全部基生；叶柄长 2.5～8.0 cm，扁平，紫红色；叶片长圆形，下面紫红色，长 2～6 cm，宽 1.5～3.0 cm，顶端钝，基部宽楔形或截形，羽状深裂，裂片多达 8 对，宽条形，稀倒匙形，全缘。花葶细长，紫红色，通常 1～3 条，上升，较叶长；穗状花序头状，圆球形，直径 1.3～3.0 cm，具稠密的花，紧接花序下有数枚苞状叶，远较基生叶小，全缘；苞片大而密集，呈覆瓦状排列，花后期增大，常把花全部包被在里面，外面的苞片圆形或倒卵形，长达 2 cm，里面的苞片较狭小，顶端均钝圆，全缘，无毛；花萼裂片 2 枚，裂片线状披针形或倒披针形，常同形，偶有 1 枚顶端 2 浅裂至深裂，长 2～3 mm，无毛；花冠蓝紫色，长 5～7 mm，筒部伸直，与唇部近等长，上唇不裂，下唇通常 2 裂，稀有不裂或 3 裂，上下唇等长，裂片条状长圆形；雄蕊 2 枚，花丝与唇等长或较短，花药蓝色，肾形；花柱细长，外露或内藏，柱头头状。 花期 7～8 月。

产新疆：塔什库尔干（麻扎种羊场，青藏队吴玉虎 870464；红其拉甫，青藏队吴玉虎 4906)。生于海拔 4 700～4 900 m 的高山冰川附近流石滩。

分布于我国的新疆、西藏西部；克什米尔地区，巴基斯坦（奇特拉尔）也有。

本种与裂叶兔耳草 *Lagotis pharica* Prain 极相似，但后者有以下区别：(1) 有匍匐茎；(2) 叶片虽然都是羽状深裂，但裂片仅 3～5 对，并有钝锯齿；(3) 穗状花序卵圆形；(4) 苞片被短毛，顶端边缘有圆锯齿，萼片被缘毛；(5) 上唇常 2 裂，下唇 3 裂。

本种在昆仑地区为分布新纪录。

3. 短管兔耳草 图版 59：8～14

Lagotis brevituba Maxim. in Bull. Acad. Sci. St.-Pétersb. 27：524. 1881；Rehder et Kobuski in Journ. Arn. Arb. 14：32. 1933；中国植物志 67（2)：332. 图版 40：

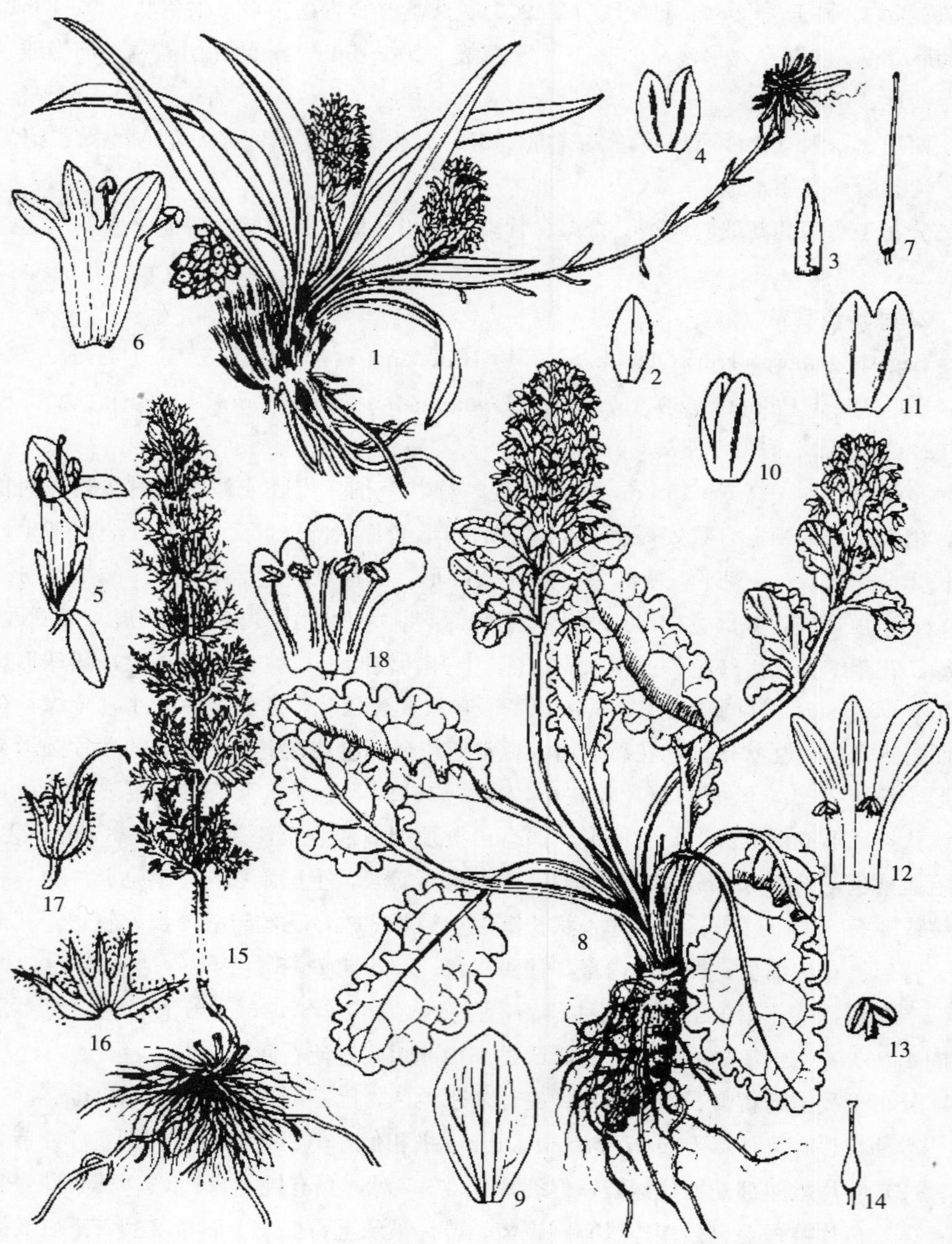

图版 **59**　短穗兔耳草 **Lagotis brachystachya** Maxim. 1. 全株；2～3. 苞片；4. 花萼展开；5. 花；6. 花冠展开；7. 雌蕊。短管兔耳草 **L. brevituba** Maxim. 8. 全株；9. 苞片；10～11. 花萼及其展开；12. 花冠展开；13. 雄蕊；14. 雌蕊。细裂叶松蒿 **Phtheirospermum tenuisectum** Bur. et Franch. 15. 植株；16. 花萼展开；17. 雌蕊及花萼；18. 花冠展开（示雌、雄蕊）。（阎翠兰绘）

6～9. 1979；西藏植物志 4：300. 图 139：6～9. 1985；青海植物志 3：206. 图版 46：8～14. 1996；新疆植物志 4：387. 2004；青藏高原维管植物及其生态地理分布 846. 2008.

多年生草本，高 5～15 cm。根状茎横卧或斜升，稍肉质，多节，节上生出多数侧根，须根少；根颈上有数枚鳞片状叶。茎通常 1～2 条，直立或蜿蜒状上升，有时呈紫红色，高于叶。基生叶 3～6 枚，具长 1.5～4.5 cm 的柄，柄有时紫红色，基部扩大，略呈窄翅；叶片卵圆形或卵状长圆形，长 1.0～4.5 cm，宽 1～3 cm，中脉较宽，有时紫红色，顶端钝圆，基部宽楔形至近心形，边缘有圆齿，偶近全缘；茎生叶与基生叶同形而较小，多数常生于花序附近，具短柄或近无柄。穗状花序头状或长圆形，具多数稠密的花，长 2～3 cm，果期伸长；苞片有时蓝绿色或灰紫色，通常近圆形或有时倒卵形，常较花冠筒长，边全缘，顶端钝圆或有小凸尖；花萼佛焰苞状，后方微裂，稀裂至 2/3 处，长 5～8 mm，被缘毛；花冠蓝紫色、浅蓝色至白色，长 7～11 mm，筒部通常伸直，稀略弯曲，与唇部近相等或稍短，上唇披针形或倒卵状长圆形，顶端钝或微凹，下唇稍长，通常 2～3 裂；雄蕊 2 枚，花丝极短，内藏，花药肾形；花柱内藏，柱头头状，微 2 裂。果实长圆形，长约 5 mm，黑褐色。 花期 6～8 月。

产新疆：且末（采集地、采集人不详 177）。生于海拔 3 000～4 420 m 的沟谷砾石山坡、山坡流水线砾石地、山麓砾石质草地。

青海：兴海（河卡乡，何廷农 272；温泉乡，吴玉虎 28802；鄂拉山垭口，H. B. G. 1378、刘海源 623；河卡乡火隆山，何廷农 345；温泉山，张盍曾 63101；温泉乡姜路岭，陈世龙 066）。生于海拔 4 350～4 500 m 的高山山顶倒石堆、高山流石滩、河谷山地高寒草甸、山坡草甸裸地。

分布于我国的新疆、甘肃、青海、西藏。模式标本采自青海黄河上游。

4. 狭苞兔耳草 图版 60：1～5

Lagotis angustibracteata Tsoong et Yang Fl. Reipubl. Popul. Sin. 67（2）：339, et Addenda 404. 图版 42：1～5. 1979；青海植物志 3：206. 1996；青藏高原维管植物及其生态地理分布 846. 2008.

多年生草本，高 5～8 cm。根状茎伸长或横卧，根多数，条形，稍肉质；根颈上有数枚膜质鳞片状叶，无残留的老叶柄。茎 1～5 条，直立或蜿蜒状上升，高于叶。基出叶 2～6 枚，叶柄长 3～10 cm，扁平，有狭翅，宽达 4 mm，叶片卵状长圆形至卵圆形，纸质，长2.8～3.6 cm，宽 2～3 cm，中脉粗壮明显，先端圆钝，基部宽楔形至亚心形，边缘有粗的圆齿；茎生叶 2～5 枚，生于花序附近，具短叶柄，叶片宽卵形至卵状披针形，较基生叶小，先端钝或急尖，边缘有疏锯齿或全缘。穗状花序近头状或长圆形，长 2.0～3.5 cm，具多数密集的花；苞片条状倒披针形或长匙形，长于花萼，具膜质边缘；花萼佛焰苞状，长约6 mm，约与花冠筒等长，透明，具明显的 2 条主脉，脉上被疏毛，顶端微2裂，边缘具缘毛；花冠淡紫红色，长9～12 mm，筒部弯曲，长于或近等于唇部，上唇卵状披针形或长圆形，长3～5 mm，全缘，下唇与上唇近等长或稍长，通常2裂，稀3～5裂，裂片长圆状披针形或倒卵状狭条形；雄蕊2枚，着生于上下唇分界处，花丝极短，花药肾形；花柱内藏，柱头头状。 花期7月。

产青海：称多（歇武乡毛拉，刘尚武2353）。生于海拔4 650 m左右的阴坡高山流石滩、河谷山坡砾石草地。

模式标本采自青海杂多。

称多的标本与模式标本有不同：①稍肉质的根上有很多须根；②花冠筒部与唇部近等长；③下唇3～5裂，裂片倒卵状狭条形。

5. 全缘兔耳草

Lagotis integra W. W. Smith in Not. Bot. Gard. Edinb. 11：216. 1919；Li in Brittonia 8 (1)：26. 1954；中国植物志 67（2）：342. 图 91. 1979，西藏植物志 4：303. 图 137：5～6. 1985；青海植物志 3：208. 1996；青藏高原维管植物及其生态地理分布 847. 2008.

多年生草本，高10～15 cm。根状茎伸长或短缩，肥厚，灰黄色；根多数，簇生，条形。茎1～4条，直立或斜上升，长超过于叶。基生叶3～6枚，具长2.5～7.0 cm的柄，两侧有宽膜质翅，基部扩大成鞘状；叶片卵形或卵状披针形，长2.5～6.0 cm，宽1.4～4.0 cm，先端渐尖，具小尖头或钝，基部宽楔形，边缘具疏而不规则的锯齿或全缘；茎生叶3～4枚，近无柄，叶片披针形或卵状披针形，较基生叶小得多，全缘或有疏细齿。穗状花序长3～7 cm，果期增长；苞片卵形或卵状披针形，长8～9 mm，向上渐小，较萼短，全缘；花萼佛焰苞状，长约8 mm，长于花冠筒，膜质，后方顶端微凹或平截，具明显2条脉，脉上被毛，有细缘毛；花冠淡黄色或淡紫色，长5～8 mm，筒部向前弯曲，明显长于唇部，上唇椭圆形或长卵形，全缘或顶端微凹，下唇2～3裂，裂片披针形，较上唇短；雄蕊2枚，花丝极短，着生于花冠上下分界处，花药近箭形；花柱内藏，柱头2裂。果实未见。 花期6～7月。

产四川：石渠（菊母乡，吴玉虎29832）。生于海拔4 620 m左右的沟谷山坡高寒草甸、高山流石坡、山谷流水线砾石地。

分布于我国的青海西南部、西藏东部、云南西北部、四川西部。

6. 倾卧兔耳草

Lagotis decumbens Rupr. Sertum Tianschan 64. 1896；Hook. f. Fl. Brit. Ind. 4：559. 1885；Vikulova in Kom. Fl. URSS 22：506. t. 24. f. l. 1955；E. Nasir et S. I. Ali. Fl. West Pakist. 650. 1972；中国植物志 67（2）：330. 1979；西藏植物志 4：300. 1985；新疆植物志 4：387. 2004；青藏高原维管植物及其生态地理分布 847. 2008.

多年生草本，高 4～13 cm，全株无毛。根状茎通常较粗壮，直径约 6 mm，横走或斜卧，有时细长，长可达 8 cm，直伸；根多数，条形，根颈上有 1～3 层卵状鳞片状叶。茎 1～5 条，斜上升。基生叶具长 2～6 cm 的柄，叶片长圆形或卵状长圆形，长 1.5～5.0 cm，顶端钝或锐尖，基部宽楔形，边缘具粗锯齿；茎生叶 3～4 枚，无柄或具短柄，卵形或卵状长圆形，较基生叶小，顶端锐尖，边缘具不明显的齿。穗状花序具稠密的花，长 2～3 cm，花后期伸长达 6 cm；苞片宽椭圆形，下部较上部大，花后增大，长约 1 cm；花萼 2 裂，裂片卵状长圆形，膜质，较花冠短；花冠淡紫色，长 5～8 mm，花冠筒较唇部长，近伸直，上唇长圆形，顶端全缘或微缺，下唇开展，3（4）裂；雄蕊 2 枚，花丝极短；花柱短于花冠管。 花期 6～8 月，果期 8～9 月。

产新疆：阿克陶（恰尔隆，青藏队吴玉虎 4626）、塔什库尔干（红其拉甫达坂，青藏队吴玉虎 4904、870462；卡拉其古，青藏队吴玉虎 5065）、叶城（胜利达坂，高生所西藏队 3365；阿格勒达坂，黄荣福 C. G. 86－138；柯克亚乡，青藏队吴玉虎 870816、870894；卡拉克达坂，青藏队吴玉虎 4506；苏克皮亚，青藏队吴玉虎 1064）、皮山（垴阿巴提乡布琼，青藏队吴玉虎 1865）、策勒（奴尔乡亚门，青藏队吴玉虎 1961、2474；兵团一牧场，采集人不详 64）、于田（阿克库勒湖，青藏队吴玉虎 3742；乌鲁克库勒湖，青藏队吴玉虎 3722；普鲁火山，青藏队吴玉虎 3712；普鲁坎羊，青藏队吴玉虎 3765）、且末（昆其布拉克，青藏队吴玉虎 2079、2607）、若羌（祁漫塔格山北坡，青藏队吴玉虎 2672、3975；冰河，青藏队吴玉虎 4233）。生于海拔 3 000～5 100 m 的河谷山坡砾石下、山坡流水冲沟砾石地、高山流石滩、高原山地高山草甸。

西藏：日土（多玛区，青藏队 76－9006）。生于海拔 5 100 m 左右的高原山坡水沟边、河沟沙砾地、高山流石坡。

分布于我国的新疆、西藏西部；中亚地区各国也有。

7. 紫叶兔耳草

Lagotis praecox W. W. Smith in Not. Bot. Gard. Edinb. 11：217. 1919；中国植物志 67（2）：329. 1979；卢学峰，高原生物学集刊 11：194. 1992.

多年生铺散草本，高约 8 cm。根状茎伸长，根多而细长，肉质。叶 4～5 枚，全部基生，质较厚，近革质，叶柄及叶下面均为紫红色；叶柄长 4～9 cm，扁平，具窄翅，基部扩张成鞘状；叶片卵形或长圆状卵形，长 3.5～6.0 cm，宽约 2.5 cm，顶端圆或钝，基部宽楔行，边缘具大圆齿。花葶通常 1 条，蜿蜒状上升，与叶近于等长或稍短；穗状花序卵球形，径约 2 cm；苞片卵形或近圆形，常紫蓝色，下部者较上部者大，长 8～12 mm，近革质，有窄膜质边缘，呈密覆瓦状排列，花后期增大，常把花全部包被在里面，顶端圆钝，边全缘；花萼 2 深裂，仅基部联合，裂片窄披针形，长 5～7 mm，通常长于花冠筒部，薄膜质，边缘有疏毛；花冠蓝色（野外记录白色），长 6～8 mm，花冠筒伸直，短于唇部，长 2.0～3.5 mm，上唇长圆形，顶端全缘、微凹或 2 裂，下唇多变，常 2 裂，有时 3～4 裂，裂片披针形，上下唇近等长；雄蕊 2 枚，花丝细长，长于花冠，花药肾形，带蓝色；花柱长于花冠，外露，柱头头状。果实未成熟。 花果期 7～8 月。

产青海：久治（年保山北坡希门错湖东畔，果洛队 425）。生于海拔 4 520 m 左右的沟谷山地砾石滩、河滩高寒草甸裸地。

分布于我国的西藏东南部、云南西北部、四川西南部；不丹也有。

本种与圆穗兔耳草 *L. ramalana* 极相似，但其花葶常单一；苞片较大，近圆形；花萼裂片长 5～7 mm，仅基部多少合生，明显长于花冠筒部；花冠长 6～8 mm，筒部仅长2. 0～3. 5 mm，显然较唇部短；花柱细长，伸出花冠外而易与圆穗兔耳草区别。

8. 圆穗兔耳草 图版 60：6～9

Lagotis ramalana Batal. in Acta Hort. Petrop. 14：177. 1895；Li in Brittonia 8 (1)：24. 1954；T. Yamazaki in Hara Fl. East. Himal. 2：119. 1971. P. P.；中国植物志 67（2）：330. 图 89. 1979；西藏植物志 4：300. 图 138：7～10. 1985；青海植物志 3：205. 1996；青藏高原维管植物及其生态地理分布 847. 2008.

多年生草本，高 3～10 cm。根状茎斜卧；根多数，条形，肉质。叶 3～7 片，全部基生；叶柄长 1～5 cm，稍扁平，具较宽的翅，基部鞘状抱茎；叶片卵形或长卵形，长 1. 3～3. 5 cm，宽 8～25 mm，顶端钝圆，基部宽楔形，边缘具圆齿。花葶 1～5 条，直立或斜卧，通常较叶长；穗状花序卵球形，长 8～18 mm；苞片宽卵形或倒卵形，有时带蓝色，纸质，长约 8 mm，下部者较上部者大，花后期增大；花萼 2 深裂，裂片分生，披针形，长约 3 mm，薄膜质，具 1 脉，边缘具细缘毛；花冠淡蓝色或白色，长 6～7 mm，筒部伸直，长于唇部 1 倍，上唇长圆形，通常不裂，顶端微凹或平截，下唇常 2 裂，裂片长圆形或条形；雄蕊 2 枚，花丝几与上唇等长，伸出花冠外，花药肾形，有时蓝色；花柱细长，较花冠短，柱头头状。果实长圆形（未成熟），长约 5 mm。 花期 6～7月，果期 8～9 月。

产青海：玛多（阿日冲过，吴玉虎 372；黄河乡白玛纳，吴玉虎 1076）、玛沁（大武乡，玛沁队 268、288，H. B. G. 694；军功乡至江让途中，玛沁队 246）、久治（索乎日麻乡，藏药队 316、果洛队 146）。生于海拔 4 300～4 600 m 的高山流石滩、沟谷山坡高寒草甸裸地、河沟砾石草地、山坡流水线石砾地。

分布于我国的甘肃西南部、青海、西藏、四川西部；不丹也有。

7. 细穗玄参属 Scrofella Maxim.

Maxim. in Bull. Acad. Sci. St. -Pétersb. 32：511. 1888.

我国特有单种属，特征同种。

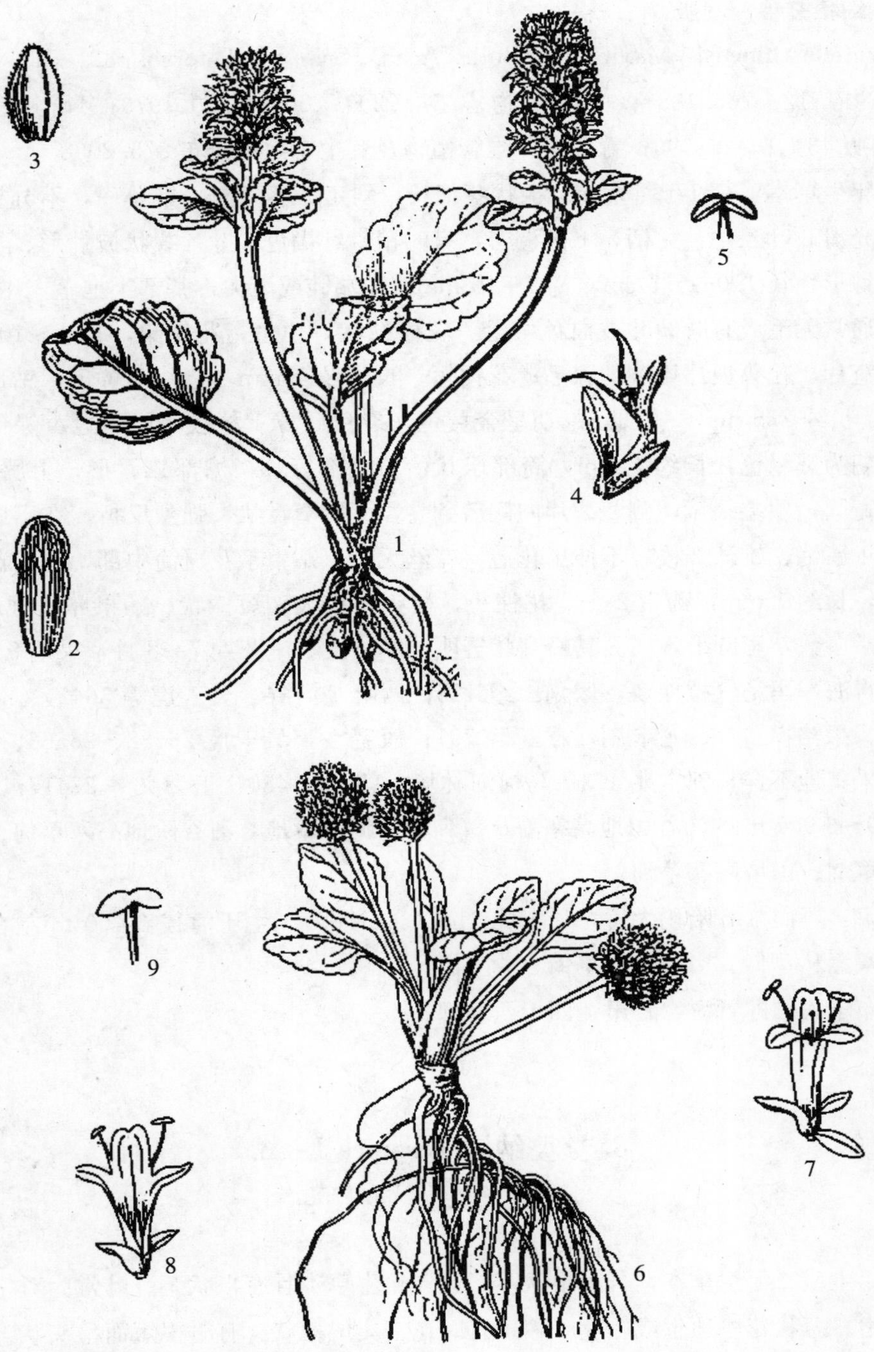

图版 60 狭苞兔耳草 **Lagotis angustibracteata** Tsoong et Yang 1. 植株；2. 苞片；3. 花萼；4. 花；5. 雄蕊。圆穗兔耳草 **L. ramalana** Batalin 6. 植株；7. 苞片及花；8. 花冠展开；9. 雄蕊。（引自《中国植物志》，冯晋庸、蔡淑琴绘）

1. 细穗玄参 图版 61：1～2

Scrofella chinensis Maxim. in Bull. Acad. Sci. St.-Pétersb. 32：511. 1888，et Mel. Biol. 12：763. 1888；中国植物志 67（2）：250. 图 70. 1979；青海植物志 3：191. 图版 43：1～2. 1996；青藏高原维管植物及其生态地理分布 875. 2008.

多年生草本，高 17～45 cm。根状茎细长，斜走。茎直立，常单一，不分枝，稀有分枝，光滑。叶互生，无柄，下部稠密，有时稍带红褐色；叶片线状披针形、披针形或窄倒披针形，长 1.0～5.5 cm，宽 5～10 mm，先端钝或渐尖，基部半抱茎，中脉明显，全缘，通常无毛或有时幼叶被白色柔毛。花序穗状，顶生，花密集，长 4～10 cm，花序轴、苞片、花萼裂片均被细腺毛；花梗短，长不及 1 mm；苞片金黄色，钻形；花萼 5 深裂，长约 2.5 mm，膜质，果期呈金黄色，裂片后方 1 枚较小；花冠黄绿色或浅黄色，果期为黑绿色，长约 4 mm，筒部坛状，与檐部等长，檐部二唇形，上唇 3 浅裂，中裂片宽圆，顶端平截，侧 2 裂片向侧后翻卷，下唇窄舌状，强烈反折，在下唇基部里面密生 1 簇毛；雄蕊 2 枚，不伸出花冠，花丝无毛，贴生于花冠筒中部，花药黄色，长椭圆形，长约 1 mm，药室 2 个；花柱短，柱头稍扩大，短棒状。蒴果卵状锥形，4 爿裂。种子多数，扁圆形，表面具蜂窝状透明的厚种皮。 花期 7～8 月，果期 9 月。

产青海：玛沁（拉加乡，区划二组 186；西哈垄河谷，吴玉虎等 5642）、久治（县城附近，果洛队 647；龙卡湖，藏药队 797；康赛乡，吴玉虎 26532、26566、26615）、班玛（采集地不详，郭本兆 473；马柯河林场，郭本兆 486、王为义等 27417）。生于海拔 3 200～3 900 m 的沟谷山地高寒灌丛草甸中、河滩草地、河谷阶地高寒草甸、宽谷滩地高寒草甸、山坡高寒草甸。

甘肃：玛曲（齐哈玛大桥，吴玉虎 31771、31785）。生于海拔 3 460 m 左右的沟谷山坡高寒灌丛草甸、山地高寒草甸。

分布于我国的青海、甘肃、四川西北部。

8. 婆婆纳属 Veronica Linn.

Linn. Sp. Pl. 9. 1753.

一年生或二年生草本，且无根状茎，或多年生草本且有根状茎。叶常为对生，少互生或轮生。总状花序顶生或侧生叶腋，有时花密集成穗状，有时很短而呈头状。花萼近全裂，裂片 4 或 5 枚，如 5 枚则后方 1 枚多很小；花冠近辐状，筒部很短，裂片 4 枚，开展，不等宽，后方 1 枚最宽，前方 1 枚最窄；雄蕊 2 枚，花丝下部贴生于花冠筒后方，花药 2 室，叉开或并行，顶端会合；花柱宿存，柱头头状。蒴果长宽近相等，呈倒心形或宽卵形，两侧压扁，或长大于宽呈长卵形，略侧扁，室背 2 裂。种子每室 1 至多粒，圆形或卵形，扁平，表面具细条纹或横皱纹。

约 250 种。我国产 61 种，昆仑地区产 10 种。

分种检索表

1. 水生或湿生草本；茎多少肉质；总状花序全部明显腋生，多花；蒴果近圆形，稍扁 ……………………………………………… **1. 北水苦荬 V. anagallis-aquatica** Linn.
1. 陆生草本；茎不肉质，草质或有时基部木质化。
  2. 一年生草本；根细，不具根状茎；花单朵生于苞片腋内；花梗长，果期常下垂。
    3. 植株常带红色；总状花序短；花萼裂片仅中脉明显，边脉不清晰，边缘被红色腺毛；种子平滑 …………………………… **2. 红叶婆婆纳 V. ferganica** M. Popov
    3. 植株绿色；总状花序长或短；花萼裂片具明显的 3 条脉，边缘疏被白色缘毛；种子具横皱纹。
      4. 花梗与苞片近等长；蒴果宽约 4.5 mm；种子长达 2 mm，具不明显的横皱纹 ……………………………………………………… **3. 两裂婆婆纳 V. biloba** Linn.
      4. 花梗长为苞片的 2 倍；蒴果宽不达 4 mm；种子长近 1 mm，具 4～6 条明显的横皱纹 …………………………… **4. 弯果婆婆纳 V. campylopoda** Boiss.
  2. 多年生草本；具短的或长的根状茎；总状花序顶生或侧生于叶腋；花梗短（仅 **V. deltigera** 的花梗果期较长，稍弯曲）。
    5. 总状花序顶生；苞片与叶片近同形；蒴果稍侧扁。
      6. 总状花序伸长而疏花，果期长达 20 cm；花梗长达 1.5 cm；花柱长约 7 mm；叶片披针形至卵状披针形，边缘具深刻的尖齿 …………………………………………………………………… **5. 长梗婆婆纳 V. deltigera** Wall. ex Benth.
      6. 总状花序头状或果期伸长，长达 2～3 cm；花梗长 1.5～2.0 mm；花柱长约 0.5 mm；叶片卵形，边缘具圆齿或近全缘 ……………………………………………………………………… **6. 短花柱婆婆纳 V. lasiocarpa** Pennell.
    5. 总状花序侧生于叶腋，通常成对；苞片与叶片不相同；蒴果强烈侧扁或稍侧扁。
      7. 花萼深 4 裂，裂片近相等；蒴果近倒心状肾形，宽明显过于长；总状花序退化为 1～2 朵花；叶基部浅心形 …… **7. 唐古拉婆婆纳 V. vandellioides** Maxim.
      7. 花萼裂片 5，后方 1 枚小得多，稀 4 枚；蒴果卵形或长卵状锥形，长明显过于宽；总状花序正常；叶基部圆钝或不为浅心形。
        8. 子房和蒴果光滑或有少数几根毛；花柱短，长约 1 mm；花期花序有排列疏松的花；花冠较短，长 2.8～3.5（～4.0）mm。 ……………………………………………………………………… **8. 光果婆婆纳 V. rockii** Li
        8. 子房和蒴果被多细胞硬毛；花柱长或短；花期花序密集近头状；花冠一

般较长，长 3～6 mm。

9. 花冠具长筒，筒部占全长的 1/2～2/3，内面有毛或无毛；花柱较长，长 2.0～3.5 mm；花序通常长而花疏离不密集；叶片线状披针形或披针形，基部非圆形 ………………… **9. 毛果婆婆纳 V. eriogyne** H. Winkl.

9. 花冠筒较短，筒部占全长的 1/5～2/5，内面无毛；花柱长 1～2 mm；花序花期短而花较密集；叶片卵形或卵状披针形，基部圆形 ………… ……………………………………………… **10. 长果婆婆纳 V. ciliata** Fisch.

1. 北水苦荬 图版 62：1～3

Veronica anagallisaquatica Linn. Sp. Pl. 12. 1753；Boriss. in Kom. Fl. URSS 22：469. 1955；E. Nasir et S. I. Ali Fl West Pakist. 663. 1972；中国植物志 67（2）：321. 图 86. 1979；西藏植物志 4：294. 图 136. 1985；青海植物志 3：197. 1996；新疆植物志 4：403. 图版 133：1～2. 2004；青藏高原维管植物及其生态地理分布 877. 2008.

多年生水生或湿生草本，通常全株近无毛，花序轴、花梗、花萼及蒴果有时被疏腺毛。根状茎斜走，每节生许多须根。茎稍肉质，直立或基部倾斜，高 30～50 cm，中空，不分枝或分枝。叶对生，无柄；叶片卵形或卵状长圆形，长 3.0～6.8 cm，宽 0.8～2.8 cm，基部心形抱茎，边近全缘或具疏而细小的齿。总状花序多花，全部腋生，通常宽不超出 1 cm；花梗长 2～5 mm；苞片披针形，下部者长于花梗，上部者短于花梗；花萼裂片 4 枚，等大，披针形或卵状披针形，长 1.5～3.0 mm，具 3 脉，果期增大，直立，不紧贴蒴果；花冠淡蓝色或白色，近辐状，裂片卵状长圆形，稍不等宽，长 1.5～2.5 mm，筒部短，长约 0.5 mm；雄蕊与花冠近等长或略短，花丝着生于花冠筒基部。蒴果近圆形，稍扁，长宽近相等，长约 3 mm，顶端圆钝而微凹，宿存花柱长约 1.5 mm。 花果期 6～9 月。

产新疆：乌恰（吉根乡斯本哈纳黄土坡，西植所新疆队 2198）。生于海拔 3 200 m 左右的溪流河谷水边。

青海：都兰（诺木洪乡，吴玉虎 36613）、称多（歇武乡，刘尚武 2541、苟新京等 83-461）。生于海拔 3 400～3 900 m 的河沟溪流水中、河谷滩地沼泽地。

广泛分布于我国的西北、西南及长江以北各省区；全球温带地区常见。

2. 红叶婆婆纳

Veronica ferganica M. Popov in Trans. Turkest. Univ. 4：64. f. 4. 1922；中国植物志 67（2）：285. 图版 34：6～8. 1979；新疆植物志 4：400. 2004. ——*V. rubrifolia* auct. non Boiss.：Boriss. in Kom. Fl. URSS 22：396. t. 18. f. 2. 1955；中国高等植物图鉴 4：730. 1975.

一年生草本，具细弱根。茎直立，高 1～7 cm，常带红色，不分枝或中部分枝，下部被白色柔毛，上部被腺毛。叶对生，有时红色，中下部叶柄长约 2 mm，上部叶近无柄；叶片卵形或卵状长圆形，长 3～7 mm，宽 2～3 mm，全缘或下部者有疏而浅的锯齿，上面无毛，下面疏生柔毛。花序花期短，果期伸展，可达 5 cm，花序轴及花梗被柔毛和腺毛；苞片较叶片小，卵形或披针形；花梗较苞片长，花后弯曲向上；花萼裂片卵形，长 2.0～2.5 mm，花后增长，长 3.0～4.5 mm，背面被多细胞长柔毛，边缘被红色腺毛，中脉明显，边脉不清晰或无；花冠淡蓝色，比萼短，长 1.5～2.0 mm，裂片卵形，先端钝；雄蕊较花冠短，内藏；花柱与花丝近等长。蒴果侧扁，倒心形，较花萼稍短，宽约 4 mm，裂达中部，被柔毛和腺毛，边缘毛显得较长，宿存花柱长约 0.5 mm。种子卵状舟形，平滑，长 1.0～1.2 mm（未成熟）。　花期 6 月。

产新疆：塔什库尔干（麻扎，高生所西藏队 3213）。生于海拔 3 700 m 左右的河谷溪流水沟边。

分布于我国的新疆；伊朗，中亚地区各国，俄罗斯西伯利亚地区也有。

采自塔什库尔干的标本“高生所西藏队 3213”，其花萼、蒴果所被腺毛非红色，与《中国植物志》对本种的描述有所区别。

3. 两裂婆婆纳　图版 61：3～8

Veronica biloba Linn. Mant. Pl. 2：172. 1771；Benth. in DC. Prodr. 10：485. 1846；Hook. f. Fl. Brit. Ind. 4：294. 1884；Boriss in Kom. Fl. URSS 22：392. t. 16. 5. 1955；E. Nasir et S. I. Ali Fl. West Pakist. 664. 1972；中国植物志 67 (2)：287. 图版 34：9～14. 1979；西藏植物志 4：286. 1985；青海植物志 3：194. 1996；新疆植物志 4：400. 图版 131：2. 2004；青藏高原维管植物及其生态地理分布 878. 2008.

一年生草本，根细。茎高 4～25 cm，初时直立，后期铺散，常自中下部开时分枝，疏被卷曲状多细胞长毛。叶对生，具短柄；叶片长圆形或卵状披针形，长 4～20 mm，宽3～7 mm，基部圆钝或宽楔形，边全缘或具疏而浅的锯齿，近无毛。总状花序顶生，花后伸长，疏生花，长 2～22 cm，疏被白色腺毛；苞片下部者叶状，较叶小，披针形或卵状披针形，全缘，具疏缘毛；花梗细，与苞片等长，花后伸展并多少向下弯曲；花萼裂片 4 枚，裂片卵形或卵状披针形，长 2.5～3.2 mm，果期增大至 8 mm，具明显 3 脉，先端渐尖或急尖，边缘疏被白色缘毛；花冠白色、淡蓝色或紫色，近辐状，筒部很短，裂片近圆形，长约 2 mm；雄蕊花丝短于花冠，贴生于花冠筒上；花柱与花丝近等长，柱头头状。蒴果强烈侧扁，倒心形，长约 4 mm，宽约 4.5 mm，顶端深凹，几 2 瓣裂，凹口叉开 30°～45°，宿存的花柱较凹口低得多。种子舟状，一面膨胀，一面槽状凹陷，长达 2 mm，有不明显横皱纹或近光滑。　花期 5～6 月，果期 7～8 月。

产新疆：莎车（喀拉吐孜矿区，青藏队 870656）、阿克陶（托海，高生所西藏队 3079）。生于海拔 2 580～2 700 m 的河谷沙滩、山坡湿润处。

青海：兴海（河卡乡，郭本兆 6190）、玛沁（军功乡，吴玉虎 20712）。生于海拔

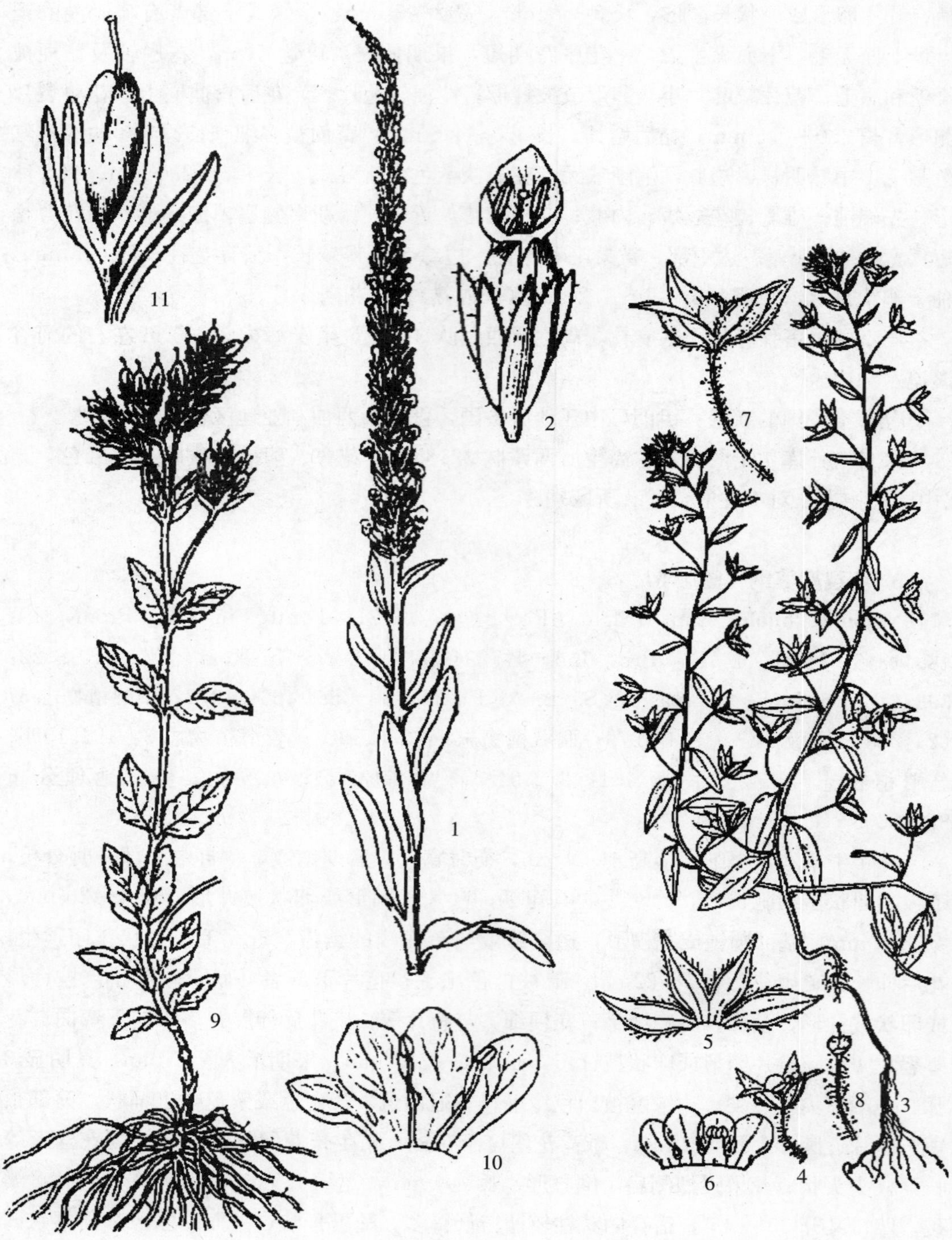

图版 **61** 细穗玄参 **Scrofella chinensis** Maxim. 1. 花序；2. 花。两裂婆婆纳 **Veronica biloba** Linn. 3. 植株；4. 花；5. 花萼纵剖；6. 花冠纵剖；7. 子房及花柱；8. 蒴果及宿存的花萼。长果婆婆纳 **V. ciliata** Fisch. 9. 植株；10. 花冠展开；11. 果实（示苞片及花萼）。（1～2，9～11. 阎翠兰绘；3～8. 引自《中国植物志》，刘春荣绘）

3 300～3 500 m的河谷滩地高寒草甸、沟谷山地阴坡草甸。

分布于我国的新疆、甘肃、青海、宁夏、陕西、西藏、四川；印度西北部，克什米尔地区，巴基斯坦北部，亚洲中部及西部也有。

4. 弯果婆婆纳

Veronica campylopoda Boiss. Diagn. Pl. Or. 1，4：80. 1844，et in Kom. Fl. URSS 22：397. 1955；Smiotr. in Pavl. Fl. Kazakh. 8：78. t. 9. f，8. 1965；E. Nasir et S. I. Ali Fl. West Pakist. 664. 1972；中国植物志 67（2）：287. 图版 32：8～9. 1979；西藏植物志 4：287. 1985；新疆植物志 4：400. 2004；青藏高原维管植物及其生态地理分布 878. 2008.

一年生草本，具细的根。茎直立，高 5～15 cm，被卷曲毛，纤细，不分枝或中下部分枝。叶对生，有时互生，下部者具短柄；叶片长圆形或长圆状披针形，长 4～12 mm，宽2～5 mm，全缘或下部叶具不明显的锯齿，多少被毛。总状花序长达 10 cm，具 8～12 朵花，疏生；花序轴及花梗被白色卷曲毛并混生有腺毛；苞片长椭圆形，比叶片小，全缘或稀具锯齿；花梗纤细，长为苞片 2 倍，果期挺直，稍弯曲或向下反折；花萼裂片披针形，短渐尖，长约 3 mm，具 3 脉，疏被腺毛，侧面两向不分裂至底部；花冠蓝色或淡蓝色，长2～3 mm。蒴果与萼等长或稍短，宽不达 4 mm，几乎分裂达基部，2 裂片倒卵形，叉开成 30°～45°的角，被腺毛，宿存花柱达凹口中部。种子长圆形，长不及 1 mm，具 4～6 条明显的横皱纹。 花期 6～7 月。

产新疆：和田。生于海拔 3 000 m 左右的沟谷山地草原、河谷阶地草甸。

分布于我国的新疆、西藏西部；巴基斯坦，印度，克什米尔地区，中亚地区各国，俄罗斯西伯利亚也有。

5. 长梗婆婆纳

Veronica deltigera Wall. ex Benth. in Scroph. Ind. 45. 1835；Benth. in DC. Prodr. 10：475. 1846；Hook. f. Fl. Brit. Ind. 4：292. 1884；中国植物志 67（2）：275. 1979；西藏植物志 4：284. 1985；新疆植物志 4：396. 2004；青藏高原维管植物及其生态地理分布 879. 2008.

多年生草本，根状茎木质化。茎上升，高 20～35 cm，不分枝或上部分枝，被白色长柔毛。叶对生，下部的鳞片状，正常叶无柄或具极短的柄；叶片卵状披针形至披针形，长1. 5～3. 5 cm，宽 0. 6～1. 5 cm，边缘具深刻的尖齿，两面无毛或疏被多细胞柔毛。总状花序顶生，疏花而伸长，果期长达 20 cm；花序轴及花梗被长柔毛或腺毛；苞片下部者与叶同形；花梗稍弯曲，花期长约 3 mm，果期伸长，达 1. 5 cm；花萼 5 深裂，稀 4 深裂，裂片边缘有长柔毛；花冠蓝色，长约 6 mm，筒部极短，内面被毛，裂片宽大于长或圆形；雄蕊短于花冠或近长。蒴果长 5～7 mm，略尖而稍有凹缺，宿存花柱长约 7 mm。 花期7～8月。

产新疆：喀什。生于海拔 2 800～3 500 m 的沟谷山地高山草原、河谷阶地草甸。

分布于我国的新疆、西藏西部；尼泊尔，克什米尔地区，巴基斯坦，阿富汗东北部也有。

6. 短花柱婆婆纳

Veronica lasiocarpa Pennell. in Monogr. Acad. Nat. Sci. Philad. 5：75. 1943；E. Nasir et S. I. Ali Fl. West Pakist. 665. 1972；中国植物志 67（2）：275. 1979；西藏植物志 4：284. 1985；新疆植物志 4：396. 2004；青藏高原维管植物及其生态地理分布 880. 2008.

多年生草本，根状茎短而细。茎稍倾卧，高 10～20 cm，不分枝，疏被绵毛。叶对生，无柄；叶片卵形，两端圆钝，长 7～20 mm，宽 5～10 mm，边缘具圆齿或近全缘，两面被疏柔毛。总状花序顶生，花期短而密集，果期伸长，长 2～3 cm，各部分均被多细胞长柔毛；苞片倒披针形，长 4～5 mm；花梗长 1.5～2.0 mm，上升；花萼长 3～4 mm，裂片 4 枚，椭圆形，另有后方 1 枚小或缺失；花冠稍长于萼，裂片深蓝色或蓝紫色，宽圆形，顶端平截，具齿状缺刻，筒部白色；花柱长 0.5 mm。蒴果倒心状卵形，稍扁，被多细胞长硬毛。种子长约 0.5 mm。 花期 7～8 月。

产新疆：和田。生于海拔 2 500～3 500 m 的沟谷山地高山草原。

分布于我国的新疆、西藏西部；印度西北部，克什米尔地区，巴基斯坦也有。

7. 唐古拉婆婆纳 图版 62：4～5

Veronica vandellioides Maxim. in Bull. Aacd. Sci. St.-Pétersb. 32：514. 1888；中国植物志 67（2）：306. 图版 82. 1979；西藏植物志 4：291. 1985；青海植物志 3：194. 1996；青藏高原维管植物及其生态地理分布 881. 2008.

多年生草本，全株被多细胞长柔毛。根稍膨大。地下根状茎细，直立，具纤细的不定根。茎高 2～20 cm，多分枝，稀单生，细弱，斜上升或铺散。叶对生；叶柄长 2～7 mm；叶片卵圆形，长 3～20 mm，宽 2～15 mm，基部浅心形或平截，顶端钝，边缘有 1～4 对圆齿，稀近全缘。总状花序退化为单花或两朵花，几生于所有叶腋；苞片小，线形或狭披针形，长 1～2 mm；花梗纤细，直立，长 2～10 mm；花萼 4 深裂，裂片近相等，长圆形或狭披针形，长 2.5～5.0 mm，果期稍增大，边缘被多细胞长睫毛；花冠粉红色或淡紫色，长 3～6 mm，筒部短，长为裂片的 1/5～2/5，裂片卵圆形或卵状长圆形；雄蕊稍短于花冠，内藏，花丝大部与花冠筒贴生。蒴果近倒心状肾形，两侧压扁，顶端微凹，长较宽明显短，长 3～5 mm，边缘被多细胞柔毛，宿存花柱长约 2 mm。种子卵圆形，基部宽，长约 1.2 mm，两侧压扁，表面光滑。 花果期 6～8 月。

产青海：玛沁（雪山乡，玛沁队 424A、吴玉虎 5727）、久治（索乎日麻乡，果洛

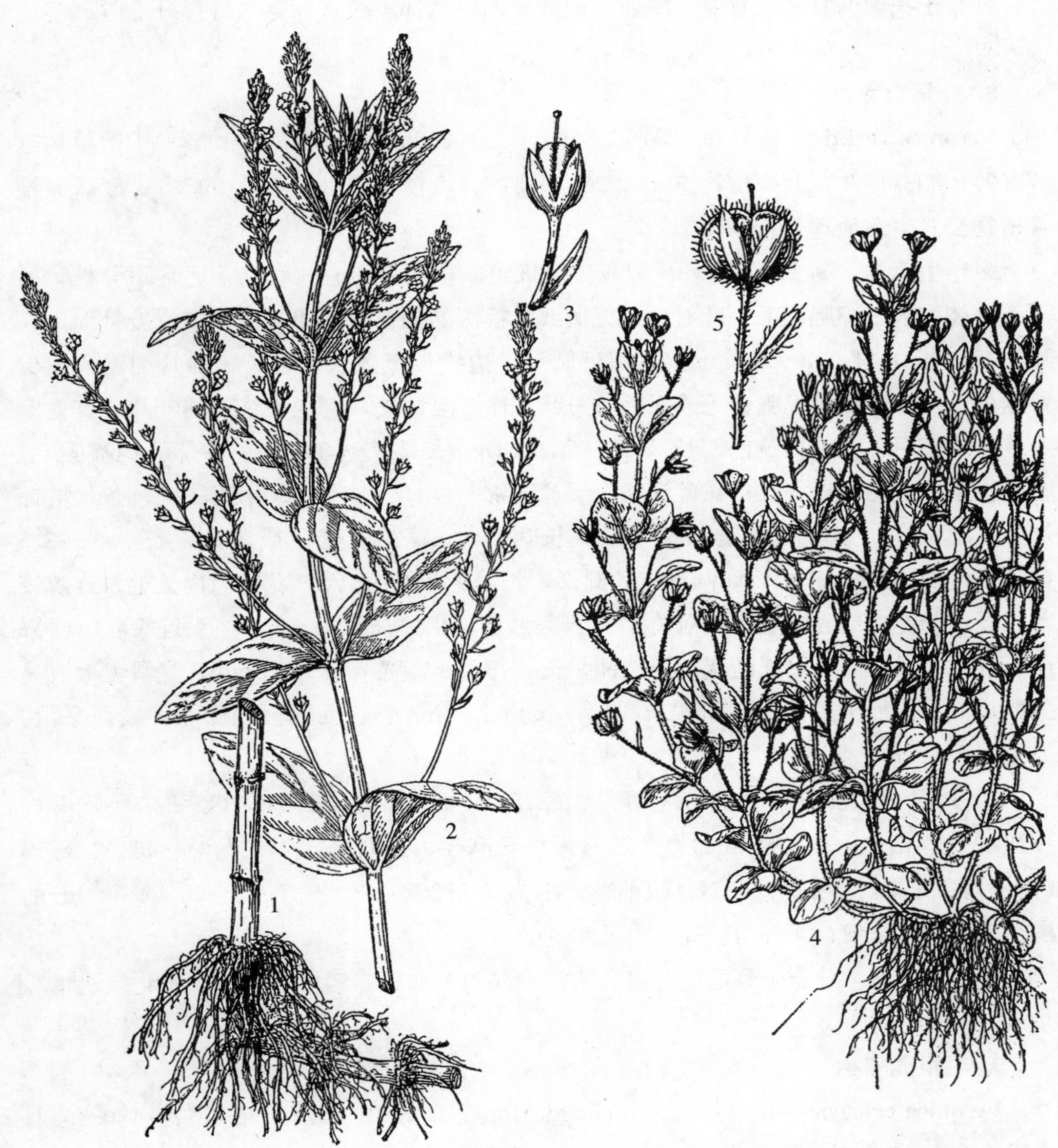

图版 **62**　北水苦荬 **Veronica anagallis-aquatica** Linn. 1. 根茎；2. 植株（上部）；3. 果。唐古拉婆婆纳 **V. vandellioides** Maxim. 4. 植株；5. 花序和蒴果。（引自《中国植物志》，许介眉绘）

队 265、藏药队 373；白玉乡，吴玉虎 26337A）、班玛（班前乡，王为义等 26900、27257；多贡麻乡，吴玉虎 25976A）。生于海拔 3 300～3 850 m 的沟谷山地灌丛草甸中、河滩沙地、山地阴坡多石流地、河谷草甸砾石地。

分布于我国的甘肃、青海、陕西、西藏及四川西部。模式标本采自青海玉树。

8. 光果婆婆纳

Veronica rockii Li in Proc. Acad. Nat. Sci. Philad. 104：210. 1952；中国植物志 67（2）：293. 1979；西藏植物志 4：290. 1985；青海植物志 3：195. 1996；青藏高原维管植物及其生态地理分布 880. 2008.

多年生草本，高 10～45 cm。根簇生于极短的根状茎上。茎直立，通常不分枝，稀下部分枝，被多细胞柔毛。叶对生，无柄或具极短的柄；叶片卵状披针形或披针形，长 1.5～5.0 cm，宽 0.5～2.0 cm，基部近圆形，边缘具三角状尖锯齿，稀具细锯齿或少数锯齿，两面疏被多细胞长毛或无毛。总状花序 2 至数支，侧生于茎顶端叶腋，直立上升，花期较短，花排列疏松，长 2～7 cm，果期伸长，长达 14 cm，各部分均被柔毛；花梗长于或与花萼近等长；花萼深裂，裂片通常 5 枚，后方 1 枚甚小或缺失，条状披针形，花期长 3.0～3.5 mm，果期伸长，长达 5 mm；花冠蓝色或紫色，长 2.5～3.5（4.0）mm，裂片 4 枚，倒卵圆形或长圆形，长约为花冠的 1/2，花冠筒内无毛；雄蕊较花冠短，花丝大部分贴生于花冠筒上；子房无毛，花柱长约 1 mm，柱头近头状。蒴果卵形或长卵状锥形，上部渐狭而顶端钝，长4～8 mm，宽 2.5～4.0 mm，光滑无毛或具少数几根毛。种子浅棕色，卵状长圆形，长约 0.8 mm，扁而两面稍膨胀，表面平滑。花期 7～8 月，果期 7～9 月。

产青海：玛沁（拉加乡，区划二组 2188A；军功乡，H. B. G. 205、吴玉虎 18734A；雪山乡，玛沁队 456）、久治（索乎日麻乡，青藏队 574，果洛队 444）、班玛（亚尔堂乡王柔，吴玉虎 26231；班前乡，王为义 27367）。生于海拔 3 300～4 000 m 的沟谷山地高寒草甸、河谷山坡高寒灌丛草甸。

我国特有种。分布于我国的甘肃、青海、陕西、西藏、四川、山西、河北、湖北。

9. 毛果婆婆纳

Veronica eriogyne H. Winkl. in Fedde Repert. Sp. Nov. Beih. 12：480. 1922；中国植物志 67（2）：289. 图 77. 1979；西藏植物志 4：287. 图 132. 1985；青海植物志 3：196. 1996；青藏高原维管植物及其生态地理分布 879. 2008.

多年生草本，高 10～40 cm。全株被白色多细胞长柔毛。根状茎极短，密生须根。茎直立，通常不分枝或有时基部分枝。叶对生，无柄或近无柄；叶片线状披针形或披针形，长 2.0～4.5 cm，宽 4～13 mm，基部楔形或近圆形，先端近急尖，边缘有整齐的浅锯齿，两面沿叶脉有多细胞长柔毛。总状花序 1～4 枝，侧生于茎近顶端叶腋，有时花序下部叶腋再生有花枝，花期花密集，穗状，果期伸长，具长达 10 cm 的总花梗，花序各部分被白色或有时被红色多细胞长柔毛；苞片宽条形，长于花梗或有时长度超过花梗加花的长度；花萼深裂，裂片 5 枚，后方 1 枚小得多或稀缺失，条状披针形，花期长 3.5～4.5 mm，果期伸长；花冠蓝色或蓝紫色，近辐状，长 4.5～6.0 mm，筒部较长，占全长的 1/2～2/3，里面被疏的毛或无毛，裂片 5 枚，倒卵圆形或长圆形，前方 2 枚稍窄；雄蕊较花冠短，花丝大部分贴生于花冠筒上；子房密被毛，花柱长 2.0～3.5 cm，柱头近头状。蒴果长圆形，上部渐狭，顶端钝，密被白色或有时被红色多细胞毛，长 6～7 mm，宽 2.5～4.0 mm。种子多数，浅棕色，卵状长圆形，长约 0.8 mm，扁而两面膨胀，表面平滑。 花期 7～8 月，果期7～9月。

产青海：兴海（赛宗寺后山，吴玉虎 46348；中铁林场恰登沟，吴玉虎 44894、44995、45159；大河坝乡赞毛沟，吴玉虎 46449、47129、47720；河卡乡黄河沿，张盍曾 63135）、称多（尕朵乡，苟新京等 83－330）、玛沁（区划二组 249；拉加乡，吴玉虎 6097；军功乡，吴玉虎 4460、5685、21261；拉加乡，区划二组 2188）、达日（德昂乡，吴玉虎 25991；建设乡，H. B. G. 1019）、久治（康赛乡，吴玉虎 26567；索乎日麻乡，果洛队 267；白玉乡，吴玉虎 26383、26706）、班玛（县城郊，王为义等 26711；班前乡，吴玉虎 26170；多贡麻乡，吴玉虎 25992）。生于海拔 2 900～4 000 m 的沟谷山地林缘草地、河滩高寒灌丛草甸、河漫滩沼泽草甸、山沟沙地、沟谷山地阴坡草地。

甘肃：玛曲（齐哈玛乡，吴玉虎 31827；欧拉乡，吴玉虎 31981、31985）。生于海拔3 310～3 460 m 的沟谷山地高寒灌丛草地、河谷阶地高寒草甸。

分布于我国的甘肃、青海、西藏、四川。

10. 长果婆婆纳 图版 61：9～11

Veronica ciliata Fisch. in Mém. Soc. Nat. Mosc. 3：56. 1812；Hook. f. Fl. Brit. Ind. 4：292. 1884；Boriss. in Kom. Fl. URSS 22：490. t. 22. f. 1955；Smiotr. in Pavl. Fl. Kazakh. 8：95. t. 10. f. 14. 1965；中国植物志 67（2）：291. 图 78. 1979；西藏植物志 4：288. 1985；青海植物志 3：196. 图版 43：6～8. 1996；新疆植物志 4：402. 2004；青藏高原维管植物及其生态地理分布 878. 2008.

多年生草本，高（1.5）3.0～35.0 cm。根状茎极短，密生须根。茎单生或丛生，通常直立，不分枝或基部分枝，被灰白色细柔毛。叶对生，无柄或下部有短柄；叶片卵形或卵状披针形，长 1～4 cm，宽 0.5～2.0 cm，先端急尖，边缘有锯齿或全缘，基部圆钝，两面被柔毛或几无毛。总状花序 1～4 枝，侧生于茎顶端叶腋，有时花序下部有分枝，短而花较密集，近头状，稀稍伸长，除花冠外各部分被白色或有时夹杂红色多细胞长柔毛或长硬毛；苞片近线形，长于花梗；花梗长 1～3 mm；花萼裂片通常 5，后方 1 枚极小或缺失，条状披针形，花期长 3～4 mm，果期增大；花冠蓝色或蓝紫色，近辐状，长 3～6 mm，筒部有时黄褐色，仅为花冠全长的 1/5～2/5，内面无毛，裂片通常

4，倒卵形或近圆形，不等宽；雄蕊较花冠短，花丝多少贴生于花冠筒上；子房被毛，花柱长 1～2 mm。蒴果长圆形，长 5.5～8.0 mm，宽 2.5～4.0 mm，顶端钝且微凹，被长硬毛。种子棕色，长圆状卵形，长 0.6～0.8 mm。 花期 6～8 月，果期 7～9 月。

产新疆：塔什库尔干（麻扎种羊场萨拉勒克，青藏队吴玉虎 870347）、叶城（柯克亚乡还格孜，青藏队吴玉虎 87790）、策勒（奴尔乡，青藏队吴玉虎 1943）。生于海拔 3 500～4 400 m 的沟谷山地土坡、河谷山坡草地。

西藏：日土（上曲龙，高生所西藏队 3484）。生于海拔 3 500～4 600 m 的河湖谷地、沟谷山坡高寒灌丛草地、河谷山坡草甸。

青海：格尔木（西大滩，青藏队 2854）、兴海（中铁林场卓琼沟，吴玉虎 45706；大河坝乡赞毛沟，吴玉虎 47045、47074；赛宗寺后山，吴玉虎 45294、46394B、46348；中铁林场恰登沟，吴玉虎 44929、45159、45214；大河坝乡，吴玉虎 42485、42594，弃耕地考察队 336；鄂拉山，张盍曾 63-1038；河卡乡，郭本兆 6290、吴玉虎 28682、何廷农 273；温泉乡，吴玉虎 28748、28852；黄青河畔，吴玉虎 42727、42735、42750；中铁乡附近，吴玉虎 42851）、治多（可可西里库赛湖，黄荣福 K-494、K-1021）、曲麻莱（秋智乡，刘尚武等 684；曲麻河乡，黄荣福 68），称多（县城，刘尚武 2439；清水河乡，苟新京 83-71；扎朵乡，苟新京 83-100、83-249）、玛多（黑河乡，郭本兆 137；清水乡，吴玉虎 539；扎陵湖乡，黄荣福 C. G. 81-204；鄂陵湖北山，吴玉虎 1566；花石峡乡，吴玉虎 28974；巴颜喀拉山北坡，吴玉虎 29063、29099、29172）、玛沁（大武乡，H. B. G. 809；东倾沟乡，玛沁队 325、吴玉虎 18340；雪山乡，玛沁队 377；军功乡，玛沁队 253、吴玉虎 1441）、达日（吉迈乡，H. B. G. 1245；建设乡，陈桂琛等 1708、H. B. G. 1036、吴玉虎 27169；德昂乡，陈桂琛等 1670）、久治（康赛乡，吴玉虎 26603；索乎日麻乡，果洛队 193，藏药队 375、388）。生于海拔 3 260～4 750 m的沟谷高山流石滩、河滩高寒草甸、河谷山地高寒灌丛草地、退化草地、山坡高寒草甸、宽谷河滩草地、河流溪边高寒草甸、沟谷山坡阔叶林缘灌丛草甸。

四川：石渠（长沙贡玛乡，吴玉虎 29732）。生于海拔 4 000 m 左右的沟谷山地草甸、山坡高寒灌丛草甸、山麓及山坡石缝中。

分布于我国的西北各省、内蒙古西南部、四川；蒙古，中亚地区各国，俄罗斯也有。

根据中国科学院青藏高原生物标本馆馆藏的新疆、甘肃、青海、西藏、四川等地的大量标本发现，长果婆婆纳在不同的地区其植株高矮（高者达 35 cm，但青海曲麻莱县黄荣福 68、称多县苟新京 83-71、久治县果洛队 193 等标本，植株在 1.5～3.0 cm 高时即开花。另，洪德元先生曾定其为 *Veronica nana* Pennell）、有无分枝、叶全缘或有锯齿 、叶片被毛与否等形态性状有很大的差异，但花冠裂片与筒部的长度比、花柱的长短、蒴果被毛等基本性状没有太大的差异。因此，我们认为长果婆婆纳是一个多型种，形态变异幅度很大，因而没有在种下列出任何等级。

9. 野胡麻属 **Dodartia** Linn.

Linn. Sp. Pl. 633. 1753.

单种属，特征同种。

1. 野胡麻 图版 63：1～4

Dodartia orientalis Linn. Sp. Pl. 633. 1753；Benth. in DC. Prodr. 10：376. 1846；Gorschk. in Kom. Fl. URSS 22：319. 1955；中国植物志 67（2）：198. 图 52. 1979；新疆植物志 4：382. 图版 129：1～4. 2004.

多年生直立草本，高约 45 cm，全株无毛或幼嫩时被疏柔毛。根稍肉质，粗壮，伸长，长可达 10 cm 以上，须根少。茎从基部起至顶端多回分枝，枝具棱角，扫帚状。叶少而小，茎下部的对生或近对生，上部的常互生，条形或鳞片状，长 1～4 cm，全缘或具疏齿；无叶柄。总状花序生于枝端，花稀疏，通常 3～7 朵；花梗长 0.5～1.0 mm；苞片条形，长 1～2 mm；花萼钟形，近革质，宿存，长约 4 mm，萼齿 5 枚，宽三角形，近相等；花冠深紫红色或紫色，长 1.5～2.5 cm，二唇形，花冠筒较唇部长，圆筒形，向上稍扩展，上唇短而伸直，卵形，顶端 2 浅裂，下唇较上唇长而宽，具 2 条隆起的褶襞，其上密被多细胞腺毛，3 裂，中裂片较小，稍突出，舌状，侧裂片近圆形；雄蕊 4 枚，2 强，着生于花冠筒中上部，无毛，内藏，花药紫色，肾形，药室分离而叉分；子房卵圆形，长约 1.5 mm，2 室，花柱线形，稍伸出，无毛，柱头头状，浅 2 裂。蒴果褐色或暗棕褐色，圆球形，直径约 5 cm，具短尖头。种子黑色，卵形，长约 0.6 mm。花果期 5～9 月。

产新疆：喀什（喀什西北 71 km 处，采集人不详 384）、莎车（卡米尔，R 1248）、叶城（柯克亚乡，青藏队 870760）。生于海拔 2 000 m 左右的河谷沙土地、河滩沙砾质草地。

分布于我国的新疆、甘肃、四川、内蒙古；蒙古，俄罗斯，哈萨克斯坦，伊朗也有。

10. 小米草属 **Euphrasia** Linn.

Linn. Sp. Pl. 604. 1753. p. p.

一年生或多年生草本。全体被硬毛、白色多细胞柔毛或杂有腺毛。茎直立或由基部斜上升，单一或有分枝。叶对生，向上渐大，与苞叶界限不明显，卵形或宽卵形，具掌状叶脉，边缘为胼胝质增厚，具钝齿或尖齿；无柄或近无柄。穗状花序顶生；苞片大而分裂，无小苞片；花具短梗；花萼管状钟形，4 裂，前后两方的较深；花冠筒管状，上部稍扩大，檐部二唇形，上唇盔状，顶端 2 浅裂，裂片翻卷，下唇开展，3 裂，裂片顶端常凹缺；雄蕊 4 枚，2 强，着生于花冠喉部，花药全部靠拢，药室开裂处被长柔毛，基部有长尾尖或小凸尖；子房上半部被短毛，花柱细长，被柔毛，柱头头状。蒴果长圆形，稍侧扁，室背开裂。种子多数，椭圆形，具条纹。

约 200 种。我国产 15 种，昆仑地区产 2 种。

分种检索表

1. 植株全体仅被短伏硬毛或白色多细胞柔毛，无腺毛 ……… **1. 小米草 E. pectinata** Ten.
1. 茎上部、叶、苞叶及花萼除被短伏硬毛、白色多细胞柔毛外，还多少杂生具柄大头针状短腺毛 ……………………………………………… **2. 短腺小米草 E. regelii** Wettst.

1. 小米草

Euphrasia pectinata Ten. Fl. Nap. 1. Prodr. 36. 1811；Juz. in Kom. Fl. URSS 22：577. 1955；中国植物志 67（2）：374. 图 100. 1979；青海植物志 3：201. 1996；新疆植物志 4：404. 图版 128：5～7. 2004；青藏高原维管植物及其生态地理分布 845. 2008. ——*E. tatarica* Fisch. ex Spreng. Syst. Veg. 2：277. 1825；中国高等植物图鉴 4：58. 图 5529. 1975.

一年生草本，高 7～20 cm，全体被短伏硬毛或白色多细胞柔毛。茎直立，简单或下部分枝。叶与苞叶无柄，卵形或宽卵形，长 5～12 mm，宽 2. 5～8. 0 mm，基部楔形，边缘具急尖或稍钝的条状齿，两面脉上及叶缘疏被短硬毛。花序长 1. 5～8. 0 cm，花初期短而密，花后期延伸花疏离；苞片叶状，明显较叶大；近无花梗；花萼管状钟形，长 3～6 mm，被毛，裂片窄三角形，先端长尾尖；花冠通常白色，稀淡紫色，常有紫红色条纹，背面长 4～8 mm，外面被柔毛，上唇盔状，浅 2 裂，较下唇短，下唇裂片顶端凹缺；花药棕色，内藏。蒴果长圆形，长 4～7 mm。 花期 6～8 月，果期 7～9 月。

产青海：兴海（中铁乡至中铁林场途中，吴玉虎 43033、43052、43126；河卡山，吴珍兰 172；中铁乡附近，吴玉虎 42962、43009）、玛沁（军功乡黑土山，H. B. G. 213；军功乡尕柯河，区划二组 220；军功乡红土山前，吴玉虎 18737；军功乡西哈垄河谷，H. B. G. 324）。生于海拔 3 350～3 550 m 的河谷山坡草地、山沟流水旁、沟谷山地阴坡高寒灌丛草甸。

甘肃：玛曲（欧拉乡，吴玉虎 31949）。生于海拔 3 320 m 左右的沟谷山地草甸、山坡高寒灌丛草甸。

分布于我国的新疆、甘肃、青海、宁夏、内蒙古、山西、河北；欧洲至蒙古，俄罗斯西伯利亚也有。

2. 短腺小米草 图版 63：5～11

Euphrasia regelii Wettst. Monogr. Gatt. Euphr. 81. t. 3. f. 111～119. t. 11. f. 6. 1896；Li Notullae Naturae Acad. Nat. Sci. Philad. 254：3. 1953；Juz. in Kom. Fl. URSS 22：259. t. 28. f. 1. 1955；Smiotr. in Pavl. Fl. Kazakh. 8：105. 1965；中国植物志 67（2）：375. 1979；青海植物志 3：203. 图版 45：1～7. 1996；新疆植物志 4：404. 图版 134：1～2. 2004；青藏高原维管植物及其生态地理分布 845. 2008.

一年生草本，高 2.5～10.0 cm。茎通常不分枝，稀有分枝，直立，被伏生白色柔毛及大头针状短腺毛。叶无柄，卵形、宽卵形或楔状卵形，中部的叶较下部者大，长 5～10 mm，宽 4～8 mm，基部楔形，边缘具条状锯齿，齿端钝、急尖或渐尖，呈尾状芒尖，两面疏被硬毛或大头针状短腺毛，下面边缘密被腺状突起的硬毛。花序一般占茎长的 1/3～2/3，果期稍伸长；苞片叶状，较叶大；花萼管状钟形，长 3.5～5.0 mm，果期增长，裂片窄三角形，先端渐尖呈尾状，被硬毛和大头针状短腺毛；花冠白色或稍带粉红色，有紫色条纹，长5～8 mm，被白色柔毛，上唇盔状，顶端 2 浅裂，较下唇短，下唇裂片顶端凹缺。蒴果长圆形，长 4～7 mm。种子具多数狭的纵翅。花期 6～8 月，果期 7～9 月。

产新疆：阿克陶（乌依塔克，青藏队吴玉虎 4790）、塔什库尔干（麻扎至卡拉其古，青藏队吴玉虎 4941）、皮山（三十里营房，青藏队 1181）。生于海拔 2 800～3 740 m 的沟谷河沟旁高寒草地、河谷山坡高寒草甸、河谷阶地草甸。

青海：曲麻莱（东风乡，刘尚武 852）、称多（歇武乡，刘有义 83－373；歇武乡毛拉，刘尚武 2400）、久治（白玉乡，藏药队 625；希门错湖，果洛队 469；康赛乡，吴玉虎 26522）、班玛（马柯河林场，王为义等 27597；江日堂乡，吴玉虎 26087）。生于海拔 3 300～4 100 m 的沟谷高山灌丛草甸、河谷山地高寒草甸、宽谷河滩草地、河边湿草地。

分布于我国的新疆、甘肃、青海、陕西、西藏、云南、四川、内蒙古、山西、河北、湖北；哈萨克斯坦，吉尔吉斯斯坦，塔吉克斯坦也有。

11. 松蒿属 **Phtheirospermum** Bunge

Bunge in Fisch. et C. A. Mey. Ind. Sem. Hort. Peterop. 1：35. 1835.

一年生或多年生草本，全株被多细胞腺毛。茎单一或丛生，具分枝。叶对生，具柄或无柄；叶片 1～3 回羽状分裂。花单生于茎中上部叶腋，成疏总状花序；具短梗，无小苞片；花萼钟状，5 裂，裂片全缘或羽状深裂；花冠筒状，上部扩大，5 裂，檐部二唇形，上唇较短，直立，2 裂，下唇开展，3 裂；雄蕊 4 枚，着生于花筒下部，2 强，

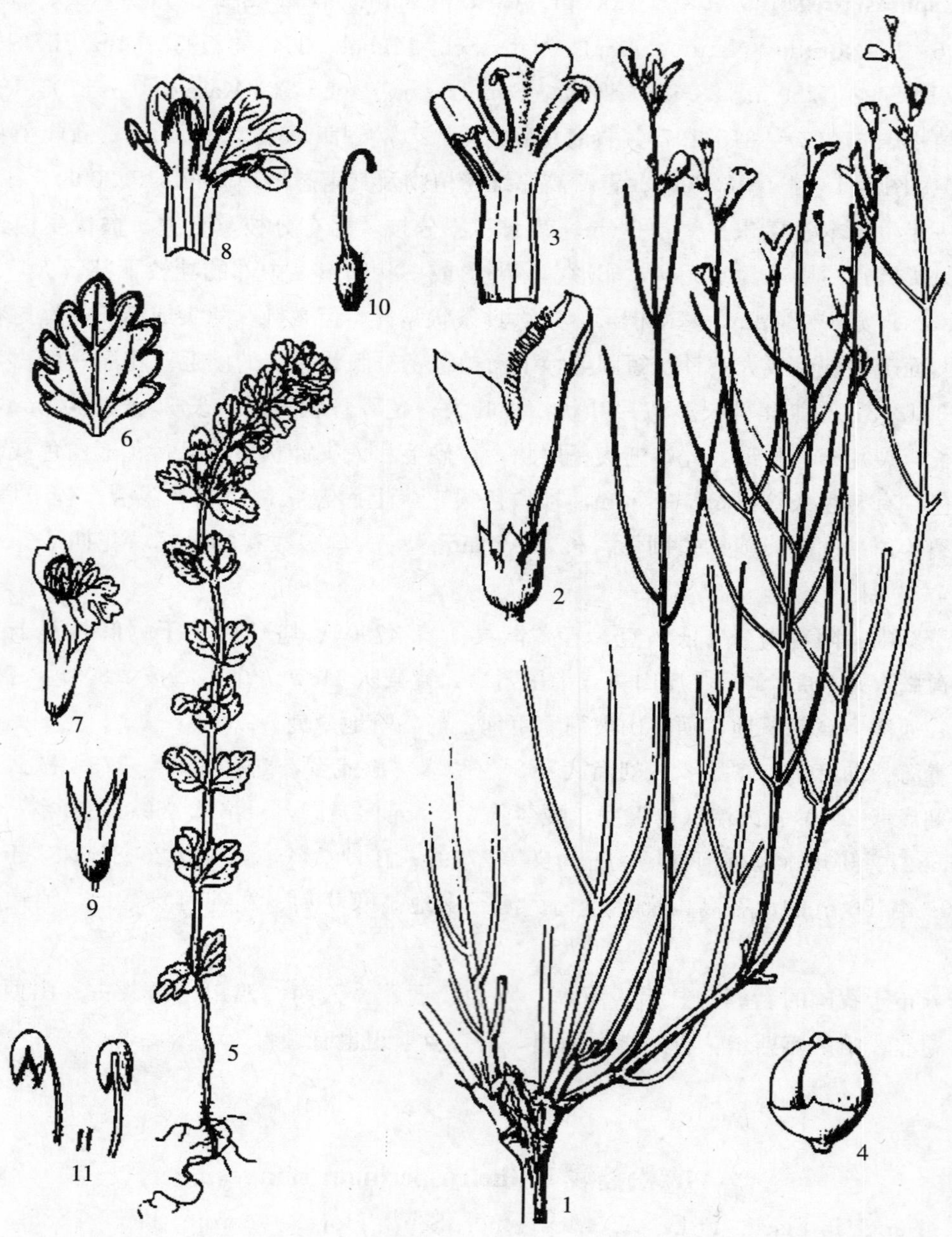

图版 63 野胡麻 **Dodartia orientalis** Linn. 1. 植株；2. 花；3. 花冠纵剖示雄蕊；4. 果。短腺小米草 **Euphrasia regelii** Wettst. 5. 全株；6. 叶放大；7. 花；8. 花冠展开；9. 花萼；10. 雌蕊；11. 花药背、腹面观。（1～4. 引自《新疆植物志》，谭丽霞绘；5～11. 阎翠兰绘）

前方1对较长，内藏或多少露于筒口，花丝多少被毛，花药2室，基部具短尖头；子房上端被毛，花柱细长，被毛，柱头浅2裂。蒴果压扁，室背开裂，具喙。种子具网纹。

约3种。我国产2种，昆仑地区产1种。

1. 细裂叶松蒿 图版59：15～18

Phtheirospermum tenuisectum Bur. et Franch. in Journ. Bot. 5：129. 1891；D. Prain，Hook. Ic. Pl. 2211. 1892；中国植物志67（2）：372. 图版45：1～4. 1979；西藏植物志4：307. 图141. 1985；青海植物志3：209. 图版46：15～18. 1996；青藏高原维管植物及其生态地理分布875. 2008.

多年生草本，高约25 cm，全株被多细胞腺毛。茎多数，纤细，成丛，不分枝或上部分枝。叶对生，三角状卵形，长1.0～3.5 cm，宽0.5～3.0 cm，二至三回羽状全裂，末回小裂片线形或线状披针形，先端钝圆，全缘。花单生，花萼外面被多细胞毛及长柔毛，长约6 mm，裂片全缘或具2～3枚小裂片；花冠黄色，长约1.2 cm，外面被腺毛及柔毛，筒部长8～12 mm，向喉部扩大，喉内面被柔毛，上唇裂片卵形，长3～4 mm，下唇裂片倒卵形，边缘被缘毛，长约5 mm，中裂片向前凸出；雄蕊内藏，花丝被柔毛；子房上部被长柔毛，花柱细长，仅下部被毛。 花期7～8月。

产青海：班玛（马柯河林场，王为义等27387）。生于海拔3 200～3 450 m的河谷山坡草地、沟谷山地高寒草甸。

分布于我国的青海、西藏、云南、四川、贵州。

12. 马先蒿属 **Pedicularis** Linn.

Linn. Sp. Pl. 607. 1753.

多年生或一年生草本，干时变黑或否。根在多年生种类常为肉质、粗壮，在一年生种类则多少木质化而细。茎圆柱形和稍呈四棱形，常中空，单一和从基部分枝，有时上部具分枝。叶互生、对生或轮生，边缘羽裂，具锯齿，稀全缘。花序总状、穗状或花序短缩而为头状，稀单生于叶腋，常离心开放或向心开放；苞片如叶，通常羽状分裂或掌状分裂，亦有基部膨大全缘者；花萼管状或钟形，前方开裂或不开裂，齿5枚或退化为2～3枚；花冠二唇形，管部有时伸直，或在基部或近端处向前膝曲，瓣片5枚，其远轴的3枚结合为下唇，下唇具各种变化，而近轴的2枚结合为上唇，上唇盔形，其端无喙至有喙，有时其端下缘有须毛或具齿，喙变化很大，伸直或有各种形式的弯曲或扭转；雄蕊4枚，2强，花丝无毛，或1对或全部被毛，花药2室，药室分离，相等而并行，基部有时具刺尖；花柱细长，柱头头状。蒴果室背开裂，2室，常不等大。种子表面有各种形式的网纹。

有500种以上。产北半球，多数种类生于寒带及高山地带。约2/3的种类产于我国，有340余种，主要分布于西南山区；昆仑地区产48种，6亚种，5变种，1变型。

分种检索表

1. 叶互生，或至少上部者互生。
2. 花冠盔部下缘被密的或疏的长须毛；植株地下部分通常有密生1丛须状侧根的根颈，其下连接1至数条细长鞭状根茎。
3. 盔端具喙状小凸尖至有短喙；花黄色；植株通常高大。
4. 花粗大，长3 cm以上；盔端略具喙状小凸尖；花丝2对均仅在基部被密毛 …………………………………………………… **1. 阴郁马先蒿 P. tristis** Linn.
4. 花较小，长不超过3 cm；盔端突缩成小凸喙或渐狭为短喙；花丝2对无毛或仅1对被毛。
5. 叶片披针状线形，宽达20 mm，羽状深裂，裂片具重锯齿；花萼较短，长5.0～7.5 mm …………………………… **2. 粗野马先蒿 P. rudis** Maxim.
5. 叶片线形，宽5～12 mm，边缘有小缺刻状重锯齿；花萼较长，长9～16 mm。
6. 花萼密被粗毛或多细胞长毛，萼齿具细锯齿 ………………………………………………………………………… **3. 硕大马先蒿 P. ingens** Maxim.
6. 花萼无毛或仅脉上被稀疏短毛，萼齿全缘 …………………………………………………………… **4. 假硕大马先蒿 P. pseudo-ingens** Bonati
3. 盔端具长喙；花红色或黄色；植株通常较矮。
7. 花管在近基部强烈向前弓曲；盔全部密被紫红色多细胞长柔毛；喙端向后方 ………………………………………… **5. 毛盔马先蒿 P. trichoglossa** Hook. f.
7. 长管直立或稍弯曲；盔仅部分被黄色或紫红色柔毛；喙端指向前方。
8. 叶片羽状全裂；盔的颏部与额部及下缘均密被紫色多细胞长柔毛，喙端有刷毛1丛 ………………………… **6. 绒舌马先蒿 P. lachnoglossa** Hook. f.
8. 叶片边缘有重齿或羽状浅裂至中裂；喙端没有毛丛。
9. 花黄色；盔的额部及颏部均密被黄色柔毛 ………………………………………………………………………… **7. 毛颏马先蒿 P. lasiophrys** Maxim
9. 花紫红色；盔的背部无毛，仅下缘疏被须毛 ……………………………………………………………………… **8. 灰色马先蒿 P. cinerascens** Franch.
2. 花冠盔部下缘无长须毛；植株亦不具上述地下部分。
10. 盔端或下缘具齿1对；花淡黄色或黄色；下唇中裂片基部有明显褶襞，2条通向喉部。
11. 叶片一回羽状分裂，裂片线状披针形，边缘有锯齿；下唇短于盔，长约

5 mm；花管较细，径约 2.5 mm …… **9. 准噶尔马先蒿 P. songarica** Schrenk

11. 叶片二回羽状分裂，第一回羽状全裂，第二回羽状全裂或深裂；下唇与盔近等长，长 10～13 mm。

12. 花萼外面密被白色长柔毛，萼齿 5 枚，各自独立，披针状线形，具锐齿；花序紧密，密被白色长柔毛 ………… **10. 黄花马先蒿 P. flara** Pall.

12. 花萼外面疏被长毛，萼齿其两侧者并成 1 大齿，三角形，全缘；花序始密而后疏离，近无毛 ……… **11. 长根马先蒿 P. dolichorrhiza** Schrenk.

10. 盔端无齿；花红色或黄色；下唇中裂片基部通常无褶襞。

13. 花冠管部短或伸长，通常其长度不超过花萼的 2 倍。

14. 盔额圆形，端有稍三角形凸尖；花黄白色，盔端紫褐色；花萼前方不裂，外面密被长柔毛；根多数，肉质，稍纺锤形 …………………………………………………………………… **12. 欧氏马先蒿 P. oederi** Vahl

14. 盔端渐狭成喙，喙直伸或为各种形式扭曲。

15. 花冠管长于萼近 1 倍；花萼常有紫红色斑；齿 5 枚；喙长达 7 mm，作半环状卷曲；花丝前方 1 对被毛 ………………………
13. 拟鼻花马先蒿 P. rhinanthoides Schrenk ex Fisch. et C. A. Mey.

15. 花冠管与萼近等长；花萼密被短毛，无斑，齿 3 枚；喙长约 4 mm，不卷曲，但因盔自基部向右扭折使喙端指向上方；花丝 2 对均被毛 ………………………… **14. 西藏马先蒿 P. tibetica** Franch.

13. 花冠管部伸长，通常其长度至少为花萼的 2 倍以上。

16. 植株柔弱，茎多数丛生，分枝多而细长，常铺地生长；花红色或紫红色，下唇近喉部白色，具长达 2 cm 的梗；萼齿 5 枚 …………………………………………………… **15. 藓生马先蒿 P. muscicola** Maxim.

16. 植株直立，有时几无茎，但其花葶或总梗也是直立的；花黄色或紫红色，具长 1.5 cm 以下的梗。

17. 叶片羽状浅裂；花紫红色，喉部常为黄白色；萼齿 5 枚；喙向前下方伸直，端 2 深裂 ………… **16. 青藏马先蒿 P. przewalskii** Maxim.

17. 叶片羽状深裂；花黄色；萼齿 2～3 枚；喙多少卷曲或弓曲，端微裂或浅裂。

18. 盔额有高凸的三角形鸡冠状突起；花萼外面通常光滑或有时微被毛 …………………… **17. 凸额马先蒿 P. cranolopha** Maxim.

18. 盔额不具鸡冠状突起；花萼外面通常被毛。

19. 植株近无毛；花冠下唇狭小，长约 11 mm，宽达 20 mm，3 枚裂片先端均有明显凹缺 …………………………………………………… **18. 长花马先蒿 P. longiflora** Rudolph

19. 植株被毛；花冠下唇通常较宽大，3 枚裂片先端圆钝或平截，绝不凹缺。

20. 下唇中裂片前缘与侧裂片并齐，不向前凸出；一年生草本，仅茎上部沟中被毛线 ……………………………………………… **19. 中国马先蒿 P. chinensis** Maxim.

20. 下唇中裂片向前凸出；多年生草本，全株密被短毛。

21. 叶片及萼齿上的锯齿均有硬刺尖；盔较粗壮，其较宽的含雄蕊部分在中部以直角向前弓曲，前端渐狭为向下卷曲成环状的喙，喙长达 15 mm ………………… **20. 刺齿马先蒿 P. armata** Maxim.

21. 叶片及萼齿上的锯齿无硬刺尖；盔细弱，全部为马蹄状弓曲，喙与盔近等长，长约 6.5 mm …………………… **21. 二齿马先蒿 P. bidentata** Maxim.

1. 叶对生或轮生。

22. 叶全部对生，稀下部叶有轮生（如狭叶马先蒿 **P. heydei**）。

23. 盔端不伸长为喙，而下缘有 3～4 枚小齿；花黄色 ……………………………………………………… **22. 琴盔马先蒿 P. lyrata** Prain ex Maxim.

23. 盔端伸长为喙，无齿；花红色。

24. 喙长，长约 15 mm，全部为环状卷曲；叶片狭长圆状披针形，长 3～5 cm，羽状浅裂，裂片具重锯齿；花冠下唇中裂片前端不为兜状………………………………………………… **23. 全叶马先蒿 P. integrifolia** Hook. f.

24. 喙短，长 5～8 mm，稍向下弯曲；叶片长圆形或狭披针形至线形，较短小，长 0.7～1.8 cm，羽状深裂至全裂；花冠下唇中裂片前端为兜状。

25. 叶片线形，具 8～10 对裂片；花冠下唇中裂片基部两侧有 2 条褶襞通向喉部；盔直立部分无耳状突起；花丝 2 对均无毛 ……………………………………………………………… **24. 狭叶马先蒿 P. heydei** Prain

25. 叶片长圆形，具 5～7 对裂片；花冠下唇中裂片基部无褶襞；盔直立部分前缘近端处具圆形耳状突起 1 对；花丝 1 对被疏毛 ……………………………………………………… **25. 团花马先蒿 P. sphaerantha** Tsoong

22. 叶常 3 枚以上轮生（至少茎上部叶是轮生的）。

26. 盔端无喙，有时仅为小凸尖或方形转角。

27. 盔端下缘有 1 对齿；花红色，下唇中裂片完全向前凸出，兜状，基部有明显的 2 条褶襞 ……………………… **26. 多花马先蒿 P. floribunda** Franch.

27. 盔端无齿。

28. 花管在中部或近顶端处而多在萼口或萼齿以上膝曲。

29. 花萼与花序密被绵毛；基生叶通常发达成丛并宿存。

30. 植株一般高大，高达 60 cm；茎直立；花序的花轮间距疏远；花萼被白色绵毛，但不是很厚密 ………………………………………………… **27. 三叶马先蒿 P. ternate** Maxim.

30. 植株较低矮，高约 12 cm；茎斜升；花序密集；花萼密被很厚的白色绵毛 ………… **28. 绵穗马先蒿 P. pilostachya** Maxim.

29. 花萼与花序无毛或被毛，其毛非绵毛状而厚密。

31. 花管在中上部或在萼齿以上稍膝曲；根肉质，粗壮；植株一般较低矮，高 6～10 cm；花粉红色；花丝前方 1 对被疏毛 ………………………… **29. 西敏诺夫马先蒿 P. semenovii** Regel

31. 花管在近端处膝曲；根非肉质，不增粗；植株较高，高 12～54 cm。

32. 花粉红色，长 14～20 mm；花管与花萼近等长；花丝 2 对均无毛 …………… **30. 短唇马先蒿 P. brevilabris** Franch.

32. 花淡黄色，长 20～25 mm；花管长几等于花萼近 2 倍；花丝 1 对疏被毛 ………… **31. 细根马先蒿 P. ludwigii** Regel

28. 花管在中部以下或近基部而在萼中膝曲。

33. 花黄色，较大，长约 2 cm；盔的前缘有明显的内褶，颏部有皱褶；雄蕊药室具刺尖，花丝无毛 ……………………………………………………………………… **32. 皱褶马先蒿 P. plicata** Maxim.

33. 花通常为红色，稀白色，一般较小，长不达 2 cm；盔通常没有内褶，颏部亦无皱褶。

34. 花萼前方明显开裂。

35. 苞片羽状全裂或仅具锯齿；萼齿常偏聚后方，其前侧方者与后侧方者合并成 1 大齿，三角形，全缘 ………………………………………… **33. 轮叶马先蒿 P. verticillata** Linn.

35. 苞片至少中部以上者亚掌状 3～5 裂；萼齿不偏聚后方，独立，5 枚。

36. 植株低矮，高 1.5～2.5 cm；花较小，长 8～9 mm；花管在近基部向前膝曲；盔端具短喙状凸尖；花丝 2 对均无毛 ………… **34. 儒侏马先蒿 P. pygmaea** Maxim.

36. 植株较高升，高 8～30 cm；花较大，长约 17 mm；花管在近中部向前膝曲；盔端无凸尖；花丝前方 1 对被微毛 …………… **35. 堇色马先蒿 P. violascens** Schrenk

34. 花萼前方不开裂或稍微开裂。

37. 叶片羽状浅裂至半裂，裂片端钝具锯齿；苞片中上部者三角状披针形或三角状卵形，被长白毛，端常有红晕；花丝 2 对均无毛 ……………………………………………… **36. 四川马先蒿 P. szetschuanica** Maxim.

37. 叶片羽状深裂至全裂，裂片再深裂或具缺刻状锯齿；苞片非三角状披针形，没有红晕。

38. 茎通常紫黑色；根多少胡萝卜状肉质；苞片羽状深裂；花萼长 8～11 mm；花丝 2 对均无毛 …………

………………………… **37. 草甸马先蒿 P. roylei** Maxim.

38. 茎通常草绿色；根多少木质化；苞片向上渐为亚掌状 3 裂；花萼长 4～6 mm；花丝 1 对上部被长毛

…………………… **38. 甘肃马先蒿 P. kansuensis** Maxim.

26. 盔端明显有喙。

39. 盔端具长喙，喙明显长于含雄蕊的部分。

40. 花萼前方开裂至 1/2，其齿偏聚于后方；花黄色（变种为紫红色）；喙扭卷成半环状，其端指向前上方，盔因直立部分的扭折，使其顶向右下方；花丝 2 对均在中部以下被长柔毛 ……………………

……………………………… **39. 半扭卷马先蒿 P. semitorta** Maxim.

40. 花萼前方不裂，其齿不偏聚后方；花紫红色；喙弯曲，不扭卷，其端指向喉部；花丝 2 对均无毛 ……………………………………

…………………………… **40. 拟篦齿马先蒿 P. pectinatiformis** Bonati

39. 盔端具短喙，喙明显短于含雄蕊的部分，或最多约略相等。

41. 花管在花萼管内膝曲；花丝 2 对均上部无毛，仅基部及着生处微被毛；基出叶多宿存。

42. 喙不明显或明显呈圆锥状，长约 1 mm；花萼脉上密被长毛

…………………… **41. 碎米蕨叶马先蒿 P. cheilanthifolia** Schrenk

42. 喙明显，细而直，长 1～2 mm；花萼脉上无毛或疏被长毛 …

……………………………………… **42. 鸭首马先蒿 P. anas** Maxim.

41. 花管在花萼口处及萼齿以上或近端处弯曲，或伸直不弯（仅弯管马先蒿 **P. curvituba** 在萼内膝曲）；花丝 2 对均被毛或 1 对被毛。

43. 盔的直立部分很长，长约 12 mm，含雄蕊部分特别发达粗壮，前端突然狭缩成很短的喙，喙长约 1 mm；花玫瑰红色，下唇 3 裂片边缘具啮蚀状齿，顶端均具小突尖 ……………………

…………………………… **43. 鹅首马先蒿 P. chenocephala** Diels

43. 盔的直立部分较短，常在 10 mm 以下，含雄蕊部分不甚发达，喙较长，长（1.5）3.0～7.0 mm；花黄色或紫红色。

44. 花紫红色，管部伸直；盔的额部具明显的鸡冠状突起；喙长 6～7 mm ……………………………………………………

……………… **44. 具冠马先蒿 P. cristatella** Pennell et Li ex Li

44. 花黄色，管部弯曲；盔的额部不具鸡冠状突起；喙长 1.5～3.0 mm。

45. 花较小，长 10～12 mm；花萼前方稍微开裂；喙与含雄蕊的部分等长，长达 3 mm ………………………

………………………… **45. 鹬形马先蒿 P. scolopax** Maxim.

45. 花较大，长 15～22 mm；花萼前方开裂 1/3～1/2；喙显较含雄蕊的部分为短，长 1.5～3.0 mm。

46. 苞片明显，通常长于花或等长于花；下唇中裂片小，近菱形；花丝前方 1 对被长柔毛 ……………
…………… **46. 阿拉善马先蒿 P. alaschanica** Maxim.

46. 苞片不明显，通常短于花；下唇中裂片宽椭圆形；花丝 2 对均被长柔毛。

47. 基生叶丛密而宿存；茎上部决不分枝；萼前方开裂 1/2 或更多，沿各齿内缘及缺口内缘均被密长毛；花管约在中部萼口处膝曲 …………
47. 假弯管马先蒿 P. pseudocurvituba Tsoong

47. 基生叶早落；茎任意生出短枝；萼前方开裂不达1/3，内面无毛或稍被缘毛；花管在中部以下萼内膝曲 ………………………………………
…………… **48. 弯管马先蒿 P. curvituba** Maxim.

1. 阴郁马先蒿 图版 64：1～3

Pedicularis tristis Linn. Sp. Pl. 608. 1753；Maxim. in Bull. Acad. St.-Pétersb. 32：567. f. 65. 1888；Li in Proc. Acad. Nat. Sci. Philad. 101：61. f. 126. 1949；Vved. in Kom. Fl. URSS 22：736. 1955；中国植物志 68：40. 1963；Smiotr. in Pavl. Fl. Kazakh. 8：128. t. 8. f. 7. 1965；青海植物志 3：214. 图版 47：9～11. 1996；青藏高原维管植物及其生态地理分布 874. 2008.

多年生草本，高 10～45 cm。生于根颈之上的根须状成圆丛，根颈下接细长鞭状根茎，深入地下的粗根红黄色，长且肉质萝卜状。茎直立，粗壮，中空，有被毛的纵条纹，通常不分枝。叶互生，无叶柄；叶片线状披针形，长达 8 cm，宽达 2 cm，羽状深裂，裂片三角形至卵形，边缘具刺尖的重锯齿，下面中脉被毛，上面全被白毛。花序总状，花疏密不等，下方者常远距；苞片三角状卵形，被毛；花萼狭钟形，长 1.4～2.1 cm，外面常被密毛，齿 5 枚，裂片裂至近 1/2，线状披针形，几相等，有时后方 1 枚较小，全缘或微具齿；花冠黄色，长 3.0～4.5 cm，管部稍稍超出萼齿，外面被毛，里面被疏密不等的毛，上唇与盔向相反方向扭旋（野外记录），下唇 3 裂，稍微开展，略长于盔，具 2 条通向喉部的褶襞，盔弓曲，端钝且有喙状小凸尖，下缘有稠密的长须毛；雄蕊花丝 2 对仅在基部被密毛；花柱自盔端伸出，长短不等。 花期 7～8 月。

产青海：玛沁（军功乡，H. B. G. 252；大武乡，H. B. G. 524；黑土山，吴玉虎等 5756）、达日（吉迈乡、H. B. G. 1298）、甘德（青珍乡，吴玉虎 25716）、久治（希门错湖畔，果洛队 457、藏药队 563；索乎日麻乡，藏药队 450、果洛队 260；哇尔依乡，吴玉虎 26665、26688)。生于海拔 3 450～4 350 m 的沟谷山坡高山灌丛、山地高寒草甸、河谷山坡草地。

甘肃：玛曲（欧拉乡，吴玉虎 31973)。生于海拔 3 320 m 左右的沟谷山地高寒草甸、山坡高寒灌丛草甸。

分布于我国的甘肃、青海、四川西部、山西；俄罗斯，哈萨克斯坦，蒙古也有。

青藏高原生物标本馆馆藏昆仑地区的本种标本，其性状与《中国植物志》的描述有下列明显不同：花管下唇中裂片两侧后方与侧裂片相接处有 2 条明显的褶襞；雄蕊花丝 2 对仅基部或着生处被密毛。

2. 粗野马先蒿 图版 64：4～7

Pedicularis rudis Maxim. in Bull. Acad. Sci. St.-Pétersb. 24：67. 1877，et 32：568. f. 67. 1888；Pai in Contr. Inst. Bot. Nat. Acad. Peiping 2：219. 1934；Li in Proc. Acad. Nat. Sci. Philad. 101：64. f. 131. 1949；中国植物志 68：43. 图版 4：4～6. 1963；青海植物志 3：216. 图版 47：5～8. 1996；青藏高原维管植物及其生态地理分布 870. 2008.

多年生草本，高约 60 cm。根颈上密生须根，下面连着细长而鞭状的根茎，根粗壮呈萝卜形。茎直立，粗壮，中空，圆形，不分枝，被长柔毛。叶互生，茎生者发达，下部者较小而早枯，中部者最大；无柄而抱茎；叶片披针状线形，长达 10 cm，宽达 2 cm，羽状深裂至距中脉 1/3 处，两面疏被短毛，裂片长圆形至披针形，具重锯齿，齿有胼胝。花序长穗状，顶生，上部花密集，而下部疏距，密被多细胞腺毛；苞片下部者叶状，上部者渐变全缘且变短，稍长于萼；花萼狭钟形，长 5.0～7.5 mm，被白色多细胞腺毛，齿 5 枚，裂片近相等，卵形，边缘有锯齿；花冠淡黄色，长约 2.2 cm，外面密被多细胞长毛，管约长 12 mm，里面被毛，中部略向前弯曲，下唇裂片 3 枚均为卵圆形或倒卵形，均有多细胞长缘毛，中裂片稍大，在其两侧后方有 2 条通向花喉的褶襞，盔镰状弓曲向前，前部呈舟形，端略上仰成 1 小凸喙，下缘有多细胞长须毛；雄蕊花丝 2 对均无毛或仅在着生处有些毛；花柱不伸出喙端。 花期 7～8 月。

产青海：班玛（马柯河林场，王为义等 27045)。生于海拔 3 200～3 700 m 的沟谷山坡灌丛草地、河谷山坡高寒草地。

我国特有种。分布于我国的甘肃西部和西南部、青海、四川西部、内蒙古西部（阿拉善旗)。

采自青海班玛的标本“马柯河林场，王为义等 27045”，其下唇中裂片两侧后方明显有 2 条通向花喉的褶襞，这点与《中国植物志》的描述不同。

3. 硕大马先蒿 图版 64：8～11

Pedicularis ingens Maxim. in Bull. Acad. Sci. St.-Pétersb. 32：565. f.

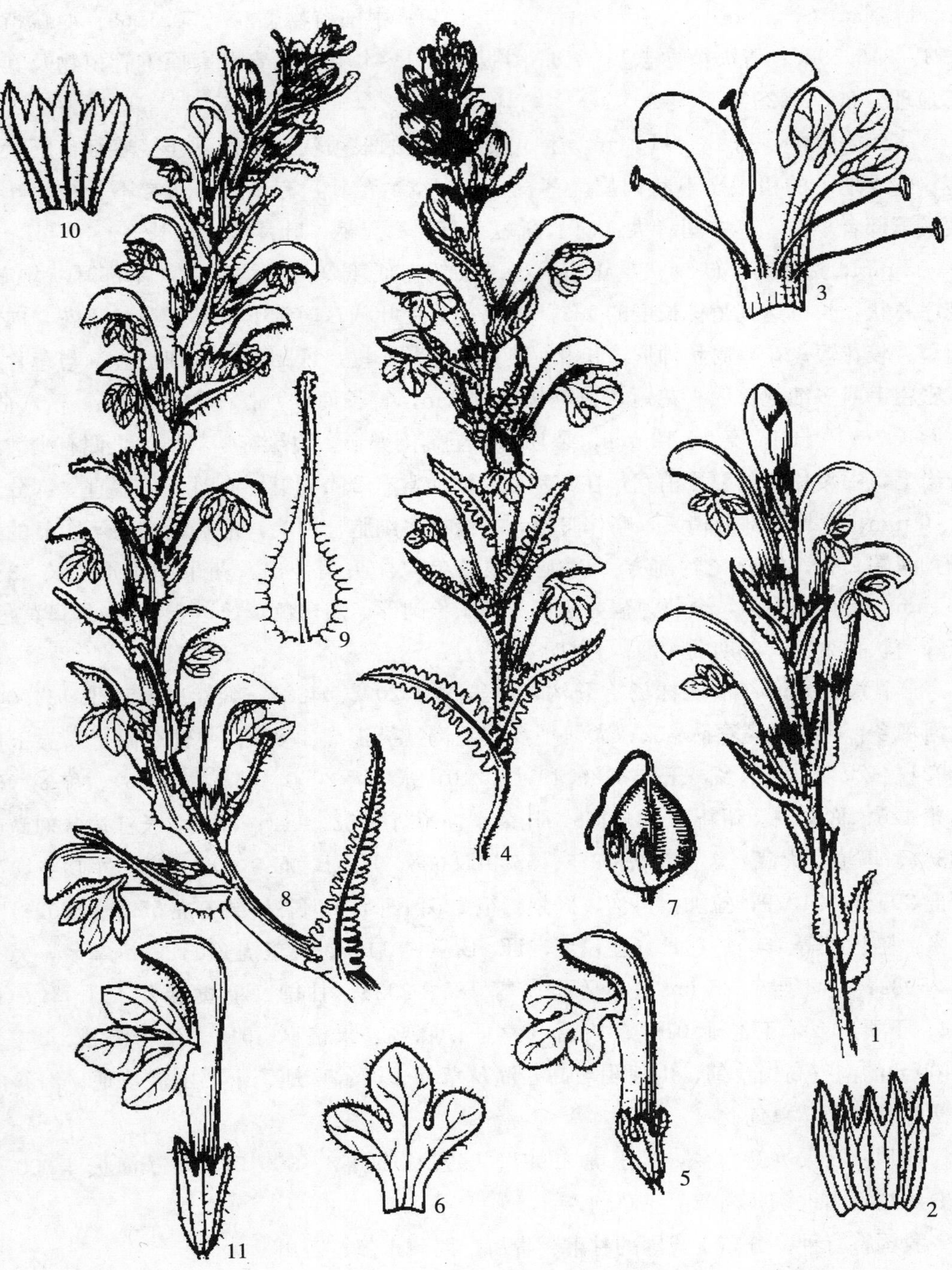

图版 **64** 阴郁马先蒿 **Pedicularis tristis** Linn. 1. 植株上部；2. 花萼；3. 花解剖。粗野马先蒿 **P. rudis** Maxim. 4. 植株上部；5. 花；6. 下唇；7. 果实（宿存花萼）。硕大马先蒿 **P. ingens** Maxim. 8. 植株上部；9. 苞片；10. 花萼展开；11. 花。（阎翠兰绘）

61. 1888；Pai in Contr. Inst. Bot. Nat. Acad. Peiping 2：212. 1934；Li in Proc. Acad. Nat. Sci. Philad. 101：68. f. 134. 1949；中国植物志 68：50. 1963；西藏植物志 4：346. 1985；青海植物志 3：216. 图版 47：1～4. 1996；青藏高原维管植物及其生态地理分布 860. 2008.

多年生草本，高 13～110 cm。生于根颈枝上的根须状，根颈下连接着细长鞭状根茎，深入地下的粗根萝卜状肉质。茎直立，中空，粗壮，有条纹，通常不分枝。叶互生，下部者早枯，茎中间者大，向上渐短为苞片；无柄；叶片线形，长 3～10 cm，宽 5～12 mm，边缘有小缺刻状重锯齿，齿端尖锐有胼胝，两面均无毛，基部耳状抱茎。花序总状，长可达到植株长度的 1/2，密集；苞片叶状，通常下部等于或长于花，向上渐短，较花短；花萼筒状钟形，长 9～16 mm，齿 5 枚，近相等，具细锯齿，与苞片同被密粗毛或多细胞长毛；花冠黄色，长 2～3 cm，管长而细，长 14～20 mm，稍弯曲，下唇长 7～10 mm，宽 9～12 mm，裂片卵形至阔倒卵形，边缘有啮状小齿，偶有少数具长缘毛，中裂片较侧裂片稍宽，在其基部后面通常有 2 条褶襞，有时无，盔直立部分长 3～6 mm，含雄蕊部分稍大，略作舟形，下缘有多细胞长须毛，前端渐细为不明显的短喙，喙端 2 裂；雄蕊花丝前方 1 对上端被疏毛；柱头稍伸出。蒴果卵圆形，长 13～16 mm，端有小尖头，全部为宿萼所包。种子长圆形，灰白色，长达 3 mm，种阜黄色，有蜂窝状孔纹。 花期 7～8 月，果期 8～9 月。

产青海：兴海（中铁林场恰登沟，吴玉虎 45209、44884、44881、45179、44906；大河坝乡，弃耕地考察队 332；大河坝乡赞毛沟，吴玉虎 47052；中铁乡附近，吴玉虎 42924、42937；河卡乡，王作宾 20149、20210，张珍万 2060、郭本兆 6256）、称多（郭本兆 426；称文乡，苟新京 83－163；扎朵乡，苟新京 83－112；称文乡长江边，刘尚武 2338）、玛沁（大武乡，吴玉虎 1365、5595、5636，H. B. G. 326、512；军功乡，吴玉虎 20687、21229；拉加得科沟，区划二组 205；西哈垄河谷，吴玉虎 5595、5662；雪山乡，陈世龙等 166）、达日（建设乡，H. B. G. 1105、吴玉虎 27112；满掌乡，吴玉虎 25982；达日县东 25 km 处，陈世龙等 185、292）、甘德（上贡麻乡，H. B. G. 954；下贡麻乡，丁经业 018）、久治（索乎日麻乡，果洛队 301）。生于海拔 3 260～4 400 m的沟谷高山草甸、山地阴坡高寒灌丛草甸、河谷草地、干旱山坡草地、沟谷山地阔叶林缘灌丛草甸。

四川：石渠（新荣乡，吴玉虎 29981、29990、29998、30015）。生于海拔 4 000 m 左右的沟谷山地柳属高寒灌丛草甸。

我国特有种。分布于我国的甘肃、青海、西藏东部、四川。

4. 假硕大马先蒿

Pedicularis pseudo-ingens Bonati in Not. Bot. Gard. Edinb. 8：135. 1913；Li in Proc. Acad. Nat. Sci. Philad. 101：70. f. 136. 1949；中国植物志 68：52. 1963；青

海植物志 3：216. 1996；青藏高原维管植物及其生态地理分布 868. 2008.

多年生草本，高约 40 cm。根颈周围密生 1 丛须状侧根，下连细长的鞭状根茎，其下深入地下的粗根茎未采到。茎直立，粗壮，不分枝，有条纹，被稀疏毛。叶互生，密集，茎中部者最大，上部者渐小而为苞片，基部者稀疏而小；无柄；叶片线形，长 4～8 cm，宽达6 mm，边缘有小缺刻状重锯齿，齿端具胼胝和刺尖，两面均无毛，上部叶片基部耳状抱茎。花序总状，密集；苞片叶状，下部者长于花，向上渐短，仅稍长于萼，基部扩大，长三角状披针形，密被长缘毛；花萼筒状钟形，长达 13 mm，无毛或仅脉上被稀疏短毛，齿 5 枚，裂片近等长，长三角状披针形，长约 3 mm，全缘，被长缘毛；花冠黄色，长约 25 mm，管近直立，长于萼，长约 16 mm，无毛，下唇稍平展，长约 10 mm，宽约 15 mm，裂片近卵形或倒卵形，顶端锐尖，中裂片稍宽，盔的直立部分近端处向前弓曲，指向前上方，含雄蕊的部分下缘有多细胞长须毛，向前下方渐细成短喙；雄蕊花丝前方 1 对上端被疏毛。 花期 7～8 月。

产青海：玛沁（雪山乡，玛沁队 387）。生于海拔 3 600 m 左右的河谷滩地高寒灌丛草甸、沟谷山坡高寒草甸。

我国特有种。分布于我国的青海、云南西北部。

5. 毛盔马先蒿 图版 65：1～3

Pedicularis trichoglossa Hook. f. Fl. Brit. Ind. 4：310. 1884；Maxim. in Bull. Acad. Sci. St.-Pétersb. 32：566. f. 33. 1888；Li in Proc. Acad. Nat. Sci. Philad. 101：74. f. 140. 1949；中国植物志 68：55. 1963；西藏植物志 4：350. 1985；青海植物志 3：217. 图版 48：1～3. 1996；青藏高原维管植物及其生态地理分布 873. 2008.

多年生草本，高 35～40 cm。根须状丛生于下接细长鞭状根茎的根颈上，根茎有节，节上生有膜质的卵状披针形鳞片，深入地下的粗根萝卜状肉质。茎直立，不分枝，有沟纹，沟中有成纵条的毛。叶互生，下部者最大，基部渐狭为柄，向上渐小，无柄而抱茎；叶片线状披针形至窄长圆形，长 2.5～7.5 cm，宽约 7 mm，羽状浅裂，裂片端有重细齿，两面无毛。花序总状，排列较疏，长达 15 cm，轴密被多细胞长毛；苞片下部者叶状，稍长于花萼，上部者为卵状披针形，近等长于花萼，边缘具重齿，密被多细胞长柔毛；花萼钟形，长约10 mm，外面密被紫红色多细胞长毛，前方稍稍开裂，齿 5 枚，裂片三角状卵形，近等大，长约 5 mm，缘有疏齿；花管紫红色，长约 15 mm，管在近基部弓曲，使花全部自萼开裂处强烈地前俯，无毛，下唇宽过于长，3 裂，中裂片圆形，侧裂片似肾形，与中裂片两侧重叠，盔强烈弓曲，全部密被紫红色多细胞长柔毛，先端渐尖为细长无毛且转指后方的喙；雄蕊花丝 2 对均无毛，仅在着生处被柔毛；花柱伸出喙端。蒴果黑色，无毛，宽卵形，略伸出于宿存的萼，长约 14 mm。种子灰白色，形状不规则，直径约 2.5 mm，表面有蜂窝状网纹。 花期 7～8 月，果期 8～9 月。

产青海：称多（歇武乡，刘尚武 2496，刘有义 83-339）、久治（智青松多沙柯河，藏药队 857)。生于海拔 3 500～4 400 m 的沟谷山坡高寒灌丛草甸、河谷阶地高寒草甸、溪流河谷滩地、山地高寒草甸。

分布于我国的青海、西藏、云南西北部、四川西部；印度东北部和西北部的库茂恩，尼泊尔也有。

6. 绒舌马先蒿 图版 65：4～7

Pedicularis lachnoglossa Hook. f. Fl. Brit. Ind. 4：311. 1884；Maxim. in Bull. Acad. Sci. St.-Pétersb. 32：562. f. 55. 1888；Pai in Contr. Inst. Bot. Nat. Acad. Peiping 2：213. 1934；Li in Proc. Acad. Nat. Sci. Philad. 101：76. f. 142. 1949；中国植物志 68：67. 图版 9：1～3. 1963；西藏植物志 4：348. 图 155：1～3. 1985；青海植物志 3：220. 图版 48：12～15. 1996；青藏高原维管植物及其生态地理分布 862. 2008.

多年生草本，高约 30 cm，干时变黑。根肉质，萝卜状；根颈上具残存枯叶柄。茎自根茎顶端抽出，多条，直立，有条纹，被褐色柔毛。叶多基生成丛，茎生者互生，很不发达，有时仅 1～2 枚；叶柄扁平，长 3～6 cm，基部鞘状变宽，具缘毛；叶片线状披针形，长4～9 cm，宽 0.6～0.8 cm，羽状全裂，裂片线形，多达 50 对，以中部者为最长，缘羽状裂至为钝齿，齿有胼胝。花序总状，顶生，长约 15 cm，花有疏距；苞片窄披针形，长渐尖，边缘齿翻卷，下部者长于花，上部者短于花；花萼圆筒状长圆形，长约 9 mm，在前方稍开裂，脉上疏被长毛或无毛，齿 5 枚，线状披针形，全缘或有不明显锯齿，被紫色长缘毛；花冠淡紫红色至紫红色，长 13～15 mm，管部圆筒状，中部以上向前稍弓曲，下唇 3 深裂，裂片卵状披针形，近等大，被长而密的浅红褐色缘毛，盔在含有雄蕊的部分突然转折而指向前下方，其颏部与额部及其下缘均密被紫色多细胞长柔毛，喙细直，长 3～4 mm，下缘被长毛，而毛被在喙端呈丛状；雄蕊花丝 2 对均无毛；花柱不伸出或伸出喙端。 花期 7 月。

产青海：班玛（马柯河林场，王为义等 26744)。生于海拔 3 500 m 左右的沟谷山坡林缘草甸、山坡高寒草甸、河谷山地高寒灌丛草地。

分布于我国的青海、西藏、云南东北部及四川西部；印度东北部也有。

7. 毛颏马先蒿 图版 65：8～11

Pedicularis lasiophrys Maxim. in Bull. Acad. Sci. St.-Pétersb. 24：68. 1877；Pai in Contr. Inst. Bot. Nat. Acad. Peiping 2：214. 1934；中国植物志 68：57. 图版 5：3～5. 1963；青海植物志 3：219. 图版 48：4～7. 1996；青藏高原维管植物及其生态地理分布 862. 2008.

多年生草本，高 5～25 cm。丛生于根颈周围的根须状，下连细长鞭状的根茎，而深入地下的粗根茎未见。茎直立，不分枝，有条纹，沿条纹被卷曲毛。叶互生，下部者

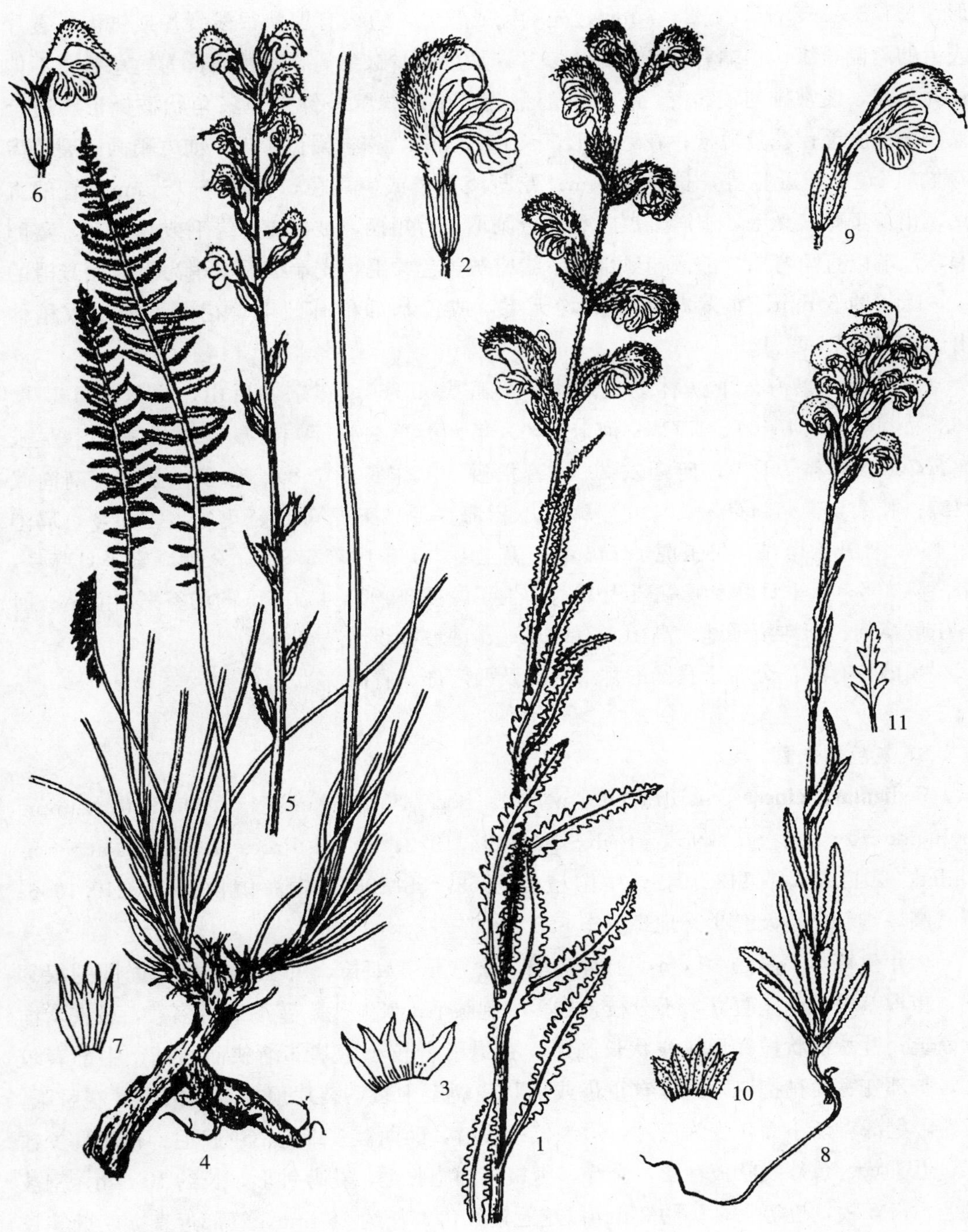

图版 **65**　毛盔马先蒿 **Pedicularis trichoglossa** Hook. f. 1. 植株上部；2. 花；3. 花萼展开。绒舌马先蒿 **P. lachnoglossa** Hook. f. 4. 植株部分；5. 花序；6. 花；7. 花萼展开。毛颏马先蒿 **P. lasiophrys** Maxim. 8. 植株；9. 花；10. 花萼展开；11. 苞片放大。（王颖绘）

发达，有短柄，向上渐疏且变小，无柄，中上部几无叶；叶片线状披针形或线状长圆形，长1.5～3.5 cm，宽 2～7 mm，先端钝或急尖，边缘有羽状很浅裂片或锯齿，裂片或齿的两侧全缘，顶端有重齿或很小裂片，两面多少被毛。花序稍伸长为短总状或不伸长为头状，通常排列较紧密，有时下部稍疏；苞片线状披针形至三角状披针形，边全缘，密被腺毛；花具短梗；花萼钟形，长 6～8 mm，密被褐色腺毛，前方稍微开裂，齿 5 枚，三角形，近相等，长3～4 mm；花冠淡黄色或鲜黄色，长 13～15 mm，管部直立，稍长于萼，无毛，下唇开展，裂片近圆形，有短柄，被极疏的缘毛或无缘毛，盔卵形，顶端以直角弯曲，前额与颏部及下缘密被黄色柔毛，先端细缩成稍为下弯而光滑的喙，喙长约 3 mm；雄蕊花丝 2 对均无毛，或仅基部稍有疏毛；花柱不伸出或稍伸出。　花期 7～8 月。

产青海：兴海（中铁林场卓琼沟，吴玉虎 45760；赛宗寺后山，吴玉虎 46376、46385、46395、46404、47717；河卡山，采集人不详 404；河卡乡，郭本兆 6232、吴玉虎 28708；河卡日干山，何廷农 259；青根桥，王作宾 20158)、称多（县城，刘尚武 2427；扎朵乡，苟新京 83－296)、玛多（黑海乡，吴玉虎 691)、玛沁（雪山乡，玛沁队 453；江让水电站，吴玉虎 18746 甲；黑土山，吴玉虎等 5782)、久治（索乎日麻乡，果洛队 365；索乎日麻乡，藏药队 492)。生于海拔 3 400～4 700 m 的沟谷高山灌丛、河谷山坡草甸、河滩沼泽地、高山砾石坡草地、山坡林缘灌丛草甸。

我国特有种。分布于我国的甘肃西部及西南部、青海。

8. 灰色马先蒿

Pedicularis cinerascens Franch. in Bull. Soc. Bot. France 47：30. 1900；Limpr. in Fedde Repert. Sp. Nov. Beih. 12：484. 1922；Li in Proc. Acard. Nat. Sci. Philad. 101：78. f. 143. 1949；中国植物志 68：58. 1963；青海植物志 3：219. 1966；青藏高原维管植物及其生态地理分布 855. 2008.

多年生草本，高约 10 cm，干时变黑。鞭状根茎细长，生于其上根颈周围的根须状，粗根茎未见。茎直立，不分枝，被多细胞腺毛。叶互生，茎下部者多数，较密，向上渐疏；叶片线状披针形或线状长圆形，在最下者较小，基部渐狭而为柄，中部者较大，基部变宽而稍抱茎，边缘有重齿或羽状浅裂至中裂，裂片顶端有疏圆齿并有胼胝，反卷，上部者渐小而转变为苞片，边缘仅有浅齿，两面被多细胞白色腺毛。花序具少数花，近头状；苞片线状披针形，全缘，密被多细胞腺毛；花萼钟形，长约 10 mm，密被腺毛，齿 5 枚，近等大，长约 3 mm；花冠紫红色，长约 16 mm，管部近直立，近等长或稍长于花萼，下唇深 3 裂，裂片宽倒卵形，有明显短柄，盔含有雄蕊的部分卵形，以直角自直立部分转折，背部无毛，仅下缘疏被多细胞须毛，前端渐缩为喙，盔加喙共长约 5 mm；雄蕊花丝 2 对无毛；花柱不伸出或稍伸出喙端。　花期 7 月。

产青海：达日县（采集地不详，中草药调查组 203)。生于海拔 4 000 m 左右的沟谷山地草坡上、山坡高寒草甸、河漫滩草地。

我国特有种。分布于我国的青海、四川西部。

仅有1份标本，非常近似毛颏马先蒿 *P. lasiophrys* Maxim. 但采集记录清楚写着花紫红色，而盔的前额与颏不被黄色的毛，仅下缘有疏须毛，因目前资料不足，暂归本种。

9. 准噶尔马先蒿 图版 66：1～2

Pedicularis songarica Schrenk in Bull. Phys.-Math. Acad. St.-Pétersb. 1：79. 1842；Vved. in Kom. Fl. URSS 22：753. 1955；中国植物志 68：226. 图版 52：4～5. 1963；Smiotr. in Pavl. Fl. Kazakh. 8：134. 1965；新疆植物志 4：414. 2004.

多年生草本，高 10～25 cm。根肉质，略纺锤形；根颈粗，具多数棕褐色、披针形膜质鳞片，长达 4 cm。茎单一或 2～3 条，圆筒形，中空，径达 5 mm，光滑，有时具紫红色斑。叶多基生，具长达 6 cm 的柄，柄扁平有膜质翅，茎生叶少数，互生，形同基生叶而较小，柄亦较短；叶片披针形，长达 8 cm，宽达 15 mm，羽状全裂，裂片线状披针形或卵状披针形，紧密排列成篦齿状，边缘有齿，齿端具胼胝质刺尖，两面无毛。花序顶生，穗状，密集多花；苞片下部者长于花，线状披针形或披针形，有时有紫红色斑，边有齿或近全缘；花萼管状，长 13～14 mm，主脉 5 条，被稀疏柔毛，有时有紫红色斑，齿 5 枚，三角状狭披针形，后方 1 枚最短，其余 4 枚较长，缘有细齿或近全缘，锐尖头，齿缘有毛；花冠淡黄色或黄色，长约 25 mm，管部狭长，长约 16 mm，径约 2.5 mm，无毛，下唇短于盔，长约 5 mm，侧裂片扁圆，略大于中裂片，后者卵形，其基部有明显的褶襞 2 条，通向喉部，盔略作镰状弓曲，长约8 mm，顶圆凸，前端与背线之端组成为基部宽而前方骤细且指向下后方的齿 1 对；雄蕊花丝着生于花管基部，前方 1 对上部被毛；花柱伸出。 花期 6～7 月。

产新疆：阿克陶（阿克塔什，青藏队吴玉虎 87178A、870239）。生于海拔 3 100～3 200 m的沟谷山地草甸、山坡云杉林下草地。

分布于我国的新疆；俄罗斯，哈萨克斯坦也有。

青藏高原生物标本馆馆藏的 2 号标本与《中国植物志》中该种的描述仅仅有 2 点不同：①植株的茎、苞片、花萼均有紫红色斑；②雄蕊花丝仅前方 1 对上部被毛，其他特征完全一样，暂归此种。

10. 黄花马先蒿

Pedicularis flava Pall. Reise. 3：736. t. R. f. 1. 1776；Maxim. in Bull. Acad. Sci. St.-Pétersb. 32：611. f. 153. 1888；Li in Proc. Acad. Nat. Sci. Philad. 101：20. f. 98. 1949；Vved. in Kom. Fl. URSS 22：760. 1955；中国植物志 68：231. 图版 53：1～2. 1963；内蒙古植物志 ed. 2. 4：319. 图版 126：3. 1993.

多年生草本，高 13～17 cm，干时不变黑色。根茎粗短，发出许多肉质的须根。茎从根茎发出多条，圆筒形，中空，基部多数宿存鳞片，被卷曲柔毛。叶多基生，具长柄达5 cm，宽扁而有翅，被卷曲柔毛，茎生叶少数，互生，柄较短；叶片线状长圆形或披针状长圆形，长约 6 cm，宽约 1.5 cm，羽状全裂，轴有狭翅，裂片披针形或狭卵形，羽状深裂，小裂片有锐锯齿，上面几无毛，下面被柔毛。花序穗状，紧密，密被白色长毛；苞片下部者叶状，向上基部变宽而稍膜质，上部 3 裂，中裂片很长，具缺刻状齿，疏被白毛；花萼卵状圆筒形，长13～16 mm，主脉 5 条，次脉较主脉细很多，无网纹，外面密被白色长柔毛，齿 5 枚，后方 1 枚小，锥形，全缘，其余披针状线形，具锐齿；花冠黄色，长达 25 mm，管部粗，长达 16 mm，径约 4 mm，下唇约与盔近等长，长约 13 mm，3 裂，中裂片较宽，斜椭圆形，盔粗壮，弓曲，与管等粗，额圆，向前下方倾斜再向下斜成 1 截形的短喙，其下角有细齿 1 对；雄蕊花丝前方 1 对上部被密毛，后方 1 对被疏毛。　花期 6 月。

产新疆：乌恰（吉根乡斯木哈纳，青藏队 870041A、870042）。生于海拔 3 200 m 左右的山沟湿润处、沟谷山坡草地。

分布于我国的新疆、内蒙古；蒙古，俄罗斯也有。

11. 长根马先蒿 图版 66：3～4

Pedicularis dolichorrhiza Schrenk in Bull. Phys.-Math. Acad. St.-Pétersb. 1：80. 1842；Maxim. in Bull. Acad. Sci. St.-Pétersb. 32：609. f. 146. 1888；Li in Proc. Acad. Nat. Sci. Philad. 101：18. f. 92. 1949；Vved. in Kom. Fl. URSS 22：257. 1955；中国植物志 68：235. 图版 54：1～2. 1963；Smiotr. in Pavl. Fl. Kazakh. 8：135. t. 14：7. 1965；新疆植物志 4：412. 图版 135：1～2. 2004；青藏高原维管植物及其生态地理分布 858. 2008.

多年生草本，高 10～55 cm，干时不变黑。根颈粗短，被膜质鳞片，向下生出多条根，根稍肉质。茎单一或自根颈发出 2～3 条，圆筒形，中空，被卷曲白毛，在花序中较密。叶互生，基生者成丛，早枯死，茎生者连叶柄长达 27 cm；叶片狭披针形，羽状全裂，长达15 cm，宽 2.5 cm，裂片披针形，羽状深裂，有胼胝质锐尖的锯齿，茎生叶向上渐小而叶柄渐短变为苞片。花序长穗状，始密集而后疏离；苞片下部者叶状，上部者 3 裂，中裂片披针形，有锯齿，侧裂片小呈齿状；花萼筒状钟形，膜质，长 8～13 mm，被疏长毛，有时有紫红色斑，前方稍微开裂，主脉 5 条，脉间无网络，齿 5 枚，很短，三角形，全缘，急尖，其两侧齿相并成 1 大齿，有缘毛；花冠淡黄褐色或淡黄色，长 18～28 mm，管部直立，长达 16 mm，里面中部前方被疏长毛，下唇长约 10 mm，3 裂，裂片倒卵形，中裂片小，长约为侧裂片的 1/2，基部两侧有明显的 2 条褶襞，通向花喉，盔约与下唇等长，直立部分长约 6 mm，向上较粗壮，向前作镰状弓曲，先端渐尖，为斜截形长约 3 mm 明显的喙，端 2 裂，裂片呈齿状；雄蕊花丝着生处

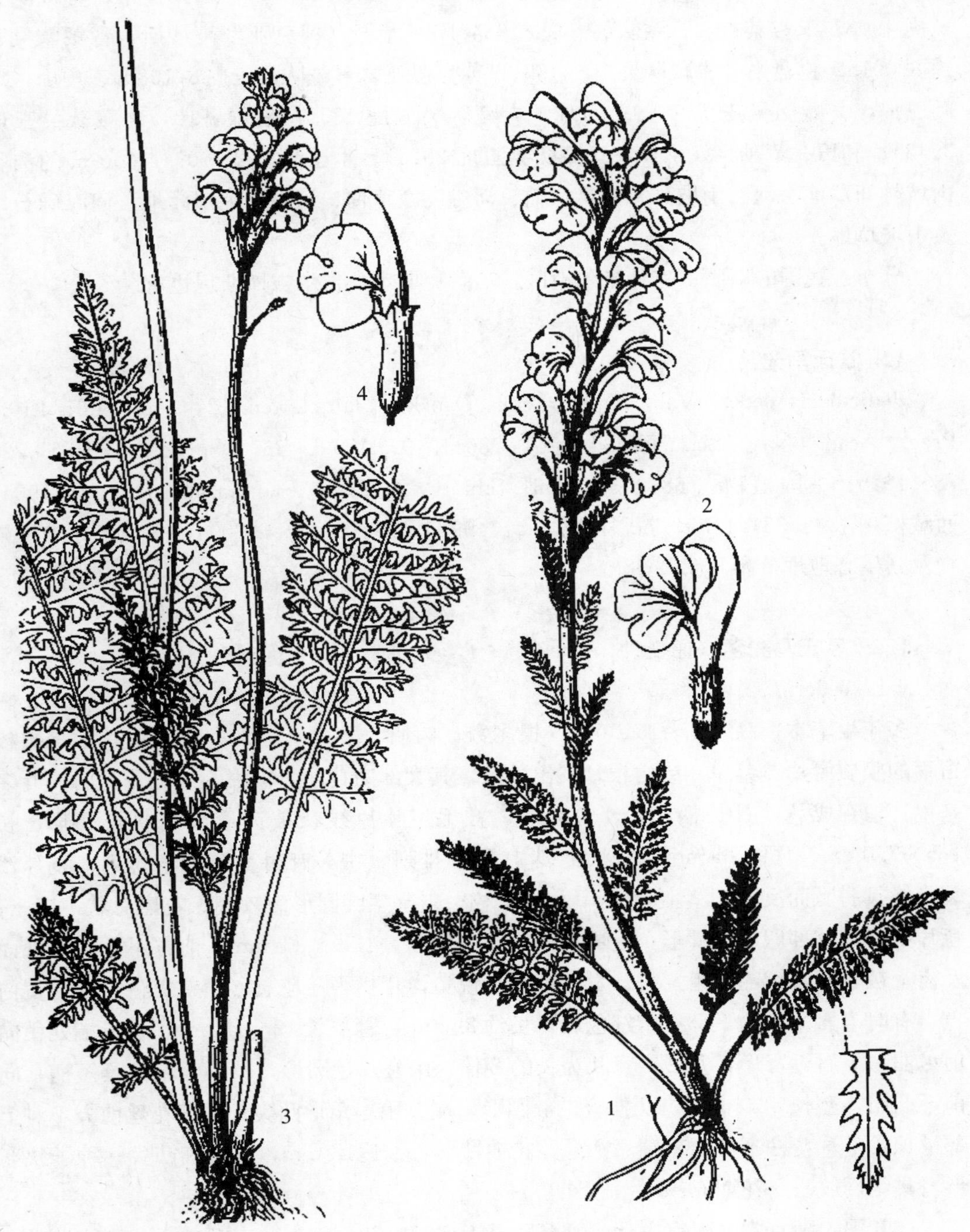

图版 **66** 准噶尔马先蒿 **Pedicularis songarica** Schrenk 1. 植株；2. 花。长根马先蒿 **P. dolichorrhiza** Schrenk 3. 植株；4. 花。（引自《新疆植物志》，谭丽霞绘）

被稀疏毛或无毛，前方1对被疏长毛；花柱伸出喙端。 花期6～8月，果期8～9月。

产新疆：塔什库尔干（克克吐鲁克，青藏队吴玉虎870521；红其拉甫，青藏队吴玉虎4908；卡拉其古，青藏队吴玉虎870548B）、叶城（柯克亚乡高沙斯，青藏队吴玉虎870915；棋盘乡，青藏队吴玉虎4691；苏克皮亚，青藏队吴玉虎871039）、皮山（垴阿巴提，青藏队吴玉虎2409；布琼，青藏队吴玉虎1851；喀尔塔什，青藏队吴玉虎3643）、和田、策勒（奴尔乡，青藏队吴玉虎2525）。生于海拔2 700～4 600 m的沟谷山坡林间草地、河谷山坡高寒灌丛草甸、河谷高寒草甸、河谷滩地沼泽地、河滩砾石地及山坡草地。

分布于我国的新疆；克什米尔地区，哈萨克斯坦，吉尔吉斯斯坦也有。

12. 欧氏马先蒿

Pedicularis oederi Vahl in Hornem. Dansk. Plantel. ed. 2：380. 1806；Li in Proc. Acad. Nat. Sci. Philad. 101：86. 1949；Vved. in Kom Fl. URSS 22：785. 1955；中国植物志 68：331. 1963；Smiotr. in Pavl. Fl. Kazakh. 8：142. 1965；西藏植物志 4：351. 1985；新疆植物志 4：409. 图版 135：5～6. 2004；青藏高原维管植物及其生态地理分布 865. 2008.

12a. 欧氏马先蒿（原变种）

var. **oederi**

多年生草本，高3.5～15.0 cm。根多数，肉质，多少纺锤形；根颈粗，常具数枚宿存的膜质鳞片。茎单一或由根颈发出数条，其大部为花序，被绵毛或近变光滑。叶多基生，宿存成丛，具长柄，长1～3 cm，被毛；叶片线状披针形或线状长圆形，长1.5～7.0 cm，宽达14 mm，羽状全裂，裂片排列紧密，有时呈鱼鳃状排列，裂片浅裂，缘具胼胝而反卷；茎生叶少，仅1～2枚，与基生叶同形而较小。花序总状，紧密；苞片叶状，基部卵状披针形，上部有齿；花萼筒状，长9～11 mm，前方不开裂，外面及齿上被较密长柔毛，齿5枚，宽披针形，锐尖，几相等；花冠盔端紫褐色，其余黄白色，有时下唇及盔的下部有紫红色斑，长约22 mm，管部长12～16 mm，在近端处稍向前弓曲，下唇近肾形，开展，宽几为长的2倍，中裂片近圆形，较小，基部具短柄，向前不凸出，盔长6～9 mm，几伸直，额圆形，端有稍三角形凸尖；雄蕊花丝前方1对上部被长柔毛；花柱不伸出盔端。蒴果卵状披针形，长达18 mm，端有细凸尖；种子狭卵形，具细网纹。 花期6～8月，果期7～8月。

产新疆：阿克陶（阿克塔什，青藏队吴玉虎870178；恰克勒克铜矿，青藏队吴玉虎870619；恰尔隆，青藏队吴玉虎4639、5017）、塔什库尔干（克克吐鲁克，高生所西藏队3271；红其拉甫达坂，高生所西藏队3187、青藏队吴玉虎4867；麻扎种羊场，青藏队吴玉虎318）、和田（喀什塔什，青藏队吴玉虎2026、2552）、策勒（奴尔乡亚门，青藏队吴玉虎采集号不详；奴尔乡，青藏队吴玉虎 1933）、若羌（月牙湾，青藏队吴玉虎 2736）。生于海拔3 200～4 900 m 的沟谷高山沼泽草甸、河滩高寒草地、河谷阶地高寒草甸、山坡砾石地。

分布于我国的新疆、西藏西部；欧洲，亚洲，北美洲的北极地区也有。

12b. 华马先蒿（变种） 图版 67：1～3

var. **sinensis**（Maxim.）Hurus. in Journ. Jap. Bot. 22：73. 1948；中国植物志 68：333. 图版 75：1～5. 1963；西藏植物志 4：352. 1985；青海植物志 3：248. 图版 56：1～3. 1996；青藏高原维管植物及其生态地理分布 866. 2008. ——*P. versicolor* Wahlenb. var. *sinensis* Maxim. in Bull. Acad. Sci. St. -Pétersb. 32：618. 1888.

本变种与原变种不同在于：花萼和花管很细长；萼齿后方 1 枚宽披针形或三角形，近全缘，其余 4 枚顶端膨大有锯齿；下唇中裂片明显凸出；花柱通常伸出盔端。

产西藏：尼玛（双湖拉支岗日雪山，青藏队藏北分队 9632；双湖江爱雪山，青藏队藏北分队 9679）、班戈（色哇区，青藏队藏北分队 9538）。生于海拔 5 150～5 200 m 的沟谷山坡草地、高山冰缘湿地、高山流石滩稀疏植被带。

青海：格尔木（西大滩，青藏队吴玉虎 2796；唐古拉山，吴玉虎 17107；乌兰乌拉，黄荣福 K－147、K－739）、兴海（河卡山，吴珍兰 052、何廷农 019、吴玉虎 28705；温泉乡，吴玉虎 28793；鄂拉山口，刘海源 622、637）、治多（可可西里岗齐曲，黄荣福 K－106）、曲麻莱（曲麻河乡，黄荣福 029；麻多乡，刘尚武 630）、称多（清水河乡，苟新京 83－29）、玛多（花石峡乡，吴玉虎 118；黑海乡，吴玉虎 699）、玛沁（县城德尼沟，玛沁队 046；军功乡，区划二组 014、吴玉虎 5774、H. B. G. 657；雪山乡，黄荣福 C. G. 81－054、H. B. G. 430；昌马河乡，H. B. G. 750；阿尼玛卿山东南面，黄荣福 C. G. 81－121）、久治（县城北，果洛队 26、青藏队 237；索乎日麻乡，果洛队 162、藏药队 490；年保山希门错，果洛队 421）。生于海拔3 600～4 700 m的沟谷山地高山灌丛草甸、山坡高寒草甸、湖边砾石流及阴坡草地。

四川：石渠（菊母乡，吴玉虎 29927）。生于海拔 4 600 m 左右的沟谷山地高寒草甸、高山流石坡。

分布于我国的甘肃、青海、陕西、西藏、云南、四川、山西、河北；不丹也有。

13. 拟鼻花马先蒿

Pedicularis rhinanthoides Schrenk ex Fisch. et C. A. Mey. Enum. Pl. Nov. Schrenk 1：22. 1841；Bunge in Ledeb. Fl. Ross. 3：276. 1847～1849；Hook. f. Fl. Brit. Ind. 4：314. 1884；Vved. Fl. URSS 22：700. 1955；中国植物志 68：262. 1963；Smiotr. in Pavl. Fl. Kazakh. 8：118. t. 13：1. 1965；E. Nasir et S. I. Ali Fl. West. Pakist. 657. 1972；西藏植物志 4：366. 1985；新疆植物志 4：415. 图版

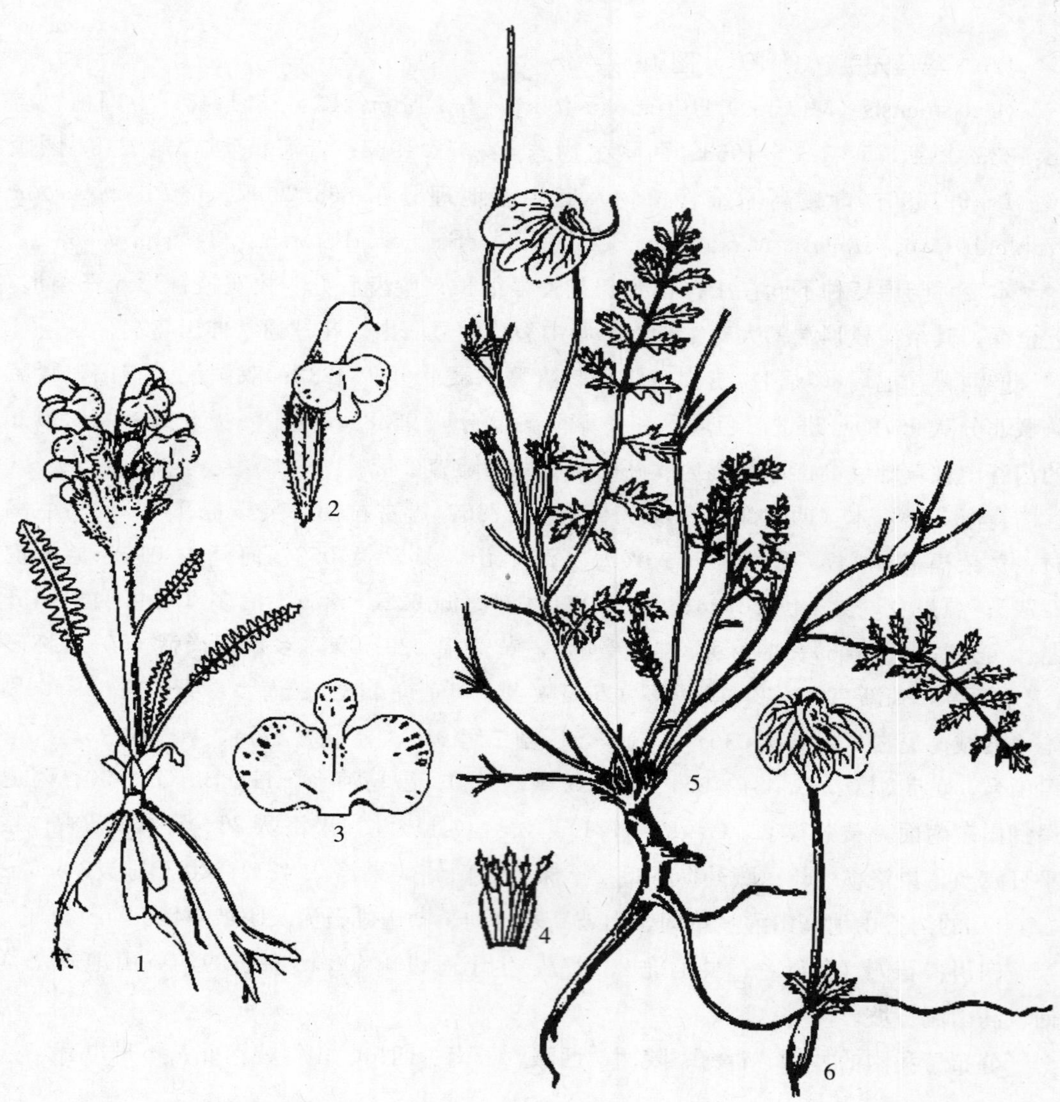

图版 **67** 华马先蒿 **Pedicularis oederi** Vahl var. **sinensis** (Maxim.) Hurus. 1. 植株；2. 花；3. 下唇展开。藓生马先蒿 **P. muscicola** Maxim. 4. 花萼展开；5. 植株；6. 花。 （刘进军、王颖绘）

136：1～2. 2004；青藏高原维管植物及其生态地理分布 869. 2008.

13a. 拟鼻花马先蒿（原亚种）

subsp. **rhinanthoides**

多年生草本，高 6～13 cm，干时稍变黑色。根多数丛生，纺锤形，肉质，长可达 15 cm。茎单一或多条，常弯曲上升，不分枝，紫黑色，有光泽。叶基生常成密丛，具长 2～6 cm 的柄，叶片长圆形或线状长圆形，与叶柄近等长，羽状全裂，裂片卵形，长约 5 mm，有具胼胝质凸尖的锯齿，下面有碎冰纹网脉；茎生叶互生，少数，柄较短，与基生叶同形而较小。总状花序头状或伸长，下部花稍远距；苞片叶状；花萼椭圆状卵形，长 12～18 mm，前方开裂至中部，无毛或有稀疏毛，常有美丽的紫红色斑，齿 5 枚，后方 1 枚披针形，全缘，其余较大，有锯齿；花冠玫瑰色，管部长于萼近 1 倍，伸直，被毛，下唇宽 14～17 mm，基部宽心形，伸至管的后方，裂片圆形，中裂片较小，缘无毛，盔直立部分长约 4 mm，上端膝状屈曲，前方狭细为长达 7 mm 且半环状卷曲的喙，喙端不裂；雄蕊花丝前方 1 对被毛。 花期 7～8 月。

产新疆：阿克陶（恰克拉克至木吉途中，青藏队吴玉虎 870601；恰尔隆，青藏队吴玉虎 5008）、塔什库尔干（红其拉甫，青藏队吴玉虎 4888；明铁盖，青藏队吴玉虎 5046）。生于海拔 2 950～4 500 m 的沟谷山坡高寒草甸、河谷滩地高寒沼泽草地。

分布于我国的新疆、西藏西部；哈萨克斯坦，吉尔吉斯斯坦，塔吉克斯坦，阿富汗，伊朗，巴基斯坦，印度，克什米尔地区直至印度东北部也有。

13b. 大唇马先蒿（亚种） 图版 68：1～3

subsp. **labellata**（Jacques）Tsoong Fl. Reipubl. Popul. Sin. 68：263. t. 59：1～4. 1963；西藏植物志 4：367. 图版 162：6～8. 1985；青海植物志 3：241. 图版 53：4～6. 1996；青藏高原维管植物及其生态地理分布 869. 2008. ——*P. labellata* Jacques Voy. Dans I. Inde Bot. 118. t. 123. 1844.

本亚种植物一般较高大，高可达 32 cm；花冠玫瑰色，有时盔的额部、直立部分、下唇中间及管的喉部黄白色；花管外被长毛及腺毛；下唇宽大，宽 20～24 mm；盔部的喙较长，长达 10 mm，直立部分前缘转角处偶有 1 对小齿，额部偶有狭鸡冠状突起。花期 7～8 月。

产西藏：日土（上曲龙，高生所西藏队 3493）。生于海拔 4 300 m 的高原山地沟边草地、河谷阶地。

青海：兴海（河卡山，弃耕地考察队 425、郭本兆 6160；温泉乡，黄荣福 3663）、曲麻莱（秋智乡，刘尚武 703）、称多（歇武乡，刘有义 83－408；清水河乡，苟新京 83－47、83－90）、玛多（清水乡，吴玉虎 525、H. B. G. 1365；黄河乡，植被地理组 379；黑海乡，吴玉虎18053）、玛沁（雪山乡，玛沁队 370；大武乡，吴玉虎 5726、

H. B. G. 806；军功乡，吴玉虎5768、区划二组 197、H. B. G. 373；东倾沟乡，H. B. G. 403；昌马河乡，陈桂琛等 1721；当项乡，区划一组 137；石峡煤矿，吴玉虎 27019)、达日（吉迈乡，吴玉虎 27052b)、甘德（东吉乡，吴玉虎 25778)、久治（索乎日麻乡，果洛队 2978、藏药队 436；康赛乡，吴玉虎26508)、班玛（马柯河林场，王为义等 26856；灯塔乡，王为义等 27481)。生于海拔 3 200～4 730 m 的沟谷山地林缘、河谷山地阴坡高寒灌丛、宽谷滩地高山草甸、溪流河滩沼泽湿地、河滩草地。

甘肃：玛曲（欧拉乡，吴玉虎 32036)。生于海拔 3 330 m 左右的河滩草地、沟谷山坡高寒草甸。

分布于我国的甘肃、青海、宁夏、陕西、西藏、云南、四川、山西、河北。模式标本采自青海大通河。

14. 西藏马先蒿 图版 68：4～6

Pedicularis tibetica Franch. in Bull. Soc. Bot. France 47：24. 1900；Pai in Contr. Inst. Bot. Nat. Acad. Peiping 2：222. 1934；Li in Proc. Acad. Nat. Sci. Philad. 101：137. f. 185. 1949；中国植物志 68：253. 1963；西藏植物志 4：360. 1985；青海植物志 3：239. 图版 53：1～3. 1996；新疆植物志 4：415. 2004；青藏高原维管植物及其生态地理分布 873. 2008.

多年生草本，高约 20 cm。根圆锥状，垂直向下。茎自基部生出多条，中间者直立，周围者多倾斜上升，圆柱形，中空，密被灰白色短茸毛。叶基生者较多，具长达 3 cm的柄，叶柄扁平，两边有狭翅，被短毛；叶片长圆状披针形或狭长圆形，长 1. 8～4. 6 cm，宽 7～13 mm，中脉两边有狭翅，羽状全裂，裂片长卵形至长圆形，深裂，有小尖头，两面微被毛，下面有白色肤屑状物，网脉为碎冰纹；茎生叶少，2～4 枚，互生，形状相似基生叶，但较小。总状花序顶生，亚头状而短，长 2～4 cm，花较稀疏；苞片叶状，较小，短于花；花梗细，长约 4 mm，密被短毛；花萼钟形，膜质，长 6～7 mm，前方开裂一半，密被短毛，齿 3 枚，后方 1 枚较小，针状，全缘，侧齿 3 深裂，形如鸡爪，具柄；花冠粉红色，唇瓣边缘紫红色，中间白色，盔上部白色（野外记录)，长约 10 mm，管部直立，长约 7 mm，向喉部渐细，下唇宽大，宽为长的 2 倍以上，3 裂，中裂片小，突出，倒卵形，基部具宽柄，侧裂片斜椭圆形，盔直立部分短，自基部起向右扭折，喙长约 4 mm，弯成弧形，顶端浅 2 裂，喙端指向上方；雄蕊花丝 2 对，均被毛；花柱伸出喙端。蒴果宽卵圆形，扁平，稍偏斜，长约 1 cm，顶端有弯向下的小凸尖。种子长约 3. 6 mm，具纵细的网纹。　花果期 7～9 月。

产新疆：和田。生于海拔 3 500～4 500 m 的沟谷山地高寒草甸、高山草地砾石地。

青海：久治（龙卡湖南岸，藏药队 786、果洛队 630)。生于海拔 3 950～4 000 m 的沟谷山坡高寒草甸、山地高寒灌丛草甸。

分布于我国的新疆、青海、西藏东北部、四川西部。我国特有种。

图版 **68** 大唇马先蒿 **Pedicularis rhinanthoides** Schrenk subsp.**labellata**（Jacq.）Tsoong 1. 植株部分；2. 花；3. 下唇展开。西藏马先蒿 **P. tibetica** Franch. 4. 植株部；5. 盔；6. 下唇展开。拟篦齿马先蒿 **P. pectinatiformis** Bonati 7. 植株部分；8. 花；9. 下唇展开。（刘进军绘）

15. 藓生马先蒿 图版 67：4～6

Pedicularis muscicola Maxim. in Bull. Acad. Sci. St.-Pétersb. 24：54. 1877，et 32：535. f. 13. 1888；Limpr. in Fedde Repert. Sp. Nov. 20：253. 1949；中国植物志 68：104. 图版 18：3～4. 1963；青海植物志 3：221. 图版 49：5～7. 1996；青藏高原维管植物及其生态地理分布 865. 2008.

多年生草本。根粗壮，有分枝。茎丛生，柔弱，分枝多而细长，中间者直立，周围者通常弯曲上升或铺地生长，长达 20 cm，常成密丛，被毛。叶互生，具长达 2.5 cm 的柄；叶片卵状披针形，长 4～8 cm，宽 1.0～3.2 cm，羽状全裂，裂片披针形或卵形，常互生，全裂，小裂片边缘具重锯齿，齿端有尖胼胝。花自基部开时生于所有叶腋，直立；花梗长达 2 cm；花萼圆筒状，长达 12 mm，主脉 5 条，被长毛，齿 5 枚，近相等，基部三角形，中部渐细，全缘，上部近端处膨大，狭披针形或卵形，具疏尖齿；花冠红色至紫红色，下唇近喉部白色，长 4.8～5.3 cm，管部长约 4 cm，外面被毛，下唇宽达 2 cm，3 裂，侧裂片极大，宽达 1 cm，中裂片长圆形，宽是侧裂片宽的 1/2，端钝圆，盔直立，自基部向左扭折使其顶向下，前方渐细为卷曲或 S 形的长喙，喙长约 10 mm；雄蕊花丝 1 对，上端被疏毛；花柱伸出于喙端。 花期 6～7 月。

产青海：兴海（河卡乡羊曲，何廷农 080）。生于海拔 3 440 m 左右的沟谷山地阴坡云杉林下湿处、林缘灌丛草甸。

我国特有种。分布于我国的甘肃、青海、陕西、山西及湖北。

16. 青藏马先蒿 图版 69：1～3

Pedicularis przewalskii Maxim. in Bull. Acad. Sci. St.-Pétersb. 24：55. 1877. et 32：528. f. 2. 1888；中国植物志 68：351. 图版 81：3～4. 1963；西藏植物志 3：250. 图版 57：1～3. 1996；青藏高原维管植物及其生态地理分布 867. 2008.

16a. 青藏马先蒿（原亚种）

subsp. **przewalskii**

多年生草本，高 5～15 cm。根多数，稍纺锤形，略肉质而细长，并有细根。茎单一或由根颈发出 2～3 条，直立，在有些植株中仅近基部无花，其余全部成为花序。叶基生者和下部茎生者发达，具长达 30 mm 的柄，柄膜质变宽，通常光滑无毛，或有时被稀疏缘毛，上部茎生叶柄较短；叶片披针状线形或线状长圆形，长达 4 cm，宽达 8 mm，质厚，羽状浅裂，裂片呈圆齿状，齿端有胼胝，缘常强烈反卷，通常无毛。花序密集，有时仅有 2～3 朵花；花梗长达 15 mm；苞片叶状，长于或近等于花萼；花萼瓶状卵圆形，管口缩小，长达 18 mm，前方开裂达中部，沿口部边缘被长毛，外面被较多的长毛，齿 5 枚，聚于后方，不等大，具短柄，上部膨大为宽卵形，具小裂片及锯齿；花冠紫红色，喉部常为黄白色，管部长 28～50 mm，外面被长毛，下唇宽大，长 16～22 mm，宽 17～24 mm，3 深裂，基部深心形，裂片几相等，中裂片宽卵形至近圆形，基部缢缩成柄，盔端以直角转折，额高凸，前端突狭成长达 6 mm 的喙，喙端深 2 裂；雄蕊花丝 2 对密被毛，有时后方 1 对疏被毛；花柱不伸出。 花期 6～8 月。

产青海：兴海（河卡乡，郭本兆 6287、何廷农 229；温泉乡，王为义 117、黄荣福 3363、H. B. G. 1412)、曲麻莱（叶格乡，黄荣福 105)、称多（县城，刘尚武 2435；珍秦乡，吴玉虎 29187；歇武乡毛拉，刘尚武 2381；清水河乡，苟新京 83－89)、玛多（野牛沟，郭本兆 109、刘海源 739；多曲，吴玉虎 466；花石峡乡，王为义等 26605、植被地理组 606；清水乡，陈桂琛等 1853；巴颜喀拉山，刘海源 767、陈桂琛 1941)、玛沁（下大武乡，玛沁队 521；军功乡尕柯河，H. B. G. 787；尼卓玛山，刘海源 1235；昌马河乡，吴玉虎 18330)、甘德（上贡麻乡，H. B. G. 951、吴玉虎 25834；青珍乡，吴玉虎 25713)、达日（采集人不详 040)。生于海拔 3 150～4 900 m的高山草甸、河谷沼泽湿地、河滩草地。

四川：石渠（红旗乡，吴玉虎 29447、29449、29523)。生于海拔 4 100～4 200 m 的高山沼泽草甸、路边杂类草地。

我国特有种。分布于我国的甘肃西南部、青海、西藏、四川。

16b. 青南马先蒿（亚种）

subsp. **australis** (Li) Tsoong Fl. Reipubl. Popul. Sin. 68：352. 1963；西藏植物志 4：371. 1985；青海植物志 3：250. 1996；青藏高原维管植物及其生态地理分布 867. 2008.——*P. przewalskii* Maxim. var. *australis* Li in Proc. Acad. Nat. Sci. Philad. 101：113. 1949.

本亚种以其叶两面均密被毛，边缘具长毛，叶片长不过 1. 8 cm，宽仅 5 mm，而不同于原亚种。

产青海：玛沁（大武乡，玛沁队 271、植被地理组 415、吴玉虎 1415)、久治（索乎日麻乡，藏药队 464；年保山北坡，果洛队 430)。生于海拔 3 900～4 500 m 的高山草甸、高寒沼泽草甸及山坡草地。

分布于我国的青海、西藏、云南西北部。

17. 凸额马先蒿 图版 69：4～6

Pedicularis cranolopha Maxim. in Bull. Acad. Sci. St.-Pétersb. 24：55. 1877，et 32：583. f. 10. 1888；Pai in Contr. Inst. Bot. Nat. Acad. Peiping 2：210. 1934，pro parte.；中国植物志 68：358. 图版 82：4. 1963；西藏植物志 4：372. 1985；青海植物志 3：251. 图版 57：4～6. 1966；青藏高原维管植物及其生态地理分布 856. 2008.

多年生草本，高 4～16 cm。根细长，常有分枝。地下茎直立，被鳞片状叶，先端分枝或无地下茎；地上茎通常铺散丛生，有沟纹并被毛线。叶基生者大，有时早枯，具长柄，柄基部稍扩大，具长缘毛；叶片长圆状披针形，长达 6.5 cm，宽达 1. 5 cm，羽状深裂，裂片披针状长圆形，缘有缺刻状锐齿，两面多少被毛；茎生叶有时下部者假对生，上部者互生，与基生叶同形而较小。花序总状顶生；苞片叶状；花梗长达 10 mm，被毛，果期增长，达20 mm；花萼筒状，长 17～22 mm，膜质，稍膨臌，前方开裂至中部，外面无毛或微被毛，齿通常 2 枚，有时 3 枚，基部有柄，上方膨大卵状，羽状全裂，裂片有尖锐的锯齿；花冠黄色，长达 9 cm，管部直径达 2. 5 mm，外面被疏密不等的毛，下唇宽大，长达 18 mm，宽 21～25 mm，具密缘毛，中裂片较小，先端微凹，两侧与侧裂片重叠，侧裂片端圆而不凹，盔直立部分上端镰状弓曲，额部有高凸的三角形的鸡冠状突起，前端渐狭为略作半环状弯曲的长达 8 mm 的喙，喙端浅 2 裂，指向喉部；雄蕊着生于花管上部，花丝 2 对，上部均被密毛。　花期 7～8 月。

产青海：兴海（中铁林场恰登沟，吴玉虎 45057、45029、45197；河卡乡日干山，何廷农 246）、称多（县城，刘尚武 2433）、玛沁（大武乡，王为义等 26617；军功乡，吴玉虎 4641、H. B. G. 311；东倾沟乡，区划三组 189；雪山乡，玛沁队 406；军功乡西哈垄河谷，H. B. G. 279、吴玉虎 5720）、达日（建设乡，H. B. G. 1184；莫坝乡，吴玉虎27087）、久治（索乎日麻乡，藏药队 387、果洛队 271；白玉乡，吴玉虎 26367、26406；康赛乡，吴玉虎 26565）、班玛（马柯河林场，王为义等 26765、27442；江日堂乡，吴玉虎26064、26079）。生于海拔 3 150～4 030 m 的河谷山地高山草甸、河滩潮湿处、较干旱石质山坡、沟谷山地阔叶林缘灌丛草甸。

甘肃：玛曲（河曲军马场，吴玉虎 31862）。生于海拔 3 440 m 左右的沟谷山坡草地、山地岩石缝隙草甸。

四川：石渠（新荣乡，吴玉虎 29977、30011）。生于海拔 4 000 m 左右的沟谷山坡草甸、山谷柳树灌丛下。

我国特有种。分布于我国的甘肃、青海、西藏、四川。

本种萼齿通常 2 枚，但在同株中也出现 3 枚，3 枚少数；花冠长达 9 cm。

18. 长花马先蒿

Pedicularis longiflora Rudolph in Mém. Acad. Sci. St.-Pétersb. 4：35. pl. 3. 1811；Maxim. in Bull. Acad. Sci. St. - Pétersb. 24：56. 1877；Pai in Contr. Inst. Bot. Nat. Acad. Peiping. 2：214. 1934；中国植物志 68：364. 1963；青海植物志 3：252. 1996；青藏高原维管植物及其生态地理分布 863. 2008.

18a. 长花马先蒿（原变种）

var. **longiflora**

多年生草本，高 5～15 cm，全株近无毛。根稍肉质，细圆锥形，单一或多数束生。

茎常缩短，很少伸长。叶基出与茎出，基生叶与短茎常成密丛，具长 10～20 mm 的细柄，柄下部变宽膜质，有时具长缘毛，叶片狭长圆形或披针形，长 10～30 mm，宽不过 10 mm，羽状浅裂至深裂，有时最下部叶几为全缘，裂片具重锯齿，两面近无毛，下面常有白色肤屑状物，齿常有胼胝而反卷；茎生叶稍大，与基生叶同形，具短柄。花均腋生，紧密，有时少花，花梗长 5～10 mm；苞片叶状；花萼管状，长 10～14 mm，前方开裂约至中部，裂口稍膨臌，背面无毛，仅口部边缘有时被疏毛，齿 2 枚，基部有短柄，上部多少掌状开裂；花冠黄色，长 4.5～10.0 cm，管部外面被长柔毛，下唇宽大于长，长约 11 mm，宽达 20 mm，具长缘毛，裂片先端明显凹缺，侧裂片约为中裂片的 2 倍，中裂片近倒心脏形，长 5～6 mm，宽与长约相等，向前凸出，盔含雄蕊部分稍膨大，前端渐狭为长 6～7 mm 的喙，喙半环状卷曲，其端指向花喉，浅 2 裂；雄蕊着生于花管顶端，花丝 2 对密被毛；花柱伸出于喙端。　花期 7～9 月。

产西藏：日土（上曲龙，高生所西藏队 3494）。生于海拔 4 300 m 左右的沟谷河边草地。

青海：兴海（中铁乡至中铁林场途中，吴玉虎 43064；河卡山，王作宾 20198；中铁林场恰登沟，吴玉虎 44926A；青根桥附近，王作宾 20109；大河坝乡，吴玉虎 42479、弃耕地考察队 331；温泉乡，刘海源 564）、称多（歇武乡，刘有义 83-407）、玛多（清水乡，吴玉虎 18140；扎陵湖乡，吴玉虎 508）、玛沁（大武乡，吴玉虎 27006；雪山乡，玛沁队 404；昌马河乡，吴玉虎 18316）、久治（门堂乡乱石山垭口，陈世龙等 407；白玉乡隆格山垭口，陈世龙等 387）、甘德（青珍乡青珍山垭口，陈世龙等 202）、达日（县城东 25 km 黄河边，陈世龙等 286；桑日麻乡，陈世龙等 258；德昂乡莫坝东山垭口，陈世龙等 301）、曲麻莱（县城附近，刘尚武 708）。生于海拔 3 450～4 400 m 的沟谷山地高寒草甸、河谷山坡高山草甸、沟谷林缘草甸、宽谷河滩草地、河漫滩高寒沼泽草甸、沟谷山地阴坡高寒灌丛草甸。

甘肃：玛曲（齐哈玛乡，陈世龙等 437）。生于海拔 3 480 m 左右的河谷山地高山草甸。

分布于我国的甘肃、青海、西藏、河北；蒙古，俄罗斯也有。

18b. 斑唇马先蒿（变种）　图版 69：7～9

var. **tubiformis**（Klotz.）Tsoong in Acta Phytotax. Sin. 3：248，318. 1954；中国植物志 68：364. 图版 83：1～3. 1963；西藏植物志 4：374. 图 164：4. 1985；青海植物志 3：252. 图版 57：10～12. 1996（errore trpogaphico）；新疆植物志 4：417. 2004（sphalm. det.）；青藏高原维管植物及其生态地理分布 863. 2008. ——*P. tubiformis* Klotz. in Klotz. et Garcke Bot. Ergebn. Reise Prinz Waldemar 106. t. 57. 1862.

本变种的区别在于其花冠下唇近喉部有 2 枚棕红色斑点。　花期 7～9 月。

产新疆：和田。生于海拔 3 000～3 500 m 的高山草原、河谷（据《新疆植物志》对该植物标本的描述，应归于本变种)。

西藏：日土（巴沟，高生所西藏队 3556；班公湖西段，高生所西藏队 3624；班摩掌附近，青藏队 76－8761；多玛乡附近，青藏队 76－8364；日松乡过巴，青藏队吴玉虎 1395)、改则。生于海拔 4 200～4 350 m 的宽谷河滩草甸、高寒沼泽草甸、湖边高寒草甸。

青海：兴海（大河坝乡，张盍曾 63－136；河卡山，郭本兆 6161、何廷农 238、吴珍兰 194)、曲麻莱（县城附近，刘尚武等 708)、称多（县城附近，刘尚武 2431)、玛多（花石峡南面，植被地理组 605；巴颜喀拉山北坡，陈桂琛等 1982)、玛沁（大武乡，吴玉虎等 5733、H. B. G. 541、805；雪山乡，H. B. G. 414；昌马河乡，陈桂琛等 1722)、达日（建设乡，H. B. G. 1189；吉迈乡，H. B. G. 1240)、甘德（东吉乡，吴玉虎 225、788)、久治（索乎日麻乡，果洛队 309、藏药队 495、吴玉虎 26453；年保山北坡，果洛队 440A)、班玛（多贡麻乡，吴玉虎 25962)。生于海拔 3 100～4 600 m 的沟谷山地高寒草甸、山坡高寒灌丛草甸、溪流河谷草甸、河漫滩高寒沼泽湿地、宽谷河滩高寒草地。

甘肃：玛曲（欧拉乡，吴玉虎 32049)。生于海拔 3 330 m 左右的河谷阶地高寒草甸、河漫滩高寒草甸。

分布于我国的新疆、甘肃、青海、西藏、云南西南部、四川西南部；不丹，印度东北部，尼泊尔向西至克什米尔地区也有。

采自青海久治县索乎日麻乡的标本“吴玉虎 26453”，萼齿多数为 2 枚，但在同株也有 3 枚。

19. 中国马先蒿 图版 69：10～12

Pedicularis chinensis Maxim. in Bull. Acad Sci. St.-Pétersb. 24：57. 1877；中国植物志 68：362. 图版 83：4～6. 1963；西藏植物志 4：373. 1985；青海植物志 3：252. 图版 57：7～9. 1996；青藏高原维管植物及其生态地理分布 855. 2008.

一年生草本，高 7～30 cm，干时稍变黑。主根稍圆锥形，有少数分支根。茎常多条，直立或外围者弯曲上升或斜卧，具沟纹，被毛线，上部有时有分枝。叶互生，具长达 6 cm 并被毛的柄；叶片长圆形或披针状长圆形，长 2～8 cm，宽达 1.5 cm，羽状浅裂至深裂，裂片卵形或宽卵形，钝头，基部全缘下连轴翅，前端有重锯齿，齿端具胼胝，无毛，下面有碎冰网纹。花序穗状，排列紧密，具多花或少花，有时呈伞房状，常占植株的大部分；苞片叶状，柄略加宽，上部叶质，短于柄，密被缘毛；花萼筒状，长达 18 mm，被毛，有时被紫红色斑点，前方开裂至中部，齿 2 枚，基部缢缩，端膨大宽卵形，近掌状开裂；花冠黄色或浅黄色，管部长 3.5～6.0 cm，外面被毛，端不扩大，下唇宽大于长，长约 12 mm，宽约 20 mm，有短而密的缘毛，钝头，中裂片宽倒卵形，端稍圆或平截，不伸出侧裂片前，两侧与侧裂片重叠，盔的直立部稍向后仰，含雄蕊部

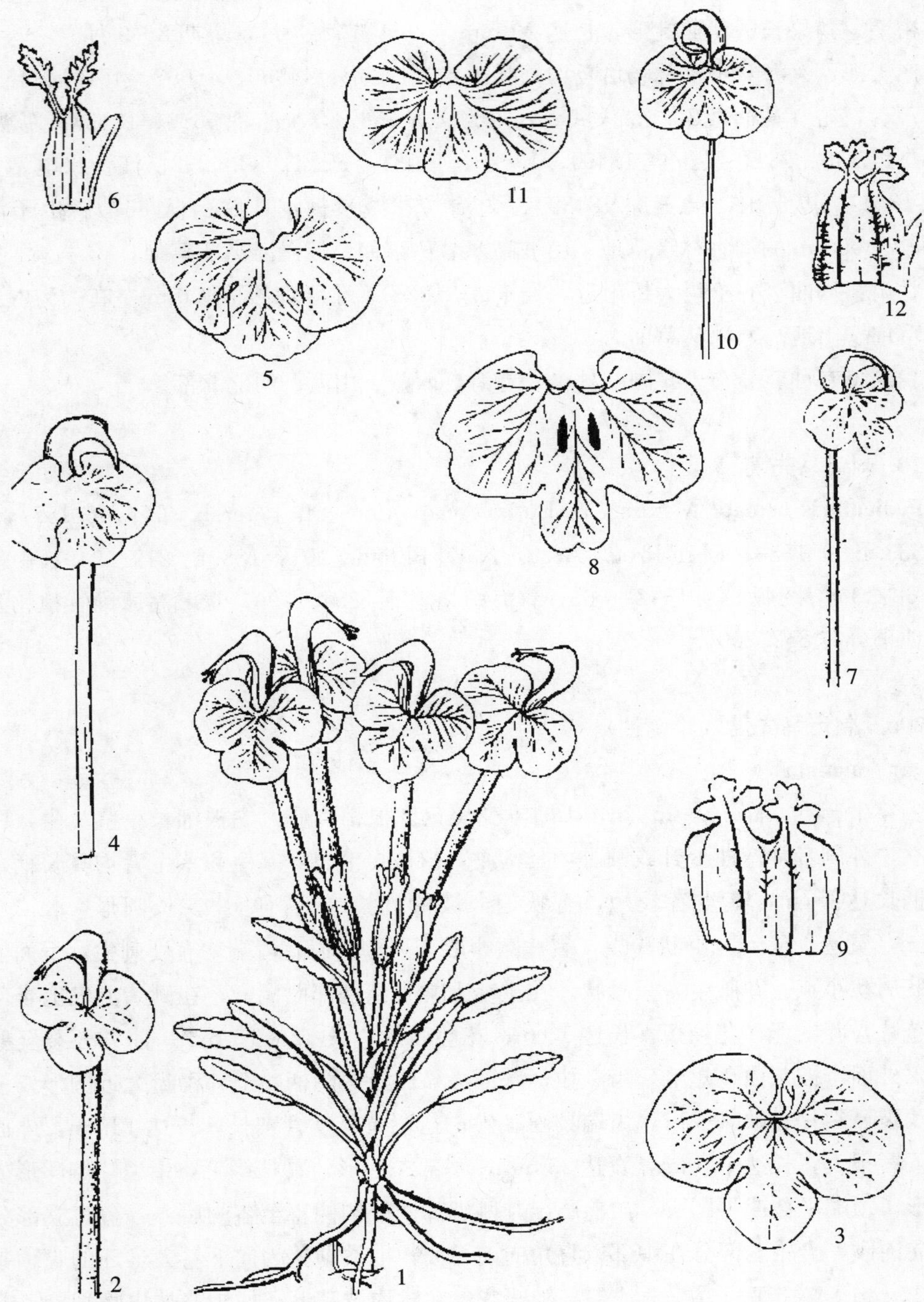

图版 **69**　青藏马先蒿 **Pedicularis przewalskii** Maxim. 1. 植株；2. 花；3. 下唇展开。凸额马先蒿 **P. cranolopha** Maxim. 4. 花冠；5. 下唇展开；6. 花萼展开。斑唇马先蒿 **P. longiflora** Rudolph var. **tubiformis**（Klotz.）Tsoong 7. 花冠；8. 下唇展开；9. 花萼展开。中国马先蒿 **P. chinensis** Maxim. 10. 花冠；11. 下唇展开；12. 花萼展开。　（刘进军绘）

分稍膨大，前端渐狭成长 6～8 mm 并卷成半环状的喙，喙端略 2 浅裂；雄蕊花丝 2 对均被密毛。蒴果长圆状披针形，长达 20 mm。 花期 7～8 月，果期 8～9 月。

产青海：兴海（中铁林场恰登沟，吴玉虎 44926B、44956、45097、45101、45123、45137）、玛沁（马柄奇 2158；大武乡，王为义等 26674，吴玉虎 5600、18438；军功乡，区划二组 158、251，吴玉虎 18494、19029、19031，H. B. G. 232；江让水电站，吴玉虎 18441；黑土山，吴玉虎 18485）、久治（县城沙柯河，藏药队 867）。生于海拔 3 340～4 000 m 的沟谷林缘草地、山坡高寒灌丛草甸、河漫滩高寒草甸。

甘肃：玛曲（齐哈玛大桥附近，吴玉虎 31824）。生于海拔 3 400 m 左右的沟谷山坡高寒草甸、山地高寒灌丛草甸。

我国特有种。分布于我国的甘肃、青海、西藏、山西、河北北部。

20. 刺齿马先蒿

Pedicularis armata Maxim. in Bull. Acad. Sci. St.-Pétersb. 24：56. 1877，et. 32：533. f. 9. 1888；Li in Proc. Acad. Nat. Philad. 101：188. f. 219. 1949；中国植物志 68：366. 图版 84：1～2. 1963；青海植物志 3：254. 1996；青藏高原维管植物及其生态地理分布 852. 2008.

20a. 刺齿马先蒿（原变种）

var. **armata**

多年生草本，高 10～25 cm，干时不变黑色。根稍肉质，主根细长。茎丛生，中间者直立，外侧者常弯曲上升或倾卧，具沟纹，密被短毛。叶基生和茎生者均具长柄，基生者柄长达 6 cm，茎生者较短，有狭翅，被稀疏长缘毛；叶片狭长圆形，长 2.0～5.5 cm，宽达1.5 cm，羽状深裂，裂片圆卵形，具重锯齿，齿端均有硬刺尖，下面散布污色肤屑状小点。花腋生，呈总状，在主茎上常直到基部而稠密，在侧茎上仅上半部有花；苞片与叶同形；花梗短，长达 1 cm；花萼筒形，长 12～16 mm，前方开裂至萼筒中部，外面密被灰白色短毛，齿 2 枚，基部缢缩成极短的柄，上部稍膨大近圆形，多少掌状浅裂，裂片具缺刻或齿，齿端具硬刺尖；花冠黄色，管细长，长达 13 cm，外面被毛，下唇很大，长达 15 mm，宽达 23 mm，基部深心形，具长缘毛，中裂片倒卵形或多少方形，顶端平截或平圆头，向前凸出，侧裂片两外侧伸直至盔的后方，盔直立部分直或稍向前倾，含雄蕊部分在中部以直角向前弓曲，前端渐狭为向下卷大半环的喙，其喙长达 15 mm，端指后上方，2 浅裂；雄蕊花丝 2 对均被密毛；柱头略伸出喙端。 花期 7～8 月。

产青海：兴海（中铁林场恰登沟，吴玉虎 45301、45280；赛宗寺后山，吴玉虎 46296、46345；中铁乡天葬台沟，吴玉虎 45876）、久治（希门错，果洛队 440B）、班玛（马柯河林场，王为义等 26933）、达日（莫坝乡，吴玉虎 27087）。生于海拔 3 400～

4 000 m的沟谷山地阴坡高寒草甸、河谷高寒灌丛草甸中、山谷阔叶林缘灌丛草甸。

甘肃：玛曲（齐哈玛大桥附近，吴玉虎 21824；河曲军马场，吴玉虎 31847）。生于海拔 3 440～3 460 m 的沟谷山地草甸、山坡高寒灌丛草甸、河谷山坡草甸岩石缝隙。

我国特有种。分布于我国的甘肃、青海、四川北部。

20b. 三斑点马先蒿（变种）

var. **trimaculata** X. F. Lu in Novon 6：190. 1996.

本变种与原变种区别在于，花冠下唇具 3 个深红色或褐红色、线形或狭椭圆形的斑点。 花期 7～8 月。

产青海：达日（建设乡，H. B. G. 1187）、久治（康赛乡，吴玉虎 26484、26490；年保山希门错湖，藏药队 561）。生于海拔 3 920～4 000 m 的沟谷山地阴坡灌丛、河滩高寒草甸、高寒沼泽草甸。

甘肃：玛曲（齐哈玛大桥，吴玉虎 31737、31797）。生于海拔 3 460 m 的沟谷山坡高寒灌丛草甸、山地高寒草甸。

分布于我国的甘肃、青海。

21. 二齿马先蒿

Pedicularis bidentata Maxim. in Bull. Acad. Sci. St.-Pétersb. 32：583. f. 11. 1888；Li. in Proc. Acad. Nat. Sci. Philad. 101：190. 1949；中国植物志 68：365. 1963；青海植物志 3：254. 1996；青藏高原维管植物及其生态地理分布 853. 2008.

多年生草本，高 6～10 cm，全株密被短灰毛，有时呈灰绿色。根细长，直立，稍肉质。茎极短缩，成丛。叶多数基生，具长达 5 cm 的柄，柄具膜质狭翅，短缩茎的上部叶互生，具同长的柄；叶片卵状长圆形或狭长圆形，长 2.5～7.2 cm，宽达 1.2 cm，基部渐狭，边缘波状浅裂，裂片钝，端有反卷边缘的锯齿。花腋生，具 2～4 朵，不高出叶丛；具短梗；花萼筒形，长达 1.8～2.1 cm，齿 2 枚，长 5～7 mm，基部宽而狭缩，上部卵形，钝头，具多数缺刻状齿。花冠黄色，管部细长而密被毛，长 5.0～6.5 cm，宽 1.5～2.0 mm，下部宽大，扁圆形，长约 13 mm，宽达 24 mm，基部深心形，具短缘毛，侧裂片很大，中裂片较小，扁圆形，基部稍具短柄，稍向前凸出，盔含雄蕊部分不膨大，像马蹄铁状，弓曲，前方形成长约 6.5 mm 的喙，喙端不等 2 裂；雄蕊着生于管端，花丝 2 对均被毛；花柱伸出喙端。 花期 7～8 月。

产青海：班玛（马柯河林场，王为义等 27049、27355、26893）。生于海拔 3 200～3 700 m的沟谷山地阴坡高寒草甸、山坡高寒灌丛草甸。

我国特有种。分布于我国的青海、四川（贡嘎山）。

22. 琴盔马先蒿

Pedicularis lyrata Prain ex Maxim. in Bull. Acad. Sci. St.-Pétersb. 32：606. f.

135. 1888；Prain in Journ. As. Soc. Beng. 58（2）：265. 1889；中国植物志 68：279. 1963；西藏植物志 4：340. 1985；青海植物志 3 ：242. 1996；青藏高原维管植物及其生态地理分布 863. 2008.

一年生草本，高 3～15 mm。根细长，伸入地下，通常不分枝，有时增粗稍肉质，侧根纤维状。茎单一或从基部发出多条，中空，密被短柔毛，略具棱角。叶对生，基生者具长达 12 mm 的叶柄，茎生者叶柄较短或近无柄；叶片卵状长圆形或长圆状披针形，基部不增宽成亚心脏形或稍增宽成三角形，长达 22 mm，宽达 8 mm，顶端钝，边缘有大圆齿，齿端有时有重齿，两面均被密毛。花序总状，紧密，具少数花；花梗长 1～2 mm，有时一侧具膜质宽翅；苞片叶状，稍长于花萼；花萼筒状钟形，长达 11 mm，前方不开裂，密被多细胞长毛，齿 5 枚，不等大，后方 1 枚较小，窄三角形，全缘，其余线形，全缘或具疏齿，边缘反卷；花冠淡黄色或黄色，长 18～23 mm，管部直立，与萼近等长，喉部稍扩大，内面被短毛，下唇长约6 mm，宽约 10 mm，3 裂，裂片圆形，边缘具尖细齿，中裂片向前凸，基部向后有 2 条细褶襞通向喉部，侧裂片较小，盔长 9～11 mm，宽 2～3 mm，在近上部弓曲，额圆凸，有时有鸡冠状突起，前端下缘有 3～4枚小齿；雄蕊着生在花管的基部，花丝 2 对均无毛；柱头伸出喙端。种子长约 1. 2 mm，棕褐色，有清晰网纹。 花期 7～8 月。果期 8～9 月。

产青海：兴海（大河坝乡赞毛沟，吴玉虎 46457；河卡乡，吴珍兰 196、郭本兆 6180）、曲麻莱（东风乡，刘尚武等 830）、称多（县城，刘尚武 2437；称文乡，苟新京 83－160；歇武乡毛拉，刘尚武 2403）、玛沁（大武乡，H. B. G. 502；雪山乡，H. B. G. 390；军功乡，吴玉虎 26961）、达日（建设乡，H. B. G. 1021）、久治（索乎日麻乡，果洛队 311、藏药队 527）、班玛（马柯河林场，王为义等 26763）。生于海拔 3 300～4 000 m 的高山灌丛草甸、河谷草甸、宽谷河滩草地、河谷阶地、沟中山坡。

分布于我国的甘肃西部及西南部、青海、西藏、四川西部；又见于喜马拉雅山东部。

23. 全叶马先蒿 图版 70：1～3

Pedicularis integrifolia Hook. f. Fl. Brit. Ind. 4：308. 1884；Maxim. in Bull. Acad. Sci. St.-Pétersb. 32：545. f. 23. 1888；Limpr. in Fedde Repert. Sp. Nov. 22：264. 1924；中国植物志 68：296. 图版 62：1～2. 1963；西藏植物志 4：345. 图 153：1～2. 1985；青海植物志 3：245. 图版 54：6～8. 1996；青藏高原维管植物及其生态地理分布 861. 2008.

多年生草本，高 5～11 cm。根肉质，纺锤形或圆柱形，有分枝根。茎单一或根茎发出多条，弯曲上升，被短毛。基生叶丛生，具长达 2 cm 的柄，叶片狭长圆状披针形，长 3～5 cm，宽 5～8 mm，羽状浅裂，裂片具重锯齿；茎生叶对生，1～2 对，近无柄，叶片与基生叶同形，较小很多，密被细毛。花序通常 1～2 轮，聚集茎端，有时下方 1

轮有疏距；苞片叶状，与花萼近等长；花萼筒状钟形，长 12～14 mm，前方裂至 1/3，口部具厚毛环，外面被多细胞长毛，齿 5 枚，后方 1 枚较小，全缘或有齿，其余披针形，稍靠拢，具齿；花冠深紫红色，长约 28 mm，管部伸直，长 16～19 mm，被稀疏黑紫色短腺毛，下唇 3 裂，长约 13 mm，宽 13～17 mm，侧裂片大于中裂片约 1 倍，中裂片扇形或近圆形，盔的直立部分高约 4 mm，以直角转为含雄蕊部分，前方突狭为长喙，喙长约 15 mm，扭旋近 1 周（压干后呈 S 形弯曲），端钝而全缘；雄蕊着生于花管的顶端，花丝 2 对，中部以上密被柔毛；花柱不伸出喙端。 花期 7～8 月。

产青海：称多（郭本兆 425；城郊，吴玉虎 29299；珍秦乡，苟新京 83 - 190；称文乡，吴玉虎 29291；毛哇山垭口，吴玉虎 29284）。生于海拔 4 150～4 400 m 的沟谷山地高山草甸、山坡高寒灌丛草甸、河谷阶地草甸。

分布于我国的青海、西藏；印度东北部也有。

24. 狭叶马先蒿

Pedicularis heydei Prain in Journ. As. Soc. Beng. 58 (2): 258. 1889；西藏植物志 4：342. 1985；青海植物志 3：244. 1996；青藏高原维管植物及其生态地理分布 860. 2008. ——*P. pheulpinii* Bonati in Bull. Soc. Bot. France 55：247. 1908；中国植物志 68：291. 1963. ——*P. pheulpinii* Bonati subsp. chilienensis Tsoong Fl. Reipubl. Popul. Sin. 68：293. Add. 416. 1963.

多年生草本，高 4.5～16 cm。根肉质，纺锤状。茎单一或从基部分枝，直立或斜升，被毛。叶下部者具长达 12 mm 的柄，多数，轮生；叶片狭披针形或线形，长 8～18 mm，宽不过 5 mm，羽状深裂，裂片 8～10 对，线形，有钝齿，两面稍被毛；茎生叶对生，常 1～2 对，较基生叶小而同形，近无柄。花序紧密，短穗状，少花，下部花轮疏离，有时仅 2 朵花；苞片基部膜质，向上近掌状开裂，具齿，背面及边缘被毛；花萼筒状钟形，长 6～9 mm，脉上被多细胞长毛，齿 5 枚，后方 1 枚较小，披针形，全缘或有齿，其余 2 大 2 小，狭卵形，具反卷的齿；花冠紫红色，长 12～15 mm，管部伸直，长 9～12 mm，下唇卵形，长约 9 mm，宽约7 mm，无缘毛，3 裂，裂片先端渐尖，中裂片较小，伸出于前方，端稍呈兜状，基部两侧有 2 条褶襞通向花喉，盔直立部分前缘无耳状突起，有时稍囊状突起，先端突狭缩为长 5～7 mm的喙，喙向下弓曲；雄蕊花丝 2 对均无毛；柱头伸出喙端。 花期 7～8 月。

产青海：兴海（河卡山，弃耕地考察队 394、王作宾 20184、郭本兆 6364）、曲麻莱（东风乡，刘尚武等 822）、称多（歇武乡毛拉，刘尚武 2389；扎朵乡，苟新京 83 - 254、83 - 300）、玛沁（大武乡，吴玉虎 5759、H. B. G. 804）、久治（年保山希门错，藏药队 552；龙卡湖畔，果洛队 532）、甘德（青珍乡青珍山垭口，陈世龙 214）。生于海拔 3 400～4 500 m 的沟谷山地高山草甸、山坡灌丛草地、河漫滩高寒沼泽草甸、河滩草甸、山坡草地。

分布于我国的青海、西藏、四川西部；克什米尔地区也有。又见于喜马拉雅山西部。

25. 团花马先蒿 图版 70：4～5

Pedicularis sphaerantha Tsoong in Acta Phytotax. Sin. 3：291. 1954；中国植物志 68：288. 图版 64：4. 1963；西藏植物志 4：343. 1985；青海植物志 3：242. 图版 54：4～5. 1996；青藏高原维管植物及其生态地理分布 871. 2008.

多年生草本，高 9～13 cm。茎单一，直立，被密毛，有时有黑紫色斑点。叶基生者具长达 12 mm 的叶柄，茎生者对生，下部 1 对具长柄，上部 1 对具宽而短的叶柄；叶片长圆形，长 7～12 mm，宽 3～5 mm，羽状全裂，裂片长圆形，5～7（8）对，边缘具锯齿，两面被密毛。花序密集近头状，具少数花，有时仅 2 朵；苞片基部宽楔形，膜质，上部叶质，亚掌状多裂，裂片有锯齿，被密柔毛；花萼筒状钟形，长约 9 mm，有美丽紫红色斑点，被多细胞长柔毛，齿 5 枚，后方 1 枚三角形，全缘，其余 4 枚上部膨大呈叶状，绿色质厚，3 裂；花冠紫红色，盔部颜色较深，长约 19 mm，管部直立，长约 12 mm，端不扩大，下唇宽大，长约10 mm，宽约 10 mm，3 裂，缘有长毛，中裂片较侧裂片小 2 倍多，呈三角状卵形，前端显作兜状，稍凸出，盔直立部分前缘近端处具圆形耳状突起 1 对，端似近直角弯曲，前方渐细成长 7～8 mm的长喙，喙稍向下弓曲；雄蕊花丝前方 1 对，被疏毛；花柱伸出喙端。 花期 7 月。

产青海：兴海（河卡乡河卡山，郭本兆 6257）、称多（县城，刘尚武 2429；扎朵乡日阿吾查罕，苟新京等 83－300）、玛沁（大武乡军马场，H. B. G. 804B；大武乡黑土山，H. B. G. 660）、玛多（黑海乡曲纳麦尔，H. B. G. 1449B）。生于海拔 3 900～4 100 m的沟谷山地高寒灌丛草甸中、山坡高寒草甸。

我国特有种。分布于我国的青海、西藏。

我们的标本与《中国植物志》本种描述不同点：茎、花萼有紫红色斑点；茎生叶对生；花萼长约 9 mm；花冠管部长约 12 mm。其他特征全符合。

26. 多花马先蒿

Pedicularis floribunda Franch. in Bull. Soc. Bot. France 47：31. 1900；Limpr. in Fedde Repert. Sp. Nov. 20：226. 1924；Li in Proc. Acad. Nat. Sci. Philad. 100：276. f. 1948；中国植物志 68：73. 图版 11：1～3. 1963；青海植物志 3：220. 1996；青藏高原维管植物及其生态地理分布 859. 2008.

多年生草本，高约 35 cm，干时不变黑。根木质化。茎直立，坚挺，常自基部发出数条，并于所有叶腋生出纤细花茎并弯曲上升，圆柱形，中空，被 4 条或 3 条密毛线，老时木质化。叶 3～4 片轮生，叶柄向上渐短；叶片披针状长圆形，长 2～6 cm，宽 8～15 mm，羽状全裂，裂片卵形至披针形，再羽状深裂，小裂片边缘有尖锐锯齿，两面脉

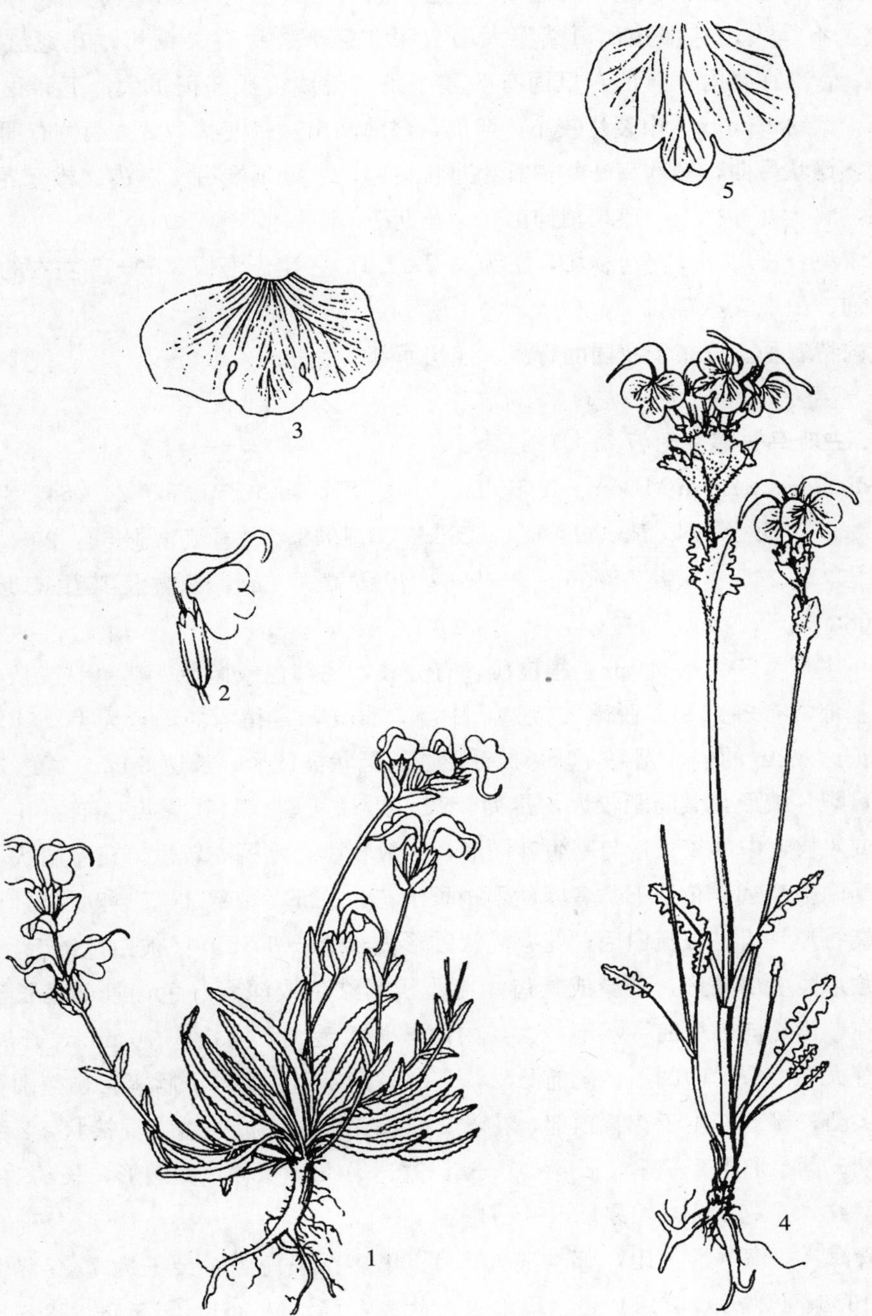

图版 **70** 全叶马先蒿 **Pedicularis integrifolia** Hook. f. 1. 植株；2. 花；3. 下唇展开。团花马先蒿 **P. sphaerantha** Tsoong 4. 植株；5. 下唇展开。（刘进军绘）

上被多细胞长毛，其他无毛。花序很长，花轮生，具多花，彼此远距；苞片与叶同形，较小，基部及边缘密被长毛；无花梗；花萼筒状钟形，长约 6 mm，外面脉上密被长毛，齿 5 枚，不等大，基部狭，顶端膨大，常深 3 裂，裂片有尖锯齿；花冠红色，长约 21 mm，管部在萼内不弯曲，里面有明显 2 条密毛线，喉部稍扩大，下唇很大，长约 12 mm，宽约 10 mm，中裂片较小，卵形，向前凸出，稍兜状，后方两侧有明显的 2 条褶襞，盔镰状弓曲，额部高凸并稍具鸡冠状突起，下缘顶端有 1 对齿；雄蕊花丝前方 1 对被毛，着生处亦被毛；盔端稍伸出。　花期 7～8 月。

产青海：班玛（马柯河林场，王为义等 27718）。生于海拔 3 500 m 左右的沟谷山坡高寒草甸、山地灌丛草甸。

我国特有种。分布于我国的青海、四川西部。

27. 三叶马先蒿　图版 71：1～4

Pedicularis ternata Maxim. in Bull. Acad. Sci. St.-Pétersb. 24：64. 1877；Li in Proc. Acad. Nat. Sci. Philad. 100：266. f. 3. 1948；中国植物志 68：298. 1963；青海植物志 3：245. 图版 55：5～8. 1996；青藏高原维管植物及其生态地理分布 873. 2008.

多年生草本，高达 60 cm。根肉质，有分枝，橘红色或黑色。茎单一或从根颈发出多条，基部常有多数鳞片脱落的痕迹，中空，直立，常稍弯曲，近无毛。叶基生者丛生，具长达 8 cm 的柄，无毛，叶片披针形或长圆状披针形，长达 8 cm，宽达 3 cm，羽状浅裂，裂片线形，其间距较大，排列较疏，边缘浅裂或具锐锯齿；茎生叶 2～4 轮，每轮 3 或 4 枚，中部较大，与基生叶同形，一般较小，叶柄亦较短。花序穗状，仅 1～4 轮，轮间距极疏远；苞片下部者叶状，稍长于花，上部者基部加宽，卵状披针形或披针形，先端线形具齿，被疏白毛；花萼筒状钟形，长 11～17 mm，被白色绵毛，齿 5 枚，基部三角形，上部条形，全缘或具齿；花冠浅紫红色或深紫红色，管部稍长于萼，伸直，但在萼齿外向前弓曲，喉部扩大，内面被长柔毛，下唇长 5～6 mm，开展，3 裂，裂片近等大，中裂片卵圆形，向前凸出，基部缢缩成柄，盔与下唇等长，额圆钝，下缘之端稍尖凸；雄蕊着生于花管顶部，花丝 2 对均无毛；花柱顶端亚棍棒状，2 浅裂，不伸出盔端。蒴果卵形，扁平，长达 20 mm，宽达 10 mm。种子卵圆形，长约 3 mm，具明显的网纹。　花期 7 月，果期 8～9 月。

产青海：兴海（河卡山，郭本兆 6378）、玛多（黑海乡，吴玉虎 710；花石峡乡，吴玉虎 1358、H. B. G. 1491）、玛沁（大武乡，玛沁队 261、吴玉虎 5785；军功乡，区划二组 109；雪山乡，高生所植被组样方标本 56－76）、达日（吉迈乡，H. B. G. 1217）、久治（年保山，藏药队 550、果洛队 398）。生于海拔 3 000～4 200 m 的沟谷山坡高寒草甸、山地高寒灌丛草甸、河谷阶地高寒草甸、河漫滩高寒草甸。

我国特有种。分布于我国的甘肃、青海、宁夏、内蒙古西部山地。

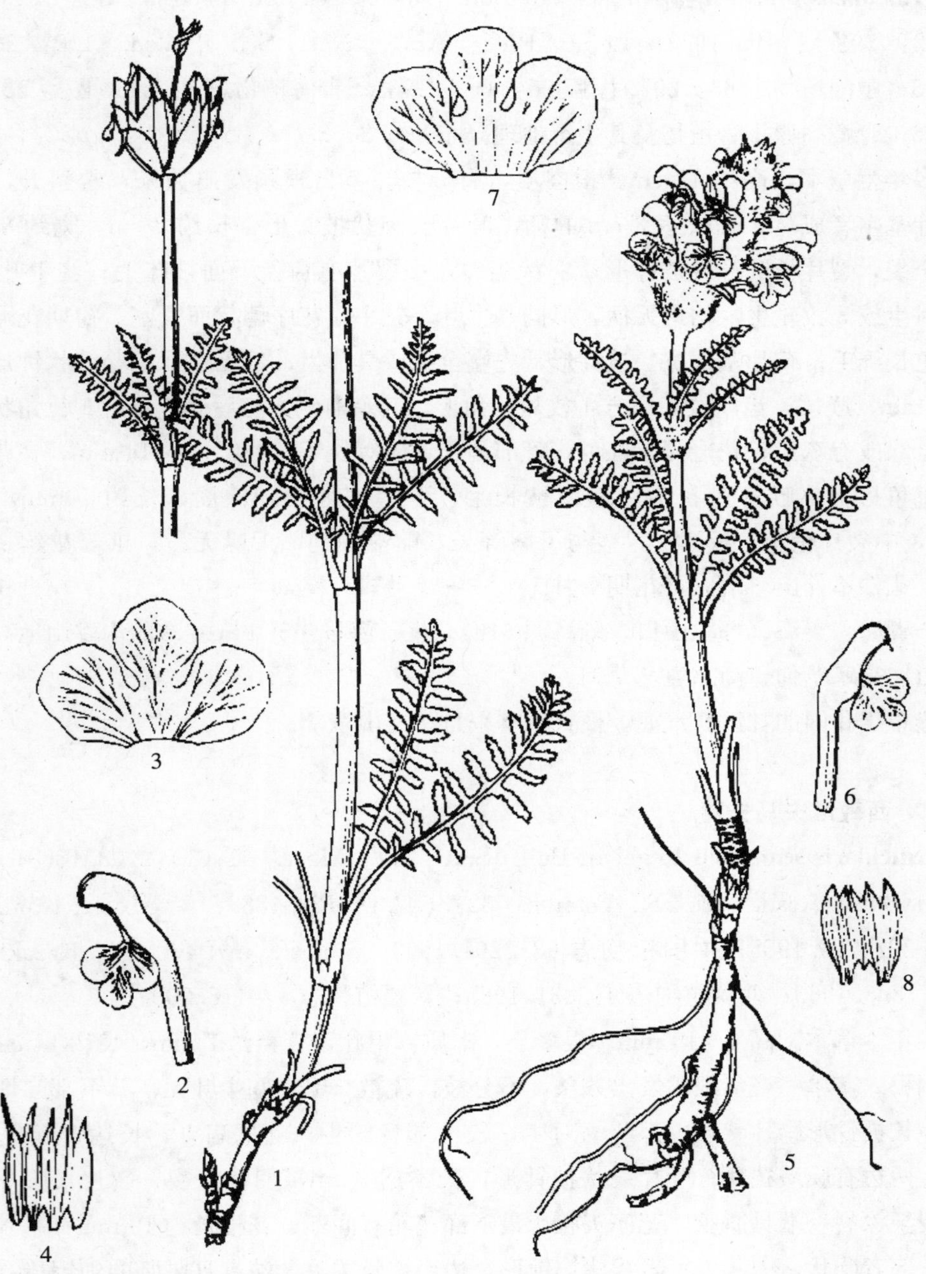

图版 **71** 三叶马先蒿 **Pedicularis ternata** Maxim. 1. 植株；2. 花；3. 下唇；4. 花萼。绵穗马先蒿 **P. pilostachya** Maxim. 5. 植株；6. 花；7. 下唇；8. 花萼。（刘进军绘）

28. 绵穗马先蒿 图版 71：5～8

Pedicularis pilostachya Maxim. in Bull. Acad. Sci. St.-Pétersb. 24：164. 1877, et. 32：593. f. 109. 1888；Li in Proc. Acad. Nat. Sci. Philad. 100：266 f. 3. 1948；中国植物志 68：297. 图版 65：4～5. 1963；青海植物志 3：245. 图版 55：1～4. 1996；青藏高原维管植物及其生态地理分布 866. 2008.

多年生草本，高约 12 cm。根肉质，有分枝。茎自根颈发出数条，常斜升，被绵毛。叶基生者成丛，具长达 3 cm 的柄，叶片长圆状披针形，长约 2 cm，宽约 8 mm，羽状全裂，裂片长圆形或披针形，羽状浅裂，小裂片有齿，下面被疏毛；茎生叶 1～2 轮，对生或 3 枚轮生，均近无柄，形同基生叶，较小。花序穗状而紧密，初期花冠外密被白色长绵毛；苞片基部宽，披针形，先端全缘或具疏齿；近无梗，花萼筒状钟形，长约 14 mm，膜质，齿 5 枚，后方 1 枚短三角形，其余前侧方与后侧方靠近，三角状披针形，全缘或有疏齿；花冠深紫红色，管部稍长于或等长于花萼，长约 14 mm，在花萼口部以直角弓曲，喉部稍扩大，里面被长毛，下唇宽卵形，伸展，长约 7 mm，宽约 9 mm，中裂片稍小，近圆形，盔与下唇等长，前端圆钝，无喙无齿；雄蕊花丝 2 对均无毛；花柱不伸出盔端。 花期 7 月。

产青海：兴海（鄂拉山口，刘海源 618）。生于海拔 4 500 m 左右的沟谷山地高山草甸、山坡高寒草甸、高寒灌丛草甸。

分布于我国的甘肃、青海。模式标本采自祁连山东部。

29. 西敏诺夫马先蒿

Pedicularis semenovii Regel in Bull. Soc. Nat. Mosc. 41（1）：108. 1868；Maxim. in Bull. Acad. Sci. St.-Pétersb. 32：602. f. 129. 1888；Vved. in Kom. Fl. URSS 22：725. 1955；中国植物志 68：201. 1963；Smiotr. in Pavl. Fl. Kazakh. 8：126. t. 8. 5. 1965；西藏植物志 4：331. 1985；新疆植物志 4：418. 2004.

多年生草本，高 6～10 mm。根多条，肉质，粗壮，直径约 7 mm，长达 14 cm，具纤细侧根。茎单一或从根颈发出数条，不分枝，疏被长毛。基生叶无，茎下部叶埋于沙土中为长披针形鳞片状，中部叶为对生，较上部者轮生；叶柄扁平，长达 3 cm，向上渐短，两边有膜质狭翅；叶片线状披针形，长不达 3 cm，羽状深裂，裂片长圆形，羽状浅裂至深裂，端具胼胝。花序头状，最下部花轮有间断；花梗长约 10 mm；苞片短于花，下部者叶状，中部以上者线状披针形，边缘被长柔毛，端有具胼胝的细锯齿；花萼钟状，长约 12 mm，前方不开裂，果期增大并肿胀，膜质，脉上被疏长毛，齿 5 枚，长 4～6 mm，披针形，缘有细锯齿；花冠粉红色，长 22～30 mm，管在中上部，约在萼齿以上向前上方稍膝曲，下唇长 7～10 mm，侧裂片卵圆形，较圆形之中裂片略大，盔约与下唇等长，额圆形，前缘无齿；雄蕊花丝前方 1 对被疏毛；花柱伸出盔端。蒴果斜卵圆形，长 12～15 mm，有直尖，较膨大膜质宿存的花萼短，几乎全部包于宿萼内。 花期 5～7 月，果期 7～8 月。

产新疆：塔什库尔干（克克吐鲁克，青藏队吴玉虎 870488；麻扎种羊场，青藏队吴玉虎 870375；卡拉其古，青藏队吴玉虎 870552；麻扎，高生所西藏队 3164）。生于海拔 3 600～4 400 m的沟谷砾石山坡草地、河谷阶地砾石质高寒草甸、河谷滩地草甸。

分布于我国的新疆、西藏；哈萨克斯坦，吉尔吉斯斯坦，塔吉克斯坦，巴基斯坦，克什米尔地区也有。

30. 短唇马先蒿

Pedicularis brevilabris Franch. in Bull. Soc. Bot. France 57：33. 1900；Limpr. in Fedde Repert. Sp. Nov. 20：208. 1924；Li in Proc. Acad. Nat. Sci. Philad. 100：272. f. 8. 1948；中国植物志 68：207. 图版 47：1～2. 1963；青海植物志 3：234. 图版 51：10～14. 1996.

一年生草本，高 15～54 cm，干时不变黑。根圆筒形，不变粗，垂直向下，根颈丛生须状侧根。茎单一或从基部发出多条，极少茎上部分枝，主茎下部圆形，中空，被极稀疏毛，上部有成行白毛。叶下部者对生，具细长叶柄，上部叶 4 枚轮生，具短柄或几无柄；叶片卵状长圆形至椭圆状长圆形，长达 5 cm，宽达 2.5 cm，羽状深裂，裂片卵状长圆形，基部扩大与邻接之裂片相连，缘有不规则锐锯齿。花序穗状，密集，下部花轮远距；苞片叶状，下部者长于花而上部者相等或较短；花萼筒状钟形，长 8～10 mm，果期膨大，前方不裂，脉上及萼齿上被长毛，齿 5 枚，不等大，后方 1 枚，三角形，较小，全缘，其余 4 枚具柄，端卵形膨大，有不规则锯齿或重锐齿，齿端刺尖；花冠粉红色，长 14～20 mm，管部长 7～10 mm，在中部以上向前弓曲，端稍扩大，喉部里面有 2 条毛线，下唇明显短于盔，长 5～7 mm，宽 5～8 mm，有细喙毛，中裂片较小，卵圆形，盔长 7～10 mm，镰形弓曲，额圆形，先端稍凸出为截形的小喙状；雄蕊着生于管的中部以下，2 对花丝均无毛；花柱不伸出。蒴果长三角状卵形，长约 23 mm，一半被宿萼所包；种子长卵形，长约 2 mm，具网纹。 花期 7～8 月，果期 7～9 月。

产青海：兴海（中铁林场恰登沟，吴玉虎 44947、45010、45014、45017、47705）、久治（龙卡湖北岸，藏药队 738）、班玛（班前乡，王为义 26980；灯塔乡，王为义 27407、27474）。生于海拔3 200～4 000 m 的沟谷山坡高寒灌丛草甸、河谷阶地高寒草甸、山麓高寒草甸砾石地、河谷山坡阔叶林缘草甸。

我国特有种。分布于我国的甘肃西南部、青海、四川西部及西北部。

31. 细根马先蒿

Pedicularis ludwigii Regel in Bull. Soc. Nat. Mosc. 41 (1)：107. 1868；Vved. in Kom. Fl. URSS 22：729. 1955；Smiotr. in Pavl. Fl. Kazakh. 8：127. 1965. ——*P.*

leptorhiza Rupr. ex Maxim. in Bull. Acad. Sci. St.-Pétersb. 32：581. f. 92. 1888；中国植物志 68：208. 1963；新疆植物志 4：419. 2004。

一年生草本，高 12～25 cm。根细长，纺锤形，长达 8 cm。茎通常自根颈发出数条，稀单一，不分枝，具 4 条毛线。基生叶多数，茎生叶 3～4 枚轮生，具叶柄；叶片长圆状披针形，长约 3 cm，宽 4～8 mm，羽状全裂，裂片疏远，长约 3 mm，羽状浅裂，小裂片端有胼胝质凸尖。花序穗状，长可达 20 cm，上部密集，下部花轮疏远有间断；苞片下部者叶状，上部者长卵形，与萼近等长，被长柔毛，顶端尖，两边细齿；花萼钟形，膜质，长 8～10 mm，密被长柔毛，具明显 10 脉，齿 5 枚，不等大，后方 1 枚三角形，全缘，其余三角状披针形，中部以上两边具疏齿；花冠淡黄色，长 20～25 mm，管下部伸直，长几等于萼 2 倍，上部向前膝曲，在喉部前方膨大，下唇稍短于盔，宽大于长，裂片圆形，边缘有不规则的细齿，中裂片略小，有短柄，向前稍凸出，盔稍微镰形弓曲，额圆形，先端稍微凸出为截形的喙；雄蕊花丝着生于花管近顶端，较长 1 对上部被疏毛；花柱伸出。 花期 7 月。

产新疆：塔什库尔干（卡拉其古，青藏队吴玉虎 548）。生于海拔 3 500 m 左右的河谷山坡砾石地草甸。

分布于我国的新疆；哈萨克斯坦，吉尔吉斯斯坦也有。

《苏联植物志》22 卷第 730 页记载，我国新疆喀什有分布，但笔者还未采到标本。

我们所采到的标本，其茎、苞片、花萼均被较密的长柔毛，与以上引证的文献描述有些不同。

32. 皱褶马先蒿

Pedicularis plicata Maxim. in Bull. Acad. Sci. St.-Pétersb. 32：598. f. 120. 1888；Limpr. in Fedde Repert. Sp. Nov. 20：206. 1924；中国植物志 68：149. 图版 30：1～3. 1963；青海植物志 3：223. 图版 49：11～15. 1996；青藏高原维管植物及其生态地理分布 866. 2008.

多年生草本，高 10～20 cm。根常粗壮，有分枝，肉质，根颈上被少数鳞片。茎单条或自根颈发出数条，中间者直立，周围者弯曲上升，紫红色至黑紫色，圆筒形，有微棱，被成行柔毛。叶基生者具长达 3 cm 的柄，茎生者仅 1～2 轮，3～4 枚轮生，柄较宽而短；叶片狭披针形或卵状披针形，长 1～3 cm，近羽状全裂，裂片卵状长圆形或线形，基部两侧在叶轴上相连成狭翅，羽状浅裂，小裂片缘有锯齿而反卷，齿端具白色胼胝，上面疏被毛，下面近无毛。花序穗状，粗壮，长达 7 cm，侧茎顶端的花序头状而短，最下 1 轮常疏离；苞片下部者叶状稍长于花，向上渐变短，披针形，短于花，基部膜质变宽，密被缘毛；花萼近筒形，有时具紫红色斑点，长 7～9 mm（花后增大），前方开裂 1/2，主脉明显，被长柔毛，齿 5 枚，大小不等，裂片有锯齿而缘反卷，前侧方 2 枚常相连向裂口下延，齿被缘毛；花冠黄色或淡黄色，长约 2 cm，管部在近基的 1/3

处弓曲并自萼裂口中伸出，在喉部强烈扩大，下唇长约7 mm，中裂片向前凸出，有柄，裂片圆形，盔粗壮，长达 10 mm，稍弓曲，前缘近基处稍向内褶，颏部具 1 条不明显的皱褶，端圆钝而稍带方形，几无凸尖；雄蕊花药有时紫红色，药室具刺尖，花丝 2 对均无毛；柱头伸出。 花期 7～8 月。

产青海：达日（吉迈乡，H. B. G. 1223）、玛沁（雪山，采集人不详 55－012）、玛多（黄河乡，吴玉虎 1110）。生于海拔 4 200～4 600 m 的沟谷山地高山草甸、河谷阶地高寒灌丛草甸。

四川：石渠（新荣乡，吴玉虎 30030；长沙贡玛乡，吴玉虎 29747；菊母乡，吴玉虎 29781、29927）。生于海拔 4 000～4 620 m 的河谷山地、高寒灌丛草甸、山坡高寒草甸、高山流石坡、河谷阶地砾石质高寒草甸。

我国特有种。分布于我国的甘肃、青海、四川。

33. 轮叶马先蒿 图版 72：1～4

Pedicularis verticillata Linn. Sp. Pl. 608. 1753；Maxim. in Bull. Acad. Sci. St.-Pétersb. 24：62. 1877；Hook. f. Fl. Brit. Ind. 4：309. 1884；Pai in Contr. Inst. Bot. Nat. Acad. Peiping 2：224. 1934，pro. Parte；中国植物志 68：162. 图版 34：4～8. 1963；西藏植物志 4：323. 图版 146：1～5. 1985；青海植物志 3：225. 图版 50：1～4. 1996；新疆植物志 4：420. 图版 136：3～4. 2004；青藏高原维管植物及其生态地理分布 874. 2008.

33a. 轮叶马先蒿（原亚种）

subsp. **verticillata**

多年生草本，高 2～23 cm，干时不变黑。主根稍粗壮，侧根须状。茎直立，单生或常自根颈发出多条，周围者弯曲上升，中央者直立，稍具沟棱，棱之间被成行毛线。叶基出者多而宿存，具长达 1 cm 的柄，边缘被长柔毛；叶片线状披针形或长圆形，长达 2. 5 cm，宽达 6 mm，羽状全裂，下面略被毛，裂片线状长圆形，具疏齿；茎生叶通常 4 枚轮生，具较短的柄，叶片较基生叶宽短。花序总状，通常较密，最下 1～2 花轮稍疏离；苞片叶状，下部者长于花，三角状卵形，上部者基部变宽，膜质，向前有锯齿，被长毛；花萼卵球形，长 5～6 mm，常红色，口部狭缩，膜质，具明显脉纹，密被紫红色多细胞长毛，前方深开裂，齿常偏聚于后方而不明显，后方 1 枚较小，三角形且全缘，其前侧方者与后侧方者合并成 1 大齿，三角形，缘无清晰锯齿或全缘；花冠通常紫红色，有时色淡呈粉红色，长 10～13 mm，管部约在 2. 5 mm 处向前以直角膝曲，使其上部由萼裂口中伸出，下唇约与盔等长，中裂片圆形，具柄，小于侧裂片，向前凸出，裂片上有极显著的红脉，盔稍微镰状弯曲，长约 5 mm，额圆形，下缘顶端略有凸尖；雄蕊花药有时紫红色，花丝前方 1 对被毛（有时仅被几根毛）；花柱略伸出盔端。

花期 6～8 月。

产青海：兴海（中铁林场卓琼沟，吴玉虎 45687；中铁乡附近，吴玉虎 42846、42946；大河坝乡，弃耕地考察队 328）、曲麻莱（巴干乡，黄荣福 151）、称多（县城郊，吴玉虎 29296；清水河乡，苟新京 83－8、83－40；歇武乡，刘尚武 2402）、玛多（黄河乡，吴玉虎 1029；扎陵湖乡，吴玉虎 433；巴颜喀拉山北坡，吴玉虎 29039A、29096）、玛沁（大武乡，王为义 26629、区划三组 121、H. B. G. 511；军功乡，吴玉虎 5745；当洛乡，区划一组 058）、达日（吉迈乡，H. B. G. 1202）、久治（索乎日麻乡，藏药队 247、421、果洛队 87、177；龙卡湖，藏药队 742）。生于海拔 3 500～4 500 m 的沟谷山地高寒草甸、山坡高寒灌丛草甸、河滩高寒草甸、河谷山坡林缘草甸。

甘肃：玛曲（欧拉乡，吴玉虎 31987B）。生于海拔 3 310 m 左右的河谷山坡草甸、山地高寒灌丛草甸。

分布于我国的新疆、甘肃、青海、西藏、四川、内蒙古、河北及东北各省区；广布于欧亚大陆温带较寒冷地区及北美洲西北部。

33b. 唐古特马先蒿（亚种）

subsp. **tangutica** (Bonati) Tsoong Fl. Reipubl. Popul. Sin. 68：163. 1963；青海植物志 3：225. 1996；青藏高原维管植物及其生态地理分布 874. 2008.——*P. tangutica* Bonati in Bull. Soc. Bot. Geneve 2：328. 1912.

与原亚种区别在于：全株被多细胞长白毛和较多坚硬的白色胼胝；萼齿发达，多 5 枚，稀结合为 3 枚，有时具清晰的锯齿；花较大，有时长可达 15 mm；苞片较明显，多长于花。　花期 6～8 月。

产青海：兴海（黄青河畔，吴玉虎 42619B；河卡山，吴珍兰 013、王作宾 20262）、称多（县城郊，吴玉虎 29249）、玛沁（昌马河乡，吴玉虎 1526）。生于海拔 3 200～4 380 m的沟谷山坡草地、山地草原路边、河谷山沟草甸。

分布于我国的甘肃、青海、四川西北部、山西。

34. 儒侏马先蒿

Pedicularis pygmaea Maxim. in Bull. Acad. Sci. St. － Pétersb. 32：595. f. 114. 1888；Prain in Ann. Bot. Gard. Calc. 3：95. 1890；中国植物志 68：165. 1963；青海植物志 3：227. 1996；青藏高原维管植物及其生态地理分布 868. 2008.

一年生草本，高 1.5～2.5 cm，干时不变黑。根稍增粗而略肉质，根颈上有数对淡褐色、卵形膜质鳞片。茎直立，单一或从基部分枝，略四棱形，沟中被成行的毛。叶基生者长达 1.5 cm，具长 4～7 mm 的叶柄，叶柄两侧膜质；茎生者 4 枚轮生，具短柄；叶片线状长圆形，长 4～7 mm，羽状全裂或深裂，裂片有缺刻状齿，齿端具硬尖的白色胼胝，常翻卷。花序头状，密集；苞片叶状，中部以上者常掌状 3 裂，疏被毛；花萼卵球形，膜质，长约 4 mm，具 10 条褐色的脉，脉上密被多细胞长毛，前方开裂，齿 5 枚，稍偏聚后方，后方 1 枚近线形，甚小；花冠紫红色，长 8～9 mm，管部约在近基部 2.5 mm 处向前作直角膝曲，上方由萼的开口处伸出，向喉部强烈扩大至下唇相连，下唇长约 4 mm，宽约 6 mm，中裂片圆形，较侧裂片窄，有柄，稍凸出，盔长约 4 mm，额圆形，前端下缘有三角状的短喙状凸尖；雄蕊花丝 2 对，均无毛；花柱不伸出。 花期 7 月。

产青海：玛多（黄河乡，吴玉虎 8077；扎陵湖乡，吴玉虎 128）。生于海拔 4 300～4 500 m 的沟谷河滩沼泽草甸河谷阶地高寒草甸。

青海特有种，模式标本采自扎陵湖。

本种与轮叶马先蒿 *P. verticillata* Linn. 的矮株型极相似，但该种以苞片上部者掌状 3 裂、较小的花（长 8～9 mm）、萼齿 5 枚、盔前端下缘有三角状的短喙凸尖，而易区别于后者。

我们的 2 份标本，其下唇中裂片基部两侧有 2 条不太清晰的褶襞，与《中国植物志》对该种的描述有点不同。

35. 堇色马先蒿

Pedicularis violascens Schrenk in Fish. et C. A. Mey. Enum. Alt. Pl. Nov. Schrenk 2：22. 1842，et in Bull. Phys. - Math. Acad. Pétersb. 1：79. 1843. Li in Acad. Nat. Sci. Philad. 100：309. f. 38. 1948. pro parte；Vved. in Kom. Fl. URSS 22：709. 1955；中国植物志 68：161. 图版 33：1～4. 1963；Smiotr. in Pavl. Fl. Kazakh. 8：120. 1965；新疆植物志 4：419. 图版 136：5～6. 2004；青藏高原维管植物及其生态地理分布 874. 2008.

多年生草本，高 8～30 cm。根多条，稍肉质而略变粗为纺锤形，长约 5 cm；根颈很粗，被膜质鳞片及宿存的枯叶柄。茎单一或从根颈发出数条，幼时暗紫黑色，老时浅稻草色，不分枝，被成行的毛。叶基生者常宿存，柄长 1～5 cm，纤细，基部稍变宽而膜质，两边具狭翅；叶片披针形至线状长圆形，长 2.5～4.5 cm，宽约 1.4 cm，羽状全裂，裂片卵形，基部狭缩，顶端锐尖，长者达 7 mm，宽约 4.5 mm，羽状深裂至 2/3 处，小裂片具刺尖的重锯齿；茎生叶与基生叶同形，有较短的柄，仅有 2 轮，下部者 3 枚轮生或有时对生，上部者 4 枚轮生。花序头状，密集，长达 2～6 cm，下部花轮常疏距；苞片宽菱状卵形，掌状 3～5 裂，基部膨大膜质，裂片线状披针形，有重锯齿；花萼长 6～7 mm，花后强烈膨大，膜质，基部下延成翅状的且长达 3 mm 的花梗，前方开裂约达 2/5，齿 5 枚，后方 1 枚较小，三角形，其余 4 枚三角状披针形，缘有不清晰的锯齿；花冠紫红色，长约 17 mm，管部长约 11 mm，在基部以上 6 mm 处以 50°向前上方膝曲，喉部稍扩大，下唇小，长约 4 mm，裂片无脉纹，中裂片较小，近卵形或圆形，向前凸出，侧裂片椭圆形，盔稍镰状弓曲，长约 6 mm，额部圆钝或略方，下端无齿与凸尖；雄蕊花丝前方1对被微毛；柱头与花丝稍伸出盔端。 花果期7～9月。

产新疆：乌恰。生于海拔3 200 m左右的沟谷山地高山草甸。

分布于我国的新疆；俄罗斯东部、东北部和西西伯利亚，中亚地区各国也有。

36. 四川马先蒿 图版72：5～8

Pedicularis szetschuanica Maxim. in Bull. Acad. Sci. St.-Pétersb. 32：601. f. 125. 1888，pro parte；Limpr. in Fedde Repert. Sp. Nov. Beih. 12：285. 1955；Pai in Contr. Inst. Bot. Nat. Acad. Peiping 2：221. 1934，pro parte；中国植物志 68：179. 图版 39：1～3. 1963；西藏植物志 4：328. 1985；青海植物志 3：230. 图版 50：9～12. 1996；青藏高原维管植物及其生态地理分布 872. 2008.

一年生草本，高7～25 cm，干时不变黑。茎基部有时具宿存膜质鳞片，单条或自根颈上生出多条，侧生者稍弯曲上升，通常不分枝，有棱沟，具4条毛线。叶在大小、形状与柄的长短上变化幅度很大，叶4枚轮生，通常2～3轮，下部者具长柄，长达1.5 cm，向上较短或几无柄；叶片卵状长圆形或长圆状披针形，长0.5～3.0 cm，宽3～10 mm，羽状浅裂至半裂，裂片卵形或倒卵形，端钝有锯齿，齿翻卷且有白色胼胝，两面被疏毛。穗状花序多花而密，或下部1～2轮远离；苞片下部者叶状，中上部者变短，三角状披针形或三角状卵形，基部宽楔行，有膜质无色的宽柄，被长白毛；花萼钟形，膜质，有时具红色斑点，长约5 mm，前方不裂，脉纹色深明显，齿5枚，后方1枚最小，三角形，其他较大，三角状卵形或卵状披针形，缘有明显锯齿；花冠紫红色，长13～16 mm，管部在约2 mm处膝曲，向喉部稍扩大，下唇长7～9 mm，宽达11 mm，基部近心形，侧裂片稍大，中裂片圆卵形，其部狭缩，盔略微弯曲，长约5 mm，额稍圆，先端前缘略突出为小尖头；雄蕊花丝2对均无毛；柱头稍伸出。 花期7～8月。

产青海：兴海（中铁林场恰登沟，吴玉虎 45349；中铁乡前滩，吴玉虎 45371B、45401）、称多（歇武乡，吴玉虎 29401；扎朵乡，苟新京 83-243）、玛沁（大武乡，王为义等 26583、26629；军功乡，吴玉虎 5741、H. B. G. 289；雪山乡，H. B. G. 383）、达日（吉迈乡，H. B. G. 1221、吴玉虎 27061B；德昂乡莫坝东山垭口，陈世龙 303；达日县东 25 km 处，陈世龙 290）、甘德（上贡麻乡，H. B. G. 903；青珍乡，吴玉虎 25711B）、久治（索乎日麻乡，藏药队 439、果洛队 295；康赛乡，吴玉虎 26556；哇尔依乡，吴玉虎 26745；门堂乡乱石山垭口，陈世龙 415；上龙卡沟，果洛队 603）、班玛（亚尔堂乡王柔，吴玉虎 26246）。生于海拔3 100～4 600 m的沟谷山地林缘草甸、山地阴坡高寒灌丛草甸、河谷阶地高山草甸、溪流河谷阴湿山坡、宽谷河滩高寒草地。

四川：石渠（红旗乡，吴玉虎 29424、29508；长沙贡玛乡，吴玉虎 29650）。生于海拔4 000～4 200 m的沙棘及水柏枝灌丛、沟谷山地阴坡高寒草甸。

甘肃：玛曲（欧拉乡，吴玉虎 31979、32036；齐哈玛大桥，吴玉虎 31759、31774）。生于海拔 3 310～3 460 m 的河谷灌丛高寒草甸、宽谷河滩草地。

我国特有种。分布于我国的甘肃、青海、西藏、四川。

37. 草甸马先蒿

Pedicularis roylei Maxim. in Bull. Acad. Sci. St.-Pétersb. 27：517. 1881，et 32：597. f. 1888；Prain in Ann. Bot. Gard. Calc. 3：173. t. 33. B～C. f. 5～11. 1890；中国植物志 68：157. 图版 31：1～3. 1963；E. Nasir et S. I. Ali Fl. West. Pakist. 658. 1972；西藏植物志 4：329. 1985；青海植物志 3：224. 1996；青藏高原维管植物及其生态地理分布 870. 2008.

多年生草本，高 3～12 cm，干时稍变黑。根多少胡萝卜状肉质，具短的根茎。茎单一或常自根颈发出数条而丛生，通常紫黑色，有纵棱，棱间被成行白色长柔毛。叶基生者成丛，通常稠密而宿存，具长达 2 cm 的柄；叶片卵状长圆形或长圆形，长 1.5～3.5 cm，羽状深裂，裂片披针形或长圆形，边缘反卷，有顶端具胼胝的缺刻状锯齿；茎生叶 2～4 枚轮生，通常仅 1～2 轮，具短柄，与基生叶同形，较小。花序总状，较紧密，常呈头状，下部花轮有时疏距，轴上密被长柔毛；苞片与叶同形，下方者稍微长于花，上部者短于花，柄基部加宽，边缘疏被长柔毛；花萼钟状，长 8～11 mm，密被白色柔毛，前方不裂或稍微开裂，齿 5 枚，不等大，后方 1 枚较小，三角形，全缘，其余 4 枚较大，卵形或长圆形，羽状裂；花冠紫红色，长 15～17 mm，通常下唇中裂片两侧的基部具黄白色斑或有条色淡（淡黄色）高凸而明显的褶襞，管部在近基约 3 mm 处向前上方膝曲，向喉部扩大，下唇宽大，长 8～9 mm，宽约 14 mm，中裂片近圆形，稍伸出侧裂片之前，端钝圆或有凹缺，侧裂片较大，椭圆形，端钝圆，盔长 5～6 mm，稍弓曲，额稍高凸，有极狭的鸡冠状突起，先端下缘无齿；雄蕊花丝 2 对均无毛；花柱稍伸出盔端。 花期 6～8 月。

产青海：格尔木（唐古拉乡，青藏冻土植物队 185、黄荣福 C. G. 89-290）、兴海（河卡乡，何廷农 262）、称多（扎朵乡，苟新京 83-255）、玛多（县牧场，吴玉虎 1030B）、玛沁（尼卓玛山，H. B. G. 775；玛积雪山，王为义 27705；大武乡，H. B. G. 674；黑土山，吴玉虎 5759；大武乡黑土山，H. B. G. 662）、久治（索乎日麻乡，藏药队 333、463，果洛队 364）、曲麻莱（叶格乡，中普队 093）。生于海拔 4 100～5 460 m的高山草甸、高山流石滩及山坡。

四川：石渠（菊母乡，吴玉虎 29791、29821）。生于海拔 4 620 m 左右的沟谷山坡高山草甸、高山流石坡稀疏植被带。

分布于我国的甘肃西部及西南部、青海、西藏、云南西北部、四川；巴基斯坦，克什米尔地区，尼泊尔，印度东北部，不丹也有。

以上的标本花冠下唇中裂片两侧基部具黄白色斑或有条色淡（淡褐色）、高凸而明显的褶襞，这一特征不同于《中国植物志》所描述的。

38. 甘肃马先蒿 图版 72：9～12

Pedicularis kansuensis Maxim. in Bull. Acad. Sci. St.-Pétersb. 27：16. 1881，et 32：596. f. 116. 1888；Li in Proc. Acad. Nat. Sci. Philad. 100：318. f. 44. 1948；中国植物志 68：167. 图版 33：5～8. 1963；西藏植物志 4：324. 图版 146：6～9. 1985；青海植物志 3：227. 图版 50：5～8. 1996；青藏高原维管植物及其生态地理分布 861. 2008.

38a. 甘肃马先蒿（原变型）

subsp. **kansuensis** Maxim. f. **kansuensis**

一年生草本，高 15～35 cm，干时不变黑。根垂直向下，通常不变粗，多少木质化。茎常自基部发出多条，略为方形，有成行的 4 条毛线。叶基出者通常宿存，具长达 2 cm 的柄，被密毛；茎生叶柄较短，4 枚轮生；叶片线状长圆形或长圆形，长达 4 cm，宽达 15 mm，羽状全裂，裂片线状披针形，羽状深裂，小裂片具少数锯齿，齿端常有胼胝而反卷。花序可占茎长的 2/3 以上，花轮很多而均疏距，仅顶端较密；苞片下部者叶状，向上渐为亚掌状 3 裂，边缘有锯齿，基部膨大且膜质，主脉色深明显，且被多细胞长毛，齿 5 枚，不等大，三角形且有锯齿；花冠紫红色、粉红色，长 15～17（～20）mm，管部在近基部向前膝曲，下唇长于盔，长 6～8 mm，宽 7～9 mm，裂片圆形，有数条色深的脉纹，中裂片较小，基部狭缩，盔略微弯曲，额高凸，上缘常具波状的鸡冠状突起，端的下缘尖锐但无凸出的小尖；雄蕊花丝前方 1 对上部被长毛，2 对的基部被粗短毛；柱头伸出。 花期 6～8 月，果期 7～9 月。

产青海：兴海（中铁乡前滩，吴玉虎 45371A、45452、45480；大河坝乡赞毛沟，吴玉虎 46467、47049、47091、47097、47153；中铁乡天葬台沟，吴玉虎 45946；赛宗寺后山，吴玉虎 46343、46365、46386；中铁乡至中铁林场途中，吴玉虎 43132；黄青河畔，吴玉虎 42619；中铁林场恰登沟，吴玉虎 44888、44899、44931、44938、45266；大河坝，吴玉虎 42510；温泉乡，刘海源 567；河卡乡，王作宾 20208、何廷农 170）、曲麻莱（叶格乡，黄荣福 108）、称多（县城郊，刘尚武 2257、吴玉虎 29254；称文乡，刘尚武 2347；拉布乡，苟新京等 83-449）、玛多（黑海乡，杜庆 518、吴玉虎 18036；清水乡，吴玉虎 29015；黑河乡，陈桂琛 1754；扎陵湖乡，吴玉虎 057）、玛沁（大武乡，H. B. G. 619；军功乡，玛沁队 172，吴玉虎 4603、18567；拉加乡，吴玉虎 6062、19046）、达日（建设乡，吴玉虎 27174、陈桂琛 1695；窝赛乡，吴玉虎 25875、25887；德昂乡，吴玉虎 25895）、班玛（马柯河林场，王为义等 26980）。生于海拔 3 080～4 600m 的沟谷山地高山灌丛草甸、河谷阶地高山草甸、山坡高寒草地、宽谷河滩高寒草甸、荒地、山麓砾石地草甸、山沟阔叶林缘草甸。

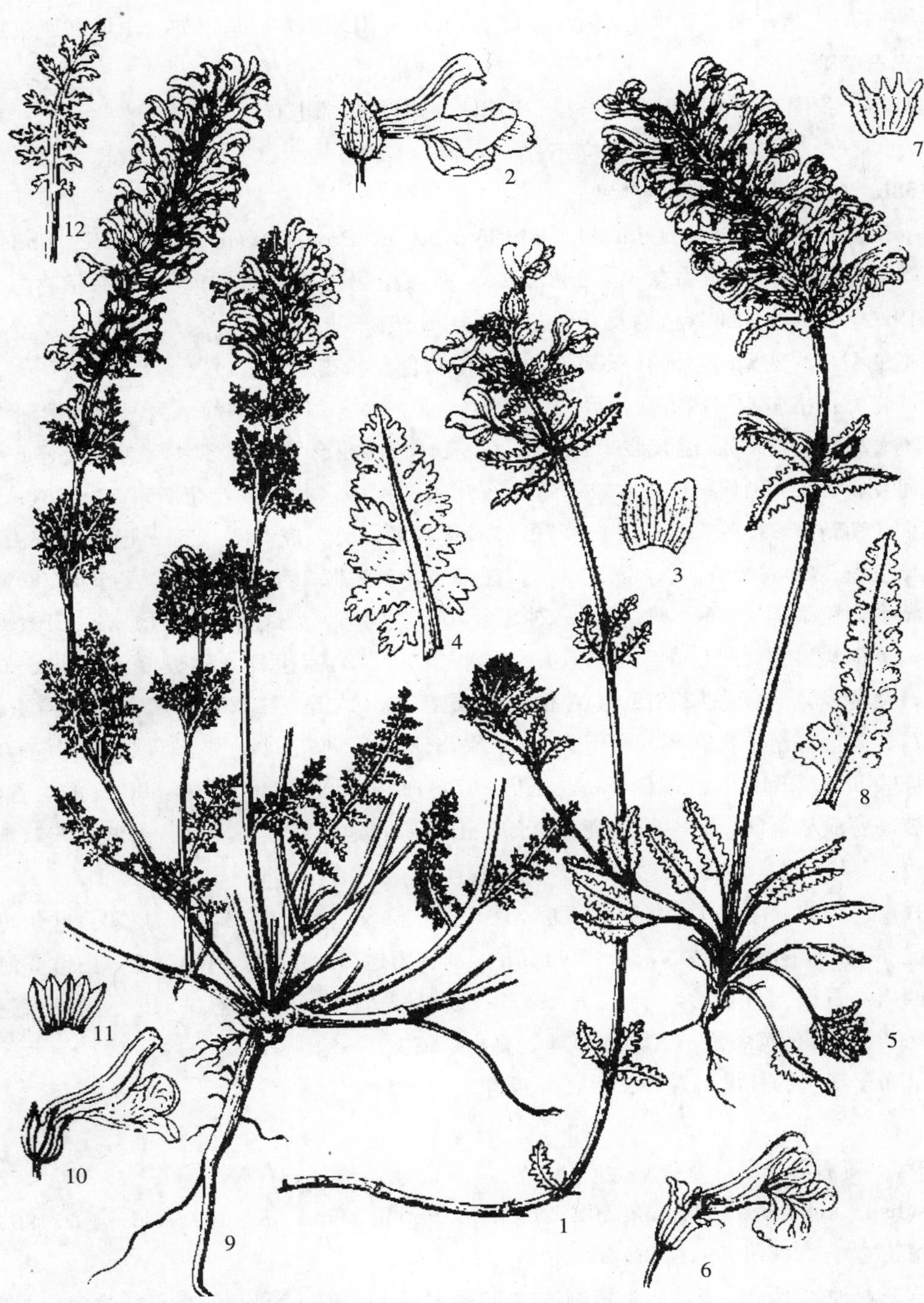

图版 **72**　轮叶马先蒿 **Pedicularis verticillata** Linn. 1. 植株部分；2. 花；3. 花萼展开；4. 苞片。四川马先蒿 **P. szetschuanica** Maxim. 5. 植株部分；6. 花；7. 花萼展开；8. 苞片。甘肃马先蒿 **P. kansuensis** Maxim. 9. 植株部分；10. 花；11. 花萼展开；12. 苞片。　（王颖绘）

四川：石渠（国营牧场，吴玉虎 30088；长沙贡玛乡，吴玉虎 29765；新荣乡，吴玉虎 30055）。生于海拔 3 800～4 000 m 的河谷山地阴坡高寒灌丛草甸、山坡高寒草地、山地岩石缝隙。

分布于我国的甘肃、青海、西藏、四川；尼泊尔东部也有。

38b. 白花甘肃马先蒿（变型）

subsp. **kansuensis** Maxim. f. **albiflora** Li in Proc. Acad. Nat. Sci. Philad. 100：320. 1948；中国植物志 68：168. 1963；西藏植物志 4：326. 1985；青海植物志 3：228. 1996；青藏高原维管植物及其生态地理分布 861. 2008.

本变型与原变型的不同在于其花白色或淡黄色。 花期 6～8 月。

产青海：格尔木（唐古拉山乡，黄荣福 C. G. 89－212）、兴海（大河坝乡赞毛沟，吴玉虎 47192、47195；温泉乡，H. B. G. 1418）、曲麻莱（麻多乡，刘尚武等 634；曲麻河乡，黄荣福 067；秋智乡，刘尚武等 785）、称多（扎朵乡，苟新京 83－261；清水河乡，苟新京 83－9、83－51）、玛多（国营牧场，吴玉虎 237、250；巴颜喀拉山北坡，吴玉虎 28905、29170、刘海源 768；黑河乡，刘海源 744；清水乡，吴玉虎 28997；扎陵湖乡，黄荣福 C. G. 81－202、刘海源 706）、玛沁（大武乡，H. B. G. 510；军功乡，吴玉虎 4685、H. B. G. 310、区划二组 2112）、达日（建设乡，H. B. G. 1030；窝赛乡，吴玉虎 25871）、甘德（上贡麻乡，吴玉虎 25854；东吉乡，吴玉虎 25787）、久治（索乎日麻乡，藏药队 362、果洛队 269；哇赛乡，果洛队 211；白玉乡，吴玉虎 26387、26424；哇尔依乡，吴玉虎 26749）。生于海拔 3 160～4 600 m 的沟谷山地阴坡高寒灌丛草甸、河谷阶地高山草甸、山前砾石地、宽谷河漫滩、山坡高寒草地、公路边。

甘肃：玛曲（河曲军马场，吴玉虎 31845；欧拉乡，吴玉虎 32039；尼玛乡哇尔玛，吴玉虎 32125）。生于海拔 3 330～3 440 m 的沟谷山地高山草甸、河滩草地、山坡草甸。

四川：石渠（红旗乡，吴玉虎 29437；长沙贡玛乡，吴玉虎 29549）。生于海拔 4 000～4 200m 的河谷灌丛、河滩草地、高山草甸。

分布于我国的甘肃、青海、西藏、四川。

38c. 青海马先蒿（亚种）

subsp. **kokonorica** Tsoong Fl. Reipubl. Popul. Sin. 68：169. Add. 403. 1963；西藏植物志 4：326. 1985；青海植物志 3：228. 1996.

这一亚种的不同在于：通常植物体较低矮，一般不超过 20 cm，基生叶较密，花序通常较密集且连续，花冠管部在近中部向前膝曲，下唇裂片顶端有明显的凹缺。 花期 7～9 月。

产青海：兴海（河卡乡，张珍万 1966）、称多（歇武乡，刘有义 83－834；拉布乡，苟新京等 83－457)、玛多（县牧场，吴玉虎 1030；黄河乡，吴玉虎 1032)。生于海拔 3 340～4 500 m的沟谷山地林下、山坡灌丛、高山草甸。

分布于我国的青海、西藏的北部。

38d. 厚毛马先蒿（亚种）

subsp. **villosa** Tsoong in Acta Phytotax. Sin. 3：311. 1954；中国植物志 68：169. 1963；西藏植物志 4：326. 1985；青海植物志 3：228. 1996。

这一亚种的不同在于：其全身密被灰白色长毛；花萼齿较大，长可达 8 mm。 花期 8 月。

产青海：曲麻莱（叶格乡，刘尚武 728)。生于海拔 4 100 m 左右的长江边河漫滩草甸上、河谷阶地草甸。

分布于我国的青海、西藏东部。

39. 半扭卷马先蒿 图版 74：1～4

Pedicularis semitorta Maxim. in Bull. Acad. Sci. St.-Pétersb. 32：546. f. 28. 1888；Limpr. in Fedde Repert. Sp. Nov. 20：262. 1924；Li in Proc. Acad. Nat. Sci. Philad. 100：290. f. 21. 1948；中国植物志 68：221. 图版 51：1～3. 1963；青海植物志 3：238. 图版 52：11～14. 1996；青藏高原维管植物及其生态地理分布 871. 2008.

39a. 半扭卷马先蒿（原变种）

var. **semitorta**

一年生草本，高 15～55 cm。根圆锥形而细，侧根生于近端处，须状。茎单一或从根颈生出多条，中空，粗者径达 7 mm，有多条毛线，不分枝或在上部分枝。叶基生者早枯，具长柄，茎生叶 3～5 枚轮生，最下部者叶柄与基生叶叶柄等长，向上缩短；叶片线状长圆形或卵状长圆形，长达 6 cm，宽达 2. 5 cm，羽状全裂，裂片长短不一，羽状深裂，裂片不规则，有锯齿，两面无毛，边缘锯齿有胼胝。花序穗状，下部花轮远距；苞片短于花，下部者叶状，上部变小，掌状 3 裂，基部扩大，膜质；花萼狭卵形，长 7～9 mm，前方开裂至 1/2，齿 5 枚，线形而偏聚后方；花冠黄色，管部直立，长 7～11 mm，喉部稍扩大而向前俯，下唇宽卵形，长约 11 mm，宽约 12 mm，裂片卵圆形，先端圆钝，中裂片稍小，与侧裂片互不盖叠，盔自含雄蕊部分基部强烈向后扭转，前方渐细成长约 11 mm 的喙，喙扭转成半环，喙端指向前上方，其盔因直立部分顶端的扭折，使其顶向右下方；雄蕊花丝着生花管的中部，2 对均在中部以下被长柔毛；花柱伸出喙端。蒴果斜尖卵形，有黑色种阜，具纵网纹，一侧有狭翅。 花果期 7～9 月。

产青海：兴海（大河坝乡赞毛沟，吴玉虎 47051、47056、47155)、玛沁（江让水电站，吴玉虎18687；军功乡，吴玉虎4624、26961；军功至大武西哈垄，吴玉虎5606、H. B. G. 315）、达日（吉迈乡，吴玉虎27080）、久治（索乎日麻乡，果洛队504、藏药队685）。生于海拔3 200～3 900 m的沟谷山坡高寒草甸、石砾山坡草地、河谷阶地砾石质高寒草甸、山地阴坡高寒灌丛草甸。

甘肃：玛曲（欧拉乡，吴玉虎32078；齐哈玛大桥附近，吴玉虎31741、31812）。生于海拔3 320～3 460 m的河谷滩地高寒草甸、山地阴坡高寒灌丛草甸、宽谷河滩草地。

我国特有种。分布于我国的甘肃、青海、四川北部。

39b. 紫花半扭卷马先蒿（新变种）

var. **porphyrantha** Z. L. Wu，**var. nov.** in Addenda 1.

与有变种的区别在于：花紫红色，盔直立部分的顶端两面具淡褐色、圆形、直径约1.5 mm的耳状物。　花期7～8月。

产青海：达日（满掌乡，吴玉虎26797、26809）、久治（哇尔依乡，吴玉虎26753；索乎日麻乡，吴玉虎26481）、班玛（亚尔堂乡王柔，吴玉虎26192；城郊，王为义26707；马柯河林场，吴玉虎26119、26133，王为义26911）。生于海拔3 360～4 290 m的沟谷山地林缘灌丛草甸、河谷阶地高山草甸、山沟高寒草地。

分布于我国的青海、四川（壤塘）。模式标本采自青海久治索乎日麻乡。

40. 拟篦齿马先蒿　图版68：7～9

Pedicularis pectinatiformis Bonati in Bull. Soc. Bot. France 54：372. 1907；Li in Proc. Acad. Nat. Sci. Philad. 100：294. f. 26. 1948；中国植物志68：266. 图版60：6～7. 1963；青海植物志3：241. 图版53：7～9. 1996；青藏高原维管植物及其生态地理分布866. 2008.

多年生草本，高15～30 cm。茎单一或自根颈生出多条，直立或斜升，在中下部分枝，枝轮生，有棱角，被成行的毛。叶基生者早枯，茎生叶最下部者常对生，上部者3～4枚轮生；叶柄长5～23 mm；叶片卵状披针形或长圆状披针形，长1.4～4.2 cm，宽7～15 mm，羽状全裂，裂片线状披针形，浅裂或深裂，具胼胝小尖头。花序总状，上部紧密，下部花轮疏远；苞片叶状；花具梗，长1～2 mm，有膜质翅；花萼长椭圆形，膜质，稍膨大，长10～12 mm，前方不裂，外面及脉上密被白色长毛，齿5枚，不等大，全缘或具钝齿；花冠紫红色，盔的直立部与管的上部及喉部呈黄色，管部长7～9 mm，伸直或微弯曲，下唇开展，呈横的长圆形，长5～6 mm，宽9～10 mm，有短缘毛，3裂，侧裂片肾形，先端圆钝，中裂片卵形，甚小，前方强烈兜状；盔的直立部分长4 mm，在中部以上的前缘有1对突起，顶端以直角转折，成为含雄蕊的部分（长约4 mm），前方渐细为喙，喙长约8 mm，弯向喉部，先端2裂；雄蕊花丝2对均无毛；花柱不伸出。　花期7月。

产青海：久治（索乎日麻乡，果洛队 286）。生于海拔3 600～3 900 m 的沟谷山坡草地、河谷阶地高寒草甸。

我国特有种。分布于我国的青海、四川西部。

青藏高原生物标本馆馆藏标本的性状不同于《中国植物志》本种描述，盔直立部分短，仅长 4 mm，另喙端指向喉部，不呈“S”形。

41. 碎米蕨叶马先蒿 图版 73：1～5

Pedicularis cheilanthifolia Schrenk in Bull. Phys.-Math. Acad. St.-Pétersb. 1：79. 1842. Maxim. in Bull. Acad. Sci. St.-Pétersb. 24：58. 1877；Hook. f. Fl. Brit. Ind. 4：308. 1884；Pai in Contr. Inst. Bot. Nat. Acad. Peiping 2：210. 1934；Vved. in Kom. Fl. URSS 22：713. 1955；中国植物志 68：196. 图版 44：1～5. 1963；西藏植物志 4：332. 图版 149：1～5. 1985；青海植物志 3：230. 图版 51：1～5. 1996；新疆植物志 4：420. 2004；青藏高原维管植物及其生态地理分布 854. 2008.

41a. 碎米蕨叶马先蒿（原亚种）

subsp. **cheilanthifolia**

多年生草本，高 30～40 cm，干时稍变黑。根颈粗壮，被少数鳞片，根圆锥状稍肉质。茎有时带紫红色，单出直立或从基部发出数条，一般不分枝，有 4 条纵深沟及毛线。叶基出者丛生，具长柄，柄长 2.5～3.5 cm，宿存；茎生叶 3～4 枚轮生，具长 0.5～3.0 cm的柄；叶片线状披针形，长 1.0～3.5 cm，羽状全裂，裂片卵状披针形或线状披针形，羽状浅裂，小裂片具齿。花序穗状，紧密，下部花轮有疏距；苞片叶状，下部者与花等长；花萼长圆状钟形，长 9～12 mm，前方开裂 1/3 ～1/2，脉上密被多细胞长毛，裂口边缘具毛，齿 5 枚，不等，后方 1 枚三角形全缘，其余 2 大 2 小，靠合，均具钝齿；花冠颜色多变，自紫红色一直变至纯白色，长 20～25 mm，管部在萼内膝曲，其喉部内面具毛线及腺点，下唇宽心形，有褶，宽稍大于长，长约 8 mm，宽约 13 mm，中裂片较侧裂片小，近卵圆形，盔镰状弓曲，长约11 mm，端几无喙或有极端的圆锥形喙，长约 1 mm；雄蕊花丝 2 对，上部无毛，仅基部及着生处被毛；花柱伸出喙端。 花果期 6～9 月。

产新疆：塔什库尔干（卡拉其古，青藏队吴玉虎 5069）、叶城（麻扎达坂，黄荣福 C. G. 86－052；柯克亚乡，青藏队吴玉虎 870811；苏克皮亚，青藏队吴玉虎 870995；岔道口，青藏队吴玉虎 1267；阿克拉达坂，青藏队吴玉虎 871480；乔戈里峰大本营，青藏队吴玉虎 1497）、皮山（三十里营房，青藏队吴玉虎 1175；神仙湾黄羊滩，青藏队吴玉虎 4762）、于田（普鲁坎羊，青藏队吴玉虎 3764）、且末（昆其布拉克，青藏队吴玉虎 2115、2624）、若羌（阿尔金山保护区鸭子泉，青藏队吴玉虎 3923；祁漫塔格，青藏队吴玉虎 2184）。生于海拔 2 100～ 4 960 m 的高山流石坡稀疏植被带、河谷阶地高山草甸、沟谷山地林缘草甸、山地阴坡高寒灌丛下、宽谷河滩高寒沼泽草甸、潮湿山坡草地。

西藏：日土（龙木错，青藏队吴玉虎 1287；多玛乡，青藏队 76－8391）、尼玛（双湖，青藏队藏北分队 9873、10038）、班戈（色哇区，青藏队藏北分队 9480）。生于海拔 4 850～5 200 m的沟谷高山沙滩、山坡草地。

青海：格尔木（昆仑山西大滩，黄荣福 C. G. 89－012；唐古拉山乡各拉丹冬，黄荣福 C. G. 89－279）、兴海（大河坝，吴玉虎 42556；黄青河畔，吴玉虎 42638；河卡乡，张珍万 2049；温泉乡，王为义 113、吴玉虎 28787；鄂拉山，张盍曾 63100）、治多（库赛湖南部，黄荣福 K－453；可可西里山，黄荣福 K－210；五雪峰，黄荣福 K－383）、曲麻莱（龙马陇滩，黄荣福 057；东风乡，刘尚武 894）、称多（县城郊，吴玉虎 29216；珍秦乡，吴玉虎 29184；歇武乡，刘尚武 2384；扎朵乡，苟新京 83－278）、玛多（多曲峡口，吴玉虎 496）、玛沁（大武乡，玛沁队 265；东倾沟乡，玛沁队 319；昌马河乡，吴玉虎 18299）、达日（吉迈乡，吴玉虎 27052；德昂乡，吴玉虎 25931）、甘德（上贡麻乡，吴玉虎 25863；东吉乡，吴玉虎 25775）、久治（索乎日麻乡，果洛队 328；白玉乡，藏药队 648）。生于海拔 3 300～5 400 m 的高山灌丛草甸、河谷沼泽、宽谷河滩、山地砾石坡、山坡草地。

甘肃：玛曲（河曲军马场，陈桂琛等 1092）。生于海拔 3 200 m 左右的宽谷河滩高寒沼泽湿地、河谷阶地高寒草甸。

四川：石渠（菊母乡，吴玉虎 29781）。生于海拔 4 630 m 左右的沟谷山坡高寒草甸、高山流石坡稀疏植被带。

分布于我国的新疆、甘肃、青海、西藏、四川；中亚地区各国也有。

笔者详细查看了青藏高原生物标本馆馆藏的青海省可可西里、兴海、曲麻莱、玛多、玛沁、久治等地的标本，其花冠下唇均较短，长不达 8 mm，认为应归属原变种，而不属等唇马先蒿 var. *isochila* Maxim。

41b. 斯文马先蒿（亚种）

subsp. **svenhedinii**（Pauls.）Tsoong Fl. Reipubl. Popul. Sin. 68：197. 1963；西藏植物志 4：332. 1985；青海植物志 3：231. 1996. ——*P. svenhedinii* Pauls. in Sven Hedin, Southern Tibet 6（3）：44. f. 2. et. t. 7. 1921.

与原亚种不同在于：该亚种的盔常具紫斑点或有时全为紫色，较粗壮，顶圆，有时略有鸡冠状突起为 1 狭沿，下唇常有紫线条或紫斑；叶的裂片通常较宽；萼齿稍较长。花果期 7～9 月。

产新疆：塔什库尔干（卡拉其古，青藏队吴玉虎 5069B）、叶城（苏克皮亚，青藏队吴玉虎 870995B）、皮山（神仙湾黄羊滩，青藏队吴玉虎 4762B）。生于海拔 3 000～4 900 m的河谷山地云杉林缘、河谷阶地高山草甸。

西藏：日土（班公湖西段，高生所西藏队 3622；上曲龙，高生所西藏队 3477；班摩掌附近，青藏队 76－8758）、改则（雪山附近，黄荣福 3717）、尼玛（双湖，青藏队藏北分队 9827）。生于海拔 4 200～5 220 m 的沟谷山坡草地、河滩高寒草甸、宽谷湖边草地。

青海：格尔木（唐古拉山，青藏冻土植物队 127、203；各拉丹冬，黄荣福 C. G. 89－279、蔡桂全 004）、治多（可可西里西金乌兰，黄荣福 K－795；可可西里天台山，黄荣福 K－210；可可西里库赛湖，黄荣福 K－437；可可西里新青峰，黄荣福 K－298，可可西里马兰山，黄荣福 K－344）、曲麻莱（麻多乡，刘尚武等 662；栖雾沟，黄荣福 089；六盘山，刘海源 856）。生于海拔 4 600～5 400 m 的高山湖盆滩地、河谷阶地高寒草甸、沟谷山坡高寒草地、高山流石滩稀疏植被带、高山冰缘湿地。

分布于我国的新疆、青海、西藏。又见于喜马拉雅山西部。

42. 鸭首马先蒿 图版 73：6～9

Pedicularis anas Maxim. in Bull. Acad. Sci. St.-Pétersb. 32：578. f. 87. 1888；Limpr. in Fedde Repert. Sp. Nov. 20：243. 1924；中国植物志 68：199. 图版 45：6～9. 1963；青海植物志 3：233. 1996；青藏高原维管植物及其生态地理分布 852. 2008.

42a. 鸭首马先蒿（原变种）

var. **anas**

多年生草本，高 15～25 cm。根常有分枝，肉质，粗壮，圆柱形。茎单一或自根颈上发出数条，常紫黑色，具 4 条纵沟，沟内有 1 条毛线，通常不分枝，偶有分枝。叶基出者多少宿存，具长达 2.5 cm 的柄；茎生叶轮生，叶柄短或无；叶片线状披针形或披针形，长达 4 cm，宽达 1 cm，羽状全裂，裂片线形或披针形，浅裂或具锯齿，齿端有刺尖，两面无毛。花序穗状，紧密，有时最下一二轮花疏离；苞片叶状，向上渐狭，基部扩大，膜质；花萼为膨臌的卵圆形，长 7～9 mm，常有美丽的紫斑，前方开裂至 1/2，有 10 条明显的脉，脉上被疏密不等的长毛，齿 5 枚，内面沿边缘被浅褐色柔毛；花冠通常紫色，有时下唇黄白色而盔暗紫红色，长 16～20 mm，管部在萼内膝曲，长约 7 mm，上方一段向喉扩大，下唇明显较盔短，长约 7.5 mm，宽约 10 mm，侧裂片宽肾形，略大于圆形的中裂片，盔镰状弓曲，额稍凸起，背线向前渐斜或急斜而下与几伸直的下缘形成一细而直的喙，长 1～2 mm，宽约 1 mm；雄蕊花丝 2 对，均上部无毛，仅基部与着生处微被毛；花柱不伸出或伸出，有时伸出达3.5 mm。 花期 7～8 月。

产青海：久治（索乎日麻乡，吴玉虎 26458；哇尔依乡，吴玉虎 26694；白玉乡，藏药队 619、吴玉虎 26341）、班玛（马柯河林场，王为义等 26766；多贡麻乡，吴玉虎 25979）。生于海拔 3 100～3 815 m 的沟谷山地阴坡高山灌丛草甸、山坡高寒草甸、溪流河滩草甸、山坡草地。

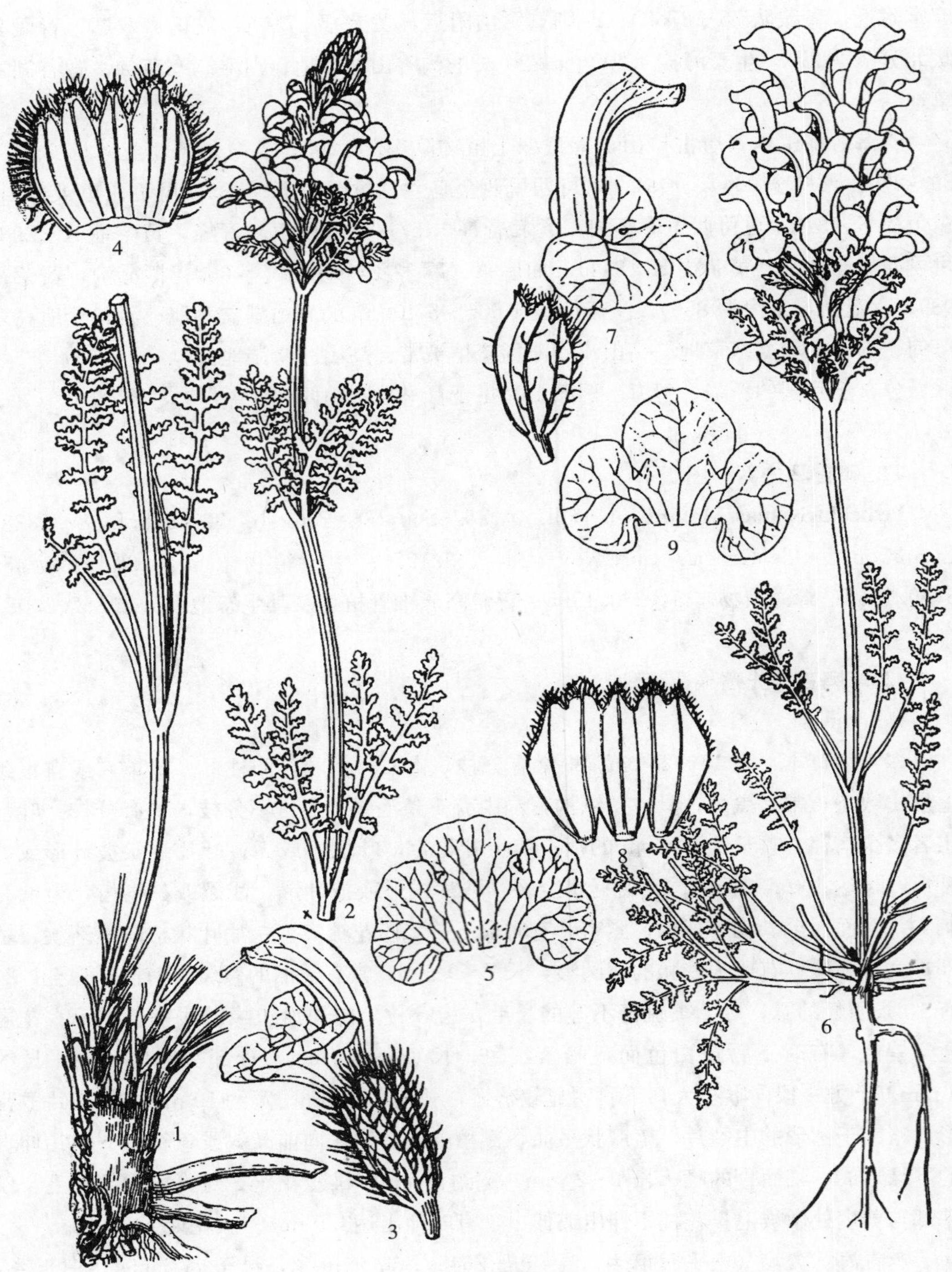

图版 73　碎米蕨叶马先蒿 **Pedicularis cheilanthifolia** Schrenk 1～2. 植株；3. 花；4. 花萼；5. 下唇。鸭首马先蒿 **P. anas** Maxim. 6. 植株；7. 花；8. 花萼；9. 下唇。（引自《中国植物志》，刘春荣绘）

我国特有种。分布于我国的甘肃南部、青海、四川北部与西部。

42b. 黄花鸭首马先蒿（变种）

var. **xanthantha** (Li) Tsoong Fl. Reipubl. Popul. Sin. 68：200. 1963；青藏高原维管植物及其生态地理分布 852. 2008.——*P. xanthantha* Li in Proc. Acad. Nat. Sci. Philad. 100：332. f. 55. 1948.

本变种与原变种区别在于：花黄色，有时下唇有紫条纹，其喙稍长，长约达 2 mm。花期 7～8 月。

产青海：兴海（河卡山，郭本兆 6329)、玛沁（大武乡，H. B. G. 525、672；军功乡，H. B. G. 329、197、吴玉虎 5753、5779；东倾沟乡，区划三组 177；雪山乡，H. B. G. 396)、达日（吉迈乡，H. B. G. 1301；建设乡，H. B. G. 1144)、久治（索乎日麻乡，果洛队 263、藏药队 418)、班玛（县城附近，吴玉虎 26000)。生于海拔 3 340～4 650 m 的沟谷山地高山灌丛、山坡高寒草甸、溪流河滩高寒草甸、干旱山坡。

分布于我国的甘肃（岷山山脉)、青海。

43. 鹅首马先蒿

Pedicularis chenocephala Diels in Notizbl. Bot. Gart. Berlin 10：892. 1930；Li in Proc. Nat. Sci. Philad. 100：375. f. 87. 1948；中国植物志 68：307. 图版 68：3～4. 1963；西藏植物志 4：335. 图 150：1～2. 1985；青海植物志 3：247. 1996；青藏高原维管植物及其生态地理分布 855. 2008.

多年生草本，高 2.5～7.0 cm。根 3～4 条，成疏丛，多少肉质，近纺锤形，有须根。茎单一或自根颈生出数条，有毛或近无毛。叶基生者和茎下部者具长达 3 cm 的细柄，叶片线状长圆形，长达 1 cm，羽状全裂或深裂，裂片具齿；上部茎生叶 1～2 轮，轮生或对生，形状同基生叶，其叶柄常变宽而稍膜质。花序头状，紧密，长约 3.5 cm，外密被总苞状苞片；苞片叶状，柄部加宽，有长缘毛及疏毛，上半部羽状开裂；花萼筒状，薄膜质，长约 9 mm，脉上稍被毛，齿 5 枚，后方 1 枚三角形而宽短，其余 4 枚基部三角形，先端稍膨大具少数锯齿；花冠玫瑰红色，含雄蕊部分紫红色，管部在近端处稍弯，长约 14 mm，喉部里面下方有 2 条长柔毛线，下唇长约 10 mm，宽约 9 mm，基部有狭楔形的宽柄，边缘具啮蚀状齿及稀疏缘毛，裂片顶端均具小突尖，中裂片较小，宽卵形，向前伸出，稍兜状，盔直立，上半部向前弓曲，长约 12 mm，前端突狭成长约 1 mm 的喙；雄蕊花丝前方 1 对有几根毛或无毛；花柱不伸出喙端。 花期 7～8 月。

产青海：玛多（黄河乡，吴玉虎 1110、80158)、玛沁（大武乡，H. B. G. 670)。生于海拔4 380～4 580 m 的沟谷山地灌丛草甸、高山流石滩稀疏植被中、溪流河谷水沟旁。

我国特有种。分布于我国的甘肃西南部、青海、西藏、四川北部。

采自玛多县的 2 份标本，植株仅高 2.5 cm 即开花，花较小，长 18～25 mm，其他特征均符合本种。

44. 具冠马先蒿 图版 74：5～9

Pedicularis cristatella Pennell et Li ex Li in Proc. Acad. Nat. Sci. Philad. 100：291. f. 22. 1949；中国植物志 68：217. 图版 50：1～3. 1963；青海植物志 3：236. 图版 52：6～10. 1996；青藏高原维管植物及其生态地理分布 856. 2008.

一年生草本，高达 58 cm，下部稍木质化，上部草质。主根垂直向下，侧根须状。茎单一或从根颈发出多条，稍呈四棱形，有成行长毛，简单或中上部有分枝。叶基生、对生或3～5枚轮生，基生者有时宿存，有时早枯；叶柄长达 15 mm；叶片狭披针形或长圆状披针形，浅裂，小裂片有锯齿，齿端有胼胝，两面被疏毛。花序穗状，下部有间断；苞片下部者叶状，向上；下部变宽菱状卵形、膜质并具线形而有锯齿的长尖头；花萼椭圆形，长 9～11 mm，白色膜质，果期膨大，具 10 条绿色高凸的脉，脉上被长毛，前方不裂，齿 5 枚，近等大，全缘；花冠紫红色，长 15～20 mm，管部长 8～9 mm，伸直，下唇宽大，长约 12 mm，宽 13～14 mm，边缘具细齿，中裂片小，宽卵圆形，侧裂片倒三角状卵形，大于中裂片 2 倍，盔部颜色较深，被紫色腺点，有时直立部分为白色，高 6～10 mm，额部具明显的鸡冠状突起，喙自突起处渐细，长 6～7 mm，稍向下弯；雄蕊花丝前方 1 对被长柔毛；花柱伸出喙端。 花期 7～8 月。

产青海：玛沁（尕柯河电站，吴玉虎 5976、5993；拉加乡，吴玉虎 6068）、班玛（马柯河林场，王为义 27304；马柯河林场灯塔乡，陈世龙 358）。生于海拔 3 000～3 650 m的沟谷山坡高寒灌丛草甸、山地高寒草甸、河谷阶地草甸。

我国特有种。分布于我国的甘肃西南部、青海、四川西北部。

45. 鹬形马先蒿

Pedicularis scolopax Maxim. in Bull. Acad. Sci. St.-Pétersb. 27：513. 1881，et 32：547. f. 30. 1888；Limpr. in Fedde Repert. Sp. Nov. 20：262. 1924；Li in Proc. Acad. Nat. Sci. Philad. 100：287. f. 19. 1948；中国植物志 68：216. 1963；青海植物志 3：236. 1996；青藏高原维管植物及其生态地理分布 871. 2008.

多年生草本，高 10～20 cm。根颈细长，下有圆柱状较粗的根，有时根分枝，根颈上有膜质鳞片。茎自基部发出多条，下部有分枝，上部不分枝，中空，密被白色短柔毛。叶基生者未见，茎生叶下部者对生或 3 枚轮生，中部以上 2 或 3 叶为轮生；叶柄下部者长达20 mm，向上渐短，扁平，沿中脉有宽翅，边缘密被长柔毛；叶片长圆状披针形，长达 3 cm，宽达 1 cm，无毛，羽状全裂，具狭轴翅，裂片线形，不相对，缘有钝锯齿，齿端反卷有白胼胝。花序穗状，由间断的花轮 5～12 轮组成，长达 12 cm；苞片下部者叶状，长于花，向上渐短，宽卵形，缘有长毛，中部以上边缘有锯齿；花萼圆卵形，长 5～7 mm，花后稍膨大，膜质，脉 10 条，脉上被短柔毛，前方稍微开裂，齿 5 枚，不等大，基部三角形全缘，两侧 4 枚较大，上半部有不明显的锯齿；花冠黄色，长 10～12 mm，管部细，长约 6 mm，在近端处向前稍弯曲，下唇长 3.5～4.5 mm，宽约 7 mm，中裂片甚小，舌状长圆形，完全向前凸出，侧裂片斜椭圆形，与中裂片不重叠，盔直立部分很短，额平，向前渐狭成长达 3 mm 的喙；雄蕊花丝前方 1 对上部被疏柔毛，后方 1 对无毛；柱头不伸出。 花期 6～8 月。

产青海：兴海（中铁林场恰登沟，吴玉虎 45323；中铁乡附近，吴玉虎 42862；河卡乡，何廷农 093、164；中铁林场中铁沟，吴玉虎 45507、45620）、称多（县城，刘尚武 2275）、玛沁（拉加乡，吴玉虎 6128）、甘德（上贡麻乡附近，H. B. G. 953）。生于海拔 3 000～3 800 m 的阳坡山麓灌丛草甸、河谷草甸草原、弃耕地、干旱山坡、沟谷山地阳坡林缘高寒灌丛草甸。

我国特有种。分布于我国的甘肃北部、青海。

采自青海省兴海县、称多县及玛沁县的标本，与《中国植物志》中本种的描述相较，花显然小得多，并且雄蕊花丝被毛也不同，这有待进一步研究。

46. 阿拉善马先蒿 图版 74：10～14

Pedicularis alaschanica Maxim. in Bull. Acad. Sci. St.-Pétersb. 24：59. 1877；Pai in Contr. Inst. Bot. Nat. Acad. Peiping 2：208. 1934；中国植物志 68：211. 图版 48：6～9. 1963；西藏植物志 4：336. 图 150：3～6. 1985；青海植物志 3：234. 图版 52：1～5. 1996；青藏高原维管植物及其生态地理分布 851. 2008.

多年生草本，高 5～25 cm。根圆柱形，有须状侧根或分枝。茎由基部发出数条，上部不分枝，中空，略有 4 棱，被 4 条毛线。叶下部者对生，上部者 3～4 枚轮生；叶柄扁平，与叶片几等长，两边有翅，被毛；叶片披针状长圆形或卵状长圆形，长 2.5～2 cm，宽 0.7～1.2 cm，羽状全裂，裂片线形而疏距，边有钝齿，齿有白色胼胝，有时反卷。花序穗状，下部花轮常间断；苞片叶状，明显下部长于花，柄膨大膜质变宽，中上部者渐变短，等长于或略短于花；花萼长圆形，膜质，长 9～15 mm，花期后膨大，前方开裂至 1/2，具 10 脉，脉上被长柔毛，齿 5 枚，后方 1 枚较短，三角形，全缘或有细锯齿，其余三角状披针形较长，有锯齿，齿端具胼胝而反卷；花冠黄色，长（15～）18～22 mm，管部几等长于花萼，在中上部多少向前膝曲，下唇肾形，长 9～12 mm，宽达 18 mm，浅裂，中裂片甚小，近菱形，宽达5 mm，盔与下唇近等长或稍短，稍弓曲，额圆形，顶端渐细成长短和粗细变化大的短喙，喙长1.5～3.0 mm；雄蕊花丝着生于管的基部，前方 1 对上部被疏密不等的长柔毛；花柱伸出或不伸出。 花期 6～9 月。

产新疆：且末（昆其布拉克至阿羌，青藏队吴玉虎 2122）、若羌（土房子至小沙湖，青藏队吴玉虎 2765；依夏克帕提，青藏队吴玉虎 4254）。生于海拔 3 000～4 260 m 的河谷砂质山坡及沙地、沟谷山坡草地。

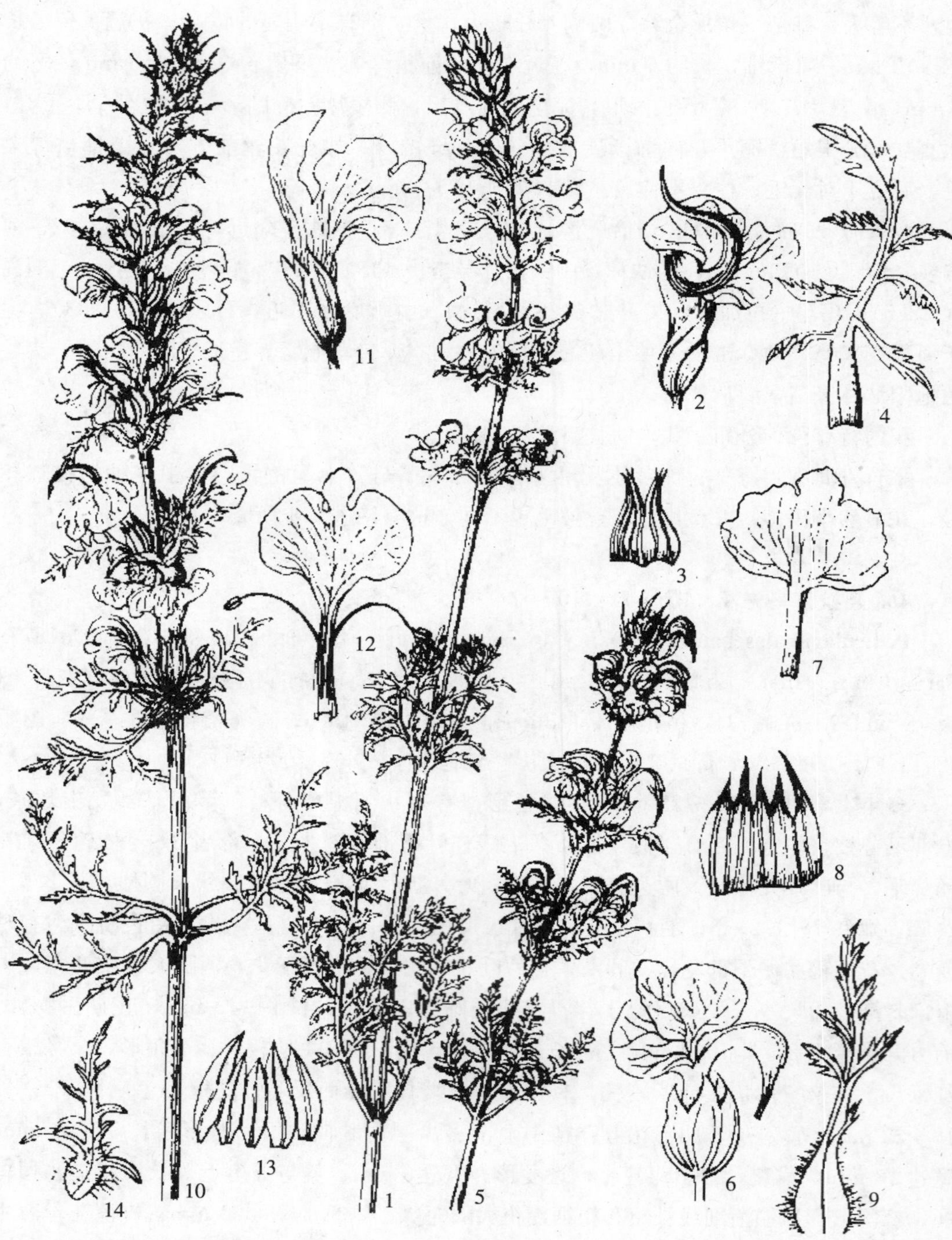

图版 **74** 半扭卷马先蒿 **Pedicularis semitorta** Maxim. 1. 植株上部；2. 花；3. 花萼；4. 苞片。具冠马先蒿 **P. cristatella** Pennell et Li ex Li 5. 植株部分；6. 花；7. 下唇；8. 花萼；9. 苞片。阿拉善马先蒿 **P. alaschanica** Maxim. 10. 植株部分；11. 花；12. 下唇；13. 花萼；14. 苞片。（王颖绘）

西藏：改则（麻米区至县城途中，青藏队藏北分队 10180；夏曲附近，青藏队藏北分队 10135）、尼玛（双湖，采集人和采集号不详）、班戈（班戈湖，青藏队那曲分队 10691）。生于海拔4 500～4 700 m的沟谷山坡草地、宽谷湖滩及沙砾地上。

青海：格尔木（西大滩，黄荣福 C. G. 89－016；昆仑山小南川，青甘队 471）、都兰（英德尔羊场东沟，杜庆 394）、兴海（中铁乡至中铁林场途中，吴玉虎 43185、43218；中铁乡附近，吴玉虎 42764、42889、42954；黄青河畔，吴玉虎 42680、42696、42710；中铁林场恰登沟，吴玉虎 45104、45284；赛宗寺，吴玉虎 46194；中铁乡天葬台沟，吴玉虎 45793、45850、45934；河卡乡，张珍万 2081、吴珍兰 195、吴玉虎 17927；中铁乡前滩，吴玉虎 45410、45435、45437、45443）、曲麻莱（曲麻河乡，黄荣福 079）、称多（扎朵乡，苟新京 83－96；歇武寺，杨永昌 729）、玛多（县城，吴玉虎 1610；清水乡，吴玉虎 18253；鄂陵湖，吴玉虎 18096）、玛沁（大武乡，王为义 26653、H. B. G. 620、吴玉虎 18389；军功乡，玛沁队 171、H. B. G. 301、吴玉虎 26983；拉加乡，吴玉虎 6110）、甘德（上贡麻乡，H. B. G. 953）、班玛（江日堂乡，吴玉虎 26048）。生于海拔 3 000～4 300 m 的沟谷山地阴坡高寒灌丛草甸、草甸化草原、河滩草甸、山坡砾石地、向阳山坡高寒草甸、山坡阔叶林缘灌丛、滩地高寒杂类草草甸。

甘肃：玛曲（县城南，陈桂琛等 1051）。生于海拔 3 700～3 800 m 的河谷山地沙丘上。

四川：石渠（长沙贡玛乡，吴玉虎 29599、29766）。生于海拔 4 000 m 左右的沟谷山坡灌丛草甸石隙。

我国特有种。分布于我国的新疆、甘肃、青海、宁夏、西藏、四川、内蒙古。

采自甘德县上贡麻乡的标本“H. B. G. 953”，花萼有美丽的紫红色斑点，这是其他所有标本没有的。

47. 假弯管马先蒿

Pedicularis pseudocurvituba Tsoong Fl. Reipubl. Popul. Sin. 68：Addenda 412，212. t. 49：5～8. 1963；青海植物志 3：235. 1996；新疆植物志 4：421. 2004；青藏高原维管植物及其生态地理分布 868. 2008.

多年生草本，高 7～18 cm。主根圆锥形，略肉质，长者可达 15 cm，根颈外有数枚卵形鳞片。茎通常自基部发出数条，主茎直立，其余者一般多弯曲或倾卧上升，但决不在中上部分枝，茎节连疏远的花轮共计不超过 4 枚，具纵条纹及 4 条毛线。叶基生者具长达3. 5 cm的柄，向上叶柄渐短；叶片线状披针形，或长圆状披针形，长达 4. 5 cm，宽达1. 5 cm，羽状全裂，裂片线形或披针形，羽状浅裂至半裂，小裂片端锐尖，具胼胝；茎生叶常 4 枚轮生，与基生叶同形。花序穗状，通常密集，有时下部间断；苞片下部者较大，叶状，向上变短，为卵状膨大而膜质，脉上与边缘有长柔毛，端有不规则裂为绿色，上部者宽卵形，膜质，全缘，具绿色尖顶；花萼筒状钟形，长 9～11 mm，膜质，果期膨大呈球形，前方开裂1/2或更多，具明显 10 条脉，齿 5 枚，后方 1 枚较小，其余较大，基部三角形，端有锯齿，沿各齿内缘及缺口缘均有密毛；花冠黄色，长 16～22 mm，管部在萼口膝曲，膝曲处里面被长柔毛，喉部扩大，下唇长于盔，中裂片小，宽卵圆形或圆形，侧裂片倒卵形，较中裂片大近 2 倍，盔直立部分前缘上方有小块皱褶凸起，背近圆形，前端渐狭成约长 3 mm 的喙，喙稍下弯；雄蕊花丝 2 对，中部以上具长柔毛；柱头伸出或不伸出。 花期 6～8 月。

产青海：格尔木（西大滩，青藏队 2864）、兴海（大河坝乡，青甘队考察队 330；河卡乡，吴玉虎 17927、17946）、曲麻莱（叶格乡，黄荣福 131；麻多乡，刘尚武等 636）、玛多（牧场，吴玉虎 18116；花石峡乡，吴玉虎 28920；黑河乡，陈桂琛 1798；鄂陵湖北岸，吴玉虎 1573；鄂陵湖西北面，植被地理组 573；县城后，吴玉虎 673；苦海醉马滩，陈世龙等 082；星星海，陈世龙等 098）、玛沁（优云乡，区划一组 1098）。生于海拔 3 300～4 400 m 的宽谷河漫滩、砂质山坡、河谷沙地、山坡灌丛草甸。

我国特有种。分布于我国的新疆、青海。

48. 弯管马先蒿

Pedicularis curvituba Maxim. in Bull. Acad. Sci. St.-Pétersb. 24：60. 1877；Limpr in Fedde Repert. Sp. Nov. 20：242. 1924，pro parte；Li in Proc. Acad. Nat. Sci. Philad. 100：332. 1948；中国植物志 68：214. 图版 49：1～4. 1963；青海植物志 3：235. 1996；青藏高原维管植物及其生态地理分布 856. 2008.

一年生或多年生草本，高 25～30 cm。根稍木质化，主根圆柱形，根颈外有长卵形鳞片。茎从根颈发出多条，上部任意伸出短枝，具 4 棱，有 4 条毛线。叶基生者早落，上部叶常 4 枚轮生，最下部者常对生；叶柄下部者较长，上部者短；叶片长圆状披针形或卵状长圆形，长达 5 cm，宽达 18 mm，羽状全裂，裂片线形，疏远，具锯齿，齿有胼胝，无毛。花序穗状，由密集而中下部常疏离的花轮（多达 11 枚）组成；苞片下部者叶状，长于花，向上变短，基部膨大，卵形膜质，边缘被长毛；花萼近卵圆形，长 9～11 mm，花后膨大，下有具翅的短花梗，前方开裂不达 1/3，脉上被毛，齿 5 枚，不等，后方 1 枚三角形全缘或有齿，其余靠合，先端具齿，齿内缘稍有毛，齿反卷而有胼胝；花冠黄色，长 17～20 mm，管部在萼内膝曲使花向前倾，喉部扩大，下唇宽卵圆形，具 2 条皱褶，长宽近相等，长约 9 mm，有时有紫红色条纹，中裂片小于侧裂片近 1/2，宽椭圆形，凸出 1/2，先端有小突尖，侧裂片大，斜椭圆形，盔直立部分前缘上部有小块皱褶凸起，背部圆形，向前渐狭成长约 3 mm 稍下弯的喙；雄蕊花丝 2 对，上部均被毛；花柱伸出。 花期 7～8 月。

产青海：兴海（河卡乡，吴玉虎 17927；温泉乡祁连，H. B. G. 1417）、达日（建设乡，H. B. G. 1103）、玛多（黑海乡曲纳麦尔，H. B. G. 1468）。生于海拔

3 300～4 100 m的沟谷山坡草地、河谷阶地草甸。

我国特有种。分布于我国的甘肃北部及西南部、青海。

本种与假弯管马先蒿 *P. pseudocurvituba* 非常相似，但从茎任意生出短枝、非常长而有间断的穗状花序，以及萼开裂不足1/3、花管在萼内膝曲等特征足以区别。

六十七　紫葳科 BIGNONIACEAE

多年生草本。单叶全缘或大头羽状分裂，或为复叶，无托叶。花两性，近二唇形，通常大而美丽；苞片及小苞片存在或早落；花萼筒状钟形，具 2～5 齿，齿基部膨大为腺状或否；花冠长漏斗状，常呈二唇形，檐部 5 裂；能育雄蕊 4 枚，退化雄蕊 1 枚，着生于花冠筒中下部，2 强；花盘杯状；子房上位，胚珠多数，花柱丝状，柱头 2 裂，裂片扇形。蒴果，室背开裂。种子多数，通常具翅或有束毛，无胚乳。

约 120 属，650 种。我国有 12 属，约 35 种；昆仑地区产 1 属 4 种 1 变种。

1. 角蒿属 Incarvillea Juss.

Juss. Gen. 138. 1789.

一年生或多年生草本。茎直立，或仅有花葶。叶基生或茎生，单叶，全缘或大头羽裂，或为复叶。总状花序顶生或数朵花簇生于花葶上；花萼钟状，萼齿 5 枚；花冠红色或黄色，长漏斗形或筒状钟形，檐部近二唇形，裂片 5，开展，上方 2 浅裂，下方 3 深裂；雄蕊 4 枚，2 强，花药"丁"字着生，基部具距；花盘杯状；子房 2 室，胚珠多数，柱头 2 裂，裂片扇形。蒴果长圆柱形，直或弯曲，渐尖，有时具 4 棱。种子多数，扁平，具膜质翅或有毛。

约 15 种。我国产 11 种，昆仑地区产 4 种。

分种检索表

1. 单叶，大头羽状分裂，叶裂片全缘，聚生于茎基部；花于花期簇生于缩短的茎顶端，果期时茎伸长而疏散 …………………………………… **2. 密花角蒿 I. compacta** Maxim.
1. 羽状复叶或植株最下部为单叶，但不羽裂，全缘，小叶边缘明显具齿；花生于花葶或茎的顶端。
   2. 茎明显；叶基生或茎生；总状花序生于茎的顶端 … **1. 四川角蒿 I. beresowskii** Batal.
   2. 茎不明显；叶仅基生；花生于花葶顶端或因茎缩短而似花腋生，但果期茎不伸长。
      3. 小叶平滑；蒴果稍弯曲或直而不弯曲，稍具 4 棱 ………………………………………………………………………………… **4. 鸡肉参 I. mairei**（Levl.）Griers.
      3. 小叶粗糙，具泡状隆起，或至少顶部小叶如此；蒴果极弯曲，呈新月形，明显 4 棱 ……………………………………………… **3. 藏角蒿 I. younghusbandii** Sprague

1. 四川角蒿

Incarvillea beresowskii Batal. in Acta Hort. Petrop. 14：181. 1895；西藏植物志 4：383. 1985；中国植物志 69：42. 1990；青海植物志 3：256. 1996；青藏高原维管植物及其生态地理分布 882. 2008.

多年生草本，高 15～40 cm，全株光滑无毛。茎 1～5 条由根茎发出。叶为羽状复叶，茎生，有时基生；侧生小叶 3～6 对，卵状狭披针形至卵状长圆形，长 1.5～6.0 cm，宽 1～2 cm，顶生小叶 1～3 枚基部下延，较侧生小叶大，全缘或有时具锯齿。总状花序顶生，花多少不等，花期后疏散；苞片线形，长 0.5～1.5 cm；小苞片，线形，短于苞片；花萼钟形，长 1.5～2.5 cm，萼齿卵状三角形，顶端渐尖；花冠红色，长 3.5～7.0 cm，裂片卵形或圆形，开展；花药黄色，成对连着，退化雄蕊呈突起状；花柱细长，柱头扁平。蒴果长披针形，长 6～7 cm，具 4 棱。种子扁平，四周有膜质翅，上面具肤屑状鳞片。 花果期 6～8 月。

产青海：玛沁（大武北面山上，植被地理组 368）。生于海拔 3 500～3 800 m 的河谷阶地高寒草甸砾地、沟谷山麓砾地、山坡草地、田边荒地。

分布于我国的青海、四川西北部、西藏。

2. 密花角蒿 图版 75：1～4

Incarvillea compacta Maxim. in Bull. Acad. Sci. Si.-Pétersb. 27：521. 1881；西藏植物志 4：385. 图版 168：5～9. 1985；中国植物志 69：49. 1990；青海植物志 3：259. 图版 58：6～9. 1996；青藏高原维管植物及其生态地理分布 882. 2008.

多年生草本，高 2～35 cm。根粗壮。茎在花期伸长。叶羽状分裂，花期前呈莲座状，平铺地面，花期后互生于茎下部，顶生小叶远大于侧生小叶，近圆形、宽卵圆形，或狭披针形，长 1.2～3.4 cm，宽 0.5～3.0 cm，全缘；侧生小叶 2～6 对，卵形，长 1.5～3.0 cm，宽 0.8～1.2 cm，顶端尖，基部圆形。总状花序密集，聚生于茎的顶端；苞片三角状线形，无柄；花萼钟形，长 1.0～1.5 cm，具紫斑，萼齿三角形；花冠紫红色，筒部具深紫色斑点，长 3.5～4.5 cm，裂片圆形，顶端微凹，退化雄蕊呈突起状。蒴果长披针形，木质，稍具 4 棱，长 7～11 cm，宽及厚各约 1 cm。种子扁平，周围具翅，上面密被肤屑状鳞片，下面光滑。 花果期 6～9 月。

产青海：格尔木（小南川，青藏队 455）、兴海（河卡山，吴珍兰 059，何廷农 12、146，张盍曾 325）、曲麻莱（曲麻河乡，吴玉虎 38737）、称多（歇武乡毛拉，刘尚武 2390；竹节寺，吴玉虎 32534、32548）、玛多（扎陵湖，黄荣福 C. G. 81-209，吴玉虎 39035、39039、39043；牧场，吴玉虎 18154；黑河乡，刘海源 750；清水乡，吴玉虎 28998；黑海乡，吴玉虎 27）、玛沁（大武南山，黄荣福 C. G. 81-007；县城，玛沁队 029、吴玉虎 1368；军功乡，吴玉虎 4602；雪山乡，H. B. G. 401）、达日（满掌乡，吴玉虎 26794；德昂乡，吴玉虎 25991）、甘德（上贡麻乡，吴玉虎 25795）、久治（索乎日麻乡，藏药队 356，果洛队 181，吴玉虎 26480、26483；智青松多，果洛队 41）。生于海拔 3 200～4 600 m 的山前冲积扇、干旱阳坡砾地、河谷阶地、沙砾河滩、高寒草原裸地、高寒草甸裸地、河岸石缝、山麓沙砾石地、山麓砾石隙。

四川：石渠（红旗乡，吴玉虎 29462）。生于海拔 3 700～4 600 m 的阳性石质山坡、沟谷山地高寒草甸。

甘肃：玛曲。生于海拔 3 600 m 左右的山地阳坡沙砾地、沙砾滩地、高寒草甸砾石地。

分布于我国的甘肃、青海、西藏、云南西南部、四川。

本种叶大小多变。总状花序在花期时密集于未抽出叶丛的茎顶端，花期后茎整体伸长。

3. 藏角蒿 图版 75：5～6

Incarvillea younghusbandii Sprague in Kew Bull. 1907：320. 1907；西藏植物志 4：385. 1985；中国植物志 69：46. 图版 13：1～3. 1990；青海植物志 3：257. 1996；青藏高原维管植物及其生态地理分布 883. 2008.

多年生矮小草本，高 10～15 cm，无茎。羽状复叶，基生，平铺于地上；叶轴长 3～4 cm，顶生小叶卵圆形至圆形，较大，长宽各约 3.5 cm，顶端钝或圆，基部心形；侧生小叶卵圆形至卵状披针形，边缘多少有齿，长 1～2 cm，宽 1 cm，上面粗糙，具泡状隆起，近无柄。花 1～5 朵簇生于极度缩短的茎端；花萼钟形，长 1.0～1.7 cm，齿三角形，先端急尖；花冠紫红色或粉红色，细长漏斗状，长 4～6 cm。蒴果极弯曲，呈新月形，木质，粗糙，长 2.5～4.6 cm，明显 4 棱。种子椭圆形，近黑色，周翅不规则齿状，上面具鳞片。 花果期 6～9 月。

产西藏：班戈（色哇区附近，青藏队藏北分队郎楷永 9413）。生于海拔 4 600～5 400 m的山前冲积扇、河滩砾石地、平坦沙砾石滩、山麓沙砾石地、山坡砾石地、干旱山坡草地、高山砂质草甸、山坡高寒草地裸地、高山流石坡。

青海：曲麻莱（县城附近，刘尚武 620）。生于海拔 3 900 m 左右的高原山坡沙地、河谷阶地砾石滩、山坡草地、山沟路边。

分布于我国的青海 、西藏；尼泊尔也有。

4. 鸡肉参

Incarvillea mairei (Levl.) Griers. in Not. Bot. Gard. Edinb. 23 (3)：341. 1961；西藏植物志 4：383. 图版 167：3. 1985；中国植物志 69：45. 图版 12：1～3. 1990. ——*Tecoma mairei* Levl. Cat. Pl. Yunnan 20. 1915.

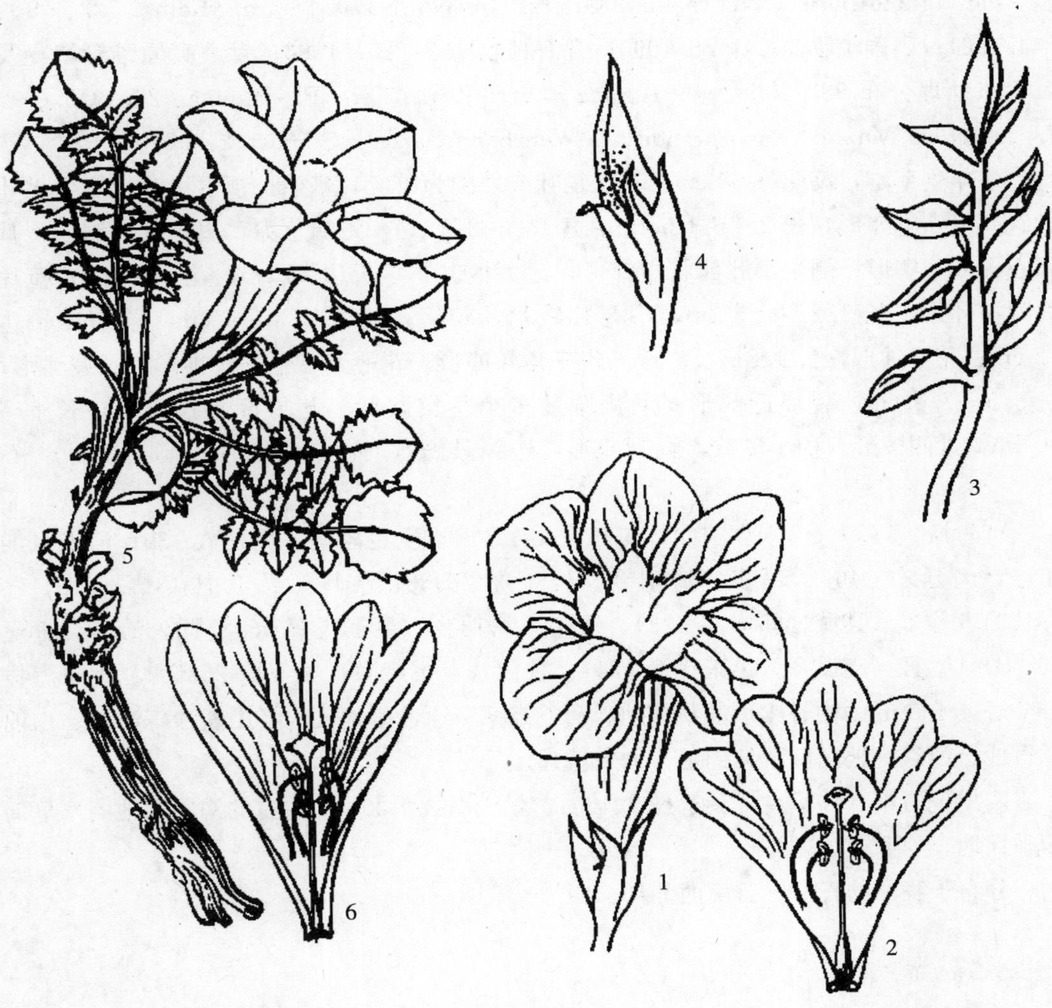

图版 **75** 密花角蒿 **Incarvillea compacta** Maxim. 1. 花；2. 花冠纵剖；3. 叶；4. 蒴果。藏角蒿 **I. younghusbandii** Sprague 5. 植株部分；6. 花冠纵剖。（王颖绘）

4a. 鸡肉参（原变种）

var. **mairei**

昆仑地区不产。

4b. 大花角蒿（变种）

var. **grandiflora**（Wehrhahn）Griers. in Not. Bot. Gard. Edinb. 23（3）：344. 1961；中国植物志 69：46. 1990；青海植物志 3：257. 1996；青藏高原维管植物及其生态地理分布 883. 2008. ——*Tecoma mairei* Levl. Cat. Pl. Yunnan 20. 1915. ——*I. compacta* Maxim. var. grandiflora Wehrhahn Garten - Stauden 2：974. 1931.

多年生草本，高 15～38 cm。羽状复叶或外围为单叶，基生；顶生小叶较侧生小叶大2～3倍，宽卵形，长 2.4～3.5 cm，宽 1.0～2.2 cm，先端急尖，边缘有钝锯齿，基部心形或宽楔形；侧生小叶卵状披针形，近无柄。花葶长达 15 cm，花 2～5 朵；苞片线状披针形，长 1.2～2.5 cm，小苞片线形，较短；花梗长 3～5 cm，果期伸长达 12 cm；花萼钟形，长 1.8～2.5 cm，齿三角状卵形；花冠紫红色，长钟形或长漏斗形，长 5.5～7.0 cm，裂片近圆形；退化雄蕊多少呈突起状。蒴果倒长披针形，长 6～10 cm，近四棱形。种子多数，宽倒卵形，边缘具翅，上面具细鳞片。 花果期 6～9 月。

产青海：兴海（河卡乡宁曲，何廷农 481；河卡乡也隆沟，何廷农 130；河卡乡加尔格，何廷农 146）、玛多（清水乡，吴玉虎 28988；牧场，吴玉虎 18113、18117、18122）、称多（县城，郭本兆 423）、玛沁（军功乡，吴玉虎等 4602）、久治（吴玉虎 26738）、达日（建设乡，吴玉虎 27124）、甘德（上贡麻乡，吴玉虎 25800）。生于海拔 3 000～4 400 m 的沟谷山坡灌丛草地、河谷高寒草原沙砾地、沟谷山麓沙砾滩地、山前砾石地、河谷阶地高山草甸裸地、固定沙丘。

四川：石渠（红旗乡，吴玉虎 29420）。生于海拔 4 200 m 左右的沟谷山地高寒草甸沙砾裸地。

分布于我国的青海、云南西北部、四川。

六十八　列当科 OROBANCHACEAE

寄生草本，不含叶绿素。茎不分枝，稀少数分枝，粗壮，肉质。叶退化成鳞片状，螺旋状排列，密集或稀疏。花多数，在茎上部排列成总状或穗状花序，或簇生成头状，极少单生茎顶；苞片 1 枚，与鳞片同形，小苞片 2 枚或无，贴生于花萼基部或生花梗上；花梗极短或无；花两性，花萼筒状、杯状或钟状，4～5 浅裂或深裂，或 2 深裂至基部，裂片先端具 2～3 齿裂，稀呈佛焰苞状而一侧开裂；花冠左右对称，二唇形，上唇龙骨状，全缘或微凹至 2 齿裂；下唇 3 裂；雄蕊 4 枚，着生于冠筒中部以下，与花冠裂片互生，花药 2 室，基部具突尖头；雌蕊由 2 心皮组成，子房上位，花柱长，柱头头状，2 裂，胚珠多数，着生于侧膜胎座上。蒴果，2 瓣裂。种子小，种皮具凹点或网状纹饰，胚乳肉质。

15 属，约 150 种。我国产 9 属 40 种，昆仑地区产 4 属 12 种 1 变种。

分属检索表

1. 花冠 5 裂，裂片近等大 …………………… **1. 肉苁蓉属 Cistanche** Hoffmanns et Link.
1. 花冠 2 唇形，上唇 2 裂或全缘，下唇 3 裂。
   2. 花多数，在茎顶排列成总状或穗状花序。
      3. 上唇 2 裂，下唇 3 裂，裂片明显 ………………………… **2. 列当属 Orobanche** Linn.
      3. 上唇直立，兜状，近全缘；下唇裂片很短 ……………………………………………………………… **3. 草苁蓉属 Boschniakia** C. A. Mey. ex Bong.
   2. 花少数，在茎顶排成少花的伞房花序或簇生为头状花序 ……………………………………………………………… **4. 豆列当属 Mannagettaea** H. Smith

1. 肉苁蓉属 Cistanche Hoffmanns et Link.

Hoffmanns et Link. Fl. Port. 1：319. t. 63. 1809.

多年生无绿色寄生草本植物。茎肉质，圆柱状，多不分枝，密被鳞片；鳞片在茎上螺旋状排列。花序穗状，顶生，花多数；苞片 1 枚，小苞片 2 枚，稀无；花萼筒状或钟状，先端 5 浅裂，裂片等大，稀不等大；花冠筒状钟形，先端开展成漏斗状，直立或内弯，先端 5 裂，裂片几等大；雄蕊 4 枚，着生于花冠筒的基部，花药 2 室，等大，均发育，常被柔毛；子房上位，1 室，侧膜胎座，胎座 4，花柱细长，柱头近球形。蒴果卵形或近球形，2瓣裂，少有3瓣裂，花柱在果期宿存。种子小，多数，近球形，表面具网纹。

约20种，分布于欧亚的干旱地区。我国有5种，昆仑地区产2种。

分种检索表

1. 植株高，高60～75 cm；花冠黄色，花药基部钝圆 ………………………………………………………………………… **1. 管花肉苁蓉 C. tubulosa** (Schrenk) Wight
1. 植株矮，高15～30 cm；花冠黄色，边缘紫红色；花药基部渐尖成小尖头 ………………………………………………………… **2. 盐生肉苁蓉 C. salsa** (C. A. Mey.) G. Beck

1. 管花肉苁蓉

Cistanche tubulosa (Schrenk) Wight in Ic. Pl. Ind. Or. 4: t. 1420. 1850；中国植物志 69：85. 图版 23：10. 1990；新疆植物志 4：426. 图版 138：7～10. 2004；青藏高原维管植物及其生态地理分布 884. 2008. ——*Phelipaea tubulosa* Schrenk Pl. Sp. Aegypt. Arab. 23. 1840.

植株高60～75 cm。茎不分枝，基部直径2～3 cm。叶三角状披针形，长2～3 cm，宽约0.5 cm，向上渐窄。穗状花序长13～25 cm，直径4～5 cm；苞片三角状披针形，长1.5～2.0 cm，宽约0.6 cm；小苞片2枚，线状披针形，长1.1～1.3 cm，宽1.0～1.5 mm；花萼筒状，长约1.2 cm，顶端5裂至中部，裂片近等大，长卵形或椭圆形，长约6 mm，宽约4 mm；花冠筒状漏斗形，长约3.5 cm，顶端5裂近等大，近圆形，长约5 mm，宽约7 mm，无毛；雄蕊4枚，花丝着生于筒基部8～9 mm处，长1.5～1.7 cm，基部稍膨大，密被黄白色长柔毛，花药卵圆形，长4～5 mm，密被长2～3 mm的黄白色柔毛，基部钝圆，不具小尖头。蒴果长圆形，长约1.5 cm，直径约1 cm。种子多数，近圆形，长0.8～1.0 mm，黑褐色，外面网状，有光泽。 花期5～6月，果期7～8月。

产新疆：喀什，民丰。生于海拔900～1 200 m的塔里木盆地沙漠边缘，寄生于柽柳属 *Tamarix* Linn. 植物的根上。

分布于我国的新疆；非洲北部，阿拉伯半岛，巴基斯坦，印度，哈萨克斯坦也有。

2. 盐生肉苁蓉

Cistanche salsa (C. A. Mey.) G. Beck in Engl. et Prantl Nat. Pflanzenfam. 4 (3b)：129. 1895；中国植物志 69：87. 图版 23：7. 1990；新疆植物志 4：428. 图版 138：11～15. 2004；青藏高原维管植物及其生态地理分布 884. 2008. ——*Phelipaea salsa* C. A. Mey. in Ledeb. Fl. Alt. 2：461. 1830.

多年生草本，高15～30 cm。茎不分枝，棍棒状，粗0.8～1.5 cm，深褐色或暗栗色，其上密生叶片。叶片宽披针形至线状披针形，长 1.5～1.7 cm，宽 5～7 mm，栗褐色。穗状花序长 7～13 cm，宽 4～6 cm，塔状，密花；苞片卵状长圆形，长约 1.5 cm，外面被柔毛，内面被稀疏的毛，小苞片狭披针形至宽线形，略长于花萼；花萼钟状，长 1.0～1.2 cm，先端 5 浅裂，裂片近圆形，长约 3 mm；花冠喇叭状，长 2.5～3.0 cm，黄色，边缘紫红色，先端 5 圆裂，近等大，长约 5 mm，喉部及内面被毛，喉部尤密；雄蕊在花冠管基 4～5 mm 处着生，长 1.5～1.8 cm，着生处被毛，花丝无毛或几无毛，花药狭卵形，基部渐狭成尖头，表面被毛；子房长圆形，长约 1.5 mm，先端渐尖为花柱，花柱细长，微被毛，顶下垂，柱头近柱形，微被毛。蒴果狭椭圆形，长约 1 cm。种子近球形，小，黑褐色，有光泽，表面有网纹。 花期5～6月，果期 7～8 月。

产新疆：阿克陶（阿克塔什，青藏队 870098；恰尔隆，青藏队吴玉虎 4623）。生于海拔1 000～3 000 m 的山坡砾石地的蒿属植物根上。

分布于我国的新疆；伊朗，高加索地区，哈萨克斯坦也有。

2. 列当属 Orobanche Linn.

Linn. Sp. Pl. 632. 1753. p. p. et Gen. Pl. 281. 1754.

肉质寄生草本，为无绿色植物。花茎圆柱形，粗壮，一般不分枝，稀分枝，通常基部增粗。叶鳞片状，螺旋状排列或排列不规则。花多数，排列成穗状或总状花序，极少有间隔或单生；花无梗或具短的梗；苞片叶状，小苞片 2 或无；花萼杯状或钟状，不等 4 裂或不等 2 深（全）裂，其裂片再 2 裂，稀 5 裂；花冠二唇形，冠筒直立或弯曲，上唇直立，兜状、全缘、微凹或 2 浅裂，下唇微开展，3 裂，短于、等于或稍长于上唇；雄蕊 4 枚，不明显 2 强，内藏，着生于冠筒的基部，无毛或被柔毛，花丝细，基部微加粗，花药 2 室，平行，卵形，基部有突尖头，无毛或被柔毛；无花盘或腺体；子房上位，1 室，侧膜胎座 4，胚珠多数，倒生，花柱伸长，常宿存，柱头膨大，盾状或 2 裂。蒴果卵球形或椭圆形，2 瓣裂。种子多数，极小，表面具网状纹饰。

约 100 种，主要分布于北温带，中美洲南部、非洲东部及北部也有。我国产 23 种，昆仑地区产 7 种 1 变种。

分种检索表

1. 花有小苞片；花萼 4 裂。
  2. 花冠内部无毛。
    3. 花萼裂片裂至中部，裂片披针形；花柱疏被短柔毛 ……………………………………………………………………… 1. **多齿列当 O. uralensis** G. Beck
    3. 花萼浅裂，裂片三角形或三角状披针形；花柱无毛 ……………………………

……………………………………………………………… **2. 短齿列当 O. kelleri** Novopokr.

2. 花冠内部有毛。

4. 茎不分枝；花萼深裂，裂片长约花萼的 2/3，狭披针形，先端钻形；花药被稀少的绵毛状柔毛 …… **3. 长齿列当 O. coelestis**（Reuter）Boiss. et Reuter ex Beck

4. 茎在基部或中部以上分枝；花萼浅裂；花药密被绵毛状长柔毛 ……………………………………………………………………………… **4. 分枝列当 O. aegyptiaca** Pers.

1. 花无小苞片；花萼似 2 全裂，裂片再裂。

5. 植株密被白色蛛丝状长绵毛 ……………………………… **5. 列当 O. coerulescens** Steph.

5. 植株密被或疏被腺毛。

6. 花药无毛；花冠中上部膝状外弯 ………………… **6. 弯管列当 O. cernua** Loefling.

6. 花药有毛；花冠直立或弧形外弯 …………… **7. 美丽列当 O. amoena** C. A. Mey.

1. 多齿列当

Orobanche uralensis G. Beck Mogogr. Orob. 132. 1890；中国植物志 69：104. 图版 27：16～18. 1990；新疆植物志 4：432. 图版 139：10～12. 2004.

多年生寄生草本，高 15 cm。茎较细弱，不分枝，密被黄白色短腺毛。叶卵状披针形，长 4～6 mm，宽约 3 mm，连同苞片、小苞片、花萼及花冠外面和边缘被黄白色至白色短腺毛。花序穗状，短圆柱形，具稀疏的少数花；苞片卵状披针形，比花萼短，长 5～7 mm；小苞片线状披针形，贴生于花萼基部，长约 8 mm，先端渐尖；花萼钟状，长 0.9～1.1 cm，常 4～5 裂达近中部，有时偶见某个裂片具单齿，裂片披针形，稍不等大，长 3～6 mm，宽 1～3 mm；花冠蓝紫色，长 2.0～2.2 cm，具不明显的二唇形，上唇 2 裂，下唇 3 裂，与上唇近等长，全部裂片近圆形，直径 3.5～4.5 mm，边缘被短腺毛，具不整齐的小圆齿；花丝着生于距筒基部 2～3 mm 处，长 7～9 mm，近无毛，花药长卵形，长 1.8～2.0 mm，沿缝线及顶端密被白色绵毛状长柔毛，基部具小尖头；雌蕊长 1.5～1.6 cm，子房长椭圆形，花柱长约1 cm，疏被短柔毛，柱头 2 浅裂。果实未见。 花期 7～9 月。

产新疆：塔里木盆地。生于海拔 1 400 m 左右的荒漠戈壁绿洲沙地。

分布于我国的新疆；东欧各国，俄罗斯西伯利亚，哈萨克斯坦也有。

2. 短齿列当

Orobanche kelleri Novopokr. in Not. Syst. Herb. Inst. Bot. Acad. URSS. 13：308. 1985；中国植物志 69：105. 1990；新疆植物志 4：433. 2004.

寄生草本植物，高 20～35 cm。茎自基部分枝，分枝直立，褐色或淡黄褐色，近中部直径 6～7 mm，向上渐变细，直径约 3 mm，被短腺毛。叶少数，散生，宽卵形或宽披针形，长 0.8～1.0 cm，宽 4～6 mm，先端突尖，上面被腺毛。穗状花序，圆柱状，长 10～15 cm，宽约5 cm。生在下面的花排列较稀疏，其上排列较紧密；花梗极短，下面的花较明显，花序轴、花梗、苞片、花冠外面均被短腺毛；苞片宽卵形，长 5～8 mm，宽 3～5 mm，先端渐尖，褐色；小苞片披针形或长圆状披针形，与苞片略等长；花萼宽钟状，长约 1 cm，先端 4 裂，裂片三角形或窄三角形，长为萼筒的 1/3；花冠筒淡黄色，裂片边缘蓝紫色，二唇形，长 2.5～3.0 cm，果期筒的基部稍膨大，其上缢缩，向上稍膨大，上唇近直立，下唇斜开展，3 裂，稍长于上唇，内面无毛；雄蕊着生在花管基部 7 mm 处，花丝长约 1.2 cm，基部稍扩大，花药卵形，基部有小尖头，缝线处被柔毛。果实球形，直径约 6 mm，宿存花柱直立，长 1.5～1.8 cm，稍被毛，柱头 2 裂，微被毛。种子多数，极小，形状不规则，表面有纹饰。 果期7～8月。

产新疆：喀什（采集地不详，朱文江 078）。生于海拔 1 400 m 左右的戈壁荒漠砂质草地。

分布于我国的新疆；俄罗斯西伯利亚，亚美尼亚，哈萨克斯坦，阿尔泰山南部也有。

笔者在研究“朱文江 078”标本时，对长齿列当 *O. coelestis* Boiss. 与短齿列当 *O. kelleri* Novopkr 2 种的描述反复对比，认为该标本的萼齿短，花冠内部无长柔毛，花丝无毛，且其他特点上相似于短齿列当，故暂归于此。

3. 长齿列当

Orobanche coelestis (Reuter) Boiss. et Reuter ex Beck Monogr. Orob. 114. 1890; Fl. China 18: 233. 1998. ——*Phelipaea coelestis* Reuter in A. de Candolle, Prodr. 11: 5. 1847. ——*O. coelestis* Boiss. et Reuter in Pinard, Pl. Exs.? 1843; 中国植物志 69: 101. 1990; 新疆植物志 4: 430. 2004.

二年生草本，高 15～40 cm。茎淡黄色，中部宽 2～7 mm，基部稍增粗，不分枝，被白色腺毛，下部渐无毛。叶少数，卵状披针形或披针形，长 1.0～1.5 cm。花序穗状，卵形或圆柱形，顶端圆或短渐尖，长 6～18 cm，具多而密的花；苞片卵状披针形，长 0.8～1.8 cm，连同小苞片、花萼和花冠被短腺毛；小苞片披针形，具脉，干时外卷，比花萼短；下部的花具稍长的花梗，向上渐变无梗；花萼短钟状，亮褐色，长 1.0～1.5 cm，顶端 4 裂，裂片狭披针形，长为花萼的 2/3，顶端钻形；花冠筒状，蓝色，基部微白色，内面被柔毛，长 1.8～2.6 cm，在花丝着生处收缩，向上渐膨大，近直立，上唇 2 裂，裂片椭圆形，顶端常渐尖，下唇稍长于上唇，3 裂，裂片椭圆形或圆形，边缘不规则的浅波状，偶具小牙齿；花丝着生于筒部缢缩处，基部疏被柔毛并略增粗，上部被稀少腺毛，极少全体无毛，花药被稀少的绵毛状柔毛，基部具小尖头；子房椭圆球形，花柱短，被短腺毛，柱头 2 裂。蒴果与子房同形，长 0.9～1.1 cm。种子椭圆状圆柱形，长 0.4～0.6 mm，种皮网状。 花期 5～6 月。

产新疆：南部和西南部的帕米尔高原、昆仑山。生于海拔 1 200～2 600 m 的戈壁荒漠地带的沟谷山地荒漠草原。常寄生于矢车菊属 *Centaurea* Linn.、菊蒿属 *Tanacetum*

Linn.、刺芹属 *Eryngium* Linn.、糙苏属 *Phlomis* Linn. 及百里香属 *Thymus* Linn. 等植物的根上。

分布于我国的新疆；哈萨克斯坦南部，巴基斯坦，俄罗斯，塔吉克斯坦，乌兹别克斯坦，亚洲西南部，欧洲也有。

4. 分枝列当

Orobanche aegyptiaca Pers. Syn. Pl. 2：181. 1907；中国植物志 69：103. 图版 27：1～8. 1990；新疆植物志 4：432. 图版 139：6～9. 2004.

一年生寄生草本，高 23～37 cm，全株被腺毛。茎直立，自基部或中上部分枝。叶卵状披针形，长 5～8 mm，宽 2～3 mm，连同苞片、小苞片、花萼和花冠外面被腺毛。花序穗状，圆柱形，长 10～24 cm，花排列较疏；苞片卵形或卵状三角形，长 4～7 mm，宽 3～4 mm；小苞片 2 枚，线形，与苞片等长或稍长；下部花有 1～2 mm 的短梗，向上渐无梗；花萼钟状，长 6～12 mm，4～5 裂至近中部，裂片线状披针形，顶端线状钻形，近等大，长 3～6 mm；花冠蓝紫色，长 2.0～3.2 cm，近直立，筒部长 2.0～2.3 cm，在花丝着生处缢缩，向上渐膨大成漏斗状，上唇 2 浅裂，裂片长圆形，长 6～7 mm，宽约 5 mm，下唇伸长，长于上唇，3 裂，裂片半圆形，长约 2 mm，宽约 3 mm，所有裂片全缘或浅波状，边缘及花冠内面被长柔毛；雄蕊 4 枚，花丝着生于离基部 5～6 mm 处，长 1.0～1.2 cm，基部增粗，疏被柔毛，上部无毛，花药卵形，长约 2 mm，基部具小尖头，沿缝线密被白色绢毛状长柔毛。蒴果长圆形，长约 7 mm，直径约 5 mm。种子长卵形，土黄色，长 0.4～0.6 mm，种皮具网状纹饰。 花期 4～6 月，果期 6～8 月。

产新疆：南疆。生于海拔 1 200～1 400 m 的平原绿洲、田间或庭院。常寄生于西瓜 *Citrullus lanatus*（Thunb）Matsum. et Nakei、甜瓜 *Cueumis melo* Linn.、向日葵 *Helianthus annus* Linn. 及番茄 *Lycopersicon esculentum* Mill. 等作物上。

分布于我国的新疆；地中海地区东部，阿拉伯半岛，北非北部，伊朗，巴基斯坦，克什米尔地区，高加索地区，哈萨克斯坦也有。又见于喜马拉雅山。

5. 列　当　图版 76：1～5

Orobanche coerulescens Steph. in Willd. Sp. Pl. 3：349. 1800；中国植物志 69：108. 图版 28：1～5. 1990；青海植物志 2：263. 图版 5～9. 1996；新疆植物志 4：433. 图版 140：1～5. 2004；青藏高原维管植物及其生态地理分布 885. 2008.

寄生草本植物，高 15～30 cm。茎直立，无分枝，基部稍增大，具纵条纹或沟槽，密被蛛丝状长柔毛。叶近基部密生，向上排列稀疏，卵状长圆形、卵状披针形或披针形，长1.0～1.5 cm，宽 3～5 mm，先端渐尖，坚硬，栗色，连同苞片、花序轴、花萼、花冠外面均被蛛丝状长柔毛。花序穗状，长 10～16 cm，径 3.5～4.0 cm，密生；苞片叶状，长约 1.5 cm，较花萼长，无小苞片；花萼宽钟状，长约 1 cm，2 深裂达基部，裂片再 2 浅裂或不裂，小裂片披针形，尾状渐尖；花冠蓝紫色，长 1.8～2.0 cm，花冠筒部不增粗，中部处外弯，口部二唇形，上唇浅裂，下唇 3 裂，边缘有齿，内部无毛；雄蕊着生在管基 5 mm 处，长 8～10 mm，基部稍增粗，花丝无毛，着生处被毛，花药卵形，长约 1.5 mm，基部有小尖头。果实狭椭圆形，长约 8 mm，径 4 mm，无毛，先端渐尖成花柱，宿存花柱长约 1 cm，柱头卵状长圆形。种子多数，极小，黑褐色，表面被纹饰。 果期 8 月。

产青海：称多（歇武乡赛巴沟，刘尚武 2520）。生于海拔 3 500 m 左右的田边、山坡草原，常寄生蒿属 *Artemisia* Linn. 植物根上。

分布于我国的西北、华北、东北各省区及西藏、云南、四川、山东、湖北；中亚地区，俄罗斯，朝鲜，日本也有。

6. 弯管列当

Orobanche cernua Loefling Iter. Hisp. 152. 1758；西藏植物志 4：389. 1985；中国植物志 69：109. 图版 28：6～11. 1990；青海植物志 3：264. 1996；新疆植物志 4：435. 图版 140：6～10. 2004；青藏高原维管植物及其生态地理分布 885. 2008.

6a. 弯管列当（原变种）

var. **cernua**

寄生草本，高 10～20（30）cm。茎直立，不分枝，径 4～7 mm，栗褐色，全株被腺毛。叶卵状披针形或卵状三角形，长 0.7～1.2 cm，宽 0.4～0.7 cm，先端渐尖，无柄，排列稀疏，栗色，被腺毛。穗状花序棒状，长 6～20 cm，粗约 2.5 cm，下部花的排列稀疏，上部密集，花序轴、苞片、花萼、花冠被腺毛；苞片卵形或卵状披针形，长 7～9 mm，宽 3～5 mm，先端钝或尖头，无小苞片；花萼 2 深裂或全裂，裂片再裂为浅裂，长 5～7 mm，先端渐尖；花冠淡黄色或黄褐色，檐部紫色，花长 1.0～1.3 cm，中上部外弯，檐部较短，上唇兜状，微浅裂，下唇 3 裂，裂片近圆形，檐部常外卷，边缘波状或微齿，无毛；雄蕊在管基部约 5 mm 处着生，花丝基部稍扩大，微有毛，长 6～7 mm，花药卵形，无毛。蒴果长圆形，长 1.0～1.2 cm，先端渐狭成宿存花柱，柱头 2 裂。种子多数，极小，形状不规则，表面具网状纹饰。 果期 8 月。

产新疆：叶城（柯克亚乡，青藏队吴玉虎 870751；普沙，青藏队吴玉虎 870985）、皮山（康克尔，青藏队吴玉虎 1821）、和田、于田、且末。生于海拔 3 400～3 900 m 的沟谷山地荒漠草原、山地丘陵、沟谷河滩荒漠草原。

青海：都兰（香日德农场，植被地理组 260）、兴海（唐乃亥，弃耕地调查队 292）。生于海拔 2 000～3 000 m 的宽谷河滩、洪积扇沙地、戈壁沙包和沙漠绿洲，常寄生于蒿属 *Artemisia* Linn. 植物根上。

分布于我国的新疆、青海、甘肃、陕西、山西、河北、内蒙古、吉林；欧洲，地中海地区，中亚地区，外高加索地区，俄罗斯也有。

6b. 直管列当（变种）

var. **hansii**（A. Kerner）G. Beck Monogr. Orob. 114. t. 2. f. 33（4）. 1890；中国植物志 69：110. 1990.——*O. hansii* A. Kerner in Nov. Pl. Sp. Decas. 2：15. 1870；Hook. f. Fl. Brit. Ind. 4：325. 1884；Nasir et Ali Fl. W. Pakist. 672. 1972.

与原变种的区别在于：花冠深蓝紫色，筒部近直立或稍弯曲，裂片较宽，花丝基部被柔毛。

产新疆南部及西藏西部。寄生于蒿属 *Artemisia* Linn. 植物根上。目前尚未采到本变种的标本。

分布于我国的新疆南部、西藏西部、喀喇昆仑山区；伊朗，阿富汗，巴基斯坦，俄罗斯，中亚地区各国也有。

《印度植物志》对 *O. hansii* Kerner 是这样认为的：本种看来好像是弯管列当 *O. cernua* Loefling 的一个粗壮的大花变种，具有深蓝色的花，较宽的苞片和多毛的花药；分布于西藏西部、喀喇昆仑山区。

7. 美丽列当

Orobanche amoena C. A. Mey. Fl. Alt. 2：457. 1830；中国植物志 69：114. 图版 30：1～5. 1990；新疆植物志 4：435. 图版 140：11～14. 2004；青藏高原维管植物及其生态地理分布 885. 2008.

寄生草本，高约 15 cm。茎直立，栗褐色，上部疏被短腺毛，下部稀少或无。叶疏生，卵状披针形，长约 1.2 cm，宽约 4 mm，上面被短腺毛。花序穗状，长 4～5（12）cm，径2.5～4.0 cm；苞片卵形或卵状长圆形，长 9～10 mm，苞片连同花萼、花冠外面都疏被短腺毛；花萼 8～10 mm，2 全裂，裂片再 2 裂，齿状；花冠直立或浅弧形外弯，二唇形，冠筒淡褐色，在雄蕊着生处起渐向上渐宽，檐部蓝紫色，上唇 2 浅裂，下唇 3 裂，裂片近圆形，长 4～5 mm，全部裂片边缘有不规则的微齿；雄蕊着生筒基部 5 mm 处，花丝长 1.2 cm，基部微加粗，着生处被微毛，向上生有少数糠粃状物，花药卵形，长约 2 mm，基部突出 1 小尖头，顶端和沿缝线上被长柔毛，花柱宿存，柱头 2 裂。幼蒴果长圆形，长约 1 cm。

产新疆：乌恰。生于海拔 2 700 m 左右的丘陵、山坡草原。

分布于我国的新疆；伊朗，阿富汗，巴基斯坦，中亚地区各国也有。又见于喜马拉雅山西北部。

3. 草苁蓉属 Boschniakia C. A. Mey. ex Bong.

C. A. Mey. ex Bong. in Mém. Acad. Sci.
St.-Pétersb. Sav. Étrang. Ser. 6. 2：159. 1833.

多年生肉质寄生草本。植物的基部块茎状，球形，寄生在其他植物的根部。茎筒单，不分枝，褐色或栗褐色，圆柱形，其上散生或螺旋状排列鳞片，无绿色，顶生密集的穗状或总状花序。花序有多数花，粗壮；小苞片有或无；花萼杯状或浅杯状，先端截形或具不规则的 2～5 齿；花冠二唇形，筒部直或内弯，上唇兜状，全缘或先端微凹，下唇较短，3 裂；雄蕊 4 枚，2 强，着生于花冠筒的近基部，花药 2 室，等长，平行，基部钝；子房 1 室，侧膜胎座 2～3 个，柱头盘状。蒴果 2 或 3 瓣裂。种子多数，微小，椭圆形或近圆形，扁压，表面具蜂窝状网纹。

约 2 种。我国均产，昆仑地区产 1 种。

1. 丁座草 图版 76：6～9

Boschniakia himalaica Hook. f. et Thoms. Fl. Birt. Ind. 4：327. 1884；西藏植物志 4：386. 图 169. 1985；中国植物志 69：72. 图版 19：8～15. 1990；青海植物志 3：260. 图版 59：1～4. 1996；青藏高原维管植物及其生态地理分布 884. 2008.

多年生无绿色寄生草本，植株高 10～20 cm。植物体基部球形，直径 3～6 cm，寄生在杜鹃植物的木质根上；茎圆柱形，不分枝，中空，褐色或黑褐色，无毛，其上生鳞片，似叶状。鳞片栗色，螺旋状排列，卵状长圆形、长圆形或宽卵形，长 0.5～1.5 cm，基部的鳞片较小，上部较大，较坚硬，先端钝尖，无柄。花序穗状或总状，密集；苞片鳞片状，同形同色，边具缘毛，向上渐小，小苞片狭披针形，小；花梗极短，花序下部的较明显；花萼杯状，裂片不明显，近全缘；花冠淡黄褐色，长约 1.1 cm，筒部直立，外面无毛，上唇兜状，全缘或微凹，具缘毛，下唇短于上唇，具 3 裂，裂片近长圆形，等大，微具缘毛；雄蕊 4 枚，着生于冠筒基部，稍长于花，花丝无毛，花药小。蒴果卵状长圆形，长约 1.5 cm，厚纸质，不规则的 2～3 瓣裂。种子小，淡灰色，种皮透明，有大的蜂窝状网纹。　花期 6 月，果期 7～8 月。

产青海：久治（龙卡湖北岸，藏药队 748)。生于海拔 4 200 m 左右的沟谷山地灌丛。

分布于我国的青海、西藏、云南、四川；印度也有。

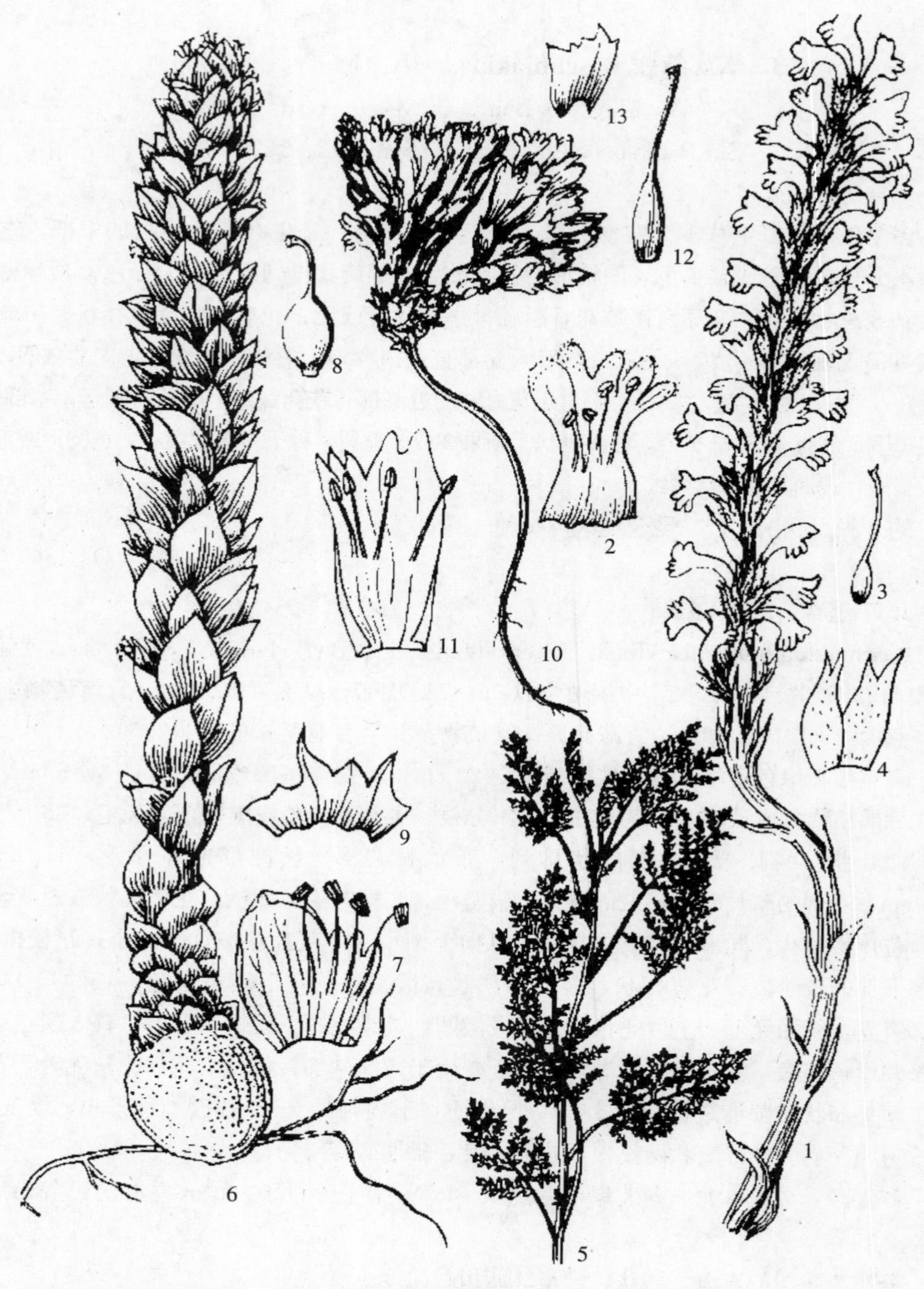

图版 **76** 列当 **Orobanche coerulescens** Steph. 1. 植株；2. 花冠展开；3. 子房与花柱；4. 花萼；5. 寄主植株。丁座草 **Boschniakia himalaica** Hook. f. et Thoms. 6. 植株；7. 花冠展开；8. 子房与花柱；9. 花萼。矮生豆列当 **Mannagettaea hummelii** H. Smith 10. 植株；11. 花冠展开；12. 子房与花柱；13. 花萼。（王颖绘）

4. 豆列当属 **Mannagettaea** H. Smith

H. Smith in Acta Hort. Gothob. 8：136. 1933.

低矮寄生肉质草本。茎短，单生。叶退化成鳞片状，稀疏排列或散生。花顶生，数朵组成伞房状花序或簇生成头状；苞片1枚，卵状长圆形，小苞片2或1枚，条形或条状披针形，密被绵毛，顶部尤密；花萼筒形，裂片5枚，常1或2枚裂片有变化，密被绵毛；花冠黄色或紫褐色，筒部较长，不膨大或不明显膨大，直立或稍弧形弯曲，仅在喉部形成二唇形，上唇全缘或有齿至浅裂，下唇3裂，密被绵毛；雄蕊4枚，着生于花冠筒中部以下，花药2室；子房由2心皮组成，1室，胎座4，花柱内藏，柱头头状，微2裂。果实长圆形或椭圆形，花柱宿存。种子细小，表面具网状纹饰。

共2种。我国均产，昆仑地区亦均产。

分种检索表

1. 花萼的裂片长约3 mm，三角形或卵状长圆形，其中2裂片联合，比其余3裂片稍宽大；花冠短，长1.5～2.0 cm，直立；雄蕊着生于冠筒基部1.2 cm处；花药光滑 ………………………………………………………… **1. 矮生豆列当 M. hummelii** H. Smith
1. 花萼裂片长约1 cm，条形，其中1枚裂片短而小；花冠长，长约3.5 cm，弧形弯曲；雄蕊着生冠筒基部8 mm处；花药密被黄白色绵毛 …… **2. 豆列当 M. labiata** H. Smith

1. 矮生豆列当 图版76：10～13

Mannagettaea hummelii H. Smith in Acta Hort. Gothob. 8：138. f. 4，1933；中国植物志69：95. 图版25：6～15. 1990；青海植物志3：261. 图版59：5～8. 1996；青藏高原维管植物及其生态地理分布884. 2008.

低矮寄生草本，肉质，高4～6（7）cm。茎直立，短粗，无毛，其上疏生少数鳞片。鳞片卵状长圆形，长约7 mm，先端圆钝，无毛。花数朵簇生于枝顶，为近伞房状或头状花序；花有短梗，短而粗，尤在下部明显；苞片椭圆形或倒披针形，长达1.5 cm，宽达6 mm，先端钝，下部近无毛，顶部和边缘被黄褐色绵毛，小苞片狭倒披针形，长1.3 mm，顶部被毛；花萼管状，长约1.5 cm，径粗约5 mm，先端4或6齿，其中3齿等长，三角形或卵状长圆形，长约3 mm，其余2或1齿，稍大而宽于前3齿，齿被褐黄色绵毛；花冠管状，高出花萼约1 cm，宽5～6 mm，直立，不膨大，喉部以上形成二唇形，上唇直立，卵状三角形，全缘，下唇3裂，裂片线形，长约6 mm，裂片和边缘被黄褐色柔毛；雄蕊着生于冠筒基部1.2 cm处，着生处疏被少数柔毛，花丝短，长约8 mm，无毛，花药长圆形，药室平行，基部有突尖，无毛；雌蕊长圆形，长8～

10 mm，先端渐缩成花柱，花柱丝状，柱头头状，无毛。 花期 7～8 月。

产青海：兴海（河卡乡宁曲，郭本兆 6228）、称多（珍秦乡，苟新京 85－196）、玛沁（大武乡格曲，H. B. G. 550；黑土山，吴玉虎 5738、5783）、达日（吉迈乡，吴玉虎 27075）。生于海拔 3 500～4 000 m 的沟谷高山草甸、山地阴坡灌丛、河谷山柳灌丛下，寄生于锦鸡儿属 *Caragana* Fabr. 植物的根上。

分布于我国的青海、甘肃；俄罗斯的萨彦岭也有。

2. 豆列当

Mannagettaea labiata H. Smith in Acta in Hort. Gothob. 8：137. f. 3. 1933；中国植物志 69：94. 图版 25：1～5. 1990；青海植物志 3：261. 1996；青藏高原维管植物及其生态地理分布 884. 2008.

寄生草本，高 10～12 cm，肉质。茎圆柱形，无毛，出土部分短，疏生鳞片（叶）。鳞片在下部者卵形，上部者卵状披针形，长达 1.5 cm，先端一般渐尖。花数朵聚集于茎顶，簇生或呈密集伞房状，花无梗或下部有极短的梗；外层苞片卵状披针形，向内为长圆状披针形，几与茎上部鳞片相混，长至 1.8 cm，宽 5～6 mm，外层较短，外层表面无毛，越向内被浓厚的黄褐色绵毛，小苞片膜质，淡褐色，线状披针形，具黄褐色绵毛，与花萼近等长；花萼筒状，长约 2.5 cm，裂片 5，条形，长约 1 cm，顶圆钝，仅后面 1 枚裂片短而小，短于花萼筒，萼齿外面被黄褐色绵毛；花冠黄褐色，直立，长约 3.5 cm，上部弧形弯曲，外面密被黄褐色绵毛，上唇兜状，长约 1.3 cm，全缘，下唇 3 裂，裂片条形，长约 1 cm，3 裂片近等长，有时中裂片稍短；雄蕊着生于花冠基部 8 mm处，着生处被白色柔毛，长约 2.5 cm，内藏，花丝无毛，花药近卵形，长约 3 mm，基部有突尖，密被黄白色绵毛；子房近椭圆形，花柱直立，长约 3 cm，柱头小，近圆形。 花期 7～8 月。

产青海：班玛（马柯河林场，王为义 27050）。生于海拔 3 200～3 700 m 的沟谷山坡灌丛草地。寄生于锦鸡儿属 *Caragana* Fabr. 植物的根上。

分布于我国的青海、四川。

六十九　狸藻科 LENTBULARIACEAE

一年生或多年生草本。陆生或水生，食虫类型植物。叶互生或轮生，羽状分裂，少数不分裂，裂片基部有囊体。两性花，两侧对称，单生或总状花序，花白色、黄色，少数淡紫色；花萼 2～5 裂，结果时增大；花冠二唇形，基部有距，上唇全缘或 2 裂，下唇较大，3～5 裂；雄蕊 2 枚，着生于花冠筒的基部；子房上位，1 室，花柱短，柱头 2 裂，胚珠多数。蒴果，2～4 裂。种子多数，无胚乳。

有 4 属，约 170 种，广布于全世界。我国产 2 属，约 19 种；昆仑地区产 1 属 1 种。

1. 狸藻属 Utricularia Linn.

Linn. Sp. Pl. 18. 1753.

多年生的淡水生植物。基生叶呈莲座状具小囊体，互生叶沉没水中，细丝状多裂。花两性，两侧对称，总状花序，花冠喉部有膜质瓣遮蔽；胚珠多数，着生于特立中央轴胎座上。果实为蒴果。

约 170 种，分布于世界各地。我国产 17 种，昆仑地区产 1 种。

1. 狸　藻　图版 77：1～3

Utricularia vulgaris Linn. Sp. Pl. 18. 1753；中国植物志 69：602. 图版 165. 1990；青海植物志 3：267. 图版 60：7～10. 1996；新疆植物志 4：439. 图版 142：1～3. 2004；青藏高原维管植物及其生态地理分布 891. 2008.

食虫植物。多年生草本，茎多分枝。根状茎较短，基部具多数须根。叶互生，二回羽裂，裂片丝状，边缘具刺状齿，小羽片下具卵形囊状体，成为捕虫囊，囊状体具活门，跟着水流往里开，虫体进入囊体，活门关闭，虫体在囊体内被消化吸收。总状花序，具疏生数花，一般花序顶部生 6～12 朵花，花序梗长 23 cm；萼片外具卵形鳞片或苞片，较透明或膜质 2 裂，下裂披针形，上裂卵形，结果时花萼宿存；花冠黄色，唇形，下唇比上唇长，顶具 3 浅裂片，上唇短卵形；雄蕊 2 枚，花丝较短；柱头圆形，子房上位，1 室，膜质。蒴果球形，直径0. 5 cm。种子多数，六角柱形。　花期 5～7 月，果期 6～8 月。

产新疆：阿克陶（恰克拉克至木吉途中，青藏队吴玉虎 870609）、塔什库尔干、且末。生于海拔 2 400～3 600 m 的宽谷河滩湿草地、河谷沼泽草地。

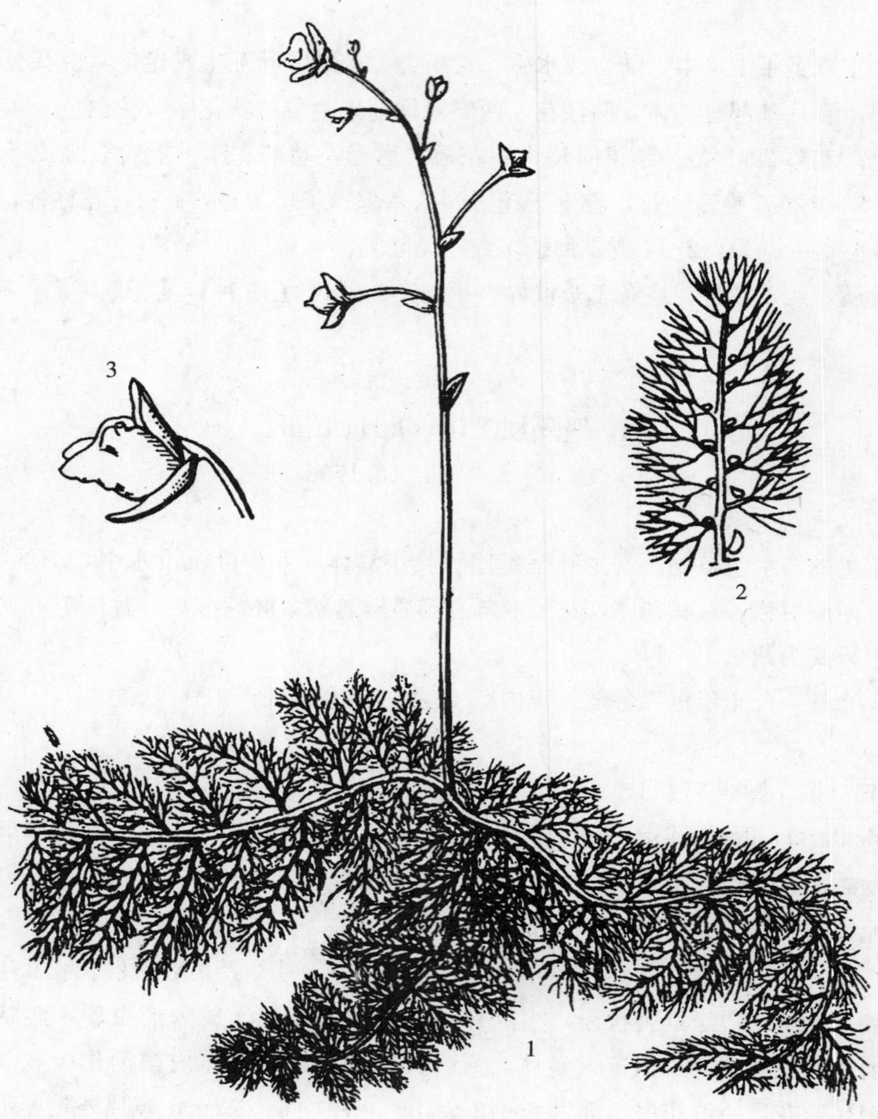

图版 **77**　狸藻 **Utricularia vulgaris** Linn. 1. 植株；2. 叶；3. 花。
(引自《新疆植物志》，谭丽霞绘)

分布于我国的新疆、青海、陕西、河北、吉林、内蒙古、浙江、江苏、四川；俄罗斯，朝鲜，日本也有。

七十　车前科 PLANTAGINACEAE

一生年或多年生草本。叶基生，呈莲座状，全缘或具齿，基部呈鞘状，叶脉通常近平行。花小，常两性，稀单性，辐射对称，排列成穗状花序；花萼草质，4 裂，外侧 2 片和内侧 2 片异形，宿存；花冠干膜质，基部合生呈管状，裂片 4 枚；雄蕊 4 枚，稀 2 枚，着生于花冠管上，花丝细长，花药 2 室，纵裂；子房上位，每室有 1 至数枚胚珠，中轴或基底胎座。蒴果。种子 1 至多个；胚直立，胚乳丰富。

有 3 属 270 余种。我国仅有车前属，约 20 种；昆仑地区产 1 属 10 种。

1. 车前属 Plantago Linn.

Linn. Sp. Pl. 112. 1753.

一年生或多年生草本。叶通常基生，脉近于平行。花小，淡绿色；穗状花序着生于茎顶；萼片 4 枚，覆瓦状排列，宿存；花冠管圆筒状或在喉部收缩，与萼等长或较萼长，裂片 4 枚；雄蕊 4 枚，着生于花冠管上，常伸出于花冠；子房 2～4 室，每室具 1 或多枚胚珠。蒴果周裂或盖裂。种子 1 至多枚；胚直立或弯曲，胚乳丰富。

约 265 种，广布全世界。我国约 18 种 3 变种 2 变型，全国各地均有分布；昆仑地区产有 10 种。

分种检索表

1. 无主根，须根发达。
  2. 花具短柄；蒴果于基部上方周裂。
    3. 叶近于光滑；穗状花序 6～20 cm ………………………… **1. 车前 P. asiatica** Linn.
    3. 幼叶密被毛；穗状花序 1.5～3 cm …………………………………………………… **2. 龙胆状车前 P. gentianoides** Sibth. et Smith
  2. 花无柄；蒴果于中部或稍低处周裂 ………………………… **3. 大车前 P. major** Linn.
1. 主根明显，圆柱形或圆锥形。
  4. 穗状花序上部花着生较紧密，下部花稀疏，常有间断。
    5. 叶椭圆形，卵形或披针形。
      6. 整个植株被蛛丝状白茸毛；种子 1～2 (4) 枚 …………………………………………………… **4. 蛛毛车前 P. arachnoidea** Schrenk.

6. 植株无毛或疏被柔毛；种子 4～5 枚 ……………… **5. 平车前 P. depressa** Willd.

5. 叶线形 ………………………………………………… **6. 沿海车前 P. maritime** Linn.

4. 穗状花序花着生紧密，不间断。

7. 叶长椭圆形、披针形或线形；种子 1～2（3）枚。

8. 叶长椭圆形或披针形；种子 1～2（3）枚。

9. 叶无毛或散生柔毛 ………………………… **7. 长叶车前 P. lanceolata** Linn.

9. 根茎被淡褐色长绵毛；叶被长绵毛 ………… **10. 苣叶车前 P. perssonii** Pilger

8. 叶线形，种子 2 枚 ……………………………………… **8. 小车前 P. minuta** Pall.

7. 叶卵形、广卵形、椭圆形、广椭圆形；种子 2～4 枚 … **9. 北车前 P. media** Linn.

1. 车　前

Plantago asiatica Linn. Sp. Pl. 113. 1753；中国高等植物图鉴 4：180. 图 5774. 1980；中国沙漠植物志 3：200. 图版 76：3～6. 1983；西藏植物志 4：421. 图版 138：2～6. 1985；青海植物志 3：269. 图版 61：1～3. 1996；中国植物志 70：325. 图版 50：3～9. 2002；新疆植物志 4：442. 图版 143：1～4. 2004；青藏高原维管植物及其生态地理分布 894. 2008.

多年生草本。须根多数，根茎短，稍粗。叶基生呈莲座状，直立或伸展，长 10～13 cm，宽 4.9～7.5 cm，叶片卵形，卵状椭圆形至卵状披针形，先端钝圆或渐尖，叶中部边缘具疏钝齿，基部呈楔形，两面疏被短毛；叶柄长 6.5～12.0 cm，基部扩大呈鞘状。花葶数个，长 24～30 cm，直立或斜上，有纵条纹，疏生白色短毛；穗状花序圆柱形，长为花葶的1/3～2/3，8～14 cm，果期伸长；花稀疏，具短柄；苞片宽三角形，较萼裂片短，长 1.3～1.7 mm，中间具龙骨状突起，边缘膜质，无毛或先端疏生短毛；花萼长 2 mm，萼片卵形至椭圆形，具龙骨状突起，龙骨凸不延至顶端，前对萼片椭圆形，后对萼片宽倒卵状椭圆形；花冠白色，筒状，裂片披针形，长 1.0～1.1 mm，具明显的中脉，花后反折；雄蕊 4 枚，伸出花冠外，花药椭圆形，长 1.1 mm，先端具短尖头，干后黄褐色。蒴果卵状椭圆形，长 3.0～3.5 mm，于基部上方周裂。种子 8～10（14）枚，卵状椭圆形，长 1.0～1.2 mm，具角，黑褐色，背面微隆起，腹面微凹。花期 6～7 月，果期 7～9 月。

产新疆：塔什库尔干（红其拉甫，阎平 92117；大同，帕考队 5075）。生于海拔 3 200～3 800 m的沟谷山地草甸。

青海：久治（公园，青藏队 1325）、曲麻莱（巴干乡拉交沟，刘尚武等 934）。生于海拔4 100 m左右的公路边。

分布于我国的新疆、甘肃、青海、陕西、西藏、云南、四川、贵州、内蒙古、山西、河北、黑龙江、吉林、辽宁、河南、湖北、湖南、山东、江苏、安徽、江西、浙江、福建、台湾、广西、广东、海南；朝鲜，日本，俄罗斯，马来西亚，尼泊尔也有。

2. 龙胆状车前

Plantago gentianoides Sibth. et Smith Fl. Graec. Prodr. 1：101. 1806；中国植物志 70：329. 2002.

2a. 龙胆状车前（原亚种）

subsp. **gentianoides**

我国不产。

2b. 革叶车前（亚种） 图版 78：1～2

subsp. **griffithii**（Decne.）Rech. f. Fl. Iran. 15：9. 1965；中国植物志 70：330. 图版 51：1 ～ 2. 2002.——*P. griffithii* Decne. in DC. Prodr. 13 （1）：700. 1852.——*Plantago himalaica* Pilger in Engl. Pflanzenr. 102（4，269）：62，156. 1939；Icom. Pl. Pamir 20：223. 1963；西藏植物志 4：422. 1985；新疆植物志 4：442. 2004.

多年生草本，高 5～15 cm。须根。叶丛生，宽卵形，长 2～5 cm，宽 1.5～2.5 cm，先端钝，基部宽楔形，下延至叶柄，全缘或微波状，幼时疏生短柔毛，老叶无毛；叶脉 5～7 条；叶柄宽扁，基部呈鞘状。花葶 2～5，高 5～10 cm；穗状花序，圆柱形花紧密，长 1.5～3.0 cm；苞片宽卵形，长约 2.5 mm，无毛，先端钝，龙骨状突起扁宽；花具短梗；萼片长约 2 mm，无毛，先端钝，龙骨状突起偏斜；花冠白色，管筒长约 1.5 mm，光滑，裂片披针形至卵形，长约 1 mm；雄蕊 4 枚，花丝细长。果实近圆形或椭圆形，先端钝圆，于基部上方周裂。种子 6～7 枚，长椭圆形。 花期 6～8 月，果期 7～9 月。

产新疆：塔什库尔干（红其拉甫，阎平 3766、帕考队 5004；麻扎种羊场，青藏队吴玉虎 870430；县城城郊，杨昌友 750307；派依克，杨昌友 750115）、阿克陶（喀拉库勒湖，买买提江 922313；县城南 34 km 处，中科院新疆综合考察队 336）、叶城（叶河大桥东侧，刘海源 202）。生于海拔 1 320～4 300 m 的沟谷高山草甸、河漫滩草地、宽谷河边沼泽地。

分布于我国的新疆、西藏；伊朗，阿富汗，吉尔吉斯斯坦，巴基斯坦，克什米尔地区，印度，泰国也有。

3. 大车前

Plantago major Linn. Sp. Pl. 112. 1753；Fl. Afghanist. 364. 1960；中国高等植物图鉴 4：180. 图 5773. 1980；西藏植物志 4：423. 1985；青海植物志 3：271. 1996；中国植物志 70：324. 图版 50：1～2. 2002；新疆植物志 4：443. 图版 143：5～7. 2004；

青藏高原维管植物及其生态地理分布 895. 2008.

多年生草本，高 15～30 cm。须根多数，纤维状。根茎粗短。叶基生呈莲座状，直立或斜升；叶片宽卵形，长 5.5～9.0 cm，宽 3.0～5.5 cm，无毛，边缘具不规则牙齿，下部齿较多，基部宽楔形或近圆形，脉 5～7 条；叶柄较粗，长 2～5 cm，基部鞘状。花葶 2～5，长 12～24（30）cm，具纵纹，紫褐色，被短柔毛；穗状花序圆柱形，长 5～14 cm，基部花疏，下部常间断，上部花密；花无柄；苞片宽卵状三角形，长 1.6～1.8 mm，中间具龙骨状突起，边缘膜质，无毛；萼片宽椭圆形，长 1.8 mm，各裂片形状稍异；花冠白色，裂片 0.8～1.0 mm，花后反折；雄蕊 4 枚，伸出花冠外，花药椭圆形，长 1.0～1.1 mm，干后浅棕色；花柱短，柱头丝状，密被细毛，伸出花冠外。蒴果卵圆形，长 2.5～3.0 mm，于中部偏下处周裂。种子 11～13 枚，椭圆形、卵形或多角形，长 0.8～1.1 mm，棕褐色，具角。 花期 7～8 月，果期 8～9 月。

产新疆：乌恰（吾克河，司马义 157）、莎车（达木斯乡，青藏队吴玉虎 745；阿瓦提镇，王焕存 063；县城附近，R 1166）、阿克陶（奥依塔克林场，杨昌友 750807）、塔什库尔干（塔合曼乡，阎平 91126；大同乡，帕考队 5054；麻扎至卡拉其古，青藏队吴玉虎 4936A；县城郊，杨昌友 750344）、于田（县城，采集人不详 104；新生乡一管理区一大队，采集人不详 R1486）、且末（城郊，采集人不详 9527）、策勒（奴尔乡亚门兵团牧场，采集人不详 46）。生于海拔 1 840～3 600 m 的山谷草地、宽谷河漫滩草地。

青海：兴海（大河坝，弃耕地考察队 319）。生于海拔 2 800 m 左右的宽谷河漫滩草地。

分布于我国的新疆、甘肃、青海、陕西、西藏、云南、四川、内蒙古、山西、河北、黑龙江、吉林、辽宁、山东、江苏、福建、台湾、广西、海南；欧亚广布。

4. 蛛毛车前 图版 78：3

Plantago arachnoidea Schrenk. in Fisch. et C. A. Mey. Enum. Pl. Nov. 1: 16. 1841; Icon. Pl. Pamir. 20: 223. 1963；青海植物志 3：269. 1996；中国植物志 70：335. 图版 52：2. 2002；新疆植物志 4：443. 图版 147：2. 2004；青藏高原维管植物及其生态地理分布 894. 2008.

多年生草本，高 5～23 cm。直根，根茎短，淡褐色，被有多数叶鞘残迹及白色或淡褐色蛛丝状毛。叶基生呈莲座状，平卧或直立，叶片披针形或狭椭圆形，长 4～13 cm，先端渐尖，基部收缩成柄状；幼叶密被茸毛，成年叶有稀疏的蛛丝状白茸毛。花葶数个，常直立，长 5～20 cm，被蛛丝状白茸毛；穗状花序圆柱状或狭圆柱状，长 1～5 cm，花基部稀疏有间断，上部紧密；苞片卵状披针形或卵形，长 2～3 mm，先端钝圆，边缘膜质，具蛛丝状毛；花萼 4 深裂，裂片椭圆形，边缘膜质，先端及边缘被蛛丝状毛；花冠白色，基部筒状，与裂片近等长，裂片卵形或卵状披针形，先端锐尖；雄蕊 4 枚，伸出花冠筒外，花药椭圆形，长 1.1～1.3 mm。蒴果卵球形，长 2～4 mm，于基部上方周裂。种子1～3（4）枚，椭圆形。 花期6～8月，果期7～9月。

产新疆：乌恰（吉根乡，中科院新疆综合考察队73-170；托云乡苏约克，西植所新疆队1880；苏卢萨克拉，司马义，采集号不详；波斯坦铁列克乡，采集人不详93-1600；库吐嫩恰特，采集人不详8365-3）、阿克陶（布伦口，西植所新疆队785；奥依塔克林场，杨昌友750877；阿克塔什，青藏队吴玉虎870106）、塔什库尔干（红其拉甫，阎平92110、3770、3697，帕考队4992；库科西鲁格，帕考队5190、5202；卡拉其古，西植所新疆队912、992、994；麻扎，高生所西藏队3145、3222；中塔边界，克里木T176；瓦恰，周桂玲HT-034；提孜那甫，采集人不详168；派依克，杨昌友750113；麻扎种羊场，青藏队吴玉虎870418；库地，中科院新疆综合考察队436）、策勒（恰哈乡喀尔塔西夏牧场，采集人不详121）、叶城（苏克皮亚，青藏队吴玉虎870993；柯克亚乡高沙斯，吴玉虎870947；柯克亚乡还格孜，青藏队吴玉虎870784）、莎车（喀拉吐孜矿区，青藏队吴玉虎870662）。生于海拔2 450～4 200 m的沟谷山地高山草甸、山地草原、河谷滩地路边、河漫滩。

分布于我国的新疆；哈萨克斯坦，克什米尔地区也有。

5. 平车前 图版78：4～7

Plantago depressa Willd. Enum. Pl. Hort. Bot. Berol. Suppl. 8. 1813；中国高等植物图鉴4：181. 图5776. 1980；中国沙漠植物志3：200. 图版26：1～2. 1983；西藏植物志4：423. 图183：1. 1985；中国植物志70：332. 图版51：5～9. 2002；新疆植物志4：443. 图版144：1～2. 2004；青藏高原维管植物及其生态地理分布895. 2008.

一年生或二年生草本。直根，主根圆柱形，黄白色。叶基生，莲座状，叶片椭圆状披针形，长3.5～6.0 cm，宽1.3～2.0 cm，无毛或偶疏被毛，纵脉5条，全缘或边缘具不规则锯齿，先端渐尖，基部楔形，下延至叶柄；叶柄长1.3～2.5 cm，基部扩大成鞘。花葶3～11个，直立或斜升，长5～10 cm，具纵条纹，中上部疏被短柔毛；穗状花序细圆柱形，长4～7 cm，上部花密，下部花较疏，基部有间断；苞片三角状卵形，内凹，无毛，中间具短龙骨状突起，较宽，边缘白色膜质，长2.2～2.5 mm；萼片4，椭圆形至宽椭圆形，长2 mm，无毛，背部具绿色龙骨状突起不延至顶端，边缘膜质较宽；花冠白色，无毛，冠筒长2.0～2.2 mm，膜质，顶部4裂，裂片卵圆形，先端钝尖，长0.9～1.0 mm，花后向外反卷；雄蕊4枚，伸出花冠外，花药宽椭圆形，长0.9 mm，先端具三角状突起，干后黄褐色。蒴果圆锥形，长2.8～3.2 mm，于基部上方周裂。种子多5枚，偶见4枚，椭圆形，长1.0～1.2 mm，宽0.6～0.8 mm，黑色或棕褐色。 花期6～7月，果期7～8月。

产新疆：乌恰（吉根乡斯木哈纳，西植所新疆队2103；波斯坦铁列克，杨昌友93-1789；克克托卡依，杨昌友93-1556）、莎车（喀拉吐孜矿区，青藏队吴玉虎870691）、阿克陶（布伦口，西植所新疆队684；恰尔隆，青藏队吴玉虎4602；奥依塔克林场，青藏队吴玉虎 4818)、塔什库尔干（达布达尔，阎平 3921；马尔洋，帕考队 5307；县城，崔乃然 081；麻扎至卡拉其古 4936B；麻扎，高生所西藏队 3222；县城南 70 km 西去 20 km 处，克里木 T243)、叶城（城郊，青藏队吴玉虎 1110；柯克亚，青藏队吴玉虎 870783；柯克亚高沙斯，青藏队吴玉虎 870932)、和田（城郊，青藏队吴玉虎 2049)、策勒（奴尔，青藏队吴玉虎 88-1911)。生于海拔 1 940～3 800 m 的沟谷河滩草地、高山草甸、农田边。

西藏：日土（县城郊，青藏队 1624)。生于海拔 4 200 m 左右的高原山地高山草甸。

青海：都兰（脱土山，郭本兆 11791)、兴海（中铁林场恰登沟，吴玉虎 45003、44952；河卡乡，吴珍兰 92188；大河坝乡赞毛沟，吴玉虎 47093、47100、47108、47149、47157、47700；中铁林场中铁沟，吴玉虎 45584；中铁乡前滩，吴玉虎 45383；温泉乡，刘海源等 542；沙珠玉林场，吴玉虎 20324；河卡乡羊曲，吴玉虎 20441；中铁乡附近，吴玉虎 42816、42935、43164；黄青河畔，吴玉虎 42715；曲什安乡大米滩，吴玉虎 41830；唐乃亥乡，吴玉虎 42140、42086；野马台滩，吴玉虎 42197；中铁乡至中铁林场途中，吴玉虎 43156)、曲麻莱（巴干乡，黄荣福 934)、玛沁（吴玉虎 1362；军功乡，玛沁队 183；拉加乡，吴玉虎 6088、6135；大武乡江让水电站，H. B. G. 637)、久治（县城郊，藏药队 403；索乎日麻乡斗曲，果洛队 274)、玛多（黑海乡，吴玉虎等 17970)。生于海拔 3 060～4 100 m 的河谷沼泽湿地、河漫滩、撂荒地、沟谷林缘灌丛草甸、滩地高寒杂类草草甸、山地阴坡高寒灌丛草甸。

甘肃：玛曲（河曲军马场，陈桂琛 1100；欧拉乡，吴玉虎 31932；军马场，吴玉虎 31917)。生于海拔 3 200 m 左右的河谷沼泽湿地。

四川：石渠（长沙贡玛乡，吴玉虎 29653)。生于海拔 4 000 m 左右的河滩沙棘水柏枝灌丛。

分布于我国的新疆、甘肃、青海、陕西、西藏、云南、四川、内蒙古、山西、河北、黑龙江、吉林、辽宁、河南、湖北、山东、江苏、安徽、江西；朝鲜，日本，俄罗斯，哈萨克斯坦，阿富汗，蒙古，巴基斯坦，克什米尔地区，印度，塔吉克斯坦，吉尔吉斯斯坦，伊朗也有。

6. 沿海车前

Plantago maritime Linn. Sp. Pl. 114. 1753；中国植物志 70：342. 2002.

6a. 沿海车前（原亚种）

subsp. **maritime**

我国不产。

6b. 盐生车前（亚种）

subsp. **ciliata** Printz Veget. Siber. Mongol. Front. 3：397. f. 111. 1921；中国植物志 70：343. 图版 54：1～2. 2002.——*Plantago maritima* Linn. var. *salsa* (Pall.) Pilger in Fedde Repert. Sp. Nov. 34：148. 1933；中国高等植物图鉴 4：181. 图 5775. 1975；内蒙古植物志 5：323. 1980；中国沙漠植物志 3：194. 图版 75：3～4. 1992；新疆植物志 4：446. 图版 145：1～2. 2004；青藏高原维管植物及其生态地理分布 896. 2008.

多年生草本。直根粗壮，褐色或黑褐色，根茎粗短，被有残余叶片或叶鞘，有长柔毛。叶基生呈莲座状，多数，直立或平铺或斜展，条形，长 3～8 cm，宽 2～4 mm，先端渐尖，边缘全缘，微反卷，基部扩大成宽三角形叶鞘，褐色，无毛，无叶柄。花葶少数，直立或斜升，长 5～25 cm，密被短柔毛；穗状花序圆柱形，长 2～6 cm，上部较密，下部较疏；苞片卵形或三角形，长 2～3 mm，先端渐尖，边缘有短睫毛，具龙骨状突起；花萼裂片椭圆形，长 2.0～2.5 mm，被短柔毛，边缘具纤毛，龙骨状突起较宽；花冠裂片卵形或矩圆形，先端具锐尖头，边缘膜质，有睫毛。蒴果圆锥状卵形，长约 3 mm，周裂。种子 1～2 枚，长卵形或椭圆形，黑褐色。 花期 6～7 月，果期 7～8 月。

产新疆：塔什库尔干（红其拉甫，阎平 3759）。生于海拔 3 500 m 左右的沟谷山地草甸。

分布于我国的新疆、甘肃、青海、陕西、西藏、内蒙古、河北；蒙古，俄罗斯，哈萨克斯坦，吉尔吉斯斯坦，土库曼斯坦，阿富汗，伊朗也有。

7. 长叶车前 图版 78：8～12

Plantago lanceolata Linn. Sp. Pl. 113. 1753；Fl. Afghanist. 364. 1960；中国高等植物图鉴 4：182. 图 5777. 1980；中国沙漠植物志 3：194. 图版 75：5～6. 1983；中国植物志 70：338. 图版 52：3～7. 2002；新疆植物志 4：447. 图版 144：4～7. 2004；青藏高原维管植物及其生态地理分布 895. 2008.

多年生草本，高 15～50 cm。主根圆柱形，上部带分枝。叶成丛基生，披针形或长椭圆状披针形，长 5～20 cm，宽 0.5～3.5 cm，先端渐尖，基部楔形，全缘或疏生锯齿，密被柔毛或无毛。花葶数个，长 15～40 cm；穗状花序短圆柱状或头状，花密生；苞片卵形，先端尖，边缘膜质，无毛；萼片 4，边缘有膜质；花冠筒状，膜质，先端 4 裂，外展或斜上升，裂片三角状卵形，长约 2 mm，先端尾状急尖，中脉明显，花后反折，干后淡褐色；雄蕊 4 枚，花丝长，可达 6 mm，远超出花冠。蒴果卵形，盖裂，下部通常有宿存萼，先端具宿存花柱。种子 1～2（3）枚，椭圆形或长卵形，背面隆起，腹面凹入，呈船形，长约 2.5 mm。 花期 5～6 月，果期 7～8 月。

产新疆：塔什库尔干。根据《新疆植物志》记载。

分布于我国的新疆、辽宁、山东、江苏、江西、浙江、台湾；欧洲，俄罗斯，朝鲜，日本，印度，伊朗，中亚地区各国也有。

8. 小车前 图版 78：13～14

Plantago minuta Pall. Reise. 3：521. 1776；中国高等植物图鉴 4：182. 1980；内蒙古植物志 5：322. 1980；中国沙漠植物志 3：193. 图版 75：1～2. 1983；中国植物志 70：341. 图版 53：5～6. 2002；新疆植物志 4：447. 图版 147：3～4. 2004.

一年生（二年生）小草本，高 1.5～8.0 cm。直根系，主根圆柱形细长，无侧根或有少数侧根。根茎极短。基生叶莲座状，平卧或斜展，叶片线形、狭匙状线形、狭披针形，长 1.5～4.0 cm，宽 0.5～1.2 mm，先端渐尖，无毛或疏生长柔毛，全缘，边缘具缘毛，脉不明显；叶柄短，基部扩大呈鞘状。花葶 3～多数，直立或弯曲，长 1～3 cm，疏生长柔毛，有时上端毛较密；穗状花序短圆柱状或头状，长 4～6 mm，紧密，偶仅具 1～3 朵花；苞片宽卵形，长 1.2～2.0 mm，宽大于长，无毛，先端尖，短于萼片，疏生长柔毛，中央具龙骨状突起，边缘膜质，较宽；花萼倒卵状椭圆形或卵状椭圆形，长 2.2～2.5 mm，无毛或疏生长柔毛，龙骨状突起明显，延至顶端，先端钝圆；花冠白色，裂片狭卵形，裂片长 1.2～1.5 mm，全缘或先端具啮齿状细齿，中脉明显，花后反折；雄蕊 4 枚，花丝极细，伸出花冠约 1.3～2.0 mm，花药椭圆形或宽椭圆形，先端具三角形小尖头，长 1.0～1.3 mm。蒴果长卵形，长 3.8～4.2 mm，顶端具小尖头，于基部上方周裂。种子 2 枚，长卵形，长 2.8～3.2 mm，表面光亮，背面隆起，腹面内凹呈船形。 花期 6～8 月，果期 7～9 月。

产新疆：乌恰（克克阿克，安峥皙 AZ201）、莎车（喀拉吐孜矿区，青藏队吴玉虎 870727；达姆斯，青藏队吴玉虎 870737）、阿克陶（托海，高生所西藏队 3075；恰克拉克，青藏队吴玉虎 870596；苏巴什，安峥皙 AJZ9525）、塔什库尔干（班迪尔，阎平 3992；红其拉甫，李学禹 92121；明铁盖，帕考队 5464；中巴公路，高生所西藏队 3104；麻扎至卡拉其古途中，青藏队吴玉虎 4928、4934）、叶城（柯克亚乡，青藏队吴玉虎 870977；苏克皮亚，青藏队吴玉虎 1124）、皮山（布琼，青藏队吴玉虎 1904、2405、2450、2458；喀尔塔什，青藏队吴玉虎 2049、3638）。生于海拔 1 800～3 900 m 的沟谷高山石坡、宽谷河滩、荒漠滩地、河谷沙砾地。

分布于我国的新疆、甘肃、青海、宁夏、陕西、西藏、内蒙古、山西；俄罗斯，外高加索地区，哈萨克斯坦，蒙古也有。

依据《中国植物志》，将 *P. lessingii* Fisel. et C. A. Mey. 并入 *P. minuta* Pall.。

9. 北车前

Plantago media Linn. Sp. Pl. 113. 1753；内蒙古植物志 5：323. 图版 3：6～7. 1980；中国植物志 70：322. 图版 49：2～3. 2002；新疆植物志 4：449. 图版 147：1. 2004；青藏高原维管植物及其生态地理分布 896. 2008.

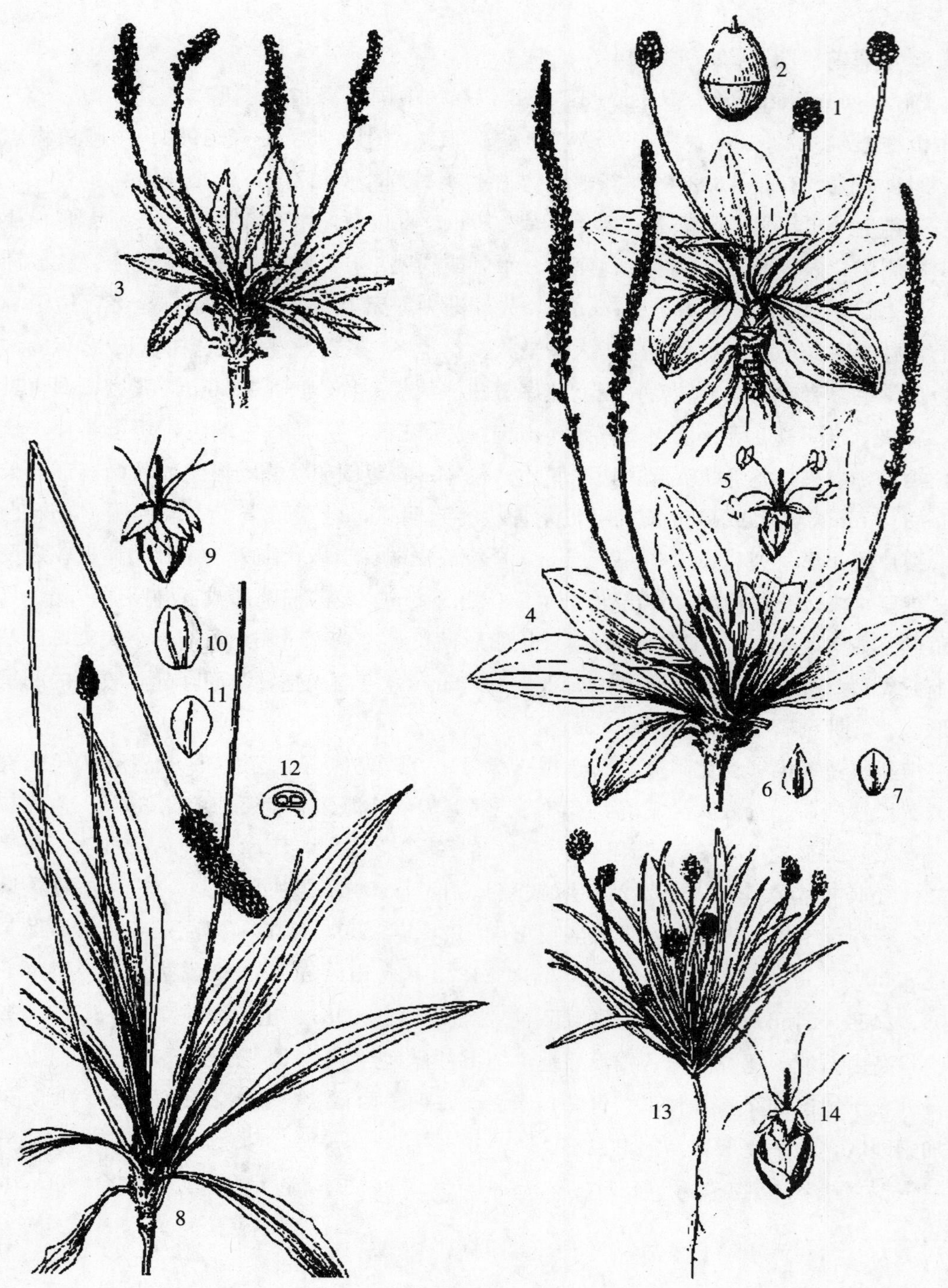

图版 78　革叶车前 **Plantago gentianoides** Sibth. et Smith subsp. **griffithii**（Decne.）Rech.f 1. 全株；2. 蒴果。蛛毛车前 **P. arachnoidea** Schrenk 3. 全株。平车前 **P. depressa** Willd. 4. 全株；5. 花；6. 苞片；7. 萼片。长叶车前 **P. lanceolata** Linn. 8. 全株；9. 花；10～11. 前、后萼片；12. 种子横切面。小车前 **P. minuta** 13. 全株；14. 花。（引自《中国植物志》，冀朝祯绘）

多年生草本，高15～36 cm，全株被短柔毛。主根粗壮，圆柱形，上部多数侧根。叶基生呈莲座状，平铺地面，灰绿色，幼叶呈灰白色，叶片椭圆形、卵形或倒卵形，长5～10 cm，宽1～4 cm，全缘，先端锐尖，基部楔形，弧形脉5～7条；叶柄长1～5 cm，密被短柔毛。花葶少，高14～35 cm，直立或斜升；穗状花序圆柱形，长4.0～7.5 cm，花密集，穗轴上疏生白色柔毛；苞片狭卵形，长2～3 mm，边缘膜质，先端稍尖，具较厚龙骨状突起；花萼矩圆形，长1.5～2.5 mm，边缘宽膜质，先端锐尖，具龙骨状突起；花冠裂片宽卵形，矩圆形或长卵形，长1.2～3.0 mm，先端锐尖，全缘；花丝长3～5 mm；花柱与柱头密被短柔毛。蒴果卵形或椭圆形。种子2～4枚，卵形，长约1.5 mm。 花期6～7月，果期7～8月。

产新疆：乌恰（波斯坦铁列克，王兵93-1677）、阿克陶（奥依塔克，阎平4615）、塔什库尔干（塔合曼，李学禹92155）、和田。生于海拔2 700～3 300 m的河谷山地草甸、沟谷山坡。

分布于我国的新疆、内蒙古；俄罗斯，哈萨克斯坦，伊朗，欧洲中部及巴尔干地区也有。

10. 苣叶车前

Plantago perssonii Pilger in Engl. Pflanzenr. 102 (4.269)：440.1939；中国植物志70：335. 图版52：1.2002.

多年生草本，高8～21 cm。直根圆柱形，粗壮。根茎粗壮，长1.5～2.5 cm，密覆叶鞘残基和淡褐色长绵毛。叶基生呈莲座状，叶片纸质，披针形或狭披针形，长2.3～8.0 cm，宽0.3～1.0 cm，上面疏被长绵毛，下面绵毛较密，先端长渐尖，边缘具稀疏和倒向的小牙齿，基部渐狭，脉3～5条，稍明显；叶柄长1.5～5.0 cm，较纤细。花序2～8个，直立或弓曲上升，纤细，长8～23 cm，具纵条纹，疏生长绵毛；穗状花序狭圆柱状，疏松，基部常间断，长1.0～6.5 cm；苞片卵形，长2.3～2.8 mm，龙骨突厚，较宽，不延至顶端，干后变浅黑色，侧片较狭，透明，基部疏生长绵毛；花萼长2.3～2.5 mm，先端被短柔毛，龙骨突厚而狭，前对萼片椭圆形，后对萼片卵圆形，上部变狭，内凹；花冠白色，无毛，冠筒与萼片近等长，裂片卵形，近顶端变狭，微钝，长1.5～1.6 mm，透明，仅下部脉明显，于花后反折；雄蕊着生于冠筒内面近顶端，与花柱明显外伸，花药椭圆形，长1.6～1.8 mm，先端具狭三角形尖头，干后黄褐色。蒴果卵状椭圆球形，长3.5～4.0 mm，于基部上方周裂。种子1～2枚，椭圆形，长2 mm，腹面平坦，褐色至黑色。 花期6～7月，果期7～8月。

产新疆：莎车、阿克陶（奥依塔克，阎平4596）、塔什库尔干（卡拉其古，阎平9287A）、叶城、皮山（县城，青藏队吴玉虎1871、2428、3651）。生于海拔3 200～3 300 m的沟谷山地草甸、山谷渠边草地。

为新疆特有种。模式标本采自莎车（叶尔羌）附近。

七十一　茜草科 RUBIACEAE

草本或亚灌木。直立、匍匐或攀缘。枝有时具刺。叶对生或轮生，通常全缘；托叶各式，在叶柄间或叶柄内，有时与普通叶类似，宿存或脱落，很少缺。花两性，通常辐射对称，单生或各式排列；萼管与子房合生，明显的杯状或管状，顶端全缘、齿裂或分裂，有时其中 1 片扩大而呈花瓣状；花冠管状、辐状，内面无毛或有毛，顶部通常 4 裂，裂片各式排列；雄蕊与花冠裂片同数，着生于冠管内或喉部；花药各式，通常线状长圆形，2 室，纵裂；花盘形状各式，稀分裂或腺状；子房下位，2 室，有中轴、顶生或基底胎座；花柱长或短，柱头全缘或 2 裂；胚珠每室 1 至多颗，着生于或陷没于肉质胎座中。果小，肉质。种子少数具翅，多数具胚乳，胚直或弯曲。

约 146 属 6 307 种，大部分布于世界的热带，部分分布于世界的温带，少数至寒带。我国产 40 属 304 种，大部分在西南部至东南部，极少数在西北部和北部；昆仑地区产 2 属 9 种 4 变种。

分属检索表

1. 花 5 数；果肉质；叶宽大 ………………………………………… **1. 茜草属 Rubia** Linn.
1. 花 4 数；果干燥或近干燥；叶狭小 ……………………………… **2. 拉拉藤属 Galium** Linn.

1. 茜草属 Rubia Linn.

Linn. Sp. Pl. 109. 1753.

草木或亚灌木，粗糙或被刚毛或有小刺。茎四棱柱形。托叶叶状，有时多至 4 枚，叶轮生。花小或微小，聚伞花序腋生或顶生；花梗在子房下部具节；萼管卵圆形或近球形，萼檐不明显或缺；花冠辐状，近钟形或漏斗形，顶部 4～5 裂，裂片镊合状排列；雄蕊与花冠裂片同数，着生于冠管内面，花丝短，花药球形或长椭圆形；花盘微小或肿胀；子房 2 室，每室有直立的胚珠 1 颗生于隔膜上；花柱 2 深裂或 2 枚，柱头头状或球形。种子近直立，与果皮粘贴，种皮膜质，胚乳肉质，胚近内弯，子叶阔而薄，胚根延长，纤细，向下。

约 70 种，分布于西欧、北欧、地中海沿岸，非洲东部和南部，亚洲温带、喜马拉雅地区，墨西哥至南美热带。我国有 36 种 2 变种，昆仑地区产 3 种。

分种检索表

1. 叶无柄，或叶柄极短；叶具1条明显的主脉，侧脉羽状或不明显。
   2. 叶大，通常4片轮生……………………………………… **1. 染色茜草 R. tinctorum** Linn.
   2. 叶小，通常2片对生 ……………………………………… **2. 西藏茜草 R. tibetica** Hook. f.
1. 叶明显具柄；叶具3～5条基生脉 ………………………………… **3. 茜草 R. cordifolia** Linn.

1. 染色茜草

Rubia tinctorum Linn. Sp. Pl. 109. 1753；中国植物志 71 (2)：290. 1999；新疆植物志 4：465. 2004.

攀缘草本，高 0.2～0.5 m。根粗壮，红色。茎通常数条簇生，方柱形，有4条锐棱，棱上有皮刺或粗糙，有数条延长的分枝。叶通常4枚，或很少亦有6枚轮生，叶片纸质，通常椭圆形，或有时为椭圆状披针形，长 1～6 cm 或过之，宽 0.5～3.5 cm，顶端短尖，基部渐狭，边缘有小齿，中脉下面有皮刺，侧脉纤细，羽状，每边3～4条；叶柄极短或近无柄。聚伞圆锥花序顶生和腋生，由多数小聚伞花序组成，开展，总花梗甚长，方柱形，棱角上有皮刺；苞片2枚，对生，叶状，椭圆形或披针形，顶端短尖，边缘有皮刺；花梗长 1.5～2.0 mm，有小苞片；萼管球形，萼缘平截；花冠通常黄色，长 2.0～2.5 mm，辐状漏斗形，裂片5枚，披针形，短渐尖；雄蕊5枚，花丝短，花药背着。果球形或近球形，长 3.5～4.0 mm，宽 4.0～4.5 mm，成熟时黑色，干后有皱纹。 花期6～7月，果期7～9月。

产新疆：阿克陶、塔什库尔干、策勒、于田、若羌（县城附近，刘海源 095）。生于海拔 940～3 800 m 的沟谷山地灌丛、沙地绿洲。

分布于我国的新疆；印度，阿富汗，伊朗，哈萨克斯坦，吉尔吉斯斯坦，塔吉克斯坦，巴基斯坦，小亚细亚至欧洲也有。

2. 西藏茜草 图版 79：1～2

Rubia tibetica Hook. f. Fl. Brit. Ind. 3：204. 1881；Fl. Afghanistan：370. 1960；Icon. Pl. Pamir 20：224. 1963；西藏植物志 4：462. 图 195：7～8. 1985；中国植物志 71 (2)：291. 1999；新疆植物志 4：466. 2004；青藏高原维管植物及其生态地理分布 908. 2008.

多年生亚灌木，高 20～30 cm，密丛。根茎木质，粗 2 cm，匍匐，断面橘红色，表皮红棕色，有许多老枝残迹，上部具多数从节上分叉的新枝；新枝高 5～25 cm，粗 0.5～3.0 mm，无毛，苍白色，不分枝或上部具少数有花的短枝。叶无柄，茎生时通常2枚对生，稀于中部有3～4枚轮生，卵形，革质，长 0.7～3.0 cm，宽 0.5～1.8 cm，淡蓝灰色或灰绿色，先端急尖，基部圆形，无毛，边缘增厚，具较密的短倒刺，粗糙；

最下部的叶常连接成抱茎的鞘状。聚伞花序生枝顶和近顶叶腋，短于叶或略超出叶，2～3歧分叉，稀退化至单花；总花梗无毛，长3～11 mm，有时不发育；苞片常不存在，稀有1枚，小，长2～4 mm，宽约1 mm；花冠黄色、黄绿色，冠管长0.4～0.7 mm，裂片4～5（6），披针形，稀卵状披针形，长0.3～0.5 mm，锐尖，边缘和内面具乳突；雄蕊4～5枚，生冠檐中部，花丝短，花药球形；花柱1枚，柱头2枚。果球形，直径3.5～4.5 mm。　花期6月。

产新疆：乌恰、塔什库尔干（明铁盖，阎平3644）。生于海拔3 800 m左右的沟谷山地草原。

分布于我国的新疆、西藏；吉尔吉斯斯坦，塔吉克斯坦，巴基斯坦也有。

3. 茜　草　图版79：3～6

Rubia cordifolia Linn. Syst. Nat. ed. 12.3（Append.）：229.1768，emend.；黄土高原植物志5：12.1989；青海植物志3：272. 图版61：4～7.1996；青藏高原维管植物及其生态地理分布907.2008.

多年生攀缘草本。根紫红色或橙红色。茎有明显的4棱，棱上具倒刺，其余部分被短柔毛。叶4枚轮生，叶片心状卵形至心状披针形，长1～5 cm，宽0.6～2.8 cm，先端渐尖，基部浅心形，边缘略反卷或不反卷，两面被糙毛，基出脉3～5条，脉上有倒刺或密生刺毛；叶柄长0.8～4.0 cm，被毛情况与茎同。聚伞花序顶生或腋生，通常呈大而疏松的圆锥状；总苞片卵圆形，长约4 mm；花梗长1.0～2.8 mm；花小，黄色，干后浅褐色，裂片5枚，近卵状披针形，长1.3 mm，花后不反折，内面及喉部具长柔毛；雄蕊5枚，生于花冠基部，花丝长0.6 mm，花药椭圆形或扁球形；花柱短，柱头2枚，头状。浆果圆球形，直径2.5～4.0 mm，紫色或黑色。　花果期6～8月。

产青海：兴海（中铁乡前滩，吴玉虎45422、45424；中铁林场恰登沟，吴玉虎45150、45182、45193、45239、45269；唐乃亥乡，弃耕地考察队288；中铁林场中铁沟，吴玉虎45602；中铁乡附近，吴玉虎42840、42982）、曲麻莱（通天河畔，刘海源895）、称多（称文乡长江边，刘尚武2313）、玛沁（采集地不详，青甘队9078；拉加乡，吴玉虎5797、6075，玛沁队201；尕柯河电站，吴玉虎6031）、班玛（马柯河林场宝藏沟，王为义27293；马柯河林场烧柴沟，王为义27557）。生于海拔2 800～3 800 m的宽谷河滩、沟谷山坡灌丛下、河谷山地阔叶林缘灌丛、阳坡山麓灌丛草地。

分布于我国的青海、西藏、云南、四川；亚洲，澳大利亚也有。

2. 拉拉藤属 Galium Linn.

Linn. Sp. Pl. 107.1753.

一年生或多年生草本，极稀基部木质化。茎纤弱，具4棱，直立、匍匐或上升。叶

3至多数轮生，卵形、倒卵形、披针形或线形。花小，排成腋生或顶生的聚伞花序，花白色、黄色或绿色；花梗和花冠之间具关节；花两性，稀单性，无苞片；萼管卵形或球形，无萼檐；花冠辐状，裂片4枚，稀3枚，镊合状；雄蕊4枚，稀3枚，着生于萼管上，花丝短；花药2室，外露；花盘环状；子房2室，花柱2枚，短，柱头头状；胚珠每室1颗，着生于隔膜上，横生。果孪生，革质或近角质，平滑或具疣，无毛或被毛。种子略外凸，贴于果皮上，背面内凹，外皮雕刻状，种皮膜质，胚乳角质，胚弯，子叶叶状，胚根向下，伸长。

约400种，广布世界各地。我国约58种1亚种38变种，昆仑地区产6种4变种。

分种检索表

1. 叶具3脉 …………………………………………………… **3. 北方拉拉藤 G. boreale** Linn.
1. 叶具1脉，有时有少数羽状侧脉。
  2. 花单生，于叶腋或顶生；叶每轮4枚 ……………… **5. 单花拉拉藤 G. exile** Hook. f.
  2. 花组成聚伞花序，腋生或顶生；叶每轮4至多数。
    3. 叶4枚轮生，在茎下部的有时2枚，大小不一 ……………………………………………… **6. 准噶尔拉拉藤 G. soongoricum** Schrenk
    3. 叶4枚以上轮生。
      4. 叶线形，边缘反卷，常卷成管状 …………………… **4. 蓬子菜 G. verum** Linn.
      4. 叶非线形，边缘不反卷或稍反卷。
        5. 果有小瘤状突起；果柄弓形下弯 ………………… **1. 麦仁珠 G. tricorne** Stokes
        5. 果被钩毛；果柄直 ……………………………… **2. 原拉拉藤 G. aparine** Linn.

1. 麦仁珠 图版79：7～10

Galium tricorne Stokes in With. Bot. Arr. Brit. Pl. ed. 2：153. 1787；中国高等植物图鉴4：281. 1980；西藏植物志4：465. 1985；秦岭植物志1（5）：24. 图16. 1985；中国植物志71（2）：233. 图版54：1～4. 1999；新疆植物志4：453. 2004；青藏高原维管植物及其生态地理分布900. 2008.

一年生蔓生草本。根茜红色。茎几不分枝，四棱形，棱上具倒生刺毛。叶每轮（4～）6～8枚，下部叶1～2对，多椭圆形，长0.6 mm，宽0.3 mm，中上部6叶轮生，线状披针形，长4～9 mm，宽1.0～1.2 mm，先端有刺芒状尖头，基部渐狭无柄，1脉，上面粗糙，下面沿脉和边缘具倒刺毛。聚伞花序腋生，1～3花；花梗较短，长1～2（3）mm，于先端微下弯；花冠裂片披针形；雄蕊伸出花冠，花药黄色，花丝短；花柱2枚，柱头头状。果球形或双球形，径2～4 mm，有小瘤状突起，密生倒钩状毛，果柄较粗壮，弓形下弯。 花期7～8月。

产新疆：塔什库尔干（马尔洋，帕考队5322）。生于海拔3 200 m左右的山地草原、沟谷山坡林。

分布于我国的新疆、青海、西藏；欧洲，伊朗，哈萨克斯坦，塔吉克斯坦，克什米尔地区，巴基斯坦也有。

2. 原拉拉藤

Galium aparine Linn. Sp. Pl. 108. 1753；西藏植物志 4：465. 1985；青海植物志 3：274. 1996；中国植物志 71（2）：234. 1999；新疆植物志 4：454. 2004；青藏高原维管植物及其生态地理分布 897. 2008.

2a. 原拉拉藤（原变种）

var. **aparine**

我国不产。

2b. 拉拉藤（变种）

var. **echinospermum**（Wallr.）Cuf. in Oesterr. Bot. Zeitschr. 89：245. 1940；青海植物志 3：274. 1996；中国植物志 71（2）：235. 图版 54：5～8. 1999；新疆植物志 4：454. 2004；青藏高原维管植物及其生态地理分布 898. 2008. ——*G. agreste* Wallr. var. *echinospermum* Wallr. Sched. Crit. Pl. Fl. Halensis 59. 1822.

一年生蔓生或攀缘草本。高 7～50 cm。直根较细。茎基部多分枝，具 4 棱，棱上有倒刺毛。叶 6～8 枚轮生，线状倒披针形，长 0.8～3.0 cm，宽 1～3 mm，叶片纸质或膜质，全缘，边缘常卷曲，叶缘具倒刺毛，两面疏生短刺毛，顶端具针状凸尖，基部渐狭，1 脉，上有倒刺毛，无柄。聚伞花序腋生，1～3 花，总花梗疏生倒刺，花梗较短；花小，黄绿色，辐状，花冠筒极短，裂片 4 枚，卵圆形，长 0.5 mm，镊合状排列；雄蕊 4 枚，伸长至裂片的 1/2 处，花药小，卵形；子房扁圆球形，被毛。果近球形或双球形，密被钩毛，果梗直立或稍弯曲，长 1.5～3.5 mm，较粗。 花期 7～8 月。

产新疆：乌恰（托云乡苏约克，西植所新疆队 1807）、阿克陶（阿克塔什，青藏队吴玉虎 870257）。生于海拔 2 420～3 200 m 的沟谷河滩山坡草地、山谷灌丛。

青海：兴海（中铁林场恰登沟，吴玉虎 45253、45260、45278、45282、45292；大河坝乡赞毛沟，吴玉虎 46422、47227；中铁林场中铁沟，吴玉虎 45587；中铁乡附近，吴玉虎 42837；中铁乡至中铁林场途中，吴玉虎 43118）、玛多（黄河乡白玛纳，吴玉虎 1135）、玛沁（尕柯河电站，吴玉虎 6028；军功乡西哈垄，吴玉虎 2122B）、达日（窝赛乡，吴玉虎 25866）、甘德（上贡麻乡，吴玉虎 25860B）、久治（白玉乡科索沟，藏药队 656；哇尔依乡，吴玉虎 26757）、班玛（亚尔堂乡王柔，吴玉虎 26311；江日堂乡，吴玉虎 26045、26058、26076）。生于海拔 3 150～4 200 m的河谷山地高山草甸、沟谷林缘灌丛、砾石沙滩、山地阴坡高寒灌丛草甸、山坡林缘草甸。

甘肃：玛曲（尼玛乡哇尔玛，吴玉虎 32126）。生于海拔 3 420 m 左右的沟谷干旱山坡草地。

四川：石渠（新荣乡雅砻江边，吴玉虎 30060）。生于海拔 4 000 m 左右的沟谷山坡岩石缝隙。

分布于我国的各省区；欧亚大陆，日本，非洲，北美也有。

2c. 猪殃殃（变种）

var. **tenerum**（Greni et Godr）Rchb. Ic. Fl. Germ. et Helv. 17：94. pl. 146. fig. 4. 1855；Fl. Afghanistan：368. 1960；Icon. Pl. Pamir 20：225. 1963；中国高等植物图鉴 4：281. 1980；青海植物志 3：274. 1996；中国植物志 71（2）：237. 1999；新疆植物志 4：455. 2004；青藏高原维管植物及其生态地理分布 898. 2008.——*G. spurium* Linn. var. *tenerum* Gren. et Godr. Fl. France 2：44. 1850.

本变种与拉拉藤的区别在于：植株纤细、柔弱，花序常单花。

产新疆：阿克陶（阿克塔什，吴玉虎 870181；乌依塔格，青藏队武素功等 4827）。生于海拔 2 800～3 100 m 的沟谷山坡林下。

青海：兴海（大河坝乡赞毛沟，吴玉虎 47071、47076；黄青河畔，吴玉虎 42649、42630；大河坝，吴玉虎 42564）、玛多（县城，吴玉虎 22739）、玛沁（拉加日科河，区划二组 2215；军功乡，吴玉虎 20663、20685、20716、21178；西哈垄河谷，吴玉虎 21222A）、达日（窝赛乡，吴玉虎 25876）、久治（白玉乡，吴玉虎 26404、26416）、班玛（亚尔堂乡王柔，吴玉虎 26235）。生于海拔3 500～4 350 m 的山地高山草甸、沟谷山坡石隙、沟谷山坡高寒灌丛草甸。

四川：石渠（新荣乡雅砻江边，吴玉虎 30048）。生于海拔 4 000 m 左右的沟谷山坡岩石缝隙。

分布于我国的新疆、甘肃、青海、陕西、西藏、云南、四川、山西、河北、辽宁、湖北、湖南、山东、江苏、安徽、江西、浙江、福建、台湾、广东；日本，朝鲜，巴基斯坦也有。

3. 北方拉拉藤

Galium boreale Linn. Sp. Pl. 108. 1753；Fl. Afghanist. 368. 1960；西藏植物志 4：466. 1985；青海植物志 3：276. 图版 61：8～9. 1996；新疆植物志 4：459. 2004；青藏高原维管植物及其生态地理分布 898. 2008.

3a. 北方拉拉藤（原变种）

var. **boreale**

昆仑地区不产。

3b. 硬毛拉拉藤（变种）

var. **ciliatum** Nakai in Journ. Coll. Sci. Tokyo 31 (Fl. Koreana 2)：498. 1911；青海植物志 3：276. 1996；中国植物志 71 (2)：262. 1999；新疆植物志 4：459. 2004；青藏高原维管植物及其生态地理分布 899. 2008.

多年生直立小草本，高 20～40 cm。根丝状，红色。茎四棱形，微被柔毛，节部较密。叶 4 枚轮生，无柄，披针形或卵状披针形，长 1.0～2.7 cm，宽 2～5 mm，先端钝圆，基部宽楔形，边缘略反卷，叶缘被短硬毛，上面无毛或疏被微毛，下面中脉被短硬毛，基出脉 3 条。聚伞花序在茎枝顶端组成圆锥花序；花小，白色，具短梗；花萼被卷曲的白毛；花冠 4 裂，裂片近圆形，长约 1 mm，外面疏被毛；花柱 2 裂至近基部。果小，双球形，密被白色钩毛。

产青海：玛沁（军功乡，吴玉虎 4645）、久治（县城沙柯河，藏药队 884）、班玛（亚尔堂乡王柔，吴玉虎 26239、26277）。生于海拔 3 200～3 460 m 的沟谷河滩草地、河沟林缘灌丛。

甘肃：玛曲（欧拉乡，吴玉虎 31962、32005、32098；齐哈玛大桥，吴玉虎 31775）。生于海拔 3 300 m 左右的沟谷河滩、山坡草甸灌丛。

分布于我国的新疆、青海、甘肃、宁夏、陕西、西藏、四川、山西、河北、黑龙江、吉林、辽宁；俄罗斯西伯利亚，中亚地区，克什米尔地区，巴基斯坦，印度，北欧，中欧，北美也有。

3c. 宽叶拉拉藤（变种）

var. **latifolium** Turcz. in Bull. Sok. Nat. Mosc. 18：315. 1845；中国植物志 71 (2)：263. 1999；新疆植物志 4：459. 2004.

本变种与硬毛拉拉藤的区别在于：叶较宽大，宽 6～15 mm，叶下面光滑无毛。花果期 6～9 月。

产新疆：阿克陶，乌恰。生于海拔 2 800 m 左右的沟谷山坡草地。

分布于我国的新疆、甘肃、宁夏、内蒙古、山西、黑龙江、吉林、辽宁；哈萨克斯坦，吉尔吉斯斯坦，塔吉克斯坦，俄罗斯，克什米尔地区，朝鲜也有。又见于喜马拉雅山西部。

4. 蓬子菜

Galium verum Linn. Sp. Pl. 107. 1753；Fl. Afghanist. 369. 1960；西藏植物志 4：467. 1985；青海植物志 3：275. 1996；中国植物志 71 (2)：266. 1999；新疆植物志 4：460. 图版 148：1～3. 2004；青藏高原维管植物及其生态地理分布 900. 2008.

4a. 蓬子菜（原变种）

var. **verum**

多年生直立草本。根暗紫红色。茎四棱形，分枝，被短柔毛，基部稍木质。叶 6～8（10）枚轮生，线形，长 0.8～1.8 cm，宽 0.5～2.0 mm，先端锐尖，具小尖头，基部渐狭，边缘反卷，两面光滑无毛，基出脉 1，无柄。聚伞花序顶生或腋生，在枝上部排成圆锥花序状；花梗长 1.5～2.0 mm，疏生短硬毛；苞片长线形；花萼小，无毛；花冠黄色，辐状，径3 mm，裂片 4，卵形，长 1.5～1.8 mm，外面及内面近喉部被短毛；雄蕊伸出花冠筒外，花丝长 0.7～0.8 mm，花药小，椭圆形；花柱 2 裂，柱头球形。果小，无毛。 花果期 7～9 月。

产青海：兴海（中铁林场恰登沟，吴玉虎 44916B、45098；中铁乡附近，吴玉虎 42908、43007；赛宗寺，吴玉虎 46213B、46221、47700；中铁林场天葬台沟，吴玉虎 45918A、45880；大河坝乡赞毛沟，吴玉虎 46428、47127、47152；中铁乡至中铁林场途中，吴玉虎 43161、43180、43212；中铁乡前滩，吴玉虎 45451、45469；赛宗寺后山，吴玉虎 46416）。生于海拔3 290～3 720 m 的沟谷山地阴坡云杉林缘草甸、山坡高寒灌丛草甸、滩地高寒灌丛草甸、宽谷河滩高寒杂类草草甸。

甘肃：玛曲（县城南黄河南岸，陈桂琛 1063）。生于海拔 3 600 m 左右的沟谷山坡高寒草地。

分布于我国的新疆、甘肃、青海、宁夏、陕西、西藏、四川、内蒙古、山西、河北、黑龙江、吉林、辽宁、河南、湖北、山东、江苏、安徽、浙江；克什米尔地区，巴基斯坦，高加索地区，中亚地区各国，西亚，北非，西欧，北欧，北美也有。

4b. 毛蓬子菜（变种）

var. **tomentosum**（Nakai）Nakai in Journ. Jap. Bot. 15：348. 1939；青海植物志 3：276. 1996；中国植物志 71（2）：269. 1999；新疆植物志 4：461. 2004；青藏高原维管植物及其生态地理分布 900. 2008.

本变种与原变种的区别在于：叶两面及花萼与果均被茸毛。

产新疆：乌恰（吉根乡斯木哈纳，西植所新疆队 2100）。生于海拔 2 900 m 左右的草地。

青海：兴海（中铁林场恰登沟，吴玉虎 45169；中铁乡天葬台沟，吴玉虎 45858；河卡乡纳滩，吴珍兰 100；中铁林场卓琼沟，吴玉虎 45787）。生于海拔 3 000 m 左右的撂荒地。

甘肃：玛曲（黄河北岸，王学道 138；齐哈玛大桥，吴玉虎 31772）。生于海拔 3 260～3 500 m的沟谷山坡、草甸灌丛、河谷阴坡高寒灌丛草甸、山地阔叶林缘灌丛。

分布于我国的新疆、甘肃、青海、陕西、四川、内蒙古、山西、河北、黑龙江、吉林、辽宁；土库曼斯坦，哈萨克斯坦，俄罗斯，日本也有。

4c. 粗糙蓬子菜（变种）

var. **trachyphyllum** Wallr. Sched. Crit. Pl. Fl. Halensis 56. 1822；青海植物志 3：276. 1996；中国植物志 71（2）：268. 1999；新疆植物志 4：461. 2004；青藏高原维管植物及其生态地理分布 901. 2008.

本变种与原变种的区别在于：叶上面被短硬毛，较粗糙，下面多少被短硬毛；花萼与果无毛。

产新疆：乌恰（吉根乡斯木哈纳，西植所新疆队 2129；吉根乡，中科院新疆综合考察队 73－141）。生于海拔 2 800～2 900 m 的沟谷山坡草地、宽谷砾质河滩。

青海：玛沁（军功乡，吴玉虎 4631；拉加乡，吴玉虎 6095A；红土山，吴玉虎 18681）、班玛（江日堂乡，吴玉虎 26089）、兴海（中铁乡天葬台沟，吴玉虎 45858B；赛宗寺，吴玉虎 46213A；中铁乡附近，吴玉虎 42898；中铁乡至中铁林场途中，吴玉虎 43112）。生于海拔3 080～3 420 m 的沟谷山坡灌丛。

甘肃：玛曲（尼玛乡哇尔玛，吴玉虎 32130；欧拉乡，吴玉虎 31990）。生于海拔 3 310～3 420 m 的草甸灌丛、干旱山坡。

分布于我国的新疆、甘肃、青海、宁夏、陕西、四川、内蒙古、山西、河北、黑龙江、吉林、辽宁、河南、山东、江苏、安徽等省区；朝鲜，欧洲也有。

5. 单花拉拉藤 图版 79：11～12

Galium exile Hook. f. Fl. Brit. Ind. 3：207. 1881；中国植物志 71（2）：224. 图版 52：9～11. 1999；新疆植物志 4：453. 2004.——*Galium pauciflorum* auct. non Bunge；Hand. - Mazz. Symb. Sin. 7（4）：1030. 1936，quoad specimen Licent proparte；西藏植物志 4：465. 图 196：1～2. 1985；青海植物志 3：273. 1996.

一年生纤弱小草本，高 4～13 cm。根纤细，干时淡红色，具细的匍匐根茎。茎平卧或近直立，疏分枝，具 4 棱，无毛或稍粗糙。叶 4 枚轮生，无柄或具短柄，叶片膜质，细小，倒披针形或匙形，先端钝或急尖，基部渐狭，不等大，大的 1 对长 3～6 mm，宽 1.5～2.0 mm，小的 1 对长 1～4 mm，宽 1～2 mm，2 面均无毛，边缘有向上的小睫毛，1 脉。花单生于叶腋或顶生；花梗花期短，果期比叶长，稍弯；花冠白色，辐状，直径 1.0～1.5 mm，裂片 3 枚，卵形，钝；雄蕊不伸出花冠；子房近球形，密被钩状长硬毛，花柱 2 枚，纤细。果褐色，近球形，两侧压扁，直径 2.0～2.5 mm，分果爿近半球形，单生或双生，密被黄褐色长钩毛。 花期 6～7 月，果期 8～9 月。

产新疆：乌恰（波斯坦铁列克，王兵 93－1608）。生于海拔 3 000 m 左右的河漫滩。

青海：曲麻莱（东风乡，刘尚武 871）、玛多（白玛纳，吴玉虎 1139）、玛沁（军功乡，吴玉虎 21212）。生于海拔 3 500～4 600 m 的宽谷河漫滩、沟谷山坡阴湿处。

分布于我国的新疆、甘肃、青海、陕西、西藏、四川、云南；克什米尔地区，巴基斯坦，尼泊尔也有。

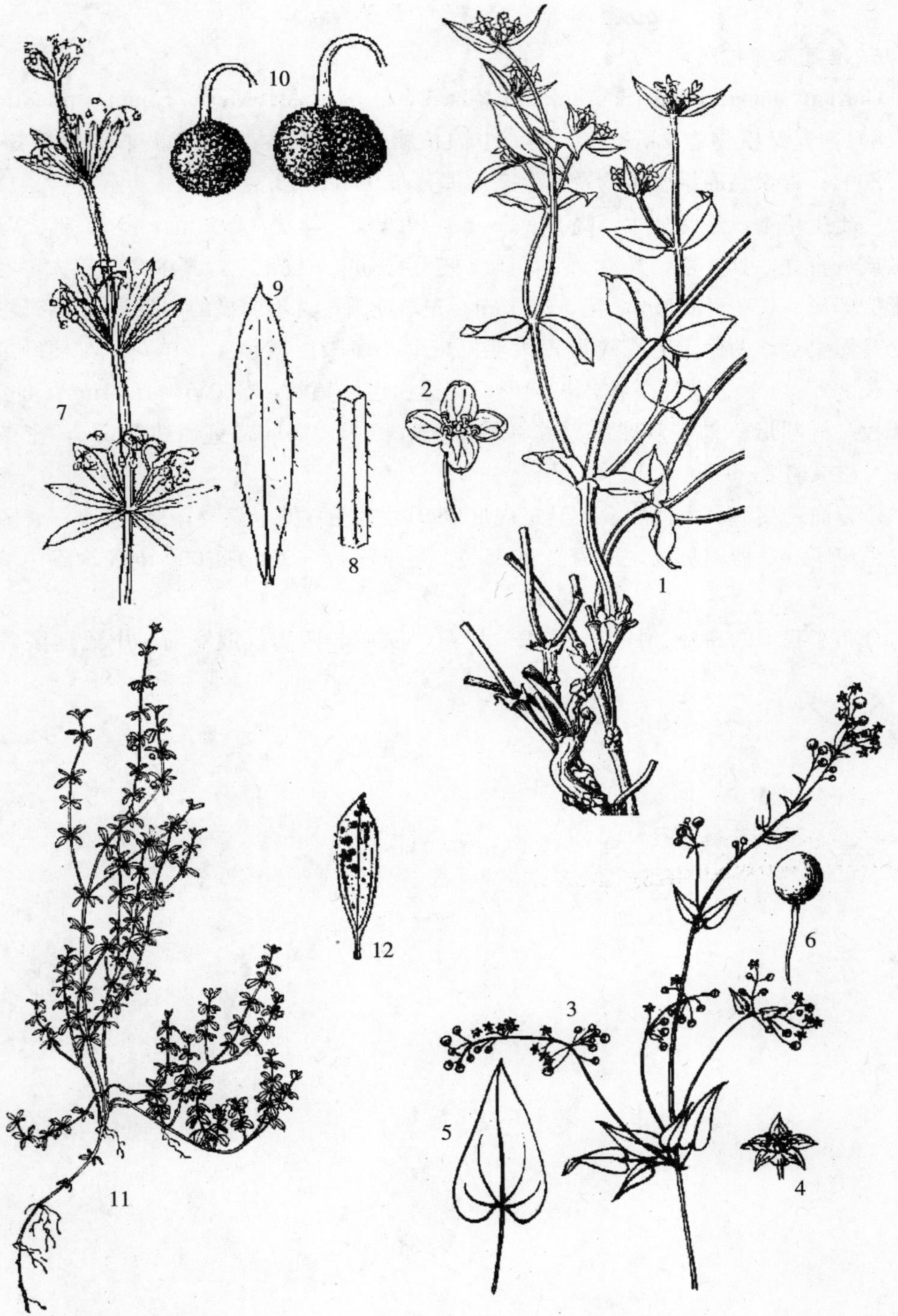

图版 79　西藏茜草**Rubia tibetica** Hook. f. 1. 植株；2. 花。茜草**R. cordifolia** Linn. 3. 花枝；4. 花；5. 叶；6. 果实。麦仁珠**Galium tricorne** Stokes 7. 果枝；8. 一段茎；9. 叶；10. 果。单花拉拉藤**G. exile** Hook. f. 11. 植株；12. 叶。（1～2. 引自《西藏植物志》，肖溶绘；3～6. 王颖绘；7～10. 引自《中国植物志》，邓晶发绘；11～12. 引自《西藏植物志》，曾孝濂绘）

6. 准噶尔拉拉藤

Galium soongoricum Schrenk in Fisch. et C. A. Mey. Enum. pl. Nov. 1: 57. 1841；青海植物志 3：274. 1996；中国植物志 71（2）：225. 1999；新疆植物志 4：453. 2004；青藏高原维管植物及其生态地理分布 900. 2008.

一年生草本，通常丛生，高 5～25 cm。根纤细，丝状，微红色。茎纤细，多分枝，铺散或近直立，具 4 棱，光滑无毛，偶疏被柔毛。叶 4 枚轮生，其中 2 枚较大，叶片长圆形倒卵形，长 3～10 mm，宽 1～5 mm，先端钝圆，具不明显的小尖头，基部宽楔形，边缘具短柔毛，两面无毛或疏被短柔毛。聚伞花序腋生或顶生，单花，花梗纤细，无毛，长 2～11 mm；苞片 2 枚，长圆形；花冠白色，辐状，径 0.5～1.0 mm，4 裂；花药 4 枚，椭圆形。果实双球形，或单果，长 0.8～1.1 mm，直径约 2 mm，密被长钩毛。 花果期 7～9 月。

产青海：兴海（大河坝乡，吴玉虎 42499）、久治（龙卡湖畔，果洛队 576、藏药队 736）、班玛（马柯河林场，王为义 27255）。生于海拔 3 300～4 000 m 的沟谷山坡灌丛中。

分布于我国的新疆、甘肃、青海、宁夏、陕西、四川；俄罗斯，中亚地区各国也有。

七十二　忍冬科 CAPRIFOLIACEAE

灌木或木质藤本，有时为小乔木或小灌木，落叶或常绿，很少为多年生草本。茎干有皮孔或否，有时纵裂，木质松软，常有发达的髓部。叶对生，很少轮生，多为单叶，全缘、具齿或有时羽状或掌状分裂，具羽状脉，极少具基部或离基三出脉或掌状脉，有时为单数羽状复叶；叶柄短，有时两叶柄基部联合，通常无托叶，有时托叶形小而不显著或退化成腺体。聚伞或轮伞花序，或由聚伞花序集合成伞房式或圆锥式复花序，有时因聚伞花序中央的花退化而仅具 2 朵花，排成总状或穗状花序，极少花单生；花两性，极少杂性，整齐或不整齐；苞片和小苞片存在或否，极少小苞片增大成膜质的翅；萼筒贴生于子房，萼裂片或萼齿 5～4（～2）枚，宿存或脱落，较少于花开后增大；花冠合瓣，辐状、钟状、筒状、高脚碟状或漏斗状，裂片 5～4（～3）枚，覆瓦状或稀镊合状排列，有时二唇形，上唇 2 裂，下唇 3 裂，或上唇 4 裂，下唇单一，有或无蜜腺；花盘不存在，或呈环状或为一侧生的腺体；雄蕊 5 枚，或 4 而 2 强，着生于花冠筒，花药背着，2 室，纵裂，通常内向，很少外向，内藏或伸出于花冠筒外；子房下位，2～5（7～10）室，中轴胎座，每室含 1 至多数胚珠，部分子房室常不发育。果实为浆果、核果或蒴果，具 1 至多数种子。种子具骨质外种皮，平滑或有槽纹，内含 1 枚直立的胚和丰富的肉质胚乳。

13 属约 500 种，主要分布于北温带和热带高海拔山地，东亚和北美东部种类最多，个别属分布在大洋洲和南美洲。我国有 12 属 200 余种，大多分布于华中和西南各省区；昆仑地区产 2 属 17 种 1 变种。

分属检索表

1. 草本；叶羽状分裂；穗状花序；浆果状核果 ………………… **1. 莛子藨属 Triosteum** Linn.
1. 灌木；叶多全缘；花成对腋生；浆果 ……………………………… **2. 忍冬属 Lonicera** Linn.

1. 莛子藨属 Triosteum Linn.

Linn. Sp. Pl. 176. 1753.

多年生草本，地下具根茎；茎直立，不分枝。叶对生，基部常相连，倒卵形，全缘、波状或具缺刻至深裂。聚伞花序为腋生轮伞花序或于枝顶集合成穗状花序；萼檐 5

裂，裂片短或长而呈叶状，宿存；花冠近白色、黄色或紫色，筒状钟形，基部一侧膨大成囊状，裂片5枚，不等，覆瓦状排列，二唇形，上唇4裂，下唇单一；雄蕊5枚，着生于花冠筒内，花药内向，内藏；子房5～3室，每室具1枚悬垂的胚珠，花柱丝状，柱头盘形，3～5裂。浆果状核果近球形，革质或肉质。核骨质。种子2～3颗，长圆形；胚乳肉质，胚小。

7～8种，分布于亚洲中部至东部和北美洲。我国有3种，昆仑地区产1种。

1. 莛子藨　图版80：1～5

Triosteum pinnatifidum Maxim. in Bull. Acad. Sci. St.-Pétersb. 27：476. 1881；中国植物志72：106. 图版24：4～6. 1988；青海植物志3：280. 图版62：7～11. 1996；青藏高原维管植物及其生态地理分布918. 2008.

多年生草本。茎开花时顶部生分枝1对，高达60 cm，具条纹，被白色刚毛及腺毛，中空，具白色的髓部。叶羽状深裂，基部楔形至宽楔形，近无柄，轮廓倒卵形至倒卵状椭圆形，长8～20 cm，宽6～18 cm，裂片1～3对，无锯齿，顶端渐尖，上面浅绿色，散生刚毛，沿脉及边缘毛较密，背面黄白色；茎基部的初生叶有时不分裂。聚伞花序对生，各具3朵花，无总花梗，有时花序下具卵形全缘的苞片，在茎或分枝顶端集合成短穗状花序；萼筒被刚毛和腺毛，萼裂片三角形，长3 mm；花冠黄绿色，狭钟状，长1 cm，筒基部弯曲，一侧膨大成浅囊，被腺毛，裂片圆而短，内面有带紫色斑点；雄蕊着生于花冠筒中部以下，花丝短，花药矩圆形；花柱基部被长柔毛，柱头楔状头形。果实卵圆形，肉质，具3条槽，长10 mm，冠以宿存的萼齿；核3枚，扁，亮黑色。种子凸平，腹面具2条槽。　花期5～6月，果熟期8～9月。

产青海：班玛（马柯河林场，郭本兆491，王为义等27358，吴玉虎26152、26144，陈世龙等335；亚尔堂乡王柔，吴玉虎26274）。生于海拔2 800～3 600 m的山坡暗针叶林下和沟边向阳处。

分布于我国的河北、山西、陕西、宁夏、甘肃、青海、河南、湖北和四川；日本也有。

2. 忍冬属 Lonicera Linn.

Linn. Sp. Pl. 173. 1753, p. p.

直立灌木或矮灌木，很少呈小乔木状，有时为缠绕藤本，落叶或常绿；小枝髓部白色或黑褐色，枝有时中空，老枝树皮常作条状剥落。冬芽有1至多对鳞片，内鳞片有时增大而反折，有时顶芽退化而代以2侧芽，很少具副芽。叶对生，很少3（～4）枚轮生，纸质、厚纸质至革质，全缘，极少具齿或分裂，无托叶或很少具叶柄间托叶或线状突起，有时花序下的1～2对叶相连呈盘状。花通常成对生于腋生的总花梗顶端，简称“双花”，或花无柄而呈轮状排列于小枝顶，每轮3～6朵；每双花有苞片和小苞片各1对，苞片小或呈大叶状，小苞片有时联合成杯状或坛状壳斗而包被萼筒，稀缺失；相邻2萼筒分离或部分至全部联合，萼缘5裂或有时口缘浅波状或环状，很少向下延伸成帽边状突起；花冠白色（或由白色转为黄色）、黄色、淡红色或紫红色，钟状、筒状或漏斗状，整齐或近整齐5（～4）裂，或二唇形而上唇4裂，花冠筒长或短，基部常一侧肿大或具浅或深的囊，很少有长距；雄蕊5枚，花药丁字着生；子房2～3（～5）室，花柱纤细，有毛或无毛，柱头头状。果实为浆果，红色、蓝黑色或黑色，具少数至多数种子。种子具浑圆的胚。

约200种，产北美洲、欧洲、亚洲和非洲北部的温带和亚热带地区，在亚洲南达菲律宾群岛和马来西亚南部。我国有98种，昆仑地区产16种1变种。

分种检索表

1. 小枝具黑褐色的髓，后因髓消失而变中空 ………………………………………………………………………… **1. 毛花忍冬 L. trichosantha** Bur. et Franch.

1. 小枝具白色、密实的髓。
  2. 花冠筒基部非一侧肿大或具袋囊，筒长超过5枚相等或近相等（不为唇形）的裂片。
    3. 叶通常3（～4）枚轮生，或兼有对生的；萼齿为狭或宽的披针形；花冠5裂 ………………………………… **2. 岩生忍冬 L. rupicola** Hook. f. et Thoms.
    3. 叶全部对生；萼齿卵形至卵状三角形或扁圆形，如为披针形或钻形，则花冠常4裂。
      4. 柱头内藏 ………………………………………… **3. 矮生忍冬 L. minuta** Batal.
      4. 柱头高出花冠筒。
        5. 花药与花丝几等长；植株矮小，高达60 cm ………………………………………………………………… **4. 棘枝忍冬 L. spinosa** Jacq. ex Walp.
        5. 花药明显地短于花丝；植株较大，高达1.5 m ……………………………………………………………………… **5. 沼生忍冬 L. alberti** Regel
  2. 花冠筒基部多少一侧肿大或有明显的袋囊。
    6. 冬芽有数对至多对外芽鳞；小苞片分离或联合，有时缺失，如合生成杯状，则外面不具腺毛。
      7. 花冠具5枚近于相等的裂片；如花冠唇形，则冬芽不具4棱角，内芽鳞在幼枝伸长时亦不增大和反折。
        8. 花冠唇形，唇瓣与花冠筒几等长 ……………………………………… **6. 小叶忍冬 L. microphylla** Willd. ex Roem. et Schult.

8. 花冠5裂片近相等，或略不等大，但决不为唇形，比花冠筒短。

9. 花药内藏或至多达花冠筒口缘；有小苞片…………………………………………………………………… **7. 唐古特忍冬 L. tangutica** Maxim.

9. 花药顶端或整个超出花冠筒，有时高出花冠裂片；小苞片无…………………………………………………………… **8. 四川忍冬 L. szechuanica** Batal.

7. 花冠唇形；冬芽具4棱角，否则内芽鳞在幼枝伸长时增大且常反折。

10. 叶两面除疏生微腺毛外几秃净；叶柄较长，长5～12 mm；冬芽有3对外芽鳞 ………………………………… **9. 异叶忍冬 L. heterophylla** Decne.

10. 叶两面被疏或密的糙毛和疏腺；叶柄较短，长3～6（～8）mm；冬芽约有5对外芽鳞 …………………… **10. 华西忍冬 L. webbiana** Wall. ex DC.

6. 冬芽仅具1对外芽鳞；如有多对外芽鳞，则小苞片合成杯状，外面有多数腺毛。

11. 冬芽有1对联合成帽状，有纵褶皱的外鳞片。

12. 直立灌木，高达1～2 m；萼檐无明显的齿；植株、叶柄和总花梗均具刚毛 ………………… **11. 刚毛忍冬 L. hispida** Pall. ex Roem. et Schult.

12. 平卧矮灌木，高至多达20 cm；萼檐有明显的齿；植株、叶柄被微小硬毛 ……………………………………… **12. 藏西忍冬 L. semenovii** Regel

11. 冬芽有数对分离、交互对生的鳞片，无纵褶皱。

13. 花冠筒狭漏斗形，长与花冠裂片相等或相近；叶较大，长2.0～6.5 cm。

14. 冠淡黄色 ………………… **13. 截萼忍冬 L. altmannii** Regel et Schmalh.

14. 花冠白色或黄白色 ………………… **14. 杈枝忍冬 L. simulatrix** Pojark.

13. 花冠筒狭细圆柱形，长为花冠裂片的1.5～2.0倍；叶较小，长0.6～2.0 cm。

15. 叶下面被灰色毡毛状短柔毛，沿脉常有较长的糙毛 ………………………………………………………… **15. 灰毛忍冬 L. cinerea** Pajark.

15. 至少老叶下面无毛或仅脉上被短硬伏毛 ………………………………………………………… **16. 矮小忍冬 L. humilis** Kar. et Kir.

1. 毛花忍冬 图版80：6～8

Lonicera trichosantha Bur. et Franch. in Journ. Bot. 5：48. 1891；中国植物志72：223. 1988；青海植物志3：285. 图版63：7～9. 1996；青藏高原维管植物及其生态地理分布917. 2008.

落叶灌木，高达3～5 m；枝水平状开展，小枝纤细，有时蜿蜒状屈曲，连同叶柄和总花梗均被疏或密的短柔毛和微腺毛或几秃净。冬芽有5～6对鳞片。叶纸质，下面绿白色，形状变化很大，通常矩圆形、卵状矩圆形或倒卵状矩圆形，较少椭圆形、卵圆

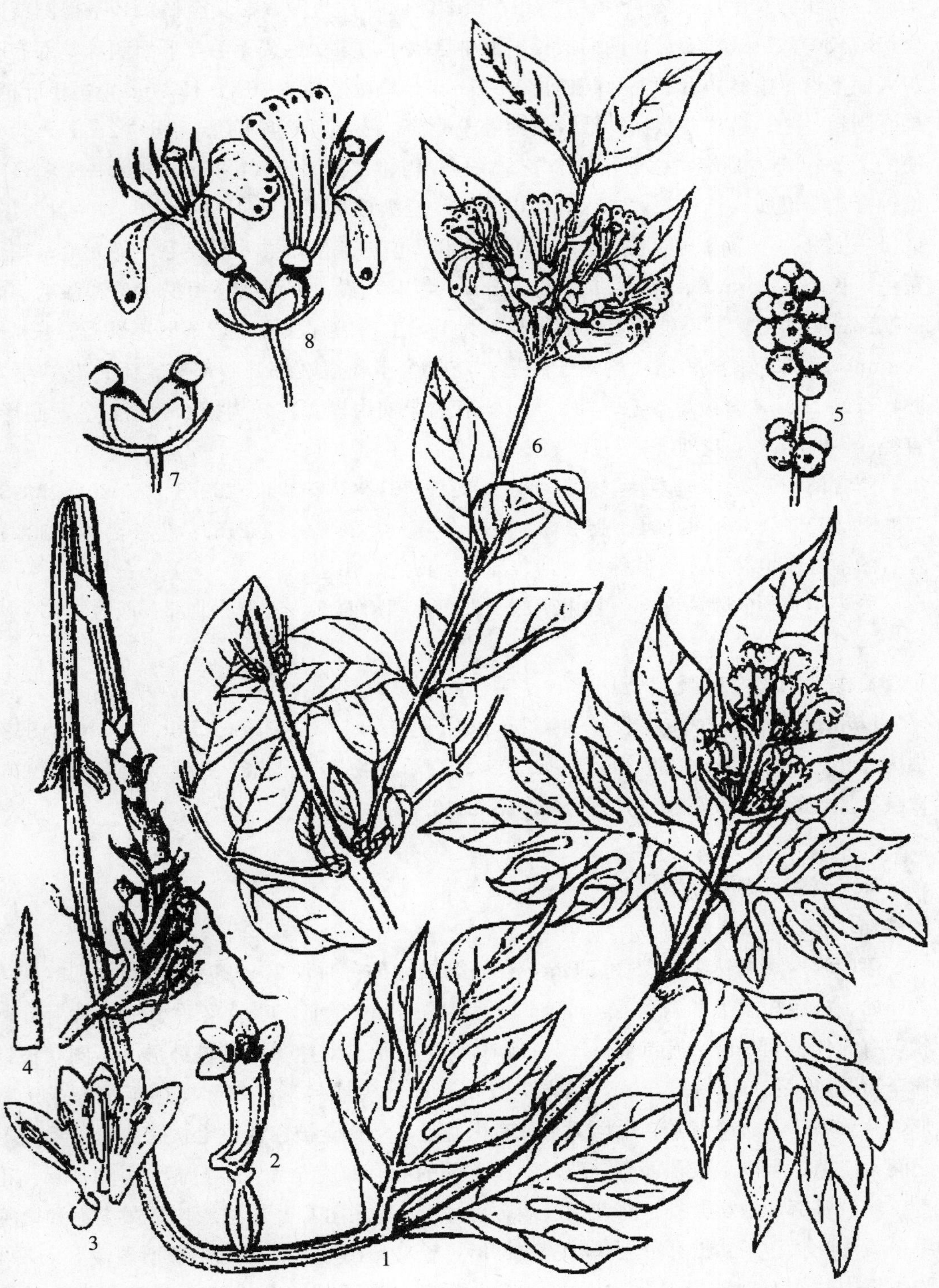

图版 **80**　莛子藨 **Triosteum pinnatifidum** Maxim. 1. 全株；2. 花；3. 花冠纵剖；4. 苞片；5. 果序。毛花忍冬 **Lonicera trichosantha** Bur. et Franch. 6. 花枝；7. 花萼；8. 花。（阎翠兰绘）

形或倒卵状椭圆形，长 2～6（～7）cm，顶端钝而常具凸尖或短尖至锐尖，基部圆或阔楔形，较少截形或浅心形，两面或仅下面中脉疏生短柔伏毛或无毛，下面侧脉基部有时扩大而下沿于中脉边有睫毛；叶柄长 3～7 mm。总花梗长 2～6（～12）mm，短于叶柄，果时则超过之；苞片条状披针形，长约等于萼筒；小苞片近卵圆形，长约 2 mm，为萼筒的 1/2～2/3，顶端稍截形，基部多少联合；相邻 2 萼筒分离，长约 2 mm，无毛，萼檐钟形，干膜质，长 1.5～2.0（～4.0）mm，全裂成 2 爿，一爿具 2 齿，另一爿 3 齿，或仅一侧撕裂，萼齿三角形；苞片、小苞片和萼檐均疏生短柔毛及腺毛，稀无毛；花冠黄色，长 12～15 mm，唇形，筒长约 4 mm，常有浅囊，外面密被短糙伏毛和腺毛，内面喉部密生柔毛，唇瓣外面毛较稀或有时无毛，上唇裂片浅圆形，下唇矩圆形，长 8～10 mm，反曲；雄蕊和花柱均短于花冠，花丝生于花冠喉部，基部有柔毛；花柱稍弯曲，长约 1 cm，全被短柔毛，柱头大，盘状。果实由橙黄色转为橙红色至红色，圆形，直径 6～8 mm。　花期 5～7 月，果熟期 8 月。

产青海：班玛（马柯河林场，王为义等 26723、26774、26978、27020、27095、27335、27550，郭本兆 564；亚尔堂乡王柔，吴玉虎 26210、26215）。生于海拔 3 380 m 左右的沟谷山地林下、山坡林缘、河谷灌丛、河边、田边。

分布于我国的陕西南部、甘肃南部、青海、四川西部、云南西北部、西藏东部。

2. 岩生忍冬　图版 81：1～5

Lonicera rupicola Hook. f. et Thoms. in Journ. Linn. Soc. Bot. 2：168. 1858；中国植物志 72：158. 图版 39：1～6. 1988；青海植物志 3：286. 图版 64：1～5. 1996；青藏高原维管植物及其生态地理分布 915. 2008.

2a. 岩生忍冬（原变种）

var. **rupicola**

落叶灌木，高达 1.5（～2.5）m，在高海拔地区有时仅 10～20 cm。幼枝和叶柄均被屈曲、白色短柔毛和微腺毛，或有时近无毛；小枝纤细，叶脱落后小枝顶常呈针刺状，有时伸长而平卧。叶纸质，3（～4）枚轮生，很少对生，条状披针形、矩圆状披针形至矩圆形，长 0.5～3.7 cm，顶端尖或稍具小凸尖或钝形，基部楔形至圆形或近截形，两侧不等，边缘背卷，上面无毛或有微腺毛，下面全被白色毡毛状屈曲短柔毛而毛之间无空隙，很少毛较稀而有空隙，幼枝上部的叶有时完全无毛；叶柄长达 3 mm。花生于幼枝基部叶腋，芳香，总花梗极短；苞片、小苞片和萼齿的边缘均具微柔毛和微腺毛；苞片叶状，条状披针形至条状倒披针形，长略超出萼齿；杯状小苞顶端截形或具 4 浅裂至中裂，有时小苞片完全分离，长为萼筒之半至相等；相邻 2 萼筒分离，长约 2 mm，无毛，萼齿狭披针形，长 2.5～3.0 mm，长超过萼筒，裂隙高低不齐；花冠淡紫色或紫红色，筒状钟形，长（8～）10～15 mm，外面常被微柔毛和微腺毛，筒长为裂

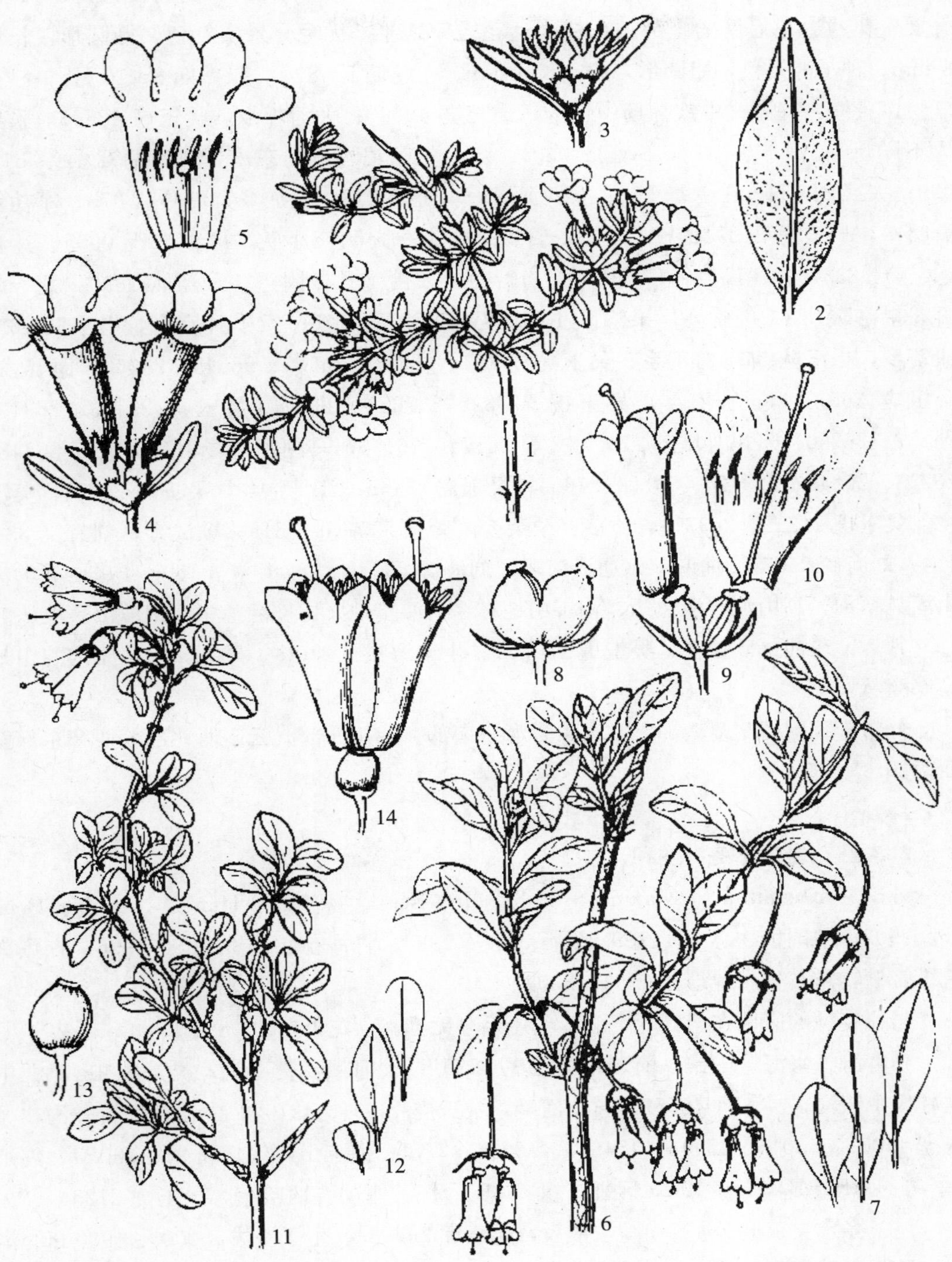

图版 **81** 岩生忍冬 **Lonicera rupicola** Hook. f. et Thoms. 1. 花枝；2. 叶背面观；3. 花萼；4. 花；5. 花冠纵剖。唐古特忍冬 **L. tangutica** Maxim. 6. 花枝；7. 叶；8. 果；9. 花；10. 花冠纵剖。四川忍冬 **L. szechuanica** Batal. 11. 花枝；12. 叶；13. 花萼；14. 花。（阎翠兰绘）

片的1.5～2.0倍，内面尤其上端有柔毛，裂片卵形，长3～4 mm，为筒长的2/5～1/2，开展；花药达花冠筒的上部；花柱高达花冠筒之半，无毛。果实红色，椭圆形，长约8 mm。种子淡褐色，矩圆形，扁，长4 mm。 花期5～8月，果熟期8～10月。

产青海：兴海（中铁林场中铁沟，吴玉虎 45600；大河坝乡，吴玉虎 42566，采集人不详 303；河卡山山麓，何廷农 030）、玛沁（阿尼玛卿山东南，黄荣福 C. G. 81-099；大武乡，H. B. G. 562；尕柯河岸，玛沁队 118；拉加乡，玛沁队 073；军功乡西哈垄，吴玉虎 21254、H. B. G. 242；军功一大队三小队，区划二组 090）、达日（吴玉虎 23370；建设乡，H. B. G. 1041）、久治（县城附近，藏药队 1890；龙卡湖畔，果洛队 563；门堂乡，果洛队 107，藏药队 256、276；索乎日麻乡，果洛队 163；康赛乡，果洛队 34；白玉乡，吴玉虎 26382、26654、26650、26645、26660；康赛乡，吴玉虎 26518；哇尔依乡，吴玉虎 26733、26765）、班玛（吴玉虎 26183、26213、26266、26260；班玛县城郊，王为义等 26178、26179；马柯河林场，王为义等 26748、26753、26845、27372，27425、27655，吴玉虎 26145；江日堂乡，吴玉虎 26051；莫巴乡，吴玉虎 26319、26331）、称多（尕朵乡，苟新京等 83-316；歇武寺，刘有义 83-414、刘尚武 2507）、曲麻莱（通天河畔，刘海源 896）。生于海拔 3 150～4 950 m 的高山灌丛草甸、高山流石滩边缘、沟谷山地林缘河滩草地、山坡灌丛中、阳坡山麓灌丛。

甘肃：玛曲（欧拉乡，吴玉虎 32080）。生于海拔 3 200～3 600 m 的高原沟谷山地高寒灌丛。

分布于我国的宁夏南部、甘肃、青海东南部、四川西部、云南西北部、西藏东部至西南部。

2b. 红花岩生忍冬（变种）

var. **syringantha** (Maxim.) Zabel in Beiss. et al. Handb. Laubh.-Ben. 462. 1903；中国植物志 72：159. 图版 39：7. 1988；青海植物志 3：286. 1996；青藏高原维管植物及其生态地理分布 915. 2008.

与原变种的区别在于：叶下面疏生短毛至无毛。 花果期 6～8 月。

产青海：兴海（中铁乡前滩，吴玉虎 45391；大河坝乡赞毛沟，吴玉虎 46433；中铁林场中铁沟，吴玉虎 45559；黄青河畔，吴玉虎 42664、42700；中铁林场恰登沟，吴玉虎 45001、45015、45446、45461、47595、47771；河卡山，何廷农 91、030B）、玛沁（军功乡，H. B. G. 242B，区划二组 090B、258；军功乡西哈垄，吴玉虎 21254）、久治（白玉乡，吴玉虎 26401；哇尔依乡，吴玉虎 26778）。生于海拔 3 200～3 900 m的沟谷山地高寒灌丛、沟谷山地阔叶林缘灌丛、阳坡山麓灌丛。

甘肃：玛曲（尼玛哇尔玛乡，吴玉虎 32147）。生于海拔 3 200～3 600 m 的河谷山地高寒灌丛、山麓石崖。

分布于我国的宁夏南部、甘肃西北部至南部、青海东部、四川西南部至西北部、云南西北部、西藏。

3. 矮生忍冬

Lonicera minuta Batal. in Acta Hort. Petrop. 12：170. 1892；中国植物志 72：161. 1988；青海植物志 3：285. 1996；青藏高原维管植物及其生态地理分布 914. 2008.

落叶多枝矮灌木，高达 30 cm。临冬时当年小枝大部枯死，幼枝、叶两面或至少上面、叶柄和苞片均被肉眼难见的微糙毛；小枝淡黄褐色，叶脱落后枝顶呈针刺状，老枝灰褐色。叶对生，条形或条状倒披针形，短枝上的叶常较宽而呈条状矩圆形至卵状矩圆形，长 5～12 mm，宽 2～3 mm，顶端钝，基部楔形或圆形至近截形，边缘多少背卷，上面中脉明显下陷，下面凸起；叶柄长约 1 mm。花生于当年小枝下部，几无总花梗，芳香；苞片叶状，条状披针形至条形，约与萼齿等长；杯状小苞常 2 裂，与萼齿等长或略较长，顶端近截形，连同萼齿均有微糙缘毛；相邻两萼筒分离，长 1.5～2.0 mm，萼檐浅杯状，长约与萼筒等长，萼齿卵状三角形或狭卵形，顶钝；花冠淡紫红色，筒状漏斗形，长约 1.4 cm，筒长约 1 cm，内面连同裂片中下部有短柔毛，裂片近卵形，略不相等，长 3.5～4.0 mm；花丝生于花冠筒口，极短，花药长约 2 mm，稍高出花冠筒；花柱内藏，长约 7 mm。果实卵圆形或近圆形，长约 7 mm。 花期 5～6 月。

产青海：都兰（勒旦河，甘青队 1684；英德尔羊场东沟，杜庆 0416）、兴海（河卡山，郭本兆等 063、何廷农 027、029、329，采集人不详 375、6323；羊曲台，采集人不详 275）、曲麻莱（东风乡，刘尚武等 587；县城附近，刘尚武等 607）、称多（清水河乡，周立华 010；扎朵乡，苟新京 83－291；竹节寺，吴玉虎 32549；清水河，吴玉虎 32448）、玛多（黑河乡，陈桂琛等 2014；清水乡，H. B. G. 1469、吴玉虎 28997；花石峡乡，吴玉虎 286；牧场，吴玉虎 18112）、玛沁（阿尼玛卿山，黄荣福 C. G. 81－0065；大武乡，黄荣福 C. G. 81－0002、植被地理组 512、玛沁队 051、H. B. G. 506、813；玛沁河对岸，吴玉虎 1512；雪山乡，黄荣福 C. G. 81－022；德尼沟，玛沁队 2564）、达日（建设乡，H. B. G. 1040、陈桂琛等 1186、1686；建设乡，吴玉虎 27126、27127B；窝赛乡，吴玉虎 25877）、久治（县城附近，藏药队 856，果洛队 643）。生于海拔 3 200～4 550 m 的沟谷山麓溪流旁、石隙中及沙丘。

分布于我国的甘肃、青海。

4. 棘枝忍冬 图版 82：1～3

Lonicera spinosa Jacq. ex Walp. Repert. Bot. Syst. 2：449. 1843；中国植物志 72：161. 1988；西藏植物志 4：492. 图版 207：1～3. 1985；青藏高原维管植物及其生态地理分布 916. 2008.

落叶矮灌木，高达 60 cm，常具坚硬、刺状、无叶的小枝。当年小枝被肉眼难见的微糙毛。冬芽有数对鳞片。叶对生，条形至条状矩圆形，短枝上的叶常较宽而呈矩圆形

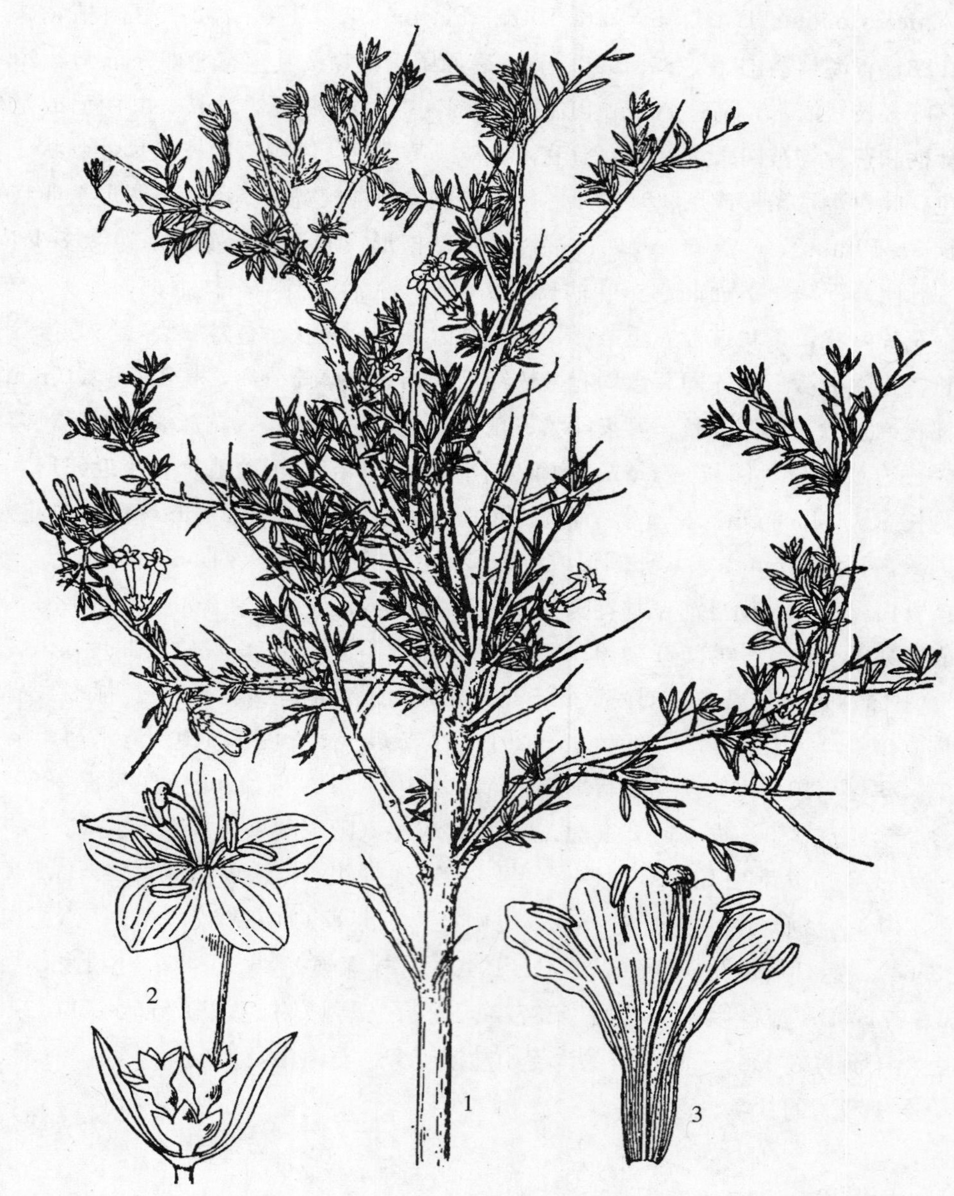

图版 **82** 棘枝忍冬 **Lonicera spinosa** Jacq. ex Walp. 1. 花枝；2. 花；3. 花冠展开。（王颖绘）

或倒卵形，长 4～12 mm，宽 1～2 mm，顶端钝，基部宽楔形至圆形，边缘背卷，除叶缘有时略具微糙毛外均无毛；叶柄极短，边缘略有微糙毛。花生于短枝上叶腋，总花梗极短；苞片叶状，条形至条状矩圆形，长常超过萼齿；杯状小苞顶端近截形，常浅 2 裂，长为萼筒的 1/2 以上；相邻两萼筒分离，萼檐杯状，长约 1.5 mm，萼齿卵圆形，顶钝；花冠初时淡紫红色，后变白色，筒状漏斗形，筒细，长约 9 mm，裂片卵状矩圆形，长约 4 mm；花丝生于花冠筒口稍下处，花药伸出花冠筒外，与花丝等长；花柱伸出。果实椭圆形，长约 5 mm。 花期 6～7 月。

产西藏：日土（多玛乡，高生所西藏队 3456；班公湖西段，高生所西藏队 3651）。生于海拔 3 700～4 600 m 的湖边滩地、山坡水沟边。

分布于我国的西藏西南部和西北部；克什米尔地区也有。

5. 沼生忍冬

Lonicera alberti Regel in Acta Hort. Petrop. 7：550. 1881；中国植物志 72：162. 1988；新疆植物志 4：473. 2004.

落叶矮灌木，高 1.0～1.5 m，常具坚硬、刺状、无叶的小枝。当年小枝被肉眼难见的微糙毛。冬芽有数对鳞片。叶对生，披针形，长 1～3 cm，宽 3～7 mm，顶端钝尖，基部宽楔形至圆形，边缘背卷；叶柄极短，无毛或略有微糙毛。花生于短枝上叶腋，总花梗极短；苞片叶状，条形或条状矩圆形，长常超过萼齿；杯状小苞顶端近截形，常浅 2 裂，长为萼筒的 1/2 以上；相邻两萼筒分离，萼檐杯状，长约 1.5 mm，萼齿卵圆形，顶钝；花冠淡蔷薇红色，筒状漏斗形，筒细，长约 1.1 cm，裂片卵状矩圆形，长约 5 mm；花丝生于花冠筒口稍下处，花药伸出花冠筒外，比花丝短；花柱伸出。果实椭圆形，长约 5 mm。 花期 6 月，果熟期 8 月。

产新疆：叶城（乔戈里峰二号营地，李勃生等 11483）。生于海拔 4 600 m 左右的沟谷山坡。

分布于我国的新疆；俄罗斯，中亚地区各国也有。

6. 小叶忍冬

Lonicera microphylla Willd. ex Roem. et Schult. Syst. Veg. 5：258. 1819；西藏植物志 4：498. 1985；中国植物志 72：174. 1988；青海植物志 3：284. 1996；新疆植物志 4：474. 图版 150：5～7. 2004；青藏高原维管植物及其生态地理分布 914. 2008.

落叶灌木，高达 2（～3）m。幼枝无毛或疏被短柔毛，老枝灰黑色。叶纸质，倒卵形、倒卵状椭圆形至椭圆形或矩圆形，有时倒披针形，长 5～22 mm，顶端钝或稍尖，有时圆形至截形而具小凸尖，基部楔形，具短柔毛状缘毛，两面被密或疏的微柔伏毛或有时近无毛，下面常带灰白色，下半部脉腋常有趾蹼状鳞腺；叶柄很短。总花梗对生于幼枝下部叶腋，长 5～12 mm，稍弯曲或下垂；苞片钻形，长略超过萼檐或达萼筒的 2

倍；相邻两萼筒几乎全部合生，无毛，萼檐浅短，环状或浅波状，齿不明显；花冠黄色或白色，长 7～10（～14）mm，外面疏生短糙毛或无毛，唇形，唇瓣长约等于基部一侧具囊的花冠筒，上唇裂片直立，矩圆形，下唇反曲；雄蕊着生于唇瓣基部，与花柱均稍伸出，花丝有极疏短糙毛；花柱有密或疏的糙毛。果实红色或橙黄色，圆形，直径 5～6 mm。种子淡黄褐色，光滑，矩圆形或卵状椭圆形，长 2.5～3.0 mm。 花期 5～6（～7）月，果熟期 7～8（～9）月。

产新疆：乌恰（吉根乡斯木哈纳，青藏队吴玉虎 870032）、喀什（布伦口北 20 km 处，新疆队 349）、莎车（喀拉吐孜矿区，青藏队吴玉虎 870682）、阿克陶（阿克塔什，青藏队吴玉虎 870205、870228）、塔什库尔干（城南中巴公路 43 km 处，高生所西藏队 3095；卡拉其古，西植所新疆队 1019、青藏队吴玉虎 870538）、皮山（布琼西昆仑东段，李渤生 11657）、且末（阿羌乡，新疆队 9441）、若羌（米兰至茫崖，郑度等 12271）。生于海拔3 000～3 600 m 的干旱多石山坡、草地或灌丛。

青海：都兰（诺木洪，杜庆 338、339）。生于海拔 2 700～3 100 m 的沟谷山地阳坡、河谷砾石滩。

分布于我国的内蒙古、河北、山西、宁夏、甘肃、青海、新疆、西藏；阿富汗，印度西北部，蒙古，中亚地区各国，俄罗斯西伯利亚也有。

7. 唐古特忍冬 图版 81：6～10

Lonicera tangutica Maxim. in Bull. Acad. Sci. St.-Pétersb. 24（in Mel. Biol. 10：75）：48. 1878；西藏植物志 4：496. 1985；中国植物志 72：164. 图版 41：1～4. 1988；青海植物志 3：288. 图版 64：10～14. 1996；青藏高原维管植物及其生态地理分布 916. 2008.

落叶灌木，高达 2（～4）m。幼枝无毛或有 2 列弯的短糙毛，有时夹生短腺毛，二年生小枝淡褐色，纤细，开展。冬芽顶渐尖或尖，外鳞片 2～4 对，卵形或卵状披针形，顶渐尖或尖，背面有脊，被短糙毛和缘毛或无毛。叶纸质，倒披针形至矩圆形或倒卵形至椭圆形，顶端钝或稍尖，基部渐窄，长 1～4（～6）cm，两面常被稍弯的短糙毛或短糙伏毛，上而近叶缘处毛常较密，有时近无毛或完全秃净，下面有时脉腋有趾蹼状鳞腺，常具糙缘毛；叶柄长 2～3 mm。总花梗生于幼枝下方叶腋，纤细，稍弯垂，长 1.5～3.0（～3.8）cm，被糙毛或无毛；苞片狭细，有时叶状，略短于至略超出萼齿；小苞片分离或联合，长为萼筒的 1/5～1/4，有或无缘毛；相邻两萼筒中部以上至全部合生，椭圆形或矩圆形，长 2（～4）mm，无毛，萼檐杯状，长为萼筒的 2/5～1/2 或相等，顶端具三角形齿或浅波状至截形，有时具缘毛；花冠白色、黄白色或有淡红晕，筒状漏斗形，长（8～）10～13 mm，筒基部稍一侧肿大或具浅囊，外面无毛或有时疏生糙毛，裂片近直立，圆卵形，长 2～3 mm；雄蕊着生花冠筒中部，花药内藏，达花冠筒上部至裂片基部；花柱高出花冠裂片，无毛或中下部疏生开展糙毛。果实红色，直径

5～6 mm。种子淡褐色，卵圆形或矩圆形，长 2.0～2.5 mm。 花期 5～6 月，果熟期 7～8月（西藏 9 月）。

产青海：班玛（马柯河林场，王为义等 27036、27093、27111、27115、27161、27252、27444，郭本兆 516）。生于海拔 3 200～3 750 m 的沟谷山地林下、河谷灌丛及山坡草地。

分布于我国的陕西、宁夏、甘肃南部、青海东部、湖北西部、四川、云南西北部、西藏东南部。

8. 四川忍冬 图版 81：11～14

Lonicera szechuanica Batal. in Acta Hort. Petrop. 14：172. 1895；西藏植物志 4：498，210：3～4. 1985；中国植物志 72：171. 图版 42：7～11. 1988；青海植物志 3：290. 图版 64：6～9. 1996；青藏高原维管植物及其生态地理分布 916. 2008.

落叶灌木，高达 3 m。幼枝有时带紫红色，小枝灰黑色或灰褐色，纤细，无毛，有时具 2 纵列弯曲的短糙毛，侧生小枝有时节间短缩而为残存的叶柄基部所覆盖。冬芽卵形，顶钝或稍尖，外鳞片 2 对左右，无毛。叶纸质，倒卵形至倒披针形或宽椭圆形至矩圆形，顶端钝圆或有小凸尖，基部楔形，长 0.5～2.8 cm，无毛，极少叶缘或幼叶上面有少数糙毛，下面绿白色，下部脉腋有时具趾蹼状鳞腺；叶柄长 1～3 mm。总花梗生于幼枝基部叶腋，长2～5 mm；苞片常较短，卵形、卵状披针形至条状披针形，长为萼筒的 1/3～2/3，小苞片无；相邻两萼筒 2/3 至全部合生，长 1.5～2.0 mm，无毛。萼檐甚短，顶端截形或浅波状；花冠白色、淡黄绿色或黄色，有时带紫红色，筒状或筒状漏斗形，长 8～13 mm，基部一侧具囊或稍肿大，裂片卵形或圆卵形，长 1.5～2.5 mm；花药与花冠裂片约等长；花柱伸出，无毛或中下部疏生糙毛。果实红色，圆形，直径 5～6 mm。种子淡褐色，矩圆形，长约 3 mm。 花期 4～6 月，果熟期 6～8 月。

产甘肃：玛曲（郎木寺，白龙江考察队 1569）。生于海拔 3 300 m 左右的河谷山地、沟谷山坡灌丛。

分布于我国的河北北部、山西中部、陕西南部、宁夏南部、甘肃南部、青海东部、湖北西部、四川西部和东南部、云南西北部、西藏。

9. 异叶忍冬

Lonicera heterophylla Decne. in Jacquemont Voy. l' Inde 4：80. t. 88. 1844；中国植物志 72：176. 图版 44：1～2. 1988；新疆植物志 4：476. 图版 150：1～3. 2004；青藏高原维管植物及其生态地理分布 912. 2008.

落叶灌木，高达 2.5 m。幼枝常秃净或散生少量微腺毛，老枝具深色圆形小突起。冬芽外鳞片约 3 对，顶突尖，内鳞片反曲。叶纸质，倒卵状椭圆形或椭圆形，长 4～7 cm，顶端尖或突尖，基部渐狭，边缘有短糙毛；叶柄长 5～12 mm。总花梗长 3～

4 cm，有棱角，顶端明显增粗；苞片条形，长（1～）2～5 mm；小苞片甚小，分离，卵形或卵状矩圆形，长1～2 mm；相邻两萼筒分离，无毛或有腺毛，萼齿微小，顶钝、波状或尖；花冠紫红色，长1.5 cm左右，唇形，外面有疏短柔毛和腺毛，筒甚短，基部较细，具深囊，向上突然扩张，上唇直立，具圆裂，下唇比上唇长1/3，反曲；雄蕊长约等于花冠，花丝和花柱下半部有柔毛。果实先红色后转黑色，圆形，直径约1 cm。种子椭圆形，长5～6 mm，有细凹点。 花期6月，果熟期8～9月。

产新疆：乌恰、阿克陶（阿克塔什，青藏队870129）、塔什库尔干（卡拉其古，西植所新疆队987；卡拉其古附近山沟，李勃生等10529）、叶城（柯克亚乡，青藏队吴玉虎870797、870856；苏克皮亚，吴玉虎1053）。生于海拔2 000～4 100 m的沟谷山地草甸、山坡林下。

分布于我国的新疆西北部及南部；中亚地区各国也有。

10. 华西忍冬 图版83：1～3

Lonicera webbiana Wall. ex DC. Prodr. 4：336.1830；西藏植物志4：499.1985；中国植物志72：175. 图版43：1～3.1988；青海植物志3：282.1996；青藏高原维管植物及其生态地理分布917.2008.

落叶灌木，高达3（～4）m。幼枝常秃净或散生红色腺，老枝具深色圆形小突起。冬芽外鳞片约5对，顶突尖，内鳞片反曲。叶纸质，卵状椭圆形至卵状披针形，长4～9（～18）cm，顶端渐尖或长渐尖，基部圆或微心形或宽楔形，边缘常不规则波状起伏或有浅圆裂，有睫毛，两面有疏或密的糙毛及疏腺毛。总花梗长2.5～5.0（～6.2）cm；苞片条形，长（1～）2～5 mm；小苞片甚小，分离，卵形至矩圆形，长1 mm以下；相邻两萼筒分离，无毛或有腺毛，萼齿微小，顶钝、波状或尖；花冠紫红色或绛红色，很少白色或由白变黄色，长1 cm左右，唇形，外面有疏短柔毛和腺毛或无毛，筒甚短，基部较细，具浅囊，向上突然扩张，上唇直立，具圆裂，下唇比上唇长1/3，反曲；雄蕊长约等于花冠，花丝和花柱下半部有柔毛。果实先红色后转黑色，圆形，直径约1 cm。种子椭圆形，长5～6 mm，有细凹点。 花期5～6月，果熟期8月中旬至9月。

产青海：久治（龙卡湖畔，果洛队535、藏药队747）、班玛（马柯河林场，王为义等27118、27171、27495、27619）。生于海拔3 400～4 200 m的沟谷山地阴坡灌丛。

分布于我国的山西、陕西南部、宁夏南部、甘肃南部、青海东部、江西、湖北西部、四川东北和西部、云南西北部及西藏；欧洲东南部，阿富汗，克什米尔地区至不丹也有。

11. 刚毛忍冬 图版83：4～6

Lonicera hispida Pall. ex Roem. et Schult. Syst. Veg. 5：258.1819；西藏植物志4：500. 图211：4～5.1985；中国植物志72：204. 图版51：3～5.1988；青海植物

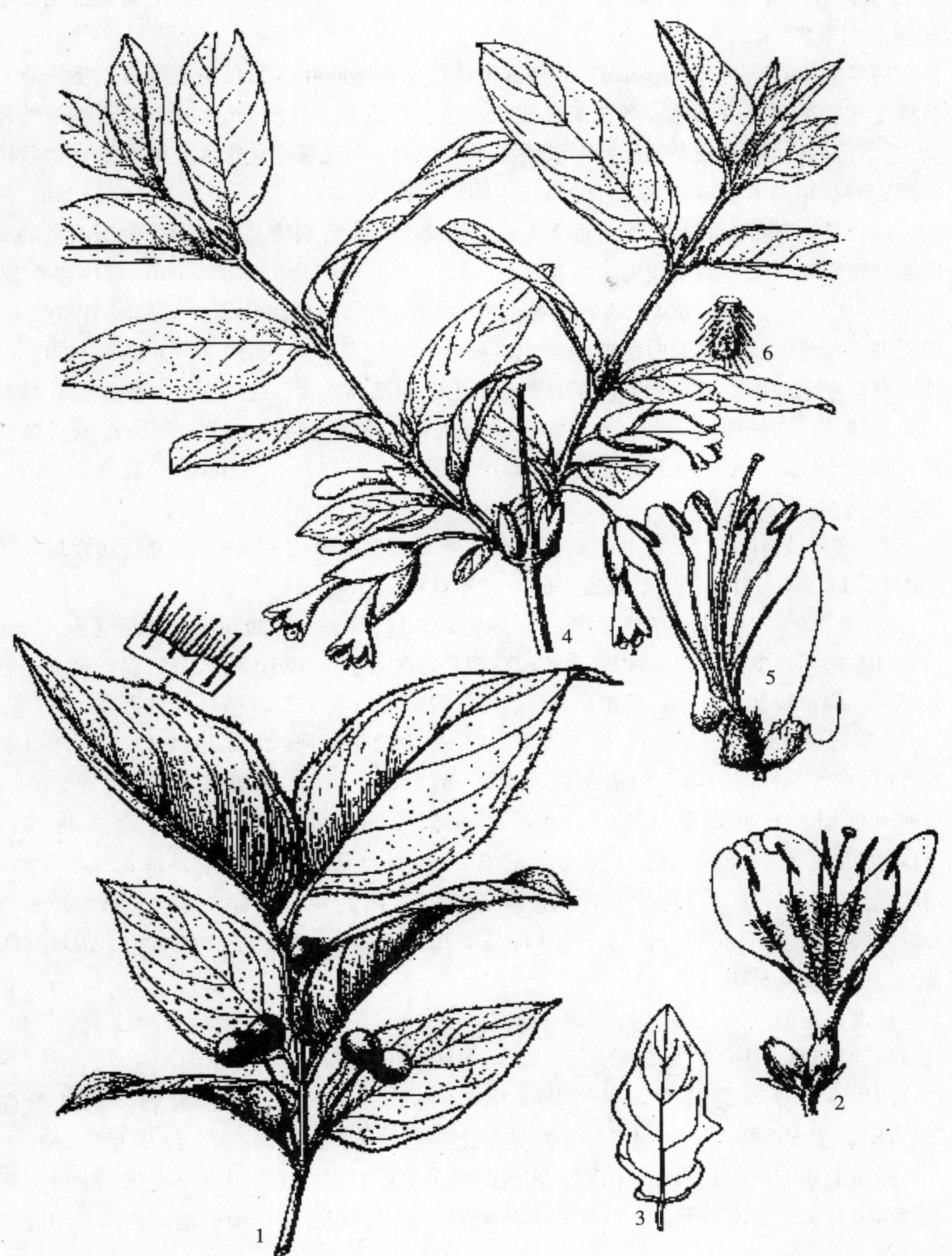

图版 **83** 华西忍冬 **Lonicera webbiana** Wall. ex DC. 1. 果枝；2. 花的纵剖放大；3. 另一种叶形。刚毛忍冬 **L. hispida** Pall. ex Roem. et Schult. 4. 花枝；5. 花的纵剖面放大；6. 茎放大示毛。（引自《新疆植物志》，张荣生绘）

志 3：288. 1996；新疆植物志 4：478. 151：1～3. 2004；青藏高原维管植物及其生态地理分布 913. 2008.

落叶灌木，高达 2（～3）m；幼枝常带紫红色，连同叶柄和总花梗均具刚毛或兼具微糙毛和腺毛，很少无毛，老枝灰色或灰褐色。冬芽长达 1.5 cm，有 1 对具纵槽的外鳞片，外面有微糙毛或无毛。叶厚纸质，形状、大小和毛被变化很大，椭圆形、卵状椭圆形、卵状矩圆形至矩圆形，有时条状矩圆形，长（2.0～）3.0～7.0（～8.5）cm，顶端尖或稍钝，基部有时微心形，近无毛或下面脉上有少数刚伏毛或两面均有疏或密的刚伏毛和短糙毛，边缘有刚睫毛。总花梗长（0.5～）1.0～1.5（～2.0）cm；苞片宽卵形，长 1.2～3.0 cm，有时带紫红色，毛被与叶片同；相邻两萼筒分离，常具刚毛和腺毛，稀无毛；萼缘波状；花冠白色或淡黄色，漏斗状，近整齐，长（1.5～）2.5～3.0 cm，外面有短糙毛或刚毛或几无毛，有时夹有腺毛，筒基部具囊，裂片直立，短于筒；雄蕊与花冠等长；花柱伸出，至少下半部有糙毛。果实先黄色后变红色，卵圆形至长圆筒形，长 1.0～1.5 cm。种子淡褐色，矩圆形，稍扁，长 4.0～4.5 mm。 花期 5～6 月，果熟期 7～9 月。

产新疆：塔什库尔干（卡拉其古，西植所新疆队 919）、叶城（依力克其牧场，黄荣福 C. G. 86－115）。生于海拔 3 520～3 800 m 的山坡。

青海：兴海（中铁林场恰登沟，吴玉虎 45353；河卡乡羊曲雀日旦，何廷农 469）、玛沁（尕柯河水电站，吴玉虎等 5980；军功乡，区划二组 196；西哈垄河谷，吴玉虎等 5598、5644；拉加乡三队，玛沁队 087；德尼沟，玛沁队 043）、达日（吉迈乡，H. B. G. 1235）、久治（龙卡湖畔，果洛队 564；门堂乡南拾荒河岩，果洛队 130；索乎日麻乡背面山上，果洛队 302；门堂乡附近，藏药队 263）、班玛（县城郊，王为义等 26700；马柯河林场，王为义等 26773、26868、26906、27108、27173、27661，郭本兆 479、511，陈世龙 326；亚尔堂乡王柔，吴玉虎 26207、26193、26271）、曲麻莱（巴干乡，刘尚武等 900）、称多（称文乡，刘尚武等 2327；歇武寺，刘有义 83－398、杨永昌 003；扎朵乡，刘有义 83－307）。生于海拔 2 700～4 800 m 的沟谷山地林中、山坡林缘灌丛、山地阔叶林缘。

甘肃：玛曲（欧拉乡，吴玉虎 31937、32000；齐哈玛大桥附近，吴玉虎 31740、31744、31752）。生于海拔 3 320～3 460 m 的沟谷山地灌丛、河谷草甸。

四川：石渠（菊母乡，吴玉虎 29795、29866、29872；长沙贡玛乡，吴玉虎 29784B）。生于海拔 4 000～4 620 m 的沟谷上等品灌丛、山地高寒草甸、高山流石坡。

分布于我国的河北西部、山西、陕西南部、宁夏南部、甘肃中部至南部、青海、新疆、四川西部、云南西北部、西藏东部和南部；蒙古，俄罗斯，中亚地区各国，印度北部也有。

12. 藏西忍冬

Lonicera semenovii Regel in Acta Hort. Petrop. 5：608. 1878 et 6：303. 1880；中

国植物志 72：205.1988；新疆植物志 4：478.2004；青藏高原维管植物及其生态地理分布 915.2008.

落叶平卧矮灌木，高可达 28 cm。枝劲直，小枝细而密，节间甚短，连同叶柄密被肉眼难见的微硬毛和微腺毛。冬芽有 1 对长约 4 mm 的外鳞片。叶小，矩圆形至矩圆状披针形，长 1～2 cm，顶端钝、尖或短渐尖，常具短突尖，基部钝圆或宽楔形，无毛或上面和下面沿脉疏生硬伏毛，边缘有硬睫毛；叶柄长 1.5～2.5 mm。总花梗出自幼枝下部叶腋，长不超过 5 mm；苞片卵形至卵状矩圆形，长 7～10 mm，顶骤尖，有短缘毛；萼筒无毛，萼齿钝三角形，长不到 1 mm；花冠黄色，长筒状，近整齐，长 1.5～3.2 cm，基部有囊状突起，裂片卵形，长 5～6 mm；雄蕊高出花冠筒，花药长约 3.5 mm；花柱无毛，略高出花冠裂片。果实红色，长 5～6 mm，超出苞片，有蓝灰色粉霜。　花期 6～7 月，果熟期 8 月。

产新疆：阿克陶（阿克塔什，青藏队吴玉虎 870235）、塔什库尔干（麻扎种羊场，青藏队吴玉虎 870393；克克吐鲁克，青藏队吴玉虎 508、235）。生于海拔 3 300～4 000 m 的高山山坡岩缝、山地石砾堆。

分布于我国的新疆西部、西藏西部；克什米尔地区，阿富汗，伊朗，俄罗斯，中亚地区各国也有。

13. 截萼忍冬

Lonicera altmannii Regel et Schmalh. in Acta Hort. Petrop 5：610.1878 et 6：304.1880；中国植物志 72：211.53：1.1988；新疆植物志 4：579. 图版 150：4.2004.

落叶灌木，高达 2 m。幼枝连同叶柄和总花梗均密被开展的微硬毛和腺毛，有时散生少数开展硬毛，毛脱落后留有小瘤状突起；枝淡黄褐色，无毛，髓白色。冬芽有数对鳞片。叶纸质，圆卵形至卵形，较少矩圆形，长 2.0～4.5（～6.5）cm，顶端稍尖或钝而有小尖头，基部圆形至截形，边缘常呈不规则波状，上面密生硬伏毛，毛基部膨大为小瘤状，下面密被短糙毛，脉上夹杂糙毛，边缘有长睫毛；叶柄长 3～5 mm。花于叶后开放，生于当年小枝基部叶腋，总花梗长 0.5～1.5（～2.0）cm；苞片卵形或卵状披针形，长 5～9 mm，顶端渐尖或尖，两面被短糙毛和腺毛，下面毛较密，有缘毛；相邻两萼筒分离，有腺毛，萼檐浅碟状，有疏腺毛，顶端近截形或浅波状，有糙缘毛；花冠淡黄色，长约 1.5 cm，外面疏生小腺毛，常夹杂少数开展糙毛，唇形，筒长约 6 mm，基部有明显的囊，上唇长 7～8 mm，下唇平展或稍反曲，长约 8 mm；雄蕊和花柱约与花冠等长；花柱基部疏生糙毛。果实鲜红色，圆形，直径 5～6 mm，顶端常具疏腺毛。种子淡黄褐色，矩圆形或椭圆形，长 2.5～3.0 mm。　花期 4～5 月，果熟期 7～8 月。

产新疆：塔什库尔干（卡拉其古，西植所新疆队 1038）。生于海拔 3 700 m 左右的高原沟谷山坡灌丛。

分布于我国的新疆；俄罗斯，中亚地区各国也有。

14. 杈枝忍冬

Lonicera simulatrix Pojark. in Kom. Fl. URSS 23：480. 729. t. 24：1. 1958；新疆植物志 4：473. 2004；青藏高原维管植物及其生态地理分布 916. 2008.

多分枝，密集生长的灌木，高 1. 3～2.7 m，树冠球形。小枝淡绿色或紫绿色，基部被柔毛，稀有光滑，老枝灰褐色或灰色，树皮线形纵裂；冬芽长圆形，羽状，长 2.0～2.5 mm，先端近尖。叶长圆状倒披针形或倒披针形，长 0.8～3.0 cm，宽 0.3～1.0 cm；叶柄上部淡绿色，下部浅蓝灰色，被细毛或细睫毛。花序轴稍长或长于叶片 1. 5 倍，无毛或被细毛；苞片被细毛或睫毛，有时无毛；花萼短，全缘或微 5 裂；花冠管状漏斗形，长 0.9～1.5 cm，黄白色，外褶带红色，无毛，内部被毛，基部具钟状突起物；雄蕊着生于花管部宽处，等长于花冠，花丝无毛，花药椭圆形；花柱被毛，稍微长于雄蕊。浆果球形，长 0.8 cm，多汁，初黄色，后红色，熟时变浅黑色。 花果期 7～8 月。

产新疆：乌恰。标本未见。

分布于我国的新疆；伊朗，塔吉克斯坦，阿富汗也有。

15. 灰毛忍冬

Lonicera cinerea Pojark. in Kom. Fl. URSS 23：736. 1958；中国植物志 72：209. 1988；新疆植物志 4：478. 2004；青藏高原维管植物及其生态地理分布 912. 2008.

落叶多枝矮灌木，有时呈垫状。幼枝短，连同叶柄和总花梗均密被灰色短柔毛和开展长毛，有时夹杂具柄腺毛。冬芽小，长 2～3 mm，卵圆形，顶尖，被柔毛和腺毛，有 3 对鳞片，最下 1 对几乎包住整个芽体。叶卵状椭圆形或椭圆形，长 6～18 mm，顶端为长或短的渐尖，基部宽楔形或圆形，两面密被极细的浅灰色短柔毛，且常混生有柄或无柄的腺毛，下面沿脉夹杂较粗长的糙伏毛，边缘具糙毛；叶柄极短，基部相连。总花梗出自幼枝基部叶腋，长 1.0～2.5（～4.0）mm；苞片通常披针形，有时卵形，长 5～8 mm，外面除被短柔毛和腺毛外，还有长伏毛，内面有腺毛，边缘具长睫毛；萼筒无毛，萼檐极短，长 0.3～0.6 mm，具浅钝齿，外面和边缘疏生糙伏毛；花冠黄色，细管状，长 14～15 mm，外有密毛，内被微毛，基部以上具矩形囊状突起，上唇裂片宽卵形，长约 2 mm，下唇裂片狭椭圆形或矩圆形，略向外伸展；雄蕊略短于花冠，花丝无毛；花柱略短于雄蕊。果实近圆形，长 5～7 mm。 花期 5～6 月，果熟期始自 7 月。

产新疆：阿克陶、叶城（阿格勒达坂北一线天，李勃生等 11366）、塔什库尔干（卡拉其古附近山沟，李勃生等 10528、10478）。生于海拔 3 800～3 900 m 的沟谷山坡岩石中。

分布于我国的新疆；中亚地区各国，阿富汗也有。

16. 矮小忍冬

Lonicera humilis Kar. et Kir. in Bull. Soc. Nat. Mosc. 15：370.1842；中国植物志 72：211.1988；新疆植物志 4：479.2004.

落叶矮小灌木，高 12～40 cm。老枝多节，下部者平卧，幼枝极短，直立向上，密被肉眼难见的微柔毛，后变秃净。冬芽小，长约 2 mm，卵圆形，顶尖，育数对鳞片，最下 1 对几乎包住整个芽体。叶质厚硬，卵形、矩圆状卵形或卵状椭圆形，长 7～20 mm，顶端短渐尖，基部圆楔形或圆形，初时两面密被硬伏毛，后毛渐变稀而留有散生的疣状突起，有时兼具腺毛，边缘有硬毛，叶脉在两面均显著；叶柄长 1.5～2.5 mm，基部扩大而相连，密被长硬毛。总花梗出自幼枝基部叶腋，花时不发育，果时长 2～5 mm，除被微柔毛外还有短伏毛和具短柄的腺毛；苞片卵形，较少卵状披针形，长 6～11 mm，基部宽而包围萼筒，内外两面均被腺毛，边缘具硬毛；萼筒无毛或具细腺毛，萼檐长约 1 mm，比萼筒短 1/2，浅裂为不等的 5 宽齿，疏生长睫毛；花冠长 15～20 mm，外面疏生开展的毛，筒细，喉部以上扩大，基部以上具距状突起，上唇裂片卵形或几近半圆形，下唇长圆形，稍伸展；雄蕊短于上唇 1/4～1/3；花柱略短于雄蕊。果实鲜红色，具蓝灰色粉霜，倒披针状卵圆形，长 5～8 mm。 花期 6 月，果熟期 7～8 月。

产新疆：乌恰（图尔噶尔特角，李勃生等 10142）、塔什库尔干（卡拉其古附近山坡，李勃生等 10527）。生于海拔 3 340～3 900 m 的沟谷山地草原、山坡草地。

分布于我国的新疆；中亚地区各国也有。

七十三　五福花科 ADOXACEAE

多年生草本，多汁，无毛。根茎匍匐或直立；匍匐枝纤细，丝状，或无。茎单一或 2～5 条丛生，横断面正方形。基生叶 1 至数枚，具长叶柄，茎生叶通常 2 枚，对生；叶片 3 深裂或 1～2 回羽状三出复叶。花序总状、聚伞形头状或团伞状花序排列成间断的穗状花序，顶生或稀为腋生；具长的花序梗。花小，两性，黄绿色；花梗长或无；花萼盘状或杯状，2～4 裂；花冠辐状或杯状，3～6 裂，花瓣里面基部常有腺状乳突或腺点，花冠管极短；雄蕊 2 轮，着生花瓣上，内轮退化为乳突状或指状腺体，仅外轮发育，2 浅裂至深裂为 2 半蕊，花药 1 室，盾形，外向，纵裂；子房近上位、半下位至下位，1 或 3～5 室，花柱短，分离或近联合，3～5枚或无花柱，柱头点状，胚珠每室 1 枚，悬垂倒生。果为核果。

3 属 4 种，产北温带。我国全产，分布于东北、华北、西北及青藏高原和横断山区；昆仑地区产 1 属 1 种。

1. 五福花属 Adoxa Linn.

Linn. Sp. Pl. 367. 1753.

多年生矮小草本，多汁，无毛。地下茎近块状，匍匐，被白色肉质鳞片，自鳞片腋中抽出纤细丝状匍匐枝。茎通常单一，纤细，四棱形。基生叶通常 1～3 枚，3 深裂或 1～2回三出复叶，具长叶柄；茎生叶通常 2 枚，对生，叶片与基生叶同形，较小，叶柄较短，均光滑无毛。花序由 5～7 朵，稀 9 朵无梗或近无梗的单花聚生在茎顶端，呈稠密的或少花的头状花序。花小，黄绿色，有顶花和侧花 2 型；花萼浅杯状，通常 2～3 裂；花冠辐状，通常 4～5 裂，管极短；雄蕊 5 枚，着生于花瓣上，与花瓣互生，花丝 2 裂几达基部，花药 1 室，盾形，外向，纵裂；子房半下位至下位，花柱 4～5 枚，基部近联合，柱头 4～5 枚，点状。核果。

约 2 种，产于北温带的北美、欧洲和亚洲。我国有 2 种，分布于东北、华北、西北和青藏高原、横断山区等地；昆仑地区产 1 种。

1. 五福花　图版 84：1～5

Adoxa moschatellina Linn. Sp. Pl. 367. 1753; Sprague in Journ. Linn. Soc.

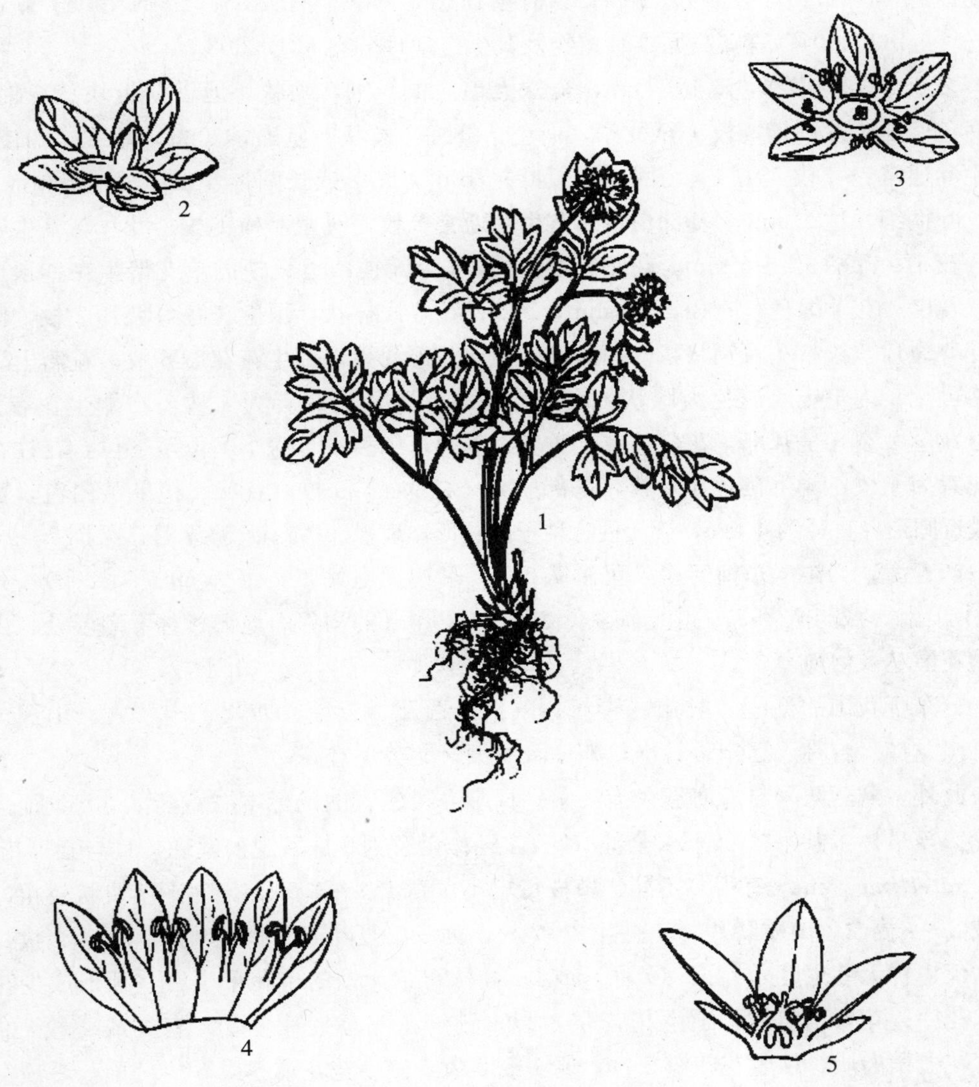

图版 **84** 五福花 **Adoxa moschatellina** Linn. 1. 全株；2. 花侧面观；3. 花正面观；4. 花冠纵剖；5. 花纵切。(阎翠兰绘)

Bot. 47：471～487. 1927；中国高等植物图鉴 4：324. 图 6 061. 1975；吴征镒、吴珍兰、黄荣福，植物分类学报 19（2）：203～210. 1981；中国植物志 73（1）：4. 图版 1：4～5. 1986；Nepomn. in Bot. Zur. 69（8）：1030～1039. 1984，et 72（1）：87～91. 1987；李世友、宁祝华，植物研究 7（4）：93～108. 1987；梁汉兴、吴征镒，云南植物研究 17（4）：380～390. 1995；青海植物志 3：291. 图版 65：1～5. 1996；新疆植物志 4：483. 2004；青藏高原维管植物及其生态地理分布 921. 2008.

多年生矮小草本，高达 7 cm，全株无毛。根纤细，须状。地下茎近块状，匍匐，被白色肉质鳞片；匍匐枝 1 至数条，白色，纤细，丝状。茎通常 1 条，纤细，四棱形。基生叶通常1～3枚，为 1～2 回三出复叶；小叶宽卵形或长圆形，长 7～12 mm，再 3 裂；叶柄细长达23 mm，基部白色；茎生叶通常 2 枚，对生，稀 1 枚；叶片与基生叶同形，较小；叶柄长2～5 mm。花序有限生长，5 朵无梗或近无梗的单花聚生在茎顶形成头状花序；花黄绿色，直径 4～5 mm，2 型；花萼浅杯状，顶生花花萼裂片 2 枚，侧生花花萼裂片 3 枚；花冠辐状，管极短，顶生花花瓣 4 枚，侧生花花瓣 5 枚，花瓣上乳突约略可见；内轮雄蕊退化为腺状乳突，外轮雄蕊在顶生花者为 4 枚，在侧生花者为 5 枚，花丝 2 裂几至基部，花药单室，盾形，外向，纵裂；子房半下位至下位，花柱在顶生花者为 4 枚，侧生花者为 5 枚，基部联合，柱头 4～5 枚，点状。核果黄白色，宽卵形或近圆形，直径约 4 mm，近无梗。种子长圆形，扁平。 花期 5～7 月，果期 7～9 月。

产青海：玛沁（尕柯河岸，玛沁队 153；尕柯河电站，吴玉虎 5997、6000）、久治（龙卡山南，藏药队 755）。生于海拔 3 270～4 200 m 的沟谷山地云杉林下潮湿处、山坡杜鹃花灌丛及河滩草甸。

分布于我国的新疆、甘肃、青海、陕西、西藏、云南、四川、内蒙古、山西、河北、黑龙江、吉林、辽宁；日本，朝鲜，欧洲，北美也有。

此外，藏药队采自青海省久治县索乎日麻乡科尔青曲的标本“藏药队 308”很值得讨论。该号标本共采得 16 株（全部有花），经作者解剖 9 株后观察发现，其与五福花 *A. moschatellina* Linn. 有很多不同：植株特矮小，高 1.5～3.0 cm。地下茎块状较粗，明显被 2～4 枚白色肉质鳞片。基生叶 2～7 枚，为三出复叶或羽状复叶；茎生叶 1 枚，稀缺（仅 1 株无茎生叶）。由 2（7 株）或 3（2 株）朵无梗的单花聚生在茎顶形成少花的头状花序；花萼稍肉质，顶生花花萼 3 裂，侧生花花萼裂片多变，有 3 或 4 枚，偶 5 枚；花冠稍肉质，顶生花花瓣 5 枚，偶 4 或 6 枚，侧生花花瓣 5 或 6 枚；雄蕊，顶生花者 5 或 6 枚，偶 4 枚，侧生花者 5 或 6 枚；花柱，顶生花者 4 或 5 枚，侧生花者 5 枚，偶 4 或 6 枚。根据叶数和分裂程度增加到羽状复叶，头状花序由 2（3）朵单花聚生茎顶构成，顶生花和侧生花的萼片、花瓣近肉质，以及它们的基数变化和特征，笔者曾于 1979 年 10 月 15 日把该号标本定为 *Adoxa pauciflora* Z. L. Wu sp. nov.（in schedula），但因仅有 1 号标本，所以没有正式发表，今提出供各位学者在探讨“五福花科的分类、进化”时作为研究材料之一。

七十四　败酱科 VALERIANACEAE

多年生草本，稀一年生。基生叶丛生，茎生叶对生，羽状分裂，羽状复叶或全缘，无托叶。花小，两性，通常由聚伞花序组成伞房花序或圆锥花序，稀为头状；苞片小或无；花萼小，萼筒与子房贴生，萼齿小，宿存；花冠钟状或漏斗状，黄色、白色、粉红色或淡紫色，冠筒基部一侧有的膨大成囊状，裂片3～5枚；雄蕊3或4枚，着生于花冠筒部；子房下位，3室，仅1室发育，花柱1枚，柱头头状或2～3裂，胚珠1颗，悬垂。瘦果，顶部具宿存萼齿，有的变为冠毛状萼齿，有的贴生于果时增大的膜质苞片上，呈翅果状。种子1枚，无胚乳，胚直立。

有13属，约400种，主要分布于北温带。我国有4属，约30种；昆仑地区产4属8种。

分属检索表

1. 叶羽状深裂；花冠管基部一侧常膨大。
   2. 雄蕊4；花冠黄色或白色；花冠筒基部一侧膨大部分中有蜜腺；果期小苞片翅状 ………………………………………… **1. 败酱属 Patrinia** Juss.
   2. 雄蕊3；花冠粉红色或白色；花冠筒基部一侧膨大部分中无蜜腺；果期有冠毛状宿存花萼 ………………………………………… **2. 缬草属 Valeriana** Linn.
1. 叶全缘；花冠基部无膨大部分；花萼果期增大。
   3. 雄蕊4；多年生植物；在花期花萼明显；具明显根状茎，有浓烈香味 ………………………………………… **3. 甘松属 Nardostachys** DC.
   3. 雄蕊3；一或二年生植物；在花期花萼小或不明显；无根状茎，无香味 ………………………………………… **4. 新缬草属 Valerianella** Mill.

1. 败酱属 Patrinia Juss.

Juss. in Ann. Mus. Par. 10：311. 1807.

多年生草本，地下根茎具强烈腐臭味。基生叶丛生，一般早枯；茎生叶对生，常一或二回奇数羽状分裂，裂片边缘有齿，稀全缘。花序为二歧聚伞花序组成的伞房状或圆锥状复花序；总苞片叶状；花梗下有小苞片；花小，钟状或漏斗状，黄色或白色；萼齿5枚，宿存，一般果期不增大；花冠裂片5枚，稍不等形，冠筒较裂片稍长，内面具长柔毛，基部一侧膨大成囊状，其内密生蜜腺；雄蕊 4 枚，着生于花冠筒基部，花丝不等长，近蜜腺 2 枚较长，下部被柔毛，另 2 枚略短，无毛；子房下位，3 室，胚珠 1 颗，花柱 1 枚，柱头头状或盾状。瘦果扁椭圆形，仅 1 室发育，果苞翅状，具 2 主脉，网脉明显。种子 1 枚，扁椭圆形。

约 20 种。我国有 10 种 3 亚种 2 变种，昆仑地区有 1 种。

1. 中败酱 图版 85：1～3

Patrinia intermedia（Horn.）Roem. et Schult. Syst. Veg. 3：90. 1818；中国植物志 73（1）：12. 图版 4：1～3. 1983；新疆植物志 4：485. 图版 154：5～7. 2004；青藏高原维管植物及其生态地理分布 923. 2008.——*Fedia intermedia* Horn. Hafn. 2：48. 1813.

多年生草本，高 20～40 cm。根状茎粗厚肉质，长 20 cm。基生叶丛生，与不育枝的叶具短柄或较长，有时几无柄；花茎的基生叶与茎生叶同形，长圆形至椭圆形，长 10 cm，宽 5.5 cm，1～2 回羽状全裂，裂片近圆形、线形至线状披针形，先端急尖或钝，下部叶裂片具钝齿，上部叶裂片全缘，两面被微糙毛或几无毛，具长柄或无柄。由聚伞花序组成顶生圆锥花序或伞房花序，常具 5～6 级分枝，宽 12 cm 左右，被微糙毛；总苞叶与茎生叶同形或较小，长 10 cm，几无柄，上部分枝处总苞片明显变小，羽状变裂或分裂；小苞片卵状长圆形，长 1.3～2.0 mm，宽 1.1～1.2 mm；萼齿不明显，呈短杯状；花冠黄色，钟形，冠筒长约 2 mm，上部宽 2.2 mm，基部一侧有浅囊肿，内有蜜腺，裂片椭圆形，长圆形或卵形，长 2～3 mm，宽 1.5～2.5 mm；雄蕊 4 枚，花丝不等长，花药长圆形，长 1.2 mm；子房长圆形，下位，柱头头状或盾状，直径 0.5～0.7 mm。瘦果长圆形，长 3.5～4.5 mm，果柄长 1.0～1.5 mm；果苞卵形、卵状长圆形或椭圆形，被有稀疏刚毛状的毛，背部贴生有椭圆形大膜质苞片。 花期 5～7 月，果期 7～9 月。

产新疆：乌恰（吉根乡卡拉达坂，采集人不详 73 - 217；吉根乡，克里木 123；吉根乡斯木哈纳，西植所新疆队 2190）。生于海拔 2 300～2 800 m 的山地草原、高山草甸草原、山地针叶林阳坡砾石山坡、林缘灌丛。

分布于我国的新疆；蒙古，俄罗斯，哈萨克斯坦，吉尔吉斯斯坦也有。

2. 缬草属 Valeriana Linn.

Linn. Sp. pl. 31. 1753.

多年生草本，具根状茎。茎直立，常单一。根生叶似簇生，一般不分裂。分裂的常早枯，茎生叶对生，叶片羽状分裂，具长柄，向上渐无柄。伞房状聚伞花序，有的为圆

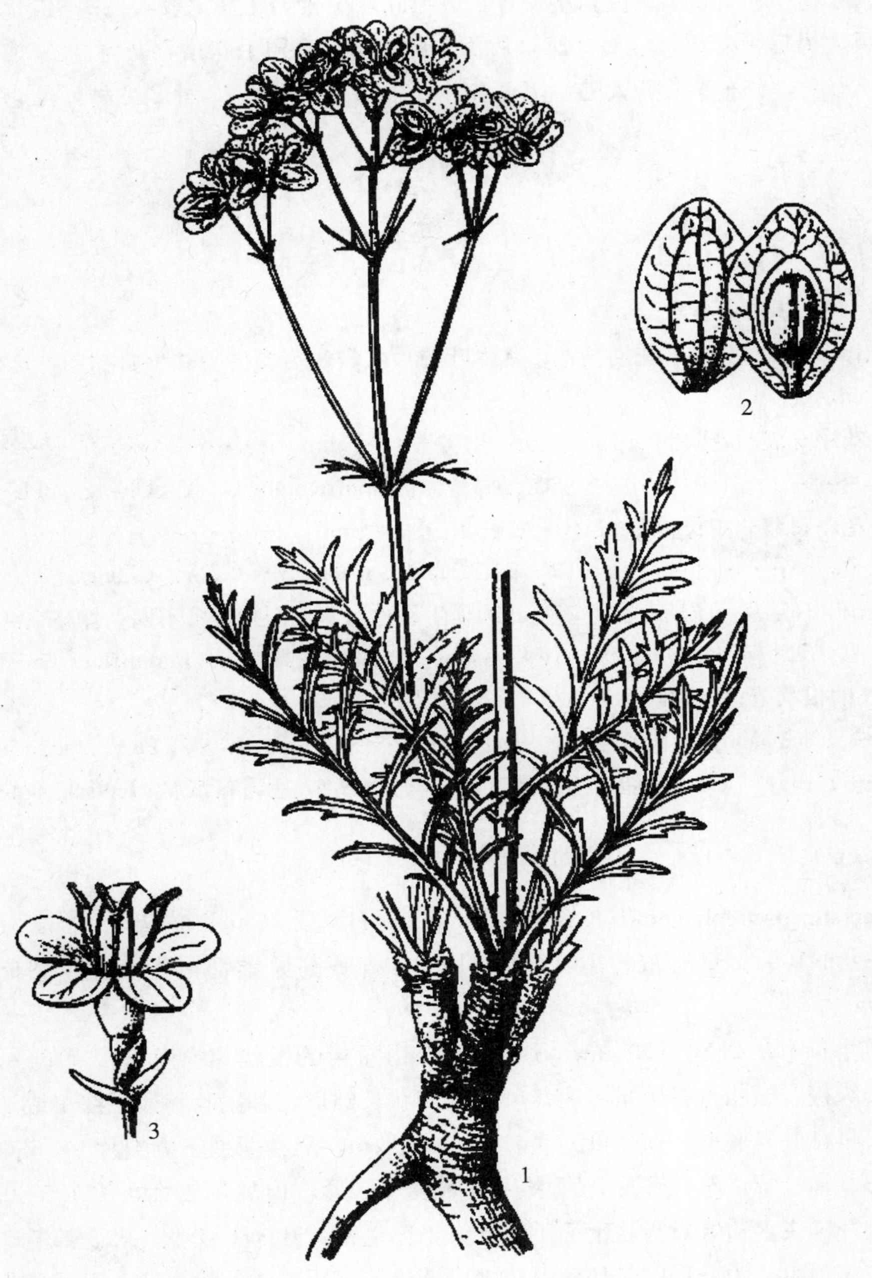

图版 **85** 中败酱 **Patrinia intermedia**（Horn.）Roem.et Schult. 1. 茎基部和果序；2. 果实；3. 花。（引自《中国植物志》，张荣生绘）

锥状聚伞花序；苞片小，宿存；花两性，有时杂性；花萼小，花萼裂片多数，先端内卷；花小，白色、粉红色或紫红色，花冠漏斗状，筒的基部一侧呈小囊状，裂片 5；雄蕊 3 枚；子房下位，3 室，仅 1 室发育，成熟胚珠 1 枚，花柱 1 枚，柱头短，2～3 裂或全缘。果实为扁平瘦果，前面 3 脉，后面 1 脉，顶端有冠毛状宿存花萼。

约 200 种，分布于欧亚大陆，南美和北美中部。我国产 17 种 2 变种，昆仑地区产 5 种。

分种检索表

1. 根茎短缩；茎和叶被毛。
  2. 根出叶为羽状分裂，花期早枯；茎生叶的顶生裂片与侧生裂片形状相同；株高在 80 cm左右。
    3. 花序开展；花长 5.0～6.5 mm；果实长 4～5 mm ………………………………………………………… **1. 缬草 V. pseudofficinalis** C. Y. Cheng et H. B. Chen
    3. 花序紧缩；花长约 2 mm；果实长 2.5～3.0 mm ………………………………………………………… **2. 细花缬草 V. meonanyha** C. Y. Cheng et H. B. Chen
  2. 根出叶不分裂，花期存在；茎生叶的顶生裂片与侧生裂片形状不同；株高在40 cm 以下，有时有匍匐枝 ……………………… **3. 小花缬草 V. minutiflora** Hand.-Mazz.
1. 有延长的根状茎；茎和叶无毛。
  4. 植株高约 10 cm；叶裂片全缘 ……………………… **4. 小缬草 V. tangutica** Batal.
  4. 植株高 15～25 cm；叶裂片边缘具疏齿 ………… **5. 新疆缬草 V. fedtschenkoi** Coincy.

1. 缬　草

Valeriana pseudofficinalis C. Y. Cheng et H. B. Chen in Bull. Bot. Res. 11 (3): 33～36. 1991；青海植物志 3: 294. 1996；青藏高原维管植物及其生态地理分布 924. 2008.

多年生草本，高 30～90 cm。须根簇生，由短粗的根状茎中生出。茎单一，直立，中空，具纵棱，被粗毛，节部尤密。叶轮廓卵状长圆形，基生叶和最下部 1 或 2 节处的叶具柄，早枯并常脱落，茎生叶对生，长 5～15 cm，羽状深裂，侧裂片 3～5 对，裂片宽披针形、披针形或窄披针形，顶裂片与侧裂片同形，顶裂片较大，长 1.5～5.0 cm，先端渐尖，钝头，边缘具齿，上面毛较少，下面毛密，叶向上变小，最上部的叶裂片为条形。花序顶生，为开展的伞房状三出聚伞圆锥花序；苞片条状线形，先端渐尖，基部平截，边缘膜质，多少具缘毛；花萼小，多裂，裂片在花期内卷，不明显；花冠淡紫红色，漏斗状，长 5.0～6.5 mm，5 裂，冠檐直径 2～3 mm；雌雄蕊均伸出花冠筒之外。瘦果长卵形，长 4～5 mm，平滑无毛。　花果期 6～9 月。

产青海：称多（歇武乡赛巴沟，刘尚武 2451）、久治（沙柯河隆木达，藏药队 876；

龙卡湖，果洛队 596、藏药队 770）、班玛（马柯河林场，吴玉虎 26118、26156；宝藏沟，王为义 27278；红军沟，王为义 26826；县城郊，吴玉虎 26014、王为义 26701；班前乡，王为义 26943）。生于海拔 3 300～3 800 m 的山地阴坡、山沟林缘灌丛、沟谷山地灌丛草甸，高原宽谷河漫滩上也有。

甘肃：玛曲（欧拉乡，吴玉虎 31966；齐哈玛大桥，吴玉虎 31735、31754、31780）。生于海拔 3 300～3 500 m 的沟谷山地阴坡高寒灌丛草甸、宽谷河滩草地。

分布于我国的青海、甘肃、宁夏、陕西、西藏、四川、山西、河北、河南、湖北、湖南、山东；欧洲，亚洲也有。

2. 细花缬草

Valeriana meonantha C. Y. Cheng et H. B. Chen in Bull. Bot. Res. 11（3）：37. 1991；青海植物志 3：294. 1996；青藏高原维管植物及其生态地理分布 924. 2008.

多年生草本，高达 90 cm。须根多数，簇生，长达 90 cm。根状茎粗短。茎单一，直立，具纵棱，基部被密集的毛，渐向上毛越少。叶对生，基生叶花期早枯，茎生叶卵形或卵状长圆形，羽状深裂，裂片 3～7 枚，顶生裂片近椭圆形，长 3～4 cm，先端渐狭，钝头，基部下延，边缘有稀疏粗齿，侧裂片小，卵状长圆形，两面多少被毛，下部具叶柄，上部叶柄渐无。花序顶生，为紧密的伞房状三出聚伞花序；苞片线状条形，先端渐狭，边缘膜质，带紫红色，多少有缘毛；花萼小，先端多裂，裂片先端内弯；花冠粉红色。瘦果近卵形，长 2.5～3.0 mm，基部平截，光滑，背腹扁压。 果期 8 月。

产甘肃：玛曲（欧拉乡，吴玉虎 32020）。生于海拔 3 300 m 左右的高原沟谷山地高寒灌丛草甸中。

分布于我国的甘肃、青海。

3. 小花缬草

Valerian minutiflora Hand.-Mazz. in Acta Hort. Gothob. 13：233. 1939；中国植物志 73（1）：39. 图版 12：6～8. 1986；青海植物志 3：296. 1996；青藏高原维管植物及其生态地理分布 924. 2008.

多年生草本，高 15～40 cm。须根簇生，根茎短缩。茎直立，单一，被短糙毛，下部与节处毛密，上部毛稀疏，有的具长匍匐枝。茎生叶卵圆形，不分裂，边缘微波状或具浅齿；具纤细长柄，全长约 3 cm，被疏毛；茎生叶 2～3 对，羽状分裂，裂片 3～5 枚，顶裂片大，椭圆形或卵状长圆形，长 1～2 cm，先端钝，边缘具浅齿，侧裂片小，长圆形，下部的叶片有柄，上部的无柄或近无柄，叶片和叶柄微被毛。圆锥状聚伞花序顶生，花初期紧缩，花期开展；苞片线形，膜质；花萼小，裂片多而内卷；花冠淡紫红色，小，长 2～3 mm，冠檐长 2.0～2.5 mm；雌雄蕊伸出花冠筒外。果实卵状长圆形，长约 3 mm，被毛或否。 花果期 7～8 月。

产青海：曲麻莱（东风乡江荣寺，刘尚武 846）、称多（珍秦乡，苟新京 83-187）、班玛（马柯河林场，王为义等 27024；宝藏沟，王为义 27271）。生于海拔 3 000～4 500 m 的山坡石崖处沟谷石崖灌丛中。

分布于我国的青海、陕西、西藏、云南、四川。

4. 小缬草 图版 86：1～2

Valeriana tangutica Batal. in Acta Hort. Petrop. 13：375，1894；中国植物志 73（1）：41. 图版 15：1～3. 1986；青海植物志 3：295. 图版 66：7～8. 1996；青藏高原维管植物及其生态地理分布 925. 2008.

多年生小草本，高 10～20（25）cm，除茎节被毛外，全株无毛。须根多数。根状茎斜升，被纤维状老叶鞘包围，具有浓香味。茎直立，单一。基生叶多为大头羽裂，1～3对裂片，稀不裂，长 1～4 cm，顶生裂片近圆形、椭圆形或卵状长圆形，先端圆形或钝，全缘，侧裂片小，具长柄；茎生叶羽状 3～7 裂，裂片近相同，有的近基部的 1 对似基生叶狭长圆形，全缘，近无柄。聚伞花序顶生，开展；苞片线状披针形，边缘膜质，无毛；花粉红色或淡紫色；花萼小，先端多裂，裂片顶部内弯；花冠漏斗状，长约 6 mm，冠檐直径约 5 mm，裂片宽长圆形；雌雄蕊伸出花冠筒之外。果实长圆形，长约 4 mm。 花期 6～7 月，果期 7～8 月。

产青海：兴海（河卡阿米瓦阳山，王作宾 20293；也隆沟，何廷农 141；中铁乡附近，吴玉虎 42930、42968；大河坝，吴玉虎 42538）、玛沁（大武乡江让水电站，H. B. G. 642；雪山乡，玛沁队 373；军功乡，区划二组 085；军功乡西哈垄，H. B. G. 324、334；大武至江达途中，植被地理组 506；雪山乡，黄荣福 81-049）。生于海拔 3 000～4 500 m 的沟谷山地阴坡灌丛草甸、溪流河边、河漫滩的灌丛、林下和潮湿的岩石缝隙。

分布于我国的甘肃、青海、宁夏、内蒙古。

5. 新疆缬草

Valeriana fedtschenkoi Coincy Ecloga Alt. Pl. Hispan. 15. 1895；中国植物志 73（1）：43. 图版 15：4～6. 1986；新疆植物志 4：487. 图版 155：5～7. 2004；青藏高原维管植物及其生态地理分布 923. 2008.

多年生草本，高 15～25 cm。须根多数，由根状茎上生出。根状茎细长，圆柱状。顶端具枯死且破碎成纤维状叶鞘。茎单一或 2～3 枚簇生，直立，无毛。基生叶 1～2 对，近圆形，顶端圆或钝三角形，长 1～2 cm，全缘，无毛，具长 4～6 cm 的叶柄，茎生叶靠基部的 1 对与基生叶同，上面的 1 对为大头羽裂，长 1～2 cm，边缘微波状，侧裂片小，长圆形或条形，聚伞花序顶生，初花期头状，以后开展；苞片狭披针形或线状，先端钝，边缘膜质；花淡粉红色，漏斗状；花萼小，先端多裂，顶内弯；花冠长

5～6 mm，冠缘直径 4～5 mm，裂片长圆形；雌蕊雄蕊伸出花冠筒外。果实卵状长圆形，无毛。　花果期 6～8 月。

产新疆：乌恰（吉根乡斯木哈纳，青藏队吴玉虎 870042、870047，采集人不详 73－97）、阿克陶（阿克塔什，青藏队吴玉虎 870165；奥依塔克，青藏队吴玉虎 4842）、塔什库尔干（麻扎，高生所西藏队 3237）、叶城（苏克皮亚，青藏队吴玉虎 1068；柯克亚乡，青藏队吴玉虎 870850、870789；棋盘乡，青藏队吴玉虎 4696、4697）、皮山（布琼，青藏队吴玉虎 88－1863、3015）、和田（喀什塔什，青藏队吴玉虎 2033、2568、2566）、策勒（大龙河，采集人不详 075）。生于海拔 3 000～4 000 m 的沟谷山坡灌丛草甸、河谷的云杉林下和山地草甸，以及石山坡和岩石缝隙。

分布于我国的新疆；俄罗斯，哈萨克斯坦，乌兹别克斯坦，塔吉克斯坦，吉尔吉斯斯坦也有。

3. 甘松属 Nardostachys DC.

DC. Prodr. 4：624. 1830.

多年生草本。根状茎粗短，直立或斜升，密被纤维状或片状老叶鞘，有浓烈气味。茎直立，常单生。基生叶丛生，线状倒披针形或长匙形，基部渐狭，或呈柄，全缘；茎生叶 1～3 对，无柄，渐向上渐小。聚伞花序密集成头状，花后主轴和侧轴伸长或否；总苞 2～3 对，苞片 1，小苞片 2；花萼 5 齿裂，果时常增大；花冠紫红色，漏斗状，先端 5 裂，冠筒喉部具髯毛；雄蕊 4 枚；子房下位，3 室，其中 1 室发育成瘦果。瘦果椭圆形、倒卵形或倒卵状长圆形。

共 3 种，主要分布于喜马拉雅山区。我国有 2 种，昆仑地区产 1 种。

1. 甘　松　图版 86：3～4

Nardostachys chinensis Batal. in Acta Hort. Petrop. 13：376. 1894；中国植物志 73 (1)：25. 图版 9：5～7. 1986；青海植物志 3：297. 图版 66：5～6. 1996；青藏高原维管植物及其生态地理分布 922. 2008.

多年生草本，高 5～45 cm。根状茎斜升，有黑栗色的老叶鞘包围，有烈香。茎直立，被短毛。基生叶丛生，狭倒披针形、长圆形或卵形，长 2～10 cm，先端圆钝，全缘，基部渐狭为柄，平行脉 3～5 条，无毛，有时在靠基部的边缘略有短毛；茎生叶对生，2～3 对，条状长圆形，靠基部的叶片较长，可达 7 cm，上部的变短，1～3 cm，无柄。聚伞花序顶生，头状，花后主轴和侧轴明显伸长，花序成伞房状聚伞花序或聚伞状总状花序；总苞片披针形，长 0.5～1.5 cm；小苞片卵状披针形至阔卵形，无毛，边缘宽膜质；花萼小，裂片 5，半圆形，质地厚，无毛，脉不明显；花冠紫红色，漏斗状，

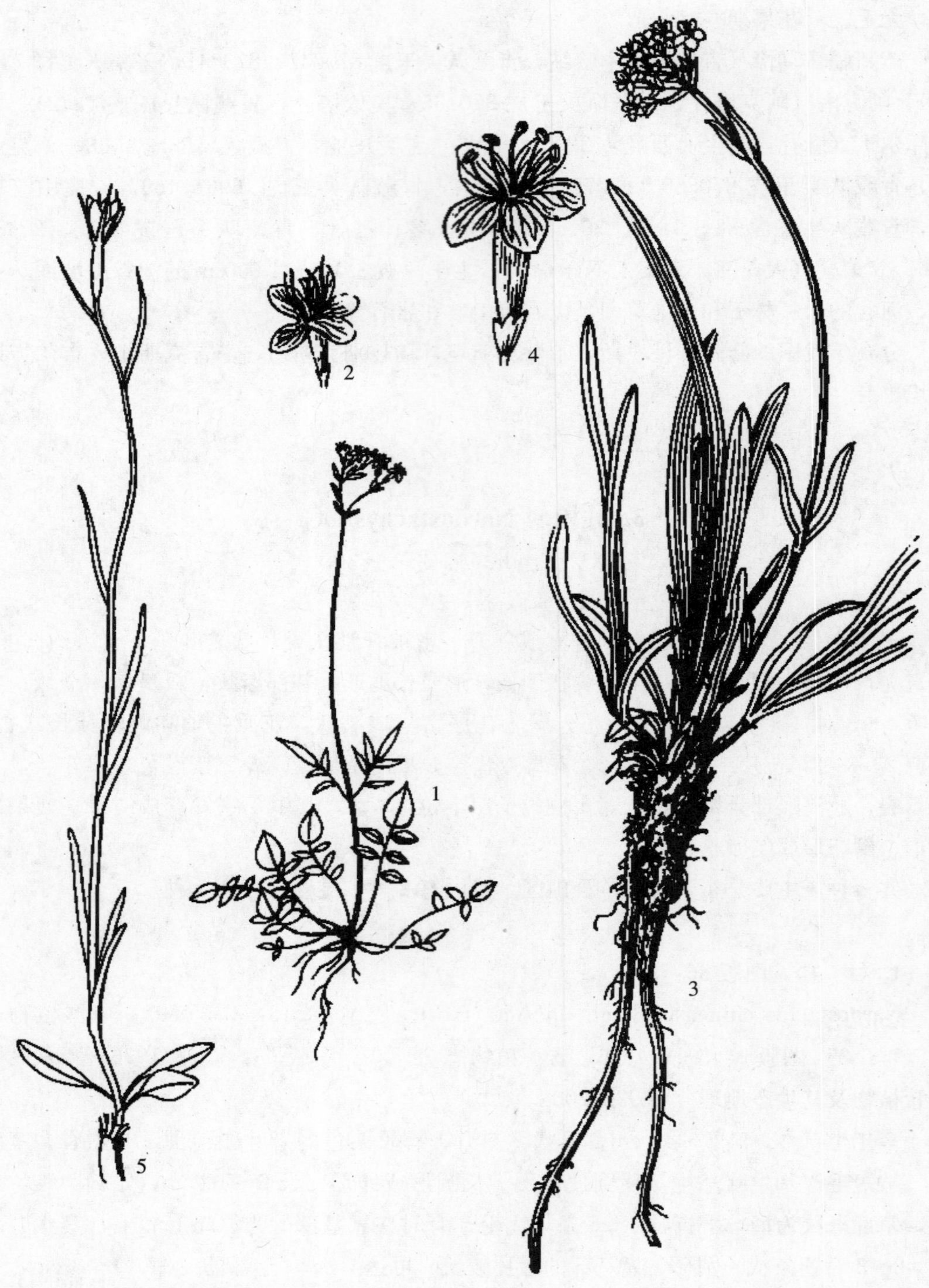

图版 **86** 小缬草 **Valeriana tangutica** Batal. 1. 植株；2. 花。甘松 **Nardostachys chinensis** Batal. 3. 植株；4. 花。钻裂风铃草 **Campanula aristata** Wall. 5. 植株。（王颖绘）

花冠筒被毛，冠檐径约 8 mm，裂片 5，卵形或宽卵形，喉部具髯毛；雄蕊 4 枚，花丝被柔毛；花柱与雄蕊近等长，伸出花冠筒外。瘦果椭圆形或倒卵形，长约 3 mm，无毛，具宿存的花萼。　花果期 6～8 月。

产青海：玛沁（大武乡军牧场，H. B. G. 795；格曲，H. B. G. 549；黑土山，吴玉虎 5747；石峡煤矿，吴玉虎 27005、王为义等 26582；军功乡西哈垄，H. B. G. 374；拉加乡，玛沁队 069；雪山乡浪日，H. B. G. 420）、久治（索乎日麻乡，果洛队 187，吴玉虎 26443、26451、26478；智青松多，果洛队 035；门堂乡，藏药队 290；希门错湖，果洛队 458；康赛乡，吴玉虎 31695；哇尔依乡，吴玉虎 26682、26700、26726）、班玛（马柯河林场，王为义等 26739）。生于海拔 3 000～4 000 m 的河谷阶地、沟谷河漫滩、谷地阴坡的沼泽草甸、山地高山草甸、山坡灌丛草甸、河滩沼泽湿地及岩石缝隙中。

甘肃：玛曲（齐哈玛大桥，吴玉虎 31757、31773B、31784；河曲军马场，吴玉虎 31832、31885、31910）。生于海拔 3 440～3 460 m 的高原沟谷山地灌丛草甸、岩石缝隙草甸。

分布于我国的青海、四川。

青藏高原生物标本馆馆藏新疆阿克陶县阿克塔什的 1 份标本，无花，标本不全，但体型和根状茎的芳香气味似甘松，无法确定。

4. 新缬草属 Valerianella Mill.

Mill. Gard. Dict. Abridg. 4. 1754.

一年生草本。茎有棱，被疏茸毛，中部二歧状分枝。单叶对生，长圆形或长圆状匙形，全缘。聚伞花序顶生；花萼檐在花期不明显，果期增大形成裂片，呈截形漏斗状；花冠漏斗状，无距，几乎全缘；雄蕊 3 枚；子房 3 室，仅 1 室发育而有胚珠 1 枚。果实线状，四棱形。

约 80 种，主产地中海、伊朗、阿富汗、中亚地区各国、西欧。我国仅有 1 种，昆仑地区亦产。

1. 新缬草

Valerianella cymbocarpa C. A. Mey. in Verzeichn. Pflanzenfam. Cauc. 49. 1839；新疆植物志 4：492. 2004；青藏高原维管植物及其生态地理分布 925. 2008.

一年生草本植物，高 10～20 cm。茎有棱，疏被茸毛，常自中部二歧状分枝。单叶对生，长圆形或长圆状匙形，长 2～4 cm，宽 4～6 mm，全缘。聚伞花序顶生；萼管短，偏斜，具网状脉，其中 1 枚萼齿长约 1 mm；花瓣白色，细小。果实线状四棱形，长 2～3 mm，径约 1 mm，弧状弯曲，背部有柔毛，腹部具深沟。 花期 7～8 月，果期 8～9月。

产新疆：策勒、乌恰。生于帕米尔高原、昆仑山的干旱石质山坡（未见标本）。

分布于我国的新疆；高加索地区，伊朗，土耳其，哈萨克斯坦，吉尔吉斯斯坦也有。

七十五 川续断科 DIPSACACEAE

多年生草本，稀一、二年生。茎直立，被柔毛或刺，稀光滑。叶对生或轮生，基部相连，全缘或有锯齿、浅裂或深裂；无托叶。花序为密集具总苞的头状花序或为间断的穗状轮伞花序；花托凸起成球形或伸长，其上生有花和鳞片状的小苞片或毛；花两性，两侧对称，同形或边缘花和中央花异形，每花外围由2小苞片结合而成管状副萼，有时呈囊状，具棱脊，檐部具刚毛或齿；花萼杯状或筒状，口部斜裂，边缘有刺或分裂为刚毛或羽状裂片；花冠漏斗形，4～5裂，裂片稍不等大或为二唇形，上唇2裂，下唇3裂；雄蕊4枚，有时2枚退化，生于花冠管上；子房下位，1室，花柱线形，柱头2裂或不裂。瘦果包于小总苞内。种子有膜质种皮，具少量肉质胚乳，胚直伸。

约12属，300种，主要分布于地中海、亚洲及非洲南部。我国产5属25种5变种，昆仑地区产4属5种1变种。

分属检索表

1. 轮伞花序间断成穗状或紧缩成假头状花序；叶缘、总苞片边缘、小总苞、花萼均具细长齿刺；瘦果和小总苞分离 …………………………………… **1. 刺续断属 Morina** Linn.
1. 头状花序；植物体具刺或无刺；萼膜质或刚毛状。
  2. 植物体具刺；头状花序呈球形或长椭圆形；小总苞一般无明显冠檐 ……………… …………………………………………………………… **2. 川续断属 Dipsacus** Linn.
  2. 植物体不具刺；小总苞多少有冠檐。
    3. 花萼至少8裂或多裂，裂片羽毛状或针刺状，脱落 …………………………… ………………………………………… **3. 翼首花属 Pterocephalus** Vaill. ex Adans.
    3. 花萼5裂，裂片针刺状，宿存 ………………………… **4. 蓝盆花属 Scabiosa** Linn.

1. 刺续断属 Morina Linn.

Linn. Sp. Pl. 28. 1753.

多年生草本。单叶对生或轮生，有基生叶，边缘有齿至深裂，或全缘，常具硬刺。花序为轮伞花序，一般多轮，密集成假头状，或呈间断的穗状；总苞2～4枚轮生，有小总苞，筒状，一般平截，边缘具刺；花萼筒偏斜，裂口边缘有齿刺，或钟形，裂片二唇形，顶端再2～3裂，露出小总苞外；花冠紫红色、白色、白绿色，花冠管长于或短于花萼，裂片5，二唇状或近辐射对称；雄蕊4枚，生于花冠喉部，全育或2枚退化；子房下位，包于小总苞内，花柱长于雄蕊，柱头头状。瘦果柱状，有皱纹或小瘤。

约10种，分布于南亚山地，西达欧洲、地中海东部。我国有4种2变种，主要分布于西藏、云南、四川、青海、甘肃一带；昆仑地区产2种，1变种。

分种检索表

1. 植株有不孕枝，基生叶与茎生叶不生于同一枝上；花冠筒长于萼；雄蕊4 ……………………………………………………………………… 1. **刺续断 M. nepalensis** D. Don
1. 植株无不孕枝，基生叶与茎生叶生于同一植株上；花冠筒短于萼；雄蕊2。
    2. 叶浅裂，不达中脉；花萼的小裂片近卵形，先端圆钝……………………………………………………………… 2. **圆萼刺参 M. chinensis**（Botal.）Diels
    2. 叶深裂或中裂；花萼的小裂片卵状披针形，先端渐尖，或具刺尖……………………………………………………………… 3. **青海刺参 M. kokonorica** Hao

1. 刺续断

Morina nepalensis D. Don Prodr. Fl. Nep. 161. 1825.

1a. 刺续断（原变种）

var. **nepalensis**

昆仑地区不产。

1b. 白花刺参（变种）

var. **alba**（Hand.-Mazz.）Y. C. Tang ex C. H. Hsing Fl. Reipubl. Popul. Sin. 73（1）：51. t. 17：4. 1986.——*M. alba* Hand.-Mazz. in Anz. Akad Wiss. Wien Math. Nat 62：68，1925；西藏植物志 4：523. 1985；青海植物志 3：299. 1996；青藏高原维管植物及其生态地理分布 926. 2008.

多年生草本，高10～40 cm。根稍肉质，垂直向下，不分枝。茎直立，由基部丛生出无性枝和有性枝，无性枝矮，不明显，有性枝侧生，明显较高，被数行纵列柔毛。基生叶生于无性枝上，近丛生，较大，茎生叶对生，较小，形状相同，全部叶为线状披针形，长3～18 cm，宽0.7～1.3 cm，先端渐尖，全缘，具疏离的针刺，基部下延成鞘状抱茎，两面无毛，叶脉平行。轮伞花序多轮，密集顶端呈假头状，有时下部1轮疏离，每轮总苞片2，总苞片卵状披针形或披针形，先端长渐尖，疏离的1轮总苞片长于花，密集的总苞片短于花，边缘具疏刺；小总苞片筒状，先端近平截，被长短不同的刺和短毛，表面光滑；花萼绿色，口部斜裂，上部有长的3齿，下部2齿短，略长于花萼；花冠白色，长约 2 cm，冠筒细，外弯，被细毛，先端 5 裂，裂片顶端又 2 浅裂。 花果期 6～9 月。

产青海：称多（歇武乡，刘有义 83－353；城郊，刘尚武 2414）、玛沁（拉加乡，玛沁队 225）、班玛（马柯河林场，王为义等 27054、26756）。生于海拔 3 000～4 000 m 的高原河谷山地、沟谷山坡高寒灌丛中。

分布于我国的甘肃、青海、西藏、云南、四川。

本变种与原变种形态差异不大，应属于原种 1 支旱生类群，故同意按变种处理。

2. 圆萼刺参

Morina chinensis（Batal.）Diels in Nat. Bot Gard. Edinb. 5：208. 1912；中国植物志 73（1）：53. 图版 18：1～3. 1986；青海植物志 3：300. 1996；青藏高原维管植物及其生态地理分布 925. 2008. ——*M. parviflora* Kar. et Kir. var. *Chinensis* Batal. ex Diels，l. c.

多年生草本，高 15～80 cm。根稍肉质，主根垂直向下，不分枝。茎直立，有纵沟，被白色茸毛，有的上部带紫色，基部有残存老叶，有的撕裂成纤维状。基生叶丛生，茎生叶轮生，每轮 4～6 枚，叶片线状披针形，长 4～12 cm，宽 1.0～1.5 cm，先端渐尖，边缘羽状浅裂或中裂，裂片近三角形，边缘和先端具刺，两面无毛，中脉细，无柄，轮生叶基部合生。轮伞花序顶生，有 6～11 轮，花期密接，果时疏离；总苞片 4，披针形或卵状披针形，长 1.5～2.0 cm，先端长渐尖，边缘和先端具刺，近无毛，向外平展；小总苞筒状，长约 1 cm，筒口平截，边缘生有长短不同的硬刺，仅 2 条硬刺较长，外被明显的长柔毛；花萼二唇形，长约1 cm，明显露出小总苞之外，每唇片先端 2 浅裂，近长圆形或微凹，先端钝圆，无刺尖，外面无毛；花冠二唇形，短于花萼，淡绿色，疏被柔毛。瘦果长圆形，长 2～3 mm，表面有皱纹。 花果期 6～9 月。

产青海：兴海（中铁林场卓琼沟，吴玉虎 45164、45666、45734；赛宗寺，吴玉虎 46189、46293；大河坝乡赞毛沟，吴玉虎 46420、46481；河卡乡爱格拉沟，吴珍兰 057；中铁林场中铁沟，吴玉虎 45630；河卡滩，张珍万 2055；中铁林场恰登沟，吴玉虎 44900）、玛沁（江让水电站，吴玉虎 18343、陈世龙 187；军功乡，吴玉虎 4601；东倾沟，玛沁队 321；黄河沿，区划一组 61；县城，吴玉虎 1370、1371；西哈垄河谷，H. B. G. 332）、达日（建设乡，吴玉虎 26827；德昂乡，吴玉虎 25898；桑日麻乡，陈世龙 255）、甘德（上贡麻乡，吴玉虎 25797、25812）、久治（康赛乡，吴玉虎 26555；哇尔依乡，吴玉虎 26672；哇赛乡庄浪沟，果洛队 266）。生于海拔 3 100～4 050 m 的高原沟谷山地灌丛中、山坡草甸、河谷山坡林中空地、溪流河滩草甸、沟谷阴坡高寒灌丛草甸。

甘肃：玛曲（大水军牧场，王学莲 157；欧拉乡，吴玉虎 32056；河曲军马场，吴玉虎 31851）。生于海拔 3 000～4 000 m 的沟谷山坡草甸、河谷阶地高寒草甸、河漫滩高山草甸、山坡灌丛草甸、山地岩石缝隙。

分布于我国的甘肃、青海、四川、内蒙古。

3. 青海刺参 图版 87：1～2

Morina kokonorica Hao in Fidde Repert. Sp Nov. 40：215. 1936；西藏植物志 4：223. 图 223. 1985；中国植物志 73（1）：55. 图版 18：4～6. 1986；青海植物志 3：30. 图版 67：1～2. 1996；青藏高原维管植物及其生态地理分布 925. 2008.

多年生草本，高 10～40 cm。主根垂直向下，较粗壮。茎单一，直立，不分枝，上部被白色茸毛，基部常有残存破碎成纤维状的叶残迹。基生叶丛生，茎生叶常 4 枚轮生，全部叶线状披针形，长 10～20 cm，宽 1～2 cm，先端渐尖，基部渐狭，羽状深裂，裂片近三角形，边缘具硬刺，中脉宽而扁，两面无毛，4 枚叶片基部的边缘靠接。轮伞花序顶生，多达 10 轮，紧密排列成穗状；每轮总苞片 4 枚，位于下面的总苞片宽披针形，上面的宽卵形，近革质，长2～3 cm，向外平展，先端长渐尖，边缘和先端具硬刺；小总苞片钟状或筒状，藏于总苞内，长达 1 cm，先端有不等长的硬刺；花萼杯状，伸出小总苞外，先端 2 深裂，裂片再 2 深裂，小裂片披针形，先端急尖，具刺或无刺，外面光滑，内面有柔毛，花萼着生处具髯毛；花冠二唇形，淡绿色，外面被毛，长 6～8 mm，短于花萼，被毛。瘦果褐色，圆柱形，长约 6 mm，具棱。 花果期 6～9 月。

产西藏：改则（可拉可山口，高生所西藏队 4361）、班戈（江错区，青藏队 10390）。生于海拔 4 500～4 800 m 的山坡高寒草地、溪流河谷滩地。

青海：兴海（中铁乡天葬台沟，吴玉虎 45963、45877、45798；河卡乡，郭本兆 6177、6335；宁曲山，何廷农 325；中铁乡至中铁林场途中，吴玉虎 43048、43160、43037；中铁乡附近，吴玉虎 42971）、曲麻莱（秋智乡，刘尚武等 788）、称多（县城，吴玉虎 29276、29776）、玛沁（军功乡，吴玉虎等 4601）。生于海拔 3 200～4 150 m的高原山地砂石山坡高寒草甸、河谷山沟高寒草甸、沟谷山地阴坡高寒灌丛草甸。

分布于我国的甘肃、青海、西藏、四川。

模式标本采自青海湖附近。

2. 川续断属 Dipsacus Linn.

Linn. Sp. Pl. 97. 1753.

高大草本，一般多年生。茎直立，具棱和沟，棱上具刺毛。叶基生和茎生，基生叶具柄，茎生叶对生，羽状深裂或不分裂。头状花序顶生，球形或近椭圆形，基部具总苞片；小苞片多数，螺旋状排列，先端具尖喙，每苞各含 1 花；花萼小，整齐，稍 4 裂；花冠白色、淡黄色、紫红色，花冠管细管状，先端 4 裂，裂片略等大；雄蕊 4 枚，着生

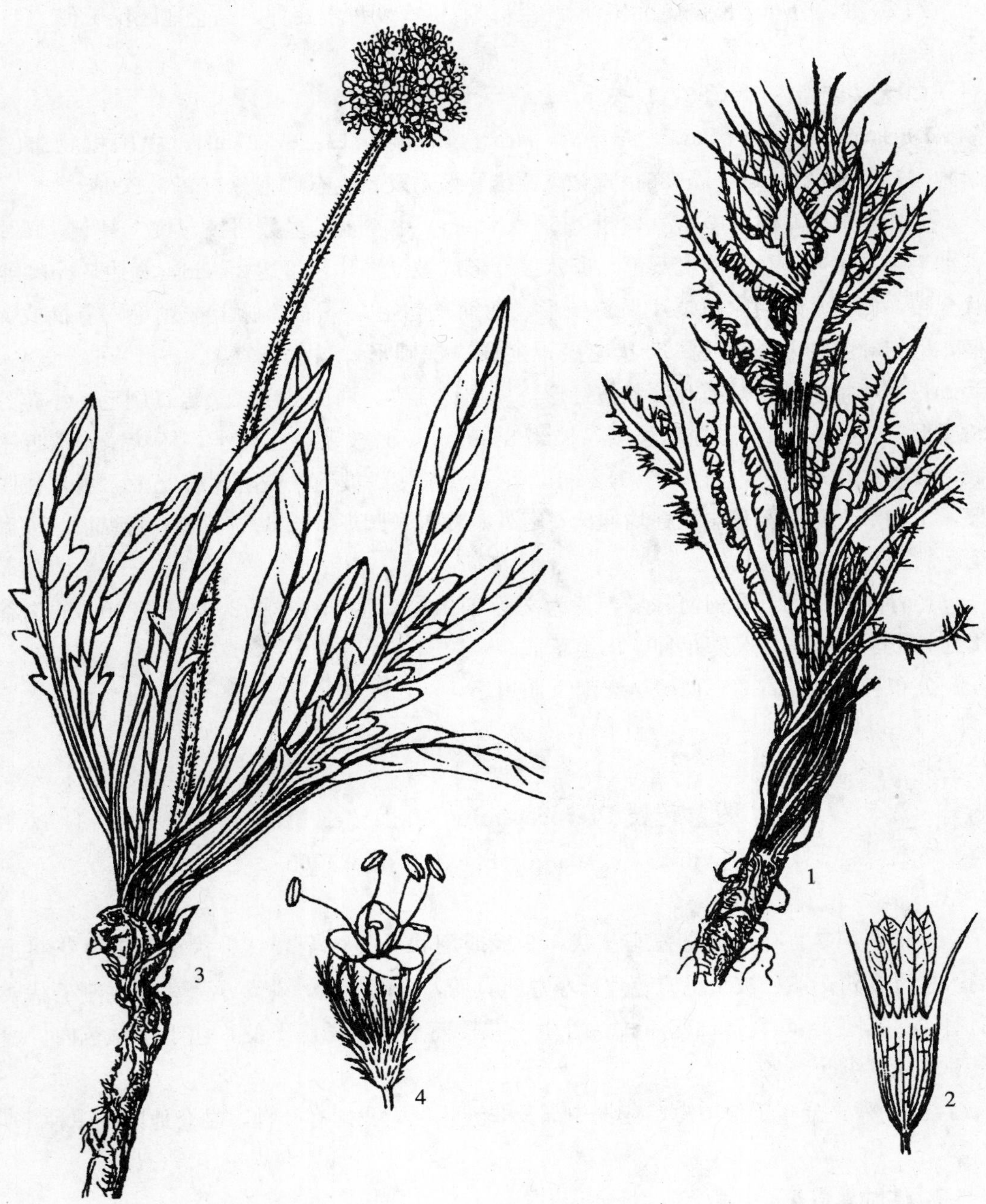

图版 **87**　青海刺参 **Morina kokonorica** Hao 1. 植株；2. 花。匙叶翼首花 **Pterocephalus hookeri**（C. B. Clarke） Höck. 3. 植株；4. 花。（王颖绘）

于花冠管上；雌蕊由2心皮组成，子房下位，包于囊状小总苞内，1室，花柱线形，柱头斜生或侧生。瘦果藏于小总苞内，具棱。种子具薄膜质种皮，胚被肉质胚乳所包。

约20种，分布于欧洲、北美洲、亚洲。我国有9种1变种，昆仑地区仅1种。

1. 大头续断 图版88：1～5

Dipsacus chinensis Batal. in Acta Hort. Petrop. 13：377. 1894；中国植物志73（1）：67. 图版21：4～8. 1986；青藏高原维管植物及其生态地理分布925. 2008.

多年生高大草本。茎直立，粗1.5～2.0 cm，中空，具多数粗棱，棱上具刺，槽中被细毛。茎生叶对生，狭椭圆形、卵状披针形或披针形，长可达25 cm，宽约7 cm，羽状全裂，侧裂片再裂，顶裂片呈狭条形，两面被粗毛，下面叶脉上被刺毛；有柄或无柄，柄与叶主轴上被刺毛。头状花序排列成广椭圆形，顶生，直径4～5 cm，长4～6 cm；花序梗粗壮；总苞片线状披针形，先端长渐尖，两面被毛，边缘具刺毛；小苞片长圆形，长约1 cm，先端具长刺，长约8 mm，外面被毛；花萼小，杯状，先端近平截，被毛；花冠白色，长1.0～1.2 cm，花冠管细瘦，被毛，花冠比管肥大，裂片长圆形，不相等；雄蕊花丝与花柱均伸出花冠外。瘦果长圆形，长6～7 mm，具纵棱，被微毛。 花果期7～9月。

产青海：班玛（马柯河林场，王为义等27016）。生于海拔3 200～3 700 m的沟谷山地林下、河谷沟边高寒草甸、山地草坡。

分布于我国的青海、西藏、云南、四川。

3. 翼首花属 Pterocephalus Vaill. ex Adans.

Vaill. ex Adams. Fam. 2：152. 1763.

多年生草本。叶基生呈莲座丛状，全缘或羽状分裂至全裂。头状花序单生花葶顶端；总苞2轮；花托被长毛或苞片；小总苞具肋，先端具齿；花萼小，萼裂成刚毛状或羽毛状；花冠4～5裂；雄蕊4枚，着生于花冠筒上部；子房下位，包于小总苞内。瘦果平滑或具纵肋。

约25种，分布于地中海、亚洲中部及非洲热带。我国有2种，昆仑地区产1种。

1. 匙叶翼首花 图版87：3～4

Pterocephalus hookeri（C. B. Clarke）Höck. in Engl. et Prantl Nat. Pflanzenfam. 4（4）：189. 1897；西藏植物志4：528. 图226. 1985；中国植物志73（1）：69. 图版24：1～3. 1986；青海植物志3：303. 图版67：3～4. 1996；青藏高原维管植物及其生态地理分布927. 2008.——*Scabiosa hookeri* C. B. Clarke in Hook. f. Fl. Brit.

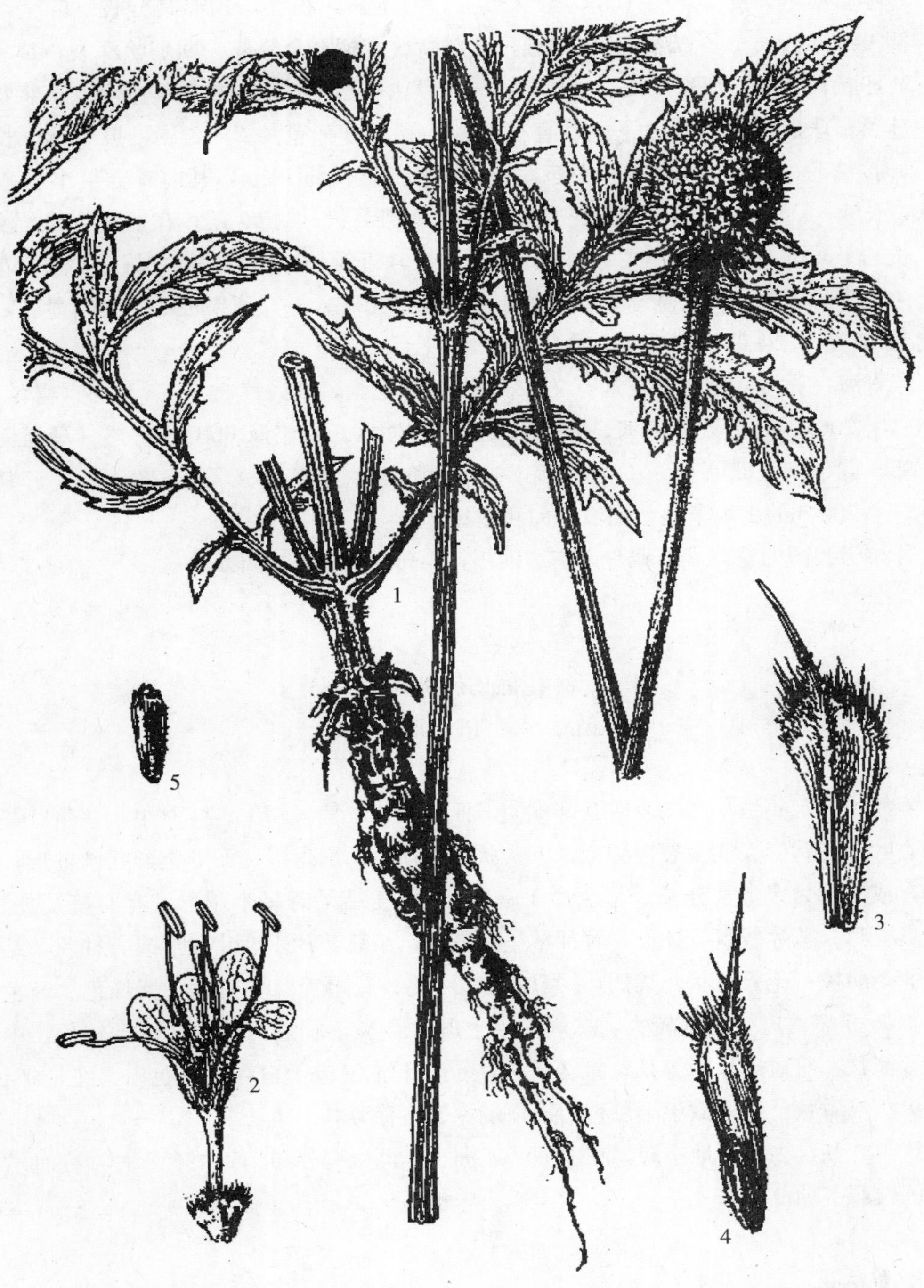

图版 **88**　大头续断 **Dipsacus chinensis** Batal. 1. 植株；2. 花；3. 小苞片；4. 小苞片和瘦果；5. 瘦果。　(引自《中国植物志》，宗维城绘)

Ind. 3：218.1881.

多年生草本，高 20～40 cm，全株被毛。根木质，粗壮，颈部具分枝。叶全部基生，倒披针形，长 10～20 cm，先端钝，基部渐狭成柄，全缘或一回羽状深裂，裂片斜卵形或卵状长圆形，顶裂片大，中脉明显。花葶由叶丛中抽出，密被倒生毛；头状花序单生茎顶，球形，直立或微下垂，直径 2～3 cm，总苞苞片 2～3 层，披针形，长约 1.5 cm，被毛，边缘毛密而长；小苞片线状披针形，长约 1 cm，其内有合生小总苞 1，筒状，长 4～5 mm，外面被毛；花萼全裂，裂片羽毛状，约 20 条；花冠漏斗状，淡黄色，长约 1 cm，外面被白色柔毛，先端 5 裂，裂片近等长，先端圆钝；雄蕊 4 枚，花药黑紫色；子房下位，柱头扁球形，雄蕊与花柱均伸出花冠外。瘦果被毛，具明显脉，宿萼刚毛状。 花果期 6～9 月。

产青海：称多（歇武寺，刘有义 83-335；赛巴沟，刘尚武 2455）、玛沁（得科沟，区划二组 206）、久治（沙柯河，藏药队 873；县城区，果洛队 650）、班玛（马柯河林场，郭本兆 448；班前乡，王为义等 26934；灯塔乡，王为义等 27383）。生于海拔 3 200～4 200 m的山坡草地、阳坡草甸和灌丛。

分布于我国的青海、西藏、云南、四川；不丹，印度东北部也有。

4. 蓝盆花属 Scabiosa Linn.

Linn. Sp. Pl. 98.1753.

多年生或二年生草本，有时基部木质呈亚灌木状，稀一年生。叶对生，茎生叶基部联合，叶片羽状半裂或全裂，稀全缘。头状花序顶生，扁球形、卵形至卵状圆锥形；具长梗，或上部为聚伞状分枝；总苞片 1～2 裂；花托结果时呈半球形，有时呈圆柱状；花托具苞片；苞片线状披针形，背部常呈龙骨状；小总苞片广漏斗状形或方柱状，结果时具 8 条肋棱；花萼盘状，具柄，5 裂成星状刚毛；花冠筒状，蓝色、紫红色、黄色至白色，4～5 裂，边缘花常较大，二唇形，上唇常 2 裂，较短，下唇 3 裂，较长，中央花通常筒状，花冠裂片近等长；雄蕊 4 枚；子房下位，包于宿存小总苞内，花柱细长，柱头头状或盾状。瘦果藏于小总苞内，顶端深裂宿存萼刺。

约 100 种，主产于地中海，在欧洲、亚洲、非洲也有分布。我国有 9 种 2 变种，昆仑地区仅产 1 种。

1. 黄盆花

Scabiosa ochroleuca Linn. Sp. Pl. 101.1753；中国植物志 73（1）：76. 图版 26：4～5.1986；新疆植物志 4：496. 图版 157：8.2004；青藏高原维管植物及其生态地理分布 927.2008.

多年生草本，高 20～50 cm。主根稍圆锥形，顶端常有丛生分枝。茎单一或数枝，基部被渐脱倒生密伏毛。不育叶披针形，长 5～10 cm，2～4 回羽裂，稀顶裂宽大或不裂，裂片疏离，窄椭圆形；叶柄长 2～5 cm；茎生叶 1～2 回羽裂，裂片 3～7 对，窄条形，茎基叶裂片常较宽，有叶柄，柄基扩大，上部叶无柄。头状花序顶生，直径约 2 cm，总花梗长 8～15 cm，多少被毛；总苞片短于花序，边花稍大或与中央花近等大；花萼裂片 5，刺毛状，长达花冠之半；花冠鲜黄色，细长筒状漏斗形，5 裂不等大；雄蕊 4 枚，子房包围于杯状小总苞内。瘦果椭圆形，黄白色，长约 2.5 mm，果时萼刺刚毛长 7 mm，为冠宽的 2 倍；果脱落时露出纺锤形的花托，花托长 1.0～1.5 cm，径约 4 mm，蜂窝状，密生短柔毛。 花期 7～8 月；果期 8～9 月。

产新疆：若羌（未见标本）。生于海拔 2 200 m 左右的山地草原、山地灌丛、河谷草地。

分布于我国的新疆；欧洲中部至巴尔干半岛北部，俄罗斯西伯利亚，蒙古也有。

七十六　桔梗科 CAMPANULACEAE

一年生或多年生草本，含有汁液或乳汁。茎直立攀缘或缠绕。叶互生，稀对生或轮生，单叶，无托叶。花单生或多数，形成聚伞花序总状或圆锥状，有苞片；花两性，辐射对称，5 基数，稀 4 数；花萼下位或上位，萼筒与子房贴生；花冠下位或上位，钟状或筒状，浅裂或深裂至基部；雄蕊 5 枚，分生或花丝基部扩大成片状，合生成筒状；花盘筒状、环状或无花盘；雌蕊 1 枚，子房上位，通常下位或半下位，有 2、3、5 室，中轴胎座，胚珠多数，花柱 1 枚，柱头裂片与子房室同数。多为蒴果，成熟时顶端瓣裂、孔裂，稀周裂或不开裂。种子多数，有棱或否。

约 60 属，1 500 种。我国有 17 属，约 150 种；昆仑地区产 4 属 8 种 1 亚种。

分属检索表

1. 子房上位；萼筒不贴生于子房…………………… **1. 蓝钟花属 Cyananthus** Wall. ex Benth.

1. 子房下位或半下位；萼筒贴生于子房上。

　2. 缠绕或近直立草本；蒴果在顶端整齐的瓣裂；植物体一般有乳汁 ………………

　…………………………………………………………… **2. 党参属 Codonopsis** Wall.

　2. 直立草本；蒴果孔裂；植物体无乳汁。

　　3. 花柱基部无花盘；蒴果的裂口在侧面先端或基部；种子平滑 …………………

　　………………………………………………………… **3. 风铃草属 Campanula** Linn.

　　3. 花柱基部有花盘；蒴果的裂口在基部；种子有棱或翅状棱 ……………………

　　………………………………………………………… **4. 沙参属 Adenophora** Fisch.

1. 蓝钟花属 Cyananthus Wall. ex Benth.

Wall. ex Benth. in Royle Ill. Bot. Himal. 309. 1836.

多年生或一年生矮小草本。茎簇生，多细软。叶互生，有些种在花下聚集少数叶子呈假轮生状，全缘，边缘有齿或分裂。花单生，少数集生或排列成总状花序，有梗或几无梗；下位花；花萼筒状或筒状钟形，被毛，先端 5 裂，稀 4 裂；花冠筒状钟形，5 裂，稀 4 裂，裂片近圆形或矩圆形；雄蕊 5 枚，稀 4 枚；子房圆锥状，4～5 室。果为蒴果，先端开裂，裂瓣整齐。种子小，多数，棕色或深棕色。

约 28 种，主要分布于喜马拉雅山及邻近地区。我国有 25 种，分布于甘肃、青海、西藏、云南、四川；昆仑地区仅见1种。

1. 蓝钟花

Cyananthus hookeri C. B. Clarke in Hook. f. Fl. Brit. Ind. 3：435. 1881；中国植物志 73（2）：27. 1983；青海植物志 3：307. 1996；青藏高原维管植物及其生态地理分布 939. 2008.

矮小草本。主根细长。茎常数条丛生，近直立或斜升，长5～15 cm，被白色柔毛，几乎在每个叶腋处生有短的分枝，分枝长1 cm以下。叶互生，被柔毛，叶片菱状圆形、菱状卵形或菱形，长3～7 mm，先端圆钝，基部广楔形，边缘具疏齿，基部狭缩成叶柄，花下数叶常聚成总苞状。花小，单朵生于茎和分枝顶端，梗极短；花萼卵圆形，长2～4 mm，外面密被褐黄毛的长粗毛，裂片4，狭三角形或长圆形，长约1.5 mm，两面被毛；花冠蓝紫色，筒状，长约7 mm，外面无毛，内面喉部密生柔毛，裂片4，长圆形，先端钝；雄蕊4枚；子房卵形，花柱长达花冠喉部。蒴果卵圆形，成熟时顶端2裂。种子小，深褐色，长圆形，长约1 mm。 果期8月。

产青海：班玛（马柯河林场，王为义 27620）。生于海拔3 200～3 300 m的高原山地河谷地带、山坡林缘灌丛草甸。

分布于我国的甘肃、青海、西藏、云南、四川；尼泊尔也有。

据文献记载，该种为一年生；但我们见到的标本，可能均为多年生。

2. 党参属 Codonopsis Wall.

Wall. in Roxb. Fl. Ind. ed. Carey 2：103. 1824.

多年生草本或草质藤本，有乳汁及特殊气味。根肉质，圆锥形，肥大，先端常有根颈部分。茎细软，近直立或缠绕，倾斜上升或平卧。叶互生、对生或近轮生。花单生，生于主茎或侧枝顶端；花萼筒部半球形或倒圆锥形，与子房贴生，常有10条明显的辐射脉，先端5裂；花冠上位，阔钟形、钟形或管状，5浅裂或全裂呈辐状，常有明显花纹或晕斑；雄蕊5枚，花丝基部常扩大，花药条形，底着；子房下位或半下位，3室，每室含多数胚珠，花柱直立，柱头3裂，肥大。蒴果，常带有宿存的花萼裂片，成熟后室背3裂。种子多数，椭圆形、长圆状或卵状，细小，棕黄色，表面光滑或有网纹。

40种，分布于亚洲东部和中部。我国约有39种，主要分布于西南诸省；昆仑地区产4种。

分种检索表

1. 主茎在中上部不分枝，似花葶状，仅茎顶部生1花；叶1或2枚，似苞片状，仅不

育枝上生正常叶 ……………………………… **1. 脉花党参 C. nervosa**（Chipp）Nannf.

1. 主茎在中上部有分枝，不似花葶状，在茎和分枝顶部生花；在茎上和不育枝上均为正常叶。

2. 花蓝色；花萼裂片大，长 1.5～2.0 cm；主茎上有多花 ……………………………………………………… **2. 新疆党参 C. clematidea**（Schrenk）C. B. Clarke

2. 花黄绿色或黄绿带紫色；花萼裂片小，长 1.0～1.5 cm；主茎上仅生 1 花。

3. 花盘大，直径在 2.5 cm 以上；花萼裂片除顶部外两面无毛，裂片间弯缺较宽 …………………………………………………… **3. 二色党参 C. bicolor** Nannf.

3. 花冠较小，直径在 2 cm 以下；花萼被毛，裂片间弯缺尖狭 ………………………………………………………………… **4. 绿花党参 C. viridiflora** Maxim.

1. 脉花党参

Codonopsis nervosa（Chipp）Nannf. in Acta Hort. Gethob. 5：26. pl. 13：f. b. 1929；中国植物志 73（2）：56. 1983；西藏植物志 4：577. 图版 253. 1985；青海植物志 3：312. 1996；青藏高原维管植物及其生态地理分布 938. 2008. —— C. ovata Benth. var. *nervosa* Chapp. in Journ. Linn. Soc. Bot. 38：385. 1908.

多年生草本。根圆柱形，较肥大，细长，少分枝。主茎 1 至数枚，直立或上升，生于茎基处，长 20～30 cm，花葶状，近基部处生多数不育枝，不育枝细瘦，茎和不育枝均生白色柔毛。叶在主茎中上部分布稀少而小，仅 1～2 枚，呈苞片状，互生，菱形或卵状披针形，长 5～6 mm，无柄，密生白色柔毛，在不育枝上的叶，近对生；叶片阔卵形、卵形或近心形，长宽各 1.0～1.5 cm，先端钝尖，近全缘，基部平截或阔楔形，两面密生白色柔毛，近无柄。花 1 朵，着生于茎的顶端，稍下垂，具长梗；花萼贴生于子房近中部，萼筒半球形，具 10 条辐射脉，无毛，裂片卵状披针形，长 8～10 mm，先端急尖或钝，全缘，两面密被白色柔毛，裂片间弯缺较宽；花冠阔钟状，淡蓝色，有红紫斑，长 2～3 cm，裂片三角形或阔三角形，先端圆钝，主脉上略有短毛，外侧先端毛密；花丝基部稍扩大，花药椭圆形，长约 5 mm；子房半球形，柱头 3 瓣裂，肥大。花期 7～8 月。

产青海：玛沁（军功乡西哈垄河谷，H. B. G. 372；黑土山，吴玉虎 5744）、久治（索乎日麻乡，藏药队 493、果洛队 367；希门错湖，果洛队 467；康赛乡，吴玉虎 26529、26537、26579）、班玛（采集地不详，吴玉虎 25995、25997，郭本兆 467）。生于海拔 3 560～4 100 m 的高原山地沟谷山坡林缘草地、河谷阶地高山草甸、山坡高寒灌丛。

甘肃：玛曲（齐哈玛大桥，吴玉虎 31791）。生于海拔 3 460～4 100 m 的沟谷山坡的高山草甸、山地灌丛中，有的也生于岩石缝隙和砾石堆。

分布于我国的甘肃、青海、西藏、四川。

2. 新疆党参

Codonopsis clematidea（Schrenk）C. B. Clarke in Hook. f. Fl. Brit. Ind. 3：433. 1881；中国植物志 73（2）：52. 1983；新疆植物志 4：518. 2004；青藏高原维管植物及其生态地理分布 937. 2008. —— *Wahlenlergia clematidea* Schrenk Enum. Pl. Nov. Songar. 1：38. 1841.

多年生草本。根肥大呈圆柱形，长可达 50 cm，少分枝，表面灰黄色。茎单一或数枚丛生，直立或曲折，高可达 1 m，下部分枝多，上部分枝稀疏，分枝纤细，被白色短毛。叶对生，有细长的柄，叶片卵形或卵状长圆形，长 1～3 cm，宽 8～18 mm，先端钝，基部平截或浅心形，全缘或浅波状，被短柔毛。花单生于茎和分枝顶端，花梗细长，疏生白色短毛；萼筒短钟状或半球状，具 10 条突出的脉，绿色并混有蓝色，无毛，裂片 5，长圆形、卵形或卵状披针形，长约 1.5 cm，花后强烈增大，全缘，先端钝或急尖，无毛；花冠钟形，长约 2 cm，淡蓝色并杂有深蓝色，无毛，5 浅裂，裂片近三角形；雄蕊 5 枚，花丝基部稍扩大，花药长圆形；子房半下位，3 室，柱头 3 裂，胚珠多数。蒴果半球形，先端急尖，增大的花萼宿存。种子多数，狭椭圆形，淡棕黄色，无毛。 花果期 6～8 月。

产新疆：乌恰（吉根乡斯木哈纳，采集人不详 73-116）、莎车（喀拉吐孜矿区，青藏队吴玉虎 870693）、叶城（苏克皮亚，青藏队吴玉虎 1051；柯克亚乡，青藏队吴玉虎 870938；棋盘乡，青藏队吴玉虎 4690）。生于海拔 2 600～3 200 m 的沟谷山坡、河谷湿润草地、山地云杉林缘和树下湿地。

分布于我国的新疆、西藏西部；印度，巴基斯坦，阿富汗，俄罗斯，中亚地区各国也有。

3. 二色党参

Codonopsis bicolor Nannf. in Acta Hort. Gothob. 5：26. 1929；中国植物志 73（2）：60. 图版 10：4. 1983；青海植物志 3：312. 1996；青藏高原维管植物及其生态地理分布 937，2008.

多年生草本。根圆柱状，肥大。茎近于直立，上部攀缘状，中下部常有短而细的不育分枝，疏被白色柔毛。叶在不育分枝上的对生或近于对生，主茎上的互生，有不到 1.5 cm 长的细柄，叶片心形、卵形或卵状长圆形，长达 4 cm，先端钝，边缘波状，基部心形至广楔形，两面疏被短毛。花单朵着生在主茎或上部分枝的顶端，有长梗；花萼贴生于子房中下部，萼筒短，半球形，有 10 条辐射脉，无毛，裂片卵状长圆形或卵形，长约 1 cm 或过之，近全缘或具波状齿，表面无毛仅边缘或先端被毛，裂片间弯缺较宽；花冠阔钟状，直径在2.5 cm以上，黄绿色，筒部带紫色，无毛，裂片 5 枚，阔卵形，先端钝圆；雄蕊 5 枚，花药长圆形，长约 5 mm；子房半球形，柱头 3 瓣裂，肥大。 花期 7～8 月（幼果）。

产青海：班玛（马柯河林场红军沟，王为义 26814；马柯河林场宝藏沟，王为义 27326）。生于海拔 3 300～3 700 m 沟谷山地林缘灌丛中、河谷阶地高寒灌丛草甸。

分布于我国的甘肃、青海、西藏、云南、四川。

本种叶片有的为卵状长圆形或宽披针形；裂片间弯缺较狭。

4. 绿花党参

Codonopsis viridiflora Maxim. in Bull. Acad. Sci. St. -Pétersb. 27：496. 1881；中国植物志 73（2）：61. 图版 10：1. 1983；青海植物志 3：312. 图版 68：3. 1996；青藏高原维管植物及其生态地理分布 939. 2008.

多年生草本。根圆柱状，肥大，粗约 1 cm 或过之，灰黄色。茎近于直立，单生或少数丛生，高 30～70 cm，在下部常有不育分枝，疏被白色短毛。叶互生或在不育枝上的近对生，叶片卵形、圆卵形或卵状长圆形，长 1～3 cm，先端钝或急尖，基部浅心形或近圆形，边缘具波状齿，两面被白色短毛，具细长叶柄。花单生于主茎和侧枝顶端，具长花梗，花梗被毛；花萼贴生于子房中部，萼筒短半球形，长约 3 mm，具明显 10 脉，无毛，萼片长圆状披针形，长 1.0～1.2 cm，先端钝尖，边缘疏被波状齿，中部以上被硬毛；花冠钟形，长 1.5～2.0 cm，黄绿色，仅基部微带紫，无毛，裂片 5，浅裂，近三角形；雄蕊 5 枚，花丝基部微扩大，花药长约 5 mm。蒴果半球形，先端急尖。种子狭椭圆形，多数，细小，棕黄色。 花果期7～9月。

产青海：称多（歇武乡，刘尚武 2476）。生于海拔 3 700 m 左右的高原沟谷山地半阳坡高寒灌丛草甸。

分布于我国的甘肃、青海、宁夏、陕西。

3. 风铃草属 Campanula Linn.

Linn. Sp. Pl. 163. 1753.

多年生草本。根为萝卜状，肉质，常有短茎基与根联合。茎直立，常数枚簇生，分枝或不分枝，细瘦。叶基生和茎生，有的只有茎生叶，基生叶常莲座状，茎生叶互生，全缘或有锯齿。花单朵顶生，或多朵组成聚伞花序，有的组成假总状、近头状或圆锥状花序；花萼与子房贴生，裂片 5，有的裂片间有附属物；花冠钟状、狭钟状或漏斗状，有时呈辐状，5 裂；雄蕊 5 枚，离生，花丝基部扩大成片状，花药棒状；子房下位，3～5 室，胚珠多数，柱头 3～5 裂，裂片弧状或螺旋状卷，无花盘。蒴果常与宿存萼片联合，成熟后孔裂，裂口在侧面先端或在基部。种子多数，平滑。

有 200 多种，分布于北温带。我国约有 20 种，大多数分布于西南山区；昆仑地区仅有1种。

1. 钻裂风铃草 图版86：5

Campanula aristata Wall. in Roxb. Fl. Ind. ed. Carey 2：98. 1824；中国植物志 73（2）：91. 1983；青海植物志 3：313. 1996；青藏高原维管植物及其生态地理分布 935. 2008.

多年生草本。根为细瘦的萝卜状，多少肉质。茎单一或2至数枚丛生，直立，高5～40 cm，纤细，无毛。叶基生和茎生2型，基生叶卵圆形、狭椭圆形或披针形，边缘微有齿，基部下延，具长柄，茎生叶互生，狭披针形或条形，长1～5 cm，两面无毛，全缘或有疏微齿，无柄。花单生茎顶；花萼筒状或管状，长8～20 mm，5裂，不等长，线形，基部稍宽，长于或等长于花冠，长5～15 mm；花冠蓝紫色，长6～12 mm，裂片短。蒴果圆柱状。种子小，狭椭圆形，棕色，长不到1 mm。 花果期6～8月。

产西藏：日土（上曲龙，高生所西藏队3482）。生于海拔4 300 m左右的高原地带山间平地。

青海：兴海（大河坝，吴玉虎42549B；河卡乡，郭本兆6178；日干山，何廷农283；河卡山，吴珍兰175）、称多（县城区，刘尚武2442；歇武乡，吴玉虎29358）、玛沁（东倾沟，玛沁队338；江让水电站，植被地理组461、491；雪山乡，H. B. G. 387；当洛乡，区划一组119）、达日（采集地、采集人不详034；吉迈乡，H. B. G. 1294）、久治（索乎日麻乡，藏药队376；哇赛乡，果洛队230）。生于海拔3 300～4 500 m的沟谷山坡、河谷阶地、沟谷草地、山间平地的草甸、杂类草草原、灌丛草甸、沼泽草甸，少数生于河滩碎石及石隙。

甘肃：玛曲（大水军牧场黑河北岸，陈桂琛等1152）。生于海拔3 400 m左右的高原宽谷滩地高寒沼泽草甸。

分布于我国的甘肃、青海、陕西、西藏、云南、四川；印度东北部，尼泊尔，克什米尔地区也有。

4. 沙参属 Adenophora Fisch.

Fisch. Mém. Soc. Nat. Mosc. 6：165. 1823.

多年生草本，均含有白色乳汁。根圆柱形，肉质，主根单一或分叉；茎基很短，与根紧密联合。茎直立，分枝或不分枝。叶互生，少数种轮生，全缘或有齿，有的种有基生叶，常呈近圆形、心形，具柄。花常排成聚伞花序、假总状花序或单花，有的为圆锥花序；花萼的筒部球形、倒卵状、倒圆锥状，裂片5枚，全缘或有齿；花冠钟状、漏斗状或筒状，蓝色或蓝紫色，5浅裂；雄蕊5枚，花丝下部扩大成片状，边缘密生茸毛，围成筒状，包着花盘，花药细长；花盘为筒状或环状，环绕花柱下部；子房下位，3室，胚珠多数，花柱长于花冠或稍短，柱头3裂。蒴果在基部孔裂。种子小，椭圆状，表面具1条棱或翅状棱。

约50种，主要分布于亚洲东部，即中国、朝鲜、日本、蒙古、俄罗斯远东地区，以及印度、尼泊尔、欧洲。我国约有40种，在东北至四川一带最多；昆仑地区产2种1亚种。

分种检索表

1. 花盘大，长3～8 mm，粗4（5）～3 mm，被毛；花常单生，稀数朵生于茎上；叶片无毛 ………………………………………… **1. 喜马拉雅沙参 A. himalayana** Feer

1. 花盘细长，长2～7 mm，粗1～2 mm；圆锥花序或总状花序；叶片被毛。

  2. 植株和叶片上被短糙毛或无毛；花冠长10～17 mm …………………………………… **2. 长柱沙参 A. stenanthina**（Ledeb.）Kitagawa

  2. 植株和叶片被长毛或无毛；花冠小，长8～12 mm …………………………………… **3. 川藏沙参 A. liliifolioides** Pax et Hoffm.

1. 喜马拉雅沙参

Adenophora himalayana Feer in Bot. Jahrb. 14：618. 1890；中国植物志 73（2）：131. 1983；青海植物志 3：316. 1996；新疆植物志 4：516. 2004；青藏高原维管植物及其生态地理分布 933. 2008.

多年生草本。根细长，粗达1 cm。茎直立，高15～35 cm，单生或数枚丛生，无毛，不分枝。茎生叶条形或长披针形，长4～8 cm，先端渐尖，边全缘或有齿，基部渐狭，无柄，两面无毛，基生叶圆卵形、卵形或卵状披针形，有波状齿，具长柄，无毛。花单生或数朵排成总状花序，多下垂；萼筒倒锥状，有的稍宽，裂片钻形或狭披针状，长5～8 mm，全缘，先端渐尖，无毛；花冠蓝色或蓝紫色，钟形狭钟形，长1.5～2.4 cm，裂片卵状三角形，浅裂；花盘筒状，粗3～4 mm，有毛；花柱与花冠略等长或稍伸出。 花期7～8月。

产新疆：叶城（柯克亚乡，青藏队吴玉虎 870849、870851、870877、870905；苏克皮亚，青藏队吴玉虎 1035、1083、1112）。生于海拔 2 800～3 100 m 的河谷山坡林缘草甸、山坡灌丛草地。

青海：兴海（大河坝乡赞毛沟，吴玉虎 46282、46346、46392、46472；赛宗寺后山，吴玉虎 46282A、46357；大河坝，吴玉虎 42470B、42549A）、曲麻莱（江让乡，刘尚武 888）、称多（歇武乡，刘有义 83-364；尕朵乡，苟新京 83-327；县城，刘尚武 2416）、治多（当江乡，周立华 536）。生于海拔 4 000～4 300 m 的高原河谷山地阴坡高寒灌丛。

甘肃：玛曲（欧拉乡，吴玉虎 32061；河曲军马场，吴玉虎 31886；尼玛乡哇尔玛，吴玉虎 32141）。生于海拔 3 320～3 440 m 的沟谷山坡高寒灌丛。

四川：石渠（长沙贡玛乡，吴玉虎 29675、29677、29702、297098、29717、29729；新荣乡，雅砻江边，吴玉虎 29991）。生于海拔 4 000～4 400 m 的沟谷山地阴坡草甸、河滩高寒灌丛、山地岩石缝隙。

分布于我国的新疆、甘肃、青海、西藏、四川；喜马拉雅山地区、帕米尔高原、天山、塔尔巴哈台山的国外部分也有。

本种在新疆生长于海拔 2 800～3 100 m 之间，在四川和青海本区生长于海拔 4 000～4 300 m 之间；从形态上，本种在新疆地区长得比较粗壮高大，花冠也大，花盘粗约 4 mm，多毛，花柱等长或稍短于花冠；在四川、青海两省的本区植物，植株较低矮细瘦，有圆卵形或卵形的基生叶，花冠小而瘦，花盘粗 3～4 mm，尤在青海省为 3 mm，近无毛或毛稀，花柱略伸出花冠外。

2. 长柱沙参

Adenophora stenanthina（Ledeb.）Kitagawa Lineam. Fl. Mansh. 418. 1939；中国植物志 73（2）：133. 1983. ——*Campanula stenanthina* ledeb. in Mém. Acad. St. -Pétersb. t：525. 1814.

2a. 长柱沙参（原亚种）

subsp. **stenanthina**

昆仑地区不产。

2b. 林沙参（亚种）

subsp. **sylvatica** Hong Fl. Reipubl. Popul. Sin. 73（2）：134. et 187. 1983；青藏高原维管植物及其生态地理分布 935. 2008.

多年生草本。茎直立，单一或少数枝丛生，高达 90 cm，一般被短糙毛或无毛。茎生叶互生，条形、宽椭圆形或卵形，长 2～10 cm，先端突尖或渐尖，边缘全缘、不明显浅锯齿至锯齿，基部楔形，无柄，通常两面被糙毛，少无毛。花序为假总状花序或简单的圆锥花序；花萼无毛，萼筒狭钟形或倒卵状长圆形，裂片钻形或狭披针形，长达 6 mm，全缘；花冠蓝色或蓝紫色，狭钟形，长 1～2 cm，裂片卵形或卵状三角形，浅裂，先端浅尖；雄蕊短于或等长于花冠；花盘筒状，直径达 2 mm，被毛；花柱长 18～23 mm，伸出花冠外。 花果期8～9月。

产青海：都兰（香日德乡莫不里沟，青甘队 1392）、兴海（赛宗寺，吴玉虎 46171B；中铁乡附近，吴玉虎 43014 黄青河畔，吴玉虎 42650、42679、42729；河卡乡，弃耕地考察队 231、384，郭本兆 6216，王作宾 20272；白龙乡，郭本兆 6216；尕玛羊曲，吴玉虎 20472、20502、20526；河卡山，吴珍兰 183、206；大河坝，吴玉虎

42605、张盍曾 63528)、称多（歇武乡，刘尚武 2538)、玛多（黑海乡，吴玉虎 18044)、玛沁（大武镇后山，植被地理组 417；军功乡，H. B. G. 280、吴玉虎 21209、26952；西哈垄河谷，吴玉虎 5621、5679、21290，H. B. G. 319；雪山乡，玛沁队 374；大武乡，H. B. G. 625；江让水电站，吴玉虎 18672、18759；拉加乡，吴玉虎 6091、6094)、达日（建设乡，H. B. G. 1024、1109)、久治（白玉乡，藏药队 635；哇尔依乡，吴玉虎 26761)、班玛（多贡麻乡，吴玉虎 25966、25986；马柯河林场，吴玉虎 26178)。生于海拔3 000～4 100 m 的沟谷山坡、宽谷河漫滩、河谷阶地草甸、沟谷山地高山草甸、山地阴坡高寒灌丛草甸、山坡林缘、圆柏林、鲜卑花灌丛、干草原、石砾山坡、石砾和岩石缝隙。

甘肃：玛曲（欧拉乡，河曲军牧场，吴玉虎 31886)。生于海拔 3 200～3 440 m 的沟谷山地、高山草甸、河谷山坡灌丛草甸、山坡林缘草甸。

分布于我国的甘肃、青海。

本种在形态上变化很大。除本亚种外，尚有无短糙毛类型，分布在兴海、玛多、玛沁 3 县；叶为宽椭圆形、边缘有明显皱褶、先端突尖的类型，分布在青海省的都兰、兴海、玛沁 3 县；近似原变种的类型，主要分布于青海省兴海县。

3. 川藏沙参　图版 89：1～4

Adenophora liliifolioides Pax et Hoffm. in Fedde Repert. Sp. Nov. Beih. 12: 499. 1922；中国植物志 73 (2)：134. 1983；西藏植物志 4：592. 图 262. 1985；青海植物志 3：315. 1996；青藏高原维管植物及其生态地理分布 934. 2008.

多年生草本。根圆柱形；茎基明显，不分枝。茎直立，单生，高达 90 cm，被白色长毛或无毛。茎生叶互生，狭菱形、卵状披针形或条形，长 3～10 cm，宽 0.2～2.0 cm，先端渐尖，边缘有锯齿或全缘，基部楔形，无柄，两面被白色长毛或无毛。花序常有分枝，组成圆锥花序，稀不分枝的，形成总状，有明显的柄，一般无毛；萼筒圆球形或钟状，裂片钻形，长 3～5 mm，全缘，无毛；花冠蓝色、蓝紫色，筒状或狭钟状，长 0.5～1.0 cm，裂片短，三角形；花盘管状，长约 3 mm，粗可达 1 mm，短于花丝膨大部分的高度，无毛；花柱长 15～17 mm，明显长于花冠。蒴果卵形或椭圆形，长 6～8 mm。种子棕褐色，长圆形，长约1 mm。　花果期 7～9 月。

产青海：兴海（中铁林场恰登沟，吴玉虎 44941、44962、45210、45300；大河坝乡赞毛沟，吴玉虎 46472、47719；赛宗寺，吴玉虎 46171；中铁乡至中铁林场途中，吴玉虎 43174、43198；赛宗寺后山，吴玉虎 44392、46282B、46312、46338、46342A、46357；中铁乡附近，吴玉虎 42838、42913)、久治（康赛乡，吴玉虎 26544；城区，果洛队 663；沙柯河，藏药队 877、879)、班玛（县城区，王为义 26712；马柯河林场，吴玉虎 26147、26165；莫巴乡，吴玉虎等 26323)、玛沁（拉加乡附近，吴玉虎等 6094)。生于海拔 3 200～3 750 m 的沟谷高山草甸、山地林缘高寒灌丛草甸、宽谷河滩草地、干

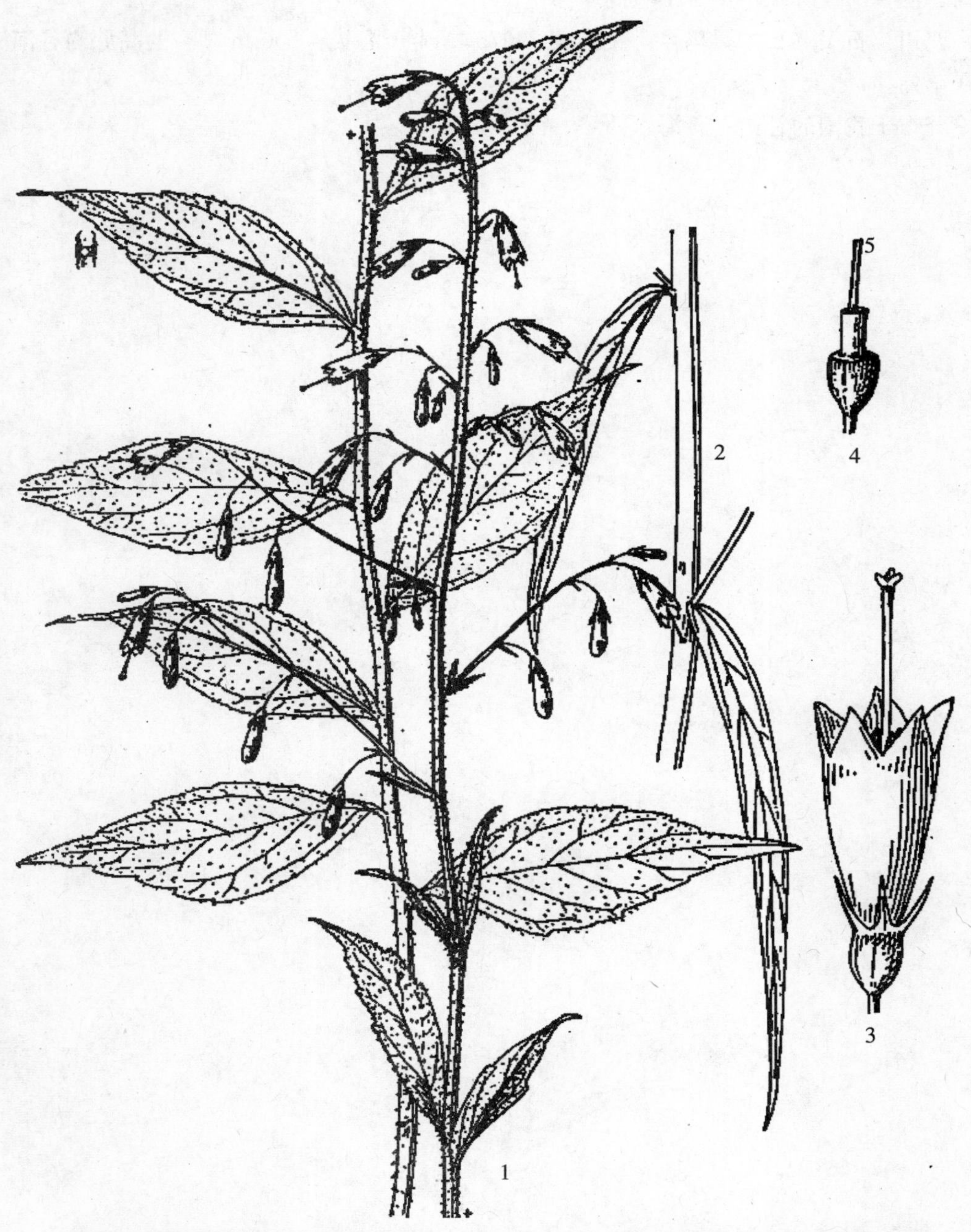

图版 **89** 川藏沙参 **Adenophora liliifolioides** Pax et Hoffm. 1. 植株中上部；2. 另一个植株的一断茎，示不同类型的叶子；3. 花；4. 除去花萼、花冠和雄蕊的一朵花，示花盘。（引自《西藏植物志》，冯晋庸绘）

旱山坡。

甘肃：玛曲（齐哈玛大桥，吴玉虎 31821）。生于海拔 3 460 m 左右的河谷阶地高山草甸、沟谷山坡林缘草甸、山坡高寒灌丛。

四川：石渠（长沙贡玛乡，吴玉虎 29675）。生于海拔 4 000 m 左右的高原沟谷河滩高寒草甸。

分布于我国的甘肃、青海、西藏、四川。

七十七 菊科 COMPOSITAE

一年生或多年生草本，半灌木或灌木，少为乔木。茎直立或匍匐，单生或有分枝，被毛或无毛；有些种类有乳汁。叶对生、互生或轮生，全缘，有齿或分裂，无托叶或有假托叶。花两性或单性，少单性异株，整齐或不整齐，少数或多数聚集成头状花序，头状花序单生或数个到多数排列成总状、穗状、聚伞状、伞房状或圆锥状；总苞片1至数层，外层短，向内渐长，纸质或膜质；花序托平或凸起，有窝孔或无，具托片或托毛，或无；无苞片或苞片退化成膜质鳞片或小刺；萼片常变为鳞片状、冠状、刺毛状或毛状而称为冠毛，冠于瘦果顶端，或无；花冠为2种或1种，1种为花冠两侧对称舌状花，顶端不裂或2～5裂，1种花冠辐射状对称为筒状的筒状花，前端4～5裂；在花序中或全为舌状花，或全为筒状花，或周缘为舌状花而中央为筒状花；雄蕊4～5枚，花药合生而围绕花柱，少分离，基部钝或有尾，花丝分离；雌蕊子房下位，花柱顶端2裂，有附器或无，被毛或无，冠毛有或无，有时为羽毛状、糙毛状、鳞片状、刺芒状或冠状。种子无胚乳，具2子叶，少1子叶。

约1 000属，25 000～40 000种，广布于全球，主产温带地区。我国有239属2 300种，昆仑地区产64属326种1亚种8变种。

分族检索表

1. 头状花序有同型或异型小花，中央花为管状花；植物无乳汁。
  2. 花药基部钝或微尖。
    3. 花柱分枝一面平，一面凸，上端有尖或三角形附器，有时上端钝 ………… ………………………………………………………… （一）**紫菀族** Astereae Cass.
    3. 花柱分枝通常截形，或有三角形附器，有时分枝钻形。
      4. 冠毛无或为鳞片状、芒状或冠状。
        5. 总苞片叶质 ……………………………… （三）向日葵族 **Heliantheae** Cass.
        5. 总苞片全部或边缘干膜质；头状花序盘状或辐射状 ………………… ………………………………………… （四）**春黄菊族** Anthemideae Cass.
      4. 冠毛通常为毛状；头状花序辐射状或盘状；叶互生 ……………………… ………………………………………………… （五）**千里光族** Senecioneae Cass.
  2. 花药基部锐尖，截形或尾形。
    6. 花柱上端无被毛的节，分枝上端截形，无附器或有三角形附器 …………… ………………………………………………………… （二）**旋覆花族** Inuleae Cass.

6. 花柱上端有膨大并被毛的节；头状花序全为同形的筒状花。
7. 头状花序各有 1 朵小花，密集成复头状花序 ……………………………………………………………………………………（六）**蓝刺头族** Echinopsideae Cass.
7. 头状花序有多数小花，不集成复头花序 ……………………………………………………………………………………………（七）**菜蓟族** Cynareae Less.
1. 头状花序全为舌状花，花柱分枝细长；植物有乳汁 ………………………………………………………………………………（八）**菊苣族** Cichoreae Spreng.

（一）紫菀族 Trib. **Astereae** Cass.

Cass. in Bull. Soc. Philom. Paris 173. 1815.

草本，亚灌木或灌木。叶通常互生，不分裂，有锯齿或羽状分裂。头状花序辐射状或盘状，边缘有 1 至多层舌状或细管状的雌花，中央为管状的两性花，或边缘的雌花退化而仅有同形的管状花；雌花舌状，舌片黄色或其他颜色，顶端具 2～3 个细齿，或细管状而短于花柱；两性花花冠管状，黄色，结实或不结实；总苞片通常多层，覆瓦状排列，叶质，干膜质或近革质；花序托平或凸起，无毛，蜂窝状，具窝孔或稀有膜片状毛；花药上端有附片，基部钝，近全缘或微尖；花柱分枝扁或一面凸形，上端有披针形、三角形的附器，外面密被乳突状微毛。瘦果圆柱形、长圆形或倒卵形；冠毛毛状、芒状、膜片状或不存在。

紫菀族为菊科中较大的族，分布于全世界，尤以美洲温带地区种类最多。我国约 31 属，昆仑地区产 10 属。

分属检索表

1. 小花 2 型，外层雌性，舌状；中央花两性，管状。
2. 总苞片多层，覆瓦状排列，或 2 层近等长；舌状花通常 1 层；花柱分枝顶端披针形。
3. 舌状花长，较冠毛为长，有时无舌状花。
4. 管状花花冠两侧对称，1 裂片较长；舌状花冠毛毛状、膜片状或无冠毛 ………………………………………………………… **1. 狗娃花属 Heteropappus** Less.
4. 管状花花冠辐射对称，5 裂片等长；舌状花及管状花的冠毛均糙毛状。
5. 冠毛 1～2 层，外层极短，膜片状；多年生草本或半灌木。
6. 瘦果有明显的肋；边缘的小花结果实；冠毛 1～2 层，外层极短或较短。
7. 花柱分枝附片披针形；瘦果被稀疏的毛或腺毛；草本。

8. 冠毛 1 层或 2 层，外层短膜片状；管状花花冠常整齐 ……
………………………………………… **2. 紫菀属 Aster** Linn.

8. 冠毛 2 层，外层较短；管状花花冠常两侧对称 ……………
………………………………………… **3. 岩菀属 Krylovia** Schischk.

7. 花柱分枝附片三角形；瘦果被长贴毛；半灌木……………………
………………………………… **6. 紫菀木属 Asterothamnus** Novopokr.

6. 瘦果无明显的肋；边缘的小花不结果实，或无边缘的小花 ………
………………………………………………… **4. 乳菀属 Galatella** Cass.

5. 冠毛多层，多少不等长，全部毛状，花后强烈增长 ……………………
………………………………………………………… **5. 碱菀属 Tripolium** Nees.

3. 舌状花短，较冠毛为短 ………………………… **7. 短星菊属 Brachyactis** Ledeb.

2. 总苞片 2～3 层，狭窄，等长；雌花 1 或多层；花柱分枝顶端短三角形。

9. 两性花及雌花同色；两性花不育 ………………… **8. 寒蓬属 Psychrogeton** Boiss.

9. 两性花及雌花异色，两性花结果实 …………………… **9. 飞蓬属 Erigeron** Linn.

1. 小花 3 型，最外层为可育的舌状雌花，紧靠外层的 2～3 层为细管状的雌花；中央花两性，管状 ………………………………………… **10. 毛冠菊属 Nannoglottis** Maxim.

1. 狗娃花属 Heteropappus Less.

Less. Synops. Comp. 189. 1832.

一年生、二年生或多年生草本。叶互生，全缘或有疏齿。头状花序排列成疏伞房状或单生，有异型花，即外围有 1 层雌花，放射状，中央有多数两性花，均结实，有时仅有同型的两性花而无雌花。总苞半球形；总苞片 2～3 层，近等长或稍呈覆瓦状排列，条状披针形，草质，至少内层边缘膜质。花序托稍凸起，蜂窝状。雌花花冠舌状，舌片蓝色或紫色，顶端有微齿，极少舌片不存在；两性花管状，黄色，有 5 枚不等形的裂片，其中 1 枚裂片较长；花药基部钝，全缘，花柱分枝附片三角形；冠毛同形，有近等长的带黄色或带红色的细糙毛，或异形而在雌花的冠毛极短且为冠状，或有时雌花无冠毛。瘦果倒卵形，扁，下部极狭，被绢毛，有较厚的边肋。

约 30 种，主要分布于亚洲东部、中部及喜马拉雅地区。我国有 12 种，昆仑地区产 5 种。

分种检索表

1. 多年生植物；小花全部有同形的冠毛。

2. 植株较高大，非垫状，无圆柱状的直根。

3. 茎直立，高超过 20 cm；总苞片边缘膜质，舌状花约 15 个 ……………………………………………… **2. 阿尔泰狗娃花 H. altaicus**（Willd.）Novopokr.

3. 茎平卧，长不超过 20 cm；总苞片边缘至少内层边缘膜质，舌状花 20～35 个 ……………………………………………… **3. 半卧狗娃花 H. semiprostratus** Griers.

2. 植株低矮，垫状，具粗的圆柱状的直根 ……………………………………………… **1. 青藏狗娃花 H. bowerii**（Hemsl.）Griers.

1. 一年生或二年生植物；小花有同形的冠毛，或舌状花瘦果的冠毛极短或少数，或无冠毛。

4. 茎直立，高 15～30（60）cm，上部分枝；茎叶长圆状匙形，边缘常有齿，宽 8～13 mm ……………………… **4. 圆齿狗娃花 H. crenatifolius**（Hand.-Mazz.）Griers.

4. 茎高 8～10（30）cm，自基部有铺散的分枝；茎叶线形、倒披针形或匙形，全缘，宽 2～6 mm …………… **5. 拉萨狗娃花 H. gouldii**（C. E. C. Fisch.）Griers.

1. 青藏狗娃花 图版 90：1～3

Heteropappus bowerii（Hemsl.）Griers. in Not. Bot. Gard. Edinb. 26：155. 1964；中国植物志 74：117. 1985；西藏植物志 4：624. 图 272：5～7. 1985；青海植物志 3：320. 图版 71：1～6. 1996；新疆植物志 5：8. 图版 1：1～3. 1999；青藏高原维管植物及其生态地理分布1004. 2008. —— *Aster bowerii* Hemsl. in Journ. Linn. Soc. 30：113. 1894.

二年生或多年生草本，低矮，垫状，有肥厚的圆柱状直根，根颈径约 5 mm，基部由残存的叶片。茎单生或 3～6 个簇生于根颈上，不分枝或有 1～2 个分枝，高 2.5～7.0 cm，纤细，被白色密硬毛，上部常有腺毛。基部叶密集，条状匙形，长 1～3 cm，宽 2～4 mm；下部叶条形或条状匙形，长 1.2～2.5 cm，宽 1～2 mm，基部稍宽，抱茎；上部叶条形，长 0.5～1.2 cm，宽 1～2 mm；全部叶质厚，全缘或边缘皱缩，两面密生白色长粗毛或上面近无毛，有缘毛。头状花序单生于茎端或枝顶；总苞半球形，长 6～10 mm，宽 10～12 mm；总苞片 2～3 层，草质，绿色或顶端紫红色，条形或条状披针形，顶端渐尖，被腺毛及密的粗毛，外层长约 4 mm，宽约 1 mm，内层较尖，长 6～8 mm，宽约 1 mm，边缘狭膜质。缘花雌性，舌状，约 50 个；舌片蓝紫色，开展，线状长圆形，长 9～13 mm，宽 1.5～1.7 mm；中央花两性，管状，长 4.5～5.0 mm，管部长约 1.5 mm；裂片不等长，长 0.5～1.0 mm，外面有微毛。冠毛白色，1 层，长 4～5 mm，有多数不等长的糙毛。瘦果窄，倒卵圆形，长 1.5～2.4 mm，淡黄色，有黑斑，被稀疏细毛。 花果期 6～9 月。

产新疆：若羌（居头墩，采集人和采集号不详；喀尔敦，采集人和采集号不详）。生于海拔 4 300～5 300 m 的高山砾石沙地。

西藏：日土（青藏队 76-9166；热帮区龙日拉，青藏队 76-9116；多玛区种藏莫特，青藏队 76-9042）、改则（可拉可山口，高生所西藏队 4365）、尼玛（双湖无人区缺天湖，青藏队藏北分队 10190；双湖办事处至来多途中，青藏队藏北分队 9788)。生于海拔4 700 m左右的河谷滩地、沟谷山地高寒草原。

青海：玛多（哈姜，吴玉虎 1591；县城郊，吴玉虎 442；哈姜盐池周围，植被地理组 391；苦海醉马滩，陈世龙 076)。生于 3 600～4 700 m 的高山坡地、高原盐湖边滩地。

分布于我国的新疆、甘肃、青海、西藏。

2. 阿尔泰狗娃花

Heteropappus altaicus (Willd.) Novopokr. Herb. Fl. Ross. 8：193. 1922；中国植物志 74：112. 图版 33：6～13. 1985；青海植物志 3：320. 1996；新疆植物志 5：6. 图版 1：9～14. 1999；青藏高原维管植物及其生态地理分布 1004. 2008. —— *Aster altaicus* Willd. Enum. Pl. Hort. Berol. 2：880. 1809.

多年生草本，有横走或直立的根。茎直立，上部或全部有分枝，高 8～25 cm，被密而向上曲或有时开展的毛，上部常杂有疏腺点。基部叶在花期枯萎，下部叶条形或矩圆状披针形、倒披针形或近匙形，长 2.5～6.0 cm，宽 1.5～7.0 mm，上部叶渐狭小，条形；全部叶两面或下面被粗毛或糙毛，常有腺点。头状花序直径 2.0～3.5 cm，单生枝端或排成伞房状。总苞半球形，长 4～6 mm，宽 10～12 mm，总苞片 2～3 层，近等长或外层稍短，矩圆状披针形或条形，长 4～8 mm，宽 1.0～1.5 mm，顶端渐尖，草质，被毛，常有腺点，中内层边缘膜质，下部常呈龙骨状突起。边缘雌花舌状，1 层，有 20～30 个，有微毛；舌片浅蓝紫色，矩圆状条形，长 10～15 mm，宽 1.5～2.5 mm，顶端钝，管部长 1.5～2.0 mm；中央花两性，管状，黄色，长 5～6 mm，管部长 1.5～2.2 mm，裂片不等长，长 0.6～1.4 mm，有疏毛。冠毛污白色或红褐色，长 4～6 mm，有不等长的微糙毛。瘦果扁，倒卵状矩圆形，长2～3 mm，宽 0.7～1.4 mm，灰绿色或浅褐色，被绢毛，杂有腺毛。 花果期 6～9 月。

产新疆：莎车（喀拉吐孜矿区，青藏队吴玉虎 870654)、叶城（色力亚克达坂，阿不力米提 052；昆仑山，采集人不详 3338；库地，黄荣福 C. G. 86-019；苏克皮亚，青藏队吴玉虎 1087)、皮山（跃进大布琼，采集人不详 081)、和田（风光乡 13 大队，杨昌友 750693)、策勒（奴尔乡，采集人不详 28)、阿克陶（阿克塔什，青藏队吴玉虎 870171)、塔什库尔干（麻扎种羊场萨拉勒克，青藏队吴玉虎 870331)。生于海拔 2 500～3 600 m 的沟谷山坡荒地及干旱山地。

西藏：改则（大滩，高生所西藏队 4331)。生于海拔 4 450 m 的沟谷山地阳坡砾石地。

青海：兴海（中铁林场中铁沟，吴玉虎 45533、45552、45617；中铁乡天葬台沟，吴玉虎 45922、45924、45939；中铁乡去中铁林场途中，吴玉虎 43165；中铁乡前滩，吴玉虎 45405、45436；曲什安乡大米滩，吴玉虎 41821、41834、41842；野马台滩，吴玉虎 42193；大河坝乡，采集人不详 317；大河坝乡赞毛沟，吴玉虎 47113、47120、47126、47137；唐乃亥乡，吴玉虎 42081、42133、42179、42185、42380；河卡乡羊曲，何廷农 058；河卡乡草原站，吴珍兰 029、098）、达日（建设乡达日河纳日，H. B. G. 1080）、玛多（扎陵湖半岛，吴玉虎 421）、玛沁（拉加乡附近干旱山坡，吴玉虎等 6113）、久治（白玉乡附近，藏药队 666）。生于海拔 2 780～4 350 m 的沙砾河滩、山地断崖石隙、河谷阶地高寒草原、沟谷山坡砾石草地、河谷台地的阳坡砾石地、河滩疏林田埂。

分布于我国的西北、华北、东北地区及四川西北部；中亚地区各国，蒙古，俄罗斯也有。

3. 半卧狗娃花 图版 90：4～7

Heteropappus semiprostratus Griers. in Not. Bot. Gard. Edinb. 26：151. 1964；中国植物志 74：117. 图版 34：4～7. 1985；西藏植物志 4：622. 图版 27：1～4. 1985；青海植物志3：320. 图版 71：7～12. 1996；新疆植物志 5：7. 1999；青藏高原维管植物及其生态地理分布 1005. 2008.

多年生草本，主根长，直伸，于根颈处生出多数簇生分枝。茎数个，平卧或斜升，很少直立，长 5～15 cm，被平贴的硬柔毛，茎基部或叶腋有或长或短的不育枝。叶条形或匙形，长 1～3 cm，宽 2～4 mm，上部叶疏，全缘，绿色，顶端急尖，基部渐狭，无柄，下面及边缘被平贴的柔毛，上面近无毛，散生闪亮的腺点。头状花序单生枝端，宽 1.5～3.0 cm；总苞半球形，径约 1.3 cm；总苞片 3 层，披针形，渐尖，长 6～8 mm，宽 0.5～1.5 mm，绿色，外面被柔毛和腺体，内层边缘宽膜质。缘花雌性，1 层，舌状，有 20～35 个，舌片蓝色或浅紫色，长 1.2～1.5 cm，宽约 2 mm，管部长约 2 mm，上面被微毛；中央两性花管状，黄色，长 4～6 mm，管部长 1.8～2.5 mm，裂片 1 长 4 短，长 1.2～1.5 mm，花柱附属物三角形。冠毛浅棕红色，长 4～5 mm。瘦果倒卵形，长 1.7～2.0 mm，宽 0.7～0.9 mm，密被绢毛，杂有腺毛。

产新疆：皮山（布琼，青藏队吴玉虎 1880）、和田、策勒（奴尔乡，采集人不详 028）。生于海拔 2 600～3 400 m 的沟谷山坡草地、荒漠草原砾地。

西藏：改则、双湖、班戈（未见标本）。生于海拔 4 200 m 左右的高原宽谷湖边沙砾地、山坡草地或多石砾的河谷阶地、高寒草原。

青海：曲麻莱（县城附近，刘尚武等 710）、称多（毛洼营，刘尚武 2391）、玛多（县城后山，吴玉虎 1624；鄂陵湖出口，吴玉虎 77-56；县城西北 10 km 处，陈桂琛等 1825；黑海乡，杜庆 498）、玛沁（优云乡黄河边，区划一组 168）、都兰、达日（建设乡达日河桥附近，H. B. G. 1010；吉迈乡赛纳纽达山，H. B. G. 1334；建设乡，陈桂琛等 1696）、甘德（上贡麻乡黄河边，H. B. G. 916、976）。生于海拔 3 900～4 200 m的沟谷山坡草地、高寒草甸、河谷阶地高寒草原沙砾地。

图版 **90** 青藏狗娃花 **Heteropappus bowerii** (Hemsl.) Griers. 1. 植株；2. 舌状花；3. 管状花。半卧狗娃花 **H. semiprostratus** Griers. 4. 植株；5. 舌状花；6. 管状花；7. 瘦果。（引自《西藏植物志》，刘春荣绘）

分布于我国的新疆、青海、西藏；尼泊尔，克什米尔地区也有。

4. 圆齿狗娃花 图版 91：1～3

Heteropappus crenatifolius（Hand. -Mazz.）Griers. in Not. Bot. Gard. Edinb. 26：152. 1964；中国植物志 74：125. 图版 36：1～3. 1985；西藏植物志 4：624. 图 273：4～6. 1985；青海植物志 3：322. 1996；青藏高原维管植物及其生态地理分布 1004. 2008. —— *Aster crenatifolius* Hand. -Mazz. Symb. Sin. 7：1 092. t. 16. f. 14. 1936.

一年生草本，有直根。茎直立，单生，高 10～50 cm，上部或从下部起有分枝，多少密生开展的长毛，上部常有腺点。基部叶在花期枯萎，莲座状；下部叶长圆形或线状长圆形，长 2～6 cm，宽 5～8 mm，顶端钝或近圆形，全缘；中部叶较小，基部稍狭或近圆形，无柄；上部叶小，常条形；全部叶两面被粗伏毛，且常有腺体，中脉在下面凸起处有时被较长的毛。头状花序单生枝顶；总苞半球形，直径 1.0～1.5 cm；总苞片 2～3 层，近等长，条形或条状被针形，长 5～8 mm，宽约 1.5 mm，先端渐尖，边缘狭膜质背部具短伏毛和腺体；舌状花 35～40 个，舌片蓝色或紫色，长 8～12 mm，宽约 1.5 mm；管状花黄色，长 4～5 mm，裂片 5 枚，不等长。冠毛黄色或近褐色，较管状花花冠稍短或近等长，有不等长的微糙毛。瘦果倒卵形，长 2.0～2.8 mm，稍扁，淡褐色，有黑色条纹，被稀疏毛，上部有腺体。 花果期 8～9 月。

产青海：都兰、玛多（扎陵湖乡三队，吴玉虎 459）、达日（建设乡胡勒安玛，H. B. G. 1139）。生于海拔 2 230～4 000 m 的宽谷河滩、田边、山坡草地。

分布于我国的青海、甘肃、西藏、云南、四川。

5. 拉萨狗娃花 图版 91：4～6

Heteropappus gouldii（C. E. C. Fisch.）Griers. in Not. Bot. Gard. Edinb. 26：152. 1964；中国植物志 74：127. 图版 35：4～6. 1985；西藏植物志 4：625. 图 273：1～3. 1985；青海植物志 3：322. 1996；青海植物志 3：322. 1996；青藏高原维管植物及其生态地理分布 1005. 2008. —— *Aster gouldii* C. E. C. Fisch. in Kew Bull. 286. 1938.

一年生草本，茎高 10～30 cm。自基部或中下部具铺散的分枝或直立，分枝纤细，被平贴的短粗毛或开展的短硬毛并混有腺毛。叶线形或线状倒披针形，长 0.7～3.5 cm，宽 1.5～3.0 mm，顶端钝或急尖，基部无柄或有不明显的柄，全缘，两面被平贴的糙伏毛并杂有腺体。头状花序单生于分枝的顶端；总苞半球形，直径 1.0～1.5 cm；总苞片 2～3 层，近等长，线形或披针形，长 5～7 mm，宽 0.8～1.8 mm，渐尖，绿色或带紫色，被腺状短柔毛和疏长毛，内层有白色膜质边缘。舌状花 25～40 个，舌片淡紫色或浅蓝色，长约 1 cm，宽 1.5～2.0 mm；管状花黄色，长约 5 mm，裂片 5

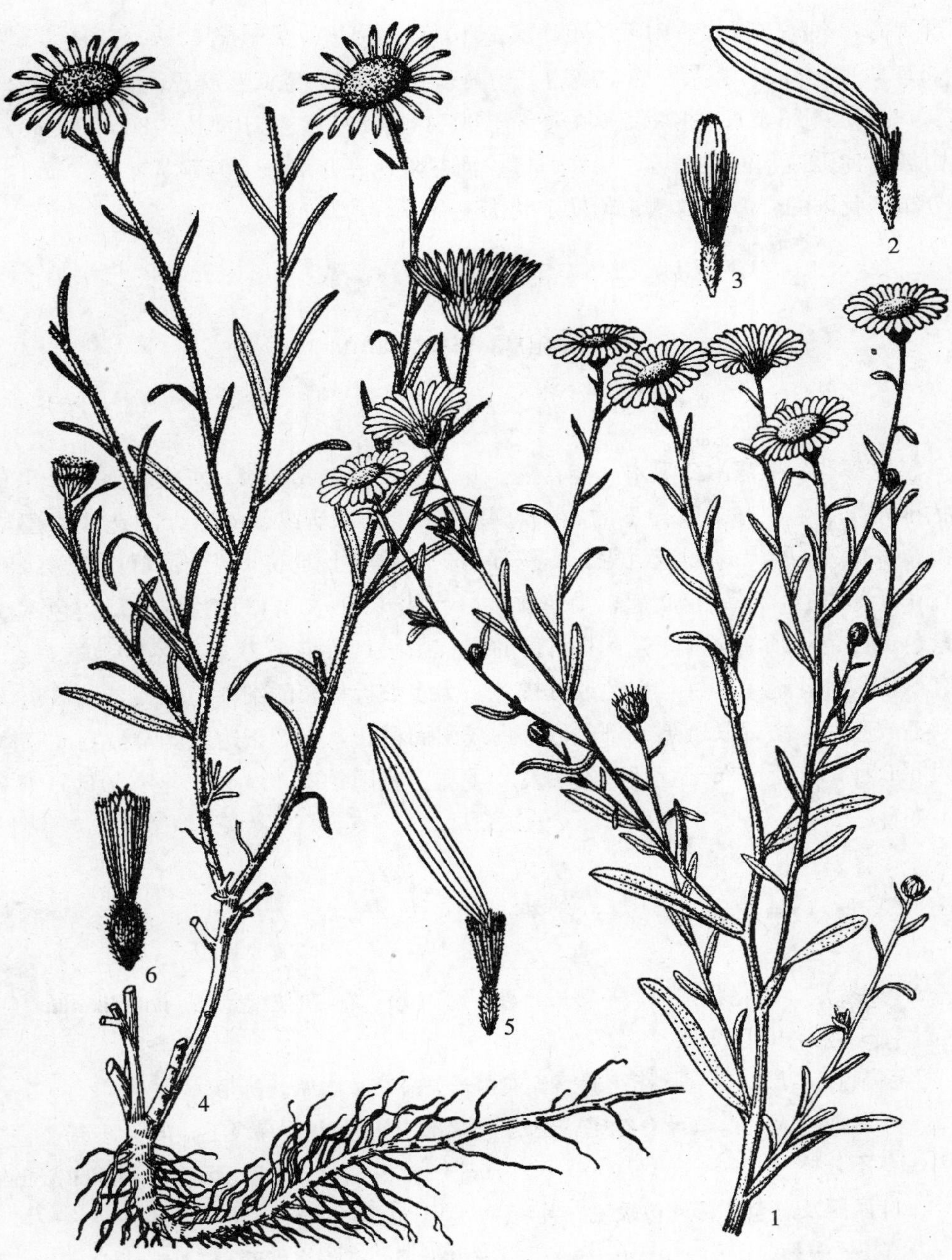

图版 91 圆齿狗娃花 **Heteropappus crenatifolius**（Hand. -Mazz.）Griers. 1. 植株；2. 舌状花；3. 管状花。拉萨狗娃花 **H. gouldii**（C. E. C. Fisch.）Griers. 4. 植株；5. 舌状花；6. 管状花。

（引自《西藏植物志》，刘春荣、王金凤绘）

枚，不等长。冠毛污白色或浅棕色，较管状花花冠短，长 3.0～3.2 mm。瘦果倒卵形，长 2.0～2.5 mm，宽约 1 mm，状扁，有黑色斑点，被短毛，顶部有少数腺体。 花果期7～9 月。

产青海：兴海（青根桥附近，王作宾 20105；大河坝，吴玉虎 42477）、称多（拉布乡，刘有义 83－452；扎朵乡驻地路边，苟新京 83－231；歇武乡赛巴沟，刘尚武 2519；毛漥营，刘尚武 2393）、曲麻莱（秋智乡，刘尚武等 791）。生于海拔 3 800～4 150 m 的沟谷山坡草甸砾地、河沟草坡、山地石崖、河谷阶地高寒草原、河滩草甸。

分布于我国的青海、西藏；印度东北部也有。

2. 紫菀属 **Aster** Linn.

Linn. Sp. Pl. 872. 1753.

多年生草本，半灌木或灌木。茎直立，叶互生，有齿或全缘。头状花序呈伞房状或圆锥状排列或单生，有多数异型的花；总苞半球状、钟状或倒锥状；总苞片 2 层或多层，覆瓦状排列，外层渐短或近等长，基部多少革质，上部或外层全部草质，边缘有时膜质；花托蜂窝状，平或稍凸起；缘花雌性，舌状花 1～2 层，舌片狭长，白色、浅红色、紫色或蓝色，顶端有 2～3 个不明显的齿；中央两性花管状，黄色或顶端紫红色，通常有 5 枚裂片。冠毛宿存，白色或红褐色，为多数近等长的细糙毛，或外面 1 层为极短的刚毛或膜片。瘦果长圆形或倒卵形，扁或两面稍凸，有 2 条边肋，常被毛或腺体。

约 600 种，广泛分布于亚洲、欧洲及北美洲。我国约有 100 种，昆仑地区产 8 种 1 亚种 1 变种。

分种检索表

1. 总苞片 3～5 层，覆瓦状排列，不等长，外层短 …… **1. 灰枝紫菀 A. poliothamnus** Diels
1. 总苞片 2～3 层，近等长。
    2. 冠毛褐色，1 层，与管状花花冠等长或稍长；总苞片线状长圆形。
        3. 叶两面近无毛，边缘有缘毛；总苞片背部中央及边缘有缘毛；叶大多基生；茎不分枝 ………………………………………… **2. 缘毛紫菀 A. souliei** Franch.
        3. 叶两面及总苞背部密被短毛；叶茎生；茎于上部分枝 …………………………………………………………… **3. 东俄洛紫菀 A. tongolensis** Franch.
    2. 冠毛 2 层，外层短，内层长，污白色；总苞片线状披针形。
        4. 植株矮；叶小，长不超过 5 cm，大部分基生，莲座状；茎基部无残存叶柄。
            5. 植株具 4～6 个块根 ……………………………………………… **4. 块根紫菀 A. asteroides**（DC.）O. Kuntze

5. 植株具根状茎。

6. 茎叶被上贴的节毛或柔毛；冠毛与两性花近等长，外层短，糙毛状 ………………………………………………… **5. 高山紫菀 A. alpinus** Linn.

6. 茎叶被皱曲的或开展的长毛；冠毛外层短，膜片状或刚毛状。

7. 叶质薄，全缘，边缘平展；头状花序径 3～4 cm；冠毛外层短，膜片状 ………………………………………… **6. 柔软紫菀 A. flaccidus** Bunge

7. 叶质厚，全缘，边缘皱褶；头状花序径 4～5 cm；冠毛外层刚毛状 …………………… **7. 若羌紫菀 A. ruoqiangensis** Y. Wei et Z. X. An

4. 植株高大；叶狭长，长达 12 cm，基生和茎生；茎基部有纤维状枯叶柄。

8. 茎上部有分枝；茎生叶基部心形或圆形，半抱茎，两面有腺点 …… ……………………………………………… **8. 云南紫菀 A. yunnanensis** Franch.

8. 茎单一，不分枝；茎生叶基部渐狭，不抱茎，两面腺点 …………… …………………… **9. 重冠紫菀 A. diplostephioides**（DC.）C. B. Clarke

1. 灰枝紫菀 图版 92：1～5

Aster poliothamnus Diels in Fedde Repert. Sp. Nov. 12：503. 1922；中国植物志 74：149. 图版 42：8～12. 1985；西藏植物志 4：632. 图版 275：8～12. 1985；青海植物志 3：324. 1996；青藏高原维管植物及其生态地理分布 972. 2008.

小灌木，高 20～40 cm。茎多分枝，帚状，老枝灰褐色，皮撕裂，当年枝直立，纤细，被密短糙毛或柔毛，有腺体，叶腋有不育枝，具密而小的叶。下部叶枯落；中部叶长圆形或线状长圆形，长 1～2 cm，宽 2～5 mm，全缘，基部稍狭或急狭，顶端钝或尖，边缘平或稍反卷；上部叶小，椭圆形；全部叶两面被短毛及腺点。头状花序在枝端密集成伞房状，稀单生。总苞宽钟状，直径 5～7 mm；总苞片 4～5 层，覆瓦状排列，外层卵圆状或长圆状披针形，长 2～3 mm，顶端尖，外面或仅沿中脉被密柔毛和腺点；内层长达 7 mm，宽 0.7 mm，近革质。上部草质且带红紫色，有缘毛。缘花雌性，舌状，10～20 个，淡紫色，舌片长圆形，长 7～10 mm；中央花两性，管状，花黄色，长 5～6 mm。冠毛污白色，长约 5 mm，外层短。瘦果长圆形，长 2.0～2.5 mm，被白色密绢毛。 花果期 7～9 月。

产青海：兴海（河卡乡阿米瓦阳山，何廷农 413、采集人不详 20315；中铁乡附近，吴玉虎 42925、42943、45411；中铁林场恰登沟，吴玉虎 45308、45321、45334、45345、453134；中铁沟，吴玉虎 45523、45533、45546、45621、45637；河卡乡，郭本兆 6322；河卡山，郭本兆 6325，吴珍兰 190、121；河卡乡宁曲山，何廷农 317；羊曲，王作宾 20042）、玛沁（雪山乡东倾沟，H. B. G. 447；军功乡，区划二组 163；军功乡，吴玉虎 4610；西哈垄河谷，吴玉虎 5834）、久治（白玉乡，藏药队 657）。生于海拔 2 500～4 700 m 沟谷干旱山坡、山地石坡、河谷荒地、峡谷阳坡石崖上、林间空地。

图版 **92**　灰枝紫菀 **Aster poliothamnus** Diels 1～2. 植株；3. 总苞片；4. 舌状花；5. 管状花。块根紫菀 **A. asteroides**（DC.）O. Kuntze 6. 全株；7～9. 总苞片；10. 管状花；11.舌状花。重冠紫菀 **A. diplostephioides**（DC.）C. B. Clarke 12. 全株；13～15. 总苞片；16. 管状花；17. 舌状花。

（引自《青海植物志》，吴彰桦绘）

分布于我国的甘肃、青海、西藏、四川。

2. 缘毛紫菀 图版 93：1～5

Aster souliei Franch. in Journ. de Bot. 10：390，1896；中国植物志 74：214. 图版 54：1～5. 1985；西藏植物志 4：638. 图版 277：6～10. 1985；青海植物志 3：325. 图版 72：7～12. 1996；青藏高原维管植物及其生态地理分布 973. 2008.

多年生草本，根状茎粗壮，木质。茎单生，直立，高 5～45 cm，纤细，不分枝，有细沟，被稀疏或密的长粗毛，基部残存枯叶叶柄。莲座状叶与基部的叶倒卵圆形、长圆状匙形或倒披针形，长 2～8 cm，下部渐狭成具宽翅而抱茎的柄，顶端钝或尖，全缘；下部及上部叶长圆状线形，长 1.5～3.0 cm，宽 1～5 mm；全部叶两面被稀疏毛或近无毛，或上面近边缘及下面沿脉被稀疏毛。头状花序单生于茎顶。总苞半球形，直径 7～12 mm；总苞片 3 层，近等长或外层稍短，长 7～10 mm，线状长圆形或匙状长圆形，顶端钝或稍尖，下部革质，上部草质，背面无毛或沿中脉有毛，或有缘毛，顶端有时带紫绿色。舌状花 30～50 个，舌片蓝紫色，长 12～23 mm，宽 2～3 mm；管状花黄色，长 3.5～5.0 mm，管部长 1.2～2.0 mm，被短毛，裂片长 1.5 mm。冠毛 1 层，紫褐色，长稍超过花冠管部，有糙毛。瘦果卵圆形，稍扁，基部稍狭，长 2.5～3.0 mm，宽 1.5 mm，被密粗毛。 花果期 7～8 月。

产青海：称多（歇武乡毛拉，刘尚武等 2377）、玛沁（大武乡，H. B. G. 530）、达日（建设乡，H. B. G. 1096）、久治（德黑日麻乡，藏药队 236；智青松多背面山上，果洛队 031）。生于海拔3 750～4 500 m 的沟谷山地林缘草甸、高原山坡高寒灌丛、河谷阶地高山草甸。

分布于我国的甘肃、青海、西藏、云南、四川；不丹，缅甸也有。

3. 东俄洛紫菀 图版 93：6～10

Aster tongolensis Franch. in Journ. de Bot. 10：376. 1896；中国植物志 74：213. 图版 51：6～10. 1985；西藏植物志 4：637. 图版 277：1～5. 1985；青海植物志 3：325. 1996；青藏高原维管植物及其生态地理分布 973. 2008.

多年生草本，根状茎细，平卧或斜升，常有细匍枝。茎直立，不分枝，高 15～40 cm，被稀疏或密的长毛。基生叶莲座状、长圆状匙形或匙形，长 4～12 cm，宽 5～18 mm，下部渐狭或急狭成具翅的柄，顶端钝或圆形，全缘或上半部有浅齿；下部叶长圆状或线状披针形，无柄，半抱茎；中部及上部叶小，稍尖；全部叶两面被长粗毛。头状花序单生于茎顶。总苞半球形，直径约 1.5 cm；总苞片 2～3 层，近等长或外层稍短，长圆状线形，长约 8 mm，顶端尖，上部草质，被密毛，下部革质。舌状花蓝色或浅红色，30～60 个，长 12～20 mm；管状花黄色，长 4～5 mm，管部长 1.5 mm，裂片长 1.2 mm，外面有疏毛。冠毛 1 层，紫褐色，长稍超过花冠的管部，有较少的不等长的糙毛。瘦果长约 2 mm，倒卵圆形，被短粗毛。 花果期 7～9 月。

产新疆：塔什库尔干（卡拉其古，采集人不详 969）。生于海拔 4 600 m 左右的高山荒漠草原。

青海：兴海（中铁林场卓琼沟，吴玉虎 45669A）、称多（歇武乡，刘尚武 2509）。生于海拔 3 600～3 700 m 的高山荒漠草地、山地阳坡圆柏林缘灌丛草甸。

分布于我国的新疆、甘肃、西藏、青海、云南、四川。

4. 块根紫菀 图版 92：6～11

Aster asteroides（DC.）O. Kuntze Rev. Gen. 315. 1891；中国植物志 74：235. 1985；西藏植物志 4：642. 1985；青海植物志 3：327. 图版 72：1～6. 1996；青藏高原维管植物及其生态地理分布 969. 2008. —— *Heterochaeta asteroides* DC. Prodr. 5：282. 1836.

多年生草本，根状茎短，块根 4～6 个，萝卜状。茎单生，不分枝，高 2～15 cm，纤细，紫色或下部绿色，被开展的白色毛和紫色腺毛。叶大部分生于基部，倒卵圆形或长圆形，长 1～4 cm，宽 3～8 mm，基部渐狭成短柄，近全缘，少有细齿；中部叶长圆形或长圆状匙形，顶端钝或渐尖，无柄。头状花序单生于茎端；总苞半球形，直径 1.0～1.5 cm；总苞片 2～3 层，近等长，线状披针形，长 5.5～7.0 mm，宽 1～1.5 mm，顶端渐细尖，草质，紫绿色，背面及边缘有紫褐色密毛，基部有长柔毛。舌状花 1 层，30～60 个，舌片蓝紫色，长10～20 mm，宽 1～2 mm，顶端尖；管状花橙黄色，管部长 1 mm，裂片长 1～2 mm，有腺毛或近无毛；冠毛 2 层，外层极短，膜片状，白色，内层长 4～5 mm，有白色或污白色微糙毛。瘦果长圆形，长达 3 mm，被白色疏毛或绢毛。 花果期 6～9 月。

产西藏：班戈。生于海拔 4 200 m 左右的高原宽谷盆地高寒草原。

青海：兴海（河卡山，吴珍兰等 126、郭本兆 6283；河卡乡满丈沟，吴珍兰 082）、曲麻莱（巴颜茶干，黄福荣 056；麻多乡政府附近，刘尚武等 671）、称多（歇武乡毛拉，刘尚武，2386；清水河，吴玉虎 32456）、玛多（县城郊，吴玉虎等 798）、玛沁（拉加乡三义山，玛沁队 066）、达日（德昂乡，董志伟等 1660）、久治索乎日麻乡附近，藏药队 345；哇尔依乡，果洛队 201）。生于海拔 3 800～4 600 m 河谷高寒沼泽草甸、阴面山坡草地、宽谷河滩潮湿草地、山坡高山草甸、沟谷山地灌丛中、高山流石滩。

甘肃：玛曲（河曲军马场，陈桂琛等 1098）。生于海拔 3 400 m 左右的宽谷河滩高寒沼泽湿地。

分布于我国的青海、西藏、四川；不丹，印度东北部，尼泊尔，克什米尔地区也有。

5. 高山紫菀 图版 94：1～4

Aster alpinus Linn. Sp. Pl. 872. 1753；中国植物志 74：202. 图版 51：1～5.

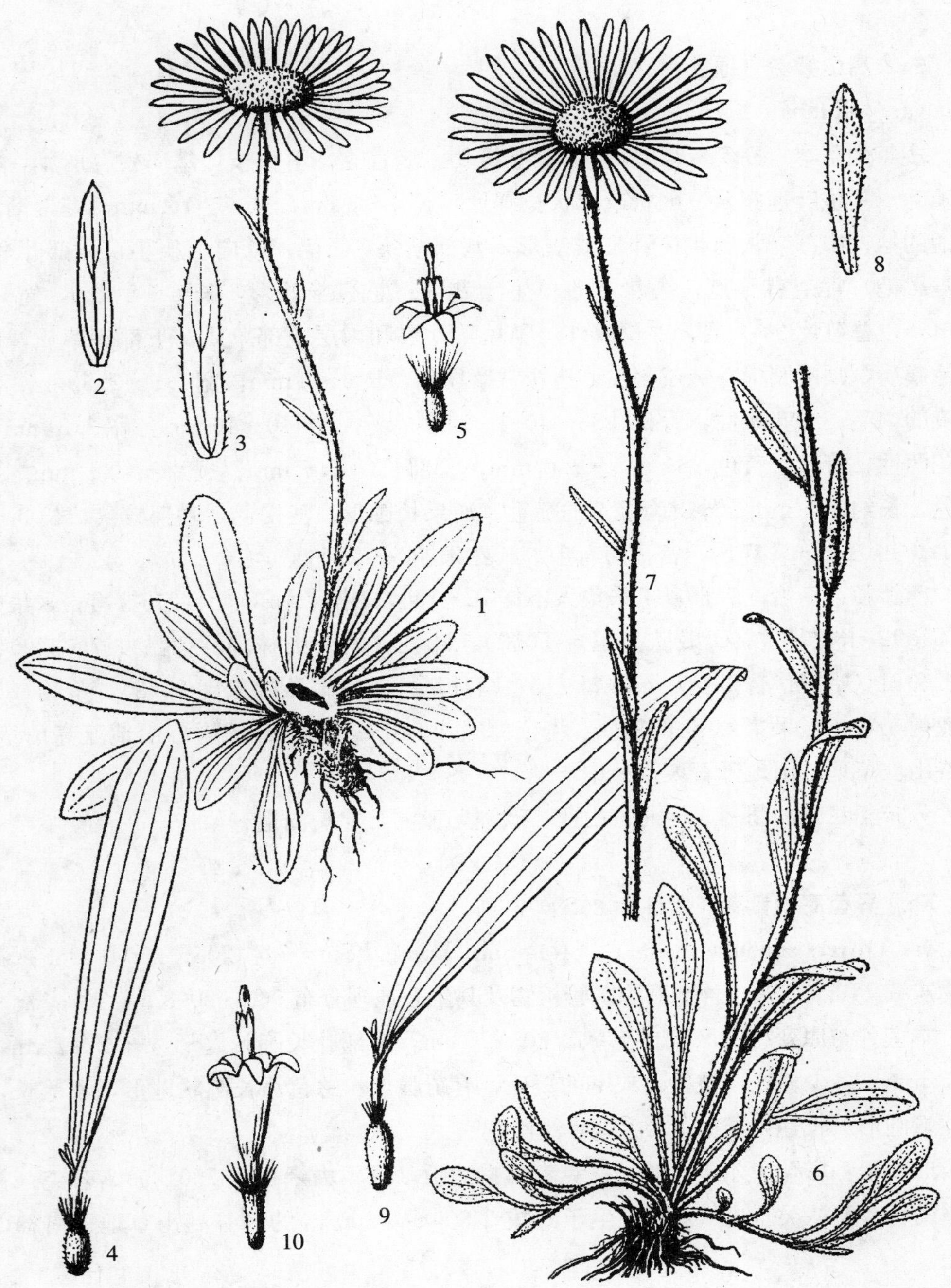

图版 **93**　缘毛紫菀 **Aster souliei** Franch. 1. 植株；2～3. 总苞片；4. 舌状花；5. 管状花。
东俄洛紫菀 **A. tongolensis** Franch. 6～7. 植株；8. 总苞片；9. 舌状花；10. 管状花。
(引自《西藏植物志》，吴彰桦绘)

1985；新疆植物志 5：10. 图版 2：1～4. 1999；青藏高原维管植物及其生态地理分布 969. 2008.

5a. 高山紫菀（原变种）

var. **alpinus**

多年生草本，高 7～35 cm。根状茎粗壮。茎直立，不分枝，基部残存叶柄，被密或疏毛。基生叶莲座状、匙状或线状长圆形，长 1～8 cm，宽 4～15 mm，基部渐狭成具翅的柄；中部叶长圆状披针形或线形，基部渐狭，无柄；叶向上狭小，全部叶全缘，密被柔毛，常杂有腺点。头状花序单生于茎顶；总苞半球形，长 6～8 mm，宽 15～20 mm；总苞片 2～3 层，等长或外层稍短，外层和内层上部草质，下部近革质，内层边缘膜质，顶端圆形、钝或稍尖，边缘常紫红色，长 6～8 mm，宽 1.5～2.5 mm，被密或疏的柔毛；缘花雌性，舌状，35～40 个，舌片紫色，长 10～16 mm，宽 2.5 mm；中央花两性，管状，黄色，长 5.5～6.0 mm，管部长约 2.5 mm，裂片长约 1 mm。冠毛白色，长约 5.5 mm，外层为极短的糙毛。瘦果长圆形，淡褐色，基部较狭，长 3 mm，宽 1.0～1.2 mm，扁压，密被短茸毛。 花果期 7～9 月。

产新疆：乌恰（吉根乡，采集人不详 73-180）、塔什库尔干（红其拉甫，采集人不详 T109；卡拉其古，青藏队吴玉虎 5058）、叶城（昆仑山林场，杨昌友 750329）、皮山、和田（哈赞伏普显克，安峥皙 313；喀什塔什，青藏队吴玉虎 2543）、策勒（奴尔乡亚门二牧场，采集人不详 068）。生于海拔 1 540～4 610 m 的沟谷山地亚高山草甸、沟谷山坡草地、山地砾石坡及林中空地。

分布于我国的新疆、河北、山西；欧洲，亚洲，北美洲也有。

5b. 异苞高山紫菀（变种）

var. **diversisquamus** Ling Fl. Reipubl. Popul. Sin. 74：205，359. 1985；新疆植物志 5：10. 1999；青藏高原维管植物及其生态地理分布 969. 2008.

本变种与原变种的区别在于茎高 20～25 cm。下部叶长圆状匙形，长 2～7 cm，宽 4～8 mm，多少直立，被稀疏或密的短毛，有疏腺点。总苞片长圆状匙形，不等长，外层顶端圆形，长达内层的 3/4。舌片浅红色。

产新疆：塔什库尔干、叶城（克克阿提达坂，阿不力米提等 750139）、若羌（祁漫塔格山，青藏队吴玉虎 3933）。生于海拔 3 300～4 100 m 的沟谷高山草地、河谷山坡草地。

分布于我国的新疆。

6. 柔软紫菀

Aster flaccidus Bunge in Mém. Acad. Sci. St. -Pétersb. 2：599. 1835；中国植

物志 74：238. 1985；西藏植物志 4：643. 1985 青海植物志 3：327. 1996；新疆植物志 5：11. 1999；青藏高原维管植物及其生态地理分布 970. 2008.

6a. 柔软紫菀（原亚种）

subsp. **flaccidus**

多年生草木，根状茎细长，有时具匍枝。茎直立，单一，不分枝，高 3～27 cm，被皱曲或开展的长毛，上部常杂有腺毛。基生叶密集成莲座状，匙形或长圆状匙形，长 2～7 cm，宽 5～15 mm，顶端钝圆，下部渐狭；茎生叶 2～5，长圆形或长圆披针形，长 3～7 cm，宽0.3～2.0 cm，基部渐狭，抱茎；全部叶质薄，两面被密长毛或近无毛。头状花序单生于茎顶；总苞半球形，长 7～10 mm，宽 15～20 mm；总苞片 2 层，近等长，草质，绿色或红紫色，条形，长 7 ～10 mm，宽约 1.5 mm，顶端钝尖，总苞片及枝顶密被绵毛状长节毛；缘花雌性，舌状，40～50 个，舌片紫色，长圆形，长 12～20 mm，管部长 0.8～20.0 mm；中央花两性，管状，黄色，长 5.0～6.5 mm，管部长 1.5～2.0 mm；裂片长约 1 mm。冠毛白色，2 层，外层膜片状，长 1.5 mm，内层糙毛状，长 6～7 mm。瘦果长圆形，黄色或淡棕色，长2.5～3.5 mm，被稀疏贴毛，或杂有腺毛，稀无毛。　花果期 6～9 月。

产新疆：叶城（昆仑山林场，杨昌友 750330；麻扎达坂，黄荣福 C.G.86－032；柯克亚乡，青藏队吴玉虎 870814、870890；卡拉克达坂，青藏队吴玉虎 4504）、塔什库尔干（红其拉甫，克里木 T109；麻扎种羊场，青藏队吴玉虎 870331，高生所西藏队 3173、3231；卡拉其古，青藏队吴玉虎 4917、5067；克克吐鲁克，高生所西藏队 3277、青藏队吴玉虎 870509；水布浪沟，西植所新疆队 1475）、皮山（布琼，青藏队吴玉虎等 1866）、和田（喀什塔什，青藏队吴玉虎 2009）、策勒、阿克陶（阿克塔什，青藏队吴玉虎 870171）、且末（昆其布拉克，青藏队吴玉虎等 3618）。生于海拔 3 000～4 700 m 的沟谷亚高山草甸、河谷山坡、山地石滩。

西藏：日土（日松乡过巴，青藏队吴玉虎 1378）、班戈（普保乡三队，青藏队 10590）。生于海拔 4 300 m 左右的沟谷高山草地。

青海：兴海（大河坝乡赞毛沟，吴玉虎 47048、47215；中铁林场卓琼沟，吴玉虎 45659A、47690、45754A；中铁林场恰登沟，吴玉虎 44877、44968；黄青河畔，吴玉虎 42672、42717；大河坝，吴玉虎 42508、42555；河卡乡科学滩开特沟，何廷农 205；河卡乡墨都山，何廷农 302；河卡山，郭本兆 6391；河卡乡羊曲，何廷农 079）、曲麻莱（叶格乡，黄荣福 120；政府附近，刘尚武等 597；麻多乡扎什加山，刘尚武 660；东风乡政府附近，刘尚武等 817；巴颜热若山，黄荣福 044、052）、称多（县城，刘尚武 2440；清水河乡运输站旁边，苟新京 83－3；扎朵乡日阿吾查罕，苟新京 83－270；清水河乡阿尼海南，苟新京 83－45）、玛多（布青山南面，吴玉虎 1552、1553，植被地理组 552、553；黑海乡曲纳麦尔，H.B.G.1453、1455；县城郊，吴玉虎 77－69、77－

86、025、661、688)、玛沁（江让水电站，吴玉虎 1446，植被地理组 446；尼卓玛山垭口，H. B. G. 770)、甘德（上贡麻乡甘德山垭口，H. B. G. 904)、久治（龙卡湖北岸南山，藏药队 740)。生于海拔 2 600～4 830 m 的沟谷高山草甸、河谷干山坡、山地阳坡高寒林缘灌丛草地。

分布于我国的新疆、甘肃、青海、陕西、西藏、云南、四川、河北、山西；中亚地区各国，蒙古及俄罗斯东部也有。又见于喜马拉雅山区。

6b. 腺毛柔软紫菀（亚种）

subsp. **glandulosus** (Keissl.) Onno Biblioth. Bot. 106：66. 1932；中国植物志 74：240. 1985；西藏植物志 4：645. 1985 新疆植物志 5：11. 1999；青藏高原维管植物及其生态地理分布 970. 2008.

本亚种与原亚种的区别在于叶通常无毛或被疏毛，常有缘毛。总苞片被黑色具柄腺毛。瘦果被腺毛。与原亚种可以区别。

产新疆：阿克陶（阿克塔什，青藏队吴玉虎 870171)、塔什库尔干（红其拉甫，高生所西藏队 3203)、皮山（跃进塔吉克自治乡，采集人不详 039)、和田（风光乡十三大队牧场，采集人不详 750566)、且末（采集地不详，青藏队吴玉虎 2618)。生于海拔 3 200～4 950 m 的沟谷高山沼泽湿地。

西藏：日土（多玛区曲则热都，青藏队 76－9080)。生于海拔 5 200 m 左右的沟谷山坡湿润草地。

青海：曲麻莱（麻多乡扎什加山，刘尚武等 660)。生于海拔 4 900 m 左右的高原沟谷山地、高山砾石地。

分布于我国的新疆、青海、西藏；克什米尔地区，印度北部也有。

7. 若羌紫菀 图版 94：5～11

Aster ruoqiangensis Y. Wei et Z. X. An Fl. Xinjang. 5：475，11. t. 2：5～11. 1999；青藏高原维管植物及其生态地理分布 972. 2008.

多年生草本，高 5～10 cm。根状茎横走或斜升，多分枝，匍匐枝细长。茎丛生，直立或斜升，绿色或蓝紫色，被绵毛，基部被枯叶柄包裹。基生叶莲座状，匙形，长 3.0～4.5 cm，宽0.8～1.2 cm，顶端钝或急尖，基部渐窄，下延于叶柄成窄翅，下部茎生叶与基生叶同型，中部叶长圆状匙形，长 1.5～2.5 cm，宽 3～6 mm，顶端渐尖，无柄，半抱茎，上部叶渐小；全部叶质厚，全缘，边缘有皱褶，两面被薄绵毛，尤以下面和上部叶为多。头状花序大，单生于顶端；总苞半球形，长 1.6～2.0 cm，宽 2.0～2.5 cm，总苞片 2 层，外层长圆状披针形，绿色，上端深蓝色，长约 1.3 cm，宽 2.0～2.5 mm，渐尖，被厚绵毛，内层线状披针形，长 1.0～1.1 cm，宽约 1.5 mm，被稀疏长毛；缘花雌性，舌状，35～45 个，舌片开展，紫色，长圆状条形，长 12～14 mm，管部长约 3 mm，花柱伸出管部约 3 mm；中央两性花管状，黄色，长 6～7 mm，管部长约 3 mm，檐部 5 裂，裂片长 1.0～1.5 mm，花柱分枝伸出管部。冠毛 2 层，白色，外层短，刚毛状，内层长 7～8 mm，糙毛状。瘦果黄色，长圆状条形，长 2.5～3.0 mm，宽约 0.8 mm，无毛，有 2 条边肋。 花果期 7～9 月。

产新疆：若羌（阿尔金山保护区鸭子泉，青藏队吴玉虎 4014）。生于海拔 4 550 m 左右的高原山地沟谷砾石滩。模式标本采自新疆若羌县。

8. 云南紫菀

Aster yunnanensis Franch. in Journ. de Bot. 10：375. 1896；中国植物志 74：244. 图版 61：7～12. 1985.

8a. 云南紫菀（原变种）

var. **yunnanensis**

昆仑地区不产。

8b. 夏河紫菀（变种）

var. **labrangensis**（Hand. -Mazz.）Ling Fl. Reipubl. Popul. Sin. 74：246. 1985；青海植物志 3：327. 1996；青藏高原维管植物及其生态地理分布 974. 2008. —— *A. labrangensis* Hand. -Mazz. in Notizbl. Bot. Gart. u. Mus. Berl. -Dahl. 13：621. 1937.

多年生草本，高 30～40 cm。茎直立，上部分枝，下部为枯叶残存的纤维状鞘所包围，被短柔毛及腺毛。基部具莲座状叶丛，叶长圆形或倒披针状，长 4～12 cm，宽 1.2～2.0 cm，顶端圆钝或急尖，全缘或有骨质小齿，基部渐狭成柄，两面被稀疏短毛和腺毛；中上部叶长圆形、卵状披针形，全缘，基部圆形，半抱茎。头状花序 2～5 个，于茎顶排列成伞房状。总苞半球形，长约 1 cm，宽 2.0～2.5 cm；总苞片 2 层，线状披针形，长 10～15 mm，顶端尖或急尖，背部密生长柔毛和深色腺毛，边缘狭膜质。舌状花蓝紫色，长约2 cm，下部较狭；管状花黄色，长约 7 mm。冠毛 2 层，外层极短，白色，膜片状，内层长 6～7 mm，有多数白色或带黄色微糙毛。瘦果长圆形，被毛，上部有黄色腺点。 花果期 7～10 月。

产青海：兴海（中铁乡附近，吴玉虎 42832；大河坝乡赞毛沟，吴玉虎 47066；河卡乡河卡山，郭本兆 6254；黄青河畔，吴玉虎 42690、42728；大河坝，吴玉虎 42500、42509、42517、42601、42606）、玛沁（大武乡江让水电站，H. B. G. 627）、达日（建设乡附近，H. B. G. 1100）。生于海拔 3 300～4 500 m 的沟谷山地林缘、河谷灌丛、山坡草地、宽谷河滩沙砾质高寒草原、山地高山草甸、山地阴坡高寒灌丛草甸。

分布于我国的甘肃、青海、西藏东部和南部、云南、四川。

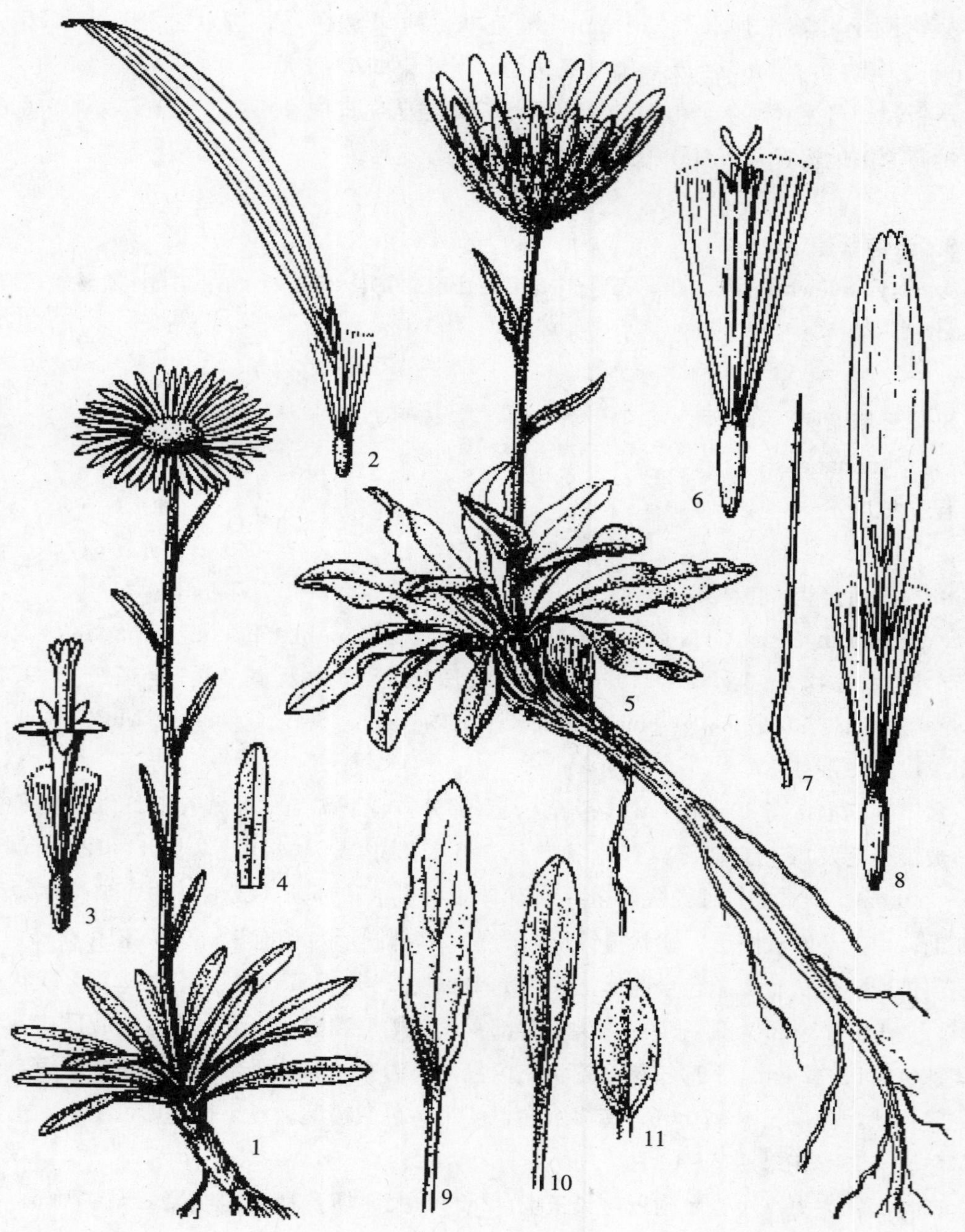

图版 **94** 高山紫菀 **Aster alpinus** Linn. 1. 植株；2. 舌状花；3. 管状花；4. 叶。若羌紫菀 **A. ruoqiangensis** Y. Wei et Z. X. An 5. 植株；6. 管状花；7. 1 枚冠毛；8. 舌状花；9～11. 几种叶子。(引自《新疆植物志》，张荣生绘)

9. 重冠紫菀 图版 92：12～17

Aster diplostephioides（DC.）C. B. Clarke Comp. Ind. 45. 1876；中国植物志 74：242. 图版 64：1～6. 1985；西藏植物志 4：645. 图 281. 1985；青海植物志 3：328. 图版 72：13～18. 1996；青藏高原维管植物及其生态地理分布 970. 2008. ——*Heterochaeta diplostephioides* DC. Prodr. 5：282. 1836.

多年生草本。根状茎粗壮，发达，有分枝。茎直立，高 16～45 cm，粗壮，下部残存有纤维状枯叶的叶鞘，被卷曲或开展的柔毛，上部被具柄腺毛。下部叶与莲座状叶长圆状匙形或倒披针形，长 6～12 cm，宽 1～2 cm，顶端尖或近圆形，有小尖头，基部渐狭成柄，叶片全缘或有小尖头状齿；中部叶长圆状或线状披针形，基部稍狭或近圆形；上部叶渐小，长至 3.5 cm；全部叶质薄，上面被稀疏腺毛或近无毛，下面沿脉及边缘具开展的长疏毛。头状花序单生；总苞半球形，直径 2.0～2.5 cm；总苞片约 2 层，线状披针形，顶端细尖，外层深绿色，草质，背面被较密的黑色腺毛和稀疏的长节毛，内层边缘有时膜质。舌状花常 2 层，舌片蓝色或蓝紫色，线形，长 2～3 cm；管状花长 5～6 mm，上部紫褐色或紫色，下黄色，近无毛。冠毛 2 层，外层极短，膜片状，白色，内层污白色，有长 4.5～5.0 mm 的微糙毛。瘦果倒卵圆形，长 3.0～3.5 mm，被毛及腺体。 花果期 7～9 月。

产青海：兴海（大河坝乡赞毛沟，吴玉虎 46484、46499；赛宗寺后山，吴玉虎 46307、46337、46394；中铁林场卓琼沟，吴玉虎 45659B、45669B、45754B；区划二组 269；河卡乡宁曲山，何廷农 326；中铁乡至中铁林场途中，吴玉虎 43091、43187；大河坝，吴玉虎 42583、42602；黄青河畔，吴玉虎 42689、42697；河卡山，采集人不详 439、吴珍兰 193；河卡乡，郭本兆 6226；中铁林场恰登沟，吴玉虎 44877、44968、45228；河卡山，王作宾 20239）、曲麻莱（巴干乡政府附近，刘尚武 914）、称多（歇武乡，刘有义 83-396；县城，刘尚武 2438）、玛沁（区划二组 257；当洛乡尼亚嘎玛沟，区划一组 128；军功尕柯河，区划三组 201；西哈垄河谷，吴玉虎 5729；军功乡，吴玉虎等 4610）、达日（建设乡达日河纳日，H. B. G. 1091）、甘德（上贡麻乡黄河边，H. B. G. 949、977；上贡麻乡，吴玉虎 25846；青珍乡青珍山垭口，陈世龙等 270）、久治（陈桂琛等 1600；白玉乡附近，藏药队 620；康赛乡，吴玉虎 26584；索乎日麻乡背面山上，果洛队 245、287；索乎日麻乡，吴玉虎 26486；索乎日麻乡附近，藏药队 458、果洛队 306；龙卡湖上游，藏药队 773、果洛队 556、598；门堂乡乱石山垭口，陈世龙等 422）。生于海拔 3 700～4 250 m 的沟谷山地高寒灌丛、山坡高寒草甸、草甸化草原、高原高山草坡、河谷滩地高寒草原、河谷阶地砾石地。

分布于我国的甘肃、青海、西藏、云南、四川；不丹，印度，尼泊尔，巴基斯坦也有。

3. 岩菀属 Krylovia Schischk.

Schischk. Fl. Occid. Sibir. 11：2 670. 1949.

多年生草本。根壮茎粗壮，木质，多分枝，茎直立，分枝或不分枝，全株被密弯曲的短伏毛。基部叶多数，莲座状，倒卵形或长圆状倒卵形，全缘或有疏齿，基部渐狭成叶柄，具三出脉；茎生叶倒卵状长圆形或长圆形，少有线形，具短柄或无柄。头状花序在茎枝顶端单生，或数个排列成总状；总苞宽钟形或近半球形，总苞片 3～4 层，覆瓦状，革质，绿色，边缘膜质，或具膜质缘毛，被毛；花托略凸，具蜂窝状小孔，孔边有不规则的短膜质边缘；花多数，全部结实，缘花雌性，舌状，长于花盘的 2 倍，淡紫色；中央两性花管状，多数，黄色或淡紫色，多少两侧对称，檐部钟形，具 5 个披针形的裂片，其中 1 裂片较长；花药顶端具狭三角形的附片，基部渐尖，有极短的尾，两性花的花柱 2 裂，顶端具长圆状三角形的附片，外面略凸，被微毛；雌花的花柱分枝丝状，顶端稍扁。冠毛 2 层，白色或污白色，外层较短，内层顶端多少增粗，与花冠几等长。瘦果长圆形，淡褐色，多少具棱，被长伏毛，基部具 1 个明显的环。

共 4 种，主要分布于俄罗斯和中亚地区各国。我国有 2 种，昆仑地区产 1 种。

1. 岩　菀　图版 95：1～4

Krylovia limoniifolia (Less.) Schischk. Fl. Occid. Sibir. 11：2 670. 1949；中国植物志 74：256. 图版 63：1～4. 1985；新疆植物志 5：14. 图版 3：7～10. 1999；青藏高原维管植物及其生态地理分布 1009. 2008. —— *Rhinactina limoniifolia* Less. in Linnaea 6：119. 1831.

多年生草本，高 10～20 cm。根状茎木质，多分枝，颈部常被多数褐色残存的叶柄。茎多数，直立，纤细，上部分枝，全株被弯曲糙毛。基生叶莲座状，长 2.5～4.5 cm，宽 1～2 cm，叶片倒卵形或长圆状倒卵形，顶端钝或圆形，基部渐狭成柄，柄细弱，基部扩大，叶柄与叶片近等长，全缘；茎生叶较小，长圆形或长圆状卵形，顶端钝圆，较下部叶具短柄，上部叶无柄，两面被弯短糙毛。头状花序数个生于茎顶，排列成伞房状；总苞宽钟形或半球形，长 6～7 mm，宽 8～10 mm；总苞片 3 层，革质，顶端尖，边缘膜质，具缘毛，外层较短，绿色，长圆状披针形或披针形，背面被短糙毛，中层和内层较宽而长，长圆形，上部绿色，多少被短毛，下部无毛；缘花雌性，舌状，16～24 个，舌片淡紫色，长 10～13 mm，宽 2～3 mm；中央两性花管状，黄色，长 5～6 mm，檐部钟形，多少两侧对称，具 5 枚不等长的披针形裂片，其中 1 裂片较长。冠毛白色，2 层，外层较短，内层糙毛状，顶端稍粗，与花冠几等长。瘦果长圆形，淡黄褐色，长 3.5 mm，多少具棱，被长伏毛，基部有 1 个明显的环。　花果期6～9 月。

产新疆：乌恰（吉根至斯木哈纳途中，西植所新疆队 2107、2161；吉根乡，采集人不详 73-196）、喀什。生于海拔 2 900～3 200 m 的荒漠地带的沟谷山坡草地。

分布于我国的新疆；俄罗斯，中亚地区各国，蒙古也有。

4. 乳菀属 Galatella Cass.

Cass. in Dict. Sci. Nat. 37：463. 488. 1825.

多年生草本，根状茎粗壮。茎直立或基部斜升，上部常有伞房状分枝，少有不分枝，植株被乳头状短毛、细刚毛，或几无毛。叶互生，无柄，全缘，长圆形、披针形或线状披针形，稀狭线形，下部和中部叶或仅下部叶有 3 条脉，两面常有明显的腺点、上面较多，稀无腺点，顶端尖或长渐尖，稀钝，基部渐狭。头状花序中等或小，辐射状，在茎枝端排列成伞房状，少有单生；总苞倒锥形或半球形；总苞片多层，覆瓦状，草质，绿色，具白色膜质的边缘，背面被灰白色短茸毛或几无毛，具 1～3 条脉，外层较小，卵状披针形或披针形，顶端尖，最内层较大，近膜质，长圆形或长圆状披针形，顶端钝或稍钝，无毛；花托稍凸，具不规则的软骨质状齿边缘的小窝孔；头状花序具异形花，外围的 1 层雌花舌状，不结实，舌片开展，淡紫红色或蓝紫色，长于花盘的 1.5～2.0 倍，有 1～20 个，有无舌状花：中央的两性花 5～60（100）个，花冠管状，黄色，有时淡紫色，常超出总苞的 1.5～2.0 倍。檐部钟状，有 5 枚披针形的裂片；花药基部钝，花丝无毛，顶端有宽披针形的附片；花柱 2 裂，顶端有卵状三角形或披针状三角形的附片，钝或稍钝，外面被短微毛。冠毛 2（～3）层，糙毛状，不等长，基部常联合成环，白色，或有时淡紫红。瘦果长圆形，向基部缩小，背面略扁压，无肋，被密长硬毛或糙伏毛，基部或近基部具脐。

40 余种，广泛分布于欧洲和亚洲大陆。我国有 13 种，昆仑地区产 1 种。

1. 紫缨乳菀

Galatella chromopappa Novopokr. in Acta Inst. Bot. Acad. Sci. URSS ser. 1. 7：124. 1948；中国植物志 74：266. 图版 67：1～4. 1985；新疆植物志 5：19；图版 5：4～6. 1999；青藏高原维管植物及其生态地理分布 1001. 2008.

多年生草本，根状茎粗壮。茎数个或单生，高 25～50 cm，直立或基部斜升，无毛或中部以上被乳头状短毛和微刚毛，中部有分枝，分枝弧状内弯。叶密集，下部叶花后枯萎，中部叶披针形或线状披针形，长 2.0～2.5 cm，宽 3～4 mm，无柄，基部渐狭，具 3 条脉，顶端尖或稍钝，两面有明显的腺点和乳头状短毛，边缘略粗糙。头状花序较大，3～6 个在枝顶端排列成伞房状；总苞宽半球形，长 6～8 mm，宽 9～12 mm；总苞片 3～4 层，叶质，绿色或顶端淡紫红色，背面近无毛，具白色窄膜质边缘，边缘多少被蛛丝状毛，具 3 脉，外层卵状披针形，顶端尖或稍尖，内层较大，长圆形，钝；缘花雌性，舌状，不结实，舌片开展，淡紫色，长圆形，长 12～16 mm；中央两性花管状，结实，淡黄色，长约 7 mm，檐部狭锥形，具 5 个长圆状披针形的裂片。冠毛白色，糙毛状，与花冠约等长，花期部分或全部变淡紫红色。瘦果长 2～3 mm，被密白色长毛。花果期 7～9 月。

产新疆：乌恰（吉根乡斯木哈纳黄土坡，采集人不详 2191；托云乡苏约克附近，采集人不详 1879）。生于海拔 2 000 m 左右的戈壁荒漠地带的沟谷山坡草地、河谷灌丛。

分布于我国的新疆；哈萨克斯坦也有。

5. 碱菀属 **Tripolium** Nees

Nees Gen. et Sp. Aster 152. 1833.

一年生草本。茎直立。叶互生，全缘或有疏齿。头状花序稍小，排列成疏伞房状、辐射状，有异形花，缘花雌性，1 层，中央有多数两性花，后者有时不育；总苞近钟状；总苞片2～3 层，外层较短，稍呈覆瓦状排列，肉质，边缘近膜质；花托平，蜂窝状。窝孔边缘有齿；雌花舌状，舌片蓝紫色或浅红色；两性花黄色，管状，檐部狭漏斗状，有不等长的裂片；花药基部钝，全缘；花柱分枝附片肥厚，顶端三角形。冠毛多层，极纤细，有微齿，稍不等长，白色或浅红色，花后增长。瘦果狭矩圆形，扁，有厚边肋，两面各有 1 细脉，无毛或有疏毛。

单种属，分布于亚洲及欧洲、非洲北部及北美洲。我国有之，昆仑地区亦产。

1. 碱　菀　图版 95：5～7

Tripolium vulgare Nees Gen. et Sp. Aster 152. 1833；中国植物志 74：282. 图版 71：1～3. 1985；新疆植物志 5：30. 图版 8：1～3. 1999；青藏高原维管植物及其生态地理分布1060. 2008.

一年生草本，高约 10 cm。单生或数个丛生于根颈上，下部常带红色，无毛，上部多分枝。基部叶在花期枯萎，下部叶条状或矩圆状披针形，长 5～10 cm，宽 0.5～1.2 cm，顶端尖，全缘或有具小尖头的疏锯齿；中部叶渐狭，无柄，上部叶渐小；全部叶无毛。头状花序多数，排列成伞房状，有长花序梗；总苞钟状，直径约 5 mm；总苞片 2～3 层，覆瓦状排列，绿色，边缘常红色，干后膜质，无毛，外层披针形或卵圆形，顶端钝，长 2.5～3.0 mm，内层狭矩圆形，长约 7 mm。缘花雌性，舌状，1 层，舌片蓝色，线形，长 10～12 mm，宽 1～2 mm；中央花两性，管状，黄色，长 8～9 mm，管部长 4～5 mm，裂片长 1.0～1.5 mm。冠毛白色，丝状，在花期长 5 mm，花后增长，长 12～15 mm，有多层极细的微糙毛。瘦果长圆形，扁压，有边肋，被稀疏毛。

图版 **95**　岩菀 **Krylovia limoniifolia**（Less.）Schischk. 1. 植株；2. 舌状花；3. 管状花；4. 展开的管状花花冠。碱菀 **Tripolium vulgare** Nees 5. 植株的上部；6. 管状花；7. 舌状花。
（引自《新疆植物志》，张荣生绘）

花果期 7～9 月。

产新疆：且末（英吾斯塘乡一大队，采集人不详 79922－3）。生于海拔 2 000 m 左右的荒漠沟谷山地草甸盐土。

分布于我国的新疆、甘肃、陕西、内蒙古、山西、吉林、辽宁、山东、江苏、浙江；朝鲜，日本，俄罗斯，中亚地区各国，伊朗，欧洲，非洲北部，北美洲也有。

6. 紫菀木属 **Asterothamnus** Novopokr.

Novopokr. in Not. Syst. Herb. Bot. Acad. Sci. URSS 13：330. 1950.

半灌木，根状茎木质，全株被白色或灰白色蛛丝状毛或卷茸毛。茎多数，直立或斜升。叶小，密集，近革质，边缘常反卷，具 1 条脉。头状花序在茎顶单生，或 3～5 个排列成疏或密集的伞房状，异形，或盘状仅有管状花；总苞宽倒卵形或近半球形；总苞片约 3 层，革质，覆瓦状，具淡绿色或紫红色的中脉，有白色的宽膜质边缘；花托中央平，边缘具不规则齿的窝孔；花全部结实，缘花雌性，舌状，舌片开展，淡紫色或淡蓝色，花柱丝状，2 裂；中央两性花管状，黄色或有时紫色，檐部钟状，有 5 枚披针形的裂片，花药基部钝，顶端有披针形的附片，花柱 2 裂，分枝顶端具短三角状卵形的附器，外面微凸，被微毛。冠毛白色，糙毛状，稀淡黄褐色，2 层，外层较短，内层顶端略增粗，与花冠等长。瘦果长圆形，被多少贴生的长伏毛，基部缩小，具 3 条棱。

约 7 种，主要分布于我国西北部、中亚地区各国、蒙古，为亚洲中部干旱草原和荒漠地区的特有属。我国有 5 种 2 变种，昆仑地区产 2 种 1 变种。

分种检索表

1. 茎分枝多，帚状，被薄而不明显的茸毛；叶线形，长 5～15 mm，宽 1.0～1.5 mm；总苞片顶端淡绿色或白色，少紫色………………………………………………………… ………………………………………… **1. 灌木紫菀木 A. fruticosus**（Winkl.）Novopokr.
1. 茎仅在下部多分枝，上部有花序枝，密被蛛丝状柔毛，或在后期多少脱落；叶线形或长圆形；总苞片顶端常紫色 ………… **2. 中亚紫菀木 A. centrali-asiaticus** Novopokr.

1. 灌木紫菀木 图版 96：1～4

Asterothamnus fruticosus（Winkl.）Novopokr. in Not. Syst. Herb. Inst. Bot. Acad. Sci. URSS. 13：337. 1950；中国植物志 74：259. 图版 66：1～4. 1985；新疆植物志 5：15. 图版 4：11～14. 1999. —— *Calimeris fruticosus* Winkl. in Acta Herb. Petrop. 9：419. 1886.

半灌木，高 20～40 cm。茎呈帚状分枝，下部木质，坚硬，外皮淡黄色或黄褐色，常有被茸毛的冬芽，上部草质，灰绿色，全株被薄蛛丝状毛，近基部多少脱毛。叶线形，长10～15 mm，宽1.0～1.5 mm，无柄，顶端尖，基部渐狭，边缘反卷，具1条明显的中脉，两面被蛛丝状短茸毛，或有时上面近无毛，上部叶渐小。头状花序较大，在茎顶排列成疏伞房状，花序梗细长，直立或稍弯曲；总苞宽倒卵形，长6～7 mm，宽8～10 mm，总苞片3层，革质，覆瓦状，外层和中层较小，卵状披针形，内层长圆形，顶端全部长渐尖，背面被稀疏蛛丝状短茸毛，边缘白色，宽膜质；缘花雌性，舌状花1层，7～10个，长约10 mm，舌片开展，淡紫色；中央两性花管状，15～18个，黄色，长4～5 mm，檐部钟形，有5个披针形的裂齿。冠毛白色，2层，糙毛状，与花冠等长。瘦果长圆形，基部缩小，常具小环，长3.5～4.0 mm，被白色长伏毛。 花果期7～9月。

产新疆：乌恰（矿西外，采集人不详83-083；乌拉根，青藏队吴玉虎870008）、英吉沙（林场，英070）、阿克陶（奥依塔克林场，杨昌友750796）、和田、若羌（阿尔金山，青藏队吴玉虎等2343、4301，刘海源031）。生于海拔1 800～3 600 m的滩地荒漠草原、沟谷山地、干旱山坡草地、高原宽谷沙砾滩地。

分布于我国的新疆；中亚地区各国也有。

2. 中亚紫菀木 图版96：5～10

Asterothamnus centrali-asiaticus Novopokr. in Not. Syst. Herb. Inst. Bot. Acad. Sci. URSS 13：388. 1950；中国植物志74：262. 图版66：5～8. 1985；青海植物志3：329. 图版71：13～18. 1996.

2a. 中亚紫菀木（原变种）

var. **centrali-asiaticus**

半灌木，高20～40 cm。根状茎木质。茎多数，簇生，基部木质化，多分枝，直立或斜升，老枝被灰白色短茸毛，当年生枝被卷曲的短茸毛，毛常脱落。叶较密集，斜上或直立，线形或线形长圆状，长6～15 mm，宽1.5～2.0 mm，先端尖，基部渐狭，边缘反卷，具1明显的中脉，上面无毛，下面被密短毛。头状花序较大，在茎顶排成疏的伞房状，花序梗较粗壮；总苞宽倒卵形，长6～7 mm，宽9 mm；总苞片3～4层，覆瓦状，外层较短，卵圆形或披针形，内层长圆形，顶端全部渐尖或稍钝，通常紫红色，背面被蛛丝状毛和短腺毛。缘花雌性，舌状，7～10个，舌片淡紫色，长约10 mm；中央两性花管状，11～12个，黄色，长约5 mm，檐部钟状，有5个披针形的裂片。冠毛白色，糙毛状，与花冠等长。瘦果长圆形，长3.5 mm，稍扁，基部缩小，具小环，被白色长伏毛。 花果期7～9月。

产青海：格尔木（青藏公路西，植被地理组171、191）、都兰（诺木洪南山沟，黄荣福C.G.81-306）、兴海（中铁林场恰登沟，吴玉虎44955、44966、44996、45135、

45155、45225；中铁乡天葬台沟，吴玉虎 45804、45807、45839、45865、45872、47612；唐乃亥乡，吴玉虎 42079、42125、42131、42160；中铁林场中铁沟，吴玉虎 45567、45636；曲什安乡大米滩，吴玉虎 41845）。生于海拔 2 800～3 600 m 的沟谷山地草原或荒漠地区、河谷滩地疏林田埂砾石地、河谷台地的阳坡砾石地、沟谷山地阳坡灌丛草甸、河谷阳坡山麓。

甘肃：阿克塞（长草沟，何廷农 3108）。生于海拔 1 750 m 左右的戈壁荒漠地带的低山荒漠草原。

分布于我国的甘肃、青海、宁夏、内蒙古；中亚地区各国，蒙古南部也有。

2b. 高大中亚紫菀木（变种）　图版 96：11～13

var. **procerior** Novopokr. in Not. Syst. Herb. Inst. Bot. Acad. Sci. URSS 13：388. 1950；中国植物志 74：262. 1985；新疆植物志 5：17. 图版 4：8～10. 1999.

本变种与原变种的区别在于：茎、叶被不脱落的灰白色密茸毛；头状花序有较多数花，舌状花 8～10 朵，两性花 15～19 朵。

产新疆：若羌（采集地和采集人不详，2343）。生于海拔 3 400 m 左右的宽谷滩地荒漠、沟谷山地草原。

分布于我国的新疆、甘肃西部、青海北部。

7. 短星菊属 Brachyactis Ledeb.

Ledeb. Fl. Ross. 2：495. 1846.

一年生或多年生草本。茎直立或斜升，常自基部分枝。叶互生，全缘或具齿。头状花序具异型花，盘状，多数或较多数，排成总状或总状圆锥状，稀单生或数个生于上部叶腋；总苞半球状；总苞片草质，2～3 层，线形或线状披针形，不等长，外层常叶质，绿色，边缘具狭膜质或具缘毛；花托平，无毛，多少具窝孔；花全部结实，外围的雌花多数，1 至数层，花冠管状，顶端斜切，具微毛，无舌片，或具极细的舌片；中央花两性，管状，常短于冠毛，上端具 5 齿裂。花柱分枝披针形，顶端尖；花药基部钝，全缘。冠毛白色或污白色，2 层，糙毛状，外层极短。瘦果倒卵形或长圆形，扁压，基部缩小，被贴伏微毛。

约 6 种，主要分布于亚洲北部和北美洲。我国有 5 种，分布于西北、东北及华北；昆仑地区产 3 种。

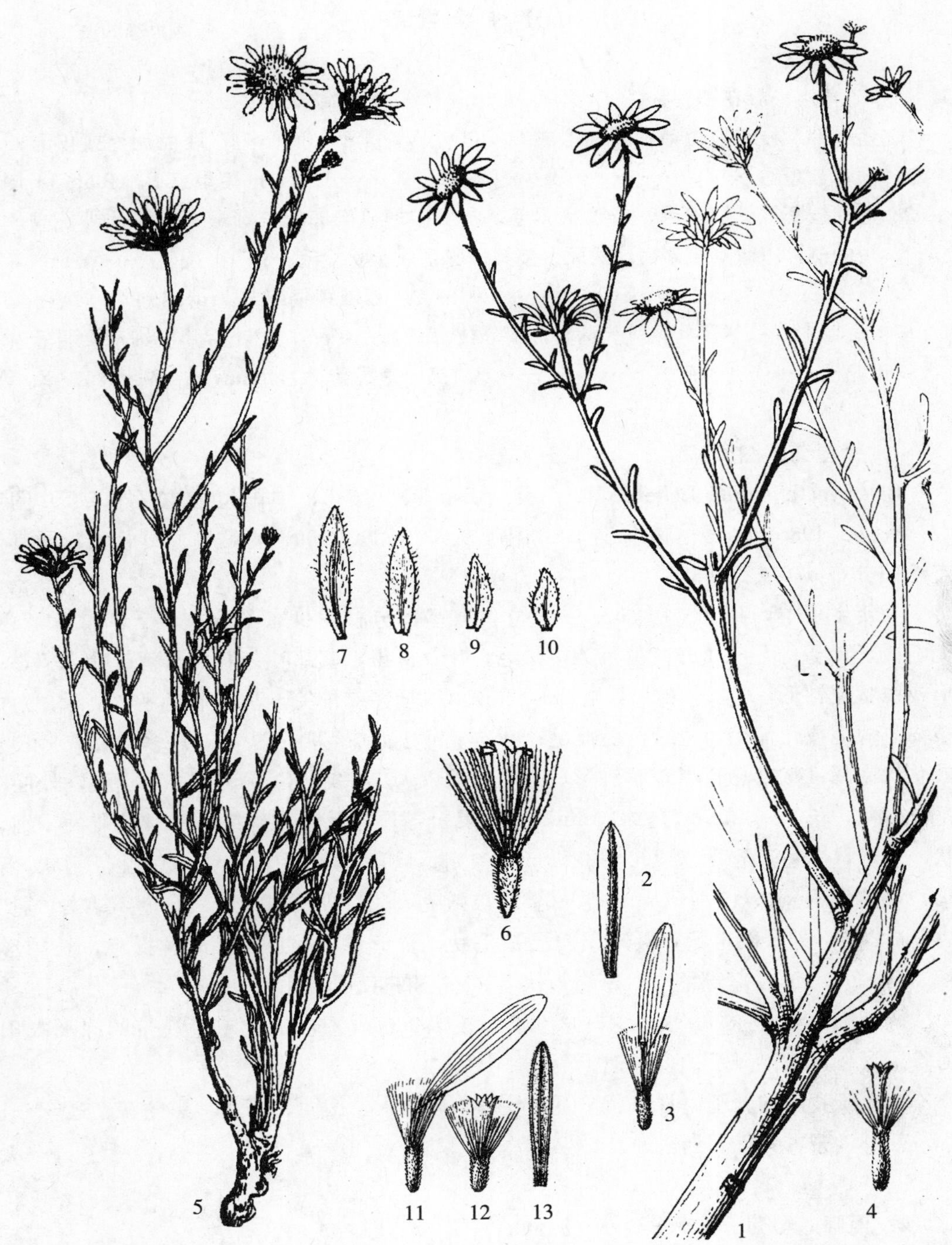

图版 **96** 灌木紫菀木 **Asterothamnus fruticosus**（Winkl.）Novopokr. 1. 植株；2. 放大的叶；3. 舌状花；4. 管状花。中亚紫菀木 **A. centrali-asiaticus** Novopokr. 5. 植株；6. 管状花；7～10. 总苞片。高大中亚紫菀木 **A. centrali-asiaticus var. procerior** Novopokr. 11. 舌状花；12. 管状花；13. 放大的叶。（1～4，11～13. 引自《新疆植物志》，张荣生绘；5～10. 阎翠兰绘）

分种检索表

1. 一年生草本；雌花细管状。
   2. 茎上部及枝疏被短毛；叶线形或线状披针形，无柄，有睫毛，两面无毛或仅上面疏被短毛 ………………………………………… **1. 短星菊 B. ciliata** Ledeb.
   2. 茎和枝密被具柄腺毛，或腺状柔毛，叶倒卵形或倒卵状长圆形，基部具或长或短的柄，边缘具粗锯齿，两面密被具柄腺毛或腺状柔毛 ………………………………………………………… **2. 西疆短星菊 B. roylei**（DC.）Wendelbo
1. 多年生草本，根茎多分枝，茎丛生，不分枝，高 4～10 cm；雌花舌片极细窄，明显长于花柱 ……………………………… **3. 高山短星菊 B. alpinus** Y. Wei et Z. X. An

1. 短星菊 图版 97：1～5

Brachyactis ciliata Ledeb. Fl. Ross. 2：495. 1845；中国植物志 74：285. 图版 72：5～9. 1985；新疆植物志 5：31. 图版 9：7～11. 1999；青藏高原维管植物及其生态地理分布 976. 2008.

一年生草本，高 5～40 cm。茎直立，自基部分枝，少有不分枝，下部常紫红色，无毛或近无毛，上部及分枝被稀疏短糙毛。叶较密集，基部叶花期常凋落；叶无柄，线形或线状披针形，长 2～4 cm，宽 2～4 mm，顶端尖或稍尖，基部半抱茎，全缘，上面被稀疏短毛或几无毛，边缘有糙睫毛；叶向上渐小而成苞叶。头状花序多数，在茎顶排成总状或圆锥状；总苞半球状钟形；总苞片 2～3 层，线形，不等长，顶端尖，外层绿色，草质，长 5～8 mm，宽约1 mm，有时反折，顶端及边缘有缘毛。缘花雌性，细管状，多数，白色，管部长 2.0～2.5 mm，上端斜切，被微毛；中央花两性，管状，较细，淡黄色，长 4.0～4.5 mm，管部上端被微毛，花柱分枝披针形，花全部结实。冠毛白色，2 层，外层刚毛状，极短，内层糙毛状，长6～7 mm。瘦果淡黄褐色，长圆形，长 1.5～2.5 mm，基部缩小，密被短伏毛。 花果期7～10月。

产新疆：英吉沙（未见标本）。生于海拔 1 300 m 左右的戈壁荒漠带的绿洲农田、河谷沼泽、砾石沙滩及盐碱湿地。

分布于我国的新疆、甘肃、宁夏、陕西、内蒙古、山西、河北、黑龙江、辽宁；日本，朝鲜，蒙古，俄罗斯也有。

2. 西疆短星菊 图版 97：6～8

Brachyactis roylei（DC.）Wendelbo in Nutt. Mag. Bot. 11：62. 1953；中国植物志 74：287. 图版 73：4～6. 1985；西藏植物志 4：650. 图 283：1～3. 1985；新疆植物志 5：32. 图版 9：4～6. 1999；青藏高原维管植物及其生态地理分布 976. 2008. —— *Conyza roylei* DC. Prodr. 5：381. 1836.

一年生草本，高 3～35 cm。茎直立或斜升，绿色或带紫色，自基部或上部分枝，全株密被具柄腺毛和开展的长节毛。叶较密集，基部叶在花期凋落或枯萎，倒卵形或倒卵状长圆形，长 1～4 cm，宽 0.3～1.5 cm，顶端钝或稍尖，基部楔状渐狭成柄，边缘有疏粗锯齿，上部叶渐小。头状花序多数，在茎顶排列成总状或总状圆锥状，花序梗长 3～10 mm，无或有 1 狭小苞叶；总苞半球形，总苞片 2～3 层，草质，长 5～7 mm，宽 0.6～1.0 mm，线状披针形，短于花盘或几与花盘等长，顶端尖或流苏状，紫红色，边缘薄膜质，背面密被具柄腺毛和疏长节毛，外层略短于内层或几等长；缘花雌性，多数，细管状，无色，管部长 2.5～3.0 mm，顶端斜切，或有时具极小的舌片，上部被稀疏微毛，花柱分枝丝状；中央两性花管状，淡黄色，长 3.5～4.0 mm，檐部狭漏斗状，具短裂片，管部上端和裂片顶端被微毛，花柱分枝披针形，花全部结实。冠毛白色，2 层，外层刚毛状，极短，内层糙毛状，约与两性花花冠等长。瘦果长圆状倒披针形，压扁，长 2.0～2.2 mm，被贴生短微毛。 花果期 7～9 月。

产新疆：叶城（苏克皮亚，青藏队吴玉虎 1072）、皮山（跃进布琼，采集人不详 091）。生于海拔 2 600～3 000 m 的河谷砾石滩、沟谷山坡草甸。

分布于我国的新疆、西藏；印度，巴基斯坦，中亚地区各国，阿富汗也有。

3. 高山短星菊 图版 97：9～11

Brachyactis alpinus Y. Wei et Z. X. An Fl. XinJiang. 5：475. 34. t. 9：1～3. 1999；青藏高原维管植物及其生态地理分布 976. 2008.

多年生草本，高 4～10 cm。根状茎粗壮，多分枝，有丛生的茎和莲座状叶丛，茎直立或斜升，不分枝，基部为枯叶柄所包裹，全株被密黄褐色腺状柔毛。基生叶莲座状，倒卵形，长 1.0～2.5 cm，宽 4～8 mm，顶端钝或稍尖，基部渐窄成具翅的短柄，边缘有疏锯齿，中下部叶和基部叶同形，上部叶渐小，近全缘或有疏小齿，几无柄，两面被腺状柔毛和腺毛。头状花序径 1.2～1.8 cm，单生于枝顶；总苞半求形，总苞片 2～3 层，绿色或顶端紫红色，披针形，外层稍短，内层长 6～7 mm，宽 1.0～1.5 mm，顶端尖，背面密被腺毛和腺状柔毛；缘花雌性，舌状，舌片极窄，黄色，长 5.0～5.5 mm，明显长于花柱，管部长约2.5 mm；中央两性花细管状，黄色，长约 5 mm，管部上部常被微毛，裂片短，无毛，花全部结实。冠毛 2 层，白色，外层极短，刚毛状，内层长 4～5 mm，糙毛状。瘦果倒卵状长圆形，长约 2.5 mm，扁压，被微毛。花期 7 月。

产新疆：塔什库尔干（克克吐鲁克，青藏队吴玉虎 870507）。生于海拔 4 550 m 左右的高原宽谷盆地、河谷砾石山坡。模式标本采自新疆塔什库尔干。

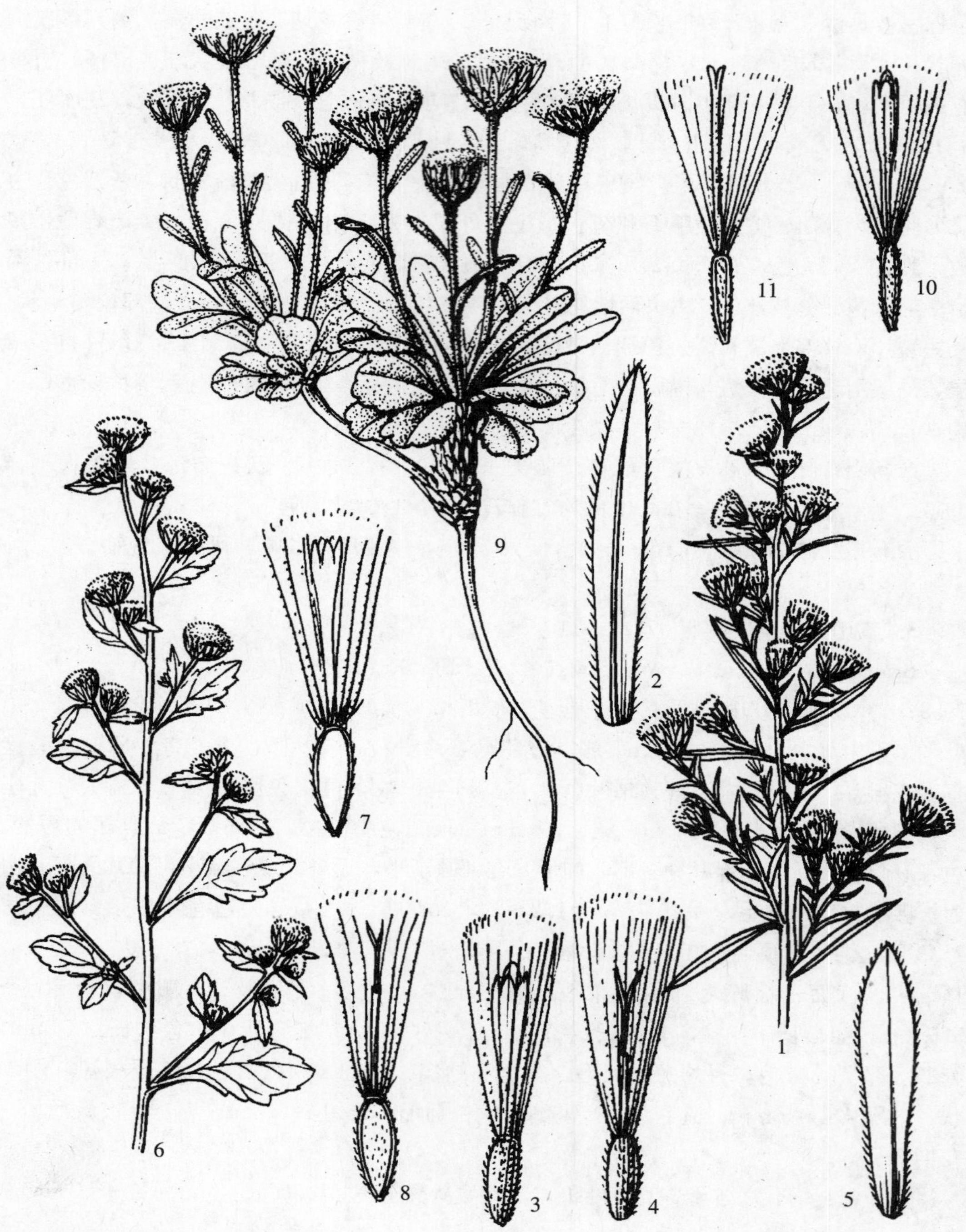

图版 **97**　短星菊 **Brachyactis ciliata** Ledeb. 1. 植株的上部；2. 叶；3. 两性花；4. 雌花；5. 总苞片。西疆短星菊 **B. roylei**（DC.）Wendelbo 6. 植株的上部；7. 两性花；8. 雌花。高山短星菊 **B. alpinus** Y. Wei et Z. X. An 9. 植株；10. 两性花；11. 雌花。（引自《新疆植物志》，张荣生绘）

8. 寒蓬属 Psychrogeton Boiss.

Boiss. Fl. Or. 3：156. 1875.

多年生，稀二年生草本。根状茎常粗壮、木质，被残存的叶，或有时细，多少木质。茎矮小或高大。叶互生，基部叶绿色或被灰白色茸毛，常具腺毛，披针形、倒披针形、倒卵形或圆形，全缘或具齿，或有时近羽状浅裂，具柄，茎叶全缘或具齿。头状花序单生或少数排列成总状或伞房状；总苞半球形，总苞片2～3层，覆瓦状或多少等长，外层草质，内层具干膜质边缘；外围有数个至多数雌花，花冠管状或舌状，管部长3～4 mm，舌片白色，黄色或浅红色，长或短于花柱，全缘或具2～3个裂齿；中央的两性花少数（8～10个）或多数，不结实，花冠管状，与雌花同色，与冠毛等长；花柱在雌花线形，在两性花披针形，无附器。冠毛1层，或在不结实的瘦果外层具少数刚毛。瘦果长2～3 mm，雌花瘦果倒卵形或倒披针形，两性花瘦果线形。

约20种，主要分布于中亚地区各国和亚洲西部。我国有2种，产于新疆和西藏；昆仑地区产1种。

1. 藏寒蓬 图版98：1～3

Psychrogeton poncinsii（Franch.）Ling et Y. L. Chen in Acta Phytotax. Sin. 11：427. 1973；中国植物志 74：293. 1985；西藏植物志 4：652. 1985；新疆植物志 5：35. 图版 10：4～6. 1999；青藏高原维管植物及其生态地理分布 1023. 2008. —— *Aster poncinsii* Franch. in Bull. Mus. Hist. Nat. 11. 7：345. 1896.

多年生草本，根状茎粗壮，木质，多分枝。茎直立或斜升，高3～19 cm，不分枝，全株密被绵毛状长茸毛，有时杂有腺毛。基部叶具柄，倒披针形或倒卵形，长1～6 cm，宽0.3～1.0 cm，顶端尖或钝，边缘具尖锯齿或稍波状，稀全缘；茎叶少数，3～5枚，倒披针形或线形，无柄或具短柄。头状花序单生于茎端；总苞半球形，长6～7 mm，宽8～10 mm，总苞片2～3层，线状披针形，绿色或灰绿色，顶端尖，边缘膜质，外层背面被灰白色密或蛛丝状长茸毛，内层长6～7 mm，宽约1 mm，稍短于冠毛；缘花雌性，舌状，舌片黄色，倒长卵形，长2.0～2.5 mm，宽0.7～1.2 mm；中央两性花管状，黄色，长3.5～5.0 mm，具5齿裂，裂片被稀疏微毛。雌花冠毛白色，1层，长2.6～4.0 mm，瘦果倒披针形，扁压，长3.5～4.5 mm，被贴短柔毛；两性花，冠毛2层，外层短，内层长约4 mm，瘦果线形，长约2 mm，密被短伏毛。 花果期6～9月。

产新疆：乌恰（吉根乡，采集人不详73-198）、塔什库尔干（麻扎种羊场，青藏队吴玉虎870387；派仪克乡，采集人不详750120；明铁盖，青藏队吴玉虎4995；卡拉其古营房后西南，西植所新疆队 1010；麻扎，高生所西藏队 3149；麻扎种羊场，青藏队吴玉虎 870387、870396)。生于海拔 3 600～5 400 m 的沟谷山地高山草甸、河谷阶地高寒荒漠草原、砾石山坡草地。

分布于我国的新疆、西藏；印度，伊朗，阿富汗，俄罗斯，中亚地区各国也有。

9. 飞蓬属 **Erigeron** Linn.

Linn. Sp. Pl. 863. 1753.

多年生草本，稀一年生、二年生或半灌木。叶互生，全缘或具锯齿。头状花序辐射状，单生或数个，少有多数排列成总状、伞房状或圆锥状花序；总苞半球形或钟形，总苞片数层，近等长，有时外层较短而呈覆瓦状排列，薄革质或草质，边缘和顶端干膜质，中脉红褐色，超出或短于花盘；花托平或稍凸起，具窝孔；花多数，异色；雌花多层，舌状，或内层无舌片，舌片狭小，少有稍宽大，蓝色或白色，少有黄色，多数（通常 100 个以上)，有时较少数；两性花管状，檐部狭管状至漏斗状，具 5 裂片；花药线状长圆形，基部钝，顶端具卵状披针形附片；花柱分枝附片短，宽三角形，通常钝或稍尖。冠毛 2 层，内层及外层同形或异形，常有极细而易脆折的刚毛，离生或基部稍联合，外层极短或等长；有时雌花冠毛退化而成少数鳞片状膜片的小冠。花全部结实，瘦果长圆状披针形，扁压，常有边肋，被稀疏或密短毛。

约 200 种以上，广布于全球。我国有 33 种，各地均产；昆仑地区产 9 种 1 变种。

分种检索表

1. 头状花序有 2 型花，雌花全部舌状，舌片白色、紫色、浅红色、橙色；两性花 管状，黄色。
  2. 总苞片通常与花盘等长或长于花盘。
    3. 花药及花柱伸出两性花花冠，舌片干时平展，不卷成管状 ………………………………………………………………… 1. **蓝舌飞蓬 E. vicarius** Botsch.
    3. 花药及花柱分枝不伸出两性花花冠，花冠圆柱状或倒锥状，舌片干时常卷成管状。
      4. 外层总苞片较内层稍短或等长；茎叶披针形 ………………………………………………………………… 2. **绵苞飞蓬 E. eriocalyx** (Ledeb.) Vierh.
      4. 外层总苞片长为内层的 1/2；茎叶线形或线状披针形 ……………………………… 3. **山地飞蓬 E. oreades** (Schrenk) Fisch. et C. A. Mey.
  2. 总苞片短于花盘 ……………………………… 4. **光山飞蓬 E. leioreades** M. Popov
1. 头状花序有 3 型花，雌花 2 型，外层舌状，舌片紫色至浅紫色，较内层细管状，与外层同色或无色；两性花花冠管状，黄色。

5. 头状花序多数，舌状花短，舌片与花盘等长或稍长于花盘，总苞片较花盘短；冠毛长为瘦果的 3～4 倍。

6. 茎和总苞通常紫色，少绿色；总苞片密被具柄腺毛，杂有贴短毛和开展的疏长毛，有时下部几无毛 ………………………… **5. 长茎飞蓬 E. elongatus** Ledeb.

6. 茎和总苞绿色，少浅紫色；总苞片被或密或疏的长毛，杂有贴短毛 ……………………………………………………………………… **6. 飞蓬 E. acer** Linn.

5. 头状花序单生或少数；舌片明显长于花盘；总苞片与花盘等长或较花盘稍短；冠毛长于瘦果的 2.0～2.5 倍。

7. 茎被或密或疏贴短毛或基部近无毛；叶革质线形或线状披针形 ……………………………………………………… **7. 革叶飞蓬 E. schmalhausenii** M. Popov

7. 茎和总苞片密被具柄腺毛和开展的疏长毛；叶倒披针形或披针形。

8. 茎密被具柄腺毛和开展的疏长毛；舌状花浅红色 ……………………………………………………………… **8. 西疆飞蓬 E. krylovii** Serg.

8. 茎疏被具柄腺毛和较密的长毛，下部几全部被密长毛；舌状花浅紫色 ……………………………… **9. 假泽山飞蓬 E. pseudoseravschanicus** Botsch.

1. 蓝舌飞蓬　图版 98：4～6

Erigeron vicarius Botsch. in Not. Syst. Herb. Inst. Bot. Acad. Sci. URSS 16：260. 1957；中国植物志 74：303. 1985；新疆植物志 5：41. 图版 12：8～10. 1999；青藏高原维管植物及其生态地理分布 1000. 2008.

多年生草本，高 2.5～20.0 cm。根状茎短，有分枝；茎数个，直立或斜升，不分枝，密被开展的软长节毛，杂有具短柄的头状腺毛。基生叶密集成莲座状，披针形，长 2～3 cm，宽 2～11 mm，顶端尖，基部渐窄成柄；茎生叶与基生叶同形，无柄，向上渐小，全部叶绿色，全缘，边缘稍皱褶，两面密被开展的软长节毛，杂具柄腺毛。头状花序单生于茎顶；总苞半球形，长 7～9 mm，宽 10～12 mm，总苞片 3 层，近等长，线状披针形，绿色，顶端尖，紫色，被密而软的长节毛；缘花雌性，舌状，长 6～12 mm，舌片蓝色，线形，宽 1.0～1.5 mm，管部长约 2 mm，直而开展；中央两性花管状，黄色，长 4.0～4.5 mm，管部上部被稀疏微毛，裂片无毛。冠毛 2 层，白色，刚毛状，外层极短，内层长 4.0～4.5 mm。瘦果倒披针形，长 2.5～3.0 mm，宽 0.5～0.6 mm，扁压，多少被贴生短毛。　花期 7～9 月。

产新疆：若羌。生于海拔 4 500 m 左右的沟谷山地高山草甸、山坡高寒草原。

分布于我国的新疆；中亚地区也有。

2. 绵苞飞蓬

Erigeron eriocalyx（Ledeb.）Vierh. in Beih. Bot. Centralbl. 19：522. 1906；中

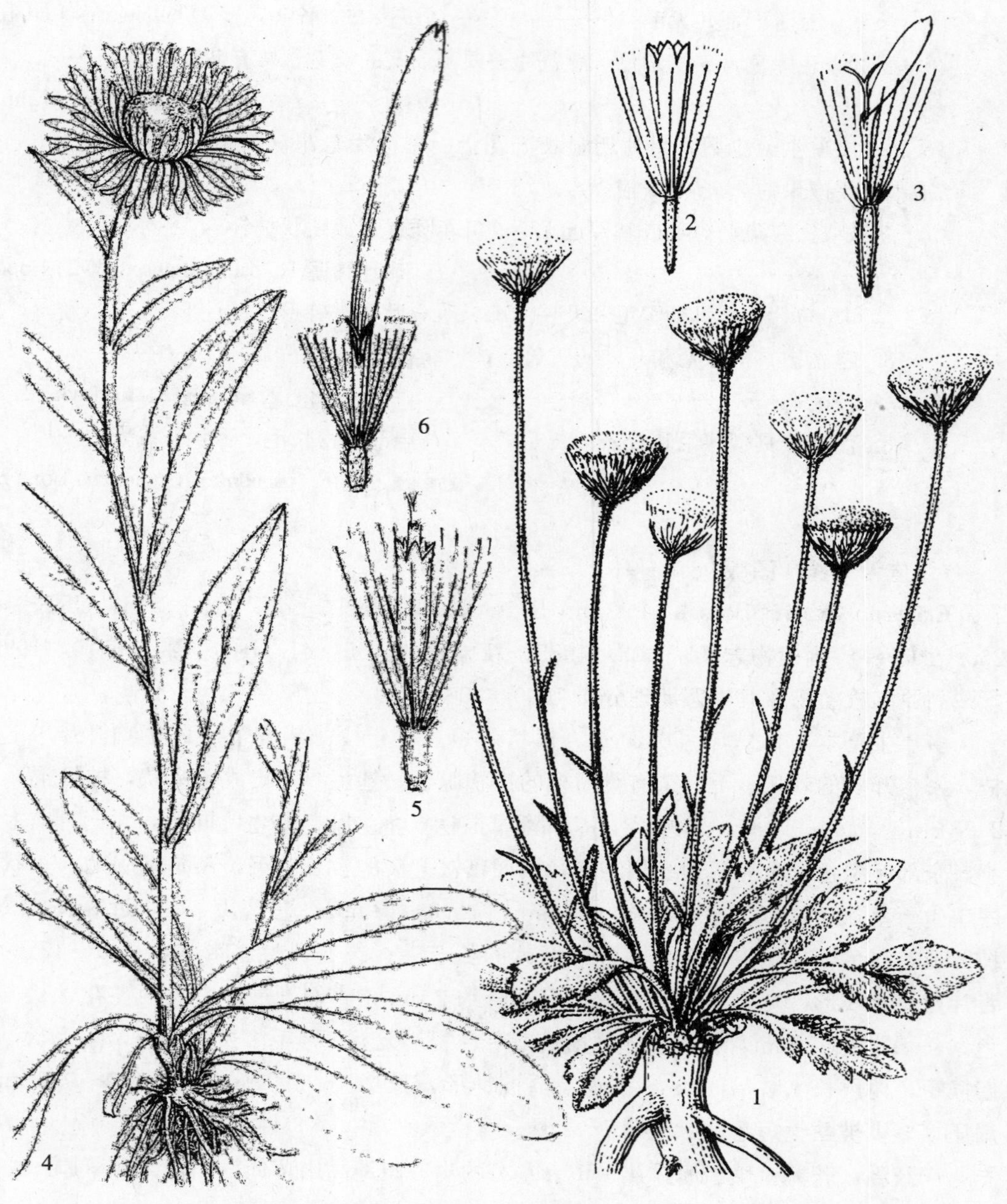

图版 **98**　藏寒蓬 **Psychrogeton poncinsii**（Franch.）Ling et Y. L. Chen 1. 植株；2. 两性花；3. 雌花。蓝舌飞蓬 **Erigeron vicarius** Botsch. 4. 植株；5. 管状花；6. 舌状花。
（引自《新疆植物志》，张荣生绘）

国植物志 74：322. 1985；新疆植物志 5：44. 1999；青藏高原维管植物及其生态地理分布 998. 2008. —— *E. alpinus* β. *eriocalyx* Ledeb. Fl. Alt. 4：91. 1833.

多年生草本，高 5～25 cm。根状茎直立或斜上，颈部被暗褐色的残存叶柄。茎数个，稀单生，直立，不分枝，或有时上部有分枝，绿色或淡紫红色，被较密开展的长软毛和短贴毛，上部毛较密。叶绿色，全缘，叶柄、边缘和两面被长软毛；基部叶密集，莲座状，花期常枯萎，倒披针形，长 1.5～9.0 cm，宽 2～8 mm，顶端钝或稍尖，基部狭成长叶柄，具 3 脉，下部叶与基生叶同形，但叶柄较短，中部和上部叶披针形或线状披针形，长 1～5 cm，宽2～7 mm，无柄，顶端尖，基部几抱茎。头状花序单生，少有 2～3 个排列成伞房状；总苞半球形，总苞片 3 层，与花盘近等长，线状披针形，顶端长渐尖，全部暗紫色，背面被密开展的长毛，外层稍短，内层长 5～9 mm，宽 0.6～1.0 mm；缘花雌性，舌状，长 7～10 mm，管部长约 2 mm，上部被稀疏短毛，舌片紫色或淡紫色，干时内卷呈管状，顶端具 2 小齿；中央的两性花管状，黄色，长 3.5～4.0 mm，圆柱形，下部急狭成细管，裂片短，与舌片同色，无毛；花药不伸出花冠。冠毛淡白色，2 层，刚毛状，外层极短。瘦果狭长圆形，长 2.2～2.5 mm，宽 0.6 mm，被多少贴生的短毛。 花期 7～9 月。

产新疆：塔什库尔干（克克吐鲁克，西植所新疆队 1363）。生于海拔 4 530 m 左右的高原沟谷山坡草地。

分布于我国的新疆、内蒙古；俄罗斯，欧洲也有。

3. 山地飞蓬

Erigeron oreades（Schrenk）Fisch. et C. A. Mey. in Suppl. Ind. Sem. Hort. Petrop. 9：17. 1846；中国植物志 74：325. 1985；新疆植物志 5：46. 1999；青藏高原维管植物及其生态地理分布 999. 2008. —— *E. uniflorus* Linn. β. oreades Schrenk Enum. Pl. Nov. 2：39. 1842.

二年生或多年生草本，具纤维状根。茎单生，高 2.5～25.0 cm，直立，不分枝，或少有分枝，绿色或有时紫红色，被较密的开展的长柔毛或短贴毛。基生叶花期枯萎，倒卵形或披针形，长 1～7 cm，宽 2～5 mm，顶端钝或稍尖，基部狭成长叶柄，茎生叶少数，无柄，线形或线状披针形，长 1～4 cm，宽 1～3 mm，顶端急尖，全缘，边缘和叶柄被睫毛状长节毛，两面无毛或近无毛。头状花序较小，单生于茎顶，或少数排列成总状；总苞半球形，总苞片 3 层，草质，线状披针形，绿色或顶端紫色，背面疏被长毛，外层短，内层明显超出花盘；缘花雌性，舌状，长 6～7 mm，舌片淡紫色，不开展，干时内卷呈管状；中央的两性花管状，淡黄色，长 4.0～4.5 mm，管部长约 1.5 mm，裂片于舌片同色，无毛；花药和花柱不伸出花冠。冠毛白色 2 层，刚毛状，外层极短，内层长 4.0～4.5 mm。瘦果窄长圆形，长 2.0～2.5 mm，扁压，被较密的多少贴生的短毛。 花期 7～9 月。

产新疆：塔什库尔干（卡拉其古，西植所新疆队 905）。生于海拔 3 520 m 左右的沟谷山坡草甸、河谷阶地草原。

分布于我国的新疆；中亚地区，蒙古，俄罗斯也有。

4. 光山飞蓬

Erigeron leioreades M. Popov in Not. Syst. Herb. Inst. Bot. Acad. Sci. URSS 8：52. 1940；中国植物志 74：300. 1985；新疆植物志 5：38. 1999；青藏高原维管植物及其生态地理分布 999. 2008.

多年生草本。根状茎较细，直立，具纤维状根，上部常密被残存的叶。茎单一或数个，直立，高 10～37 cm，绿色或淡紫色，被稀疏开展的节毛，特别在上部杂有短贴毛和具柄的头状腺毛。基生叶莲座状，在花期常枯萎，倒披针形，长 0.7～8.0 cm，宽 3～12 mm，顶端钝或稍尖，基部渐狭成长柄，全缘，叶柄和叶缘被开展的节毛，两面或仅下面被稀疏短贴毛，或有时近无毛，中部叶披针形，无柄，长 0.7～4.5 cm，宽 1～5 mm，顶端尖，上部叶小。头状花序 1～6 个在茎顶排列成伞房状；总苞半球形，总苞片 3 层，常短于花盘或与花盘近等长，线状披针形，顶端尖，外层较短，暗绿色，背面被稀疏开展的节毛和较密的头状具柄腺毛；缘花雌性，舌状，舌片蓝紫色，长 4～6 mm，宽约 0.4 mm，管部长约 2.5 mm，上部被微毛；中央的两性花管状，黄色，长 3～4 mm，檐部漏斗形，管部的上部被短贴毛。冠毛白色，2 层，外层短，内层长4.5～5.0 mm，刚毛状。瘦果黄色，倒披针形，长 2～3 mm，宽约 0.6 mm，扁压，基部稍缩小，密被短贴毛。 花期 7～9 月。

产新疆：叶城（柯克亚乡，青藏队吴玉虎 87953）。生于海拔 3 400 m 左右的沟谷山坡高山草甸、砾石荒漠草地。

分布于我国的新疆；俄罗斯，中亚地区各国也有。

5. 长茎飞蓬 图版 99：1～6

Erigeron elongatus Ledeb. Ic. Pl. Fl. Ross. 1：9. t. 31. 1829；中国植物志 74：329. 图版 81：1～6. 1985；西藏植物志 4：660. 1985；新疆植物志 5：48. 图版 13：1～6. 1999；青藏高原维管植物及其生态地理分布 998. 2008.

5a. 长茎飞蓬（原变种）

var. **elongatus**

二年生或多年生草本。根状茎木质，根颈部被残存的叶基。茎数个，高 15～30 cm，直立或斜升，上部分枝，紫色，少绿色，密被短毛和具柄的腺毛，中下部渐少或近无毛。基生叶密集成莲座状，花期常枯萎，倒披针形或长圆状倒披针形，长 2～5 cm，宽 3～8 mm，顶端钝圆或稍尖，基部渐窄成长叶柄，中部和上部叶无柄，长圆形或披针形，长 0.5～7.0 cm，宽 3～8 mm，顶端尖或稍钝。头状花序较少数，在茎顶排列成伞房状或圆锥状，花序梗长 1.5～6.0 cm，密被具柄的腺毛并杂有短毛；总苞半球形，总苞片 3 层，短于花盘，线状披针形，紫红色，稀绿色，顶端渐尖，背面密被具柄的腺毛，有时杂有少数开展的长节毛，外层短于内层之半，内层长 4.5～7.0 mm，宽 0.5～1.0 mm，具狭膜质边缘；缘花雌性，2 型，外层舌状，与花盘等长，长 4.5～7.0 mm，舌片紫红色，管部长 3～4 mm，上部被稀疏微毛，内层雌花细管状，无色，长 2.5～4.5 mm，上部被微毛，花柱伸出管部 1.0～1.7 mm，与舌片同色；中央两性花管状，黄色，长 3.5～5.0 mm，管部长 1.5～2.5 mm，檐部窄锥形，上部被稀疏微毛，裂片暗紫色。冠毛白色，2 层，刚毛状，外层极短，内层长 4～6 mm。瘦果长圆状披针形，长 2.0～2.5 mm，宽 0.5 mm，扁压，密被多少贴生的短毛。 花期7～9 月。

产新疆：阿克陶（阿克塔什，青藏队吴玉虎 870272）、叶城（苏克皮亚，青藏队吴玉虎 1036）。生于海拔 2 400～3 000 m 的沟谷山坡草地、宽谷河滩草甸。

分布于新疆、甘肃、西藏、四川、内蒙古、山西、河北；中亚地区各国，俄罗斯，蒙古，朝鲜，欧洲的中部与北部也有。

5b. 腺毛飞蓬（变种）

var. **glandulosus** Y. Wei et Z. X. An Fl. Xinjiang. 5：476. 48. 1999；青藏高原维管植物及其生态地理分布 998. 2008.

与原变种的主要区别是：茎、叶和总苞仅被具柄腺毛而无节毛；叶革质，绿色，叶基部紫色。

产新疆：叶城（采集地不详，杨昌友 750906A）。生于海拔 3 000 m 左右的沟谷河滩草甸、山地林缘草甸。模式标本采自新疆叶城。

6. 飞　蓬　图版 99：7～17

Erigeron acer Linn. Sp. Pl. 863. 1753；中国植物志 74：327. 图版 81：7～12. 1985；青海植物志 3：331. 1996；新疆植物志 5：47. 图版 13：7～17. 1999；青藏高原维管植物及其生态地理分布 998. 2008.

二年生或多年生草本。茎单生或数个丛生，直立，高 5～40 cm，不分枝或上部少有分枝，绿色或有时紫色，具明显的条纹，被较密而开展的硬长毛，最上部常被腺毛。基生叶密集成莲座状，倒披针形，长 4～8 cm，宽 0.6～1.2 cm，顶端钝或尖，基部渐狭成长柄，全缘或极少具 1 至数个小尖齿，中部和上部叶披针形，无柄，长 3～5 cm，宽约 8 mm，顶端急尖，全缘，基部渐窄，两面被硬长毛。头状花序多数，在茎顶排列成圆锥状或伞房状，长5～7 mm，宽 9～12 mm；总苞半球形，总苞片 3 层，线状披针形，绿色，偶为紫色，顶端尖，背面被较密的长硬毛，杂有具柄的腺毛，内层常短于花盘，长 5～7 mm，宽 0.5～0.8 mm，边缘膜质，外层长为内层之半；缘花雌性，2 型，外层舌状，长 5～7 mm，舌片淡红紫色，管部长 2.5～3.5 mm，内层的细管状，无色，长 3.0～3.5 mm，花柱与舌片同色，伸出管部1.0～1.5 mm；中央的两性花管状，黄色，长 4～5 mm，管部长 1.5～2.0 mm，上部疏被微毛，檐部圆柱形。冠毛 2 层，白色，刚毛状，外层极短，内层长 5～6 mm。瘦果长圆状披针形，长约 1.5 mm，扁压，疏被短贴毛。 花期 7～9 月。

产青海：兴海（大河坝乡赞毛沟，吴玉虎 47213）、称多（歇武乡，刘尚武 2458）、玛沁（拉加乡，区划二组 180；军功乡西哈垄河谷，H. B. G. 269；大武乡德勒龙沟，H. B. G. 724）、久治（县城附近，藏药队 882）、达日（窝赛乡，H. B. G. 1201）。生于海拔 3 000～3 900 m 的宽谷河滩高寒草原、山坡田边、山地高寒灌丛草地、沟谷山坡草地。

分布于我国的新疆、甘肃、宁夏、青海、陕西、西藏、四川、内蒙古、山西、河北、吉林、辽宁；外高加索地区，中亚地区各国，俄罗斯，蒙古，日本，北美洲也有。

7. 革叶飞蓬 图版 103：1～5

Erigeron schmalhausenii M. Popov in Not. Syst. Herb. Inst. Bot. Acad. Sci. URSS 8：51. 1940；中国植物志 74：333. 图版 83：5～9. 1985；新疆植物志 5：51. 图版 15：1～5. 1999；青藏高原维管植物及其生态地理分布 1000. 2008.

多年生草本，高 10～45 cm。根状茎长，木质。茎多数，斜升或直立，上部常弯曲，紫色，少绿色，上部或中部以上有分枝，全部密被贴生短毛，特别在头状花序下部杂有疏开展的硬毛。基生叶密集成莲座状，条形或线状披针形，长 1.5～6.0 cm，宽 3～5 mm，顶端钝或稍尖，茎生叶无柄或有短柄，与基生叶同形，长 1.5～9.0 cm，宽 2～5 mm，全部叶全缘，革质，绿色，或基部带紫色，无毛，或仅边缘被睫毛状长节毛和短毛。头状花序多数，在茎枝排成伞房状或总状，花序梗长 1～6 cm；总苞半球形，总苞片 3 层，淡紫色或绿色，线状披针形，顶端急尖，背面密被开展的硬毛，外层长为内层之半，内层长 5～8 mm，宽0.6～1.0 mm；缘花雌性，2 型，外层舌状，长 5～8 mm，宽约 0.5 mm，舌片淡紫色，管部长 2.5～3.5 mm，上端被稀疏微毛；内层雌花细管状，无色，长 3.5～4.5 mm，花柱分枝伸出管部 0.5～1.5 mm；中央两性花管状，黄色，长 4～5 mm，管部长约 2 mm，檐部狭锥形，花柱分枝不伸出花冠。冠毛白色，2 层，刚毛状，外层极短，内层长 4.5～5.5 mm，糙毛状。瘦果棕黄色，长圆形，扁压，长约 3 mm，宽 0.5 mm，被密较长多少贴生的短毛。 花期 6～9 月。

产新疆：乌恰（吉根乡斯木哈纳，采集人不详 2108）、阿克陶。生于海拔 3 300 m 左右的沟谷山坡砾石中。

分布于我国的新疆；中亚地区各国，俄罗斯也有。

8. 西疆飞蓬

Erigeron krylovii Serg. Animadv. Herb. Univ. Tomsk. 1：2. 1945；中国植物志

74：331. 1985；新疆植物志 5：48. 1999；青藏高原维管植物及其生态地理分布 999. 2008.

多年生草本，高 14～30 cm。根状茎木质，基部被残存的叶柄。茎单一或数个，直立或斜升，绿色，或有时紫色，上部有分枝，密被具柄腺毛和稀疏开展的长节毛，上部毛较密。基生叶密集成莲座状；基生叶和中下部叶倒披针形，长 3～10 cm，宽 0.5～1.0 cm，顶端尖，基部狭成长柄，中部和上部叶披针形，长 0.5～7.0 cm，宽 0.5～1.0 cm，顶端尖，无柄，两面被具柄腺毛和稀疏开展的长节毛。头状花序 3～6 个在顶端排列成伞房状或圆锥状，花序梗长 1～6 cm，密被具柄腺毛，杂有长节毛；总苞半球形，总苞片 3 层，绿色，线状披针形，顶端急尖，背面密被具柄腺毛，或有时杂有极疏的开展的长节毛，内层短于花盘或稍与花盘等长，长 5.5～7.0 mm，宽 0.5～1.0 mm，外层长为内层之半；缘花雌性，2 型，外层舌状，长 7.5～9.0 mm，舌片红紫色，宽 0.4～0.6 mm，管部长 2.5～3.0 mm，上部被微毛，内层细管状，白色，长 2.0～2.5 mm，上部被微毛，花柱与舌片同色，伸出管部 0.8～1.2 mm；中央两性花管状，黄色，长 4～5 mm，檐部窄圆锥形，裂片红紫色。冠毛白色，2 层，刚毛状，外层极短，内层 4.5 mm。瘦果长圆形，长 1.8～2.2 mm，宽 0.6 mm，扁压，密被贴短毛。

花期 7～9 月。

产新疆：乌恰（吉根乡斯木哈纳，西植所新疆队 2137、2167）、莎车（喀拉吐孜矿区，青藏队吴玉虎 870670）。生于海拔 2 700～3 200 m 的沟谷山坡草地、山地荒漠化草原。

分布于我国的新疆；中亚地区各国，俄罗斯也有。

9. 假泽山飞蓬 图版 99：18～21

Erigeron pseudoseravschanicus Botsch. Fl. URSS 25：585. 1959；中国植物志 74：332. 图版 82：1～4. 1985；新疆植物志 5：49. 图版 14：5～8. 1999；青藏高原维管植物及其生态地理分布 1000. 2008.

多年生草本，高 5～60 cm。根状茎木质，有分枝。茎少数，基部被残存叶柄，上部有分枝，密被开展的长节毛和具柄腺毛，下部常被密长节毛而无腺毛，极少近无毛；基生叶密集成莲座状，花期常枯萎，倒披针形，长 2～15 cm，宽 3～11 mm，基部渐狭成长柄，顶端尖或稍钝，中部和上部叶无柄，披针形，长 1～7 cm，宽 2～8 mm，全部叶全缘，两面被开展的稀疏长节毛，中上部杂有具柄腺毛，有时边缘有长节毛。头状花序多数，排列成伞房状或总状，具长花序梗，密被长节毛和具柄的腺毛；总苞半球形，长 5～7 mm，宽 8～12 mm，总苞片 3 层，常稍短于花盘，绿色或有时变紫色，线状披针形，背面密被具柄腺毛和开展的疏长节毛，内层总苞片长 5～7 mm，宽约 0.8 mm，外层长为内层之半；缘花雌性，2 型，外层舌状，长 5.8～8.5 mm，管部长 2.5～3.5 mm，上部被稀疏微毛，舌片淡紫红色，宽约0.3 mm，内层雌花细管状，无色，长

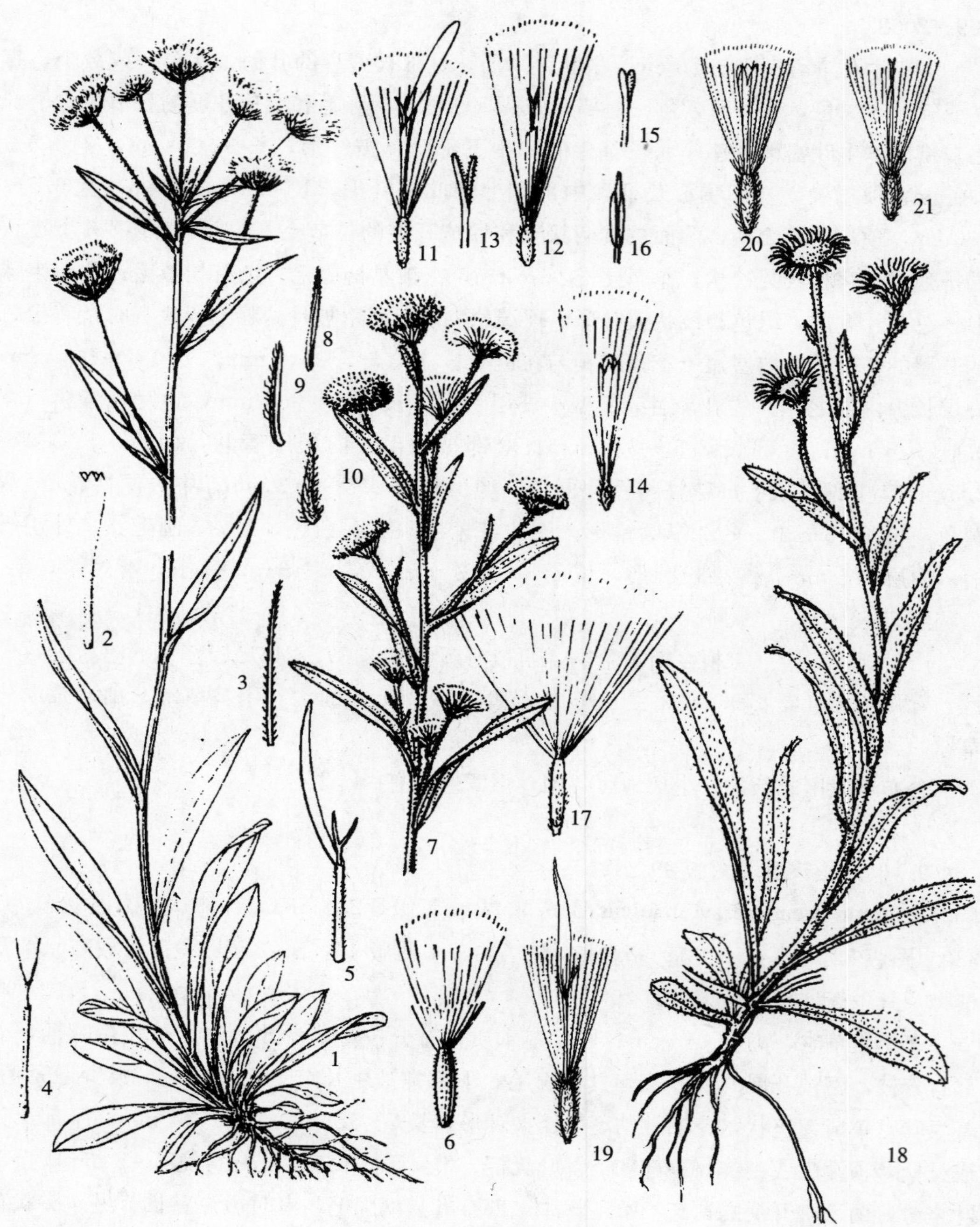

图版 99　长茎飞蓬 **Erigeron elongatus** Ledeb. 1. 植株；2. 两性花；3. 总苞片；4. 管状雌花；5. 舌状雌花；6. 带冠毛的瘦果。飞蓬 **E. acer** Linn. 7. 植株的上部；8～10. 内、中、外层总苞片；11. 舌状花；12. 管状雌花；13. 柱头；14. 两性的管状花；15. 两性花柱头；16. 花药；17. 带冠毛的瘦果。假泽山飞蓬 **E. pseudoseravschanicus** Botsch. 18. 植株；19. 舌状雌花；20. 管状两性花；21. 管状雌花。
(引自《新疆植物志》，张荣生绘)

2.2～3.0 mm，上部被贴微毛，花柱伸出管部0.5～1.5 mm；中央两性花管状，黄色，长4～5 mm，管部长1.5～2.0 mm，檐部狭锥形，被贴微毛。冠毛白色，2层，刚毛状，外层极短，内层4～5 mm。瘦果长圆状披针形，长2.0～2.2 mm，宽约0.5 mm，扁压，密被贴短毛。　花期7～9月。

产新疆：阿克陶（采集地和采集人不详，013）。生于海拔2 300 m左右的河谷山地亚高山草地。

分布于我国的新疆；中亚地区各国，俄罗斯也有。

10. 毛冠菊属 Nannoglottis Maxim.

Maxim. in Bull. Acad. Sci. St.-Pétersb. 27：480. 1881.

多年生草本，根状茎较长，分枝较长。茎直立，上部有分枝。叶互生，叶片椭圆形至披针形，羽状脉，幼叶出土外卷。头状花序排列成伞房状或总状聚伞花序或单生。花序托实心。总苞半球形或杯状，总苞片2～4层。头状花序具同色的3型花：最外层为可育的舌状雌花；紧靠外层的为2～3层细管状的雌花，其花冠不裂，顶端截形，远较花柱为短；中央为不育的两性花，花冠管状，上部狭漏斗状，5裂；花药顶端膨大成不育组织，基部钝圆；雌花花柱无毛，分枝线形，渐细而狭尖，外面有微毛；两性花花柱上部及分枝背面被向上的短毛，分枝相贴合。瘦果具纵肋，被粗毛。雌花冠毛1层，两性花的冠毛不等长。　花果期7～9月。

我国特有属，共9种；昆仑地区产3种。

分种检索表

1. 叶上面无毛，下面密被白色绵毛；头状花序单生 ……………………………………………… 1. **青海毛冠菊 N. ravida**（Winkl.）Y. L. Chen
1. 叶两面被短腺毛；头状花序呈伞房状排列。
    2. 总苞片外层长于内层，先端无绵毛；舌状花的舌片长圆形，较短，常反折，淡褐色 …………………………………………… 2. **毛冠菊 N. carpesioides** Maxim.
    2. 总苞片外层短于内层，先端密被白色绵毛；舌片线形，狭长，金黄色 ………………………………… 3. **狭舌毛冠菊 N. gynura**（Winkl.）Ling et Y. L. Chen

1. 青海毛冠菊　图版100：1～3

Nannoglottis ravida（Winkl.）Y. L. Chen in Kew Bull. 39（2）：432. 1984；青海植物志 3：410. 图版 90：1～3. 1996；青藏高原维管植物及其生态地理分布 1019. 2008. —— *Senecio ravidus* Winkl. in Acta Hort. Petrop. 13：4. 1893.

多年生草本，高 15～20 cm。根状茎木质，粗壮，多分技。茎直立，被白色绵毛和腺毛，后常脱毛。基生叶倒披针形或匙状长圆形，长 4～5 cm，宽至 1 cm；中上部叶长圆形或椭圆形，长 4～11 cm，宽 0.5～2.5 cm；全部叶先端钝圆，边缘有波状齿或浅裂，基部渐狭成翅柄，上面绿色，有蛛丝状毛或光滑，下面有白色密绵毛；叶柄长至 5 cm。头状花序单生；总苞半球形，宽 13～15 mm，总苞片 2～3 层，线状披针形，长 9～11 mm，宽 1.0～1.5 mm，先端渐尖，常反折，背部有白色绵毛和腺毛；舌状花黄色，舌片线形，长约 10 mm，宽约 1 mm；细管状雌花长约 4 mm，顶端有毛；管状花黄色，长 5～6 mm，裂片有腺体。瘦果有毛；冠毛白色，长 5～6 mm。 花果期 7～8 月。

产青海：曲麻莱（巴干乡，刘尚武 912）、称多（尕朵乡，苟新京 83-230；长江边，刘尚武 2321）。生于海拔 3 900～4 100 m 的沟谷山地阴坡和半阴坡石崖、山地高寒灌丛、高寒草甸。

分布于我国的青海。模式标本采自青海。

2. 毛冠菊 图版 100：4～5

Nannoglottis carpesioides Maxim. in Bull. Acad. Sci. St.-Pétersb. 27：480. 1881；植物分类学报 10（1）：100. 1965；秦岭植物志 1（5）：279. 图 199. 1985；青海植物志 3：411. 图版 90：4～5. 1996；青藏高原维管植物及其生态地理分布 1019. 2008.

多年生草本，高达 60 cm。根茎粗壮。茎直立，上部花序有分枝，密被腺毛，下部有白色长柔毛。下部叶较多，宽椭圆形、卵状长圆形或卵状披针形，长达 20 cm，宽至 7 cm，具翅状柄或无柄，抱茎，沿茎下延成窄短翅；中上部叶卵状披针形至披针形，较小；全部叶先端渐尖或钝，边缘有齿，齿端有腺尖，齿间有白色密腺毛，基部楔形，两面被腺毛。头状花序 2～11，在茎端排成伞房状；花序梗基部有苞叶；总苞半球形，宽至 1.5 cm，总苞片 2～3 层，长 1.0～1.5 cm，外层长于内层，线状披针形，先端渐尖，背部密被腺毛；舌状花栗色或淡褐色，舌片短，长圆形，长 3～5 mm，背部有疏短毛；细管状花长约 3 mm；管状花长约4 mm。瘦果有毛；冠毛白色，在管状花中较少。 花果期 6～8 月。

产青海：班玛（马柯河林场，刘建全 1786；多涌河，陈实 309；采集地不详，魏振铎 450）。生于海拔 3 300～3 700 m 的沟谷山地林缘、河谷山坡灌丛草地。

分布于我国的青海、四川、甘肃、陕西。模式标本采自青海。

3. 狭舌毛冠菊

Nannoglottis gynura（Winkl.）Ling et Y. L. Chen in Acta Phytotax. Sin. 10（1）：97. 1965；中国高等植物图鉴 4：546. 图 6506. 1975；西藏植物志 4：759. 图 348；

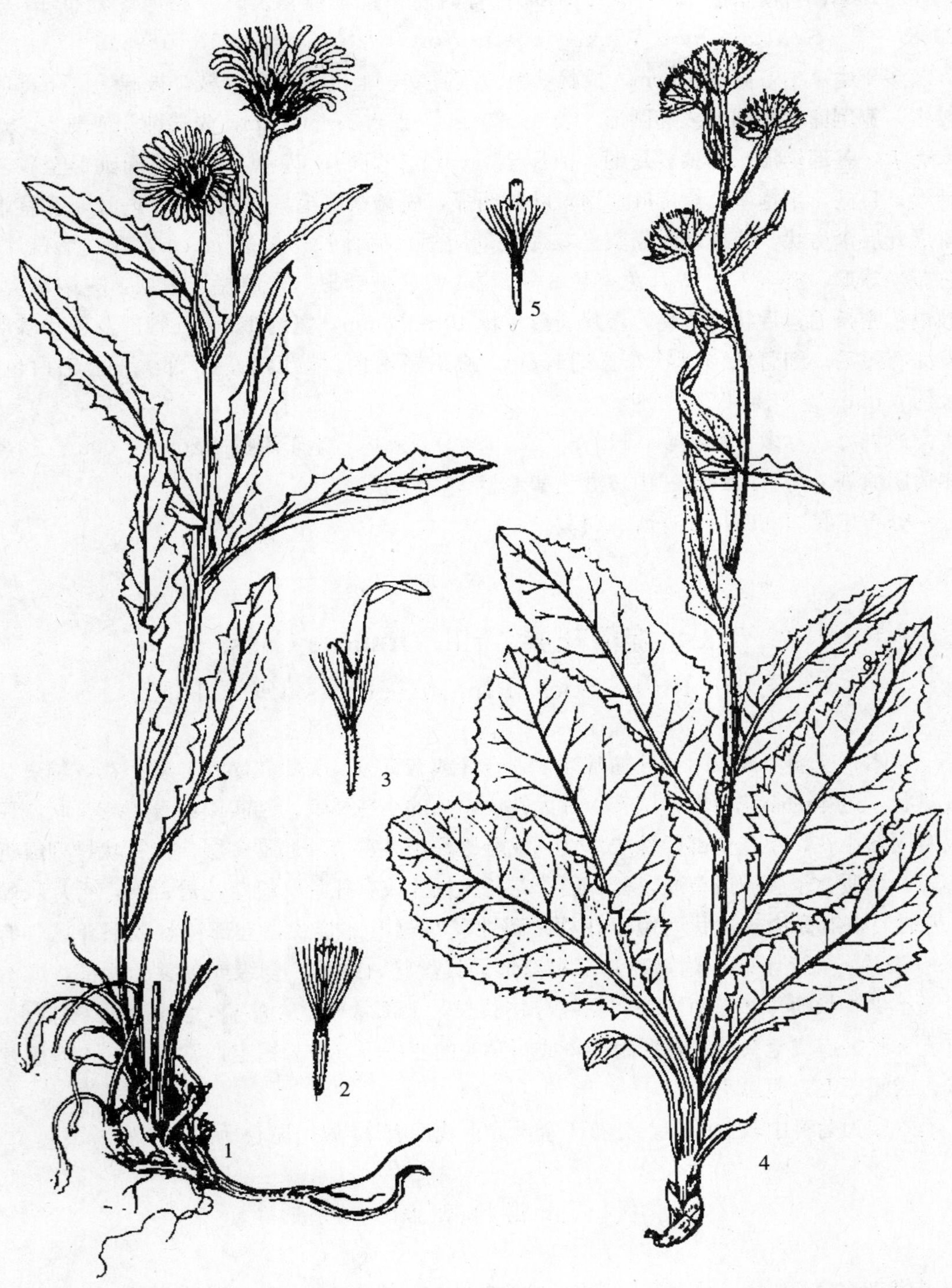

图版 **100**　青海毛冠菊 **Nannoglottis ravida**（Winkl.）Y. L. Chen 1. 全株；2. 管状花；3. 舌状花。
毛冠菊 **N. carpesioides** Maxim. 4. 全株；5. 管状花。（王颖绘）

1～5. 1985；青海植物志 3：411. 1996；青藏高原维管植物及其生态地理分布 1019. 2008. —— *Senecio gynura* Winkl. in Acta Hort. Petrop. 14：157. 1895.

多年生草本，高达 70 cm。根状茎粗。茎直立，上部花序有分枝，被腺毛。下部叶较多，宽倒卵状长圆形或椭圆形，长 6～20 cm，宽 2.5～6.0 cm，先端钝圆或急尖，边缘有齿，基部楔形，渐狭成翅柄，柄长至 7 cm，有宽翅；茎中上部叶狭椭圆形至狭披针形，直立，半抱茎；全部叶质薄，叶脉明显，先端被腺毛。头状花序 8～12，在茎端排成开展伞房状，或在幼时密集；花序梗幼时短，后伸长，长达 10 cm，有线形苞片；总苞半球形，宽至 1.5 cm，总苞片 3～4 层，线状披针形，外层短于内层，先端渐尖，被白色密长毛；舌状花黄色，舌片线形，长 10～13 mm，宽约 1 mm，管部及舌片基部背面有短毛；细管状与管状花长约4 mm。瘦果黑褐色，被短毛，下部尖；冠毛白色，长约 4 mm。 花果期 7～8 月。

产青海：称多（歇武乡，H. B. G. 1942）、班玛。生于海拔 3 200～4 000 m 的悬崖边阴凉处、沟谷山林地、山坡灌丛草地。

分布于我国的四川、青海、西藏。

（二）旋覆花族 Trib. **Inuleae** Cass.

Cass. in Bull. Soc. Philom. Paris 190. 1812.

草本，亚灌木或灌木。叶通常互生，全缘或有锯齿。头状花序有异形小花，辐射状或盘状，边缘的小花雌性，结实，稀无性，中央的小花两性，结实或不育，或头状花序仅有同形小花，小花全部两性或单性，或雌雄异株。总苞片通常多层，覆瓦状排列或近等长，草质，干膜质或革质，稀 1 层；花托无托片或有托片。雌花花冠舌状，舌片顶端 3 齿裂，或细管状或丝状而短于花柱；两性花花冠下部管状，上部钟状或漏斗状，有 4～5 裂片。花药上端有附片，基部有箭形，具丝状、线状、全缘或撕裂的尾部，或有时具小尖头状的耳部；两性花的花柱分枝狭长，上部常较宽，略扁，上端圆形或截形，有乳头状突起或笔头状毛，无附器，或不育花的花柱不分枝。冠毛通常毛状，少有膜片状，或无冠毛。瘦果小。

本族为菊科中较大的族，分布于全世界。我国有 24 属，昆仑地区产 6 属。

分属检索表

1. 头状花序集成 1 团，外有星状开展的叶状苞叶，此苞叶显然与茎叶不同 ………… ………………………………………………………… **12. 火绒草属 Leontopodium** R. Brown
1. 头状花序不成上述状态，无叶状苞叶。
   2. 花雌雄异株或近异株。

3. 冠毛基部联合成环状；基生叶多数，多有直立枝与匍匐枝之分，下部常有宿存的枯叶 ………………………………………………… **11. 蝶须属 Antennaria** Gaertn.

3. 冠毛基部分离；半灌木，有根状茎，叶均匀分布于茎上 ……………………………………………………………………………… **13. 香青属 Anaphalis** DC.

2. 花雌雄同株。

4. 总苞片多层，草质、膜质至革质；花序周围有舌状的雌花 ……………………………………………………………………………… **16. 旋覆花属 Inula** Linn.

4. 总苞片 2 至多层，黄色，膜质，花序周围无舌状花。

5. 花序中有雌性花与两性花；苞片通常不展开 …………………………………………………………………… **14. 鼠麹草属 Gnaphalium** Linn.

5. 花序中仅两性花或外围有少数雌花；总苞片紧压或疏松，或放射状展开 ……………………………………………………… **15. 蜡菊属 Helichrysum** Mill.

11. 蝶须属 Antennaria Gaertn.

Gaertn. De Fruct. et Sem. 2：410. 1791.

多年生草本，被白色绵毛或茸毛，常有匍匐枝。茎基部叶密集成莲座状，上部叶互生，全缘。头状花序在茎端排列成伞房状，稀单生，有同形的小花，雌雄异株，雌株的小花结实，雄株的小花两性，不结果实；总苞倒卵形；总苞片多层，覆瓦状排列，干膜质；花托凸起或稍平，有窝孔，无托片。雌花花冠丝状，顶端截形或有细齿，花柱分枝扁，顶端钝或截形；雄花花冠管状，上部钟状，有 5 裂片；花药基部箭头形，有尾状耳部，花柱不裂或浅裂，顶端钝或截形。冠毛 1 层，基部多少结合，雌花冠毛纤细，雄花的冠毛短，上部棍棒状，皱曲。瘦果小，长圆形，稍扁，有棱，无毛或有短毛。

约 100 种，分布于亚洲、欧洲、美洲北部及南部的高山地区。我国有 1 种，分布在东北与西北地区；昆仑地区也产。

1. 蝶　须

Antennaria dioica (Linn.) Gaertn. De Fruct. et Sem. 2：410. 1791；中国植物志 75：71. 图版 13：1～9. 1979；新疆植物志 5：58. 图版 17：5～8. 1999；青藏高原维管植物及其生态地理分布 952. 2008. —— *Gnaphalium dioicum* Linn. Sp. Pl. 2：850. 1753.

多年生草本，高 6～15 cm。根状茎匍匐或斜上升，常于近地面处簇生，形成密集的不育枝与花枝。基生叶匙形，长 18～35 mm，宽 3～8 mm，顶端圆形，基部渐狭成柄，两面密被贴伏的长柔毛，下面灰白色，上面较少，有时近无毛，中部叶直立，线状长圆形，稍尖，长 10～15 mm，宽 2～4 mm，上部叶披针状线形，渐尖。头状花序通常

3～5 个，排列成密集的伞房状；雌雄异株，雌花序大，总苞宽钟状或半球状，长 8～9 mm，宽8～10 mm，总苞片约 5 层，外层的总苞片上端圆形，密被绵毛，长为内层的 1/3～1/2，内层披针形，上端尖，从中部以上白色或红色，无毛，干膜质；雄花序小，总苞钟形，长 5～6 mm，宽约 7 mm，总苞片多层，外层较短，卵圆形，被绵毛，内层的倒卵圆形，上端圆形，中部以上红色；雌花花冠丝状，长 6～7 mm，花柱分枝稍尖，雄花花冠管状，长约 3.5 mm，上部窄漏斗形，先端 5 裂。冠毛白色，雌花冠毛长约 4.5 mm，雄花冠毛长约 2.5 mm。瘦果微小，无毛，稍扁，有棱。 花期 5～8 月。

产新疆：塔什库尔干（红其拉甫，西植所新疆队 1514；县城南 70 km 处，克里木 T262）。生于海拔 4 300 m 左右的高山、亚高山地带的干山坡、宽谷河滩草地。

分布于我国的新疆、黑龙江兴安岭；俄罗斯，蒙古，中亚地区各国，欧洲，北美洲也有。

12. 火绒草属 **Leontopodium** R. Brown

R. Brown in Trans. Linn. Soc. Lond. 12：124. 1817，nom. nud. ap. Cassini in Dict. Sci. Nat. 25：473. 1822.

多年生草本或亚灌木，簇生或丛生，有时垫状。全株被白色、灰色或黄褐色绵毛或茸毛。叶全缘，匙形、长圆形、披针形或线形。苞叶数个，围绕花序，开展，形成星状苞叶群，或少数直立，稀无苞叶。头状花序多数，排列成密集或较疏散的伞房状，各有多数同形或异形的小花；雌雄同株或雌雄异株；总苞半球状或钟状；总苞片数层，覆瓦状排列或近等长，中部草质，顶端及边缘褐色或黑色，边缘膜质，外层总苞片被绵毛或柔毛。花托无毛，无托片。雄花（即不育的两性花）花冠管状，上部漏斗状，5 裂，花药基部有尾状小耳；花柱 2 浅裂，顶端截形；雌花花冠丝状或细管状，顶端有 3～4 个细齿；花柱有细长分枝。冠毛多数分离或基部合生，近等长，下部细，常有细齿。瘦果长圆形或椭圆形，稍扁。

有 56 种，主要分布于欧亚大陆寒带、温带或亚热带山区。我国 40 余种，昆仑地区产 11 种。

分种检索表

1. 植株高大，密丛生；茎基部常木质；根状茎木质，较粗；基生叶无紫色鞘部。
   2. 茎纤细，叶腋无腋芽和小枝；叶两面被灰绿色茸毛，下面常有黑色易落的分泌物，基部渐窄；苞叶披针形，下面毛较疏 ………………………………………………………………………… 1. 香芸火绒草 **L. haplophylloides** Hand.-Mazz.
   2. 茎较粗，有发育的腋芽和小枝；叶两面被灰白色的绵毛或茸毛，基部箭形；苞叶线形，两面被等量的绵毛和茸毛 ……………………………………………………………………………… 2. **戟叶火绒草 L. dedekensii**（Bur. et Franch.）Beauv.

1. 植株低矮，密丛生或垫状；茎草质；根状茎细长；基生叶有紫色鞘部。

 3. 茎生叶基部多少扩大，常抱茎；有大而明显的苞叶群；苞叶基部较上部宽。

  4. 茎生叶线形，先端钝，基部有长柔毛；苞叶狭舌形，两面被长毛……………………………………………………………………… 3. **银叶火绒草 L. souliei** Beauv.

  4. 茎生叶卵形或线状披针形，先端长渐尖，基部无长毛；苞叶与茎生叶同形，上面被厚茸毛，下面毛较薄，绿色……………………………………………………………………… 4. **美头火绒草 L. calocephalum**（Franch.）Beauv.

 3. 茎生叶基部狭小，不抱茎；无或有小的苞叶群；苞叶基部较上部窄或等宽。

  5. 垫状植物，有多数不育枝与莲座叶丛；莲座叶匙形，顶端圆形或盾形。

   6. 苞叶少数，直立，较花序短或等长，不开展成星状苞叶群；头状花序 1～3 个…………… 5. **矮火绒草 L. nanum**（Hook. f. et Thoms.）Hand.-Mazz.

   6. 苞叶多数，较花序长或稍长，开展成星状苞叶群；总苞片与叶被同样厚的茸毛或较稀疏的绵毛。

    7. 茎高 4～28 cm，有稀疏或密集的叶；苞叶线状长圆形或披针形，苞叶多少成星状苞叶群。

     8. 茎生叶长 1.5～2.5 cm，两面被白色茸毛 ……………………………………………………………… 6. **短星火绒草 L. brachyactis** Gandog.

     8. 茎生叶长至 5 cm，两面被白色茸毛，上面常脱落而为绿色 ………………………………………………… 7. **长叶火绒草 L. longifolium** Ling

    7. 茎极短或高 13 cm；有稀疏等距的叶；苞叶匙形或线状匙形，开展成精致的星状苞叶群 … 8. **弱小火绒草 L. pusillum**（Beauv.）Hand.-Mazz.

  5. 茎单生或簇生，有根状茎并有小长的分枝，有时也形成叶簇或莲座状叶丛；基生叶窄长而不为匙形，前端渐尖，偶钝。

   9. 总苞片末端淡黄色或淡黄褐色，稍露出，不注意似未露出，仅见白色茸毛；头状花序稍大，径 7～10 mm ……………………………………………………… 9. **火绒草 L. leontopodioides**（Willd.）Beauv.

   9. 总苞片前端深褐色或稍带黑色，明显的高出茸毛之上。

    10. 苞叶稍带黄色；叶下面毛常较上面为多，叶两面不同色，先端有长或稍长的尖头 ……………………… 10. **黄白火绒草 L. ochroleucum** Beauv.

    10. 苞叶灰白色；叶两面同色，先端无长尖 ……………………………………………………… 11. **山野火绒草 L. campestre**（Ledeb.）Hand.-Mazz.

1. 香芸火绒草 图版 101：1～4

Leontopodium haplophylloides Hand.-Mazz. in Acta Hort. Gothob. 1：120.

1924；中国植物志 75：95. 图版 16：4～6. 1979；青海植物志 3：333. 图版 73：4～7. 1996；青藏高原维管植物及其生态地理分布 1011. 2008.

多年生草本，高 15～30 cm。根状茎粗，多分枝，具多数丛生的不育枝和可育枝。茎直立，纤细，被白色蛛丝状毛并混生腺毛，下部毛常脱落。下部叶在花期常枯萎，中上部叶稠密，披针形或线形，长 1～4 cm，宽 1～4 mm，先端渐尖，边缘反卷，基部渐狭，两面被灰绿色茸毛，下面常有黑色、球状、易落的分泌物。苞叶多数，密集，椭圆状披针形，较上部叶宽，上面被白色厚茸毛，下面与叶同色，较花序长，开展成苞叶群。头状花序径约 5 mm，常 5～7 个密集着生；总苞片 3～4 层，被白色茸毛，顶端无毛，黄褐色，小花异形或雌雄异株；雄花花冠管状，上部漏斗状，雌花花冠丝状。冠毛白色。瘦果有短粗毛。 花果期7～9 月。

产青海：久治（白玉乡，藏药队 631；上龙卡沟，果洛队 600；龙卡湖，藏药队 769）。生于海拔 3 880 m 左右的沟谷阳坡岩石缝隙中。

分布于我国的甘肃、青海、四川。

2. 戟叶火绒草 图版 101：5～7

Leontopodium dedekensii（Bur. et Franch.）Beauv. in Bull. Soc. Bot. Gen. Ser. 2. 1：193. 195. 374. 1909；中国植物志 75：100. 图版 17：6～9. 1979；青海植物志 3：333. 图版 73：1～3. 1996；青藏高原维管植物及其生态地理分布 1011. 2008. —— *Gnaphalium dedekensii* Bur. et Franch. in Journ. de Bot. 5：70. 1891.

多年生草本，高 10～30 cm。根状茎木质，多分枝，有不育枝。茎直立，被灰白色蛛丝状绵毛，顶部节间长而无叶，下部有分枝。叶线形或线状长圆形，长 1～3 cm，宽 2～4 mm，先端钝或急尖，边缘稍反卷，基部扩大，心形或箭形，抱茎，上面被灰色毛，下面被白色茸毛，下部叶在花期不枯萎，上部叶直立或开展。苞叶多数，与茎上部叶多少等长，常较宽，披针形或线形，顶端圆或稍尖，基部渐狭，较花序长 2～4 倍，两面被白色或灰白色密茸毛，开展成密集的星状苞叶群。头状花序径 4～5 mm；总苞片约 3 层，顶端无毛，干膜质，渐尖或近圆形，远超出毛茸之上，小花异形或雌雄异株，花冠长约 3 mm，雄花花冠漏斗状；雌花花冠丝状。冠毛白色，基部稍黄色。不育的子房和瘦果有乳头状突起或短粗毛。 花果期 7～8 月。

产青海：兴海（中铁林场恰登沟，吴玉虎 44940、44913、45327A、45343；大河坝乡赞毛沟，吴玉虎 46463B、47211；赛宗寺，吴玉虎 46231、46261、46277、47716；中铁乡附近，吴玉虎 42856、42883；天葬台沟，吴玉虎 45811、45843、45938；中铁林场中铁沟，吴玉虎 45522、45531、45548、45609、47592；河卡乡日干山，何廷农 166；中铁乡至中铁林场途中，吴玉虎 43202、43208；唐乃亥乡沙那，采集人不详 211；羊曲，王作宾 20014；河卡滩，张珍万 2076）、曲麻莱（东风乡江荣寺，刘尚武等 846、847）、称多（歇武乡，苟新京 83－433）、玛沁（黑土山，吴玉虎 5761；大武乡江让水电站，H. B. G. 622；军功乡尕柯河，区划二组 166)、久治（索乎日麻乡附近，藏药队 419；白玉乡附近，藏药队 605)。生于海拔3 150～4 500 m 的沟谷山地高山和亚高山的针叶林、山坡高寒灌丛草甸、阴坡台地高寒草甸、干燥灌丛草甸、山坡草地和山谷草甸。

分布于我国的甘肃、青海、西藏、云南、四川、贵州、陕西、湖南；缅甸也有。

3. 银叶火绒草

Leontopodium souliei Beauv. in Bull. Soc. Bot. Gen. Ser. 2. 1：375. 1909；中国植物志 75：126. 图版 20：6. 1979；青海植物志 3：335. 1996；西藏植物志 4：678. 1985；青藏高原维管植物及其生态地理分布 1013. 2008.

多年生草本，高 6～15 cm。根状茎细长，有分枝，不育枝顶生叶丛。茎直立，不分枝，被白色蛛丝状长柔毛，下部毛常脱落。莲座状叶与下部叶线形或线状披针形，长 1～4 cm，宽 1～3 mm，顶端尖，有短小尖头，基部窄，渐狭成褐色叶鞘；中上部叶卵状披针形至线状披针形，抱茎，上面常无毛，下部被稀疏的白色茸毛。苞叶多数，较茎上部叶稍短，稍尖，基部不扩大，卵状披针形，较花序长 2～3 倍，密集，开展成苞叶群，或有长达 3 mm 的花序梗而开展成径达 5 cm 的复苞叶群。头状花序多数，密集；总苞长 3.5～4.0 mm，被长柔毛；总苞片约 3 层，顶端渐尖，无毛，褐色。小花异形，雌雄异株，花冠长 3～4 mm，雄花花冠狭漏斗状，有卵圆形裂片，雌花花冠丝状。冠毛白色，稍长于花冠，下部有细齿。不育的子房常无毛。果被短粗毛或无毛。 花果期 7～9 月。

产青海：曲麻莱（巴干乡政府附近，刘尚武 6909)、玛沁（昌马河乡，陈桂琛 1730；雪山乡，黄荣福 C. G. 81－035)、久治（白玉乡科索沟，藏药队 644；白玉乡附近，藏药队 618；哇赛乡庄浪沟口黄河边，果洛队 202)、达日（吉迈乡赛纳纽达山，H. B. G. 1309、1333)、兴海（河卡山，何廷农 223)。生于海拔 4 100～4 800 m 的沟谷河滩草地、河谷阶地砾石地、滩地沼泽湿地。

分布于我国的甘肃、青海、云南、四川。

4. 美头火绒草 图版 102：1

Leontopodium calocephalum (Franch.) Beauv. in Bull. Soc. Bot. Gen. Ser. 2. 1：189. 909；中国植物志 75：127. 图版 20：1～4. 1979；青海植物志 3：335. 图版 74：1. 1996；青藏高原维管植物及其生态地理分布 1010. 2008. —— *Gnaphalium leontopodium* Linn. γ. calocephalum Franch. in Bull. Soc. Fr. 39：131. 1892.

多年生草本。根状茎稍细，横走，不育枝顶生叶丛。茎直立，不分枝，高 10～30 cm，被蛛丝状毛或上部被白色绵毛，下部毛常脱落。基生叶在花期枯萎而宿存，下部叶与不育枝的叶披针形、长披针形或线状披针形，长 1～6 cm，宽 1～5 mm，顶端

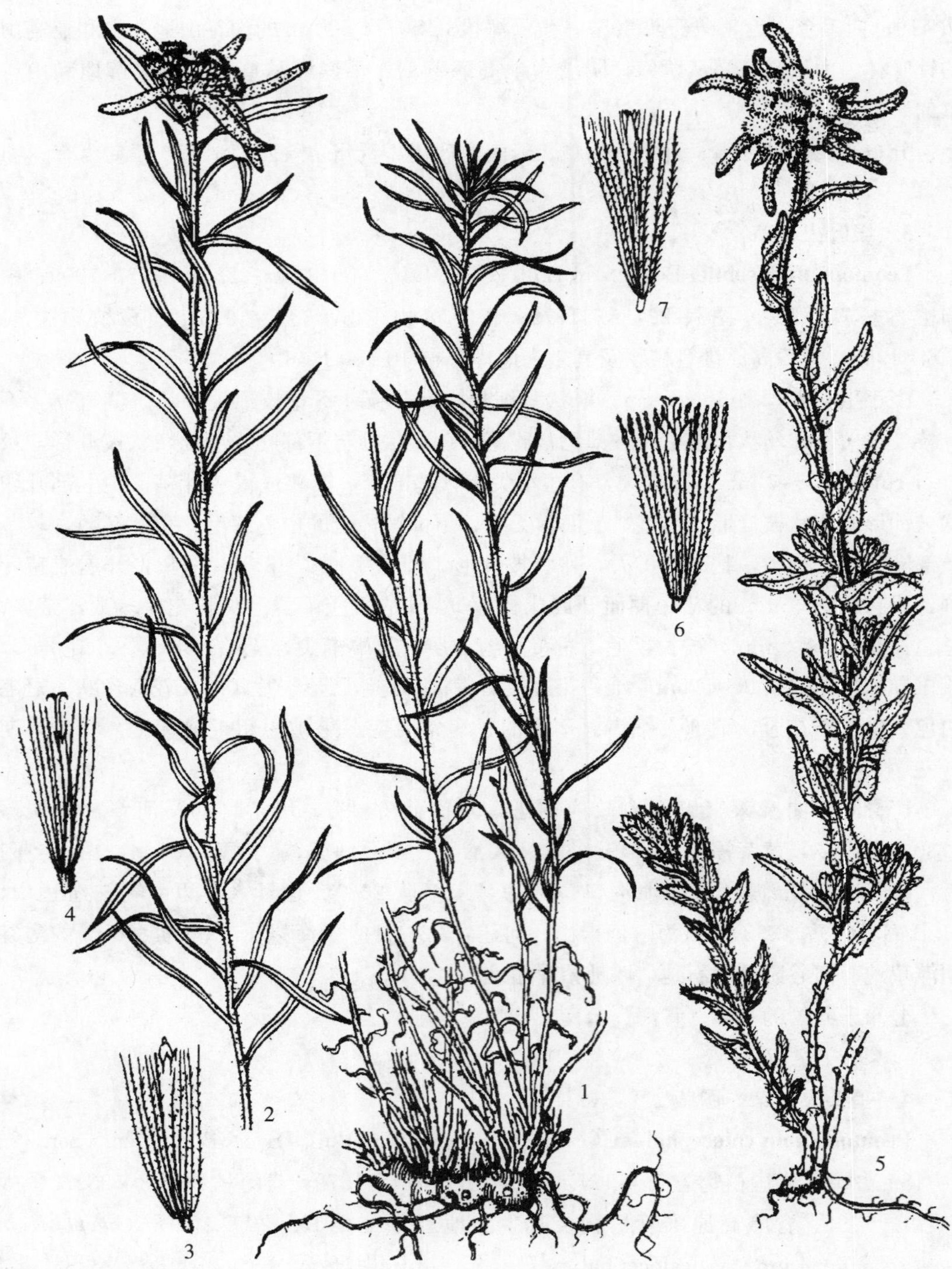

图版 **101** 香芸火绒草 **Leontopodium haplophylloides** Hand.-Mazz. 1. 植株下部；2. 花枝；3. 两性花；4. 雌花。戟叶火绒草 **L. dedekensii**（Bur. et Franch.）Beauv. 5. 植株；6. 两性花；7. 雌花。（阎翠兰绘）

尖，有小尖头，基部窄，渐狭成褐色叶鞘；中上部叶卵圆披针形至线状披针形，基部常较宽大，楔形或圆形，抱茎，无柄，全部叶上面无毛，下面被稀疏的白色茸毛。苞叶多数，与茎上部叶等长或较长，上面被厚的茸毛，下面被毛较稀疏而薄，呈绿色，较花序长 2～5 倍，开展成密集的星状苞叶群。头状花序多数，密集，径 5～12 mm；总苞长 4～6 mm，被白色柔毛；总苞片约 4 层，顶端无毛，深褐色或黑色。小花异形，雌雄异株；花冠长 3～4 mm，雄花花冠狭漏斗状，雌花花冠丝状。冠毛白色，基部稍黄色。不育的子房无毛或稍有短粗毛。瘦果被短粗毛。　花果期 7～10 月。

产青海：兴海（中铁林场卓琼沟，吴玉虎 45677、45767、45769、47698；大河坝乡赞毛沟，吴玉虎 46430、47060、47065；中铁乡附近，吴玉虎 42991；河卡山北坡，采集人不详 445；中铁林场恰登沟，吴玉虎 44993；河卡山，王作宾 20236，郭本兆 6359、6382，吴珍兰 184）、久治（索乎日麻乡扎龙尕玛山，果洛队 159；索乎日麻乡背面山上，果洛队 257）。生于海拔 2 800～4 500 m 的沟谷山地高山和亚高山草甸、宽谷滩地石砾坡地、山地阴坡灌丛草甸。

分布于我国的甘肃、青海、云南、四川。

5. 矮火绒草　图版 102：2

Leontopodium nanum (Hook. f. et Thoms.) Hand.-Mazz. in Beih. Bot. Centralbl. 44 (2): 111. Pl. 2: 11～17. 1928；中国植物志 75：118. 图版 18：6. 1979；西藏植物志 4：676. 图版 294：2. 1985；青海植物志 3：337. 图版 74：3. 1996；新疆植物志 5：60. 图版 18：6～9. 1999；青藏高原维管植物及其生态地理分布 1012. 2008. —— *Antennaria nana* Hook. f. et Thoms. in C. B. Clarke Comp. Ind. 100. 1876.

矮小的多年生草本，高 2～10 cm。垫状丛生，有分枝的根状茎，被密集或疏散的褐色鳞片状枯叶鞘，顶端有莲座状叶丛。茎直立，被白色绵状厚茸毛。基生叶在花期为枯叶残片和鞘所围裹，茎生叶匙形或线状匙形，长 7～25 mm，宽 2～6 mm，顶端圆形或钝，有隐没于毛茸中的短尖头，基部渐窄成短的叶鞘，两面被白色长柔毛状绵毛。苞叶少数，与茎上部叶同形，与花序同长，直立，不开展成星状苞叶群。头状花序径 6～13 mm，单生或 3 个密集着生，稀多至 7 个；总苞长 4.0～4.5 mm，被灰白色绵毛；总苞片 4～5 层，披针形，顶端无毛，尖或渐尖，深褐色或褐色，超出毛茸之上。小花异形，通常雌雄异株，花冠长 4～6 mm；雄花花冠漏斗状，有小裂片；雌花花冠细丝状，花后增长。冠毛亮白色，长 8～10 mm，远较花冠为长。瘦果椭圆形，长约 1 mm，无毛或有微毛。　花果期 5～7 月。

产新疆：阿克陶（布伦口至塔什库尔干途中克尔钦，西植所新疆队 792）、塔什库尔干（麻扎种羊场萨拉勒克，青藏队吴玉虎 407、870339）、叶城（岔路口，青藏队吴玉虎 1204）、和田（乌鲁克库勒湖，青藏队吴玉虎 3731）、策勒（奴尔乡亚门，青藏队吴玉虎 88－1952)、且末（昆其布拉克，青藏队吴玉虎 2596)、若羌（喀尔墩，采集人不详 84A－100)、于田（采集地不详，青藏队吴玉虎等 3731)。生于海拔 3 100～5 160 m的沟谷山地高山湿润草地、砾石山坡草地。

西藏：日土（龙木错，青藏队吴玉虎 1281、1322)。生于海拔 5 250 m 左右的沟谷山地砾石地山坡、高山流石坡。

青海：都兰（英德尔羊场东沟，杜庆 422)、兴海（大河坝乡赞毛沟，吴玉虎 46501B；河卡乡瓦龙沟，吴珍兰 013；温泉乡曲隆，H. B. G. 1420；河卡山，何廷农 006；河卡满丈沟，吴珍兰 067；温泉乡姜路岭，吴玉虎 28761、28771；温泉乡五道河，吴玉虎 28732)、称多（清水河，吴玉虎 32459；县城附近，苟新京 83－145A)、玛沁（军功乡一大队塔埌沟，区划二组 019；军功乡哲尔沟，区划二组 054；大武乡三大队冷享草场，区划三组 002；尼卓玛山垭口，H. B. G. 769；元城，玛沁队 014；阿尼玛卿山东南面，黄荣福 C. G. 81－141、C. G. 81－168；雪山乡哈龙沟，黄荣福 C. G. 81－161)、玛多（县城，吴玉虎 247、531；清水乡玛积雪山，吴玉虎等 18234；花石峡长石头山垭口，吴玉虎 28773)、达日（满掌乡，吴玉虎 25948)、曲麻莱（县城附近，刘尚武 613；秋智乡各化鄂色，刘尚武等 683)、久治（门堂乡附近，藏药队 255)、甘德（东吉乡，吴玉虎 25774)。生于海拔3 100～3 800 m 的高山湿润草地、砾石山坡草地、宽谷滩地高寒草原、沟谷山地高寒灌丛草甸。

分布于我国的新疆、甘肃、青海、陕西、西藏、四川；印度北部，克什米尔地区，哈萨克斯坦也有。

6. 短星火绒草

Leontopodium brachyactis Gandog. in Bull. Soc. Bot. France 46：420. 1899；中国植物志 75：117. 1979；西藏植物志 4：676. 1985；新疆植物志 5：60. 1999；青藏高原维管植物及其生态地理分布 1010. 2008.

多年生草本，高 4～20 cm。具不育枝，长达 18 cm，平卧，木质，被残存的枯叶短鞘或宿存的枯叶。茎多数，基生叶匙形至长圆形，顶端圆形或钝，茎上部叶有时披针形，稍尖，长 1.5～ 2.5 cm，宽 2.5～ 4.0 mm，两面被白色的茸毛。苞叶线状长圆形或披针形，与茎上部叶同大，较花序长 1.5～3.0 倍，被较叶上更厚的茸毛，开展成星状苞叶群，径 2～4 cm。头状花序大，径 6～8 mm，多至 10 个密集着生；总苞长 5 mm，被白色茸毛；总苞片顶端无毛，尖或钝，浅褐色或深褐色，近全缘。小花异形，近雌雄异株或雌雄异株，雄花花冠狭漏斗状，雌花花冠丝状。冠毛白色，基部稍黄色。不育的子房无毛或有乳头状突起，瘦果有乳头状突起或短粗毛。 花果期 6～ 9月。

产新疆：叶城（麻扎达坂，黄荣福 C. G. 86－034)、皮山（喀尔塔什，青藏队吴玉虎3654)、和田（喀什塔什，青藏队吴玉虎 2596)、策勒（奴尔乡亚门，青藏队吴玉虎 88－1965)、于田（普鲁，青藏队吴玉虎 3694)、若羌（采集地不详，青藏队吴玉虎

2161、2192、2260、4046、4131、4295；拉慕祁漫，青藏队吴玉虎 4131）。生于海拔 3 100～4 800 m 的沟谷山坡草地、山地路边、河谷阶地高寒草原砾石地。

青海：格尔木（西大滩至五道梁，青藏队吴玉虎 2888）。生于海拔 4 500 m 左右的亚高山湿润草地、沟谷山坡高寒草原、荒漠草原砾地。

分布于我国的新疆、青海、西藏西部；印度北部，阿富汗，克什米尔地区也有。

7. 长叶火绒草 图版 102：3

Leontopodium longifolium Ling in Acta Phytotax. Sin. 10（2）：177. 1965；中国植物志 75：125. 1979；西藏植物志 4：678. 图版 295. 1985；青海植物志 3：337. 图版 74：2. 1996；青藏高原维管植物及其生态地理分布 1012，2008.

多年生草本，高 3～25 cm。根状茎多分枝，有多数不育枝和少数可育枝，密丛状，或因分枝细而成疏丛。茎直立，紫红色，纤细或粗壮，被白色疏柔毛或密茸毛。莲座状叶和基生叶线状匙形，长 2～4 cm，宽 2～3 mm，先端急尖，基部渐狭成柄，柄基部扩大成紫红色叶鞘；茎生叶直立，线形或线状倒披针形，长至 5 cm，宽 2～4 mm，顶端急尖，有小尖头，基部狭窄，两面被白色茸毛，上面常脱落。苞叶多数，较茎上部叶短，卵圆披针形或线状披针形，基部急狭，上面或两面被白色长柔毛，较花序长达 3 倍，开展成星状苞叶群。头状花序，径 6～9 mm，多数密集；总苞长约 5 mm，被长柔毛；总苞片约 3 层，椭圆状披针形，先端黑色；小花异形，雌雄异株；雄花花冠漏斗状，雌花花冠丝状。冠毛白色，略长于花冠。瘦果无毛或有乳头状突起或有短粗毛。花果期 7～10 月。

产新疆：莎车（喀拉吐孜矿区，青藏队吴玉虎 870678）、叶城（柯克亚乡高沙斯，青藏队吴玉虎 870933、870934；苏克皮亚，青藏队吴玉虎 870999）、于田（普鲁，青藏队吴玉虎3664）、皮山（采集地不详，吴玉虎 2408；喀尔塔什，青藏队吴玉虎 3640）。生于海拔 2 800～3 400 m 的沟谷山坡草地、河滩湿润草甸。

青海：玛沁（区划二组 262；大武乡军牧场，H. B. G. 791；雪山乡浪日，H. B. G. 432；军功乡哲尔沟，区划二组 066）、久治（陈桂琛等 1584；白玉乡附近，藏药队 614；索乎日麻乡附近，果洛队 427）。生于海拔 3 200～3 850 m 的沟谷山地沼泽草甸、宽谷河滩草地、河谷阶地高寒草甸。

甘肃：玛曲（河曲军马场，陈桂琛 1104）。生于海拔 3 600 m 左右的沟谷山地高寒沼泽湿地、滩地草甸。

分布于我国的新疆、甘肃、青海、陕西、西藏、四川、内蒙古、河北；克什米尔地区也有。

8. 弱小火绒草

Leontopodium pusillum（Beauv.）Hand.-Mazz. in Vem. Zool.-Bot. Ges. Wien.

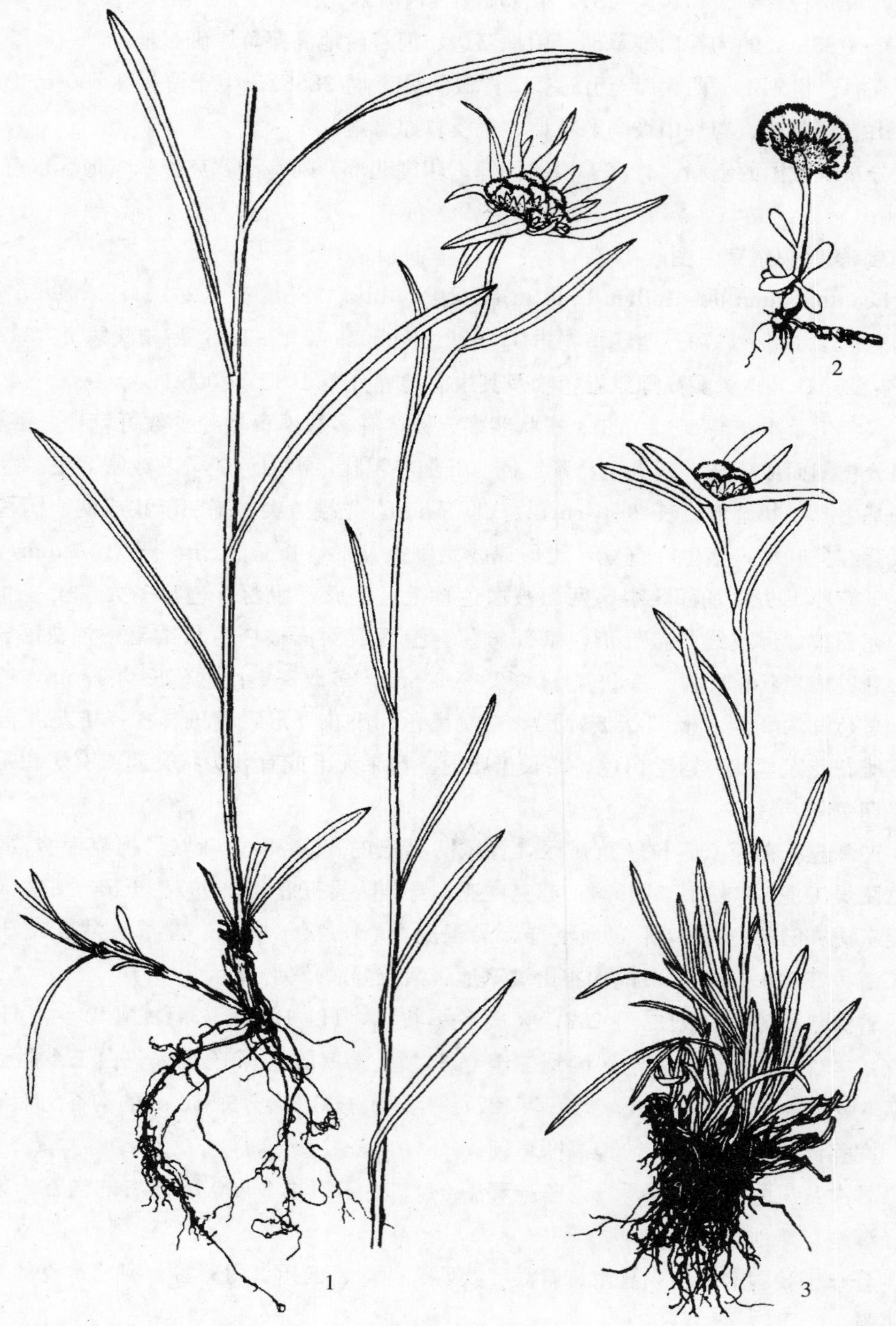

图版 **102** 美头火绒草 **Leontopodium calocephalum**（Franch.）Beauv. 1. 植株。矮火绒草 **L. nanum**（Hook. f. et Thoms.）Hand. -Mazz. 2. 植株一部分。长叶火绒草 **L. longifolium** Ling 3. 植株。（刘进军绘）

74：27. 1924；中国植物志 75：123. 图版 20：5. 1979；西藏植物志 4：678. 图版 294：3. 1985；新疆植物志 5：62. 1999；青藏高原维管植物及其生态地理分布 1013. 2008. —— *L. alpinum* Cass. var. *pusillum* Beauv. in Bull. Soc. Bot. Gen. ser. 2. 2：251. f. 24. 1910.

矮小多年生草本，高 2～7 cm。根状茎分枝细，被有疏生的褐色枯叶鞘，顶端有少数不育枝及可育枝，茎密被白色茸毛。基生叶呈莲座状，花期宿存，下部叶匙形或线状匙形，长约 3 cm，宽 2～4 mm，有长和稍宽的叶鞘，中部叶直立或稍开展，长 1～2 cm，宽 2～3 mm，顶端圆形或钝，基部稍狭，无柄，所有叶密被白色或银白色茸毛。苞叶多数，密集，与茎上部叶同形，较花序稍长或长达 2 倍，通常开展成径 1.5～2.5 cm的星状苞叶群。头状花序径 5～6 mm，3～7 个密集着生，稀 1 个；总苞长 3～4 mm，被白色长茸毛；总苞片约 3 层，顶端无毛，稍尖，无色或深褐色，超出茸毛之上。小花异形或雌雄异株。花冠长2.5～3.0 mm；雄花花冠上部狭漏斗状，有披针形裂片，雌花花冠丝状。冠毛白色。不育的子房无毛；瘦果无毛或稍有乳头状突起。 花期 7～8 月。

产新疆：叶城（阿格勒达坂，黄荣福 C. G. 86－142、C. G. 86－145）、和田（喀什塔什，青藏队吴玉虎 2596）、于田（普鲁，青藏队吴玉虎 3695）、若羌（祁漫塔格山，青藏队吴玉虎2663）。生于海拔 4 300～4 800 m 的平坦砾石山坡草地、高原宽谷湖盆盐湖岸和石砾地。

西藏：日土（热帮区舍拉沟，高生所西藏队 3524）、改则（大滩，高生所西藏队 4312）。生于海拔 4 500～4 800 m 的高山雪线附近的草滩地、盐湖岸和石砾地、宽谷河滩高寒草原砾石地、沟谷山坡草地。

青海：格尔木（昆仑山北侧，黄荣福 C. G. 8－310）、都兰（香日德若尔沟，黄荣福C. G. 81－269）、曲麻莱（知达那旺色保，黄荣福 059；曲麻河乡，黄荣福 078）、称多（清水河乡，苟新京 83－36）、玛多（扎陵湖畔，吴玉虎 1550、1549；县城后山，吴玉虎 1625；布青山南面，植被地理组 549、550；清水一队，吴玉虎 531；西北 10 km 处，陈桂琛等 1823；清水乡，陈桂琛等 1855；巴颜喀拉山北坡，陈桂琛等 1869、1945、1983）、玛沁（大武乡，H. B. G. 487；大武乡大武军牧场，H. B. G. 789；昌马河乡，陈桂琛等 1744）、达日（德昂乡，陈桂琛1644）。生于海拔 3 800～4 550 m 的沟谷山坡灌丛、滩地草原、河滩沼泽湿地、河谷滩地高寒草甸、盐湖岸和石砾地。

分布于我国的新疆、青海、西藏；印度东北部也有。

9. 火绒草 图版 103：6～9

Leontopodium leontopodioides（Willd.）Beauv. in Bull. Soc. Bot. Gen. ser. 2. 1：371. 374. 1909；中国植物志 75：136. 1979；青海植物志 3：337. 1996；新疆植物志 5：64. 图版 18：1～5. 1999；青藏高原维管植物及其生态地理分布 1012.

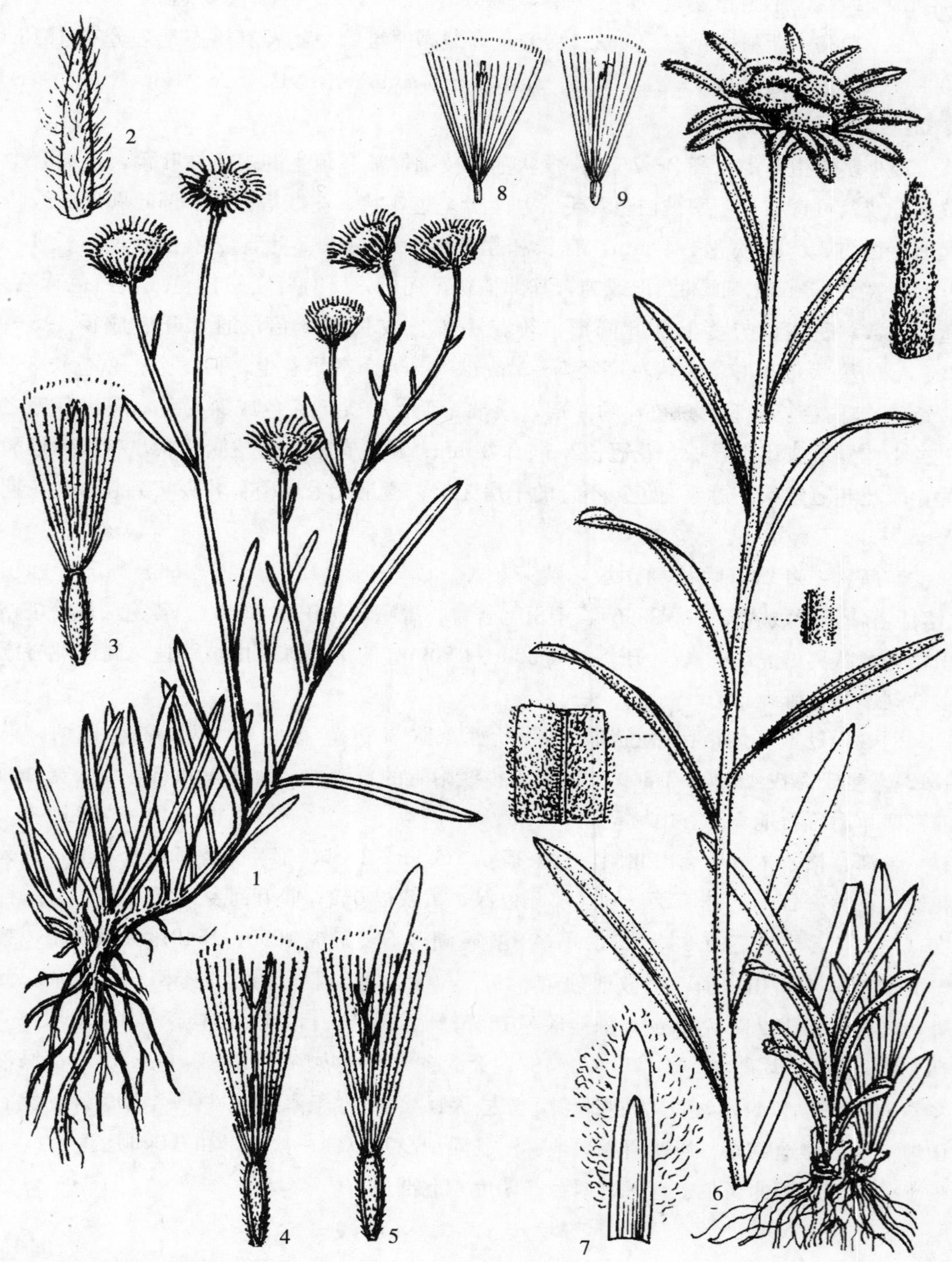

图版 **103** 革叶飞蓬 **Erigeron schmalhausenii** M. Popov 1. 植株；2. 总苞片；3. 管状两性花；4. 管状雌花；5. 舌状雌花。火绒草 **Leontopodium leotopodioides**（Willd.）Beauv. 6. 植株；7. 总苞片（内面观）；8. 雌花；9.两性花。（引自《新疆植物志》，张荣生绘）

2008. —— *Gnaphalium leontopodioides* Willd. in Phytogr. 12. 1794.

多年生草本，高 5～20 cm。地下茎粗壮，分枝短，为枯叶鞘所包裹，有多数簇生的茎及不育枝。茎较细，直立或稍弯曲，被灰白色长柔毛。叶条形或披针形，下部较密，中上部较稀疏，长 1.0～2.5 cm，宽 2～4 mm，顶端尖或稍尖，有小尖头，基部渐窄，无柄，边缘有时反卷或波状，上面被灰白色柔毛，呈灰绿色，下面密被绵毛，呈灰白色。苞叶少数，较上部叶短，长圆形或线形，不形成明显的苞叶群。头状花序多数，无花序梗，密集，或有较长的花序梗而排列成伞房状；总苞半球形，长 4～6 mm，被白色绵毛；总苞片约 4 层，披针形，无色或褐色；小花异形，雌雄异株，稀同株；雄花花冠长 3.5 mm，狭漏斗状，雌花花冠丝状，长 4.5～5.0 mm。冠毛白色，长于花冠。不育子房无毛，瘦果长圆形，有乳头状突起或微毛。 花果期 7～10 月。

产青海：兴海（中铁林场中铁沟，吴玉虎 45531A、45609B；中铁乡前滩，吴玉虎 45409；河卡滩，张珍万 2075）。生于海拔 3 150～3 290 m 的沟谷山坡及宽谷河滩草地、山地阳坡灌丛草甸、滩地高寒杂类草草甸。

分布于我国的新疆东部、青海东部和北部、甘肃、陕西北部、山西、内蒙古南部和北部、河北、辽宁、吉林、黑龙江、山东半岛；蒙古，朝鲜，日本，俄罗斯也有。

10. 黄白火绒草 图版 104：1～4

Leontopodium ochroleucum Beauv. in Bull. Soc. Bot. Gen. ser. 2. 4：146. f. 1：1～11. f. 2：1～11. 1941；中国植物志 75：131. 1979；青海植物志 3：338. 1996；新疆植物志 5：64. 图版 19：5～8. 1999；青藏高原维管植物及其生态地理分布 1013，2008.

多年生草本，高 5～15 cm。根状茎细，有平卧或直立的分枝，被密集的枯叶鞘，有多数莲座状叶丛，有不育枝，可育枝有时单生，被白色或上部被带黄色长柔毛或茸毛，下部常稍脱落。莲座叶与茎生叶同形，长达 6 cm，有宽的叶鞘；中部叶舌形、长圆形，顶端钝而为匙形，或顶端尖而为线状披针形，长 1～5 cm，宽 2～4 mm，基部稍狭，无柄，下部叶有长叶鞘，两面密被或疏生灰白色长柔毛，有时毛呈絮状而部分脱落，有时上部叶被较密的黄色或白色柔毛。苞叶较少，椭圆形或长圆披针形，顶端圆形或稍尖，两面被稍带黄色的柔毛或茸毛，稀被灰白色疏毛或近无毛，与花序同长或为其 2 倍，开展成整齐的苞叶群。头状花序径 5～7 mm，通常少数至 15 个密集着生；总苞长 4～5 mm，被稀疏或密的长柔毛；总苞片约 3 层，披针形，顶端尖，无毛，褐色或深褐色，露出于茸毛之上。小花异型，外侧的头状花序雌雄同株或雌雄异株，花冠长 3～4 mm；雄花花冠管状，有卵圆形尖裂片，雌花花冠细管状。冠毛白色，基部黄色或稍褐色，较花冠稍长。瘦果无毛或有乳头状突起或短毛。 花期 7～8 月，果期 8～9 月。

产新疆：阿克陶（阿克塔什，青藏队吴玉虎 870141、870157）、塔什库尔干（麻扎种羊场，青藏队吴玉虎 87407、0419；高生所西藏队 3161；红其拉甫，青藏队吴玉虎

4899)、叶城（柯克亚乡，青藏队吴玉虎 828、870、895；阿格勒达坂，黄荣福 C. G. 86－150，青藏队吴玉虎 871482；乔戈里峰，青藏队吴玉虎 1517)、皮山（布琼，青藏队吴玉虎 1859)、于田（普鲁，青藏队吴玉虎 3696)、和田（喀什塔什，青藏队吴玉虎 2020、2555)、策勒（奴尔乡，青藏队吴玉虎 1965)、若羌（祁漫塔格山，青藏队吴玉虎 3982；喀尔墩，采集人不详 84A－0100)。生于海拔 3 300～4 800 m 的高山或亚高山之草丛，高山流石坡稀疏植被带、高原宽谷河滩沙地、砾石地。

青海：兴海（大河坝乡赞毛沟，吴玉虎 46501A；河卡乡，何廷农 148；大河坝，吴玉虎 42486、42580、42598；黄青河畔，吴玉虎 42739；河卡滩，张珍万 2074；河卡乡日干山，何廷农 2669；河卡乡白龙，郭本兆 6206；河卡山开特沟，何廷农 184；河卡乡科学滩，何廷农 240；河卡山，吴珍兰 179)。生于海拔 3 200～3 950 m 的沟谷山地近山顶草地、草甸化草原、沟谷山地高寒灌丛草甸。

分布于我国的新疆、青海、西藏；俄罗斯，蒙古，中亚地区各国，印度东北部也有。

11. 山野火绒草 图版 104：5～8

Leontopodium campestre（Ledeb.）Hand.-Mazz. in Schrot. Pflzleb. d. Alp. 2. Aufl. 2：505. 1924；中国植物志 75：132. 1979；新疆植物志 5：62. 图版 19：1～4. 1999；青藏高原维管植物及其生态地理分布 1010，2008. —— *L. alpinum* Cass. var. campestre Ledeb. Fl. Ross. 2：614. 1846.

多年生草本，高 5～20 cm。根状茎细长，有分枝，被密集的褐色枯叶鞘，有不育的叶丛，茎直立，不分枝，被灰白色或白色蛛丝状茸毛，基生叶与不育枝叶同形，下部渐狭成细长的柄，并向基部渐扩大成褐色的叶鞘，中下部茎生叶舌状或披针状线形，长 2～4 cm，宽 2.2～5.0 mm，顶端尖，稀稍钝，无柄，两面被同样的灰白色蛛丝状毛或下面被毛较密，上部叶较小。苞叶多数，线形或披针状线形，尖或渐尖，长 8～23 mm，宽 2～3 mm，被白色或灰白色茸毛，稍长于花序或为其的 3 倍，开展成密集的苞叶群。头状花序径 5～7 mm，多数，密集。总苞长 3.5～4.0 mm，被长柔毛或茸毛；总苞片约 3 层，顶端尖或稍钝，稀撕裂，通常黑色，稀浅或深褐色或无色，无毛，超出茸毛之上。小花异形，中央有少数雌花或雌雄异株，花冠长 3.0～3.5 mm；雄花花冠漏斗状，雌花花冠丝状。冠毛白色，长于花冠。瘦果无毛或有乳头状突起，或有短粗毛。 花果期 7～10 月。

产新疆：乌恰（托云边防站附近，采集人不详 2215；吉根乡阿河铁列克，采集人不详73－177)、莎车、阿克陶（布伦口乡苏巴什农牧场，克里木 024、028)、塔什库尔干（麻扎种羊场，高生所西藏队 3244；麻扎，采集人不详 3844；采集地不详，高生所西藏队 3121；去国界途中，克里木 T177；县城南 120 km 红其拉甫，克里木 T107；托克满苏老营房，采集人不详 1405；卡拉其古营房后，西植所新疆队 997、999)、叶城

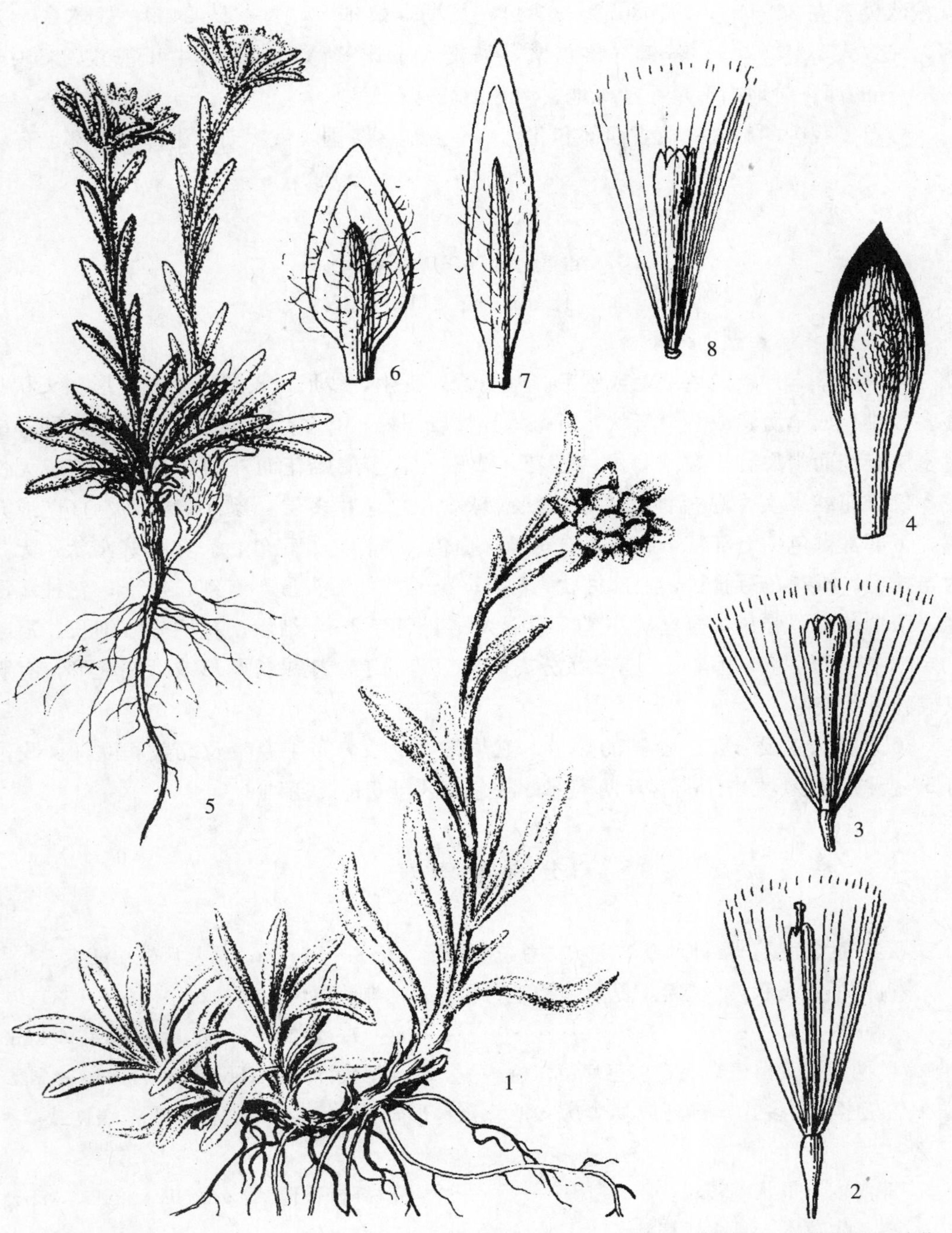

图版 **104**　黄白火绒草 **Leontopodium ochroleucum** Beauv.1. 植株；2. 雌花；3. 两性花；4. 总苞片。山野火绒草 **L. campestre**（Ledeb.）Hand.-Mazz. 5. 植株；6～7. 外、中层总苞片；8. 两性花。

（引自《新疆植物志》，张荣生绘）

(阿格勒达坂，黄荣福 C. G. 86－165)、皮山（垴阿巴提，青藏队 2419)、于田（普鲁，青藏队吴玉虎 3655、3665、3673、3694)、策勒（奴尔乡，青藏队 2499；奴尔乡布大河，采集人不详 024)、若羌（喀尔墩，采集人不详 84A－100)。生于海拔 2 800～4 500 m的河谷阶地高寒草原沙砾地、沟谷山坡砾石草地。

分布于我国的新疆；蒙古西部和北部，中亚地区各国，俄罗斯的中部和东部也有。

13. 香青属 **Anaphalis** DC.

DC. Prodr. 6：271. 1837.

多年生草本，被白色绵毛或腺毛。叶全缘，互生，线形、长圆形或披针形。头状花序多数排列成伞房状或复伞房状，近雌雄异株或同株，有多数同型或异型的花，即外围有多层雌花而中央有少数不育的两性花，或中央有多层雄花而外围有少数雌花或无性花，仅雌花结果实；总苞钟状、半球状或球状；总苞片多层，覆瓦状排列，直立或开展，下部常褐色，上部常干膜质，有1脉，白色、黄白色、稀红色。花托蜂窝状，无托片与托毛。雄花花冠管状，上部钟状，5裂；花药基部箭头形，有细长尾部；花柱2浅裂，顶端截形。雌花花冠丝状，基部稍膨大，上端有2～4细齿；花柱分枝细长。冠毛1层，白色，约与花冠等长，有多数分离而易散落的毛。瘦果长圆形或近圆柱形，有腺点或乳头状突起。

80余种，主要分布于亚洲的热带、亚热带，少数分布于温带及北美和欧洲。我国有50余种，主要集中于西部及西南部；昆仑地区产6种2变种。

分种检索表

1. 头状花序大而少，常排列成伞房状；总苞宽钟形，长8～10 mm；总苞片先端渐尖。
  2. 叶两面被头状具柄腺毛，边缘有绵毛，绿色；总苞片白色 ……………………………………………………………………………… 1. **铃铃香青 A. hancockii** Maxim.
  2. 叶两面被黄白色绵毛；总苞片黄白色 …… 2. **淡黄香青 A. flavescens** Hand. -Mazz.
1. 头状花序小而多，常排列成复伞房状；总苞钟形，长4～7 mm；总苞片先端钝或急尖。
  3. 亚灌木，根状茎较粗 ……………………… 3. **纤枝香青 A. gracilis** Hand. -Mazz.
  3. 多年生草本，具木质根状茎。
    4. 总苞狭钟形，宽约3 mm；叶较大，具长柄，上面仅有具柄腺毛，有3～5脉 ……………………………………… 4. **黄腺香青 A. aureo－punctata** Lingelsh et Borza
    4. 总苞钟形，宽约4～6 mm；叶较窄，两面有毛，混生腺毛，有1～3脉。
      5. 叶两面被黄绿色蛛丝状毛，常具3脉；总苞片先端急尖 …………………

…………………………………………………………… 5. **蜀西香青 A. souliei** Diels

5. 叶两面被灰白色绵毛，常具1脉；总苞片先端钝圆或急尖。

6. 植株具细长的根状茎；叶线状长圆形；总苞片黄白色 ………………

…………………………………………… 6. **二色香青 A. bicolor**（Franch.）Diels

6. **植株具粗大的根状茎；叶披针形或匙形；总苞片乳白色** ……………

…………………………………………………………… 7. **乳白香青 A. lactea** Maxim.

1. 铃铃香青

Anaphalis hancockii Maxim. in Bull. Acad. Sci. St.-Pétersb. 27：478. 1881；中国植物志 75：211. 图版 35：1～9. 1979；青海植物志 3：340. 1996；西藏植物志 4：693. 1985；青藏高原维管植物及其生态地理分布 949，2008.

多年生草本，高 5～30 cm。根状茎细长，有分枝。茎直立，上部被白色蛛丝状毛及头状具柄的腺毛，下部毛常脱落。莲座状叶丛与茎下部叶匙状或线状长圆形，长 2～8 cm，宽 5～14 mm，先端钝，基部渐窄成具宽翅的柄或近无柄；中上部叶直立，常贴生，线形或线状披针形，稀线状长圆形，较下部叶小，先端渐尖，有褐色尖头，全部叶两面被头状具柄腺毛，仅边缘被灰白色蛛丝状长毛，具 1～3 条脉。头状花序 9～15 个，在茎端密集成复伞房状；花序梗长 1～3 mm。总苞宽钟状，长 8～9 mm，宽 8～10 mm；总苞片 4～5 层，稍开展，外层卵圆形，长 5～6 mm，红褐色或黑褐色；内层长圆状披针形，长 8～10 mm，宽 3～4 mm，顶端尖。雌雄同株或异株，花冠长 4.5～5.0 mm。冠毛较花冠稍长。瘦果长圆形，长约 1.5 mm，密被乳头状突起。 花果期 7～9 月。

产青海：兴海（大河坝乡赞毛沟，吴玉虎 46463、46497、46502；中铁林场卓琼沟，吴玉虎 45654B、45762B；河卡山，吴珍兰 142；河卡乡也隆沟，何廷农 138；河卡山，郭本兆 6247；河卡山山麓，何廷农 033；河卡乡满丈沟，吴珍兰 069；鄂拉山，吴玉虎 38996A、38999、39008）、玛多（花石峡乡，H. B. G. 1502；清水乡一队，吴玉虎 530；黑海乡，吴玉虎等 17967、17992）、玛沁（黑土山，吴玉虎等 5758；大武乡德罗龙曲，H. B. G. 718；昌马河，吴玉虎 1522；西哈垄河谷，H. B. G. 371）、曲麻莱（秋智乡政府附近，刘尚武等 750；曲麻河乡，黄荣福 071）、久治（沙柯河隆木达，藏药队 866）、班玛、达日（吉迈乡赛纳纽达山，H. B. G. 1330）、称多（清水河，吴玉虎 32430、32480）。生于海拔 3 600～4 350 m 的河滩草地、山谷滩地高寒草甸、山坡高寒草甸、灌丛及亚高山草甸。

分布于我国的甘肃、青海、陕西、四川、西藏、山西、河北。

2. 淡黄香青 图版 105：1～6

Anaphalis flavescens Hand.-Mazz. Symb. Sin. 7：1 100. 1936；中国植物志 75：208. 1979；西藏植物志 4：692. 图 300：1～6. 1985；青海植物志 3：340. 图版 75：

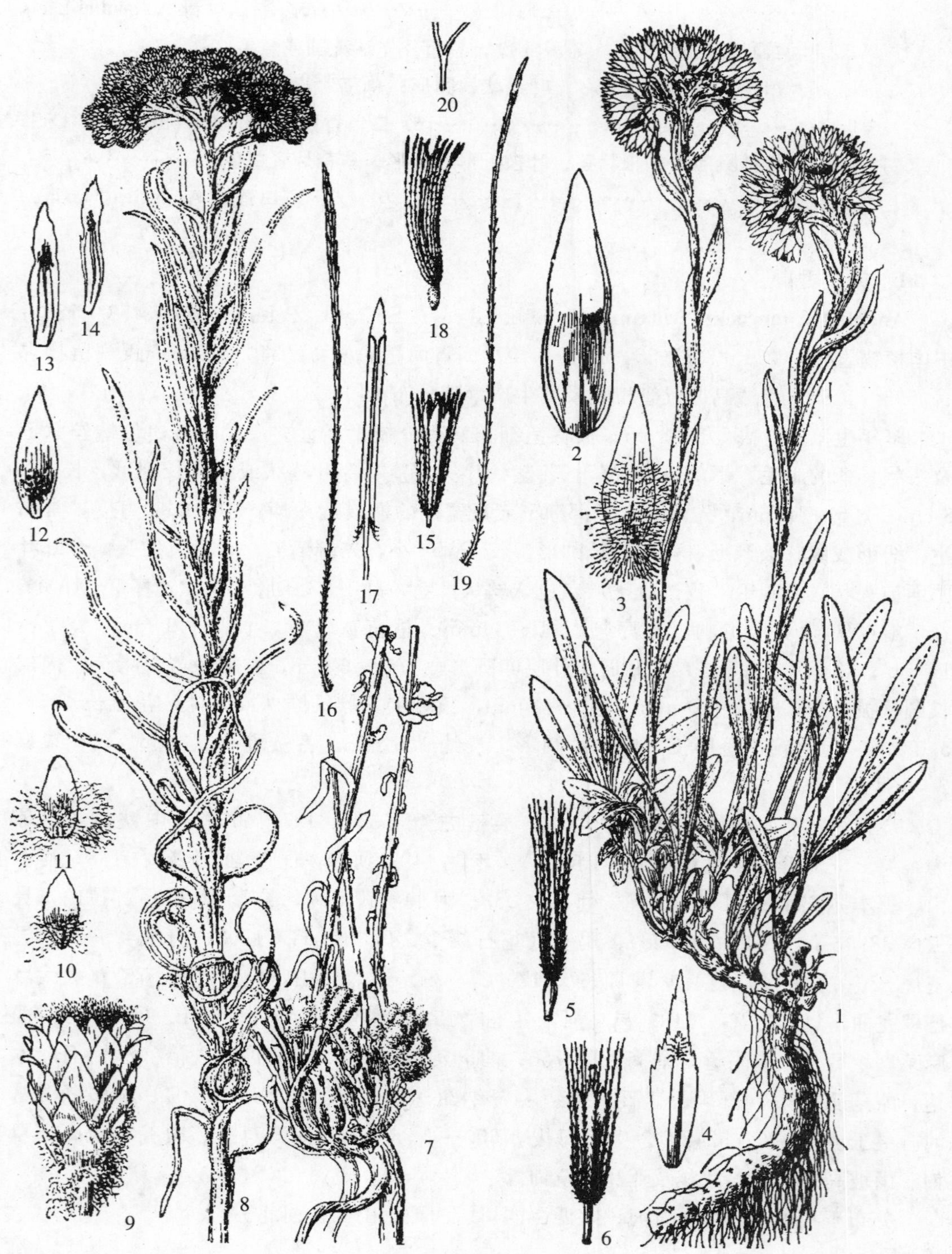

图版 **105** 淡黄香青 **Anaphalis flavescens** Hand.-Mazz. 1. 植株；2～4. 外、中、内层总苞片；5. 雌花；6. 雄花。二色香青 **A. bicolor** （Franch.） Diels 7～8. 植株；9. 头状花序；10～14. 总苞片；15. 两性花；16. 两性花冠毛；17. 花药；18. 雌花；19. 雌花冠毛；20. 花柱分枝。（引自《中国植物志》，刘春荣绘）

12～16. 1996；青藏高原维管植物及其生态地理分布 948. 2008.

多年生草本，高 5～20 cm。根状茎细长，有分枝，不育茎具莲座状叶丛。茎直立，被灰白色蛛丝状绵毛。莲座状叶倒披针状长圆形或长圆状匙形，长 1.5～4.0 cm，宽 0.5～1.0 cm，先端钝或稍尖，下部渐窄成长柄；茎生叶长圆状、倒披针形或线形，长 2.5～5.0 cm，宽 0.2～0.8 cm，先端急尖，具褐色小尖头，边缘平展，基部下延成狭翅，上部叶较小，狭披针形，长 1.0～1.5 cm，全部叶被灰白色或黄白色蛛丝状绵毛，具 1～3 脉。头状花序 6～15 个密集成伞房状或复伞房状；花序梗长 3～5 mm。总苞宽钟状，长 8～10 mm，宽约 8 mm；总苞片 4～5 层，稍开展，外层椭圆形，黄褐色，长约 6 mm，基部被密绵毛；中层披针形，长达 10 mm，宽 3～4 mm，顶端尖，上部淡黄色或黄白色，有光泽；内层线状披针形、长 6～8 mm。雌雄同株或异株。花冠长 4.5～5.5 mm。冠毛较花冠稍长。瘦果长圆形，长 1.5～1.8 mm，被密乳头状突起。 花果期 8～10 月。

产青海：兴海（中铁林场卓琼沟，吴玉虎 45762A；河卡乡，吴珍兰 140；河卡也隆沟，何廷农 139、140；河卡山，何廷农 024，郭本兆 6063、6389，王作宾 20261，吴珍兰 037、141、187）、达日（采集地不详，果洛队 033）、曲麻莱（巴干乡，刘尚武 908；知达那旺色保，黄荣福 058）、称多（清水河乡，苟新京 82－002；清水河，陈桂琛 1887）、玛多（清水乡，吴玉虎 540）、玛沁（军功乡，区划二组 144；优云乡，区划一组 102）、久治（索乎日麻乡，果洛队 157；龙卡湖北岸南山，藏药队 743；哇赛乡黄河边，藏药队 203）、甘德（上贡麻乡甘德山垭口，H. B. G. 923）。生于海拔 3 450～4 400 m的山坡沙砾沟、宽谷河漫滩草地、沟谷山地高山草甸、高原山坡高寒灌丛草甸。

分布于我国的甘肃、青海、陕西、西藏、四川。

3. 纤枝香青

Anaphalis gracilis Hand.-Mazz. Symb. Sin. 7：1103. t. 17. f. 5. 1936；中国植物志 75：194. 图版 30：1～7. 1979.

3a. 纤枝香青（原变种）

var. **gracilis**

昆仑地区不产。

3b. 糙叶纤枝香青（变种）

var. **aspera** Hand.-Mazz. in Acta Hort. Gothob. 12：244. 1938；中国植物志 75：196. 1979；青海植物志 3：342. 1996；青藏高原维管植物及其生态地理分布 949. 2008.

亚灌木，茎高 20～40 cm。根状茎粗而多分枝，不育枝直立或斜升，具被褐色鳞片和白色绵毛的莲座状叶丛。茎直立，上部被蛛丝状毛，下部有具柄腺毛，纤细，不分枝，常红褐色。莲座状叶丛小，卵形，长约 8 mm，密被白色绵毛；茎生叶直立，线形，长 2～3 cm，宽约 0.2 cm，顶端钝，边缘反卷达中脉，基部沿茎下延成茎翅，上面被头状具柄腺毛，深绿色，有小尖头，下面密被绵毛，灰白色，叶质厚，中脉在下面明显。头状花序多数，在茎端排列成伞房或复伞房状。花序梗短；总苞钟状，长 4～5 mm，宽约 4 mm；总苞片 5～6 层，淡黄色或白色，外层卵形，基部褐色，被绵毛，中内层倒卵状长圆形，先端钝圆；小花长约3 mm。瘦果具乳头状突起。 果期 10 月。

产青海：玛沁（未见标本）。生于海拔 3 670 m 左右的沟谷山坡高山草甸。

分布于我国的青海、四川西北部及西部。

4. 黄腺香青 图版 106：1～9

Anaphalis aureo-punctata Lingelsh et Borza in Fedde Repert. Sp. Nov. 13：392. 1914；中国植物志 75：178. 图版 26：10～18. 1979；西藏植物志 4：688. 图版 298：14～22. 1985；青海植物志 3：340. 1996；青藏高原维管植物及其生态地理分布 947. 2008.

多年生草本，高 20～40 cm。根状茎细长，不育枝具莲座状叶丛。茎直立，不分枝，被白色或灰白色蛛丝状绵毛，下部毛常脱落。莲座状叶宽匙状椭圆形，先端钝或急尖，下部渐狭成有翅的长柄，长 1.5～6.0 cm，宽 0.8～3.5 cm；下部叶匙形或椭圆形，在花期枯萎，有具翅的柄；中部叶稍小，多少开展，顶端急尖稀渐尖，有小尖头，基部渐狭，沿茎下延成宽或窄的茎翅；上部叶小，披针状线形；全部叶被白色或灰白色蛛丝状毛及头状具柄腺毛。头状花序多数，在茎顶密集成复伞房状；花序梗短；总苞钟状或狭钟状，长 5～6 mm；总苞片约 5 层，外层浅或深褐色，卵圆形，长约 2 mm，被绵毛；中层白色或黄白色，长约 5 mm，内层较短狭，匙形或长圆形。雌雄同株或异株。花冠长 3.0～3.5 mm；冠毛较花冠稍长。瘦果长达 1 mm，被微毛。 花果期 7～10 月。

产青海：兴海（中铁林场恰登沟，吴玉虎 44882；卓琼沟，吴玉虎 45654；中铁乡天葬台沟，吴玉虎 45856；河卡阿米瓦阳山，何廷农 412；中铁乡附近，吴玉虎 42825）、称多（歇武乡下西沟，刘尚武 2446）、玛沁（军功乡西哈垄，H. B. G. 293）、久治（龙卡湖北石山，果洛队 622；龙卡湖北岸，藏药队 718；龙卡湖畔，果洛队 573、622）、班玛。生于海拔 3 200～4 000 m 的沟谷山林地、峡谷岩石缝隙、阳坡石崖、干山坡草地、山坡阴坡林缘灌丛草甸。

分布于我国的西北、西南、华北、华中、华东及华南的部分省区。

5. 蜀西香青

Anaphalis souliei Diels in Fedde Repert. Sp. Nov. Beih. 12：505. 1922；中国植物志 75：197. 图版 29：1～10. 1979；青海植物志 3：344. 1996；青藏高原维管植物

及其生态地理分布 951. 2008.

多年生草本，高 5～30 cm。根状茎粗壮，木质，多分枝。茎直立，丛生，不分枝，被蛛丝状绵毛。莲座状叶倒披针形或狭椭圆形，长 2～9 cm，宽 0.3～1.3 cm，先端急尖，基部渐狭成长柄；茎生叶向上渐小，倒披针形、披针形或线形，先端渐尖，有褐色小尖头，基部渐狭沿茎下延；全部叶两面被蛛丝状绵毛，并杂有头状具柄腺毛；叶脉 1～3。头状花序多数，密集成复伞房状；花序梗短；总苞宽钟状，长 5～6 mm，径 4～6 mm；总苞片 5～6 层，外层卵圆形，长约 3 mm，浅褐色，被绵毛；中层长圆形或倒卵状长圆形，长 4.5～5.0 mm，上部白色，顶端尖或圆形；内层线形，长约 3 mm。雌雄同株或异株；花冠长 2.3～3.0 mm。冠毛较花冠稍长。瘦果长约 1 mm，有乳头状突起。 花果期 7～9 月。

产青海：曲麻莱（东风乡叶格滩，刘尚武 794）、称多（拉布乡，苟新京 83-454；县城，刘尚武 2417）、久治（哇赛乡庄浪沟，果洛队 223；索乎日麻乡附近，藏药队 384；白玉乡科索河，藏药队 661；智青松多北面山上，果洛队 045）、兴海（大河坝，吴玉虎 42487、42503、42480；黄青河畔，吴玉虎 42641）、玛沁（大武乡德勒龙，H. B. G. 855）、达日（建设乡达日河纳日，H. B. G. 1050）。生于海拔 3 600～4 200 m 的沟谷山坡高寒草甸、河谷山地阳坡石缝、山坡林缘灌丛草甸。

分布于我国的青海、四川西北部。

6. 二色香青 图版 105：7～20

Anaphalis bicolor (Franch.) Diels in Not. Bot. Gard. Edinb. 7：337. 1912；中国植物志 75：164. 图版 23：14～28. 1979；西藏植物志 4：685. 图 296：1～14. 1985；青海植物志 3：344. 1996；青藏高原维管植物及其生态地理分布 948. 2008. —— *Gnaphalium bicolor* Franch. in Journ. Bot. 10：411. 1896.

6a. 二色香青（原变种）

var. **bicolor**

多年生草本，高 20～35 cm。根状茎细，多分枝，不育枝多，具莲座状叶丛。茎多数丛生，不分枝，叶密集，被白色、灰白色或黄白色绵毛和头状具柄腺毛。莲座状叶丛小；茎下部叶在花期枯萎；中部和上部叶直立或开展，线形或长圆状线形，长 1.5～4.0 cm，宽0.2～0.5 cm，先端钝或渐尖，有细长小尖头，边缘稍反卷或否，有时波状，基部沿茎下延成狭长的翅，两面被与茎相同的毛；中脉在下面隆起，侧脉不明显。头状花序多数，密集成复伞房状；花序梗短；总苞钟状，长 6～7 mm，径 4～6 mm；总苞片 5～6 层，外层卵形，长约2 mm；中层椭圆状披针形，长约 5 mm，顶端钝或圆形，稍黄色或污白色，基部浅褐色，内层线状长圆形。雌雄同株或异株；花冠长约 4 mm。冠毛与花冠约等长。瘦果长圆形，长1 mm，近无毛。 花果期 7～10 月。

产青海：兴海（赛宗寺，吴玉虎 46252；河卡乡白龙，郭本兆 6291；河卡乡宁曲山，何廷农 327；阿米瓦阳山，王作宾 20297）、称多（歇武乡，刘尚武 2446；歇武寺西南直沟，采集人不详 721）、玛沁（区划二组 256；军功乡，H. B. G. 293、291）、久治（上龙卡沟，果洛队 608；白玉乡附近，藏药队 607）。生于海拔 3 650～4 300 m 的高山至低山草地、山坡荒地、沟谷山地阴坡灌丛草甸、山坡针叶林。

分布于我国的青海、西藏、云南、四川。

6b. 青海香青（变种）

var. **kokonorica** Ling in Acta Phytotax. Sin. 11：99. 1966；中国植物志 75：167. 1979；青海植物志 3：344. 1996.

本变种与原变种的区别在于：叶较宽，开展而疏生。头状花序较大，长 6～7 mm；花冠长 4.0～4.5 mm。瘦果长达 1.5 mm。

产青海：兴海（赛宗寺后山，吴玉虎 46335；大河坝乡赞毛沟，吴玉虎 46497B；赛宗寺，吴玉虎 46179；河卡乡，郭本兆 6291）、久治（白玉乡，藏药队 607）。生于海拔 3 600～3 800 m的沟谷干山坡、山地阳坡石缝、山坡高寒灌丛草甸、河谷林缘灌丛。

分布于我国的甘肃、青海。模式标本采自青海门源。

7. 乳白香青 图版 106：10～15

Anaphalis lactea Maxim. in Bull. Acad. Sci. St. -Pétersb. 27：479. 1881；中国植物志 75：197. 图版 35：10～12. 1979；青海植物志 3：345. 图版 75：1～6. 1996；青藏高原维管植物及其生态地理分布 949. 2008.

多年生草本，高 10～40 cm。根状茎粗壮，木质，多分枝，不育枝顶端有莲座状叶丛。茎直立，稍粗壮，不分枝，被白色或灰白色绵毛。莲座状叶倒披针状或匙状长圆形，长 4～13 cm，宽 0.5～2.0 cm，下部渐狭成具翅的叶柄；茎生叶贴生，长椭圆形、线状披针形或线形，长 2～8 cm，宽 0.8～1.3 cm，顶端尖或急尖，有褐色小尖头，基部稍狭，沿茎下延成狭翅；全部叶被白色或灰白色密绵毛，具 1～3 脉。头状花序多数，密集成复伞房状；花序梗长 2～4 mm；总苞钟状，长 6 mm，稀 5 或 7 mm，径 5～7 mm；总苞片 4～5 层，外层卵圆形，长约 3 mm，浅或深褐色，被蛛丝状毛；中层卵状长圆形，长约 6 mm，宽 2.0～2.5 mm，乳白色，顶端圆形；内层狭长圆形，长约 5 mm。雌雄同株或异株；花冠长 3～4 mm。冠毛较花冠稍长。瘦果圆柱形，长约 1 mm，近无毛。 花果期 7～9 月。

产青海：兴海（中铁林场恰登沟，吴玉虎 45078、45052；黄青河畔，吴玉虎 42654、42649B；赛宗寺后山，吴玉虎 46406；中铁乡附近，吴玉虎 42995；大河坝，吴玉虎 42539、42484，采集人不详 358；中铁乡天葬台沟，吴玉虎 45874、45830、45892、45837；河卡乡白龙，郭本兆 6295、6321、6419；赛宗寺，吴玉虎 46256、

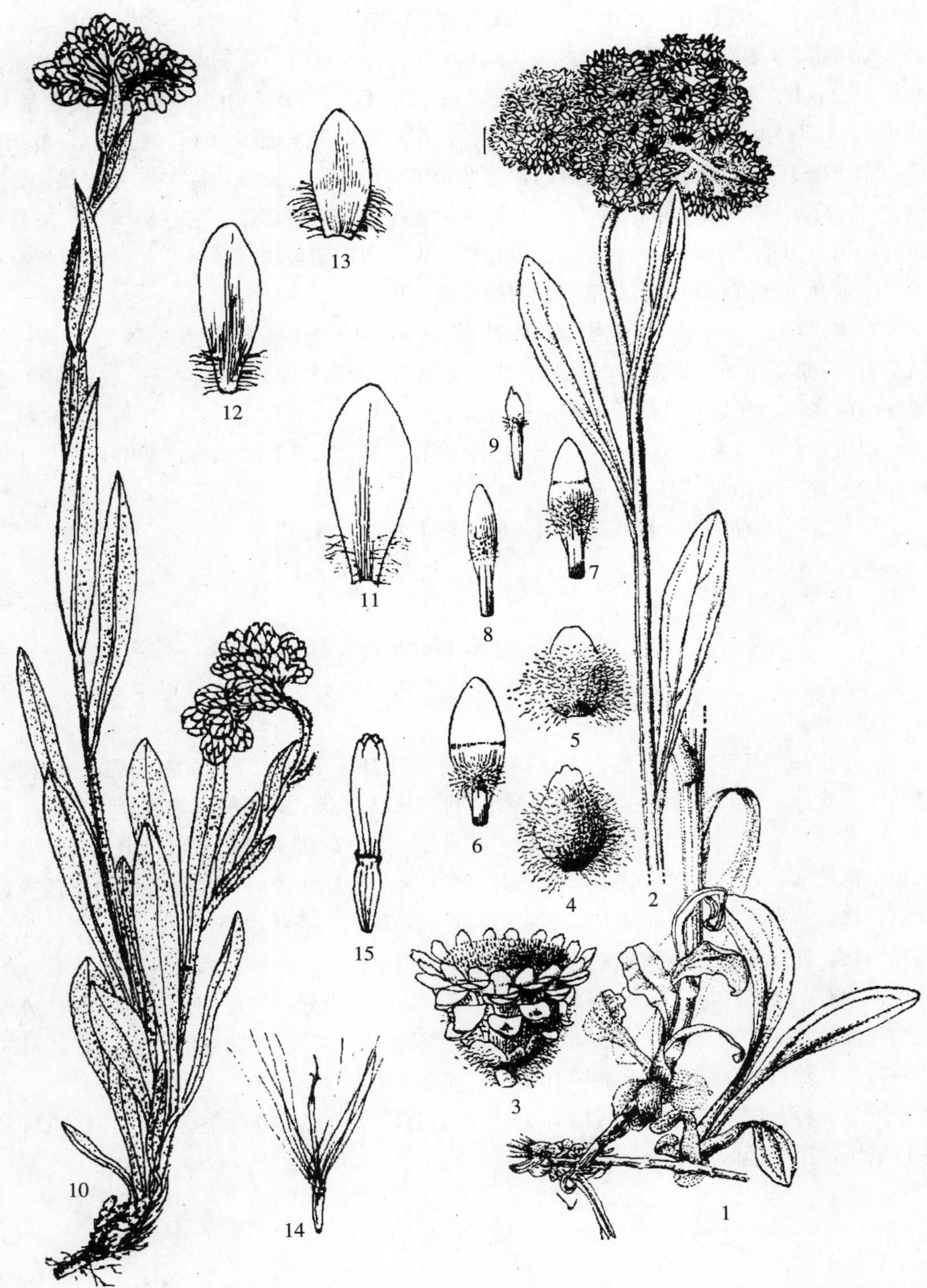

图版 **106**　黄腺香青 **Anaphalis aureo-punctata** Lingelsh et Borza 1～2. 植株；3. 头状花序；4～9. 总苞片。（引自《中国植物志》，刘春荣绘）　乳白香青 **A. lactea** Maxim. 10. 植株；11～13. 总苞片；14. 雄花；15. 雌花。（王颖绘）

46245、46273；河卡山，吴珍兰 186，吴玉虎 28697、28681；大河坝乡赞毛沟，吴玉虎 47206；温泉乡姜路岭，吴玉虎 28788）、玛多（花石峡后山，吴玉虎 919）、玛沁（军功乡黑土山，H. B. G. 204；大武乡格曲，H. B. G. 297；雪山乡东倾沟，黄荣福 C. G. 81-167；大武乡格曲，H. B. G. 597；军功乡，吴玉虎等 4646；雪山乡，黄荣福 C. G. 81-057；阿尼玛卿山东南面，黄荣福 C. G. 81-123）、称多（县城郊，吴玉虎 29227）。生于海拔 2 600～4 700 m 的高原宽谷滩地高寒草原、河谷砾地、山坡高山草甸、山谷滩地、山坡高寒草甸、山顶岩缝、沟谷山地阴坡高寒灌丛草甸、山坡林缘草甸、河滩林下、沟谷林缘灌丛草甸、河边草甸、田边荒地。

甘肃：玛曲（城南黄河南岸，陈桂琛 1050、1075；齐哈玛大桥附近，吴玉虎 31773；河曲军马场，吴玉虎 31831）。生于海拔 3 300～3 700 m 的沟谷山坡林地草甸、宽谷河滩高寒、河谷阶地沙丘。

四川：石渠（国营牧场，吴玉虎 30094；菊母乡，吴玉虎 29894、29914）。生于海拔3840 m左右的山坡、高寒草甸流石坡。

分布于我国的甘肃、青海、四川。模式标本采自青海。

14. 鼠麴草属 **Gnaphalium** Linn.

Linn. Sp. Pl. 850. 1753.

一年生稀多年生草本。茎直立或斜升，草质或基部稍带木质，被白色绵毛或茸毛。叶互生，全缘，无或具短柄。头状花序小，排列成聚伞状或开展的圆锥状伞房花序，稀穗状、总状或紧缩而成球状，顶生或腋生；异型，盘状，外围雌花多数，中央两性花少数，全部结实；总苞卵形或钟状，总苞片 2～4 层，覆瓦状排列，金黄色、淡黄色或黄褐色，稀红褐色，顶端膜质或几全部膜质，背面被绵毛。花托扁平、凸起或凹入，无毛或蜂巢状。花冠黄色或淡黄色；雌花花冠丝状，顶端 3～4 齿裂；两性花花冠管状，檐部稍扩大，5 浅裂；花药 5 个，顶端尖或略钝，基部箭头形，有尾部。两性花花柱分枝近圆柱形，顶端平截或头状，有乳头状突起。冠毛 1 层，分离或基部联合成环，易脱落，白色或污白色。瘦果无毛或罕有疏短毛或有腺体。

近 200 种，广布于全球。我国有 19 种，南北均产，大部分种类分布于长江流域和珠江流域；昆仑地区产 2 种。

分种检索表

1. 头状花序多数，在茎顶排列成伞房状；总苞片膜质，有光泽，金黄 ………………………………………………………………………… 1. 秋鼠麴草 **G. hypoleucum** DC.
1. 头状花序少数，在茎顶排列成疏或密的总状花序；总苞片近膜质，栗褐色或上半部

栗褐色 ………………………………… **2. 矮鼠麹草 G. stewartii** C. B. Clarke ex Hook. f.

1. 秋鼠麹草

Gnaphalium hypoleucum DC. in Wight. Contr. Bot. Ind. 21. 1843；中国植物志 75：226. 1979；西藏植物志 4：698. 1985；青海植物志 3：345. 1996；青藏高原维管植物及其生态地理分布 1003. 2008.

一年生草本，高约 40 cm。茎直立，有分枝，被白色绵毛和短腺毛。叶线形，长 2～4 cm，宽约 3 mm，先端钝或急尖，基部耳状抱茎，边缘波状反卷，上面密被腺毛，沿脉被白色绵毛，下面被白色绵毛和腺毛。头状花序多数，在枝端密集成伞房状；总苞球形，径约3 mm；总苞片金黄色，约 4 层，有光泽，膜质或上半部膜质，外层倒卵形，长 3～5 mm，顶端圆或钝，基部渐狭，背面被白色绵毛，内层线形，长 4～5 mm，顶端尖或锐尖，背面通常无毛。雌花多数，花冠丝状，长约 3 mm，顶端 3 齿裂，无毛；两性花较少数，花冠管状，长约4 mm，檐部 5 浅裂，裂片卵状渐尖，无毛。冠毛白色，粗糙，易脱落，长 3～4 mm，基部分离。瘦果（未成熟）无毛。 花期 8 月。

产青海：班玛。生于海拔 3 300 m 左右的河谷山坡高寒草地、河谷阶地草甸。

分布于我国的西北、西南、华东、华中、华南及台湾；日本，朝鲜，菲律宾，印度尼西亚，中南半岛，印度也有。

2. 矮鼠麹草

Gnaphalium stewartii C. B. Clarke ex Hook. f. Fl. Brit. Ind. 3：289. 1881；中国植物志 75：240. 1979；西藏植物志 4：699. 1985；青藏高原维管植物及其生态地理分布 1003. 2008.

矮小细弱草本，高 5～10 cm。茎细弱，直立，基部丛生，上部不分枝，被绵毛。基生叶簇生或莲座状，花期宿存，线形，长 15～20 mm，宽 1～2 mm，无柄，顶端有短钝尖头，基部稍宽；茎生叶少数，狭线形，长约 10 mm，宽约 1 mm，两面被白色绵毛。头状花序少数，径约 5 mm，具梗，排列成疏或密的总状花序；总苞圆柱形，径约 6 mm；总苞片 2～3 层，栗褐色或上半部栗褐色，外层倒卵形，顶端钝，近膜质，背面被绵毛，内层线状长圆形，长 5～6 mm，顶端短尖，背面被稀疏毛或无毛。雌花多数，花冠丝状，顶端 3 齿裂，无毛；两性花极少数，花冠管状，冠檐 5 浅裂。冠毛白色，绢毛状，离生，长约 4 mm。瘦果圆柱形，被稀疏毛，长约 4 mm。 花期 6～9 月。

产西藏：西部（喀喇昆仑山）。生于海拔 2 500～4 000 m 的高山干旱草坡上。

分布于我国的新疆、西藏、云南；印度也有。

15. 蜡菊属 Helichrysum Mill.

Mill. Gard. Dict. Abridg. ed. 4. 1754.

草本，灌木或亚灌木，常被有白色的绵毛或茸毛。叶互生或下部有时对生，全缘。头状花序单生于茎端或排列成伞房状，少有腋生，有少数或多数同型或异型的小花，周围有少数或 2～3 层雌花而其余是两性花，结果实或有时内部的不结果实。总苞半球状、钟状、球状或管状；总苞片多层，覆瓦状排列，下部较厚，干膜质，紧密或疏松，直立或开展，多彩色。花托平、凸起或锥形，有窝孔，有时窝孔边缘毛状或托片状。雌花的花冠丝状，上部有齿，花柱分枝线形，多少扁平，顶端截形或球形；两性花管状，上部稍宽大，有 5～4 齿或裂片；花药基部戟形，有细尾状或毛状耳部；花柱分枝近圆柱形，顶端近截形。冠毛 1 层或有时多层，纤细，或雄花冠毛顶部较粗厚，分离或基部多少结合成环状。瘦果 4～5 棱，无毛，有乳头状突起或有绢毛。

约 500 种，广布于东半球各地，在非洲南部、马达加斯加岛、大洋洲的种类尤多，也常见于非洲热带、地中海地区、小亚细亚半岛和印度，少数种类见于亚洲和欧洲的其他地区。我国仅有 3 个野生种和 1 个栽培种，昆仑地区产 1 种。

1. 喀什蜡菊 图版 107：1～3

Helichrysum kashgaricum Z. X. An Fl. Xinjiang. 5：476. 71. 1999；青藏高原维管植物及其生态地理分布 1004. 2008.

多年生草本，高 10～15 cm，全株密被白色绵毛，以花序梗端为最密，使植物呈灰白色。根状茎细，茎直立或外倾，不分枝，基部有不育枝及宿存的枯叶。叶长圆状倒披针形，长 1～3 cm，宽 2～5 mm，顶端渐尖，下部叶渐窄成宽柄，半抱茎，两面同色。头状花序在茎端排列成伞房状；总苞直径 1.5～1.8 cm；总苞片 4～5 层，卵状披针形或披针形，长 5～8 mm，宽约 2 mm，干膜质，顶端渐尖，外层基部黑褐色，向内逐渐于基部出现披针形，近革质，带绿色的狭长部分，外部淡黑色，长为内层的 1/3 或更多，再外为白色膜质边缘；花序中雄花多数，雌花少数，藏于总苞片内侧，窄漏斗状筒形，长约 1.5 mm，前端 5 裂，裂片窄小，长约 0.3 mm，花柱长出花冠 0.3 mm，两性花上部 1/2 为窄漏斗状，下部柱状，淡黄褐色，长约 4 mm，前端 5 裂，裂片三角状卵形，长约 0.5 mm，花柱 2 裂，顶端截形。冠毛长约 4 mm，有纤毛状齿，两性花冠毛于前端略粗。瘦果未成熟。 花期 8 月。

产新疆：阿克陶（奥依塔克，杨昌友 750906B）。生于海拔 2 000 m 左右的河谷草地。模式标本采自新疆阿克陶。

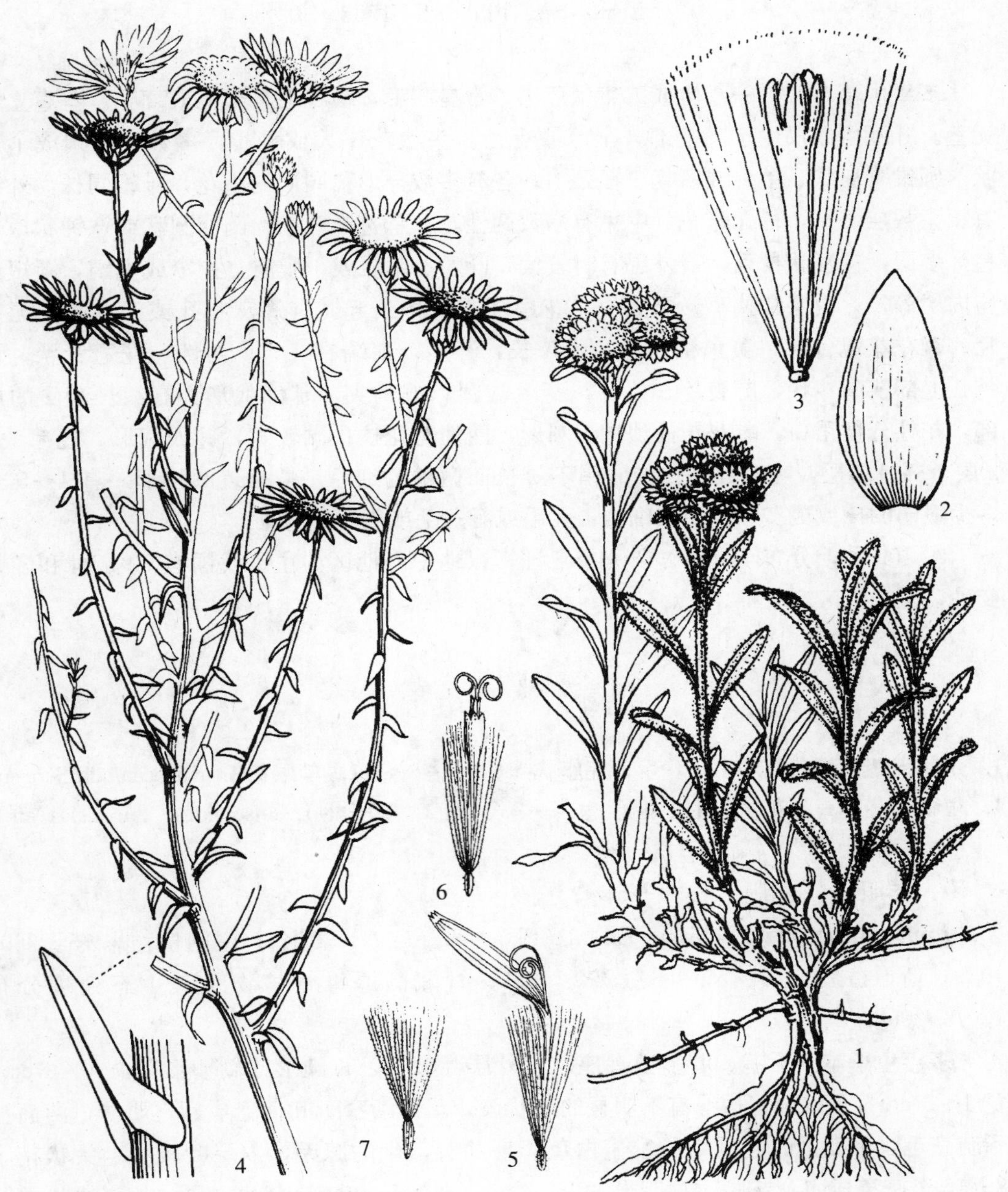

图版 **107**　喀什蜡菊 **Helichrysum kashgaricum** Z. X. An 1. 植株；2. 总苞片；3. 管状花花冠与冠毛。蓼子朴 **Inula salsoloides**（Turcz.）Ostenf 4. 花枝；5. 舌状花；6. 管状花；7. 带冠毛的瘦果。（引自《新疆植物志》，张荣生绘）

16. 旋覆花属 Inula Linn.

Linn. Sp. Pl. 881. 1753.

多年生草本，稀一年生或二年生草本，常有腺毛，被糙毛、柔毛或茸毛。茎直立或无茎。叶互生或仅生于茎基部，全缘或有齿。头状花序大或稍小，多数，排列成伞房状、圆锥伞房状、单生或密集于根颈上，各有多数异形稀同形的小花，雌雄同株，外缘有1至数层雌花，稀无雌花，中央有多数两性花。总苞半球状、倒卵圆状或宽钟状；总苞片多层，覆瓦状排列，最外层有时较大，叶质、革质或干膜质，狭窄或宽阔，渐短或与内层等长；内层常狭窄，干膜质。花序托平或稍凸起，有蜂窝状孔或浅窝孔，无托片；雌花花冠舌状，黄色稀白色，舌片长，开展，顶端有3齿；两性花花冠管状，黄色，上部狭漏斗状，有裂片5枚；花药上端圆形或稍尖，基部戟形，有细长渐尖的尾部，花柱分枝稍扁，雌花花柱顶端近圆形，两性花花柱顶端较宽，钝或截形。冠毛1～2层，稀较多层，有多数或较少的稍不等长而微糙的细毛。瘦果近圆柱形，有4～5个多少显明的棱或更多的纵肋或细沟，无毛或有短毛或绢毛。

约100种，分布于欧洲、非洲及亚洲，以地中海地区为主。我国有20余种和多数变种，昆仑地区产2种。

分种检索表

1. 植物无茎，头状花序多，着生于莲座状叶丛中 ……… **1. 羊眼花 I. rhizocephala** Schrenk
1. 植物有茎，头状花序着生于茎上 ………………… **2. 蓼子朴 I. salsoloides**（Turcz.）Ostenf

1. 羊眼花 图版108：1～5

Inula rhizocephala Schrenk Enum. Pl. Nov. 1：51. 1841；中国植物志75：269. 1979；新疆植物志5：75. 图版23. 1999；青藏高原维管植物及其生态地理分布1007. 2008.

多年生草本，无茎。叶多数莲座状，外层叶较大，长圆形或倒卵形，长4～6 cm，宽1～3 cm，顶端钝，边缘有不明显的波状齿，基部渐窄于叶柄上成翅，质薄，两面被稀疏细毛，下面沿凸起的中脉密生白色长毛并有散生的腺毛，内层叶较小。头状花序8～15个密集成团伞花序；总苞半球形，径1.2～1.5 cm；总苞片多层，外层线状披针形，长7～9 mm，顶端尖，被密毛，上端外折；内层线形或狭线形，长12 mm，较狭，膜片状，直立，顶端渐尖，紫色，有短缘毛。舌状花黄色，较总苞片稍长，无毛，舌片线状长圆形，长约7 mm，有3浅齿，筒部与舌片近等长；管状花长约9 mm。冠毛污白色，有多数微糙的毛。瘦果圆柱形，长1.5～2.0 mm，有纵肋，褐色，被红黄色微伏毛。　花期 6～8 月。

产新疆：乌恰（吉根乡斯木哈纳，西植所新疆队 Z162）。生于海拔 3 200 m 左右的沟谷山坡草地。

分布于我国的新疆；中亚地区各国，阿富汗，伊朗也有。

2. 蓼子朴　图版 107：4～7

Inula salsoloides（Turcz.）Ostenf in Sv. Hedin，South. Tibet 4（3）：39. 1922；中国植物志 75：278. 图版 45：11～17. 1979；新疆植物志 5：75. 1999；青藏高原维管植物及其生态地理分布 1007. 2008. —— *Conyza salsoloides* Turcz. in Bull. Soc. Mosc. 5：197. 1832.

半灌木，30～45 cm。地下茎分枝长，横走，有疏生的叶，长圆状三角形或长卵圆形，长 2.0～2.5 cm，宽 4～9 mm，顶端钝或尖，膜质。地上茎直立，斜升或平卧，基部有密集的长分枝，中部以上有较短的分枝，被稀疏的长单毛，有时毛于基部加粗，向上多有乳突状毛，短柱状腺毛，有时茎和叶都被毛。叶小而密生，披针状或长圆状线形，长 5～10 mm，宽1～3 mm，顶端钝或稍尖，全缘，基部心形或有小耳，半抱茎，边缘平或稍反卷，稍肉质，上面无毛，下面有短茸毛及腺毛。头状花序单生于枝端，径 1.0～1.5 cm；总苞倒卵形，长 5～9 mm；总苞片 4～5 层，线状卵圆状至长圆状披针形，渐尖，干膜质，基部常稍革质，黄绿色，背面无毛，上部或全部具缘毛，外层渐小。舌状花舌片椭圆状线形，长约 6 mm，黄色，顶端有 3 个细齿；管状花花冠长约 6 mm，上部狭漏斗状，顶端有尖裂片。冠毛白色，长约 7 mm。瘦果长约 1.5 mm，有多数细沟，被乳头状腺点和疏长毛。　花果期 5～9 月。

产新疆：乌恰 、喀什、疏附、疏勒、英吉沙、莎车（卡拉克阿凡提附近，采集人不详 045；采集地和采集人不详，034）、塔什库尔干（红其拉甫，采集人不详 T94；克克吐鲁克，青藏队吴玉虎 870763）、叶城（县城以东 5 km，刘海源 207）、皮山、和田（采集地和采集人不详，0035；县城郊，R1942）、策勒、且末（县城南 8 km 处，中科院新疆综考队 9488；县城北 3 km 处，采集人不详 9522）、若羌（米兰农场，沈观冕 65；采集地和采集人不详，3003）。生于海拔 1 400～4 610 m 的荒漠戈壁沙砾地、干草原、农田边。

青海：格尔木（托拉海，植被地理组 175）。生于海拔 2 800 m 荒漠戈壁沙砾草地。

分布于我国的甘肃、新疆、宁夏、陕西、河北、内蒙古、辽宁；中亚地区各国，蒙古也有。

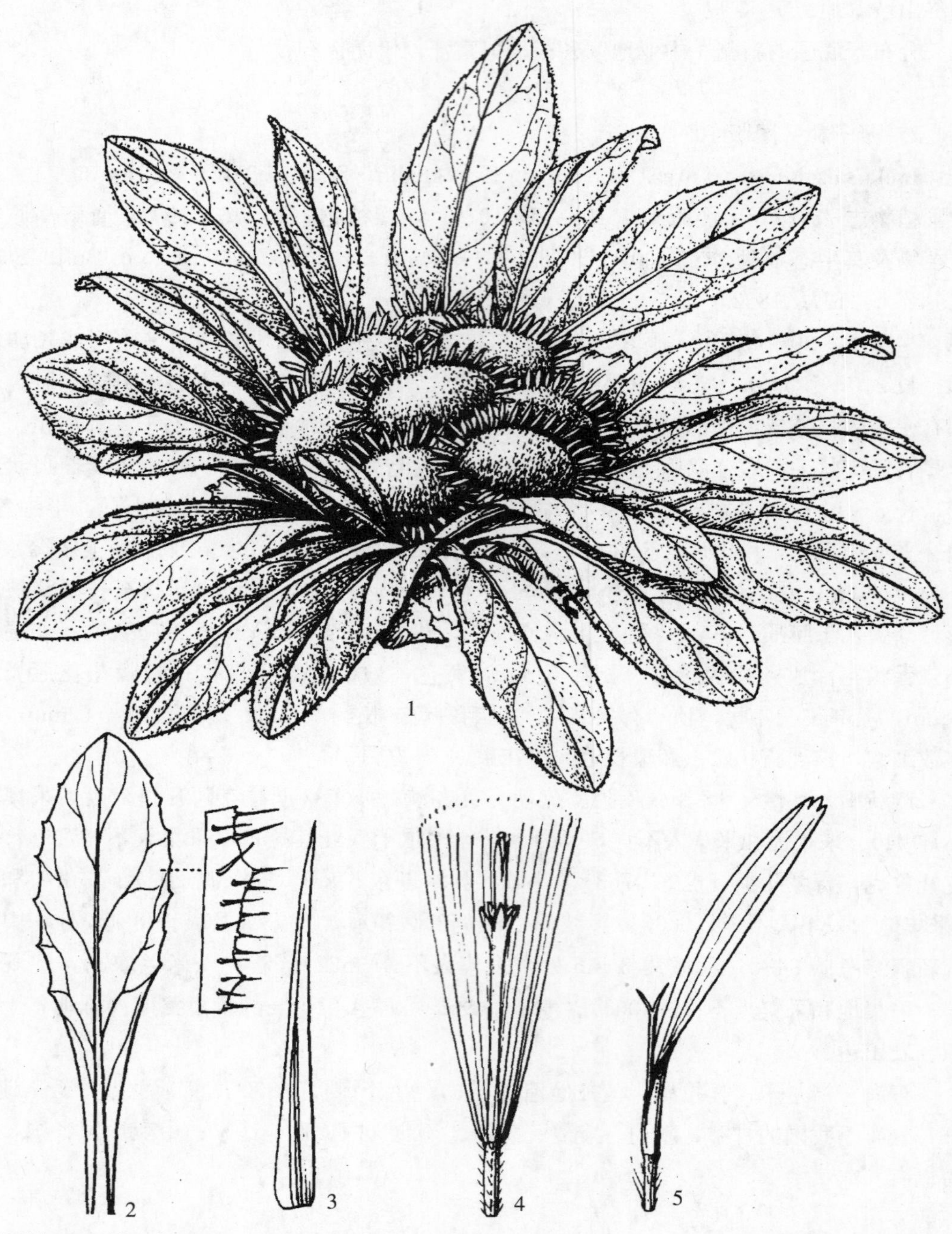

图版 **108**　羊眼花　**Inula rhizocephala** Schrenk 1. 植株；2. 叶；3. 总苞片；4. 管状花；5. 舌状花。
(引自《新疆植物志》，张荣生绘)

（三）向日葵族 Trib. Heliantheae Cass.

Cass. Bull. Soc. Philom. Paris 173. 1812.

草本，亚灌木或灌木。叶至少下部对生，全缘，有锯齿或分裂。头状花序有异形小花，辐射状或稀盘状；边缘的小花雌性，结果实，或无性；中央的小花两性，结果实或不育；或头状花序仅有同形的两性花，稀雌雄异株；总苞片 1 至多层，草质，稀干膜质或膜质；花托有托片，托片离生，稀联合，抱持小花或内旋。雌花花冠舌状，全缘或有 2～3 齿；两性花花冠管状，上部（檐部）4～5 浅裂；花药上端有附片，基部全缘、钝或箭形，有尖或短尾状的耳部。两性花花柱分枝顶端截形或有附片，被乳头状突起或短毛，或不育花的花柱不分枝。冠毛刺状或短膜片状，或无冠毛。瘦果常扁压或有棱。

有 10 个亚族，都以美洲为分布中心。我国产 7 亚族 11 属，其中野生有 2 属；昆仑地区均产。

分属检索表

1. 叶互生；头状花序单性，雌性头状花序，总苞合生，外面有钩刺 ……………………………………………………………………………… **17. 苍耳属 Xanthium** Linn.
1. 叶对生；头状花序具异性花，总苞无钩刺 ………………… **18. 鬼针草属 Bidens** Linn.

17. 苍耳属 Xanthium Linn.

Linn. Sp. Pl. 987. 1753.

一年生草本。茎直立，被糙伏毛和近无毛，有时具刺，多分枝。叶互生，全缘或浅裂。头状花序单性，雌雄同株，单生叶腋或呈穗状；雄头状花序生于茎枝上部，具多数不结实的两性花；总苞半球形，总苞片 1～2 层，分离，革质；花托柱状，托片披针形，包围小花；花冠顶端 5 齿裂，花药分离，花丝结合成管状，包围花柱；花柱不分裂。雌头状花序生于茎枝下部；总苞卵形，各具 2 个结实的小花；总苞片 2 层，外层小，分离，内层合生成囊状，在果实成熟时变硬，顶端具 1～2 个硬喙，外面具钩状刺，2 室，各具 1 花；雌花无花冠，柱头 2 深裂，裂片伸出硬喙外。瘦果 2，倒卵形，藏于总苞内；无冠毛。

约 25 种。我国产 3 种，昆仑地区产 1 种。

1. 苍　耳　图版 109：1～4

Xanthium sibiricum Patrin. ex Widder in Fedde Repert. Sp. Nov. 20：32. 1923；Hand.-Mazz. Symb. Sin. 7：1108. 1936；中国植物志 75：325. 图版 55：1～10. 1979；西藏植物志 4：714. 图 309：2～11. 1985；青海植物志 3：352. 1996；新疆植物志 5：87. 图版 26：1～4. 1999；青藏高原维管植物及其生态地理分布 1062. 2008.

一年生草本，高 30～50 cm。茎直立，被短糙毛，常从基部分枝。叶片宽卵形或心形，长 5～12 cm，宽 4～7 cm，先端急尖，基部浅心形，边缘 3～5 浅裂或具不规则细齿，两面均粗糙，上面脉上及下面被糙毛，叶柄细长，被短毛。头状花序单性，雌雄同株；雄花序顶生，球形，径 4～6 mm；总苞片长圆披针形，分离，具多数不结实的两性花，花冠具 5 个宽裂片，雄蕊 5 枚；雌头状花序卵形，外层总苞片小，分离，被毛，内层合生成囊状，成熟时连同喙长8～10 mm，外面具钩状刺和细毛，内有 2 个小花，雌花无花冠，花柱分枝线形，伸出坚硬的果喙外。瘦果 2，包于总苞内。　花果期 7～9 月。

产新疆：喀什、英吉沙、莎车（县城附近，R　1144）、叶城（普沙，青藏队吴玉虎 1131）。生于海拔 1 800～3 700 m 的沟谷山地水边、荒漠戈壁砾石荒地、农田及路边。

青海：兴海（唐乃亥，吴玉虎 45976）。生于海拔 2 700 m 左右的河滩沙砾地、田埂地边。

分布于我国的各省区；欧洲，中亚地区各国，伊朗，印度，俄罗斯，朝鲜，日本也有。

18. 鬼针草属 **Bidens** Linn.

Linn. Sp. Pl. 831. 1753.

一年生或多年生草本。茎通常有纵条纹。叶对生或于上部互生。头状花序单生茎端及枝端，多数排列成伞房圆锥状。总苞钟状或半球形；总苞片 1～2 层，基部常合生，外层草质，常伸长成叶状，内层通常为膜质，具透明或黄色的边缘；托叶窄，近扁平，干膜质；花序具同形或异形的小花，外围有 1 层无性花，少为雌花，舌状花白色或黄色，少为红色，舌片全缘或有齿，中央管状花两性，可育，冠檐壶状，整齐，4～5 裂，花药基部钝或近箭形，花柱分枝扁，顶端有三角形附器，被细硬毛。瘦果扁平或具 4 棱，顶端芒刺 2～4 枚，其上有倒刺。

约 230 种，广布于全球热带及温带地区。我国有 9 种 2 变种，昆仑地区产 1 种。

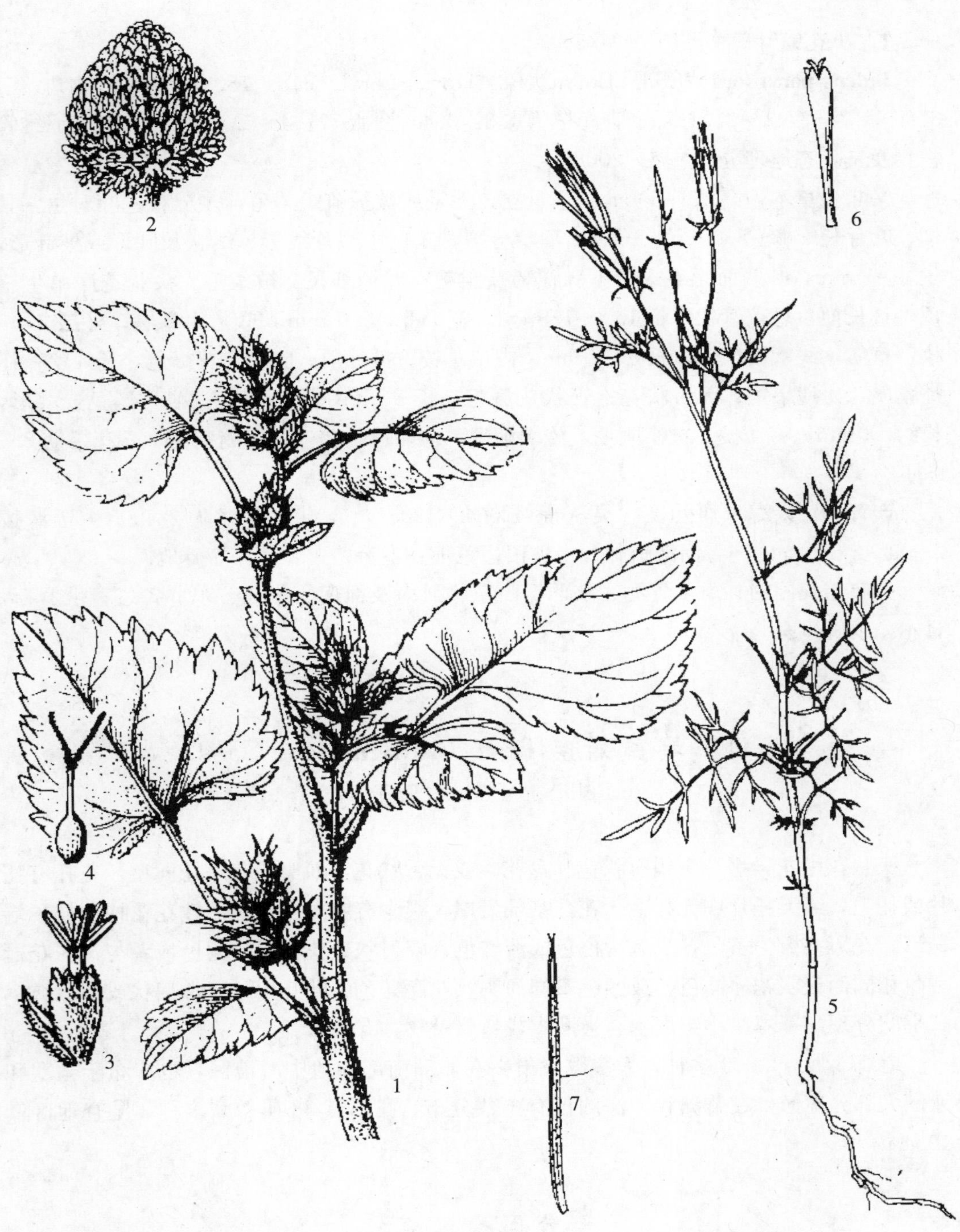

图版 **109**　苍耳 **Xanthium sibiricum** Patrin. ex Widder 1. 植株的一部分；2. 雄头状花序；3. 雄花；4. 雌花。　小花鬼针草 **Bidens parviflora** Willd. 5. 全株；6. 管状花；7. 瘦果。（1～4. 引自《新疆植物志》，张荣生绘；5～7. 刘进军绘）

1. 小花鬼针草 图版109：5～7

Bidens parviflora Willd. Enum. Pl. Hort. Berol. 848. 1809；中国植物志 75：376. 图版63：1～3. 1979；青海植物志 3：354. 图版77：4～6. 1996；青藏高原维管植物及其生态地理分布 975. 2008.

一年生草本，高 15～50 cm。茎直立，无毛或被稀疏短柔毛，多分枝。叶对生，具柄；叶片长 2.5～5.0 cm，2～3 回羽状分裂，末回小裂片线形、线状长圆形或披针形，长 3～7 mm，叶两面无毛或沿下脉被稀疏柔毛；叶柄细长，被柔毛。头状花序单生茎顶，具长梗；总苞管状，长 1.0～1.5 cm，宽 2.5～5.0 mm；总苞片 2 层，外层 3～5 枚，草质，线状披针形，长 5～8 mm，内层 1 枚，披针形，膜质，黄褐色，托片状；托片膜质，比瘦果短；无舌状花；管状花黄色，长 3 mm，檐部 4 裂。瘦果黑色，线形，长约 13 mm，有 4 棱，被小刚毛，先端渐尖，顶端芒刺 2 枚，有倒刺毛。 花果期 8～9 月。

产青海：兴海（唐乃亥，吴玉虎 42064、42059，弃耕地考察队 281）。生于海拔 2 000～2 800 m的沟谷河滩疏林、山坡田边荒地、宅旁路边、河滩沙砾地。

分布于我国的甘肃、青海、陕西、山东、河南及西南、华北、东北各省；俄罗斯，日本，朝鲜也有。

（四）春黄菊族 Trib. **Anthemideae** Cass.

Cass. in Bull. Soc. Philom. Paris 173. 1815.

头状花序花异型，有辐射状花和盘花，或无舌状花，而头状花序花同型。花托有托片或托毛，或无托片亦无托毛。花药基部无尾，很少有明显的尾。两性花花柱分枝顶端截形。花冠多数为黄色，少数为白色或淡红色；辐射状边花花冠的颜色或者与盘花花冠颜色相同而头状花序同色，或颜色不同而头状花序异色。叶互生，通常羽状或掌状或掌式羽状分裂。草本、小半灌木、半灌木或垫状植物。有气味。

有 113 属，2 000 多种，大多数属集中在非洲南部和地中海地区，也广布于全欧和亚洲大部分地区，在美洲和大洋洲仅有少数分布。我国有 33 属 400 多种，昆仑地区产 10 属82 种。

分属检索表

1. 头状花序大或较大，边缘雌花舌状或向舌状花转化，中央盘花两性，管状。
    2. 小灌木；瘦果无冠状冠毛 ………………………… **19. 短舌菊属 Brachanthemum** DC.
    2. 草本；瘦果有冠状冠毛。

3. 冠毛冠状 ………………………………………… **20. 匹菊属 Pyrethrum** Zinn.
3. 冠毛毛状，基部联合成束 ……………… **21. 扁芒菊属 Waldheimia** Kar. et Kir.

1. 头状花序小，边缘花雌性或为无性花，花冠管状、细管状或无管状花冠，中央小花两性，管状，或头状花序全部小花为两性，管状。
4. 头状花序全部小花为两性，管状。
5. 瘦果顶端有冠状冠毛 ……………………… **23. 小甘菊属 Cancrinia** Kar. et Kir.
5. 瘦果顶端无冠状冠毛。
6. 头状花序多数或少数，在茎枝顶端排成伞房状、束状伞房状或团伞状 ……………………………………………………… **22. 女蒿属 Hippolytia** Poljak.
6. 头状花序排成穗状、总状或圆锥状 …………………………………………………………………… **27. 绢蒿属 Seriphidium**（Bess.）Poljak.
4. 头状花序边花雌性，或雌雄蕊退化为无性，花冠管状或细管状，或无管状花冠。
7. 头状花序在茎枝顶端排成伞房状或束状伞房状。
8. 全部小花花冠外面无毛，但有腺点 ……………… **24. 亚菊属 Ajania** Poljak.
8. 全部小花花冠外面有毛………………………… **25. 喀什菊属 Kaschgaria** Poljak.
7. 头状花序排成穗状、狭圆锥状或总状。
9. 边花雌性，中央花两性或雄性；瘦果满布花托之上；雌花花冠顶端 2～4 齿裂 ……………………………………………………… **26. 蒿属 Artemisia** Linn.
9. 边花部分雌性，部分两性，结实；中央花两性，不育；瘦果 1 圈，排列在花托下部或基部；雌花花冠顶端截形或 2～3 微凹 …………………………………………………………… **28. 栉叶蒿属 Neopallasia** Poljak.

19. 短舌菊属 Brachanthemum DC.

DC. Prodr. 8：44. 1837.

小半灌木，被单毛、叉状分枝毛或星状毛。叶互生或几成对生，羽状或掌状或掌式羽状分裂。头状花序花异型，单生顶端或少数或多数排成疏散或紧密的伞房状。边花雌性，舌状，1～15 个，极少无舌状花而边缘雌花成管状的。中央盘花两性，管状。总苞钟状、半球形或倒圆锥状；总苞片 4～5 层，硬草质，边缘光亮或褐色膜质。花托凸起，钝圆锥状，无托毛，或花托平而有短托毛。舌状花黄色，少白色；舌片卵形或椭圆形，长 1.2～8.0 mm。管状花黄色，顶端 5 齿裂。花柱分枝线形，顶端截形。全部瘦果同形，圆柱形，基部窄，有 5 条脉纹，无冠状冠毛。

约 7 种，分布于亚洲中部。我国有 5 种，昆仑地区产 1 种。

1. 星毛短舌菊

Brachanthemum pulvinatum（Hand. -Mazz.）Shih in Bull. Bot. Lab. North-East.

Forest. Inst. 6：1. 1980；中国植物志 76（1）：27. 图版 1：2. 1983；新疆植物志 5：109. 1999；青海植物志 3：363. 图版 81：5～7. 1996；青藏高原维管植物及其生态地理分布 975. 2008. —— *Chrysanthemum pulvinatum* Hand.-Mazz. in Acta Hort. Gothob. 12：263. 1938.

小半灌木，高 15～45 cm。根粗壮，直伸，木质化。自根颈顶端发出多数木质化的枝条；老枝灰色，扭曲，幼枝浅褐色；除老枝外，全株被稠密贴伏的尘状星状毛。叶楔形、椭圆形或半圆形，长 0.5～1.0 cm，宽 4～6 mm，3～5 掌状、掌式羽状或羽状分裂，裂片线形，长 3～6 mm，宽约 0.5 mm，顶端急尖或钝圆；叶具柄，柄长约 8 mm，花序下部的叶明显 3 裂；全部叶均为灰绿色或浅褐色，被贴伏的尘状星状毛。头状花序单生或 3～8 个排成不规则的疏散的伞房状；花具梗，长 2.5～7.0 cm，常弯曲下垂；总苞半球形或倒圆锥形，直径 6～8 mm；总苞片 4 层，覆瓦状排列，外层较小，卵形或宽卵形，长 1.5～2.0 mm，宽 1.0～1.5 mm，中内层椭圆形或长椭圆形，长 4.0～4.5 mm，宽 1.0～1.7 mm；中外层外面被贴伏的星状毛，内层几无毛；全部总苞片边缘棕色，膜质，顶端白色膜质，钝圆；边缘舌状花7～14 个，舌片黄色，椭圆形，长 4～5 mm，宽 2～3 mm，顶端 2 微齿，中央的两性筒状花花冠黄色，长 1.0～2.2 mm，顶端 5 齿裂。全部瘦果圆锥形，基部渐窄，长 1.5～2.0 mm，有 5 条脉纹，无冠状冠毛。 花果期 7～9 月。

产新疆：若羌（阿尔金山北坡，青藏队吴玉虎 4302；石棉矿，郑新义 146151）。生于海拔 1 900～3 100 m 的沟谷山地荒漠草原、沟谷坡砾石地。

分布于我国的新疆、甘肃、青海、宁夏、内蒙古。

20. 匹菊属 Pyrethrum Zinn.

Zinn. Catal. Pl. Gotting 414. 1757.

多年生草本、小灌木或半灌木。叶互生，羽状或二回羽状分裂，被弯曲的长单毛、叉状分枝毛或无毛。头状花序花异型，单生茎顶或在茎顶端排列成规则或不规则的伞房状。边花 1 层或 2 层，雌性，舌状，中央两性花管状。总苞浅盘状；总苞片 3～5 层，草质或厚草质，边缘白色、褐色或黑褐色，膜质。花托凸起，少数种有托毛，托毛易脱落。舌状花白色、红色、黄色，舌片卵形、椭圆形或线形。管状花黄色，有短管部，上半部微扩大或突然扩大，顶端 5 齿裂。花药基部钝，顶端附片卵状披针形或宽披针形。花柱分枝线形，顶端截形。瘦果圆柱状或三棱状圆柱形，有 5～10（12）条多少凸起的纵肋；边缘雌花瘦果的肋常集中于腹面。冠状毛长 0.1～1.5 mm，或不足 0.1 mm，冠缘浅裂或分裂至基部，或瘦果背面的冠缘分裂至基部，或冠缘锯齿状。

约 100 种，分布于欧洲、北非及中亚地区各国。我国有 10 余种，集中分布于新疆；

昆仑地区产 4 种。

分种检索表

1. 冠状冠毛长 0.1～0.2 mm 或不足 0.1 mm；舌状花黄色或橘黄色 …………………
    …………………………… **1. 川西小黄菊 P. tatsienense** (Bur. et Franch.) Ling ex Shih
1. 冠状冠毛长 0.4～1.5 mm。
    2. 植株灰色或灰白色，被稠密蓬松弯曲的长单毛 ……………………………………
        ……………… **3. 灰叶匹菊 P. pyrethroides** (Kar. et Kir.) B. Fedtsch. ex Krasch.
    2. 植株绿色或暗绿色，通常有稀疏的弯曲长单毛，或有稍多的毛或无毛。
        3. 叶被稀疏的长单毛；花梗及头状花序基部多少有毛 …………………………
            ……………………………………………………… **2. 美丽匹菊 P. pulchrum** Ledeb.
        3. 植株全部光滑无毛 … **4. 光滑匹菊 P. arrasanicum** (Winkl.) O. et B. Fedtsch.

1. 川西小黄菊

Pyrethrum tatsienense (Bur. et Franch.) Ling ex Shih in Acta Phytotax. Sin. 17 (2)：113. 1979；中国植物志 76 (1)：64. 1983；西藏植物志 4：726. 图 314. 1985；青海植物志 3：366. 图版 79：9～14. 1996；青藏高原维管植物及其生态地理分布 1023. 2008. —— *Chrysanthemun tatsienense* Bur. et Franch. in Journ. Bot. 5：72. 1891.

多年生草本，高 5～30 cm。茎直立，单一或数个丛生，被白色长柔毛，上部常紫褐色，基部被褐色枯存叶柄。基生叶长圆形，连柄长 2～7 cm，宽 1 cm，一至二回篦齿状羽状全裂，裂片线形，先端尖，两面被白色柔毛，叶轴宽约 1.5 mm；茎生叶少，向上渐小，羽状全裂，下部叶柄长，与叶片近等长，上部叶近无柄。头状花序单生茎顶；总苞半球形，直径10～12 mm；总苞片多层，线状披针形或长圆形，长 5～10 mm，边缘褐色膜质；舌状花橘红色，舌片长圆形，长 1～15 mm；管状花黄色或橘黄色，长5～6 mm。瘦果圆柱形，具肋或细肋；冠毛冠状、膜片状，稀无冠毛。 花果期 7～9 月。

产青海：称多（歇武乡歇武山，刘有义 83－354；县城郊，吴玉虎 29242、29246）、玛沁（大武乡黑土山，H. B. G. 256、653；野马滩煤矿，吴玉虎 1389；拉加乡附近干旱山坡，吴玉虎 6142；黑土山，吴玉虎等 5769、H. B. G. 653；大武乡乳品厂牧场，H. B. G. 513）、久治（索乎日麻乡，果洛队 254、藏药队 480）、甘德（上贡麻乡甘德山垭口，H. B. G. 885）、达日（吉迈乡，吴玉虎 27059）。生于海拔 3 100～4 800 m的沟谷山地高山草地、山坡灌丛草地。

分布于我国的青海、云南、四川、西藏。

2. 美丽匹菊 图版 110：1～4

Pyrethrum pulchrum Ledeb. Ic. Pl. Fl. Ross. 1：20. 1829；中国植物志 76

(1)：68. 1983；新疆植物志 5：121. 图版 32：3～8. 1999；青藏高原维管植物及其生态地理分布 1023. 2008.

多年生草本，高 15～35 cm，有根状茎。茎单生或少数簇生，直立，不分枝，被弯曲的长单毛；茎下部常呈紫色，上部绿色，近花序处被毛密，呈灰绿色。基生叶线形或宽线形，长 2～10 cm，宽 1～2 cm，二回羽状全裂，一回侧裂片 6～12 对，二回为掌状或掌式羽状分裂，末回裂片线形、线状披针形，宽达 1 mm，叶柄长约 4 cm；茎生叶少数，与基生叶同形并等样分裂，于花序下部的叶羽状全裂，茎生叶无柄；全部叶绿色，无毛或被稀疏弯曲的长单毛。头状花序单生茎顶，花序枝长；总苞直径 15～25 mm；总苞片 5 层，外层卵形或宽卵形，长 5～6 mm，中内层椭圆形或宽线形，长 8～10 mm，中外层外面被弯曲长单毛，内层无毛，全部苞片边缘黑褐色，宽，膜质；边缘雌花舌状，白色，舌片线形，长 15～30 mm，宽约3 mm，顶端全缘，中央两性花筒状，黄色，长约 3.5 mm，顶端 5 齿裂。瘦果圆柱形，长2.5～3.0 mm，有 10 条呈椭圆形凸起的纵肋；冠状冠毛长 1.0～1.2 mm，分裂达中部。 花果期 7～9 月。

产新疆：乌恰、叶城（麻扎达坂，青藏队吴玉虎 1134）。生于海拔 2 850～4 020 m 的沟谷山地高山草甸。

分布于我国的新疆；俄罗斯，蒙古也有。

3. 灰叶匹菊 图版 110：5～6

Pyrethrum pyrethroides（Kar. et Kir.）B. Fedtsch. ex Krasch. in Acta Inst. Bot. Acad. Sci. URSS ser 1：176. 1933；中国植物志 76（1）：69. 图版 2：9. 1983；新疆植物志 5：118. 图版 31：5～6. 1999；青藏高原维管植物及其生态地理分布 1023. 2008. —— *Richteria pyrethroides* Kar. et Kir. in Bull. Soc. Nat. Mosc. 15：127. 1842.

多年生草本，高 10～40 cm，具根状茎。茎簇生，极少单生，不分枝或有 1～2 个侧枝，灰白色，被密而蓬松的弯曲长单毛，近花序下部的毛更密。基生叶有柄，长达 4 cm，叶片长椭圆形，长 1.5～7.0 cm，宽 0.6～2.0 cm，一回侧裂片 3～8 对，二回为羽状或掌式羽状分裂；末回裂片线状披针形，宽约 1 mm，顶端有软骨质芒尖；茎生叶无柄，少数，与基生叶同形，但较小；全部叶两面灰白色，被稠密蓬松的弯曲长单毛。头状花序单生茎顶，极少2～3个；总苞直径 10～14 mm；总苞片约 4 层，外层卵形或卵状三角形，长 3～4 mm；中内层长椭圆形，长 5～8 mm；外层总苞片被稠密蓬松的弯曲长单毛，内层无毛或几无毛；全部总苞片边缘黑褐色，膜质；边缘雌花舌状，舌片白色或淡红色，椭圆形或长椭圆形，长 5～18 mm，顶端 3 微齿；中央两性花筒状，黄色，长约 3.5 mm，顶端 5 齿裂。瘦果圆柱形，长约 2.5 mm，有 5～9 条椭圆形纵肋；冠状冠毛长约 1 mm，分裂至基部。 花果期 7～9 月。

产新疆：乌恰（托云乡苏约克，西植所新疆队 1871）、喀什、阿克陶（恰克拉克，

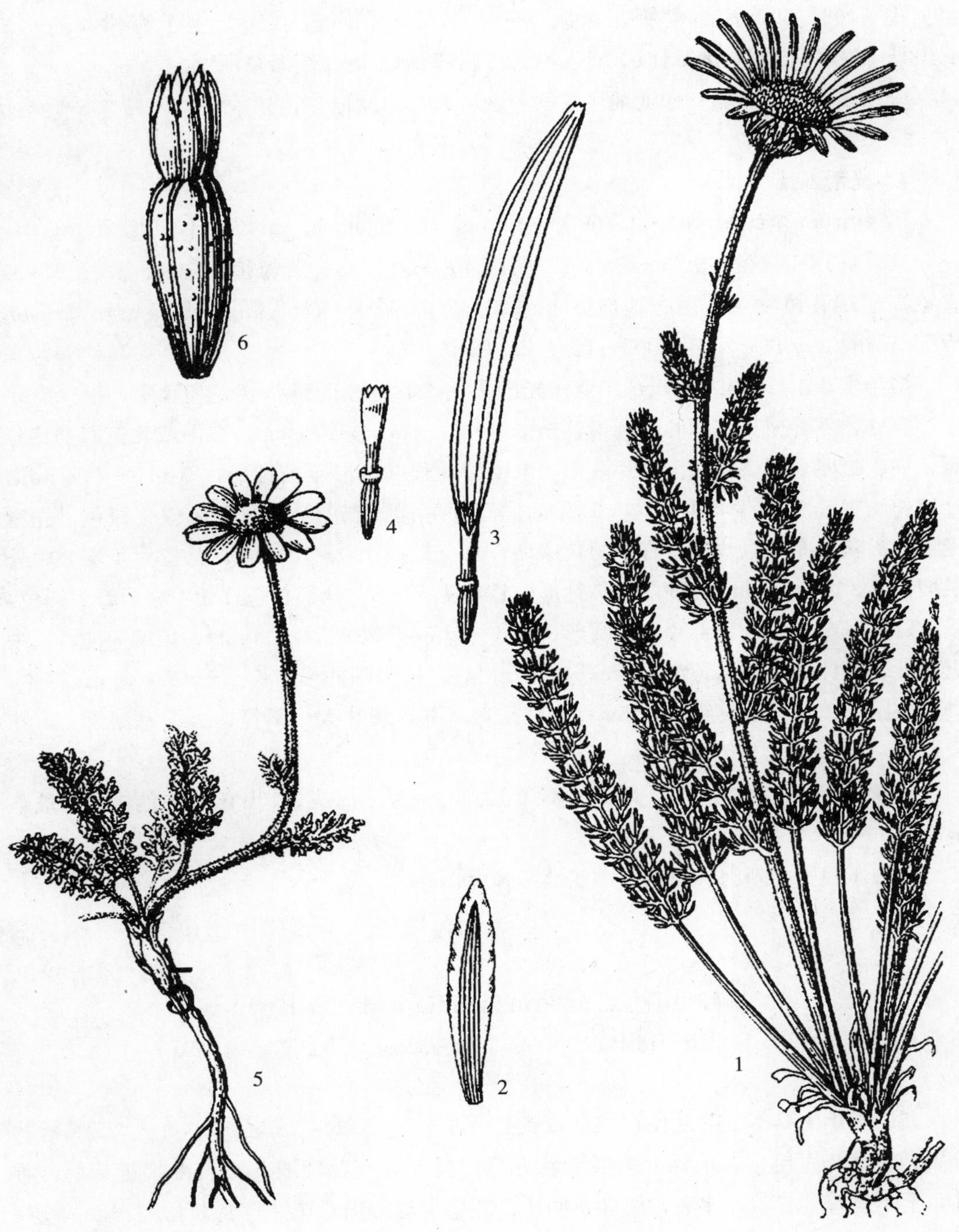

图版 **110**　美丽匹菊 **Pyrethrum pulchrum** Ledeb. 1. 植株；2. 总苞片；3. 舌状花；4. 管状花。灰叶匹菊 **P. pyrethroides**（Kar. et Kir.）B. Fedtsch. ex Krasch. 5. 植株；6. 瘦果。（引自《新疆植物志》，张荣生绘）

青藏队 612；恰克勒克铜矿，青藏队吴玉虎 870612)、塔什库尔干（县城附近，青藏队吴玉虎 5063、5077；高生所西藏队 3258、3259，安峥皙 143)。生于海拔 1 600～4 100 m的沟谷山地高山草甸、山坡砾石、河谷阶地沙砾质高寒草原。

分布于我国的新疆；中亚地区各国，俄罗斯，印度也有。

4. 光滑匹菊

Pyrethrum arrasanicum (Winkl.) O. et B. Fedtsch. in Catal. Pl. Turk. 4: 187. 1911；中国植物志 76 (1)：70. 图版 10：3. 1983；新疆植物志 5：121. 1999；青藏高原维管植物及其生态地理分布 1023. 2008. —— *Chrysanthemum arrasanicum* Winkl. in Acta Hort. Petrop. 11：372. 1890.

多年生草本，高 4～12 cm。全株光滑无毛，有分枝的根状茎。茎簇生，很少有单生，直立，不分枝。基生叶椭圆形，长 2.0～2.5 cm，宽约 1 cm，二回或几三回羽状分裂，一、二回全裂，一回侧裂片 5 对，末回裂片长椭圆形至披针形，宽 0.5～0.8 mm，叶柄长约 1 cm；茎生叶少数，与基生叶同形并等样分裂；全部叶绿色或暗绿色，光滑无毛。头状花序单生茎顶，有长的花序梗；总苞直径 1.0～1.5 cm；总苞片 4 层，中外层披针形，长 4～6 mm，内层倒披针形，长约 4.5 mm；全部总苞片无毛，边缘黑褐色，膜质；边缘雌花白色，舌片倒卵圆形，长 6～8 mm，宽 2.5～3.5 mm，顶端 3 钝齿；中央两性花黄色，筒状，长约 2 mm，顶端 5 齿裂。瘦果圆柱形，长 1.5～2.0 mm，棕色，具 8 条纵肋；冠状毛长约 0.6 mm，分裂几达基部，裂片大小不等，边缘有锯齿。 花果期 7～9 月。

产新疆：乌恰（吉根乡，采集人不详 73114)。生于海拔 3 100 m 左右的沟谷山坡草地。

分布于我国的新疆、西藏；中亚地区各国也有。

21. 扁芒菊属 Waldheimia Kar. et Kir.

Kar. et Kir. in Bull. Soc. Nat. Mosc. 15：125. 1842.

高山多年生草本。叶互生，匙形或楔形，顶端 3～5 裂，或矩圆形，一、二回羽状分裂。头状花序单生，植株有多数头状花序，异型，有花梗或几无。舌状花 1 层，雌性，常不发育，管状花多数，两性，能育；总苞半球形；总苞片覆瓦状排列，3～4 层，有黑色膜质边缘；花托平或稍凸起，有微弱的点状小瘤。舌片开展，粉红色。管状花黄色，上半部扩大呈钟状，5 裂；花药基部截形，顶端有宽披针形附片；花柱 2 深裂，分枝，线形，顶端平截。瘦果略弯，具 6 条纵肋（舌状花瘦果常不发育，且无冠毛或极退化)，无毛或有毛，具腺；冠毛 25～50 条，1 层，长 4～7 mm，毛状、扁平、膜质，基部或多或少联合成数束，有时顶端扩大。

约 9 种，分布于喜马拉雅山区和亚洲中部。我国有 8 种，昆仑地区产 4 种。

分种检索表

1. 叶长圆形，羽状全裂或深裂；边缘舌状花能育，有正常发育的冠毛：瘦果被疏柔毛，稀无毛。
   2. 叶两面被蛛丝状绵毛 …………………… **1. 羽叶扁芒菊 W. tomentosa** (Decne.) Regel
   2. 叶无毛 ………………………… **2. 光叶扁芒菊 W. stoliczkae** (C. B. Clarke) Ostenf.
1. 叶匙形或楔形，3～5 深裂或浅裂；边缘舌状花不育，无冠毛或极退化；瘦果无毛或有毛。
   3. 植株全体无毛 ……………………………… **3. 扁芒菊 W. tridactylites** Kar. et Kir.
   3. 植株被绵毛 ………………………………… **4. 西藏扁芒菊 W. glabra** (Decne.) Regel

1. 羽叶扁芒菊

Waldheimia tomentosa (Decne.) Regel in Acta Hort. Petrop. 6 (2): 308. 1897; 中国植物志 76 (1): 82. 图版 12: 1. 1983; 西藏植物志 4: 728. 图 315: 1. 1985; 新疆植物志 5: 130. 1999; 青藏高原维管植物及其生态地理分布 1062. 2008. —— *Allardia tomentosa* Decne. in Jacquem. Voy. Inde Bot. 4: 87. t. 95. 1844.

多年生草本，根状茎匍匐，多分枝。茎多数，疏散丛生，高 10～15 cm，不分枝，被白色绵毛，基部有残留的多数褐色半膜质叶鞘。叶长圆形至线状长圆形，长 4～5 cm，宽 1.2～1.5 cm，被白色绵毛，二回羽状深裂，下部裂片逐渐变小成为一回羽状深裂，末回裂片披针形，顶端有长尖头；叶柄基部扩大，近膜质，被疏毛或几无毛。头状花序单生茎顶，有梗；总苞直径 1.7～2.0 cm，基部密被绵毛；总苞片 3～4 层，覆瓦状排列，外层较短，披针形，顶端急尖，具较宽的深褐色撕裂的膜质边缘，背部被绵毛；内层线状长圆形，几乎全为膜质，顶端撕裂状，褐色；舌状花约 20 个，雌性，能育，舌片线状长圆形，粉红色，平展，长约1.5 cm，宽约 5 mm，具 3～5 脉，顶端有 3 小齿，瘦果被腺点，上部疏生白色柔毛，冠毛正常发育。管状花两性，多数，花冠长 4 mm，黄色，檐部 5 裂；瘦果狭长圆形，长约 4.5 mm，宽约 0.8 mm，上半部有极疏的长柔毛，具 6～8 纵肋，肋上半部淡红褐色，散生腺点，冠毛扁平，长约 6 mm，淡黄色，上部扩大，边缘撕裂状，顶端多少带褐色。 花果期 7～9 月。

产新疆：阿克陶（阿克塔什，青藏队吴玉虎 870158）、塔什库尔干（红其拉甫，青藏队吴玉虎 4863）。生于海拔 3 100～3 200 m 的沟谷山坡草甸、山地岩石滩。

分布于我国的新疆、西藏；印度西北部，巴基斯坦，阿富汗，中亚地区各国也有。

2. 光叶扁芒菊

Waldheimia stoliczkae (C. B. Clarke) Ostenf. in Hedin S. Tibet 6: 38. 1922;

中国植物志 76 (1)：83. 1983；新疆植物志 5：130. 1999；青藏高原维管植物及其生态地理分布 1062. 2008. —— *Allardia stoliczkae* C. B. Clarke Comp. Ind. 145. 1876.

多年生草本，高约 14 cm。有匍匐的根状茎。茎基部极缩短或伸长，下部被稀疏长柔毛，近头状花序处毛较密。基生叶长椭圆形或倒披针形，长达 8 cm，一回羽状全裂，二回为深裂或浅裂，绿色，无毛或有极稀疏长柔毛；茎生叶较小，长 1～2 cm，一回羽状全裂，被长柔毛。头状花序单生于茎顶；总苞球形或半球形，直径约 1.7 cm；总苞片 3～4 层，覆瓦状排列，长椭圆形，长约 7 mm，宽约 2 mm，外层密被长柔毛，中内层被毛较少，总苞片中央呈白色，边缘为宽膜质，黑色；边缘雌花舌状，舌片长椭圆形，长约 16 mm，宽约 4 mm，红色；中央两性花筒状，黄色，顶端 5 齿裂。瘦果倒楔形或长卵圆形，长约 1.5 mm，被稀疏长柔毛；冠毛扁平，边缘撕裂状，长约 3 mm，黄色，顶端褐色。 花果期 7～9 月。

产新疆：叶城（乔戈里峰，青藏队吴玉虎 1516；苏克皮亚，青藏队吴玉虎 870988）。生于海拔 2 900～4 400 m 的河谷灌丛草地、沟谷山坡沙砾地、高原山顶砾石地。

西藏：日土（多玛区曲则热都，青藏队 76 - 9055）。生于海拔 5 200 m 左右的高山碎石坡稀疏植被带。

分布于我国的新疆、西藏西部；印度北部，阿富汗，巴基斯坦，中亚地区各国也有。

3. 扁芒菊 图版 111：1～2

Waldheimia tridactylites Kar. et Kir. in Bull. Soc. Nat. Mosc. 15：126. 1842；中国植物志 76 (1)：83. 1983；新疆植物志 5：129. 图版 34：3～4. 1999；青藏高原维管植物及其生态地理分布 1062. 2008.

多年生草本，高约 6 cm。根状茎匍匐，木质化，多分枝。茎多数，缩短，有密集的莲座状叶丛。叶匙形，长 1.0～1.5 cm，宽 5～7 mm，3～5 浅裂或深裂，向基部楔状渐狭，裂片通常矩圆形，全缘或 2～3 浅裂，钝或稍尖，两面无毛，有腺点。头状花序单生茎顶，直径 2.5～3.5 cm，无梗或有梗；总苞半球形，直径 1.5～2.0 cm，无毛；总苞片覆瓦状排列，3～4 层，外层卵状长圆形至长圆形，长约 7 mm，宽约 3 mm，具宽的黑褐色膜质边缘，内层线状长圆形，约 8 mm；舌状花 8～15 个，雌性，舌片粉红色或紫红色，椭圆状矩圆形，长约8 mm，宽 3～4 mm，具 5 脉，顶端 2～3 小齿，筒部长 3～4 mm，无冠毛或冠毛极退化；筒状花两性，多数，黄色，有腺点，上部带紫色，逐渐膨大呈钟形，有 5 个三角状披针形裂齿。瘦果长约 2.5 mm，略弯，具 5 条明显凸起的纵肋，无毛，有黄色腺点；冠毛长约 6.5 mm，带褐色。 花果期 7～9 月。

产新疆：塔什库尔干（明铁盖，青藏队吴玉虎 4997）。生于海拔 4 000 m 左右的沟谷山坡草原、河谷低地草甸。

分布于我国的新疆；蒙古西部，中亚地区各国也有。

4. 西藏扁芒菊 图版 111：3～4

Waldheimia glabra (Decne.) Regel in Acta Hort. Petrop. 6 (2)：310. 1897；中国植物志 76 (1)：84. 图版 12：2. 1983；新疆植物志 5：129. 图版 34：1～2. 1999；青藏高原维管植物及其生态地理分布 1061. 2008. —— *Allardia glabra* Decne. in Jacquem. Voy. Inde Bot. 4：88. t. 96. 1844.

多年生草本，高 2～4 cm。根状茎匍匐，木质化，多分枝。茎多数，短缩，近直立，无毛或疏生短柔毛，密生莲座状叶丛。叶匙形，长 6～12 mm，宽 3～5 mm，顶端 3～5 深裂，向基部急狭成短翼柄；裂片线形或线状长圆形，长 2～5 mm，顶端钝或稍尖，全缘或具 2 浅齿，无毛或上面疏生绵毛，有腺点。头状花序单生茎端，直径约 2 cm，通常有长约 2 cm 的梗，花序梗被绵毛，近总苞基部的毛较密；总苞半球形，直径 1.0～1.2 cm；总苞片约 5 层，覆瓦状排列，外层卵形，长约 5 mm，宽约 3 mm，具宽的黑褐色缺刻状撕裂的膜质边缘，背面疏生绵毛，中层绿色，最内层狭长圆形，长约 6 mm；舌状花 12～20 个，雌性，有 1～2 条退化的冠毛，舌片粉红色，椭圆形至宽椭圆形，长 11 mm，宽 2.0～2.5 mm，具 4 脉，顶端2～3小齿，筒部长约 3 mm；筒状花两性，多数，花冠黄色，长约 4 mm，檐部 5 裂，裂片顶端深紫色，筒部带绿色，长约 2.2 mm；瘦果长约 2 mm，无毛，有腺点；冠毛多数，长约 5 mm，淡棕色，上部常带绿色，边缘撕裂，顶端锐尖。 花果期 7～9 月。

产新疆：塔什库尔干（红其拉甫，青藏队吴玉虎 4878；托克满苏老营房，西植所新疆队 1407）、叶城（天文点，青藏队吴玉虎 1250）、皮山（神仙湾，青藏队吴玉虎 4737）。生于海拔 4 700～5 500 m 的高山碎石坡、石缝中及高山草甸。

分布于我国的新疆；印度北部，巴基斯坦，阿富汗，中亚地区各国也有。

22. 女蒿属 Hippolytia Poljak.

Poljak. in Not. Syst. Herb. Inst. Bot. Acad. Sci. URSS 18：284. 1957.

多年生草本、小半灌木、垫状植物或无茎草本。叶互生，羽状分裂或 3 裂。头状花序花同型，通常 2～15 个或更多在茎顶或茎枝顶端排成紧密或疏松伞房状、束状伞房状或团伞状；总苞钟状；总苞片 3～5 层，覆瓦状或镊合状排列，草质或硬草质；花托稍凸起或平，无托毛；全部小花管状，两性，顶端 5 齿裂；花药基部钝，顶端有卵状披针形的附片；花柱分枝线形，顶端截形。瘦果几圆柱形，基部收窄，有 4～7 条椭圆形脉棱。无冠毛，但沿果缘常有环边。

约 20 种，分布于亚洲中部及喜马拉雅山区。我国产 13 种，昆仑地区产 2 种。

分种检索表

1. 多年生草本 …………………………… 1. **大花女蒿 H. megacephala**（Rupr.）Poljak.
1. 小半灌木………………………………………… 2. **束伞女蒿 H. desmantha** Shih

1. 大花女蒿

Hippolytia megacephala（Rupr.）Poljak. l. c. 18：289. 1957；新疆植物志 5：132. 1999；青藏高原维管植物及其生态地理分布 1006. 2008. —— *Artemisia megacephala* Rupr. in Osten-Sacken et Rupr. Sertum Tiansch. 52. 1869.

多年生草本，高 10～25 cm。具根状茎。茎直立，通常不分枝，有时自中上部有短的分枝，下部常呈紫红色，具细的棱，被稀疏短柔毛，花序下较密。基生叶多数，长椭圆形，长 2.5～3.0 cm，宽 2.0～2.5 cm，一回侧裂片 2～4 对，二回羽状全裂，末回裂片宽条形，被稀疏短柔毛，呈暗绿色，顶端钝圆或急尖；具柄，柄长 4.5～5.5 cm；中部茎生叶 1～2 枚，二回羽状全裂，具柄，柄长 2.0～2.5 cm，基部变宽，抱茎；上部叶 1～2 枚，一回羽状全裂。头状花序少数，在茎顶排成伞房状；总苞半球形，长 5～6 mm，宽 8～12 mm；总苞片 3 层，覆瓦状排列，宽披针形，长 3～5 mm，宽 2.0～2.5 mm，顶端钝圆或急尖，被稀疏短柔毛，边缘褐色，膜质；全部小花两性，筒状，花冠筒长 3.0～3.5 mm，被少数腺点，顶端 5 齿裂，黄色。瘦果卵圆形，长 2.5～3.0 mm，宽 0.5～0.7 mm，具窄的黄色边肋。 花果期 7～9 月。

产新疆：乌恰（苏约克附近，西植所新疆队 1917）。生于海拔 3 300 m 左右的高原滩地高山草甸。

分布于我国的新疆；中亚地区各国也有。

2. 束伞女蒿

Hippolytia desmantha Shih in Acta Phytotax. Sin. 17 (4)：63. 1979；中国植物志 76 (1)：90. 1983；青海植物志 3：368. 图版 79：6～8. 1996；青藏高原维管植物及其生态地理分布 1005. 2008.

小半灌木，高 10～15 cm。老枝灰色，幼枝绿色，被短柔毛。叶具柄，全形卵形、椭圆形或长扇形，长 0.5～2.0 cm，宽 1.0～1.5 cm，二回羽状全裂，侧裂片 2～3 对，小裂片线形或长圆形，长至 5 mm，两面无毛，深绿色，柄长约 5 mm。头状花序盘状，3～5 个在枝端排成密伞房花序；总苞钟形，长约 4 mm，宽 4～5 mm；总苞片 4 层，外层短，三角状卵形，长约 2 mm，中内层椭圆形或披针形，草质，有光泽，淡黄色，边缘浅褐色膜质；全部小花管状，黄色，长约 3 mm。瘦果圆柱形，有肋；无冠状毛。花果期 7～8 月。

产青海：称多（县城附近，刘尚武 2252、苟新京 83-133；歇武乡赛巴沟，刘尚武

2512；歇武乡掌托，苟新京 83－432；通天河大桥，郭本兆 151）。生于海拔 3 560～4 000 m的河谷山地灌丛、阳坡石崖。

模式标本采自青海玉树。

23. 小甘菊属 **Cancrinia** Kar. et Kir.

Kar. et Kir. in Bull. Soc. Nat. Mosc. 15：124. 1842.

二至多年生草本或小半灌木，被绵毛或短茸毛，通常具羽状分裂的叶。头状花序单生，但植株有少数头状花序或排成疏松的伞房状花序，同型，具多数管状两性小花；总苞半球形或碟状；总苞片草质，3～4 层，覆瓦状，边缘膜质，有时带褐色；花托半球状凸起或近于平，无托毛或稀具疏托毛，稍有点状小瘤，有时蜂窝状；花冠黄色，缘部 5 齿裂；花药基部钝，顶端附片卵状披针形；花柱分枝线形。瘦果三棱状圆筒形，基部收狭，有 5～6 条凸起的纵肋。冠状冠毛膜质，5～12 浅裂或裂达基部，顶端稍钝或多少有芒尖，边缘常多少撕裂状。

约 30 种，广泛分布于亚洲中部。我国有 5 种，昆仑地区产 1 种。

1. 灌木小甘菊

Cancrinia maximowiczii C. Winkl. in Acta Hort. Petrop. 12：29. 1892；中国植物志 76（1）：98. 1983；青海植物志 3：367. 图版 78：7～9. 1996；新疆植物志 5：137. 1999；青藏高原维管植物及其生态地理分布 978. 2008.

小半灌木，高 40～50 cm，呈帚状。多分枝，通常分枝细长，枝条具细棱，被白色柔毛。下部茎生叶长圆形或矩圆状条形，长 1.5～3.0 cm，宽 5～9 mm，稍肉质，一回羽状浅裂至深裂，裂片 2～5 对，披针形，不等大，全缘或边缘有少数小齿，长 1.0～2.5 mm，宽 0.5～1.2 mm，顶端尖或钝圆，边缘常反卷；中部茎生叶轮廓与下部茎生叶相似；上部茎生叶为线形，全缘或边缘有小齿；全部茎叶有柄，柄长 2～6 mm，叶上面被稀疏灰白色短柔毛或几无毛，下面被灰白色短柔毛，叶两面有红棕色腺点。头状花序单生或 2～5 个在枝端排成伞房状；总苞钟状，长 3～4 mm，宽 4～7 mm；总苞片 3 层，覆瓦状排列，外层卵形或卵状三角形，长 1.0～2.5 mm，宽 0.5～1.1 mm，疏被短柔毛或淡褐色腺点，具白色或浅棕色膜质边缘，中内层长卵形或长圆状倒卵形，边缘白色膜质，长 2.5～3.5 mm，宽 1.0～1.5 mm；全部小花筒状，黄色，长约 2 mm，冠檐具 5 短裂齿，有棕色腺点。瘦果长约 2 mm，具 5 条纵肋，有棕色腺体。冠毛膜片状，5 裂达基部，长约 1 mm，不等大，有时边缘撕裂，顶端多少具芒尖。　花果期 7～10 月。

产青海：兴海（曲什安乡大米滩，吴玉虎 41844、41818、41824、41838；中铁乡天葬台沟，吴玉虎 45965、45955）、玛沁（拉加乡，吴玉虎 6111；军功乡尕柯河，区划二组 171；尕柯河电站，吴玉虎等 6001）、都兰（采集地不详，郭本兆、王为义 11942）、兴海（大河坝河，弃耕地考察队 307；河卡乡阿米瓦阳山，何廷农 433、王作宾 20303）、格尔木（胡杨林附近，青藏队 37636、37640）。生于海拔 2 100～3 600 m 的沟谷山地荒漠草原、高山草甸的山坡砾石地、河谷台地的阳坡砾石地。

分布于我国的青海、甘肃、新疆。模式标本采自青海柴达木盆地。

24. 亚菊属 **Ajania** Poljak.

Poljak. in Not. Syst. Herb. Inst. Bot. Acad. Sci. URSS 17：419. 1955.

多年生草本、小半灌木。叶互生，羽状或掌式羽状分裂，极少不裂。头状花序小，异形，多数或少数在枝端或茎顶排列成伞房状、复伞房状，少有单生；总苞钟状或狭圆柱状；总苞片 4～5 层，草质，少有硬草质，顶端及边缘白色或褐色膜质；花托凸起或呈圆锥状凸起，无托毛；边缘雌花少数，2～15 个，细管状或管状，顶端 2～3 齿，少 4～5 齿裂；中央两性花多数，管状，自中部向上加宽，顶端 5 齿裂；全部小花结实，黄色，花冠外面有腺点，少有红紫色。瘦果无冠毛，有 4～6 条纵肋。

约 30 种。主要分布于我国除东南以外的广大地区，蒙古、俄罗斯及朝鲜北部和阿富汗北部也有少数种。我国有 29 种，昆仑地区产 9 种。

分种检索表

1. 总苞麦秆黄色，有光泽，直径 2～4 mm；总苞片边缘白色膜质。
  2. 多年生草本，有地下匍匐茎 …………… **9. 新疆亚菊 A. fastigiata**（Winkl.）Poljak.
  2. 小灌木或小半灌木 …………………… **8. 灌木亚菊 A. fruticulosa**（Ledeb.）Poljak.
1. 总苞非麦秆黄色，无光泽，直径通常 4～10 mm；总苞片边缘棕褐色、黑褐色、黑紫色或褐色。
  3. 叶羽状全裂…………………………………… **1. 分枝亚菊 A. ramosa**（Chang）Shih
  3. 叶二回羽状分裂、二回掌状或掌式羽状 3～5 分裂、三回羽状分裂或三回掌式羽状分裂。
    4. 小灌木；直根系。
      5. 头状花序单生枝端；头状花序大；总苞直径 7～10 mm ………………………………… **6. 单头亚菊 A. scharnhorstii**（Regel et Schmalh.）Tzvel.
      5. 头状花序在枝端排成伞房状。
        6. 叶椭圆形、偏斜椭圆形，长 1～2 cm，被稠密短茸毛；头状花序小；总苞宽 4～5 mm …………………………………………… **5. 西藏亚菊 A. tibetica**（Hook. f. et Thoms. ex C. B. Clarke）Tzvel.

6. 叶半圆形、扁圆形，长 0.3～0.5 cm，被稠密短柔毛；头状花序较大；总苞宽 5～7 mm ………………………… **7. 矮亚菊 A. trilobata** Poljak.

4. 高大草本或铺散草本；须根系。

7. 叶二回掌状或掌式羽状或几掌状 3～5 裂；总苞直径 4～7 mm ……………………………………………… **4. 铺散亚菊 A. khartensis** (Dunn) Shih

7. 叶二回羽状分裂。

8. 总苞片边缘全部褐色、棕褐色、黑褐色膜质 ……………………………………………… **2. 多花亚菊 A. myriantha** (Franch.) Ling ex Shih

8. 总苞片边缘膜质，内缘棕褐色或褐色，较宽，外缘白色膜质，较窄 …………………………………… **3. 细叶亚菊 A. tenuifolia** (Jacq.) Tzvel.

1. 分枝亚菊

Ajania ramosa (Chang) Shih in Acta Phytotax. Sin. 17 (2)：114. 1979；中国植物志 76 (1)：108. 1983；西藏植物志 4：734. 1985；青海植物志 3：372. 1996；青藏高原维管植物及其生态地理分布 946. 2008. —— *Chrysanthemum variifolium* var. ramosum Chang in Sinensia 5：163. 1934.

灌木，高 80～150 cm。老枝浅褐色；当年花枝长 14～20 cm，被绢毛，上部及花序枝上的毛稍多。花枝中部叶椭圆形、倒披针形或倒长卵形，长 4～5 cm，宽 2.0～2.5 cm，羽状深裂，裂片 3～4 对，长椭圆形、披针形、镰刀形，宽 2.0～4.5 mm；羽轴宽 3～5 mm，向上及向下的叶渐小；全部叶有柄，上面绿色，暗绿色，无毛，下面白色或灰白色，被密厚绢毛。头状花序在枝端排成复伞房状，花序直径 3～5 cm；总苞钟状，径 5～6 mm；总苞片 4 层，外层卵形、三角状卵形，长 1.5～2.0 mm，中外层卵状长圆形或倒披针形，长 4.0～4.5 mm；全部苞片边缘黄褐色，顶端圆，外面被绢毛；边花雌性，细管状，长约 2 mm；中央花管状，黄色，长约 3 mm，外面有腺点。 花果期 8～9 月。

产青海：称多（扎朵乡驻地附近，苟新京 83-118；歇武乡赛巴沟，刘尚武 2498）、曲麻莱（巴干乡，刘尚武 901）。生于海拔 4 000～4 200 m 的沟谷山地阳坡石崖上或河谷阶地高寒灌丛中。

分布于我国的青海、西藏、四川。

2. 多花亚菊

Ajania myriantha (Franch.) Ling ex Shih in Acta Phytotax. Sin. 17 (2)：114. 1979；中国植物志 76 (1)：110. 1983；西藏植物志 4：735. 图 317. 1985；青海植物志 3：373. 1996；青藏高原维管植物及其生态地理分布 945. 2008. —— *Tanctetum myrianthaum* Franch. in Bull. Soc. Philom 8 (3)：144. 1891.

多年生草本或小半灌木，高 25～100 cm。茎枝被稀疏的短柔毛，上部和花枝及花梗上的毛稠密。中部叶卵形或长圆形，长 1.5～3.0 cm，宽 1.0～2.5 cm，二回羽状分裂，一回为全裂，二回为半裂、浅裂，末回裂片椭圆形、披针形或斜三角形，宽 1～2 mm，全缘或偶有单齿；向上叶渐小，花序下部的叶常羽裂；全部叶有长 0.5～1.0 cm 的短叶柄，上面绿色，无毛，或有较多的短柔毛，下面白色或灰白色，被密厚贴伏的顺向短柔毛。头状花序多数在茎枝顶端排成复伞房状，花序径 3～5 cm，或多数复伞房花序排成直径达 25 cm 的大型复伞房花序；总苞钟状，直径 2.5～3.0 mm；总苞片 4 层，外层卵形，长 1 mm，中内层椭圆形、披针形，长 2.0～2.5 mm；全部苞片无毛，或外层或中外层被稀疏或稍多的白色短柔毛，边缘褐色膜质，顶端圆或钝；边缘雌花 3～6 个，细管状，顶端 4～5 圆裂齿；中央两性花管状；全部花冠顶端有腺点。瘦果长约 1 mm。 花果期 7～10 月。

产青海：称多（县城附近，苟新京 83－131；歇武乡赛巴沟，刘尚武 2511）、曲麻莱（东风乡江荣寺，刘尚武 856）。生于海拔 2 250～3 600 m 的沟谷山坡及河谷草地。

分布于我国的甘肃、青海、西藏、云南、四川。

3. 细叶亚菊

Ajania tenuifolia (Jacq.) Tzvel. in kom. Fl. URSS 26：411. 1961；中国植物志 76 (1)：112. 1983；西藏植物志 4：735. 1985；青海植物志 3：372. 图版 81：1. 1996；青藏高原维管植物及其生态地理分布 946. 2008. ——*Tanacetum tenuifolium* Jacq. in DC. Prodr. 6：129. 1937.

多年生草本，高 9～20 cm。茎自基部分枝，分枝弧形斜升或斜升；茎枝被短柔毛，上部及花序梗上的毛稠密。叶二回羽状分裂，半圆形或三角状卵形或扇形，长宽 1～2 cm，通常宽大于长，一回侧裂片 2～3 对，末回裂片长椭圆形或倒披针形，宽 0.5～2.0 mm，顶端钝或圆，自中部向下或向上叶渐小；全部叶两面同色或几同色或稍异色，上面淡灰色，被稀疏的长柔毛，或被较多的稍带白色或灰白色的毛，下面白色或灰白色，被稠密的顺向贴伏的长柔毛；叶柄长 0.4～0.8 cm。头状花序少数在茎顶排成直径 2～3 cm 的伞房状花序；总苞钟状，直径约 4 mm；总苞片 4 层，外层披针形，长 2.5 mm，中内层椭圆形至倒披针形，长 3～4 mm，仅外层被稀疏的短柔毛，全部苞片顶端钝，边缘宽膜质，膜质内缘棕褐色，膜质外缘无色透明；边缘雌花 7～11 个，细管状，花冠长 2 mm，顶端 2～3 齿裂；两性花管状，长 3～4 mm。全部花冠有腺点。 花果期 6～10 月。

产青海：称多（扎朵乡，苟新京 83－235；竹节寺，吴玉虎 32538）、玛多（吴玉虎 263）、玛沁（当洛乡拉充泽龙沟，区划一组 144）、班玛、兴海（中铁乡天葬台沟，吴玉虎 45799、45878；中铁林场恰登沟，吴玉虎 45093、45217；大河坝乡赞毛沟，吴玉虎 47146；中铁乡附近，吴玉虎 43006、42313；赛宗寺，吴玉虎 46205；河卡墨都山，何廷农 307；大河坝沟，吴玉虎 42501；中铁乡至中铁林场途中，吴玉虎 43035；河卡山开特沟，何廷农 198、239；河卡乡阿米瓦阳山，何廷农 420）、久治（白玉乡附近，藏药队 633）、都兰、达日（德昂乡，陈桂琛等 1675）。生于海拔 2 000～4 580 m 的沟谷山坡草地、河谷阶地高寒草原、滩地荒漠草原。

甘肃：玛曲（大水军牧场黑河北岸，陈桂琛等 1131）。生于海拔 3 450 m 左右的高原宽谷滩地高寒草甸、山坡沙砾地。

分布于我国的甘肃、西藏、青海、四川；印度西北部至克什米尔地区也有。

4. 铺散亚菊

Ajania khartensis (Dunn) Shih in Acta Phytotax. Sin. 17 (2): 115. 1979；中国植物志 76 (1)：113. 图版 17：3；图版 1：9. 1983；西藏植物志 4：737. 1985；青海植物志 3：372. 图版 81：2～4. 1996；青藏高原维管植物及其生态地理分布 945. 2008. —— *Tanacetum khartensis* Dunn in Kew Bull. 150. 1922.

多年生铺散草本，须根系，高 10～20 cm。花枝和不育枝多数，被稠密或稀疏的顺向贴伏的长柔毛或细柔毛。叶圆形、半圆形、扇形或宽楔形，长 0.8～1.5 cm，宽 1.0～1.8 cm，或更小而仅长 2～3 mm，宽 3.5～5.0 mm，二回掌状或几掌状 3～5 全裂，末回裂片椭圆形，花序下部的叶通常 3 裂，全部叶有长达 5 mm 的叶柄，两面同色或几同色、灰白色，被密厚或稠密的顺向贴伏的短柔毛或细柔毛。头状花序稍大，少数（3～5）或多数（达 15 个）在茎顶排成直径 2～4 cm 的伞房状；总苞宽钟状，直径 6～10 mm；总苞片 4 层，外层披针形或线状披针形，长 2～4 mm，中内层宽披针形、长椭圆形至倒披针形，长 4～5 mm；全部苞片顶端钝或稍圆，外面被稠密或稀疏的短柔毛或细柔毛，边缘棕褐色、黑褐色或暗灰褐色宽膜质；边缘雌花 6～8 个，细管状或近细管状，顶端 3～4 钝裂或深裂齿。瘦果长 1.2 mm。 花果期 7～9 月。

产青海：曲麻莱（叶格乡，黄荣福 110；秋智乡附近，刘尚武 784）、玛多（采集地不详，吴玉虎 263；后山，吴玉虎 1619；扎陵湖乡三队，吴玉虎 422；黑河乡，陈桂琛等 1808；西北 10 km，陈桂琛等 1824；巴颜喀拉山北坡，陈桂琛等 1991）、兴海（温泉乡曲隆，H. B. G. 1416）、久治（索乎日麻乡，果洛队 317）、甘德（上贡麻乡甘德山垭口，H. B. G. 965；上贡麻乡黄河边，H. B. G. 1005）、达日（建设乡达日河纳日，H. B. G. 1048；建设乡，陈桂琛等 1693）、玛沁（大武乡德勒龙，H. B. G. 812、846）。生于海拔 3 100～4 600 m 的高原宽谷滩地沙滩、山坡多石处、河谷阶地高寒草原、山坡高寒荒漠草原砾石地。

西藏：改则（采集人及采集号不详）。生于海拔 5 000 m 左右的沟谷山坡草地、河谷阶地高寒草原、宽谷河滩沙砾质草地。

分布于我国的宁夏（贺兰山）、甘肃、青海、四川、云南、西藏；印度北部，中亚地区各国也有。

5. 西藏亚菊

Ajania tibetica（Hook. f. et Thoms. ex C. B. Clarke）Tzvel. Fl. URSS 26：410. 1961；中国植物志 76（1）：115. 1983；西藏植物志 4：737. 1985；新疆植物志 5：139. 1999；青藏高原维管植物及其生态地理分布 947. 2008. —— *Tanacetum tibeticum* Hook. f. et Thoms. ex C. B. Clarke Comp. Ind. 154. 1876.

小半灌木，高 4～10（20）cm。由不定芽发出短或稍长的花枝、不育枝及莲座状叶丛，老枝褐色或黑褐色，花枝被较密的短绢毛。叶椭圆形、倒披针形，长 1～2 cm，宽 0.7～1.5 cm，二回羽状分裂，一回为全裂或几全裂，侧裂片 2 对，二回为浅裂或深裂，末回裂片长椭圆形；全部叶两面同色、灰白色，被稠密短茸毛。头状花序少数，在枝端排成直径 1～2 cm 的伞房状复花序，少数单生枝端；总苞钟状，直径 4～6 mm；总苞片 4 层，外层三角状卵形或披针形，长 3 mm，中内层椭圆形或披针状椭圆形，长 4～5 mm；全部苞片边缘棕褐色膜质，中外层被短绢毛；边缘雌花细筒状，约 3 个，长 2.5 mm，顶端 2～4 齿。瘦果长2.2 mm。 花果期 7～10 月。

产新疆：叶城（天文点，青藏队吴玉虎 1259；阿格勒达坂，黄荣福 C. G. 86－119；麻扎达坂，青藏队吴玉虎 1149；依力克其，青藏队吴玉虎 871425；乔戈里峰，青藏队吴玉虎 1518，黄荣福 C. G. 86－185、C. G. 86－211）、塔什库尔干（红其拉甫，青藏队吴玉虎 870469；克克吐鲁克，青藏队吴玉虎 870523）、且末（昆其布拉克，青藏队吴玉虎 2073、88－2602）、于田（采集地不详，青藏队吴玉虎等 3709）、若羌（阿尔金山保护区鸭子泉，青藏队吴玉虎 3884；阿尔金山，刘海源 027B）。生于海拔 3 600～5 200 m 的沟谷山坡砾石滩、河谷阶地高寒草原、高山流石坡稀疏草地。

西藏：日土（空喀山口，高生所西藏队 3716）。生于海拔 4 900 m 左右的河滩砾石地、高原河谷阶地高寒草原。

分布于我国的新疆、西藏、四川；印度北部，中亚地区各国也有。

6. 单头亚菊 图版 111：5～7

Ajania scharnhorstii（Regel et Schmalh.）Tzvel. in kom. Fl. URSS 26：409. 1961；中国植物志 76（1）：116. 图版 18：2. 1983；西藏植物志 4：738. 1985；青海植物植志 3：370. 1996；新疆植物志 5：139. 图版 36：1～3. 1999；青藏高原维管植物及其生态地理分布 946. 2008. —— *Tanacetum scharnhorstii* Regel et Schmalh. in Acta Hort. Petrop. 5（2）：620. 1887.

小半灌木，高 4～10 cm。根木质，直径可达 2 cm。老枝短缩或极短缩，由不定芽发出多数密集的花茎和不育枝，茎灰白色，被密厚的贴伏状短柔毛。叶小，灰白色，被稠密的短柔毛，半圆形、扇形或扁圆形，长 3～5 mm，宽 5～6 mm，二回掌状或近掌状全裂，一回侧裂片 3～7 出，二回为 2～3 出；叶具柄，长 1～2 mm。头状花序单生枝

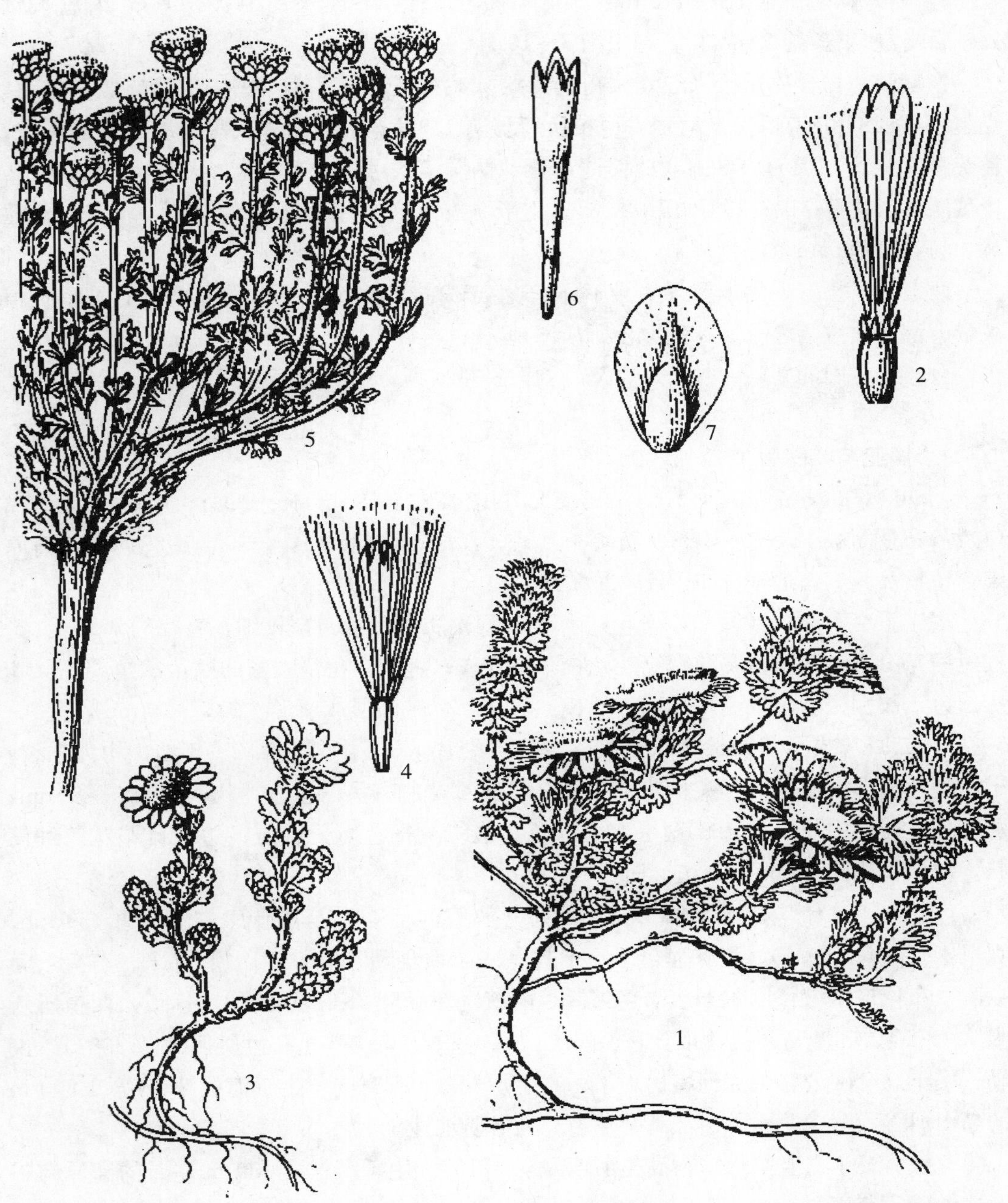

图版 **111** 扁芒菊 **Waldheimia tridactylites** Kar. et Kir. 1. 植株；2. 管状花与瘦果。西藏扁芒菊 **W. glabra**（Decne.）Regel 3. 植株；4. 管状花与瘦果。单头亚菊 **Ajania scharnhorstii**（Regel et Schmalh.）Tzvel. 5. 植株；6. 两性花；7. 外层总苞片。（引自《新疆植物志》，张荣生、冯金环绘）

端；总苞宽钟形，直径7～10 mm；总苞片4层，外层卵形，长约3 mm，中内层宽椭圆形至倒披针形，长3～5 mm，中外层被稀疏短柔毛，全部苞片边缘黄褐色或青灰色宽，膜质；边缘雌花花冠长约2.5 mm，细筒状，顶端3～4齿；中央两性花花冠长约3.5 mm。瘦果长约2 mm。 花果期7～10月。

产新疆：塔什库尔干（红其拉甫，青藏队吴玉虎4866；县城南120 km红其拉甫，克里木T122；托克满苏老营房，西植所新疆队1392）、叶城（乔戈里峰冰川西侧山坡，黄荣福C. G. 86-185）、皮山（神仙湾，青藏队吴玉虎4761）、且末、若羌（阿尔金山，青藏队吴玉虎等2177、刘海源027A）。生于海拔3 500～5 100 m的草原、沟谷山地灌丛、河谷阶地高寒草原沙砾地。

西藏：日土（采集人及采集号不详）。生于海拔5 000 m左右的高山流石坡稀疏植被带、沟谷山坡高寒草原、高原沙砾质滩地。

分布于我国的新疆、甘肃、青海、西藏；俄罗斯，中亚地区各国也有。

7. 矮亚菊 图版112：1～2

Ajania trilobata Poljak. in Kom. Fl. URSS 26：880. 409. 1961；中国植物志76（1）：116. 图版18：3. 1983；新疆植物志5：140. 图版36：4～5. 1999；青藏高原维管植物及其生态地理分布947. 2008.

多年生草本或小半灌木，高5～13 cm。根木质化程度弱，较细，直径约6 mm。老枝短缩，由不定芽发出多数密集的花枝和不育枝；茎灰白色，被密的贴伏状短柔毛。叶灰白色，被稠密的短柔毛，具柄，柄长1～2 mm，半圆形或扇形，长5～10 mm，宽5～6 mm，二回掌式羽状或近掌状分裂，一回侧裂片3～7出，二回2～3出，均为全裂，末回裂片卵形或椭圆形。头状花序在枝顶端排列成伞房状；总苞钟状，直径5～8 mm；总苞片4层，中外层被稀疏短毛，全部苞片边缘黄褐色宽，膜质；边缘雌花花筒细筒状。瘦果长约2.2 mm。 花果期7～10月。

产新疆：喀什（县城南38 km处，克里木T295；喀什至塔什库尔干路边139 km，克里木T014、T032）、塔什库尔干（卡拉其古，西植所新疆队918）、且末、若羌、阿克陶（布伦口至塔什库尔干途中克尔钦，西植所新疆队784；红其拉甫达坂，西植所新疆队1807）、叶城（麻扎达坂，黄荣福C. G. 86-035；麻扎高生所西藏队3384）、策勒、民丰（叶阿公路柯克柯特达坂下，高生所西藏队3386）。生于海拔2 800～4 800 m的高山河谷石缝中、沟谷山坡高寒草原、河谷阶地沙砾地。

西藏：日土（空喀山口，高生所西藏队3716）。生于海拔4 600 m左右的高原沟谷山地沙砾质草原。

分布于我国的新疆；中亚地区各国也有。

8. 灌木亚菊

Ajania fruticulosa (Ledeb.) Poljak. in Not. Syst. Herb. Inst. Bot. Acad. Sci.

URSS 17：428. 1955；中国植物志 76（1）：123. 1983；西藏植物志 4：738. 1985；新疆植物志 5：140. 1999；青海植物志 3：369. 图版 80：6～8. 1996；青藏高原维管植物及其生态地理分布 945. 2008. —— *Tanacetum fruticulosum* Ledeb. Ic. Pl. Fl. Ross. 1：10. 1829.

小半灌木，高 8～40 cm。根粗壮，木质。老枝麦秆黄色，花枝灰白色或灰绿色，被稠密或稀疏的短柔毛。基生叶花期枯萎脱落；中部茎叶圆形、扁圆形、三角状卵形或肾形，长 1～3 cm，宽 1.0～2.5 cm，二回掌状或掌式羽状 3～5 裂，一、二回全部全裂，一回侧裂片 1 对或不明显 2 对，通常 3 出；中上部和中下部叶掌状 3～4 全裂，有时掌状 5 裂或 3 裂，小裂片条形或倒披针形，宽 0.5～5.0 mm；全部叶有或长或短的柄，叶为灰白色或淡绿色，被等量的顺向贴伏的短柔毛。头状花序在枝端排成伞房或复伞房状；总苞钟状，直径 3～4 mm；总苞片 4 层，外层为麦秆黄色，有光泽，卵形或披针形，长约 1 mm，中内层椭圆形，长 2～3 mm，全部苞片边缘白色或浅褐色，膜质，仅外层被短柔毛；边缘雌花约 5 个，花冠长约 2 mm，细筒状，顶端 3～5 齿；中央两性花花冠长 1.8～2.5 mm。瘦果矩圆形，长约1 mm。 花果期 7～10 月。

产新疆：喀什（喀什至塔什库尔干路边 139 km，克里木 T003）、阿克陶（恰克拉克，青藏队吴玉虎 870597；布伦口至塔什库尔干途中克尔钦，西植所新疆队 782）、塔什库尔干（县城南 30 km 处，克里木 T048、T047、T045；县城南 36 km 处，克里木 T162、T164；县城南 87 km 处，克里木 T057；克克吐鲁克，青藏队吴玉虎 612；红其拉甫达坂，青藏队吴玉虎 870469；克克吐鲁克，青藏队吴玉虎 870523；麻扎种羊场，青藏队吴玉虎 870369）、叶城（苏克皮亚，青藏队吴玉虎 1117；阿犬子达坂，青藏队吴玉虎 1132；乔戈里峰地区英红滩南山，黄荣福 C. G. 86－199）、且末、策勒（奴尔乡，采集人不详 016）。生于海拔 3 000～3 500 m 的沟谷山坡高山荒漠、河谷滩地荒漠草原、高原宽谷滩地、高寒草原沙砾地。

西藏：日土（班公湖，青藏队吴玉虎 1341；多玛，青藏队吴玉虎 1329）、改则（县城，高生所西藏队 4310）。生于海拔 4 000～5 300 m 的山坡砾石地、沟谷河滩地、河谷阶地高寒草原、高山流石滩稀疏植被带。

青海：兴海（河卡乡羊曲，吴玉虎 20485、20493）。生于海拔 3 500 m 的河谷滩地沙砾地、山地高寒荒漠草原、沙砾质干山坡。

分布于我国的新疆、甘肃、青海、陕西、西藏、内蒙古；中亚地区各国也有。

9. 新疆亚菊

Ajania fastigiata（Winkl.）Poljak. in Not. Syst. Herb. Inst. Bot. Acad. Sci. URSS 17：428. 1955；中国植物志 76（1）：125. 图版 20：3. 1983；新疆植物志 5：140. 图版 46：6～9. 1999；青藏高原维管植物及其生态地理分布 945. 2008. —— *Artemisia fastigiata* Winkl. in Acta Hort. Petrop. 11（12）：373. 1891.

多年生草本，高 30～80 cm。茎直立，单生或少数茎成簇生，自中部有短的分枝或仅上部有花序分枝；全部茎、枝有棱，灰绿色，被短柔毛。茎下部叶花期枯萎；中部叶宽三角状卵形，长 2.5～4.0 cm，宽 2～3 cm，二回羽状全裂，一回侧裂片 2～3 对，小裂片矩圆形或倒披针形，宽 1～2 mm；上部叶渐小，花序下部叶有时一回羽状裂；全部叶有柄，柄长0.5～1.0 cm；叶两面灰白色，密被伏生短柔毛。头状花序多数，在茎顶枝端排成复伞房状；总苞钟形，直径 2.5～4.0 mm，麦秆黄色；总苞片 4 层，外层条形，长 2.0～3.5 mm，内层椭圆形或倒披针形，长 3～4 mm，全部苞片边缘膜质，顶端钝；边花雌性，约 8 个，花冠细筒状，顶端 3 齿裂；中央花两性，花冠长 2.0～2.5 mm。瘦果矩圆形，长 1.0～1.5 mm。 花果期 7～10 月。

产新疆：塔什库尔干（采集地不详，安峥皙 86103、132；马尔洋匹力，采集人不详 222；县城南 30 km 处，克里木 T45）、且末。生于海拔 3 900 m 左右的荒漠草原带的石质山坡。

分布于我国的新疆；俄罗斯西伯利亚，中亚地区各国，蒙古也有。

25. 喀什菊属 Kaschgaria Poljak.

Poljak. in Not. Syst. Herb. Inst. Bot. Acad. Sci. URSS 18：282. 1957.

半灌木。叶互生，无柄，条状披针形或线形，全缘，部分 3 裂或羽状全裂。头状花序卵形，异型，排成束状伞房状花序；总苞狭杯状；总苞片 2～4 层，覆瓦状排列。花托呈圆锥状凸起，无托毛；边缘雌花 3～5 个，花冠狭管状，向基部扩大，顶端 2～3 齿；盘花 11～17 个，两性，花冠管状，顶端具 5 齿；上部小花结实，花冠外面散生星状毛；花柱分枝线形，顶端截形，有画笔状毛；花药基部钝，顶端附片披针形，长渐尖。瘦果卵形，具钝棱，上部有细纹，无冠状冠毛。

2 种，分布于我国的新疆，以及蒙古西部和哈萨克斯坦东部。昆仑地区产 1 种。

1. 密枝喀什菊 图版 112：3～5

Kaschgaria brachanthemoides（Winkl.）Poljak. in Not. Syst. Herb. Inst. Bot. Acad. Sci. URSS 18：283. 1957；中国植物志 76（1）：129. 图版 1：14～15. 1983；新疆植物志 5：143. 图版 37：8～10. 1999；青藏高原维管植物及其生态地理分布 1009. 2008. —— *Artemisia brachanthemoides* Winkl. in Acta Hort. Petrop. 9：422. 1886.

半灌木，高 15～50 cm。茎簇生，通常不分枝，有时自茎中部或上部有短的花序分枝，茎基部粗壮，老枝枝皮灰白色，呈片状剥裂；当年生枝多数，光滑，具细棱。下部茎生叶为条形或倒披针形，长 1.0～3.5 cm，宽 5～11 mm，大多顶端 3 裂，少部分全

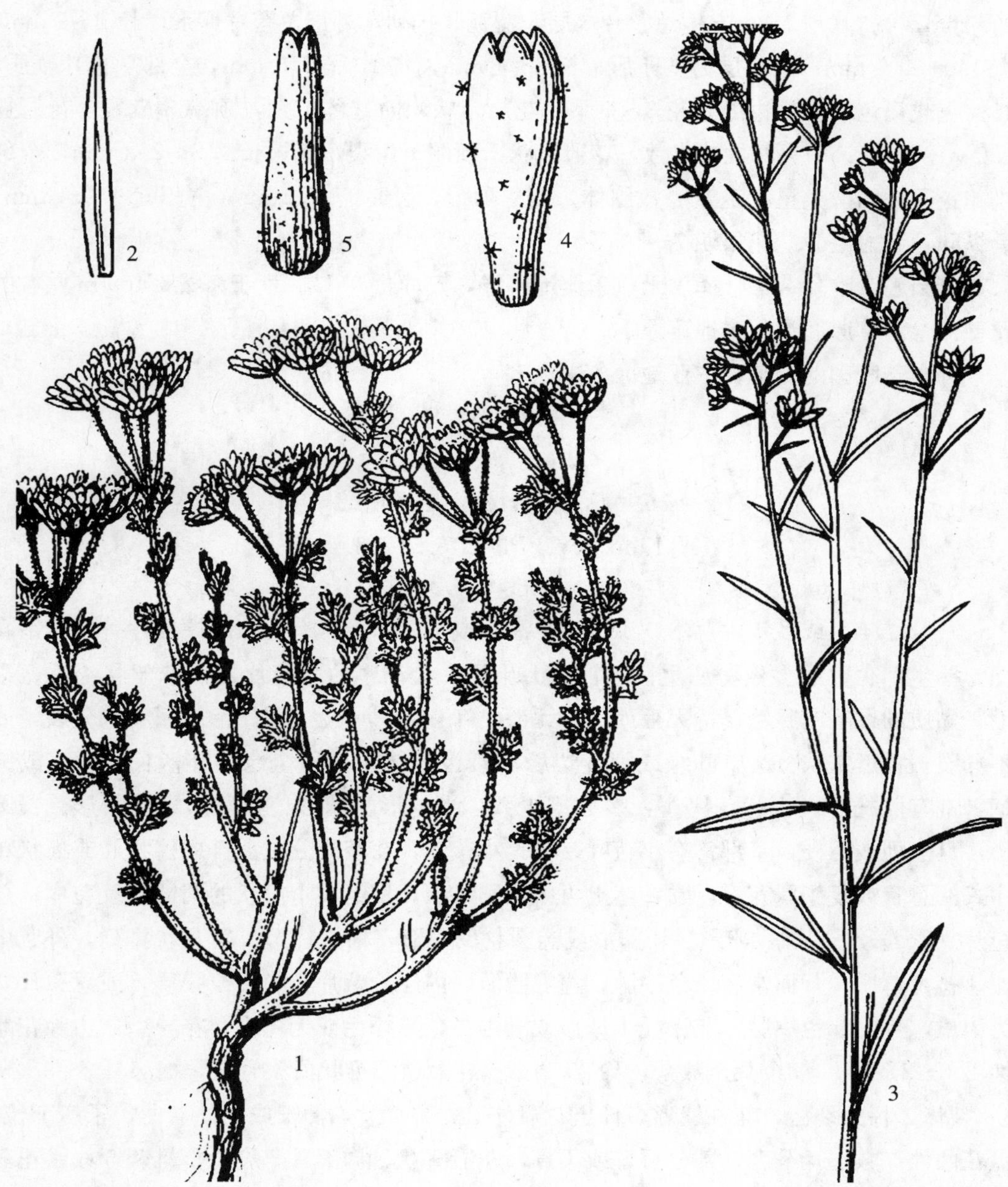

图版 **112** 矮亚菊 **Ajania trilobata** Poljak. 1. 植株；2. 外层总苞片。密枝喀什菊 **Kaschgaria brachan-themoides**（Winkl.）Poljak. 3. 植株；4. 两性花；5. 雌花。（引自《新疆植物志》，张荣生绘）

缘；中部叶与下部叶相似，但大多全缘，少数顶端3裂；上部茎叶全缘，全部茎叶稍肉质，两面无毛或有极稀疏的星状毛。头状花序少数或多数，在枝端排成密集的复伞房状，或进一步组成总状或圆锥状，头状花序具短柄或几无柄；总苞狭钟状，长2.0～3.5 mm，宽1.0～2.2 mm；总苞片3层，覆瓦状排列，外层总苞片卵形，长1～2 mm，宽1.0～1.5 mm；中内层为宽卵形，长3～4 mm，宽1.0～2.5 mm，全部总苞片草质，具棕色或褐色中脉；边缘雌花3～5朵，花冠筒状，向基部扩大，顶端3齿裂，花冠长1.6～1.7 mm；中央两性花多数，花冠筒状，顶端5齿裂，花冠长1.8～2.2 mm，全部小花花冠外面散生星状毛及少数腺体。瘦果卵形，长1.0～2.2 mm，宽0.3～0.4 mm，具纵肋，无冠毛。 花果期7～10月。

产新疆：喀什、塔什库尔干（采集地不详，安峥皙051）。生于海拔1 400 m左右的戈壁滩荒漠草原、沟谷山地草原。

分布于我国的新疆；中亚地区各国也有。

26. 蒿属 Artemisia Linn.

Linn. Sp. Pl. 845. 1753.

一、二年生或多年生草本，少数为半灌木或小灌木；常有浓烈的挥发性香气。茎直立，单生，少数或多数，丛生；茎、枝、叶及头状花序的总苞片常被蛛丝状绵毛、柔毛、黏质的柔毛或腺毛，稀无毛或部分无毛。叶互生，一至三回，稀四回羽状分裂，或不分裂，稀近掌状分裂，叶缘或裂片边缘有裂齿或锯齿，稀全缘；叶柄长或短，或无柄，常有假托叶。头状花序小，多数或少数，半球形、球形、卵球形、椭圆形、长圆形，具短梗或无梗，基部常有小苞叶，稀无小苞叶，在茎或分枝上排成穗状，或穗状花序式的总状或复头状花序，常在茎上再组成圆锥状，稀组成伞房状的圆锥状复花序；总苞片（2～）3～4层，卵形、长卵形或椭圆状倒卵形，稀披针形，覆瓦状排列，外、中层总苞片草质，背面常有绿色中脉，边缘膜质，内层总苞片半膜质或膜质，或总苞片全为膜质，且无绿色中脉；花序托半球形或圆锥形，具托毛或无托毛；花异型：边缘花雌性1（～2）层，10余朵至数朵，稀20余朵，花冠狭圆锥状或狭管状，檐部具2～3（～4）裂齿，稀无裂齿，花柱线形，伸出花冠外，先端2叉，伸长或向外弯曲，子房下位；盘花两性，数层，孕育、部分可育或不育，花冠管状，檐部具5裂齿，雄蕊5枚，花药椭圆形或线形，顶端附属物长三角形，基部圆钝或具短尖头，孕育的两性花开花时花柱伸出花冠外，2叉，叉端截形，稀圆钝或为短尖头，柱头具睫毛及小瘤点，稀无睫毛；不孕育两性花的雌蕊退化，花柱极短，先端不叉开，退化子房小或不存在。瘦果小，卵形、倒卵形或长圆状倒卵形，无冠毛，稀具不对称的冠状突起，果壁外具明显或不明显的纵纹，无毛，稀微被疏毛。

约 300 多种，主产亚洲、欧洲及北美洲的温带、寒温带及亚热带地区。我国有 186 种，昆仑地区产 51 种。

分种检索表

1. 中央花为两性花，结实，开花时两性花的花柱与花冠等长、近等长或略长于花冠，先端 2 叉，子房明显（蒿亚属 Subgen. Artemisia）。
2. 花序托具毛状或鳞片状托毛或初时有托毛，后脱落；雌花花冠瓶状或狭圆锥状，稀少狭管状，檐部具（3～）4 或（2～）3 齿裂。
3. 一、二年生草本；主根单一、垂直，近狭纺锤状；基生叶短，包括叶柄长不及 8 cm。
4. 头状花序半球形或近球形，直径 4 mm 以上，在茎上排成总状或圆锥状。
5. 头状花序在茎上排成总状或为狭窄的总状式的圆锥状；中部叶二回羽状全裂，小裂片狭线形，宽 0.5～1.0 mm ………………………………………… 1. 大花蒿 A. **macrocephala** Jacq. ex Bess.
5. 头状花序在茎上排成开展、中等开展或略狭的圆锥状；中部叶二至三回羽状全裂，小裂片线形或线状披针形，宽 1.0～1.5（～2.0）mm 或更宽，有时小裂片还有数枚小缺齿 ………………………………………… 2. 大籽蒿 A. **sieversiana** Ehrhart. ex Willd.
4. 头状花序圆锥状、倒圆锥状、半球形、宽卵形或近球形，直径 1.5～3.0（～4.0）mm，在茎上排成中等开展的圆锥状 ………………………………………… 11. 莳萝蒿 A. **anethoides** Mattf.
3. 多年生草本或半灌木，稀为小灌木。根非狭纺锤状，稀少习性近于二年生性状，其主根单一，垂直，狭纺锤状，但基生叶极大，包括叶柄长达 11～18 cm。
6. 头状花序大，直径 4～8 mm，在茎上排成狭窄的圆锥状；多年生草本，稀为半灌木。
7. 茎、枝、叶两面及总苞片背面密被绢质黄色或浅黄色茸毛；花冠外黏附有多细胞的柔毛；基生叶具长柄，叶片狭长卵形、长圆形或长椭圆形，长 5～10 cm，二至三回羽状全裂，裂片 7～13 枚，小裂片狭线状披针形或线形 ………………………………………… 10. 冻原白蒿 A. **stracheyi** Hook. f. et Thoms. ex C. B. Clarke
7. 茎、枝、叶两面及总苞片背面被毛或无毛；花冠外不黏附有多细胞的长柔毛；基生叶和中部叶长不及 5 cm，每侧有裂片 3～5 枚或 5～7 枚或叶仅先端具 3 浅裂。
8. 中部茎叶二回羽状全裂，每侧裂片 5～7 枚，上半部裂片常再羽状全裂或3全裂，两面初时被白色短柔毛，后渐脱落；总苞片背面被短柔毛 ………………………………………… **5. 岩蒿 A. rupestris** Linn.

8. 中部茎叶二回羽状全裂或第二回为深裂齿，每侧有裂片2～5枚，每裂片或仅侧边中部裂片再分裂，叶背面及总苞片背面被浅黄色丝状绵毛，或叶背面初时被柔毛，后脱落；总苞片背面无毛。

9. 植株高20 cm以下；叶二回羽状全裂，每侧有裂片2～3枚，各裂片再3～5全裂；花冠檐部外面无毛 ……………………………………………………………… **8. 垫型蒿 A. minor** Jacq. ex Bess.

9. 植株高20 cm以上；叶二回羽状全裂，每侧有裂片3～4枚，上半部裂片常再羽状全裂，下部裂片不再分裂；花冠檐部外面通常有疏毛 ……………………… **4. 银叶蒿 A. argyrophylla** Ledeb.

6. 头状花序通常小，直径2～3 mm或偶有4.0～4.5 mm，后者为半灌木或小灌木；头状花序在茎上排成开展或中等开展的圆锥状或总状。

10. 多年生草本，根状茎不粗大。

11. 中部茎叶半圆形或肾形，长1～2 cm，二回羽状全裂，小裂片长6～12 mm ……………… **7. 香叶蒿 A. rutifolia** Steph. ex Spreng.

11. 中部茎叶长圆形或倒卵状长圆形，长0.5～0.7 cm，一至二回羽状全裂，小裂片小，长2～3 mm ……… **3. 冷蒿 A. frigida** Willd.

10. 半灌木或小灌木；主根粗大。

12. 根状茎直径1 cm或更粗，茎、枝、叶两面及总苞片背面初时微被蛛丝状短柔毛，后近无毛；中部叶二至三回羽状全裂，每侧裂片3～5枚………………………………… **12. 伊朗蒿 A. persica** Boiss.

12. 根状茎直径达2～5 cm，茎、枝、叶两面及总苞片背面密被短茸毛，毛宿存或茎下部毛脱落；中部叶二回或一至二回羽状全裂，每侧裂片2～3枚。

13. 小灌木状；中部茎叶二回羽状全裂，每侧裂片3枚，小裂片狭匙形或倒披针形，长1～3 mm，先端钝尖；小枝、叶两面及总苞片背面密被灰黄色略带绢质的短茸毛；花冠檐部黄色，背面疏被短柔毛 ……………………………………………………………… **6. 内蒙古旱蒿 A. xerophytica** Krasch.

13. 半灌木状；中部茎叶一至二回羽状全裂，每侧裂片2～3枚，小裂片披针形或椭圆状披针形，长1～2 mm，先端锐尖；小枝、叶两面及总苞片背面被灰白色茸毛；花冠檐部紫色，背面无毛 ……………………………………………………………… **9. 藏白蒿 A. younghusbandii** J. R. Drumm. ex Pamp.

2. 花序托无毛；雌花花冠狭管状，稀瓶状或圆锥状，檐部具2～3齿裂或无裂齿。

14. 茎、枝、叶及总苞片背面无明显的腺毛或黏毛；外、中层总苞片草质，背面有毛或无毛，常有绿色中脉，边缘膜质。

15. 头状花序通常球形，稀少半球形或卵球形；叶的小裂片狭线形、狭线状棒形或狭线状披针形，通常宽不及 1 mm，稀达 1.5 mm，或叶的小裂片为栉齿形，长宽均在 5 mm 以下。

16. 叶羽状深裂至全裂，小裂片栉齿状、锯齿状，或小裂片不明显，而裂片为线形或狭线状披针形，宽 1～2 mm，先端钝圆。

17. 多年生草本或半灌木或为小灌木状；茎少数或多数，稀单一；主根多少木质，非狭纺锤状，或主根虽为狭纺锤状，但根状茎明显粗大，植株为矮丛状草本，高不及 20 cm。

18. 多年生矮丛草本；主根近纺锤状；茎高不及 15 cm；叶一至二回近掌状式的羽状全裂，每侧有裂片 1～2 枚；头状花序在茎端或短分枝上数枚密集成短穗状花序，而在茎上再组成穗状式的狭窄圆锥花序 ……………………………………………………………… **20. 矮丛蒿 A. caespitosa** Ledeb.

18. 多年生草本、半灌木或为小灌木状；主根非狭纺锤状；茎通常高 15 cm 以上；叶一至二回羽状全裂，每侧有裂片 3 枚以上；头状花序在茎上排成圆锥状、总状或穗状。

19. 中部叶为三回栉齿状的羽状分裂，末回小裂片栉齿状短线形或短线状披针形，先端尖，叶背面被黄色蛛丝状柔毛 ………………………………………………………… **14. 细裂叶莲蒿 A. gmelinii** Web. ex Stechm.

19. 中部叶三回或二至三回栉齿状的羽状分裂，末回小裂片为尖锯齿状或尖栉齿状。

20. 中部叶长卵形或长卵状椭圆形，三回或二至三回栉齿状的羽状分裂，栉齿三角形；总苞片背面初时有短柔毛，后脱落无毛 ……………………………………………… **13. 白莲蒿 A. sacrorum** Ledeb.

20. 中部叶卵形或长椭圆状卵形或近圆形，（二至）三回栉齿状的羽状分裂，栉齿细小，近椭圆形；总苞片背面密被宿存的短柔毛 …………………………………… **15. 毛莲蒿 A. vestita** Wall. ex Bess.

17. 一、二年生草本；茎通常单一；主根细或稍粗，狭纺锤状，垂直，有时稍坚硬，粗壮，植株高 20 cm 以上。

21. 中部茎叶末回小裂片为栉齿状短披针形的裂齿；头状花序直径1.5～2.0 mm，在茎上排成狭长的圆锥状 …………………………………… **18. 湿地蒿 A. tournefortiana** Reichb.

21. 中部茎叶末回小裂片为小栉齿状；头状花序直径 3 mm 以

上或直径1.5～2.5 mm，后者头状花序在茎上排成开展、大型、尖塔形的圆锥状。

22. 基生叶多而长，呈莲座状，每侧裂片多达 20 余枚；头状花序直径3 mm以上，在细的分枝上排成密穗状，并在茎上组成密而狭窄的圆锥状；总苞片背面具紫褐色或深褐色宽膜质的边缘 ……………………………………………… **17. 臭蒿 A. hedinii** Ostenf. et Pauls.

22. 叶非上述特征；头状花序直径 1.5～2.5 mm，在茎上排成开展、大型、尖塔形的圆锥状序 ………………………………………………… **16. 黄花蒿 A. annua** Linn.

16. 叶羽状全裂，小裂片狭线形、狭线状棒形或线状披针形，长（0.5～）1.0 cm，宽0.5～1.0 mm，先端尖。

23. 中部茎叶二或一至二回羽状全裂，小裂片狭线形或狭线状棒形，两面被疏短柔毛或初时微被蛛丝状毛，后脱落；花冠檐部无毛 ……………………………………………… **19. 米蒿 A. dalai - lamae** Krasch

23. 中部茎叶二至三回羽状全裂，小裂片狭线形或狭线状披针形，两面密被银白色或淡灰黄色绢质茸毛；花冠檐部外面有短柔毛 ……………………………………………… **21. 银蒿 A. austriaca** Jacq.

15. 头状花序椭圆形、长圆球形或长卵球形，稀半球形或卵球形；叶的小裂片宽线形、线状披针形、椭圆形或为缺裂，宽 1.5～2.0 mm 以上，或叶不分裂。

24. 叶上面具密而明显的白色或棕色腺点及小凹点，或白色腺点脱落而留有密而明显的小凹点 …………………… **22. 野艾蒿 A. lavandulaefolia** DC.

24. 叶上面无白色腺点，少数有稀疏的白色腺点，但无明显的小凹点。

25. 茎初时具绢质丝状柔毛，后脱落，不分枝；中部叶一回羽状全裂，裂片线形披针形或倒披针形；头状花序大，直径 6～10 mm，在茎上排成总状 ……………………………… **30. 球花蒿 A. smithii** Mattf.

25. 茎被毛，但非绢质丝状毛或无毛，通常有长或短的分枝；中部叶二至三回或一至二回羽状全裂；头状花序直径不及 5 mm，若超过 5 mm，在茎上不排成总状。

26. 头状花序半球形、近球形或卵钟形，直径 3～7 mm，稀为宽卵形或长圆形，后者在茎的短枝上排成密穗状花序。

27. 总苞片背面棕褐色，被黄褐色柔毛 ……………………………… **29. 绒毛蒿 A. campbellii** Hook. f. et Thoms.

27. 总苞片背面被灰白色或灰黄色毛或近无毛。

28. 下部茎叶狭长，长 6～10 cm，宽 2～3 cm，二（至三）回羽状全裂 ……………………………………

………… **28. 小球花蒿 A. moorcroftiana** Wall. ex DC.

28. 下部茎叶较宽大，长 8～11 cm，宽 6～7 cm，二回羽状全裂 ……………………………………………………

31. 西南圆头蒿 A. sinensis (Pamp.) Ling et Y. R. Ling

26. 头状花序长圆形、椭圆形、卵圆形或长卵形，直径 1.5～3.5 mm。

29. 中部叶每侧具 4～6 枚裂片。

30. 中部茎叶的小裂片线形或狭线状披针形；头状花序在分枝的小枝上数枚，排成穗状，而在茎上组成狭而紧密的圆锥状 ………………… **23. 北艾 A. vulgaris** Linn.

30. 中部叶的小裂片椭圆形、长圆形；头状花序在分枝的小枝上单生叶腋，而在茎上组成中等开展的圆锥花序

26. 叶苞蒿 A. phyllobotrys (Hand. - Mazz.) Ling et Y. R. Ling

29. 中部叶每侧具裂片 1～2 或 3～4 枚，稀间有 4 枚，后者总苞片灰绿色，密被蛛丝状短茸毛。

31. 茎中部叶一回羽状全裂，小裂片先端无短尖头 ………………

…… **25. 白叶蒿 A. leucophylla** (Turcz. ex Bess.) C. B. Clarke

31. 茎中部叶二回，稀一至二回羽状全裂，小裂片略细，线形或披针形，先端锐尖。

32. 中部叶每侧有裂片 3（～4）枚；头状花序多数，直径 2～3 mm，在茎上组成开展的圆锥状 ……………………………

…………………………… **24. 灰苞蒿 A. roxburghiana** Bess.

32. 中部叶每侧有裂片 2～3 枚；头状花序多数，直径 1.5～2.0 mm，在茎上组成狭窄或中等开展的圆锥状 …………

………… **27. 蒙古蒿 A. mongolica** (Fisch. ex Bess.) Nakai

14. 茎、枝、叶及总苞片背面有明显的腺毛或黏毛，或仅茎、枝、叶背面具明显的腺毛；外、中层总苞片草质，边缘膜质，有绿色中脉。

33. 茎中部叶二回羽状深裂或全裂；总苞片背面初时被蛛丝状短柔毛，后无毛

……………………………………………… **33. 多花蒿 A. myriantha** Wall. ex Bess.

33. 茎中部叶（二至）三回羽状分裂；总苞片背面有短腺毛，顶端有短须毛

…………………………………………………… **32. 黏毛蒿 A. mattfeldii** Pamp.

1. 中央花为两性花，但不结实，开花时花柱不伸长，长仅及花冠中部或中上部，先端常呈棒状或漏斗状，2 裂，退化子房细小或不存在［龙蒿亚属 Subgen. Dracunculus (Bess.) Peterm］。

34. 叶的小裂片狭线形或近钻形，宽 1.5 mm 以下，或小裂片栉齿形，或叶不分裂而为披针形，偶有 3 深裂。

35. 叶不分裂或间有 1～2 枚细小狭线形的裂片 … **34. 龙蒿 A. dracunculus** Linn.

35. 中部叶羽状全裂，小裂片狭线形，或叶近掌状式的5～7深裂。

36. 头状花序直径（2.5～）3.0～6.0 mm，若直径为2.5～3.0 mm，其植株为灌木状或小灌木状，其中部叶的小裂片宽1.5～3.0 mm，且质略硬。

37. 茎高60 cm以上；头状花序直径4～6 mm；中部叶的小裂片为狭线形，长2～3 cm，宽1.5～2.5 mm，或小裂片向外弯曲成近镰刀状。

38. 头状花序卵形，直立，在茎上排成大型开展或略狭长的圆锥状；茎下部褐色，上部红色……………………………………………………………… **36. 盐蒿 A. halodendron** Turcz. ex Bess.

38. 头状花序球形或近球形，下垂或斜展，在茎上排成开展或狭长的圆锥状；茎灰褐色……………………………………………………………… **35. 圆头蒿 A. sphaerocephala** Krasch.

37. 茎高20～50 cm以上；头状花序直径约3 mm，若直径达4 mm者，其头状花序为球形；中部叶的小裂片狭线形，长0.5～1.0 cm，宽0.5～1.0 mm，或叶为掌状深裂。

39. 茎不分枝或仅中部有少数极短而着生头状花序的分枝；茎、枝被平贴丝状柔毛；叶一回、近掌状式的5～7深裂，两面被丝状柔毛；头状花序在茎上排成总状或总状花序式的狭窄圆锥花序；总苞片背面密被丝状短柔毛……………………………………………………………… **42. 掌裂蒿 A. kuschakewiczii** Winkl.

39. 茎多少分枝，枝长或短；茎、枝、叶两面无毛或初时微有短柔毛，后光滑；叶羽状全裂；头状花序在茎上排成圆锥状；总苞片背面无毛或近无毛。

40. 茎高30 cm以下；苞叶比头状花序长2～3倍，也略长于着生头状花序的分枝。

41. 茎中部叶长1～2 cm，宽0.5～1.5 cm，一回羽状全裂，叶的中脉不凸起；头状花序卵球形或近球形，在分枝上排成穗状或穗状式的总状花序，在茎上组成狭窄、稀疏的圆锥状…………………………………… **39. 藏沙蒿 A. wellbyi** Hemsl. et Pears. ex Deasy

41. 茎中部叶长3.5～4.5 cm，宽2～3 cm，二回羽状全裂，叶的中脉明显，略凸起，白色；头状花序球形或宽卵球形，在分枝上或小枝上数枚着生，而在茎上组成狭长的圆锥状……………………………………… **41. 江孜蒿 A. gyangzeensis** Ling et Y. R. Ling

40. 茎高30～60 cm；苞片叶比头状花序稍长，而比着生头状花序的分枝短。

42. 中部叶的侧裂片线形、线状披针形，常向基部弯曲，叶基部有假托叶；头状花序在茎上排成开展的圆锥状，花冠檐部具短柔毛……………………………………
…… **40. 藏龙蒿 A. waltonii** J. R. Drumm. ex Pamp.

42. 中部叶的侧裂片狭线形，不向基部弯曲，叶基部无假托叶；头状花序在茎上排成开展、略狭长的圆锥状，花冠檐部无毛…………………………………………
… **37. 藏岩蒿 A. prattii** (Pamp.) Ling et Y. R. Ling

36. 头状花序直径 1.0～2.5（～3.0）mm，中部叶的小裂片丝线形或毛发状，宽 0.5～1.5（～2.0）mm；若头状花序直径达 2.0～2.5 或 3.0 mm 者，其植株非半灌木状或小灌木状，且叶的小裂片细，宽 0.5～1.0 mm，质软。

43. 小灌木或丛生状半灌木，主根粗大、木质；茎多数，丛生，木质或至少下半部木质；中部叶的小裂片狭线形，干后叶质稍硬。是荒漠、半荒漠或干旱草原地区的植物………………
……………… **38. 昆仑沙蒿 A. saposhnikovii** krasch. ex Poljak.

43. 多年生或一、二年生草本，根细，垂直，或植株半灌木状，但非丛生；茎少数或单一，草质或下部半木质，后者根稍粗大，近木质化；中部叶的小裂片狭线形、丝线形或毛发状，干后不硬。是半干旱或半湿润或湿润地区生长的植物。

44. 茎中部叶二回羽状全裂，每侧有裂片（3～）4 枚；头状花序在分枝上密集着生成密穗状，并在茎上组成狭长或稍开展的圆锥状 ……… **45. 直茎蒿 A. edgeworthii** Balakr.

44. 茎中部叶二回或一至二回羽状全裂，每侧有裂片 2～3 枚；头状花序在分枝上分散着生，不排成密穗状，在茎上组成开展的圆锥花序。

45. 植株高不及 20 cm，自茎基部开始分枝，下部枝常匐地生长；中部叶一回羽状全裂；头状花序在茎上排成穗状花序式的圆锥花序……………………………
………………………… **43. 纤秆蒿 A. demissa** Krasch.

45. 植株高 20 cm 以上，自茎中部或中下部开始分枝；中部叶二回羽状全裂；头状花序在茎上排成开展的圆锥花序。

46. 中部叶初时被灰白色或灰黄色绢质短柔毛，后无毛；头状花序直径 1.5～2.0 mm，无梗，在茎上组成开展的圆锥状………………………………

………… **44. 猪毛蒿 A. scoparia** Waldst. et Kit.

46. 中部叶两面被短柔毛，毛宿存；头状花序直径 0.5～1.5 mm，具短梗，在茎上排成多分枝、开展的圆锥状 … **46. 纤梗蒿 A. pewzowii** Winkl.

34. 叶的小裂片略宽而为宽线形、椭圆形、披针形或为齿裂，宽（1.5～）2.0 mm 以上，或叶匙形或倒卵形。

47. 茎中部叶一至二回或一回羽状全裂或深裂，裂片边缘常有裂齿，裂片宽不及 5 mm，或叶匙形而边缘不分裂。

48. 头状花序直径 3～4 mm；茎中部叶匙形 ………………………………………………………………………… **49. 昆仑蒿 A. nanschanica** Krasch.

48. 头状花序直径 2～3 mm，中部叶二回，或一至二回羽状全裂或深裂。

49. 茎、枝、叶初时微有短柔毛，后无毛；茎中部叶每侧具 2～3 枚裂片 ………………………………………… **47. 沙蒿 A. desertorum** Spreng.

49. 茎、枝、叶及总苞片背面初时密被灰白色或灰黄色绢质短柔毛，后渐稀疏；茎中部叶每侧具 3～4 枚裂片 ………………………………………………………… **48. 青藏蒿 A. duthreuil-de-rhinsi** Krasch.

47. 茎中部叶指状 3 深裂或规整的 5 深裂，其裂片宽达 5～12 mm。

50. 分枝多而长，长 15 cm 以上；叶背面被宿存、微带绢质的短柔毛 ………………………………………………… **50. 牛尾蒿 A. dubia** Wall. ex Bess.

50. 分枝短，长不及 8 cm；叶背面被灰白色蛛丝状绵毛 ………………………………………………………………… **51. 指裂蒿 A. tridactyla** Hand.-Mazz.

1. 大花蒿 图版 113：1～5

Artemisia macrocephala Jacq. ex Bess. in Bull. Soc. Nat. Mosc. 9：28. 1836；西藏植物志 4：747. 图 320. 1985；中国植物志 76（2）：7. 1991；青海植物志 3：379. 图版 82：1～4. 1996；新疆植物志 5：150. 图版 38：1～5. 1999；青藏高原维管植物及其生态地理分布 959. 2008.

一年生草本，高 15～20 cm。主根细，单一，垂直，呈纺锤状。茎直立，不分枝或有短分枝，有时下部近木质；茎、枝被疏灰白色柔毛。茎下部和中部叶宽卵形，长 24 cm，宽12 cm，二回羽状全裂，每侧有裂片 2～4 枚，裂片再 3 或 5 全裂，小裂片狭披针形或狭倒披针形，长 1～4 mm，宽 0.5～1.0 mm，顶端钝圆或尖，叶柄长 1～2 cm，基部有小型羽状分裂的假托叶；上部叶与苞叶 3 全裂或不分裂，狭线形，无柄；全部叶草质，两面被灰白色短柔毛。头状花序近球形，径 5～8 mm，有梗，长 0.5～1.0 cm，下垂，在茎上排列成疏松的总状，少为狭窄的总状式的圆锥状复花序；总苞片 3～4 层，覆瓦状排列，近等长或内层总苞片稍长，外层和中层总苞片草质，椭圆形，背面被白色短柔毛，边缘宽膜质，淡褐色，内层总苞片椭圆形，近膜质；花序托凸起，半球形，密生白色托毛；雌花 2～3 层，40～60 朵，花冠长圆锥形，黄色，檐部具 3～4 齿裂，花柱线形，伸出花冠外，顶端 2 叉裂；两性花多层，80～100 朵，外围 2～3 层孕育，中央数轮不育，花冠筒状，黄色，檐部 5 齿裂。瘦果长圆形，上端常有不对称的冠状附属物。　花果期 7～10 月。

产新疆：乌恰（苏约克附近，西植所新疆队 1908；县城南 87 km 处，克里木 T051、T060）、塔什库尔干（麻扎种羊场，青藏队吴玉虎 4969；县城南 106 km 处，克里木 T066；距县城 70 km 往北 4 km 处，克里木 T231；红其拉甫，克里木 T151；克克吐鲁克，青藏队吴玉虎 870531、870492）、若羌（阿尔金山土房子，青藏队吴玉虎等 4250；祁漫塔格山，青藏队吴玉虎 2333、3994；库木库勒湖，青藏队吴玉虎 2308；阿尔金山保护区鸭子泉，青藏队吴玉虎 2648、3901）、阿克陶（奥依塔克林场，杨昌友 750757）、叶城（乌鲁吾斯坦，阿不力米提 238）、和田（风光乡，杨昌友 75090）、策勒（恰哈乡，采集人不详 336、150；奴尔乡都木，采集人不详 096）、且末（昆其布拉克，青藏队吴玉虎 3882）。生于海拔 2 000～4 300 m 的河谷山坡草地、河滩砾石地、宽谷滩地荒漠草原。

西藏：日土（班公湖，高生所西藏队 3658；空喀山口，高生所西藏队 3693、3701；尼亚格祖，青藏队 76－9157；热帮区附近，青藏队 76－9123）、改则（麻米区至新城途中，青藏队藏北分队郎楷永 10170）、尼玛（当湖附近，青藏队藏北分队郎楷永 9816）。生于海拔 4 200～5 100 m 的宽谷河滩草地、沟谷山地路边、高原湖边草地、高寒草原、高山流石坡稀疏植被。

青海：都兰（县城附近，植被地理组 277）、玛多（清水乡阿尼玛卿山，吴玉虎等 18199；县城附近，吴玉虎等 18208）、兴海（中铁林场中铁沟，吴玉虎 45641）、玛沁（兔子山，吴玉虎等 18267、18262；红土山，吴玉虎等 18643）、达日（德昂乡，吴玉虎 25924）。生于海拔 2 600～4 300 m 的沟谷河滩高寒草原、山地路边草地、河谷滩地、阳坡山麓灌丛草地。

分布于我国的宁夏、甘肃、青海、新疆、西藏；蒙古，伊朗，阿富汗，巴基斯坦，印度，克什米尔地区，中亚地区各国，俄罗斯西伯利亚也有。

2. 大籽蒿

Artemisia sieversiana Ehrhart. ex Willd. Sp. Pl. 3：1845. 1800；西藏植物志 4：747. 图 321. 1985；中国植物志 76（2）：8. 图版 1：1～7. 1991；青海植物志 3：381. 图版 82：7～11. 1996；新疆植物志 5：151. 1999；青藏高原维管植物及其生态地理分布 963. 2008.

一、二年生草本，高 50～150 cm。主根单一，垂直，有多数纤维状细根。茎单一，直立，粗或稍细，纵棱明显，分枝多；茎、枝被灰白色微柔毛。茎下部和中部叶宽卵形，长 4～8（10）cm，宽 3～6（～13）cm，二至三回羽状全裂，每侧有裂片 2～3 枚，裂片常再羽状全裂或深裂，基部侧裂片常有第三次分裂，小裂片线形，长 2～10 mm，宽 1.0～1.5 mm，小裂片边缘常有缺齿，顶端钝或渐尖，叶柄长 2～4 cm，基部有小型羽状分裂的假托叶；上部叶及苞叶羽状全裂或不分裂，小裂片及不分裂的苞叶椭圆状披针形，长 1.5～4.0 cm，宽 1～8 mm，无柄；全部叶两面被微柔毛。头状花序近球形，大，直径 4～6 mm，具短梗，多数在分枝上排列成总状，而在茎上组成开展或略狭的圆锥状；总苞片 3～4 层，覆瓦状排列，近等长，外层和中层总苞片长卵形或椭圆形，背面被灰白色微柔毛，中脉绿色，边缘膜质，内层总苞片长椭圆形，膜质；花序托凸起，半球形，有多数白色托毛；雌花 2～3 层，20～30 朵，花冠狭圆锥状，黄色，檐部 3～4 裂齿，两性花多层，80～120 朵，筒状，黄色，檐部 5 齿裂。瘦果长圆形。 花果期 7～10 月。

产新疆：乌恰（沙尔布拉克，司马义 019）、喀什（前进三牧场，采集人和采集号不详）、塔什库尔干（小通，采集人不详 206；达不达乡，采集人不详 084）、叶城（柯克亚乡高沙斯，青藏队吴玉虎 870912；苏克皮亚，青藏队吴玉虎 1030、1092；麻扎达坂，青藏队吴玉虎 1135、871403；昆仑山，采集人不详 3349）、策勒。生于海拔 2 000～3 000 m 的河谷阶地高寒草原、河漫滩草地、山坡砾石质草地。

西藏：日土（日松乡过巴，青藏队吴玉虎 1380；兵站旁甲吾沟，高生所西藏队 3566）。生于海拔 4 350 m 左右的高原宽谷滩地草甸砾石地。

青海：都兰（诺木洪，吴玉虎 41791）、兴海（中铁林场中铁沟，吴玉虎 45597、45582、47613、45519；黄青河畔，吴玉虎 42685；大河坝乡，弃耕地考察队 305；中铁林场恰登沟，吴玉虎 45005、44896、44999；赞毛沟，吴玉虎 46435；唐乃亥乡沙那，弃耕地考察队 215；中铁林场卓琼沟，吴玉虎 45623；青根桥，王作宾 20131；河卡草原站，吴珍兰 096）、玛多（苦海边，吴玉虎等 18014；黑海乡吉迈纳，吴玉虎 907；县城郊，吴玉虎 262；县城南面 3 km 处，植被地理组 1298；黑海乡，杜庆 538）、玛沁（尕柯河电站，吴玉虎等 6020；拉加乡附近，吴玉虎等 6048）、曲麻莱（东风乡江荣寺，刘尚武等 867）、称多（县城郊，吴玉虎 29230、29236；毛洼营，刘尚武 2399）。生于海拔 2 500～3 700 m 的沟谷山地荒漠草原、沙砾河滩高寒草原、戈壁荒漠草地、河谷阶地沙砾地、林场林缘及路边、山地阴坡灌丛草甸。

分布于我国的新疆、甘肃、青海、宁夏、西藏、云南、四川、贵州、内蒙古、河北、黑龙江、吉林、辽宁；朝鲜，日本，蒙古，阿富汗，巴基斯坦，印度，克什米尔地区，中亚地区各国，俄罗斯西伯利亚也有。

3. 冷　蒿　图版 113：6～11

Artemisia frigida Willd. Sp. Pl. 3：1838. 1800；中国植物志 76（2）：13. 1991；青海植物志 3：383. 图版 83：1～3. 1996；新疆植物志 5：154. 图版 38：6～11. 1999；青藏高原维管植物及其生态地理分布 956. 2008.

3a. 冷蒿（原变种）

var. **frigida**

多年生草本，高 15～45 cm。茎多数，直立或斜升，与营养枝组成疏松的小丛，下部多少木质，上部多分枝，斜向上，或不分枝，全株密被灰白色略带绢质的短柔毛，后期茎上毛稍脱落。茎下部叶与营养枝叶倒卵状长圆形，长 0.8～1.5 cm，宽 0.6～1.5 cm，二回羽状全裂，每侧有裂片 3～4 枚，再次羽状全裂或 3 全裂，小裂片披针形，叶柄长 0.5～1.0 cm；中部叶长圆形或倒卵状长圆形，长 0.5～0.7 cm，宽约 0.5 cm，羽状全裂，小裂片披针形或线状披针形，长 2～3 mm，宽 0.5～1.0 mm，基部裂片半抱茎并成假托叶状，无柄；上部叶与苞叶羽状全裂或 3 全裂；全部叶纸质，黄绿色，两面被灰白色稍带绢质的短柔毛。头状花序近球形，直径 2.5～3.0（～4.0）mm，有短梗，下垂，在茎上排列成总状或为总状式的圆锥状；总苞片 3～4 层，近等长，覆瓦状排列，外层和中层总苞片卵形，有绿色中脉，边缘膜质，背面密被黄白色的短茸毛，内层总苞片长卵形，背面无毛，近膜质；花序托凸起，有多数白色托毛；外层雌花 8～15 朵，狭筒状，黄色，檐部 2～3 齿裂；中央两性花筒状，20～30 朵，黄色，檐部 5 齿裂。瘦果长圆形，有时上端有不对称的膜质冠状边缘。 花果期 7～10 月。

产新疆：叶城（柯克亚乡，吴玉虎 870918）、且末（昆其布拉克，青藏队吴玉虎 2587A、2594、3856、210A）、若羌（阿尔金山保护区鸭子泉，青藏队吴玉虎 3917）、塔什库尔干（麻扎种羊场，青藏队吴玉虎 870396）。生于海拔 2 000～3 600 m 的河谷阶地高寒草原、山前荒漠草原、干旱山坡草地、河岸阶地高寒荒漠地带。

青海：都兰（诺木洪，布尔汗布达山三岔口，吴玉虎 36594）、称多（县城附近，苟新京83-135）、玛多（鄂陵湖畔，吴玉虎 412；西北 10 km 处，陈桂琛等 1829）。生于海拔 3 680～4 300 m的草原、高寒荒漠草原、干旱荒坡、河滩砾石地。

分布于我国的黑龙江、吉林、辽宁、内蒙古、河北、山西、陕西、宁夏、甘肃、青海、新疆、西藏；蒙古，土耳其，伊朗，中亚地区各国，俄罗斯西伯利亚，北美洲也有。

3b. 紫花冷蒿（变种）

var. **atropurea** Pamp. in Nuor. Giorn. Bot. Ital. n. s. 34：655. 1927；中国植物志 76（2）：16. 1991；青海植物志 3：383. 1996；新疆植物志 5：154. 1999.

本变种与原变种区别在于植株多呈小半灌木，矮小，高 10～18 cm；花紫红色。

产新疆：且末（昆其布拉克，青藏队吴玉虎 2587B、210B）。生于海拔 3 200～4 000 m 的河谷滩地沙砾质荒漠草原。

青海：格尔木（西大滩，青藏队吴玉虎 2907）、都兰（诺木洪河，杜庆 344；香日德，植被组 268）、兴海（青根桥，王作宾 20120）。生于海拔 3 100～4 000 m 的高山荒漠草原、干旱山坡草地、沟谷山地砾石草地。

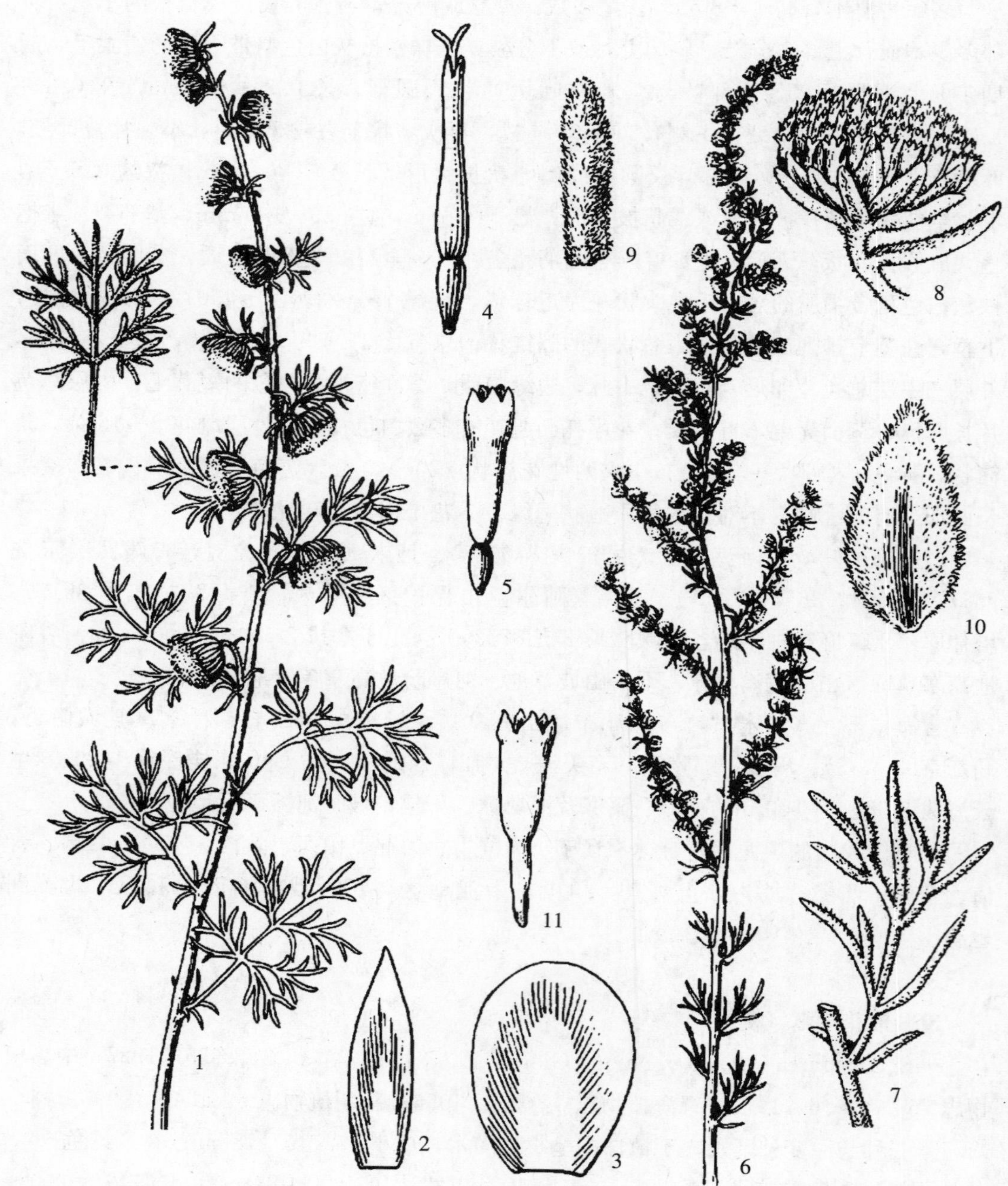

图版 113　大花蒿 **Artemisia macrocephala** Jacq. ex Bess. 1. 植株；2～3. 外、中层苞片；4. 雌花；5. 两性花。冷蒿 **A. frigida** Willd. 6. 植株；7. 叶；8. 头状花序；9～10. 外、中层总苞片；11. 两性花。
(引自《新疆植物志》，张荣生绘)

分布于我国的新疆、甘肃、青海、宁夏、内蒙古。模式标本采自青海。

4. 银叶蒿

Artemisia argyrophylla Ledeb. Fl. Alt. 4：166. 1833；中国植物志 76（2）：16. 图版 2：1～7. 1991；新疆植物志 5：155. 1999；青藏高原维管植物及其生态地理分布 953. 2008.

多年生草本或近半灌木，高 30～45 cm。主根稍粗，木质；根状茎短，具多数营养枝，与茎组成密丛。茎多数，直立，基部稍木质化，有细分枝，斜向上，全株密被银白色略带绢质的短柔毛。茎下部、中部及营养枝的叶倒卵状椭圆形或卵圆形，长、宽均 0.5～0.8 cm，一至二回羽状全裂，每侧具裂片 2～3 枚，上部裂片常再次 2～4 全裂，小裂片椭圆形，长2～4 mm，宽 0.5～1.5 mm，顶端钝尖，叶柄长 0.5～1.0 cm，基部有小型假托叶；上部叶与苞叶羽状全裂，裂片椭圆形，无柄；全部叶密被银白色绢质短柔毛。头状花序半球形，直径 4～7 mm，具短梗，下垂，在分枝上排列成总状，并在茎上组成中等开展的圆锥状；总苞片3～4层，覆瓦状排列，外层、中层总苞片卵形，边缘膜质，背面密被银白色绢质短柔毛，内层总苞片边宽膜质，几无毛；边花雌性，5～10 朵，花冠狭锥形，檐部具 2～3 裂齿；两性花20～40朵，管状，檐部紫色，被白色短柔毛。瘦果长圆形，常有不对称的膜质冠状边缘。 花果期 7～10 月。

产新疆：若羌（阿尔金山保护区鸭子泉，青藏队吴玉虎等 2755）、且末（满达里克，采集人不详 080）。生于海拔 2 000～4 000 m 的干旱草原及河滩、沟谷山地高寒灌丛。

青海：兴海（河卡乡羊曲，王作宾 20060）。生于海拔 3 000 m 左右的宽谷滩地砾石地、沙砾山坡草地。

分布于我国的内蒙古、宁夏、甘肃、新疆；蒙古，俄罗斯西伯利亚西部也有。

5. 岩 蒿 图版 123：1～6

Artemisia rupestris Linn. Sp. Pl. 841. 1753；中国植物志 76（2）：17. 1991；新疆植物志 5：155. 图版 39：8～13. 1999；青藏高原维管植物及其生态地理分布 962. 2008.

多年生草本，高 20～50 cm。根状茎木质，常横卧或斜向上，上有多数半膜质宿存的叶柄；具多数营养枝。茎直立或斜升，红褐色或红紫色，基部稍木质化，不分枝或上部有小的分枝，下部初时被疏短柔毛，后脱落无毛，上部密生灰白色短柔毛。茎下部叶与营养枝叶长圆形或卵状椭圆形，长 1.5～3.0（～5.0）cm，宽 1～2 cm，二回羽状全裂，每侧具裂片 5～7 枚，上部裂片再次羽状全裂或 3 全裂，下半部裂片通常不再分裂，小裂片短小，栉齿状披针形，长 1～6 mm，宽 0.5～1.5 mm，具短叶柄，基部扩大半抱茎；中部叶与下部叶同形，无柄；上部叶与苞叶羽状分裂或 3 全裂；全部叶薄纸质，初时叶两面被灰白色短柔毛，后脱落无毛。头状花序半球形或近球形，直径 4～7 mm，具短梗或近无梗，下垂或斜展，基部常有羽状分裂的小苞片，在茎上排列成穗状或近于总状；总苞片 3～4 层，近等长，外层和中层总苞片长卵形或卵状椭圆形，背面被短柔毛，边缘膜质，撕裂状，内层总苞片椭圆形、膜质，背面无毛；花序托凸起，半球形，具灰白色托毛；雌花 1 层，8～16 朵，花冠狭圆锥状，黄色，檐部具 3～4 裂齿；中央两性花 5～6 层，30～70 朵，筒状，黄色，檐部 5 齿裂。瘦果长圆形，顶端常有不对称的膜质冠状边缘。 花果期 7～10 月。

产新疆：塔什库尔干（采集地不详，崔乃然 092、安峥皙 Tash 079；红其拉甫，青藏队吴玉虎 4873、87-0459，克里木 T111、T137、T142、T143、T147，采集人不详 T119；麻扎种羊场，青藏队吴玉虎 402；克克吐鲁克边防站牧场，西植所新疆队 1357；水布浪沟，高生所西藏队 3181，西植所新疆队 1446；托克满苏老营房，西植所新疆队 1418）、叶城（乌鲁吾斯坦，阿不力米提 228）。生于海拔 2 000～4 000 m 的沟谷山地荒漠草原、山坡高寒草原、河谷阶地草甸、溪流河谷地带草地、山地林缘草甸、沟谷山坡灌丛草甸。

分布于我国的新疆；蒙古，中亚地区各国，俄罗斯西伯利亚，北欧各国也有。

6. 内蒙古旱蒿 图版 114：1～7

Artemisia xerophytica Krasch. in Not. Syst. Herb. Hort. Bot. Petrop. 3：24. 1922；中国植物志 76（2）：18. 图版 2：8～14. 1991；新疆植物志 5：157. 图版 40：1～7. 1999；青藏高原维管植物及其生态地理分布 967. 2008.

小灌木，高 30～40 cm。主根粗大，木质，伸长，侧根多；根状茎粗短，上部常分化出若干部分，有多数营养枝。茎多数，丛生，木质或下部木质，上部半木质，基部常扭曲，黄褐色，有纵棱，上部分枝多，枝细长，茎、枝初时密被茸毛，后稍脱落。茎下部叶与营养枝叶二回羽状全裂，花后早枯；中部叶卵圆形或近圆形，长 0.5～1.0 cm，宽 0.4～0.8 cm，二回羽状全裂，每侧有裂片 2～3 枚，裂片狭楔形，再 3～5 全裂，小裂片狭匙形，倒披针形，长 1～2 mm，宽 0.5～1.0 mm，叶柄长 0.2～0.5 cm；上部叶与苞叶羽状全裂或 3～5 全裂，无柄；全部叶小，半肉质，干时质硬，两面被灰黄色略带绢质的短茸毛。头状花序近球形，直径 3.5～4.0 mm，具短梗，在分枝上排列成松散开展的总状或为穗状的复总状花序，在茎上组成中等开展的圆锥状复花序；总苞片 3～4 层，覆瓦状排列，外层总苞片小，狭卵形，背面被灰黄色短柔毛，具绿色中脉，边缘窄膜质，中层总苞片卵形，背面被短柔毛，边宽膜质，内层总苞片近膜质，背面几无毛；花序托凸起，具白色托毛；雌花 4～10 朵，花冠狭圆锥状，檐部 2 齿裂；两性花 10～20 朵，筒状，檐部 5 齿裂。瘦果倒卵状长圆形。 花果期 7～10 月。

产新疆：且末（采集地和采集人不详，45）、策勒（乌库西，安峥皙 120、196；奴尔乡，采集人不详 17）、若羌（去茫崖途中，青藏队吴玉虎等 2938；木里铁克西南

44 km处，克里木 A062、A065）。生于海拔1 300～2 700 m 的戈壁荒漠草地、宽谷河滩半荒漠草原。

分布于我国的内蒙古、陕西、宁夏、甘肃、青海、新疆；蒙古也有。

7. 香叶蒿 图版 114：8～10

Artemisia rutifolia Steph. ex Spreng. Syst. Veg. 3：488. 1826；西藏植物志 4：753. 1985；中国植物志 76（2）：19. 1991；青海植物志 3：382. 图版 83：7～8. 1996；新疆植物志 5：157. 图版 40：8～10. 1999；青藏高原维管植物及其生态地理分布 962. 2008.

半灌木状草本，有时成小灌木，高 25～80 cm。茎多数，成丛，木质，微有纵棱，褐栗色，自下部开始分枝，枝长 10～20 cm，斜向上，茎幼时被密灰白色平贴的丝状短柔毛，后渐脱落，部分无毛。茎下部叶与中部叶圆形或肾形，长 1～2 cm，宽 0.8～2.8 cm，二回近掌状式羽状全裂或二回三出全裂，每侧有裂片 1～2 枚，小裂片长椭圆状披针形，长 5～10 mm，宽 1.0～1.5 mm，顶端略向外弯曲，叶柄长 0.3～1.0 cm，基部有小型假托叶；上部叶与苞叶近掌状式的羽状全裂、3 全裂或不分裂，裂片或不分裂的叶片倒披针形；全部叶两面被灰白色平贴的丝状短柔毛。头状花序半球形，直径 3～4 mm，具短梗，下垂，在茎上半部排列成总状；花序托具脱落性鳞片状托毛；总苞片 3～4 层，近等长，覆瓦状排列，外层及中层总苞片卵形或长卵形，背面被白色蛛丝状短柔毛，边缘狭膜质，内层总苞片椭圆形，背面近无毛，具宽膜质边缘；雌花 1 层，5～10 朵，花冠狭筒状，黄色，檐部具 2～3 裂齿；两性花 15～25 朵，筒状，黄色，檐部 5 齿裂，外面微有短柔毛。瘦果椭圆状倒卵形。 花果期 7～10 月。

产新疆：喀什（拜古尔特东南约 101 km 处，采集人和采集号不详）、乌恰（库苏矿区，崔乃然 C82320；吉根乡斯木哈纳，西植所新疆队 2053）、塔什库尔干（麻扎种羊场，青藏队吴玉虎 870402；红其拉甫，青藏队吴玉虎 870459；塔合曼乡，采集人不详 097；卡拉其古，西植所新疆队 885、954；县城南 70 km 往北 4 km 处，克里木 T226、T223；去国界，克里木 T199、T209、T179；县城南 30 km 处，采集人不详 T043）、若羌（125 km 处，青藏队吴玉虎 2345；阿尔金山达坂，青藏队吴玉虎 4333、4331；县城东 58 km 处，采集人不详 A04）。生于海拔 1 400～3 000 m的沟谷山坡荒漠草原、河谷阶地沙砾质草甸、山地荒漠草原。

青海：格尔木（纳赤台，青藏冻土队 224）、都兰（香日德脱土山，植被组 240）。生于海拔 2 800～3 800 m 的砾石山坡草地、河谷阶地冲刷沟。

分布于我国的青海、新疆、西藏；蒙古，阿富汗，伊朗，巴基斯坦，中亚地区各国，俄罗斯西伯利亚也有。

8. 垫型蒿

Artemisia minor Jacq. ex Bess. in Bull. Soc. Nat. Mosc. 9：22. 1836；西藏植

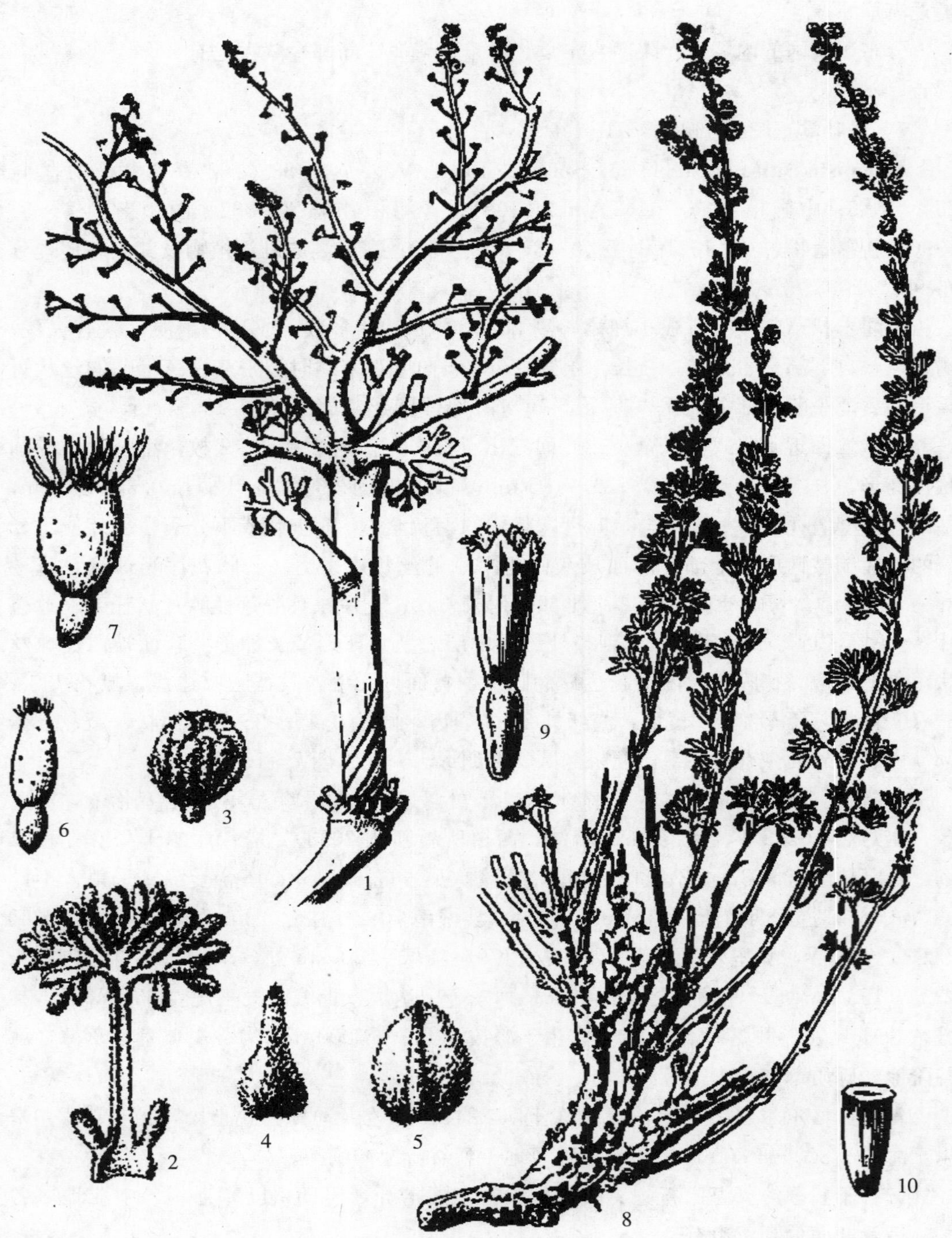

图版 **114**　内蒙古旱蒿　**Artemisia xerophytica** Krasch. 1. 植株；2. 叶；3. 头状花序；4～5. 外、中层总苞片；6～7. 雌花。香叶蒿　**A. rutifolia** Steph. ex Spreng. 8. 植株；9. 两性花；10. 瘦果。
(引自《新疆植物志》，张荣生绘)

物志 4：751. 图 323. 1985；中国植物志 76（2）：27. 1991；青海植物志 3：382. 图版 83：4～6. 1996；新疆植物志 5：160. 1999；青藏高原维管植物及其生态地理分布 959. 2008.

垫状半灌木，高 10～15 cm。根垂直，木质；根状茎粗大，木质，上面具多数短小的老茎残基及短的营养枝。茎多数，细，直立或基部弯曲，丛生，下部半木质，少分枝，上部分枝短或不分枝，茎、枝密被灰白色平贴丝状绵毛。茎下部叶与中部叶扇形，长 0.6～1.0 cm，宽 0.5～1.0 cm，二回羽状全裂，每侧具裂片 2～3 枚，裂片再 3～5 全裂，小裂片披针形，长 1～2 mm，宽 0.5～1.0 mm，叶柄长 4～8 mm；上部叶与苞叶小，羽状全裂或 3 全裂或不分裂；全部叶纸质，两面密被灰白色平贴丝状绵毛。头状花序半球形，直径 5～10 mm，有短梗，在茎上排列成穗状式的总状；总苞片 3～4 层，覆瓦状排列，近等长，外层及中层总苞片卵形或长卵形，边缘宽膜质，紫色，背面密被灰白色平贴丝状绵毛，内层总苞片椭圆形，膜质，无毛；花序托凸起，半球形，密生白色托毛；雌花 11～15 朵，花冠瓶状，檐部 3～4 齿裂，紫色；两性花 50～80 朵，筒状，檐部 5 齿裂，紫色。瘦果倒卵形，上端常有不对称的冠状附属物。 花果期 7～10 月。

产新疆：若羌（阿尔金山保护区，青藏队吴玉虎 2146、4264、4037、2327；阿尔金山保护区鸭子泉，青藏队吴玉虎 3916、2297、2299、3962；阿其克库勒湖畔，青藏队吴玉虎 4037；阿雅格库姆，采集人不详 A073）、塔什库尔干（克克吐鲁克，青藏队吴玉虎 870503；红其拉甫达坂，青藏队吴玉虎 870459；麻扎种羊场，青藏队吴玉虎 870369）、叶城（天文点，青藏队吴玉虎 1253）、且末（昆其布拉克，青藏队吴玉虎 2102、2299）。生于海拔 3 000～5 400 m 的沟谷山坡草地、河谷阶地砾石坡地、高原山地砾石草地、高山流石滩稀疏植被带。

西藏：日土（空喀山口，高生所西藏队 3701；龙梅岩，青藏队吴玉虎 1288；热帮舍拉沟，高生所西藏队 3531；班公湖西段，高生所西藏队 3658；斯潘古尔，青藏队76－9167）、改则（高生所西藏队 4323；至措勤县途中，青藏队藏北分队郎楷永 10275、10248）、尼玛（双湖无人区江爱雪山正北，青藏队藏北分队郎楷永 9670）。生于海拔 4 250～4 600 m 的河谷滩地、砾石质山坡草地。

青海：都兰（英德尔羊场东沟，杜庆 423）、兴海（河卡乡，何廷农 388；阿米瓦阳山，何廷农 424、434；河卡乡羊曲，弃耕地考察队 380；曲什安乡大米滩，吴玉虎 41814）、治多（可可西里太阳湖，武素功 K－921）、玛多（县城山后，吴玉虎 1618；鄂陵湖西北面，吴玉虎 1572；黑海乡，杜庆 519、吴玉虎 907；鄂陵湖西北面，植被地理组 572）。生于海拔 3 200～5 000 m 的河谷山坡林下、沟谷山坡灌丛草甸、山前洪积扇、高原湖边草地、砾石质山坡草地、河谷阶地高寒草原、高山流石坡稀疏植被带。

分布于我国的甘肃、青海、新疆、西藏；伊朗，克什米尔地区，印度，巴基斯坦，印度东北部也有。

9. 藏白蒿

Artemisia younghusbandii J. R. Drumm. ex Pamp. in Nuov. Giorn. Bot. Ital. n. s. 34：708. 1927；西藏植物志 4：751. 1985；中国植物志 76（2）：28. 1991；青藏高原维管植物及其生态地理分布 967. 2008.

半灌木。根木质，粗大；根状茎粗，木质，上部常分化为若干部分，并具多数营养枝。茎多数，细，丛生，高 15～25 cm；茎、枝、叶及总苞片背面密被灰白色或灰黄色茸毛。茎下部叶与中部叶宽卵形或近肾形，长 0.5～1.0 cm，宽 0.5～0.8 cm，一（至二）回羽状全裂，每侧具裂片 2～3 枚，不再分裂或具 1～2 枚小裂片，小裂片披针形或椭圆状披针形，长 1～2 mm，宽 0.5～1.0 mm，叶柄长 2～4 mm，基部有假托叶；上部叶与苞叶羽状全裂或 3 全裂或不分裂。头状花序半球形或宽卵形，直径 2.5～4.0 mm，有短梗或近无梗，斜展或下垂，在小枝端单生或数枚集生，而在分枝上排成疏散的总状，并在茎上组成开展的圆锥状；总苞片 3～4 层，外层及中层总苞片长卵形，内层总苞片长卵形或椭圆形，边缘宽膜质；花序托凸起，圆锥形，有白色托毛；雌花 4～8 朵，花冠狭圆锥状，檐部具 3～2 齿裂；两性花8～14朵，管状，檐部紫色。瘦果倒卵状椭圆形。　花果期 7～10 月。

产西藏：日土（班公湖，高生所西藏队 3648）、改则。生于海拔 4 000～4 600 m 的河谷阶地、宽谷河滩草地、砾石山坡草地、沙砾质坡地和高寒草地。

模式标本采自西藏江孜县。

10. 冻原白蒿

Artemisia stracheyi Hook. f. et Thoms. ex C. B. Clarke Comp. Ind. 164. 1876；西藏植物志 4：756. 图 328. 1985；中国植物志 76（2）：28. 图版 4：1～8. 1991；青藏高原维管植物及其生态地理分布 964. 2008.

多年生草本，植株有臭味。根木质，根状茎粗短，常有老茎和叶柄残基。茎多数，密集成丛或垫状，高 15～45 cm；茎、枝、叶两面及总苞片背面密被灰白色或灰黄色绢质茸毛。基生叶和茎下部叶狭长圆形或长椭圆形，长 5～10 cm，宽 1～2 cm，二至三回羽状全裂，每侧具裂片 7～13 枚，裂片椭圆形或卵状椭圆形，长 1.0～1.5 cm，宽 5～8 mm，每裂片常再次羽状全裂，每侧具 1～3 枚小裂片，小裂片线形，长 3～5 mm，宽 1.0～1.5 mm，先端钝，叶柄长 5～8 cm，基部略抱茎；中部叶与上部叶略小，一至二回羽状全裂。头状花序半球形，直径 6～10 mm，有短梗，下垂，在茎上组成总状或为密穗状的总状复花序；总苞片 4 层，外层总苞片卵形或长卵形，中层总苞片长卵形或椭圆形，边缘宽膜质，内层总苞片椭圆形或匙形，半膜质；花序托半球形，有稀疏脱落性托毛；雌花 4～10 朵，花冠狭管状，檐部具 2～3 齿裂；两性花 50～60 朵，管状，外面黏附多数淡黄色脱落性长茸毛。瘦果倒卵形。　花果期 7～11 月。

产西藏：日土（斯潘古尔，青藏队 76－8775；上曲龙，高生所西藏队 3504；热帮区帕边曲则，青藏队 76－9107）、改则（大滩，高生所西藏队 4332；至措勤县途中，青藏队藏北分队郎楷永 10266；夏曲至县城附近，青藏队藏北分队郎楷永 10137）、尼玛（双湖办事处后山山坡，青藏队藏北分队郎楷永 9865）。生于海拔 4 300～5 100 m 的沟谷山坡高寒草原、宽谷河滩草地、山坡砾石滩地、高寒草甸、河谷山地高寒灌丛草地。

分布于我国的西藏；克什米尔地区，印度，巴基斯坦也有。

11. 莳萝蒿

Artemisia anethoides Mattf. in Fedde Repert. Sp. Nov. 22：249. 1926；中国植物志 76（2）：33. 图版 5：1～2. 1991；青海植物志 3：381. 1996；新疆植物志 5：161. 1999；青藏高原维管植物及其生态地理分布 953. 2008.

一年生或二年生草本，高 30～60 cm；植株有浓烈的香气。主根单一，狭纺锤状。茎单生，淡红色或红色，分枝多，具小枝，茎、枝均被灰白色短柔毛。基生叶与茎下部叶长卵形或卵形，长 3～4 cm，宽 2.0～3.5 cm，三（至四）回羽状全裂，小裂片狭线形，叶柄长，花期早枯；中部叶宽卵形或卵形，长 2～4 cm，宽 1～3 cm，二至三回羽状全裂，每侧裂片 2～3 枚，小裂片丝线形或毛发状，长 2～5 mm，宽 0.3～0.5 mm，顶端钝尖，近无柄，基部裂片半抱茎；上部叶与苞叶 3 全裂或不分裂；全部叶两面密被白色茸毛。头状花序近球形，多数，直径 1.5～2.0（～2.5）mm，具短梗，下垂，在分枝上排列成复总状或为穗状式的总状，并在茎上组成开展的圆锥状复花序；总苞片 3～4 层，覆瓦状排列，外层及中层总苞片椭圆形或披针形，背面密被白色短柔毛，具绿色中脉，边缘膜质，内层总苞片长卵形，近膜质，背面无毛；花序托具托毛；雌花 3～6 朵，花冠狭筒状；两性花 8～16 朵，筒状，檐部 5 齿裂。瘦果倒卵形，上端平整或略斜，微有不对称的冠状附属物。 花果期 7～10 月。

产新疆：策勒（奴尔乡，采集人不详 100）。生于海拔 3 300 m 左右的砾石山坡草地。

青海：都兰（香日德托勒山，杜庆 477；英德尔羊场东沟，杜庆 435；诺木洪脱土山口，植被地理组 235）、兴海（河卡乡羊曲，弃耕地考察队 697）。生于海拔 2 800～3 600 m的沟谷山坡草地、宽谷滩地荒漠草原、山前洪积扇。

分布于我国的黑龙江、吉林、辽宁、内蒙古、河北、山西、陕西、宁夏、甘肃、青海、新疆、山东、河南、四川；蒙古，俄罗斯也有。

12. 伊朗蒿

Artemisia persica Boiss. Diagn. ser. 1. 6：91. 1845；西藏植物志 4：753. 1985；中国植物志 76（2）：35. 图版 5：13～19. 1991；青藏高原维管植物及其生态地理分布 961. 2008.

半灌木。主根垂直；根状茎稍粗大，木质，有短的木质营养枝。茎单一或少数，高25～70 cm，下部木质，褐色或灰褐色，有纵棱，老茎皮有纵纹，无毛；分枝多，斜上展，茎、枝初时被灰白色蛛丝状短柔毛，后稀疏。茎下部与中部叶近圆形或卵形，长1.5～3.5（～4.5）cm，宽1.5～2.5 cm，两面被稀疏珠丝状短柔毛，二至三回羽状全裂，每侧有裂片3～5枚，小裂片狭而短，近呈栉齿状的线状披针形或狭而短的线形，长4～6 mm，宽0.5 mm，先端钝或短尖，叶柄长0.5～1.0 cm，中部叶基部有羽状分裂的假托叶，上部叶与苞片叶无柄，一至二回羽状全裂，裂片或小裂片短线形或披针状线形。头状花序半球形，直径3～4（～5）mm，有短梗及小苞叶，下垂或斜升，在侧枝或小枝上端排成穗状式总状或复总状，在茎上常再组成略开展或狭长的圆锥复花序；总苞片3～4层，外层、中层总苞片卵形或长卵形，背面密生白色蛛丝状短柔毛，边花10～15朵，花冠狭圆锥状或近狭瓶状，檐部具2（～3）裂齿。花柱线形，伸出花冠外，先端2叉，叉端钝尖；两性花35～50朵，花冠管状，檐部紫色，初时檐部外面被疏短柔毛，后毛脱落，花药线形，上端附属物尖，长三角形，基部具短尖头，花柱线形，较花冠短，先端2裂，钝尖。瘦果椭圆状卵形或长卵形，上端有不对称的冠状附属物，果壁上具明显的纵纹。　花果期8～9月。

产西藏：日土（甲吾山，高生所西藏队3570；班公湖，高生所西藏队3649）、改则（高生所西藏队4329）。生于海拔3 800～4 800 m的河谷地带砾石质坡地、宽谷湖盆沙地高寒草原、高山流石滩稀疏植被带。

分布于我国的青海西部、西藏；伊朗，阿富汗，印度，巴基斯坦，克什米尔地区，中亚地区各国也有。

13. 白莲蒿

Artemisia sacrorum Ledeb. in Mém. Acad. Sci. St.-Pétersb. 5：571. 1815；中国植物志76（2）：44. 图版6：7～14. 1991；青海植物志3：388. 图版85：5～8. 1996；青藏高原维管植物及其生态地理分布963. 2008.

半灌木状，高50～100 cm。根木质，垂直；根状茎粗壮，有多数、木质的营养枝。茎多数，常成小丛，褐色或灰褐色，具纵棱，下部木质，皮常剥落，分枝多而长；茎、枝初时被微柔毛，后下部脱落无毛，上部毛宿存或无毛。茎下部与中部叶长卵形或长椭圆状卵形，长2～10 cm，宽2～8 cm，二至三回栉齿状羽状分裂，第一回全裂，每侧有裂片3～5枚，各裂片再次羽状全裂，小裂片栉齿状披针形，每侧具数枚细小的三角形栉齿或小裂片短小成栉齿状，叶中轴两侧具4～7枚栉齿，叶柄长1～5 cm，扁平，两侧常有少数栉齿，基部有小型栉齿状分裂的假托叶；上部叶略小，一至二回栉齿状羽状分裂，具短柄或近无柄；苞叶栉齿状羽状分裂或不分裂，线形；全部叶上面绿色，幼时有白色腺点，后腺点脱落，留有小凹穴，下面初时密被灰白色平贴的短柔毛，后无毛。头状花序近球形，下垂，直径2.0～2.5 mm，具短梗，在分枝上排列成穗状式的总状，并在茎上组成密集或略开展的圆锥状；总苞片3～4 层，外层披针形，初时密被灰白色短柔毛，后脱落无毛，中脉绿色，边缘膜质，中、内层总苞片椭圆形，近膜质，背面无毛；雌花 10～12 朵，花冠狭筒状，外面微有小腺点，檐部具2～3齿裂；两性花 20～40 朵，筒状，外面有微小腺点，檐部 5 齿裂。瘦果狭圆锥形。　花果期 7～10 月。

产西藏：日土（甲吾山，高生所西藏队 3570）。生于海拔 4 300 m 左右的高原砾石质宽谷滩地、高寒草原。

青海：兴海（大河坝乡赞毛沟，吴玉虎 47176；中铁乡天葬台沟，吴玉虎 45844、45862；赛宗寺，吴玉虎 46269、46262；中铁林场中铁构，吴玉虎 45545、45516、45518）、玛沁（尕柯河电站，吴玉虎等 5985）。生于海拔 3 200～4 200 m 的沟谷山坡高寒草原、山地路旁草地、山坡灌丛草地、河谷山地森林边草甸。

遍布全国；日本，朝鲜，蒙古，阿富汗，印度，巴基斯坦，尼泊尔，克什米尔地区，中亚地区各国也有。

14. 细裂叶莲蒿　图版 115：1～8

Artemisia gmelinii Web. ex Stechm. Artem. 30. 1775；中国植物志 76（2）：47. 1991；青海植物志 3：387. 图版 85：1～4. 1996；新疆植物志 5：163. 图版 41：1～8. 1999；青藏高原维管植物及其生态地理分布 957. 2008. —— *A. santolinifolia* Turcz. ex Bess. in Nouv. Mém. Soc. Nat. Mosc. 3：87. 1834；西藏植物志 4：756. 1985.

半灌木，高 10～40（～80）cm。主根稍粗，木质；根状茎略粗，木质，有多数多年生木质的营养枝，上密生营养叶。茎常多数，丛生，下部木质，上部半木质，紫红色，有纵棱，自下部分枝，少不分枝，茎、枝被疏灰白色柔毛。茎下部、中部和营养枝叶长卵形或三角状卵形，长 2～4 cm，宽 1～2 cm，二至三回栉齿状羽状分裂，第一至二回为羽状全裂，每侧裂片 4～5 枚，小裂片为栉齿状的短线形或短线状披针形，边缘常具数枚小栉齿，小栉齿长 1～3 mm，宽 0.2～0.5 mm，叶柄长 0.8～1.3 mm，基部有小型栉齿状分裂的假托叶；上部叶一至二回栉齿状的羽状分裂；苞叶呈栉齿状分裂或不分裂，线状披针形；全部叶上面初时被灰白色短柔毛，后渐脱落或近无毛，暗绿色，常有腺点和凹穴，背面密被灰色或淡灰黄色蛛丝状柔毛。头状花序近球形，直径 2～4（～6）mm，有短梗，下垂或斜升，在分枝上排列成穗状或为穗状式的总状，并在茎上组成狭窄的总状式的圆锥状复花序；总苞片 3～4 层，近等长，覆瓦状排列，外层总苞片椭圆形或椭圆状披针形，背面被灰白色短柔毛，具狭膜质边缘；中层总苞片卵形，无毛，边缘宽膜质，内层总苞片近膜质，无毛；花序托凸起，半球形；雌花 10～20 朵，花冠狭锥状，黄色，背面有腺点；两性花 40～60 朵，筒状，黄色。瘦果长圆形。　花果期 7～10 月。

产新疆：塔什库尔干（采集地不详，安峥皙 Tsh134；县城南 70 km 往北 20 km 处，

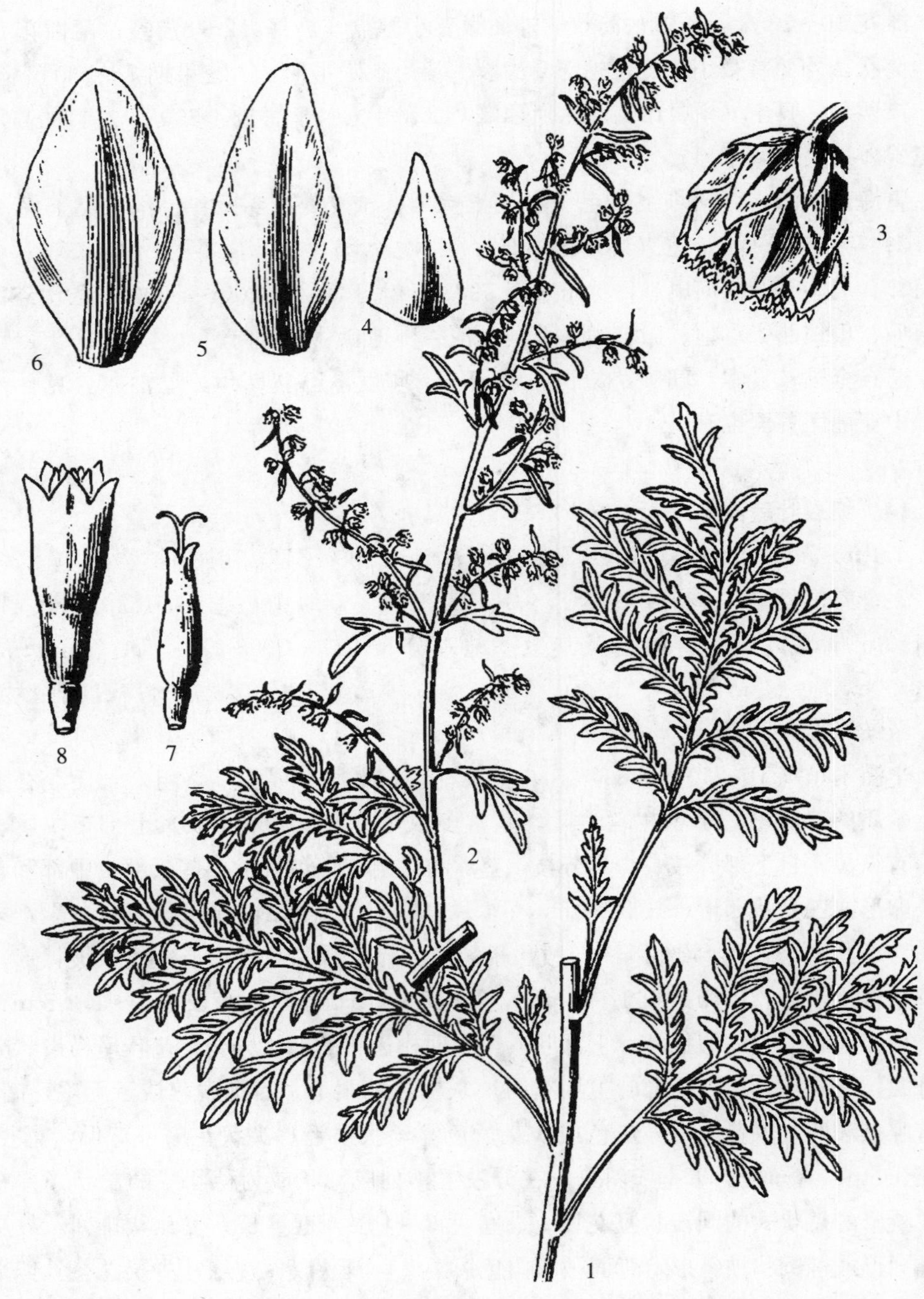

图版 115 细裂叶莲蒿 **Artemisia gmelinii** Web. ex Stechm. 1. 植株一部分；2. 花枝；3. 头状花序；4～6. 外、中、内层总苞片；7. 雌花；8. 两性花。（引自《新疆植物志》，冯金环绘）

克里木 T235；卡拉其古，西植所新疆队 894；红其拉甫，克里木 T155；卡拉其古，青藏队吴玉虎 870543)、叶城（阿卡孜达坂，阿不力米提 306；依力克其至峡谷前，黄荣福 C. G. 86－107；苏克皮亚，青藏队吴玉虎 1095；柯克亚乡，青藏队吴玉虎 870857)、策勒（奴尔乡都木，祁贵 186)、且末、莎车（喀拉吐孜矿区，青藏队吴玉虎 870665)。生于海拔 4 000 m 左右的沟谷山坡高寒草原、河谷灌丛草地、高原宽谷滩地、沙砾质草地、干山坡砾石地。

西藏：日土（班公湖西段，高生所西藏队 3648)、改则。生于海拔 4 400 m 左右的沟谷山坡草甸、宽谷河滩高寒草原。

青海：称多（采集地不详，吴玉虎 1617)、玛多（黑河乡，吴玉虎 414、杜庆 520；后山，吴玉虎 1617)、达日（建设乡，陈桂琛 1687；建设乡胡勒安玛，H. B. G. 1111；吉迈乡赛纳纽达山，H. B. G. 1320)、兴海（河卡乡阿米瓦阳山，何廷农 041)、甘德（上贡麻乡附近，H. B. G. 938)、玛沁（优云乡，玛沁队 548)。生于海拔 1 500～4 000 m 的沟谷山坡草地、山地高寒草原、河谷灌丛草地、宽谷滩地。

分布于我国的内蒙古、宁夏、甘肃、青海、新疆、四川、西藏；蒙古，中亚地区各国，俄罗斯西伯利亚也有。

15. 毛莲蒿

Artemisia vestita Wall. ex Bess. in Nouv. Mém. Soc. Nat. Mosc. 3：25. 1834；西藏植物志 4：757. 1985；中国植物志 76（2)：49. 1991；青海植物志 3：390. 1996；新疆植物志 5：165. 1999；青藏高原维管植物及其生态地理分布 965. 2008.

半灌木，高 50～100 cm，植株有浓烈的香味。根木质，稍粗；根状茎粗短，木质，有营养枝。茎直立，多数，丛生，下部木质，分枝多而长，茎紫红色或红褐色，被蛛丝状微柔毛。茎下部与中部叶卵形、椭圆状卵形或近圆形，长 3.5～7.5 cm，宽 2～4 cm，二（至三）回栉齿状的羽状分裂，第一回全裂或深裂，每侧有裂片 4～6 枚，第二回为深裂，小裂片小，边缘常具数枚栉齿状的深裂齿，裂齿细小，近椭圆形，长 1～2 mm，宽 0.2～0.5 mm，有时裂齿上有 1～2 枚小锯齿，顶端有小尖头，中轴两侧有栉齿状小裂片，叶柄长 0.8～2.0 cm，基部常有小型栉齿状的假托叶；上部叶小，栉齿状羽状深裂或浅裂；苞叶分裂或不分裂；全部叶上面绿色，有小凹穴，两面被灰白色密茸毛或上面毛略少，下面毛密。头状花序多数，球形或半球形，直径 2.5～3.5 mm，有短梗或近无梗，下垂，基部有线形小苞叶，在茎的分枝上排列成总状、复总状或近似于穗状，在茎上组成开展或略为开展的圆锥状复花序；总苞片 3～4 层，内、外层近等长，覆瓦状排列，外层总苞片卵状披针形，背面被灰白色短柔毛，中脉明显，绿色，边缘狭膜质，中层、内层总苞片卵形或宽卵形，中层总苞片背面微有短柔毛，边缘宽膜质，内层总苞片背面无毛，膜质；雌花 6～10 朵，花冠狭筒状，黄色，檐部 2 齿裂；两性花 13～20 朵，筒状，黄色，檐部 5 齿裂。瘦果长圆形。 花果期 7～10 月。

产青海：称多（歇武乡赛巴沟，刘尚武 2525）、玛沁、格尔木（西大滩，青藏队吴玉虎 2908）、都兰（诺木洪，杜庆 311；县城，杜庆 447）。生于海拔 2 600～4 000 m 的沟谷山坡草地、河滩高寒草地、山坡灌丛草地、山地林缘草甸。

分布于我国的甘肃、青海、新疆、湖北、四川、贵州、云南、西藏；印度，巴基斯坦，尼泊尔，克什米尔地区也有。

16. 黄花蒿 图版 119：1～6

Artemisia annua Linn. Sp. Pl. 847. 1753；西藏植物志 4：754. 1985；中国植物志 76（2）：62. 图版 9：7～13. 1991；青海植物志 3：387. 图版 84：6～8. 1996；新疆植物志 5：167. 图版 42：1～6. 1999；青藏高原维管植物及其生态地理分布 953. 2008.

一年生草本，高 50～100 cm，有浓烈的香味。根单一，垂直，纺锤状。茎单生，直立，基部直径可达 1 cm，有纵棱，褐色或红褐色，多分枝，开展，茎、枝无毛或初时被微柔毛，后脱落无毛。茎下部叶宽卵形或三角状卵形，长 3～5 cm，宽 2～3 cm，三（至四）回栉齿状羽状全裂，每侧有裂片 5～8 枚，裂片长椭圆形，再次分裂，小裂片边缘具多数栉齿状长三角形的深裂齿，裂齿长 1～2 mm，宽 0.5～1.0 mm，中脉明显，在叶面上稍凸起，叶柄长 1～2 cm，基部有半抱茎的假托叶；中部叶二（至三）回栉齿状的羽状深裂，小裂片栉齿状长三角形，具短柄；上部叶与苞叶一（至二）回栉齿羽状深裂，近无柄；全部叶纸质，绿色，无毛，两面具细小脱落性的白色腺点及细小凹点。头状花序球形，直径 1.5～2.5 mm，有短梗，下垂，基部有线形小苞叶，多数在分枝上排列成总状或复总状，在茎上组成开展、尖塔形的圆锥状复花序；总苞片 3～4 层，覆瓦状排列，近等长，外层总苞片长卵形或长椭圆形，中脉绿色，边缘膜质，背面无毛，中、内层总苞片宽卵形，边缘宽膜质或近膜质，背面无毛；雌花 10～18 朵，花冠狭筒状，檐部 2 齿裂；两性花 10～30 朵，筒状，深黄色。瘦果小，椭圆状卵形。 花果期 7～10 月。

产新疆：阿克陶（奥依塔克林场，杨昌友 75771）、策勒（采集地和采集人不详，9318；县城郊，R1310）、叶城（棋盘乡巴瓦孜，阿不力米提 208）。生于海拔 2 000～3 100 m 的荒漠绿洲农田边、山坡草地、沟谷荒地、田林路边草地。

遍及全国；广布于欧洲、亚洲和北美洲。

17. 臭 蒿

Artemisia hedinii Ostenf. et Pauls. in S. Hedin S. Tibet 6（3）：41. pl. 3：1. 1922；西藏植物志 4：754. 图版 326. 1985；中国植物志 76（2）：65. 图版 10：1～7. 1991；青海植物志 3：385. 图版 84：1～2. 1996；新疆植物志 5：167. 1999；青藏高原维管植物及其生态地理分布 958. 2008.

一年生草本，高 15～60 cm。根单一，垂直。茎单一，紫红色，具纵棱，不分枝或上部有着生头状花序的分枝，枝长 5～10 cm；茎、枝无毛或被疏短柔毛。基生叶多数，密集成莲座状，长椭圆形，长 8～10 cm，宽 2.0～2.5 cm，二回栉齿状羽状分裂，每侧具裂片 10 余枚，裂片长 0.6～1.0 cm，宽约 0.5 cm，再次羽状深裂或全裂，小裂片具多枚栉齿，栉齿细小，长三角形，长 1.0～1.5 mm，宽 0.2～1.0 mm，顶端锐尖，具短叶柄，长 0.5～1.0 cm；茎下部与中部叶长椭圆形，长 4～6 cm，宽 1.5～2.0 cm，二回栉齿状羽状分裂，第一回全裂，每则具裂片 5～10 枚，裂片长圆形或线状披针形，长 0.3～1.5 cm，宽 2～3 mm，各裂片具多数小裂片，小裂片两侧密具细小锐尖的栉齿，中轴与叶柄两侧均有少数栉齿，下部叶柄长 2～4 cm，向上叶柄渐短，基部稍平展，半抱茎，并有小型栉齿状分裂的假托叶；上部叶与苞叶渐小，一回栉齿状羽状分裂；全部叶绿色，背面微被腺毛状短柔毛。头状花序半球形，直径 3～4 mm，茎端及花序分枝上排列成密穗状，并在茎上组成密集、狭窄的圆锥状复花序；总苞片 3 层，近等长，外层总苞片椭圆形，背面无毛或微有腺毛状短柔毛，边缘紫褐色或深褐色，膜质，中、内层总苞片椭圆形或卵形，近膜质或膜质，无毛；花序托凸起，半球形；雌花 3～8 朵，花冠狭圆锥状，檐部具 2～3 裂齿；两性花 15～20 朵，筒状，檐部紫红色。瘦果长圆状倒卵形，有纵纹。 花果期 7～10 月。

产新疆：叶城（棋盘乡巴瓦孜，阿不力米提 208）、和田（风光乡，杨昌友 750531、750655）。生于海拔 1 400～2 800 m 的山坡草地、沙砾滩地荒漠草原、沟谷河滩草地、砾石质坡地。

西藏：日土（县城郊，青藏队吴玉虎 1620；热帮区附近，青藏队 76-9136）、改则（麻米区至新城途中，青藏队正北分队郎楷永 10172）、班戈（那曲，青藏队 10629）。生于海拔4 200 m左右的高原宽谷滩地高寒草原、砾石质山坡草地。

青海：兴海（中铁乡天葬台沟，吴玉虎 45863、45943；大河坝乡赞毛沟，吴玉虎 47187、47178、47209、47119；黄青河畔，吴玉虎 42742；中铁乡至中铁林场途中，吴玉虎 43113、43141；温泉乡曲隆，H. B. G. 1394；河卡乡羊曲，吴玉虎 20482；大河坝沟，吴玉虎 42586）、甘德（上贡麻乡附近，H. B. G. 962）、玛多（后山，吴玉虎 1622；拉加日科河，区划二组 216；县城郊，吴玉虎 227；黑海乡，杜庆 535）、玛沁（西哈垄河谷，H. B. G. 345；黑河乡，陈桂琛等 1779）、曲麻莱（采集地不详，刘尚武等 805）、久治（索乎日麻乡，藏药队 584；智青松多，果洛队 672；县城附近，藏药队 883）。生于海拔 3 000～3 620 m 的沟谷山坡草地、河滩草甸、砾石质坡地、山地路边、山坡林缘灌丛草地。

分布于我国的新疆、甘肃、青海、西藏、云南、四川、内蒙古；蒙古，阿富汗，伊朗，巴基斯坦，克什米尔地区，中亚地区各国也有。

18. 湿地蒿 图版 116：1～5

Artemisia tournefortiana Reichb. Ic. Exot. Cent. 1：6，t. 5. 1827；中国植物

志 76 (2): 67. 图版 10: 8～14. 1991; 新疆植物志 5: 169. 图版 43: 1～5. 1999; 青藏高原维管植物及其生态地理分布 965. 2008.

一年生草本，高 40～100 cm。根单一，垂直，纺锤状。茎单生，紫褐色，有细纵棱，上部有着生头状花序的短分枝，分枝长 2～5 cm，茎、枝初时被叉状的灰白色短柔毛，后部分脱落。茎下部和中部叶长卵状椭圆形或长圆形，长 5～10 cm，宽 2～4 cm，二回栉齿状羽状分裂，第一回全裂，每侧有裂片 5～8 枚，裂片椭圆状披针形或长圆形，羽状深裂，小裂片椭圆状披针形，长 1～3 mm，宽 0.5～1.0 mm，有时边缘间有数枚尖锯齿，叶轴两侧有多数栉齿，叶柄长 0.5～2.0 cm，基部有小型半抱茎的栉齿状假托叶；上部叶具短柄或无柄，一至二回栉齿状羽状深裂，裂片小；苞叶无柄，羽状分裂或不分裂而为线状披针形，边缘具数枚裂齿或锯齿，少全缘；全部叶绿色，无毛。头状花序多数，宽卵形或近球形，直径 1.5～2.0 mm，直立，无梗或近无梗，在短分枝上排列成密集的穗状，在茎上组成狭窄的圆锥状复花序；总苞片 3～4 层，近等长，外层总苞片卵形，背面凸起，有绿色中脉，无毛，边缘狭膜质，中、内层总苞片披针形或长圆形，边缘膜质或全膜质；花序托小，凸起；雌花 10～30 朵，花冠狭管状，黄色，檐部具 2 齿裂；两性花 10～15 朵，筒状，檐部 5 齿裂，紫红色。瘦果长椭圆形。 花果期 7～10 月。

产新疆：英吉沙（城关乡，英 100）。生于海拔 1 400 m 左右的沟谷山坡草地、农田路边、河谷阶地草地、田林路边荒地、山坡林缘草地。

分布于我国的新疆；蒙古，阿富汗，伊朗，巴基斯坦，克什米尔地区，中亚地区各国也有。

19. 米　蒿

Artemisia dalai-lamae Krasch. in Not. Syst. Herb. Hort. Bot. Petrop. 3: 17. 1922; 中国植物志 76 (2): 69. 1991; 青海植物志 3: 385. 图版 84: 3～5. 1996; 青藏高原维管植物及其生态地理分布 954. 2008.

半灌木，高 10～20 cm。根多数，肉质，根状茎木质，横走。茎多数，直立，初时被毛，后脱落。叶多数，密集，近肉质，无柄，两面微被短柔毛；茎下部与中部叶卵形或宽卵形，长 0.8～1.2 cm，宽 0.7～1.0 cm，一至二回羽状全裂或近掌状全裂，每侧有裂片 2～3 枚，小裂片狭线状棒形或狭线形，长 2～4 mm，宽 0.5 mm，先端圆钝或略膨大，基部 1 对裂片半抱茎并成假托叶状；上部叶与苞片叶 5 或 3 全裂。头状花序半球形或卵球形，直径 3.0～3.5 (～4.0) mm，有短梗或近无梗，在茎或茎的分枝上排成穗状、穗状式的总状或为复穗状，而在茎上再组成狭窄的圆锥状复花序；总苞片 3～4 层，外层总苞片长卵形或椭圆状披针形，背面微被灰白色蛛丝状短柔毛，边缘膜质，中、内层总苞片椭圆形，近膜质，背面无毛；雌花 1～3 朵，花冠狭圆锥状或狭管状，檐部具 2 (～3) 裂齿，花柱略伸出花冠外，先端 2 叉，叉端尖；两性花 8～20 朵，花冠管状，背面有腺点，花药线形，先端附属物尖，长三角形，基部圆钝或微尖，花柱与花冠等长或略短于花冠，先端2叉，叉端近截形，有睫毛。瘦果小，倒卵形。 花果期7～9月。

产青海：格尔木、都兰（英德尔，杜庆0434；脱土山，郭本兆、王为义11793）、兴海（曲什安乡大米滩，吴玉虎41820、41836、41843）。生于海拔1 800～3 200 m的沟谷砾石质干山坡、山地干草原、半荒模草原、盐碱地、干河谷草地、山前洪积扇及河漫滩、河谷台地的阳坡砾石地。

分布于我国的内蒙古、甘肃、青海、西藏。模式标本采自青海柴达木盆地。

20. 矮丛蒿

Artemisia caespitosa Ledeb. Fl. Alt. 4: 80. 1833；中国植物志76（2）：72. 1991；新疆植物志5：169. 1999；青藏高原维管植物及其生态地理分布954. 2008.

多年生矮生草本，高5～15 cm。主根明显，木质；根状茎稍短粗，具多数营养枝。茎多数，常与营养枝组成矮丛，不分枝或上部有短小、密生头状花序的分枝，茎、枝密被灰白色略带绢质的短柔毛。茎下部与中部叶椭圆形或卵形，长、宽各0.5～1.0 cm，下部叶常3齿裂或近掌状5齿裂，中部叶一至二回近掌状式羽状全裂，每侧有裂片1～2枚，不再分裂或再2～3全裂，小裂片线形或狭线状披针形，长3～6 mm，宽1.5～2.0 mm，顶端尖，叶柄长0.6～1.0 cm，基部稍宽，近半抱茎；上部叶与苞叶3～5全裂或不分裂，无柄或近无柄；全部叶纸质，干后质稍硬，两面密被灰白色略带绢质的短柔毛。头状花序半球形、近球形或卵钟形，直径3～4 mm，无梗，在茎端或短的分枝上每2至数枚排列成短穗状，并在茎上组成短小、密集的穗状式的窄圆锥状复花序；总苞片3～4层，外层总苞片略狭小，披针形，绿色，背面密被灰白色略带绢质的短柔毛，中、内层总苞片椭圆形，边缘宽膜质或全为半膜质，中脉绿色；雌花5～7朵，花冠狭圆锥状，檐部具2～3齿裂；两性花15～22朵，筒状，檐部5齿裂，外面稍被短柔毛。瘦果倒卵形或倒卵状椭圆形。 花果期7～10月。

产新疆：若羌（祁漫塔格南坡，吴玉虎等4287）。生于海拔2 000～4 300 m的滩地高寒荒漠草原、沟谷山坡砾石质草地、河漫滩草地。

分布于我国的内蒙古、新疆；蒙古，俄罗斯西伯利亚也有。

21. 银 蒿 图版116：6～10

Artemisia austriaca Jacq. in Murr. Syst. 744. 1784；中国植物志76（2）：73. 1991；新疆植物志5：171. 图版43：6～10. 1999；青藏高原维管植物及其生态地理分布953. 2008.

多年生草本，有时成半灌木状。茎直立，多数，高15～50 cm，基部常扭曲，木质，分枝长或短，斜向上或贴向茎，茎、枝、叶两面密被银白色略带绢质的茸毛。茎下部和营养枝叶卵形或长卵形，三回羽状全裂，每侧有裂片2～6枚，小裂片狭线形，具

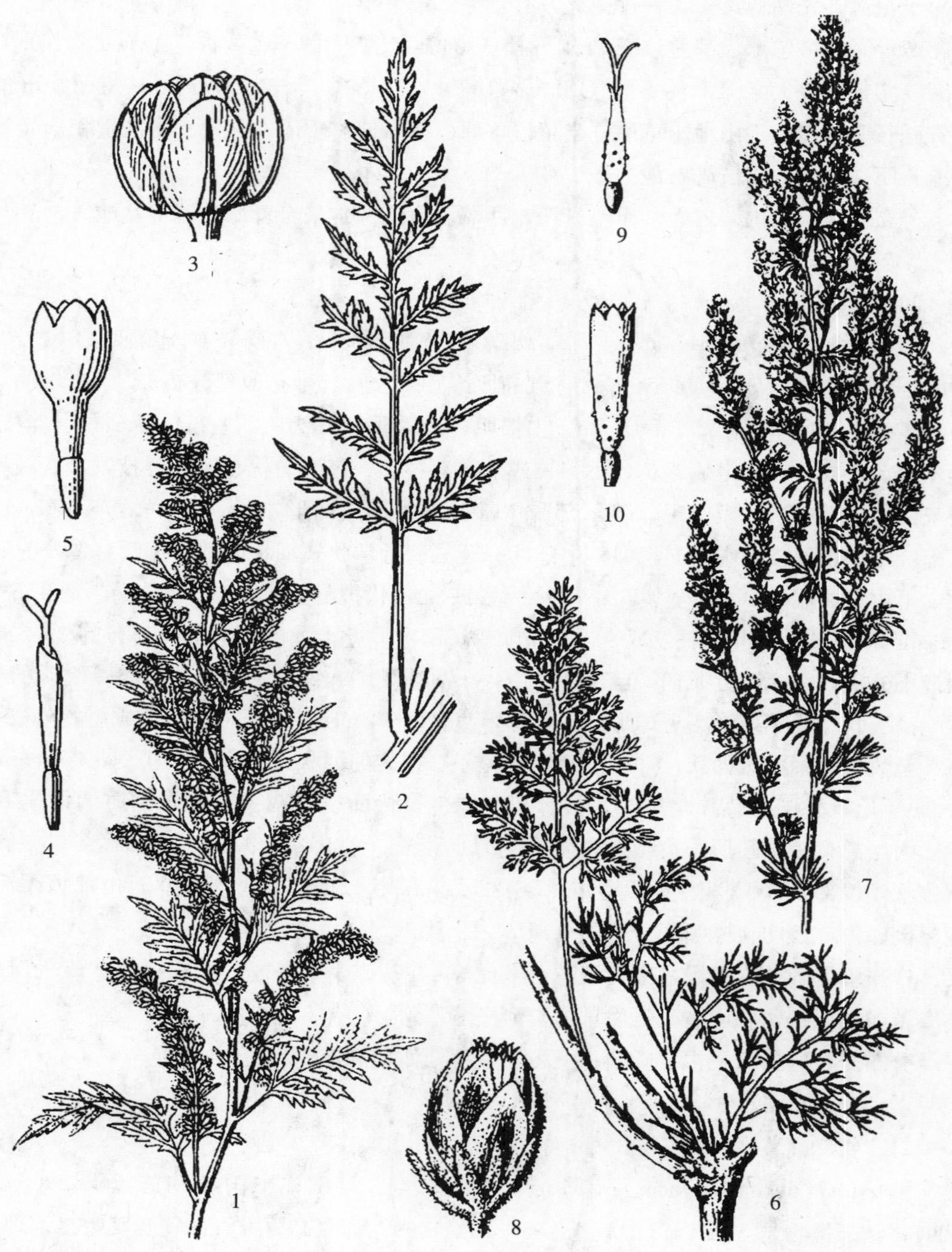

图版 116　湿地蒿 **Artemisia tournefortian**a Reichb. 1. 植株；2. 叶；3. 头状花序；4. 雌花；5. 两性花。银蒿 **A. austriaca** Jacq. 6. 植株下部；7. 植株上部；8. 头状花序；9. 雌花；10. 两性花。
(引自《新疆植物志》，张荣生绘)

长叶柄，花期枯；茎中部叶长卵形或椭圆状卵形，长 1.5～3.0 cm，宽 1.0～2.5 cm，二至三回羽状全裂，每侧有裂片 2～3 枚，裂片倒卵形，再次 3 全裂或羽状全裂，小裂片狭线形，长 2～10 mm，宽0.5～0.8 mm，顶端钝尖，叶柄长 2～5 mm；上部叶羽状全裂，无柄，苞叶分裂或不分裂而为狭线形。头状花序卵球形，直径 2～3 mm，无梗，斜展，多数在分枝上排列成密穗状，而在茎上组成狭窄的圆锥状复花序；总苞片 3～4 层，覆瓦状排列，外层总苞片短小，披针形，背面密被银白色绢质茸毛，边缘膜质，中、内层总苞片卵形，长卵形，半膜质至膜质；花序托小，凸起；雌花 3～7 朵，花冠狭筒状，黄色，檐部具 2～3 齿裂；两性花 7～8 朵，筒状，黄色，檐部 5 齿裂。瘦果椭圆形。 花果期 7～10 月。

产新疆：阿克陶（恰克拉克至木吉途中，青藏队吴玉虎 870597）、塔什库尔干（麻扎种羊场，青藏队吴玉虎 4968；卡拉其古，青藏队吴玉虎 870544）。生于海拔 1 400～3 600 m 的沟谷干旱草原、河谷滩地草原、山坡林缘及荒地。

分布于我国的新疆；伊朗，俄罗斯，欧洲也有。

22. 野艾蒿 图版 117：1～7

Artemisia lavandulaefolia DC. Prodr. 6：110. 1837；中国植物志 76（2）：92. 图版 12：1～8. 1991；新疆植物志 5：172. 图版 44：1～7. 1999；青藏高原维管植物及其生态地理分布 958. 2008.

多年生草本，有时为半灌木状，高 50～100 cm。主根明显，侧根多；根状茎常匍地，有细而短的营养枝。茎少数或单生，具纵棱，分枝多，长 5～10（～20）cm，斜向上伸展，茎、枝被灰白色蛛丝状短柔毛。基生叶与茎下部叶宽卵形或近圆形，长 8～12 cm，宽 6～7 cm，（一至）二回羽状全裂，具长柄，花期凋落；中部叶卵形、长圆形或近圆形，长 6～8 cm，宽 5～7 cm，（一至）二回羽状全裂或深裂，每侧有裂片 2～3 枚，裂片椭圆形或长卵形，长3～5 cm，宽 5～7 mm，每裂片具 2～3 枚线状披针形的小裂片或深裂齿，顶端尖，边缘反卷，叶柄长 1～2 cm，基部有小型羽状分裂的假托叶；上部叶羽状全裂，具短柄或近无柄；苞叶 3 全裂或不分裂，裂片或不分裂的苞叶线状披针形，顶端尖；全部叶纸质，上面绿色，具密集白色腺点及小凹点，初时被疏灰白色蛛丝状柔毛，后毛疏或近无毛，下面密被灰白色绵毛。头状花序极多数，椭圆形，长 2.5～3.0 mm，宽 2.0～2.5 mm，有短梗或近无梗，在分枝上半部排列成密穗状或复穗状，并在茎上组成狭长或中等开展的圆锥状复花序；总苞片 3～4 层，覆瓦状排列，外层略小，卵形或长卵形，背面密被灰白色蛛丝状柔毛，边缘狭膜质，中层总苞片长卵形，背面被疏蛛丝状柔毛，边缘宽膜质，内层总苞片长圆形或椭圆形，半膜质，背面近无毛；雌花 4～9 朵，花冠窄筒状，檐部 2 齿裂，紫红色；两性花 10～15 朵，筒状，檐部 5 齿裂，紫红色。瘦果长卵形。 花果期 7～10 月。

产新疆：喀什、莎车。生于海拔 1 400 m 左右的沟谷山地林缘、河滩草地、山坡草甸、山地灌丛及农田。

分布于我国的黑龙江、吉林、辽宁、内蒙古、河北、山西、陕西、甘肃、山东、江苏、安徽、江西、河南、湖北、湖南、广东、广西、四川、贵州、云南；日本，朝鲜，蒙古，俄罗斯西伯利亚也有。

23. 北 艾 图版 117：8～12

Artemisia vulgaris Linn. Sp. Pl. 848. 1753；中国植物志 76 (2)：101. 图版 14：1～9. 1991；青海植物志 3：394. 1996；新疆植物志 5：174. 图版 44：8～13. 1999；青藏高原维管植物及其生态地理分布 966. 2008.

多年生草本，高 50～100 cm。主根粗，根状茎稍粗，斜向上或直立。茎少数或单生，有细纵棱，紫褐色，上部有分枝，斜向上贴茎，茎、枝被疏短柔毛。茎下部叶椭圆形或长圆形，二回羽状深裂或全裂，具长柄，柄长 2～4 cm，花期凋谢；中部叶椭圆形或长卵形，长5～10 (～5) cm，宽 1.5～6.0 (～10.0) cm，一至二回羽状深裂或全裂，每侧有裂片 4～5 枚，裂片椭圆状披针形或线状披针形，长 3～5 cm，宽 1.0～1.5 cm，顶端长渐尖，边缘常有 1 至数枚浅或深裂齿，中轴具窄或宽翅，基部裂片小，呈假托叶状，半抱茎，无柄；上部叶小，羽状深裂，裂片披针形或线状披针形，边缘有或无齿；苞叶小，3 深裂或不分裂，裂片或不分裂之苞叶线状披针形或披针形，全缘；全部叶纸质，上面深绿色，初时被疏蛛丝状薄毛，后少或无毛，下面密被白色蛛丝状茸毛。头状花序长圆形，长 4～5 mm，宽 2.5～3.5 mm，无梗或有极短的梗，在分枝上排列成密穗状；总苞片 3～4 层，覆瓦状排列，外层总苞片略短小，卵形，中脉绿色，边缘膜质，顶端尖，背面密被蛛丝状柔毛，中层总苞片长卵形或长椭圆形，有窄绿色中脉，边缘宽膜质，背面被蛛丝状柔毛，内层总苞片倒卵状椭圆形，半膜质，背面少毛；雌花 7～10 朵，花冠狭筒状，檐部 2 齿裂，紫红色；两性花 8～20 朵，花冠筒状，檐部 5 齿裂，紫红色。瘦果倒卵形或卵形。 花果期 7～10 月。

产新疆：喀什（前进三牧场、采集人和采集号不详）、疏勒、英吉沙、塔什库尔干（采集地不详，安峥晳 155）、叶城（柯克亚乡高沙斯，青藏队吴玉虎 870941；苏克皮亚，青藏队吴玉虎 1097）。生于海拔2 400 m左右的山地草原、沟谷山坡森林草原、林缘草地、河谷阶地草地、荒地及路边。

分布于我国的陕西、甘肃、青海、新疆、四川；蒙古，俄罗斯，欧洲也有。

24. 灰苞蒿

Artemisia roxburghiana Bess. in Bull. Soc. Nat. Mosc. 9：57. 1836；西藏植物志 4：766. 图 332. 1985；中国植物志 76 (2)：104. 1991；青海植物志 3：396. 1996；青藏高原维管植物及其生态地理分布 962. 2008.

半灌木状草本。茎少数或单生，直立，高 50～120 cm，紫红色或深褐色，具纵棱，

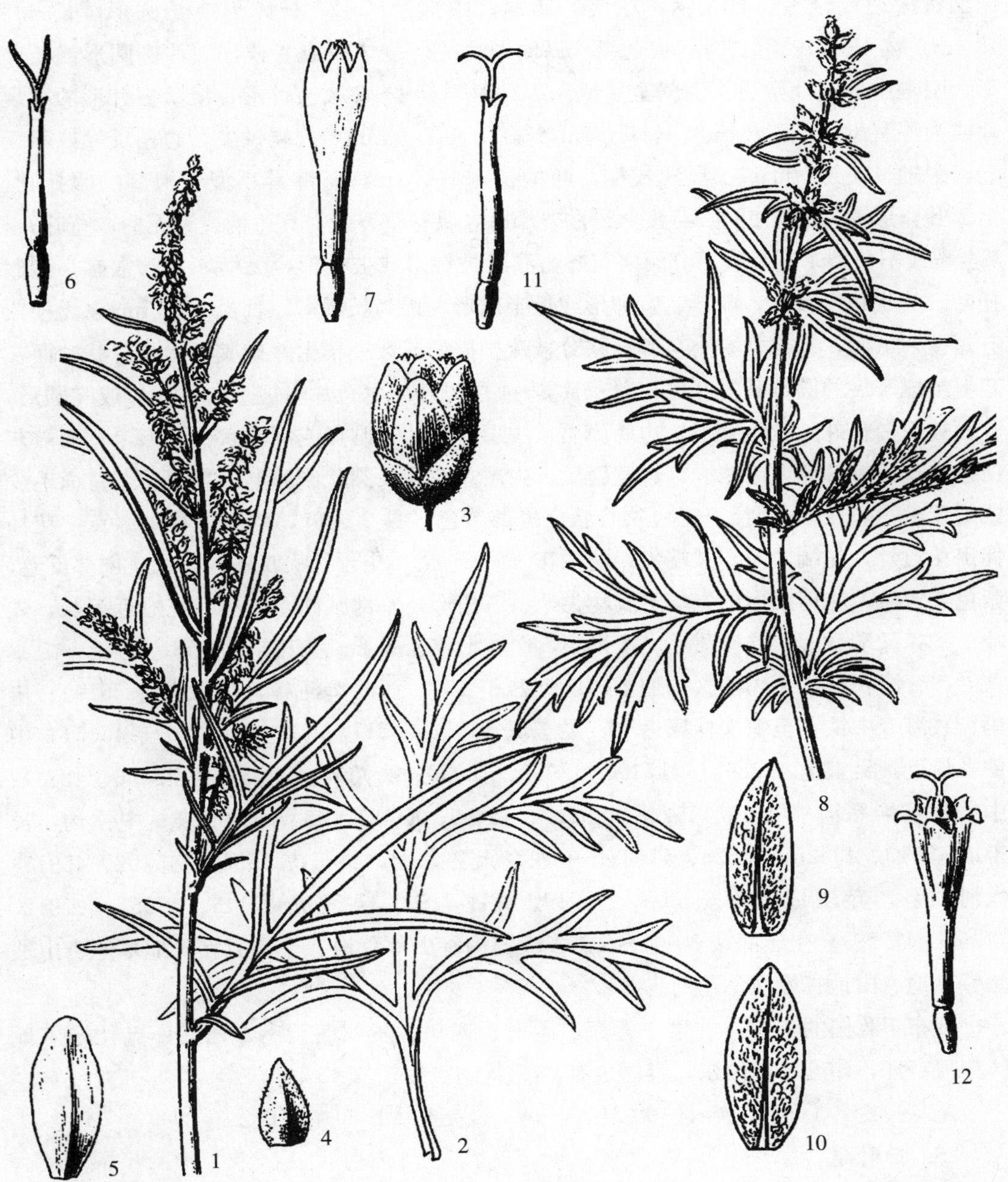

图版 **117** 野艾蒿 **Artemisia lavandulaefolia** DC. 1. 植株；2. 叶；3. 头状花序；4～5. 外、中层总苞片；6. 雌花；7. 两性花。北艾 **A. vulgaris** Linn. 8. 植株；9～10. 外、中层总苞片；11. 雌花；12. 两性花。（引自《新疆植物志》，张荣生绘）

分枝多，枝长 10～35 cm；茎、枝被灰白色蛛丝状薄柔毛。叶厚纸质或纸质，上面深绿色，初时微有短柔毛，后脱落，下面密被灰白色蛛丝状茸毛；下部叶卵形或长卵形，二回羽状深裂或全裂，具长柄，花期叶凋谢；中部叶卵形、长卵形或长圆形，长 6～10 cm，宽 4～6 cm，二回羽状全裂，每侧裂片（2～）3 枚或 4 枚，裂片椭圆形或长卵形，两侧中部裂片常再次羽状全裂或深裂，每侧具 1～3 枚披针形、线状披针形的小裂片或为深裂齿，小裂片长 0.5～1.5 cm，宽 2.0～2.5 mm，先端锐尖，边稍反卷或不反卷，中轴具狭翅，叶基部渐狭成柄，叶柄长 15～2 cm，基部具小型半抱茎的假托叶，上部叶卵形，一（至二）回羽状全裂，裂片边缘偶有浅裂齿，具短柄或近无柄；苞叶3～5 全裂或不分裂，裂片或不分裂之苞叶为线状披针形或披针形，无柄，基部常有小型假托叶。头状花序多数，卵形、宽卵形或近半球形，稀为长圆形，直径 2～3 mm，无梗或有短梗，下倾，基部常有小苞叶，在分枝疏松排列或数枚集生并排成穗状或总状，而在茎上组成开展的圆锥状复花序；总苞片 3～4 层，外层总苞片略短小，狭卵形或椭圆形，背面被灰白色蛛丝状短茸毛，边缘膜质，中层总苞片长圆形或倒卵状长圆形，背面被灰白色蛛丝状短茸毛或毛略少，边宽膜质，内层总苞片长圆状倒卵形，半膜质，背面毛少或近无毛；雌花 5～7 朵，花冠狭管状，檐部紫色，具 2 裂齿，背面微有小腺点，花柱伸出花冠外，先端 2 叉，叉端尖；两性花 10～20 朵，花冠管状或高脚杯状，檐部反卷，紫色或黄色，花药线形，先端附属物尖，长三角形，基部圆钝，花柱与花冠近等长，先端 2 叉，叉端截形，并有睫毛。瘦果小，倒卵形或长圆形。 花果期 8～10 月。

产青海：都兰、玛沁（拉加乡，区划二组 227；西哈垄河谷，吴玉虎等 5619）、班玛、兴海（中铁乡至中铁林场途中，吴玉虎 43211、43117、43059、43207、43051；中铁乡附近，吴玉虎 42989、43173A、42990、42955；唐乃亥乡，吴玉虎 42006、42111；中铁林场恰登沟，吴玉虎 45248、45219、45455、45483、45470、44893；中铁沟，吴玉虎 45613、45525、45528、45638；中铁乡天葬台沟，吴玉虎 45954、45792、45911；大河坝乡，弃耕地考察队 306；大河坝乡赞毛沟，吴玉虎 47145、47057、47212、47062、47099）。生于海拔 3 000～3 900 m 的沟谷山地荒地、干旱河谷阶地草原、山坡路旁草地、山地林缘灌丛草甸。

分布于我国的陕西、甘肃、青海、湖北、四川、贵州、云南、西藏；克什米尔地区，阿富汗，印度，尼泊尔，泰国也有。

25. 白叶蒿

Artemisia leucophylla（Turcz. ex Bess.）C. B. Clarke Comp. Ind. 162. 1876；西藏植物志 4：767. 1985；中国植物志 76（2）：105. 1991；青海植物志 3：395. 1996；新疆植物志 5：174. 1999；青藏高原维管植物及其生态地理分布 959. 2008. —— *A. vulgaris* Linn. var. *leucophylla* Turcz. ex Bess. in Nuov. Mém. Soc. Nat. Mosc. 3：54. 1834.

多年生草本，高 30～60 cm。茎少数或单生，有纵棱，上部分枝，枝长 5～15 cm，向上斜展，茎、枝被疏蛛丝状柔毛。茎下部叶椭圆形或长卵形，长 5～8 cm，宽 4～7 cm，一至二回羽状深裂或全裂，每侧有裂片 3～4 枚，裂片椭圆形或长圆形，再次羽状分裂，每侧具1～3 枚小裂片或浅裂齿，叶柄长 1～2 cm，两侧有小裂齿；中部叶与上部叶羽状全裂，每侧具裂片 2～3 枚，裂片线状披针形，长 1.0～2.5 cm，宽 3～6 mm，偶有 1～2 浅裂齿，无柄；苞叶 3～5 全裂或不分裂而为线形；全部叶纸质，上面暗绿色，被疏蛛丝状茸毛，并有稀疏白色腺点，下面密被灰白色蛛丝状绒毛。头状花序宽卵形，长 2.5～3.0 mm，宽 2.5～3.5 mm，无梗或有短梗，直立或稍下垂，在分枝上排列成或密或疏的穗状，而在茎上组成狭窄或稍开展的圆锥状复花序；总苞片 3～4 层，覆瓦状排列，外层总苞片略短小，卵形，背面绿色，被蛛丝状柔毛，边缘膜质，中层总苞片椭圆形，背面被疏蛛丝状柔毛，边缘宽膜质，内层总苞片倒卵形，半膜质，近无毛；雌花 5～8 朵，花冠狭筒状，檐部具 2～3 齿裂；两性花 6～10 朵，花冠筒状，檐部及花冠上部橘红色。瘦果倒卵形。　花果期 7～10 月。

产新疆：乌恰（司马义 117；吉根乡斯木哈纳，西植所新疆队 2071）、喀什（采集地和采集人不详，23740）、英吉沙（艾古斯乡，英 065）、莎车（采集地和采集人不详，R1175）、塔什库尔干（卡拉其古，青藏队吴玉虎 870555、崔乃然 163）、叶城（库地，阿不力米提 087）、策勒（奴尔乡都木，采集人不详 186）、若羌（县城，刘海源 082）。生于海拔 2 300～4 000 m 的沟谷山坡草地、山地林缘草甸、溪流河谷两岸草地及路边。

西藏：班戈。生于海拔 4 500 m 左右的宽谷沙砾山坡草地。

分布于我国的黑龙江、吉林、辽宁、内蒙古、河北、山西、陕西、宁夏、青海、贵州、云南、西藏；蒙古，朝鲜，俄罗斯西伯利亚也有。

26. 叶苞蒿

Artemisia phyllobotrys（Hand.-Mazz.）Ling et Y. R. Ling in Bull. Bot. Res. 8（3）：27. 1988；中国植物志 76（2）：111. 图版 15：10～18. 1991；青海植物志 3：394. 1996；新疆植物志 5：174. 1999；青藏高原维管植物及其生态地理分布 962. 2008. —— *A. strongylocephala* Pamp. var. *phyllobotrys* Hand.-Mazz. in Acta Hort. Gothob. 12：278. 1938.

多年生草本或为半灌木状。茎通常多数，稀少数，常组成密丛，高 50～100（～150）cm，紫褐色或褐色，具细纵棱；自茎下部开始分枝，枝长 10.0～1.5（～24.0）cm；茎、枝初时密被蛛丝状短柔毛，后梢稀疏。叶纸质，上面疏被灰白色蛛丝状短柔毛，下面密被蛛丝状茸毛；基生叶与茎下部叶小，花期枯萎，中部叶长卵形，长 2.0～5.5 cm，宽 1.0～3.5 cm，二回羽状分裂，第一回全裂，每侧有裂片 4～5 枚，裂片宽卵形或近圆形，长 1～2 cm，宽 0.5～1.5 cm，再次羽状深裂或几全裂，裂片每侧具 1～2 枚小裂片，小裂片椭圆形或长椭圆形，长 0.3～1.0 cm，宽 1.5～3.0 mm，先端钝尖，边全缘或偶有1～2枚小浅裂齿，中部具狭翅，基部裂片成假托叶状，叶柄短或近无柄；上部叶与苞叶一至二回羽状全裂或几全裂，无柄。头状花序长圆形或倒卵状长圆形，直径2.0～2.5（～3.0）mm，无梗或具极短的梗，基部具稍大而明显的小苞叶，小苞叶不分裂，有时3全裂，小苞叶裂片椭圆形，通常较头状花序长，头状花序在茎端或分枝端排成穗状或近单生叶腋，再在茎上组成狭窄或中等开展的圆锥状复花序；总苞片3～4层，外层短小，外层、中层总苞片卵形或狭卵形，背面密被灰白色蛛丝状短柔毛，中脉绿色，边缘狭膜质，内层总苞片长圆形或长圆状倒卵形，背面毛略少，边宽膜质；雌花4～8朵，花冠狭管状，檐部具2裂齿，紫红色，花柱长，伸出花冠外，先端2叉，叉端钝尖；两性花10～14朵，花冠管状，檐部紫红色，花药线形，先端附属物尖，长三角形，基部圆钝，花柱近与花冠等长，先端2叉，叉端截形，有睫毛。瘦果小，倒卵形。 花果期7～10月。

产青海：称多。生于海拔3 000～3 900 m的沟谷坡地高山草原、山坡高寒灌丛草地、河谷地带砾石荒坡。

分布于我国的青海、四川。模式标本采自四川道孚。

27. 蒙古蒿

Artemisia mongolica（Fisch. ex Bess.）Nakai in Bot. Mag. Tokyo 31：112. 1917；中国植物志 76（2）：111. 图版 16：1～9. 1991；青海植物志 3：395. 图版 86：4～5. 1996；新疆植物志 5：175. 1999；青藏高原维管植物及其生态地理分布 960. 2008. —— *A. vulgaris* Linn. var. mongolica Fisch. ex Bess. DC. Prodr. 6：113. 1837.

多年生草本，高40～100 cm。根粗或细，侧根多；根状茎短，半木质化。茎少数或单生，具明显纵棱，绿色或紫红色，分枝多，长6～15 cm，斜向上或略开展，茎、枝初时被白色蛛丝状柔毛，后多少脱落，稍疏。下部叶卵形或宽卵形，二回羽状深裂或全裂，第一回全裂，每侧有裂片2～3枚，裂片椭圆形，再次羽状深裂或浅裂，叶柄长，花期凋萎；中部叶卵形或椭圆状卵形，长5～8 cm，宽4～5 cm，一（至二）回羽状全裂，第一回全裂，每侧有裂片2～3枚，裂片椭圆形、椭圆状披针形或披针形，再次羽状浅裂，少全裂或3裂，小裂片披针形，顶端锐尖，基部渐狭成短柄；上部叶与苞叶卵形或长卵形，羽状全裂或3～5全裂，裂片披针形或线形，无裂齿或偶有1～2枚浅裂齿，无柄；全部叶纸质，上面绿色，初时被蛛丝状柔毛，后渐疏或近无毛，下面密被灰白色蛛丝状茸毛。头状花序多数，椭圆形，长3～4 mm，宽1.5～2.5 mm，无梗，直立或倾斜，在分枝上排列成密穗状，并在茎上组成狭窄或中等开展的圆锥状；总苞片3～4层，外层总苞片较小，卵形，绿色，背面被疏灰白色蛛丝状毛，边缘狭膜质，中层总苞片长卵形或椭圆形，背面密被灰白色蛛丝状柔毛，边缘宽膜质，内层总苞片椭圆形，半膜质，背面近无毛；雌花5～10朵，花冠窄筒状，檐部2齿裂，紫色；两性花8～15朵，花冠筒状，背面具黄色小腺点，檐部5齿裂，紫红色。瘦果小，长圆状倒卵形。　花果期 7～10 月。

产新疆：塔什库尔干（县城内，西植所新疆队 822）、叶城（西合休乡，阿不力米提 116）、策勒（奴尔乡都木，安峥皙 094）。生于海拔 1 500 m 左右的沟谷山坡草地、山地砾石质草丛。

青海：玛沁（拉加乡，吴玉虎 6081；军功乡，吴玉虎等 4665）、都兰（香日德农场，杜庆 459）、格尔木（城区以东 37 km 处，高生所西藏队 4410）。生于海拔 3 500 m 左右的沟谷山地草原、山坡草地、沟谷灌丛、林缘草甸及路边。

分布于我国的黑龙江、吉林、辽宁、内蒙古、河北、山西、陕西、宁夏、甘肃、青海、新疆、山东、江苏、安徽、江西、福建、河南、湖北、湖南、广东、四川、贵州；蒙古，朝鲜，日本，俄罗斯西伯利亚也有。

28. 小球花蒿

Artemisia moorcroftiana Wall. ex DC. Prodr. 6：117. 1837；西藏植物志 4：759. 图 329. 1985；中国植物志 76（2）：131. 图版 18：8～15. 1991；青海植物志 3：391. 图版 86：1～3. 1996；青藏高原维管植物及其生态地理分布 960. 2008.

半灌木。茎少数或单生，高 50～70 cm，紫红色或褐色，纵棱明显；上半部有着生头状花序的短分枝，枝长 3～6（～8）cm；茎、枝初时被灰白色或淡灰黄色短柔毛，后渐稀疏或近无毛。叶纸质，绿色，两面微被茸毛，下面密被灰白色或灰黄色短茸毛；茎下部叶长圆形、卵形或椭圆形，长 6～10 cm，宽 2～3 cm，二（至三）回羽状全裂成深裂，第一回全裂，每侧具裂片（4～）5～6 枚，裂片卵形或长卵形，再次羽状深裂，小裂片披针形或线状披针形，长 1.0～1.5 cm，先端锐尖，边缘稍反卷，有时有浅裂齿，中轴具狭翅，偶有浅裂齿，叶柄长 1～3 cm，基部有小型假托叶；中部叶卵形或椭圆形，二回羽状分裂，第一回近全裂或深裂，每侧有裂片（4～）5～6 枚，第二回为深裂或为浅裂齿，无柄或近无柄；上部叶羽状全裂或 3～5 全裂，裂片椭圆形、披针形或线状披针形，偶有浅裂齿；苞叶 3 全裂或不分裂，而为线状披针形。头状花序稍多数，球形或半球形，直径 4～5 mm，无梗，有线形的小苞叶，在茎端或短的分枝上密集排成穗状，并在茎上组成狭而长的圆锥状复花序；总苞片3～4 层，外层总苞片暗小，卵形，背面绿色，被灰白色或淡灰黄色短柔毛，边缘狭膜质，中层总苞片略大，卵形或长卵形，背面被短柔毛，边缘宽膜质，内层总苞片长卵形或椭圆形，半膜质，背面无毛或近无毛；雌花 15～20 朵，花冠狭管状或狭圆锥状，檐部具 2 裂齿，花柱伸出花冠外，先端 2 叉，叉端尖；两性花 30～35 朵，花冠管状，外面有小腺点，花药线形或披针形，先端附属物尖，长三角形，基部圆，花柱与花冠等长，开花时略伸出花冠外，先端 2 叉，叉端截形，并具睫毛。瘦果小，长卵形或长圆状倒卵形。　花果期 7～10 月。

产西藏：班戈（色哇区，青藏队那曲分队陶德定 10602）、日土（多玛区，青藏队 76－8361、76－8359；班公湖西段，高生所西藏队 3646；热帮舍拉沟，高生所西藏队

3528)。生于海拔 5 200 m 左右的砾石质山坡高寒草原、河滩砾石地、河谷阶地高寒草原、高山流石坡稀疏植被带、山麓砾地。

青海：称多（扎朵乡驻地路边，苟新京 85－234）、治多、曲麻莱（巴干乡政府附近，刘尚武等 917）、玛多（到扎陵湖途中，黄荣福 C. G. 81－208）、玛沁（区划三组 257；大武乡德勒龙，H. B. G. 875）、班玛、久治（白玉乡附近，藏药队 627、667、669；沙柯河隆木达，藏药队 872；索乎日麻乡，果洛队 333、334；希门错湖畔，果洛队 462；龙卡湖畔，果洛队 558）、兴海（中铁乡附近，吴玉虎 42977、42989、42879；唐乃亥乡，吴玉虎 42062、42052；河卡乡，王作宾 20221）、达日（建设乡胡勒安玛，H. B. G. 1126）。生于海拔2 000～4 000 m 的沟谷山坡、河谷台地草丛、干旱河谷砾石地、砾石质坡地、亚高山或高山草原和草甸。

分布于我国的甘肃、宁夏、青海、四川、云南、西藏；克什米尔地区，巴基斯坦也有。

29. 绒毛蒿

Artemisia campbellii Hook. f. et Thoms. in C. B. Clarke Comp. Ind. 164. 1876；西藏植物志 4：763. 1985；中国植物志 76（2）：134. 1991；青海植物志 3：391. 1996；青藏高原维管植物及其生态地理分布 954. 2008.

半灌木状草本，植株有刺激性臭味。茎通常多数，呈丛，稀少单生，高 20～35 cm，有细纵棱，下部稍木质化，上部有少数分枝，枝长 3～5 cm；茎、枝密被淡黄色或灰黄色细茸毛，叶两面密被灰白色或淡灰黄色茸毛或脱落。叶厚纸质；基生叶与茎下部叶卵形，长2.5～4.0 cm，宽 1.5～2.5 cm，二（至三）回羽状全裂，每侧有裂片 3～5 枚，裂片长 0.5～1.5 cm，宽 0.3～0.5 cm，每裂片再 3 深裂或羽状深裂，小裂片披针形或线状被针形，长3～5 mm，宽 0.5～1.0 mm，无端尖，边缘稍反卷，叶柄长 0.5～15.0 cm，基部略宽大，半抱茎，中部与上部叶卵形，长 2～3 cm，宽 1.5～2.5 cm，一至二回羽状深裂或全裂，每侧具裂片 5～4（～5）枚，小裂片狭线形或狭线状披针形，无柄，基部裂片半抱茎；苞叶 3～5 全裂或不分裂，裂片或不分裂之苞叶狭线形或狭线状披针形。头状花序半球形，直径 3～4（～5）mm，无梗，在分枝上每 3～5 枚密集着生成密穗状或复穗状，并在茎上组成狭窄的圆锥状复花序。总苞片 3 层，外、中层总苞片狭卵形或卵形，背面密被短柔毛，边缘褐色，膜质，内层总苞片长卵形，半膜质，近无毛；雌花 8～10 朵，花冠狭圆锥伏或狭管状。檐部具 2 裂齿，花柱伸出花冠外，先端 2 叉，叉端尖；两性花 15～18 朵，花冠管状，花药线形，先端附属物尖，长三角形，基部圆钝，花柱与花冠近等长，先端 2 叉，叉端截形。瘦果小，长圆形或倒卵形。 花果期 7～10 月。

产西藏：尼玛（双湖区来多乡附近，青藏队藏北分队郎楷永 9776）。生于海拔 4 500 m左右的沟谷山坡高寒草原、干涸河滩砾石地、河谷阶地沙砾质高寒草原。

青海：兴海（大河坝乡赞毛沟，吴玉虎 46475；赛宗寺后山，吴玉虎 46285；大河坝，吴玉虎 42505、42593；黄青河畔，吴玉虎 42687；河卡乡墨都山，何廷农 306）、曲麻莱（巴干乡，刘尚武、黄荣福 897）、玛多（鄂陵湖贡玛岛，吴玉虎 452）。生于海拔 4 000～4 300 m 的沟谷干旱山坡及山地阴坡高寒灌丛中、高原宽谷滩地高寒草原。

分布于我国的青海、四川西部、西藏；不丹，印度东北部，巴基斯坦，克什米尔地区也有。

30. 球花蒿

Artemisia smithii Mattf. in Fedde Repert. Sp. Nov. 22：246. 1926；中国植物志 76（2）：138. 图版 19：1～7. 1991；青海植物志 3：390. 1996；青藏高原维管植物及其生态地理分布 964. 2008.

多年生草本。茎单生，稍少数，高 15～60 cm，纵棱明显，通常不分枝，紫褐色，被灰白色蛛丝状绢质丝状柔毛。叶纸质，两面被灰白色蛛丝状绢质柔毛；基生叶近成莲座状密集着生，椭圆状卵形或长卵形，长 7～12 cm，宽 5～6 cm，一至二回羽状深裂，每侧有裂片(3～) 4～6枚，中央与两侧裂片倒卵形，长 2～4 cm，宽 1～3 cm，再次羽状深裂，小裂片披针形或椭圆状披针形，稀为卵状披针形，长 1.0～1.5 cm，宽 3～5 mm，基部裂片通常不再分裂，裂片线形或线状披针形，裂片或小裂片先端钝尖成有硬尖头，中轴具狭翅，翅宽 3～4 mm，叶柄长 6～7（～15）cm，基部稍宽，近成鞘状；茎下部与中部叶少数，疏离着生，长圆形或长圆状椭圆形，长 2.5～5.0（～6.0）cm，宽 1.5～3.5（～4.0）cm，羽状全裂，每侧有裂片 3～4 枝，裂片披针形、线状披针形或倒披针形，长 1.0～3.0（～3.5）cm，宽 2～3 mm，无裂齿或偶有 1～2 枚浅裂齿，中轴具狭翅，叶柄长 1～3 cm；上部叶与苞片叶披针形或倒披针形，长 3～5 cm，宽 2～4 mm，近无柄。头状花序半球形，直径 6～10 mm，单生于苞片叶腋内，具梗，梗长 3～10 mm，下垂，在茎上组成细长的复总状花序；总苞片 3～4 层，外层总苞片略短小，卵形，背面密被淡黄色柔毛，边缘狭膜质，中层总苞片长卵形，背面密被淡黄色柔毛，边缘宽膜质，内层总苞片长卵形或长圆形，背面毛稀少，半膜质；花序托半球形，凸起；雌花 10～16 朵，花冠狭管状，檐部具 2～3 裂齿，紫色，常有短柔毛，背面有腺点，花柱长，伸出花冠外，先端 2 叉，长，叉端尖；两性花 50～60 朵，花冠管状，背面有腺点，檐部紫色，具短柔毛，花药线形或披针形，先端附属物尖，长三角形，基部具短尖头，花丝长，下部略弯曲，开花后花药略伸出花冠外，花柱与花冠近等长，先端 2 叉，叉端截形并具睫毛。瘦果倒卵形或长圆形。 花果期 7～10 月。

产青海：久治（希门错，果洛队 478）。生于海拔 4 300 m 左右的山地高山草甸、沟谷山坡高寒草原、河谷阶地砾石质草地。

分布于我国的甘肃、青海、四川。

模式标本采自四川松潘。

31. 西南圆头蒿

Artemisia sinensis（Pamp.）Ling et Y. R. Ling in Acta Phytotax. Sin. 18（4）：505. 1980；西藏植物志 4：762. 1985；中国植物志 76（2）：140. 1991；青海植物志 3：392. 1996；青藏高原维管植物及其生态地理分布 963. 2008. ——*A. strongylocephala* Pamp. var. *sinensis* Pamp. in Nuov. Giorn. Bot. Ital. n. s. 34：177. 1927.

多年生草本。茎少数丛生，高 70～130（～150）cm，纵棱明显，淡褐色或淡紫色，上半部具着生头状花序的分枝，枝长 10～20（～25）cm；茎、枝初时被淡黄色短柔毛，后渐稀疏或近无毛。叶纸质或薄纸质，上面初时被稀疏的短柔毛及短腺毛状柔毛，后脱落，近无毛，下面初时密被珠丝状短柔毛，后稍稀疏；茎下部叶长卵形或长圆形，长 8～11 cm，宽 6～7 cm，二回羽状全裂，每侧有裂片 4～5 枚，裂片椭圆形，长 4.0～4.5 cm，宽 1.5～2.5 cm，再次羽状深裂，小裂片披针形或线状披针形，长（0.8～）1.0～15.0 cm，宽（3.0～）3.5～4.0 mm，先端尖，中轴有狭翅，常向裂口处渐缩，叶基部渐狭成短柄；中部叶与上部叶长卵形，长 6～11 cm，宽 4～8 cm，一至二回羽状深裂或几全裂，无柄；苞叶羽状深裂或 3 深裂，稀少不分裂，为线形或线状披针形。头状花序宽卵形或钟形，直径 3.5～4.0 mm，无梗或有极短梗，下垂，基部稍有线形小苞叶，在分枝上单生或 2～3 枚集生并排成穗状，而在茎上组成狭窄或中等开展的圆锥状复花序；总苞片 3～4 层，外层稍短小，外、中层总苞片卵形或长卵形，背面被淡黄色疏短柔毛，中脉绿色，边膜质，内层总苞片长卵形或长圆状倒卵形，半膜质，背面近无毛；雌花 10～15 朵，花冠狭管状，檐部具 2 裂齿，花柱伸出花冠外，先端 2 叉，叉端钝尖；两性花 15～25（～30）朵，花冠管状，花药线形，先端附属物尖，长三角形，基部圆钝，花柱近与花冠等长，先端 2 叉，叉端截形。瘦果长圆形或倒卵状长圆形。花果期 8～10 月。

产青海：玛沁（西哈垄河谷，吴玉虎 5731）、久治（龙卡湖畔，果洛队 552，藏药队 716、719）。生于海拔 3 400 m 左右的高山或亚高山草原、河谷山坡灌丛、沟谷山地林缘及路旁。

分布于我国的青海、四川、云南、西藏。

32. 黏毛蒿

Artemisia mattfeldii Pamp. in Nuov. Giorn. Bot. Ital. n. s. 36：425. 1930；西藏植物志 4：773. 1985；中国植物志 76（2）：156. 1991；青海植物志 3：397. 1996；青藏高原维管植物及其生态地理分布 959. 2008.

多年生草本，植株有薄荷香味。茎单生，高 35～50 cm，具纵棱，密被黏质腺毛，上部有少数着生头状花序的分枝，枝长 1～4 cm。叶纸质，上面深绿色，被腺毛，下面除脉外微有灰白色或灰黄色蛛丝状茸毛，脉上被腺毛；茎下部叶长圆状卵形或卵形，长4～6 cm，宽3～4 cm，（二至）三回羽状全裂，每侧有裂片5～6枚，再次二回羽状全裂，末回小裂片小，披针形，叶柄长4～6 cm，两侧常有小裂片，基部有半抱茎的假托叶，花期叶常凋谢；中部叶长圆形或长圆状卵形，长3.5～5.5 cm，宽1.5～3.0 cm，二（至三）回羽状全裂，每侧裂片5～6枚，裂片卵形成长卵形，长1.5～2.5 cm，宽1.0～1.5 cm，再次一（至二）回羽状全裂，末次小裂片小，披针形或为细长裂齿，长3～7 mm，宽1.0～1.5 mm，先端钝尖或锐尖，边略反卷，中轴有狭翅，叶柄长2～3 cm，基部有小型、半抱茎的假托叶，上部叶略小，近无柄，二回羽状全裂，苞片叶一至二回羽状全裂。头状花序多数，长圆形或宽卵形，直径3～4 mm。无梗，有细小、披针形的小苞叶，在分枝上密集排成穗状，并在茎上组成狭窄的圆锥状复花序；总苞片3～4层，外层总苞片略狭小，披针形或长卵形，中层总苞片长卵形，内、外层总苞片的背面微有短腺毛，顶端具疏须毛，中脉绿色，边膜质，内层总苞片椭圆形，薄膜质；雌花5～7朵，花冠狭管状，背面具腺点，檐部具2裂齿或无裂齿，花柱伸出花冠外，先端2叉，叉端钝尖；两性花8～15朵，花冠管伏，背面具腺点，檐部紫色，花药披针形，先端附属物尖，长三角形，基部有小尖头，花柱与花冠等长，先端2叉，叉端截形，并有睫毛。瘦果小，倒卵形或长圆形。 花果期7～10月。

产青海：久治（沙柯河隆木达，藏药队869）、班玛、兴海（黄青河畔，吴玉虎42693；唐乃亥乡，吴玉虎42150）。生于海拔4 700 m左右的沟谷山地林缘、河谷草地、山地荒坡、山坡路旁。

分布于我国的甘肃、青海、四川、西藏。模式标本采自四川松潘。

33. 多花蒿

Artemisia myriantha Wall. ex Bess. in Nour. Mém. Soc. Nat. Mosc. 3：51. 1834；中国植物志76（2）：164. 图版23：1～7. 1991；青海植物志3：396. 1996；青藏高原维管植物及其生态地理分布960. 2008.

多年生草本。茎少数，呈小丛，高70～120（～150）cm，纵棱明显，下部半木质化，上部草质，棕褐色或深褐色，分枝多，枝长20～40 cm或更长；茎、枝密被黏质腺毛与少量短柔毛。叶草质，上面深绿色，密被腺毛，初时有稀疏的短柔毛，以后柔毛脱落，下面除脉外初时被灰白色蛛丝状薄绵毛与稀疏的腺毛，后绵毛渐脱落，背面脉上密被腺毛；茎下部叶与营养枝叶卵形，二回羽状深裂，花期凋谢；中部叶椭圆形或卵形，长（5～）7～12（～19）cm，宽6～10 cm，一至二回羽状深裂或第一回近于全裂，每侧裂片4～5（～6）枚，裂片椭圆形或卵状椭圆形，长2.5～5.0（～6.0）cm，宽（1.0～）1.5～2.5（～3.0）cm，第二回羽状深裂或浅裂，每侧具小裂片2～3枚，小裂片椭圆状披针形或卵状椭圆形，长1.0～1.5（～2.0）cm，宽3～5 mm，先端钝尖或锐尖并有短尖头，边缘有时有1～2枚小裂齿，中轴呈翅状；叶柄长0.5～2.0 cm，两侧偶有小裂片，基部具小型、半抱茎的假托叶；上部叶羽状深裂，每侧具裂片 3～4 枚；苞片叶 5 或 3 深裂，或全裂或不分裂，而为披针形或线状披针形。头状花序多数，细小，长卵形或长圆形，直径 1.5～2.5（～3.0）mm，无梗或具短梗，单侧下垂，基部有细小披针形的小苞叶，在分枝的小枝上排成穗状花序式的总状，在茎上再组成大型、开展、具多分枝的圆锥状复花序；总苞片 3 层，外层暗，短小，外、中层总苞片卵形或长卵形，背面初时微有蛛丝状短柔毛，后无毛，有绿色中脉，边膜质，内层总苞片半膜质；雌花 3～5 朵，花冠狭管状，檐部裂齿不明显，花柱伸出花冠外，先端 2 叉，叉端锐尖；两性花 4～6 朵，花冠管状，檐部紫色，花药线形，先端附属物尖，长三角形，基部钝。花柱近与花冠等长，先端 2 叉，叉端截形并有睫毛。瘦果小，倒卵形或长圆形。 花果期 8～11 月。

产青海：兴海（中铁林场中铁沟，吴玉虎 45639、45524、45530、45575、45504、45633）、玛沁（拉加乡，吴玉虎 6044）。生于海拔 3 150～3 600 m 的阳坡山麓灌丛边、沟谷河滩草地、山坡砾石质高寒草原。

分布于我国的山西、甘肃、青海、四川、贵州、云南、广西；印度，不丹，尼泊尔，克什米尔地区，缅甸，泰国也有。

34. 龙 蒿 图版 118：1～4

Artemisia dracunculus Linn. Sp. Pl. 849. 1753；中国植物志 76（2）：187. 图版 25：1～5. 1991；青海植物志 3：398. 图版 87：7～8. 1996；新疆植物志 5：175. 图版 45：7～11. 1999；青藏高原维管植物及其生态地理分布 955. 2008.

半灌木，高 40～100 cm。茎多数，褐色或绿色，有纵棱，分枝多，开展，斜向上，茎、枝初时微有短柔毛，后渐脱落。叶无柄，两面初时被微短毛，后脱落无毛；下部叶花期枯，中部叶线状披针形，长 3～5 cm，宽 2～3 mm，顶端渐尖，基部渐狭，全缘；上部叶与苞叶略短小，线形或线状披针形，长 0.5～3.0 cm，宽 1～2 mm。头状花序多数，近球形或半球形，直径（1.0～）2.0～2.5 mm，具短梗或近无梗，斜展，在茎的分枝上排列成穗状式总状，并在茎上组成开展或略狭窄的圆锥状复花序；总苞片 3 层，外层总苞片略小，卵形，背面绿色，无毛，中、内层总苞片卵圆形，边缘宽膜质或全膜质，无毛；雌花 6～10 朵，花冠狭筒状，檐部 2（～3）齿裂，花柱伸出花冠外；两性花 8～10 朵，不育，花冠筒状，檐部 5 齿裂，黄色或红褐色，退化子房细小。瘦果倒卵形或椭圆状倒卵形。 花果期 8～11 月。

产新疆：乌恰（玉其塔什至老乌恰途中，西植所新疆队 1853；吉根乡卡拉达坂，采集人不详 73－218；巴音库鲁提 25 km 处，采集人不详 9715）、喀什（采集地不详，R849；喀什至伊尔克什坦南坡，采集人不详 9667）、阿克陶（布伦口乡，克里木 021；布伦口附近山上，高生所西藏队 3086）、塔什库尔干（采集地不详，安峥皙 Tsh038；麻扎种羊场，青藏队吴玉虎 383、4933；卡拉其古，西植所新疆队 902、1008；县城南

70 km往北 4 km 处，克里木 T228；往南 120 km 红其拉甫，克里木 T152；红其拉甫达坂，西植所新疆队 1516；克克吐鲁克，西植所新疆队 1353；县城内，西植所新疆队 821；麻扎达坂，青藏队吴玉虎 1164、1146；麻扎，高生所西藏队 3384）、叶城（乔戈里峰地区英红滩南山，黄荣福 C. G. 86-200）、皮山（康西瓦，高生所西藏队 3403；采集地不详，青藏队吴玉虎 2440、3649；哈巴克达坂，青藏队吴玉虎 4766；喀尔塔什，青藏队吴玉虎 3628）、于田（羊场，青藏队吴玉虎 3678；普鲁，青藏队吴玉虎 3776）、策勒（衙门兵团一牧场，采集人不详 55）。生于海拔 1 400～4 500 m 的沟谷山坡、河滩草地、山地林缘及湖边。

青海：兴海（唐乃亥乡，吴玉虎 42020、42011、42077、42173、42153；青根桥，王作宾 20148；河卡乡宁曲山，何廷农 321；河卡乡白龙，郭本兆 6308）。生于海拔 3 200 m 左右的沟谷山坡高寒草原、河谷阶地砾石滩地。

分布于我国的黑龙江、吉林、辽宁、内蒙古、河北、山西、陕西、宁夏、甘肃、青海、新疆；蒙古，阿富汗，印度，巴基斯坦，克什米尔地区，俄罗斯，欧洲，北美洲也有。

35. 圆头蒿

Artemisia sphaerocephala Krasch. in Acta Inst. Bot. Acad. Sci. URSS 1 (3): 348. 1937；中国植物志 76 (2)：189. 图版 26：1～6. 1991；青海植物志 3：399. 图版 87 1～3. 1996；青藏高原维管植物及其生态地理分布 964. 2008.

小灌木，高 80～150 cm。茎多数，呈丛，少单一，光滑，黄褐色，常扭曲，具薄片状剥落的外皮，纵棱细，分枝多而长，长 15～30 cm，斜展或近于平展或弧曲，上有小枝，初时具灰白色短柔毛，后脱落，光滑。短枝上叶常密集着生成簇生状；茎下部和中部叶宽卵形或卵形，长 2～5（～8）cm，宽 1.5～3.0（～4.0）cm，二回或一至二回羽状全裂，每侧有裂片（1～）2～3 枚，中部裂片最长，再 3 全裂，小裂片线形或稍弧曲，长 1～2 cm，宽 1.5～2.0 mm，顶端有小硬尖头，边缘明显反卷，基部下延，半抱茎，叶柄长 3～8 mm，基部常有线形假托叶；上部叶羽状分裂或 3 全裂；苞叶不分裂，线形；全部叶稍厚，半肉质，干后坚硬，黄绿色，初时两面密被灰白色短柔毛，后脱落无毛。头状花序球形，直径 3～4 mm，具短梗，下垂，在小枝上排列成穗状式的总状，而在茎上组成大型、开展的圆锥状复花序；总苞片 3～4 层，外层总苞片卵状披针形，半革质，背面淡黄色，光滑，有绿色中脉，背面凸起，中、内层总苞片卵圆形，边缘宽膜质或全为半膜质；雌花 4～12 朵，花冠狭筒状，檐部具 2 齿裂；两性花 6～20 朵，不育，花冠筒状，外面具腺点，退化子房小；结实后头状花序及花易于脱落。瘦果小，黑色，果壁上具胶质物。 花果期 8～11 月。

产青海：都兰（采集地不详，杜庆 134）、格尔木。生于海拔 3 100～3 250 m 的荒漠地带的沙丘。

分布于我国的新疆、甘肃、青海、宁夏、陕西、山西、内蒙古；蒙古也有。

36. 盐 蒿

Artemisia halodendron Turcz. ex Bess. in Bull. Soc. Nat. Mosc. 8：17. 1835；中国植物志 76（2）：191. 图版 27：1～5. 1991；新疆植物志 5：178. 1999；青藏高原维管植物及其生态地理分布 957. 2008.

小灌木，高 50～80 cm。茎直立或斜向上生长，多数或少数，稀单生，纵棱明显，上部红褐色，下部茶褐色，外皮常剥落；自基部开始分枝，枝多而长，与营养枝共组成密丛，下部枝多匍地生长，具短枝，短枝上叶常密集成丛状；茎、枝初时被灰黄色绢质短柔毛，后渐脱落。茎下部叶与营养枝叶宽卵形或近圆形，长、宽均 3～6 cm，二回羽状全裂，每侧有裂片（2～）3～4 枚，基部裂片最长，再次羽状全裂，每侧各具小裂片 1～2 枚，小裂片狭线形，长 1.0～1.5（～2.0）cm，宽 0.5～1.0 mm，顶端具硬尖头，边缘常反卷，叶柄长 1.5～4.0 cm，基部有小型狭线形的假托叶；中部叶宽卵形或近圆形，一至二回羽状全裂，小裂片狭线形，近无柄，基部有小型分裂的假托叶；上部叶与苞叶 3～5 全裂或不分裂，无柄；全部叶质稍厚，初时微有灰白色短柔毛，后无毛，干时质硬。头状花序多数，卵球形，直径（2.5～）3.0～4.0 mm，直立，具短梗或近无梗，基部有小苞叶，在分枝上端排列成复总状，并在茎上组成大型、开展的圆锥状复花序；总苞片 3～4 层，覆瓦状排列，外层总苞片短小，卵形，背面无毛，绿色，边缘膜质，中层总苞片椭圆形，背面中部绿色，无毛，边缘宽膜质，内层总苞片长椭圆形或长圆形，半膜质；雌花 4～8 朵，花冠狭圆锥状；两性花 8～15 朵，不育，花冠筒状，退化子房小。瘦果长卵形或倒卵状椭圆形，果壁上有细纵棱并含胶质物。 花果期 7～10 月。

产新疆：叶城（岔路口，青藏队吴玉虎 1232）。生于海拔 1 000～4 900 m 的沟谷山地荒漠草原、宽谷河滩高寒草原、河谷地带砾质坡地。

分布于我国的黑龙江、吉林、辽宁、内蒙古、河北、山西、陕西、宁夏、甘肃、新疆；蒙古，俄罗斯西伯利亚东部也有。

37. 藏岩蒿

Artemisia prattii（Pamp.）Ling et Y. R. Ling in Acta Phytotax. Sin. 18（4）：511. 1980；西藏植物志 4：791. 1985；中国植物志 76（2）：197. 1991；青海植物志 3：399. 1996；青藏高原维管植物及其生态地理分布 962. 2008. ——*A. salsoloides* Willd. var. prattii Pamp. in Nuov. Giorn. Bot. Ital. n. s. 34：689. 1927.

小灌木状。根细长，木质；根状茎粗短，木质，常有营养枝。茎少数，常呈小丛，木质，高 30～50 cm；自基部开始分枝，长 10～25 cm。叶厚纸质，无毛；基生叶、茎下部及营养枝叶具柄；中部叶长圆形或近圆形，长 2～3 cm，宽 2.0～2.5 cm，羽状全裂，每侧具裂片 2～3 枚，裂片狭线形，长 0.8～1.2 cm，宽 1.0～1.5 mm，先端有小尖头，无柄；上部叶 5～3 全裂；苞片叶不分裂，狭线形。头状花序球形，稀近卵球形或宽卵球形，直径 2.5～3.0 mm，有短梗或近无梗，在分枝上单生或两三枚集生并排成总状或穗状，而在茎上组成开展、略伸长的圆锥状复花序；总苞片 3～4 层，外层总苞片小，卵形，背面无毛，中脉绿色，边缘狭膜质，中、内层总苞片长圆形，边缘宽膜质或全为半膜质；雌花 5～8 朵，花冠狭管状或狭圆锥状，檐部具 2 裂齿，花柱伸出花冠外，先端 2 叉，叉端钝尖；两性花 6～15 朵，不孕育，花冠管状，花药线形，先端附属物尖，长三角形，基部圆，花柱短，先端稍膨大，2 裂，不叉开，退化子房极小。瘦果小，倒卵形或椭圆状倒卵形。 花果期 7～9 月。

产青海：都兰（香日德，郭本兆、王为义 11831）、格尔木。生于海拔 2 500～3 600 m地区的干旱山坡及亚高山地区的半荒漠草原。

分布于我国的青海、四川、西藏。

模式标本采自四川康定。

38. 昆仑沙蒿

Artemisia saposhnikovii Krasch. ex Poljak. in Not. Syst. Herb. Inst. Bot. Acad. Sci. URSS 12：412. 1955；中国植物志 76（2）：203. 1991；新疆植物志 5：182. 1999；青藏高原维管植物及其生态地理分布 963. 2008.

半灌木状草本或小灌木状，高 10～30 cm。茎多数，呈丛，半木质，褐色，具细纵棱，茎不分枝或具有着生头状花序的分枝。茎下部和中部叶卵形，长 1.0～2.5 cm，宽 0.5～2.0 cm，一（至二）回羽状全裂，每侧裂片 2 枚，裂片狭线形，长 0.3～0.8 cm，宽 0.5～1.0 mm，顶端具硬尖头，叶柄长 0.5～1.5 cm，基部有线形的假托叶；上部叶羽状全裂，每侧有裂片 1～2 枚，近无柄；苞片叶 3 全裂或不分裂；全部叶质稍厚，初时两面被灰黄色短柔毛，后脱落无毛。头状花序卵形，直径 2.0～2.5 mm，无梗，在分枝上排列成穗状，并在茎上半部组成狭窄的圆锥状复花序；总苞片 3～4 层，外、中层总苞片卵形或长卵形，背面无毛，具绿色中脉，边缘膜质，内层总苞片长圆形，半膜质；雌花 4～5 朵，花冠狭筒状，檐部具 2 齿裂或近无裂齿；两性花 4～6 朵，不育，花冠筒状，退化子房不明显。瘦果长圆形。 花果期 7～10 月。

产新疆：且末（昆其布拉克牧场，青藏队吴玉虎 2604、2085）。生于海拔 4 000 m 左右的河谷砾石地、戈壁荒漠草原、宽谷河滩砂质草地。

分布于我国的新疆；吉尔吉斯斯坦也有。

39. 藏沙蒿

Artemisia wellbyi Hemsl. et Pears. ex Deasy in Journ. Linn. Soc. Bot. 35：183. 1902；西藏植物志 4：789. 图 345：9～14. 1985；中国植物志 76（2）：204.

1991；青藏高原维管植物及其生态地理分布 962. 2008.

半灌木状草本。茎多数，呈丛，高 15～28 cm，下部木质，上部草质，上部具短、斜向上的分枝；茎、枝、叶两面初时密被灰白色或淡灰黄色绢质柔毛，后毛稀疏或脱落无毛。叶质稍厚，茎下部叶卵形或长卵形，长 1.5～2.5 cm，宽 0.8～1.8 cm，二回羽状全裂，每侧裂片 3～4 枚，小裂片线形或线状披针形，长 4～5 mm，宽 0.5～2.0 mm，叶柄长 1～2 cm；中部叶长卵形，长 1～2 cm，宽 0.5～1.5 cm，一（至二）回羽状全裂，每侧裂片 3（～4）枚，小裂片线形或线状披针形，长 0.4～1.0（～1.8）cm，宽 1.0～1.5 mm，初时被毛，后无毛，叶柄长 0.5～1.5 cm，基部有小型的假托叶；上部叶 5 或 3 全裂，无柄；苞叶 3 深裂或不分裂，线形。头状花序卵球形或近球形直径 2.5～3.5（～4.0）mm，近无梗，数枚至 10 多枚在茎端或在分枝排成穗状或穗状花序式的总状，而在茎上组成狭窄、疏松的圆锥状复花序；总苞片 3～4 层，外层总苞片略小，卵形，背面绿色，初时被微柔毛，后光滑无毛，边狭膜质，中、内层总苞片长卵形，背面无毛，边缘宽膜质或全为半膜质；雌花 5～14 朵，花冠狭圆锥状或狭管状，花柱长，伸出花冠外，先端 2 叉，叉端尖；两性花 8～16 朵，不孕育，花冠管状。花药线形，先端附属物尖，长三角形，基部钝，花柱短，先端稍膨大，2 裂。瘦果倒卵形。 花果期 7～11 月。

产西藏：日土（热帮区，高生所西藏队 3516；麦卡，高生所西藏队 3642；空喀山口，高生所西藏队 3599；上曲龙，高生所西藏队 3503）、改则（大滩，高生所西藏队 4311；康托区至县城途中，青藏队藏北分队郎楷永 10233；夏曲至县城途中，青藏队藏北分队郎楷永 10139）、尼玛（双湖来多山坡，青藏队藏北分队郎楷永 9755；无人区兰湖至缺天湖途中，青藏队藏北分队郎楷永 9875；来多嘎林附近，青藏队藏北分队郎楷永 9801）、班戈。生于海拔 3 800～5 200 m的两湖边沙砾地、山坡草地、砾石质坡地及高山草原和高山草甸。

分布于我国西藏；印度北部也有。

40. 藏龙蒿

Artemisia waltonii J. R. Drumm. ex Pamp. in Nuor. Giorn. Bot. Ital. n. s. 34：707. 1927；中国植物志 76（2）：205. 1991；青海植物志 3：401. 图版 87：4～6. 1996；青藏高原维管植物及其生态地理分布 966. 2008.

小灌木状或半灌木。茎多数，呈丛，高 30～60 cm，黑褐色或紫褐色，有不明显纵纹及疏腺点，分枝多，长 5～18 cm，开展；茎、枝初时微有短柔毛，后光滑无毛。叶初时两面被灰白色柔毛，后脱落无毛；基生叶与茎下部叶长卵形或长圆形，长 2.0～2.5 cm，宽 1.5～1.8 cm，二回羽状全裂或深裂，每侧裂片 3 枚，小裂片线状披针形或狭线形，叶柄长 0.2～0.5 cm；中部叶一（至二）回羽状全裂，裂片形状变化大，线形或线状披针形，长 0.5～1.5 cm，宽 1.5～2.5 mm，先端有短尖头，边缘反卷，叶基部楔形，渐狭，无柄，基部有小型假托叶状的小裂片；上部叶 3～5 深裂；苞片叶不分裂，披针形或狭线形。头状花序球形、近球形或近卵球形，直径 2.5～30.0（～35.0）mm，近无梗，下垂，在分枝上排成穗状花序式的总状或圆锥状，而在茎上组成开展的圆锥状复花序；总苞片 3 层，外层总苞片略短小，卵形或狭卵形，背面光滑，中、内层总苞片长卵形；雌花 10～29 朵，花冠狭管状，花柱伸出花冠外，先端 2 叉，叉端尖；两性花 20～30 朵，不孕育，花冠管状，檐部有短柔毛，花药线形，先端附属物尖，长三角形，基部有小尖头或稍圆，花柱短，顶端稍膨大，2 裂。瘦果长圆形至倒卵形。 花果期 5～9 月。

产青海：称多（扎朵乡驻地路边，苟新京 83-237）、曲麻莱（东风乡政府附近，刘尚武 808）。生于海拔 3 000～4 300 m 的沟谷山地路边、河滩草甸、山坡灌丛、山坡草甸草原、干河谷。

甘肃：玛曲（县城南黄河南岸，陈桂琛等 1064）。生于海拔 3 200 m 左右的河谷阶地沙砾质高寒草甸、河岸沙丘。

分布于我国的青海、四川、云南、西藏。模式标本采自西藏江孜。

41. 江孜蒿

Artemisia gyangzeensis Ling et Y. R. Ling in Acta Phytotax. Sin. 18（4）：510. f. 8. 1980；西藏植物志 4：790. 图 346. 1985；中国植物志 76（2）：206. 图版 28：8～12. 1991；青海植物志 3：401. 1996；青藏高原维管植物及其生态地理分布 957. 2008.

半灌木。茎直立，多数，呈丛，高 20～30 cm，黄褐色，有细纵棱，下部半木质或近木质；具多数着生头状花序的分枝，枝纤细，短，长 4～5 cm；茎、枝初时微有短柔毛，后无毛。叶两面无毛；基生叶花期萎谢；茎下部与中部叶卵形或长圆形，长 3.5～4.5 cm，宽 2～3 cm，二回羽状全裂，每侧裂片 3 枚，裂片长 0.8～1.2 cm，宽 0.5 cm，再次羽状全裂，每侧具小裂片 1～2 枚，小裂片狭线状披针形或狭长线形，长 0.5～1.0 cm，宽 1.5～2.0 mm，中脉白色，明显，在叶下面稍凸起；叶柄长 1～2 cm，基部两侧有 2～3 枚狭线形的假托叶；上部叶羽状全裂。头状花序球形或宽卵球形，直径 2.5～3.5 mm，在短的分枝上单枚或数枚集生，并排成穗状，而在茎上组成细长的圆锥状复花序；总苞 3～4 层，内、外层近等长或内层略长于外层，外、中层总苞片卵形或长卵形，背面无毛，具绿色中脉，边缘膜质，内层总苞片长圆形或长卵形，半膜质；雌花 3～8 朵，花冠狭管状或狭圆锥状，檐部具 2 裂齿，花柱伸出花冠外，先端 2 叉，叉端尖；两性花 10～20 朵，不孕育，花冠管状，花药线形，先端附属物尖，长三角形，基部圆钝，花柱短，顶端膨大，2 裂，不叉开，退化子房小。瘦果小，倒卵形或倒卵状椭圆形。 花果期 7～9 月。

产青海：都兰（诺木洪，采集人和采集号不详）、兴海（赛宗寺后山，吴玉虎

46601)。生于海拔 3 000～3 720 m 的荒漠戈壁沙丘、山前洪积平地、河谷阶地荒漠草原、沟谷山地阴坡高寒灌丛草甸。

分布于我国的西藏、青海、甘肃。

模式标本采自西藏江孜。

42. 掌裂蒿

Artemisia kuschakewiczii Winkl. in Acta Hort. Petrop. 11：33. 1890；中国植物志 76（2）：209. 1991；新疆植物志 5：182. 1999；青藏高原维管植物及其生态地理分布 958. 2008.

多年生草本，高 5～12 cm。主根粗，木质，侧根多；根状茎粗短，具多数半木质且多年生的营养枝，其上密生叶。茎多数，直立，与营养枝共组成矮丛，具细纵棱，不分枝或有短分枝；茎、枝、叶两面初时密被淡白色平贴丝状柔毛，后脱落。茎下部、中部叶与营养枝叶近圆形或宽卵圆形，长、宽均 0.5～2.5 cm，近于掌状，5～7 深裂，有时下部叶的裂片再作 3～5 分裂，小裂片或裂片线状披针形，长 2～5 mm，宽 1～2 mm，近无柄；上部叶 3～5 深裂，无柄；苞片叶不分裂，线形。头状花序卵形，直径 2.5～3.0 mm，具短梗，在茎上排列成穗状式的总状，或为总状式的狭圆锥状复花序；总苞片 3 层，内、外层近等长，外、中层总苞片卵形或长卵形，背面密被淡黄色或淡白色丝状短柔毛，边膜质，内层总苞片椭圆形，半膜质；雌花 5～6 朵，花冠狭筒状；两性花 9～12 朵，不孕育，花冠筒状，花柱短。瘦果倒卵形。 花果期 7～10 月。

产新疆：塔什库尔干。生于海拔 3 500～4 000 m 高山地区的湖岸及河边沙地与砾石质坡地。

分布于我国的新疆、西藏西部；塔吉克斯坦也有。

43. 纤秆蒿 图版 118：5～11

Artemisia demissa Krasch. in Acta Inst. Bot. Acad. Sci. URSS 1（3）：348. 1936；西藏植物志 4：777. 图 339：1～7. 1985；中国植物志 76（2）：214. 1991；青海植物志 3：403. 图版 88：3～4. 1996；新疆植物志 5：183. 图版 46：1～7. 1999；青藏高原维管植物及其生态地理分布 954. 2008.

一年生或二年生草本，高 5～20 cm。茎少数，呈丛，自下部开始分枝，分枝多，长 10～15 cm，常匍地生长；茎、枝初时密被灰黄色柔毛，以后部分脱落，紫红色。基生叶与茎下部叶宽卵形，长 0.8～1.2 cm，宽 0.5～1.0 cm，二回羽状全裂，每侧裂片 2～3 枚，再次羽状全裂或 3 全裂，小裂片线状披针形，长 3～6 mm，宽 1～2 mm，叶柄长 0.5～1.0 cm，叶柄基部有小型假托叶；中部叶与苞叶卵形，羽状全裂，基部具假托叶，无柄；全部叶质稍薄，两面被灰白色短柔毛。头状花序卵球形，直径 1.5～2.0 mm，无梗或有短梗，在分枝上排列成短穗状，并在茎上组成狭窄的圆锥状复花序；

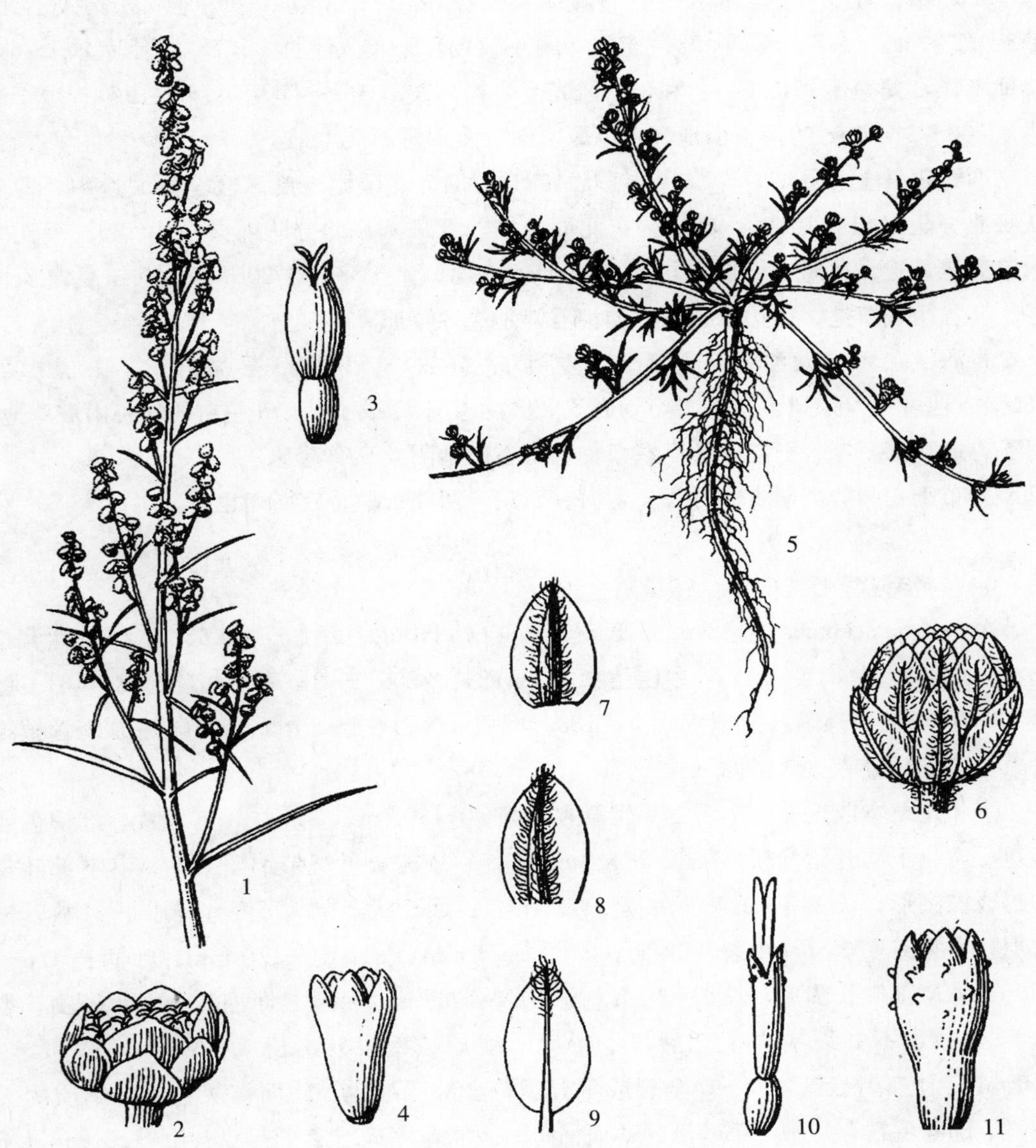

图版 **118** 龙蒿 ***Artemisia dracunculus*** Linn. 1. 植株上部；2. 头状花序；3. 雌花；4. 两性花。纤杆蒿 ***A. demissa*** Krasch. 5. 植株；6. 头状花序；7～9. 外、中、内层总苞片；10. 雌花；11. 两性花。

（引自《新疆植物志》，张荣生绘）

总苞片3层，外层总苞片卵形，绿色或紫红色，背面被短柔毛，中、内层总苞片长卵形，半膜质；雌花10～15朵，花冠狭筒状，淡黄色，檐部2齿裂；两性花3～8朵，不孕育，花冠筒状，退化子房小。瘦果倒卵形。 花果期7～10月。

产新疆：且末（昆其布拉克，青藏队吴玉虎3881）、策勒（采集地和采集人不详，358；奴尔乡，采集人不详092；衙门兵团一牧场，采集人不详050）、塔什库尔干（采集地不详，安峥皙Tsh280）、和田（风光乡，杨昌友75560；库瓦西，He197）。生于海拔3 200～3 700 m的沟谷山地高山草原、河谷滩地砾石质草地。

西藏：日土（县城，青藏队吴玉虎1621、1349）、改则（麻米区至县城途中，青藏队藏北分队郎楷永10182；康托区东北面山坡，青藏队藏北分队郎楷永10222；康托区米巴河滩，青藏队藏北分队郎楷永10206）、双湖。生于海拔4 200～4 800 m的高原山谷、河谷山坡草地、路边草甸、砂质河谷滩地高寒草原。

青海：兴海（大河坝乡赞毛沟，吴玉虎46494）、玛多（县城郊，吴玉虎192、1620）、曲麻莱（东风乡江荣寺，刘尚武892）。生于海拔4 200 m左右的沟谷山坡草地、河谷滩地高寒草原、沙砾山坡高寒草甸、沟谷山地阴坡高寒灌丛。

分布于我国的内蒙古、甘肃、青海、四川、西藏；塔吉克斯坦也有。

44. 猪毛蒿 图版119：7～14

Artemisia scoparia Waldst. et Kit. Pl. rar. Hung. 1：66. t. 65. 1802；西藏植物志4：779. 图340. 1985；中国植物志76（2）：220. 1991；青海植物志3：401. 图版88：1～2. 1996；新疆植物志5：183. 图版47：9～15. 1999；青藏高原维管植物及其生态地理分布963. 2008.

多年生草本或近一年生、二年生草本，高40～80 cm。茎直立，有纵棱，红褐色或褐色，常自下部开始分枝，枝长6～20 cm；茎、枝被灰色略带绢质柔毛。茎下部叶长卵形或椭圆形，长1.5～3.5 cm，宽1～3 cm，二回羽状全裂，每侧有裂片3～4枚，再次羽状全裂或3全裂，小裂片狭线形，长3～6 mm，宽0.5～1.5 mm，叶柄长1.5～3.0 cm；中部叶长圆形，长1～2 cm，宽0.5～1.5 cm，一至二回羽状全裂，每侧具裂片2～3枚，不分裂或再3全裂，小裂片丝线形或毛发状，长4～8 mm，宽0.2～0.5 mm；上部叶及苞叶3～5全裂或不分裂；全部叶绿色，两面被灰色稍呈绢质的柔毛，下部叶毛宿存，中上部叶渐脱落而稀疏。头状花序近球形，直径1.0～1.5 mm，无梗，极多数在分枝上排列成复总状或复穗状，在茎上组成大型、开展的圆锥状复花序；总苞片3～4层，外层总苞片卵形，草质，背面绿色，无毛，边缘膜质，中、内层总苞片长椭圆形，半膜质；雌花5～7朵，花冠狭筒状，黄色，檐部具2齿裂；两性花4～6朵，不孕育，花冠筒状，黄色，退化子房小。瘦果长圆形。 花果期7～10月。

产新疆：阿克陶、且末（采集地不详，崔乃然C83248）、和田（火箭乡，安峥皙He185）、策勒（恰哈乡，采集人不详R1612）。生于海拔2 500 m左右的河谷山坡、砾

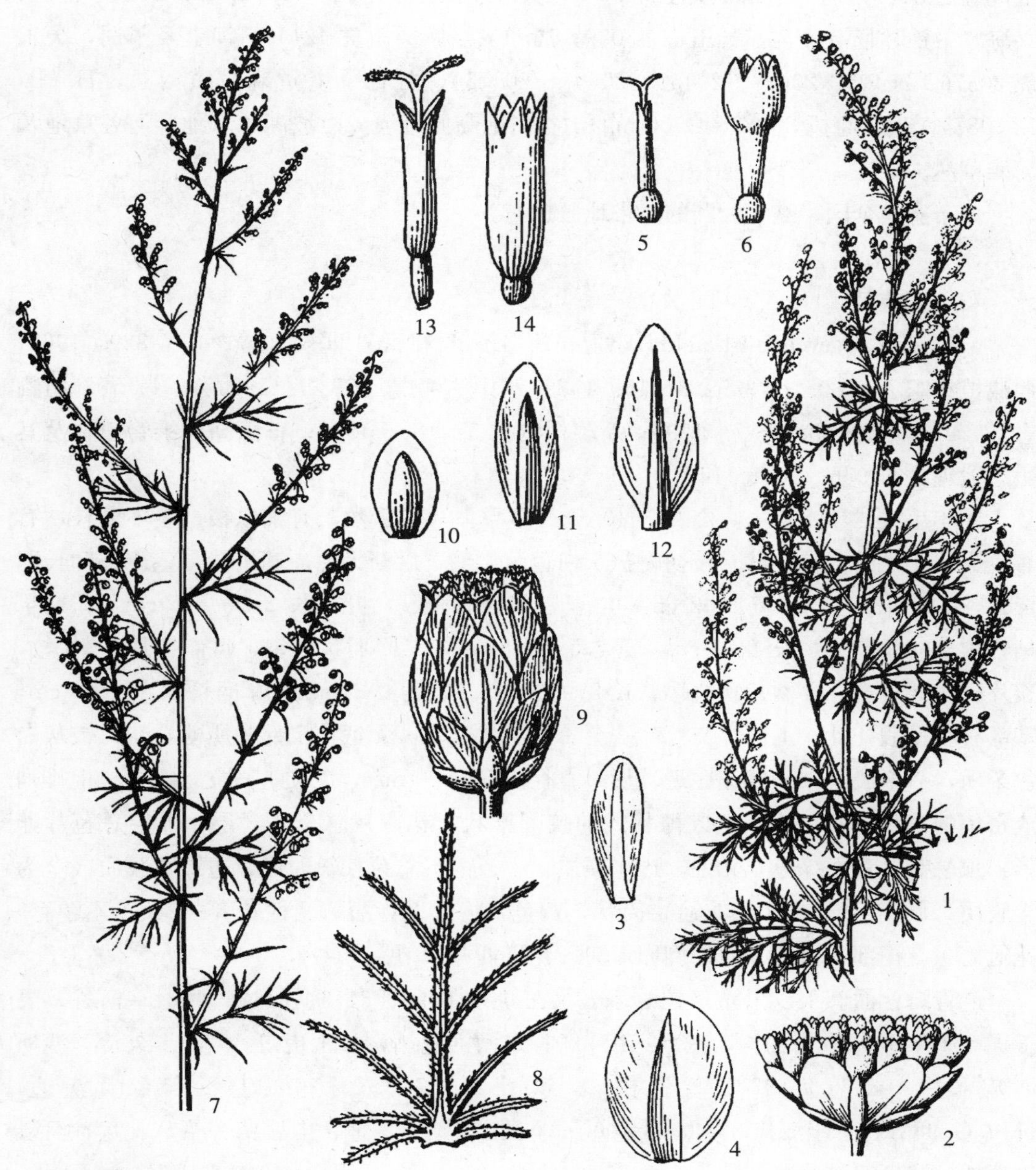

图版 **119** 黄花蒿 **Artemisia annua** Linn. 1. 植株；2. 头状花序；3～4. 外、中层总苞片；5. 雌花；6. 两性花。猪毛蒿 **A. scoparia** Waldst. et Kit. 7. 植株上部；8. 叶；9. 头状花序；10～12. 外、中、内层总苞片；13. 雌花；14. 两性花。（引自《新疆植物志》，张荣生绘）

石质草地、沙砾河滩草地。

青海：玛沁（拉加乡，区划三组 228；江让水电站北面 5 km，植被地理组 481、吴玉虎等 1481；尕柯河电站，吴玉虎 6005；大武乡江让水电站，H. B. G. 639）、都兰、兴海（中铁林场恰登沟，吴玉虎 45089；唐乃亥乡，吴玉虎 42146；河卡乡羊曲，吴玉虎 20376、20495、20428、20455、20495、20515）、甘德（上贡麻乡黄河边，H. B. G. 983）。生于海拔 2 000～4 500 m的沟谷山地高原荒漠、山坡高寒草地、河谷草地及河滩草丛。

分布遍及全国；欧亚大陆的温带地区也有。

45. 直茎蒿

Artemisia edgeworthii Balakr. in Journ. Bomb. Nat. Hist. Soc. 63：329. 1967；西藏植物志 4：780. 图 339：8～16. 1985；中国植物志 76（2）：222. 1991；青海植物志 3：404. 图版 88：5～7. 1996；新疆植物志 5：185. 1999；青藏高原维管植物及其生态地理分布 956. 2008.

一年生或二年生草本，高 20～40 cm。茎单一，稀少数，有细纵棱，茎不分枝，有着生头状花序的分枝；茎、枝初时被灰白色疏柔毛，后渐无毛。基生叶与茎下部叶长卵形，长 1.5～3.0 cm，宽 1～2 cm，二至三回羽状全裂，叶柄长 2.0～2.5 cm，花期早枯；中部叶长圆形，长 1～2 cm，宽 0.5～0.8 cm，二回羽状全裂，每侧裂片 3～4 枚，裂片再次 3 全裂，小裂片狭线形，长 2～10 mm，宽约 0.5 mm，叶柄长 0.5～1.0 cm，基部有小型假托叶；上部叶与苞叶一至二回羽状全裂，无柄；全部叶质薄，初时被灰白色柔毛，后渐脱落。头状花序近球形，直径 1.5～2.0 mm，无梗，直立，在分枝上排列成密集的穗状，并在茎上组成穗状式的狭圆锥状复花序；总苞片 3 层，外层总苞片卵形，顶端钝，背面绿色，无毛，边缘膜质；中、内层总苞片长卵形，边缘宽膜质或全为半膜质；雌花 10～20 朵，花冠狭筒状，黄色，檐部 2 齿裂；两性花 3～5 朵，不孕育，花冠筒状，檐部 5 齿裂。瘦果倒卵形。 花果期 7～9 月。

产青海：曲麻莱、玛沁（拉加乡，吴玉虎等 6090、6119、6143；西哈垄河谷，吴玉虎 5617；拉加乡塔玛沟，区划三组 229；尕柯河电站，吴玉虎等 6017）、久治（沙柯河隆木达，藏药队 871；智青松多，果洛队 674）、甘德（上贡麻乡黄河边，H. B. G. 983）。生于海拔 3 000～4 100 m的干山坡砾石草地、山坡路旁草丛、宽谷河滩砾石地、沙砾河滩草丛。

分布于我国的青海、甘肃、新疆、四川、云南、西藏；克什米尔地区，印度，尼泊尔也有。

46. 纤梗蒿

Artemisia pewzowii Winkl. in Acta Hort. Petrop. 13（1）：3. 1893；西藏植物志

4：780. 1985；中国植物志 76（2）：225. 1991；青海植物志 3：403. 图版 88：3～4. 1996；新疆植物志 5：185. 1999；青藏高原维管植物及其生态地理分布 961. 2008.

一年生草本或多年生草本，高 30～50 cm。茎单一或少数，基部略木质化，于中部分枝，分枝开展，长 5～15 cm，紫色，有纵棱，茎、枝初时被灰白色短柔毛，后脱落。下部茎生叶卵形，长 2～3 cm，宽 1.0～1.5 cm，二回羽状全裂，每侧裂片 2～3 枚，裂片再羽状全裂或深裂，小裂片椭圆状披针形，长 3～5 cm，宽 0.5～1.0 cm，叶柄长 1.5～3.5 cm；中部叶长 5～8 mm，宽 0.3～0.5 mm，基部有小型假托叶，无柄或有短柄；上部叶 3～5 全裂，裂片近线形，无柄；全部叶两面初时被灰白色短柔毛，后叶上面毛脱落，下面毛宿存。头状花序小，卵球形，直径 1.0～1.5 mm，有纤细的短梗，在分枝上排列成复总状，而在茎上组成开展或略狭的圆锥状复花序；总苞片 3～4 层，外层总苞片小，长卵形，背面有 1 绿色中脉，无毛，边缘膜质；中、内层总苞片椭圆形，半膜质或近膜质；雌花 5～8 朵，花冠狭筒状，檐部 2 齿裂；两性花 4～6 朵，不孕育，花冠筒状。瘦果小。 花果期 7～10 月。

产新疆：塔什库尔干、于田（普鲁，采集人不详 088）、且末（阿羌乡昆其布拉克，青藏队吴玉虎 3881）、策勒（奴尔乡，采集人不详 014）。生于海拔 3 100 m 左右的沟谷山麓荒漠草原、山前芨芨草滩弃荒地。

西藏：改则（麻米，青藏队 10182）、日土（城郊，青藏队吴玉虎 1621）。生于海拔 3 500 m 左右的山坡草地、宽谷湖滩砾石地。

青海：都兰（英德尔羊场，杜庆 396）、曲麻莱（东风乡，刘尚武、黄荣福 892）、兴海（中铁乡至中铁林场途中，吴玉虎 43105；大河坝乡，吴玉虎 45521；中铁乡前滩，吴玉虎 45497；中铁林场中铁沟，吴玉虎 45536）、玛多（县城附近，吴玉虎 292）。生于海拔 3 150～4 100 m的宽谷河滩、山坡下部砾石质草地、山地阳坡锦鸡儿灌丛、阳坡山麓灌丛。

分布于我国的青海、新疆、西藏；俄罗斯，中亚地区各国也有。

47. 沙 蒿

Artemisia desertorum Spreng. Syst. Veg. 3：490. 1826；西藏植物志 4：785. 图 343. 1985；中国植物志 76（2）：231. 图版 31：7～12. 1991；青海植物志 3：405. 1996；新疆植物志 5：188. 1999；青藏高原维管植物及其生态地理分布 954. 2008.

多年生草本，高 30～70 cm。茎少数，具细纵棱，红褐色，自上部分枝，枝短或长，斜贴向茎；茎、枝初时被疏柔毛，后脱落无毛。茎下部叶和营养枝叶长圆形或长卵形，长 2～3 cm，宽 1.5～2.5 cm，二回羽状全裂或深裂，每侧有裂片 2～3 枚，再 3～5 深裂或浅裂，小裂片线形或线状披针形，长 0.5～1.0 cm，宽 1.0～1.5 mm，叶柄长 1.5～2.5 cm；中部叶略小，长卵形，一至二回羽状深裂，基部宽楔形，叶柄短；上部叶 3～5 深裂；苞叶 3 深裂或不分裂；全部叶纸质，基部具小型半抱茎的假托叶，上面无毛；下面初时被薄茸毛，后脱落无毛。头状花序多数，卵球形，直径 2.5～3.0 mm，有短梗，基部有小苞叶，在分枝上排列成穗状式的总状，而在茎上组成狭长的扫帚形的圆锥状复花序；总苞片 3～4 层，覆瓦状排列，外层略短小，卵形，中层总苞片长卵形，外、中层总苞片背面深绿色，初时背面有微毛，后无毛，边缘膜质，白色，内层总苞片长卵形，半膜质，背面无毛；雌花 4～8 朵，花冠狭筒状；两性花 5～10 朵，不孕育，花冠筒状，黄色。瘦果长圆形。 花果期 7～10 月。

产新疆：叶城（依力克其至牧场，黄荣福 C. G. 86－091）、若羌（阿其克库勒，青藏队吴玉虎 2199）、叶城（乔戈里峰大本营，青藏队吴玉虎 1488）。生于海拔 3 000～3 900 m 的沟谷山地草原、砾石质荒坡、河谷阶地干草原。

青海：玛多（黑海乡曲纳麦尔，H. B. G. 1 442；扎陵湖乡三队，吴玉虎 434；黑河乡，陈桂琛等 1791）、玛沁（大武乡江让水电站，H. B. G. 628；军功乡，吴玉虎等 4656；军功乡西哈垄，H. B. G. 342；拉加乡塔玛沟，区划三组 234；优云乡，玛沁队 544）、曲麻莱（巴干乡政府附近，刘尚武等 922；东风乡上年错，黄荣福 163）、久治、格尔木、称多（扎朵乡，苟新京 83－233；县城郊，吴玉虎 29228）、班玛、兴海（中铁林场恰登沟，吴玉虎 45191；大河坝，吴玉虎 42521；河卡山，郭本兆 6324；河卡乡阿米瓦阳山，何廷农 432；河卡乡羊曲加合平沟，何廷农 434、464；河卡滩，张珍万 2084；青根桥附近，王作宾 20104）。生于海拔 3 000～4 700 m 的沟谷山地草原、宽谷河滩高寒草甸、山地荒坡、沙砾河谷高寒草地、山地林缘灌丛草甸。

分布于我国的黑龙江、吉林、辽宁、内蒙古、河北、山西、陕西、宁夏、甘肃、青海、新疆、四川、贵州、云南、西藏；朝鲜，日本，印度，巴基斯坦，俄罗斯也有。

48. 青藏蒿

Artemisia duthreuil-de-rhinsi Krasch. in Not. Syst. Herb. Petrop. 3：22. 1922；西藏植物志 4：786. 图 345：1～8. 1985；中国植物志 76（2）：234. 1991；青海植物志 3：407. 图版 89：5～8. 1996；青藏高原维管植物及其生态地理分布 956. 2008.

多年生草本。主根稍粗，黑色，半木质，垂直，根状茎粗，略长，木质，直立，直径 6～8 mm，有营养枝。茎多数，呈丛，高 10～20（～30）cm，下部稍木质化，不分枝或有少数着生头状花序的细而短的分枝；茎、枝幼时有灰白色或灰黄色长柔毛，后稍稀疏。叶纸质，初时两面被黄色或灰黄色绢质短柔毛，后毛渐稀疏；基生叶与茎下部叶近卵形或长圆形，长 2～3 cm，宽 1.5～2.0 cm，二回羽状全裂，每侧有裂片 3～4 枚，裂片椭圆形，再成 3～5 深裂或全裂，小裂片披针形，长 3～5 mm，宽 1.0～1.5 mm，先端钝尖，叶柄长 1～2 cm；中部叶与上部叶卵形或长圆形，羽状全裂，每侧有裂片 2～3 枚，裂片线状披针形，长 0.5～1.5 cm，宽 2～3 mm，具短柄或近无柄；苞叶不分裂，线状披针形，常呈镰状弯曲，通常比花序分枝长。头状花序球形，无梗，直径25～35 mm，基部有小苞叶，在茎端或短的花序分枝上排成密集的穗状，并在茎上组成狭窄的圆锥状复花序；总苞片 3～4 层，外层总苞片略小，外、中层总苞片披针形、卵形或长卵形，背面绿色，初时密被短柔毛，后渐稀疏，边膜质，内层总苞片长卵形或长圆形，半膜质，背面近无毛；雌花 6～9 朵，花冠狭管状，花柱伸出花冠外，先端 2 叉，叉端尖；两性花 8～14 朵，不孕育，花冠管状，花药线形，先端附属物尖，长三角形，基部圆钝，花柱短，先端稍棒状，不叉开。瘦果长圆形或宽倒卵形。　花果期 7～10 月。

产青海：兴海（河卡乡阿卜朗赛朗西，何廷农 113）、久治（索乎日麻乡，藏药队 400；县城附近山上，果洛队 660）、玛多（清水乡曲纳麦尔，H. B. G. 1442；扎陵湖乡死鱼湖，吴玉虎 448）、达日（建设乡胡勒安玛，H. B. G. 1143）。生于海拔 3 500～4 600 m 的高山或亚高山草原、沟谷山坡高寒草甸、山谷砾石质坡地。

分布于我国的青海、四川、西藏。

模式标本采自青海祁连山。

49. 昆仑蒿

Artemisia nanschanica Krasch. in Not. Syst. Herb. Petrop. 3：19. 1922；西藏植物志 4：781. 图 341：1～10. 1985；中国植物志 76（2）：245. 图版 33：1～10. 1991；青海植物志 3：405. 图版 89：1～4. 1996；新疆植物志 5：188. 1999；青藏高原维管植物及其生态地理分布 960. 2008.

多年生草本，植株有臭味，高 10～20 cm。茎多数，呈小丛，直立或斜向上，有细纵棱，紫红色，不分枝或具着生头状花序的短分枝；茎、枝初时被灰白色略带绢质的平贴柔毛，后稀疏。茎下部叶与营养枝叶匙形或倒卵形，长 1.0～1.5 cm，宽 0.5～0.8 cm，羽状或近于掌状深裂或浅裂，少全裂，裂片小，椭圆形或椭圆状披针形，长 4～8 mm，宽 1.0～1.5 mm，顶端钝尖，叶基部渐狭成短柄，柄长 0.3～0.5 cm；中部叶匙形或倒卵状楔形，自叶顶端斜向基部 2～4 羽状深裂，少全裂，每侧有裂片 2～4 枚，裂片椭圆形或线形，长 4～6 mm，宽 1.0～1.2 mm，基部渐狭成短柄；上部叶匙形，自顶端向基部羽状 3 深裂或 3 浅裂或不分裂；全部叶纸质，初时两面密被灰白色略带绢质的平贴短柔毛，后渐稀疏。头状花序半球形，直径 3～4 mm，无梗或有短梗，直立或稍下垂，在茎端或短的分枝上排列成密穗状或穗状式的总状；总苞片 3～4 层，外层总苞片略短小，外、中层总苞片卵形或长卵形，初时背面被灰黄色短柔毛，后渐疏或近无毛，边缘褐色，宽膜质，内层总苞片近膜质，无毛；雌花10～15 朵，花冠狭筒状，檐部具 2 齿裂；两性花 12～20 朵，不孕育，花冠筒状，檐部 5 齿裂，紫褐色，背面被短柔毛。瘦果长圆形。　花果期 8～10 月。

产新疆：塔什库尔干、且末（昆其布拉克牧场，青藏队吴玉虎 88-2604）。生于海拔4 500 m左右的山坡、砾石质坡地高寒草原。

西藏：日土（甲吾沟，高生所西藏队 3565、空喀山口，高生所西藏队 3691；多玛区松木西错，青藏队 76－9009)、改则（至措勤县途中，青藏队 10283、10244)、尼玛（双湖，青藏队藏北分队郎楷永，9857；无人区北巴林泉，青藏队藏北分队郎楷永 9922)、班戈（普保乡，青藏队藏北分队郎楷永 10594；色哇区贝隆古玛，青藏队藏北分队郎楷永 9581)。生于海拔 4 500 m 左右的沟谷山坡高寒草原、沙砾质沟谷滩地、砾质山坡草地、河谷阶地高寒草原、高原宽谷湖盆沙砾地。

青海：曲麻莱（曲麻河乡，黄荣福 069、074)、玛多（黑海乡曲纳麦尔，H. B. G. 1452；扎陵湖畔，吴玉虎 1648、1548；鄂陵湖，吴玉虎 1565、415；青藏公路 920 km处，青藏队吴玉虎 2808；鄂陵湖西北面，植被地理组 565；布青山南面，植被地理组 548；雪山乡浪日，H. B. G. 413；黑河乡，陈桂琛等 1755、1756)、玛沁（雪山乡浪日，H. B. G. 413)、达日（建设乡达日河纳日，H. B. G. 1060；吉迈乡赛纳纽达山，H. B. G. 1278；建设乡，陈桂琛等 1705)、兴海（河卡乡，郭本兆 6225；河卡山，吴珍兰 147)、久治（索乎日麻乡背面山上，果洛队 303)。生于海拔 3 200～4 600 m的沟谷山坡高寒草原、河谷湖滨砾石滩地、宽谷沙滩、砾石质高山草地。

分布于我国的新疆、西藏、青海、甘肃。

模式标本采自青海祁连山。

50. 牛尾蒿

Artemisia dubia Wall. ex Bess. in Nouv. Mém. Soc. Mosc. 3：39. 1834；中国植物志 76 (2)：248. 1991；青海植物志 3：408. 1996；青藏高原维管植物及其生态地理分布 956. 2008.

半灌木状草本。主根木质，根状茎粗短，直径 0.5～2.0 cm，有营养枝。茎多数或少数，丛生，直立或斜向上，高 80～120 cm，基部木质，纵棱明显，紫褐色或绿褐色，分枝多，开展，枝长 15～35 cm 或更长，常呈屈曲延伸；茎、枝幼时被短柔毛，后渐稀疏或无毛。叶厚纸质或纸质，叶上面微有短柔毛，下面毛密，宿存；基生叶与茎下部叶大，卵形或长圆形，羽状深裂，有时裂片上还有 1～2 枚小裂片，无柄，花期叶凋谢；下部叶卵形，长 5～12 cm，宽 3～7 cm，羽状深裂，裂片椭圆状披针形、长圆状披针形或披针形，长 3～8 cm，先端尖，边缘无裂齿，基部渐狭，楔形，呈柄状，有小型披针形或线形假托叶；上部叶与苞叶指状 3 深裂或不分裂，裂片或不分裂的苞片叶椭圆状披针形或披针形。头状花序多数，宽卵球形或球形，直径 1.5～2.0 mm，有短梗或近无梗，基部有小苞叶，在分枝的小枝上排成穗状花序或穗状花序状的总状花序，而在分枝上排成复总状，在茎上组成开展、具多级分枝大型的圆锥状复花序；总苞片 3～4 层，外层总苞片略短小，外、中层总苞片卵形、长卵形，背面无毛，有绿色中脉，边膜质，内层总苞片半膜质；雌花 6～8 朵，花冠狭小，略呈圆锥形，檐部具 2 裂齿，花柱伸出花冠外甚长，先端 2 叉，叉端尖；两性花 2～10 朵，不孕育，花冠管状，花药线形，先端附属物尖，长三角形，基部圆钝，花柱短，先端稍膨大，2 裂，不叉开。瘦果小，长圆形或倒卵形。 花果期 8～10 月。

产青海：兴海（河卡乡羊曲加合平，何廷农 460；河卡乡羊曲，何廷农 473）、玛多、班玛、玛沁（黑土山，吴玉虎等 18559；红土山，吴玉虎等 18637）。生于海拔 3 200～4 000 m 的宽谷河滩草地、河谷阶地高寒草地、田林路边草地。

甘肃：玛曲（河曲军马场，吴玉虎 31914、31839）。生于海拔 3 440 m 左右的沟谷山地岩石缝隙、河谷阶地高寒草甸。

分布于我国的内蒙古、甘肃、四川、云南、西藏；印度，不丹，尼泊尔也有。

51. 指裂蒿

Artemisia tridactyla Hand.-Mazz. in Acta Hort. Gothob. 12：275. 1938；西藏植物志 4：781. 图 341：11～18. 1985；中国植物志 76（2）：250. 图版 33：11～17. 1991；青海植物志 3：408. 1996；青藏高原维管植物及其生态地理分布 965. 2008.

多年生草本或半灌木状。茎少数或单生，高约 50 cm，有纵棱，分枝多，长 3～8 cm，黄褐色；无毛或初时微有短柔毛，后无毛。叶厚纸质或纸质，干时质略硬，叶上面绿色，无毛，下面除中脉外，被苍白色蛛丝状绵毛；茎下部叶与中部叶椭圆形，长 4～5 cm，宽 2～3 cm，指状 3 深裂，稀浅裂，裂片线形或线状披针形，长 2.0～2.5 cm，宽 3～4 mm，少数浅裂的裂片为椭圆形，先端锐尖，边反卷，叶基部狭楔形，向下延伸成柄状，基部无假托叶：茎上部叶与苞叶不分裂，线形或线状披针形，长 3.0～4.5 cm，宽 1.5～2.5 mm。头状花序多数，半球形或近球形，直径 3～4 mm，具短梗及披针形的小苞叶，在分枝的小枝上单生或数枚集生成短的总状花序，并在茎上组成狭窄或中等开展、略呈尖塔形的圆锥花序；总苞片3～4层，外层略短小或内、外层近等长，外、中层总苞片卵形或长卵形，背面无毛或有极稀疏的微柔毛，绿色或淡褐色，中层总苞片半膜质，无毛；雌花 18～21 朵，花冠狭小，圆锥形，檐部具 2 裂齿，外面被短柔毛，花柱略伸出花冠外，先端 2 叉，叉端钝尖；两性花 15～19 朵，不孕育，花冠管状，檐部背面被短柔毛，花药线形或线状倒披针形，先端附属物尖，长三角形，基部圆钝，花柱短，先端稍膨大，2 裂，不叉开，退化子房不明显。瘦果小，倒卵形。花果期 8～10 月。

产青海：久治（白玉乡牧场，藏药队 670）。生于海拔 3 800 m 左右的高原沟谷山地阴坡高寒灌丛草甸。

分布于我国的青海、四川、西藏。

模式标本采自四川道孚。

27. 绢蒿属 Seriphidium (Bess.) Poljak.

Poljak. in Syst. Fl. Kazakh. 11：171. 1961.

多年生草本、半灌木或小灌木，稀一、二年生草本，常有浓烈的香味。根通常粗大，木质，稀少细，垂直；根状茎通常粗，短，木质，常有多年生、木质或一年生的营养枝。茎、枝、叶与总苞片初时通常被茸毛或蛛丝状柔毛或绵毛，宿存或以后部分脱落或全脱落。茎直立或斜上，少数至多数，常与营养枝共组成疏松或密集的小丛，稀单生。叶互生，茎下部叶与营养枝叶通常二至三（至四）回羽状全裂，稀浅裂或近于栉齿状的细裂，或叶一至二回掌状或三出全裂，小裂片多为狭线形、狭线状披针形，稀细短线形、椭圆形或栉齿形；茎中部与上部叶二至三回或一回羽状分裂或 3 裂，稀不分裂；苞片叶分裂或不分裂。头状花序小，椭圆形、长圆形、长卵形或椭圆状卵形，稀卵形、卵钟形或近球形，无梗或有短梗，在茎端或分枝上排成疏松或密集的穗状、总状，或密集成近于头状，而在茎上再组成开展或狭窄的圆锥状复花序；总苞片（3～）4～6(～7)层，覆瓦状排列，外层总苞片最小，卵形，中、内层总苞片椭圆形、长卵形或披针形，稀总苞片顶端合生，背面常被柔毛或蛛丝状毛，有时背面呈龙骨状凸起，边缘具狭或宽膜质；花序托小，无托毛；全为两性花，孕育，（1～）3～12（～15）朵，花冠管状，黄色，缘部具 5 裂齿，黄色或红色，花药线形或披针形，先端附属物线状披针形、线形或锥形，基部圆钝，稀少有短尖头，花柱线形，通常较雄蕊短，稀少近等长，花期不伸长或略伸长，先端稍叉开或不叉开，叉端具睫毛或不明显。瘦果小，卵形或倒卵形，略扁，果壁上具不明显的细纵纹。

约 100 种，主产俄罗斯、中亚地区各国及我国西北的干旱地区，北美洲的西部及中部次之，少数种还分布到蒙古、阿富汗、伊朗、巴基斯坦（北部）、印度（西北部），以及亚洲西部、西南部国家与地区，欧洲东部、中部以南至非洲北部也有。我国有 31 种，具耐旱、抗寒、抗盐碱的特性，多生长在草原、半荒漠或荒漠草原地区；昆仑地区产 10 种。

分种检索表

1. 茎具分枝，枝长或短；头状花序在茎的分枝上不排成密集的长圆形或卵球形的密穗状花序或复头状花序。

  2. 下部叶三回或二至三回羽状全裂，中部叶二至三回或一至二回或一回羽状全裂。

    3. 分枝长不及 3 cm；中部叶每侧具裂片 2～3 枚，叶两面有腺点 ………………
    ……………………………… **6. 纤细绢蒿 S. gracilescens** (Krasch. et Iljin) Poljak.

3. 分枝长（3～）5 cm 以上；叶每侧具裂片 4～5 枚，叶两面无腺点或微有腺点。

4. 茎、枝、叶两面及总苞片背面被宿存的蛛丝伏短柔毛或茸毛，或花期茎下部毛脱落；茎自中部以上分枝；头状花序长圆形、长圆状卵形或长卵形，在茎上排成扫帚形的中等开展或狭窄的圆锥状 ………………………………………………………… **1. 伊犁绢蒿 S. transiliense**（Poljak.）Poljak.

4. 茎、枝、叶两面及总苞片背面被蛛丝状茸毛或柔毛，花期茎与总苞片上毛脱落，分枝多、开展；头状花序卵形，在茎上排成开展或中等开展的圆锥状 ………… **2. 蒙青绢蒿 S. mongolorum**（Krasch.）Ling et Y. R. Ling

2. 茎下部叶二回或一至二回羽状全裂，中部叶二回、一至二回或一回羽状全裂。

5. 茎自上半部分枝，枝开展，长达 10～15 cm；头状花序直径 3.0～3.5 mm，在茎上排成开展、尖塔形的圆锥花序 ………………………………………………………… **5. 费尔干绢蒿 S. ferganense**（Krasch. ex Poljak.）Poljak.

5. 茎自上部开始分枝，枝长不及 10 cm 或自下部开始分枝；头状花序直径 3 mm 以下。

6. 茎自基部开始分枝，枝略开展；叶的小裂片线状披针形；头状花序在分枝上排成略密集、稀少疏离的穗状，而在茎上组成中等开展或略狭窄的圆锥状复花序 ……………… **4. 伊塞克绢蒿 S. issykkulense**（Poljak.）Poljak.

6. 茎自中部以上开始分枝，枝斜向上；叶的小裂片狭线形或狭线状倒披针形；头状花序在分枝上排成穗状，而在茎上组成狭窄、扫帚形的圆锥状复花序 …………………… **3. 苍绿绢蒿 S. fedtschenkoanum**（Krasch.）Poljak.

1. 茎通常不分枝或分枝短，后者茎多枚，常成丛，高 25 cm 以下，或茎仅在上部具密生头状花序的短的分枝；头状花序在短分枝或小枝上排成长圆形或卵球形的密而短的穗状或复头状。

7. 茎、枝、叶两面初时被蛛丝状茸毛或柔毛，毛宿存或以后部分脱落；头状花序在分枝上密集成长圆形、圆球形或卵球形的复头状花序或为密而短的穗状；总苞片背面无腺点 …………… **10. 聚头绢蒿 S. compactum**（Fisch. et Bess.）Poljak.

7. 茎、枝、叶两面密被蛛丝状茸毛或柔毛，后毛部分脱落；头状花序在茎端或分枝上排成密集的穗状，并在茎上组成穗状式的狭圆锥状；总苞片背面有腺点或无腺点。

8. 植株分枝少，不形成密丛；下部叶二回羽状全裂 ………………………………… **9. 高原绢蒿 S. grenardii**（Franch.）Y. R. Ling et C. J. Humphries

8. 植株分枝多，常形成密丛；下部叶一至二回羽状全裂或近掌状式二至三回羽状全裂。

9. 下部叶二（至三）回羽状全裂，第一回近于掌状式分裂，每侧有裂片 3～4（～5）枚，中部叶（一至）二回羽状全裂，小裂片狭线形或丝线形；头状花序直径 1.5～2.0（～2.5）mm，在分枝上端排成密集、卵形的穗状或近头状，并在茎上组成总状式的狭圆锥状复花序，花冠黄色 ……………
…………………………………… **7. 高山绢蒿 S. rhodanthum**（Rupr.）Poljak.

9. 下部叶一至二回羽状分裂，第一回全裂，每侧裂片 2～3 枚，第二回为深裂齿，中部叶一（至二）回羽状深裂，裂片或小裂片线形或长椭圆形或椭圆状披针形；头状花序直径 2～3 mm，在茎上或短的分枝上排成疏离或密集的短穗状，而在茎上组成狭窄的穗状式的圆锥状复花序，花冠红色
…………………………………… **8. 昆仑绢蒿 S. korovinii**（Poljak.）Poljak.

1. 伊犁绢蒿 图版 120：1～5

Seriphidium transiliense（Poljak.）Poljak. in Syst. Fl. Kazakh. 11：174. 1961；中国植物志 76（2）：261. 图版 35：6～10. 1991；新疆植物志 5：192. 图版 49：10～14. 1999；青藏高原维管植物及其生态地理分布 1049. 2008. —— *Artemisia transiliense* Poljak. in Not. Syst. Herb. Inst. Bot. Acad. Sci. URSS 16：417. 1954.

半灌木，高 25～80 cm。主根明显，粗，径可达 2～3 cm，木质，根茎粗大，具多数木质、短的地上茎及营养枝。茎多数或少数，直立或下部稍弯曲，下部木质，上部半木质，中部以上分枝，分枝长 5～15 cm，斜向上贴茎，幼时茎、枝密被蛛丝状茸毛，以后毛全部脱落，光滑。茎下部叶和营养枝叶长圆形，长 3.5～6.0 cm，宽 1～2 cm，二至三回羽状全裂，每侧裂片 4～5 枚，每裂片再羽状全裂，小裂片狭线形或线状披针形，长 4～8 mm，宽 0.5～1.0 mm，顶端具硬尖头，叶柄长 0.5～1.5 cm，花期茎下部叶多凋落；中部叶小，一至二回羽状全裂，长 3.0～4.5 cm，叶柄长 0.5～1.5 cm，基部有小型羽状全裂的假托叶；上部叶羽状全裂；苞叶小，不分裂，线形；全部叶两面被灰绿色蛛丝状柔毛。头状花序长圆形或椭圆状卵形，长 3.0～3.5 mm，宽 1～2 mm，有短梗，直立或斜展，在分枝上排列成疏或间有若干密穗状式的总状，并在茎上组成密而狭长或稍开展的圆锥状；总苞片 4～5 层，覆瓦状排列，外层短小，卵圆形，中内层渐次增长，倒披针形或长圆状倒披针形，外中层总苞片背面被灰白色蛛丝状柔毛，边缘狭膜质，内层膜质，背面无毛；两性花 5～6 朵，花冠筒状，黄色，檐部 5 裂，红色或黄色。瘦果小，倒卵形。 花果期 7～10 月。

产新疆：喀什、阿克陶（布伦口，西植所新疆队 712）、塔什库尔干。生于海拔 2 500～3 200 m 的沟谷山坡荒漠草原、山坡高寒草地、河滩草地、河谷阶地高寒草甸、砾石质戈壁及山间平原。

分布于我国的新疆；俄罗斯，中亚地区各国也有。

2. 蒙青绢蒿

Seriphidium mongolorum（Krasch.）Ling et Y. R. Ling in Bull. Bot. Res. 8（3）：115. 1988；中国植物志 76（2）：265. 1991；青海植物志 3：375. 图版 89：9～12. 1996；青藏高原维管植物及其生态地理分布 1049. 2008. —— *Artemisia* mongolorum Krasch. in Acta Inst. Bot. Acad. Sci. URSS 1 (3)：350. 1937.

半灌木。茎高 30～45 cm，直立或斜向上，下部木质，上部半木质；自中下部开始分枝，下部枝长 8～15 cm，初时茎、枝密被苍白色茸毛，以后茎下部近光滑，绿色，茎上部毛部分脱落。叶两面初时密被苍白色茸毛，后渐脱落，具稀疏毛或近无毛，下部叶椭圆形或长卵形，长 3～4 cm，宽 2～3 cm，二（至三）回羽状全裂，每侧有裂片 4～5 枚，再次羽状全裂或 3 全裂：小裂片狭线形或狭线状披针形，长 2～3 mm，宽 1.0～1.5 mm，微有腺点，先端锐尖，叶柄长 1.5～2.5 cm，基部有小型羽状全裂的假托叶；中部叶一至二回羽状全裂，小裂片狭线形，宽约 1 mm；上部叶与苞叶羽状全裂或 3 全裂。头状花序椭圆形或长卵形，直径 2～3 mm，直立，无梗，基部有小苞叶，在分枝端或分枝的小枝上 2 至数枚密集着生排成密穗状，而在茎上再组成略为开展或伸长的圆锥状复花序；总苞片 4～5 层，外层总苞片短小，卵形或狭卵形，向内渐增长，中、内层总苞片椭圆形或长卵形，外、中层总苞片背面初时被灰白色柔毛，后脱落，无毛，有绿色中脉，边膜质，内层总苞片半膜质，无毛；两性花3～6朵，花冠管状，背面有腺点，花药线形，先端附属物披针形，基部有短尖头，花柱短，开花时先端 2 叉，叉端截形，有睫毛。瘦果倒卵形。 花果期 8～10 月。

产新疆：阿克陶（恰克拉克，青藏队吴玉虎 870593）、于田（普鲁大队至火山途中，青藏队吴玉虎 3679）。生于海拔 3 300～3 600 m 的山坡沙砾地、沟谷山坡高寒草地。

青海：格尔木（采集地不详，高生所西藏队 4410）、都兰。生于海拔 2 700～2 900 m的山前平地、戈壁沙漠草地、荒漠草原。

分布于我国的内蒙古、新疆、青海；蒙古西南部也有。模式标本采自青海柴达木盆地。

3. 苍绿绢蒿

Seriphidium fedtschenkoanum（Krasch.）Poljak. in Syst. Fl. Kazakh. 11：176. 1961；中国植物志 76（2）：268. 1991；新疆植物志 5：196. 1999；青藏高原维管植物及其生态地理分布 1048. 2008. —— *Artemisia fedtschenkoanum* Krasch. in Acta Inst. Bot. Acad. Sci. URSS 1（3）：351. 1937.

半灌木，高 15～40 cm。主根木质，根状茎粗，木质，具多数一年至多年生营养枝，枝端密生叶。茎细，多数，直立或基部稍弯曲，常与营养枝组成小矮丛，上半部具多数小分枝，分枝长 2～6 cm，茎、枝幼时密被白色蛛丝状短柔毛，后部分脱落。茎下部叶与营养枝叶卵形或椭圆形，长 1.5～2.5 cm，宽 0.8～1.5 cm，二回羽状全裂，每侧裂片 4～5 枚，再次羽状全裂，小裂片狭条形，长 2～5 mm，宽 0.5～0.8 mm，叶柄长 0.5～1.5 cm；茎中部叶略短小，羽状全裂，无柄；上部叶与苞叶小，狭线形，不分裂；全部叶稍肥厚，两面被灰白色短柔毛。头状花序卵形或长卵形，长 2.5～3.0 mm，宽1.5～2.0 mm，直立，在分枝上排列成短穗状，而后在茎上组成狭窄扫帚形的圆锥状；总苞片4～5层，覆瓦状排列，外层短小，卵形，中、内层渐次增长，椭圆形，外、中层总苞片背面初时被短柔毛，后多少脱落，淡黄色，边缘膜质，内层总苞片半膜质，背面无毛；两性花4～6朵，筒状，黄色，檐部5齿裂。瘦果小，卵圆形。 花果期7～10月。

产新疆：阿克陶、塔什库尔干。生于海拔1 500～2 300 m的荒漠、半荒漠草原、河谷、旱地及路边。

分布于我国的甘肃、新疆；俄罗斯，中亚地区各国也有。模式标本采自新疆塔什库尔干。

4. 伊塞克绢蒿 图版120：6～10

Seriphidium issykkulense（Poljak.）Poljak. in Syst. Fl. Kazakh. 11：173. 1961；中国植物志76（2）：269. 1991；新疆植物志5：197. 图版50：1～5. 1999；青藏高原维管植物及其生态地理分布1049. 2008. —— *Artemisia issykkulense* Poljak. in Not. Syst. Herb. Inst. Bot. Acad. Sci. URSS 17：415. 1955.

半灌木，高20～40 cm。主根明显，木质，粗，呈解索状。根状茎粗，木质，上部具多数多年生营养枝。茎多数，细，下部木质或半木质，自中下部开始分枝，分枝细，长或短，斜向上开展，植株被灰绿色短柔毛。茎下部叶和营养枝叶卵形或长卵形，长1.5～2.5 cm，宽0.4～0.6 cm，二回羽状全裂，每侧有裂片2～4枚，再次羽状全裂，小裂片狭线形，长1.5～2.5 mm，宽0.3～0.5 mm，先端钝尖，叶柄长0.5～1.5 mm；中部叶小，羽状全裂，无柄，基部裂片半抱茎；上部叶和苞叶小，分裂或不分裂，狭线状披针形；全部叶被灰绿色短柔毛。头状花序多数，卵形或长卵形，长3～4 mm，宽1.5～2.5 mm，直立，无梗，在分枝上排列成密集的穗状，并在茎上组成中等开展或稍狭的圆锥状复花序；总苞片4～5层，覆瓦状排列，外层短小，卵形，中内层向里渐次增长，披针形或长椭圆状披针形，外中层总苞片背面被疏短柔毛，边缘宽膜质，内层总苞片近膜质，背面无毛；两性花5～6朵，筒状，黄色，檐部5齿裂。瘦果卵形或倒卵形。 花果期7～10月。

产新疆：乌恰。生于海拔2 400 m左右的砾石质坡地、戈壁荒漠草原、半荒漠或荒漠化草原。

分布于我国的新疆；俄罗斯，中亚地区各国也有。

5. 费尔干绢蒿

Seriphidium ferganense（Krasch. ex Poljak.）Poljak. in Syst. Fl. Kazakh. 11：173. 1961；中国植物志76（2）：273. 1991；新疆植物志5：199. 1999；青藏高原维管植物及其生态地理分布1048. 2008. —— *Artemisia ferganense* Krasch. ex Poljak. in

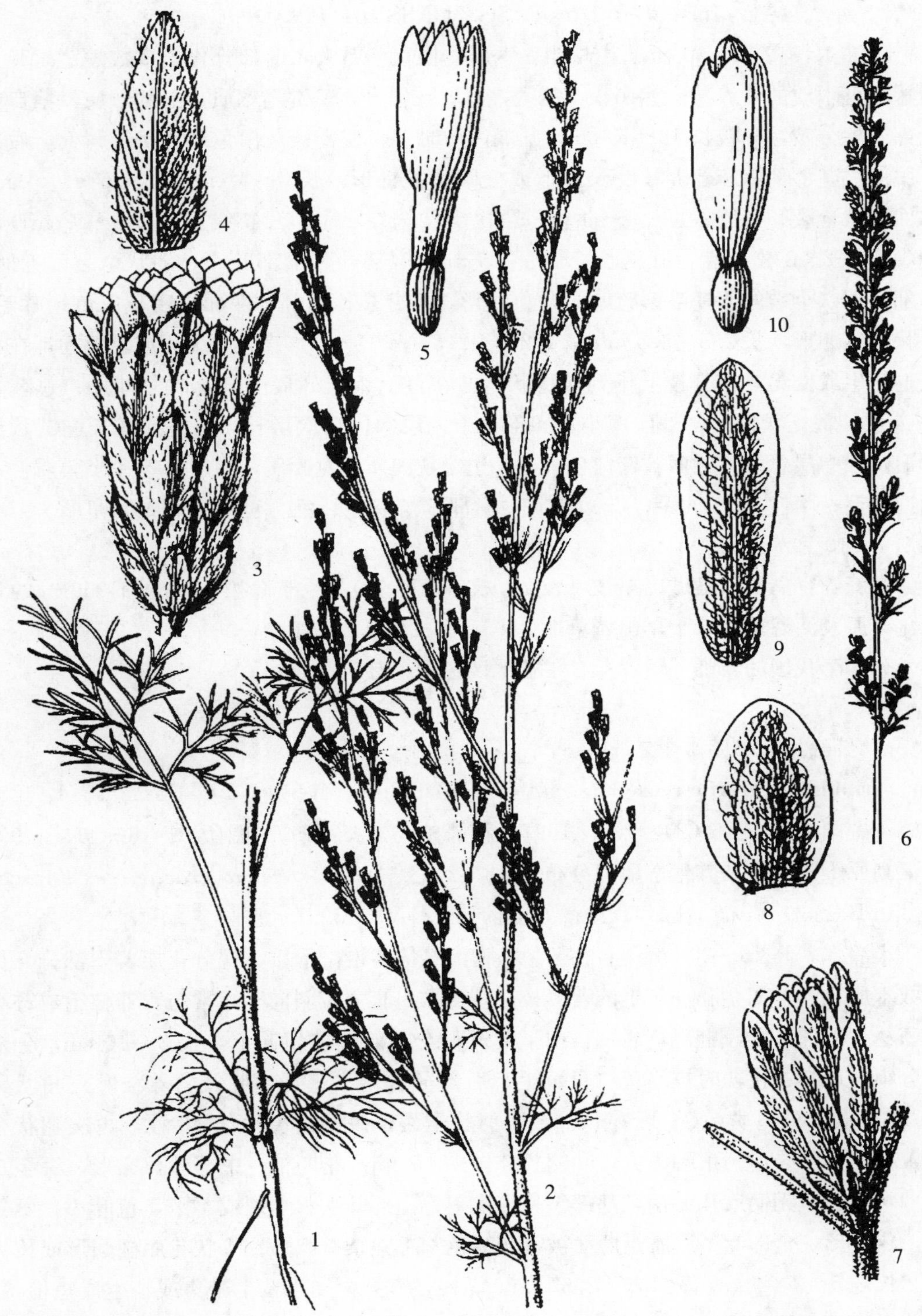

图版 **120** 伊犁绢蒿 **Seriphidium transiliense**（Poljak.）Poljak. 1. 植株；2. 植株上部；3. 头状花序；4. 总苞片；5. 两性花。伊塞克绢蒿 **S. issykkulense**（Poljak.）Poljak. 6. 植株上部；7. 头状花序；8～9. 外、中层总苞片；10. 两性花。（引自《新疆植物志》，张荣生绘）

Not. Syst. Herb. Inst. Bot. Acad. Sci. URSS 16：119. 1954.

半灌木，高 40～50 cm。主根粗，木质，根状茎粗大，上部分化出多数短茎，其上具短小且木质的营养枝。茎多数，丛生，直立或斜升，基部稍木质，上部草质，茎自中上部开始分枝，分枝长 10～15 cm，开展，初时茎、枝密被灰白色绵毛状长茸毛，后部分脱落。茎下部叶和营养枝叶长圆形或椭圆状披针形，长 3～4 cm，宽 0.5～1.5 cm，二回羽状全裂，每侧有裂片 2～4 枚，再次羽状全裂，小裂片狭线形，长 3～9 cm，顶端尖或具 2～3 枚小齿，叶柄长 0.5～1.5 cm；中部叶和上部叶小，羽状全裂，无柄，基部有羽状全裂的假托叶；苞叶小，狭线形，不分裂；全部叶两面被密灰白色短茸毛。头状花序卵形，长 2.5～3.5 mm，宽 2.0～2.5（3.0）mm，直立，无梗或具短梗，在小枝上疏生或密集，在分枝上排列成穗状，并在茎上组成开展的圆锥状复花序；总苞片 5～6 层，覆瓦状排列，外层短小，卵形，中内层向内渐次增长，披针形或长椭圆状披针形，外中层总苞片背面被密白色柔毛，边缘狭膜质或宽膜质，内层总苞片半膜质，背面近无毛；两性花 5～6 朵，花冠筒状，檐部 5 齿裂，红色。瘦果卵形或倒卵形。 花果期 7～10 月。

产新疆：乌恰（县城以东 20 km 处，刘海源 222）。生于海拔 1 400～1 950 m 的荒漠化草原及河谷草地、干旱山坡草地。

分布于我国的新疆；俄罗斯，中亚地区各国也有。

6. 纤细绢蒿 图版 121：1～6

Seriphidium gracilescens (Krasch. et Iljin) Poljak. in Syst. Fl. Kazakh. 11：175. 1961；中国植物志 76（2）：274. 1991；新疆植物志 5：199. 图版 51：6～11. 1999；青藏高原维管植物及其生态地理分布 1048. 2008. —— *Artemisia gracilescens* Krasch. et Iljin B Сист. зам. Герб. Томск. унив. 1（2）：2，3. 1949.

半灌木，高 15～30 cm。主根粗，木质，根状茎粗，木质，常分化成若干部分，具多数木质化的匍匐茎和一年生的营养枝。茎多数，直立或斜向上，常与营养枝组成矮小的密丛，下部木质，上部草质，自中下部开始分枝，分枝斜向上，长 3～10 cm，分枝再分小枝，茎、枝初时被厚灰白色茸毛，后部分脱落。茎下部叶及营养枝叶三角状卵形，长 1～2 cm，宽0.6～1.0 cm，二回羽状全裂，每侧有裂片 2～3 枚，再次羽状全裂，小裂片狭线形，顶端钝尖，叶柄长 0.3～0.5 cm，花期枯，中部叶长卵形，一至二回羽状全裂，无柄或几无柄，基部裂片半抱茎；上部叶羽状全裂或不裂，苞叶小，不分裂，狭线形，全部叶稍厚质，两面被密灰绿色茸毛并杂有腺点。头状花序椭圆形或长圆形，长 2.5～3.0 mm，宽 1.5～2.5 mm，无梗，直立，在小枝上密集或疏生成短穗状，在茎上组成开展的圆锥状复花序；总苞片 5～6 层，覆瓦状排列，外层短小，卵形，中内层向内渐次增长，长圆状披针形，外中层总苞片幼时背面被短柔毛，后脱落几无毛，有腺点，边缘膜质，内层总苞片近膜质，背面无毛；两性花3～6朵，筒状，黄色，檐部

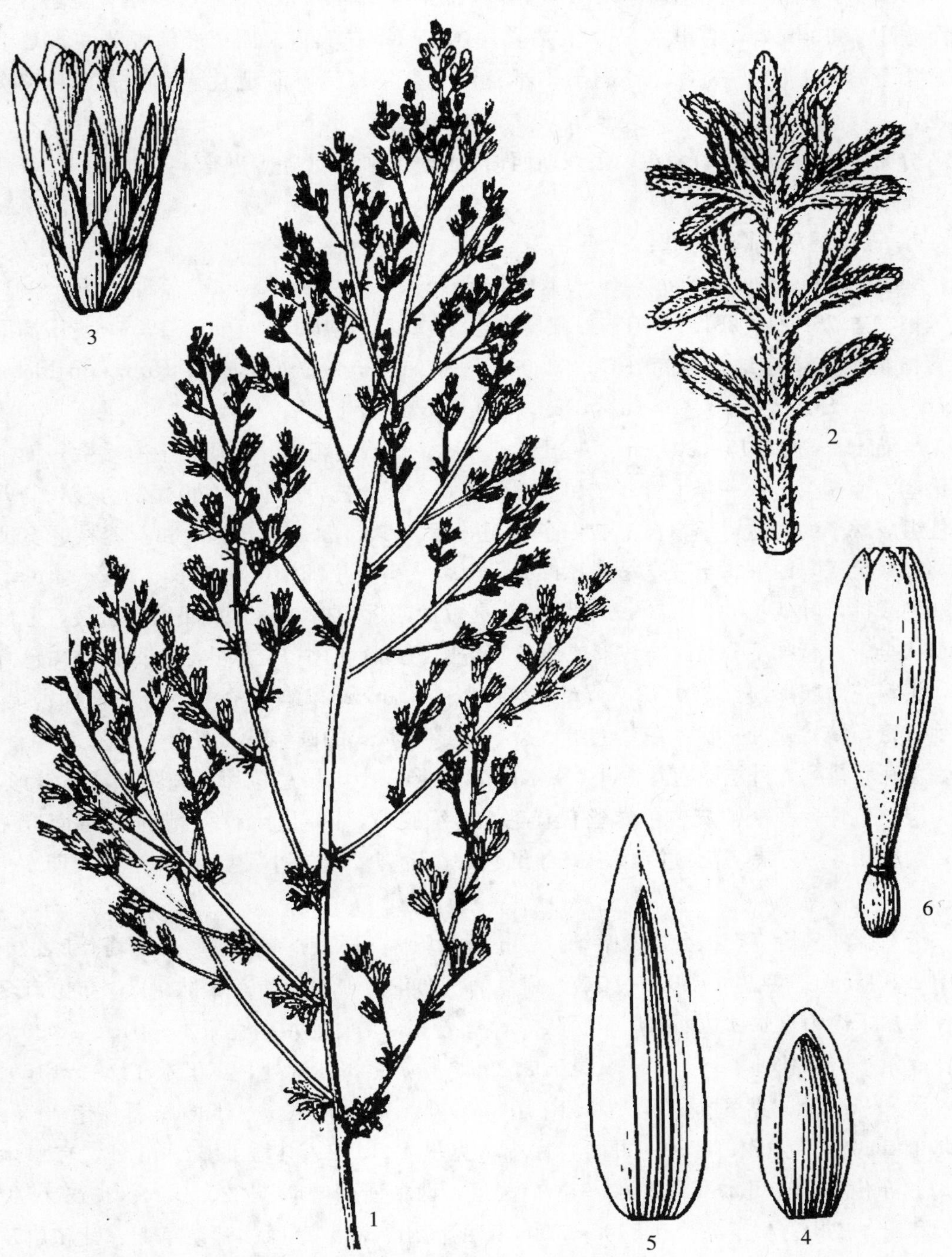

图版 **121**　纤细绢蒿 **Seriphidium gracilescens**（Krasch. et Iljin） Poljak.1. 植株；2. 叶；3. 头状花序；4～5. 外、中层总苞片；6. 两性花。（引自《新疆植物志》，张荣生绘）

5齿裂。瘦果长圆形。 花果期7～10月。

产新疆：乌恰（吉根至斯木哈纳途中，西植所新疆队2091）、喀什（喀什至塔什库尔干途中139 km处，克里木T15）、塔什库尔干（卡拉其古，西植所新疆队904）、和田。生于海拔1 500～3 000 m的干旱半荒漠化草原、河谷阶地荒漠草原、田林路旁草地。

分布于我国的新疆；蒙古，俄罗斯西伯利亚，中亚地区各国也有。

7. 高山绢蒿 图版122：1～5

Seriphidium rhodanthum（Rupr.）Poljak. in Syst. Fl. Kazakh. 11：175. 1961；中国植物志76（2）：281. 1991；新疆植物志5：205. 图版53：1～5. 1999；青藏高原维管植物及其生态地理分布1049. 2008. —— *Artemisia rhodantha* Rupr. in Mém. Acad. Sci. St.-Pétersb. 14（4）：52. 1869.

半灌木，高4～15（20）cm。主根粗，木质；根状茎粗大，木质，上有多数短而木质化茎，上端生多数一年生营养枝和茎。茎直立，不分枝，或上部有极短的分枝，与营养枝组成矮小的密丛，茎、枝密被白色茸毛，后多少脱落。茎下部叶和营养枝叶宽卵形，二（至三）回羽状全裂，每裂片再羽状全裂，小裂片细小，狭线形，长2～3 mm，先端尖或钝，叶柄长0.5～1.0 cm，中部叶具短柄或近无柄，一至二回羽状全裂，上部叶羽状全裂，苞叶不分裂，宽线形或线形，略长于头状花序；全部叶小，两面被白色茸毛。头状花序卵形，长3.0～3.5 mm，宽2.0～2.5 mm，无梗，在短的分枝顶部密集，排列成密短穗状或近头状，在茎上组成总状式或穗状式的圆锥状复花序；总苞片4～5层，覆瓦状排列，外层总苞片短小，椭圆状披针形，中内层总苞片长椭圆形或披针形，外中层总苞片背面密被灰白色蛛丝状茸毛，边缘膜质，内层总苞片半膜质，背面近无毛；两性花5～7朵，花冠筒状，檐部红色，5齿裂。瘦果小，卵形。 花果期7～10月。

产新疆：乌恰（吉根乡斯木哈纳，西植所新疆队2182）、喀什（喀什至塔什库尔干途中139 km处，克里木T03、T04）、阿克陶（布伦口，西植所新疆队703；布伦口至塔什库尔干途中克尔钦，西植所新疆队788）、若羌（塔什达坂，克里木A019、A020）、塔什库尔干（麻扎种羊场，青藏队吴玉虎396、县城南36 km处，克里木T159、T160；县城南87 km处，克里木T55；县城南106 km处，克里木T068、T061；县城南70 km往北4 km处，克里木T220；去国界途中，克里木T172；县城北72 km处，克里木T281；布伦口，克里木T249；红其拉甫附近，西植所新疆队1522、1524、1525）、策勒、和田、皮山。生于海拔1 500～4 500 m的高山、高寒草原、荒漠草原、冲积扇及河谷地带。

分布于我国的新疆；俄罗斯，中亚地区各国也有。

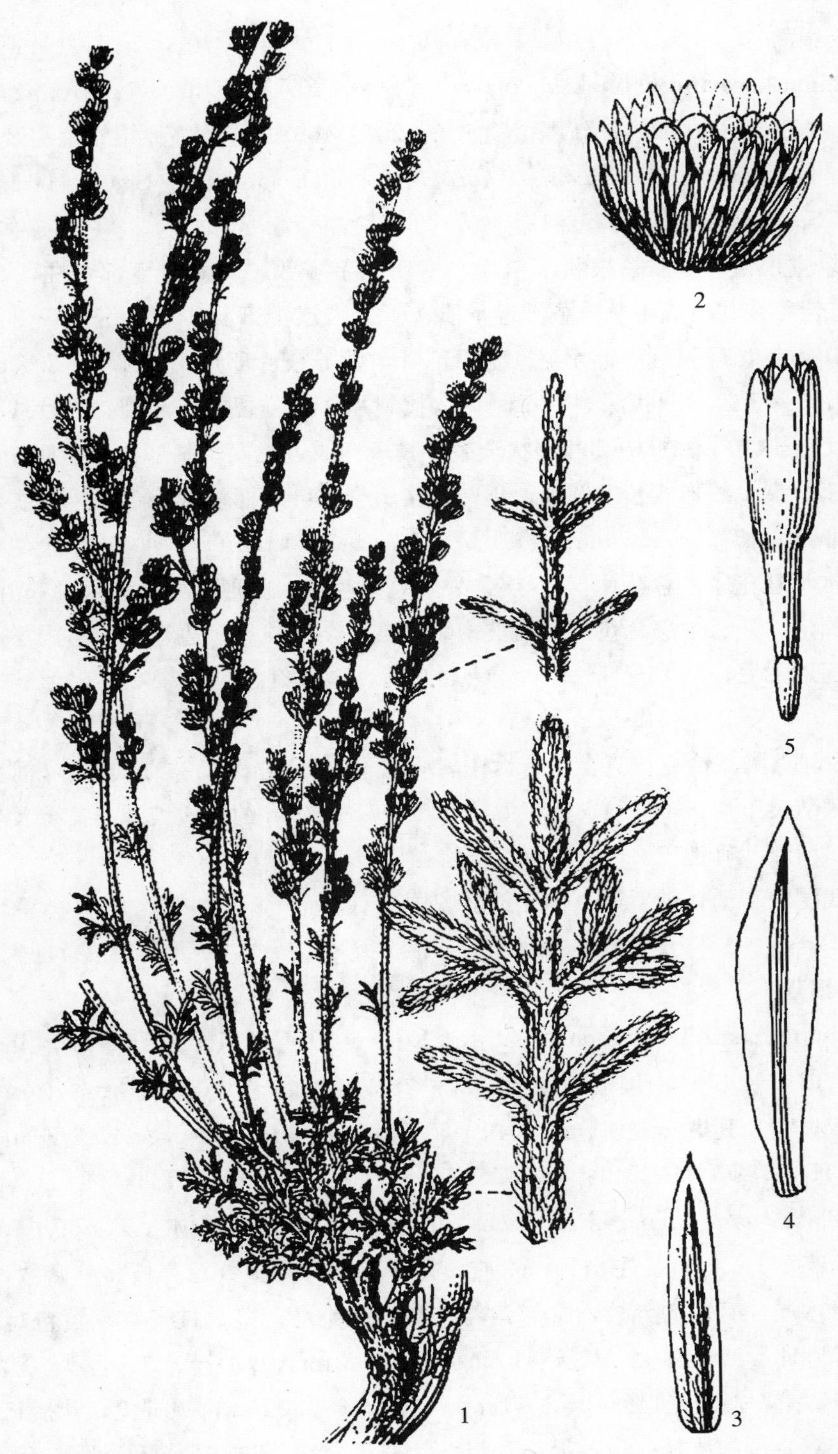

图版 122 高山绢蒿 **Seriphidium rhodanthum**（Rupr.）Poljak.1. 植株；2. 头状花序；3～4. 外、中层总苞片；5. 两性花。（引自《新疆植物志》，张荣生绘）

8. 昆仑绢蒿

Seriphidium korovinii (Poljak.) Poljak. in Syst. Fl. Kazakh. 11：175. 1961；中国植物志 76 (2)：282. 1991；新疆植物志 5：207. 1999；青藏高原维管植物及其生态地理分布 1049. 2008. ——*Artemisia korovinii* Poljak. in Not. Syst. Herb. Inst. Bot. Acad. Sci. URSS 18：279. 1957.

半灌木。主根粗，木质；根状茎粗大，木质。茎多数，直立或下部弯曲，高 15～20 cm，常与营养枝共组成密丛，下部近木质，不分枝或上部具少数短分枝，茎枝初时被密灰白色短柔毛，后脱落，近无毛。茎下部叶与营养枝叶卵形，长 1.0～2.5 cm，宽 0.5～1.0 cm，一至二回羽状深裂，每侧具 2 枚裂片，不分裂或 3 深裂，裂片线形或长椭圆形，长 1.5～4.0 mm；中部叶羽状全裂，具短柄或近无柄，基部有小型假托叶；上部叶与苞叶不分裂，线形或长椭圆形，顶端稍尖；全部叶两面被灰绿色柔毛。头状花序卵圆形或长卵形，长2.0～3.5 mm，宽 2.0～2.5 (～3.0) mm，无梗，在茎上组成狭窄穗状式的圆锥状复花序；总苞片 5～6 层，外层总苞片小，卵形，中、内层总苞片略长，长卵形或椭圆形，外、中层总苞片背面被密短柔毛，杂生腺点，边缘膜质，内层总苞片半膜质，背面近无毛；两性花 3～5 朵，花冠筒状，檐部红色。瘦果小，卵形。 花果期 7～10 月。

产新疆：阿克陶（恰克拉克至木吉途中，青藏队吴玉虎 870593）、叶城（柯克亚乡高沙斯，青藏队吴玉虎 870935）。生于海拔 2 600～3 600 m 的砾质坡地、戈壁及半荒漠化草原地区、河滩沙砾地。

分布于我国的新疆；俄罗斯，中亚地区各国也有。

9. 高原绢蒿

Seriphidium grenardii (Franch.) Y. R. Ling et C. J. Humphries in Bull. Bot. Res. 8 (3)：121. 1988；中国植物志 76 (2)：283. 1991；新疆植物志 5：207. 1999；青藏高原维管植物及其生态地理分布 1049. 2008. ——*Artemisia grenardii* Franch. in Bull. Mus. Hist. Nat. Paris 3：323. 1897. —— A. stracheyi Hook. f. et Thoms. ex. C. B. Clarke var. grenardii (Franch.) Y. R. Ling 西藏植物志 4：759. 1985.

半灌木，高 15～20 cm。主根粗，木质；根状茎粗，具多数营养枝。茎多数，下部木质，上部半木质，有短的分枝，常与营养枝共组成小丛；茎、枝密被灰黄色短柔毛。下部叶与中部叶卵形或长圆形，长 5～8 mm，宽 3～5 mm，（一至）二回羽状全裂，每侧裂片 3～4 枚，裂片近披针形，长 2～3 mm，宽 0.5～1.0 mm，顶端尖，叶柄长0.5～1.0 cm，基部具小型的假托叶；茎上部叶与苞叶羽状全裂、3 全裂或不分裂，无柄；全部叶两面被灰黄色略带绢质的短柔毛。头状花序卵球形或近球形，直径 2～3 mm，无梗，在分枝上数枚密集成短穗状，在茎上组成狭窄穗状式的圆锥状；总苞片 4～5 层，覆瓦状排列，外层小，卵形，中、内层总苞片椭圆形，外、中内层总苞片背面被褐黄色略带绢质的短柔毛，边缘膜质，内层总苞片半膜质，无毛；两性花 4～6 朵，筒状，黄色。瘦果倒卵形。　花果期 7～10 月。

产新疆：若羌、和田（阿尔金山，刘海源 038）。生于海拔2 000～3 500 m的沟谷山地高山草原、砾石质山坡草地。

分布于我国的新疆南部昆仑山中、高海拔地区。模式标本采自新疆南部昆仑山区。

10. 聚头绢蒿

Seriphidium compactum（Fisch. ex Bess.）Poljak. in Syst. Fl. Kazakh. 11：175，1961；中国植物志 76（2）：284. 1991；青海植物志 3：375. 1996；新疆植物志 5：207. 1999；青藏高原维管植物及其生态地理分布 1048. 2008. ——*Artemisia compacta* Fisch. ex Bess. in Bull. Soc. Nat. Mosc. 7：34. 1834.

半灌木，高 15～40 cm。主根细或略粗；根状茎短，具多数多年生短的营养枝。茎数个或多数，直立，与营养枝组成小丛，上部具少数短而向上紧贴的分枝；茎、枝初时被灰白色蛛丝状茸毛，后近无毛。茎下部叶卵形，长 1.5～3.5 cm，宽 1.0～2.5 cm，二至三回羽状全裂，每侧有裂片 3～5 枚，每裂片再羽状全裂或 3 全裂，小裂片狭线形，长 2～3 mm，宽 0.5～1.0 mm，顶端钝尖，叶柄长 0.5～1.0 cm；中部叶一至二回羽状全裂，具短柄；上部叶羽状全裂或 3～5 全裂，无柄；苞叶不分裂，狭线形；全部叶两面初时被灰白色蛛丝状柔毛，后渐疏。头状花序长卵形，直径 2～3 mm，无梗，在分枝顶端密集排列成长圆形或卵球形的短穗状或复头状花序，并在茎上组成狭窄的短总状式的圆锥状；总苞片 4～5 层，覆瓦状排列，外层总苞片小，卵形，背面被灰白色短柔毛，顶端尖，边缘狭膜质，中、内层总苞片略长，椭圆形，边缘宽膜质或近半膜质；两性花 3～5 朵，花冠筒状，黄色，檐部红色。瘦果倒卵形。　花果期 7～10 月。

产新疆：阿克陶、叶城、塔什库尔干。生于海拔 3 000～3 600 m 的河谷阶地砾质坡地和半荒漠地区。

青海：都兰（巴隆，采集人和采集号不详）、兴海（羊曲，何廷农 477）。生于海拔 3 100～3 300 m 的峡谷砾石地、砾石质荒漠草原、河谷阶地。

分布于我国的内蒙古、宁夏、甘肃、青海、新疆；蒙古，俄罗斯西伯利亚，中亚地区各国也有。

28. 栉叶蒿属 Neopallasia Poljak.

Poljak. in Not. Syst. Herb. Inst. Bot. Acad. Sci. URSS 17：429. 1955.

一年生草本。叶栉齿状羽状全裂。头状花序卵球形，排成穗状或狭圆锥状；总苞片卵形，边缘宽膜质；花托狭圆锥形，无托毛。花异型，边花通常3～4朵，雌性，能育，花冠狭管状，全缘；盘花通常9～16个，两性，下部4～8个能育，上部的不发育，花冠管状，具5齿；花药狭披针形，顶端具圆菱形渐尖的附片；花柱分枝线形，顶端具短缘毛。瘦果在花托下部排列成1圈，椭圆形，稍扁平，黑褐色，具细条纹，无冠状冠毛。

有2种，我国全产，昆仑地区产1种。

1. 栉叶蒿 图版123：7～10

Neopallasia pectinata (Pall.) Poljak. in Not. Syst. Herb. Inst. Bot. Acad. Sci. URSS，17：428. 1955；中国植物志 76（1）：130. 图版 1：16. 1983；西藏植物志 4：740. 图版 319. 1985；青海植物志 3：409. 1996；新疆植物志 5：145. 图版 37：4～7. 1999；青藏高原维管植物及其生态地理分布 1019. 2008. —— *Artemisia pectinata* Pall. Reise 3：755. 1776.

一年生或二年生草本，高10～50 cm。根垂直，深长。茎自基部分枝或不分枝，直立，常带紫色，被白色伏生长柔毛或短柔毛。叶无柄或近无柄，矩圆形或椭圆形，长1～3 cm，宽0.5～1.2 cm，栉齿状1～2回羽状全裂，小裂片钻形，被疏柔毛或无毛，有时具腺点。头状花序无梗或具短梗，卵形或窄卵形，单生或数个集生于叶腋，多数头状花序在枝端排列成紧密的穗状，苞片栉齿状羽状全裂；总苞片3～4层，椭圆状卵形，无毛，草质，具宽膜质边缘，外层较短，内层较窄；边花雌性3～4朵，花冠窄筒状，全缘，结实；其余花位于花序托顶部，不结实，全部两性花，花冠5裂，有时带粉红色。瘦果椭圆形，长1.2～1.5 mm，深褐色，具细沟纹，在花托下部排成1圈。 花果期7～10月。

产新疆：且末（采集人和采集号不详）。生于海拔3 000 m左右的荒漠草原、砾石质山坡草地。

青海：兴海（河卡乡羊曲，何廷农452）。生于海拔3 000 m左右的河谷阶地高寒草原、河滩砾石地。

分布于我国的黑龙江、吉林、辽宁、内蒙古、河北、山西、陕西、甘肃、宁夏、青海、新疆、四川西部、云南西北部、西藏东南部；蒙古，中亚地区各国，俄罗斯西伯利亚也有。

（五）千里光族 Trib. **Senecioneae** Cass.

Cass. in Journ. Phys. Chim Hist. Nat. Arts 88：169. 1819.

一年生或多年生草本，稀亚灌木或灌木。叶互生，有时莲座状，无柄或有柄，全

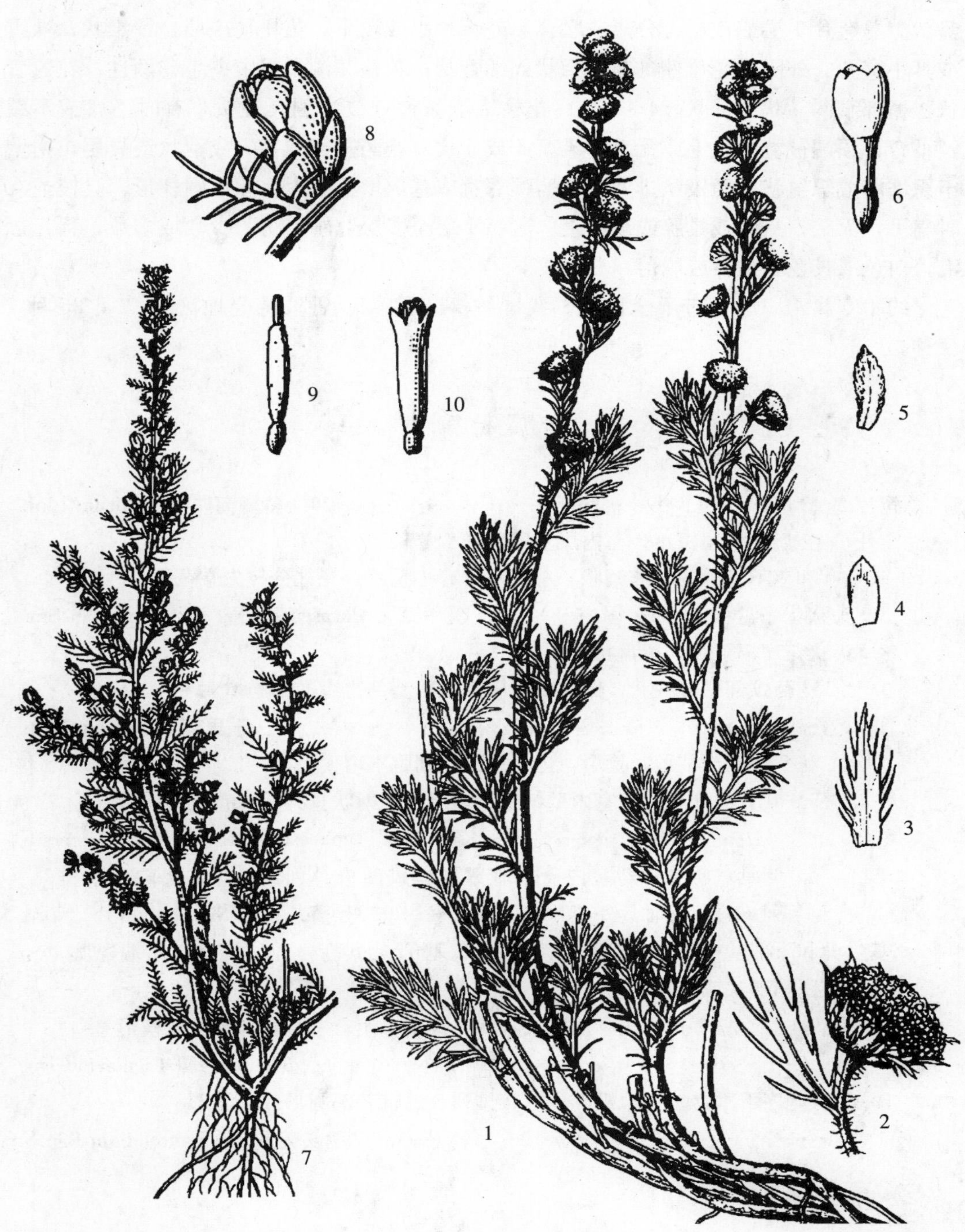

图版 **123** 岩蒿 **Artemisia rupestris** Linn. 1. 植株；2. 头状花序与苞叶；3～5. 外、中、内层总苞片；6. 两性花。栉叶蒿 **Neopallasia pectinata**（Pall.）Poljak. 7. 植株；8. 头状花序；9. 雌花；10. 两性花。（引自《新疆植物志》，张荣生绘）

缘、浅裂或深裂。头状花序伞房状或总状排列，或单生，具异型或同型小花，辐射状或盘状。总苞片 1 层或 2 层，分离或联合，外苞片小或较小。花托平或凸，稀锥状，裸露或具小窝孔。外围小花雌性，花冠舌状或细管状；花柱 2 浅裂，中央小花两性；花冠管状，檐部窄漏斗状或钟状，4～5 裂；花柱 2 浅裂，分枝内侧具柱头，有时不育或不裂及不育，顶端被乳头状毛或无毛。雄蕊 4 或 5 枚，花药基部钝，尖或箭状或具尾，内壁组织增厚成辐射状或两极状排列，花药颈部直或基部增粗肿大。瘦果圆柱形，具棱或有时扁平，无毛，具肋或具腺或被柔毛。冠毛 1 层至多层，刚毛状，少数或多数，稀无冠毛，白色或具色，宿存或脱落。

约 120 属，广泛分布于全世界。我国约 23 属，450 种；昆仑地区产 7 属 35 种 2 变种。

分属检索表

1. 总苞片 2～3 层，近等 ………………………………………… **29. 多榔菊属 Doronicum** Linn.
1. 总苞片 1～2 层，外层短小，与内层不同形，少等长。
    2. 基生叶和茎下部叶的柄非鞘状；总苞基部有小苞片。花柱分枝先端截形。
        3. 头状花序盘状 ………………… **30. 蟹甲草属 Parasenecio** W. W. Smith et Small
        3. 头状花序辐射状，稀盘状。
            4. 花药颈部栏杆柱状，倒卵状或倒梨状，基部边缘的细胞增大 ……………………………………………………………………… **31. 千里光属 Senecio** Linn.
            4. 花药颈部圆柱形，狭窄，边缘基部的细胞不增大。
                5. 叶具羽状脉；药室内壁细胞壁增厚成辐射状排列；总苞无外苞片 ……………………………… **32. 狗舌草属 Tephroseris**（Reichenb.）Reichenb.
                5. 叶具掌状脉；药室内壁细胞壁增厚成两极排列或散生，稀辐射状排列；总苞有时具外苞片 ……………… **33. 蒲儿根属 Sinosenecio** B. Nord.
    2. 基生叶和下部叶柄膨大，鞘状抱茎；总苞基部无小苞片；花柱分枝先端钝圆；头状花序辐射状或盘状。
        6. 头状花序直立，排列成伞房状或总状，极少单生；总苞基部平截或楔形 ……………………………………………………………………… **34. 橐吾属 Ligularia** Cass.
        6. 头状花序下垂，单生，极少成总状排列；总苞基部圆形或近圆形 ………………………………………………………… **35. 垂头菊属 Cremanthodium** Benth.

29. 多榔菊属 Doronicum Linn.

Linn. Sp. Pl. 885. 1753, et Gen. Pl. ed. 5: 577. 1817.

多年生草本。叶互生，基生叶具长柄；茎叶疏生，常抱茎或半抱茎。头状花序大或较大，通常单生或有时 2～8 排成伞房状花序；总苞半球形或宽钟状；总苞片 2～3 层，草质，近等长，外层披针形、长圆状披针形或披针状线形，内层线形或线状披针形，被疏柔毛或腺毛，顶端长渐尖；花托多少凸起，无毛或有毛。有异形小花；小花全部结实，舌状花 1 层，雌性；中央的小花多层，两性，花冠管状，黄色，檐部圆柱形或钟状，具 5 齿裂；花药基部全缘或多少具耳；花丝上的细胞等大小；附片卵形；花柱 2 裂，裂片分枝短线形，顶端圆形或截形，被微毛。瘦果长圆形或长圆状陀螺形，无毛或有贴生短毛，具 10 条等长的纵肋。舌状花有冠毛或无冠毛；管状花常有冠毛，冠毛多数，白色或淡红色，具疏细齿。

约有 35 种，分布于欧洲和亚洲温带山区和北非洲。我国有 7 种，产于西北和西南部；昆仑地区产 2 种。

分种检索表

1. 舌状花与总苞等长或短于总苞；头状花序小，直径 1.5～2.5 cm，数个在茎端排成总状 ………………………………………………… **1. 狭舌多榔菊 D. stenoglossum** Maxim.
1. 舌状花明显超出总苞；头状花序大或较大，直径 3～7 cm，单生，稀 2 个 ………… ………………………………………………………… **2. 西藏多榔菊 D. thibetanum** Cavill.

1. 狭舌多榔菊 图版 124：1～3

Doronicum stenoglossum Maxim. in Bull. Acad. Sci. St.-Pétersb. 27：483. 1882，et Mél. Biol. 11：238. 1881；西藏植物志 4：799. 1985；青海植物志 3：413. 图版 91：1～3. 1996；中国植物志 77（1）：12. 图版 2：1～5. 1999；青藏高原维管植物及其生态地理分布 996. 2008.

多年生草本。根状茎短，较细，非块状。茎单生，直立，高 50～100 cm，不分枝，或稀上部有帚状花序枝，上部被白色疏或较密柔毛，杂有短腺毛。全部具叶；基部叶在花期常凋落，椭圆形或长圆状椭圆形，长 8～10 cm，宽 3～4 cm，顶端钝尖或短渐尖，基部楔状渐狭成长 3～6 cm 的叶柄；下部茎叶长圆形或卵状长圆形，长 4～10 cm，宽 2.5～4.0 cm，基部狭成狭翅的叶柄，上部茎叶无柄，卵状披针形或披针形，长 3～12 cm，宽 1.5～3.5 cm，基部心形半抱茎，或下半部收缩呈提琴状，全部叶膜质，边缘有细尖齿或近全缘，两面特别沿脉有短柔毛及短腺毛。头状花序小，直径 2.0～2.5 cm，生于茎枝顶端，通常 2～10 个排列成总状花序；花序梗长 1.0～1.5 cm，短圆锥状，被密腺柔毛及长柔毛；总苞半球形或宽钟状，长达 1.5 cm；总苞片 2～3 层，披针形或线状披针形，宽 0.5～1.5 mm，顶端长渐尖，常长于花盘，绿色，外面下部有疏或较密长柔毛及腺毛，上部近无毛或无毛。舌状花淡黄色，短于总苞或与总苞等长，管部长 2.5～3.0 mm，舌片线形，长 7～10 mm，宽 0.2～0.3 mm，具 3～4 脉，顶端具 2～3 细齿；管状花花冠黄色，长 3.5 mm，管部长 1.5～2.0 mm，檐部狭钟状，裂片 5，卵形，长 0.5 mm；花药常不伸出花冠，花药长 3 mm，基部钝；花柱分枝钝或截形。瘦果全部同形，近圆柱形，或稍弯，褐色，长 2.5～3.0 mm，具 10 肋，被短微毛，全部小花均有冠毛；冠毛白色或黄白色或微红色，约与瘦果等长，糙毛状。 花期 7～9 月。

产青海：玛沁（县城，区划二组 252）、达日（吉迈乡，H. B. G. 1205；建设乡，H. B. G. 1089）。生于海拔 4 200～4 300 m 的沟谷山地林缘、山坡灌丛草地。

分布于我国的四川、云南、甘肃、青海、西藏。模式标本采自甘肃西部。

2. 西藏多榔菊

Doronicum thibetanum Cavill. in Ann. Conserv. et Jardin Geneve 10：225. fig. 13：B～C. 1907；中国植物志 77（1）：6. 1999；青藏高原维管植物及其生态地理分布 997. 2008. —— *D. altaicum* auct. non Pall. 1783；西藏植物志 4：800. 1985；青海植物志 3：413. 1996. p. p.

多年生草本，根状茎粗壮，径达 1 cm，块状，横卧或斜升，或有时短细。茎单生，直立，高（6）10～75 cm，绿色或有时带紫红，不分枝，被密或较密的长柔毛，黄褐色，杂有短腺毛稀仅有短腺毛，头状花序毛更密，茎全部具叶；基生叶常凋落，具长柄，倒卵状匙形或长圆状椭圆形，长 4～15 cm，宽 1.5～3.5 cm，顶端钝或圆形，基部狭成具狭或较宽翅的叶柄，叶柄基部扩大，近膜质。茎叶密集或疏生，通常达茎顶端；下部茎叶卵状长圆形或长圆状匙形，基部楔状狭成长 2～4 cm 具宽翅的叶柄，边缘具有圆尖头细齿或近全缘；中部及上部叶卵形、卵状长圆形或椭圆形，无柄，抱茎，长 3.0～8.5 cm，宽 1.5～4.0 cm，顶端圆钝，两面特别沿脉被具节短柔毛和腺毛，边缘具脉状缘毛。头状花序单生于茎端，大型，连同舌状花径 5～6（7）cm，总苞半球形，径 3.0～3.5 cm；总苞片 2～3 层，近等长，外层披针形或线状披针形，长 1.5～1.8 cm，宽 1.5～2.2 mm，内层线状披针形或线形，宽 1.0～1.5 mm，顶端长渐尖，外面被密柔毛及短腺毛。舌状花黄色，长 2.2～2.5 cm，管部3 mm，无毛，舌片长圆状线形，宽 1.8～3.0 mm，具 3～4 脉，顶端有 3 细齿，有时中央褐黄色；管状花花冠黄色，长 4.5～5.0 mm，管部 2.0～2.5 mm，檐部钟状，5 裂，裂片卵状三角形，长约 1 mm，尖；花药长 1.0～1.5 mm，基部钝；花丝上部圆形；花柱 2 裂，顶端钝或截形。瘦果圆柱形，长 1.5～2.0 mm，具 10 肋，沿肋有疏短毛，全部瘦果有冠毛。冠毛黄褐色，长5.0～5.5 mm，多数，糙毛状。 花期 7～9 月。

产青海：称多（歇武寺，刘尚武 2485）、久治（索乎日麻乡，果洛队 339）。生于海拔4 500～4 750 m 的沟谷山地、高山草地、河谷山坡灌丛或多砾石山坡。

分布于我国的青海、西藏、四川、云南、甘肃、陕西、宁夏、内蒙古、新疆北部；中亚地区各国，蒙古，俄罗斯也有。

30. 蟹甲草属 Parasenecio W. W. Smith et Small

W. W. Smith et Small in Trans. Proc. Bot. Soc. Edinb. 38: 93. 1922.

多年生草本，根状茎粗壮，直立或横走，有多数纤维状被毛的根。茎单生，直立，通常具条纹或沟棱，无毛或被蛛丝状毛或腺状短柔毛。叶互生，具叶柄，不分裂或掌状或羽状分裂，具锯齿。头状花序小或中等大小，盘状，有同形的两性花；小花全部结实，少数至多数，在茎端或上部叶腋排列成总状或圆锥状花序，具花序梗或近无梗，下部常有小苞片；总苞圆柱形或狭钟形，稀钟状；总苞片1层，离生。花托平，无托片或有托毛；小花少数至多数，花冠管状，黄色，白色或橘红色，管部细，檐部窄钟状或宽管状，具5裂片，裂片披针形或卵状披针形；花药基部箭形或具尾，颈部圆柱形；花丝细；花柱分枝顶端截形或稍扩大，被长短不等的乳头状微毛。瘦果圆柱形，无毛而具纵肋。冠毛刚毛状，1层，白色，污白色，淡黄褐色，稀变色。

有60余种，主要分布于东亚及中国喜马拉雅地区；俄罗斯欧洲部分及远东地区也有。我国已知51种，主要产于西南部山区；昆仑地区产1种。

1. 三角叶蟹甲草 图版124：4～5

Parasenecio deltophyllus（Maxim.）Y. L. Chen Fl. Reipubl. Popul. Sin. 77(1)：30. t. 4：1～3. 1999. ——*Senecio deltophyllus* Maxim. in Bull. Acad. St.-Pétersb. 27：487. 1881. ——*Cacalia deltophylla*（Maxim.）Mattf. ex Rehd. et Koboski in Journ. Arn. Arb. 14：39. 1933；青海植物志 3：417. 图版 91：4～5. 1996.

多年生草本，根状茎粗壮，直伸，具多数纤维状须根。茎单生，高50～80 cm，直立，具明显的沟棱，被疏生柔毛或近无毛。叶具柄，下部者在花期枯萎凋落，中部叶三角形，长4～10 cm，宽5～7 cm，顶端急尖，基部截形或楔形，边缘具不规则的浅波状齿，齿端钝，具小尖头，上面无毛，下面被疏短柔毛，基生3～5脉，侧脉向上分叉，叶柄长3～6 cm，无翅，被白色卷毛或疏腺毛；上部叶渐小，最上部叶披针形，具短叶柄。头状花序数个至10个，下垂，在茎端或上部叶腋排列成伞房状花序；花序梗长10～30 mm，被疏卷毛和腺毛，具3～8线形小苞片；总苞钟状，长6～8 mm，宽5～10 mm；总苞片8～10，长圆形，长8 mm，宽2～3 mm，顶端渐尖，有髯毛，边缘宽膜质，外面被疏白色柔毛和腺毛。小花多数（约38)，花冠黄色或黄褐色，长5～7 mm，管部细，长约3 mm，檐部钟状，裂片披针形，顶端被微毛；花药伸出花冠，基部长尾状；花柱分枝细长，外弯，顶端截形，被较长的乳头状微毛。瘦果圆柱形，长3～4 mm，无毛，具肋。冠毛白色，长6～7 mm。 花期7～8月，果期9月。

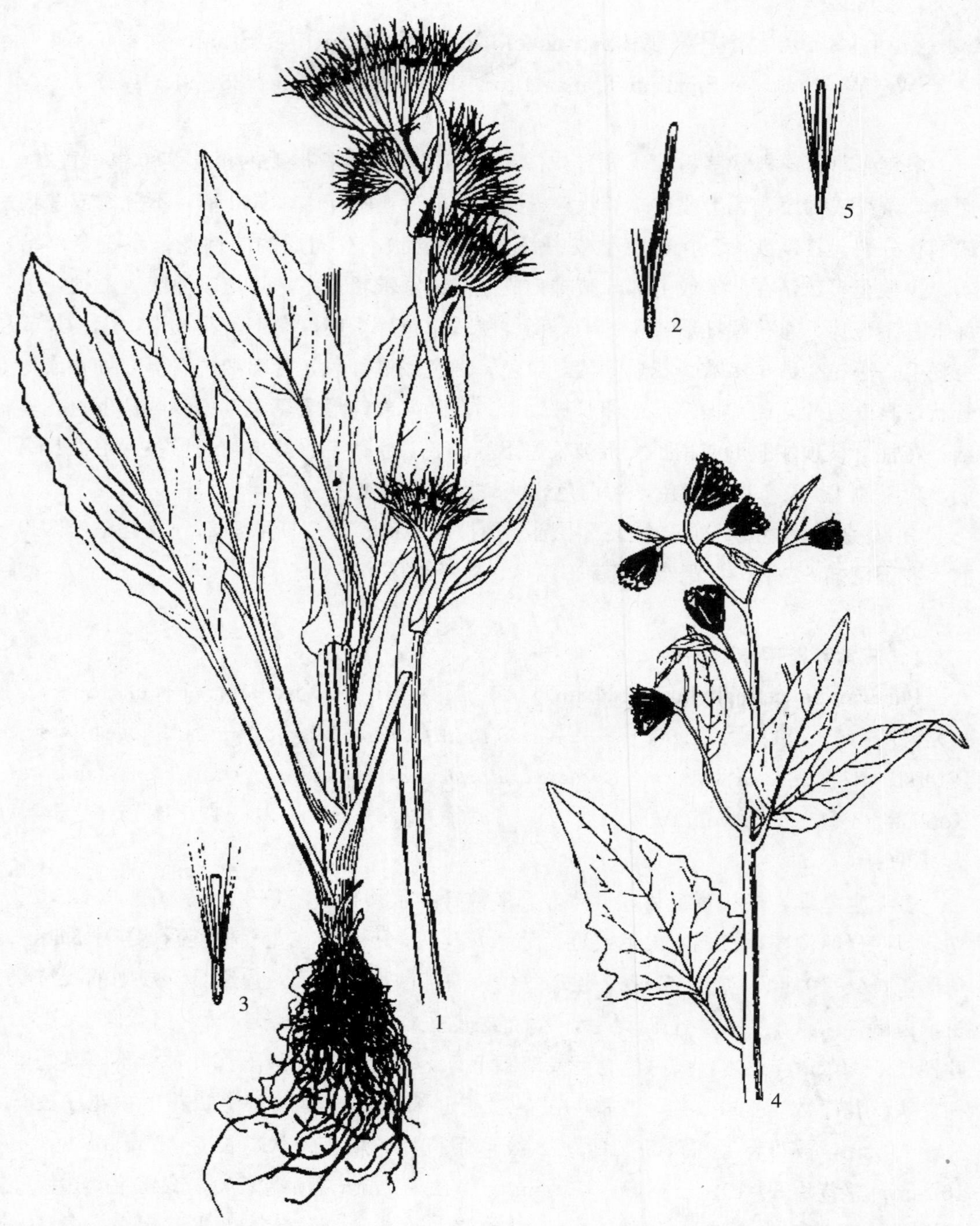

图版 **124** 狭舌多榔菊 **Doronicum stenoglossum** Maxim. 1. 全株；2. 舌状花；3. 管状花。三角叶蟹甲草 **Parasenecio deltophyllus**（Maxim.）Y. L. Chen 4. 花株；5. 管状花。（刘进军绘）

产青海：兴海（中铁乡至中铁林场途中，吴玉虎 43122）、玛沁（军功乡，H. B. G. 235；大武乡，刘建全 491；拉加乡，刘建全 1760）。生于海拔 3 200 ～3 520 m 的沟谷山坡林下、山谷灌丛中阴湿处。

分布于我国的甘肃、青海、四川北部。模式标本采自青海。

31. 千里光属 Senecio Linn.

Linn. Sp. Pl. 866. 1753 et Gen. Pl. ed. 5：373. 1754.

直立稀具匍匐枝，平卧，或稀攀缘具根状茎多年生草本，或直立一年生草本。茎通常具叶，稀近葶状。叶不分裂，基生叶通常具柄，无耳，三角形、提琴形，或羽状分裂；茎生叶通常无柄，大头羽状或羽状分裂，稀不分裂，边缘多少具齿，基部常具耳，羽状脉。头状花序通常少数至多数，排列成顶生简单或复伞房花序或圆锥聚伞花序，稀单生于叶腋，具异形小花，具舌状花，或同形，无舌状花，直立或下垂，通常具花序梗；总苞具外层苞片，半球形，钟状或圆柱形；花托平；总苞片 5～22，通常离生，稀中部或上部联合，草质或革质，边缘干膜质或膜质。无舌状花或舌状花 1～17（～24）个；舌片黄色，通常明显，有时极小，具 3（～4）～9 脉，顶端通常具 3 细齿。管状花 3 至多数；花冠黄色，檐部漏斗状或圆柱状；裂片 5。花药长圆形至线形，基部通常钝，具短耳，稀或多或少具长达花药颈部 1/4 的尾；花药颈部柱状，向基部稍至明显膨大，两侧具增大基生细胞；花药内壁组织细胞壁增厚多数，辐射状排列，细胞常伸长。花柱分枝截形或多少凸起，边缘具较钝的乳头状毛，中央有或无较长的乳头状毛。瘦果圆柱形，具肋，无毛或被柔毛；表皮细胞光滑或具乳头状毛。冠毛毛状，同形或有时异形，顶端具叉状毛，白色，禾秆色或变红色，有时舌状花或稀全部小花无冠毛。

约 1 000 种，除南极洲外遍布于全世界。我国约 65 种，主要分布于西南部山区，少数种也产于北部、西北部、东南部至南部；昆仑地区产 7 种 1 变种。

分种检索表

1. 一年生草本，多从基部分枝；叶羽状分裂。
    2. 头状花序有舌状花 …………………… **1. 细梗千里光 S. krascheninnikovii** Schischk.
    2. 头状花序无舌状花。
        3. 瘦果基部无簇毛；叶基窄，上部宽 ………………………………………………… **2. 北千里光 S. dubitabilis** C. Jeffrey et Y. L. Chen
        3. 瘦果基部有 1 簇皱曲的白色柔毛；叶基部宽，上部窄 ……………………… **3. 昆仑山千里光 S. kunlunshanicus** Z. X. An
1. 多年生草本，不分枝或上部有分枝。

4. 叶不裂，边缘常有齿或深的缺刻。

5. 植株高大，高 40～60 cm；叶缘常具锯齿 ……………………………………………………………………………… **4. 林荫千里光 S. nemorensis** Linn.

5. 植株矮小，高 5～20 cm；叶常羽状裂或具浅齿 ……………………………………………………………… **5. 天山千里光 S. thianshanicus** Regel et Schmalh.

4. 叶羽状分裂。

6. 叶大头羽状全裂，顶裂片大，尾状渐尖；瘦果有毛 ……………………………………………………………… **6. 羽叶千里光 S. diversipinnus** Ling

6. 叶羽状深裂；舌状花瘦果无毛，管状花瘦果密被短柔毛 ……………………………………………………………… **7. 新疆千里光 S. jacobaea** Linn.

1. 细梗千里光 图版 125：1～7

Senecio krascheninnikovii Schischk. in Not. Syst. Herb. Inst. Bot. Acad. Sci. URSS 15：410. 1953，et Fl. URSS 26：783. 1961；青海植物志 3：421. 1996；中国植物志 77（1）：298. 图版 66：1～7. 1999；新疆植物志 5：223. 图版 56：5. 1999；青藏高原维管植物及其生态地理分布 1046. 2008.

一年生矮小草本。茎单生，直立，高 3～30 cm，自基部或上部分枝，分枝直立或叉状开展，纤细，被疏柔毛或近无毛。叶无柄，全形卵状长圆形，长 1.5～5.0 cm，宽 0.4～1.5 cm，顶端钝至稍尖，羽状浅裂至羽状全裂；侧裂片 2～4 对，狭，线形，具不规则细齿或全缘，基部略扩大且半抱茎，两面被疏柔毛至近无毛；上部叶渐小，羽状裂至线形，近全缘。头状花序有舌状花，数个至多数，排列成顶生疏伞房花序；花序梗细，长 1～3（～5）cm，有稍密至疏白色柔毛，具 2～4 枚线状钻形小苞片；总苞狭钟状，长 5～7 mm，宽 2.5～4.0 mm，具外层苞片；苞片 4～5 枚，钻形，不明显；总苞片 13～15 枚，线状披针形，宽 0.3～0.5 mm，渐尖或尖，有时具黑色尖头，草质，具狭膜质边缘，背面无毛。舌状花 4～7 个，管部长 3.0～3.5 mm；舌片黄色，极短，长圆形，长2.0～2.5 mm，稍内卷，顶端具 3 细齿，具 4 脉；管状花多数；花冠黄色，长 5.5 mm，管部长 3 mm，檐部狭漏斗状；裂片卵状长圆形，长0.5 mm，稍钝。花药长 2 mm，基部具钝耳，附片卵形；花药颈部向基部明显膨大。花柱分枝长0.5 mm，顶端截形，有乳头状毛。瘦果圆柱形，长 2.5～3.0 mm，被疏贴生柔毛。冠毛白色，长 5.5 mm。 花期 6～9 月。

产新疆：阿克陶（阿克塔什，青藏队吴玉虎 870261）、塔什库尔干、叶城（柯克亚乡，青藏队吴玉虎 870913；昆仑山，高生所西藏队 3334）。生于海拔 2 420～2 700 m 的宽谷河滩草地、河漫滩草甸、溪流水边草地。

青海：兴海（中铁林场卓琼沟，吴玉虎 45743；中铁乡天葬台沟，吴玉虎 45789、45899、45815）、格尔木（格尔木河边沙滩，郭本兆等 11770）、都兰（香日德农场至都兰途中，植被地理组 276）。生于海拔 2 800～3 600 m 的沟谷山坡荒地、河谷沙滩草地、山地阴坡灌丛草甸。

分布于我国的新疆、青海、西藏；哈萨克斯坦，阿富汗，巴基斯坦，印度西北部也有。

2. 北千里光 图版 126：1～5

Senecio dubitabilis C. Jeffrey et Y. L. Chen in Kew Bull. 39 (2)：427. 1984；青海植物志 3：421. 图版 92：5～6. 1996；中国植物志 77 (1)：298. 图版 65：1～5. 1999；新疆植物志 5：221. 1999；青藏高原维管植物及其生态地理分布 1045. 2008. —— *Senecio dubius* Ledeb. Fl. Alt. 4：112. 1833；西藏植物志 4：815. 图版 358：5～6. 1985.

2a. 北千里光（原变种）

var. **dubitabilis**

一年生草本。茎单生，直立，高 5～30 cm，自基部或中部分枝；分枝直立或开展，无毛或有疏白色柔毛。叶无柄，匙形、长圆状披针形、长圆形至线形，长 3～7 cm，宽 0.3～2.0 cm，顶端钝至尖，羽状短细裂至具疏齿或全缘；下部叶基部狭成柄状；中部叶基通常稍扩大而成具不规则齿的半抱茎的耳；上部叶较小，披针形至线形，有细齿或全缘，全部叶两面无毛。头状花序无舌状花，少数至多数排列成顶生疏散伞房花序；花序梗细，长 1.5～4.0 cm，无毛，或有疏柔毛，有 1～2 枚线状披针形小苞片；总苞狭钟状，长 6～7 mm，宽2.5～5.0 mm，具外层苞片；苞片 4～5 枚，线状钻形，短而尖，有时具黑色短尖头；总苞片约 15 枚，线形，宽 0.5～1.0 mm，尖，上端具细髯毛，有时变黑色，草质，边缘狭膜质，背面无毛。管状花多数，花冠黄色，长 6.0～6.5 mm；管部长 4.0～4.5 mm，檐部圆筒状，短于筒部。花药线形，长 1 mm，基部有极短的钝耳；附片卵状披针形；花药颈部柱状，向基部膨大；花柱分枝长 0.6 mm，顶端截形，有乳头状毛。瘦果圆柱形，长 3.0～3.5 mm，密被柔毛。冠毛白色，长 7.0～7.5 mm。花期 5～9 月。

产新疆：乌恰（吉根乡斯木哈纳，西植所新疆队 2065）、塔什库尔干（县北温泉旁，距县城 30 km 处，西植所新疆队 859）。生于海拔 2 900～3 250 m 的沟谷山坡草地、河谷阶地草甸。

西藏：改则（麻米乡茶错，青藏队郎楷永 10146A；麻米乡，青藏队郎楷永 10176）。生于海拔4 500 m左右的山沟河谷草地、河滩砾石地。

青海：都兰（诺木洪，采集人不详 85）、兴海（中铁乡至中铁林场途中，吴玉虎 43169、43123、43119、43087、43099、43046；中铁乡附近，吴玉虎 42806、42826、42945）。生于海拔 2 770 m 左右的荒漠河滩草地。

分布于我国的新疆、青海、甘肃、西藏、河北、陕西北部；俄罗斯西伯利亚，哈萨克斯坦，蒙古，巴基斯坦，印度西北部也有。

2b. 线叶千里光（变种）

var. **linearifolius** Z. X. An et S. L. Keng，Fl. Xinjiang. 5：223. 477. 1995.

本变种与原变种的区别在于：植株高 5～18 cm；叶窄线形或线形，全缘或具微齿，长1～3 cm，宽 1. 2～1. 5（2. 5）mm；总苞长 6～7 mm。瘦果长 3. 0～3. 2 mm。

产新疆：策勒（采集地不详，安峥皙 386）。生于海拔 2 300 m 左右的戈壁荒漠河沟、荒漠的沼泽附近。

3. 昆仑山千里光 图版 125：8～10

Senecio kunlunshanicus Z. X. An Fl. Xinjiang. 5：223. 477. t. 58：l～3. 1999；青藏高原维管植物及其生态地理分布 1046. 2008.

一年生草本，高 20～30 cm。茎直立，无毛，分枝多而呈帚状。基生叶早枯未见，茎生叶羽状深裂，长 2～4 cm，裂片对生，3～4 对，偶互生，近基部 2～3 对较接近，裂片长三角形或线状披针形，长 1. 5～5. 0 cm，叶轴宽 3～4 mm，向上叶轴变窄，宽 1. 5～2. 5 mm，顶端急尖或渐尖，中部有 1 较长的裂片，条形，长 8～10 mm；最上部叶裂片简化成齿状，叶脉及背面基部有白色长柔毛。头状花序呈聚伞伞房状，花序梗长 1～3 cm，中部以上有小苞片；总苞钟状，长 7～8 mm，宽 6～7 mm；总苞片 1 层，无毛，条形，先端渐尖，背部有 3 脉，中脉稍高出，侧脉以外为膜质边缘，淡黄褐色；无舌状花，筒状花多数，长 7～8 mm，筒部长 4～6 mm，冠檐 5 裂。瘦果柱状，略背腹扁压，长 3. 0～3. 2 mm，褐色，密被向上的白色短柔毛，基部内侧有 1 簇白色皱曲的长柔毛，长约 2 mm。冠毛白色，与花冠等长，洁白色，下部皱曲。 花期 6～7 月。

产新疆：策勒（奴尔乡马场，安峥皙 0045）。生于海拔 2 300 m 左右的河谷滩地草甸。

青海：兴海（中铁乡天葬台沟，吴玉虎 45812、45789）。生于海拔 3 300 m 左右的沟谷山地灌丛草甸。

分布于我国的新疆、青海模式标本采自新疆策勒。

4. 林荫千里光

Senecio nemorensis Linn. Sp. Pl. 870. 1753；中国植物志 77（1）：238. 1999；新疆植物志 5：218. 图版 57. 1999.

多年生草本。根状茎短粗，具多数被茸毛的纤维状根。茎单生或有时数个，直立，高达100 cm，花序下不分枝，被疏柔毛或近无毛。基生叶和下部茎叶在花期凋落；中部茎叶多数，近无柄，披针形或长圆状披针形，长 10～18 cm，宽 2. 5～4. 0 cm，顶端渐尖或长渐尖，基部楔状渐狭或多少半抱茎，边缘具密锯齿，稀粗齿，纸质，两面被疏短

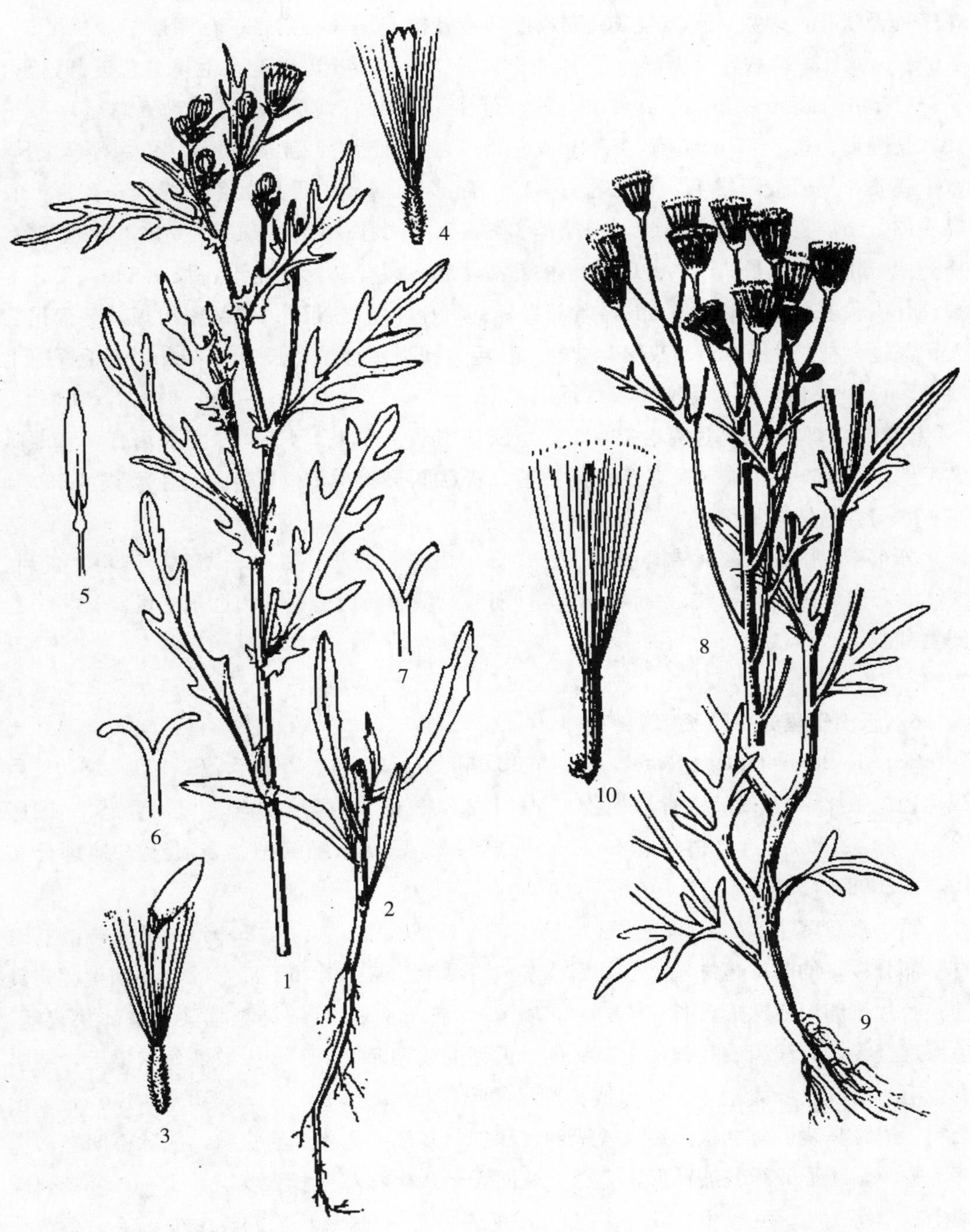

图版 **125** 细梗千里光 **Senecio krascheninnikovii** Schischk. 1～2. 植株；3. 舌状花；4. 管状花；5. 花药；6～7. 花柱分枝。（引自《中国植物志》，张春芳绘） 昆仑山千里光 **S. kunlunshanicus** Z. X. An 8. 植株上部；9. 植株下部；10. 瘦果（基部有簇毛）。（引自《新疆植物志》，谭丽霞绘）

柔毛或近无毛，羽状脉，侧脉 7～9 对，上部叶渐小，线状披针形至线形，无柄。头状花序具舌状花，多数，在茎端或枝端或上部叶腋排成复伞房花序；花序梗细，长 1.5～3.0 mm，具 3～4 枚小苞片；小苞片线形，长 5～10 mm，被疏柔毛；总苞近圆柱形，长6～7 mm，宽 4～5 mm，具外层苞片；苞片 4～5 枚，线形，短于总苞；总苞片 12～18，长圆形，长 6～7 mm，宽 1～2 mm，顶端三角状渐尖，被褐色短柔毛，草质，边缘宽干膜质，外面被短柔毛。舌状花 8～10，管部长5 mm；舌片黄色，线状长圆形，长 11～13 mm，宽 2.5～3.0 mm，顶端具 3 细齿，具 4 脉；管状花 15～16 枚，花冠黄色，长8～9 mm，管部长 3.5～4.0 mm，檐部漏斗状，裂片卵状三角形，长 1 mm，尖，上端具乳头状毛。花药长约 3 mm，基部具耳；附片卵状披针形；颈部略粗短，基部稍膨大；花柱分枝长 1.3 mm，截形，被乳头状毛。瘦果圆柱形，长 4～5 mm，无毛。冠毛白色，长 7～8 mm。　花期 6～12 月。

产新疆：乌恰（乌鲁克恰提乡，西植所新疆队 1726）、阿克陶（阿克塔什，青藏队吴玉虎 870216）、叶城（柯克亚乡高沙斯，青藏队吴玉虎 870913）。生于海拔 3 020 m 左右的沟谷山坡草地、河谷滩地草甸。

分布于我国的新疆、吉林、河北、山西、山东、陕西、甘肃、湖北、四川、贵州、浙江、安徽、河南、福建、台湾；日本，朝鲜，俄罗斯西伯利亚和远东地区，蒙古，欧洲也有。

5. 天山千里光　图版 127：1～4

Senecio thianshanicus Regel et Schmalh. in Acta Hort. Petrop. 6：311. 1879；西藏植物志 4：821. 1985；青海植物志 3：422. 1996；中国植物志 77（1）：258. 图版 54：1～4. 1999；新疆植物志 5：223. 1999；青藏高原维管植物及其生态地理分布 1047. 2008.

矮小根状茎草本。茎单生或数个簇生，上升或直立，高 5～20 cm，不分枝或有时自基部分枝，幼时被疏蛛丝状毛，后或多或少脱毛。基生叶和下部茎叶在花期生存，具梗；叶片倒卵形或匙形，长 4～8 cm，宽 0.8～1.5 cm，顶端钝至稍尖，基部狭成柄，边缘近全缘，具浅齿或浅裂，上面绿色，近无毛或无毛，下面多少被蛛丝状柔毛，或多少脱毛；中部茎叶无柄，长圆形或长圆状线形，长 2.5～4.0 cm，宽 0.5～1.0 cm，顶端钝，边缘具浅齿至羽状浅裂，或稀羽状深裂，基部半抱茎，羽状脉，侧脉不明显；上部叶较小，线形或线状披针形，全缘，两面无毛。头状花序具舌状花，2～10 个排列成顶生疏伞房花序，稀单生；花序梗长0.5～2.5 cm，被蛛丝状毛，或多少无毛。小苞片线形或线状钻形，长 3～5 mm，尖；总苞钟状，长 6～8 mm，宽 3～6 mm；具外层苞片；苞片 4～8 枚，线形，长 3～5 mm，渐尖，常紫色；总苞片约 13，线状长圆形，长 6～7 mm，宽 1.0～1.5 mm，渐尖，上端黑色，常流苏状，具缘毛或长柔毛，草质，具干膜质边缘，外面被疏蛛丝状毛至变无毛。舌状花约 10 个，管部长3 mm；舌片黄色，长圆状线形，长 5～6 mm，宽 1.5～2.0 mm，顶端钝，具 3 细齿，具 4 脉；管状花26～27 个；花冠黄色，长 6～7 mm，管部长 3.0～3.5 mm，檐部漏斗状；裂片长圆状披针形，长 1.2 mm，尖，上端具乳头状毛；花药线形，长 2 mm，基部具钝耳；附片卵状披针形，花药颈部柱状，向基部膨大；花柱分枝长 1 mm，顶端截形，具乳头状毛。瘦果圆柱形，长 3.0～3.5 mm，无毛。冠毛白色或污白色，长 8 mm。 花期 7～9 月。

产新疆：阿克陶（恰克拉克至木吉途中，青藏队吴玉虎 594）、塔什库尔干（县城，高生所西藏队 3264）、叶城（苏克皮亚，青藏队吴玉虎 1094；阿克拉达坂北坡，青藏队吴玉虎 1452）。生于海拔 2 260～3 700 m 沟谷山坡草地、沙砾河滩草甸、山地砾石坡。

青海：格尔木（距格尔木 90 km 处，吴玉虎等 2842）、兴海（大河坝，吴玉虎 42473、42532、42465；黄青河畔，吴玉虎 42623、42639；大河坝乡赞毛沟，吴玉虎 47727、47723；赛宗寺，吴玉虎 46187；中铁乡天葬台沟，吴玉虎 45846、45923；唐乃亥乡，弃耕地考察队 218；河卡乡，何廷农 230、郭本兆 6179；青根桥，王作宾 20135；温泉乡，H. B. G. 1413）、曲麻莱（曲麻河，黄荣福 80；东风乡，黄荣福 164；县城附近，刘尚武 743）、称多（称文乡，刘尚武 2317；歇武寺，杨永昌 714；珍秦乡，苟新京 184；拉布乡，苟新京 451、448；尕朵乡，苟新京 318、319、322）、玛多（清水乡，吴玉虎 562）、玛沁（雪山乡，玛沁队 372；大武乡，玛沁队 312、H. B. G. 719；军功乡，H. B. G. 287）。生于海拔 2 450～5 000 m 的沟谷山地草坡、宽谷河滩湿处草地、河谷溪边草甸、山地阴坡灌丛、草甸砾地、山麓砾石坡。

分布于我国的新疆、青海、甘肃、内蒙古、四川、西藏；俄罗斯，吉尔吉斯斯坦，缅甸北部也有。

6. 羽叶千里光 图版 126：6～11

Senecio diversipinnus Ling in Contr. Inst. Bot. Nat. Acad. Peiping. 5：21. fig. 4. 1937；青海植物志 3：422. 图版 92：7～10. 1996；中国植物志 77（1）：274. 图版 60：7～12. 1999；青藏高原维管植物及其生态地理分布 1045. 2008.

多年生根状茎草本，根状茎粗，径达 2.5 cm，具多数被密茸毛纤维状根。茎单生，直立，高 50～100 cm，被短柔毛，不分枝或上部具花序枝。基生叶和下部茎叶在花期生存或有时枯萎，具柄，全形倒披针状匙形，长达 30 cm，宽 10 cm，大头羽状分裂，顶生裂片大，三角状戟形，长 8～10 cm，宽 6～8 cm，渐尖，基部截形或近楔形，边缘有不规则齿，侧生裂片较小，3～6 对，长圆形至披针形，尖或渐尖，纸质，下面被疏蛛丝状毛或柔毛；叶柄基部扩大但无耳；中部茎与下部茎叶同形，具短柄或无柄，基部多少有耳；叶耳宽，圆形，深裂或具撕裂的齿，宽达 2 cm；上部茎叶渐小，无柄，具狭侧生裂片和顶裂片，具疏齿或近全缘。花序梗细，长 5～15 mm，有基生线形苞片；小苞片 1～3 枚，线状钻形，长 2～3 mm，被短微毛；总苞狭钟状，长 5～6 mm，宽2～3 mm，具外层苞片；苞片 3～5 枚，线形；总苞片 8～9 枚，线状披针形，宽 1 mm，

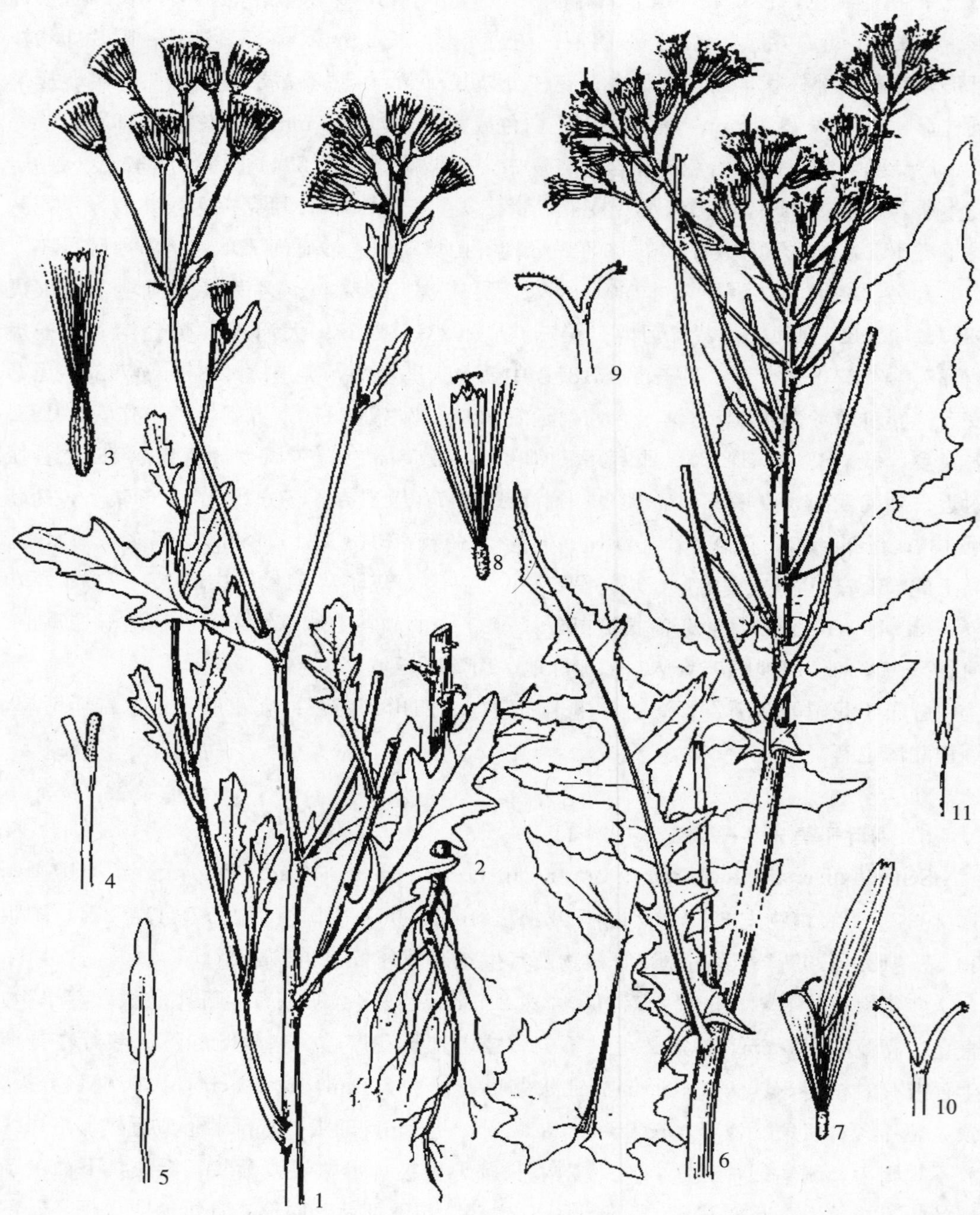

图版 **126** 北千里光 **Senecio dubitabilis** C. Jeffrey et Y. L. Chen 1～2. 植株；3. 管状花；4. 花柱分枝；5. 花药。羽叶千里光 **S. diversipinnus** Ling 6. 植株；7. 舌状花；8. 管状花；9～10. 花柱分株；11. 花药。
(引自《中国植物志》，张春芳绘)

尖，上端紫色，有细缘毛，草质，边缘狭干膜质，背面有疏短柔毛至无毛。舌状花 5 个或无，管部长 3.5 mm，无毛；舌片黄色，长圆形，长 6～8 mm；宽 1.0～1.5 mm，顶端有 3 细齿；管状花 12～15；花冠黄色，长 7.0～7.5 mm，管部长 3.5 mm，檐部漏斗状；裂片卵状披针形，长 1 mm，尖，上端有乳头状毛；花药长 2.2 mm，基部有明显稍尖的耳；附片卵状披针形；花药颈部短，向基部明显膨大；花柱分枝长 1.2 mm，顶端截形，有乳头状毛。瘦果圆柱形，长 3.5～4.5 mm，有柔毛。冠毛白色，长 6～7 mm。

产青海：兴海（河卡山，弃耕地考察队 314、371、372；温泉乡曲隆，H. B. G. 1413）、玛沁（西哈垄河谷，吴玉虎等 5664，H. B. G. 333、287；军功乡，区划二组 126；大武乡德勒龙沟，H. B. G. 719）、久治（白玉乡，藏药队 602）、班玛（马柯河林场，王为义 26981、27716，郭本兆 467）、称多（珍秦乡，苟新京 83-184；尕多公路，苟新京等 83-318、83-319、83-322；拉布乡，苟新京等 83-448、83-451）、曲麻莱（县城附近，刘尚武 743）。生于海拔 1 900～3 500 m 的沟谷山地开旷草坡、河谷岩石山坡、河漫滩草甸、宽谷河滩高寒草甸。

分布于我国的青海、甘肃。模式标本采自甘肃。

7. 新疆千里光 图版 127：5～6

Senecio jacobaea Linn. Sp. Pl. 870. 1753；中国植物志 77（1）：289. 1999；新疆植物志 5：216. 图版 56：1～2. 1999；青藏高原维管植物及其生态地理分布 1045. 2008.

多年生草本，高 20～100 cm，被蛛丝状毛或无毛。茎直立，有时斜上升，微具棱，常于近基部呈紫红色，不分枝或于中部以上分枝。基生叶莲座状，早枯，宿存，具柄，柄长 2～4 cm，叶片椭圆状倒卵形，长 2～10 cm，宽 2～3 cm，羽状全裂，裂片长圆形或卵形，具钝齿；中下部茎生叶具柄，柄长 3.5～5.0 cm，叶片与基生叶同形，长 2～3 cm，宽 1～3 cm，具1～6 对裂片，裂片长 0.3～1.5 cm，宽 2～7 mm，边缘具钝齿或深缺刻；茎上部叶无柄，基部扩大而半抱茎，裂片通常横向展开。头状花序多数，排列成伞房状；花序梗细长，长 7～20 mm；具 1 到数枚钻状或线状苞片，毛较他处为多；总苞宽钟状，长约 5 mm，宽 0.6～0.9 mm；总苞片约 14 枚，条形，先端短渐尖，常淡褐色，边缘有短睫毛，背部具 3 脉，中脉较粗，肉质，边缘膜质，外面有数枚小外苞片。舌状花黄色，10～15 个，舌片长约 9 mm，宽 1.5～2.0 mm，前端钝，筒部长约 3 mm；筒状花多数，长 4.5～5.0 mm，筒部长约 1.5 mm；花药附器长于花冠。瘦果柱状，长约 1.5 mm，向下微收缩，有细棱，有向上的白色柔毛，舌状花果实无毛。冠毛粗糙，长约 10 mm。 花期 6～7 月。

产新疆：塔什库尔干（卡拉其古，西植所新疆队 1026；洪河麻扎，八连附近，新疆队 3043；距县城 70 km 处，克里木 T245）。生于海拔 3 600 m 左右的沟谷山坡草地、河滩草甸。

分布于我国的新疆；蒙古，俄罗斯西伯利亚，欧洲也有。

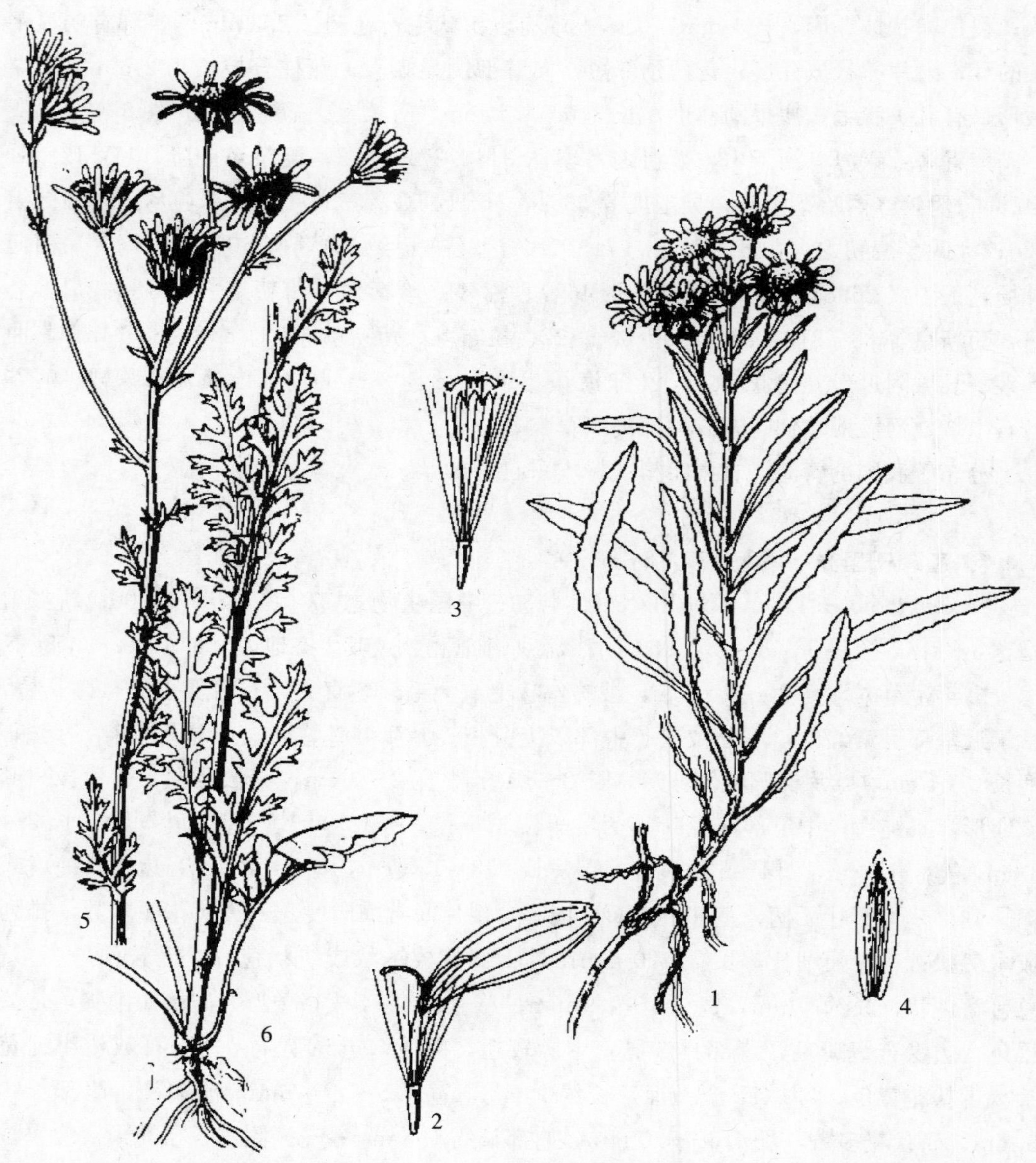

图版 **127**　天山千里光　**Senecio thianshanicus** Regel et Schmalh. 1. 植株；2. 舌状花；3. 管状花；4. 总苞片。（引自《中国植物志》，张泰利绘）新疆千里光 **S. jacobaea** Linn. 5. 植株上部；6. 植株下部。（引自《新疆植物志》，谭丽霞绘）

32. 狗舌草属 Tephroseris (Reichenb.) Reichenb.

Reichenb. Deutsche Bot. Fl. Sax. 146. 1842.

多年生直立，稀具匍匐枝，根状茎草本，或稀二年生或一年生，具纤维状根。茎具茎生叶，近葶状或稀葶状，常被蛛丝状茸毛（至少在幼时）。叶不分裂，互生，具柄，或无柄，基生及茎生，或稀多数或全部基生；基生叶莲座状，在花期生存或凋萎；叶片宽卵形至线状匙形，羽状脉，边缘具粗深波状锯齿至全缘，基部心形至楔状狭；叶柄无翅或具翅，基部扩大但无耳。头状花序通常少数至较多数，排列成顶生近伞形、简单或复伞房状聚伞花序，稀单生；小花异形，结实，辐射状，或有时同形，盘状（在同种中）；具花序梗；总苞无外层苞片，半球形，钟状或圆柱状钟形，花托平；总苞片草质，18～25 枚，稀 13 枚，1 层，线状披针形或披针形，通常具狭干膜质或膜质边缘。舌状花雌性，11～15 个，通常 13 个，稀 18 或 20～25 个；舌片黄色，橘黄色或紫红色，长圆形，稀线形或椭圆状长圆形，具 4 脉，顶端通常具 3 小齿；管状花多数，两性，花冠黄色，橘黄色或橘红色，有时染有紫色；檐部漏斗状或稀钟状；裂片 5 枚；花药线状长圆形或稀长圆形，基部通常具短耳，或钝至圆形，花药颈部狭圆柱形至圆柱形，略宽于花丝；细胞同形；花药内壁组织细胞壁增厚多数，极状及辐射状排列；花柱分枝顶端凸或极少截形，被少数较短或短钝边生乳头状微毛。瘦果圆柱形，具肋，无毛或被疏至较密柔毛；表皮细胞光滑。冠毛细毛状，同形，白色或变红色，宿存。

约 50 种，分布于温带及极地欧亚地区，1 种扩伸至北美洲。我国 14 种，北部、东北部至西南部均有分布；昆仑地区产 2 种。

分种检索表

1. 舌状花橙色，或深紫红色；总苞深紫色或褐紫色 …………………………………………………… **1. 橙舌狗舌草 T. rufa** (Hand.-Mazz.) B. Nord.
1. 舌状花黄色；总苞绿色 ……… **2. 草原狗舌草 T. praticola** (Schischk. et Serg.) Holub.

1. **橙舌狗舌草** 图版 128：1～7

Tephroseris rufa (Hand.-Mazz.) B. Nord. in Opera Bot. 44：45. 1978；青海植物志 3：418. 1996；中国植物志 77 (1)：151. 图版 32：7～13. 1999；青藏高原维管植物及其生态地理分布 1059. 2008. ——*Senecio rufus* Hand.-Mazz. in Acta Hort. Gothob. 12：291. 1938；西藏植物志 4：818. 1985.

多年生草本，根状茎缩短，直立或斜升，具多数纤维状根。茎单生，直立，高 9～60 cm，不分枝，下部绿色或紫色，被白色棉状茸毛，或常多少脱毛。基生叶数个，莲座状，具短柄，在花期生存，卵形、椭圆形或倒披针形，长 2～10 cm，宽 1.5～3.0 cm，顶端钝至圆形，基部楔状狭成叶柄，全缘或具疏小尖齿，具羽状脉，纸质，两面初时被疏蛛丝状茸毛，后变无毛；叶柄长 0.5～3.0 cm，具宽或狭翅，基部扩大；下部茎叶长圆形或长圆状匙形；中部茎叶无柄，长圆形或长圆状披针形，长 3～6 cm，宽 0.5～1.0 cm，顶端钝，基部扩大且半抱茎，向上部渐小，上部茎叶线状披针形至线形，急尖，两面被疏蛛丝状毛，脱毛至近无毛，杂有疏至密柔毛。头状花序辐射状或稀盘状，2～20 个排成密至疏顶生近伞形伞房花序；花序梗长 1.0～4.5 cm，被密至疏蛛丝状茸毛及柔毛，基部具线形苞片或无苞片；总苞钟状，长 6～7 mm，宽 7～10 mm，无外层苞片；总苞片 20～22 枚，褐紫色或仅上端紫色，披针形至线状披针形，宽 1.0～1.5 mm，顶端渐尖，草质，外面被密至疏蛛丝状毛及褐色柔毛至变无毛。舌状花约 15 个，管部长 5 mm，舌片橙黄色或橙红色，长圆形，长约 20 mm，宽 2.5～3.0 mm，顶端具 3 细齿，具 4 脉；管状花多数，花管橙黄色至橙红色，或黄色而具橙黄色裂片，长 7～8 mm，宽 3.5～4.0 mm，檐部漏斗状，裂片卵状披针形，长 1.2 mm，尖，具乳头状毛；花药长 2.5 mm，基部钝，附片卵状披针形。瘦果圆柱形，长 3 mm，无毛或被柔毛。冠毛稍红色，长 3.5～4.0 mm。 花果期 6～9 月。

产青海：兴海（河卡乡，郭本兆等 6312；河卡乡卡日红山，何廷农 178）、曲麻莱（叶格乡，黄荣福 143）、称多（称文乡，刘尚武 2342；扎朵乡驻地河边，苟新京 83－115）、玛多（采集地不详，吴玉虎 993）、玛沁（大武乡，H. B. G. 515、玛沁队 260；西哈垄河谷，H. B. G. 364；当项尼亚嘎玛沟，区划一组 114）、达日（具体地点不详，采集人不详 60）、久治（索乎日麻乡，藏药队 242、346）、班玛（马柯河林场，王为义等 26754）。生于海拔 3 600～4 200 m 的沟谷河滩高寒草甸、山地阴坡灌丛草甸、山坡草甸。

甘肃：玛曲（县城南，陈桂琛等 1073）。生于海拔 3 600 m 左右的高原滩地河谷沙丘。

分布于我国的青海、甘肃、西藏、四川。

模式标本采自四川。

2. 草原狗舌草

Tephroseris praticola (Schischk. et Serg.) Holub in Folia Geobot. et Phytotax. 8: 174. 1973; 中国植物志 77 (1): 147. 1999. ——*Senecio praticolus* Schischk. et Serg. In Syst. Zamat. Gerb. Tomsk. Univ. 1～2. 1949. —— *Senecio asiaticus* Schischk. et Serg. Fl. URSS 26: 762. 1961; 新疆植物志 5: 221. 图版 56: 3～4. 1995.

多年生草本。根状茎短，密生细纤维状根茎，高 20～40 cm，不分枝，具纵条纹，绿色或基部变紫色，无毛或有疏蛛丝状毛。基部叶花期生存，具柄，叶片卵形，长 2.0～4.5 cm，宽 1～2 cm，顶端钝或圆形，基部缩狭成长柄，边缘具疏短细齿或近全缘，两面被不明显蛛丝状毛或近无毛，叶柄长 3.5～4.0 cm，无翅或具不明显的狭翅；下部茎叶与基生叶相同；中部茎叶通常披针形，长 3～4 cm，宽 0.3～0.5 cm，顶端略尖或钝，无柄，基部半抱茎，全缘或具齿；上部叶渐小，线形，渐尖或尖。头状花序 2～12 个，在茎端排成伞房状；花序梗长 1.5～2.0 cm，无苞片，被白色蛛丝状毛；总苞半球状钟形，长 5～8 mm，宽 5～7（10）mm；总苞片 1 层，15～16 枚，草质，线状披针形，顶端渐尖，背面被疏蛛丝状毛，或稀近无毛。舌状花 12～20 个，花冠黄色，管部 3～4 mm，舌片长 5～6 mm，宽 1.5～2.0 mm，顶端具 3 细齿；管状花多数，花冠黄色，长约 7 mm，管部长 4 mm，无毛，檐部狭漏斗状，裂片披针形，长约 1 mm；花药线状长圆形，基部钝；花柱分枝长 1 mm，顶端钝，有微毛。瘦果圆柱形，长2.0～2.5 mm，无毛。冠毛白色，长约 7 mm，易脱落。 花期 6～7 月。

产新疆：乌恰。生于海拔 3 000 m 左右的沟谷山坡草地。

分布于我国的新疆；蒙古，俄罗斯西伯利亚，中亚地区各国也有。

33. 蒲儿根属 **Sinosenecio** B. Nord.

B. Nord. in Opera Bot. 44：48. 1978.

直立多年生或有时二年生草本，具匍匐枝或根状茎，具纤维状根。茎葶状、近葶状或具叶，幼时常被长柔毛或蛛丝状茸毛。叶不分裂，具柄，全部基生或大部基生，或者基生兼茎生；基生叶莲座状，除具茎生叶的种类外花期宿存；叶片圆形或肾形至卵形或轮廓三角状，稀卵状长圆形或椭圆形，掌状或极稀羽状脉，中度深或浅掌状裂，具齿，棱角或近全缘，基部深至浅心形，至近截形，稀圆形或楔形；基生叶叶柄无翅，茎叶叶柄下部有具翅，基部通常扩大成明显半抱茎，全缘或具齿的耳。头状花序单生至多数排列成顶生近伞形简单或复伞房状聚伞花序，具异形小花，辐射状；具花序梗；总苞无苞片或稀有苞片，倒锥形至半球形或杯状；花序托平或凸起，具小窝孔，或有时具缘毛；总苞片草质，7～10 枚，或 13～17 枚，通常 8～13 枚，线形至卵形，通常披针形，顶端及上部边缘常被缘毛或流苏状缘毛，边缘干膜质。小花全部结实，舌状花 6～15 个，通常 13 个，雌性，舌片黄色，通常长圆形或披针状长圆形，具 4～10 条脉，顶端具 3 小齿；管状花多数，两性，花冠黄色，檐部钟状，5 裂；花药长圆形，基部圆形至钝，稀短钝箭形，花药颈部圆柱形，稍粗于花丝，细胞同形，花药内壁细胞壁增厚两极状，散生或辐射状排列；花柱分枝外弯，极短，顶端截形或微凸起，较长边缘被多数较长至少数较短的乳头状毛。瘦果圆柱形或倒卵状，具肋，无毛，或沿肋被短柔毛；表皮细胞光滑，或稀被微乳头状毛。冠毛细，同形，白色，宿存或稀脱落。全部小花的瘦果有冠毛，或舌状花或全部小花无冠毛。

约 36 种，主要产于我国，仅有 3 种分布延伸至朝鲜、缅甸及中南半岛；另有 1 种产于北美洲。我国有 35 种，昆仑地区产 1 种。

1. 耳柄蒲儿根 图版 128：1～8

Sinosenecio euosmus（Hand. -Mazz.）B. Nord. in Opera Bot. 44：50. 1978；中国植物志 77（1）：132～134. 图版 30：1～8. 1999；青藏高原维管植物及其生态地理分布 1051. 2008.

具匐枝茎叶草本。根状茎细长，横走或斜升，节上常具多数纤维状根。茎单生，直立，高 20～75 cm，或更高，基部径约 6 mm，不分枝，具条纹，或多或少被长柔毛，下部毛较密，上部常脱毛。基生叶花期凋落；中部茎叶具长柄，叶片卵形或宽卵形，长 2～5 cm，宽 3～6 cm，顶端圆形至尖，浅裂或有时具 5～13 较深掌状裂，裂片近三角形，具浅至深有小尖齿或具粗齿，基部浅心形至近截形，上面绿色，被短柔毛或近无毛，下面沿脉被长柔毛或稀近无毛；叶柄长为叶片 1～2 倍，多少被长柔毛至近无毛，基部稍扩大，无耳，或中上部叶柄基部渐扩大成卵形或圆形，全缘或稀具齿且半抱茎的耳，稀全部叶无耳；上部茎叶渐小，最上部叶苞片状，线形。头状花序 5～15 个，或更多排列成顶生近伞形状伞房花序或复伞房花序；花序梗细，长 0.5～3.0 cm，被疏至密开展长柔毛，基部有时具线形苞片，上部无苞片或有 1 钻形小苞片；总苞近钟形，长 4～5 mm，宽 2.5～4.0 mm，无外苞片；总苞片草质，约 15 枚，1 层，披针形或线状披针形，宽约 1 mm，顶端尖，紫色，被缘毛，具膜质边缘，外面无毛或近无毛。舌状花约 10 个，管部长 2 mm，无毛，舌片黄色，长圆形或线状长圆形，长 3.5～4.0 mm，宽 1.5 mm，顶端具 3 细齿，具 4 条脉。管状花多数，花冠黄色，长 4 mm，管部长 2 mm，檐部钟状；裂片长圆形，长 1 mm，顶端尖；花药长约 1 mm，基部钝，附片披针形；花柱分枝外弯，长 0.7 mm，顶端截形，两侧被乳头状微毛。瘦果圆柱形，长 2 mm，无毛而具肋。冠毛白色，长 2.5～3.0 mm。 花期 7～8 月。

产青海：班玛（马柯河林场，刘建全 1790、1806）。生于海拔 3 300～3 540 m 的沟谷山坡林缘草甸、河谷山坡高山草甸。

分布于我国的西藏、陕西、青海、甘肃、湖北、四川、云南；缅甸也有。

34. 橐吾属 Ligularia Cass.

Cass. in Bull. Soc. Philom. 198. 1816.

多年生草本。根茎极短，从不伸长。根肉质或草质，粗壮或纤细，光滑或有时被密短毛。茎直立，常单生，自丛生叶丛的外围叶腋中抽出，当年开花后死亡。幼叶外卷。不育茎的叶丛生（丛生叶），发达，具长柄，基部膨大成鞘，叶片肾形、卵形、箭形、戟形或线形，叶脉掌状或羽状，稀为掌式羽状；茎生叶互生，少数，叶柄较短，常具膨

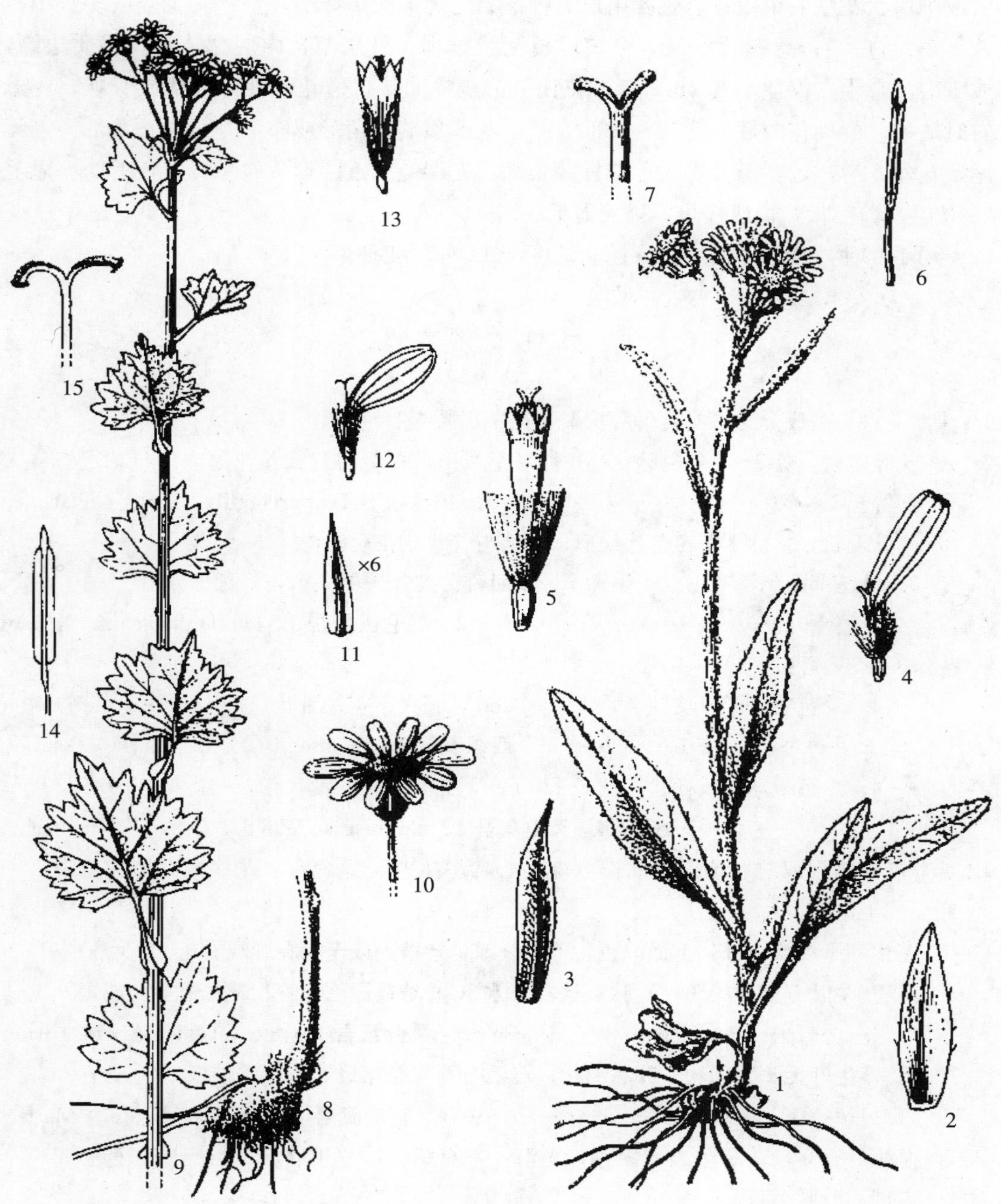

图版 **128**　橙舌狗舌草 **Tephroseris rufa** （Hand.-Mazz.） B. Nord. 1. 植株；2～3. 总苞片；4. 舌状花；5. 管状花；6. 花药；7. 花柱分枝。　耳柄蒲儿根 **Sinosenecio euosmus**（Hand.-Mazz.） B. Nord. 8～9. 植株；10. 头状花序；11. 总苞片；12. 舌状花；13. 管状花；14. 花药；15. 花柱分枝。

（引自《中国植物志》，1～7. 冀朝祯绘；8～15. 刘春荣绘）

大的鞘，叶片多与丛生 叶同形，较小。头状花序辐射状或盘状，大或极小，排列成总状或伞房状花序或单生；总苞狭筒形、钟形、陀螺形或半球形，基部有少数或多数小苞片（小外苞片）；总苞片 2 层，分离，覆瓦状排列，外层窄，内层宽，常具膜质边缘，或 1 层，合生，仅顶端具 2～5 齿；花托平，浅蜂窝状。边花雌性，舌状或管状，花冠有时缺如；中央花两性，管状，檐部 5 裂；花药顶端三角形或卵形，急尖，基部钝，无尾，花丝光滑，近花药处膨大；花柱分枝细，先端钝或近圆形。瘦果光滑，有肋。冠毛 2～3 层，糙毛状，长或极短，稀无冠毛。

约 140 种。我国约 120 种，昆仑地区产 12 种 1 变种。

分 种 检 索 表

1. 头状花序排列成伞房状或复伞房状聚伞花序，稀单生。
  2. 叶脉掌状，具 3～9 条主脉；苞片卵形至线形；冠毛与管状花花冠或仅与花冠管部等长 ………………………………… **1. 褐毛橐吾 L. purdomii** (Turrill) Chittenden
  2. 叶脉羽状，主脉 1 条；苞片线形；冠毛与管状花花冠等长。
    3. 叶基部两侧不对称；一侧渐窄，下延部分宽，一侧突窄，下延部分窄 ……………………………………………… **2. 昆仑山橐吾 L. kunlunshanica** Z. X. An
    3. 叶基部两侧对称，箭形，心形或截形。
      4. 总苞狭筒形或狭钟形，宽 4～7 mm，长大于宽；舌状花 1～2 ………… ………………………… **3. 西域橐吾 L. thomsonii** (C. B. Clarke) Pojark.
      4. 总苞半球形或杯状，宽 6～20 mm，宽大于长；舌状花 5～12 ………… ……………………… **4. 天山橐吾 L. narynensis** (Winkl.) O. et B. Fedtsch.
1. 头状花序排列成总状或圆锥状总状花序，稀单生；若为伞房状花序，则植株蓝灰色，冠毛缺如。
  5. 基生叶平展或斜升，上面绿色，下面淡绿色，被毛或至少在叶缘有毛。
    6. 茎生叶有膨大的鞘；叶脉掌状，主脉 3～9 条；冠毛与管状花花冠等长或短 ……………………………………………… **5. 掌叶橐吾 L. przewalskii** (Maxim.) Diels
    6. 茎生叶无膨大的鞘；叶脉羽状；冠毛与管状花花冠等长，稀较短 ………… ……………………………………………… **6. 箭叶橐吾 L. sagitta** (Maxim.) Mattf.
  5. 基生叶直立，蓝绿色或灰绿色，光滑，常有蜡粉；茎生叶无柄、无鞘，直立或斜展；叶脉羽状。
    7. 圆锥状总状花序具多而密的头状花序，下部分枝长，顶生总状花序 ……… ……………………………………………… **7. 大叶橐吾 L. macrophylla** (Ledeb.) DC.
    7. 总状花序具少数头状花序，稀下部分枝。
      8. 叶长圆形或椭圆形，先端圆形或钝；总苞钟形，总苞片先端急尖或钝。
        9. 叶全缘；总苞片光滑 ………………………… **8. 阿勒泰橐吾 L. altaica** DC.

9. 叶有齿；总苞片被黄色有节短柔毛 ……………………………………………… 9. **帕米尔橐吾 L. alpigena** Pojark.

8. 叶卵形至披针形，先端急尖；总苞陀螺形，总苞片先端急尖或渐尖。

10. 总苞片边缘密生白色缘毛；叶幼时有毛，后脱毛 ……………………………………… **10. 缘毛橐吾 L. liatroides**（Winkl.）Hand. -Mazz.

10. 总苞片边缘无缘毛；叶无毛。

11. 叶宽卵形，边缘有波状齿，基部近平截，下延成宽翅柄 ………………………………………… **11. 唐古特橐吾 L. tangutorum** Pojark.

11. 叶常为椭圆形，全缘，基部楔形，渐狭成具窄翅或无翅柄 …………………………………… **12. 黄帚橐吾 L. virgaurea**（Maxim.）Mattf.

1. 褐毛橐吾

Ligularia purdomii（Turrill）Chittenden in Royal Hort. Soc. Dict. Gard. 3：1165. 1951；中国植物志 77（2）：36. 1989；青海植物志 3：424. 1996；青藏高原维管植物及其生态地理分布 1016. 2008. —— *Senecio purdomii* Turrill in Kew Bull. 1914：327. 1914.

多年生高大草本。根肉质，条形，多数，簇生。茎直立，高达 150 cm，被褐色有节短柔毛，具多数细条棱，基部直径 1～2 cm，被密的枯叶柄包围，其直径可达 5 cm。从生叶及茎基部叶具柄，柄长达 50 cm，紫红色，粗壮，直径达 1 cm，被褐色有节短毛，基部具长而窄的鞘，叶片肾形或圆肾形，直径 14～50 cm，或宽大于长，盾状着生，先端圆形或凹缺，边缘具整齐的浅齿，齿小，先端具软骨质小尖头，基部弯缺窄，长为叶片的 1/3，两侧裂片圆形，近于覆盖，叶质厚，上面绿色，光滑，下面被密的褐色短柔毛，叶脉掌状，主脉 5～9 条，网脉细而明显；茎中部叶与下部者同形，较小，宽达 18 cm，先端深凹，叶柄短，具极度膨大的叶鞘，鞘长 7～10 cm，直径达 10 cm，被密的褐色有节短柔毛；最上部叶仅有膨大的鞘。大型复伞房状聚伞花序长达 50 cm，具多数分枝，分枝密被褐色有节短毛，具 3～7 个头状花序；苞片及小苞片线形，被密的褐色有节短毛；花序梗长达 3 cm，被与分枝上一样的毛；头状花序多数，盘状，下垂；总苞钟状陀螺形，长 8～13 mm，宽 6～16 mm；总苞片 6～12 枚，排列紧密，长圆形或披针形，先端急尖，黑褐色，背部被密的黄褐色有节短柔毛，稀近光滑，内层具褐色膜质边缘。小花多数，黄色，全部管状，长 7～9 mm，管部长约 3 mm，檐部宽约 2 mm。冠毛长 3～4 mm，幼时黄白色，老时褐色。瘦果圆柱形，长达 7 mm，有细肋，光滑。　花果期 7～9 月。

产青海：久治（索乎日麻乡，藏药队 678；采集地不详，陈桂琛等 1618；两河口，果洛队 001）、班玛（马柯河林场，郭本兆 500、王为义 27683、刘建全 1819）。生于海拔 3 650～4 100 m 的沟谷河边、河谷滩地沼泽浅水处。

分布于我国的四川西北部、青海、甘肃西南部。

2. 昆仑山橐吾 图版 129：1

Ligularia kunlunshanica Z. X. An Fl. Xinjiang. 5：233. 477. 图版 60：3. 1999；青藏高原维管植物及其生态地理分布 1015. 2008.

多年生草本，高 50～70 cm。全株被白色丛卷状绵毛，尤以花序下的小叶及头状花序下为密。茎直立，单一，基部被驼色柔毛及枯叶柄所成纤维。基生叶及下部茎生叶具长柄，柄长 10～15 cm，扁平，向下渐宽成鞘状，抱茎，最早的基生叶矩圆形，长约 4 cm，宽约2 cm，全缘或有浅的波状齿，叶缘（脉端）或齿端有小尖头；茎生叶下部者椭圆形，长4～12 cm，宽 2～7 cm，顶端钝或圆，边缘有或大或小的疏齿牙，基部成小对称的楔状，下延于叶柄成窄翅，一侧为宽而长的渐窄，一侧为短的急渐窄，两侧相差近 2 cm；中部以上叶小，柄渐短至无，叶片长圆形、宽披针形或披针形，顶端渐尖，基部渐窄，上半部具不规则的锯齿；最上部叶则呈条形或线形。头状花序排列成圆锥状，长 35 cm，花序梗分枝长 6～12 cm，头状花序约 10 个；总苞钟状或杯状，长 1.0～1.5 cm，宽 1.5～2.0 cm；总苞片 2 层，深绿色或带褐色，条状披针形，长 1.0～1.3 cm，先端渐尖，具褐色短茸毛，内层具宽的膜质边缘，外面还有少数小外苞片；边缘的舌状花黄色，雌性，多数，舌片倒卵状长圆形，长1.5～1.8 cm，宽约 4.5 mm，筒状部分长约 4 mm；中央筒状花两性，多数，黄色，长约7 mm，先端 5 齿裂，齿长三角形；花药伸出，筒部长约 3 mm。瘦果柱状（未成熟），略扁，有多数棱，长 3.0～3.5 mm。冠毛糙毛状，淡白色，与筒状花同长。 花期 6 月。

产新疆：皮山（垴阿巴提塔吉克民族乡，青藏队吴玉虎 2401）。生于昆仑山地区海拔3 200 m左右的沟谷山地圆柏灌丛间。

分布于我国的新疆。

3. 西域橐吾

Ligularia thomsonii（C. B. Clarke）Pojark. in Spisok Rast. Herb. Fl. URSS 13：165. 1949；中国植物志 77（2）：49. 1989；新疆植物志 5：227. 1995.

多年生草本。根肉质，多数。茎直立，高 35～60 cm，被白色绵毛，下部直径 3～5 mm，基部被密的褐棕色绵毛。丛生叶与茎下部叶具柄，柄长 8～15 cm，被白色绵毛，基部有窄鞘，叶片三角状或卵状心形，先端钝，边缘有浅的小齿，齿端有软骨质小尖头，基部心形或戟形，两侧裂片近圆形，略叉开，上面光滑，下面被疏的白色绵毛，叶脉掌式羽状；茎中上部叶具短柄，柄长达 4 cm，基部略膨大，叶片卵状心形至狭卵形，远小于下部叶；最上部茎生叶狭披针形，长 2～5 cm，宽 0.3～1.0 cm。圆锥状伞房花序开展，分枝长达 7 cm，先端具 2～4 个头状花序；苞片和小苞片钻形，长 4～10 mm；花序梗长5～20 mm；头状花序多数，辐射状；总苞狭筒形至狭钟形，长 9～11 mm，宽 4～7 mm；总苞片 5～7 枚，2 层，狭长圆形或披针形，宽 1.5～3.0 mm，先端急尖，黑褐色，背部光滑，边缘膜质。舌状花通常1～2个，黄色，舌片狭长圆形，长达18 mm，宽3～4 mm，先端近全缘，管部长约5 mm；管状花7～11，长约9 mm，伸出总苞之外，管部长约3 mm。冠毛白色与花冠等长。瘦果（未熟）光滑。　花期7月。

产新疆：乌恰（吉根斯木哈纳，西植所新疆队2146）。生于海拔3 200 m左右的河谷山坡草地、山地草甸。

分布于我国的新疆；巴基斯坦，克什米尔地区，尼泊尔，俄罗斯也有。

4. 天山橐吾　图版129：2～4

Ligularia narynensis（Winkl.）O. et B. Fedtsch. in Consp. Fl. Turkest. 3：212. 1909；中国植物志77（2）：50. 图版11：5～6. 1989；新疆植物志5：231. 图版59：3～4. 1999. —— *S. narynensis* Winkl. in Acta Hort. Petrop. 11：319. 1890.

多年生草本。根细，肉质。茎直立，高7～60 cm，被白毛丛卷毛，基部直径2～6 mm，被密的褐色绵毛。丛生叶与茎下部叶具柄，柄长2～15 cm，被白色丛卷毛，基部鞘状，叶片卵状心形、圆心形、三角状心形或长圆状心形，长1.4～10.5 cm，宽1.6～8.0 cm，先端钝或急尖，有小尖头，边缘具波状齿或尖锯齿，基部心形，上面光滑，绿色，下面被白色丛卷毛，灰白色，叶脉羽状；茎中上部叶狭卵形至狭披针形，无柄或有短柄，无鞘；最上部叶线状披针形，叶腋常有不发育的头状花序。头状花序1～8个，辐射状，常排列成伞房状花序，稀单生；苞片及小苞片线状披针形，长达2.2 cm；花序梗长0.8～4.5 cm；总苞半球形或杯状，长9～13 mm，宽11～20 mm；总苞片10～13枚，披针形、长圆形或宽椭圆形，宽2～7 mm，先端急尖或渐尖，黑褐色，背部光滑，内层具白色膜质边缘。舌状花9～12个，黄色，舌片长圆形或宽椭圆形，长11～22 mm，宽4～7 mm，先端急尖或平截，管部长3～4 mm；管状花多数，高于总苞，长8～9 mm，管部长约3 mm。冠毛白色与花冠等长。瘦果黄白色或紫褐色，圆柱形，长4～7 mm，光滑，具肋。　花果期5～8月。

产新疆：皮山（垴阿巴提塔吉克民族乡，青藏队吴玉虎3021）。生于海拔3 000 m左右的沟谷山坡草地。

分布于我国的新疆；俄罗斯也有。

5. 掌叶橐吾　图版130：1～3

Ligularia przewalskii（Maxim.）Diels in Bot. Jahrb. 29：621. 1900；中国植物志77（2）：75. 1989. 图版17：1～3. 1989；青海植物志3：424. 1996；青藏高原维管植物及其生态地理分布1016. 2008. ——*Senecio przewalskii* Maxim. in Bull. Acad. Imp. Sci. St.-Pétersb. 26：493. 1880.

多年生草本。根肉质，细而多。茎直立，高30～130 cm，细瘦，光滑，基部直径3～4 mm，被长的枯叶柄纤维包围。丛生叶与茎下部叶具柄，柄细瘦，长达50 cm，光

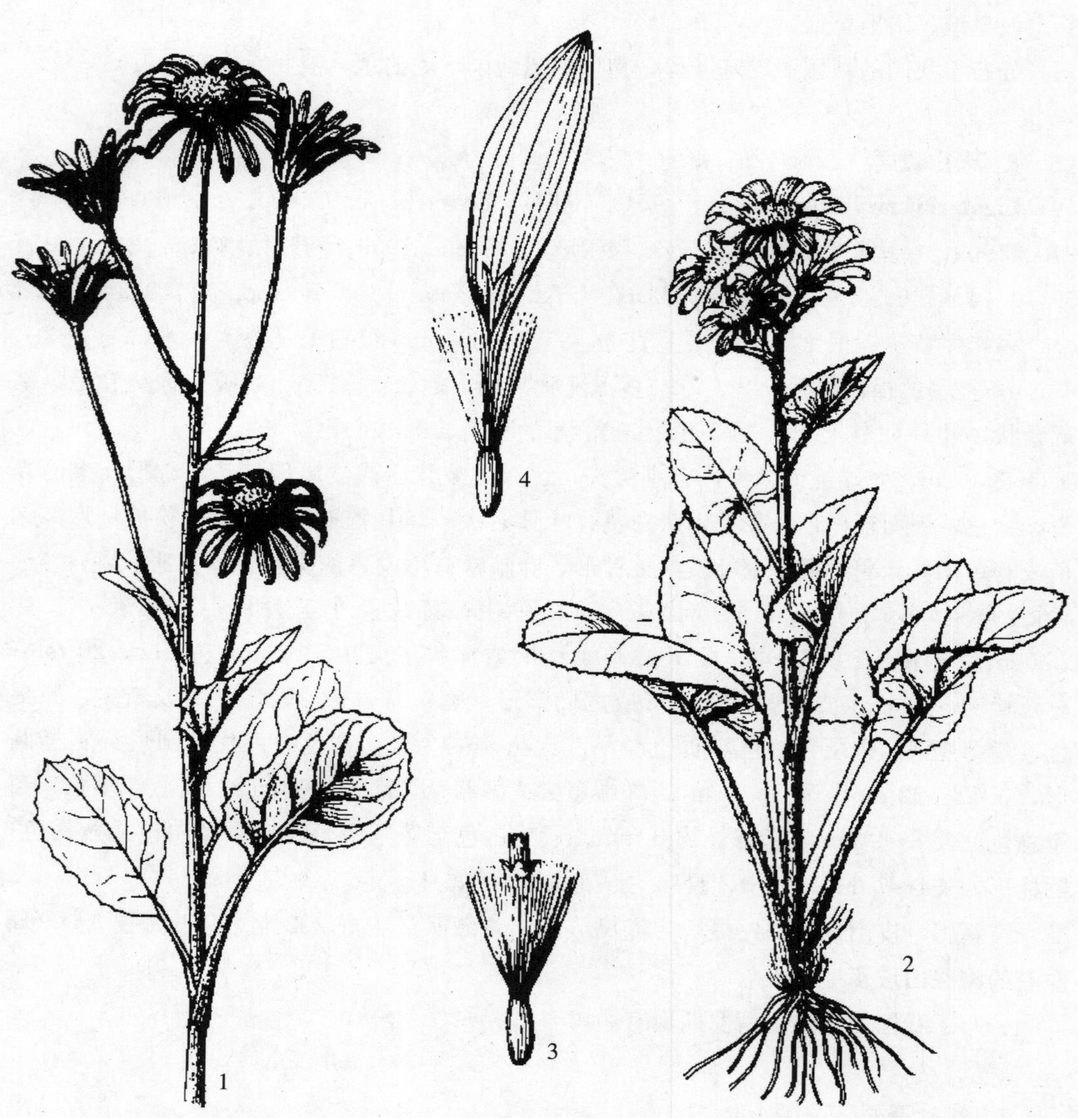

图版 129　昆仑山橐吾 **Ligularia kunlunshanica** Z. X. An 1. 植株上部，叶基不对称。天山橐吾 **L. narynensis** （Winkl.） O. et B. Fedtsch. 2. 植株；3. 管状花；4. 舌状花。
(引自《新疆植物志》，张荣生、谭丽霞绘)

滑，基部具鞘，叶片轮廓卵形，掌状 4～7 裂，长 4.5～10.0 cm，宽 8～18 cm，裂片 3～7 深裂，中裂片二回 3 裂，小裂片边缘具条裂齿，两面光滑，稀被短毛，叶脉掌状；茎中上部叶少而小，掌状分裂，常有膨大的鞘。总状花序长达 48 cm；苞片线状钻形；花序梗纤细，长 3～4 mm，光滑；头状花序多数，辐射状；小苞片常缺；总苞狭筒形，长 7～11 mm，宽 2～3 mm；总苞片（3）4～6（7）枚，2 层，线状长圆形，宽约 2 mm，先端钝圆，具褐色睫毛，背部光滑，边膜狭膜质。舌状花 2～3 个，黄色，舌片线状长圆形，长达 17 mm，宽 2～3 mm，先端钝，透明，管部长 6～7 mm；管状花常 3 个，远出于总苞之上，长 10～12 mm，管部与檐部等长；花柱细长。冠毛紫褐色，长约 4 mm，短于管部。瘦果长圆形，长约 5 mm，先端狭缩，具短喙。 花果期 6～10 月。

产青海：班玛（马柯河林场，王为义等 26886、27127、27166、27652；亚尔堂乡王柔，吴玉虎 26287）。生于海拔 3 200～3 750 m 的沟谷河滩草地、山麓草甸、山地沟谷林缘、山坡林下及灌丛。

分布于我国的四川、青海、甘肃、宁夏、陕西、山西、内蒙古、江苏。模式标本采自内蒙古。

6. 箭叶橐吾 图版 131：1～3

Ligularia sagitta（Maxim.）Mattf. in Journ. Arn. Arb. 14：40. 1933；西藏植物志4：835. 1985；中国植物志 77（2）：97. 图版 23：6～9. 1989；青海植物志 3：426. 图版 93：4～6. 1996；青藏高原维管植物及其生态地理分布 1017. 2008. —— *Senecio sagitta* Maxim. in Mél. Biol. 11：240. 1881 et in Bull. Acad. Imp. Sci. St.-Pétersb. 27：483. 1882.

多年生草本。根肉质，细而多。茎直立，高 25～70 cm，光滑或上部及花序被白色蛛丝状毛，后脱毛，基部直径达 1 cm，被枯叶柄纤维包围。丛生叶与茎下部叶具柄，柄长 4～18 cm，具狭翅，翅全缘或有齿，被白色蛛丝状毛，基部鞘状，叶片箭形、戟形或长圆状箭形，长 2～20 cm，基部宽 1.5～20.0 cm，先端钝或急尖，边缘具小齿，基部弯缺宽，长为叶片的 1/4～1/3，两侧裂片开展或否，外缘常有大齿，上面光滑，下面有白色蛛丝状毛或脱毛，叶脉羽状；茎中部叶具短柄，鞘状抱茎，叶片箭形或卵形，较小；最上部叶披针形至狭披针形，苞叶状。总状花序长 6.5～40.0 cm；苞片狭披针形或卵状披针形，长 6～15 mm，宽至7 mm，稀较长而宽，长达 6.5 cm，先端尾状渐尖；花序梗长 5～70 mm；头状花序多数，辐射状；小苞片线形；总苞钟形或狭钟形，长 7～10 mm，宽 4～8 mm；总苞片 7～10 枚，2 层，长圆形或披针形，先端急尖或渐尖，背部光滑，内层边缘膜质。舌状花 5～9 个，黄色，舌片长圆形，长 7～12 mm，宽约 3 mm，先端钝，管部长约 9 mm；管状花多数，长 7～8 mm，檐部伸出总苞之外，管部长 3～4 mm。冠毛白色与花冠等长。瘦果长圆形，长 2.5～5.0 mm，光滑。 花果期7～9 月。

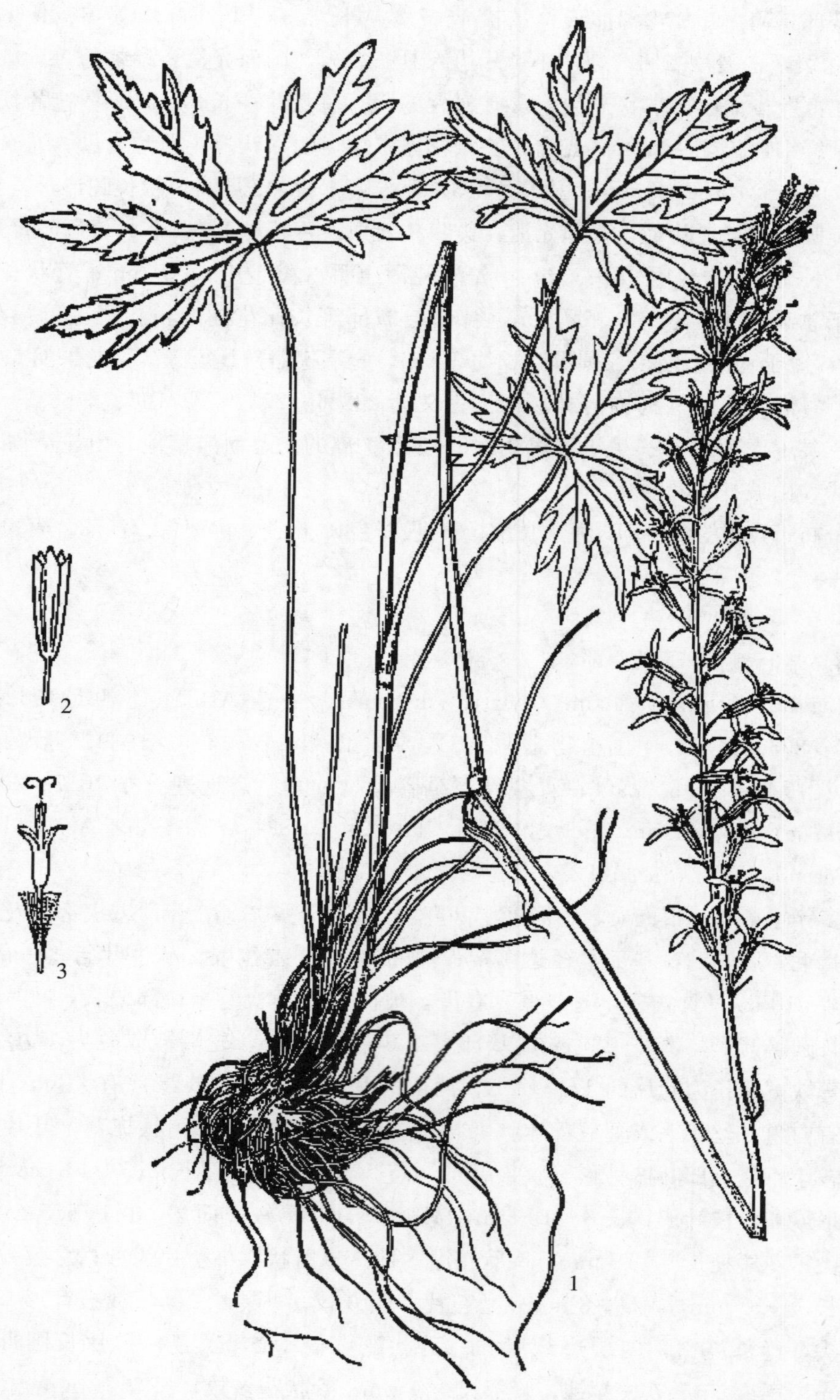

图版 **130** 掌叶橐吾 **Ligularia przewalskii**（Maxim.）Diels 1. 植株；2. 总苞；3. 管状花。（王颖绘）

产青海：兴海（中铁林场恰登沟，吴玉虎 45208；河卡乡，郭本兆 6240）、玛沁（龙穆尔贡玛，吴玉虎等 5191；军功乡，吴玉虎等 4614，H. B. G. 226；阿尼玛卿山，吴玉虎 5599；拉加乡，吴玉虎等 6058、区划二组 187）、久治（龙卡湖畔，果洛队 529、572；尕柯河，藏药队 879）、班玛（县城郊，王为义 26702；马柯河林场，王为义 26759、郭本兆 481）。生于海拔 3 270～4 000 m 的沟谷水边、河谷山地草坡、山坡林缘草甸、山地阔叶林下及灌丛草甸。

分布于我国的西藏、四川、青海、甘肃、宁夏、陕西、山西、河北、内蒙古。模式标本采自青海祁连山。

7. 大叶橐吾 图版 132：1～4

Ligularia macrophylla (Ledeb.) DC. Prodr. 6：316. 1837；中国植物志 77（2）：104. 图版 25：1～4. 1989；新疆植物志 5：234. 图版 60：4～5. 1999. —— *Cineraria macrophylla* Ledeb. Fl. Alt. 4：108. 1833.

多年生灰绿色草本。茎直立，高 56～180 cm，最上部及花序被有节短柔毛，下部光滑，基部直径 0.8～1.5 cm。丛生叶具柄，柄长 5～20 cm，具狭翅，光滑，基部具鞘常紫红色，叶片长圆形或卵状长圆形，长 6～45 cm，宽 4.5～28.0 cm，先端钝，边缘具波状小齿，基部楔形，下延成柄，两面光滑，叶脉羽状；茎生叶无柄，叶片卵状长圆形至披针形，长达 12 cm，宽达 5 cm，筒状抱茎或半抱茎。圆锥状总状花序长 7～24 cm，下部有分枝；苞片和小苞片线状钻形，长 3～8 mm；花序梗长 1～3 mm；头状花序多数，辐射状；总苞狭筒形或狭陀螺形，长 3.5～6.0 mm，宽 2～5 mm 或在口部达 6 mm，总苞片 4～5 枚，2 层，倒卵形或长圆形，宽 1.5～3.0 mm，先端钝或圆形，背部被白色柔毛，内层边缘膜质。舌状花 1～3 个，黄色，舌片长圆形，长 6～8 mm，宽 2～3 mm，先端圆形，管部长约 4 mm；管状花 2～7 个，伸出总苞，长 5～7 mm，管部长 2.0～2.5 mm。冠毛白色与花冠等长。瘦果（未熟）光滑。 花期 7～8 月。

产新疆：乌恰（吉根乡斯木哈纳，西植所新疆队 2117；乌恰至吉根途中，西植所新疆队 1681、托云乡，采集人不详 135；吉根乡阿河铁列克，采集人不详 73－201）、塔什库尔干（克克吐鲁克，西植所新疆队 1348）。生于海拔 2 730～3 200 m 的河谷水边、沟谷滩地芦苇沼泽、山地阴坡草地及林缘。

分布于我国的新疆；俄罗斯也有。

8. 阿勒泰橐吾 图版 132：5～8

Ligularia altaica DC. Prodr. 6：315. 1837；中国植物志 77（2）：109. 图版 25：8～11. 1989；新疆植物志 5：235. 1999；青藏高原维管植物及其生态地理分布 1014. 2008.

多年生草本，高 35～65 cm，无毛，绿色或蓝绿色。根状茎斜上升，短，须根多

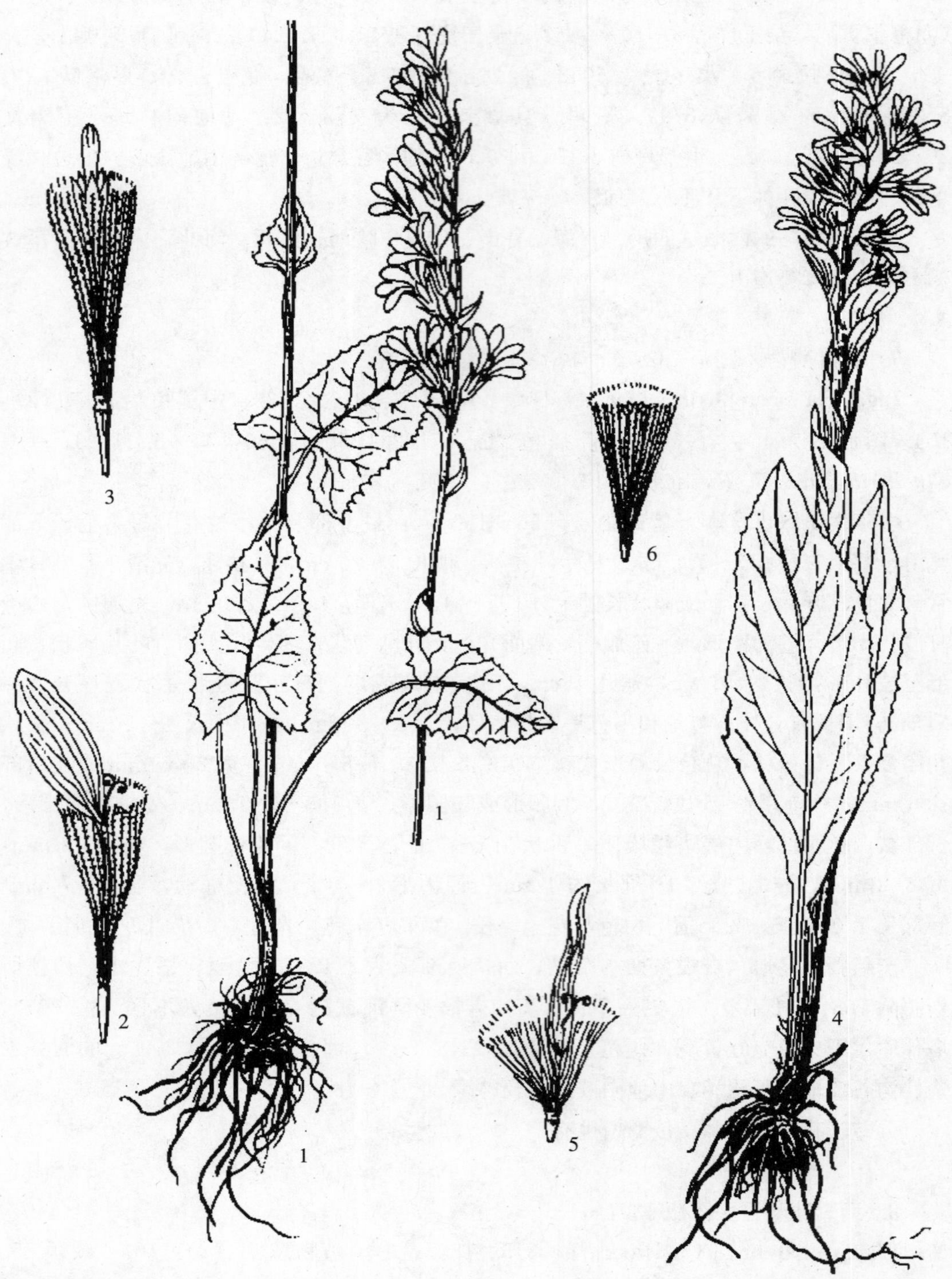

图版 **131**　箭叶橐吾 **Ligularia sagitta**（Maxim.）Mattf. 1. 植株；2. 舌状花；3. 管状花。黄帚橐吾 **L. virgaurea**（Maxim.）Mattf. 4. 植株；5. 舌状花；6. 管状花。（王颖绘）

数，肉质。茎单一，直立，有细棱，中空，基部有枯叶柄纤维。基生叶具长柄，柄长9～10 cm，上部具翅，基部成鞘，抱茎；叶片长圆形或椭圆形，顶端钝或圆形，有时急尖，基部楔状，下延于叶柄成翅，全缘，脉羽状；茎生叶与之同形，下部叶具柄，基部具鞘抱茎，向上叶柄渐短至无。头状花序较少，很少超过 25 个，在茎端排列成总状，长 7～10 cm，稀疏；花序梗长7～10 mm，果时花序下垂；总苞钟状，长 6～10 mm，宽5～7 mm；总苞片 6～9 枚，2 层，外层窄披针形，内层长圆形，顶端急尖，内层有宽的膜质边缘，无毛；边缘之舌状花 4～5 个，黄色，舌片倒卵形或长圆形，长6～7 mm，宽3～4 mm，先端圆形，具齿，筒部长约 4 mm；中央筒状花多数，长 6～7 mm，花药伸出花冠，先端之附器长三角形；筒部长约 2.5 mm。瘦果圆柱状长圆形，长约 6 mm，黄褐色，两端略收缩，有细棱 9 条，顶端浅衣领状前倾，冠毛着生于其上。冠毛污白色，糙毛状，与筒状花冠同长。　花期 6～7 月。

产新疆：乌恰、塔什库尔干（克克吐鲁克边防站牧场，西植所新疆队 1366）。生于海拔 1 400～3 000 m 的沟谷山地高山草原、山坡林间草地、河谷山麓草甸。

分布于我国的新疆；蒙古，俄罗斯西伯利亚也有。

9. 帕米尔橐吾

Ligularia alpigena Pojark. in Not. Syst. Inst. Bot. Acad. URSS 12：313. 1950；中国植物志 77（2）：110. 1989；新疆植物志 5：236. 1999；青藏高原维管植物及其生态地理分布 1014. 2008.

多年生草本。根肉质，细而多。茎直立，高 22～140 cm，除花序被有节短柔毛外，余者均光滑，基部直径 3～10 mm。丛生叶与茎下部叶具柄，柄长 2.5～25.0 cm，紫红色，上部具狭翅，基部鞘状，叶片长圆形或宽椭圆形，长 4.5～20.0 cm，宽 2.3～10.5 cm，先端圆形或急尖，边缘具不整齐的齿，基部楔形，下延成柄，两面光滑，灰绿色，叶脉羽状，在下面明显；茎中上部叶与下部叶同形，无柄，半抱茎，向上渐小，叶片长达 12 cm，宽至 7 cm。总状花序不分枝，稀为圆锥状总状花序下部有分枝，长4～6（45）cm，上部密集，下部疏离，分枝长 1.5～12.0 cm，具 2～23 个头状花序；苞片及小苞片线状钻形，长 5～7 mm；花序梗长 2～4 mm；头状花序多数，辐射状；总苞钟形或近杯形，长 6～7 mm，宽 5～6 mm；总苞片 6～8 枚，2 层，卵形或长圆形，宽3～5 mm，先端钝或急尖，背部被密的有节短柔毛，内层具膜质边缘。舌状花黄色，舌片倒卵形或长圆形，长 7～10 mm，宽 3～4 mm，先端钝，管部长约 4 mm；管状花多数，长 6～7 mm，管部长 2.0～2.5 mm，冠毛白色与花冠等长。瘦果（未熟）光滑。花期 7 月。

产新疆：乌恰（吉根乡斯木哈纳，采集人及采集号不详），塔什库尔干（麻扎种羊场，青藏队吴玉虎等 870373；克克吐鲁克，青藏队吴玉虎等 870480、高生所西藏队3270、李勃生等 10568、西植所新疆队 2173；明铁盖，青藏队吴玉虎 4994、4997）。生

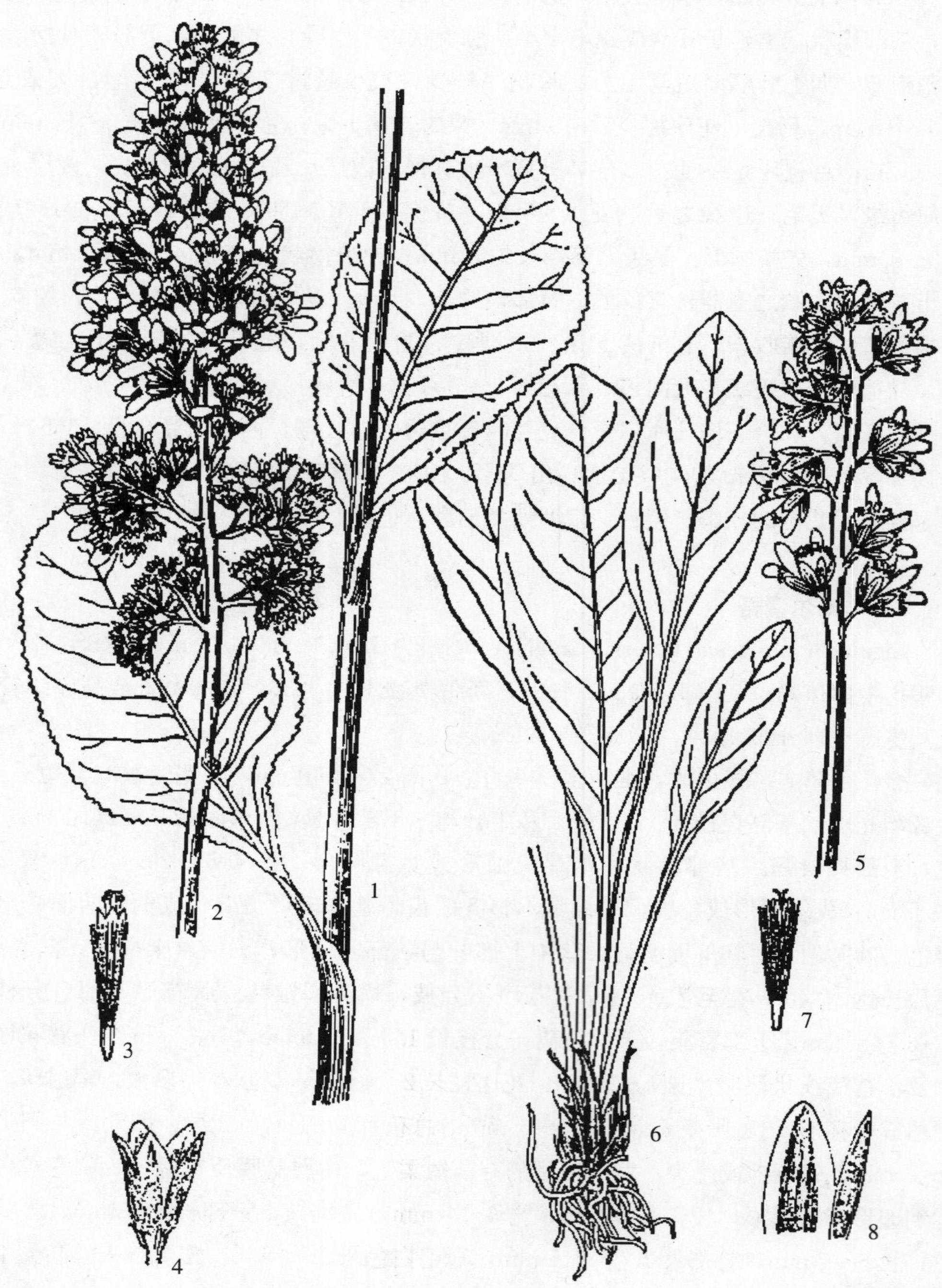

图版 **132** 大叶橐吾 **Ligularia macrophylla**（Ledeb.）DC. 1. 茎生叶；2. 花序；3. 管状花；4. 总苞。
阿勒泰橐吾 **L. altaica** DC. 5. 花序；6. 基生叶；7. 管状花；8. 总苞片。（刘进军绘）

于海拔 3 200～4 500 m 的沟谷山坡草地、河谷滩地草甸及湿地。

分布于我国的新疆南部及天山；俄罗斯也有。

10. 缘毛橐吾

Ligularia liatroides（Winkl.）Hand.-Mazz. in Acta Hort. Gothob. 12：303. 1938 et in Bot. Jahrb. 69：121. 1938；西藏植物志 4：836. 1985；中国植物志 77（2）：115. 1989. 青海植物志 3：426～427. 1996；青藏高原维管植物及其生态地理分布 1015. 2008. —— *Senecio liatroides* Winkl. in Acta Hort. Petrop. 13：8. 1898.

多年生草本。根肉质，多数。茎直立，高达 100 cm，上部及花序被白色蛛丝状柔毛，下部光滑，基部直径 5～8 mm，被枯叶柄纤维包围。丛生叶与茎下部叶具柄，柄长达5 cm，具全缘的翅，基部鞘状，光滑，叶片长圆形或卵状披针形，有时为椭圆形，长 8～22 cm，宽 4.5～8.0 cm，先端急尖或钝圆，全缘，稀有小齿，基部楔形，下延成翅状柄，两面光滑，灰绿色，或幼时脉上有白色短毛，叶脉羽状，网脉在下面明显；茎中上部叶无柄，卵状披针形至线形，向上渐小，先端渐尖，全缘或有小齿，半抱茎。总状花序密集，长达 40 cm；苞片线状披针形至线形，下部者长达 4.5 cm，向上渐短；花序梗长 3～7 mm；头状花序多数，辐射状；小苞片钻形；总苞陀螺形，长 7～10 mm，宽约 5 mm；总苞片 7～8 枚，长圆形或披针形，宽约 3 mm，先端渐尖，边缘膜质，被密的白色睫毛，背部被白色柔毛或近光滑。舌状花 5～6 个，黄色，舌片线形，长 6～8 mm，宽 1.0～1.5 mm，先端钝，管部长约 4 mm；管状花长约7 mm，管部长约3 mm；冠毛白色与花冠等长。瘦果圆柱形，光滑，长 4～5 mm，具凸起的肋。 花果期 7～8 月。

产青海：称多（歇武寺，刘尚武 2457）、久治（年保山希门错湖，藏药队 536）、班玛（马柯河林场，王为义等 26935、27099）。生于海拔 2 890～4 450 m 的河谷滩地沼泽地、宽谷河滩、林缘、沟谷山坡灌丛草甸和高山草地。

甘肃：玛曲（齐哈玛大桥附近，吴玉虎 31803；河曲军马场，吴玉虎 31825）。生于海拔3 200～3 460 m 的河谷滩地高寒草甸、沟谷山坡高寒灌丛草甸。

分布于我国的西藏东北部、四川西南部至西北部及北部、青海西南部。模式标本采自四川北部。

11. 唐古特橐吾

Ligularia tangutorum Pojark. in Nat. Syst. Herb. Inst. Bot. Acad. Sci. URSS 21：362. 1961；中国植物志 77（2）：114. 1989，pro syn. L. virgaurea（Maxim.）Mattf.；青海植物志 3：427. 1996；青藏高原维管植物及其生态地理分布 1017. 2008.

多年生草本，高 40～100 cm，灰绿色。须根肉质，簇生。茎直立，无毛或最上部有毛，基部密被褐色枯叶柄。丛生叶和基生叶宽卵形或宽椭圆形，长 6～21 cm，宽 3～13 cm，先端急尖，边缘有小齿或波状小齿，基部近平截或宽楔形，突然狭缩成宽翅状柄或至少柄的上部具宽翅，两面无毛，叶脉羽状，中脉较粗，在下面明显；叶柄有鞘，长 3～15 cm，下部具宽翅，基部紫红色；茎中上部叶椭圆形或长圆形，直立，抱茎，长 4～8 cm，宽至 4.5 cm。总状花序长达 15 cm，疏离；苞片线状披针形；头状花序多数，辐射状，下垂；总苞陀螺形，长6～8 mm，宽至 10 mm；总苞片 8～10 枚，长圆形或狭披针形，先端钝或急尖。舌状花 6～10 个，黄色，舌片长圆形，长约 10 mm；管状花黄色，长 6～7 mm。瘦果长约 4 mm。冠毛与管状花冠等长。　花果期 7～9 月。

产青海：玛沁（大武乡，H. B. G. 568）。生于海拔 3 600～4 000 m 的河谷山地草甸、山坡高寒草甸、溪流岸边草甸。

分布于我国的青海、甘肃。模式标本采自青海。

12. 黄帚橐吾　图版 131：4～6

Ligularia virgaurea（Maxim.）Mattf. in Journ. Arn. Arb. 14：40. 1933；西藏植物志4：836. 1985；中国植物志 77（2）：112. 图版 27：4～6. 1989；青海植物志 3：427. 图版 93：7～9. 1996；青藏高原维管植物及其生态地理分布 1018. 2008. ——*Senecio virgaureus* Maxim. in Mél. Biol. 1：241. 1881 et in Bull. Acad. Imp. Sci. St.-Pétersb. 27：484. 1882.

12a. 黄帚橐吾（原变种）

var. **virgaurea**

多年生灰绿色草本。根肉质，多数，簇生。茎直立，高 15～80 cm，光滑，基部直径 2～9 mm，被厚密的褐色枯叶柄纤维包围。丛生叶和茎基部叶具柄，柄长达21.5 cm，全部或上半部具翅，翅全缘或有齿，宽窄不等，光滑，基部具鞘，紫红色，叶片卵形、椭圆形或长圆状披针形，长 3～15 cm，宽 1.3～11.0 cm，先端钝或急尖，全缘至有齿，边缘有时略反卷，基部楔形，有时近平截，突然狭缩，下延成翅柄，两面光滑，叶脉羽状或有时近平行；茎生叶小，无柄，卵形、卵状披针形至线形，长于节间，稀上部者较短，先端急尖至渐尖，常筒状抱茎。总状花序长 4.5～22.0 cm，密集或上部密集，下部疏离；苞片线状披针形至线形，长达 6 cm，向上渐短；花序梗长 3～10（20）mm，被白色蛛丝状柔毛；头状花序辐射状，常多数，稀单生；小苞片丝状；总苞陀螺形或杯状，长 7～10 mm，一般宽 6～9 mm，稀在单生头状花序较宽，总苞片 10～14 枚，2 层，长圆形或狭披针形，宽 1.5～5.0 mm，先端钝至渐尖而呈尾状，背部光滑或幼时有毛，具宽或窄的膜质边缘。舌状花 5～14 个，黄色，舌片线形，长8～22 mm，宽 1.5～2.5 mm，先端急尖，管部长约 4 mm；管状花多数，长 7～8 mm，管部长约 3 mm，檐部楔形，窄狭。冠毛白色与花冠等长。瘦果长圆形，长约 5 mm，光滑。　花果期 7～9 月。

产青海：兴海（中铁林场卓琼沟，吴玉虎 45685、45701、45745；赛宗寺后山，吴玉虎 46358、46378；大河坝，吴玉虎 42503；中铁林场中铁构，吴玉虎 45673；河卡山，郭本兆等 6182、6235、6336、6361，吴珍兰 114，张珍万 2063，吴玉虎 20243、20267；弃耕地考察队 360、436）、称多（扎朵乡，苟新京 83－289；歇武乡毛拉，刘尚武 2376）、玛多（花石峡乡，吴玉虎 776、王为义等 26592）、玛沁（县城后，吴玉虎 1369；军功乡，区划二组 140、吴玉虎等 4608；大武乡，H. B. G. 495、植被地理组 369；拉加乡，区划二组 175；东倾沟，玛沁队 324；当项乡，区划一组 016）、达日（建设乡，H. B. G. 1053、陈桂琛等 1700）、久治（龙卡湖，藏药队 713、果洛队 627；索乎日麻乡，藏药队 489、505、572、果洛队 322、389）。生于海拔 3 600～4 700 m的宽谷河滩草地、沟谷沼泽草甸、山地阴坡湿地及灌丛中河谷山地林缘草甸。

甘肃：玛曲（河曲军马场，陈桂琛等 1089、1127）。生于海拔 3 200 m 左右的宽谷滩地沼泽湿地。

分布于我国的西藏东北部、云南西北部、四川、青海、甘肃；尼泊尔，不丹也有。模式标本采自青海祁连山。

12b. 疏序黄帚橐吾（变种）

var. **oligocephalum**（R. Good）S. W. Liu Fl. Qinghai. 3：427. 1996. ——*Cremanthodium plantaginifolium* R. Good subsp. oligocephalum R. Good in Journ. Linn. Soc. Bot. 48：292. 1929.

本变种与原变种区别在于个体较矮，茎细弱；叶小；头状花序单生至少数，在茎端排成疏总状花序。

产青海：兴海（河卡山，王作宾 20243、20267）、玛沁（优云乡，玛沁队 532）、久治（年保山北坡，采集人不详 389；索乎日麻乡，藏药队 489）。生于海拔 3 000～4 100 m 的沟谷山地草甸、河谷阶地高寒草甸、山地阴坡高寒灌丛草甸。

分布于我国的青海。

35. 垂头菊属 **Cremanthodium** Benth.

Benth. in Hook. Icon. Pl. t. 1141，1142. 1873.

多年生草本。根茎极短，顶端具 1 个由不育茎发育而成的莲座状丛生叶，基部具肉质、须状的根系，稀无短根茎及莲座状丛生叶。茎自莲座状丛生叶的外围叶腋中抽出，单生或数个丛生，通常呈花葶状，当年死亡。叶大部或全部基生，丛生叶及茎基部叶具柄，柄基部鞘状，叶片具掌状、羽状或平行脉；茎生叶苞叶状，少或多数，基部有鞘或无鞘。头状花序单生或多数，排列成总状花序，下垂，辐射状或盘状；总苞半球形，基部近圆形，仅个别种为宽钟形，基部具小外苞片；苞片线形，稀宽卵形或椭圆形，草质或膜质；总苞片常 2 层，覆瓦状排列，基部不合生，外层较狭，内层较宽，常具膜质边缘，或 1 层，基部合生成浅杯状，等宽或近于等宽，全部总苞片先端被睫毛，背部光滑或有毛。花托平坦，裸露。边花舌状，1 层，雌性，结实，舌片通常极为发达，形状多样，长为总苞的数倍，稀不发达，或不存在；中央花多数，管状，两性，结实，花冠有明显的檐部与管部之分，管部较短；花药基部钝；花柱分枝扁平，先端钝圆或钝三角形，具乳突或乳突状毛。冠毛存在，糙毛状，与管状花花冠等长或较短，稀缺如。瘦果无喙，具肋，光滑。

约 64 种，我国全产，昆仑地区产 9 种。

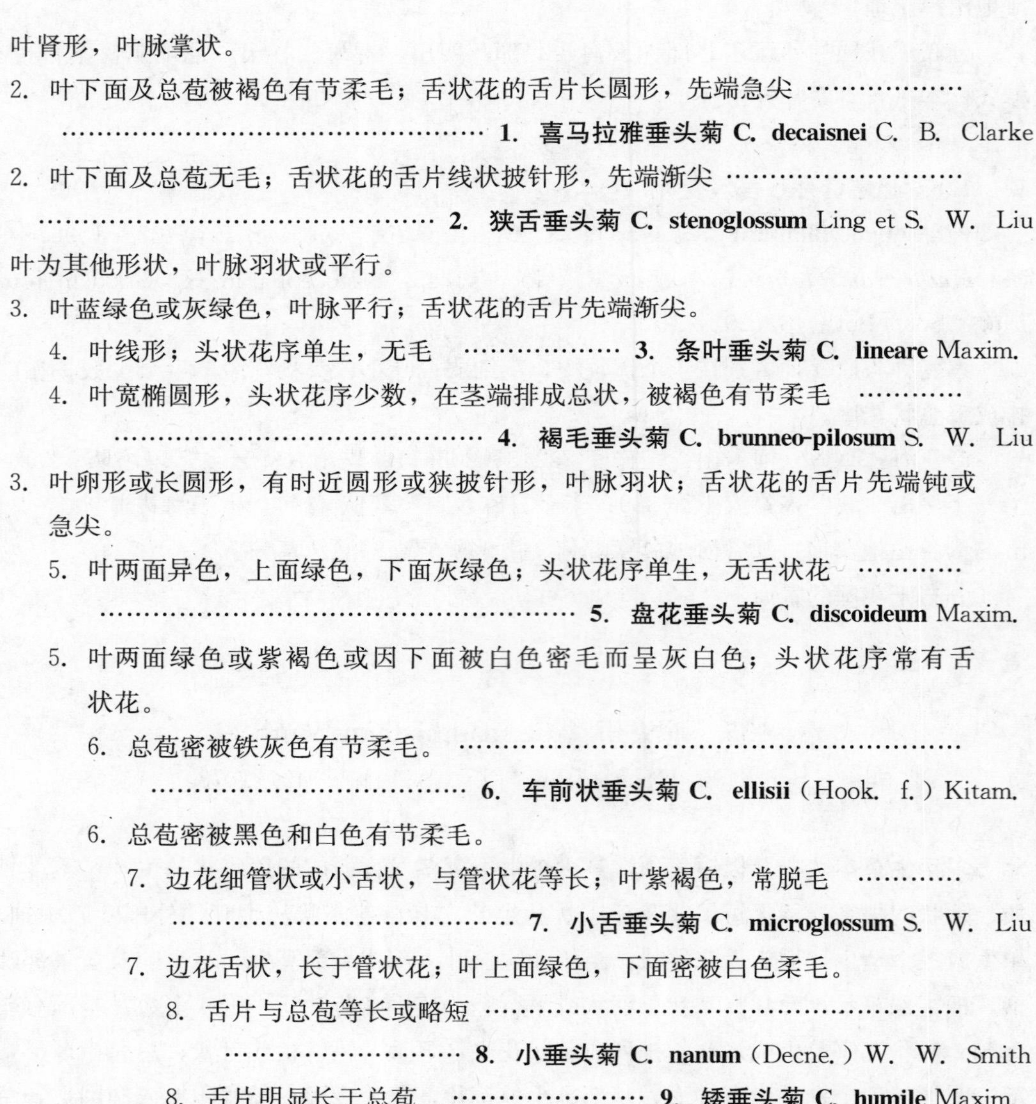

分种检索表

1. 叶肾形，叶脉掌状。
    2. 叶下面及总苞被褐色有节柔毛；舌状花的舌片长圆形，先端急尖 ……………… …………………………………………… **1. 喜马拉雅垂头菊 C. decaisnei** C. B. Clarke
    2. 叶下面及总苞无毛；舌状花的舌片线状披针形，先端渐尖 ……………………… …………………………………………… **2. 狭舌垂头菊 C. stenoglossum** Ling et S. W. Liu
1. 叶为其他形状，叶脉羽状或平行。
    3. 叶蓝绿色或灰绿色，叶脉平行；舌状花的舌片先端渐尖。
        4. 叶线形；头状花序单生，无毛 ……………… **3. 条叶垂头菊 C. lineare** Maxim.
        4. 叶宽椭圆形，头状花序少数，在茎端排成总状，被褐色有节柔毛 ………… ………………………………… **4. 褐毛垂头菊 C. brunneo-pilosum** S. W. Liu
    3. 叶卵形或长圆形，有时近圆形或狭披针形，叶脉羽状；舌状花的舌片先端钝或急尖。
        5. 叶两面异色，上面绿色，下面灰绿色；头状花序单生，无舌状花 ………… …………………………………………… **5. 盘花垂头菊 C. discoideum** Maxim.
        5. 叶两面绿色或紫褐色或因下面被白色密毛而呈灰白色；头状花序常有舌状花。
            6. 总苞密被铁灰色有节柔毛。 …………………………………………… ………………………… **6. 车前状垂头菊 C. ellisii**（Hook. f.）Kitam.
            6. 总苞密被黑色和白色有节柔毛。
                7. 边花细管状或小舌状，与管状花等长；叶紫褐色，常脱毛 ………… ……………………………… **7. 小舌垂头菊 C. microglossum** S. W. Liu
                7. 边花舌状，长于管状花；叶上面绿色，下面密被白色柔毛。
                    8. 舌片与总苞等长或略短 ……………………………………………… ……………………… **8. 小垂头菊 C. nanum**（Decne.）W. W. Smith
                    8. 舌片明显长于总苞 ………………… **9. 矮垂头菊 C. humile** Maxim.

1. 喜马拉雅垂头菊 图版 133：1～2

Cremanthodium decaisnei C. B. Clarke Comp. Ind. 168. 1876；西藏植物志 4：843. 1985；中国植物志 77（2）：133. 图版 31：4～5. 1989；青海植物志 3：428. 1996；青藏高原维管植物及其生态地理分布 988. 2008.

多年生草本。根肉质，多数。茎单生，直立，高 6～25 cm，上部密被褐色有节柔毛，下部光滑，基部直径 1.5～3.5 mm，无枯叶柄纤维。丛生叶与茎基部叶具长柄，柄长 3～14 cm，光滑，基部有窄鞘，叶片肾形或圆肾形，长 5～45 mm，宽 9～50 mm，先端圆形，边缘具浅的不整齐的圆钝齿，齿端具骨质小尖头，稀浅裂，上面光滑，下面有密的褐色有节柔毛，叶脉掌状；茎中上部叶常 1～2 枚，有柄或无柄，叶片小或减退而无叶片。头状花序单生，下垂，辐射状，总苞半球形，稀钟形，被密的褐色有节柔毛，或有时略退毛，长 7～15 mm，宽 1～2 cm，总苞片 8～12 枚，2 层，外层狭披针形，内层长圆状披针形，具宽膜质的边缘，全部总苞片先端渐尖，有小尖头。舌状花黄色，舌片狭椭圆形或长圆形，长 1～2 cm，宽 3～6 mm，先端急尖，具 3 齿；管状花多数，长5～7 mm，管部长 1～2 mm。冠毛白色，与花冠等长。瘦果长圆形，长 3～5 mm，光滑。 花果期 7～9 月。

产青海：玛沁（大武乡，H. B. G. 663、玛沁队 281）、久治县（索乎日麻乡，果洛队 156）。生于海拔 4 340～4 580 m 的沟谷山地岩石缝隙、沟谷滩地高山草甸、高山流石滩稀疏植被带、河谷阶地高寒草甸石隙。

分布于我国的西藏、云南西北部、四川西南部至西北部、青海西南部、甘肃西南部；印度，尼泊尔，不丹也有。

2. 狭舌垂头菊

Cremanthodium stenoglossum Ling et S. W. Liu in Acta Plat. Biol. Sin. 1：55. 1982；中国植物志 77（2）：136. 1989；青海植物志 3：429. 1996；青藏高原维管植物及其生态地理分布 992. 2008.

多年生草本。根肉质，多数。茎花葶状，单生，直立，高 10～32 cm，最上部被白色卷曲柔毛和褐色短的有节柔毛，下部光滑，基部直径 1.5～3.0 mm。丛生叶和茎基部叶具柄，柄长 2.5～11.5 cm，光滑，基部膨大，鞘状，叶片圆肾形或肾形，长 7～20 mm，宽 1.5～4.0 cm，边缘棱角状，具白色有节柔毛，基部弯缺窄，裂片互相重叠，两面光滑，近肉质，叶脉掌状，常不明显；茎下部叶 1 枚，宽肾形，较小，无柄或有短柄，基部鞘状，边缘具棱角状锯齿；茎中上部无叶或有 1 枚长圆形的苞叶。头状花序单生，辐射状，下垂；总苞半球形，长 13～16 mm，宽达 2 cm；总苞片 9～14 枚，紫红色，2 层，外层狭披针形，宽 1.5～2.0 mm，内层长圆形，宽 3～5 mm，先端渐尖或急尖，有小尖头，被褐色睫毛，背部光滑。舌状花黄色，舌片线状披针形，长 2.5～

3.5 cm，基部宽约 5 mm，先端长渐尖，3 浅裂，膜质近透明，脉纹褐色，6～7 条；管状花多数，黄色，长 7～9 mm，管部长约 3 mm，檐部宽 2.0～2.5 mm。冠毛白色与花冠等长。瘦果圆柱形，长约 7 mm，具纵肋。 花果期 7～8 月。

产青海：兴海县（采集地不详，王为义 126）、称多（歇武寺，刘尚武 2493；清水河乡，苟新京 83-205）、玛沁县（多出沟，区划二组 148；雪山乡，H. B. G. 481，玛沁队 447）、达日县（吉迈乡，H. B. G. 1291）、久治（索乎日麻乡，藏药队 509）。生于海拔 3 700～4 700 m 的沟谷山地灌丛中、河沟水边、宽谷河滩沼泽地、山坡高山草甸、山地岩石隙中、高山流石滩稀疏植被带。

分布于我国的青海、四川。

模式标本采自青海称多。

3. 条叶垂头菊 图版 133：3～5

Cremanthodium lineare Maxim. in Mél. Biol. 11：238. 1881，et in Bull. Acad. Imp. Sci. St.-Pétersb. 27：482. 1882；中国植物志 77（2）：168. 图版 38：4～6. 1989；青海植物志 3：429. 图版 94：7～9. 1996；青藏高原维管植物及其生态地理分布 989. 2008.

多年生草本，全株蓝绿色。根肉质，多数。茎 1～4，常单生，直立，高达 45 cm，光滑或最上部被稀疏的白色柔毛，基部直径 1～3 mm，被枯叶柄纤维包围。丛生叶和茎基部叶无柄或具短柄，柄与叶片通常无明显的界线，叶片线形或线状披针形，长达 23 cm，宽 0.25～3.00 cm，一般宽 2.5～5.0 mm，先端急尖，全缘，基部楔形，下延成柄，两面光滑，叶脉平行，通常不明显；茎生叶多数，披针形至线形，苞叶状。头状花序单生，辐射状，下垂；总苞半球形，长 1.0～1.2 cm，宽 1.0～2.5 cm，光滑或基部有稀疏的柔毛；总苞片 12～14 枚，2 层，披针形或卵状披针形，宽 2～4 mm，先端急尖，具白色睫毛，背部黑灰色，边缘具狭膜质。舌状花黄色，舌片线状披针形，长达 4 cm，宽 2～3 mm，先端长渐尖，管部长约 2 mm；管状花黄色，长 5～7 mm，管部长 1.5～2.0 mm。冠毛白色，与花冠等长。瘦果长圆形，长 2～3 mm，光滑。 花果期 7～10 月。

产青海：兴海（河卡山，弃耕地考察队 20230、228、370、410；温泉乡，王为义 125）、称多（清水河乡，吴玉虎 535，苟新京 83-38）、玛多（清水乡，陈桂琛等 1859；巴颜喀拉山北坡，陈桂琛等 1940、1974；花石峡乡，H. B. G. 1487；黑水乡，H. B. G. 1457；清水一队，吴玉虎 535）、玛沁（大武乡，H. B. G. 715、560；昌马河乡，陈桂琛等 1720；具体地点不详，区划二组 260，采集人不详 95348）、达日（吉迈乡，H. B. G. 1241）、甘德（上贡麻乡，H. B. G. 967）、久治（索乎日麻乡，藏药队 518、679；龙卡湖畔，果洛队 613；具体地点不详，陈桂琛等 1603）。生于海拔 3 600～4 800 m 的高山草地、河谷溪流水边、宽谷河滩沼泽湿地、沟底沼泽化草甸、宽谷滩地高寒草甸、沟谷山地高寒灌丛。

分布于我国的西藏东部、四川西北部、青海、甘肃西南部。模式标本采自青海祁连山。

4. 褐毛垂头菊

Cremanthodium brunneo-pilosum S. W. Liu in Acta Plat. Biol. Sin. 3：63. pl. 3. f. 3. 1984；西藏植物志 4：851. 图 368：2. 1985；中国植物志 77（2）：169. 1989；青海植物志3：430. 1996；青藏高原维管植物及其生态地理分布 987. 2008.

多年生草本，全株灰绿色或蓝绿色。根肉质，粗壮，多数。茎单生，直立，高达 100 cm，最上部被白色或上半部白色，下半部褐色有节长柔毛（在果期均变成褐色），下部光滑，基部直径达 1.5 cm，被厚密的枯叶柄包围。丛生叶多达 7 枚，与茎下部叶均具宽柄，柄长6～15 cm，宽 1.5～2.5 cm，光滑，基部具宽鞘，叶片长椭圆形至披针形，长 6～40 cm，宽2～8 cm，先端急尖，全缘或有骨质小齿，基部楔形，下延成柄，上面光滑，下面至少在脉上有点状柔毛，叶脉羽状平行或平行；茎中上部叶 4～5 枚，向上渐小，狭椭圆形，基部具鞘；最上部茎生叶苞叶状，披针形，先端渐尖。头状花序辐射状，下垂，1～13 个，通常排列成总状花序，偶有单生；花序梗长 1～9 cm，被褐色有节长柔毛；总苞半球形，长 1.2～1.6 cm，宽1.5～2.5 cm，被密的褐色有节长柔毛，基部具披针形至线形、草质的小苞片；总苞片 10～16 枚，2 层，披针形或长圆形，宽3～5 mm，先端长渐尖，内层具褐色膜质边缘。舌状花黄色，舌片线状披针形，长 2.5～6.0 cm，宽 2～5 mm，先端长渐尖或尾状，膜质近透明，管部长5～7 mm；管状花多数，褐黄色，长 8～10 mm，管部长约 2 mm，檐部狭筒形。冠毛白色，与花冠等长。瘦果圆柱形，长约 6 mm，光滑。　花果期 6～9 月。

产青海：兴海（河卡山，郭本兆等 6409）、曲麻莱（秋智乡，刘尚武等 751）、玛多（野牛沟，郭本兆 107；多曲河畔，吴玉虎 462；黑河乡，陈桂琛等 1761；花石峡乡，王为义等 26589）、玛沁（大武乡，玛沁队 316，H. B. G. 564；东倾沟乡，H. B. G. 402）、达日（德昂乡，陈桂琛等 1665；吉迈乡，H. B. G. 1239）、甘德（上贡麻乡，H. B. G. 958）、久治（索乎日麻乡，藏药队 445；希门错湖，果洛队 500；久治县东 15 km 处，陈桂琛等 1616）、称多（竹节寺，吴玉虎 32514）。生于海拔 3 600～4 300 m 的沟谷高山沼泽草甸、宽谷河滩草甸、溪流水边草甸。

分布于我国的西藏东北部、四川西北部、青海南部、甘肃西南部。模式标本采自西藏那曲。

5. 盘花垂头菊　图版 133：6～7

Cremanthodium discoideum Maxim. in Mél. Biol. 11：238. 1881，et in Bull. Acad. Imp. Sci. St.-Pétersb. 27：482. 1882；中国植物志 77（2）：149. 图版 35：1～2. 1989；

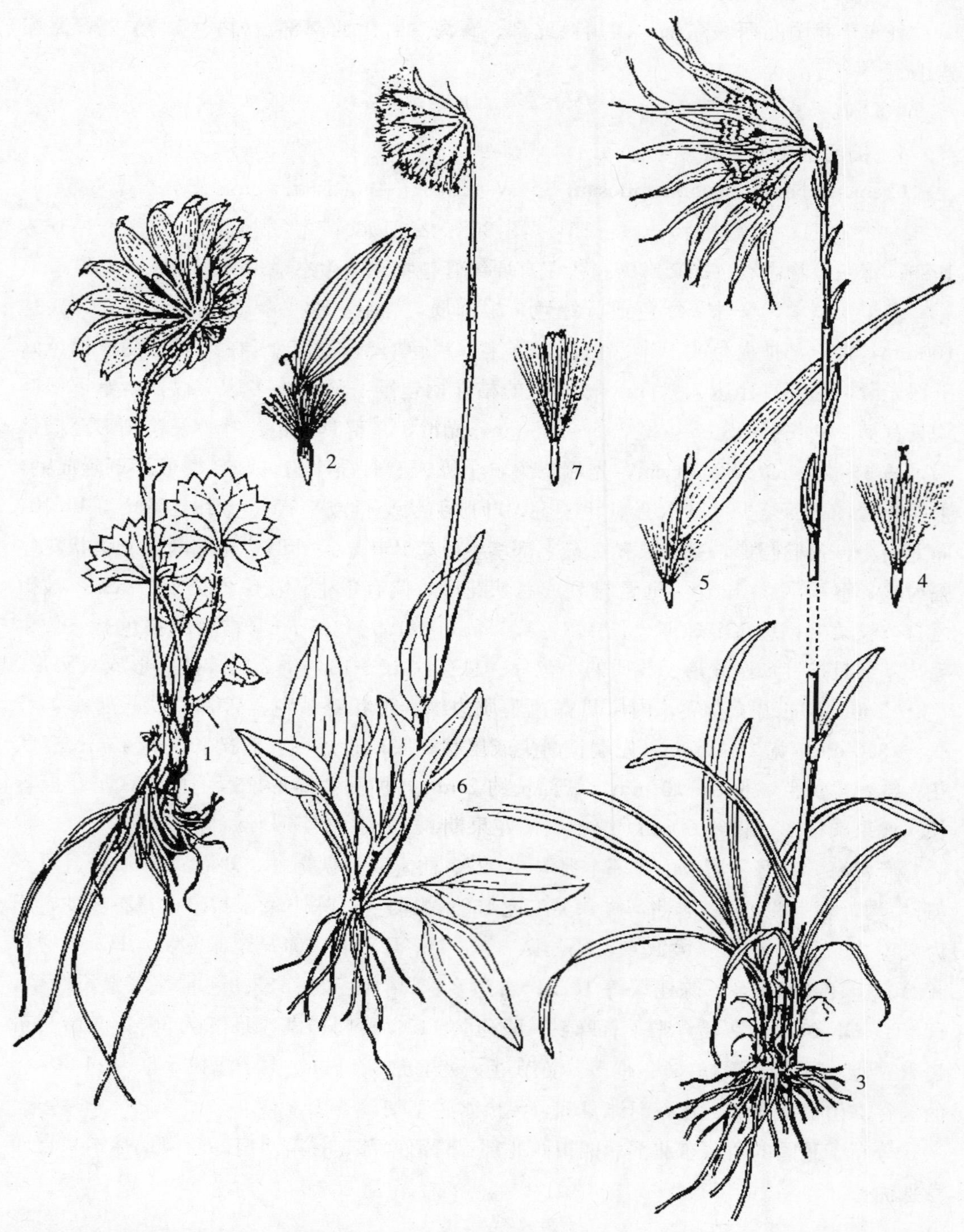

图版 133　喜马拉雅垂头菊 **Cremanthodium decaisnei** C. B. Clarke 1. 植株；2. 舌状花。条叶垂头菊 **C. lineare** Maxim. 3. 植株；4. 管状花；5. 舌状花。盘花垂头菊 **C. discoideum** Maxim. 6. 植株；7. 管状花。（阎翠兰、王颖绘）

青海植物志 3：430. 1996；青藏高原维管植物及其生态地理分布 988. 2008.

多年生草本。根肉质，多数。茎单生，直立，高 15～30 cm，上部被白色和紫褐色有节长柔毛，下部光滑。从生叶和茎基部叶具柄，柄长 1～6 cm，光滑，基部鞘状，叶片卵状长圆形或卵状披针形，长 1.5～4.0 cm，宽 0.7～1.5 cm，先端钝，全缘，稀有小齿，基部圆形，两面光滑；上面深绿色，下面灰绿色，叶脉羽状，在两面均不明显；茎生叶少，下部叶无柄，披针形，半抱茎，上部叶线形。头状花序单生，下垂，盘状；总苞半球形，长 8～10 mm，宽 1.5～2.5 cm，被密的黑褐色有节长柔毛；总苞片 8～10 枚，2 层，线状披针形，宽 1～3 mm，先端渐尖或急尖。小花多数，紫黑色，全部管状，长 7～8 mm，管部长 2～3 mm。冠毛白色，与花冠等长或略长。瘦果圆柱形，光滑，长 2～4 mm。　花果期 6～8 月。

产青海：兴海（河卡山，采集人不详 435，郭本兆 6159、6229、6358，吴珍兰 125，王作宾 20186，采集人不详 6358）、曲麻莱（秋智乡，刘尚武等 700）、玛多（花石峡乡，吴玉虎 741）、玛沁（大武乡，H. B. G. 664，植被地理组 412；拉加乡，玛沁队 83）、达日（采集地和采集人不详 058）、久治（索乎日麻乡，果洛队 132、357，藏药队 487）、治多（扎河乡西邦巴沟，周立华 225）。生于海拔 3 600～5 400 m 的沟谷山地林中、山谷草坡、高山流石滩下部、宽谷河滩沼泽地。

分布于我国的西藏、四川、青海、甘肃；尼泊尔，印度也有。模式标本采自青海祁连山。

6. 车前状垂头菊　图版 134：1～3

Cremanthodium ellisii（Hook. f.）Kitam. in Hara et al. Enum. Fl. Pl. Nepal 3：22. 1982；西藏植物志 4：853. 图 368：1. 1985；中国植物志 77（2）：161. 图版 36：8～10. 1989；青海植物志 3：430. 图版 94：1～3. 1996；青藏高原维管植物及其生态地理分布 988. 2008. —— *Werneria ellisii* Hook. f. Fl. Brit. Ind. 3：357. March. 1881.

多年生草本。根肉质，多数。茎直立，单生，高 8～60 cm，不分枝或上部花序有分枝，上部被密的铁灰色长柔毛，下部光滑，紫红色，条棱明显，基部直径达 1 cm，被厚密的枯叶柄纤维。从生叶具宽柄，柄长 1～13 cm，宽达 1.5 cm，常紫红色，基部有筒状鞘，叶片卵形、宽椭圆形至长圆形，长 1.5～19.0 cm，宽 1～8 cm，先端急尖，全缘或边缘有小齿至缺刻状齿，或达浅裂，基部楔形或宽楔形，下延，近肉质，两面光滑或幼时被少许白色柔毛，叶脉羽状，在下面明显凸起；茎生叶卵形、卵状长圆形至线形，向上渐小，全缘或边缘有小齿，具鞘或无鞘，半抱茎。头状花序 1～5 个，通常单生，或排列成伞房状总状花序，下垂，辐射状；花序梗长 2～10 cm，被铁灰色柔毛；总苞半球形，长 0.8～1.7 cm，宽 1.0～2.5 cm，被密的铁灰色柔毛；总苞片 8～14 枚，2 层，宽 2～9 mm，先端急尖，被白色睫毛，外层窄，披针形，内层宽，卵状披针形。舌状花黄色，舌片长圆形，长 1.0～1.7 cm，宽 2～7 mm，先端钝圆或急尖，管部长

3～5 mm；管状花深黄色，长 6～7 mm，管部长 2～5 mm。冠毛白色，与花冠等长。瘦果长圆形，长 4～5 mm，光滑。 花果期 7～10 月。

产新疆：皮山（采集地不详，李勃生等 11155）。生于海拔 5 300～5 400 m 的山地沟谷高寒草甸、宽谷河滩草甸。

西藏：日土（热帮乡，高生所西藏队 3550）、改则（改则至措勤县途中，青藏队藏北分队郎楷永 10274）、班戈。生于海拔 5 000～5 100 m 的沟谷山地草甸、高原山坡草地。

青海：格尔木（唐古拉山北坡温泉兵站，黄荣福 C. G. 89-218）、兴海（河卡山，何廷农 275、209，王为义等 132；温泉乡，弃耕地考察队 63109）、治多（可可西里马兰山，可可西里综考队黄荣福 K-165、K-265、K-367；可可西里库赛湖，可可西里综考队武素功等 K-1009、K-1006，可可西里综考队黄荣福 K-497；可可西里楚玛尔河上游，可可西里综考队黄荣福 K-485；可可西里太阳湖，可可西里综考队黄荣福 K-903、可可西里综考队武素功等 K-930；可可西里岗齐曲，可可西里综考队武素功等K-671；可可西里勒斜武担，可可西里综考队武素功等 K-880、K-897）、曲麻莱（叶格乡，黄荣福 92）、称多（清水河乡，苟新京 83-73、83-75；采集地不详，郭本兆等 409；歇武寺，王为义 222）、玛多（巴颜喀拉山北坡，陈桂琛等 1970；黑河乡，H. B. G. 1461，陈桂琛等 1746；长石头山，黄荣福 3670；扎陵湖，吴玉虎 464、1597，植被地理组 597；清水乡，吴玉虎 29005；扎陵湖乡措日尕则，吴玉虎 39064）、玛沁（尼卓玛山，玛沁队 308，H. B. G. 747）、达日（吉迈乡，H. B. G. 1273）、甘德（上贡麻乡，H. B. G. 890）。生于海拔 3 400～5 600 m 的沟谷山地草甸、高山流石滩、河谷沼泽草地、河滩草甸。

分布于我国的西藏、云南西北部、四川、新疆、青海、甘肃西部及西南部；喜马拉雅山西部，克什米尔地区也有。

7. 小舌垂头菊

Cremanthodium microglossum S. W. Liu in Novon 6 (2): 185. 1996；青海植物志 3: 432. 1996；青藏高原维管植物及其生态地理分布 990. 2008.

多年生草本，高达 15 cm。茎单一，不分枝，黑紫褐色，最上部被白色和黑色长柔毛；茎的地下部分具膜质鳞片。不育叶丛的叶卵形或宽卵形，紫褐色，长 1～3 cm，宽 0.7～2.4 cm，先端钝圆，全缘，基部近圆形或截形，幼时两面有白色和黑色长柔毛，后变无毛，叶柄细，长达 14 cm；茎生叶常集生于花序下，卵形或圆形，较小，两面或下面被疏的毛。头状花序单生茎顶，直立；总苞半球形，宽约 3 cm，被黑色和白色长柔毛；总苞片 1 层，9～12 枚，线状长圆形，长 1.5～2.0 cm，宽 3～7 mm，先端圆形，基部稍合生，在花期中部以上平展，边花细管状，先端平截或舌状，舌片小，长 2～4 mm，与管状花等长；管状花橘红色，长达9 mm，花冠楔形。瘦果无毛。冠毛多层，白色，长约 10 mm。 花果期 7～9 月。

产青海：曲麻莱（巴颜热若山，黄荣福 037）、称多（歇武乡毛拉，刘尚武 2359；歇武寺，刘尚武 2484）、玛多（清水乡，H. B. G. 1372）。生于海拔 4 200～5 400 m 的高山流石滩稀疏植被带、山地高寒草甸。

分布于我国的青海、云南、甘肃。

8. 小垂头菊 图版 134：4

Cremanthodium nanum (Decne.) W. W. Smith in Not. Bot. Gard. Edinb. 14：118. 1924；中国植物志 77 (2)：148. 图版 34：4. 1989；青藏高原维管植物及其生态地理分布 990. 2008. —— *Ligularia nana* Decne. in Jacquem. Voy. Bot. 41. t. 99. 1844.

多年生草本。根肉质，多数，粗而长。茎单生，直立，高 5～10 cm，上部被密的白色柔毛，下部紫红色，光滑，埋于土中的部分白色，光滑，有膜质鳞片叶。丛生叶具柄，柄长 2～4 cm，光滑，基部鞘状，叶片卵形、倒卵形或近圆形，长 1.0～3.9 cm，宽 0.5～2.7 cm，先端圆形或急尖，全缘，基部楔形，上面光滑，下面被密的白色柔毛，或在老时脱毛，叶脉羽状或近平行，从基部平行下延至叶柄；茎生叶集生茎上部，2～4 枚，无柄，叶片卵形至长圆形，两面有白色柔毛，或上面脱毛，基部半抱茎。头状花序单生，常直立，辐射状；总苞半球形，长 1.0～1.5 cm，宽 1.5～3.0 cm，被密的黑色和白色有节柔毛；总苞片 10～14 枚，1 层，基部合生成杯状，分离部分长圆形，宽 2～3 mm，在花期上半部外展，先端钝或近圆形。舌状花黄色，舌片椭圆形，长 6～8 mm，宽 3～4 mm，或线形，长 3～5 mm，宽约 1 mm，比总苞片短，均不伸出总苞之外，先端钝，有齿，管部长 3～5 mm；管状花黄色，长 5～8 mm，狭楔形，无明显的管部与檐部之分。冠毛白色，多层，外层较粗，长 5～12 mm，远长于花冠。瘦果线状圆柱形，长 3～6 mm，光滑，有明显的果肋。 花果期 7～8 月。

产新疆：皮山（碧波潭，李勃生等 11218）、若羌（祁漫塔格山，青藏队吴玉虎 3970；月牙湾，青藏队吴玉虎 2734）。生于海拔 4 900～5 300 m 的沟谷山地砾石坡草甸。

青海：称多（歇武寺，杨永昌 708；扎朵乡，苟新京 83－251；清水河乡，苟新京 83－219；采集地不详，郭本兆等 434）、玛沁（阿尼玛卿山，黄荣福等 C. G. 81－153）。生于海拔4 500～5 400 m 的高山流石滩。

西藏：日土（多玛区界山达坂，青藏队 76－9095）、班戈（鲸鱼湖，碧云山，青藏队吴玉虎 2226、2700、4069）、尼玛（双湖无人区江爱雪山正北，青藏队藏北分队郎楷永 9678）。生于海拔 4 800～5 200 m 的沟谷河滩草地、山坡高寒草甸。

分布于我国的新疆、西藏、云南西北部、青海南部、甘肃西南部；克什米尔地区，尼泊尔，印度也有。观于喜马拉雅山西部。

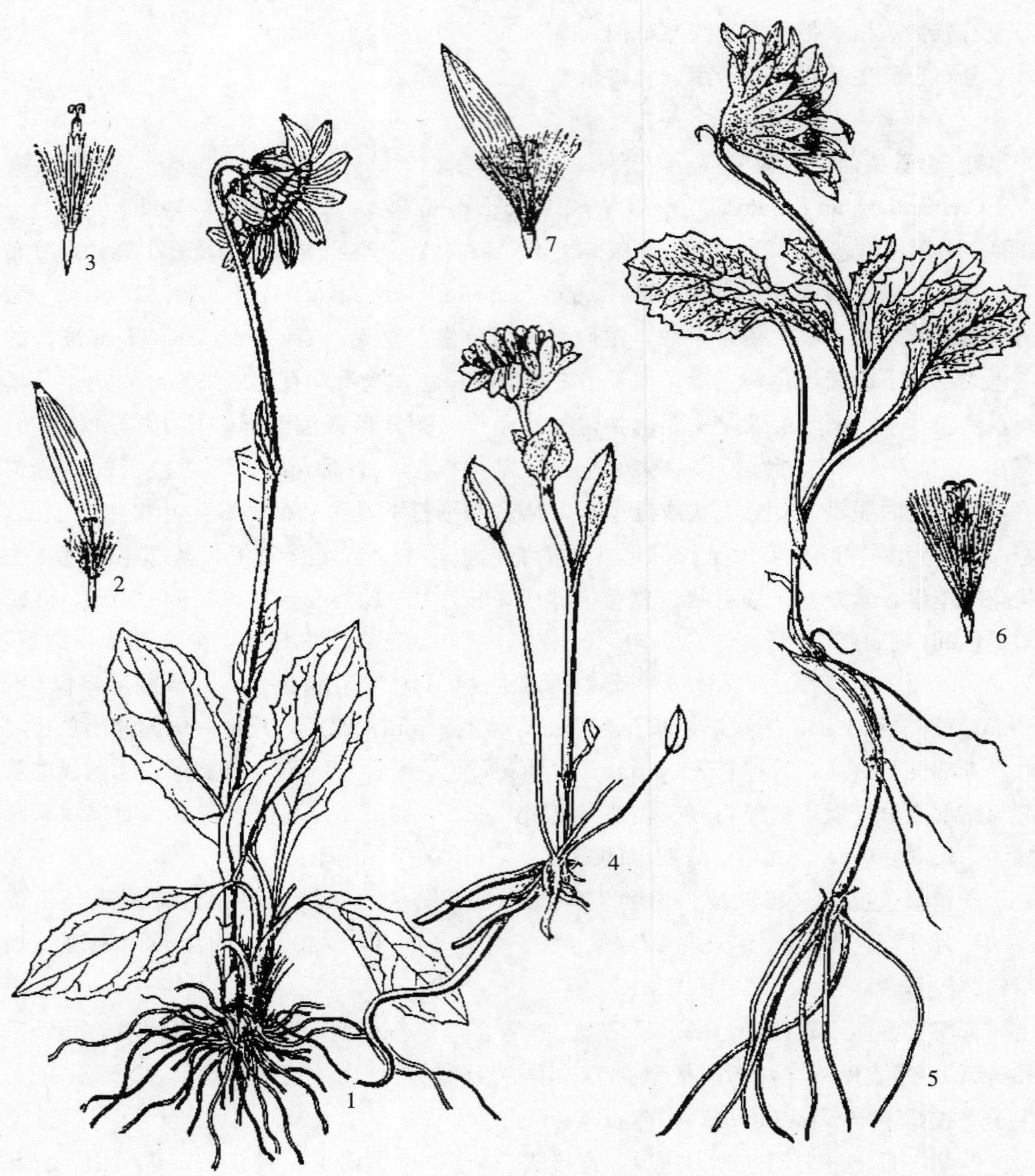

图版 **134** 车前状垂头菊 **Cremanthodium ellisii**（Hook. f.）Kitam.1. 植株；2. 舌状花；3. 管状花。小垂头菊 **C. nanum**（Decne.）W. W. Smith 4. 植株。矮垂头菊 **C. humile** Maxim. 5. 植株；6. 管状花；7. 舌状花。（王颖、阎翠兰绘）

9. 矮垂头菊 图版 134：5～7

Cremanthodium humile Maxim. in Mél. Biol. 11：236. 1881 et in Bull. Acad. Imp. Sci. St.-Pétersb. 27：481. 1882；西藏植物志 4：854. 图 369：3. 1985；中国植物志 77（2）：146. 图版 34：1～3. 1989. 青海植物志 3：432. 图版 94：4～6. 1996；青藏高原维管植物及其生态地理分布 989. 2008.

多年生草本。根肉质，生于地下茎的节上，每节 2～3。地上部分的茎直立，单生，高5～20 cm，上部被黑色和白色有节长柔毛，下部光滑，基部直径 2～3 mm，无枯叶柄；地下部分的茎横生或斜升，根茎状，有节，节上被鳞片状叶及不定根，其长度随砾石层的深浅和生长的年龄成正相关。无丛生叶丛。茎下部叶具柄，叶柄长 2～14 cm，光滑，基部略呈鞘状，叶片卵形或卵状长圆形，有时近圆形，长 0.7～6.0 cm，宽 1～4 cm，先端钝或圆形，全缘或具浅齿，上面光滑，下面被密的白色柔毛，有明显的羽状叶脉；茎中上部叶无柄或有短柄，叶片卵形至线形，向上渐小，全缘或有齿，下面被密的白色柔毛。头状花序单生，下垂，辐射状；总苞半球形，长 0.7～1.3 cm，宽 1～3 cm，被密的黑色和白色有节柔毛；总苞片8～12，1 层，基部合生成浅杯状，分离部分线状披针形，宽 2～3 mm，先端急尖或渐尖。舌状花黄色，舌状椭圆形，伸出总苞之外，长 1～2 cm，宽 3～4 mm，先端急尖，管部长约3 mm；管状花黄色，多数，长 7～9 mm，管部长约 3 mm，檐部狭楔形。冠毛白色，与花冠等长。瘦果长圆形，长 3～4 mm，光滑。 花果期 7～11 月。

产青海：格尔木（西大滩至五道梁，青藏队武素功 2891；唐古拉山，青藏冻土植物队 199；西大滩对面昆仑山北坡，吴玉虎 36714、36814、36822、36986B）、兴海（温泉乡，采集人不详 63107）、曲麻莱（叶格乡，黄荣福等 119；秋智乡，刘尚武等 773）、称多（歇武寺，采集人不详 708）、玛多（清水乡，吴玉虎 599；长石头山，黄荣福 3667）、玛沁（雪山乡，H. B. G. 480；阿尼玛卿山，H. B. G. 758；桑什尕，玛沁队 335）、达日（吉迈乡，H. B. G. 1253）、久治（年保山北坡希门错湖东畔，果洛队 436；希门错日拉山，果洛队 481；索乎日麻乡，藏药队 590）。生于海拔 3 500～5 300 m的高山流石滩稀疏植被带、河谷阶地高寒草甸、宽谷河漫滩草甸。

四川：石渠（菊母乡，吴玉虎 29947、29919、29917）。生于海拔 4 500～4 620 m 的沟谷山地高寒草甸、高山流石坡。

分布于我国的西藏东部、云南西北部、四川西南至西北部、青海、甘肃。模式标本采自青海祁连山。

（六）蓝刺头族 Trib. **Echinopsideae** Cass.

Cass. in Bull. Soc. Philom. 173. 1815.

一年生或多年生草本。叶互生。头状花序仅含1朵小花，多数头状花序排成球形或卵形的复头状花序，生于茎枝顶端，复头状花序外围有1～2层苞叶，苞叶极小，刚毛状，有时不发育，或苞叶大包围花序；每个头状花序基部有刚毛状的扁平基毛；总苞片位于基毛与小花之间，多层，覆瓦状排列，向内渐长。小花两性，结实，花冠管状，白色或蓝色；花药基部箭形具有流苏状的附属物；花柱分枝短，分枝处下部有毛环。瘦果被伏贴的毛。冠毛短，扁平糙毛状，分离或下部联合。

本族有2属，分布于欧洲东部和南部、非洲北部和东部，以及亚洲的草原和荒漠地区。我国只有蓝刺头属，昆仑地区亦产1属。

36. 蓝刺头属 **Echinops** Linn.

Linn. Sp. Pl. 814. 1753.

多年生或二年生草本，稀为一年生。茎直立，单一或多数，不分枝或分枝，被毛或兼有头状具柄的腺点。叶互生，通常羽状分裂，稀不分裂，沿缘具刺齿或针刺。复头状花序由密集的头状花序组成，生于茎端或茎枝顶端；每一个头状花序中仅有1朵小花，基部有多数或少数基毛；总苞片3～5层，膜质或革质，沿缘有长的或短的缘毛，全部总苞片通常分离，少有内层总苞片合生成管状，外层总苞片短，线形，上部三角形或椭圆形扩大，中层总苞片龙骨状，顶端钻状或针刺状渐尖，内层总苞片有时短于中层总苞片，顶端渐尖或顶端芒状齿裂或片裂；小花管状，檐部5深裂，白色、蓝色或紫色，两性；花药基部附属物钻形或箭形；花柱分枝短，分枝处下部有毛环。瘦果倒圆锥形，密被伏贴的长毛。冠毛冠状或量杯状，冠毛刚毛膜片状线形或钻形，边缘糙毛状或边缘平滑，无糙毛，大部或基部联合。

有120余种，分布于南欧、北非和中亚地区。我国约有19种，主要分布在东北和西北地区；昆仑地区产3种。

分种检索表

1\. 多年生草本 ·· **1. 矮蓝刺头 E. humilis** M. Bieb.

1\. 一年生草本。

2\. 茎枝淡黄色被头状具柄的腺点或腺毛；叶两面绿色或灰绿色，多数被蛛丝状柔毛和头状具柄的腺点；花冠筒无腺点或腺毛 ……… **2. 砂蓝刺头 E. gmelini** Turcz.

2. 茎枝白色或灰白色，密被蛛丝状柔毛；叶两面灰白色，密被蛛丝状柔毛；花冠筒被腺毛和短糙毛 ……………………………………… **3. 丝毛蓝刺头 E. nanus** Bunge

1. 矮蓝刺头

Echinops humilis M. Bieb. Fl. Taur.-Cauc. 3：598. 1819；Bobr. in Fl. URSS 27：50. 1962；中国植物志 78（1）：17. 1987；新疆植物志 5：243. 1999；青藏高原维管植物及其生态地理分布 997. 2008.

多年生草本，高 7～16 cm。根粗壮，直伸；根茎增粗，多头。茎直立，单一或多数，通常不分枝，稀分枝，被白色茸毛。叶质地薄，灰白色，密被白色茸毛；基生叶多数，莲座状，有短叶柄，叶片通常大头羽状浅裂，有时近全缘，长 2～7 cm，宽约 1 cm，侧裂片卵形，钝，少有顶端具针刺；茎生叶与基生叶同形，但无柄，基部半抱茎，叶片羽状半裂，裂片偏斜椭圆形，顶端具针刺，向上叶渐小，不分裂，沿缘具刺齿。复头状花单生茎端或茎枝顶端，直径约 3.5 cm；头状花序长 1.5～1.7 cm；基毛白色，不等长，长近等于总苞的长度；外层总苞片披针形，内层总苞片线状披针形，全部总苞片具锯齿状缘毛。小花淡蓝色，具光滑的花冠筒和淡蓝色的花药。瘦果被长毛。冠毛不等长，基部联合。 花果期 7～8 月。

产新疆：阿克陶、塔什库尔干。生于海拔 3 400 m 左右的砾石山坡和山谷草地。

分布于我国的新疆；俄罗斯，蒙古也有。

2. 砂蓝刺头 图版 135：1～2

Echinops gmelini Turcz. in Bull. Soc. Nat. Mosc. 5：195. 1832；Bobr. Fl. URSS 27：52. 1962；中国植物志 78（1）：17. 1987；中国沙漠植物志 3：329. 图版 127：1～2. 1992；青海植物志 3：435. 图版 95：1～4. 1996；新疆植物志 5：244. 图版 62：1. 1999；青藏高原维管植物及其生态地理分布 997. 2008.

一年生草本，高 10～30 cm。根直伸。茎直立，淡黄色，从基部、中部分枝或不分枝，或多或少被长短不一的腺毛，有时脱落至无毛。叶质地薄，两面绿色或灰绿色，或多或少被蛛丝状柔毛，无柄；茎下部叶线形或线状披针形，长 3～12 cm，宽 3～15 mm，基部扩大，半抱茎，沿缘具刺齿或刺状缘毛；茎中部和上部叶与茎下部叶同形，但渐小，而且还有稀疏的短腺毛。复头状花序单生茎端或茎枝顶端，直径 2～3 cm；头状花序长约 1.4 cm；基毛白色，糙毛状，不等长，长超出总苞长度的一半；总苞有 16～20 枚分离的总苞片，外层总苞片线状倒披针形，上部扩大，边缘有短缘毛，顶端刺芒状长渐尖，基部有蛛丝状柔毛。中部有长达 5 mm 的长缘毛，中层总苞片倒披针形，先端渐尖呈刺芒状，外面上部被短糙毛，下面被蛛丝状柔毛，沿缘中部以上有短缘毛，内层总苞片长椭圆形，稍短于中层总苞片，顶端芒刺总分裂，居中的芒刺较长，外面被蛛丝状柔毛；小花蓝色或白色，花冠 5 深裂，裂片线形，花冠筒无腺点。瘦果倒圆锥形，长约 5 mm，密被伏贴的淡黄棕色长毛，遮盖冠毛。冠毛膜片状线形，边缘稀疏糙毛状，基部联合。花果期 6～9 月。

产新疆：乌恰（乌拉根，青藏队吴玉虎 870013）、叶城、策勒（奴尔乡，采集人不详 012）、于田。生于海拔 1 450～3 120 m 的固定和半固定沙丘、河滩沙地、砂质土山坡、戈壁荒地。

青海：都兰（香日德，郭本兆 8006；脱土山，植被地理组 242）。生于海拔 2 800～2 900 m的戈壁荒漠地带的干盐滩。

分布于我国的新疆、甘肃、青海、陕西、宁夏、河北、山西、内蒙古、河南、黑龙江、吉林、辽宁，以及华北地区；哈萨克斯坦北部，蒙古也有。

3. 丝毛蓝刺头 图版 135：3～4

Echinops nanus Bunge in Bull. Acad. Imp. Sci. St.-Pétersb. 6：411. 1863；Bobr. in Fl. URSS 27：52. 1962；中国植物志 78（1）：18. 图版 10：4～5. 1987；中国沙漠植物志 3：329. 图版 127：3～4. 1992；新疆植物志 5：244. 1999；青藏高原维管植物及其生态地理分布 997. 2008.

一年生草本，稀二年生，高 12～30 cm。根直伸。茎直立，中部分枝，白色或灰白色，密被蛛丝状柔毛。叶质地薄，两面灰白色，密被蛛丝状柔毛，通常下面更密；基生叶和茎下部叶有短柄，叶片长圆形或披针形，长 3～10 cm，宽 1～3 cm，羽状半裂或浅裂，裂片 2～4（5）对，长卵形或三角状披针形，沿缘有稀疏的刺齿；向上叶渐小，与下部叶同形，但无柄，叶片通常不分裂。复头状花序单生茎枝顶端，直径 2～3 cm；头状花序长约 1.3 cm；基毛白色，糙毛状，不等长，长不到总苞长度的一半；总苞有 12～14 枚分离的总苞片，外层总苞片线形，上部稍宽，先端渐尖呈芒刺状，边缘有糙毛状缘毛，外面被短糙毛，内层总苞片长圆形，稍短于中层总苞片，顶端芒刺分裂，居中的较长，外面密被蛛丝状柔毛。小花蓝色，花冠 5 深裂，裂片线形，花冠筒被腺毛和短糙毛。瘦果倒圆锥形，密被伏贴的黄棕色长毛，遮盖冠毛。冠毛膜片状线形，不等长，边缘糙毛状，中部以下联合。 花果期 6～8 月。

产新疆：乌恰（吉根乡，采集人不详 73－143）、疏附、塔什库尔干。生于海拔 1 800～3 100 m的荒漠沙地、宽谷河滩砾石地、低山山坡。

分布于我国的新疆；哈萨克斯坦，吉尔吉斯斯坦，塔吉克斯坦，蒙古也有。

（七）菜蓟族 Trib. Cynareae Less.

Less. in Linnaea 5：128. 1830. p. p.

草本或灌木。叶互生。头状花序具同型的小花或异型小花；总苞片多层，覆瓦状或

图版 **135**　砂蓝刺头 **Echinops gmelini** Turcz. 1. 植株；2. 头状花序。丝毛蓝刺头 **E. nanus** Bunge 3. 植株；4. 头状花序。（引自《中国沙漠植物志》，陶明琴绘）

不明显的覆瓦状排列，革质或草质，顶端钝或尖，具各式芒刺或膜质附属物；小花全部两性或边缘小花雄蕊发育不全而为雌性，花冠管状；花托有托毛或托片，稀裸露，有时花托窝状，窝缘有钻状突起；花药基部箭形，具各式附属物；花柱分枝分离或大部合升，分枝处下部有增厚的毛环。

约有 76 属，集中分布于欧亚大陆和北非大部分地区。我国有 43 属，昆仑地区产 13 属。

分属检索表

1. 叶无刺，有时叶缘具软骨质小尖头；总苞片通常无刺，少具钩状针刺。
  2. 花序托有托片；总苞片常无刺。
    3. 冠毛多层，同型，糙毛状或羽毛状，最内层通常有 2～5 根超长，基部联合成环，整体脱落，或不联合成环而宿存 ………………… **37. 苓菊属 Jurinea** Cass.
    3. 冠毛 2 层（稀 1 层），异型，外层冠毛极短，糙毛状，分散脱落，内层冠毛长，羽毛状，基部联合成环状，整体脱落 ………… **38. 风毛菊属 Saussurea** DC.
  2. 花序托无托片，常具托毛。
    4. 总苞片顶端具先端弯曲的钩状刺 ……………………… **41. 牛蒡属 Arctium** Linn.
    4. 总苞片无刺，顶端硬膜质或具膜质附片，或外层总苞片具直伸的针刺。
      5. 全部总苞片无刺，顶端具白色透明的膜质附片；瘦果顶端圆形，无果缘，基底着生面平或稍偏斜 ……………………… **42. 顶羽菊属 Acroptilon** Cass.
      5. 外层总苞片具刺，少无刺，内层总苞片先端常硬膜质状渐尖或具膜质附片；瘦果顶端截形，有果缘，侧生着生面 …… **49. 麻花头属 Serratula** Linn.
1. 叶具刺；总苞片有刺，少无刺。
  6. 花序托蜂窝状，无托毛，窝缘有易脱落的硬膜质突起；高大草本，茎有翼 ……
  ……………………………………………………… **47. 大翅蓟属 Onopordum** Linn.
  6. 花序托有稠密或稀疏的托毛；茎有或无翼。
    7. 总苞片顶端及边缘有膜质附片 ……………………… **45. 翅膜菊属 Alfredia** Cass.
    7. 总苞片无膜质附片。
      8. 全部冠毛基部不联合成环，分散脱落。
        9. 冠毛糙毛状，近等长 ……………………… **39. 刺头菊属 Cousinia** Cass.
        9. 冠毛羽毛状，向内层渐长 ………… **40. 虎头蓟属 Schmalhausenia** Winkl.
      8. 全部冠毛基部联合成环，整体脱落。
        10. 冠毛糙毛状或有锯齿。
          11. 无茎莲座状草本；花黄色；冠毛全部等长 ………………………
          ……………………………… **43. 黄缨菊属 Xanthopappus** Winkl.
          11. 高大草本；花紫色、蓝色或白色；冠毛不等长，向内渐长。

12. 花丝无毛，花柱分枝细长 ……………… **44. 蝟菊属 Olgaea** Iljin
12. 花丝具卷毛，花柱分枝短 …………… **48. 飞廉属 Carduus** Linn.
10. 冠毛长羽毛状 ………………………………………… **46. 蓟属 Cirsium** Mill.

37. 苓菊属 Jurinea Cass.

Cass. in Bull. Soc. Phil. Paris 140. 1821.

多年生草本或半灌木。无茎或有茎。叶全缘，具齿或羽状分裂。头状花序中等大小，单生茎顶或多数头状花序在茎枝顶端排成伞房状；同型，有花多数；总苞碗状、卵状、钟状或半球形；总苞片多层，覆瓦状排列，常有腺点，中外层总苞片常开展或反折；花序托平，密被托片。花全部两性，筒状；花冠红色或紫色，外面通常有腺点，冠檐 5 浅裂或偏斜 5 深裂；花药无毛，基部附属物尾状，撕裂，花丝分离，无毛或有乳状突起；花柱 2 裂，花柱分枝短，顶端截形，基部有毛环。瘦果倒卵状、长椭圆状或倒圆锥状，有 4 条纵肋，有时有腺点、刺瘤或刺脊，顶端果缘锯齿状，基底着生面平或稍偏斜。冠毛锯齿状、短糙毛状、短羽毛状或羽毛状，多层，向内层渐长，最内层通常有 2～5 根超长，基部联合成环，整体脱落，或不联合成环而宿存。

约 250 种，分布于欧洲中部及南部、中亚地区各国和西南亚。我国约有 14 种，集中分布于新疆；昆仑地区产 3 种。

分种检索表

1. 植株较高，10 cm 以上；基生叶莲座状，具茎生叶；瘦果倒圆锥形 …………………
………………………………………………………………… **1. 南疆苓菊 J. kaschgarica** Iljin
1. 植株矮小，高不超过 10 cm；叶全部莲座状，无茎生叶；瘦果长椭圆形。
  2. 莲座状叶丛中常带有不分裂的叶；瘦果褐色；冠毛中有 3 根超长 ………………
  ……………………………………………………………… **2. 矮小苓菊 J. algida** Iljin
  2. 全部基生叶羽状分裂，无不分裂的叶；瘦果黑褐色；冠毛中有 4 根超长 ………
  …………………………………………………… **3. 帕米尔苓菊 J. pamirica** Shih

1. 南疆苓菊 图版 143：1～2

Jurinea kaschgarica Iljin in Bull. Jard. Bot. St.-Pétersb. 27（1）：81. 1928；新疆植物志 5：256. 图版 64：5～6. 1999；青藏高原维管植物及其生态地理分布 1008. 2008.

多年生草本，高 10～18 cm。根直伸；根颈分枝，多头，增粗，密被残存枯叶柄，腋部有大量绵毛。茎直立或斜升，少数，稀单一，不分枝，黄绿色，或多或少被蛛丝状柔毛和腺点。叶厚而硬，上面绿色，被稀疏的蛛丝状柔毛，下面灰白色，密被茸毛；基生叶莲座状，多数，叶片线状长椭圆形，羽状浅裂或缺刻状齿裂，裂片或裂齿三角形，叶基渐狭成长约 5 mm 的短柄，叶腋有白色团状绵毛；茎生叶少数，集中着生于茎的中部和下部；茎下部叶与基生叶同形，并同样分裂，向上叶渐小，叶腋无白色团状绵毛；最上部叶小，钻形，不分裂。头状花序单生茎端；总苞碗状，直径 1.5～2.0 cm；总苞片 4～5 层，被稀疏的蛛丝状柔毛，顶端渐尖，外层总苞片三角状披针形或披针形，长 2～5 mm，灰绿色，先端有芒状刺，向外反折或开展，中层总苞片披针形，长 10～12 mm，内层总苞片线形，长达 15 mm，常带有紫红色。花红紫色，花冠长 1.2～1.4 cm，外面有腺点，细管部长 7.5 mm，檐部长达 9 mm，先端 5 浅裂，裂片线状披针形，长 3～4 mm。瘦果倒圆锥形，长 5.5 mm，褐色，上面有小瘤状突起或小刺瘤。冠毛白色，短羽毛状，有 2～5 根超长，基部联合成环，整体脱落。 花果期 6 月。

产新疆：乌恰（巴尔库提，中科院新疆综考队 9704）、喀什（拜古尔特东南 10 km处，中科院新疆综考队 9766）。生于海拔 2 300 m 左右的戈壁荒漠的山沟及水旁草地。

分布于我国的新疆。模式标本采自新疆塔里木盆地。

2. 矮小苓菊

Jurinea algida Iljin in Bull. Jard. Bot. Prin. URSS 5 (11～12)：170. 1924；Fl. URSS 27：691. 1962；中国植物志 78 (1)：41. 图版 41：3. 1987；新疆植物志 5：255. 1999；青藏高原维管植物及其生态地理分布 1008. 2008.

多年生草本，高 4～5 cm。根直伸；根颈增粗，多头，被褐色的残存枯叶柄。叶莲座状，薄而柔软，上面绿色，被稀疏的蛛丝状柔毛和黄色小腺点，下面灰白色，密被茸毛；叶片长椭圆形或倒披针形，长 2.5～4.0 cm，宽 5～10 mm，羽状或大头羽状深裂，顶裂片通常较大，卵形或长椭圆形，侧裂片上倾，2～3 对，卵形、长椭圆形或宽线形，所有裂片全缘或仅顶裂片一侧边缘有 1～2 个大锯齿，有时莲座状叶丛中含有不分裂的叶；叶柄长 1.5～2.5 cm，基部鞘状扩大。头状花序单生花葶顶端；总苞碗状，直径 2.0～2.5 cm；总苞片3～4 层，先端渐尖，外层总苞片披针形，长 10 mm，宽约 2 mm，先端芒针状渐尖，反折或向外开展，中层总苞片长椭圆形，长 1.0～1.5 cm，宽 2.0～2.5 mm，内层总苞片披针状线形，长 1.4 cm，宽 1.5 mm。花紫红色，花冠长 1.7 cm，外面被稀疏的腺点，细管部长7 mm，檐部长 10 mm。瘦果长椭圆形，长 4 mm，褐色，上部有稀疏的刺瘤。冠毛白色，短羽状，有 3 根超长，基部联合成环，整体脱落。 花果期 7～8 月。

产新疆：乌恰（玉其塔什，西植所新疆队 1712）。生于海拔 3 020 m 左右的高山和亚高山砾石质山坡、沟谷山坡草地。

分布于我国的新疆；哈萨克斯坦，吉尔吉斯斯坦，塔吉克斯坦也有。

3. 帕米尔苓菊

Jurinea pamirica Shih in Bull. Bot. Res. 4（2）：63. 1984；中国植物志 78（1）：42. 图版 13：3. 1987；新疆植物志 5：256. 1999；青藏高原维管植物及其生态地理分布 1008. 2008.

多年生草本，高 2～5 cm。根直伸；根颈分枝多头，密被褐色残存枯叶柄。无茎或几无茎，或有极短的花葶。叶簇生成莲座状，质地薄，上面绿色，无毛，下面灰白色，密被白色茸毛；叶片长椭圆形、披针形或倒披针形，长 2～3 cm，宽 5～10 mm，羽状深裂，顶裂片不大，较长，急尖或钝，侧裂片上倾或平展，2～4 对，椭圆形或斜三角形，边缘有钝齿或浅波状，反卷；叶柄长 2～3 cm，基部鞘状扩大，鞘内有绵毛。头状花序单生于短或极短的花葶上；总苞碗状，直径 2 cm；总苞片 5 层，向内渐长，中外层顶端呈芒刺状渐尖，外层总苞片线状披针形，长 6 mm，宽 1.5 mm，中层总苞片椭圆状披针形，长 5.5～8.0 mm，宽约 2 mm，内层总苞片披针形，长 1.0～1.3 cm，宽 2.5～3.0 mm。花紫色，花冠长 1.4 cm，细管部长 6 mm，檐部先端 5 裂，长 8 mm。瘦果黑褐色，长 4 mm，宽 1.5～2.0 mm，上部有稀疏的刺瘤。冠毛白色，短羽状，有 4 根超长，基部联合成环，整体脱落。 花果期 7～8 月。

产新疆：乌恰（前进三牧场，R1049）。生于海拔 2 850 m 左右的砾石戈壁和山坡草地。

新疆特有种。模式标本采自乌恰。

38. 风毛菊属 Saussurea DC.

DC. in Ann. Mus. Hist. Nat. Paris 16：156 et 198. 1810.

多年生草本，稀二年生，有时为半灌木。茎单一或多数，不分枝或分枝，无毛或被毛，少无茎。叶互生，全缘，具齿或羽状分裂。头状花序同型，在茎枝顶端排列成伞房伏、总状或伞房圆锥状，有时单生；总苞筒状、钟状、球形或半球形；总苞片多层，覆瓦状排列，顶端钝、急尖或渐尖，全缘或具细锯齿，有时有干膜质的附属物，外层总苞片短于或等长于内层总苞片；花序托平坦或微突，具托毛或密生刚毛状托片，稀裸露。花均为筒状，两性，结实；花冠紫红色、淡紫色、粉红色，稀白色，檐部 5 裂；花丝分离，无毛，花药基部箭形，尾部撕裂；花柱分枝条形，稍钝。瘦果通常圆柱状，稻草黄色，稀黑色，有时有黑色斑点，表面具 4 棱或多条纵肋，平滑或具横皱纹，无毛，稀有毛，顶端截形，有时具全缘或具齿的果缘（小冠），基底着生面平整。冠毛 2 层，稀 1 层；外层冠毛短，单毛、糙毛或髯毛状，通常易脱落；内层冠毛长，羽状，基部联合成环。

约400种，主要分布在欧亚大陆温带地区。我国有264种，各省区均产；昆仑地区产65种。

分种检索表

1. 头状花序少数或多数，在茎端密集并为扩大的膜质、染色的苞叶所承托或包围。
    2. 苞叶较宽大，超出或略短于顶生花序并包围顶生花序；叶两面有腺毛。
        3. 苞叶紫红色，卵形、宽卵形或圆形，长5 cm以下；总苞片被长柔毛。
            4. 头状花序单生茎顶；总苞宽1.5～2.5 cm；植株矮小 …………………………………………………………………… **1. 膜苞雪莲 S. bracteata** Decne.
            4. 头状花序1～5，在茎端簇生，极少单生；总苞宽2～3 cm；植株高 …………………………………………………………… **2. 唐古特雪莲 S. tangutica** Maxim.
        3. 苞叶黄色，长椭圆形或卵状长圆形，长超过7 cm；总苞片被短毛或腺毛，稀无毛 …………………………………… **3. 苞叶雪莲 S. obvallata**（DC.）Edgew.
    2. 苞叶较窄小，不超出、不包围或有时半包围顶生花序；苞叶紫红色。
        5. 头状花序无梗，5～15个在茎端密集成球状；总苞小，宽6～8 mm ……………………………………………………………… **4. 褐花雪莲 S. phaeantha** Maxim.
        5. 头状花序具梗，单生或在茎端呈紧密或疏松的伞房状排列；总苞大，宽超过1 cm。
            6. 头状花序大；总苞花时宽1.5 cm以上，单生或排列成紧密的伞房状。
                7. 基生叶大，宽5 mm以上，具柄，两面被腺毛；头状花序多数，排列成紧密的伞房状，极少单生；苞叶长3 cm以上，半包围顶生花序 …………………………………………………………… **5. 红柄雪莲 S. erubescens** Lipsch.
                7. 基生叶小，宽不超过5 mm，无柄，两面被白色绢状长毛，无腺毛，多数，密集排列；头状花序单生；苞叶长不及3 cm，着生于花序梗之下，不包围头状花序 ……………… **6. 膜鞘雪莲 S. tunicata** Hand. -Mazz.
            6. 头状花序较小；总苞花时宽1.5 cm以下，单生或排成疏散的伞房状；苞叶不包围顶生花序。
                8. 花梗及总苞片被白色长柔毛和腺毛；苞叶较宽大，卵状披针形或舟形，长可至4 cm …………………………………… **7. 球花雪莲 S. globosa** Chen
                8. 花梗及总苞片被白色长柔毛，但无腺毛；苞叶较窄小，线状披针形，长2.5 cm以下。
                    9. 外中层总苞片先端钝圆 …………… **8. 钝苞雪莲 S. nigrescens** Maxim.
                    9. 全部总苞片先端渐尖 ………… **9. 多鞘雪莲 S. polycolea** Hand. -Mazz.
1. 头状花序不为扩大的膜质、染色的苞叶所承托或包围，或密集于茎端而常为密被绵毛的苞叶所承托或半包围。

10. 头状花序多数，密集于膨大的茎端或生于莲座状叶丛中，通常为密被绵毛的苞叶所包围或半包围，极少苞叶无绵毛也不包围头状花序。

11. 全株光滑无毛，无茎而呈莲座状；直根肉质；多年生一次结实。

12. 叶线状披针形、狭披针形或线形，先端尖。

13. 叶全缘，呈整齐的星状辐射排列 … **10. 星状雪兔子 S. stella** Maxim.

13. 叶羽状浅裂至深裂，不呈星状排列 ………………………………………………………………… **11. 草甸雪兔子 S. thoroldii** Hemsl.

12. 叶长圆形、卵形或匙形，先端钝圆，全缘或有微齿，肉质 …………………………………………………… **12. 肉叶雪兔子 S. thomsonii** C. B. Clarke

11. 植株多少被绵毛或茸毛，有直立的茎，或呈莲座状。

14. 茎中下部叶两面无毛，常紫红色；头状花序少数（1～5），在茎端单生或簇生，不密集 …………………………… **13. 红叶雪兔子 S. paxiana** Diels

14. 叶被白色或褐色的绵毛或茸毛，绿色或灰白色，有时叶柄显紫红色；头状花序多数，在茎端或莲座状叶丛中密集成半球状。

15. 花序托无托片，冠毛 1 层；叶长圆形，全缘或有疏齿，两面被淡褐色茸毛 ……………………… **14. 昆仑雪兔子 S. depsangensis** Pamp.

15. 花序托具托片，冠毛 2 层。

16. 莲座状草本；无根状茎；主根粗壮；多年生一次结实。

17. 叶线状披针形，先端长渐尖，基部扩大成卵状披针形，全缘，上面中部以上无毛，中部以下被白色长绵毛，下面密被白色绵毛………… **15. 羌塘雪兔子 S. wellbyi** Hemsl.

17. 叶线形或线状匙形，先端钝圆，两面被毛，有时上面的上半部被红黄色茸毛 …… **16. 云状雪兔子 S. aster** Hemsl.

16. 有茎或无茎草本，如无茎，则有发达的根状茎。

18. 植株具短茎或有时无茎；根状茎细长，多分枝，通常具不育的叶丛；叶疏散或密集，茎最上部叶苞叶状并承托花序。

19. 冠毛白色或污白色；叶上面密被白色绵毛状的茸毛，下面被稀疏的柔毛或近无毛 ……………………………………………… **17. 冰川雪兔子 S. glacialis** Herd.

19. 冠毛褐色或黑色；叶两面密被白色茸毛。

20. 基生叶全缘或具疏齿；冠毛通常褐色，稀黑色，外层直立 ………………………………………………………… **18. 鼠麹雪兔子 S. gnaphalodes** (Royle) Sch.-Bip.

20. 基生叶羽状浅裂；冠毛黑色，外层下翻而贴于瘦果上 ……………… **19. 黑毛雪兔子 S. hypsipeta** Diels

18. 植株具直立而中空的茎，茎被稠密的长绵毛和密集的向上的叶所覆盖；根肉质、粗壮；茎上部叶明显向下反折；多年生 1 次结实。

21. 叶披针形或线形；冠毛污白色或淡褐色。

22. 头状花序多数，在茎端密集成直径 3.5～5.0 cm 的半球形花序；花冠檐部近等长于细管部；瘦果长 1.5～3.0 mm ……………………………………

20. 小果雪兔子 S. simpsoniana（Field. et Gardn.）Lipsch.

22. 头状花序少，聚生的半球形花序直径 2～3 cm；花冠的檐部长为细管部的 1.5 倍 ………………

21. 玉树雪兔子 S. yushuensis S. W. Liu et T. N. Ho

21. 叶倒卵形、菱形或扇形；冠毛白色；瘦果大，长7～9 mm ……………… **22. 水母雪兔子 S. medusa** Maxim.

10. 头状花序多数或少数，在茎枝顶端排列成伞房状、总状或圆锥状，或者单生于茎顶，不为苞叶包围或承托。

23. 总苞片或至少内层总苞片顶端具附属物。

24. 总苞片顶端附属物紫红色，膜质，半圆形或近圆形，边缘有小齿。

25. 多年生植物；叶二回羽状分裂；总苞长约 10 mm …………………………………………………………… **23. 裂叶风毛菊 S. laciniata** Ledeb.

25. 二年生植物；叶羽状深裂；总苞长大于 15 mm ………………………………………………… **24. 类尖头风毛菊 S. pseudomalitiosa** Lipsch.

24. 总苞片顶端附属物草质，针刺状或钻状。

26. 多年生植物；花淡蓝紫色或白色 …………………………………………………………………………… **25. 钻状风毛菊 S. nematolepis** Ling

26. 二年生植物；花紫红色 ………… **26. 尖头风毛菊 S. malitiosa** Maxim.

23. 总苞片顶端不具附属物。

27. 头状花序 1 个，单生于不分枝的茎顶或莲座状叶丛中，稀 2～3 个并生茎端。

28. 叶狭窄，线形、狭披针状线形或钻形，常不分裂。

29. 垫状草本；叶钻形，长不超过 1 cm，先端具小尖头 ……… …………………………… **27. 钻叶风毛菊 S. subulata** C. B. Clarke

29. 茎单生或少数丛生；叶线形或狭披针状线形，长超过 3 cm，先端渐尖、急尖或钝。

30. 叶较宽，宽 3～7 mm，两面密被腺毛和稀疏的长柔毛 … …… **28. 腺毛风毛菊 S. glanduligera** Sch.-Bip. ex Hook. f.

30. 叶较细，1～5（8）mm 宽，无毛或被毛，但不具腺毛。

31. 总苞片被棕褐色或黑褐色柔毛 ……………………… ………… **29. 异色风毛菊 S. brunneopilosa** Hand.-Mazz.

31. 总苞片被白色柔毛、茸毛或绵毛，有时无毛，但不具褐色毛。

32. 总苞片绿色或淡绿色，有时先端带紫红色。

33. 总苞大，宽 2～3 cm，内外层总苞片长度相差不大而呈不明显的覆瓦状排列；叶全缘，不分裂 ……………………………………………… **30. 白叶风毛菊 S. leucophylla** Schrenk.

33. 总苞小，宽 6～12 mm，总苞片覆瓦状排列；叶全缘、具稀疏的尖齿或羽状浅裂 …………… **31. 昆仑风毛菊 S. cinerea** Franch.

32. 总苞片全部或露出部分黑褐色或黑紫色；总苞宽1.0～1.5 cm。

34. 无茎或具极短的茎，高 3 cm 左右；叶全部基生，向上生长并超出头状花序 ………………………… **32. 小风毛菊 S. minuta** Winkl.

34. 茎直立，高 10 cm 以上；叶基生或茎生 ……………… **33. 西藏风毛菊 S. tibetica** Winkl.

28. 至少基生叶或茎下部叶宽大，不为线形。

35. 叶两面同色，绿色或淡绿色，被稀疏的毛或无毛。

36. 无茎或具极短的茎；叶较窄，宽常在 1 cm 以下，叶缘具齿或羽状分裂。

37. 根皮撕裂成纤维状；总苞宽 1 cm 以下；总苞片淡绿色；瘦果长达 5 mm ………………………………………… **34. 圆裂风毛菊 S. pulviniformis** Winkl.

37. 根皮不撕裂成纤维状；总苞宽 1 cm 以上；总苞片黑紫色；瘦果长 2.5～3.5 mm。

38. 叶全缘；总苞片无毛 ……………………………… **35. 矮小风毛菊 S. pumila** Winkl.

38. 叶缘有锯齿，齿尖具白色软骨质小尖头；总苞片外面被稀疏的长柔毛 ……………………………… **36. 无梗风毛菊 S. apus** Maxim.

36. 茎直立；叶宽 1 cm 以上，全缘或有不明显的稀疏浅齿；总苞宽2.5～4.0 cm，总苞片黑紫色；瘦果长约 2.5 mm ……………………… **37. 长毛风毛菊 S. hieracioides** Hook. f.

35. 叶两面异色，上面无毛或具疏毛而显绿色，下面毛被稠密而呈灰绿色。

39. 叶不分裂，全缘或具齿；总苞宽 2～4 cm。

40. 叶卵形至宽卵形，叶缘有密的尖锯齿，上面无毛；外层冠毛向下反折并包围果实 …………………………………………… **38. 重齿风毛菊 S. katochaete** Maxim.

40. 叶倒卵状长圆形或长圆形，叶全缘或具稀疏的波状齿或锯齿；外层冠毛直立。

41. 叶宽 1.5～7.0 cm，上面有腺毛；总苞片边缘黑褐色………… **39. 牛耳风毛菊 S. woodiana** Hemsl.

41. 叶宽 0.5～1.5 cm，上面无毛；总苞片灰绿色 ……………… **40. 沙生风毛菊 S. arenaria** Maxim.

39. 叶羽状分裂。

42. 叶两面被茸毛或蛛丝状柔毛，不具腺毛；头状花序小；总苞宽不超过 2 cm。

43. 叶顶裂片先端圆钝，侧裂片长圆形或卵形；头状花序小；总苞宽不超过 1 cm；瘦果具横皱纹 ………… **41. 康定风毛菊 S. ceterach** Hand. -Mazz.

43. 叶顶裂片先端渐尖，侧裂片近三角形；头状花序大，总苞宽 1.0～1.8 cm；瘦果平滑 ……………… **42. 川藏风毛菊 S. stoliczkai** C. B. Clarke

42. 叶被腺毛；头状花序大；总苞宽 2 cm 以上。

44. 叶羽状全裂，侧裂片斜卵形或四方形，边缘有齿；总苞片直立 …………………………………… **43. 狮牙草状风毛菊 S. leontodontoides**（DC.）Sch. -Bip.

44. 叶羽状深裂，侧裂片斜三角形，近全缘；总苞片先端弯曲或反折 …………………………………… **44. 尖苞风毛菊 S. subulisquama** Hand. -Mazz.

27. 头状花序少数或多数，在茎顶簇生，或呈密集或疏散的伞房状排列，少单生。

45. 叶两面同色，绿色或灰绿色，无毛或被稀疏的毛。

46. 茎无翅。

47. 叶不分裂，全缘或具齿。

48. 植株绿色；叶非肉质；头状花序在茎枝顶端排列成紧密的伞房状；茎较矮小，分枝少或不分枝而近葶状，有时无茎。

49. 总苞片黄绿色或灰绿色，常常先端暗紫红色；头状花序较小，总苞宽常不超过 1 cm。

50. 叶卵形、椭圆形或倒卵形，有时长圆状披针形，宽常在 1 cm 以上。

51. 花序托裸露；叶两面被蛛丝状柔毛；内外层总苞片长度相差不大而呈不明显的覆瓦状排列；植株无茎或具很短的茎 ……………………………………
45. 藏新风毛菊 S. kuschakewiczii Winkl.

51. 花序托具托片或托毛；叶无毛或被稀疏的白色柔毛及有光亮的腺点；总苞片覆瓦状排列；茎较矮，直立或斜升 ………… **46. 乌恰风毛菊 S. ovata** Benth.

50. 叶狭窄，线形或线状披针形，有时披针形，宽常在 1 cm 以下；茎直立。

52. 叶披针形至线形，基生叶和茎下部叶的叶腋内有密集的白色绵毛，两面或多或少被白色长柔毛和无柄的腺 ……
…… **47. 垫状风毛菊 S. pulvinata** Maxim.

52. 叶线形，无毛或有稀疏的短毛 ………
48. 阿尔金风毛菊 S. aerjingensis K. M. Shen

49. 总苞片黑紫色；头状花序较大，总苞宽 1 cm 以上；基生叶较大，狭椭圆形、狭卵圆形至狭披针形 ……… **49. 打箭风毛菊 S. tatsienensis** Franch.

48. 茎叶多少显灰绿色或蓝绿色；叶肉质；茎较高，具分枝；头状花序在茎枝顶端疏松排列成伞房状或圆锥状；瘦果顶端具小冠。

53. 半灌木，强烈多次分枝，帚状；叶两面被无柄的腺体 ……… **50. 木质风毛菊 S. chondrilloides** Winkl.

53. 多年生草本，分枝不呈帚状；叶粗糙，两面被短硬毛和蛛丝状柔毛 ……………………………
…………… **51. 中亚风毛菊 S. pseudosalsa** Lipsch.

47. 全部或部分叶羽状分裂或二回羽状分裂，通常肉质；常见于盐碱地。

54. 叶二回羽状分裂，两面无毛或近无毛，被腺点；茎高 15～50 cm ………… **52. 高盐地风毛菊 S. lacostei** Danguy.

54. 叶羽状浅裂、深裂或全裂；茎高常不超过 15 cm。

55. 基生叶两面密被短柔毛或短硬毛，常常叶片上部羽状深裂，而下部羽状全裂；瘦果顶端无小冠 ………
…………………… **53. 喀什风毛菊 S. kaschgarica** Rupr.

55. 叶无毛或被蛛丝状柔毛，羽状浅裂至深裂；瘦果顶端具小冠。

56. 花序托有托片或托毛；叶两面无毛，有密集的腺点，边缘有或无短硬毛；头状花序直立 ……………………… **54. 达乌里风毛菊 S. davurica** Adams.

56. 花序托通常裸露；叶两面被蛛丝状柔毛；头状花序一般俯垂，有时侧向一边 ……………………………… **55. 中新风毛菊 S. famintziniana** Krassn.

46. 叶基沿茎下延成翅，茎翅窄或有齿。

57. 叶肉质，大头羽状深裂或全裂，顶裂片大，常箭头状；总苞小，宽 1 cm 以下；总苞片黄绿色，顶端常显紫红色；瘦果无齿冠；多见于盐碱地 …………………………………………………… **56. 盐地风毛菊 S. salsa**（Pall.）Spreng.

57. 叶非肉质，不裂，叶缘具齿；总苞大，宽 1.5 cm 以上；总苞片全部或边缘显黑色；瘦果顶端具小冠。

58. 叶缘有不规则小尖齿；总苞半球形，宽 1.5～2.0 cm；总苞片黑色 ……………… **57. 林生风毛菊 S. sylvatica** Maxim.

58. 叶缘有缺刻状浅齿和不规则锯齿；总苞宽钟形或倒锥状，宽 2～3 cm；总苞片边缘和中脉黑色 ……………………………………… **58. 锯叶风毛菊 S. semifasciata** Hand. - Mazz.

45. 叶两面异色，上面绿色，无毛或被稀疏的毛，下面灰绿色或灰白色，具稠密的毛被。

59. 植株莲座状，无茎或具极短的茎；叶卵形、卵状心形、近圆形或长圆形。

60. 头状花序少，3～5 个，稀单生；总苞卵形，宽 6～10 mm，总苞片直立；叶具短柄 …………………………………………… **59. 卵叶风毛菊 S. ovatifolia** Y. L. Chen et S. Y. Liang

60. 头状花序多，通常 10 个以上；总苞钟形，宽 1.0～1.5 cm，中外层总苞片先端反折；叶具长柄 ……………………………………………… **60. 青藏风毛菊 S. bella** Ling in Contr.

59. 植株较高，茎直立，分枝或不分枝；叶椭圆形至狭披针形。

61. 叶不分裂，边缘具齿。

62. 茎无翅；总苞钟形或卵状钟形，外层总苞片先端急剧收窄为尾状，尾常弯曲；叶线状长圆形或狭披针形 ……………………………… **61. 柳叶菜风毛菊 S. epilobioides** Maxim.

62. 茎有窄翅；总苞狭钟形，外层总苞片急尖或具小尖头；叶椭圆形至椭圆状披针形 …………………………………………… **62. 小花风毛菊 S. parviflora**（Poir.）DC.

61\. 全部或部分叶羽状分裂。

63\. 茎具翅；总苞片覆瓦状排列，大部绿色，边缘及先端黑褐色，被淡黄色长毛，外层总苞片小，长约 3 mm ……………………………… **63. 川西风毛菊 S. dzeurensis** Franch.

63\. 茎无翅。

64\. 总苞片不明显的覆瓦状排列，全部或上部黑褐色，被白色长毛，外层总苞片较大，长约 6 mm ……………………………… **64. 弯齿风毛菊 S. przewalskii** Maxim.

64\. 总苞片覆瓦状排列，绿色，先端常显紫红色，被蛛丝状柔毛和散生光亮的腺，稀近无毛，外层总苞片长约 3 mm ………… **65. 优雅风毛菊 S. elegans** Ledeb.

1. 膜苞雪莲

Saussurea bracteata Decne. in Jacquem. Voy. Bot. 4：94. t. 102. 1844; Lipsch. Gen. Saussurea 60. 1979；西藏植物志 4：867. 图 372：4. 1985；中国植物志 78 (2)：25. 1999；新疆植物志 5：264. 1999；青藏高原维管植物及其生态地理分布 1025. 2008.

多年生矮小草本，高 3～5 cm。茎直立，基部密被褐色残存枯叶柄。叶两面密生腺毛或下面近无毛，叶片狭长圆形，长 2～5 cm，宽 5～10 mm，先端渐尖，边缘有疏锯齿，叶基渐狭为细叶柄，叶柄长 1～3 cm，基部常显紫红色；上部苞叶卵形，膜质，紫红色，长 2～3 cm，宽 1.5～2.5 cm，先端渐尖，边缘有锯齿，叶脉清晰，两面被腺毛。头状花序单生茎顶；总苞狭钟形，宽 1.5～2.5 cm；总苞片 4 层，外面被长柔毛，渐尖，边缘和顶端黑紫色，外层总苞片卵状披针形，长 1.0～1.3 cm，宽 4～5 mm，最外层常全部显暗紫红色（干时近黑色），中层总苞片长椭圆状披针形，长 1.5～1.8 cm，宽 3～4 mm，内层总苞片披针形，长 1.8～2.0 cm，宽 3～5 mm。花紫红色，花冠长约 1.8 cm，檐部 5 裂达中部，细管部与檐部近等长。瘦果长约 5 mm，深褐色。冠毛淡褐色，外层长约 4 mm，内层长约 1.5 cm。 花果期 7～9 月。

产新疆：喀什、和田（旱獭沟，李勃生等 11164），生于海拔 5 300～5 400 m 的高山宽谷河滩草地、沟谷山坡高寒草甸、高山流石坡稀疏植被带。

西藏：日土（多玛区种藏莫特，青藏队 76－9034；热帮区，高生所西藏队 3552；尼藏马尔包，青藏队 76－12946）、改则。生于海拔 5 000～5 300 m 的高山砾石山坡草甸、河谷阶地高寒草甸、高山流石坡稀疏植被带。

分布于我国的新疆、青海、西藏；克什米尔地区，印度西北部也有。

2. 唐古特雪莲 图版 136：1～2

Saussurea tangutica Maxim. in Bull. Acad. Imp. Sci. St.-Pétersb. 27：489. 1881；Lipsch. Gen. Saussurea 60. 1979；西藏植物志 4：867. 1985；青海植物志 3：449. 图版 97：1～2. 1996；中国植物志 78（2）：26. 1999；青藏高原维管植物及其生态地理分布 1040. 2008.

多年生草本，高 5～20 cm。根粗壮，颈部密被褐色残存枯叶柄。茎直立，单生，被稀疏的白色长柔毛，淡紫色或紫色，有棱槽。叶两面疏被腺毛，叶片长椭圆形至披针形，长2～9 cm，宽 1.5～3.0 cm，急尖，边缘有锯齿，下面主脉凸起且有时显紫红色；基生叶具柄，叶柄扁平，长 1～6 cm，基部鞘状，鞘内有柔毛；茎生叶无柄，半抱茎；上部苞叶膜质，紫红色，宽卵形或圆形，长 3～4 cm，宽 2～3 cm，顶端钝，边缘有锯齿，两面被粗毛和腺毛，网状叶脉明显，包被顶生花序。头状花序 1～5 个，无梗，单生或簇生于茎端，外被苞叶；总苞宽钟状，宽 2～3 cm；总苞片 4 层，全部或边缘黑紫色，外面被黄白色的长柔毛，外层总苞片椭圆形，长 5 mm，宽 2 mm，顶端钝，中内层总苞片长椭圆形至线状披针形，长 1.0～1.5 cm，宽 2.0～2.5 mm，顶端长渐尖。花蓝紫色，花冠长 1.4～1.5 cm，檐部 5 裂达中部，细管部等长或长于檐部。瘦果长约 4 mm，紫褐色。冠毛白色，外层长约 4 mm，内层长约 1.2 cm。 花果期 7～9 月。

产青海：兴海（温泉山，王为义 129、138；河卡乡墨都山，何廷农 301；河卡乡火隆山，何廷农 340；河卡乡日干山，何廷农 253）、曲麻莱（叶格乡，黄荣福 118）、称多（巴颜喀拉山，黄荣福 3672；歇武乡赛巴沟，王为义 220，郭本兆 421、420；清水河乡，苟新京 83-227）、玛多（巴颜喀拉山，周国杰 014；黑河乡，吴玉虎 842；花石峡乡，吴玉虎 738；清水乡，H. B. G. 1357，陈桂琛等 1827）、玛沁（拉加乡，吴玉虎等 5799；雪山乡，H. B. G. 472；大武乡，H. B. G. 687、681；尼卓玛山垭口，H. B. G. 729）。生于海拔 3 800～5 000 m 的高山流石滩稀疏植被带、沟谷河滩高山草甸、高原山地岩石缝隙、山麓石隙。

分布于我国的甘肃、青海、西藏、云南、四川、山西、河北。模式标本采自青海大通河流域。

3. 苞叶雪莲 图版 136：3～4

Saussurea obvallata（DC.）Edgew. in Trans. Linn. Soc. London 20：76. 1846；Lipsch. Gen. Saussurea 58. 1979；青海植物志 3：447. 图版 97：3～4. 1996；中国植物志 78（2）：27. 图版 4：7～12. 1999；青藏高原维管植物及其生态地理分布 1034. 2008. —— *Aplotaxis obvallata* DC. Prodr. 6：541. 1838. —— *S. obvallata*（DC.）Sch.-Bip. in Linnaea 19：331. 1864；西藏植物志 4：868. 1985.

多年生草本，高 20～50 cm。根粗壮，根颈部被纤维状撕裂的褐色残存枯叶柄。茎直立，有棱槽，圆柱形，中空，被短柔毛或无毛。基生叶和茎下部叶两面被短腺毛，叶片倒卵形、倒卵状长圆形或长圆形，长 10～20 cm，宽 3～5 cm，先端钝，边缘有细齿，叶柄扁平，长 8～13 cm；茎生叶向上渐小，无柄；上部苞叶较大，长 7～10（16）cm，宽 3～5（7）cm，膜质，黄色，长椭圆形或卵状长圆形，先端圆钝，边缘有小细齿，两面有短柔毛和腺毛，网状叶脉明显，包被顶生花序。头状花序 5～15 个，无梗或有短梗，在茎端密集成半球形；总苞半球形，宽 1.0～1.5 cm；总苞片 4 层，背部有短柔毛和腺毛，先端及边缘黑褐色，急尖；中外层总苞片卵形至披针形，长 3～7 mm，宽 2～3 mm，内层总苞片线状披针形，长 9～10 mm，宽 1～3 mm。花蓝紫色，花冠长约 10 mm，檐部 5 裂，细管部与檐部等长。瘦果楔形，长约 4 mm。冠毛污白色，外层长 3 mm，内层长约 1 cm。　花果期 7～9 月。

产青海：称多（歇武乡，刘尚武 2531）、玛多（巴颜喀拉山，吴玉虎 890）、达日（吉迈乡，H. B. G. 1231）。生于海拔 4 100～4 700 m 的高山流石滩稀疏植被带、沟谷山坡高寒草甸裸地、高原高山石隙。

分布于我国的甘肃、青海、西藏、云南、四川；克什米尔地区、尼泊尔，印度东北部，不丹也有。

4. 褐花雪莲　图版 136：5～7

Saussurea phaeantha Maxim. in Bull. Acad. Imp. Sci. St. -Pétersb. 27：489. 1881；Lipsch. Gen. Saussurea 64. 1979；西藏植物志 4：871. 1985；青海植物志 3：451. 图版 97：5～7. 1996；中国植物志 78（2）：40. 图版 8：1～6. 1999；青藏高原维管植物及其生态地理分布 1035. 2008.

多年生草本，高 4～30 cm。根粗壮，根颈部密被黑褐色残存枯叶柄。茎直立，不分枝，被白色长柔毛。基生叶与茎下部叶线状披针形或线状长圆形，长 3～10 cm，宽 0.3～1.2 cm，先端急尖，边缘有细小的锯齿，两面被白色长柔毛，基部渐狭成短柄，叶柄长至3 cm；茎中上部叶直立，与下部叶同形，无柄，基部半抱茎；最上部苞叶椭圆形或卵状披针形，长 10～25 mm，宽 3～7 mm，膜质，全缘，紫黑色，承托头状花序。头状花序小，无梗，5～15个在茎端密集成球状；总苞钟形，宽 6～8 mm；总苞片 3～4 层，黑紫褐色，外面被白色长柔毛，外层总苞片卵状披针形，顶端急尖，内层总苞片线状披针形，先端渐狭，顶部近圆形。花紫色，花冠长 8～9 mm，檐部 5 中裂，细管部与檐部等长。瘦果紫褐色，长 3～4 mm。冠毛淡黄白色，外层长约 3 mm，内层长 8～9 mm。　花果期 7～9 月。

产青海：兴海（河卡山，郭本兆 6404、6428；河卡乡日干山，何廷农 267；河卡乡科学滩开特沟，何廷农 232）、称多（歇武乡赛巴沟，王为义 227；清水河，张新学 83－210；歇武乡往四川方向，苟新京 83－419；清水河乡至巴颜喀拉山，苟新京 83－201）、玛多（黑海乡，吴玉虎 1269；红土坡，吴玉虎 885）、玛沁（雪山乡，H. B. G. 470）、久

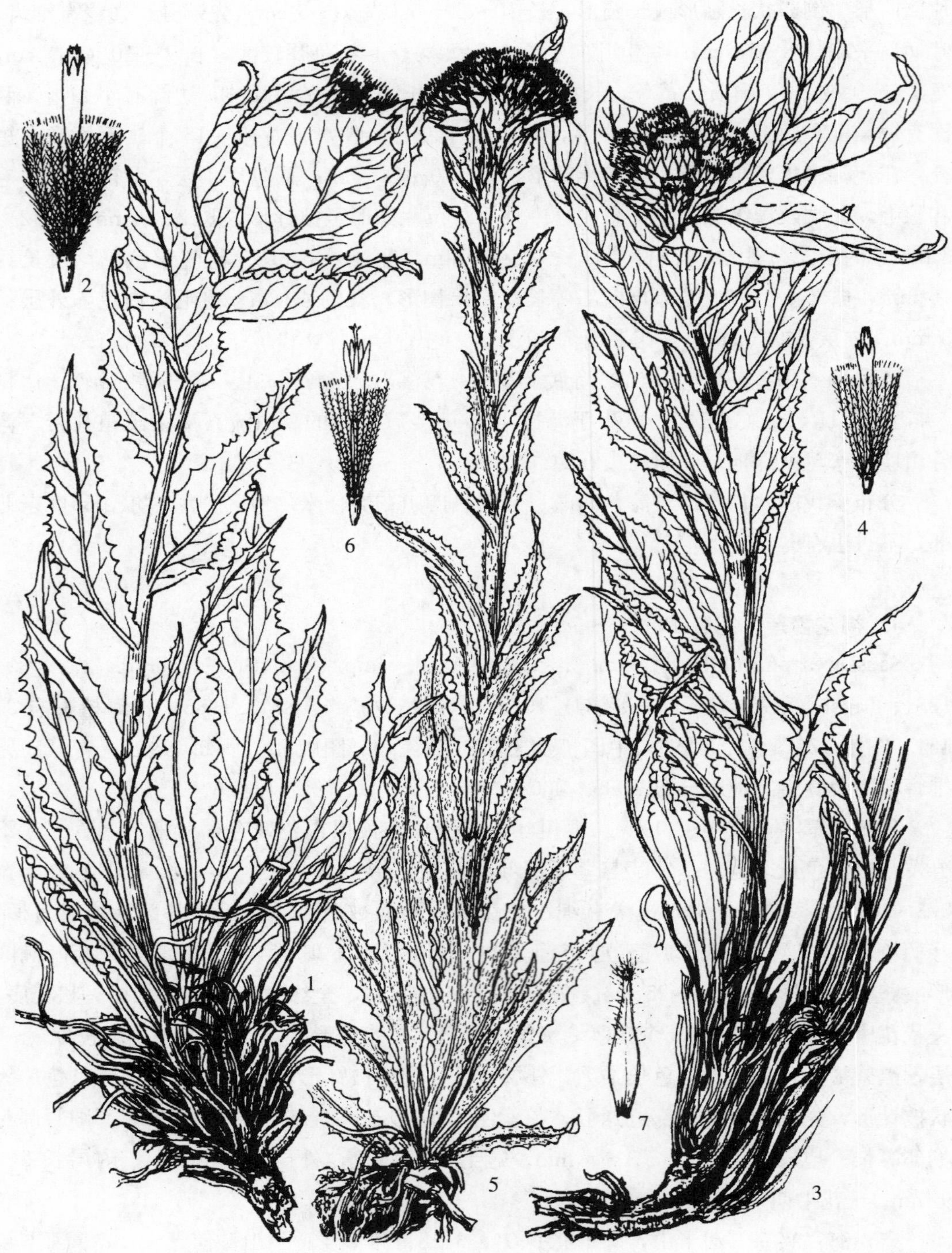

图版 **136** 唐古特雪莲 **Saussurea tangutica** Maxim. 1. 植株；2. 花。苞叶雪莲 **S. obvallata**（DC.）Edgew. 3. 植株；4. 花。褐花雪莲 **S. phaeantha** Maxim. 5. 植株；6. 花；7. 总苞片。（王颖绘）

治（尕唔尼阿垣和，果洛队 514）。生于海拔 3 600～4 900 m 的河谷滩地沼泽地、高山草甸、高山流石滩、高山冰缘沙砾湿地。

分布于我国的甘肃、青海、西藏、四川。模式标本采自青海湟中西纳川河源头（祁连山）。

5. 红柄雪莲

Saussurea erubescens Lipsch. in Not. Syst. Herb. Inst. Bot. Acad. Sci. URSS. 20：342. 1960，et Gen. Saussurea 63. 1979；青海植物志 3：447. 1996；中国植物志 78（2）：26. 1999；青藏高原维管植物及其生态地理分布 1028. 2008.

多年生草本，高 7～40 cm。根粗大，圆柱状，颈部被褐色纤维状撕裂的枯叶柄。茎具棱槽，直立，不分枝，单生，密被白色长柔毛。基生叶和茎下部叶披针形或长椭圆形，连柄长 4～20 cm，宽 0.8～3.0 cm，急尖或渐尖，边缘有细小的锯齿或全缘，两面被短腺毛，中脉在下面明显凸起，基部渐狭成长或短的叶柄；向上茎生叶渐小，无柄抱茎；最上部苞叶膜质，卵形或舟形，长 3.5～5.0 cm，宽 1.6～2.0 cm，淡紫色，密被白色长毛，半包被头状花序。头状花序 1～12 个，排成紧密的伞房状，极少单生茎顶；花序梗长或短，密被白色长柔毛；总苞倒锥形，宽 1.5～2.5 cm；总苞片 5～6 层，全部或边缘黑褐色，外面被白色长柔毛，顶端渐尖，外层总苞片卵状披针形，长 6～8 mm，宽 2.5～3.0 mm，中内层总苞片线形，长 1.4～1.6 cm，宽 1～2 mm。花黑紫色，花冠长 1.5～1.8 cm，檐部 5 中裂，细管部与檐部等长。瘦果黑褐色，长 3～4 mm；冠毛黄白色，外层长约 4 mm，内层长 1.0～1.3 cm。 花果期 7～9 月。

产青海：兴海（河卡乡纳滩，何廷农 393；温泉乡，H. B. G. 1410）、曲麻莱（秋智乡，刘尚武等 779）、称多（歇武乡，刘有义 83-349；扎朵乡，张新学 83-245；扎朵乡金钦浪，苟新京 83-295；歇武乡往四川方向，刘有义 83-349；歇武乡至石灰窑，苟新京 83-466）、玛沁（大武乡，H. B. G. 608）、久治（采集地不详，陈桂琛等 1604）。生于海拔 3 150～4 600 m 的宽谷河滩沼泽地、河漫滩草甸、高原山谷草地。

分布于我国的甘肃、青海、西藏、四川。模式标本采自甘肃。

6. 膜鞘雪莲

Saussurea tunicata Hand.-Mazz. in Journ. Bot. Lond. 76：290. 1938；西藏植物志 4：890. 1985；青海植物志 3：450. 1996；青藏高原维管植物及其生态地理分布 1041. 2008.

多年生草本，高 7～10 cm。根粗壮，根颈部分枝多头，密被淡褐色残存枯叶柄。茎直立，有棱槽，数个丛生，密被白色绢毛。叶两面散生白色绢状长毛，叶片线状披针形至线形，长 2～4 cm，宽 0.2～0.5 cm，先端渐尖，边缘翻卷，全缘或有少量小尖齿，基部渐狭成鞘，鞘紫红色，稍扩大；基生叶密集，茎生叶向上渐小；上部苞叶紫红色，狭卵状披针形，长 2～3 cm，宽小于 1 cm，上面无毛，下面及边缘被绢毛，不包被顶生花序。头状花序单生于茎顶，具短的花序梗，梗密被白色绢毛；总苞宽钟形，宽 2.0～2.5 cm；总苞片 3～4 层，全部或边缘黑褐色，密被白色绢毛，外层总苞片卵状披针形，长 8～10 mm，宽 3～5 mm；内层总苞片狭披针形，长 1.4～1.8 cm，宽 2～3 mm。花紫红色，花冠长约 15 mm，檐部 5 深裂，细管部与檐部近等长。瘦果光滑，长约 3 mm。冠毛淡棕色，外层长 2～3 mm，内层长约 11 mm。 花果期 7～8 月。

产青海：称多。生于海拔 4 000～4 700 m 的高山流石坡、沟谷山地高山草甸、山顶草甸、河谷阶地高寒草甸。

分布于我国的青海、西藏、四川。

7. 球花雪莲

Saussurea globosa Chen in Bull. Fan. Mem. Inst. Biol. 6：96. 1935；Lipsch. Gen. Saussurea 63. 1979；青海植物志 3：449. 1996；中国植物志 78（2）：35. 图版 5：1～6. 1999；青藏高原维管植物及其生态地理分布 1029. 2008.

多年生草本，高 4～25 cm。根颈部被暗褐色残存枯叶柄。茎直立，常单一而仅在上部有花序梗分枝，具棱槽，被白色长柔毛和头状腺毛，有时紫色。基生叶椭圆形、长椭圆形或披针形，长 1.5～7.5 cm，宽 0.5～2.0 cm，顶端钝或急尖，边缘有三角形小锯齿，叶基渐狭成长或短的叶柄，叶柄基部稍扩大，有时显紫红色；茎生叶向上渐小，狭椭圆形至线状披针形，全缘或有疏锯齿，无柄而基部沿茎下延；上部苞叶卵状披针形或舟形，黑紫色，膜质，长 2～4 cm，宽 0.4～2.0 cm，全缘，顶端渐尖，被白色长柔毛，着生于花序梗以下，不包被花序。头状花序数个或多数在茎顶排成伞房状，花序梗长，被白色长柔毛；总苞钟状或球形，宽 1.0～1.5 cm；总苞片 4～5 层，边缘或全部紫黑色，被白色长柔毛和腺毛，顶端具较长的小尖头，外层总苞片卵形至卵状披针形，长 7～11 mm，宽 3～5 mm，中内层总苞片长圆状披针形至线状披针形，长 1.2～1.7 cm，宽 2～3 mm，下部被遮盖部分黄色。花紫色，花冠长 11～13 mm，檐部 5 裂达中部，细管部稍短于檐部或近等长。瘦果长约 3 mm。冠毛白色或下部带黄色，外层长约 3 mm，内层长 8～10 mm。 花果期 7～9 月。

产青海：兴海（温泉乡，王为义 116；河卡乡日干山，何廷农 264、282；河卡山，王作宾 20229、20244、20257）、称多（歇武乡，刘旭文 83－346）、玛多（采集地不详，吴玉虎 461；多曲河畔，吴玉虎 513；花石峡乡，H. B. G. 1492；清水乡 H. B. G. 1347）、玛沁（大武乡，H. B. G. 522；区划二组 250）、达日（吉迈乡，H. B. G. 1296）、久治（索乎日麻乡，藏药队 579；希门错湖畔，果洛队 461、499、579，藏药队 682；索乎日麻乡扎龙贡玛，藏药队 497）。生于海拔 3 650～4 800 m 的沟谷山坡草甸、宽谷河滩沼泽草甸、山地灌丛草甸。

分布于我国的甘肃、青海、陕西、四川等地。模式标本采自四川康定。

8. 钝苞雪莲

Saussurea nigrescens Maxim. in Bull. Acad. Sci. St. -Pétersb. 27：491. 1881；Lipsch. Gen. Saussurea. 238. 1979；西藏植物志 4：871. 1985；青海植物志 3：451. 1996；中国植物志 78（2）：38. 图版 7：1～6. 1999；青藏高原维管植物及其生态地理分布 1034. 2008.

多年生草本，高 10～20 cm。根状茎细长，颈部被褐色残存枯叶柄。茎直立，具棱，单生或丛生，被稀疏的白色长柔毛或脱毛，有时上部显紫红色。叶两面疏被长柔毛或脱毛，叶片线状披针形或线状长圆形，长 3～10 cm，宽 0.5～1.5 cm，先端渐尖，边缘有稀疏的细小尖齿或几乎全缘；基生叶较大，基部渐狭成长或短的叶柄，叶柄有鞘；茎生叶向上渐小，无柄，半抱茎；最上部苞叶最小，紫红色，线状披针形，长 1.5～2.5 cm，宽 3～5 mm，不包被头状花序。头状花序 1～6 个，在茎端单生或排成伞房状；花序梗长 1.5～3.0 cm，被长柔毛；总苞狭钟形，宽 1.0～1.5 cm；总苞片 4～5 层，干后黑紫色，外面被白色长柔毛，外层总苞片卵形，长 3～6 mm，宽约 3 mm，先端钝圆，中内层总苞片线状长圆形，长 8～15 mm，宽约 2 mm，先端微钝。花紫色，花冠长约 1.5 cm，檐部 5 中裂，细管部与檐部近等长或稍长。瘦果长约 3 mm。冠毛淡褐色，外层长 2～4 mm，内层长约 11 mm。 花果期 7～9 月。

产青海：兴海（河卡山，郭本兆 422、6423，王作宾 20203；河卡乡白龙，郭本兆 6298）、玛沁（黑土山，吴玉虎等 5766）。生于海拔 3 600～4 000 m沟谷山地灌丛、山谷高寒草甸、河谷山坡草地。

分布于我国的甘肃、青海、陕西。模式标本采自青海大通河流域。

9. 多鞘雪莲

Saussurea polycolea Hand. -Mazz. in Notizbl. Bot. Gart. Berlin 13：654. 1937；横断山区维管植物下册：2112. 1994；中国植物志 78（2）：34. 1999.

9a. 多鞘雪莲（原变种）

var. **polycolea**

昆仑地区不产。

9b. 尖苞雪莲（变种）

var. **acutisquama**（Ling）Lipsch. in Journ. Bot. URSS 52（5）：664. 1967，et Gen. Saussurea 64. 1979；青海植物志 3：451. 1996；中国植物志 78（2）：34. 1999；青藏高原维管植物及其生态地理分布 1035. 2008. ——*S. nigrescens* Maxim. var. *acutisquama* Ling in Cont. Inst. Bot. Nat. Acad. Peip. 6：95. 1945.

多年生草本，高 3～20 cm。根状茎细长，颈部被暗褐色残存枯叶柄。茎纤细，直立，单生，被白色长柔毛。基生叶两面散生长柔毛，叶片长圆形、线状披针形，长 2～8 cm，宽 0.8～2.0 cm，先端渐尖，边缘具倒向小尖齿及长柔毛，基部渐狭成长叶柄；茎生叶与基生叶同形，无柄，基部半抱茎；最上部苞叶最小，紫红色，线状披针形，长 1～2 cm，宽 2～3 mm，先端渐尖，全缘，不包被顶生花序。头状花序 1～6 个，单生或在茎端排成伞房状；花序梗长 0.5～2.5 cm，被毛；总苞狭倒锥状钟形，宽约 1 cm；总苞片 4～5 层，长圆状狭披针形至线状披针形，全部或边缘黑紫色，外面被白色长柔毛，先端渐尖，向内层渐长，长 1～2 cm，宽 2～3 mm。花黑紫色或蓝紫色，管状，花冠长 11～16 mm，檐部 5 中裂，细管部与檐部等长。瘦果椭圆形，长约 3 mm。冠毛污白色，外层长 2～4 mm，内层长 9～13 mm。 花果期 7～9 月。

产青海：兴海（温泉山，王为义 131；黄青河畔，吴玉虎 42618）、曲麻莱（县城附近，刘尚武等 724）、称多（珍秦乡，张新学 83－174；歇武乡，刘尚武 2474）、玛多（清水乡，陈桂琛 1877）、玛沁（下大武乡，玛沁队 480，区划二组 254；多出沟垴石山，区划一组 155）、久治（错那合马湖，藏药队 688）。生于海拔 3 650～4 900 m 的宽谷滩地高寒沼泽草甸、河滩草甸、沟谷山坡草地、高山流石滩稀疏植被带、山地高山草甸。

分布于我国的甘肃、青海、西藏。

10. 星状雪兔子 图版 137：1～4

Saussurea stella Maxim. in Bull. Acad. Sci. St. -Pétersb. 27：490. 1881；中国高等植物图鉴 4：619. 图 6652. 1975；Lipsch. Gen. Saussurea 52. 1979；西藏植物志 4：873. 1985；青海植物志 3：455. 图版 99：1～4. 1996；中国植物志 78（2）：5. 图版 1：7～12. 1999；青藏高原维管植物及其生态地理分布 1039. 2008.

多年生无茎草本，一次结实，全株光滑无毛。根粗壮，倒圆锥状，根颈部密被棕色残存枯叶柄。叶全部基生，莲座状，线状披针形，星状辐射排列，长 3～8 cm，宽 0.3～1.0 cm，全缘，先端长渐尖，基部增宽，上部绿色，中部以下常显紫红色。头状花序无梗，多数，在莲座状叶丛中密集成半球形；总苞圆柱形，宽 8～10 mm；总苞片 5 层，顶端常显暗紫色，中外层总苞片长圆形，长 8～12 mm，宽 3～5 mm，有缘毛，先端圆形，内层总苞片线形，长14 mm，宽 2 mm，先端钝。花紫红色，花冠长 14～20 mm，檐部 5 裂达中部，细管部稍长于或等长于檐部。瘦果长 5 mm，光滑，顶端具膜质小冠。冠毛污白色或淡褐色，外层长 3～5 mm，内层长 12～18 mm。 花果期 7～9 月。

产青海：兴海（河卡乡纳滩，何廷农 392；河卡山，吴珍兰 199，王作宾 20231）、曲麻莱（东风乡叶格滩，刘尚武等 802）、称多（歇武乡，刘尚武 2505）、玛多（花石峡乡，吴玉虎 748；清水乡，陈桂琛等 1897；巴颜喀拉山北坡，陈桂琛等 1975；花石峡前滩，吴玉虎等 18129、18144、18134）、玛沁（优云乡，区划一组 178；西哈垄河谷，

H. B. G. 368；黑土山，吴玉虎等 18571、18809；江让水电站，吴玉虎 18437；昌马河乡，吴玉虎等 18315、18324；大武乡附近，玛沁队 488)、久治（龙卡湖畔，果洛队 546；索乎日麻乡，藏药队 680；城东 15 km 处至玛曲公路，陈桂琛等 1619；哇尔依乡，吴玉虎 26699)、甘德（上贡麻乡甘德山垭口，H. B. G. 960、961、966；东吉乡，吴玉虎 25767)。生于海拔 3 150～4 500 m 的沟谷山坡低洼地高寒沼泽草甸、河滩高寒沼泽草甸、宽谷滩地高寒沼泽草甸、河谷阶地低湿草地。

四川：石渠（红旗乡，吴玉虎 29451)。生于海拔 4 000 m 左右的沟谷山地灌丛下部的高寒沼泽草甸。

分布于我国的青海、甘肃、西藏、云南、四川；印度东北部，不丹也有。

11. 草甸雪兔子 图版 137：5～10

Saussurea thoroldii Hemsl. in Journ. Linn. Soc. Bot. 30：115. t. 4：5～9. 1894；Lipsch. Gen. Saussurea 52. 1979；西藏植物志 4：873. 1985；青海植物志 3：455. 图版 99：5～10. 1996；中国植物志 78 (2)：7. 1999；新疆植物志 5：266. 图版 67：5～7. 1999；青藏高原维管植物及其生态地理分布 1041. 2008.

多年生无茎草本，一次结实，全株无毛。根倒圆锥状，肉质；根颈增粗，密被纤维状撕裂的褐色残存枯叶柄。叶莲座状，全部基生，叶片狭披针形至线形，长 1.5～7.0 cm，宽2～6 mm，两面绿色，先端急尖，基部扩大为短而宽的叶柄，羽状深裂至全裂，稀浅裂，顶裂片细长，长戟形或长三角形，侧裂片长椭圆形、长三角形或线形，下弯，少平展，顶端有刺状小尖，全缘或边缘有少量锯齿。头状花序多数，在莲座状叶中密集排列成半球形；总苞圆柱状，宽 3～4 mm；总苞片 3～4 层，无毛，有时上部边缘具睫毛，顶端露出部分常显紫红色，外层总苞片宽卵形或宽椭圆形，顶端急尖，长约 4 mm，宽约 1.5 mm，中内层总苞片近等长，长圆形，长 6 mm，宽 3 mm，顶端钝或圆形。花蓝紫色，花冠长 7～10 mm，檐部先端 5 中裂，细管部稍短于或等长于檐部。瘦果长 3 mm，平滑无毛，顶端截形，具短的膜质小冠。冠毛褐色，外层长 3 mm，内层长 7～9 mm。 花果期 7～9 月。

产新疆：民丰（大完土布拉克，祁贵 079)、和田（阿克赛，安峥皙 H081)、且末（昆其布拉克，青藏队吴玉虎 2098、2620)、若羌（阿尔金山保护区鸭子泉，青藏队吴玉虎 2135、郭柯等 12285)。生于海拔 3 650～4 600 m 的高山河滩草甸、高山泉边湿地、沟谷山坡高寒草地、河湖滩地盐碱地。

西藏：日土（托布，青藏队植被组 13648)、改则（湖北所池，李勃生等 10895)、班戈（色哇区兰奥尔宫位山，青藏队植被组 11755)、尼玛（双湖无人区约级台错，青藏队藏北分队郎楷永 9950、9959)。生于海拔 4 400～5 200 m的沟谷河滩高寒草甸、河漫滩沙地湿草甸、河湖滩地盐碱地。

青海：兴海（温泉乡曲隆，H. B. G. 1405)、玛多（黑海乡，杜庆 547；巴颜喀拉山，周国杰 001）、称多（歇武寺西南直沟，采集人不详 715；珍秦乡，苟新京 83-198）、达日（建设乡胡勒安玛，H. B. G. 1175A）。生于海拔 3 900～4 750 m 的宽谷河滩高寒草甸、河谷沙滩、宽谷滩地高山草甸。

分布于我国的新疆、甘肃、青海、西藏；克什米尔地区也有。

12. 肉叶雪兔子 图版 137：11～16

Saussurea thomsonii C. B. Clarke Compos. Ind. 227. 1876；Lipsch. Gen. Saussurea 52. 1979；西藏植物志 4：874. 图 373：2. 1985；青海植物志 3：455. 图版 99：11～16. 1996；中国植物志 78（2）：7. 1999；新疆植物志 5：266. 图版 67：2. 1999；青藏高原维管植物及其生态地理分布 1040. 2008.

多年生无茎草本，一次结实，全株无毛。根细长，根颈部有褐色残存枯叶柄。叶两面无毛，近肉质，全部基生呈莲座状排列，长椭圆形、椭圆形、卵圆形或匙形，长 1～4 cm，宽5～15 mm，全缘或有稀疏的微锯齿，先端圆钝，基部楔形，有时渐狭成柄，柄的基部扩大成鞘状；最上部叶苞叶状，常紫红色，近圆形。头状花序 1～9 个，有短梗，在莲座状叶丛中紧密排列成半球形，外面被苞叶所围绕；总苞椭圆状，宽 7～10 mm；总苞片 3～4 层，无毛，常显紫红色，顶端圆形或钝，外层总苞片宽椭圆形，长 8 mm，宽约 4 mm。中层总苞片长椭圆形，长 9～10 mm，宽 2～3 mm，内层总苞片线形，长7～10 mm，宽 1.0～1.5 mm。花蓝紫色，花冠长 7～8 mm，檐部先端 5 中裂，细管部长约 4 mm。瘦果长约 4 mm。冠毛褐色或灰褐色，外层长 1～3 mm，内层长 6～7 mm。 花果期 7～8 月。

产新疆：叶城（岔路口，青藏队吴玉虎 1214）、皮山（河尾滩，李勃生 11197；神仙湾，青藏队吴玉虎 4742）、和田（阿克赛因，安峥皙 062）、于田（普鲁大队乌鲁克库勒双羊达坂，李勃生 11785）、民丰（大完土布拉克，祁贵 040）、且末（昆其布拉克，青藏队吴玉虎 2099；昆其布拉克牧场，青藏队吴玉虎 88-2620）、若羌（阿雅格库姆，克里木 A088；木孜塔格，郭柯 12482）。生于海拔 4 000～5 700 m 的高山河滩草甸、沟谷山坡砾石地。

西藏：日土（拉那克达坂，高生所西藏队 3595；多玛区芒错，青藏队 76-8388；古利雅山南，李勃生等 10979）、改则（黑古湖昆仑山，李勃生等 10907）、班戈（色哇区普保乡，青藏队藏北分队郎楷永 9559）。生于海拔 5 100～5 300 m 的宽谷河滩高寒草甸、沟谷山坡沙砾地。

青海：格尔木（昆仑山北侧，黄荣福 C. G. 81-309）、曲麻莱（县城附近，刘尚武 602）、玛多（扎陵湖乡四队，吴玉虎 529；黄河乡，吴玉虎 1045）、玛沁（优云乡冷许忽，玛沁队 500；优云乡，区划一组 175）、称多（歇武乡赛巴沟，刘尚武 2477）。生于海拔 3 900～4 600 m 的沟谷河滩草甸、山坡沙砾地、河谷阶地高寒草甸、高山泉边砾石地。

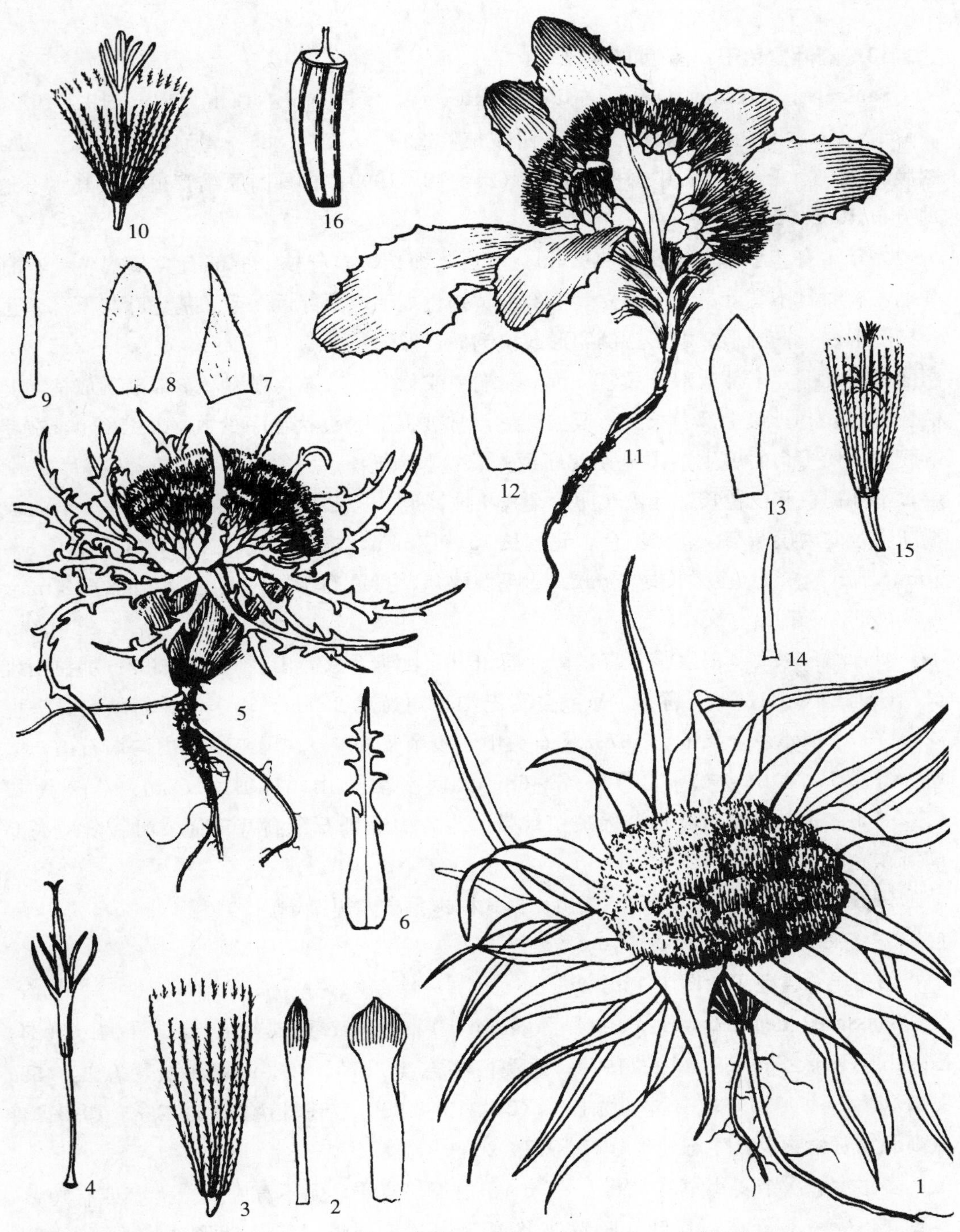

图版 **137**　星状雪兔子 **Saussurea stella** Maxim. 1. 植株；2. 总苞片；3. 冠毛；4. 花。草甸雪兔子 **S. thoroldii** Hemsl. 5. 植株；6. 苞叶；7～9.总苞片；10. 花。肉叶雪兔子 **S. thomsonii** C. B. Clarke 11. 植株；12～14.总苞片；15.花；16.瘦果。（阎翠兰绘）

分布于我国的新疆、青海、西藏；印度，巴基斯坦，克什米尔地区也有。

13. 红叶雪兔子 图版 138：1～2

Saussurea paxiana Diels in Fedde Repert. Sp. Nor. Beih. 12：512. 1922；Lipsch. Gen. Saussurea 51. 1979；西藏植物志 4：877. 1985；青海植物志 3：458. 图版 100：5～6. 1996；中国植物志 78（2）：18. 1999；青藏高原维管植物及其生态地理分布 1035. 2008.

多年生有茎小草本，高 4～14 cm。根状茎细长，多分枝，上部有少量褐色残存枯叶柄，有时具不育叶丛。茎直立，上部被黄褐色绵毛，下部近无毛。基生叶与下部茎生叶椭圆形、长椭圆形、匙形、倒卵形或狭倒披针形，长 1.5～6.0 cm，宽 0.7～2.5 cm，两面光滑无毛，全部或部分显紫红色，先端钝或急尖，边缘有锯齿，基部渐狭成柄，叶柄长可达5 cm；最上部叶长圆形或披针形，常被绵毛。头状花序少数（2～5 个），在茎端簇生，稀 1 个而单生茎顶，无花序梗；总苞长圆形，宽 1.0～1.5 cm；总苞片 3～4 层，密被褐色和白色长绵毛，长卵形至线状披针形，长 1.2～1.5 cm，宽 2～4 mm，先端渐尖，向内层渐窄。花紫红色，花冠长 15～17 mm，檐部先端 5 深裂，细管部长 8～9 mm，长于檐部。瘦果长约 3 mm。冠毛淡褐色，只见到 1 层，羽毛状，长约 12 mm。花果期 7～9 月。

产青海：兴海（温泉雅尔吉，黄荣福 3656；河卡乡火隆山，何廷农 382；鄂拉山垭口，H. B. G. 1376）、称多（歇武乡赛巴沟，刘尚武 2480）、玛多（花石峡，吴玉虎 729、739；清水乡，吴玉虎 597；长石头山，黄荣福 3665）、玛沁（多出沟垴石山，区划一组 151；雪山乡松卡，H. B. G. 468；大武乡黑土山，H. B. G. 684）。生于海拔 4 300～4 900 m 的高山流石滩稀疏植被带、沟谷山地砾石带高寒草甸、河谷阶地高寒草甸。

分布于我国的青海、西藏、四川。模式标本采自四川康定。

14. 昆仑雪兔子 图版 139：1～2

Saussurea depsangensis Pamp. Aggiunte Fl. Caracorum 176. t. 9：4. 1934；Lipsch. Gen. Saussurea 51. 1979；西藏植物志 4：876. 1985；青海植物志 3：459. 图版 98：5～6. 1996；中国植物志 78（2）：10. 1999；新疆植物志 5：268. 1999；青藏高原维管植物及其生态地理分布 1027. 2008.

多年生一次结实小草本，高 5～7 cm。根细，肉质，无不育叶丛。无茎或有短茎，茎直立，单一不分枝，具叶。叶莲座状或茎生，长圆形、倒披针形或匙形，长 1～4 cm，宽 3～10 mm，绿色或黄绿色，两面密被淡黄色稀为白色的茸毛，上面有时脱毛，全缘或有稀疏的钝齿，顶端钝或圆形，基部渐狭成短柄，柄的基部鞘状扩大，有时带紫红色；花序下的叶苞叶状，卵形或卵状长圆形。头状花序多数，无梗，在茎端或莲

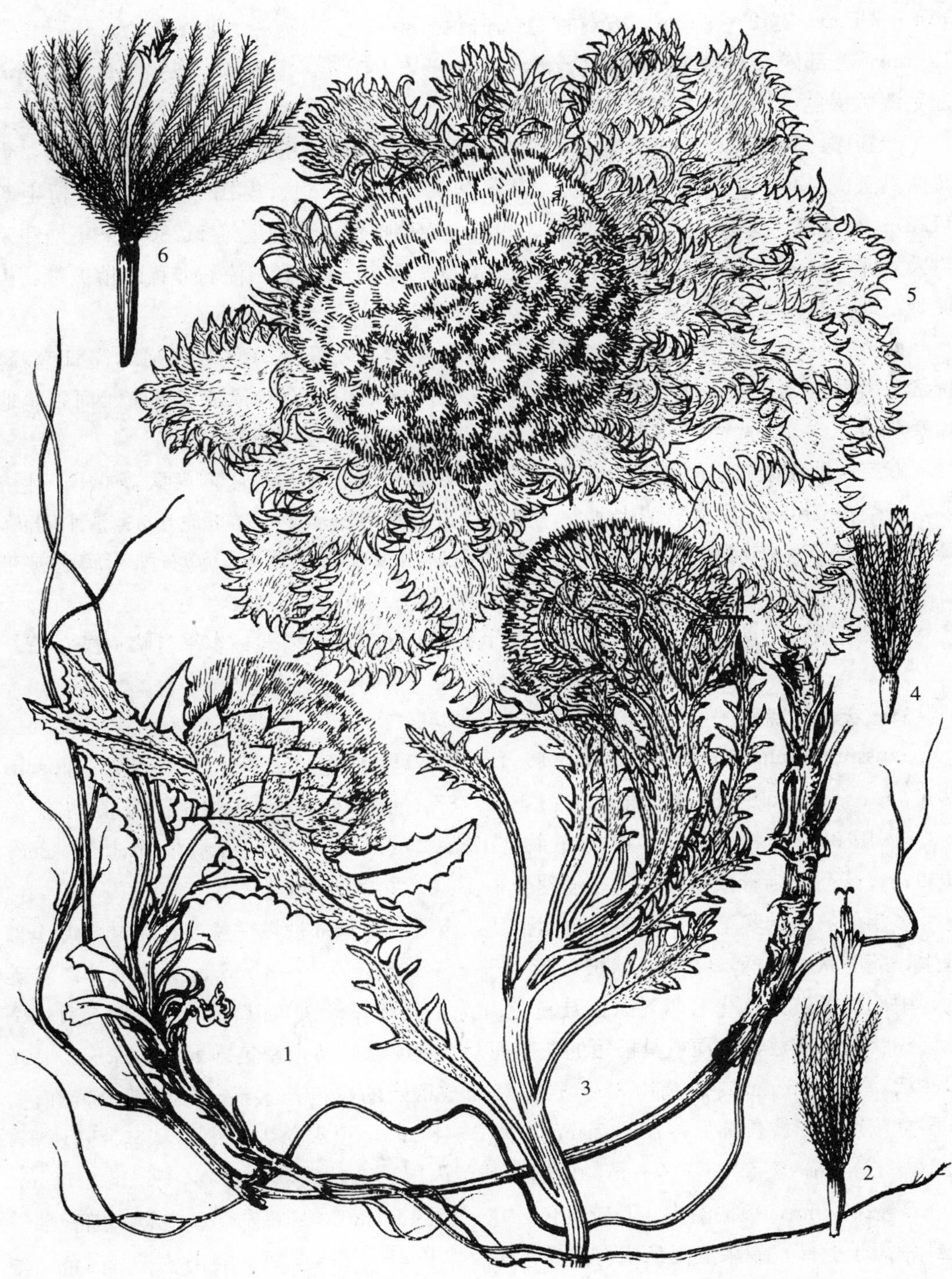

图版 **138**　水母雪兔子 **Saussurea medusa** Maxim. 1. 植株；2. 花。黑毛雪兔子 **S. hypsipeta** Diels 3. 植株；4. 花。红叶雪兔子 **S. paxiana** Diels 5. 植株；6. 花。（王颖绘）

座状叶丛中密集成半球形；总苞钟状，宽 7～8 mm；总苞片 3～5 层，近等长，披针形，长 6～8 mm，宽 2～4 mm，被黄褐色或白色茸毛，先端渐尖。花紫红色，花冠长约 13 mm，檐部先端 5 中裂，细管部长 5～6 mm，短于檐部。瘦果（未成熟）长约 4 mm。冠毛淡黄褐色，1 层，羽毛状，长 10～12 mm。　花果期 8～9 月。

产新疆：阿克陶（慕士塔格山，青藏队吴玉虎 5092）、塔什库尔干（红其拉甫，青藏队吴玉虎 4869）、叶城（天文点，青藏队吴玉虎 1248）、皮山（前滩，李勃生等 11227；神仙湾，青藏队吴玉虎 4759）、和田（喀拉喀什，李勃生等 11280；采集地和采集人不详，Hoo-060）、若羌。生于海拔 4 000～5 550 m 的高山流石滩稀疏植被带、山坡砾石地、高山冰缘湿地。

西藏：日土（多玛乡界山达坂，李勃生等 10842）、班戈（色哇区阿木岗日南峰，青藏队植被组 31844）。生于海拔 5 100～5 950 m 的高山流石滩稀疏植被带、河谷阶地高寒草甸。

青海：曲麻莱（巴颜热若山，黄荣福 038；麻多乡扎什加山，刘尚武等 648；叶格乡，黄荣福 0103）、称多（清水河乡，张新学 83-208）、玛多（吴玉虎 603；清水四队，吴玉虎 640）。生于海拔 4 800～5 400 m 的高原山顶砂石地、高山流石滩稀疏植被带石隙。

分布于我国的新疆、青海、西藏；克什米尔地区也有。模式标本采自喀喇昆仑山。

15. 羌塘雪兔子　图版 139：3～4

Saussurea wellbyi Hemsl. in Hook. f. Icon. Pl. 26：t. 25-88. 1899；Lipsch. Gen. Saussurea 50. 1979；西藏植物志 4：874. 图 373：5. 1985；青海植物志 3：453. 图版 98：3～4. 1996；中国植物志 78（2）：11. 1999；新疆植物志 5：268. 1999；青藏高原维管植物及其生态地理分布 1042. 2008.

多年生一次结实草本，无茎。根圆锥状，肉质，根颈部被黑褐色残存枯叶。叶全部基生，莲座状，无柄，叶片线状披针形，长 2～5 cm，宽 2～8 mm，上面中部以上无毛，中部以下被白色茸毛，下面密被白色茸毛，先端长渐尖，基部卵形增宽，边缘全缘。头状花序多数，无梗或具极短的花序梗，在莲座状叶丛中密集排列成半球形；总苞圆柱状，宽 4～6 mm；总苞片 3～5 层，背面被稀疏的白色长柔毛，外露部分紫红色，外层总苞片卵形或长圆形，长达 7 mm，宽 3～4 mm，顶端急尖，中层总苞片长圆形，长 10～12 mm，宽 2.5～3.0 mm，顶端圆钝，内层总苞片线状披针形，长 9～10 mm，宽 1.5～2.0 mm，顶端渐尖。花紫红色，花冠长约 8 mm，檐部先端 5 中裂，细管部等长或稍短于檐部。瘦果黑褐色或有深褐色斑纹，长 3～5 mm。冠毛淡褐色或污白色，外层长 2～3 mm，内层长 7～9 mm。　花果期 7～9 月。

产新疆：若羌（鲸鱼湖东北侧山地，郭柯 12425，采集人不详 84-A-263；库木库勒盆地，采集人不详 A0127；卡尔沟，采集人和采集号不详）。生于海拔 4 850～

5 050 m的高山流石滩冰缘湿地、靠近冰河的沙砾地。

西藏：尼玛（双湖，采集人和采集号不详）、班戈（色哇区阿木岗日南坡，青藏队藏北分队郎楷永 9571）。生于海拔5 300 m左右的高山流石滩、高原山坡砂地。

青海：格尔木（青藏公路 920 km 处，青藏队吴玉虎 2812）、兴海（温泉山，王为义 135）、曲麻莱（麻多乡扎什加山，刘尚武 663；知达那旺色保，黄荣福 061）、称多（清水河乡至巴颜喀拉山，张新学 83－20A）、玛多（长石头山，黄荣福 3669；清水乡，H. B. G. 1361；巴颜喀拉山，周国杰 016；清水乡阿尼玛卿山，吴玉虎等 18168）、玛沁（尼卓玛山垭口，H. B. G. 732，玛沁队 310）。生于海拔 4 300～5 100 m 的高山流石滩稀疏植被带、高原山顶冰缘湿地、高山草甸砾石质山坡、河谷山麓砾石隙。

分布于我国的新疆、青海、西藏、四川。模式标本采自西藏。

16. 云状雪兔子 图版 139：5～6

Saussurea aster Hemsl. in Journ. Linn. Soc. Bot. 30：115. t. 5. 1894；Lipsch. Gen. Saussurea 50. 1979；西藏植物志 4：875. 1985；青海植物志 3：453. 图版 98：1～2. 1996；中国植物志 78（2）：9. 1999；青藏高原维管植物及其生态地理分布 1025. 2008.

多年生一次结实草本，无茎或茎极短。根圆锥状，肉质，根颈部密被黑褐色残存枯叶。叶全部基生，莲座状排列，线状匙形、线形或匙状椭圆形，长 1.5～3.0 cm，宽 1.5～4.0 mm，上面被褐色茸毛，下面被白色长柔毛，先端圆钝，少急尖或渐尖，全缘，基部楔形渐狭成柄，柄基扩大。头状花序多数，无梗，在莲座状叶丛中密集排列成半球形；总苞圆柱状，宽 5～7 mm；总苞片 3～4 层，近等长，长 7～9 mm，宽 2～4 mm，被白色茸毛，外露部分黑紫色，顶端急尖，外层总苞片卵形，向内层渐窄为长圆形至线形。花紫红色，花冠长 7～9 mm，檐部长 4～5 mm，先端 5 浅裂，细管部长 3～4 mm。瘦果长纺锤形，长约 5 mm。冠毛淡褐色，外层长 1～2 mm，内层长 7～9 mm。 花果期 7～8 月。

产西藏：日土（多玛区界山达坂，青藏队 76－9090）、班戈（色哇区，青藏队藏北分队郎楷永 9842）、尼玛（双湖，采集人和采集号不详）。生于海拔 5 100～5 300 m 的高山流石滩稀疏植被带、沟谷砾石质山坡高寒草甸。

青海：兴海（鄂拉山垭口，H. B. G. 1375；温泉雅尔吉，黄荣福 3659）、称多（歇武乡当巴沟，王为义 226）、玛多（清水乡，吴玉虎 598）、玛沁（阿尼玛卿山东南，黄荣福 C. G. 81－089；尼卓玛山，玛沁队 309）。生于海拔 4 600～5 080 m 的高山流石滩及砾石带。

分布于我国的青海、西藏。模式标本采自西藏。

17. 冰川雪兔子

Saussurea glacialis Herd. in Bull. Soc. Nat. Mosc. 40（3）：144. 1867；Fl.

URSS 27：389. 1962；Icon. Pl. Pamir. 244. 1963；Fl. Kazakh. 9：253. 1966；Lipsch. Gen. Saussurea 48. 1979；中国植物志 78（2）：21. 1999；新疆植物志 5：269. 1999；青藏高原维管植物及其生态地理分布 1028. 2008.

多年生矮小草本，高 1.5～6.0 cm，全株灰绿色，被稠密的绵毛。根状茎细长，分枝多头，根颈部密被褐色残存枯叶柄。茎直立，单一，具密集的叶。叶绿色或灰绿色，上面密被白色绵毛，下面被比较少的疏柔毛或近无毛；基生叶和茎下部叶倒披针形或匙形，长1.5～4.0 cm，宽 4～10 mm，先端钝，全缘或上部边缘有较大的钝齿，基部渐狭成短柄；中上部茎生叶与下部叶相似，但较小，无柄。头状花序多数，在茎端密集排列成半球形，并为最上面的叶所承托；总苞圆柱状，宽 6～10 mm；总苞片 3 层，近等长，被白色长绵毛，出露部分紫红色，外层总苞片长圆状卵形或长圆形，先端急尖，内层总苞片披针形，先端渐尖，常于上半部边缘和顶端具疏齿。花粉红色，花冠长 11～14 mm，檐部先端 5 浅裂，细管部稍短于或等长于檐部。瘦果长 2～3 mm。冠毛白色，外层长 2～3 mm，内层长 10～11 mm。 花果期 7～8 月。

产新疆：阿克陶（恰克拉克铜矿，青藏队吴玉虎 870622）、塔什库尔干（水布浪沟，西植所新疆队 1441；红其拉甫达坂，高生所西藏队 3195）、叶城、若羌。生于海拔 4 300～4 700 m 的高山流石滩、沟谷砾石山坡草甸、河滩沙砾地。

分布于我国的新疆；俄罗斯，蒙古，哈萨克斯坦，吉尔吉斯斯坦，塔吉克斯坦也有。

18. 鼠麹雪兔子 图版 140：1

Saussurea gnaphalodes（Royle）Sch.-Bip. Linnaea 19：331. 1846；Fl. URSS 27：390. 1962；Icon. Pl. Pamir. 243. 1963；Fl. Kazakh. 9：254. 1966；中国高等植物图鉴 4：662. 图 6657. 1975；Lipsch. Gen. Saussurea. 48. 1979；西藏植物志 4：876. 图 373：4. 1985；青海植物志 3：459. 1996；中国植物志 78（2）：12. 图版 2：7～10. 1999；新疆植物志 5：269. 图版 67：1. 1999；青藏高原维管植物及其生态地理分布 1029. 2008. ——*Aplotaxis gnaphalodes* Royle Ill. Bot. Himal. 1：351. t. 59：1. 1835.

多年生丛生草本，矮小，高 1.5～7.0 cm，有时只形成莲座状叶丛。根状茎细长，先端分枝多头而具数个莲座状叶丛。茎直立，单一，有棱槽，被白色绵毛，基部密被褐色残存枯叶。叶密集，质地厚，灰白色或灰绿色，两面密被灰白色或黄褐色茸毛；基生叶或下部茎叶长圆形、倒披针形或匙形，长 1～4 cm，宽 3～10 mm，先端钝或略钝，全缘或具稀疏的小钝齿，基部渐狭成短叶柄，叶柄有时显紫红色；最上部叶宽卵形至线状披针形，无柄，苞叶状。头状花序多数，无梗，在茎端紧密排列成半球形；总苞圆柱状，宽 5～8 mm；总苞片 3～4 层，长 7～9 mm，宽 3.0～3.5 mm，先端急尖或渐尖，外面被白色或褐色长绵毛，外层总苞片长圆形或长圆状卵形，向内层渐窄。花紫红色，花冠长 8～10 mm，檐部 5 裂至中部，细管部稍短于或等长于檐部。瘦果长 3.0～4.5 mm。冠毛灰褐色、红褐色或黑色，外层长约3 mm，内层长 8～10 mm。 花果期 7～8 月。

产新疆：阿克陶（布伦口乡苏巴什农牧场，克 025）、塔什库尔干（麻扎种羊场萨拉勒克，青藏队吴玉虎 870322；麻扎种羊场，青藏队吴玉虎 870400；红其拉甫，安峥皙 95108、青藏队吴玉虎 4864、克里木 T99、高生所西藏队 3181、3195、采集人不详 T85、西植所新疆队 1512；水布浪沟，西植所新疆队 1471；托克满苏老营房，西植所新疆队 1423；克克吐鲁克，青藏队吴玉虎 870493、870520）、叶城（库地达坂，安峥皙 060；胜利达坂，高生所西藏队 3364、3368；麻扎达坂，黄荣福 C. G. 86－030、C. G. 86－056；黑卡尔达坂，青藏队吴玉虎 1150；乔戈里冰川东侧山坡，黄荣福 C. G. 86－209、C. G. 86－214；岔路口，青藏队吴玉虎 1222；卡拉克达坂，青藏队吴玉虎 4510）、皮山（旱獭沟，李勃生等 11156；神仙湾，李勃生等 11282、青藏队吴玉虎 4760）、和田（阿特达坂东，李勃生等 10745）、于田（阿克斯库拉湖，青藏队吴玉虎 3749）、民丰（看尔晒，郭柯等 12224）、且末（红旗达坂，青藏队吴玉虎 2081、2613）、若羌（祁漫塔格山，青藏队吴玉虎 2171，郭柯等 12521；木孜塔格山，青藏队吴玉虎 3088，郭柯等 12473）等地。生于海拔 4 000～5 550 m 的高山流石滩稀疏植被带、高原石质山坡、沟谷高山草甸、河滩沙砾地、高山冰缘湿地砾石中。

西藏：日土（热帮区结沟，高生所西藏队 3551；热帮区舍拉沟，高生所西藏队 3532、3534；热帮区龙日拉，青藏队 76－9113；多玛区曲则热都，青藏队 76－9056；古利雅山南，李勃生等 10987；多玛区芒错至拉竹龙途中，青藏队 76－8380；多玛区种藏莫特，青藏队 76－9035；多玛区松木西错，青藏队 76－9005；多玛区界山达坂，青藏队 76－9094）、改则（扎吉玉湖，高生所西藏队 4305、4350；墨石北湖，李勃生等 10904）、尼玛（双湖无人区可可西里山东，青藏队藏北分队郎楷永 9972、9989；马益尔雪山，青藏队藏北分队郎楷永 10040）、班戈（色哇区宫位山北坡，青藏队藏北分队郎楷永 9461；色哇区岗日贡玛冰川附近山坡，青藏队藏北分队郎楷永 9551；色哇区阿木尔错至马拉山途中，青藏队藏北分队郎楷永9601）。生于海拔 5 100～5 700 m 的高山流石滩稀疏植被带、沟谷山坡砾石地、河谷阶地高寒草甸。

青海：兴海（河卡乡火隆山，何廷农 342；鄂拉山垭口，H. B. G. 1377）、曲麻莱（巴银热若山，黄荣福 035；叶格乡，黄荣福 100；秋智乡坡洛从其山，刘尚武等 694）、称多（清水河乡，张新学 83－211；歇武乡当巴沟，王为义 224；巴颜喀拉山，黄荣福 3675）、玛沁（尼卓玛山垭口，H. B. G. 769、904；雪山乡松卡，H. B. G. 474；大武乡黑土山，H. B. G. 681；阿尼玛卿山东南面，黄荣福 C. G. 81－134）、格尔木（西大滩对面昆仑山坡，吴玉虎 36835；昆仑山口，吴玉虎 36943、36949C）、玛多（吴玉虎 78－077；花石峡乡，吴玉虎 746；清水乡，吴玉虎 603）。生于海拔 4 300～5 200 m 的高山流石滩稀疏植被带、高山冰缘湿地砾石中、高原沟谷阳坡草地。

分布于我国的新疆、甘肃、青海、四川、西藏；哈萨克斯坦，吉尔吉斯斯坦，塔吉克斯坦，巴基斯坦，印度西北部，尼泊尔也有。

19. 黑毛雪兔子 图版138：3～4

Saussurea hypsipeta Diels in Fedde Repert. Sp. Nov. Beih. 12：512. 1922；Lipsch. Gen. Saussurea 50. 1979；西藏植物志 4：876. 图 373：3. 1985；青海植物志 3：458. 图版 100：3～4. 1996；中国植物志 78（2）：11. 1999；新疆植物志 5：270. 图版 67：3. 1999；青藏高原维管植物及其生态地理分布 1030. 2008.

多年生草本，高 2～7 cm。根状茎细长，先端分枝多头而有数个莲座状叶丛。茎直立，单一，有棱槽，被淡褐色或白色茸毛，基部有黑褐色残存的枯叶。叶两面密被白色或淡黄色茸毛，有时近无毛或最上部茎叶被黑色茸毛；基生叶和茎下部叶狭倒披针形或长匙形，长 2～6 cm，宽 2～10 mm，先端渐尖，具深波状齿或羽状分裂，基部渐狭成与叶片近等长的叶柄；最上部茎叶无柄，线状披针形，先端渐尖，全缘或具齿，承托花序。头状花序多数，无梗，在茎端紧密排列成半球形；总苞圆柱状，宽 5～7 mm；总苞片 3 层，近等长，长7～8 mm，宽 1～2 mm，椭圆形至线状披针形，顶端渐尖或急尖，外面被黑色或白色和黑色混杂的长绵毛。花紫红色，长 8～10 mm，檐部先端 5 浅裂，细管部与檐部近等长。瘦果长约 3 mm。冠毛黑色，外层长 1.5 mm，常向下反折而覆盖于果实上，内层长约 8 mm。 花果期 7～9 月。

产新疆：和田（喀什塔什，青藏队吴玉虎 2547）、且末（红旗达坂，青藏队吴玉虎 2615）、若羌（采集地和采集人不详，84A－229）。生于海拔 4 000～5 000 m 的高山流石滩稀疏植被带、沟谷山坡高山草甸、高山地带河谷阶地高寒草甸砾石地。

西藏：日土（拉那克达坂，高生所西藏队 3594；多玛区界山达坂，青藏队 76－9091）。生于海拔 4 800～5 300 m 的高山流石滩稀疏植被带、沟谷山地高寒草甸、河谷阶地高寒草甸砾石地、高山冰缘湿地砾石中。

青海：格尔木（昆仑山北侧，黄荣福 C. G. 81－311）、曲麻莱（秋智乡坡洛从其山，刘尚武等 692）、称多（歇武乡赛巴沟，刘尚武 2482）、玛多（花石峡乡，吴玉虎 755）、玛沁（尼卓玛山，H. B. G. 766，玛沁队 300；雪山乡松卡，H. B. G. 448；多出沟垴石山，区划二组 152）、久治（希门错日拉山，果洛队 487）。生于海拔 4 300～4 900 m 的高山流石滩稀疏植被带、沟谷山坡高寒草甸砾石地、高原山地砾石隙。

分布于我国的新疆、青海、西藏、云南、四川。模式标本采自四川。

20. 小果雪兔子 图版 140：2

Saussurea simpsoniana（Field. et Gardn.）Lipsch. in Nov. Syst. Pl. Vas. 1964：319，1964，et Gen. Saussurea 47. 1979；西藏植物志 4：880. 1985；中国植物志 78（2）：16. 1999；新疆植物志 5：266. 图版 67：4. 1999；青藏高原维管植物及其生态

地理分布 1038. 2008. ——*Aplotaxis simpsoniana* Field. et Gardn. Sertum Pl. t. 26. cum deser. 1844.

多年生一次结实草本，高 7～13 cm。根粗壮，根颈部密被暗褐色纤维状残存枯叶柄。茎直立，单一，不分枝，被稠密的绵毛和叶片所覆盖。叶两面密被白色绵毛；基生叶和茎下部叶线形或线状长圆形，长 2～6 cm，宽 3～6 mm，先端急尖，基部楔形，不裂而具齿或羽状浅裂，裂片齿状，三角形、平展，叶基渐狭成短柄；茎生叶向上渐小，全缘或有疏齿；最上部叶线形，几乎全缘，常向下反折。头状花序多数，密集于膨大的茎端呈半球形，直径3.5～5.0 cm；总苞狭圆柱状，直径约 8 mm；总苞片 3 层，近等长，长 10～12 mm，宽 1.5～2.0 mm，长圆形或披针形，露出部分显紫红色，边缘膜质，先端长渐尖，被白色绵毛。花紫红色，长 1.2～1.4 cm，檐部先端 5 浅裂，细管部近等长于檐部。瘦果长 1.5～3.0 mm，有纵棱。冠毛外层白色，长 2～3 mm，早落，内层污白色或上部污白色，下部淡褐色，长 10～12 mm。 花果期 7～8 月。

产新疆：塔什库尔干（红其拉甫，阎平等 3527、青藏队吴玉虎 4894、5098；高生所西藏队 3186；红其拉甫达坂，关克俭 001）。生于海拔 4 700～5 000 m 的高山流石滩稀疏植被带石缝、河谷阶地高山草甸、沟谷山坡高寒草甸砾石地。

分布于我国的新疆、西藏；印度东北部，尼泊尔，克什米尔地区也有。

21. 玉树雪兔子

Saussurea yushuensis S. W. Liu et T. N. Ho Fl. Qinghai. 3：457. 512. 1996；青藏高原维管植物及其生态地理分布 1042. 2008.

多年生一次结实草本，高 6～9 cm，全株密被白色绵毛。根细，褐色，颈部有分枝，密被纤维状褐色残存枯叶柄，形成粗壮的柱状体。茎直立，不分枝，被稠密的绵毛和叶片所覆盖。叶线形，连柄长 1.5～4.0 cm，宽约 3 mm，稀达 6 mm，先端急尖，边缘翻卷，羽状浅裂，裂片齿状，三角形，长约 1 mm，基部渐狭成柄，两面疏被绵毛及有节柔毛，叶柄扁平，有翅，全缘；最上部叶线形，全缘，密被绵毛，包围头状花序。头状花序多数，在茎顶密集成半球形；总苞狭筒形，长约 10 mm，宽至 4 mm；总苞片 3 层，近等长，狭披针形，长 7～10 mm，宽 2～3 mm，先端长渐尖，上半部被绵毛，下部膜质；花托有短托片。花蓝紫色，花冠长约 10 mm，檐部长为细管部的 1.5 倍。瘦果不成熟。冠毛外层短，白色，内层淡褐色，长 10～11 mm。 花期 7 月。

产青海：称多（歇武乡赛巴沟，刘尚武 2478）。生于海拔 4 750 m 左右的高山流石滩稀疏植被带、沟谷山地高寒草甸。

青海特有种。

22. 水母雪兔子 图版 138：5～6

Saussurea medusa Maxim. in Bull. Acad. Imp. Sci. St.-Pétersb. 27：488,

1881；中国高等植物图鉴 4：620. 图 6654. 1975；Lipsch. Gen. Saussurea 49. 1979；西藏植物志 4：881. 1985；青海植物志 3：457. 图版 100：1～2. 1996；中国植物志 78（2）：20. 图版 3：6～11. 1999；青藏高原维管植物及其生态地理分布 1033. 2008.

多年生草本，高 5～25 cm。根肉质，粗壮，根颈部被褐色残存枯叶柄。茎直立，密被白色绵毛。叶密集，灰绿色，两面被白色长绵毛；叶片倒卵形、圆形、扇形或菱形，连柄长2～10 cm，宽 0.5～3.0 cm，顶端钝或圆形，上半部边缘具条裂状粗齿或羽状浅裂，基部渐狭成长可达 5 cm 的叶柄；茎上部叶向下反折，最上部叶线形，边缘具较长的条形细齿。头状花序多数，无梗，在茎端密集成半球形；苞叶线状披针形，密被白色长绵毛；总苞狭筒形，宽 5～7 mm；总苞片多层，近等长，线状长圆形至披针形，长 10～11 mm，宽 2～4 mm，膜质，被白色或褐色绵毛，外层总苞片常黑紫色，长渐尖，中内层总苞片顶端钝。花蓝紫色，花冠长 10～12 mm，檐部 5 中裂，细管部与檐部等长。瘦果纺锤形，长 8～9 mm，暗褐色。冠毛白色，外层长约 4 mm，内层长约 12 mm。 花果期 7～9 月。

产西藏：改则（麻米区蒙错乡，青藏队藏北分队郎楷永 10167）、班戈（色哇区阿木岗日雪山，青藏队藏北分队郎楷永 9542）。生于海拔 4 750～5 600 m 的高山流石滩稀疏植被带、宽谷河滩沙砾地。

青海：都兰（加竞北山，青藏队 1692）、兴海（温泉雅尔吉山，黄荣福 3652、3653；鄂拉山垭口，H. B. G. 1385；河卡乡火隆山，何廷农 339；河卡，郭本兆 528）、曲麻莱（秋智乡坡洛从其山，刘尚武等 696；叶格乡，黄荣福 102）、称多（细得鄂玛山，黄荣福 3678；歇武乡赛巴沟，刘尚武 2479；歇武乡毛拉，刘尚武 2354；清水河乡至巴颜喀拉山，张新学 83－204）、玛多（清水乡，吴玉虎 600；巴颜喀拉山，周国杰 009）、玛沁（雪山乡松卡，H. B. G. 458；大武乡黑土山，H. B. G. 700；尼卓玛山垭口，H. B. G. 762；军功乡，玛沁队 243；江让水电站，吴玉虎等 18716；阿尼玛卿山东南，黄荣福 C. G. 81－0091、C. G. 81－083）。生于海拔 4 200～5 200 m 的高山流石滩稀疏植被带、沟谷山坡高寒草甸砾石地、河谷阶地草甸。

四川：石渠（菊母乡，吴玉虎 29875、29890）。生于海拔 4 620 m 左右的流石坡高寒草甸、高原山顶砾石隙。

分布于我国的甘肃、青海、西藏、云南、四川；尼泊尔，克什米尔地区也有。模式标本采自青海省大通河流域。

23. 裂叶风毛菊

Saussurea laciniata Ledeb. Ic. Pl. Fl. Ross. 1：16. t. 64. 1829；Fl. URSS 27：529. 1962；Fl. Kazakh. 9：278. t. 31：4. 1966；Lipsch. Gen. Saussurea 85. t. 9. 1979；中国植物志 78（2）：53. 1999；新疆植物志 5：272. 1999；青藏高原维管植物及其生态地理分布 1031. 2008.

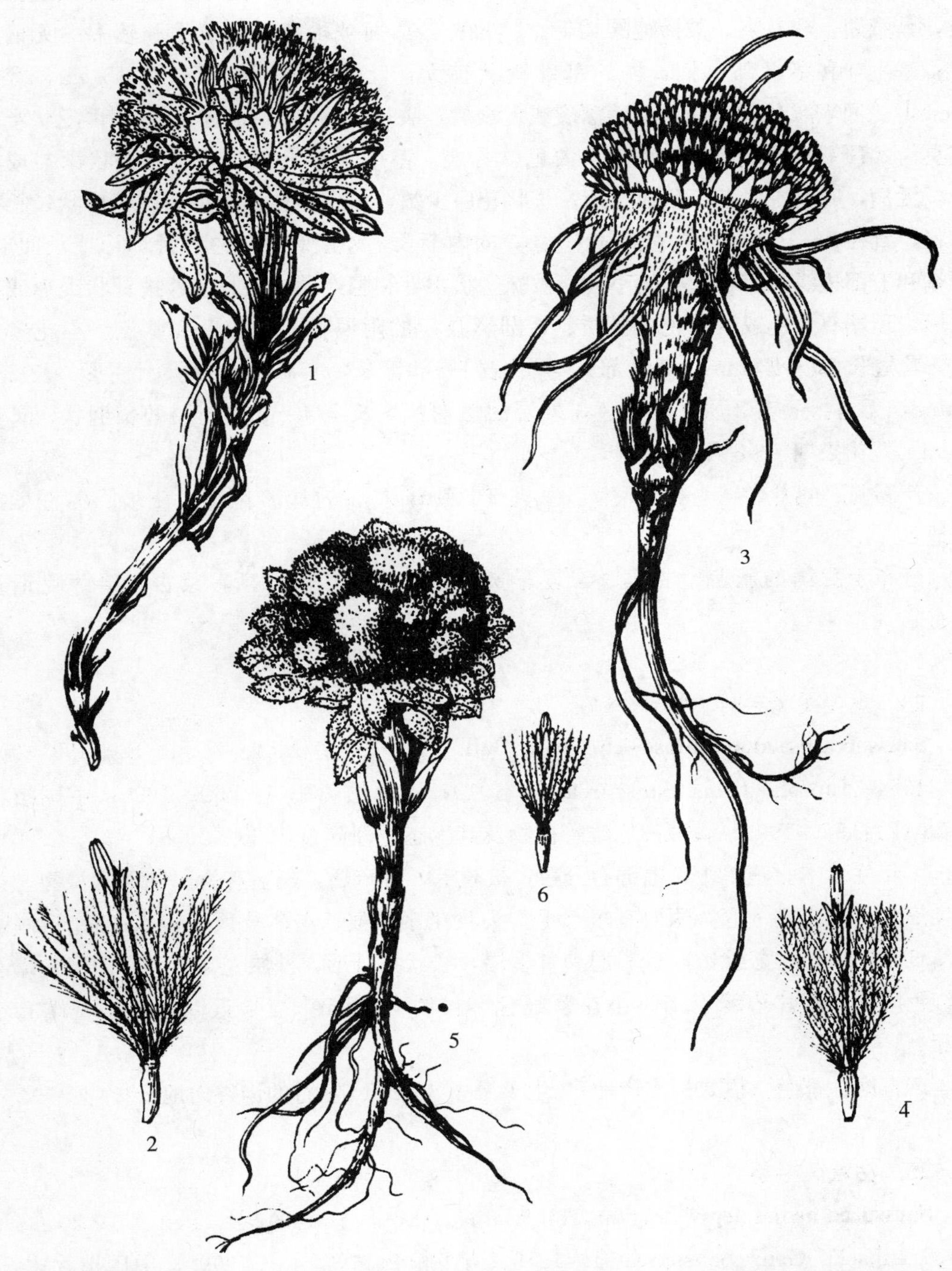

图版 **139** 昆仑雪兔子 **Saussurea depsangensis** Pamp. 1. 植株；2. 花。羌塘雪兔子 **S. wellbyi** Hemsl. 3. 植株；4. 花。云状雪兔子 **S. aster** Hemsl. 5. 植株；6. 花。（王颖绘）

多年生草本，高（5）15～40 cm。根粗长；根颈被棕褐色残存的叶柄分解纤维，分叉多头，常长出较多的茎和少数无茎的莲座状叶丛。茎直立，有棱槽，从基部或上部分枝，具窄翅，翅有齿，被稀疏的柔毛。叶粗糙，两面被稀疏的粗节毛和较多的无柄腺点；基生叶和茎下部有柄，柄的基部鞘状扩大，叶片长椭圆形，长达 15 cm，宽达 5 cm，二回羽状分裂，一回羽状深裂或近全裂，裂片长圆状卵形或长圆形，再羽状半裂或具齿，顶端和齿端锐尖，小尖头白色软骨质；茎中部和上部叶渐小，羽状深裂或具齿，无柄，叶基部沿茎下延成窄翅。头状花序少数，单生茎枝顶端排列成伞房状；总苞钟状，直径 8～10 mm；总苞片 4～5 层，向内渐长，外层和中层总苞片卵形或长卵形，顶端和上部边缘具有不规则的小齿，被蛛丝状柔毛和腺点，内层总苞片披针状线形或宽线形，顶端有紫色或淡紫色、膜质、近圆形具齿的附属物，被绵毛和腺点。小花紫红色，花冠长 10～12 mm，细管部几与增宽的檐部等长，有腺点。瘦果圆柱形，长 2～3 mm，无毛。冠毛 2 层，污白色，外层的短羽状，长至 4 mm，内层的长羽状，长达 1 cm。 花果期 7～8 月。

产新疆：喀什（昆仑山）。生于海拔 2 200 m 左右的盐渍化砾石山坡、河漫滩沙砾地。

分布于我国的新疆、甘肃、宁夏、陕西、内蒙古；俄罗斯，蒙古，哈萨克斯坦也有。

24. 类尖头风毛菊

Saussurea pseudomalitiosa Lipsch in Bull. Soc. Nat. Mosc. Biol. Ser. 59（6）：76. 1954；Lipsch. Gen. Saussurea 80. 1979；青海植物志 3：462. 1996；中国植物志 78（2）：55. 1999；青藏高原维管植物及其生态地理分布 1036. 2008.

二年生草本。茎单生，上部有分枝，被短毛，有窄翅，翅上有齿。叶羽状深裂，裂片尖三角形，先端下弯，两面有短节毛。头状花序多数，在茎枝顶端密集；总苞钟状，长 1.5～1.8 cm，宽至 0.8 cm；总苞片多层，线状披针形，外层先端渐尖，内层先端有紫红色附片，附片边缘有齿。小花紫红色，长约 1.2 cm。瘦果近四棱形，先端有小齿冠。

产青海：都兰（模式标本产地）。生于海拔 3 300 m 左右的沟谷山地云杉林。

25. 钻状风毛菊

Saussurea nematolepis Ling in Contr. Inst. Bot. Nat. Acad. Peip. 6（2）：67. 1949；Lipsch. Gen. Saussurea 91. 1979；青海植物志 3：459. 1996；中国植物志 78（2）：57. 1999；青藏高原维管植物及其生态地理分布 1033. 2008.

多年生草本，高 30～50 cm。根木质，圆锥形，直伸。茎直立，具分枝，有棱及茎翅，翅上有锯齿，被白色稀疏的短柔毛。叶长圆形、线状披针形或线形，长 3～13 cm，宽0.7～2.0 cm；叶片上面被稀疏的短柔毛，下面疏被珠丝状柔毛，羽状浅裂至深裂或茎上部叶不裂而具疏齿，顶裂片长三角形至长披针形，先端渐尖，侧裂片三角状钻形至披针形，平展、上倾或下弯，在叶两侧不整齐排列；叶基半抱茎，下延成茎翅。头状花序具梗，3～12个，在分枝顶端成疏松的伞房状排列；总苞钟状或球形，宽4～8 mm；总苞片多层，先端常紫红色，直立或反折，外面被稀疏的蛛丝状柔毛，外层总苞片三角形，长3～5 mm，宽约1 mm，先端钻状渐尖，中内层总苞片卵形至线形，长7～10 mm，宽1～2 mm，先端具钻状草质的附片。花白色或淡蓝紫色，花冠长约11 mm，檐部5浅裂，细管部长4～5 mm，短于檐部。瘦果无毛，倒圆锥形，暗褐色，长约3 mm。冠毛污白色，外层长2～4 mm，内层长8～9 mm。 花果期8～9月。

产青海：称多（歇武乡赛巴沟，刘尚武2518）。生于海拔3 500 m左右的山地阴坡草地、林缘草甸、河谷阶地高寒草甸。

分布于我国的甘肃、青海、四川。模式标本采自四川松潘。

26. 尖头风毛菊 图版140：3～5

Saussurea malitiosa Maxim. in Bull. Acad. Sci. St.-Pétersb. 27：493. 1881；Lipsch. Gen. Saussurea 80. t. 7. 1979；青海植物志3：462. 图版101：1～3. 1996；中国植物志78（2）：56. 1999；青藏高原维管植物及其生态地理分布1033. 2008.

二年生草本。根细，垂直直伸。茎直立，高10～30 cm，具分枝，有棱及窄翅，被白色有节卷曲柔毛，基部有褐色的残存枯叶柄。叶长圆形至线状披针形，长2～12 cm，宽0.5～2.5 cm，倒向羽状深裂，顶裂片不大，长三角形至长披针形，顶端渐尖，侧裂片三角形至线状披针形，下弯，顶端渐尖或急尖，有软骨质小尖头，边缘全缘，上面被短腺毛和有节柔毛或几无毛，下面脉上被有节柔毛；基部叶早落，具柄，柄长1～2（5）cm，柄基鞘状扩大，被绵毛；茎中上部叶较大，无柄，基部沿茎下延成短翅，翅上有尖齿；最上部叶有时全缘。头状花序5～15个，在茎、枝顶部排成紧密的伞房状；花序梗粗短，被稠密的柔毛或无毛；总苞钟形或卵球形，宽10～15 mm；总苞片6～7层，长7～11 mm，宽约2 mm，外面被有节柔毛和绵毛或仅有腺点，顶端紫红色、渐尖、有软骨质小尖头，尖头直立或外弯，外层总苞片卵状披针形，内层线状披针形。花紫红色，花冠长13～15 mm，檐部长6～8 mm，5浅裂，细管部等长或稍短于檐部。瘦果黑褐色，长约3 mm，有时有横皱纹。冠毛白色，外层长2～3 mm，内层长10～12 mm。花果期8～9月。

产青海：都兰（夏日哈山，植被地理组336）、兴海（中铁乡至中铁林场途中，吴玉虎43023；河卡乡阿米瓦阳山，何廷农435；青根桥20115）、玛多（鄂陵湖贡玛岛，吴玉虎393）、玛沁（雪山乡，玛沁队389）。生于海拔3 000～4 300 m的沟谷山地灌丛、河滩高寒草地、砂质山坡草甸。

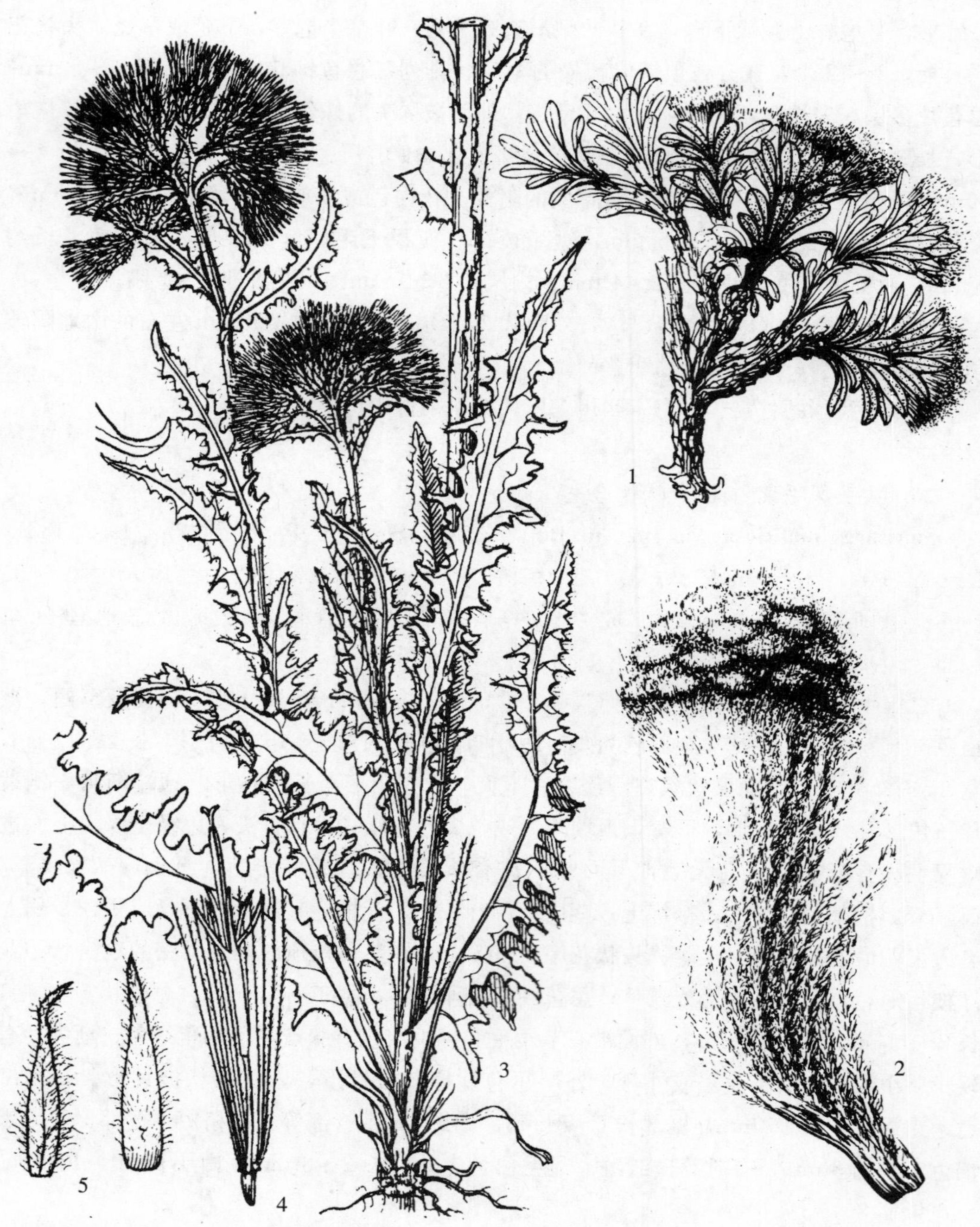

图版 **140** 鼠麴雪兔子 **Saussurea gnaphalodes** (Royle) Sch. -Bip. 1. 植株。小果雪兔子 **S. simpsoniana** (Field. et Gardn.) Lipsch. 2. 植株。尖头风毛菊 **S. malitiosa** Maxim. 3. 植株；4. 花；5. 总苞片。
(1～2. 引自《新疆植物志》，谭丽霞绘；3～4. 阎翠兰绘)

分布于我国的甘肃、青海；蒙古也有。

27. 钻叶风毛菊 图版141：1

Saussurea subulata C. B. Clarke Compos. Ind. 226. 1876. p. p. Lipsch. Gen. Saussurea 109. 1979；西藏植物志 4：907. 图 386：12～17. 1985；青海植物志 3：464. 1996；中国植物志 78（2）：89. 1999；新疆植物志 5：276. 图版 69：3. 1999；青藏高原维管植物及其生态地理分布 1039. 2008.

多年生垫状草本，高 1.5～4.0 cm。根状茎粗，褐色，多次分枝，发出多数花茎及不育叶丛；根颈部被棕褐色的残存枯叶。叶无柄，线形或钻状，绿色，革质，两面无毛，长 5～10 mm，宽约 1 mm，边缘全缘且反卷，顶端具白色软骨质的小尖头，基部扩大成鞘状，紫红色，被白色蛛丝状绵毛。头状花序单生于茎端，花序梗极短；总苞钟形，宽 5～7 mm；总苞片 3～4 层，出露部分紫红色，顶端有硬尖头或急尖，外层总苞片卵形，长 5～6 mm，宽 2～3 mm，中内层总苞片长椭圆形至线形，干膜质，长 6～8 mm，宽 1.5～2.0 mm。花紫红色，花冠长 8～9 mm，檐部 5 裂至中部，细管部等长于檐部。瘦果长 1.5～3.5 mm。冠毛淡褐色，外层长约 2 mm，内层长 7～8 mm。 花果期 7～8 月。

产新疆：叶城（岔路口，青藏队吴玉虎 1196）、皮山（甜水湾西北，李勃生等 10812）、和田（阿克赛，安峥皙 079；甜水海至界山达坂，高生所西藏队 3418）、于田（普鲁大队乌鲁克库勒双羊达坂，李勃生 11787）、民丰（看尔晒，郭柯 12225）、且末（昆其布拉克，青藏队武素功等 2616，青藏队吴玉虎 2107、2616）、若羌（阿其克沟，青藏队吴玉虎 4049；阿其克库勒东 20 km 处，郑度等 12386；阿雅格库姆库里达坂北坡，克里木 A095）。生于海拔 4 250～5 000 m的沟谷山坡高山草甸、河谷沙砾地、高原宽谷山坡及山麓草地。

西藏：日土（龙木错东 17 km 处，青藏队植被组 13144；多玛区芒错至拉竹龙途中，青藏队 76－8375）、改则（采集地不详，李勃生等 10892；扎吉玉湖，高生所西藏队 4335）、班戈（色哇区科龙山，青藏队藏北分队郎楷永 9437，青藏队植被组 11720；色哇区雅曲雅土至拉尔等加拉途中，青藏队藏北分队郎楷永 9481）、尼玛（双湖马益尔雪山至申扎县途中，青藏队藏北分队郎楷永 10081；双湖无人区约级台错至克拉木伦山口途中，青藏队藏北分队郎楷永 9964；藏北无人区兰湖至缺天湖途中，青藏队藏北分队郎楷永 9872；双湖办事处至岗分湖途中，青藏队藏北分队郎楷永 9828）。生于海拔 4 600～5 250 m 的河谷沙砾地、山坡高寒草甸、沟谷山坡沙砾质草地。

青海：格尔木（青藏公路昆仑山口南 14 km 处，郭柯等 12677）、曲麻莱（秋智乡南拉河，刘尚武等 688）、玛多（采集地不详，吴玉虎 1285；扎陵湖湖畔，吴玉虎 1559；布青山南，植被地理组 559）、玛沁（优云乡冷许忽，玛沁队 506）。生于海拔 4 100～4 700 m的宽谷河滩草甸、溪流河谷滩地高寒草甸、高原山地流水线边、高原湖盆沙地、高寒沼泽草地。

分布于我国的新疆、青海、西藏；印度，巴基斯坦也有。

28. 腺毛风毛菊

Saussurea glanduligera Sch.-Bip. ex Hook. f. Fl. Brit. Ind. 3：371. 1881；Lipsch. Gen. Saussurea 150. 1979；西藏植物志 4：900. 图 384：1～5. 1985；中国植物志 78（2）：120. 1999；新疆植物志 5：291. 1999；青藏高原维管植物及其生态地理分布 1028. 2008.

多年生草本，高 10～15 cm。根颈部被暗棕色的残存枯叶柄，叶腋内有密集的白色绵毛。茎直立，不分枝，较粗壮，有时下部带紫红色，被腺毛和长柔毛，花序以下毛较密。基生叶线状披针形或线形，长 3.5～8.0 cm，宽 3～7 mm，不裂而具稀疏的小齿，有时边缘反卷，两面密被短腺毛和稀疏的长柔毛，下面中脉凸起，先端渐尖，基部楔形，有短柄，柄基鞘状扩大，叶腋内被密集的白色长绵毛；茎生叶与基生叶类似但无柄，向上渐小，最上部叶着生于花序附近。头状花序大，单生于茎端；总苞半球形，宽 2～4 cm；总苞片 3 层，外层较短，中内层近等长，长 1.2～2.0 cm，宽 1～3 mm，窄披针形至线形，先端急尖或渐尖，外面被长柔毛和腺毛或腺点，直立或向外开展。花紫红色，花冠长 14～15 mm，檐部 5 浅裂，细管部等长或略短于檐部。瘦果椭圆形，长 3～5 mm，棕褐色，有纵棱。冠毛淡褐色，外层长 2～4 mm，内层长 11～13 mm。花果期 7～9 月。

产新疆：叶城（岔路口，青藏队吴玉虎 1233）。生于海拔 4 960 m 左右的沟谷山坡岩石缝空隙中、沙砾质山坡草地。

西藏：日土（斯潘古尔附近，青藏队 76－8772；甲吾山，高生所西藏队 3567；空喀山口，高生所西藏队 3698）、改则（至措勤县途中，青藏队藏北分队郎楷永 10272；扎吉玉湖，高生所西藏队 4348）、尼玛（双湖，采集人和采集号不详）。生于海拔 4 700～5 200 m 的沟谷山坡岩石缝隙、山坡草地、沙砾地、山地高寒灌丛草甸中。

分布于我国的新疆、西藏；印度，克什米尔地区，巴基斯坦也有。

29. 异色风毛菊 图版 142：1～5

Saussurea brunneopilosa Hand.-Mazz. in Notizbl. Bot. Gart. Berl.-Dahl. 13：651，1937；Lipsch. Gen. Saussurea 147. 1979；青海植物志 3：464. 图版 102：1～5. 1996；中国植物志 78（2）：122. 1999；青藏高原维管植物及其生态地理分布 1025. 2008.

29a. 异色风毛菊（原变种）

var. **brunneopilosa**

多年生草本，高 4～30 cm。根状茎分枝多头，上部被纤维状撕裂的褐色枯叶柄和白色绢状毛，发出丛生的不育枝与花茎。茎直立，不分枝，密被白色长绢毛。叶狭线形，长2～7（16）cm，宽 1～2 mm，先端钝或稍尖，基部扩大成鞘状，边缘全缘、反卷，上面无毛，下面密被白色绢毛；基生叶较长，茎生叶向上渐小；最上部叶靠近花序，苞叶状，与花序近等长。头状花序单生茎端；总苞半球形，宽 2.0～2.5 cm；总苞片 3～4 层，先端渐尖且带暗紫红色，外面密被褐色绢毛，中外层总苞片卵状披针形至椭圆状披针形，长 10～12 mm，宽 2～3 mm，内层总苞片线状披针形，长 15～20 mm，宽 1～3 mm。花紫红色，花冠长13～19 mm，檐部 5 深裂，细管部等长或略短于檐部。瘦果圆锥状，长 3.5～4.0 mm。冠毛异色，外层白色，长 1.5～2.0 mm，内层棕褐色，长 10～11 mm。　花果期 7～9 月。

产青海：都兰（英德尔羊场东沟，杜庆 415）、兴海（大河坝，吴玉虎 42525；黄青河畔，吴玉虎 42723、42734；中铁林场卓琼沟，吴玉虎 45705；温泉山，王为义 114、119；河卡乡阿米瓦阳山，何廷农 422；王作宾 20288；河卡乡白龙，郭本兆 6213、6306；河卡山，弃耕地考察队 423；郭本兆 6271；河卡乡墨都山，何廷农 297；河卡乡宁曲山，何廷农 331、374）、玛多（采集地不详，吴玉虎 251；花石峡乡，H. B. G. 1497；黑河乡曲纳麦尔，H. B. G. 1460；布青山南面，植被地理组 558；县城郊区，吴玉虎 1616、1629；扎陵湖畔，吴玉虎 1558；西北10 km处，陈桂琛等 1843；巴颜喀拉山，周国杰 015；黑海乡，杜庆 497）。生于海拔 3 200～4 350 m的沟谷山坡高山草甸、宽谷滩地草甸、河谷阶地高寒草甸沙砾地、河谷山坡灌丛、砾石山坡。

分布于我国的甘肃、青海。模式标本采自甘肃。

29b. 矮丛风毛菊（变种）

var. **eopygmaea**（Hand.-Mazz.）Lipsch. in Bull. Soc. Nat. Mosc. Biol. 76（4）：79. 1971. ——S. eopygmaea Hand.-Mazz. in Notizbl. Bot. Gart. Mus. Berl.-Dahl. 13：650. 1937；青海植物志 3：465. 1996；青藏高原维管植物及其生态地理分布 1028. 2008.

与原变种的区别在于：总苞片背面密被白色柔毛，并混生有褐色长柔毛，稀无毛。

产青海：曲麻莱（秋智乡，刘尚武等 10760）、称多（珍秦乡，张新学 83-197；扎朵乡，张新学 83-113）、玛多（巴颜喀拉山北坡，陈桂琛等 1985、1946；黑河乡，吴玉虎 369）、玛沁（尼卓玛山垭口，H. B. G. 735；雪山乡，H. B. G. 426、462，玛沁队 348、353；大武乡，H. B. G. 587、602、847；西哈垄河谷，H. B. G. 328；昌马河乡，陈桂琛等 1726；优云乡，区划一组 101；布青山南，区划一组 558；江让水电站，植被地理组 445）、久治（索乎日麻乡扎龙尕玛山，果洛队 258、342，藏药队 457）。生于海拔 3 300～4 950 m 的沟谷山地高寒灌丛草甸、山坡砾石地、河谷阶地高山草甸。

分布于我国的青海、甘肃。

30. 白叶风毛菊 图版 141：2

Saussurea leucophylla Schrenk in Bull. Sci. Acad. St.-Pétersb. 10（23）：354. 1842；Fl. URSS 27：399. 1962；Icon. Pl. Pamir 243. 1963；Lipsch. Gen. Saussurea 148. 1979；中国植物志 78（2）：123. 1999；新疆植物志 5：288. 图版 71：2. 1999；青藏高原维管植物及其生态地理分布 1032. 2008.

多年生草本，高 5～10 cm。根细，顶端分枝多头；根颈部密被褐色残存的枯叶柄。茎直立，不分枝，有棱槽，密被白色绵毛。叶线形，长 3～8 cm，宽 1～2 mm，顶端渐尖，边缘全缘，反卷，先端钝，两面密被白色绵毛，下面特别密集呈毡状；基生叶密集，通常较长，具短柄，柄的基部鞘状扩大；茎生叶少数，较短，基部增宽并沿茎下延；最上部叶着生于花序基部呈苞叶状，等长或明显长于花序。头状花序较大，单生于茎顶；总苞钟状或半球形，宽 2～3 cm；总苞片 3～4 层，外面被白色长柔毛，外层总苞片卵状披针形，长 5 mm，宽 3～4 mm，先端长渐尖，草质，中内层总苞片披针形或线形，长 8～15 mm，宽 2～3 mm。花紫红色，花冠长 14～18 mm，檐部 5 深裂，细管部长 8～10 mm，略长于檐部。瘦果褐色。冠毛污白色或淡黄褐色，外层长 1～3 mm，内层长 12～15 mm。 花果期 7～8 月。

产新疆：乌恰（界里玉，崔乃然 R1076）、和田、策勒。生于海拔 3 600 m 左右的高山和亚高山草甸、砾石质山坡草甸。

分布于我国的新疆；俄罗斯西伯利亚，蒙古，哈萨克斯坦，吉尔吉斯斯坦，塔吉克斯坦也有。

31. 昆仑风毛菊 图版 141：3

Saussurea cinerea Franch. in Bull. Mus. Nat. Hist. Nat. Paris 3：324. 1897；Lipsch. Gen. Saussurea 229. 1979；新疆植物志 5：293. 图版 69：2. 1999；青藏高原维管植物及其生态地理分布 1026. 2008.

多年生矮小草本，高 3～5 cm。根状茎暗褐色，细长，常在上部有长或短的分枝；根颈部被淡褐色残存枯叶柄，枯叶柄外面密被蛛丝状柔毛。茎单一或少数，直立，不分枝，密被蛛丝状柔毛，有时近无茎。叶线形，长 1～5 cm，宽 1～4 mm，上面绿色，疏被蛛丝状柔毛，下面灰白色，密被蛛丝状柔毛，全缘或具稀疏的尖齿，少羽状浅裂而具稀疏的斜三角形或齿状的侧裂片，叶缘反卷，叶柄基部鞘状扩大；基生叶多数或少数，较长，茎生叶少数，向上渐小。头状花序较大，1～2 个，稀多数，单生于茎端；总苞圆柱形或钟状，宽 6～12 mm；总苞片 4～5 层，淡绿色，密被绵毛，先端渐尖且有小尖头；外层总苞片小，卵形或卵状披针形，长 5～7 mm，宽约 2 mm，内层总苞片披针形或长圆形，长 10～15 mm，宽 2～3 mm。花淡紫色或白色，花冠长 13～17 mm，檐部

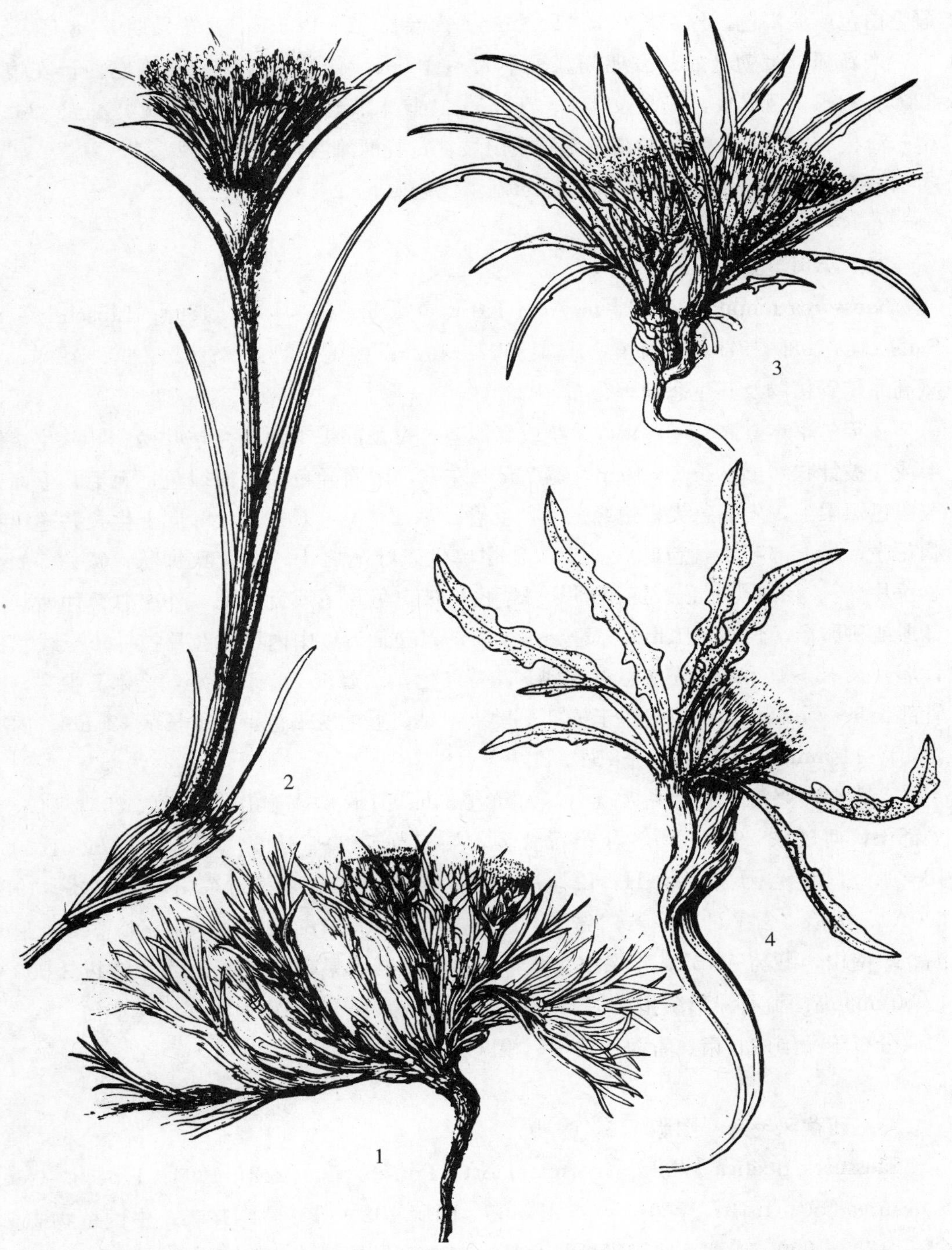

图版 **141**　钻叶风毛菊 **Saussurea subulata** C. B. Clarke 1. 植株。白叶风毛菊 **S. leucophylla** Schrenk 2. 植株。昆仑风毛菊 **S. cinerea** Franch. 3. 植株。川藏风毛菊 **S. stoliczkai** C. B. Clarke 4. 植株。

(引自《新疆植物志》，谭丽霞绘)

先端5浅裂，细管部长7～9 mm，略长于檐部。瘦果长3～5 mm，上部有稀疏的腺点。冠毛白色或淡褐色，外层长0.5～1.0 mm，内层长12～14 mm。 花果期7～8月。

产新疆：策勒（奴尔乡亚门，采集人不详061；恰恰玉尤克土格曼巴西，安峥皙320）、和田（风光乡，杨昌友188、750559）、且末（红旗达坂，青藏队吴玉虎3862）。生于海拔3 200～3 800 m的高山砾石质山坡、宽谷河滩沙砾地。

分布于我国的新疆。模式标本采自新疆昆仑山。

32. 小风毛菊

Saussurea minuta Winkl. in Acta Hort. Petrop. 13：243. 1894；Lipsch. Gen. Saussurea 108. 1979；青海植物志 3：467. 1996；中国植物志 78（2）：90. 1999；青藏高原维管植物及其生态地理分布 1033. 2008.

多年生草本，高2～3 cm，无茎或有短茎。根颈部被褐色残存枯叶柄。叶基生，线形或狭披针状线形，长2～4 cm，宽2 mm左右，两面异色，上面绿色，无毛，下面密被白色短柔毛，先端急尖，边缘全缘，反卷，基部增宽，具短柄，叶向上生长并超出头状花序；最上部叶小，苞叶状。头状花序单生于叶丛之中；总苞狭钟状，宽约1 cm；总苞片3～4层，黑紫色或露出部分黑紫色，被白色茸毛或近无毛，外层总苞片卵状披针形或狭卵形，长9～11 mm，宽3～4 mm，先端急尖，中内层总苞片披针形至线状披针形，长13～15 mm，先端急尖或钝。花紫红色，花冠长13～15 mm，檐部5中裂，细管部长6～7 mm，等长或略短于檐部。瘦果未见。冠毛淡褐色，外层长1～2 mm，内层长10～11 mm。 花果期7～8月。

产青海：兴海（河卡乡火隆山，何廷农346；河卡乡日干山，何廷农285；河卡乡墨都山，何廷农299）、玛多（花石峡乡，吴玉虎742）、达日（吉迈乡，H. B. G. 1288）、甘德（上贡麻乡，H. B. G. 922、928）、治多（鹿场东山，周立华419B、420A）、久治（索乎日麻乡希门错湖，藏药队594；龙卡湖东南面，果洛队590；龙卡湖北岸南山，藏药队753；年保山北坡希门错湖东畔，果洛队435）。生于海拔3 500～4 900 m的高山流石滩稀疏植被带、沟谷山坡高山草甸、河谷山地高寒灌丛草甸。

分布于我国的甘肃、青海、四川。模式标本采自甘肃。

33. 西藏风毛菊 图版142：6～9

Saussurea tibetica Winkl. in Acta Hort. Petrop. 13：242，1894；Lipsch. Gen. Saussurea 150. 1979；青海植物志 3：465. 图版 102：11～14. 1996；中国植物志 78（2）：122. 1999；青藏高原维管植物及其生态地理分布 1041. 2008.

多年生草本，高10～25 cm，常有不育叶丛。茎直立，不分枝，单生或2～3个丛生，常带紫红色，被灰白色长柔毛，基部有褐色残存枯叶柄。叶线形，长2.5～10.0 cm，宽3～5（8）mm，先端渐尖，边缘全缘，反卷，上面绿色，无毛或被稀疏的柔毛，下面密被白色卷曲柔毛而显灰白色，基部稍扩大，紫红色，鞘状半抱茎，鞘缘有毛；最上部叶 2～3 枚，苞叶状，紫红色，两面被白色卷曲柔毛。头状花序单生，有时 2～3 个并生于茎端，有短梗；总苞钟形或倒锥形，宽 2～3 cm；总苞片 3～4 层，近等长，线状披针形至线形，长 11～14 mm，宽1～4 mm，黑紫色，先端渐尖，外面密被白色长粗毛。花紫红色，花冠长约 11 mm，细管部长约 6 mm，略长于檐部，檐部 5 深裂。瘦果倒卵状长圆形，长约 3. 5 mm。冠毛污白色或淡黄褐色，外层长 1～2 mm，内层长 8～10 mm。　花果期 7～8 月。

产新疆：且末（昆其布拉克，青藏队吴玉虎 2098）。生于海拔 4 000 m 左右的沟谷山地高寒草甸、高原河谷阶地草甸。

西藏：日土（多玛区曲则热都，青藏队 76－9073）、改则（大滩，高生所西藏队 4315；康托区米巴河滩，青藏队藏北分队郎楷永 10217）、尼玛（双湖无人区可可西里，青藏队藏北分队郎楷永 9985；无人区可可西里山脉，青藏队藏北分队郎楷永 10003；双湖办事处后山山沟，青藏队藏北分队郎楷永 9864；无人区双湖鱼尾，青藏队藏北分队郎楷永 10014）。生于海拔 4 400～5 200 m 的高原宽谷河滩高寒草原、河谷阶地高寒草甸、沟谷山麓草甸砾石地。

青海：兴海（温泉山，王为义 128；河卡山，郭本兆 6157；青根桥，王作宾 20146；河卡乡纳滩，何廷农 389）、曲麻莱（东风乡，刘尚武等 823；秋智乡，刘尚武等 766）、称多（清水河乡，张新学 83－30，刘尚武 2550）、玛多（多曲河畔，吴玉虎 451；布青山南面，植被地理组 535；黄河乡，吴玉虎 1078；扎陵湖北滩，吴玉虎 1535；巴颜喀拉山，周国杰 001A）、玛沁（当洛乡，区划一组 136；铜矿沟，玛沁队 509；大武乡，H. B. G. 538、706；优云乡冷许忽，玛沁队 514）、久治（索乎日麻乡，果洛队 361；县城郊，陈桂琛等 1585）。生于海拔 3 400～4 700 m 的河谷滩地高寒沼泽草甸、沟谷山坡高山草甸砾石地。

分布于我国的青海、西藏。模式标本采自青海黄河源地区。

34. 圆裂风毛菊

Saussurea pulviniformis Winkl. in Acta Petrop. Gard. Bot. 11（2）：377. 1891；Fl. URSS 27：427. 1962；Lisch. Gen. Saussurea 110. 1979；新疆植物志 5：276. 1999；青藏高原维管植物及其生态地理分布 1037. 2008.

多年生垫状草本，高达 3. 5 cm。根粗壮，木质化，根皮剥离分解成纤维状；根颈增粗，多头，密被褐色残存的鞘状枯叶柄。叶质地厚，小，羽状浅裂或羽状深裂，侧裂片近圆形或半长圆形，全缘或具齿，裂片顶端有的具小尖，有的圆钝，淡绿色，顶生裂片较大，圆形或椭圆形，顶端钝，沿缘具疏齿或近全缘，两面多少被蛛丝状柔毛；基生叶多数，有柄，柄的基部扩大成鞘状，通常紫红色，叶片长椭圆形或倒披针形，连同叶柄长 1. 5～2. 5 cm，宽 3～8 mm；茎中部叶较小，与基生叶同形，但羽状浅裂或具浅波状齿，有短柄，柄的基部鞘状扩大半抱茎；茎上部叶小，披针形或线状披针形，无柄。头状花序中等大，通常单一，稀 2 个生于茎端；总苞钟状，长 8～12 mm，直径 6～8 mm，被稀疏的蛛丝状柔毛或近无毛；总苞片 5～6 层，向内渐长，所有的总苞片淡绿色，沿缘白色膜质，或上部紫红色，外层总苞片小，卵形，顶端钝或具小尖，内层总苞片长圆状披针形，顶端具小尖或钝。小花淡红色或粉红色，花冠长 1.2～1.4 cm，细管部长 5～7 mm，与增宽的檐部等长或稍短，檐部先端深裂，裂片长达 4 mm。瘦果圆柱形或倒圆锥形，长达 5 mm，有纵棱，褐色，无毛，顶端有小冠。冠毛 2 层，污白色或淡褐色，外层刚毛短，不等长，长 1～5 mm，糙毛状，内层刚毛长羽状，长 1.0～1.2 cm。 花果期 7～8 月。

产新疆：乌恰（托云，西植所新疆队 2227）。生于海拔 3 000 m 左右的高山草甸、沟谷山坡云杉林、砾石山坡草甸、河谷山地石缝。

分布于我国的新疆。模式标本采自新疆伊犁地区。

35. 矮小风毛菊

Saussurea pumila Winkl. in Acta Hort. Petrop. 13: 244. 1894; Lipsch. Gen. Saussurea 109. 1979；青海植物志 3：465. 1996；中国植物志 78（2）：95. 1999；青藏高原维管植物及其生态地理分布 1037. 2008.

多年生草本，高约 3 cm。根状茎细长，上部被黑褐色残存枯叶柄。茎极短，直立，无毛。叶披针形或椭圆形，长 1.5～3.0 cm，宽 3～7 mm，无毛，先端急尖或钝，全缘，偶有稀疏的小尖齿，基部渐狭，几无柄；基生叶莲座状，茎生叶 2～3 枚，最上部叶小，苞片状，有时带紫色。头状花序单生茎端，生于莲座状叶丛中；总苞钟状，宽 1～2 cm；总苞片 3～4 层，全部或上部黑褐色，无毛，先端急尖或渐尖，外层总苞片卵状披针形，长约 10 mm，宽约 4 mm；中内层总苞片披针形至线状披针形，长 12～15 mm，宽 3～4 mm。花蓝紫色，花冠长 12～13 mm，檐部 5 深裂，细管部等长或略短于檐部。瘦果长约 3 mm。冠毛淡黄白色，外层长 3 mm，内层长 11～12 mm。 花期 7～8 月。

产青海：兴海（河卡乡火隆山，何廷农 344）、达日（吉迈乡，H. B. G. 1277）、曲麻莱（叶格乡等，刘尚武等 727）、称多（扎朵乡，张新学 83－260）、玛多（清水乡，H. B. G. 1362；多曲，吴玉虎 467）、玛沁（下大武乡，玛沁队 489；二大队八小队冬场，区划三组 222）。生于海拔 3 600～4 700 m 的沟谷水边高寒草甸、宽谷滩地高寒沼泽草甸、高原山顶沙砾裸地、沟谷山坡高山草甸、河谷阶地高寒草甸。

分布于我国的青海、西藏、四川。

模式标本采自青海格尔木（布尔汗布达山）。

36. 无梗风毛菊 图版142：10～11

Saussurea apus Maxim. in Bull. Acad. Sci. St.-Pétersb. 27：490. 1881；Lipsch. Gen. Saussurea 110. 1979；青海植物志 3：468. 图版 103：5～6. 1996；中国植物志 78（2）：96. 1999；青藏高原维管植物及其生态地理分布 1024. 2008. ——*S. humilis* Ostenf. in Sven Hedin South. Tibet Bot. 6（3）：32. 1920；西藏植物志 4：908. 1985.

多年生草本，无茎或具短茎，高 2～3 cm。根状茎细长，有时分枝，顶端被褐色残存枯叶，有时具不育叶丛。基生叶莲座状，狭披针形或长椭圆形，长 1.5～6.0 cm，宽 2～7（15）mm，两面绿色，先端急尖，边缘有锯齿，齿端具白色软骨质小尖头，无柄，基部鞘状扩大；不育叶丛的叶较狭窄，花序下的叶稍宽，卵形或卵状披针形，有时带紫红色，与花序等长或稍短。头状花序单生于茎端或莲座状叶丛中；总苞半球形或钟形，宽 1.5～3.0 cm；总苞片 3～5 层，近等长或向内渐长，黑紫色，外面被稀疏的长柔毛，先端渐尖，有时弯曲，外层总苞片卵状披针形，长 9～13 mm，宽约 4 mm，内层总苞片线形，长 14～18 mm，宽约 2 mm。花紫色，花冠长 13～15 mm，檐部 5 深裂，细管部长 7～8 mm，较檐部稍长。瘦果长 2.5～3.5 mm，有脉纹。冠毛白色，外层长约3 mm，内层长 10～12 mm。 花果期 7～8 月。

产西藏：改则（至措勤县途中，青藏队藏北分队郎楷永 10282）、尼玛（双湖，青藏队藏北分队郎楷永；马益尔雪山，采集人不详 10035）。生于海拔 4 800～5 400 m 的高山砾石坡稀疏植被带、沟谷山坡草地、溪流河滩高寒草甸砾石地。

青海：曲麻莱（巴颜热若山，黄荣福 039）、称多（扎朵乡，张新学 83－242；扎朵乡日阿吾查罕，苟新京 83－274；扎朵乡 39 km 处，苟新京 83－242）、玛多（扎陵湖乡，植被地理组 598；黑海乡，杜庆 551；扎陵湖二队前滩，吴玉虎 1598）、玛沁（优云乡冷许忽，玛沁队 516；优云乡，区划一组 176）、达日（吉迈乡赛纳纽达山，H. B. G. 1217）。生于海拔 4 000～5 300 m 的高原宽谷砾石滩地草甸、宽谷河滩高寒草甸、沟谷山坡砂地高寒草原。

分布于我国的甘肃、青海、西藏。模式标本采自甘肃。

37. 长毛风毛菊

Saussurea hieracioides Hook. f. Fl. Brit. Ind. 3：371. 1881；Lipsch. Gen. Saussurea 234. 1979；中国高等植物图鉴 4：625. 图 6663. 1975；西藏植物志 4：898. 1985；中国植物志 78（2）：195. 图版 32：7～12. 1999；青藏高原维管植物及其生态地理分布 1030. 2008. ——*S. superba* Anth. in Not. Bot. Gard. Edinb. 18：212. 1934；青海植物志 3：468. 1996.

多年生草本，高 4～25 cm。根状茎粗，有时分枝，颈部密被褐色残存枯叶柄。茎直立，密被白色长柔毛。叶质地薄，绿色或黄绿色，两面及边缘被稀疏的长柔毛，不裂，全缘或有不明显的稀疏的浅齿，先端钝或急尖；基生叶莲座状，基部渐狭成短柄，叶片倒披针形或椭圆形，长 3～10 cm，宽 1.0～3.5 cm；茎生叶较小，狭倒披针形至线状披针形，无柄。头状花序单生茎顶；总苞宽钟形，宽 2.5～4.0 cm；总苞片 4～5 层，不等长或有时近等长，顶端长渐尖，常具黑褐色边缘或有时全部黑褐色，外层总苞片卵状披针形，长 10～15 mm，宽 3～6 mm，中内层线状披针形或线形，长 18～25 mm，宽 2～3 mm。花紫色，花冠长18～21 mm，檐部 5 深裂，细管部长 11～13 mm，明显长于檐部。瘦果长约 2.5 mm，有黑色花纹。冠毛异色，外层白色，长 2～5 mm，内层淡褐色，长 13～16 mm。 花果期 7～9 月。

产青海：兴海（河卡乡，郭本兆 6241、何廷农 206；河卡山，王作宾 20207，吴珍兰 204）、曲麻莱（东风乡，刘尚武等 804）、称多（县城，刘尚武 2413）、玛多（花石峡乡，吴玉虎 773，H. B. G. 1489）、玛沁（俄琴沟，区划一组 165；江让水电站，吴玉虎 1444，植被地理组 444；大武乡，H. B. G. 711；雪山乡，427）、甘德（上贡麻乡，H. B. G. 901）、久治（索乎日麻乡，藏药队 529、果洛队 307）、班玛。生于海拔 3 250～4 600 m 的沟谷山坡草地、河谷滩地高寒草甸、宽谷河滩草甸、山麓高山草甸。

分布于我国的甘肃、青海、西藏、云南、四川、湖北；尼泊尔，印度东北部也有。

38. 重齿风毛菊　图版 143：3～4

Saussurea katochaete Maxim. in Bull. Acad. Sci. St.-Pétersb. 27：491. 1881；Lipsch. Gen. Saussurea 107. 1979；青海植物志 3：468. 图版 103：1～2. 1996；中国植物志 78（2）：87. 1999；青藏高原维管植物及其生态地理分布 1031. 2008. ——*S. katochaetoides* Hand.-Mazz. in Anzeig. Acad. Wiss. Wien. Math.-Nat. K1. 61：204. 1924；西藏植物志 4：906. 1985.

多年生草本，高 3～5 cm，无茎或有极短的花茎。根粗，圆柱形，颈部密被褐色残存纤维状枯叶柄。叶莲座状基生，卵形、菱形、或宽椭圆形，少长圆形，长 2.5～8.0 cm，宽1.5～4.0 cm，两面异色，上面绿色，无毛，下面密被白色茸毛，先端急尖、钝或圆形，边缘有细密而不整齐的锯齿或重锯齿，齿端有软骨质小尖头，基部微心形、圆形、楔形或平截；侧脉多对，在叶下面隆起；叶柄扁平，有时显紫红色，长 1.5～6.0 cm，被稀疏的蛛丝状毛或无毛，基部鞘状。头状花序 1 个，极少 2 个，单生于莲座状叶丛之中；总苞宽钟状，基部近圆形，宽 3～4 cm；总苞片 4～7 层，无毛，先端渐尖，常紫色，边缘黑色，中外层总苞片三角形或卵状披针形，长 9～15 mm，宽 4～6 mm，顶端常反折，内层狭披针形，长 17～20 mm，宽 3～4 mm。花紫色，花冠长 16～18 mm，檐部 5 深裂，细管部长 9～11 mm，明显长于檐部。瘦果长约 4 mm。冠毛黄褐色，外层长 2～3 mm，反折并包围果实，内层长 13～15 mm。 花果期 7～9 月。

产青海：兴海（中铁林场卓琼沟，吴玉虎 45663B；温泉山，王为义 137）、曲麻莱

(东风乡，刘尚武等 803)、称多（珍秦乡，张新学 83-164)、玛多（清水乡，陈桂琛等 1898，吴玉虎 536)、玛沁（龙科木可，区划一组 147；雪山乡，玛沁队 460；大武乡，H. B. G. 862)、甘德（上贡麻乡，H. B. G. 896；东吉乡，吴玉虎 25764)、久治（龙卡湖，藏药队 701，果洛队 582、585)。生于海拔 2 800～4 650 m 的宽谷河滩高寒草甸、沟谷山地高寒灌丛草甸、高山草甸及高山流石滩稀疏植被带。

分布于我国的甘肃、青海、西藏、云南、四川。模式标本采自青海大通河流域。

39. 牛耳风毛菊

Saussurea woodiana Hemsl. in Journ. Linn. Soc. Bot. 29：312. 1892；Lipsch. Gen. Saussurea 251. 1979；青海植物志 3：469. 1996；中国植物志 78（2)：204. 1999；青藏高原维管植物及其生态地理分布 1042. 2008.

多年生矮草本，高 3～6 cm。主根粗壮，根颈部被残存的黑褐色纤维状枯叶柄。茎直立，较短，被白色蛛丝状毛，或无茎而植株呈莲座状。基生叶莲座状，倒卵状长圆形、倒披针形或宽椭圆形，长 4～14 cm，宽 1.5～7.0 cm，两面异色，上面有短腺毛和稀疏的蛛丝状毛，下面密被白色茸毛，先端钝或急尖，边缘有小锯齿，齿端有小尖头，少全缘，基部渐狭成短翼柄，叶脉在下面凸起；茎生叶少数，向上渐小。头状花序 1 或 2 个，单生茎端或莲座状叶丛中；总苞半球形或钟形，宽 2～3 cm；总苞片 4～6 层，边缘黑褐色，顶端渐尖，被长柔毛，有时紫红色；外层总苞片狭卵状披针形，长 8～10 mm，宽 2～3 mm，中层总苞片卵状披针形，长 13～16 mm，宽 3～4 mm，内层总苞片线状披针形，长 18～22 mm，宽约 3 mm。花紫色，长约 20 mm，檐部先端 5 裂至中部，细管部长约 12 mm，明显长于檐部。瘦果长约 4 mm。冠毛浅褐色，外层长约 3 mm，内层长约 17 mm。 花果期 7～9 月。

产西藏：尼玛（双湖马益尔雪山，青藏队藏北分队郎楷永 10034)。生于海拔 5 300 m左右的高原沟谷山地高寒草原、山坡砾石地河谷阶地砾石滩。

青海：兴海（温泉山，张盍曾 63104)、曲麻莱（巴颜热若山，黄荣福 036)、玛沁（大武乡，H. B. G. 819；龙藏欠沟口，区划二组 264；看什杰沟塆石山，区划一组 174)、久治（龙卡湖，藏药队 775；索乎日麻乡，藏药队 600)、玛多（黄河乡，吴玉虎 1074)、达日（建设乡，H. B. G. 1186)、称多（清水河乡至巴颜喀拉山，苟新京 83-209)。生于海拔 3 150～4 200 m 的沟谷河滩高寒草甸、河谷滩地草甸、山坡草甸砾石地、河谷阶地高山草甸。

分布于我国的西藏、青海、四川。模式标本采自四川康定。

40. 沙生风毛菊 图版 142：12～15

Saussurea arenaria Maxim. in Bull. Acad. Sci. St.-Pétersb. 27：490. 1881；Lipsch. Gen. Saussurea 161. 1979；西藏植物志 4：910. 1985；中国沙漠植物志 3：

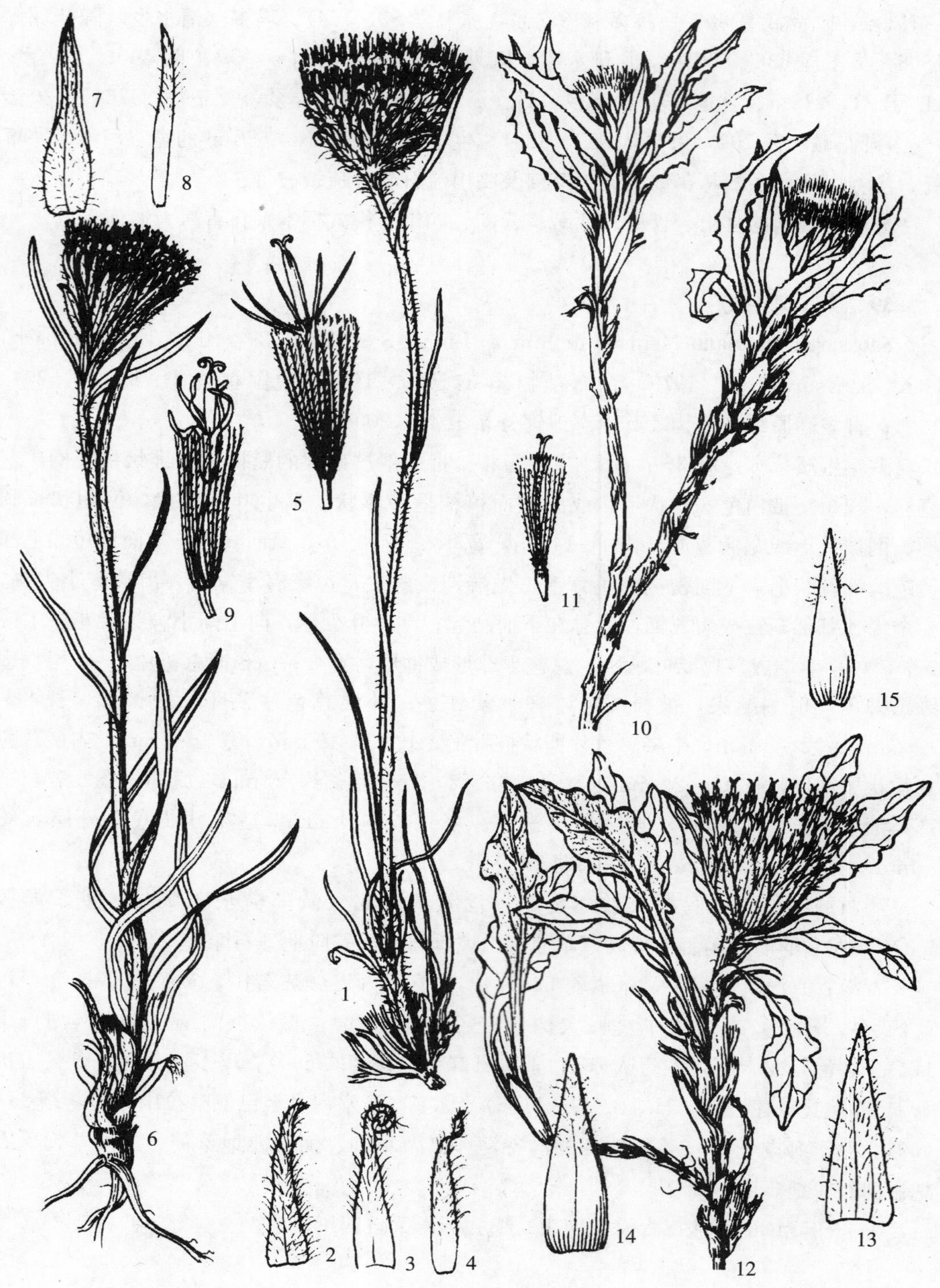

图版 **142**　异色风毛菊 **Saussurea brunneopilosa** Hand. -Mazz. 1. 植株；2～4. 总苞片；5. 花。西藏风毛菊 **S. tibetica** Winkl. 6. 植株；7～8. 总苞片；9. 花。无梗风毛菊 **S. apus** Maxim. 10. 植株；11. 花。沙生风毛菊 **S. arenaria** Maxim. 12. 植株；13～15. 总苞片。（阎翠兰、王颖绘）

387. 图版 153：8～12. 1992；青海植物志 3：470. 图版 104：4～7. 1996；中国植物志 78（2）：147. 1999；青藏高原维管植物及其生态地理分布 1024. 2008.

多年生草本，高 3～8 cm。根状茎细长，有分枝，根茎部被纤维状撕裂的残存枯叶柄。茎短或无，如有茎则直立，单生或数个丛生，被白色茸毛或近无毛。叶大部基生呈莲座状，线状长圆形或披针形，长 3～7 cm，宽 0.5～1.5 cm，上面绿色，无毛，下面灰白色，密被白色茸毛，先端急尖或渐尖，边缘全缘或具波状齿，基部楔形，下延成柄，柄长 1.5～4.0 cm。头状花序单生于莲座状叶丛中；总苞宽钟形，宽 2.5～3.5 cm；总苞片 5～6 层，顶端渐尖，有时带紫红色，外面多少被茸毛，外层总苞片卵状披针形至披针形，长 10～15 mm，宽 3～4 mm，内层线形，长 16～22 mm，宽 2～3 mm。花紫红色，花冠长 16～18 mm，檐部 5 深裂，细管部长约 10 mm，明显长于檐部。瘦果长约 3 mm，有棱。冠毛淡棕色，外层长 1～2 mm，内层长 12～14 mm。 花果期 7～9 月。

产西藏：日土（班公湖西段，高生所西藏队 3652）。生于海拔 4 600 m 左右的高原山地缓坡高寒草甸。

青海：兴海（大河坝，吴玉虎 42511、42592；黄青河畔，吴玉虎 42636B、42698、42699、42740；唐乃亥乡沙那，226；温泉山，王为义 121；河卡乡卡日红山，何廷农 181；河卡山，吴珍兰 205；青根桥，吴玉虎 20144；河卡乡白龙，郭本兆 6307、6318；温泉乡姜路岭，吴玉虎 28834）、曲麻莱（曲麻河乡，黄福荣 075；秋智乡，刘尚武等 676）、玛多（扎陵湖，吴玉虎 465；黑海乡，杜庆 503；黑河乡，陈桂琛等 1787、1789；县城后山，吴玉虎 1623；鄂陵湖西北面，植被地理组 563；鄂陵湖畔，吴玉虎 1562）、玛沁（雪山乡，玛沁队 414；大武乡，H. B. G. 606）、达日（建设乡，H. G. B. 1145；吉迈乡，H. B. G. 1340）、甘德（上贡麻乡，H. B. G. 935）。生于海拔 3 200～4 500 m的宽谷河滩高寒草甸、河谷沙地草甸、沟谷山坡草地、山顶高寒草甸砾石地、河谷山坡灌丛。

分布于我国的甘肃、青海、西藏。模式标本采自青海黄河上游。

41. 康定风毛菊

Saussurea ceterach Hand.-Mazz. in Acta Hort. Gothob. 12：323. f. 6b. 1938；Lipsch. Gen. Saussurea 161. 1979；西藏植物志 4：912. 1985；青海植物志 3：470. 1996；中国植物志 78（2）：152. 1999；青藏高原维管植物及其生态地理分布 1026. 2008.

多年生小草本，几无茎，高 2～3 cm。根茎细长，有分枝，颈部被深褐色残存枯叶柄。叶小，全部基生，莲座状，长圆形或倒卵状长圆形，长 1.5～4.0 cm，宽 7～15 mm，上面绿色，疏被短糙毛及蛛丝状毛或无毛，下面灰白色，密被白色茸毛，羽状浅裂，顶端裂片不大，侧裂片 3～5 对，长圆形、半圆形或卵形，先端圆钝且有小尖头，中部侧裂片较大，向上变小，叶柄细，长 1.0～1.5 cm。头状花序单生于莲座状叶丛中；总苞钟形，宽 8～10 mm；总苞片 3～5 层，外面疏被白色短柔毛，先端渐尖，常带紫红色，中外层总苞片卵形，长 6～10 mm，宽 2～3 mm，内层总苞片线状披针形，长 12～15 mm，宽约 2 mm。花紫色，花冠长 13～16 mm，檐部 5 深裂，细管部长 7～9 mm，明显长于檐部。瘦果长 2～3 mm，有横皱纹。冠毛淡褐色，外层长约 3 mm，内层长 11～12 mm。 花果期 9 月。

产青海：称多（清水河乡，张新学 83-52）、久治（龙卡湖，果洛队 589）。生于海拔4 100～4 400 m 的沟谷山顶草地、山坡灌丛草地。

分布于我国的青海、西藏、四川。模式标本采自四川道孚。

42. 川藏风毛菊 图版 141：4

Saussurea stoliczkai C. B. Clarke Compos. Ind. 225. 1876；Lipsch. Gen. Saussurea 169. 1979；西藏植物志 4：910. 图 387：6～10. 1985；青海植物志 3：470. 1996；中国植物志 78（2）：149. 1999；新疆植物志 5：293. 图版 69：1. 1999；青藏高原维管植物及其生态地理分布 1039. 2008.

多年生小草本，高 2～5 cm。根状茎黑褐色，顶端有时分枝；根颈部被暗褐色的残存叶柄。无茎或有短茎，短茎直立，单一，密被白色茸毛，有时还有不育的叶丛。叶较少，线状长圆形或倒披针形，长 2～7 cm，宽 3～10 mm，明显超出头状花序，上面被稀疏的蛛丝状柔毛，下面密被白色茸毛，先端渐尖，边缘反卷，羽状浅裂至深裂或有时叶丛中有少量不裂而近全缘的叶，顶裂片不大，三角形至长三角形，侧裂片钝三角形或斜三角形，平展或下倾，顶端有短尖头；叶基渐狭成柄，柄具翅，基部鞘状扩大，常紫红色。头状花序大，直接着生于根状茎顶端或单生于短茎顶部；总苞卵球形或钟状，宽 1.0～1.8 cm；总苞片 3～5 层，外面被稀疏的柔毛，外层总苞片卵状披针形，长 1.0～1.2 cm，宽 3～4 mm，有时带紫红色，中内层总苞片长椭圆状披针形至线形，长 1.2～1.6 cm，宽 1.0～1.5 mm，外露部分紫红色。花紫红色，长 14～18 mm，檐部 5 深裂，细管部长 8～10 mm，明显长于檐部。瘦果长 2.5～4.0 mm。冠毛污白色或淡褐色，外层长 0.5～4.0 mm，内层长 12～15 mm。 花果期 7～9 月。

产新疆：塔什库尔干（水布浪沟，西植所新疆队 1458）、皮山（神仙湾北 10 km 处，李勃生等 11290）、策勒（恰哈乡，安峥皙 279）、若羌（喀尔墩，84A-247；库木库勒盆地，崔乃然 A128；祁漫塔格山，青藏队吴玉虎 2660；阿尔金山保护区鸭子泉，郑度等 12520）。生于海拔 4 260～5 000 m的沟谷山地高山草甸砾石山坡、河滩沙地草甸。

西藏：日土（牙西尔错北山，青藏队植被组 13161；拉竹龙，李勃生等 10992）、改则（麻米乡至县城途中，青藏队藏北分队郎楷永 10183；至措勤县途中，青藏队藏北分队郎楷永 10247）。生于海拔 4 500～5 400 m 的山地砾石坡草地、沟谷山坡高寒灌丛草甸、宽谷滩地高寒草原、山沟河滩沙地、湖边小溪旁草甸。

青海：格尔木（小南川，青藏考察队 463；昆仑山南部高原，郭柯等 12669）、久治（龙卡湖，藏药队 739）。生于海拔 4 060～4 500 m 的沟谷河滩高寒草甸、山地阴坡高寒草甸砾石地。

分布于我国的新疆、青海、西藏、四川；印度西北部，尼泊尔也有。

43. 狮牙草状风毛菊

Saussurea leontodontoides（DC.）Sch.-Bip. in Linnaea 19：330. 1846；Lipsch. Gen. Saussurea 162. 1979；西藏植物志 4：910. 1985；青海植物志 3：472. 1996；中国植物志 78（2）：152. 1999；青藏高原维管植物及其生态地理分布 1032. 2008. ——*Aplotaxis leontodontoides* DC. Prodr. 6：539. 1838.

多年生矮草本，无茎或几无茎。根状茎粗，黑褐色，有时分枝；根颈部密被褐色残存枯叶柄。叶全部基生，莲座状，线状倒披针形或线状长圆形，长 4～15 cm，宽 1.0～2.5 cm，上面绿色，被腺状有节短柔毛，下面灰白色，密被白色茸毛；叶片羽状全裂，顶裂片小，三角形至卵状披针形，先端有小尖头，侧裂片 8～12 对，斜卵形、半圆形或长圆形，长 7～15 mm，宽至 10 mm，先端有小尖头，边缘常一侧全缘，而另一侧具不整齐的小裂片或齿；叶柄短，常显紫红色。头状花序 1 个，单生于莲座状叶丛中，少 2～3 个；总苞半球形或宽钟形，宽 2.0～3.5 cm；总苞片 5～6 层，革质，先端有柔毛，常有黑紫色边缘，有时露出部分暗紫红色，中外层总苞片卵状披针形，长 10～15 mm，宽 3～5 mm，内层总苞片线形，长 20～25（28）mm，宽 2～3 mm。花紫红色，花冠长 12～23 mm，檐部先端 5 浅裂，细管部长 7～14 mm，明显长于檐部。瘦果长约 4 mm，有横皱纹。冠毛淡褐色，外层长 2～4 mm，内层长 14～21 mm。 花果期 8～9 月。

产青海：曲麻莱（巴干乡，刘尚武等 910）、称多（歇武乡，王为义 225）、玛多（鄂陵湖半岛，吴玉虎 411）、玛沁（优云乡冷许忽，玛沁队 507；龙藏欠沟口，区划二组 265）、久治（龙卡湖，藏药队 795；错那合马湖，藏药队 686；县城郊，果洛队 659；索乎日麻乡希门错湖，高生所西藏队 594）。生于海拔 3 500～4 850 m 的阳坡碎石地、沟谷山坡草地、山地半阴坡草地、高山流石滩稀疏植被带。

分布于我国的青海、西藏、云南、四川；克什米尔地区，尼泊尔，印度北部也有。

44. 尖苞风毛菊 图版 143：5～7

Saussurea subulisquama Hand.-Mazz. in Acta Hort. Gothob. 12：326. f. 8. 1938；Lipsch. Gen. Saussurea. 169. 1979；青海植物志 3：472. 图版 104：1～3. 1996；中国植物志 78（2）：140. 1999；青藏高原维管植物及其生态地理分布 1039. 2008.

多年生草本，高 4～25 cm。根状茎粗，常有分枝，颈部被黑褐色残存枯叶柄。茎直立，被白色蛛丝状毛，有时脱毛。基生叶披针形或长椭圆形，长 5～20 cm，宽 2～

图版 143 南疆苓菊 **Jurinea kaschgarica** Ledeb. 1. 植株；2. 冠毛及瘦果。重齿风毛菊 **Saussurea katochaete** Maxim. 3. 植株；4. 花。尖苞风毛菊 **S. subulisquama** Hand. -Mazz. 5. 植株；6～7. 总苞片。（1～2. 引自《新疆植物志》，谭丽霞绘；3～7. 王颖、阎翠兰绘）

3 cm，上面绿色，被腺状柔毛，下面密被白色茸毛；叶片缺刻状羽状深裂，顶裂片披针形或狭披针形，顶端渐尖且具小尖头，侧裂片斜三角形，下弯，先端有小尖头，全缘或有小齿；叶柄细，长 4～7 cm；茎生叶与基生叶同形，叶柄基部扩大，略抱茎。头状花序大，单生茎端；总苞宽钟形或半球形，基部近平截，宽 2.0～3.5 cm；总苞片 5～6 层，革质，先端渐尖且弯曲或反折，外面被蛛丝状毛或几无毛，中外层总苞片卵状钻形至披针形，长 10～17 mm，宽约3 mm，内层宽线形，长 19～22 mm，宽约 2 mm；花紫色，花冠长 14～20 mm，檐部先端 5 浅裂，细管部长 8～13 mm，明显长于檐部。瘦果长约 4 mm。冠毛淡褐色，外层长 2～4 mm，内层长 10～12 mm。 花果期 7～9 月。

产青海：兴海（河卡乡日干山，何廷农 263，王作宾 20209，郭本兆 6318；青根桥，王作宾 20117、20154）、曲麻莱（东风乡，刘尚武等 886）、玛多（花石峡乡，H. B. G. 1479，吴玉虎 411；清水乡，H. B. G. 1359）、玛沁（大武乡，H. B. G. 588、874）、达日（吉迈乡，H. B. G. 1222、1293；建设乡，H. B. G. 1076、1192）、久治（白玉乡，藏药队 665；索乎日麻乡，藏药队 681）、班玛。生于海拔 3 230～4 600 m 的沟谷山坡草地、河谷滩地高寒草甸、沟谷山地高寒灌丛草甸中、山坡柏林下及林缘草甸。

分布于我国的甘肃、青海、云南、四川。模式标本采自四川北部。

45. 藏新风毛菊

Saussurea kuschakewiczii Winkl. in Acta Petrop. Gard. Bot. 11 (1): 170. 1889; Fl. URSS 27: 502. 1962; Icon. Pl. Pamir 244. 1963; Lipsch. Gen. Saussurea 98. 1979；新疆植物志 5：275. 1999；青藏高原维管植物及其生态地理分布 1031. 2008.

多年生草本，高 2～8 cm。根状茎细长，褐色。茎矮或无茎，如有茎则密被短柔毛，稀近无毛。叶两面被蛛丝状柔毛，下面较密集，先端渐尖，基部楔形，边缘具浅波状的疏齿，齿端有软骨质尖头；基生叶多数，卵形至椭圆形或长圆状披针形，连同柄长 1.5～7.0 cm，宽 1～2 cm，叶柄较短；茎生叶向上渐小，中部的叶与基生叶同形，但无柄；最上部近花序基部的叶更小，窄披针形，宽 2～3 mm。头状花序多数，在茎端排列成紧密的伞房状；总苞钟状，宽 5～6 mm；总苞片 3～4 层，近等长而呈现出不明显的覆瓦状排列，长 5～8 mm，宽 2～3 mm，渐尖，密被柔毛或脱毛，外层和中层总苞片卵形，内层总苞片披针形或披针状长圆形。花粉红色或淡红紫色，花冠长 8～12 mm，檐部 5 中裂，细管部与檐部近等长。瘦果长 3～4 mm。冠毛污白色或淡褐色，外层长 2～3 mm，内层长 6～11 mm。 花果期 8～9 月。

产新疆：乌恰（托云乡，安峥皙 345；界里玉，崔乃然 R1095）、塔什库尔干（马尔洋乡，采集人不详 059）、皮山（跃进卡尔苏，采集人不详 099、025）。生于海拔 2 500～3 700 m的沟谷山地高山草甸、山坡冰碛石石隙。

分布于我国的新疆；哈萨克斯坦，吉尔吉斯斯坦，塔吉克斯坦也有。

46. 乌恰风毛菊

Saussurea ovata Benth. in Henders et Hume, Lahore to Yarkand, 325. tab. color. 1873; Lipsch. Fl. URSS 27: 503. 1962; et Gen. Saussurea 120. t. 19. 1979; 中国植物志 78 (2): 102. 1999; 新疆植物志 5: 281. 1999; 青藏高原维管植物及其生态地理分布 1035. 2008.

多年生草本，高 4～15 cm。根状茎长，有时分枝，长出数个茎或无茎的叶丛。茎直立或斜升，有棱槽，无毛或多少被白色柔毛。叶卵形、椭圆形或长倒卵形，先端渐尖，基部楔形，边缘有小锯齿，齿端有软骨质小尖头，两面绿色，无毛或被稀疏的白色柔毛及有光亮的腺点；基生叶和茎下部叶长 5～7 cm，宽 2～3 cm，有较长的柄，柄有窄翅；向上叶渐小，无柄，最上部叶较狭窄，靠近花序生长。头状花序小，4～5 个，具短的花序梗，在茎端排列成紧密的伞房状；总苞钟状，宽 5～8 mm；总苞片 4 层，外面被白色柔毛，外层总苞片卵状披针形，长 5～6 mm，宽约 3 mm，顶端急尖或钝，中内层总苞片长圆形，长 8～12 mm，宽 2～3 mm，顶端钝。花紫红色，花冠长约13 mm，檐部先端 5 裂至中部，管部长约 6 mm，短于檐部。瘦果长 3～5 mm，有纵棱。冠毛白色或下部为淡褐色，外层长 3～4 mm，内层长10～11 mm。 花果期 7～8 月。

产新疆：乌恰（托云乡苏约克，西植所新疆队 1864；界里玉，崔乃然采集号不详）、叶城（棋盘乡，青藏队吴玉虎 4664）、皮山（桑株河不勒克，采集人不详 116）。生于海拔 3 200～4 300 m的沟谷山地高山草甸、砾石质山坡草地、山地高寒草原。

分布于我国的新疆；吉尔吉斯斯坦，塔吉克斯坦也有。

47. 垫状风毛菊 图版 144：1～4

Saussurea pulvinata Maxim. in Bull. Acad. Sci. St.-Pétersb. 27: 493. 1881; Lipsch. Gen. Saussurea 118. 1979; 青海植物志 3: 473. 图版 105: 9～12. 1996; 中国植物志 78 (2): 101. 1999; 青藏高原维管植物及其生态地理分布 1037. 2008. —— *S. ruoqiangensis* K. M. Shen Fl. Xinjiang 5: 478. 294. t. 73: 1～4. 1999.

多年生草本，高 8～20 cm。根状茎粗壮，褐色；根颈分枝多头，形成多数不育茎和花茎，垫状丛生。茎直立，不分枝，被白色长柔毛，有时淡紫红色，基部密被残存的鞘状枯叶柄，鞘内有密集的绵毛。基生叶披针形、狭椭圆形或线形，长 2～10 cm，宽 3～10 mm，多少被白色长柔毛和无柄的腺点，不裂，全缘，边缘反卷，先端急尖、渐尖、钝或具小尖头，基部楔形渐狭成柄，柄长 1.5～4.0 cm，柄基鞘状扩大，鞘内有密集的白色长绵毛；茎生叶不多，与基生叶同形，向上渐小，具短柄至无柄。头状花序多数，通常具短花序梗而在茎端排列成紧密的伞房状，有时下面另有具长梗而单生叶腋的花序；总苞圆柱状或筒状钟形，宽 6～10 mm；总苞片 3～5 层，外面密被白色长柔毛，中外层总苞片卵形至披针形，长 6～12 mm，宽 2～3 mm，先端渐尖，内层总苞片线状

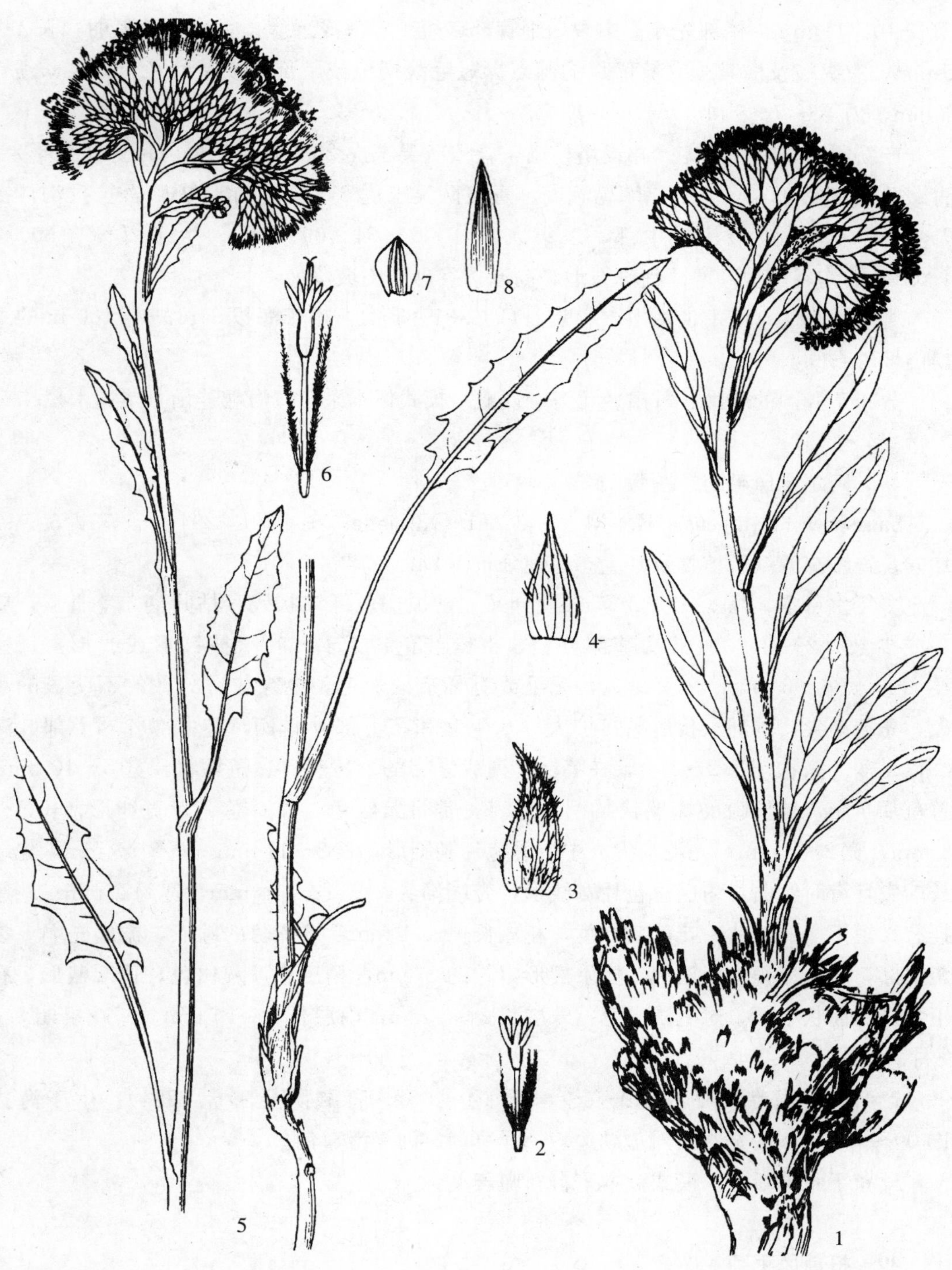

图版 **144** 垫风毛菊 **Saussurea pulvinata** Maxim. 1. 植株；2. 花；3～4. 总苞片。达乌里风毛菊 **S. davurica** Adams. 5. 植株；6. 花；7～8. 总苞片。（刘进军绘）

披针形或线形，长 12～13 mm，宽约2 mm，先端长渐尖且有时弯曲。花淡紫红色，花冠长 10～11 mm，檐部先端 5 中裂，细管部略短于檐部或近等长。瘦果稍弧曲，长 4～5 mm，有纵棱及横皱纹，被稀疏的腺点。冠毛淡褐色或下部带淡紫红色，外层长 1～2 mm，内层长 7～8 mm。 花果期 7～8 月。

产新疆：且末、若羌（祁漫塔格山，青藏队吴玉虎 2330；阿尔金山保护区鸭子泉，青藏队吴玉虎 4238；阿其克库勒湖南，青藏队吴玉虎 2748；阿尔金山阿吾拉孜沟，崔乃然 C830199；塔格达坂中部，采集人不详 05 - 54、09 - 09）。生于海拔 3 300～4 300 m的沟谷山地高寒草甸砾石地、高原山谷砾石山坡草甸。

青海：都兰（诺木洪南山，黄荣福 C. G. 81 - 300）。生于海拔 3 100～4 100 m 的干旱山坡砾石间。

分布于我国的新疆、甘肃、青海、西藏。模式标本采自青海祁连山（柴达木）。

48. 阿尔金风毛菊 图版 145：1～5

Saussurea aerjingensis K. M. Shen Fl. Xinjiang. 5：478. 294，t. 73：5～9. 1999；青藏高原维管植物及其生态地理分布 1024. 2008.

多年生草本，高 8～25 cm。根颈分叉，密被褐色纤维状残存枯叶柄。茎直立，单一或少数（2～3），通常从基部分枝，带紫红色，无毛。叶窄披针形或线形，长达 15 cm，宽 1～5 mm，两面绿色，无毛或有稀疏的短毛，全缘或有分散的不明显的小齿，先端渐尖，基部渐狭后鞘状扩大；基生叶和茎下部叶具柄，茎中部叶和上部叶渐小，无柄。头状花序 2～5 个，在茎端排列成紧密的伞房状；总苞钟状，宽 8～10 mm；总苞片 4 层，被稀疏的蛛丝状柔毛和腺点，常带紫红色，外层总苞片宽卵形，长 5～6 mm，宽 2～4 mm，先端渐尖；中层总苞片椭圆形，长 8～11 mm，宽 2～3 mm，先端长渐尖且有时弯曲，内层总苞片宽线形，先端渐尖，长 12～14 mm，宽约 2 mm；花序托有长短不一的托片。花淡紫红色，花冠长 9～11 mm，被稀疏的腺点，檐部先端 5 裂至中部，细管部稍长于檐部。瘦果楔形，长约 3 mm，稍压扁，灰白色，顶端截形，有不明显的齿状小冠。冠毛淡褐色，外层长 2～5 mm，内层长 8～10 mm。 花果期 8～9 月。

产新疆：若羌（阿尔金山，李学禹 94 - 057、青藏队吴玉虎 2794）。生于海拔 1 900～3 000 m 的宽谷河滩盐湖边、沼泽草甸、河漫滩草甸。

分布于我国新疆。模式标本采自新疆若羌。

49. 打箭风毛菊

Saussurea tatsienensis Franch. in Bull. Philom. Paris. Ser. 8. 3：146. 1891；Lipsch. Gen. Saussurea 248. 1979；青海植物志 3：482. 1996；中国植物志 78（2）：197. 1999；青藏高原维管植物及其生态地理分布 1040. 2008.

多年生草本，高 10～30 cm。主根粗，颈部密被棕褐色残存枯叶柄。茎直立，不分枝，被白色长柔毛。叶两面绿色，有长柔毛或脱毛而仅脉上有毛，不裂而全缘或有时边缘有小尖齿，密被白色缘毛；基生叶数枚，狭椭圆形、狭卵圆形至狭披针形，长 3.5～15.0 cm，宽 1.0～2.5 cm，先端急尖或渐尖，基部渐狭成长或短的叶柄，叶柄扁平，被毛，柄基鞘状扩大；茎生叶少数，狭披针形至线形或线状钻形，长 3～8 cm，宽 2～12 mm，向上变小，无柄，有时紫红色。头状花序 2～8 个，在茎顶排列成伞房状，极少单生；花序梗被长柔毛，基部有钻形苞叶；总苞钟形或狭倒锥形，宽 13～20 mm；总苞片 4～5 层，全部或边缘黑紫色，疏被长柔毛或几无毛，先端渐尖或钝，外层总苞片卵状披针形，长 7～10 mm，宽 2～3 mm，内层总苞片线形，长 11～14 mm，宽不及 2 mm。花蓝紫色，长 12～13 mm，檐部先端 5 中裂，细管部稍短于檐部或近等长。瘦果不成熟。冠毛淡褐色，外层长 2～4 mm，内层长约10 mm。 花期 7～8 月。

产青海：兴海（赛宗寺，吴玉虎 46202；赛宗寺后山，吴玉虎 46295、46414）、称多（珍秦乡，张新学 83－198；歇武乡毛拉，刘尚武 2379）、达日（建设乡胡勒安玛，H. B. G. 1175B）。生于海拔 3 700～4 400 m 的沟谷山地灌丛草甸中、高山草甸和山坡草地、河谷阴坡林缘灌丛。

分布于我国的青海、西藏、四川。模式标本采自四川康定。

50. 木质风毛菊 图版 145：6～7

Saussurea chondrilloides Winkl. in Acta Petrop. Gard. Bot. 11 (1): 169. 1889; Lipsch. Gen. 27: 512. 1962, et Gen Saussurea. 100. t. 13. 1979; 新疆植物志 5: 275. 图版 68: 3～4. 1999；青藏高原维管植物及其生态地理分布 1026. 2008.

半灌木，高 60～80 cm。根粗壮，木质化。茎直立，于上部分枝，枝多成帚状，具棱槽，绿色或蓝绿色，或多或少被腺体。叶稍肉质，椭圆形或披针形，绿色或灰绿色，两面被无柄的腺体，下面较密，先端渐尖，有时具白色软骨质的小尖，基部楔形，全缘或边缘有 2～3 枚小尖齿；茎中下部（分枝以下）叶较大，长 1～6 cm，宽 5～10 mm，下部叶有时具短柄；上部（分枝以上）叶小，一般不过 10 mm，宽 2～3 mm。头状花序具短梗，着生于分枝顶端，排列成扩展的圆锥状；总苞钟状或倒圆锥状，宽 3～8 mm；总苞片 5 层，外露部分常紫红色，背面被短毛和卷曲的柔毛，外层总苞片小，长三角形或卵形，长约 2.5 mm，宽 1.0～1.5 mm，内层总苞片长圆状披针形，长达 8 mm，宽约 1.5 mm。花粉红色或紫红色，长约 15 mm，檐部 5 裂至中部，细管部长约 9 mm，明显长于檐部。瘦果长约 3 mm，具纵棱，顶端截形，有不明显的小冠。冠毛白色或污白色，外层长 2～4 mm，内层长约 11 mm。 花果期 8～9 月。

产新疆：莎车、若羌（红柳沟，青藏队吴玉虎等 2131）。生于海拔 2 800 m 左右的戈壁荒漠地带的沟谷山地沙砾质山坡草地。

分布于我国的新疆；塔吉克斯坦，乌兹别克斯坦，阿富汗，伊朗也有。

51. 中亚风毛菊

Saussurea pseudosalsa Lipsch. in Bull. Nat. Soc. Mosc. 59 (6): 79. 1954, et Gen. Saussurea 116. 1979；青海植物志 3：476. 1996；新疆植物志 5：279. 1999；青藏高原维管植物及其生态地理分布 1036. 2008.

多年生草本，高 30～50 cm。茎分枝，有棱槽，灰绿色或蓝绿色，被短糙毛和蛛丝状柔毛。叶质地厚，肉质，灰绿色或蓝绿色，粗糙，两面被短糙毛和蛛丝状柔毛，边缘具浅波状齿，齿端具软骨质小尖头，多分布在叶片下方，而中部以上全缘，稀整个全缘，叶尖具软骨质小尖头；基生叶未见；茎生叶长圆形、卵圆形或长圆状菱形，长 4～35 mm，宽 2.5～12.0 mm，具短柄至无柄，基部稍微下延；茎上部叶最小，线形，先端渐尖，全缘。头状花序小，多数，在茎枝顶端单生，排列成较疏松的伞房状或伞房圆锥状；花序梗长 2～15 mm，被短糙毛和蛛丝状柔毛，后毛脱落；总苞圆柱状或窄钟状，宽 4～8 mm，被蛛丝状柔毛；总苞片 5 层，先端渐尖且显淡紫红色，外层总苞片小，卵形，长 2～3 mm，宽不及 2 mm，内层总苞片宽线形，长 10～12 mm，宽约 2 mm。花紫红色，花冠长 13～15 mm。瘦果未熟时暗褐色，顶端具小冠。冠毛 2 层，下部褐色，上部白色。 花果期 8 月。

产新疆：喀什、若羌。生于海拔 2 700 m 左右的戈壁荒漠地带的河湖水边的盐碱地。

青海：格尔木（托拉海，植被地理组 176；河西，郭本兆等 11761；县城至小柴旦 623 km 处，吴征镒等 75-234）。生于海拔 2 700～2 800 m 的溪流水边草甸、宽谷湖边草甸。

分布于我国的新疆、青海；中亚地区各国也有。

52. 高盐地风毛菊

Saussurea lacostei Danguy. in Joum. Bot. Paris 21: 52. 1907; Lipsch. Gen. Saussurea 115. 1979；中国植物志 78 (2)：97. 1999；新疆植物志 5：278. 1999；青藏高原维管植物及其生态地理分布 1031. 2008.

多年生草本，高 15～50 cm。根粗壮，褐色；根颈增粗分叉，密被枯枝残叶。茎直立，分枝或不分枝，被稀疏的短粗毛。叶绿色，两面无毛或近无毛，具腺点；基生叶和茎下部叶长 8～14 cm，宽 3～7 cm，二回羽状分裂，第一回羽状全裂，裂片 5～6 对，披针形或长椭圆形，第二回羽状深裂或近全裂，小裂片少数，披针形、长三角形或齿状，常常上倾，叶柄长可达 7 cm，柄基鞘状扩大；叶向上渐小，叶柄渐短，最上部叶羽状深裂或有时不裂，无柄。头状花序少数，生于茎枝顶端，排列成伞房状；花序梗长 1～5 mm。总苞椭圆形，宽 5～10 mm；总苞片 5 层，无毛；外层总苞片长卵形，长 3～4 mm，宽约 2 mm，先端渐尖；中内层总苞片长 5～10 mm，宽约 2 mm，先端膜质，常带紫红色，急尖或钝。花淡紫红色，花冠长 12～13 mm，檐部先端 5 浅裂，细管部长 5～6 mm，短于檐部。瘦果长约 4 mm，黄褐色，具纵棱；冠毛污白色，外层长 1～2 mm，内层长 9～11 mm。 花果期 8～9 月。

产新疆：喀什（西南山地，塔山 106）、阿克陶（奥依塔克林场，杨昌友 750864）。生于海拔 2 300～3 000 m 的沟谷山地高山盐碱地、砾石质干山坡草地。

本区特有种。模式标本采自阿克陶县慕士塔格山。

53. 喀什风毛菊

Saussurea kaschgarica Rupr. in Mém. Acad. Sci. St.-Pétersb. ser. 7. 14（4）：54. 1869；Lipsch. Fl. URSS 27：509. 1962，et Gen. Saussurea 117. 1979；中国植物志 78（2）：101. 1999；新疆植物志 5：280. 1999；青藏高原维管植物及其生态地理分布 1031. 2008.

多年生草本，高 12～15 cm。根粗壮，根颈部被褐色残存枯叶柄。茎斜升并弯曲，具棱槽，疏被短柔毛。叶质地较厚，长椭圆形至倒披针形，长 3～10 cm，宽 1.0～2.5 cm，两面绿色，密被短柔毛和短硬毛，羽状分裂，常常上部深裂而下部全裂，裂片顶端急尖，顶裂片不大，三角形或近菱形，侧裂片矩圆形或披针形，边缘具齿；基生叶多数，常密集，有柄，柄基鞘状扩大；茎生叶向上渐小，有短柄或近无柄。头状花序多数，在茎枝顶端排列成紧密的伞房状；总苞圆柱形或钟状，宽 6～8 mm；总苞片 4～5 层，淡绿色，顶端和边缘紫红色，急尖，被稀疏的短柔毛或近无毛，外层总苞片卵形，长约 4 mm，宽 1～2 mm，中内层总苞片长圆形或长圆状披针形，长 10～13 mm，宽约 2 mm。花淡紫红色，花冠长 14～16 mm，檐部 5 中裂，细管与檐部近等长。瘦果长 5～6 mm，淡褐色，具深褐色条纹。冠毛白色或淡褐色，外层长 3～5 mm，内层长 11～12 mm。 花果期 7～8 月。

产新疆：乌恰（康苏镇，潘伯荣 88061；托云乡苏约克，西植所新疆队 1895；界里玉，崔乃然 R1069）。生于海拔 3 200 m 左右的高山河滩草地、山谷出口的碎石堆中。

分布于我国的新疆；中亚地区各国也有。

54. 达乌里风毛菊 图版 144：5～8

Saussurea davurica Adams. in Nouv. Mém. Soc. Natur. Mosc. 3：251. 1834；Lipsch. Gen. Saussurea 116. 1979；中国沙漠植物志 3：378. 图版 149：1～5. 1992；青海植物志 3：476. 图版 105：1～4. 1996；中国植物志 78（2）：97. 1999；新疆植物志 5：279. 1999；青藏高原维管植物及其生态地理分布 1027. 2008.

多年生草本，高 5～15（25）cm。根细长，暗褐色。茎直立，单生或数个丛生，无毛，不分枝或上部有分枝。基生叶和茎下部叶具细长或短的叶柄，披针形或长椭圆形，长 3～9 cm，宽 0.5～2.0 cm，两面无毛，具腺点，边缘有或无短硬毛，羽状浅裂至深

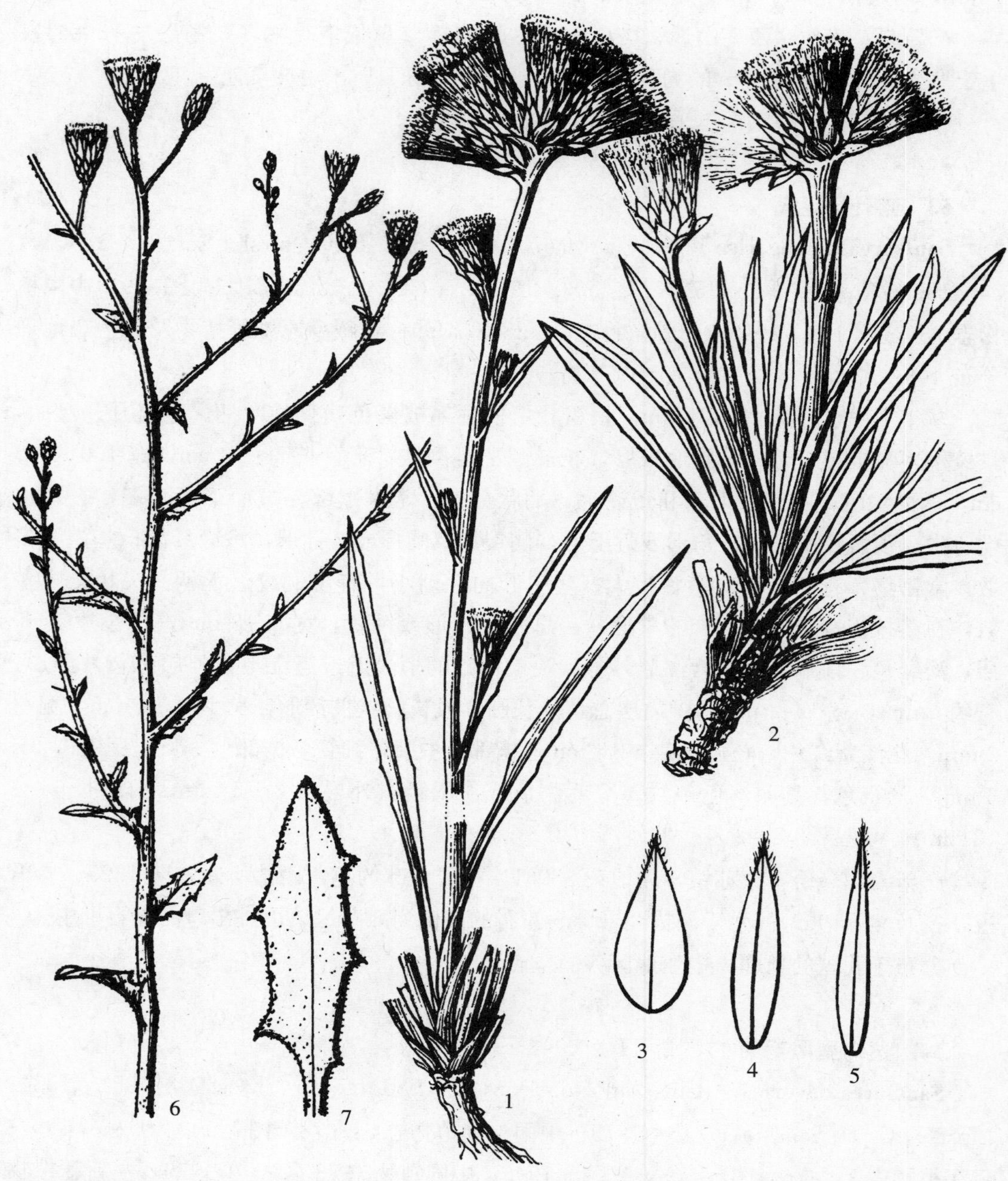

图版 **145** 阿尔金风毛菊 **Saussurea aerjingensis** K. M. Shen 1～2. 植株；3～5. 总苞片。木质风毛菊 **S. chondrilloides** Winkl. 6. 植株上部；7. 叶。（引自《新疆植物志》，谭丽霞绘）

裂，有时夹杂有不裂而具齿的叶，顶裂片较大，长披针形或三角形，侧裂片长圆形、线形或齿状，常下弯；叶向上渐小，叶柄渐短，上部叶线状披针形至线形，全缘或具疏齿，无柄。头状花序多数，在茎枝顶端排列成伞房状；花序梗短；总苞筒形，宽 4～6 mm；总苞片 5～6 层，边缘具短柔毛或近无毛，先端或上半部紫红色，外层总苞片卵形，长 2～3 mm，宽 1.0～1.5 mm，先端钝，中内层总苞片椭圆形至线状披针形，长 5～13 mm，宽 1.0～1.5 mm，先端长渐尖。花紫红色，花冠长约 14 mm，檐部先端 5 浅裂，细管部长约 8 mm，明显长于檐部。瘦果长2～3 mm，顶端有膜质小冠。冠毛白色，外层长 2～3 mm，内层长 10～12 mm。 花果期7～9月。

产青海：茫崖（采集地不详，李世英等 106）、格尔木（采集地不详，杜庆 024；托拉海，植被地理组 174；钾肥厂，植被地理组 212；河西，郭本兆等 11764）、都兰（宗加乡，杜庆 389）、兴海（河卡纳滩，何廷农 387）。生于海拔 2 670～3 600 m 的宽谷河滩盐碱地、河谷阶地高寒沼泽草甸、戈壁荒漠滩地湖边草甸。

分布于我国的新疆、甘肃、青海、宁夏、内蒙古；俄罗斯，蒙古也有。

55. 中新风毛菊

Saussurea famintziniana Krassn. in Scripta Bot. Univ. Pteropol. 2（1）：71. 1887；Fl. URSS 27：510. 1962；Icon. Pl. Pamir 244. 1963；Lipsch. Gen. Saussurea 115. t. 17. 1979；新疆植物志 5：278. 1999；青藏高原维管植物及其生态地理分布 1028. 2008.

多年生草本，高 2～4 cm。根状茎上端分叉多头；根颈部被残存枯叶柄。茎斜升或平卧，不分枝或上部分枝，被短柔毛。叶两面绿色，被蛛丝状柔毛；基生叶和茎下部叶长椭圆形至披针形，连同叶柄长 2～3 cm，宽 3～5 mm，羽状浅裂，裂片三角形或披针形，顶端具软骨质的小尖，叶柄基部鞘状扩大，有时具不裂而具齿的叶片；茎中部和上部叶渐小，与基生叶同形并等样分裂或不裂而边缘具齿，稀近全缘，无柄，稍抱茎。头状花序少数（3～7 个），在茎端排列成紧密的伞房状；总苞钟状，宽约 1 cm；总苞片 3～4 层，淡绿色，先端及边缘常显紫红色，被蛛丝状柔毛，有时近无毛，外层总苞片卵形，长约 4 mm，宽约 2 mm，内层总苞片披针形，长 10～11 mm，宽约 1.5 mm，顶端钝。花淡紫红色，花冠长达 1.4 cm，细管部与檐部近等长。瘦果长约 4 mm，顶端有小冠。冠毛白色，外层长 4～5 mm，短羽状，宿存，内层长约 11 mm，长羽状。 花果期 8 月。

产新疆：乌恰（康苏乡，潘伯荣 88050）、塔什库尔干。生于海拔 3 700 m 左右的高山五花草甸的砾石山坡、盐碛化的沙砾地。

分布于我国的新疆；吉尔吉斯斯坦，塔吉克斯坦也有。

56. 盐地风毛菊

Saussurea salsa（Pall.）Spreng. Syst. Veg. 3：381. 1826；Fl. URSS 27：504.

t. 37：1. 1962；Icon. Pl. Pamir 243. 1963；中国高等植物图鉴 4：630. 图 6674. 1975；Lipsch. Gen. Saussurea 117. 1979；青海植物志 3：476. 1996；中国植物志 78（2）：98. 图版 17：1～6. 1999；新疆植物志 5：280. 1999；青藏高原维管植物及其生态地理分布 1038. 2008. ——*Serratula salsa* Pall. Reise 1：502. 1771.

多年生草本，高 12～30 cm。根颈部密被纤维状褐色残存枯叶柄。茎单生，少丛生，直立，在上部有伞房状分枝，有棱槽，具全缘或有齿的狭窄茎翅。叶质地厚，近肉质，两面绿色，被短糙毛或无毛，下面有透明腺点；基生叶和下部茎生叶长圆形或长圆状披针形，长 3～13 cm，宽 1.0～3.5 cm，大头羽状全裂或深裂，顶裂片长三角形或箭头状，边缘波状锯齿或全缘，侧裂片较小，三角形、卵形或披针形，通常全缘，叶柄短于叶片，柄的基部鞘状扩大；茎生叶向上渐小，长圆形、披针形或线形，不裂而边缘有齿或全缘，无柄，通常沿茎下延成翅。头状花序多数，在茎顶排列成伞房状；花序梗短，近无毛；总苞圆柱状，宽 4～5 mm；总苞片 5～7 层，无毛或有稀疏的蛛丝状柔毛，先端淡紫红色，钝或急尖，外层总苞片卵形，长 2～3 mm，宽约 2 mm，中内层总苞片长圆形，长 6～10 mm，宽 1.5～2.0 mm。花粉红色或玫瑰红色，花冠长 10～12 mm，檐部先端 5 深裂，细管部长 6～7 mm，明显长于檐部。瘦果长约 3 mm，淡褐色；冠毛白色至褐色，外层长达 3 mm，内层长 8～9 mm。 花果期7～9月。

产新疆：乌恰（吉根乡，司马义 035）、喀什（苏巴什盖孜河，安峥皙等 AJZ9537）、塔什库尔干（温泉，西植所新疆队 849，杨昌友 750248；麻扎种羊场，陈英生 010）。生于海拔3 100～3 500 m 的宽谷滩地盐渍化低地、沼泽化草甸。

分布于我国的新疆、甘肃、青海、内蒙古；欧洲，俄罗斯，蒙古，中亚地区各国也有。

57. 林生风毛菊 图版 146：1～4

Saussurea sylvatica Maxim. in Bull. Acad. Sci. St. -Pétersb. 27：495. 1881；Lipsch. Gen. Saussurea 154. 1979；青海植物志 3：480. 图版 102：6～10. 1996；中国植物志 78（2）：126. 1999；青藏高原维管植物及其生态地理分布 1040. 2008.

多年生草本，高 12～75 cm。根状茎分枝或不分枝，颈部被纤维状撕裂的褐色残存枯叶柄。茎直立，单生，稀 2 个并生，在上部或花序处分枝，被白色绢毛，有细棱槽，具翅，翅上有小尖齿。叶线状长圆形或宽披针形，长 4～12 cm，宽 0.5～1.5 cm，先端钝或急尖，不裂而边缘有密的不规则刺状小尖齿，齿端有软骨质小尖头；基生叶不大，具长柄，花期枯萎；茎生叶向上渐小、变窄，无柄，基部下延成长而有尖齿的茎翅，最上部叶狭披针形至线形。头状花序多数，通常在茎端排列成比较紧密的伞房状，少单生于分枝顶端；花序梗被茸毛；总苞半球形，宽 1.5～2.0 cm；总苞片 4～6 层，露出部分黑色，外面被柔毛，中外层总苞片卵状长圆形或长圆形，长 5～8 mm，宽 2～3 mm，急尖，有时先端反折，内层总苞片线形，长 11～13 mm，宽约 2 mm，先端渐尖。花紫色，花冠长 12～15 mm，檐部 5 深裂，细管部等长或略短于檐部。瘦果 4 棱形，棕褐色，长约 4 mm，顶端有齿状小冠。冠毛稻草黄色，外层长约 3 mm，内层长 11 mm。花果期 7～9 月。

产青海：兴海（中铁乡附近，吴玉虎 42912、43008；中铁林场卓琼沟，吴玉虎 45696；河卡乡，郭本兆 6221、何廷农 373）、称多（歇武乡歇武山，刘有义 83－368；扎朵乡驻地附近，张新学 83－119；县城郊，刘尚武 2418）、玛多（花石峡乡，吴玉虎 770）、玛沁（大武乡，H. B. G. 521，植被地理组 498）、达日（吉迈乡赛纳纽达山，H. B. G. 1228）、久治（索乎日麻乡希门错湖，藏药队 587）。生于海拔 3 500～4 600 m的沟谷山地阴坡高寒灌丛草甸、高原山坡高寒草甸草丛。

分布于我国的甘肃、青海、山西。

58. 锯叶风毛菊

Saussurea semifasciata Hand.-Mazz. in Anzeig. Akad. Wiss. Wien. 60：100. 1923；Lipsch. Gen. Saussurea 153. 1979；青海植物志 3：480. 1996；中国植物志 78（2）：127. 1999；青藏高原维管植物及其生态地理分布 1038. 2008.

多年生草本，高 15～55 cm。根圆柱形，有分枝，根颈部被纤维状褐色残存枯叶柄。茎直立，单生，自上部分枝，被白色茸毛或下部脱毛，具棱槽，有叶下延而形成的翼翅，茎翅波状浅裂或具形状不规则、不均一的尖齿。叶绿色无毛，线状披针形，长 6～10 cm，宽 1～2 cm，先端渐尖，不裂而边缘具缺刻状浅齿和不规则锯齿，齿大小不均，形状不一，齿顶具小尖头，叶基沿茎下延成翅；基生叶在花期枯落；茎下部叶有柄，柄基部扩大。头状花序多数，具长或短的花序梗，呈疏松或密集的伞房状排列，有时下面另有 2～3 个具长梗而单生叶腋的花序；总苞宽钟形或倒锥状，宽 2～3 cm；总苞片 4 层，边缘和中脉显黑色，被白色长柔毛，线状披针形至线形，先端渐尖，长11～18 mm，宽约 2 mm，向内层渐长。花红色，花冠长约 15 mm，檐部 5 深裂，细管部长约 8 mm，较檐部略长。瘦果 4 棱形，暗褐色，长约 3 mm，顶端具齿状小冠。冠毛淡黄褐色，外层长 3 mm，内层长约 12 mm。 花期 8～9 月。

产青海：曲麻莱（巴干乡德曲河，刘尚武等 899）、称多（扎朵乡，张新学 83－258）。生于海拔 4 150～4 800 m 的沟谷山地高寒灌丛草甸、山坡砾石地、山坡高寒灌丛草甸。

分布于我国的青海、云南、四川。模式标本采自云南中甸（今香格里拉）。

59. 卵叶风毛菊

Saussurea ovatifolia Y. L. Chen et S. Y. Liang in Acta Phytotax. Sin. 19（1）：102. 1981；西藏植物志 4：905. 1985；中国植物志 78（2）：93. 图版 16：7～11. 1999；青藏高原维管植物及其生态地理分布 1035. 2008.

多年生无茎矮草本，高 2～3 cm。根状茎细长，斜升或稍弯，有时分枝并发出不育叶丛，颈部有暗褐色的残存枯叶柄。叶数枚，全部呈莲座状基生，叶片卵形或椭圆形，连柄长 1.5～5.0 cm，宽 8～15 mm，上面绿色，疏被蛛丝状毛，下面灰绿色，密被白色茸毛，先端渐尖，顶端具短尖头，基部近圆形，边缘具有疏齿，齿端具短尖头；叶柄长 3～7 mm，具翅。头状花序 3～5 个，几无梗，在莲座状叶丛中密集成球状，极少单生；总苞卵形，宽 6～10 mm；总苞片 3～4 层，被长柔毛，外层矩圆形，长 7 mm，宽 2～3 mm，黄褐色或黄绿色，内层条形，长 7 mm，宽约 1 mm。花紫红色，花冠长 1.3～1.5 cm，管部长 4～6 mm，檐部长 5.0～5.5 mm，顶端 5 深裂；花药蓝色，尾部撕裂成绵毛状。瘦果长 3～4 mm。冠毛污白色，下部淡褐色，外层长约 2 mm，内层长约 9 mm。 花果期 8～9 月。

产西藏：改则（至措勤县途中，青藏队藏北分队郎楷永 10280）。生于海拔 5 200 m 左右的宽谷河滩草地、沟谷山地高寒草原沙砾地。

青海：曲麻莱（东风乡江荣寺，刘尚武等 890）。生于海拔 4 300 m 左右的沟谷河滩碎石地、河漫滩草甸。

分布于我国的青海、西藏。模式标本采自西藏改则。

60. 青藏风毛菊 图版 146：5～6

Saussurea bella Ling in Contr. Inst. Bot. Nat. Acad. Peip 6：87. 1949; Lipsch. Gen. Saussurea 108. 1979；青海植物志 3：467. 图版 103：3～4. 1996；中国植物志 78（2）：91. 1999；青藏高原维管植物及其生态地理分布 1025. 2008. ——*S. haoi* Ling ex Y. L. Chen et S. Y. Liang in Acta Phytotax. Sin. 19：103. 1981；西藏植物志 4：905. 1985；中国植物志 78（2）：91. 图版 15：1～5. 1999.

多年生矮草本，无茎或有极短的茎，高 3 cm 左右。根粗壮，圆柱状，根颈部被褐色残存枯叶柄。叶莲座状，具长柄，叶柄基部鞘状扩大，叶片卵形、卵状心形、近圆形或长圆形，长 1.5～7.0 cm，宽 1～3 cm，上面绿色，具短糙毛和蛛丝状毛，下面灰白色，密被蛛丝状柔毛，先端钝圆或急尖，边缘有微齿、锯齿或下部羽状分裂，具 1～3 对长圆形裂片。头状花序多数，在茎、枝顶端或在莲座状叶丛中簇生成伞房状，花序梗短，被茸毛；总苞钟形，宽 1.0～1.5 cm；总苞片 5～6 层，外面疏被茸毛，中外层总苞片披针形至线状披针形，长 6～11 mm，宽约 2 mm，顶端有常反折的刺状尖头，内层总苞片线形，长 14～16 mm，宽不及2 mm，顶端草质，渐尖。花蓝紫色，花冠长 16～18 mm，檐部 5 裂至中部，管部长 9～10 mm，明显长于檐部。瘦果 4 棱形，长 4～5 mm，有横皱褶。冠毛淡褐色，外层长 2～4 mm，内层长 14～15 mm。 花果期 8～9 月。

产青海：都兰（诺木洪乡，杜庆 307）、兴海（大河坝，吴玉虎 42551；河卡乡科学滩，何廷农 242；青根桥，王作宾 20145；温泉乡曲隆上游，H. B. G. 1422）、曲麻莱

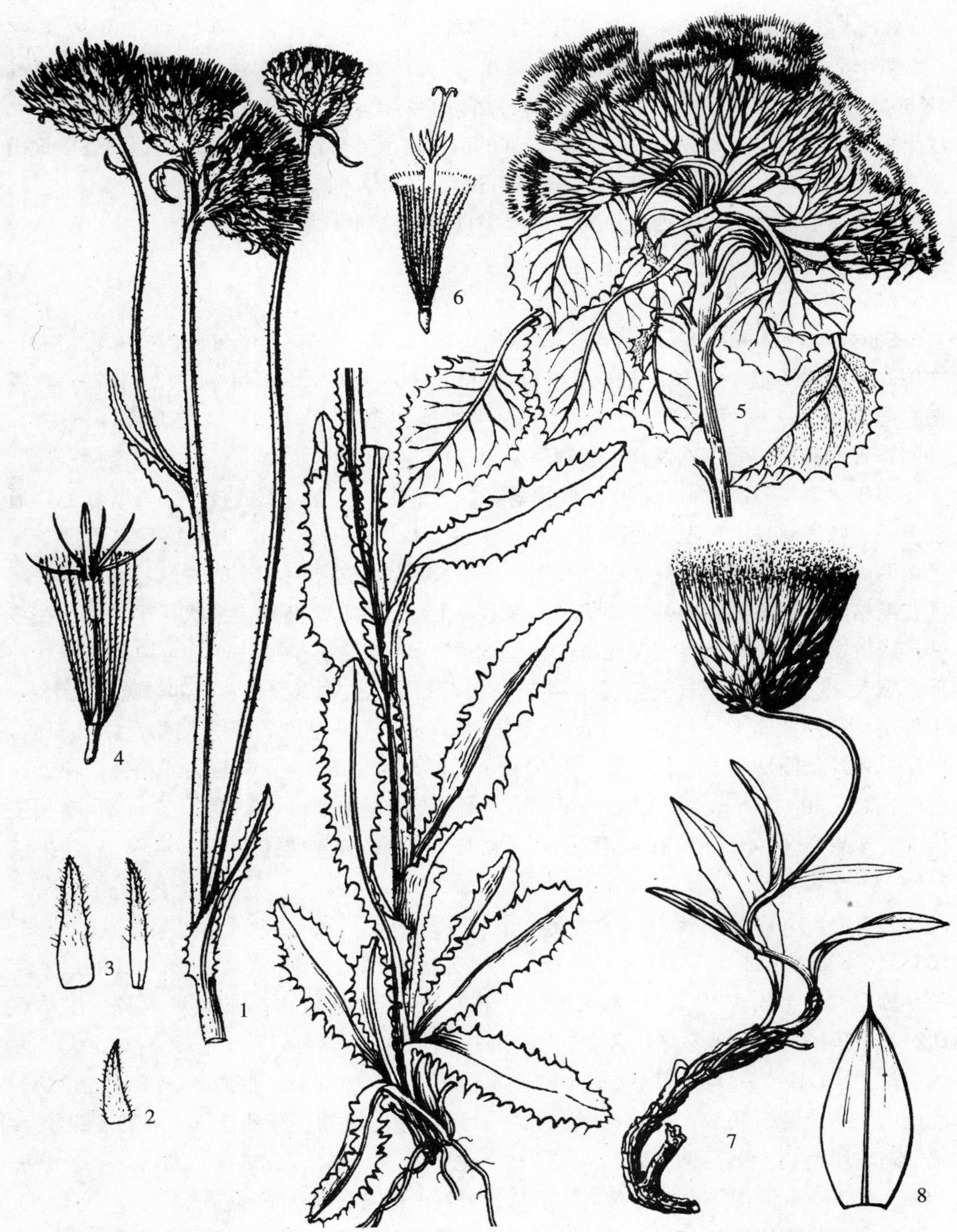

图版 **146** 林生风毛菊 **Saussurea sylvatica** Maxim. 1. 植株；2～3. 总苞片；4. 花。青藏风毛菊 **S. bella** Ling 5. 植株；6. 花。歪斜麻花头 **Serratula procumbens** Regel 7. 植株；8. 总苞片。（1～6. 阎翠兰、王颖绘；7～8. 引自《新疆植物志》，谭丽霞绘）

(东风乡，黄荣福 162；巴干乡，刘尚武等 942)、称多（郭本兆 385；歇武乡，刘有义 83－355，刘尚武 2540；称文乡长江边，刘尚武 2293；毛洼营，刘尚武 2408)、玛多（县城附近，吴玉虎 1279；扎陵湖，黄荣福 C. G. 81－189；黑河乡，吴玉虎 375、杜庆 500；县城后山，吴玉虎 1615)、玛沁（雪山乡，玛沁队 410)、达日（建设乡，H. B. G. 1134)。生于海拔 3 600～4 500 m 的沟谷河滩沙砾质高寒草甸、高原河谷阶地山坡草地、沟谷砾石山麓、山坡高寒草甸砾石地。

分布于我国的青海、西藏。模式标本采自青海共和县他秀寺。

61. 柳叶菜风毛菊 图版 147：1～2

Saussurea epilobioides Maxim. in Bull. Acad. Sci. St.-Pétersb. 27：495. 1881；中国高等植物图鉴 4：613. 图 6675. 1975；Lipsch. Gen. Saussurea 232. 1979；青海植物志 3：481. 图版 106：1～2. 1996；中国植物志 78（2)：200. 图版 31：8～12. 1999；青藏高原维管植物及其生态地理分布 1028. 2008.

多年生草本，高 25～60 cm。根状茎短。茎单生，直立，不分枝，常带紫红色，通常无毛。叶线状长圆形至窄披针形，长 5～10 cm，宽 1～2 cm，上面绿色，下面灰绿色，两面无毛或下面有时被灰白色茸毛，先端长渐尖，边缘具细小的尖齿，无柄；基部叶花期枯萎，中下部叶的基部耳状心形抱茎，上部叶的基部渐狭。头状花序多数，在茎端排成较密集的伞房状；花序梗短，具长可达 4 cm 的线形小苞片；总苞钟状或卵状钟形，宽 6～8 mm；总苞片 4～5 层，紧密贴生，先端及边缘紫黑色，背部被疏毛或无毛，中外层总苞片宽卵形，长 3～7 mm，宽 2～3 mm，先端急骤收窄为尾状，尾常弯曲，内层总苞片长圆形至线状长圆形，长 6～8 mm，宽约 2 mm，先端急尖或稍钝。花紫红色，花冠长 9～11 mm，檐部长 4～5 mm，先端 5 裂至中部，细管部 5～6 mm，略长于檐部。瘦果长 3～4 mm。冠毛淡棕色，外层长 2～4 mm，内层长 9～10 mm。 花果期 7～9 月。

产青海：兴海（中铁林场卓琼沟，吴玉虎 47681；赛宗寺后山，吴玉虎 46333、46382、46387、46405；中铁林场恰登沟，吴玉虎 45021、45032、45063、45085；大河坝乡赞毛沟，吴玉虎 47226；赛宗寺，吴玉虎 46278；河卡山，郭本兆 6402，王作宾 20232)、玛沁（采集地不详，区划二组 255；军功乡黑土山，H. B. G. 234；大武乡铜矿沟，H. B. G. 846；西哈垄河谷，吴玉虎等 5590、5608；拉加乡，区划二组 185；江让水电站，吴玉虎 18439)、久治（索乎日麻乡希门错湖，藏药队 573，果洛队 464；龙卡湖北岸南山，藏药队 727、741、744；龙卡湖畔，果洛队 539)、班玛。生于海拔 3 340～4 200 m 的沟谷山坡高寒草甸草丛、河谷山地高寒灌丛草甸。

分布于我国的甘肃、青海、宁夏、四川。模式标本采自青海大通河流域。

62. 小花风毛菊

Saussurea parviflora（Poir.）DC. in Ann. Mus. Hist. Natur. Paris 16：200,

1810；中国高等植物图鉴 4：627. 1975；Lipsch. Gen. Saussurea 239. 1979；青海植物志 3：479. 1996；中国植物志 78（2）：202. 图版 32：1～6. 1999；新疆植物志 5：297. 1999；青藏高原维管植物及其生态地理分布 1035. 2008. ——*Serratula parviflora* Poir. in Lamrk. Encycl. Method. 6：554. 1805.

多年生草本，高约 35 cm。根状茎褐色，横生。茎直立，上部伞房花序状分枝，被稀疏的短柔毛或无毛，茎翅狭窄。基生叶花期凋落；茎生叶椭圆形至椭圆状披针形，长 3.5～13.0 cm，宽 0.8～3.0 cm，上面绿色，疏被短硬毛，下面灰绿色，密被黄褐色、球形分泌物，有时疏被白色蛛丝状柔毛，先端尾状渐尖，不裂而边缘具尖锯齿，基部渐狭；茎下部叶有短柄，中上部叶渐狭小，无柄且沿茎下延于成窄翅。头状花序多数，在茎顶排成伞房状；花序梗细，无毛；总苞狭钟状，宽 5～7 mm；总苞片 5～6 层，外面被白色茸毛或具缘毛，外层总苞片卵形，长 1.5～4.0 mm，宽不及 2 mm，急尖或具小尖头，中内层总苞片长椭圆形至线状长圆形，长 6～12 mm，宽 1～2 mm，顶端钝。花紫红色，花冠长约 10 mm，檐部 5 裂至中部，细管部与檐部近等长。瘦果长约 3 mm。冠毛白色，外层长 2～3 mm，内层长约10 mm。 花果期 7～9 月。

产青海：玛沁、班玛。生于海拔 2 300～3 400 m 的沟谷山地林下草地、山坡林缘灌丛草甸、河谷山坡草地、河滩高寒草甸、山谷沟底砾石地。

分布于我国的新疆、甘肃、青海、四川、内蒙古、山西、河北；俄罗斯，蒙古也有。

63. 川西风毛菊

Saussurea dzeurensis Franch. in Journ. de Bot. 8：339. 1894；中国高等植物图鉴 4：628. 图 6670. 1975；Lipsch. Gen. Saussurea 213. 1979；青海植物志 3：479. 1996；中国植物志 78（2）：191. 图版 18：1～7. 1999；青藏高原维管植物及其生态地理分布 1027. 2008.

多年生草本，高 20～60 cm。主根粗壮，根颈部密被纤维状褐色残存枯叶柄。茎直立，单生，于上部伞房状分枝，疏被白色蛛丝状柔毛，茎翅狭窄且具缺刻状齿。叶长椭圆形至狭披针形，长 3～12 cm，宽 0.3～3.0 cm，上面绿色，被短糙毛，下面灰绿色，被白色蛛丝状毛，倒向羽状分裂，顶裂片较长，三角状披针形，先端渐尖，侧裂片多对，卵状三角形至齿状；下部叶具长柄，茎上部叶无柄，沿茎下延成翅。头状花序多数，在分枝顶端排列成伞房状；花序分枝和花序梗被蛛丝状毛，有长约 1 cm 的线形小苞叶；总苞柱状，宽 5～8 mm；总苞片 5～6 层，外面被淡黄色长毛，边缘及先端黑褐色，钝或急尖，外层总苞片卵形，长约3 mm，宽约 2 mm，中层总苞片卵状披针形，长 5～9 mm，宽约 2 mm，内层线状披针形，长 10～12 mm，宽 1～2 mm。花蓝紫色，花冠长约 10 mm，檐部 5 浅裂，细管部与檐部等长。瘦果长约 3.5 mm。冠毛淡褐色，外层长 2～4 mm，内层长 9～10 mm。 花果期 7～9 月。

产青海：玛沁（雪山乡东倾河，H. B. G. 439；西哈垄河谷，H. B. G. 349）、达日（建设乡达日河桥附近，H. B. G. 1007）、甘德（上贡麻乡附近，H. B. G. 936）、久治（上龙卡沟，果洛队 610）、兴海（中铁乡至中铁林场途中，吴玉虎 43190；中铁乡附近，吴玉虎 42814、42940、43001）。生于海拔 3 800～4 000 m 的沟谷山地高山草甸、溪流河谷山坡石缝、河谷阶地高寒草甸砾石地。

分布于我国的甘肃、青海、四川。

64. 弯齿风毛菊 图版 147：3～13

Saussurea przewalskii Maxim. in Bull. Acad. Sci. St.-Pétersb. 27：494. 1881；Lipsch. Gen. Saussurea 167. 1979；青海植物志 3：481. 图版 104：8～18. 1996；中国植物志 78（2）：145. 图版 23：6～9. 1999；青藏高原维管植物及其生态地理分布 1036. 2008.

多年生草本，高 15～50 cm。根状茎粗，颈部密被褐色残存枯叶柄。茎直立，具棱槽，常紫红色，被白色蛛丝状柔毛，或下部脱毛，不分枝或仅于上部花序处分枝。叶两面异色，上面绿色，疏被蛛丝状毛或无毛，下面灰绿色，密被白色蛛丝状柔毛，羽状浅裂或半裂，顶裂片小，披针形或三角形，先端渐尖或急尖，侧裂片在叶两侧不对称叉开排列，斜三角形、三角形、矩圆形或近齿状，常下弯，先端有小尖头，边缘常有 1～3 枚带尖头的小齿；基生叶与茎下部叶线状长圆形或狭倒披针形，长 6～20 cm，宽 1.2～5.0 cm，有长柄；茎上部叶线形，近无柄。头状花序多数，通常具短花序梗而在茎端排列成紧密或稍疏松的伞房状，有时下面另有具长梗而单生叶腋的花序；总苞球形，宽 6～10 mm，基部近圆形；总苞片 4～5 层，全部或上部黑褐色，被白色长毛，先端渐尖，外层总苞片卵状披针形，长约 6 mm，宽2～3 mm，中内层总苞片长椭圆形，长8～10 mm，宽 1.5～2.0 mm。花紫红色，花冠长约 11 mm，檐部先端 5 中裂，细管部等长于檐部。瘦果长约 3 mm。冠毛淡褐色，外层长 2～3 mm，内层长 8～9 mm。 花果期 7～9 月。

产青海：兴海（河卡山，郭本兆 6374）、称多（歇武乡赛巴沟，刘尚武 2500；扎朵乡驻地附近，张新学 83－117）、久治（索乎日麻乡扎龙尕玛山，果洛队 349、藏药队 474）。生于海拔 4 000～4 500 m 的沟谷山地阴坡高寒草甸、山坡高寒灌丛草甸、河谷山坡石缝中。

分布于我国的甘肃、青海、陕西、西藏、云南、四川。模式标本采自青海祁连山。

65. 优雅风毛菊

Saussurea elegans Ledeb. Ic. Pl. Fl. Ross. 1：19. t. 77. 1829；Lipsch. Fl. URSS 27：423. 1962，et Gen. Saussurea 128. 1979；中国沙漠植物志 3：383. 图版 151：6～11. 1992；中国植物志 78（2）：117. 1999；新疆植物志 5：287. 1999；青藏

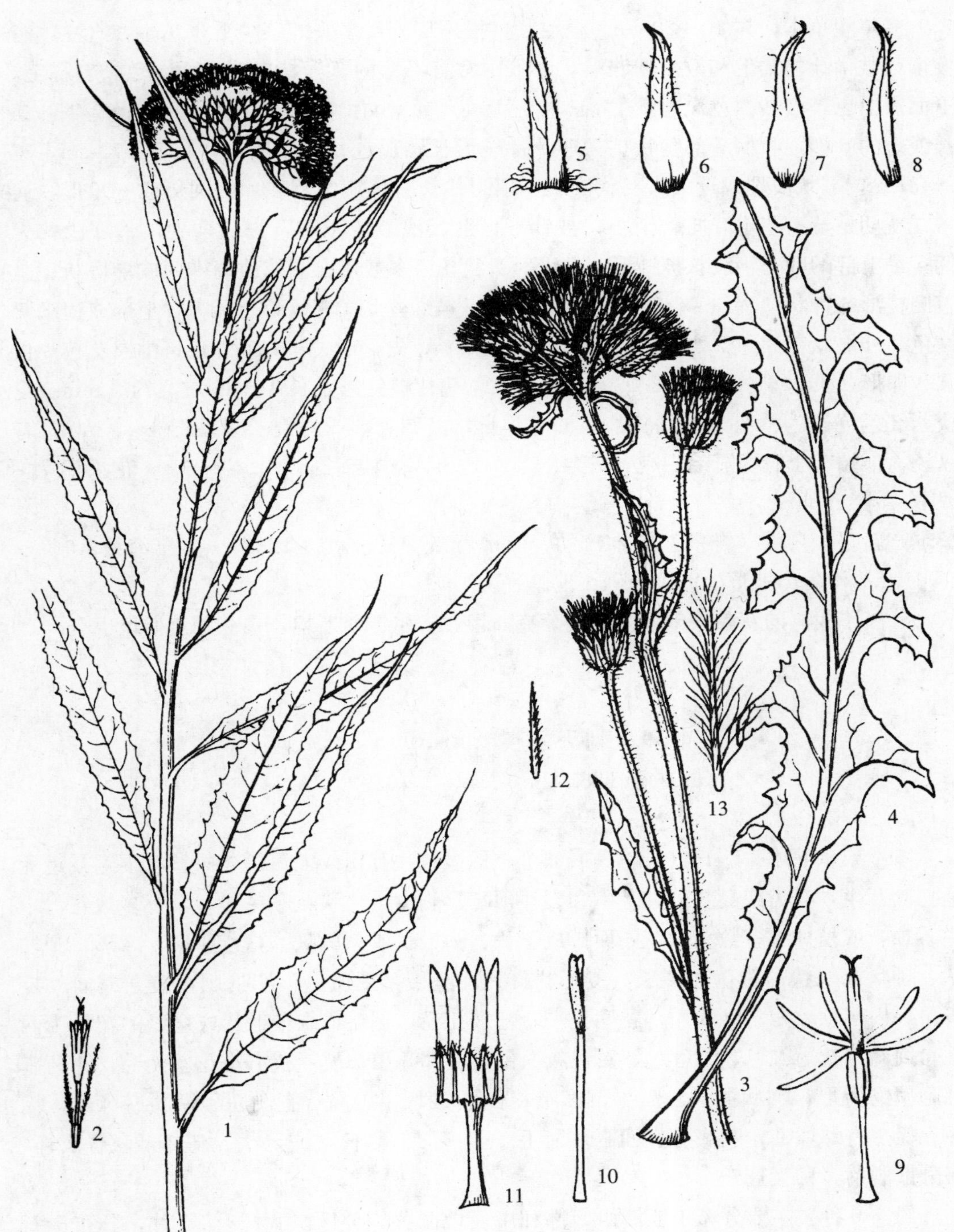

图版 **147**　柳叶菜风毛菊 **Saussurea epilobioides** Maxim. 1. 植株上部；2. 花。弯齿风毛菊 **S. przewalskii** Maxim. 3. 花序；4. 基生叶；5～8. 总苞片；9. 花；10. 雌蕊；11. 雄蕊（花药展开）；12～13. 冠毛。（刘进军、阎翠兰绘）

高原维管植物及其生态地理分布 1027. 2008.

多年生草本，高 10～20 cm。根粗壮，根颈部分叉多头。茎少数，丛生，直立，有棱槽，被稀疏的柔毛和散生的腺点，叶腋中常有不育的营养枝。叶上面绿色，有糙毛，下面灰白色，密被白色蛛丝状柔毛，稀近无毛，通常两面散生有光亮的腺点；基生叶具长或短的叶柄，叶柄基部鞘状扩大，叶片全形长圆形或长圆状卵形，长 9～11 cm，宽 2～3 cm，羽状浅裂或近大头羽状浅裂，顶裂片长三角形，侧裂片椭圆形或三角形，通常在花期枯萎；茎生叶向上渐小，披针形，羽状浅裂或不裂，先端渐尖，基部浅狭无柄；最上部的叶小，线状披针形，全缘。头状花序多数，在茎枝顶端排列成伞房状；总苞圆柱形或钟状，宽 5～8 mm；总苞片 5 层，被蛛丝状柔毛，稀近无毛，上部或边缘紫红色，外层总苞片卵形，长约 3 mm，宽约 2 mm，先端渐尖、钝或急尖；中层总苞片长圆状卵形，长约 6 mm，宽 2～3 mm；内层总苞片披针形，长 10 mm，宽约 2 mm。花淡紫红色，长达 1.4 cm，细管部与檐部等长，檐部先端 5 深裂。瘦果长 3～5 mm，有纵棱，顶端有小冠。冠毛白色，外层长 2～4 mm，内层长 10～12 mm。 花果期 7～9 月。

产新疆：乌恰（吉根至斯木哈纳，西植所新疆队 2101、2152）。生于海拔2 600～2 900 m的沟谷山坡草地、山麓砾石地。

分布于我国的新疆；俄罗斯，哈萨克斯坦，吉尔吉斯斯坦，乌兹别克斯坦也有。

39. 刺头菊属 Cousinia Cass.

Cass. in Dict. Sc. Nat. 47：503. 1827.

草本或半灌木。茎直立，单一或数个，稀多数，有翅或无翅，被蛛丝状柔毛或近无毛。叶互生，有齿或羽状分裂，齿和裂片顶端具刺尖。头状花序花同型，有多数花；单生茎顶，或植株有多数头状花序而排成总状、圆锥状或伞房状；总苞卵形、球形、圆柱状、钟状或碗状；总苞片多层，覆瓦状排列，坚硬，革质，顶端具刺，直立或向外反折，最内层顶端常为硬膜质；花序托平，密被托毛，托毛边缘糙毛状或全缘。花均为两性，筒状；花冠红色、紫红色、黄色或白色，檐部 5 裂，裂片狭窄；花丝无毛，花药基部附属物箭形，羽状撕裂。瘦果倒卵形或倒圆锥状，压扁，有侧肋、纵肋或脉纹，无毛，极少有蛛丝毛，基底着生面平。冠毛 1 至多层，等长，糙毛状，基部不联合成环，易分散脱落，稀无冠毛。

约 600 种，主要分布于亚洲西南部和中亚地区各国地区。我国有 11 种，分布于新疆、西藏；昆仑地区产 4 种。

分种检索表

1. 头状花序小；总苞直径（不含针刺）不超过 2 cm。
 2. 茎有翅；瘦果顶端无明显的齿状果缘；二年生草本 ……………………………………………………………………………… **1. 光苞刺头菊 C. leiocephala**（Regel）Juz.
 2. 茎无翅；瘦果果棱或细肋在顶端伸出而形成齿状果缘；多年生草本 ……………………………………………………………………… **2. 丛生刺头菊 C. caespitosa** Winkl.
1. 头状花序大；总苞直径（不含针刺）4 cm 以上；瘦果顶端无明显的齿状果缘；二年生草本。
 3. 叶不裂，边缘具刺齿；茎具分枝 ………………… **3. 丝毛刺头菊 C. lasiophylla** Shih
 3. 基生叶羽状深裂或半裂；茎簇生但不分枝 … **4. 硬苞刺头菊 C. sclerolepis** Shih

1. 光苞刺头菊

Cousinia leiocephala（Regel）Juz. in Not. Inst. Bot. Acad. Sci. URSS ser. 1. 3：14，1936；Fl. URSS 27：314. 1962；中国植物志 78（1）：48. 图版 16：2. 1987；新疆植物志 5：301. 1999；青藏高原维管植物及其生态地理分布 986. 2008. —— *C. sewertzowii* Regel var. leiocephala Regel in Acta Hort. Petrop. 6：314. 1880.

二年生草本，高约 30 cm。茎单生，自上部分枝，密被蛛丝状柔毛。叶质地薄，两面绿色或灰绿色，被蛛丝状柔毛；叶片披针形或宽披针形，不裂而具波状刺齿，齿端针刺长0.5～1.0 mm，先端渐尖；基生叶未见，茎生叶无柄，长 2～6 cm，宽 0.4～0.6 cm，基部两侧沿茎下延成翅，翅宽 4～6 mm，翅缘有针刺或三角形的刺齿。头状花序数个，单生于茎枝顶端；总苞卵形或卵球形，不包括边缘针刺的直径 1.0～1.2 cm；总苞片多数（100 枚以上），绿色，无毛，向外开展，外层和中层总苞片三角状钻形或线状钻形，长 5～10 mm，宽约 1 mm，顶端有刺状小尖头，内层总苞片线形，长达 1.2 cm，宽约 1 mm，顶端扩大为椭圆形至长椭圆形的硬膜质附片；托毛边缘糙毛状。花紫红色，花冠长 1.3 cm，细管部长 4.0～4.5 mm，明显短于檐部，檐部 5 裂，裂片细小。瘦果倒卵形，长约 3 mm，淡灰褐色，有暗褐色的斑，有多数细条纹，但不在瘦果顶端伸出。 花果期 6～8 月。

产新疆：塔什库尔干。生于海拔 3 200 m 左右的沟谷山坡草地。

分布于我国的新疆；哈萨克斯坦，吉尔吉斯斯坦也有。

2. 丛生刺头菊

Cousinia caespitosa Winkl. in Acta Hort. Petrop. 10：93. 1887；Tschern. Fl. URSS 27：356. 1962；中国植物志 78（1）：54. 图版 17：2. 1987；新疆植物志 5：304. 1999；青藏高原维管植物及其生态地理分布 986. 2008.

多年生草本，高约 14 cm。根粗壮，木质，直伸；根颈多头，被残存的枯叶柄。茎纤细，多数，簇生，不分枝，禾秆黄色，被蛛丝状柔毛。叶灰绿色，被蛛丝状柔毛，下面的毛较密；叶片长椭圆形，长 1～2 cm，包括叶缘针刺宽 8～13 mm，羽状全裂，裂片 4～6 对，通常偏斜对生或互生，长三角状披针形，边缘反卷，顶端渐尖为长 1～2 mm的针刺；基生叶较大，茎生叶较小。头状花序单生茎端；总苞碗状，直径 1.5～2.0 cm；总苞片 5 层，被稀疏的蛛丝状柔毛，中外层总苞片长三角形或披针形，长 5～12 mm，宽约 1 mm，先端渐尖成长1.5～2.0 mm的针刺，内层总苞片线形，长 1.5 cm，宽约 1 mm，先端渐尖；托毛糙毛状。花紫红色，花冠长达 1.2 cm，细管部长 9 mm。瘦果倒披针形，长 5.5 mm，宽 2 mm，褐色，有细纵纹，延伸果实顶端之外成微齿。花果期 7～9 月。

产新疆：乌恰（玉其塔什，西植所新疆队 1733)。生于海拔 3 200 m 左右的高山砾石质山坡草地。

分布于我国的新疆；哈萨克斯坦，吉尔吉斯斯坦，塔吉克斯坦也有。

3. 丝毛刺头菊

Cousinia lasiophylla Shih in Bull. Bot. Res. 4（2）：59. 1984；中国植物志 78（1）：53. 1987；新疆植物志 5：303. 1999；青藏高原维管植物及其生态地理分布 986. 2008.

二年生草本，高 30～50 cm。茎分枝较长，有时带紫红色，有纵棱，被薄茸毛或脱毛。叶质硬，近革质，上面绿色，有稀疏的蛛丝状柔毛，下面灰绿色，被薄蛛丝状茸毛，叶基下延于茎上，无柄；茎下部（分枝以下）叶长椭圆形，长 9.5～14.5 cm，宽 3.5～4.5 cm，顶端渐尖成淡黄色的硬针刺，边缘具大小不等的三角形刺齿，齿端渐尖成淡黄色的针刺，刺长2.5～5.0 mm；茎中上部（分枝以上）叶较小，卵状披针形或椭圆形，长 4.5～6.0 cm，宽3.5～4.0 cm，边缘有刺齿；最上部叶最小，窄披针形或线状披针形，全缘无刺齿或几无刺齿。头状花序单生茎枝顶端；总苞宽钟状，直径 4.5～5.0 cm（不包括针刺)；总苞片 7 层，多数，被蓬松的蛛丝状柔毛，外层和中层总苞片三角状披针形，长 2.6～3.2 cm，宽 5～6 mm，绿色，背面有 1 条凸起的棱脊，顶端渐尖成坚硬的针刺，刺长 3～5 mm，淡黄色，内层和最内层总苞片长椭圆状披针形至线形，长 2.5～2.8 cm，宽 1～3 mm，淡黄色，顶端渐尖；托毛糙毛状。花紫红色，花冠长 2.2 cm，细管部短于檐部，长 1 cm。瘦果倒卵形，长5 mm，宽 2 mm，有褐色斑，顶端圆形，无肋及脉纹伸出。 花果期 7～9 月。

产新疆：乌恰（吉根乡，克里木 131；前进三牧场至界里玉，崔乃然 R1101；斯木哈纳，西植所新疆队 2135)。生于海拔 3 000～3 250 m 的沟谷山坡草地、宽谷河滩草甸、山谷冲刷沟边草丛。

新疆特有种。模式标本采自乌恰县。

4. 硬苞刺头菊

Cousinia sclerolepis Shih in Bull. Bot. Res. 4（2）：60. 1984；中国植物志 78（1）：53. 1987；新疆植物志 5：304. 1999；青藏高原维管植物及其生态地理分布 986. 2008.

二年生草本，高 15～30 cm。茎簇生，不分枝，带紫红色，密被蛛丝状柔毛。叶质地薄，被蛛丝状柔毛，长椭圆形至披针形，长 3～12 cm，宽 1～6 cm，羽状深裂、半裂或茎上部叶不裂而边缘有大小不等的三角形刺齿，裂片 4～6 对，宽卵形，边缘有 3～7 个大小不等的刺齿，齿端有长可达 1 cm 的针刺，边缘有长 3～6 mm 的短针刺；叶向上渐小，基生叶具长柄，中上部叶无柄。头状花序单生茎端；总苞宽钟状，直径 4.0～4.5 cm；总苞片 6～7 层，被蓬松而连片的蛛丝状柔毛，外层和中层的总苞片质地坚硬，基部淡黄色而中上部绿色，钻状长椭圆形或钻状长披针形，包括顶端针刺长 1.8～3.3 cm，宽 3.0～3.5 mm，背面有 1 条凸起的棱脊，先端渐尖成硬针刺，针刺 3 棱状，内层总苞片长倒披针形或宽线形，长2.3 cm，宽 2～3 mm，渐尖，中下部淡绿色，上部淡黄色并稍扩大形成明显的苞冠；托毛边缘锯齿状。花紫红色，花冠长 2 cm，细管部长 1.1 cm。瘦果偏斜倒卵形，长约 5 mm，宽约 2.5 mm，浅黑色，无色斑，有细纵纹，细纵纹在果实顶端不伸出。　花果期 7 月。

产新疆：乌恰（吉根乡，采集人不详 73－162；玉其塔什，西植所新疆队 1766）。生于海拔 3 000～3 200 m 的沟谷山地草甸、山坡草地。

新疆特有种。模式标本采自乌恰县玉其塔什。

40. 虎头蓟属 Schmalhausenia C. Winkl.

C. Winkl. in Acta Hort. Petrop. 12：281. 1892.

多年生草本，具刺，根直伸。茎直立。叶羽状分裂。头状花序多数，同型，在茎端紧密簇生；总苞片多层，覆瓦状排列，外面密被蓬松的柔毛，顶端具长刺；花序托平，被密集的托毛，托毛平滑，无糙毛，短于瘦果。花全部两性，筒状；花冠紫色，檐部 5 裂；花丝分离，无毛，花药基部附属物短。瘦果倒卵形，基底着生面平，顶端有果缘。冠毛多层，短羽毛状，不等长，基部不联合成环，易分散脱落。

单种属，分布于天山地区。我国产于新疆，昆仑地区也有。

1. 虎头蓟

Schmalhausenia nidulans（Regel）Petrak in Allg. Bot. Zeitschr. 20：117. 1914；Tschern. in Fl. URSS 27：361. 1962；中国植物志 78（1）：55. 图版 1：7；4：7

(1～2)；17：1. 1987；新疆植物志 5：305. 1999；青藏高原维管植物及其生态地理分布 1042. 2008. —— *Cirsium nidulans* Regel in Bull. Soc. Nat. Mosc. 40 (2)：160. 1867.

多年生草本，高约 25 cm。根直伸，根茎部有残存的枯叶柄。茎粗壮，不分枝，有明显的纵棱槽，密被蓬松的蛛丝状柔毛。叶灰白色或灰绿色，密被蓬松的褐色或污白色的柔毛，二回羽状全裂，二回裂片披针形，通常带紫红色，顶端长针刺状渐尖；基生叶较大，长椭圆状倒披针形，长 35～40 cm，宽 10～14 cm，具柄；茎生叶与基生叶同形或长椭圆形，但较小，无柄。头状花序 5～10 个，在茎顶端簇生；总苞半球形或碗状，直径 2.2～4.0 cm；总苞片 3～4 层，狭披针形，顶端的长针刺通常显紫红色，中外层总苞片外面被褐色的长柔毛。花紫红色。瘦果倒卵形，长达 5 mm，浅黑色，具 5～6 肋棱，顶端果缘具 5～6 个小齿。冠毛褐色，外层的细而短，内层的宽而扁，长可达 1.3 cm。 花果期 7～9 月。

产新疆：乌恰（托云乡，西植所新疆队 2309）。生于海拔 3 600 m 左右的沟谷山坡高山或亚高山草甸。

分布于我国的新疆；中亚地区各国也有。

41. 牛蒡属 Arctium Linn.

Linn. Sp. Pl. 816. 1753.

二年生草本。茎直立，粗壮，有棱槽。叶互生，通常大型，不分裂，基部心形，有叶柄。头状花序中等大小或较大，少数或多数，在茎枝顶端排列成伞房状或圆锥状；同型，含多数花；总苞球形或宽钟状；总苞片多层，线形或披针形，无毛或被蛛丝状柔毛，顶端具钩刺；花序托平，密被托毛。花全部两性结实，筒状；花冠紫红色，檐部 5 浅裂；花丝分离，无毛，花药基部的附属物箭形；花柱分枝细长，外弯，基部有毛环。瘦果倒卵形或长椭圆形，压扁，有多数细脉纹或纵肋，无毛，顶端截形，基底着生面平。冠毛短，多层，不等长，糙毛状，基部不联合成环，极易分散脱落。

约 10 种，分布欧亚大陆温带地区。我国 2 种，昆仑地区产 1 种。

1. 牛 蒡

Arctium lappa Linn. Sp. Pl. 816. 1753；Fl. Afghan. 385. 1960；Juz. et al. in Fl. URSS 27：97. t. 12：10. 1962；中国高等植物图鉴 4：603. 图 6620. 1975；西藏植物志 4：857. 1985；中国植物志 78 (1)：58. 1987；中国沙漠植物志 3：340. 图版 132：1～6. 1992；新疆植物志5：306. 图版 76：5～8. 1999；青藏高原维管植物及其生态地理分布 952. 2008.

二年生草本，高可达 2 m。茎直立，粗壮，分枝，通常带紫红色或淡紫红色，有棱槽，被稀疏的乳突状毛和蛛丝状柔毛，以及淡黄色或棕黄色腺点。基生叶，宽卵形，基部心形，边缘浅波状，具稀疏的小齿或全缘，上面绿色，被稀疏的短糙毛和黄色腺点，下面灰白色或淡绿色，被密集或比较密集的蛛丝状柔毛和黄色腺点；基生叶大，长达 30 cm；向上叶渐小，近头状花序下部叶的基部浅心形或截形。头状花序多数或少数，在茎枝顶端排列成疏松的伞房状或圆锥伞房状；花序梗长达 10 cm；总苞卵球形或球形，绿色，无毛，直径 1.5～2.0 cm；总苞片多层，近等长，长约 1.5 cm，顶端有倒钩刺，外层总苞片三角状或披针状钻形，中层和内层总苞片披针状或线状钻形。花紫红色，花冠长达 1.4 cm，细管部稍长于檐部，檐部 5 浅裂，裂片长约 2 mm。瘦果倒长卵形，压扁，长 3～7 mm，淡褐色，有多数细条纹和深褐色的色斑，或 5 色斑。冠毛糙毛状，不等长，长 3.0～3.8 mm。 花果期 7～9 月。

产新疆：喀什。生于海拔 1 400 m 左右的山谷草地、山坡、林缘、林间空地、河谷水边湿地、村边、路旁、荒地、田间。

青海：兴海（唐乃亥，吴玉虎 42107、42159、42170、42176）。生于海拔 2 780～2 860 m的河谷阶地疏林田埂。

广布欧亚大陆，我国各省区有分布。

42. 顶羽菊属 Acroptilon Cass.

Cass. in Dict. Sc. Nat. 50：464. 1827.

多年生草本，全株无刺。茎直立，多分枝。叶无柄，互生，全缘、具疏齿或羽状分裂。头状花序小或中等大，单生茎枝顶端，或呈伞房状或伞房圆锥状排列；同型，含多数小花；总苞卵形或长椭圆状卵形；总苞片多层，覆瓦状排列，无毛，顶端有白色膜质半透明的附片，外层与内层圆形、半椭圆形，最内层线状披针形；花序托有托毛。花全部两性，筒状；花冠红色或紫色；花柱分枝细长，顶端钝，中部有毛环。瘦果倒长卵形，压扁，有不十分明显的细脉纹，顶端圆形，无果缘，基底着生面平或稍偏斜。冠毛多层，向内层渐长，糙毛状，最里面的向上渐成短羽状，基部不联合成环，易分散脱落。

单种属，分布于俄罗斯、中亚地区各国、俄罗斯西伯利亚。我国西北及华北有分布，昆仑地区也产。

1. 顶羽菊

Acroptilon repens（Linn.）DC. Prodr. 6：662. 1837；Czer. in Fl. URSS 28：345. 1963；中国高等植物图鉴 4：653. 图 6720. 1975；中国植物志 78（1）：60. 图版

3：8. 4：9（1～2）. 1987；中国沙漠植物志 3：343. 图版 133：1～5. 1992；青海植物志 3：483. 1996；新疆植物志 5：309. 1999；青藏高原维管植物及其生态地理分布 943. 2008. ——*Centaurea repens* Linn. Sp. Pl. ed. 2. 1293.、1763.

多年生草本，高 20～70 cm。根粗壮，横走或斜升。茎直立，单一或少数，从基部分枝，分枝多，斜升，有纵棱槽，密被蛛丝状柔毛。叶稍坚硬，两面灰绿色，被稀疏的蛛丝状柔毛，后渐脱落近无毛，无柄，长椭圆形、匙形或线形，长 2～5 cm，宽 6～12 mm，顶端圆钝、渐尖或锐尖，全缘或具不明显的细锐齿，或羽状半裂，裂片三角形或斜三角形。头状花序多数，排列成伞房状或伞房圆锥状；总苞卵形，直径 5～15 mm；总苞片向内渐长，密被长柔毛，外层和中层总苞片卵形或椭圆状卵形，质地厚，绿色，顶端具有白色干膜质的半透明状附片，内层总苞片披针形或线状披针形，顶端附片小。花粉红色或淡紫红色，花冠长约1.5 cm，细管部与增宽的檐部近等长，檐部 5 浅裂，裂片长 3 mm。瘦果倒长卵形，压扁，长约 4 mm，淡白色。冠毛白色，长达 1.2 cm。花果期 6～8 月。

产新疆：喀什（采集地和采集人不详，040）、英吉沙（龙浦乡史雄飞 080）、阿克陶（奥依塔克林场，杨昌友 750762）、塔什库尔干（采集地不详，安峥皙 AJZ9557）、叶城（西合休乡，阿不力米提 118）、和田（县城郊，催乃然 R1432）、策勒（县城郊，采集人不详 R1456；恰哈乡阿克奇大队，催乃然 R1701）、若羌（米兰农场，沈观冕 072；近郊东风乡四大队，采集人不详 1992）、莎车（霍什拉甫，青藏队吴玉虎 870736）。生于海拔 2 300～2 800 m 的河谷水旁草甸、溪流沟边、山坡田边、荒地。

青海：都兰（香日德，郭本兆 8010）、兴海（河卡乡羊曲加斜沟，何廷农 461）。生于海拔2 900～3 000 m 的农田地边。

分布于我国的新疆、甘肃、青海、陕西、内蒙古、山西、河北；欧洲，俄罗斯，中亚地区各国、蒙古也有。

43. 黄缨菊属 **Xanthopappus** C. Winkl.

C. Winkl. in Acta Hort. Petrop. 13：10. 1894.

多年生草本。叶基生，莲座状，羽状深裂。头状花序大，同型，数个至 10 余个密集成球状而生于莲座状叶丛中；总苞宽钟状；总苞片多层，覆瓦状排列，多数，中外层总苞片硬革质，向上渐尖成硬针刺，最内层总苞片硬膜质；花托平，有稠密的托毛。花全部两性，筒状；花冠黄色，顶端 5 齿裂；花药基部附属物箭形，花丝分离，无毛；花柱分枝极短，顶端截形，基部有毛环。瘦果偏斜倒卵形，顶端有果缘，果缘平展，边缘无锯齿，基底着生面平或稍偏斜。冠毛多层，糙毛状，基部联合成环，整体脱落。

我国特有单种属。分布于我国的云南、四川、甘肃，昆仑地区亦产。

1. 黄缨菊 图版 148：1～2

Xanthopappus subacaulis C. Winkl. in Acta Hort. Petrop. 13：11. 1894；中国高等植物图鉴 4：605. 图 6623. 1975；中国植物志 78（1）：61. 图版 1：10；4：10. 5：1. 1987；青海植物志 3：437. 图版 95：5～6. 1996；青藏高原维管植物及其生态地理分布 1063. 2008.

多年生无茎草本，高 5～7 cm。根极粗壮，圆柱形，根颈部密被纤维状撕裂的黑褐色残存枯叶柄。叶不多，全部基生成莲座状，革质，长椭圆形或线状长椭圆形，长15～25 cm，宽 4～6 cm，上面无毛呈绿色，下面密被蛛丝状茸毛而显灰白色，羽状深裂，顶裂片三角形，较小，长 2～4 cm，宽 1.5～3.0 cm，侧裂片 5～8 对，半长椭圆形或三角形，长0.5～3.0 cm，宽 0.5～2.0 cm，平展或上倾，叶脉凸起并在叶缘及叶尖延伸成针刺，叶柄较长，基部扩大成鞘。头状花序多数，密集于莲座状叶丛之中；花序梗粗短，有 1～2 片线形苞叶；总苞宽钟状，直径 4～6 cm；总苞片线状披针形至线形，向内层渐长，长 1.5～3.5 cm，宽 3～6 mm，外面被糙毛，顶端针刺长或短，外层常开展。花黄色，花冠长 2.5～3.0 cm，细管部向上逐渐过渡至不明显增粗的檐部，顶端 5 浅裂，裂片线形。瘦果长约7 mm，宽约 4 mm，压扁，有不明显的脉纹，具褐色斑点。冠毛淡黄色，长 2.0～2.5 cm。 花果期 7～9 月。

产青海：兴海（河卡乡羊曲加斜沟，何廷农 459；温泉乡，H. B. G. 1425）、久治（沙柯河隆木达，藏药队 874；白玉乡，吴玉虎 26407）。生于海拔 2 230～4 250 m 的沟谷山地阳坡草甸、山坡荒地。

分布于我国的甘肃、青海、云南、四川。模式标本采自甘肃。

44. 蝟菊属 Olgaea Iljin

Iljin in Not. Syst. Herb. Hort. Bot. Petrop. 3：141. 1922.

多年生草本。茎直立，分枝，有翅或无翅。叶互生，具疏齿和针刺。头状花序单生茎枝顶端或排列成伞房状；同型，具多数花；总苞钟状、半球形或卵形；总苞片多层，覆瓦状排列，革质，直立、开展或上部反折，边缘通常有针刺状缘毛，顶端具刺，最内层总苞片外面常密被微糙毛；花序托平，被密集的托毛。花均为筒状，两性结实；花冠紫色或蓝色，檐部 5 裂；花丝分离，无毛，花药基部附属物尾状，撕裂；花柱分枝细长，顶端圆或钝，大部贴合，仅顶端稍张开，分枝下部被乳头状突起。瘦果长椭圆形或倒卵形，具纵肋或肋不明显，顶端有果缘，果缘边缘浅波状、圆齿裂或具尖锯齿，基底着生面平正或偏斜。冠毛多层，向内渐长，糙毛状或有锯齿，基部联合成环，整体脱落。

约12种，分布于中亚地区各国。我国约有7种，昆仑地区产2种。

分种检索表

1. 头状花序单生茎枝顶端；外层总苞片边缘有刺齿或针刺 ……………………………………………………………………………………… 1. 新疆蝟菊 **O. pectinata** Iljin
1. 头状花序多数，在茎端簇生，且茎上部叶腋中有不发育的头状花序；外层总苞片边缘无刺齿或针刺 ………………………………………… 2. 假九眼菊 **O. roborowskyi** Iljin

1. 新疆蝟菊

Olgaea pectinata Iljin in Bull. Jard. Bot. Russe 23（2）：146. 1924 et in Fl. URSS 28：50. 1963；中国植物志 78（1）：66. 图版 18：2. 1987；新疆植物志 5：310. 1999；青藏高原维管植物及其生态地理分布 1020. 2008.

多年生草本，高 30～70 cm。茎常单一，粗壮，有棱槽，上部分枝，密被白色绵毛。叶近革质，上面淡绿色，无毛，下面灰白色，密被白色绵毛；基生叶和茎下部叶长椭圆形，叶片羽状浅裂或深裂，裂片卵状三角形，边缘具 3～5 个刺齿，齿端针刺长约 3 mm，齿缘无针刺或仅基部有长约 1.5 mm 的短针刺，叶柄边缘扩大，有或无针刺；茎中部叶较小，与茎下部叶同形，并同样分裂，无柄；最上部的叶窄小，长椭圆形或披针形，边缘有篦齿状针刺。头状花序单生于茎枝顶端；总苞宽钟状，直径约 5 cm；总苞片被稀疏的蛛丝状柔毛，外层叶状，椭圆形或披针形，长 2.0～2.5 cm，宽 0.5～1.0 cm，边缘有刺齿，齿顶有 2～5 mm 长的针刺，中层总苞片长椭圆形或披针形，长 2～3 cm，宽 3.0～3.5 mm，上部钻状长渐尖，内层总苞片线状披针形，长约 2.5 cm，宽约 2 mm，先端长渐尖。花淡紫色，花冠长2.6 cm，细管部长 9 mm，檐部长 1.7 cm，先端5裂，裂片线形，长约5 mm。不成熟瘦果圆柱形，淡褐色，长约6 mm。冠毛锯齿状，淡黄色或污白色，长可达 2.5 cm。 花果期7～9月。

产新疆：乌恰县（吉根乡斯木哈纳，西植所新疆队 2098）。生于海拔 2 900 m 左右的沟谷山地砾石质山坡。

分布于我国的新疆；中亚地区各国也有。

2. 假九眼菊

Olgaea roborowskyi Iljin in Not. Syst. Herb. Hort. Bot. Petrop. 3：142. 1922；中国植物志 78（1）：68. 1987；新疆植物志 5：310. 1999；青藏高原维管植物及其生态地理分布 1020. 2008.

多年生草本，高 20～25 cm。茎直立，不分枝，被绵毛，基部被褐色残存枯叶柄。叶质地坚硬，革质，上面绿色或淡绿色，有光泽，无毛，下面灰白色，密被绵毛；叶片长椭圆形，长 4～20 cm，宽 2.5～4.0 cm，羽状半裂或深裂，裂片 7～10 对，广卵形或宽三角形，边缘具刺齿，齿端延为长 3～10 mm 的淡黄色针刺；叶基无柄，扩大半抱茎；叶端长渐尖为针刺。头状花序 3～8 个集生于茎端，密被蓬松的长绵毛，在茎上部叶腋中有不发育或发育不全的头状花序；总苞卵形或钟状，直径 2.5～3.5 cm；总苞片向内渐长，外层总苞片披针状钻形，长达 2 cm，宽 3 mm，顶部针刺坚硬，长约 1.1 cm，中层总苞片椭圆形、长椭圆形或线状钻形，长 2.5～3.0 cm，宽 2～3 mm，顶部针刺向外开展，坚硬，长 1.2～1.5 cm，内层总苞片披针形或线状披针形，长 2.5～3.0 cm，宽 1～3 mm，顶端针刺较软。花紫色，花冠长达 2.2 cm，细管部长 1.4 cm，檐部长 8 mm，先端 5 裂，裂片长 4 mm。瘦果倒卵形，长约7 mm,压扁，淡灰色，有黑色色斑。冠毛糙毛状，淡褐色，长可达 2 cm。　花果期 7 月。

产新疆：乌恰（县城至吉根乡途中，西植所新疆队 1658；康苏矿区，崔乃然 324、820）、塔什库尔干（采集地不详，崔乃然 125）。生于海拔 2 730～3 000 m 的沟谷山地砾石荒漠、山坡草地。

分布于我国的新疆。模式标本采自塔里木盆地。

45. 翅膜菊属 Alfredia Cass.

Cass. in Bull. Soc. Philom. Paris 175. 1815.

多年生草本。茎直立，粗壮。叶羽状浅裂或深裂。头状花序同型，大，含多数小花，生于茎枝顶端；总苞钟状；总苞片多层，覆瓦状排列，外面被伏贴的黑色长毛，中外层总苞片顶端具宽膜质的附片或骨针状长渐尖。花序托密被托毛。花黄色，全部两性，筒状；花冠檐部长，5 浅裂；花药基部附属物扁尾状，稍撕裂，花丝无毛，稍有乳突；花柱分枝极短，顶端圆钝。瘦果褐色或黄白色，倒长卵形或长椭圆形，压扁，有多数不明显的纵纹或纵肋，基底着生面平或稍偏斜，顶端具果缘。冠毛多层，外层短，内层长，锯齿状，易折断，基部联合成环，整体脱落。

5 种，分布于俄罗斯西伯利亚、中亚地区各国。我国 5 种均有，仅产新疆；昆仑地区产 1 种。

1. 薄叶翅膜菊　图版 149：1～5

Alfredia acantholepis Kar. et Kir. in Bull. Soc. Nat. Mosc. 15：394. 1842；Iljin in Fl. URSS 28：41. 1963；中国高等植物图鉴 4：607. 图 6627. 1975；中国植物志 78（1）：71. 1987；新疆植物志 5：314. 图版 78：1～5. 1999；青藏高原维管植物及其生态地理分布 947. 2008.

多年生草本，高 40～120 cm。茎单一，直立，粗壮，有棱槽，通常紫红色，被伏贴曲折的白色长毛，不分枝或有不多的分枝。叶草质，上面绿色，稍粗糙，被稀疏的白色长毛和短毛，下面灰白色，密被白色茸毛，沿缘具缘毛状针刺；基生叶和茎下部叶大头羽状深裂，向下渐狭成带缘毛状刺翅的柄，柄的基部扩大成鞘状，侧裂片 2～3 对，顶裂片大，卵形或长卵状心形，长 11～13 cm，宽 6～8 cm；茎中部叶分裂同茎下部叶，但无柄或有短柄，基部增大半抱茎；茎上部叶通常不分裂，先端长渐尖，基部增大半抱茎。头状花序单一或 2～3 个生于茎和枝端；总苞宽钟状或碗状，直径 4～6 cm；总苞片多层，多数，披针形至线状披针形，外面被黑色伏贴毛，外层总苞片长达 1.2 cm，中下部沿缘具有长 2～3 mm 的黄褐色针刺，中层总苞片长 1.5～2.4 cm，沿缘膜质，流苏状撕裂，内层总苞片长达 3 cm，无附属物或上部沿缘稍具齿，全部总苞片顶端有针刺。小花黄色，花冠长约 2.2 cm，细管部明显短于檐部，檐部长 1.4 cm，先端 5 浅裂，裂片长约 3 mm。瘦果倒长卵形，长 6～7 mm，压扁，顶端截形，果缘不太明显，基底着生面稍偏斜。冠毛多层，淡黄褐色，外层刚毛短，顶端渐细，内层刚毛较长，长达 2 cm，顶端稍扩大。　花果期 7～9 月。

产新疆：乌恰。生于海拔 2 700 m 左右的沟谷山地草原、河谷草甸、山坡云杉林下、河谷山地林缘阴湿处。

分布于我国的新疆；中亚地区也有。

46. 蓟属 Cirsium Mill.

Mill. Dict. Arb. ed. 4. 1. 1754.

多年生草本。茎直立，分枝或不分枝，稀无茎。叶不分裂或羽状分裂，边缘具刺。雌雄同株，极少异株。头状花序同型，全部为两性花或全部为雌花，有时俯垂，在茎枝顶端排列成伞房状、伞房圆锥状、总状或头状，稀单生茎端；总苞钟形、卵形或球形；总苞片多层，覆瓦状排列或镊合状排列，无毛或多少被蛛丝状柔毛，或被多细胞的长节毛，顶端尖或具刺，边缘无刺或有缘毛状针刺；花序托有密集的长托毛。花红色或紫红色，稀淡黄色或白色，花冠筒状，檐部 5 裂，长于或等长于细管部分；花丝分离，有毛或乳突，极少无毛，花药基部附属物撕裂；花柱顶端 2 浅裂，分叉基部有毛环。瘦果倒卵形或椭圆形，多少压扁，有细棱或条纹，无毛，顶端截形，有果缘，基底着生面平。冠毛多层，长羽毛状，向内层渐长，基部联合成环，整体脱落。

约 300 种，分布于欧洲、亚洲、非洲北部、中美和北美。我国有 50 余种，昆仑地区产 5 种。

分种检索表

1. 无茎草本；叶呈莲座状；头状花序簇生于莲座状叶丛中。

 2. 总苞片镊合状排列，外层总苞片边缘有篦齿状排列并向上斜升的硬针刺，先端

具长而粗的硬针刺 …………………………… **1. 葵花大蓟 C. souliei**（Franch.）Mattf.

2. 总苞片覆瓦状排列，外层总苞片边缘无针刺，先端具针刺状短尖头 ……………………………………………………………… **2. 莲座蓟 C. esculentum**（Sievers）C. A. Mey.

1. 有茎草本；叶不为莲座状；头状花序在茎枝顶端排成总状或伞房状。

3. 雌雄同株；全部小花两性，花冠细管部短于檐部，檐部5裂至中部；果期冠毛短于或近等长于花冠；总苞直径2～3 cm ……………………………………………………………… **3. 新疆蓟 C. semenovii** Regel et Schmalh.

3. 雌雄异株；雌株花序的全部小花雌蕊发育，雄蕊发育不全；花冠细管部2～4倍长于增宽的檐部，檐部5深裂几达基部；冠毛长于花冠；总苞直径1～2 cm。

4. 叶两面同色，无毛或下面被稀疏的蛛丝状柔毛 ……………………………………………………………… **4. 丝路蓟 C. arvense**（Linn.）Scop.

4. 叶两面明显异色，上面绿色，无毛，下面灰白色，密被白色厚茸毛 ……………………………………………… **5. 藏蓟 C. lanatum**（Roxb. ex Willd.）Spreng.

1. 葵花大蓟 图版148：3～4

Cirsium souliei（Franch.）Mattf. in Journ. Arn. Arb. 14：42. 1923；中国高等植物图鉴4：610. 图6633. 1975；西藏植物志4：864. 1985；中国植物志78（1）：86. 1987；青海植物志3：439. 图版96：3～4. 1996；青藏高原维管植物及其生态地理分布984. 2008. —— *Cnicus souliei* Franch. in Journ. de Bot. 11：21. 1879.

多年生无茎草本。叶全部基生，莲座状，沿主脉被多细胞长节毛，长椭圆形、狭披针形或椭圆状披针形，长10～20 cm，宽2～6 cm，叶尖具细针刺，叶柄长2～6 cm，叶片羽状浅裂至深裂，顶裂片三角形或偏斜三角形，不大，侧裂片宽三角形、卵状披针形或偏斜椭圆形，5～9对，平展或上倾，边缘有针刺或具三角形刺齿而齿顶有针刺，针刺长2～5 mm。头状花序多数，簇生于莲座状叶丛之中；花序梗极短；总苞宽钟状，直径3～4 cm；总苞片3～5层，近等长或向内层稍长，含顶端针刺长2.0～2.5 cm，不包括边缘针刺宽3～5 mm，外层总苞片长三角状披针形或披针形，边缘有篦齿状排列并向上斜升的长3～6 mm的硬针刺，顶端针刺粗硬，长可达1 cm，内层或最内层总苞片披形，近膜质，边缘无刺，先端无针刺或针刺不坚硬。花紫红色，檐部长8 mm，不等5浅裂，细管部长1.2 cm。瘦果长椭圆状，黑褐色，长约5 mm。冠毛白色，基部稍带浅黄褐色，长可达2 cm。 花果期7～9月。

产青海：兴海（大河坝乡赞毛沟，吴玉虎46435、47171、47721；黄青河畔，吴玉虎42655；河卡山，吴珍兰166；中铁乡至中铁林场途中，吴玉虎43152；大河坝，吴玉虎42568）、曲麻莱（秋智乡，刘尚武、黄荣福783）、玛沁（拉加得科河，区划二组224；大武乡格曲，H. B. G. 565）、久治（白玉乡，藏药队615）、称多（县城郊，吴玉虎29220）。生于海拔2 500～4 400 m的沟谷山地高山草地、宽谷河滩荒地、退化草滩山地阴坡灌丛草甸、沟谷砾石山坡。

图版 **148** 黄缨菊 **Xanthopappus subacaulis** Winkl. 1. 植株一部分；2. 花。葵花大蓟 **Cirsium souliei** (Franch.) Mattf 3. 植株；4. 花。（王颖、阎翠兰绘）

分布于我国的甘肃、青海、西藏、四川。模式标本采自四川。

2. 莲座蓟 图版149：6

Cirsium esculentum（Sievers）C. A. Mey. in Mém. Acad. Sci. St.-Pétersb. 6（6）：42. 1849；Charadze in Fl. URSS 28：201. 1963；中国高等植物图鉴 4：609. 图 6632. 1975；中国植物志 78（1）：104. 1987；中国沙漠植物志 3：357. 图版 139：1～4. 1992；新疆植物志 5：323. 图版 82：1. 1999；青藏高原维管植物及其生态地理分布 983. 2008. —— *Cnicus esculentus* Sievers in Pall. Neust. Nord. Beitr. 3：362. 1796.

多年生无茎草本，低矮，有大量纤细的须根。叶基生，莲座状，两面绿色，沿中脉有多细胞的弯曲柔毛；叶片椭圆形至长椭圆形，长 2～7 cm，宽 1.5～3.0 cm，羽状浅裂至深裂，顶裂片不大，长三角形，长 1.0～1.5 cm，宽 0.3～0.5 cm，顶端渐尖，有针刺，侧裂片多数，平展或上倾，偏斜卵形或半椭圆形，长 0.5～1.5 cm，宽 0.5～1.0 cm，边缘具刺齿和针刺；叶基渐狭成有翅的柄，翅缘具针刺。头状花序多数，簇生于莲座状叶丛中；总苞钟状，直径 2.5～3.0 cm；总苞片约 6 层，覆瓦状排列，无毛，向内层渐长，外层和中层总苞片长三角形至披针形，长 1～2 cm，宽 2～4 mm，顶端急尖且具针刺状短尖头，内层总苞片线状披针形至线形，长 2.5～3.0 cm，宽 2～3 mm，顶端膜质渐尖。花紫红色，花冠长约 2.7 cm，细管部长于檐部，檐部顶端 5 浅裂，裂片不等长，聚药雄蕊超出花冠之上。瘦果长椭圆形，长约 5 mm，淡黄色或褐色。冠毛白色或污白色，或其下部呈淡褐色或黄色，长可达 2.7 cm。 花果期 7～9 月。

产新疆：乌恰（托云乡，西植所新疆队 2276）。生于海拔 3 600 m 左右的宽谷河漫滩、河滩沼泽地、溪流沟渠边、山间谷地、沟谷山坡潮湿地。

分布于我国的新疆、内蒙古及东北各省；俄罗斯，中亚地区各国，蒙古也有。

3. 新疆蓟

Cirsium semenovii Regel et Schmalh. in Bull. Soc. Nat. Mosc. 40（3）：161. 1867；Charadze in Fl. URSS 28：140. 1963；中国植物志 78（1）：113. 1987；中国沙漠植物志 3：360. 1992；新疆植物志 5：325. 1999；青藏高原维管植物及其生态地理分布 984. 2008.

多年生草本，高 30～50 cm。茎直立，有棱槽，上部分枝，被稀疏的蛛丝状柔毛和多细胞长节毛。叶椭圆形至线状披针形，上面绿色，近无毛，下面灰绿色，被密集的多细胞长节毛和蛛丝状柔毛，羽状半裂，裂片半椭圆形或卵形，边缘有大小不等的三角形刺齿，齿端针刺长 3～15 mm；基生叶和茎下部叶长 15～17 cm，宽 2.0～3.5 cm，具长翼柄，翼柄边缘具刺齿和小针刺；向上的叶渐小，无柄，稍下延，基部扩大半抱茎。头状花序下的苞叶短，不裂而有长针刺。头状花序多数，排列成总状；总苞卵球形，直径

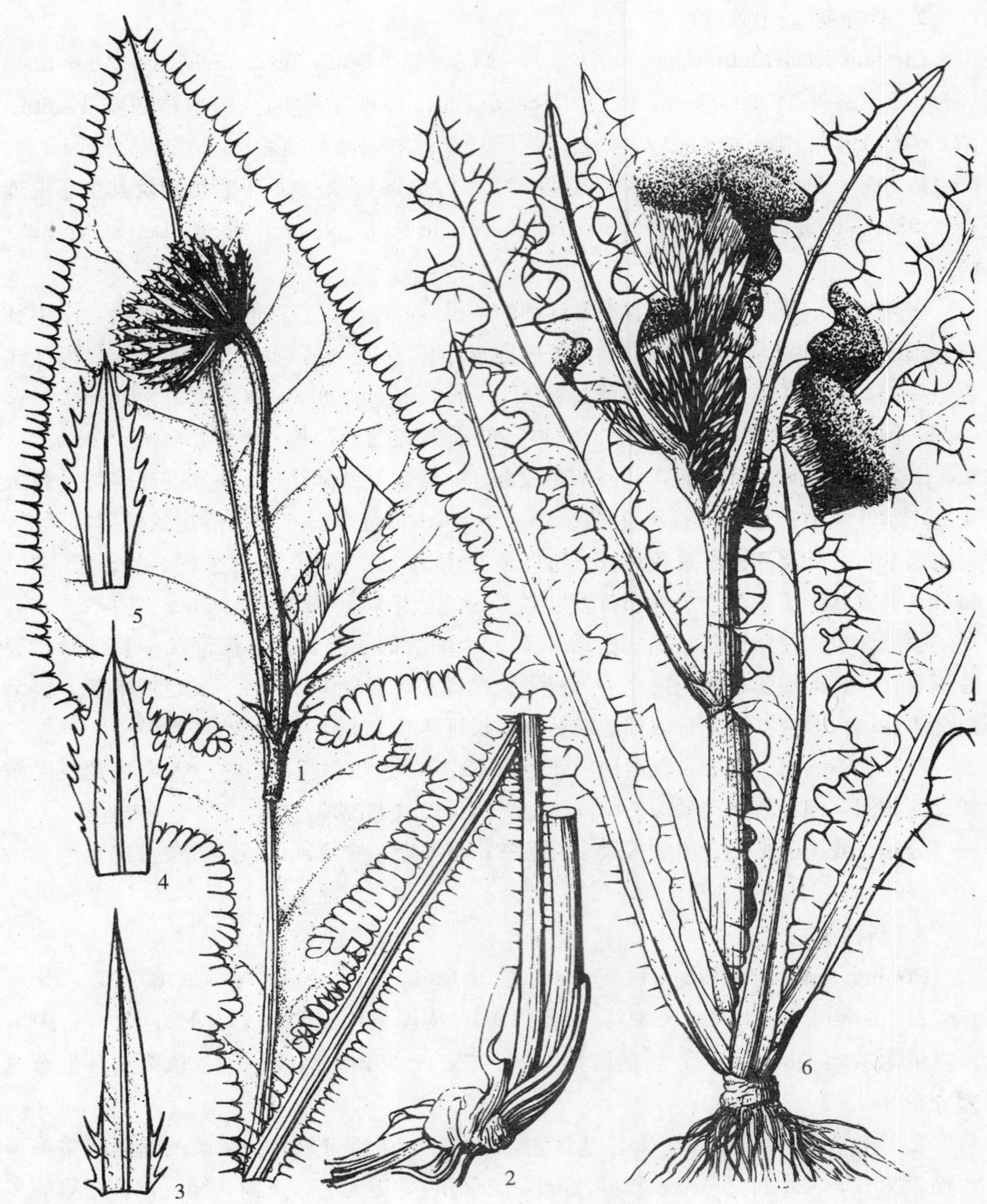

图版 **149** 薄叶翅膜菊 **Alfredia acantholepis** Kar. et Kir. 1. 花序；2. 基生叶；3～5. 总苞片。莲座蓟 **Cirsium esculentum** (Sievers) C. A. Mey. 6. 植株。(引自《新疆植物志》，谭丽霞绘)

2～3 cm；总苞片约 7 层，覆瓦状排列，无毛或有稀疏的蛛丝状柔毛，中外层总苞片三角状至卵状钻形，长 1.0～1.4 cm，宽 2.0～2.5 mm，顶端针刺长 5～9 mm，内层总苞片线状披针形或线形，长 1.2～1.5 cm，宽 1.5～2.0 mm，顶端膜质渐尖。花淡红色，花冠长达 1.9 cm，细管部短于檐部，檐部 5 裂至中部，裂片不等。瘦果倒卵形，长约 5 mm，褐色；冠毛淡褐色或污白色，长达 1.5 cm。 花果期 7～10 月。

产新疆：乌恰（吉根乡斯木哈纳，西植所新疆队 2134）、叶城（叶阿公路，高生所西藏队 3393）。生于海拔 3 000～3 750 m 的沟谷山地草甸、山坡林间草地。

分布于我国的新疆；中亚地区各国也有。

4. 丝路蓟 图版 150：1～3

Cirsium arvense（Linn.）Scop. Fl. Carn. ed. 2. 2：126. 1772；Charadze in Fl. URSS 28：213. 1963；中国植物志 78（1）：131. 1987；中国沙漠植物志 3：363. 图版 140：1～4. 1992；新疆植物志 5：332. 图版 85：4～6. 1999；青藏高原维管植物及其生态地理分布 983. 2008. —— *Serratula arvensis* Linn. Sp. Pl. 820. 1753. —— *Cephalonoplos arvense*（Linn.）Fourr. in Ann. Soc. Linn. Lyon 17：95. 1869；西藏植物志 4：860. 1985.

多年生草本，高 30～100 cm。茎直立，上部分枝，顶部近头状花序处被蛛丝状柔毛。叶椭圆形或椭圆状披针形，长 2～10 cm，宽 0.8～4.0 cm，无毛或下面被蛛丝状柔毛，近乎不裂至羽状浅裂或半裂，裂片三角形或偏斜三角形，裂片顶端有长可达 5 mm 的小针刺，边缘具有较短的针刺；下部茎生叶较大，有短柄，中上部叶较小，无柄。头状花序少数或多数，在茎枝顶端排列成圆锥伞房状；总苞卵形或卵状长圆形，直径 1.5～2.0 cm；总苞片约 5 层，覆瓦状排列，绿色，常于先端带紫红色，有时整个显紫红色，无毛，外层总苞片卵形或卵状披针形，长 5～8 mm，宽 2～3 mm，顶端针刺直立或反折，内层总苞片卵状披针形至线形，长 1.0～1.5 cm，宽 1～2 mm，先端膜质渐尖，无针刺。花紫红色，雌花与两性花异株，檐部 5 深裂几达基部，管部细丝状；雌性花花冠长 1.7 cm，细管部长 1.3 cm；两性花花冠长 1.8 cm，细管部长 1.2 cm。瘦果近圆柱形，淡黄色或棕褐色，长 2.5～4.0 mm。冠毛污白色或淡褐色，长可达 2.8 cm。

花果期 6～9 月。

产新疆：乌恰（吉根乡，司马义 069）、莎车（采集地和采集人不详，032）、若羌、且末、民丰、叶城（麻扎达拉，黄荣福 C. G. 86－062）。生于海拔 2 900 m 左右的荒漠戈壁、沙地、山坡荒地、宽谷河滩、水边草地、路旁、田间、砾石山坡。

西藏：日土（班摩掌附近，青藏队 76－8747；班公湖东岸，青藏队 13553）。生于海拔4 250 m左右的高原湖边草地。

分布于我国的新疆、甘肃河西走廊、青海、西藏；欧洲，俄罗斯，中亚地区各国也有。

5. 藏 蓟 图版150：4

Cirsium lanatum（Roxb. ex Willd.）Spreng. Syst. Veg. 3：372. 1826；中国植物志78（1）：132. 1987；中国沙漠植物志3：365. 图版140：5. 1992；新疆植物志5：332. 图版 83：3. 1999；青藏高原维管植物及其生态地理分布 984. 2008. —— *Carduus lanatus* Roxb. ex Willd. Sp. Pl. 3：1671. 1804. —— *Cephalonoplos arvense* var. *alpestre*（Neag.）Kitam. in Acta Phytot. et Geobot. 15：42. 1953；西藏植物志4：861. 1985.

多年生草本，高20～50 cm。茎直立，于上部分枝或不分枝，被密集的蛛丝状柔毛而呈灰白色。叶长椭圆形、倒披针形或倒披针状椭圆形，上面绿色，无毛，下面灰白色，密被茸毛，或两面密被茸毛而呈灰白色，长2～16 cm，宽0.5～6.0 cm，茎下部叶大而向上渐小，羽状浅裂至深裂，顶裂片三角形至半圆形，顶端有长针刺，侧裂片半圆形、半椭圆形或宽卵形，中部裂片较大，上下裂片渐小，叶缘具刺齿和缘毛状针刺，齿端针刺较长，有时3～5个针刺呈束；叶基渐狭，无柄或具短柄。头状花序3～8枚，常在茎枝顶端排列成伞房状，稀单一；总苞卵形或长卵形，果时为钟形，直径1.5～2.0 cm；总苞片约7层，覆瓦状排列，无毛，中外层总苞片长三角形至披针形，长6～9 mm，宽2～3 mm，顶端针刺长2～4 mm，内层总苞片披针形至线形，长1.5～2.0 cm，宽2～3 mm，顶端膜质渐尖，无针刺。花紫红色，檐部5深裂几达基部，雌花与两性花异株；雌花花冠长1.8 cm，细管部长1.4 cm；两性花花冠长1.5 cm，细管部长9 mm。瘦果倒卵形，长约4 mm。冠毛污白色至淡褐色，长2.5 cm。 花果期6～9月。

产新疆：乌恰（吉根乡，西植所新疆队2093；乌拉根，青藏队吴玉虎870030）、喀什（采集地和采集人不详，090）、疏附（乌帕尔乡，张彦福068）、疏勒（羊大曼乡，采集人不详021）、英吉沙（龙甫乡，史雄飞英005）、莎车（卡拉克阿瓦提，王焕存056）、阿克陶（布伦口北，西植所新疆队690；奥依塔克林场，杨昌友750、772）、塔什库尔干（马扎尔打草场，采集人不详147）、皮山（跃进卡尔苏，安峥晳074；三十里营房，青藏队吴玉虎1165）、和田（县城以南10 km处，刘海源164、211）、策勒（奴尔乡，采集人不详020、030）、于田（克里雅河，中科院新疆综考队117）、且末（采集地不详，中科院新疆综考队9520）、若羌（米兰农场，沈观冕026、076；城郊，高生所西藏队3007）。生于海拔1 210～3 650 m的沟谷山坡、河湖岸边和水渠边、河滩湿地、村边、路旁，以及农田中。

西藏：日土（班公湖边，青藏队吴玉虎1372）。生于海拔4 190 m的湖边砾石地。

青海：都兰（香日德，郭本兆8015）、兴海（中铁乡附近，吴玉虎43005；唐乃亥，吴玉虎42110；野马台滩，吴玉虎41806；中铁乡至中铁林场途中，吴玉虎43270；河卡乡羊曲，何廷农440；赛宗寺，吴玉虎46238；中铁乡天葬台沟，吴玉虎45838）、格尔

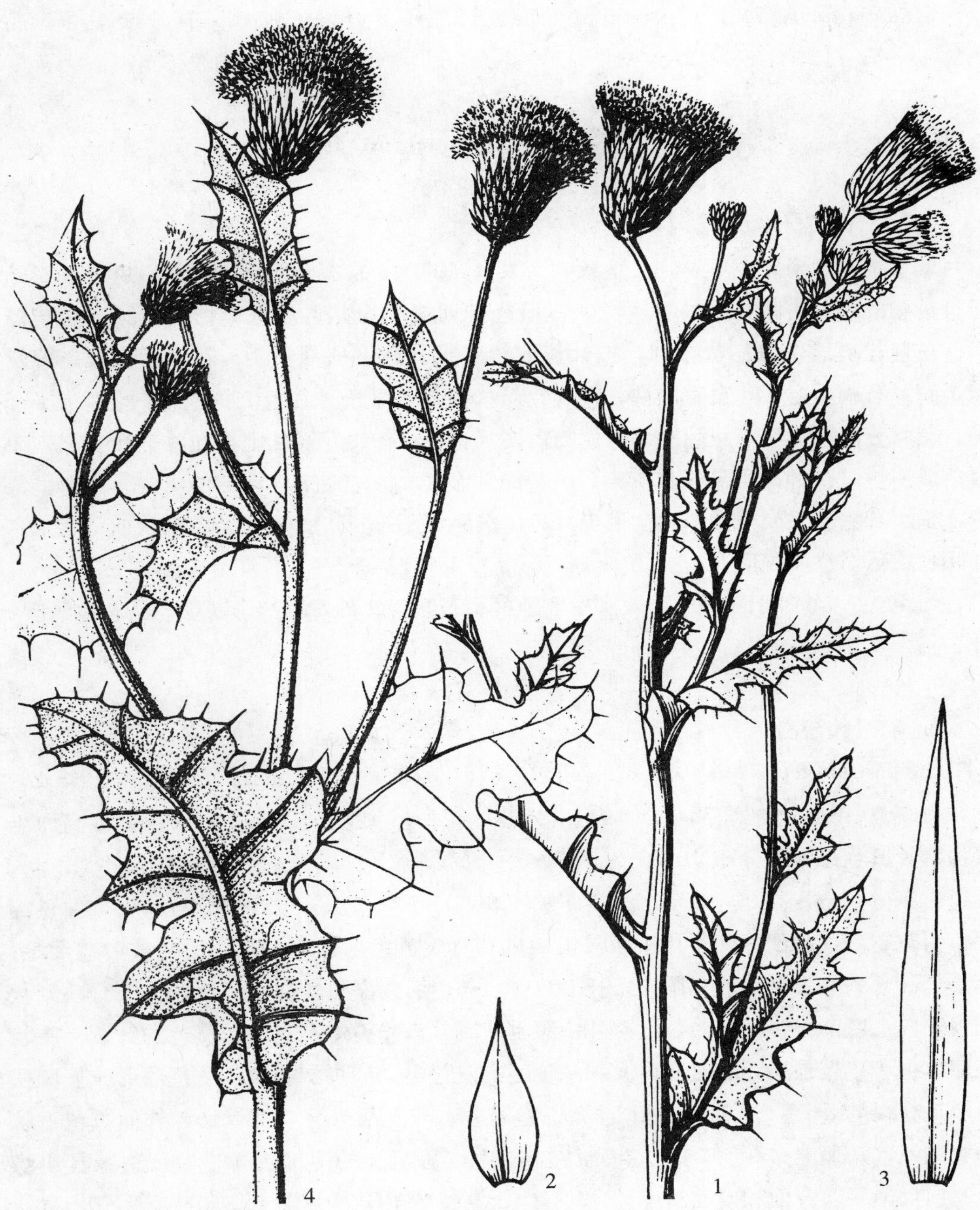

图版 **150** 丝路蓟 **Cirsium arvense**（Linn.）Scop. 1. 植株上部；2～3. 总苞片。藏蓟 **C. lanatum**（Roxb. ex Willd.）Spreng. 4. 植株。（引自《新疆植物志》，谭丽霞绘）

木（克鲁克湖，郭本兆 23921）。生于海拔 1 800～3 300 m 的沟谷荒地、农田、河滩草地、沟谷山地高寒灌丛草甸。

分布于我国的新疆、甘肃、青海、西藏；印度，克什米尔地区也有。

47. 大翅蓟属 **Onopordum** Linn.

Linn. Sp. Pl. 827. 1753.

二年生、稀多年生草本。无茎或有高大直立的茎，沿茎有带刺的宽翅。叶互生，边缘有带刺的齿。头状花序同型，单生茎顶或排列成伞房状；总苞卵形、长圆球形或球形；总苞片多层，覆瓦状排列，披针形或线状披针形，顶端具刺；花序托肉质，蜂窝状，窝缘有膜质齿。花全部两性，结实，筒状；花冠紫色、红色、黄色或白色，檐部 5 裂；花丝分离，无毛，花药基部附属物短尾状；花柱伸出花冠之上，花柱分枝长。瘦果褐色或灰色，长椭圆形或长倒卵形，具 3～4 肋棱，肋棱在果实顶端伸出成多角形的果缘，基底着生面平或稍偏斜。冠毛土红色，多层，不等长，睫毛状、糙毛状或羽状，基部联合成环，整体脱落。

约 40 种，分布于欧洲、西亚和中亚地区。我国有 2 种，均产于新疆；昆仑地区产 1 种。

1. 羽冠大翅蓟

Onopordum leptolepis DC. Prodr. 6：619. 1837；Tamamsch. in Fl. URSS 28：237. 1963；中国植物志 78（1）：141. 1987；新疆植物志 5：334. 1999；青藏高原维管植物及其生态地理分布 1020. 2008.

二年生草本，高 30～45 cm。茎直立，单一，中空，不分枝或少分枝，密被白色绵毛，有宽翅，翅缘浅裂，裂片边缘具齿，齿端有浅黄色的针刺。叶两面密被白色绵毛；茎下部叶长圆状披针形或椭圆形，长 30～40 cm，羽状深裂，裂片卵形，边缘有缺刻状刺齿；向上叶渐小，羽状浅裂，裂片边缘具缺刻状齿，齿端有光滑、黄色的针刺。头状花序单生于茎枝顶端，有时在茎上部叶腋还有发育不全的头状花序；总苞球形或长圆状球形，直径 3.5～4.0（6.0）cm；全部总苞片直立，花后外弯，披针形，外面被毡毛状的短柔毛，针刺直，延伸，三角状渐尖，具毛，总苞片的下部近无毛，仅边缘具小缘毛，向上渐狭，背面和内面具纤毛，边缘具缘毛，最内层总苞片长 3.0～3.5 cm，宽达 2 mm，尖针刺长 1.2～1.5 cm，背面粗糙，内面无毛，有光泽。瘦果明显四棱形，长 6 mm，宽 1.8～2.0 mm，褐色或灰褐色，有时具暗色的斑，顶端果缘近方形，膜质。冠毛羽状，长 2.0～2.5 cm，有 1 根超长，长达 3 cm。 花果期 5～6 月。

未见标本。据《苏联植物志》和《哈萨克斯坦植物志》记载，准噶尔－喀什噶尔或中国西部有分布；《新疆植物志》估计，乌恰县山区可能有分布。文字描述来自《新疆植物志》。

48. 飞廉属 Carduus Linn.

Linn. Sp. Pl. 820. 1753.

一年生或二年生，稀多年生草本。茎直立，具有带刺的翅。叶互生，不分裂或羽状分裂，顶端和边缘有针刺。头状花序单生或数个聚生于茎端，具长梗或无梗；同型，含少数（10～20 朵）或多数（达 100 朵）小花。总苞卵状、圆柱状、钟状或球形；总苞片 8～10 层，覆瓦状排列，顶端具针刺。花序托平或稍凸起，密被长托毛。花全部两性，花冠红色、紫色或白色，管状或长脚杯状，檐部 5 深裂；花丝分离，具卷毛，花药基部有撕裂状附属物；花柱分枝短，基部有毛环。瘦果圆柱形、长椭圆形、卵形或楔形，压扁，灰色、褐色或肉红色，无棱，顶端截形，有全缘的果缘，基底着生面平或稍偏斜；冠毛糙毛状或锯齿状，多层，向内渐长，基部联合成环，整体脱落。

约 95 种，分布于欧洲、亚洲以及北非。我国有 3 种，昆仑地区产 1 种。

1. 丝毛飞廉

Carduus crispus Linn. Sp. Pl. 821. 1753；Fl. USSR 28：23. 1963；中国高等植物图鉴 4：608. 图 6629. 1975；中国植物志 78（1）：157. 1987；中国沙漠植物志 3：353. 图版 138：1～6. 1992；青海植物志 3：441. 1996；新疆植物志 5：337. 1999；青藏高原维管植物及其生态地理分布 978. 2008.

二年生草本，高约 35 cm。根细，圆柱形。茎直立，具棱槽，被稀疏的多细胞长节毛和蛛丝状柔毛，茎翅的边缘密生细针刺且有三角形刺齿，齿的顶端具较长的黄白色或淡褐色针刺。叶被稀疏的多细胞长节毛和蛛丝状柔毛，羽状浅裂至深裂，裂片半椭圆形、斜长圆形或三角形，叶缘具三角形或偏斜三角形刺齿，叶基部渐狭，沿茎下延成翅；茎下部叶长椭圆形至倒披针形，长 5～10 cm，宽 1～3 cm；中部叶长圆状披针形，长 3～6 cm，宽 1.0～1.5 cm；茎上部叶线状倒披针形或宽线形。头状花序 3～5 个，在植株上部成伞房状排列，花序梗极短。总苞碗状，直径 2.0～2.5 cm；总苞片多层，向内渐长；外层总苞片长三角形，长 3～5 mm，宽不及 1 mm，顶端针刺状长渐尖；中层总苞片三角状钻形至披针形，长5～12 mm，宽 0.9～2.0 mm，顶端渐尖并具针刺；内层总苞片线状披针形，长约 15 mm，宽 1～2 mm，顶端长渐尖，无针刺，常带紫红色。花紫红色，花冠长约 1.5 cm，细管部与檐部近等长，檐部 5 深裂，裂片长 6 mm。瘦果楔状椭圆形，稍压扁，长约 4 mm，灰色，有明显的横皱纹，果缘软骨质；冠毛白色，锯齿状。 花果期 7～8 月。

产青海：兴海（中铁乡至中铁林场途中，吴玉虎 43022；大河坝乡赞毛沟，吴玉虎 47172；中铁林场恰登沟，吴玉虎 44971、45043、45077）、玛沁（拉加乡附近，吴玉虎等 6045）。生于海拔 3 400～3 600 m 的沟谷山坡田边、河谷山地阴坡高寒灌丛边缘。

甘肃：玛曲（齐哈玛大桥附近，吴玉虎 31814）。生于海拔 3 460 m 左右的高原沟谷山地阴坡灌丛草甸边。

分布于我国的各省区；欧洲，北美洲，亚洲（中亚地区各国至东北亚）也有。

49. 麻花头属 **Serratula** Linn.

Linn. Sp. Pl. 816. 1753.

多年生草本。叶互生，不分裂或羽状分裂。头状花序同型，极少异型，常在茎枝顶端排成伞房状；总苞球形至圆柱状；总苞片多层，覆瓦状排列，外层总苞片短而宽，内层总苞片长而窄，顶端有附片；花序托平，有托毛。花全部筒状，两性，极少边花为雌性而雄蕊发育不全；花冠红色、紫红色、黄色或白色，檐部 5 裂；花丝分离，无毛，花药基部附属物箭形；花柱分枝细长，极少不分枝。瘦果圆柱形、椭圆形或倒卵形，有纵纹或光滑，顶端截形，有果缘，侧生着生面。冠毛污白色或黄褐色，多层，向内渐长，糙毛状，基部不联合成环，分散脱落或不脱落。

约 70 种，分布欧亚大陆及北非。我国约 17 种，产东北、西北至西南地区；昆仑地区产 1 种。

1. 歪斜麻花头 图版 146：7～8

Serratula procumbens Regel in Bull. Soc. Nat. Mosc. 40（3）：165. 1867；Boriss. in Fl. URSS 28：287. t. 14：2. 1963；中国植物志 78（1）：175. 图版 36：3. 1987；新疆植物志 5：343. 图版 87：2～3. 1999；青藏高原维管植物及其生态地理分布 1049. 2008.

多年生草本，高 4～15 cm。根较细，根茎部被暗褐色残存枯叶柄。茎常平卧斜升，弯曲，不分枝或有时上部有 2～3 个极短的花序分枝。叶质地坚硬，不分裂，两面无毛，上面有光泽；基生叶和茎下部叶长椭圆形至披针形，长 4～8 cm，宽 1～2 cm，顶端急尖或钝，边缘有锯齿，齿顶具白色软骨质小尖头，叶柄基部鞘状扩大；茎中部叶较小，椭圆形或长圆形，中部以下边缘有锯齿，中部以上全缘无锯齿，无柄半抱茎；最上部茎生叶线形，全缘。头状花序单生茎枝顶端，茎顶常弯曲而使花序朝向侧面，少直立；总苞宽柱状至碗状，直径 1.5～2.0 cm；总苞片多层，向内渐长，淡绿色，常带有暗色条纹，中外层总苞片先端具长 1.5～2.0 mm 的短针刺，针刺开展或反折，外层总苞片卵形或卵状披针形，包括顶端针刺长 5～7 mm，宽约 3 mm，中层总苞片长圆状披针形或长椭圆形，包括顶端针刺长 9～12 mm，宽约 3 mm，内层总苞片披针形至线形，长 1.6～2.2 cm，宽 4～5 mm，上部淡黄色，硬膜质，顶端无针刺。花全部两性，花冠紫红色，细管部长 9～10 mm，明显短于增宽的檐部，檐部先端 5 浅裂，裂片长 4～6 mm。瘦果椭圆形，褐色，长 5～6 mm，有 4 条肋棱。冠毛长可达 2.1 cm，上部近白色而下部淡黄色。　花果期 6～8 月。

产新疆：乌恰（吉根乡斯木哈纳，新疆综合考察队 73－78；托云乡苏约克附近，西植所新疆队 1876）、喀什（喀什至塔什库尔干途中 139 km 处，克里木 T002）、阿克陶、塔什库尔干（麻扎种羊场对面山谷，吴玉虎 4935；卡拉其古，西植所新疆队 886；中巴公路 43 km 处，高生所西藏队 3106、安峥皙 072、崔乃然 89、克里木 T58）。生于海拔 2 820～3 520 m 的山前倾斜平原、山地荒漠草原带砾石质山坡、山间谷地砾石河滩。

分布于我国的新疆；中亚地区各国（天山西部和帕米尔高原西部—阿赖山区）也有。

（八）菊苣族 Trib. **Lactuceae** Cass.

Cass. in Bull. Soc. Philom. 173. 1815.

一年生、二年生或多年生草本，少半灌木，含白色乳汁，被毛或无毛。有根状茎或无，根状茎处有残存的纤维状或鳞片状枯叶。茎分枝或不分枝。叶基生或茎生，呈各式分裂或不分裂。头状花序单生或排列成伞房状或圆锥状；总苞片 1 层至多层；花序托有托毛或否，或有膜质状托片。花全为舌状花，黄色、蓝色、蓝紫色或玫瑰红色，舌片先端有 5 齿，下部被毛或否；花药基部钝；柱头分枝显现，有短毛。瘦果平滑或粗糙，有喙或无喙，有毛或无毛。有冠毛，或无冠毛有时为 1 层或多层。

有 71 属，2 300 多种，主要分布在北半球温带地区。我国有 34 属 370 多种，昆仑地区产 16 属 51 种 1 变种。

分属检索表

1. 头状花序在茎顶或莲座状叶丛中密集成团伞状或半球状，或形成复头状花序；花少数，5～7 朵。
    2. 瘦果微压扁，有多条细肋（17～30） ……………… **59. 绢毛苣属 Soroseris** Stebbins
    2. 瘦果压扁，每面有 1～2 条细脉纹 ……………… **60. 合头菊属 Syncalathium** Lipsch.
1. 头状花序疏散或单生，不密集成团；花多数，常在 7 朵以上。
    3. 冠毛羽毛状。
        4. 总苞片 1 层；果具长喙，极少无喙…………… **52. 婆罗门参属 Tragopogon** Linn.
        4. 总苞片 2～3 层或多层，向内层渐长；果无喙或有极短的喙。

5. 冠毛不相互交错；瘦果有横皱纹；植株通常被有锚状刺毛 …………………………………………………………………………………… **53. 毛连菜属 Picris** Linn.

5. 冠毛彼此交错；瘦果无横皱纹；植株不具锚状刺毛 …………………………………………………………………………………… **51. 鸦葱属 Scorzonera** Linn.

3. 冠毛非羽毛状。

6. 冠毛膜片状，舌状小花蓝色 ………………………… **50. 菊苣属 Cichorium** Linn.

6. 冠毛单毛或糙毛状。

7. 冠毛为纤细的柔毛杂以较粗的直毛，相互纠缠；头状花序通常有花 80 朵以上……………………………………………… **54. 苦苣菜属 Sonchus** Linn.

7. 冠毛直而坚挺，不相互纠缠；头状花序通常有花 50 朵以下。

8. 冠毛异型，外层冠毛糙毛状，极短，内层冠毛单毛状，较长；花蓝紫色，罕为黄色。

9. 瘦果顶端无喙，边缘不加宽、加厚 ……… **61. 岩参属 Cicerbita** Wallr.

9. 瘦果顶端具喙，边缘宽而加厚 ………… **63. 毛鳞菊属 Chaetoseris** Shih

8. 冠毛同型。

10. 瘦果表面无鳞片状、小瘤状或刺状突起。

11. 植株等二叉式分枝；冠毛 5～7 层 …………………………………………………………………… **58. 河西苣属 Zollikoferia** DC.

11. 植株不等二叉式分枝；冠毛 2～3 层。

12. 喙细丝状；花黄色；瘦果有 9～12 条等形纵肋………… ………………… **62. 小苦荬属 Ixeridium** (A. Gray) Tzvel.

12. 无喙或喙不为细丝状，如喙为细丝状则花紫红色或蓝紫色。

13. 瘦果圆柱形或纺锤形，具等形纵肋…………………… ……………………………… **56. 还阳参属 Crepis** Linn.

13. 瘦果表面的纵肋粗细不等。

14. 花紫红色或蓝紫色…………………………… ………………………… **55. 乳苣属 Mulgedium** Cass.

14. 花黄色 ……………… **57. 黄鹌菜属 Youngia** Cass.

10. 瘦果至少在上部有小瘤状、刺状或鳞片状突起。

15. 多分枝草本，茎枝有叶；头状花序多数，1～3 个着生于枝端；瘦果顶端于喙的基部常具 5 个鳞片组成的齿冠……… …………………………………… **64. 粉苞苣属 Chondrilla** Linn.

15. 叶莲座状基生，具葶草本；头状花序单生于中空的花葶上；瘦果顶端缢缩为金字塔形的果锥而与喙相接………………… ………………………………… **65. 蒲公英属 Taraxacum** Wigg.

50. 菊苣属 Cichorium Linn.

Linn. SP. Pl. 813. 1753.

草本。茎直立，分枝疏散。叶全缘，具齿至羽状分裂。头状花序同型，含多数花（8～20朵），单生茎枝顶端，或2～3个生于叶腋；总苞圆柱状；总苞片2层，外层总苞片4～7枚，披针形至卵形，下部革质，上部草质，内层总苞片5～8枚，披针形或披针状条形，薄革质，基部联合，长为外层的2倍；花序托平，蜂窝状、窝缘锯齿状、缝毛状或具极短的膜片。花全部舌状，两性结实，通常超出总苞；花冠蓝色或灰蓝色，少玫瑰色或有时白色，舌片先端截形，具5齿；花药基部附属物箭形，顶端附属物钝三角形；花柱分枝细长。瘦果三棱状柱形或倒卵形，紧贴内层总苞片，有3～5纵肋，无毛，顶端截形，基部窄。冠毛极短，鳞片状，2～3层，白色。

约6种，主要分布于欧洲、亚洲和北非。我国有3种，分布于东北、华北、西北及华东地区；昆仑地区产1种。

1. 腺毛菊苣

Cichorium glandulosum Boiss. et Huet. in Boiss. Diagn. Pl. Or. Nov ser. 2. 3：87. 1856；Tzvel. in Fl. URSS 29：18，1964；中国植物志 80（1）：10. 1997；新疆植物志 5：369. 1999；青藏高原维管植物及其生态地理分布 982. 2008.

一年生草本或二年生草本，高20～70 cm。茎直立，灰绿色，常分枝，上部被腺毛，花序着生处以下稍微变粗。叶两面被毛，长圆形；基生叶早枯；下部茎生叶大，长19～23 cm，宽2.0～2.5 cm，羽状深裂，先端急尖或渐尖，边缘有锯齿，基部渐窄成翼柄；中部茎生叶无柄，顶端急尖，基部戟形，全缘或具齿；上部叶渐小，卵状长三角形，基部心脏形耳状抱茎。头状花序2～3个，穗状簇生于叶腋；总苞圆柱状，长1.0～1.2 cm；总苞片2层，外层5，宽卵形，长8～9 mm，被腺毛；内层8，披针形，长10～11 mm，先端渐尖，外侧顶端具毛或无。舌状花蓝色，长12～16 mm。瘦果倒卵形，长2.0～3.5 mm，有锈色斑。冠毛淡褐色，长不及1 mm。 花期6～8月。

产新疆：乌恰（新疆药品检验所，采集人和采集号不详）、且末（红旗乡，杨昌友750715）、和田（采集地和采集人不详，005）。有栽培。

分布于我国的新疆；高加索地区，土耳其也有。

51. 鸦葱属 Scorzonera Linn.

Linn. Sp. Pl. 790. 1753.

多年生草本，稀一年生或半灌木。茎多在中上部分枝，少不分枝而为葶状。叶互生，稀对生；叶片不裂、全缘，或有时羽状分裂。头状花序较大，具长梗，含多数同型花；单生于茎枝顶端或排成伞房状、聚伞状，或沿茎排列成总状；总苞近圆柱形；总苞片少数，多层，覆瓦状排列；花序托蜂窝状，具毛或无毛。花全部舌状，两性结实；花冠黄色、橙黄色，有时红色或紫红色，舌片先端截形，具5齿；花药基部箭形，被毛或无毛；花柱分枝细，顶端急尖或微钝。瘦果圆柱形或长椭圆形，有多数钝纵肋，肋平滑或具小瘤状突起，先端变窄，截形，无喙或几无喙。冠毛常白色，少为污白色、淡黄褐色或褐色，中下部或大部羽毛状，上部粗糙，通常有数枚较长，基部常联合成环，整体脱落或不脱落。

约175种，分布于欧洲、西南亚及中亚地区各国，北非有少数种。我国有24种，除华南外广布；昆仑地区产6种1变种。

分种检索表

1. 植物多分枝，形成半球形帚状植丛；茎生叶异型，分枝以下的叶线形或狭披针形，分枝以上（即花序梗）的叶细小如刺形 ……… **1. 帚状鸦葱 S. pseudodivaricata** Lipsch.

1. 植物不分枝或分枝较少，不呈帚状；全部茎生叶同型。
   2. 具葶草本，茎单一不分枝，单生或簇生，少于下部有短分枝；头状花序大，总苞长1.0～1.5 cm，总苞片光滑无毛 ………………… **2. 光鸦葱 S. parviflora** Jacq.
   2. 茎常于中上部分枝；头状花序小，总苞直径不超过1 cm，总苞片常被蛛丝状柔毛、茸毛或微毛，有时无毛。
      3. 基生叶线形，宽2 mm以下；茎生叶互生；植物具块根。
         4. 叶顶端呈钩状弯曲 ………………………………… **3. 细叶鸦葱 S. pusilla** Pall.
         4. 叶顶端不呈钩状弯曲 ………………………… **4. 帕米尔鸦葱 S. pamirica** Shih
      3. 基生叶长椭圆形、长椭圆状披针形或条状披针形，宽3 mm以上；茎具对生的叶；植物不具块根。
         5. 茎平铺于地面或斜上升，基生叶叶柄内侧无茸毛；瘦果长4.5 mm，无毛 ………………………………………… **5. 和田鸦葱 S. hotanica** Z. X. An
         5. 茎直立或斜上升，基生叶叶柄内侧有茸毛；瘦果长约8 mm，顶端被稀疏柔毛 ……………………………………… **6. 蒙古鸦葱 S. mongolica** Maxim.

1. 帚状鸦葱 图版151：1

Scorzonera pseudodivaricata Lipsch. in Bull. Soc. Nat. Mosc. 42：158. 1933, et Fl. URSS 29：91. 1964；中国沙漠植物志 3：422. 图版168：2～7. 1992；青海植物志 3：489. 图版108：5. 1996；中国植物志 80（1）：17. 图版5：2，1：12. 1997；新疆植物志 5：397. 图版 103：1. 1999；青藏高原维管植物及其生态地理分布 1043. 2008.

1a. 帚状鸦葱（原变种）

var. **pseudodivaricata**

多年生草本，高 7～50 cm。根垂直直伸，圆柱形；根颈部被淡黄白色至棕褐色的枯叶柄或残存纤维。茎多数且分枝，丛生成帚状，具沟棱，被纤小的短茸毛至无毛。叶互生或另有对生的叶序，顶端渐尖或长渐尖，有时钩状弯曲，两面被白色短柔毛至无毛；基生叶倒披针状条形，长 6～17 cm，宽 2.0～2.5 cm，基部鞘状，腋部有茸毛，具清楚的 3 条脉；茎生叶与基生叶同形但较短，长 1～5 cm，宽 0.5～5.0 mm，基部渐窄，无叶柄或无明显的叶柄；上部茎生叶渐短，几成针刺状或鳞片状。头状花序多数，单生于茎枝顶端；总苞圆柱状，长 10～15 mm，宽 5～7 mm；总苞片 5 层，先端急尖或钝，外面被白色短茸毛；外层卵状三角形，长 1.5～4.0 mm，宽 1～4 mm，内层倒卵状长圆形至宽线形，长 8～10 mm，宽 2～4 mm，先端常带紫红色，具膜质边缘。花黄色，7～12 朵，舌片长 8～9 mm，花冠筒几与舌片等长；雄蕊伸出，花柱分枝暗黄褐色。瘦果圆柱状，略弧曲，长 8～10 mm，暗褐色或暗黄绿色，具多数纵肋，肋上有疣状突起，基部有少量蛛丝状毛。冠毛白色，长 1.3～1.6 cm。 花期 6～7 月。

产新疆：策勒（奴尔乡都木，安峥皙 223）、于田（种羊场，青藏队吴玉虎 3809）、且末（库拉木拉克西，中科院新疆综考队 9472、9481）、若羌（阿尔金山阿乌拉孜沟，崔乃然 C. 83-236）。生于海拔 2 500～3 300 m 的沟谷山地荒漠及荒漠草原带。

青海：都兰（脱土山，郭本兆、王为义 11800）、兴海（河卡乡羊曲，何廷农 057；唐乃亥，吴玉虎 42002、42016、40235、42134、42149、42184，弃耕地考察队 273）。生于海拔 2 600～3 200 m的宽谷河滩、荒漠化草原、沙砾河滩、河谷滩地疏林田埂。

分布于我国的新疆、甘肃、青海、宁夏、陕西、山西、内蒙古；中亚地区各国，蒙古也有。

1b. 光果鸦葱（变种）

var. **leiocarpa** Z. X. An in Fl. Xinjiang. 5：480，397. 1999；青藏高原维管植物及其生态地理分布 1044. 2008.

果实柱状，近基部略粗，淡黄色，棱上无疣状突起；花序梗上苞叶少或无，总苞片上无茸毛或仅外层基部中脉上有少量毛。植株高大。

产新疆：若羌（阿尔金山，王常贵 101）。生于海拔 3 600 m 左右的沟谷山地荒漠。

新疆特有。模式标本产于新疆若羌。

2. 光鸦葱

Scorzonera parviflora Jacq. Fl. Austr 4：3. 1776；Lipsch. in Fl. URSS 29：79. 1964；中国沙漠植物志 3：430. 图版 171：1～6. 1992；中国植物志 80（1）：19. 图版 6：2. 1997；新疆植物志 5：392. 1999；青藏高原维管植物及其生态地理分布 1043. 2008.

多年生草本，高 10～60 cm。根褐色，通常有分枝，根颈部被少量残存的枯叶柄。茎直立，单生或簇生，不分枝，无毛，有细棱。叶无毛，有时带红色，叶脉平行而呈禾叶状；基生叶多数，稍厚，线形至线状披针形，不裂，长 10～15 cm，宽 5～10 mm，顶端急尖或渐尖，全缘，基部渐窄成柄，柄基鞘状扩大，抱茎；茎生叶少数，向上渐小，披针状条形，无柄。头状花序单生茎顶；总苞柱状钟形，长 10～15 mm，宽 5～7 mm；总苞片 4 层，无毛，边缘膜质，顶端急尖或稍钝，有暗紫色斑点，外层卵状三角形，长 6～8 mm，宽 3～4 mm，内层线状披针形，长 11～14 mm，宽 2～4 mm。花黄色，伸出总苞，舌片长 6～7 mm，前端裂齿色暗，花冠筒与舌片近等长。瘦果圆柱状，淡黄白色，长约 7 mm，微向内弧曲，背面平，腹面有 2 棱，无毛，上部稍收缩。冠毛污白色，长约 1.7 cm，有 5 枝较长。　花期 5～6 月。

产新疆：乌恰（坑阿依嘎，司马义 135）。生于海拔 2 800 m 左右的沟谷山坡草地。

分布于我国的新疆、山东、河北；中亚地区各国，俄罗斯西伯利亚，蒙古，阿富汗，伊朗，欧洲也有。

3. 细叶鸦葱　图版 151：2～3

Scorzonera pusilla Pall. Reise 2：329. 1773；Lipsch. in Fl. URSS 29：92. 1964；中国沙漠植物志 3：424. 1992. 中国植物志 80（1）：30. 图版 8：1. 1997；新疆植物志 5：399. 图版 103：6. 1999；青藏高原维管植物及其生态地理分布 1044. 2008.

多年生草本，高 5～20 cm。根垂直，较细，末梢有 1 个或 1 串球形块根，根颈部被残存的枯叶柄或撕裂的枯叶柄纤维。茎多数，簇生于根颈顶端，中上部分枝，于节部略作膝曲，多无毛，偶有稀疏的蛛丝状毛。叶细线形，被蛛丝状毛或无毛，顶端常渐尖并且钩状弯曲或卷曲；基生叶长 4～10 cm，宽 1～2 mm，基部渐窄成柄，柄于近基处变宽成鞘状，离基 3 出脉，中脉明显；茎生叶互生，偶轮生，较基生叶短，无柄。头状花序单生于茎枝顶端；总苞狭圆柱状，长 1.5～2.0 cm，直径 5～7 mm；总苞片 4～5 层，具白色膜质边缘，先端钝，外面被蛛丝状短柔毛，外层总苞片卵状三角形，长 5～

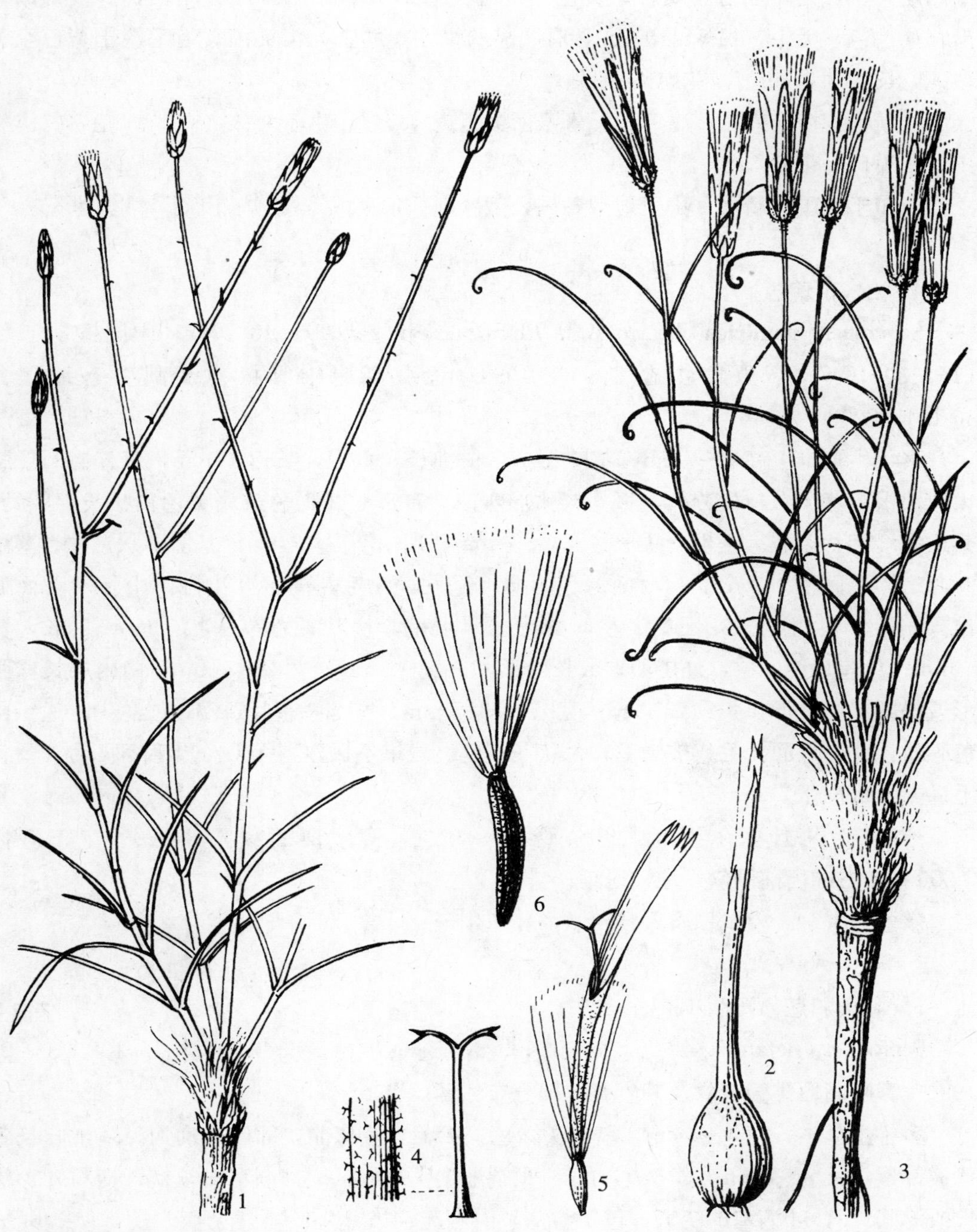

图版 **151** 帚状鸦葱 **Scorzonera pseudodivaricata** Lipsch. 1. 植株。细叶鸦葱 **S. pusilla** Pall. 2. 块根；3. 植株。日本毛连菜 **Picris japonica** Thunb. 4. 茎的一段及锚状毛；5. 舌状花；6.瘦果。(引自《新疆植物志》，张荣生绘)

6 mm，宽约 4 mm，中内层总苞片长卵圆形至长椭圆形，长 11～18 mm，宽 3～4 mm，最内层总苞片先端多为膜质。花黄色，花冠长约 1.4 cm，舌片略短于筒部。瘦果圆柱形，淡白色，无毛，长 8～10 mm，有明显的纵肋，肋上光滑无瘤。冠毛淡土黄色至黄白色，长约 2.8 cm。 花期 4～5 月。

产新疆：塔什库尔干（麻扎，青藏队吴玉虎 4964）。生于海拔 3 600 m 左右的沟谷山地荒漠砾石带。

分布于我国的新疆；中亚地区各国，俄罗斯西伯利亚，蒙古，伊朗，欧洲也有。

4. 帕米尔鸦葱

Scorzonera pamirica Shih in Acta Phytotax. Sin. 25（1）：48. 1987；中国植物志 80（1）：30. 1997；新疆植物志 5：402. 1999；青藏高原维管植物及其生态地理分布 1043. 2008.

多年生草本，高 4～7 cm，茎叶无毛。根细长，垂直，长达 17 cm，基部椭圆形膨大成块根。茎少数，少分枝，直立或弧形弯曲，基部被浅褐色或淡黄色鞘状残存叶柄，其边缘纤维状撕裂。基生叶线形，宽 1～2 mm，顶端渐尖，全缘，基部鞘状扩大；茎生叶与之同形而较小，全部叶两面绿色，质地坚硬，无毛，离基 3 出脉，中脉于下面鼓出，侧脉不很明显。头状花序小，少数在茎顶呈伞房状；总苞柱状，长 1.4 cm，宽 4 mm；总苞片约 4 层，外层卵形或长卵形，长 4～5 mm，宽 2～3 mm，中内层长椭圆形或椭圆状披针形，长约 1.3 cm，宽2.0～3.5 mm，全部总苞片顶端钝或急尖，边缘白色膜质，宽，外面无毛或被微毛；舌状花黄色。瘦果不成熟，无毛。冠毛羽枝为蛛丝状毛。 花期 6 月。

产新疆：塔什库尔干（中巴公路 43 km 处，高生所西藏队 3102）。生于海拔 3 250 m左右的山前倾斜平原沙砾地。

新疆特有种。模式标本采自新疆塔什库尔干。

5. 和田鸦葱 图版 152：1～6

Scorzonera hotanica Z. X. An in Fl. Xinjiang. 5：393. 479. 图版 102：3～8. 1999；青藏高原维管植物及其生态地理分布 1043. 2008.

多年生草本，高 4～8 cm，茎叶灰绿色，无毛。茎弯曲，仰卧或匍匐。基生叶长条状披针形，长 3～7 cm，宽 3～6 mm，顶端渐尖，全缘，基部渐窄成长柄，柄与叶片等长或为其1/3，叶柄基部变宽，包于茎基，内侧无毛；茎生叶小，无柄，长 5～25 mm，宽 1～5 mm，条状披针形至长卵圆形，顶端渐尖。头状花序单一或 1～3 个组成伞房状；总苞柱状，长 1.4 cm；总苞片多层，边缘膜质，常带紫红色，外层三角状卵圆形呈卵圆形，长 2～4 mm，宽 1～3 mm，先端急尖或钝，外面被少量蛛丝状毛，中内层长圆形至条状长圆形，长 8～15 mm，宽 2～4 mm，先端钝。舌状花黄色，长约 1.1 cm，舌片长 4～5 mm，宽约 1.5 mm，细筒部长约 7 mm。瘦果柱状，长约 4.5 cm，略背腹扁压，具凸起的肋棱，两侧棱较明显。冠毛白色，长约 1.5 cm。 花期 6～7 月。

产新疆：和田（风光乡，杨昌友 750456）。生于海拔 2 650 m 左右的沟谷山地荒漠地带的河边、沙砾地。

新疆特有种。模式标本产于新疆。

6. 蒙古鸦葱 图版 152：7～8

Scorzonera mongolica Maxim. in Bull. Acad. Sci. St.-Pétersb. 32（4）：492. 1888；Lipsch. in Fl. URSS 29：80. 1964；中国高等植物图鉴 4：675. 图 6764. 1975；中国沙漠植物志 3：428. 图版 171：1～5. 1992. 青海植物志 3：490. 1996；中国植物志 80（1）：34. 1997；新疆植物志 5：393. 图版 102：1～2. 1999；青藏高原维管植物及其生态地理分布 1043. 2008.

多年生草本，高 5～35 cm。根圆柱形，垂直，根颈部被暗褐色或黄褐色残存枯叶柄。茎多数，斜升或铺散，直或略弯曲，上部有分枝，分枝少数。叶灰绿色，无毛，质地稍厚，近肉质，离基三出脉；基生叶长椭圆形、长椭圆状披针形或条状披针形，长 2～8 cm，宽 4～10 mm，全缘，顶端渐尖，基部渐窄成柄，柄基鞘状扩大，里面被白色蛛丝状毛或毡状毛；茎生叶较小，无柄，互生，有时对生，椭圆形至条状披针形，顶端渐尖，基部楔形。头状花序单生于茎枝顶端；总苞狭圆柱形，长 1.5～2.5 cm，宽 0.6～1.0 cm；总苞片 4～5 层，边缘白色膜质，无毛或有时被蛛丝状毛，外层总苞片卵圆形至宽卵形，长 3～5 mm，宽 2～4 mm，急尖，中内层总苞片渐长，条状披针形，长 1～2 cm，宽 2～4 mm，顶端渐尖或钝。花黄色，长约 1.5 cm，舌片椭圆形或长圆形，长约 5 mm，宽 1.5～2.0 mm，细筒部长约 1 cm。瘦果圆柱形，长约 8 mm，淡黄白色，基部略收缩，于近冠毛处有稀疏的蛛丝状毛，略两侧扁压，有多条纵肋，两侧棱较粗，肋上光滑无瘤。冠毛白色，长 2.0～2.5 cm。 花期 5～6 月。

产新疆：乌恰（乌拉根，青藏队吴玉虎 870007）、喀什（郊区，采集人不详 23748）、英吉沙（城关乡，史雄飞英 023）、莎车（奥地力克，阿布拉 11－081）、塔什库尔干（城郊，中科院新疆综考队 3300）、叶城（昆仑山 53 km 处，高生所西藏队 3331；叶城至泽普路上，采集人不详 192）、和田（北昆仑山，中科院新疆综考队 034）、且末（采集地和采集人不详，016）。生于海拔 1 250～3 200 m 的石质山坡草地、盐碱地、沙滩与河滩。

青海：格尔木（农场三大队，采集人不详 026）、都兰（宗加乡，杜庆 387）。生于海拔2 800～3 500 m 的戈壁荒漠沙地、盐碱滩地。

分布于我国的新疆、甘肃、宁夏、青海、陕西、内蒙古、山西、河北、河南、山东、辽宁；中亚地区各国，蒙古也有。

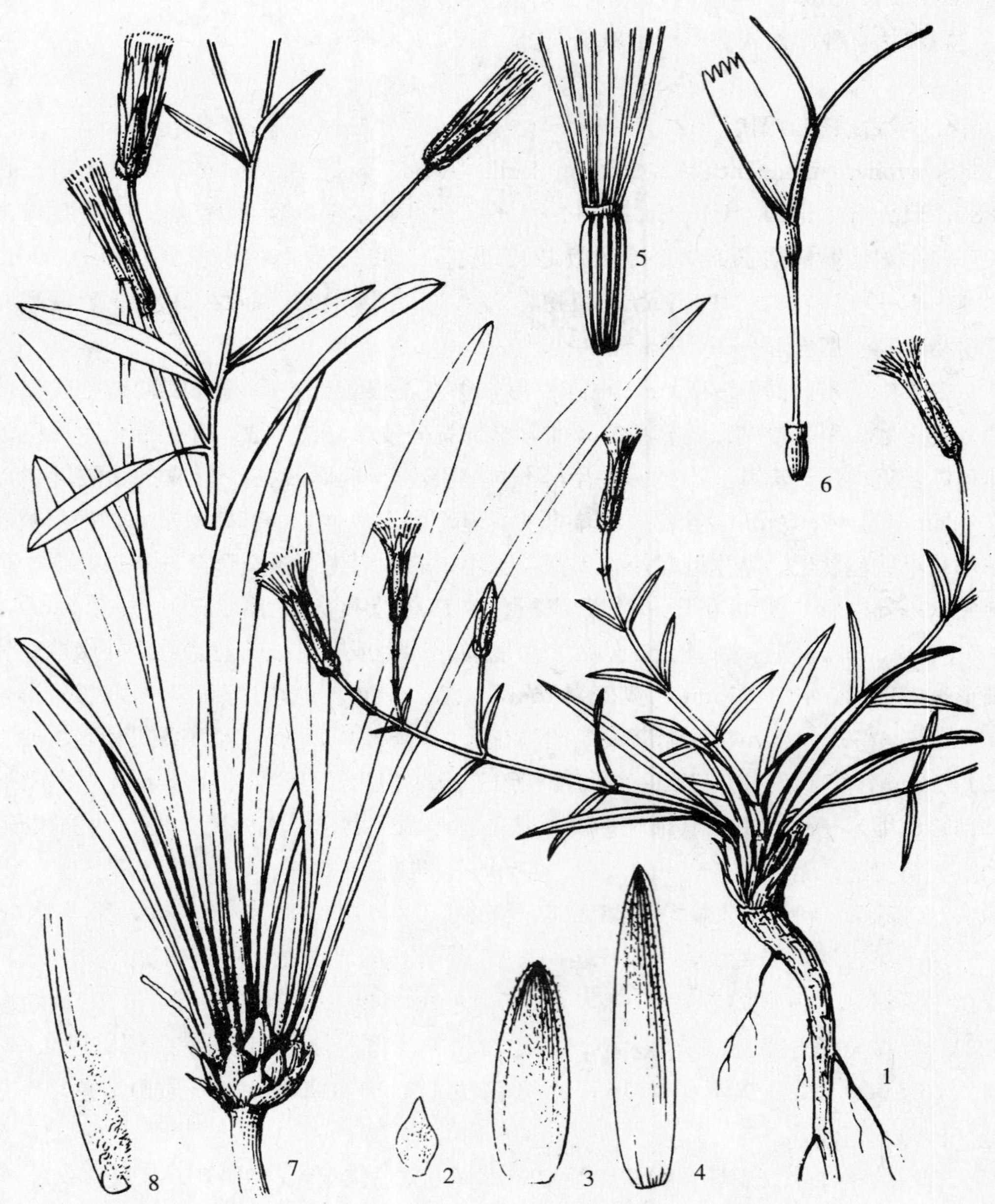

图版 152　和田鸦葱 **Scorzonera hotanica** Z. X. An 1. 植株；2～4. 外、中、内层总苞片；5. 瘦果；6. 舌状花。蒙古鸦葱 **S. mongolica** Maxim. 7. 植株；8. 基生叶的基部（示内侧的毛）。（引自《新疆植物志》，张荣生绘）

52. 婆罗门参属 **Tragopogon** Linn.

Linn. Sp. Pl. 789. 1753.

草本，有时具有根状茎。茎直立，不分枝或少分枝。叶不分裂，全缘，狭窄，禾叶状，于基部扩大或半抱茎。头状花序较大，含多数同型花，单生于茎顶或枝端；花序梗长，上部膨大或不膨大；总苞圆柱状或钟状；总苞片1层，5～14枚，等长，条形或条状披针形，光滑或被蛛丝状柔毛，有时具膜质边缘，基部合生；花序托平，无托毛，有小窝孔。花全部舌状，两性结实；花冠黄色或紫红色，舌片顶端平截，5齿裂；花药基部箭形，急尖；花柱分枝细长。瘦果纺锤形或圆柱形，有5～10条纵肋，沿肋具小瘤状突起或有时光滑，基部稍收缩，先端渐狭或急狭成喙，极少无喙或喙极短。冠毛污白色或黄色，1层，羽毛状，侧毛相互错综交叉，基部联合成环，整体脱落，通常有数根超长的冠毛，超长冠毛顶端糙毛状。

约150种，主要分布于非洲北部、欧洲地中海沿岸、中亚地区各国及高加索地区。我国有18种，分布北部及西北地区；昆仑地区产2种。

分种检索表

1. 瘦果的喙长0.8～1.1 cm，与冠毛连接处有蛛丝状毛环；冠毛灰白色 ……………… ………………………………………………………………… 1. **婆罗门参 T. pratensis** Linn.

1. 瘦果的喙长0.6～0.8 cm，喙顶无毛环；冠毛污白色或污黄色 ……………………… ……………………………………………… 2. **准噶尔婆罗门参 T. songoricus** S. Nikit.

1. 婆罗门参

Tragopogon pratensis Linn. Sp. Pl. 789. 1753; Boriss. in Fl. URSS 29: 134. 1964；中国高等植物图鉴 4：673. 图 6759. 1975；中国植物志 80（1）：42. 1997；新疆植物志 5：380. 1999；青藏高原维管植物及其生态地理分布 1060. 2008.

二年生草本，高12～40 cm。根圆柱状，垂直直伸，根颈部被残存的枯叶柄。茎数个，直立，不分枝，有纵沟纹，无毛。叶线形至线状披针形，无毛，全缘，渐尖，常弧曲，基部鞘状扩大，抱茎；基生叶及茎下部叶较大，长3～10 cm，宽2～5 mm，上部叶短小。头状花序单生于茎枝顶端，果期花序梗不扩大；总苞狭钟状，花时长2～3 cm，果时增宽；总苞片8～10枚，披针形或线状披针形，长2～3 cm，宽8～12 mm，顶端渐尖，中脉清楚，上部绿色而下部常带黄褐色。花黄色。瘦果长约1.1 cm，果体弧曲，具5肋，肋上有微小的疣状突起；喙长0.7～0.9 cm，喙顶不增粗，与冠毛连接处有蛛丝状毛环。冠毛污白色，长1.0～1.5 cm。 花期6～7月。

产新疆：乌恰（图自河，司马义 087；托云乡苏约克附近，西植所新疆队 1899），塔什库尔干（卡拉其古营房，西植所新疆队 966；明铁盖，青藏队吴玉虎 4988）。生于海拔 3 520～4 100 m 的沟谷山坡草地。

分布于我国的新疆；俄罗斯西伯利亚，高加索地区，欧洲也有。

2. 准噶尔婆罗门参

Tragopogon songoricus S. Nikit. in Acta Inst. Bot. Acad. Sci. URSS ser. 1. 1：198. 1933；Boriss. in Fl. URSS 29：145. 1964；中国植物志 80（1）：42. 图版 11：3～4. 1997；新疆植物志 5：381. 1999；青藏高原维管植物及其生态地理分布 1060. 2008.

二年生草本，高 15～35 cm，无毛。根圆柱状，垂直直伸，根颈部被残存枯叶柄。茎单一或数个，直立，不分枝，无毛。叶无毛，条形，全缘，渐尖，基部增宽，抱茎，叶脉 3～5 条，中脉明显；基生叶与下部茎生叶较大，长 5～20 cm，宽 4～10 mm，中上部叶渐小。头状花序单生于茎顶；花序梗果期不膨大；总苞圆柱状，长 2～3 cm，宽约 8 mm；总苞片 7～8 枚，线状披针形，长 2～3 cm，宽 4～6 mm，先端渐尖，边缘白色膜质，基部常有褐色斑点。花黄色，干时淡蓝紫色。瘦果纺锤状柱形，黄色，长约 1 cm，稍弧曲，有纵肋，沿肋有皱褶状突起；喙色淡，长 0.6～0.8 mm，顶端有褐色的冠毛盘，被稀疏的柔毛，但无蛛丝状毛环。冠毛淡黄褐色，长约 1.6 cm，有 1～2 根明显较长。 花期 6～7 月。

产新疆：乌恰、塔什库尔干（县城向南 70 km 处，克里木 T253）。生于海拔 3 730 m左右的荒漠草原。

分布于我国的新疆；中亚地区各国，蒙古也有。

53. 毛连菜属 **Picris** Linn.

Linn. Sp. Pl. 792. 1753.

草本。茎直立，单一或分枝，常有钩状硬毛或硬刺毛。叶基生或茎生，不裂，全缘或边缘有锯齿，少羽状分裂。头状花序具多数同型花，在茎枝顶端排列成伞房状或圆锥状；花序梗长，且有时增粗；总苞钟状或坛状；总苞片 2～3 层，覆瓦状排列，披针形或条形，外层短而内层长；花托平，无托毛。花全部舌状，两性结实；花冠黄色，舌片顶端截形，5 齿裂；花药基部箭形，急尖或短刺状；花柱纤细，柱头分枝细长。瘦果长圆形或纺锤形，具多条纵肋，肋上有横皱纹，无喙或有极短的喙。冠毛 2 层，外层短，糙毛状，内层长，羽状。

约 40 种，分布欧洲、亚洲与北非地区。我国有 5 种，昆仑地区产 1 种。

1. 日本毛连菜 图版 151：4～6

Picris japonica Thunb. Fl. Jap. 299. 1784；青海植物志 3：490. 1996；中国植物志 80（1）：54. 1997；新疆植物志 5：374. 图版 97：1～3. 1999；青藏高原维管植物及其生态地理分布 1022. 2008.

多年生草本，高 40～100 cm，全株被黑色或褐色钩状分叉硬毛。茎直立，有细纵棱，上部分枝。叶不裂，先端尖或钝；基生叶或茎下部叶长圆形或倒披针形，长 6～17 cm，宽 1.0～2.5 cm，基部渐狭成柄，边缘有齿或浅波状；中上部叶稍小，披针形至线形，无柄，半抱茎，全缘。头状花序多数，在茎端排成伞房状或伞房圆锥状；总苞狭钟状，长 8～10 mm，宽 5～6 mm；总苞片黑绿色，先端渐尖，外层线形，长 3～5 mm，宽不及 1 mm，内层线状披针形，长 10～12 mm，宽约 2 mm，边缘膜质。花黄色，舌片线形，长约 8 mm，花冠筒长约4 mm，筒部顶端外面被稀疏的短柔毛。瘦果椭圆形，弧曲状弯曲，红棕色或棕褐色，长 3～5 mm，先端狭而近喙状或有极短的喙。冠毛污白色，内层长约 8 mm。 花果期 6～8 月。

产青海：称多（赛巴沟，刘尚武 2469）、玛沁（军功乡，H. B. G. 239）。生于海拔2 230～3 800 m 的沟谷山地田边、河滩草地、山坡草地。

分布于我国的西北、华北、华中、东北地区各省；俄罗斯，日本也有。

54. 苦苣菜属 Sonchus Linn.

Linn. Sp. Pl. 793. 1753.

一年生、二年生或多年生草本。茎直立，分枝或不分枝，上部有腺毛或无。叶互生，羽状分裂或不裂，边缘有齿，基部常呈耳状抱茎。头状花序稍大，同型，含多数花（通常 80 朵以上），在茎枝顶端排成伞房状或伞房圆锥状；总苞卵状、钟状、圆柱状或碟状，花后常下垂；总苞片披针形或矩圆形，3～5 层，覆瓦状排列，草质，常具膜质边缘，内层总苞片比外层长 2～3 倍；花序托平，无托毛。花全部舌状，两性，结实；花冠黄色，舌片顶端截形，5 齿裂；花药基部短箭头状；花柱分枝纤细。瘦果卵形、矩圆形、矩圆状卵形或倒卵形，极压扁或粗厚，具数条至多条纵肋，肋间有横波状皱纹或无，顶端较狭窄，无喙。冠毛白色，多层，细密、柔软且彼此纠缠，并杂以较粗的直毛，基部连接成环，易脱落。

约 50 种，分布于欧洲、亚洲与非洲。我国有 8 种，昆仑地区产 4 种。

分种检索表

1. 一年生或二年生草本；叶宽，长不大于叶宽的 2 倍；瘦果每侧有 3 条肋棱。

2. 瘦果纵肋间无横皱纹 ………………………… **1. 花叶滇苦菜 S. asper**（Linn.）Hill
2. 瘦果纵肋间有横皱纹 ………………………………… **2. 苦苣菜 S. oleraceus** Linn.
1. 多年生草本；叶窄，长大于宽的3～4倍；瘦果每面有5条肋棱。
3. 总苞片外面沿中脉有1行头状具柄的腺毛；叶常羽状分裂 ……………………
………………………………………………………… **3. 苣荬菜 S. arvensis** Linn.
3. 总苞片外面光滑无毛；叶不裂 ……………… **4. 全叶苦苣菜 S. transcaspicus** Nevski

1. 花叶滇苦菜

Sonchus asper（Linn.）Hill Herbar. Brit. 1：47. 1769；Kirp. in Fl. URSS 29：256. t. 16：7. 1964；中国高等植物图鉴 4：684. 图 6782. 1975；中国植物志 80(1)：61. 图版 15：3. 1997；新疆植物志 5：436. 1999；青藏高原维管植物及其生态地理分布 1051. 2008. —— *S. oleraceus* γ. et δ. *asper* Linn. Sp. Pl. 794. 1753.

一年生草本，高 20～50 cm。根圆锥状，垂直。茎单一，有纵棱，下部无毛，上部有腺毛，以花序梗处为最密。叶质地薄，无毛，长圆形、长椭圆状倒卵形或倒卵形，长6～10 cm，宽 1.5～6.0 cm，不裂至羽状深裂，裂片椭圆形、三角形、镰刀形等，叶缘有锯齿或全缘，渐尖或急尖，叶基耳状抱茎，耳缘常有较大的尖齿，主脉宽，上部叶渐小。头状花序少数，在茎端排列成伞房状；总苞宽钟状，长 10～12 mm，宽 10～12 mm；总苞片 2～3 层，覆瓦状排列，暗绿色或绿色，草质，无毛，外层较小，披针形，长 4～7 mm，宽约 1 mm，急尖，内层长圆状披针形，长 8～12 mm，宽 1～2 mm，先端渐尖，边缘膜质。花黄色，舌片长 3～4 mm，宽约 1.5 mm，细筒部长约 5 mm，上半部被白色纤毛。瘦果长圆状倒卵形，褐色，长 2.5～3.0 mm，扁压，侧棱明显，每侧有 3 条细肋，肋间无皱纹。冠毛长约 6 mm。 花期7～9月。

产新疆：叶城（城郊，阿不力米提 308）、策勒（河克奇克，安峥皙 249）。生于海拔1 300～2 700 m 的农田地边、撂荒地。

全国各地均有分布；欧洲，西亚，俄罗斯，哈萨克斯坦，乌兹别克斯坦，日本也有。又见于喜马拉雅山西部地区。

2. 苦苣菜 图版153：1～3

Sonchus oleraceus Linn. Sp. Pl. 794. 1753；Kirp. in Fl. URSS 29：254. t. 16：8. 1964；中国高等植物图鉴 4：684. 图 6781. 1975；西藏植物志 4：939. 图 401. 1985；中国沙漠植物志 3：446. 图版 179：3～5. 1992；青海植物志 3：496. 1996；中国植物志 80 (1)：63. 1997；新疆植物志 5：434. 图版 112：1～3. 1999；青藏高原维管植物及其生态地理分布 1051. 2008.

一年生草本，高 15～150 cm。茎不分枝或于上部分枝，有纵棱，无毛或于上部有腺毛。叶质地薄，无毛，先端渐尖或有时尾状渐尖，叶缘有锯齿，叶柄具宽或窄翅；基生叶或下部茎生叶长圆状倒披针形或披针形，长 6～15 cm，宽 2～6 cm，羽状深裂或大头羽状分裂，极少不裂，顶裂片宽三角形、半圆形、心形或戟形，侧裂片1～4对，三角形或镰刀形，常下弯，叶柄基部仅扩大；中上部叶渐小，与基生叶同型或不裂而呈线状披针形，无柄而呈耳状抱茎，抱茎耳缘常具尖齿。头状花序数个，着生于茎顶而呈伞房状；总苞宽钟状，长10～12 mm，宽6～10 mm；总苞片2～3层，覆瓦状排列，向内层渐长，外层卵状披针形，长4～6 mm，宽1～3 mm，中内层长圆状披针形，长8～11 mm，宽1～2 mm，边缘膜质。花黄色，花冠长约16 mm。瘦果长椭圆形，亮褐色或肉色，长约3 mm，扁压，边缘有微齿，每面有隆起的纵肋3条，肋间具横皱纹；冠毛长6～8 mm。　花期5～9月。

产新疆：喀什（市郊，采集人不详23630）、英吉沙（艾古斯乡，史雄飞英091）、叶城（苏克皮亚，青藏队吴玉虎1116A）、皮山（运输站，杨昌友750396）、和田（风光乡，杨昌友750631）、若羌（米兰农场，沈观冕079）。生于海拔1 350～3 200 m的沟谷山地农田及其附近草地。

青海：兴海（唐乃亥，弃耕地考察队286）、玛沁、久治（城郊，果洛队656）。生于海拔2 800～3 700 m的河谷荒地、田边草丛。

分布于全国各省区。几乎遍及世界各大陆地。

3. 苣荬菜　图版153：4～7

Sonchus arvensis Linn. Sp. Pl. 793. 1753；Kirp. in Fl. URSS 29：249，t. 6：6. 1964；西藏植物志4：939. 1985. 青海植物志3：495. 图版108：3～4. 1996；中国植物志80（1）：64. 1997；新疆植物志5：436. 图版111：3～6. 1999；青藏高原维管植物及其生态地理分布1051. 2008.

多年生草本，高20～100 cm。根垂直，有时具根状茎。茎直立，有细棱，分枝或不分枝，无毛或于花序附近有白色绒毛或腺毛。基生叶及下部茎生叶披针形或长椭圆状披针形，长10～30 cm，宽2～6 cm，顶端渐尖，不裂，边缘有锯齿至羽状深裂，顶裂片三角形或戟形，侧裂片2～5对，三角形至镰刀形，叶缘具齿或小尖头，叶基渐狭成柄或耳状抱茎；中上部茎生叶渐小，常不裂而呈线状披针形，无柄。头状花序排列成伞房状；总苞钟状，长12～20 mm，直径10～15 mm；总苞片3～4层，覆瓦状排列，先端渐尖，常带暗紫红色，外层卵状披针形，长4～6 mm，宽1～2 mm，中内层长圆状披针形，长10～20 mm，宽2～3 mm，边缘膜质。花黄色，花冠长约18 mm，舌片长7 mm。瘦果椭圆形或纺锤形，长3～4 mm，宽约1 mm，亮黄色或棕褐色，略压扁，每侧具5条细肋，肋间有横皱纹。冠毛白色，柔软，长约15 mm，易脱落。　花期6～8月。

产新疆：喀什（布仑台北44 km处，采集人不详355）、疏勒（牙甫泉，崔乃然R0946）、英吉沙（艾古斯乡，史雄飞英062）、莎车（县城西南1 km处，王焕存049；县城附近，崔乃然R1172；阿克苏，王焕存249）、塔什库尔干（马尔洋镇，采集人不详

图版 **153**　苦苣菜 **Sonchus oleraceus** Linn. 1. 植株上部；2. 基生叶；3. 瘦果。苣荬菜 **S. arvensis** Linn. 4～6.植株；7.瘦果。（引自《新疆植物志》，张荣生绘）

060)、和田（城郊，R1376)、策勒（奴尔乡，安峥皙 226)、且末（英吾斯塘乡，采集人不详 79922－1)、叶城（苏克皮亚，青藏队吴玉虎 1116；叶河大桥东侧，刘海源 203)。生于海拔 1 320～3 200 m的沟谷山地草甸、农田及其附近、池塘边。

西藏：日土（班公湖边，高生所西藏队 3462)。生于海拔 4 230 m 左右的沟谷山地湿草甸。

青海：兴海（中铁林场恰登沟，吴玉虎 45025、45050、45055、45064；中铁乡前滩，吴玉虎 45434；河卡山，吴珍兰 203，何廷农 441；唐乃亥，吴玉虎 42013、42032、42062、42120、42152，弃耕地考察队 275)、久治（县城附近山上，果洛队 656；龙卡湖北面山上，果洛队 616；索乎日麻乡背面山上，果洛队 298)。生于海拔 2 600～4 000 m的沟谷山地田边、山坡荒地、河谷水沟旁、河滩草甸、滩地高寒杂类草草甸。

分布于全国各省区。几乎遍及世界各大陆地。

4. 全叶苦苣菜

Sonchus transcaspicus Nevski in Acta Inst. Bot. Acad. Sci. URSS ser. 1 (4): 293. 1937; Kirp. in Fl. URSS 29: 245. 1964；中国植物志 80 (1)：66. 图版 16：1. 1997；青藏高原维管植物及其生态地理分布 1052. 2008.

多年生草本，高 20～80 cm。根垂直。茎直立，有细条纹，上部有伞房状花序分枝，大部无毛，但在头状花序下部有蛛丝状柔毛。叶不分裂，灰绿色或青绿色，光滑无毛，线形、长椭圆形、披针形或线状长椭圆形，长 0.5～10.0 cm，宽 2～15 mm，向上渐小，顶端急尖或钝，基部渐狭，无柄，边缘全缘或有细密的刺尖或凹齿或浅齿。头状花序少数，在茎枝顶端排成伞房花序；总苞钟状，长 1.0～1.5 cm，宽 1.5～2.0 cm；总苞片 3～4 层，顶端急尖或钝，外面光滑无毛；外层总苞片披针形或三角形，长 3～5 mm，宽 1.5 mm，中内层总苞片渐长，长披针形或长椭圆状披针形，长 12～14 mm，宽约 2 mm。花多数，花冠黄色或淡黄色，舌片长约 8 mm。瘦果椭圆形，暗褐色，长 3.0～3.8 mm，宽 1.5 mm 压扁的三棱形，每面有 5 条高起的纵肋，中间的 1 条增粗，肋间有横皱纹。冠毛单毛状，长约 9 mm。　花果期 5～9 月。

产新疆：乌恰（吾克沙鲁，司马义 155)、喀什（克孜勒河边，近田文弘等 526)、和田（风光乡，杨昌友 750648)、策勒（恰哈乡，安峥皙 115)。生于海拔 1 350～4 000 m的沟谷山坡草地、水边湿地或田边。

分布于我国的西北、西南、华北、东北的大部分省区；伊朗，印度北部，东地中海地区，高加索地区，乌兹别克斯坦也有。

55. 乳苣属 **Mulgedium** Cass.

Cass. in Dict. Sci. Nat. 33: 296. 1824.

草本。茎直立，有分枝。叶茎生，分裂或不分裂。头状花序同型，含多数花，在茎顶端排列成总状、伞房状或伞房圆锥状；总苞宽钟状或圆柱状；总苞片3～5层，通常带紫红色，覆瓦状排列，外层短小，向内层渐长；花序托平，无托毛。花全部舌状，两性结实；花冠蓝色或紫红色，舌片顶端截形，5齿裂，花冠筒外面被白色长柔毛；花药基部箭头形，耳锐尖；花柱分枝纤细。瘦果稍粗厚，纺锤形，色深，每面有5～7条钝纵肋，肋间复有小肋，顶端渐尖成喙。冠毛2层，纤细，微糙毛状。

约16种，分布欧亚大陆。我国有6种，昆仑地区产1种。

1. 乳 苣 图版154：1～4

Mulgeaium tataricum（Linn.）DC. Prodr. 7：248. 1838；青海植物志3：504. 图版110：1～6. 1996；中国植物志80（1）：75. 1997；新疆植物志5：443. 图版114：1～3. 1999；青藏高原维管植物及其生态地理分布1018. 2008. ——*Sonchus tataricus* Linn. Mant. 2：572. 1771. ——*Lactuca tatarica*（Linn.）C. A. Mey. Enum. Pl. Cauc. 56. 1831；Kirp. in Fl. URSS 29：282. t. 16：4. 1964；中国高等植物图鉴4：688. 图6789. 1975；西藏植物志4：949. 图407. 1985；中国沙漠植物志3：451. 图版181：5～7. 1992.

多年生草本，高20～80 cm。根粗壮、直伸，有根状茎。茎分枝，有细条棱，无毛。叶常灰绿色，质地稍厚，光滑无毛；中下部叶长圆形或披针形，长7～19 cm，宽1.5～6.0 cm，不裂至倒向羽状深裂，顶端渐尖，叶基渐狭，叶缘全缘或具软骨质小尖头或锯齿，主脉明显较宽，裂片三角形至披针形，有侧裂片2～5对；上部叶与中下部叶相似而较小，无柄，多全缘。头状花序多数，在茎枝顶端排列成聚伞圆锥状；总苞窄钟状或圆柱状，长10～17 mm，直径约5 mm；总苞片无毛，边缘白色膜质，先端渐尖或钝，中外层较小，卵状披针形，长3～8 mm，宽1.5～2.0 mm；最内层披针状条形，长为外层的2倍，宽约2 mm。花冠蓝紫色或淡紫色；舌片长9～12 mm，宽约2.5 mm，先端平截，有5齿；筒部长约9 mm，具白色短柔毛；花药高出筒部；柱头裂片细棒状，略短于舌片。瘦果倒卵状纺锤形，灰黑色，长约5 mm，宽约1 mm，略呈背腹压扁，有5条较粗之棱，粗棱于腹面及两侧各1条，背面2条，粗棱间各有细棱1～2条；喙长约1 mm。冠毛白色，长约1 cm。 花期5～9月。

产新疆：乌恰（老乌恰乡，司马义116；吉根至斯木哈纳途中，西植所新疆队2042）、疏附（乌帕尔乡，张彦福051）、疏勒（牙甫泉，R0925）、英吉沙（县城郊，史雄飞英 028)、莎车（阿扎提巴合乡，阿布拉 11-011；喀拉吐孜矿区，青藏队吴玉虎 870674)、阿克陶（布伦口，克里木 039、西植所新疆队 688；琼块勒巴什，青藏队吴玉虎 870639)、塔什库尔干（县城郊，崔乃然 091)、皮山（三十里营房，青藏队吴玉虎 1166；康西瓦，安峥晳 H0080)、叶城（棋盘乡，阿不力米提 174；麻扎达坂，黄荣福 C. G. 86-055；叶河大桥东侧，刘海源 204)、策勒（奴尔乡，安峥晳 228；恰哈乡，安峥晳 305；恰哈乡阿克奇大队，采集人不详 R1692)、于田（种羊场，青藏队吴玉虎等 3815)、且末（县城郊，新疆综合考察队 9519)、若羌（县城郊区，刘海源 067、078，耿世磊无号)。生于海拔 940～4 720 m 的沟谷砾石质山坡、宽谷河滩、山坡草甸、农田。

西藏：日土（班公湖畔，高生所西藏队 3467、3662，青藏队吴玉虎 1342)。生于海拔 4 230 m 左右的沟谷山坡砾石荒地。

青海：格尔木（采集地不详，吴征镒等 75-230；托拉海，植被地理组 167；河西，郭本兆等 11768)、都兰（诺木洪，黄荣福 C. G. 81-296；香日德，郭本兆 8014)、兴海（唐乃亥乡，吴玉虎 42096、42166、42784)。生于海拔 2 750～3 100 m 的沟谷河滩、湖边草地、沙滩、山坡荒地。

分布于我国的西北、华北、东北及河南、西藏；欧洲，中亚地区各国，俄罗斯，蒙古，印度也有。

56. 还阳参属 **Crepis** Linn.

Linn. Sp. Pl. 805. 1753.

多年生，稀一、二年生草本，有直根或根状茎，茎直立。叶羽状分裂或不裂，边缘有锯齿或全缘。头状花序同型，通常含多数花，单生茎顶或在茎枝顶端排成伞房状、圆锥状或总状；总苞钟状或圆柱状；总苞片 2～4 层，外层总苞片 1～2 层，甚小，内层总苞片 1 层，等长，常有膜质边缘；花序托平或稍下陷，蜂窝状，窝缘有短缘毛或流苏状毛或无毛。两性，结实，舌状，长于总苞片 1～2 倍；花冠黄色或橙黄色，少紫色或红色，舌片先端截形，具 5 齿，花冠筒被柔毛或无毛；花丝基部有箭头状附属物；花柱分枝纤细。瘦果圆柱形或纺锤形，有 10～20 条等粗纵肋，肋上有微小刺毛或无毛，先端或两端渐窄，近顶处有收缢，具短的或细长的喙或无喙，基部具明显的白色胼胝体环。冠毛白色，1 层，糙毛状，基部联合成环或不联合，脱落或不脱落。

约 200 余种，广泛分布于欧洲、亚洲、非洲及北美洲。我国有 27 种，昆仑地区产 8 种 1 变种。

分种检索表

1. 总苞片被蛛丝状毛、腺毛或长单毛。
   2. 叶不分裂，具齿或有时全缘；总苞片外面被黑绿色长单毛；瘦果红褐色或黑紫色 …………………………………… **1. 金黄还阳参 C. chrysantha**（Ledeb.）Turcz.
   2. 至少基生叶羽状分裂；总苞片外面被头状具柄的腺毛和蛛丝状柔毛。
      3. 茎多数簇生；头状花序较小，总苞长 7～9 mm；瘦果红褐色，长 3.5～4.0 mm …………………………………… **2. 多茎还阳参 C. multicaulis** Ledeb.
      3. 茎单生或少数（2～4）丛生；头状花序较大，总苞长 10～15 mm；瘦果褐色，长约6 mm ………………………………… **3. 北方还阳参 C. crocea**（Lam.）Babcock
1. 总苞片光滑无毛。
   4. 花紫红色；叶不分裂，边缘具小锯齿或全缘，基生叶具长柄 ………………………………………………………………… **4. 红花还阳参 C. lactea** Lipsch.
   4. 花黄色；叶不分裂，全缘或具齿。
      5. 叶不裂，具齿或全缘；茎少数，自上部分枝或较少分枝。
         6. 植株低矮，高不超过 10 cm，具根状茎；茎纤细；叶质地薄。
            7. 叶片椭圆形、长椭圆形或椭圆状倒披针形，叶缘具齿，叶基渐狭成柄；果实长约 7 mm …………………………………………… **5. 乌恰还阳参 C. karelinii** M. Popov et Schischk. ex Czer.
            7. 叶片倒卵形或圆形，叶缘无齿，叶基急狭成柄；果实长约 5 mm …………………………………………… **6. 矮小还阳参 C. nana** Richards.
         6. 植株高超过 10 cm，无根状茎；茎粗壮；叶质地厚；瘦果长约 4 mm ……………………………………………… **7. 草甸还阳参 C. pratensis** Shih
      5. 基生叶羽状分裂，裂片宽或细窄；茎多数，自基部分枝呈丛 ……………………………… **8. 弯茎还阳参 C. flexuosa**（Ledeb.）C. B. Clarke

1. 金黄还阳参 图版 154：5～7

Crepis chrysantha（Ledeb.）Turcz. in Bull. Soc. Nat. Mosc. 11：96. 1838；Czer. in Fl. URSS 29：617. 1964；中国植物志 80（1）：108. 图版 27：4～6. 1997；新疆植物志 5：454. 图版 116：6～8. 1999；青藏高原维管植物及其生态地理分布 992. 2008. —— *Hieracium chrysanthum* Ledeb. Fl. Alt. 4：129. 1833.

多年生草本，高 10～25 cm。茎直立，单生，有细棱，被蛛丝状毛，头状花序下稍膨大增粗，膨大处密被黑色或黑绿色长毛。叶无毛或上面被稀疏的蛛丝状毛；基生叶多数，莲座状，倒卵状长圆形至倒卵状披针形，包括叶柄长 4～10 cm，宽 5～15 mm，不裂而边缘具稀疏的锯齿或有时全缘，顶端钝或急尖，基部渐窄成柄；茎生叶少数，2～3

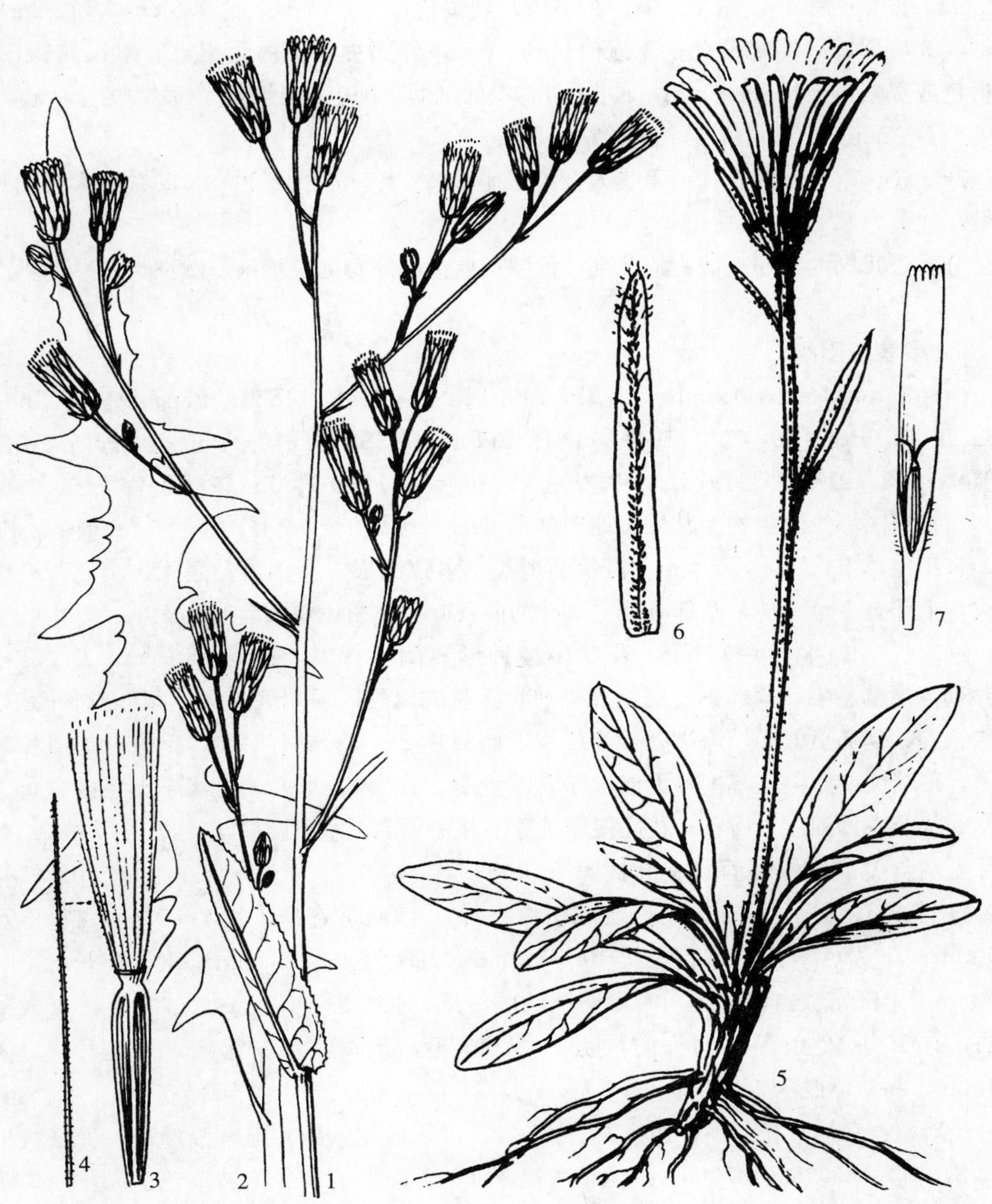

图版 **154** 乳苣 **Mulgedium tataricum**（Linn.）DC. 1. 植株上部；2. 茎下部叶；3. 瘦果；4. 冠毛。金黄还阳参 **Crepis chrysnatha**（Ledeb.）Turcz. 5. 植株；6. 总苞片；7.舌 状花。（引自《新疆植物志》，张荣生绘）

枚，较基生叶小，长圆状倒披针形或线形，无柄，顶端钝或急尖，全缘。头状花序单生于茎顶；总苞宽钟状，长 1.2～1.5 cm；总苞片 2 层，黑绿色，长椭圆形至线状披针形，密被黑绿色长单毛，外层小，长约 6 mm，宽约 1.5 mm，顶端钝或急尖，内层长约 1.5 cm，宽 1～2 mm，先端渐尖。花多数，金黄色；舌片线形，长 1.5 cm，宽 2 mm，前端浅 5 齿裂，齿端暗黄色；花冠筒长约5 mm，外面被稀疏的短柔毛。瘦果纺锤形，红褐色或黑紫色，长 6～8 mm，具 12 条等粗的细肋，肋上有小刺毛，顶端收缢，无喙。冠毛长 5～7 mm，不脱落。 花期 7～8 月。

产新疆：喀什（热查瓦，采集人及编号不详）。生于海拔 2 200 m 左右的沟谷山地草坡。

分布于我国的新疆；蒙古的北部，俄罗斯西伯利亚和远东地区，欧洲也有。

2. 多茎还阳参

Crepis multicaulis Ledeb. Ic. Pl. Fl. Ross. 1：9. 1829；Babcock in Univ. Calif. Publ. Bot. 22：726. 1947；Gzer. in Fl. URSS 29：679. 1964；中国高等植物图鉴 4：698. 图 6809. 1975；中国植物志 80（1）：113. 1997；新疆植物志 5：458. 1999；青藏高原维管植物及其生态地理分布 993. 2008.

多年生草本，高 8～60 cm。根状茎短，生多数细根。茎多数，簇生，直立，有纵沟纹，上部有少量分枝，基部有疏毛。叶两面及叶柄被白色短柔毛或几无毛；基生叶多数，莲座状，长圆状倒披针形、卵状倒披针形或倒披针形，长 5～10 cm，宽 0.5～2.5 cm，顶端急尖，基部具长柄，大头羽状深裂或浅裂，顶端裂片大，卵形或长圆形，顶端急尖，基部呈戟形，边缘有尖齿或齿，侧裂片 2～5 对或有时无，倒披针形或长三角形，顶端钝或急尖；茎生叶无或偶于花葶上有 1～2 枚条形叶，全缘，无毛或有疏柔毛。头状花序排列成伞房状；花序梗密被腺毛和短柔毛，总苞圆柱状，长 7～9 mm；总苞片先端急尖或钝，外面沿中脉被腺毛和蛛丝状毛；外层总苞片 4～6，披针形，长 1.0～1.2 mm，宽不及 1 mm，内层总苞片8～10，线状披针形，长 7～9 mm，宽不及 1.5 mm。花黄色，长于总苞，长 10～12 mm，舌片宽约 0.6 mm；花冠筒长 3.5～4.0 mm，上部密被白色柔毛。瘦果纺锤状圆柱形，长3.5～4.0 mm，红褐色，直或稍弧曲，有 10～12 条等粗的细肋，肋上具小刺毛，顶端收窄，无喙。冠毛长 4.0～4.5 mm，易整体脱落。 花期 6～7 月。

产新疆：乌恰（托云乡，西植所新疆队 2290）、叶城（柯克亚乡高沙斯，青藏队吴玉虎 870944、870958、870959）。生于海拔 3 600 m 左右的沟谷山坡草地、河滩沙砾质草地。

分布于我国的新疆；中亚地区各国，俄罗斯西伯利亚，蒙古，欧洲，北极也有。又见于喜马拉雅山西部。

3. 北方还阳参

Crepis crocea（Lam.）Babcock in Univ. Calif. Publ. Bot. 19：400. 1941；中国高等植物图鉴 4：696. 图 6806. 1975；青海植物志 3：507. 1996；中国植物志 80（1）：115. 1997；青藏高原维管植物及其生态地理分布 992. 2008.

多年生草本，高 8～30 cm。根细，根颈部被暗褐色残存枯叶柄。茎直立，单生或 2～4 丛生，不分枝或自上部分枝，被腺毛和薄的蛛丝状柔毛。基生叶多数，倒披针形或倒披针状长圆形，长 3～8 cm，宽 6～10 mm，顶端急尖，基部渐狭成具翅的柄，叶片被蛛丝状毛或无毛，倒向羽状浅裂，顶裂片长，三角形至三角状披针形，侧裂片较小，多对，三角形或齿状；茎生叶无或 1～3 枚，线形，不分裂，全缘或下半部边缘有小齿，向上渐小，无柄。头状花序单生枝顶，有时排成伞房状；总苞宽钟状，长 10～15 mm；总苞片绿色，外面被白色蛛丝状柔毛，沿中脉常常具腺毛和硬毛，外层总苞片线状披针形，长 5 mm，宽不及 1 mm，不等长，内层总苞片线状长圆形，长 10～15 mm，宽约 3 mm，先端急尖，边缘膜质，等长。花黄色，舌片线形，长约 10 mm，宽至 1 mm，花冠筒长约 5 mm，外面被稀疏微柔毛。瘦果纺锤形，长约 6 mm，暗褐色，具 10～12 条等粗纵肋，粗肋上有小刺毛，顶端无喙。冠毛长约 8 mm。 花果期 7～8 月。

产青海：兴海（中铁乡前滩，吴玉虎 45429；唐乃亥乡沙那，采集人不详 212）。生于海拔3 200～3 300 m 的田边、水沟边及山坡草地、滩地高寒杂类草草甸。

分布于我国的西北、华北、东北；蒙古，俄罗斯也有。

4. 红花还阳参

Crepis lactea Lipsch. in Fedde Repert. Sp. Nov. 42：159. 1937；Czer. in Fl. URSS 29：658. t. 29：658. 1964；中国植物志 80（1）：113. 图版 29：2. 1997；新疆植物志 5：460. 1999；青藏高原维管植物及其生态地理分布 993. 2008. ——Crepis minuta Kitam. in Acta Phytotax. et Geobot. 15：70. 1953；西藏植物志 4：960. 1985.

多年生草本，高 5～10 cm，全株无毛。根状茎分枝，直立。茎常弯曲，具分枝，外倾或平卧。叶不裂，椭圆形至倒卵状披针形，长 1～10 cm，宽 5～15 mm，全缘或具稀疏小锯齿，顶端圆钝或急尖；基生叶与下部茎生叶较大，基部渐窄成具窄翅的长叶柄；茎上部叶渐小，叶柄渐短至无柄。头状花序少数，在茎枝顶端排列成伞房状，花序梗长 1.0～1.5 cm，纤细、弯曲，其上生长有数枚丝状苞叶。总苞圆柱状，长 8～10 mm；外层总苞片披针状三角形，不等长，长 2.0～2.5 mm，宽近 1 mm，暗绿色，顶端钝或急尖；内层总苞片 6～8，窄披针形，长 8～10 mm，宽大于 1 mm，具白色膜质边缘，中脉可见，顶端色暗，或膜质部分带紫红色。花红紫色，舌片长约 8 mm，宽约 2 mm，顶端截形，5 裂，裂齿长三角形；花冠筒长约 3 mm，外面无毛。瘦果柱状，长 4～5 mm，稍弧曲，淡黄色，有 10 条等粗的纵肋，顶端渐狭，无喙；冠毛长 3～

5 mm。 花期 7～8 月。

产新疆：塔什库尔干（采集地不详，安峥皙 130、崔乃然 161）。生于海拔 3 100～3 900 m的沟谷山地、高山草甸。

分布于我国的新疆、西藏；中亚地区各国也有。又见于帕米尔地区。

5. 乌恰还阳参 图版 155：1

Crepis karelinii M. Popov et Schischk. ex Czer. Fl. URSS 29：656. 757. 1964；中国植物志 80（1）：109. 图版 29：3. 1997；新疆植物志 5：460. 1999；青藏高原维管植物及其生态地理分布 993. 2008.

多年生草本，高 4～10 cm。根细长，垂直，根状茎木质。茎纤细，自中部或上部分枝，无毛。基生叶与下部茎生叶椭圆形、长椭圆形或椭圆状倒披针形，连柄长 2～4 cm，宽0.5～1.5 cm，无毛，顶端急尖或钝，不裂而边缘有锯齿，基部渐窄成细柄，柄等长或稍短于叶片，很少长于叶片；中部茎叶倒披针形，顶端急尖，基部渐狭，无柄或几无柄，边缘有锯齿；上部叶线状披针形或线形，全缘。头状花序少数，排列成疏松的伞房状；花序梗长0.5～2.5 cm；总苞钟状，长 8～10 mm，宽 3～4 mm；总苞片 2 层，无毛，外层总苞片不等长，卵形或椭圆形，顶端急尖，长 1～2 mm，宽不及 1 mm，内层总苞片等长，长 8～10 mm，宽约 2 mm，线状长圆形，顶端急尖或钝。花黄色，有时变红，长于总苞，花冠长 11～14 mm，舌片宽 2.0（2.5）mm，花冠筒长 3.5～4.0 mm，无毛。瘦果纺锤形，淡黄色，长约 7 mm，有 10 条等粗纵肋。冠毛长 7～9 mm，宿存。 花期 7～8 月。

产新疆：乌恰（托云乡，西植所新疆队 2225；界里玉，采集人和采集号不祥）、且末（解放牧场，青藏队吴玉虎 3055）、喀什（前进三牧场，R0866）、叶城（乔戈里峰西侧山坡，黄荣福C. G. 86-190；岔路口，青藏队吴玉虎 1220）、皮山、和田。生于海拔 3 250～4 400 m 的沟谷砾石山坡及河滩。

分布于我国的新疆；俄罗斯，哈萨克斯坦也有。

6. 矮小还阳参 图版 155：2

Crepis nana Richards in Bot. App. Franklin 1. Journ. 746. 1823；Czer. in Fl. URSS 29：659. 1964；中国植物志 80（1）：111. 图版 29：1. 1997；新疆植物志 5：462. 图版 119：3. 1999；青藏高原维管植物及其生态地理分布 993. 2008.

多年生草本，高 2～4 cm。根细，垂直直伸，向上转变为细长且分枝的根状茎。茎多数，自基部分枝，全部茎枝光滑无毛。基生叶及中下部茎叶卵形或圆形，包括叶柄长 1～4 cm，宽 0.4～1.0 cm，顶端圆形或急尖，基部急狭成柄，叶柄细，长 0.8～1.4 cm，全缘；上部茎叶与基生叶同形；全部叶两面无毛。头状花序少数，呈伞房花序状排列；花序梗弯曲，纤细；总苞柱状，长 9.5 mm；总苞片 4 层，外层及最外层卵形或椭圆状披针形，不等长，长 2～3 mm，宽约 1 mm，顶端急尖，内层及最内层线状长椭圆形，长 9.5 mm，宽1.5 mm，顶端急尖，边缘白色膜质，内面无毛；全部总苞片外面无毛。舌状小花黄色，花冠管外面无毛。瘦果纺锤状，淡黄色，长 5 mm，向顶端渐窄，有 10 条纵肋，肋上有微糙毛。冠毛白色，长 4.2 mm。　花果期 6～9 月。

据《中国植物志》和《新疆植物志》记载，在新疆的乌恰和喀什地区有分布，生于河漫滩砾石带或石质山坡。笔者仅见到 1 份无记录的标本，与《中国植物志》对该种的描述和图形非常相似，但花在干后显红色。

产新疆：喀什。生于海拔 4 400 m 的沟谷山地泥砾石山坡。

分布于我国的新疆、西藏；北美，蒙古，俄罗斯，哈萨克斯坦，乌兹别克斯坦也有。

7. 草甸还阳参

Crepis pratensis Shih in Acta Phytotax. Sin. 33（2）：187. t. 4：1. 1995；青海植物志 3：508. 1996；中国植物志 80（1）：120. 图版 30：1. 1997；青藏高原维管植物及其生态地理分布 994. 2008.

多年生草本，高 15～50 cm。根肉质，垂直。茎无毛，直立或斜升，仅在上部分枝。叶质地较厚，两面无毛；基生叶与茎下部叶多数，长椭圆形、线状披针形或线状倒披针形，长 3～7 cm，宽 5～8 mm，先端急尖，全缘或边缘有细小的尖齿，基部渐狭成柄；中部以上茎生叶少数，线形或线钻形，窄而短，渐尖，全缘或有时边缘有小尖齿。头状花序不多，在茎上部排成疏散的圆锥状或总状；花序侧枝上有数个小而钻形的苞片；总苞筒状，长7～9 mm，宽 3～4 mm；总苞片 2 层，暗绿色，无毛，外层极小，不等长，长 2～4 mm，宽 1 mm 左右，卵形或卵状披针形，先端尖，内层线状披针形，等长，长达 11 mm，宽约 2 mm，先端钝，有短毛，边缘狭膜质。花黄色，8～10 枚，舌片长 6～8 mm，花冠筒无毛。瘦果圆柱形，褐色，长约 4 mm，具不等形纵肋，无喙，先端稍窄，具冠毛盘。冠毛白色，长约 6 mm。　花果期7～8月。

产新疆：若羌（阿尔金山南坡，刘海源 009）。生于海拔 2 900 m 左右的河谷沼泽边草甸。

青海：茫崖（冷湖，甘青队 542）、格尔木（南纳赤台，青藏队 500）、兴海（唐乃亥乡，吴玉虎 42093、42097；中铁乡附近，吴玉虎 42873）。生于海拔 2 780～3 700 m 的河滩盐碱滩、宽谷滩地沼泽草甸。

分布于我国的青海、新疆。模式标本采自柴达木。

8. 弯茎还阳参

Crepis flexuosa（Ledeb.）C. B. Clarke Compos. Ind. 254. 1876；Czer. in Fl. URSS 29：651. 1964；中国高等植物图鉴 4：697. 图 6807. 1975；西藏植物志 4：

958. 1985；中国沙漠植物志 3：463. 图版 186：5～8. 1992；青海植物志 3：505. 图版 111：3～4. 1996；中国植物志 80（1）：123. 1997；新疆植物志 5：459. 图版 118：2～4. 1999；青藏高原维管植物及其生态地理分布 993. 2008.

8a. 弯茎还阳参（原变种） 图版 155：3～5

var. **flexuosa**

多年生草本，高 3～35 cm。根粗，垂直；根颈有分枝，出露地表并木质化。茎多个丛生，自基部分枝，多于节部略作曲折，分枝铺散或斜升，有时基部带紫红色。叶无毛，向上渐小；基生叶与下部茎生叶倒披针形或倒卵形，长 1.5～7.0 cm，宽 0.3～2.0 cm，羽状浅裂至深裂，顶裂片长圆状条形、卵形或倒卵形，侧裂片 3～5 对，对生或偏斜互生，长圆形至长三角形，叶缘常具尖齿，叶尖急尖或渐尖，叶柄等长于叶片或较短；中上部茎生叶线状披针形或条形，无明显的叶柄，不裂而全缘。头状花序多数，在茎枝顶端排列成伞房状；花序梗纤细，长 1～4 cm；总苞圆柱形，长 6～9 mm，宽 2～3 mm；总苞片黑绿色，无毛，外层总苞片 4～6，卵状披针形，不等长，长 1～2 mm，宽不及 1 mm，渐尖，内层总苞片 8 枚，长圆状条形或倒卵状条形，等长，长 6～9 mm，宽不足 1 mm，具膜质边缘，中脉清楚，顶端有的略带红色。花黄色，于干时略带紫红色，舌片长 7～10 mm，宽约 2 mm，顶端有 5 齿；花冠筒长 3～4 mm，无毛。瘦果纺锤形，长 4～6 mm，淡黄褐色，有 10 条等粗的纵肋，沿肋具稀疏的微刺毛，顶端收缩，无明显的喙。冠毛白色，长 4.0～5.5 mm，易脱落。 花期6～7月。

产新疆：乌恰（老乌恰附近，青藏队吴玉虎 870068；县城以东 20 km 处，刘海源 223）、喀什（布仑台北 44 km 处，中科院新疆综考队 359；木吉乡，依马木 101；阿克塔什，青藏队 870122、870269）、疏附（乌帕尔乡，采集人不详 098）、塔什库尔干（城郊，安峥皙 Tash 325；麻扎种羊场，青藏队吴玉虎 870415，高生所西藏队 3265）、叶城（麻扎，阿不力米提 064、黄荣福 C. G. 86－068，青藏队吴玉虎 1138；乔戈里峰北部，黄荣福C. G. 86－203；阿格勒达坂，黄荣福 C. G. 86－158；苏克皮亚，青藏队吴玉虎 1122；普沙，青藏队吴玉虎 1133；阿克拉达坂北坡，青藏队吴玉虎 870441）、和田（赛衣土拉东 20 km 处，安峥皙 He002；喀什塔什，青藏队吴玉虎 2578、3055）、策勒（奴尔乡亚门，安峥皙 129）、于田（阿克赛库拉湖，青藏队吴玉虎 3760；普鲁，青藏队吴玉虎 3782、3789）、且末（满达里克沟，采集人不详 088；昆其布拉克，青藏队吴玉虎 2058、2338、3848）、若羌（阿尔金山南坡，青藏队吴玉虎 2244、2786、4119、4139；祁漫塔格山，青藏队吴玉虎 2178、4296；阿尔金山，青藏队吴玉虎 4328；阿尔金山保护区鸭子泉，青藏队吴玉虎 3951）、皮山（叶阿公路康西瓦，高生所西藏队 3399）。生于海拔 1 950～4 750 m 的沟谷山坡草原带、荒漠草原带的草场、河谷干山坡、农田。

西藏：改则（大滩，高生所西藏队 4326；东措区，高生所西藏队 4360）、日土（班

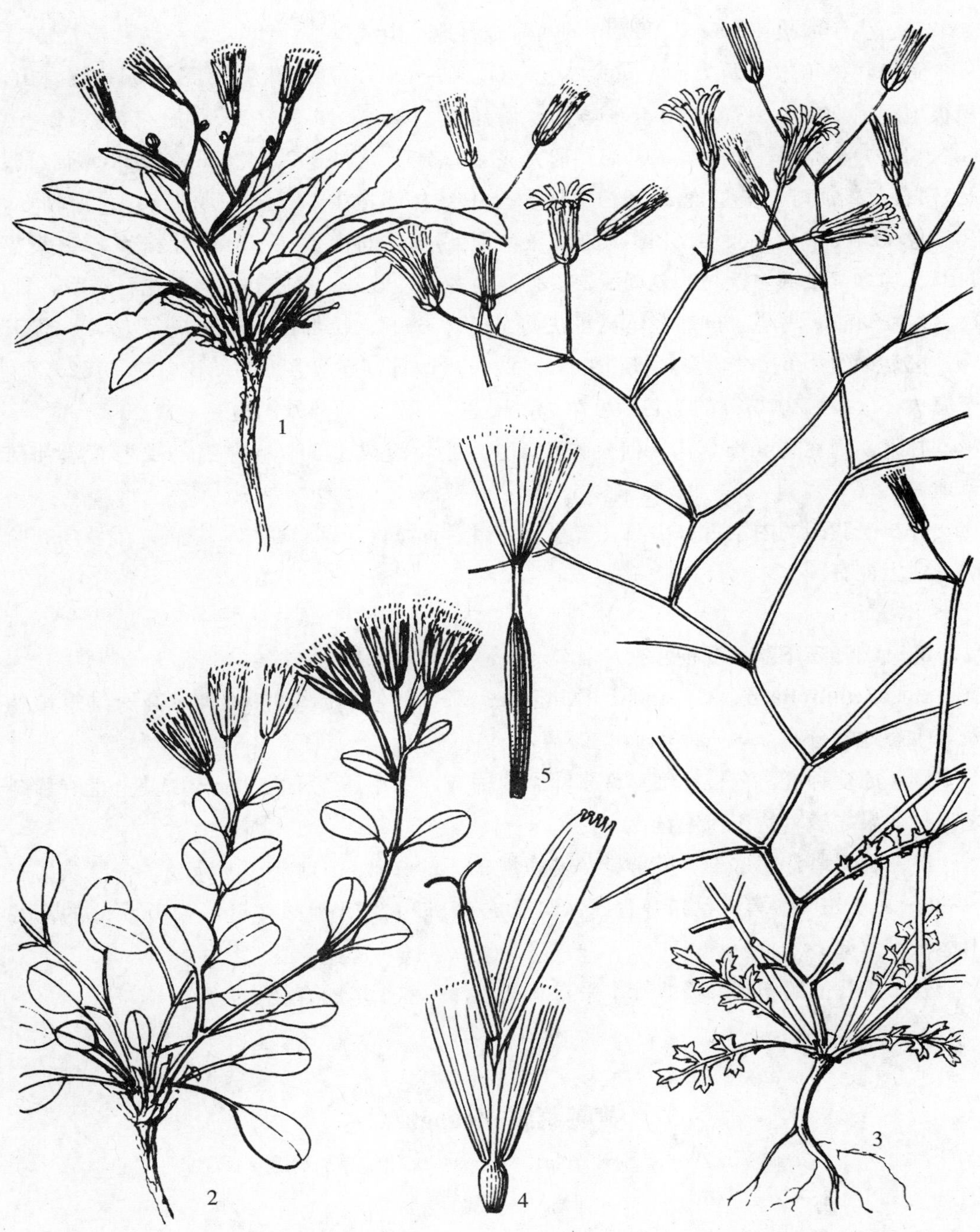

图版 **155** 乌恰还阳参 **Crepis karelinii** m. Popov et Schischk. ex Czer. 1. 植株。矮小还阳参 **C. nana** Richards. 2. 植株。弯茎还阳参 **C. flexuosa**（Ledeb.） C. B. Clarke 3. 植株；4. 舌状花；5. 瘦果。（引自《新疆植物志》，张荣生绘）

公湖边，高生所西藏队 3466、3672、青藏队吴玉虎 1343、李勃生等 11023；沙尔达湖，青藏队 76－8782；尼亚格祖，青藏队 76－9144）、班戈（赴申扎县途中，青藏队 10623）。生于海拔 4 200～5 050 m 的河滩砾石地、山坡草地、沙地。

青海：格尔木（西大滩，黄荣福 C. G. 89－013，青藏队吴玉虎 2906；昆仑山，植被地理组 200）、兴海（河卡乡羊曲，何廷农 094，王作宾 20007；温泉乡，H. B. G. 1423；青根桥，王作宾 20136；唐乃亥乡，吴玉虎 41802、42088、42100、42116、42174；黄青河畔，吴玉虎 4716；中铁乡至中铁林场途中，吴玉虎 43128；大河坝乡，吴玉虎 42460、42476、42531）、曲麻莱（县城郊，刘尚武等 735；叶格乡，黄荣福 112）、称多（歇武乡毛拉，刘尚武 2392）、玛多（县城郊，吴玉虎 524；花石峡乡，H. B. G. 1507）、玛沁（拉加乡，吴玉虎等 6102、6107；拉加山，吴玉虎等 5792；优云乡，区划一组 166；军功乡，H. B. G. 270）、达日（建设乡，H. B. G. 1152）。生于海拔 1 900～5 000 m 的沟谷山坡草地、田边、沙地、河滩及湖边。

甘肃：阿克赛（长草沟，何廷农 3113）。生于海拔 1 800 m 左右的戈壁荒漠河滩草地。

分布于我国的内蒙古、山西、宁夏、甘肃、青海、新疆、西藏；蒙古，俄罗斯，哈萨克斯坦也有。

8b. 细叶还阳参（变种）

var. **tenuifolia** Z. X. An Fl. Xinjiang. 5：459，481. 1999；青藏高原维管植物及其生态地理分布 993. 2008.

别于原变种处：分枝纤细；许多叶裂片稀疏，细小，宽不及 1 mm，其上也有稀疏之齿；瘦果之棱直达于冠毛盘。

产新疆：塔什库尔干（塔合曼，安峥皙 90－9－023）、且末（阿羌乡，青藏队吴玉虎3865）、于田（普鲁三岔口，青藏队吴玉虎 3789）。生于海拔 2 600～4 000 m 的沟谷山地干旱戈壁。

分布于我国的新疆。模式标本采自新疆塔什库尔干塔的合曼。

57. 黄鹌菜属 **Youngia** Cass.

Cass. in Ann. Soc. Nat. Paris ser. 1. 23：88. 1831.

一年生或多年生草本，茎分枝或茎极短。叶基生或茎生，羽状分裂或不裂。头状花序小，多数或少数，具长梗，在茎枝顶端排成总状、圆锥状或伞房状，含少数或多数花；总苞圆柱状、圆柱状钟形、钟状或宽圆柱状；总苞片 3～4 层，外面近顶端处有或无角状附属物；外层总苞片 1～2 层，很小，不等长，内层总苞片 l 层，等长；花序托平，蜂窝状，无托毛。花均为舌状，两性，结实；花冠黄色，有时外侧绛红色，舌片顶端截形，具5齿；花药基部附属物箭头形，花丝扁平，无毛；花柱分枝细，黄色。瘦果纺锤形，稍扁压，有10～15条粗细不等的纵肋，顶端无喙或渐细成不明显的短喙。冠毛常白色，1～2层，单毛状或糙毛状，易脱落或不脱落，有时基部联合成环，整体脱落。

约40种，主产于亚洲的北部和东部，少数分布于南亚与西亚。我国有31种，昆仑地区产5种。

分种检索表

1. 无茎或具极短的茎，植株低矮；叶莲座状，叶片通常不分裂，全缘或具波状齿；总苞片顶端无角状突起 ……… **1. 无茎黄鹌菜 Y. simulatrix** (Babcock) Babcock et Stebbins
1. 植物具较高的茎；基生叶常羽状分裂；全部或部分总苞片顶端具角状突起。
  2. 总苞片外面具白色弯曲的绢毛。
    3. 总苞长10～14 mm ……………………………………………………………… **2. 细裂黄鹌菜 Y. diversifolia** (Ledeb. ex Spreng.) Ledeb.
    3. 总苞长8～10 mm …… **3. 细叶黄鹌菜 Y. tenuifolia** (Willd.) Babcock et Stebbins
  2. 总苞片外面光滑无毛。
    4. 植物多级二叉式分枝；总苞长7～9 mm；头状花序有花10～12朵；瘦果长4.0～5.5 mm ………… **4. 叉枝黄鹌菜 Y. tenuicaulis** (Babcock et Stebbins) Czer.
    4. 植物非二叉式分枝；总苞长10～12 mm；头状花序有花4～9朵；瘦果长7～9 mm ……… **5. 长果黄鹌菜 Y. seravschanica** (B. Fedtsch.) Babcock et Stebbins

1. 无茎黄鹌菜 图版156：1～2

Youngia simulatrix (Babcock) Babcock et Stebbins in Carnegie Inst. Washington. Publ. 484：39，f. 5. 1937；中国高等植物图鉴4：701. 图6816. 1975；西藏植物志4：965. 1985；青海植物志3：510. 图版111：5～6. 1996；中国植物志80 (1)：128. 1997；青藏高原维管植物及其生态地理分布1064. 2008. ——*Crepis simulatrix* Babcock in Univ. Calif. Publ. Bot. 14：329. 1982. —— *Taraxacum altune* D. T. Zhai et Z. X. An in Journ. Aug. -1st Agr. College 18 (3)：1. 1995；新疆植物志5：408. 图版105：8～10. 1999.

多年生矮小草本，高2～5 cm。根垂直，根颈部被褐色残存的枯叶柄。叶基生，呈莲座状，倒披针形、倒卵状长圆形或椭圆形，长3.0～5.5 cm，宽0.4～1.0 cm，先端圆钝、急尖或具短尖头，不裂而全缘或具波状齿，稀羽状浅裂而具有三角形的侧裂片，两面有短柔毛或无毛，基部渐狭成翅状短叶柄。头状花序2～6个，单生枝端，簇生于莲座状叶丛中；花序梗无毛或具有多细胞节毛，常有1～2枚狭披针形的小叶；总苞宽

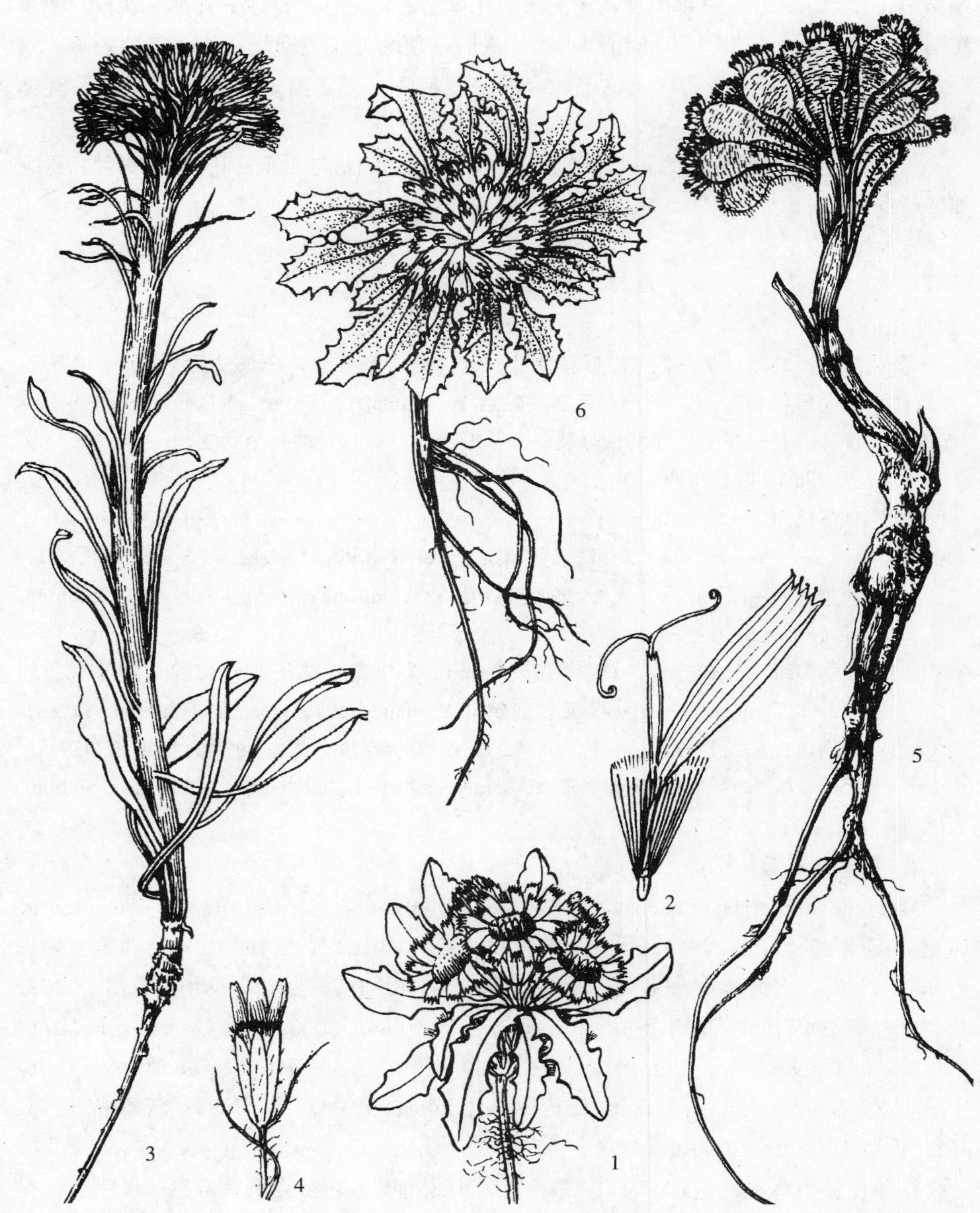

图版 **156** 无茎黄鹌菜 **Youngia simulatrix**（Babc.）Babc. et Stebbins. 1. 植株；2. 舌状花。空桶参 **Soroseris erysimoides**（Hand.-Mazz.）Shih 3. 植株；4. 头状花序。绢毛苣 **S. glomerata**（Decne.）Stebbins 5. 植株。青海合头菊 **Syncalathium qinghaiense**（Shih）Shih 6. 植株。（王颖、阎翠兰绘）

钟状，长10～16 mm，宽5～8 mm；总苞片4层，绿色，无角状突起，外层小，卵形或三角形，长2～3 mm，宽1.5 mm，顶端钝或短渐尖，内层长圆形，等长，长10～16 mm，仅顶端有短毛，边缘白色狭膜质。花黄色，13～18朵，较大；舌片线形，长10～20 mm，宽2～3 mm；花冠筒无毛，长6～8 mm。瘦果圆柱形，黑色，长约4 mm，有多条不等形纵肋，肋上有小刺毛，顶端收缢。冠毛长8～10 mm。 花果期7～8月。

产新疆：策勒（奴尔乡亚门，安峥晳087）、且末（红旗达坂，青藏队吴玉虎2644）、叶城（普沙附近，青藏队吴玉虎870984）。生于海拔3 400～4 000 m的河谷山地、山坡草甸。

青海：格尔木（托拉海，植被地理组177）、兴海（黄青河畔，吴玉虎42670；河卡乡羊曲，何廷农472；青根桥，王作宾20140）、玛沁（优云乡，玛沁队526）、玛多（后山，吴玉虎1621）。生于海拔3 650～4 400 m的沟谷山地草甸、宽谷河滩、河谷沼泽地、沟谷山地阴坡高寒灌丛草甸。

分布于我国的甘肃、青海、新疆、四川、西藏；尼泊尔，印度东北部也有。

2. 细裂黄鹌菜 图版157：1～3

Youngia diversifolia（Ledeb. ex Spreng.）Ledeb. Fl. Ross. 2（2）：837. 1846，p. p.；Czer. in Fl. URSS 29：380. 1964；中国植物志80（1）：135. 1997；新疆植物志5：448. 图版115：1～3. 1999；青藏高原维管植物及其生态地理分布1063. 2008. ——*Prenanthes diversifolia* Ledeb. ex Spreng. in Syst. Veg 3：657. 1826. ——*Youngia tenuifolia*（Willd.）Babcock et Stebbins subsp. diversifolia（Ledeb. ex Spreng.）Babcock et Stebbins in Carnegie Inst. Washington Publ. 484：54. 1937；西藏植物志4：968. 1985.

多年生草本，高8～40 cm。根长，木质，垂直直伸，根颈部增粗，被残存的暗褐色枯叶柄及褐色长茸毛。茎单生或数个丛生，直立，于中部以上近二叉式分枝，无毛或上部有时被短柔毛。叶两面无毛，常蓝绿色；基生叶与茎下部叶多数，长5～10 cm，宽1～3 cm，羽状全裂，裂片披针形或线形，顶裂片较长，顶端急尖，侧裂片6～9对，大小不一，平展或上倾，顶端急尖或渐尖，全缘或有少数齿，叶柄长1～5 cm，叶腋内有驼色长茸毛；叶向上渐小，最上部茎生叶无柄，线形或线钻形，长0.5～5.0（10.0）mm，全缘。头状花序多数，在茎枝顶端排列成伞房状或伞房圆锥状；总苞宽圆柱形，长10～14 mm，宽4～6 mm；总苞片深绿色，外面被白色弯曲的绢毛，先端有角状突起，外层甚小，卵状披针形，不等长，长达3 mm，宽约1 mm，急尖，内层5～7片，长圆状披针形，长8～14 mm，宽1.5～2.0 mm，顶端钝，边缘遮掩处有膜质边缘。花黄色，舌片长10～20 mm，宽约3 mm；花冠筒长约2.5～4.0 mm，外面被短柔毛。瘦果长纺锤形，黄褐色，长5～7 mm，有10～12条不等形的纵肋，沿肋有小刺毛，先端渐狭；冠毛长6～7 mm，不易脱落。 花期7～8月。

产新疆：喀什、阿克陶（布伦口至塔什库尔干，西植所新疆队781）、塔什库尔干

（县城郊，崔乃然 128；温泉乡，西植所新疆队 829；县城南 70 km 处）、叶城（西合休乡，阿不力米提 125；柯克亚乡，青藏队吴玉虎 870948）、且末（阿尔金山，王常贵 74）。生于海拔 2 900～3 500 m的沟谷山坡草地、河谷草甸、宽谷河滩沙地。

分布于我国的甘肃、青海、新疆、西藏；哈萨克斯坦，俄罗斯，印度，尼泊尔也有。

3. 细叶黄鹌菜

Youngia tenuifolia（Willd.）Babcock et Stebbins in Carnegie Inst. Washington Publ. 484：46. 1937. p. p.；Czer. in Fl. URSS 29：381. 1964；中国高等植物图鉴 4：702. 图 6817. 1975；中国沙漠植物志 3：469. 图版 188：6～10. 1992；青海植物志 3：510. 1996；中国植物志 80（1）：136. 1997；青藏高原维管植物及其生态地理分布 1064. 2008. —— *Crepis tenuifolia* Willd. Sp. Pl. 3：1606. 1803.

多年生草本，高 10～70 cm。根木质，垂直直伸，根颈部增粗，被褐色残存的枯叶柄。茎直立，少数，无毛，具纵棱，自下部分枝，分枝斜升。基生叶多数，长 4～7 cm，宽 1～3 cm，两面无毛，羽状全裂或深裂，裂片长椭圆形、披针形、线形或线状披针形，顶端渐尖，侧裂片 6～12 对，全缘或有稀疏的锯齿，叶柄较长，叶腋内有棕色或浅褐色的长茸毛；中上部茎叶向上渐小，与基生叶同形并等样分裂或线形而不裂，有较短的叶柄或无柄。头状花序多数，在茎枝顶端排成伞房状或伞房圆锥状；花序梗细，直立或弯曲；总苞圆柱状，长8～10 mm；总苞片暗绿色，外面被白色弯曲的绢毛，先端具角状突起，外层短小，条状披针形，不等长，长 1～2 mm，宽约 1 mm，顶端急尖，内层长圆状披针形，等长，长 8～10 mm，顶端急尖。花黄色，8～15 朵，花冠长 11～15 mm，花冠筒外面被短柔毛。瘦果纺锤形，黑色或黑褐色，长 4～6 mm，有 10～12 条不等粗纵肋，肋上有小刺毛，顶端收窄。冠毛长4～6 mm。 花果期 7～9 月。

产新疆：塔什库尔干（温泉乡，西植所新疆队 829）。生于海拔 3 600 m 左右的沟谷山地高山与河滩草甸、水边及沟底砾石地。

青海：兴海。生于海拔 2 900 m 左右的河滩砾石地、河谷阶地草地。

分布于我国的东北、内蒙古、河北、新疆、青海、西藏；蒙古，俄罗斯也有。

4. 叉枝黄鹌菜 图版 157：4～6

Youngia tenuicaulis（Babcock et Stebbins）Czer. Fl. URSS 29：385. 1964；中国沙漠植物志 3：468. 图版 188：6～10. 1992；中国植物志 80（1）：137. 1997；新疆植物志 5：449. 图版 115：4～6. 1999；青藏高原维管植物及其生态地理分布 1064. 2008. —— *Y. tenuifolia*（Willd.）Babcock et Stebbins subsp. *tenuicaulis* Babcock et Stebbins in Carnegie Inst. Washington Publ. 484：52. 1937.

多年生草本，高 10～25 cm。根颈分枝，多头，密被褐色残存枯叶柄。茎多数，自

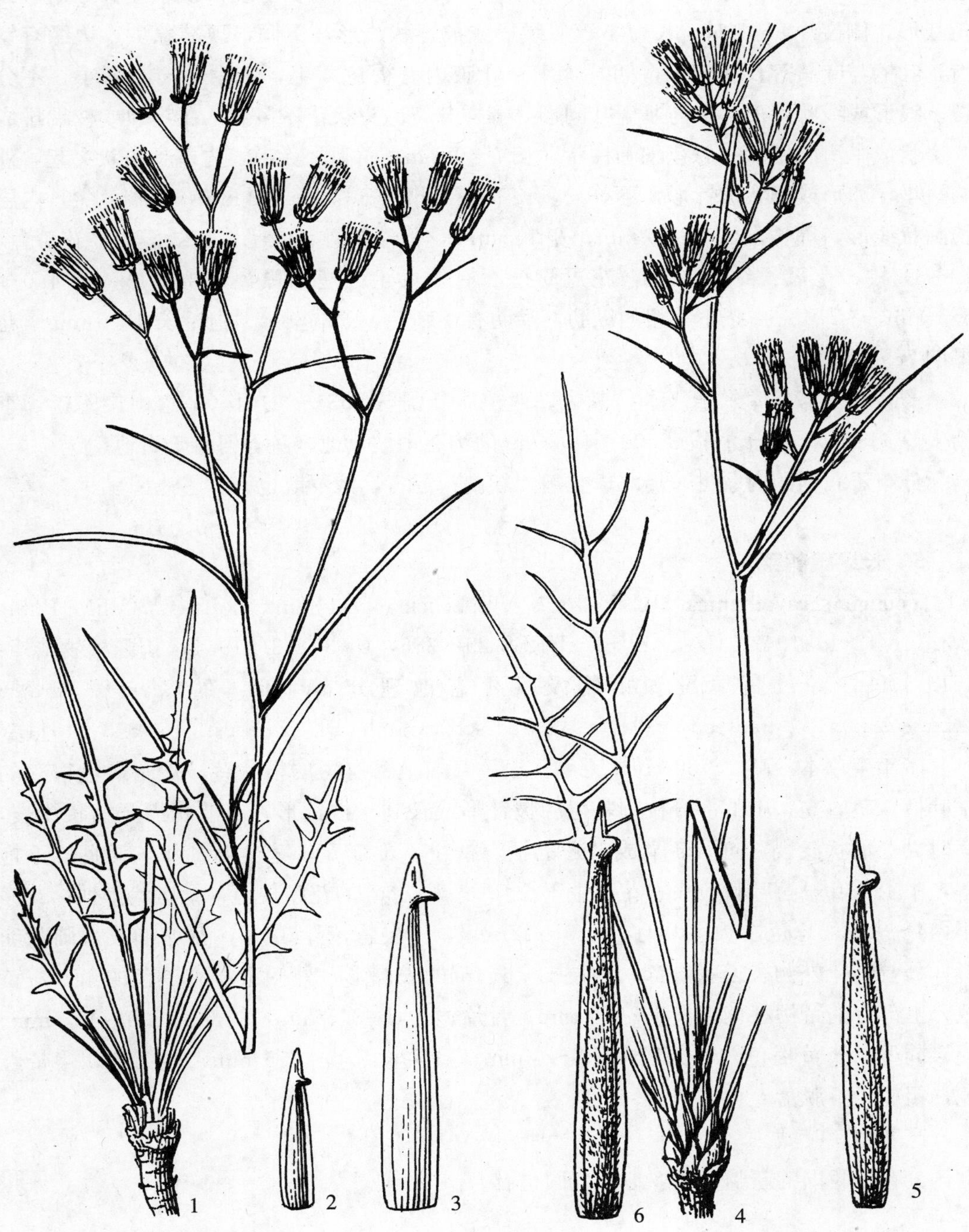

图版 **157** 细裂黄鹌菜 **Youngia diversifolia**（Ledeb. ex Spreng.）Ledeb. 1. 植株；2～3. 总苞片。叉枝黄鹌菜 **Y. tenuicaulis**（Babcock et Stebbins）Czer. 4. 植株；5～6. 总苞片。
（引自《新疆植物志》，张荣生绘）

根颈部发出，向上多级二叉式分枝，无毛，具纵棱。叶两面无毛，基生叶多数，倒披针形或长椭圆形，包括叶柄长 3～8 cm，宽 0.5～2.0 cm，羽状全裂，顶裂片长三角形或长戟形，侧裂片 5～7 对，长短不等，线形或披针状线形，下倾，顶端急尖，边缘有锯齿，叶柄与叶片等长或较长，柄基扩大，叶腋内有褐色茸毛；茎生叶向上渐小，不分裂，线形或线状丝形，少与基生叶同形并等样分裂。头状花序多数，在茎顶或枝端排成伞房状或伞房圆锥状；总苞细圆柱状，长 7～9 mm；总苞片无毛，先端具角状突起，外层短小，卵形或卵状披针形，不等长，长 1～3 mm，宽 0.5～2.0 mm，顶端急尖，内层长圆状线形，等长，长 8～10 mm，宽 1.5 mm，顶端钝且具缘毛，边缘膜质。花黄色，10～12 枚，花冠长约 11 mm，花冠筒外面有短柔毛。瘦果黑色，纺锤形，长 4.0～5.5 mm，有 10～11 条不等粗的纵肋，沿肋有小刺毛，顶端渐窄。冠毛长 4～6 mm 花果期 7～9 月。

产新疆：塔什库尔干（卡拉其古，西植所新疆队 953）、皮山（辛喀山口附近，李勃生等 11144）。生于海拔 3 500～4 900 m 的沟谷山坡草地、宽谷河滩砾石地。

分布于我国的内蒙古、河北、甘肃、新疆；蒙古，俄罗斯也有。

5. 长果黄鹌菜

Youngia seravschanica（B. Fedtsch.）Babcock et Stebbins in Univ. Calif. Publ. Bot. 18：231. 1943；Czer. in Fl. URSS 29：386，t. 30：3. 1964；新疆植物志 5：451. 1999；青藏高原维管植物及其生态地理分布 1064. 2008. —— *Crepis seravschanica* B. Fedtsch in O. et B. Fedtsch. Catal. Pl. Turkest. 4：343. 1911.

多年生草本，高 9～30 cm，无毛。根垂直，上部有短的根状茎，被暗褐色宿存的枯叶柄。茎直立，中上部分枝。基生叶披针形或长圆状披针形，有波状齿至羽状浅裂，有时大头羽状浅裂，向下渐窄成带翅的柄，柄于基部变宽；茎生叶甚小，无柄，不抱茎，中上部叶呈苞叶状。头状花序生于长 0.7～1.0 cm 的花序梗上，伞房状排列；花序小，4～9 花；总苞柱状，无毛，长 9～12 mm，外层总苞片 3～5，宽卵形或长圆状卵形，顶端钝，外侧有丘状隆起，内层 5～6，窄的长圆形，外侧顶端有黑色的角。花黄色，上部有的带污红色，长 13～20 mm，舌片宽 3.0～3.5 mm，筒部长 2.5～4.5 mm。瘦果同型，淡黄褐色，纺锤形，长7～9 mm。冠毛长 7.0～7.5 mm，淡白色，略带红色，粗糙，不脱落。 花期 7～9 月。

产新疆：叶城。

分布于我国的新疆；中亚地区各国也有。

58. 河西苣属 **Zollikoferia** DC.

DC. Prod. 7：183. 1838.

多年生草本，茎自基部多级二叉式分枝。叶不裂，中上部茎生叶常退化成小三角形鳞片。头状花序多数或极多数，呈伞房状排列，同型，有花 6～7 枚；总苞圆柱状；总苞片 2～3 层，外层短，三角形或三角状卵形，内层长，椭圆状披针形；花序托平，无托毛。花全部舌状，两性，结实；花冠黄色，舌片顶端截形，5 齿裂；花药基部附属物箭头形；花柱分枝细。瘦果圆柱状，无喙，果体表面具等形的细纵肋，其上具糠秕状物质；冠毛白色，5～10 层，糙毛状，等长，基部联合成环，整体脱落。

单种属，为我国的特有属，昆仑地区亦产。

1. 河西苣 图版 158：1～2

Zollikoferia polydichotoma（Ostenf.）Iljin Crit. Obs. Chondr. （Bull. Sect. Rubber-Produc. Pl. Moscow，No. 3.）61. 1930；青藏高原维管植物及其生态地理分布 1065. 2008. ——*Chondrilla polydichotoma* Ostenf. in Sven Hedin South. Tibet. 6：29. 1922. ——*Hexinia polydichotoma*（Ostenf.）H. L. Yang in Fl. Desert. Reipubl. Popul. Sin. 3：459. t. 184：1～14. 1997；中国植物志 80（1）：160. 图版 9：3～4. 1999；新疆植物志 5：403. 图版 97：4～5. 1999.

多年生草本，高 20～50 cm。有根状茎，其上发出多数茎。茎具纵条纹，无毛，自下部起多级等 2 叉状分枝，形成球状植丛。叶不分裂，全缘或有波状齿；基生叶与下部茎生叶少数，线形，长 0.6～4.0 cm，宽 2～5 mm，革质，无柄，先端钝，基部半抱茎，叶尖及齿端具白色软骨质小尖头；茎中部和上部叶退化成三角形鳞片状。头状花序极多，单生于最末级分枝顶端；花序梗粗短；总苞近圆柱状，长 8～10 mm；总苞片顶端急尖或钝，边缘膜质，下端具疏缘毛，外层总苞片三角形或三角状卵形，4～6 枚，不等长，长 2～5 mm，背面中脉明显，先端具软骨质小尖，内层总苞片长椭圆形或长椭圆状披针形，通常 4 枚，近等长，长8～10 mm。花黄色，5～7，舌片长约 6 mm，筒部光滑，长于舌片。瘦果近三棱状圆柱形，长约 4 mm，淡黄色至黄棕色，具 15 条等粗的纵肋，在放大镜下可见有糠秕状物质。冠毛长 7～8 mm。 花果期 5～9 月。

产新疆：喀什（至叶城途中，黄荣福 C. G. 86－012）、疏勒（牙甫泉，R0945）、莎车（采集地和采集人不详，027）、叶城（城郊 5 km 处，刘海源 212；江格勒斯乡，喀什阿不力米提 082；洛河，高生所西藏队 3310；乔戈里冰川西侧山坡，黄福荣 C. G. 86－172）、和田（赴都哈 5 km 处，中科院新疆综考队 151）、策勒（县城郊，R1451）、且末（县城南 8 km 处，中科院新疆综考队 9485；县城至阿总途中 55 km 处，采集人不

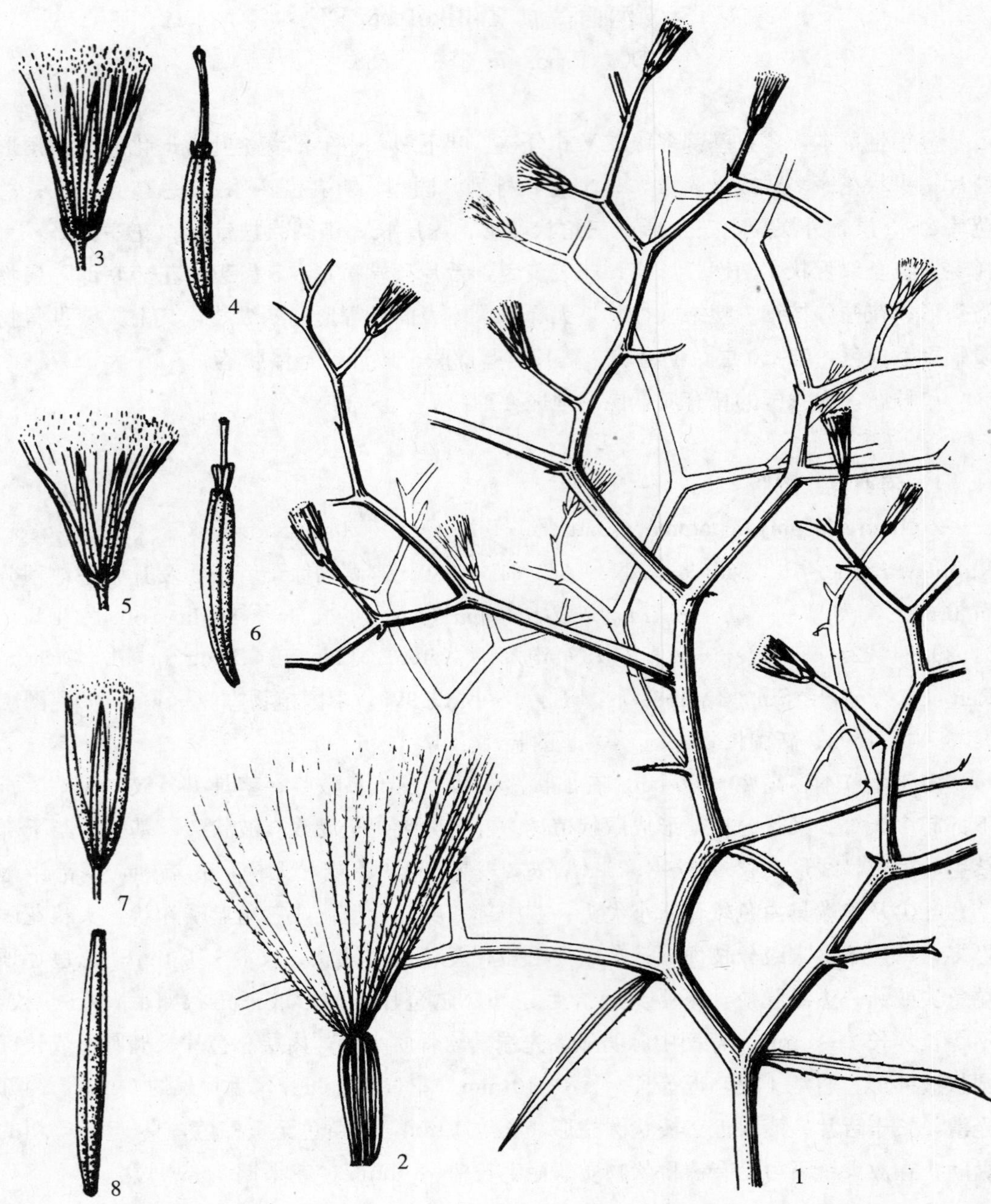

图版 **158** 河西苣 **Zollikoferia polydichotoma**（Ostenf.） Iljin 1. 植株；2. 瘦果。刺苞粉苞苣 **Chondrilla lejosperma** Kar. et Kir. 3. 头状花序；4. 瘦果。 宽冠粉苞苣 **C. laticoronata** Leonova 5. 头状花序；6. 瘦果。无喙粉苞苣 **C. ambigua** Fisch. ex Kar. et Kir. 7. 头状花序；8. 瘦果。（引自《新疆植物志》，张荣生绘）

详 9353)、若羌（米兰，中科院新疆综考队 9290，沈观冕 085；县城东南 14 km 处若羌河谷，采集人不详 9272)。生于海拔 1 240～4 300 m 的荒漠戈壁沙地、河谷沙丘和冰碛砾石山坡。

分布于我国的新疆、甘肃。

59. 绢毛苣属 **Soroseris** Stebbins

Stebbins in Mem. Torrey Bot. Club 19 (3): 3. 27. 1940.

多年生或一年生草本，具乳汁。茎直立，有时短缩或肥大而中空。叶呈莲座状或于茎上互生，螺旋状排列，不裂或羽状分裂。头状花序多数或极多数，在莲座状叶丛中密集成半球状或近似复头状花序，或沿茎排列成圆锥状；花同型，含 4～6 花；总苞圆柱状；总苞片 2 层，外层总苞片 2（～4）枚，线形，内层总苞片 4～5 枚，长椭圆形或披针形。花均为舌状，两性，结实；花冠黄色，极少白色或粉红色，舌片顶端具 5 齿；花药基部附属物短尾状；花柱分枝细，平凸状，顶端钝。瘦果长圆柱形或长倒圆锥形，两侧扁压，有多数粗细不等的纵肋，基部稍窄，顶端突然收缩，无喙。冠毛 3 层，等长，锯齿状，基部不联合成环，分散脱落。

约 6 种，主要分布喜马拉雅山区。我国 6 种全产，分布西部及西南部；昆仑地区产 3 种。

分种检索表

1. 叶不裂。
    2. 叶线形、椭圆形或线状长圆形 …… **1. 空桶参 S. erysimoides** (Hand. - Mazz.) Shih
    2. 正常叶匙形、卵圆形、宽椭圆形、近圆形或倒卵形；地下茎具退化的鳞片状叶 ………………………………………………… **2. 绢毛苣 S. glomerata** (Decne.) Stebbins
1. 叶缺刻状羽状浅裂或深裂 …………… **3. 金沙绢毛苣 S. gillii** (S. Moore) Stebbins

1. 空桶参 图版 156：3～4

Soroseris erysimoides (Hand.-Mazz.) Shih in Acta Phytotax. Sin. 31 (5): 444. 1993；青海植物志 3：500. 图版 109：1～2. 1996；中国植物志 80 (1)：195. 图版 48：3～4. 1997；青藏高原维管植物及其生态地理分布 1052. 2008. —— *Crepis gillii* S. Moore var. erysimoides Hand.-Mazz. in Acta Hort. Gothob. 12: 355. 1938.

多年生草本，高 5～30 cm。根粗，肉质。茎粗壮，圆柱形，中空，有多数纵棱，不分枝，无毛或上部有白色柔毛。叶多数，沿茎螺旋状排列，两面无毛或叶柄被稀疏的柔毛；茎中下部叶线形、倒披针形至线状长圆形，长 4～9 cm，宽 2～10 mm，全缘，基部下延成长柄；茎上部叶渐小，线形。头状花序极多数，密集茎端呈半球形；总苞狭圆柱状，长 7～12 mm，宽约 2 mm；总苞片 2 层，无毛或有稀疏的长柔毛，长 1.0～1.2 cm，外层总苞片 2 枚，直立而紧贴内层总苞片，内层总苞片 4 枚，顶端急尖或钝。花黄色，4 枚，舌片长圆形，长约6 mm，宽至 2 mm，管部长约 4 mm。瘦果长圆形，长 5～6 mm，棕色，顶端截形，下部收窄，具 5 条细纵肋。冠毛长 6～8 mm，鼠灰色或淡黄色。　花果期 7～9 月。

产西藏：日土（甲吾山，高生所西藏队 3584A）。生于海拔 5 300 m 的沟谷山坡高寒草甸砾地。

青海：称多（扎朵乡，张新学 83-130；县城，刘尚武 2430）、达日（吉迈乡，H. G. B. 1229）、久治（龙卡湖，果洛队 616；希门错日拉山，果洛队 477；年保山希门错湖，藏药队 545；索乎日麻乡附近，藏药队 344）、玛多（花石峡乡，吴玉虎 718）、玛沁（拉加乡，吴玉虎等 5793；黑土山，吴玉虎 5767；黑海乡煤矿，吴玉虎 1 394；大武乡，H. B. G. 517；军功乡，H. B. G. 263；当项尼亚嘎玛沟，区划一组 109）、曲麻莱（叶格乡，黄荣福 128）、兴海（赛宗寺，吴玉虎 46407；河卡山，弃耕地考察队 411，何廷农 261，吴珍兰 135，王作宾 20187，郭本兆6230）。生于海拔 3 300～5 400 m 的沟谷山地高山草地、高山灌丛中、山地阴坡云杉林缘灌丛草甸。

四川：石渠（菊母乡，吴玉虎 29830）。生于海拔 4 620 m 的高寒草甸流石堆、山地高寒灌丛。

分布于我国的陕西、甘肃、青海、四川、云南、西藏；印度，不丹也有。

2. 绢毛苣　图版 156：5

Soroseris glomerata（Decne.）Stebbins in Mem. Torrey Bot. Club 19（3）：33. 1940；西藏植物志 4：940. 1985；青海植物志 3：500. 图版 109：4. 1996；中国植物志 80（1）：195. 图版 49：2. 1997；青藏高原维管植物及其生态地理分布 1052. 2008. ——*Prenanthes glomerata* Decne. ex Jacq. Voy. Ind. 99. 1844.

多年生草本，高 3～20 cm。根粗大，肉质，分枝或不分枝。地下根状茎直立，中空，被膜质退化的鳞片状叶，鳞叶卵形至长披针形，长 10～15 mm，宽 3～5 mm，顶端急尖；地上茎短而膨大，被莲座状叶丛。莲座状叶倒卵形、匙形或长圆形，长 10～20 mm，宽5～8 mm，顶端圆钝，两面有稀疏的长柔毛；全缘或有极稀疏的齿，基部渐狭成长柄；叶柄紫红色、具翼，被白色柔毛，头状花序多数，在莲座状叶丛中密集成直径 3～5 cm 的半球形复花序；总花序梗长 6～12 mm，无毛或被长柔毛。总苞狭圆柱形，长 6～16 mm，宽2～4 mm；总苞片 2 层，常被白色长柔毛；外层总苞片 2 枚，直立而紧贴内层总苞片，长0.9～1.3 cm，内层总苞片 3～5 枚，长 0.7～1.1 cm，宽 2～3 mm。花粉红色、白色或灰黄色，4～6 枚，舌片线形，长 2～5 mm，宽约 1 mm。瘦果长圆柱形，长约 6 mm，黄棕色，具多数细肋，顶端截形。冠毛长约 1 cm，上半部黑灰色或全部白色。 花果期 6～8 月。

产西藏：日土（甲吾山，高生所西藏队 3584B）、尼玛（双湖，采集人和采集号不详）、班戈。生于海拔 5 300 m 的山顶碎石带及高山草甸。

青海：称多（歇武乡毛拉，刘尚武 2357；歇武乡，刘尚武 2481）、曲麻莱（叶格乡，黄荣福 122；秋智乡，刘尚武等 698）、玛多（清水乡，吴玉虎 617，H. B. G. 1370）、玛沁（尼卓玛山，H. B. G. 761）、兴海（鄂拉山垭口，H. B. G. 1384）。生于海拔 3 800～5 200 m 的沟谷山坡高寒灌丛草甸、河谷阶地灌丛草甸、高山流石滩稀疏植被带。

分布于我国的四川、云南、西藏；印度西北部和东北部，尼泊尔也有。

3. 金沙绢毛苣

Soroseris gillii（S. Moore）Stebbins in Mem. Torrey Bot. Club 19（3）：41. 1940；中国高等植物图鉴 4：686. 图 6786. 1975；青海植物志 3：500. 1996；中国植物志 80（1）：199. 图版 50：1. 1997；青藏高原维管植物及其生态地理分布 1052. 2008. —— *Crepis gillii* S. Moore in Journ. Bot. 47：170. 1899.

多年生草本，高 5～8（24）cm。主根粗，肉质。茎膨大，中空，有棱，无毛或几无茎而植株呈莲座状。叶沿茎螺旋状排列或在低矮的植株上呈莲座状排列，叶片倒披针形至狭长圆形，连柄长 4～10 cm，宽 0.5～1.5 cm，两面无毛，缺刻状羽状分裂，先端急尖或钝，基部楔形，渐狭成长柄，顶裂片三角形或椭圆形，侧裂片三角形或偏斜三角形，中部侧裂片较大，向上下渐小。头状花序多数，在茎端或莲座状叶丛中密集成半球形复花序，复花序直径 4～7 cm；总花序梗细，长 8～15 mm；总苞狭圆柱形，长 10～12 mm，宽约 3 mm，无毛；总苞片 2 层，外层总苞片 2 枚，长达 1.5 cm，直立而紧贴内层总苞片，内层总苞片 4 枚，长 1.2 cm，宽 2 mm，顶端钝或急尖。花黄色，4 枚，舌片线形，长约 7 mm，花冠筒与之等长。瘦果圆柱形，长约 4 mm，顶端截形，有多条细纵肋。冠毛淡棕色或上半部灰黑色，而下部白色，长约 1.2 cm。 花果期 7～8 月。

产青海：曲麻莱（秋智乡，刘尚武等 767）。生于海拔 4 600 m 左右的高寒沼泽草甸。

分布于我国的青海、四川。模式标本采自四川康定。

60. 合头菊属 **Syncalathium** Lipsch.

Lipsch. in 75th Anniv. Vol. Sukatsch. 358. 1956.

多年生或一年生草本。无茎或有短茎，茎端常膨大，中空。叶常基生呈莲座状，少有茎生。头状花序多数或少数，在茎端密集成球形的复头状花序；同型，含少数花；总苞狭圆柱状；总苞片 1 层，3～5 枚，有时有 1 枚线形小苞片。花序托小，无托毛。花均为舌状，两性结实；花冠紫红色或红色，少黄色，舌片顶端截形，5 齿裂；花药基部附属物钝，耳状；花柱分枝细，平凸状，顶端钝。瘦果椭圆或椭圆状卵形，压扁，每侧有 1～2 条细肋或细脉纹，先端近平截，无喙。冠毛 3 层，细锯齿状或微糙毛状，外层基部稍粗，基部不联合成环，易脱落。

9 种。我国有 8 种，分布于青藏高原及其周围地区；昆仑地区产 1 种。

1. 青海合头菊 图版 156：6

Syncalathium qinghaiense (Shih) Shih in Fl. Reipubl. Popul. Sin. 80 (1)：204. 1997；青藏高原维管植物及其生态地理分布 1053. 2008. —— *Soroseris qinghaiensis* Shih in Acta Phytotax. Sin. 31：450. 1993.

多年生草本，高 3～5 cm，莲座状。根细，垂直直伸。叶狭倒披针形或匙形，长 2～5 cm，宽 4～10 mm，不裂而有少量尖齿或大头羽状分裂，稀全缘，先端钝或急尖，两面被白色长柔毛，有时上面的毛甚密，叶基扁平，常紫红色。头状花序少数至多数，在莲座叶丛中密集成半球形的复花序，其宽 1.5～4.0 cm；总苞狭圆柱状，宽约 3 mm；总苞片 5 枚，长椭圆形，近等长，长 8～11 mm，宽约 2 mm，先端钝，外面沿中脉有长硬毛或无毛，常显黑褐色。花黄色，5 枚，舌片长 2～3 mm，宽约 1 mm，管部长 5～8 mm。瘦果倒卵状长圆形，长约 4 mm，褐色，顶端有极短的喙状物，一面有 1 条，而另一面有 2 条细纵脉纹。冠毛短糙毛状，上半部淡褐色，下半部白色，长达 6 mm。花果期 8～9 月。

产青海：称多（歇武乡毛拉，刘尚武 2363；歇武寺西南，0731）、曲麻莱（东风乡班千涌，刘尚武等 826）、玛沁（雪山乡，区划二组，采集号不详）、达日（吉迈乡赛纳纽达山，H. B. G. 1271）、久治（希门错日拉山，果洛队 474；索乎日麻乡希门错湖，藏药队 585）。生于海拔 4 100～4 700 m 的高山流石滩、山坡沙石地。

分布于我国的青海、四川。模式标本采自青海称多。

61. 岩参属 Cicerbita Wallr.

Wallr. Sched. Crit. Fl. Hal. 433. 1828.

多年生草本。茎直立。叶绿色或下面带蓝色，不裂，羽状分裂或大头羽状分裂，边缘有锯齿。头状花序多数或少数，沿茎枝顶端排成总状、圆锥状或伞房状；花同型，有花10～25（30）朵，极少 5～8 朵；总苞圆柱形或钟状；总苞片 2～3（5）层，被柔毛或在放大镜下可见的短而密的乳突状毛，并杂有腺毛，内层长为外层的 2～4 倍，前端有放大镜下可见的小髯毛；花序托平，无托毛。花全部舌状，两性，结实；花冠蓝色或紫色，罕为黄色；花药基部附属物箭头状；花柱分枝细。瘦果长椭圆形，压扁或不明显压扁，每面有6～9条纵肋，被短糙毛或无毛，顶端截形或近顶端有收缢，无喙。冠毛白色或红褐色，2层，外层极短，糙毛状，宿存，内层长，细，微糙，易脱落。

约35种，分布欧洲、中亚地区各国、西南亚。我国有4种，分布在西南、西北地区；昆仑地区产1种。

1. 岩　参　图版159：1～6

Cicerbita azurea（Ledeb.）Beauv. in Bull. Soc. Bot. Geneve 2 ser. 2：123. 1910；Kirp. in Fl. URSS 29：358. t. 21：3. 1964；中国植物志80（1）：223. 图版53：1～2. 1997；新疆植物志5：447. 图版114：4～9. 1999；青藏高原维管植物及其生态地理分布982. 2008. —— *Sonchus azureus* Ledeb. Fl. Alt. 4：138. 1833.

多年生草本，高20～70 cm。茎直立，有细沟纹，上部密被腺毛，下部无毛。叶无毛或于背面沿叶脉与叶柄有长单毛；基生叶与下部茎生叶大头羽状全裂，长6～12 cm，宽2～7 cm，顶端裂片大，宽卵形、心形或卵状三角形，长2.0～4.5 cm，宽1.5～5.0 cm，顶端急尖或渐尖，边缘有锯齿，齿端多有小尖头，侧裂片1对，小，椭圆形、三角形或不规则锯齿状，叶轴具翅，叶柄长，于近基处变宽；中部叶渐小，与基生叶同形，分裂或不分裂，顶端渐尖，两侧具1～2对尖齿，叶柄短，有宽或狭翼；上部叶披针线形或线形，小，不裂，几无柄。头状花序排列成总状或圆锥状；花序梗上有时有1～2片小苞叶；总苞圆柱形，长8～12 mm；总苞片2～3层，暗绿或常显蓝紫色，外面沿中脉被腺毛，外层总苞片披针形或长卵状披针形，长3～5 mm，宽1.0～1.5 mm，先端渐尖，内层总苞片长圆状披针形，长10～12 mm，宽达2 mm，先端钝。花天蓝色，舌片长7～9 mm，前端5齿裂，花冠筒长4～5 mm；聚药雄蕊伸出；花柱分枝卷曲，黄褐色。瘦果倒卵状长椭圆形，长3～4 mm，暗褐色或灰褐色，压扁，无毛，有多条粗细不等的肋棱，顶端缢缩，无喙。冠毛雪白色，外层极短（于放大镜下可见），内层长6～7 mm。　花期6～7月。

产新疆：叶城（棋盘乡，青藏队吴玉虎4657；昆仑山林场，杨昌友750341）。生于海拔3 000 m左右的沟谷山地、林间草甸。

分布于我国的新疆；俄罗斯西伯利亚，蒙古，哈萨克斯坦也有。

62. 小苦荬属 Ixeridium (A. Gray) Tzvel.

Tzvel. Fl. URSS 29：388. 1964.

多年生草本。茎直立，有分枝。叶基生和茎生，羽状分裂或不分裂。头状花序多数或少数，在茎枝顶端排成伞房状，同型；总苞筒状；总苞片2～4层，外层及最外层极小，内层长。花全部舌状，两性结实；花冠黄色，极少白色或紫红色，舌片先端有小齿；花柱分枝细；花药基部附属物箭头形。花托无毛。瘦果纺锤形，稍压扁，有8～10条等形纵肋，肋上有刺毛，顶端急狭成细丝状的喙。冠毛1层，白色或褐色，不等长，糙毛状。

约20种，分布东亚及东南亚地区。我国有13种，昆仑地区产1种。

1. 窄叶小苦荬 图版160：1～2

Ixeridium gramineum (Fisch.) Tzvel. Fl. URSS 29：392. 1964；青海植物志 3：508. 图版111：1～2. 1996；中国植物志 80 (1)：253. 1997；新疆植物志 5：452. 图版115：7～8. 1999；青藏高原维管植物及其生态地理分布 1007. 2008. —— *Prenanthes graminea* Fisch. in Mém. Soc. Nat. Mosc. 3：67. 1812.

多年生草本，高6～40 cm。主根较粗，肉质，不分枝或有分枝，生多数或少数须根。茎低矮，从基部分枝，枝斜升或匍生，无毛。叶无毛；基生叶呈莲座状，线形至线状披针形，长3～11 cm，宽0.3～1.2 cm，先端尖，不裂或至少含有不分裂的叶片，全缘或有疏齿至羽状分裂，侧裂片2～5对，镰刀形、线形或线状披针形；茎生叶少数，1～2枚，通常不裂而全缘，较小，与基生叶同形，基部无柄，略抱茎。头状花序多数，在茎枝顶端排成伞房状或伞房圆锥状；花序梗细，不等长；总苞筒状，长6～9 mm，直径约3 mm；总苞片边缘白色膜质，先端有时带紫红色，外层总苞片卵形，长0.8 mm，宽0.5～0.6 mm，急尖，内层总苞片线状披针形，长7～8 mm，宽1～2 mm，先端钝，有短毛。花黄色或白色，外部有时淡紫色，舌片长圆形，长约7 mm，花冠筒长3～4 mm。瘦果红棕色，长约7 mm，果体具等形纵肋10条，肋上有小刺毛；喙细丝状，长约3 mm。冠毛白色，长近4 mm。 花果期6～8月。

产青海：称多（称文乡，武新学83-151）、玛沁（军功乡，玛沁队170，吴玉虎等4678）、兴海（中铁乡天葬台沟，吴玉虎45817、45971；赛宗寺，吴玉虎46186、46229、46236、46248、47701；中铁林场中铁沟，吴玉虎45529、45553、45626、河卡乡羊曲，何廷农047、069；唐乃亥，吴玉虎42444；中铁林场卓琼沟，吴玉虎45626；野马台滩，吴玉虎41802、42192、42378；中铁乡附近，吴玉虎42781、42967；中铁乡前滩45404、45431、45696；曲什安乡大米滩，吴玉虎41819）。生于海拔3 150～3 900 m的沟谷山地草原、干旱山坡草地、山地阳坡山麓灌丛草地、滩地杂类草草甸。

分布于全国各省区；越南，俄罗斯，朝鲜，日本也有。

63. 毛鳞菊属 Chaetoseris Shih

Shih in Acta Phytotax. Sin. 29 (5)：398. 1991.

多年生草本。叶互生，叶羽状分裂或不分裂。头状花序同型，有花10～40枚，在茎枝顶端排成圆锥状、总状或伞房状；总苞钟状、长卵状或圆柱状；总苞片 3～5 层，外层短而内层长，覆瓦状排列，外面沿中脉有 1 行刚毛或无毛；花托平，无托毛。花全部舌状，两性，结实，红色或蓝紫色，少为黄色或白色；花柱分枝细；花药基部附属物箭头形。瘦果黑色或褐色，椭圆形、长椭圆形或倒披针形，压扁，边缘宽且加厚，每面有 3～6 条细肋，肋上具向上的短刺毛，顶端急狭或渐狭成短喙。冠毛 2 层，外层极短，内层长，白色，糙毛状、细锯齿状或鬃毛状。

约 18 种，分布于中国西南部至印度东北部，不丹，尼泊尔。我国有 18 种，昆仑地区产 1 种。

1. 川甘毛鳞菊 图版 160：3～7

Chaetoseris roborowskii（Maxim.）Shih in Acta Phytotax. Sin. 29（5）：407. 1991；青海植物志 3：502. 图版 110：7～11. 1996；中国植物志 80（1）：278. 图版 61：1～2. 1997；青藏高原维管植物及其生态地理分布 980. 2008. ——*Lactuca roborowskii* Maxim. in Bull. Acad. Sci. St.-Pétersb. 29：177. 1883. ——*Cicerbita roborowskii*（Maxim.）Beauv. in Bull. Soc. Bot. Geneve 2. 2：135. 1910；西藏植物志 4：952. 1985.

多年生草本，高 15～90 cm。根肉质，须状。茎较细，直立，单生，上部花序有分枝，被白色短毛或无毛。叶绿色，两面无毛，中下部叶倒向羽状深裂至羽状全裂，长 4～12 cm，宽 1.5～3.5 cm，最下部基生叶的顶裂片较大，三角状戟形或箭形，向上顶裂片变小，线形或线状披针形，侧裂片 2～5 对，大小不等，线形或线状披针形，下倾，叶缘有或无齿，叶基渐狭为细长的柄；上部茎生叶小，披针形或线状披针形，不裂，无柄，基部耳状抱茎。头状花序多数，在茎上部呈圆锥状排列；总苞圆柱状，长 5～8 mm，宽 3～4 mm；总苞片顶端常紫红色，急尖或钝，有时背部沿中脉有刚毛，边缘白色膜质，外层总苞片长卵形至长披针形，长 2.0～2.5 mm，宽约 1.5 mm，中内层总苞片线状披针形，长 5～8 mm，宽 1.5～2.0 mm。花紫红色或蓝紫色，10～12 枚，舌片线形，长约 5 mm，花冠筒长约 2 mm。瘦果黑褐色，宽纺锤形，长 3～4 mm；喙细，长近 1 mm。冠毛白色，外层极短，内层长约 3 mm。 花果期 7～8 月。

产青海：兴海（中铁乡至中铁林场途中，吴玉虎 43032、43082、43137；中铁林场中铁沟，吴玉虎 45550；中铁乡天葬台沟，吴玉虎 43043、43215、43216、45927；赛宗寺，吴玉虎 46254；中铁林场恰登沟，吴玉虎 44937、44963、44989、45031、45070、45303；中铁乡前滩，吴玉虎 45384）、玛沁（西哈垄河谷，吴玉虎等 5704；拉加乡，吴玉虎等 6116）。生于海拔3 150～3 550 m 的沟谷山地干旱砾石山坡、阳坡山麓灌丛、河谷山地阴坡灌丛。

分布于我国的西藏、青海、四川、甘肃、宁夏、内蒙古。模式标本采自甘肃。

64. 粉苞苣属 **Chondrilla** Linn.

Linn. Sp. Pl. 796. 1753.

多年生，稀二年生草本，自基部或自上部分枝。基生叶和下部茎生叶倒向羽裂或不裂，中部和上部叶通常全缘。头状花序同型，有小花 5～13 枚，簇生于小枝顶端或花序梗上；总苞圆柱形或窄圆柱形；总苞片 2～3 层，外层总苞片 1～2 层，很小，不等长，内层总苞片 1 层，近等长，边缘膜质，背面被蛛丝状柔毛或近无毛，有时沿小肋具刚毛；花序托平，无托毛。花均为舌状，两性结实；花冠黄色，舌片顶端 5 齿裂；花药基部附属物极短，全缘或撕裂；花柱分枝细长，被稠密的乳突。瘦果近圆柱状，有 5 条纵肋，棱间有明显的暗色细槽，上部或有时中部以上具小瘤状或鳞片状突起，少无突起，顶端与喙的交接处包围有 5 个全缘或 3 浅裂的膜质鳞片组成的齿冠，少无齿冠；喙细丝状或短粗，基部或基部以上有关节，或无关节。冠毛 2～4 层，白色，等长，单毛状或糙毛状，脱落或不脱落。

约 30 种，主要分布于中亚地区各国，北亚和欧洲。我国有 13 种，主要分布于新疆；昆仑地区产 6 种。

分种检索表

1. 头状花序有舌状花 9～12 个；内层总苞片常为 8 枚；瘦果具喙，喙基部周围发育有膜质鳞片组成的齿冠。
    2. 果喙无关节，长 0.5～2.5 mm，果体上部有 1～2 行凸起的小鳞片，齿冠的鳞片 3 浅裂，中裂片较长 ………… 1. **短喙粉苞苣 C. brevirostris** Fisch. et C. A. Mey.
    2. 果喙有明显的关节，喙与冠毛在关节处脱落。
        3. 关节位于喙的中部，果体上部有 1～2 行瘤状或鳞片状突起，齿冠鳞片不裂、齿裂或 3 钝裂，喙长 0.5～1.0 mm ……………… 2. **中亚粉苞苣 C. ornata** Iljin
        3. 关节位于喙的下部，稍高于齿冠或近等高。
            4. 瘦果光滑，无瘤状或鳞片状突起，先端的齿冠鳞片 3 齿裂，裂齿等大，喙长 0.5～1.5 mm …………… 3. **粉苞苣 C. piptocoma** Fisch. et C. A. Mey.
            4. 瘦果体上部具瘤状或鳞片状突起。
                5. 齿冠鳞片 3 裂，中裂片较大，喙长 1.3～3.0 mm …………………………………………………………… 4. **刺苞粉苞苣 C. lejosperma** Kar. et Kir.
                5. 齿冠鳞片宽，不分裂或啮蚀状，喙长 1.0～1.5 mm ……………………………………………………………… 5. **宽冠粉苞苣 C. laticoronata** Leonova
1. 头状花序有舌状花 5 个；内层总苞片 5 枚；瘦果无喙，顶端收缩，不具齿冠 ……

……………………………………… **6. 无喙粉苞苣 C. ambigua** Fisch. ex Kar. et Kir.

1. 短喙粉苞苣 图版 159：7～8

Chondrilla brevirostris Fisch. et C. A. Mey. Ind. Sem. Hort. Petrop. 3：32. 1837；Leonova in Fl. URSS 29：568. 1964；中国沙漠植物志 3：454. 图版 183：1～2. 1992；中国植物志 80（1）：295. 1997；新疆植物志 5：428. 图版 110：3～4. 1999；青藏高原维管植物及其生态地理分布 981. 2008.

多年生草本，高 50～60 cm。茎直立，多分枝，无毛或于下部有短的弯曲的白色柔毛。基生叶未见；茎生叶线状至丝状，长 1～3 cm，宽 0.5～1.0 mm，全缘，干时多弯曲，顶端尖，基部变宽。头状花序单生于枝端或花序梗上；花序梗密被黄白色茸毛；总苞粗的柱状，长约 8 mm；外层总苞片卵状长圆形或三角状长圆形，长 1.5～2.0 mm，边缘与基部被茸毛，内层总苞片 7～8 枚，长圆状披针形，顶端长渐尖，中脉清楚，边缘白色膜质，背面被白色纤毛，以两端与边缘为密，有时无毛。舌状花黄色。瘦果柱状，略弧曲，长约 4 mm，具几等形的棱槽，上部有 1（2）行凸起的小鳞片，齿冠 5 枚，略外张，长约 0.2 mm，三浅裂，中裂片长，喙较粗，长约 0.6 mm，上部球状膨大；冠毛白色，长约 5 mm。 花期 6～9 月。

产新疆：乌恰（县城以东 20 km 处，刘海源 229）。生于海拔 1 400 m 左右的固定或半固定沙地、草甸或田边。

分布于我国的新疆；俄罗斯（欧洲部分、西西伯利亚），哈萨克斯坦也有。

2. 中亚粉苞苣 图版 159：9～10

Chondrilla ornata Iljin в Бюлл отдел каусчкюн. 3：43. 1930；Leonova in Fl. URSS 29：579，1964；新疆植物志 5：429. 图版 110：7～8. 1999；青藏高原维管植物及其生态地理分布 981. 2008.

多年生草本，高 35～70 cm。茎自下部分枝，直立，无毛或有时在下部有厚的毡毛而后脱落无毛。叶无毛，不分裂；下部茎生叶早枯，长圆形或长圆状线形，具齿；中部和上部茎生叶丝形，长 0.8～3.0 cm，宽约 1 mm，全缘。头状花序单生于枝端或长 1～3 cm 的花序梗上；总苞柱状，长 8～9 mm，宽约 3 mm，基部和下部被毡状柔毛；总苞片先端渐尖，边缘与基部被毡状柔毛，外层总苞片卵状长圆形，长约 1.5 mm，向外开展，黑褐色，内层总苞片狭长圆形，长 8～9 mm（果期长可达 11 mm），中脉清楚，边缘白色膜质。花 11 朵，黄色。瘦果圆柱状，长 3～5 mm，上部表面有 1（2）列瘤状或鳞片状突起；齿冠鳞片 5，齿冠鳞片不裂、齿裂或 3 钝裂；喙短，长 0.5～1.0 mm，关节位于中部，关节上下颜色不同，下端稍变粗。冠毛长 5～7 mm。 花期 7～9 月。

产新疆：喀什（郊区，采集人不详 23722）。生于海拔 1 255 m 左右的戈壁荒漠绿洲的田边砾石地。

分布于我国的新疆；中亚地区各国也有。

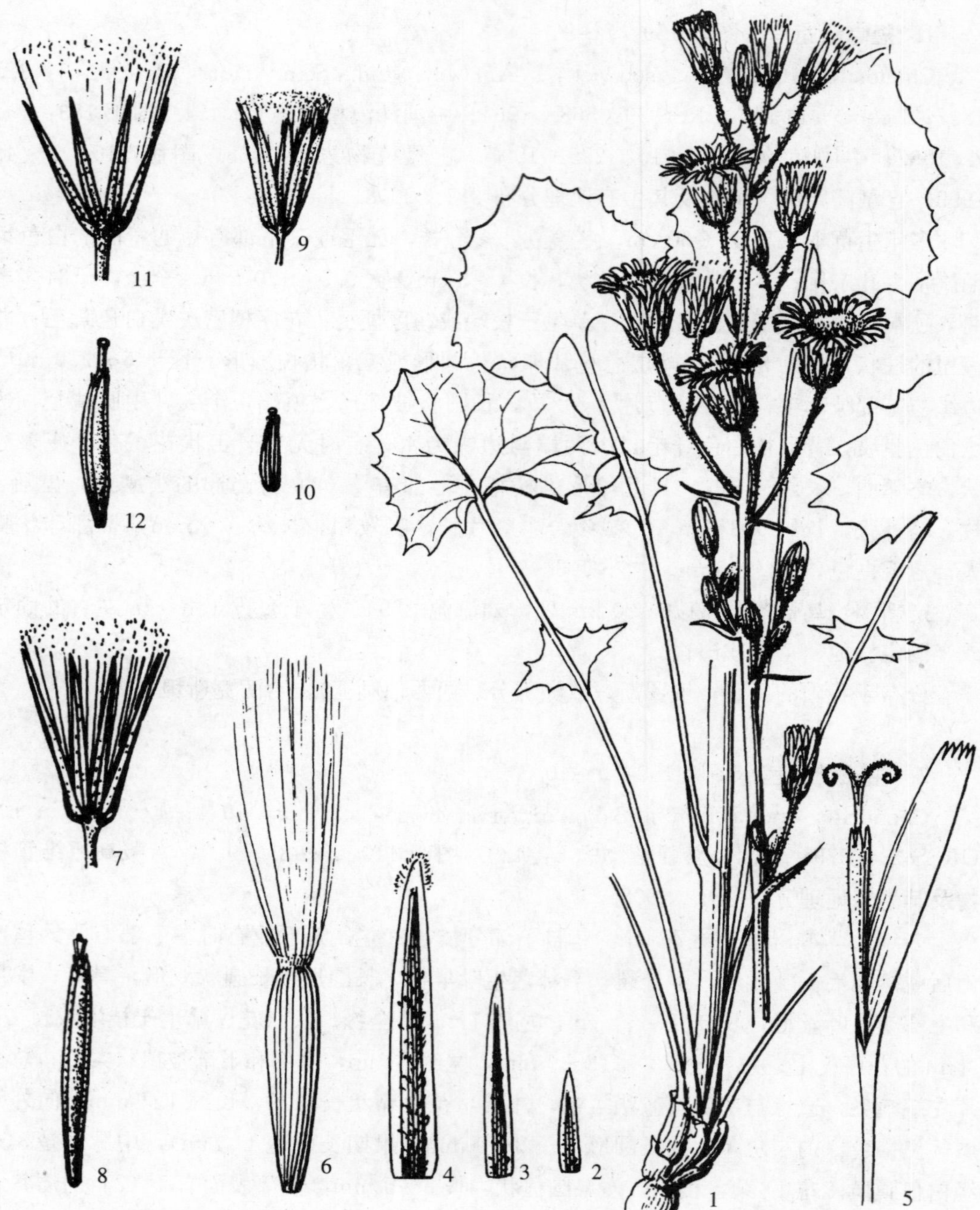

图版 **159** 岩参 **Cicerbita azurea** (Ledeb.) Beauv. 1. 植株；2～4. 总苞片；5. 舌状花；6. 瘦果。短喙粉苞苣 **Chondrilla brevirostris** Fisch. et C. A. Mey. 7. 头状花序；8. 瘦果。中亚粉苞苣 **C. ornata** Iljin 9. 头状花序；10. 瘦果。粉苞苣 **C. piptocoma** Fisch. et C. A. Mey. 11. 头状花序；12. 瘦果。

(引自《新疆植物志》，张荣生绘)

3. 粉苞苣 图版159：11～12

Chondrilla piptocoma Fisch. et C. A. Mey. in Ind. Sem. Hort. Petrop. 8：54. 1841；Leonova Fl. URSS 29：574. 1964；中国高等植物图鉴4：683. 图6679. 1975；中国沙漠植物志3：456. 图版183：6～7. 1992；中国植物志80（1）：297. 1997；新疆植物志5：430. 图版110：11～12. 1999；青藏高原维管植物及其生态地理分布981. 2008.

多年生草本，高30～80 cm。茎直立，自基部分枝，基部木质化，被稠密的几成薄毡状的蛛丝状毛，有的脱毛而光裸，常呈紫红色，中上部茎枝被尘状白色柔毛。叶被蛛丝状毛或无毛；下部茎生叶长椭圆状倒卵形或长椭圆状披针形，长3.5～5.0 cm，宽约4 mm，倒向羽状分裂或不裂而具疏齿，早枯；中上部叶窄线形或丝状，长4～6 cm，宽0.5～1.0 mm，渐尖，全缘。头状花序单生于小枝顶端或花序梗上；花序梗长5～10 mm；总苞长11～13 mm；外层总苞片卵形、卵状长圆形或卵状三角形，长1.0～1.5 mm，宽不足0.5 mm；内层总苞片8，线形，长9～12 mm，顶端渐尖；中脉清楚，边缘淡白色膜质，被尘状白色柔毛或无毛，淡绿色。花黄色，9～12枚，长约1.9 cm，舌片长7～8 mm，宽2.0～2.5 mm，前端5齿裂。瘦果狭圆柱状，长3～5 mm，表面无突起或上部有少量的瘤或鳞片；齿冠鳞片5，短，3裂，裂齿近等长；喙长0.5～1.5 mm，有关节，关节稍高于齿冠，先端头状变大。冠毛长6～8 mm。 花期6～9月。

产新疆：乌恰（吾克沙鲁乡，司马义124；玉其塔什至老乌恰途中，西植所新疆队1841）、阿克陶（奥依塔克林场，杨昌友750756，买买提江034）、塔什库尔干（郊区，安峥皙AJZ 9569）。生于海拔2 300～3 100 m的沟谷山地河边、河谷草甸、山坡草地。

分布于我国的新疆；中亚地区各国，俄罗斯西伯利亚也有。

4. 刺苞粉苞苣 图版158：3～4

Chondrilla lejosperma Kar. et Kir. in Bull. Soc. Nat. Mosc. 14（3）：456. 1841；Leonova in Fl. URSS 29：574. t. 28：2. 1964；中国沙漠植物志3：456. 图版183：11～12. 1992；中国植物志80（1）：297. 1997；新疆植物志5：430. 图版110：15～16. 1999；青藏高原维管植物及其生态地理分布981. 2008.

多年生草本，高20～120 cm。茎直立，下部常带红色，自基部分枝，被贴生的短柔毛，有时疏被刚毛。下部茎生叶长圆形或披针形，长3～10 cm，宽4～12 mm，边缘具齿或稍大头羽状裂，稀近全缘，无毛或被蛛丝状柔毛；中上部茎生叶线形、窄披针形或倒披针形，长1～5 cm，宽1～2 mm，带蓝灰色，无毛或有短的蛛丝状毛，顶端尖或钝，基部渐窄。头状花序单生于枝端或花序梗上；花序梗长1～3 cm，在花序附近被淡白色毡状毛或茸毛；总苞长8～11 mm（果期13～16 mm），基部被淡白色毡状毛；外层总苞片 4～5 枚，长三角状披针形，长 2～3 mm，宽不足 0.5 mm，色深；内层总苞片 8 枚，线状披针形，果时长至12 mm，淡绿色，被白色蛛丝状毛，并于中脉上有刚毛，顶端渐尖，中脉清楚。花黄色，9～12 朵，花冠长 14～16 mm，舌片长 8～9 mm，宽约 1 mm，顶端 5 齿裂。瘦果圆柱状，长 3～5 mm，上部表面具 2～3 列瘤状或鳞片状突起；齿冠鳞片 5，3 齿裂，中裂片较大，偶不裂；喙长 1.3～3.0 mm，有节，节高于齿冠。冠毛长 5～8 mm。 花果期 6～9 月。

产新疆：乌恰（吉根乡，中科院新疆综考队 73-209）、塔什库尔干（郊区，安峥皙 Tash 351；县城南 30 km 处，克里木 T46；卡拉其古，西植所新疆队 934）。生于海拔 2 700～3 520 m的沟谷山地碎石质山坡、河谷草甸。

分布于我国的新疆；哈萨克斯坦，乌兹别克斯坦，蒙古也有。

5. 宽冠粉苞苣 图版 158：5～6

Chondrilla laticoronata Leonova Fl. URSS 29：576. 754. t. 28：1. 1964；中国植物志 80（1）：298. 1997；新疆植物志 5：432. 图版 110：13～14. 1999；青藏高原维管植物及其生态地理分布 981. 2008.

多年生草本，高 20～100 cm。茎直立，于基部分枝，无毛或被白色蛛丝状柔毛，下部常有稀疏的硬毛。叶无毛或被蛛丝状柔毛；下部茎生长椭圆状披针形，长约 3 cm，宽 3～7 mm，全缘或边缘有锯齿；中上部茎生叶线形至丝状，长 1.5～2.5 cm，宽 0.5～2.0 mm，全缘。头状花序生于枝端或长 1～4 cm 的花序梗上；总苞果时长 9～11 mm，基部被毡状毛；外层总苞片宽三角形或卵状长圆形，长 0.5～1.3 mm，内层总苞片 8，线状披针形，被白色蛛丝状柔毛，顶端渐尖，边缘膜质，中脉淡黄色。花黄色，9～11 朵，花冠长 1.5～1.6 cm，舌片长约 8 mm，宽 1.5～1.8 mm。瘦果圆柱状，长 3.5～5.0 mm，表面近顶端排列有1～3列短而整齐的鳞片状突起；齿冠鳞片 5，等长，宽，前端不裂或啮蚀状；喙长 1.0～1.5 mm，具关节，前端头状膨大。冠毛长 6～7 mm。 花期 7～9 月。

产新疆：喀什（至吐尔哈梭 80 km 处，R0854；前进三牧场，R1110）。生于海拔 2 200 m左右的沟谷山坡砾石地、砾石河漫滩。

分布于我国的新疆；中亚地区各国也有。又见于帕米尔高原。

6. 无喙粉苞苣 图版 158：7～8

Chondrilla ambigua Fisch. ex Kar. et Kir. in Bull. Soc. Nat. Mosc. 15：361. 1842；Leonova in Fl. URSS 29：580. 1964；中国沙漠植物志 3：458. 图版 183：12～14. 1992. 中国植物志 80（1）：299. 图版 26：2～3. 1997；新疆植物志 5：433. 图版 110：1～2. 1999；青藏高原维管植物及其生态地理分布 981. 2008.

多年生草本，高 40～100 cm。茎直立，分枝密集成球状丛，有钝棱，无毛，下部

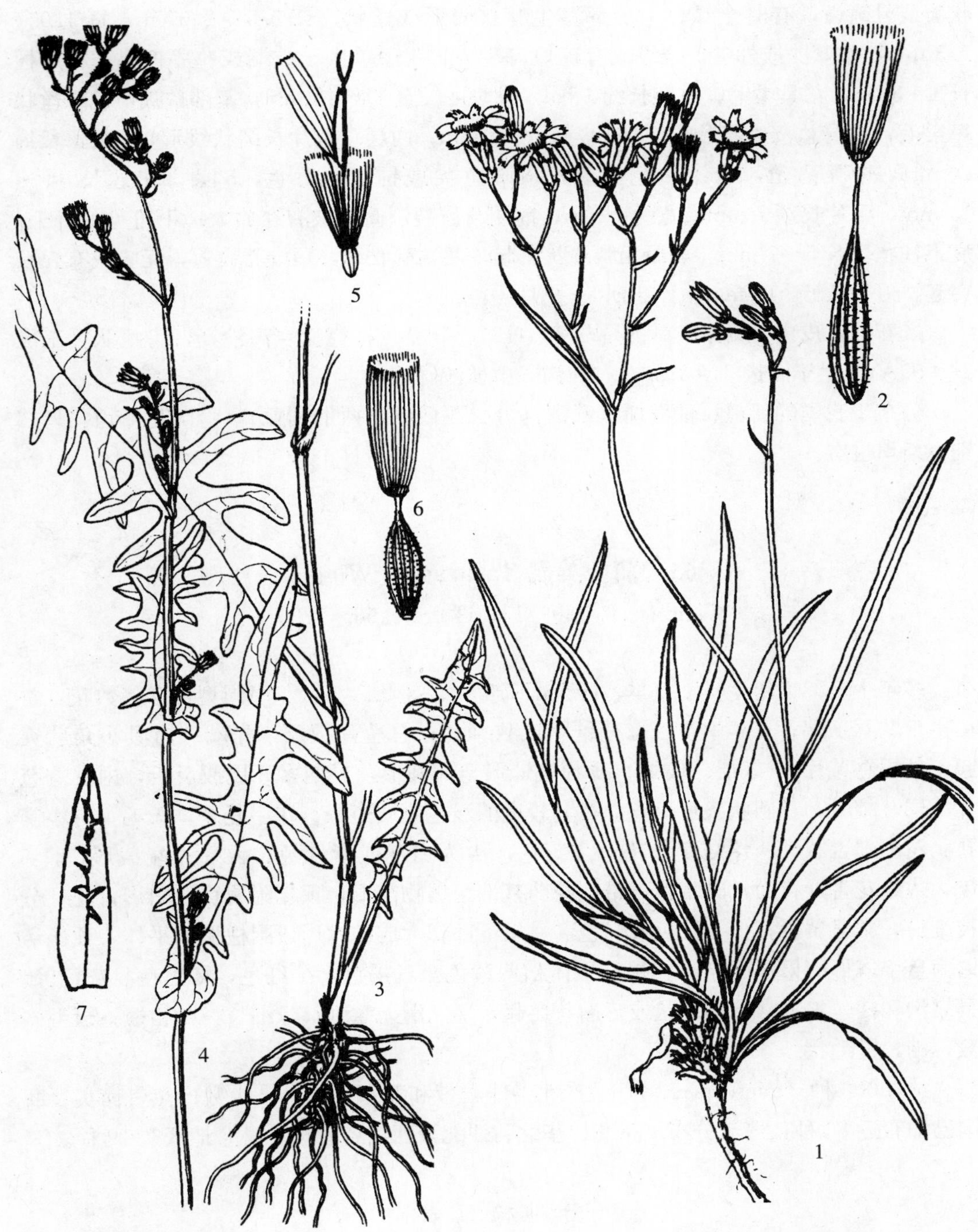

图版 **160**　窄叶小苦荬 **Ixeridium gramineum**（Fisch.）Tzvel.　1. 植株；2. 瘦果。川甘毛鳞菊 **Chaetoseris roborowskii**（Maxim.）Shih 3. 植株下部；4. 植株上部；5. 舌状花；6. 瘦果；7. 外层总苞片。（阎翠兰绘）

有时紫红色。叶无毛；下部茎生叶披针形或线形，长 3～7 cm，宽约 2.5 mm，大头羽状裂或具疏齿，有时全缘；中上部茎生叶狭线形或丝状，长 0.5～2.0 cm，宽 1.0～1.5 mm，常弯曲或外卷，全缘或有疏短齿。头状花序单生于枝端或花序梗上；花序梗长 1～3 cm，稍具柔毛；总苞长约 1 cm，果时可长至 11～15 mm，基部常被白色蛛丝状短柔毛；外层总苞片卵形或长圆形，长 1～2 mm；内层总苞片长圆状线形，5 枚，长约 10 mm，中脉清楚，边缘白色膜质，顶端急尖或钝。花黄色，5 朵，花冠长 11～15 mm，舌片长约 7 mm，宽约 1 mm，前端 5 齿裂，筒部被有在放大镜下可见的纤毛。瘦果柱状，长 5～7 mm，表面无鳞片状突起，两端稍收缩，顶端无齿冠，无喙或有丘状突起。冠毛长 6～10 mm。　花期 5～9 月。

产新疆：皮山（桑株乡，杨昌友 750415）、叶城（柯克亚乡高沙斯，青藏队吴玉虎 870959A）。生于海拔 2 300 m 左右的沟谷山坡沙砾地。

分布于我国的新疆；俄罗斯（欧洲部分、西俄罗斯西伯利亚），哈萨克斯坦，乌兹别克斯坦也有。

65. 蒲公英属 **Taraxacum** Wigg.

Wigg. in Primit. Fl. Holsat. 56. 1780.

多年生、稀二年生具葶草本。叶全部基生，莲座状。头状花序同型，含多数花，常单生于花葶顶端；花葶中空；总苞钟状或狭钟状；总苞片数层，先端有时具小角状突起，外层总苞片 2～3 层，较短，线状披针形至卵圆形，果期多开展或反折，内层总苞片 1 层，较长，长圆状条形，直立，具较宽的浅色膜质边缘；花序托平，无毛，有小窝孔。花全部舌状，两性结实；花冠多黄色，少为白色或紫红色，舌片先端截形，具 5 齿，边缘花舌片背面常具暗色条带；花药基部附属物箭形，顶端附属物三角形；花柱分枝细长，常显黄色，少为红色或黑色。瘦果下部膨大成纺锤形或圆柱形的果体，顶端缢缩为金字塔形的果锥而与喙相接；果体稻草黄色至黄褐色，少红色，稀黑色、灰色等，具纵沟和棱，棱上常有小刺状或短瘤状突起，稀光滑无瘤刺；喙细长，少粗短；冠毛多数，细，糙毛状。

约 2 000 种（microspecies），主产北半球温带和亚寒带地区，少数产热带南美。我国已知有近 80 种，广泛分布于东北、华北、西北及西南各省区；昆仑地区产 19 种。

分种检索表

1. 喙粗壮，短于果体。
  2. 总苞片外面被蛛丝状毛。
    3. 叶被大量蛛丝状毛，侧裂片狭长圆形或矩圆形；外层总苞片淡绿色 ………

………………………………… **1. 毛叶蒲公英 T. minutilobum** M. Popov ex Kovalevsk.

3. 叶无毛，侧裂片线形；总苞片暗绿色 ……………………………………………

………………………………………… **2. 葱岭蒲公英 T. pseudominutilobum** Kovalevsk.

2. 总苞片无毛或仅具缘毛。

4. 果实较大，果体长 4～5 mm；叶通常不裂。

5. 花葶无毛；花柱分枝黑色；瘦果无明显果锥；叶宽线形，宽大于 3 mm

……………………………………………… **3. 小叶蒲公英 T. goloskokovii** Schischk.

5. 花葶顶端有丰富的蛛丝状柔毛；花柱分枝暗黄色；果锥长约 1 mm；叶细线形，宽小于 3 mm ……………………………………………………………

……………… **4. 线叶蒲公英 T. taxkorganicum** Z. X. An ex D. T. Zhai

4. 果实较小，果体长不及 4 mm；叶羽状分裂，或叶丛中偶然可见有不裂之叶

……………………………………………… **5. 短喙蒲公英 T. brevirostre** Hand. -Mazz.

1. 喙纤细，长于或等长于果体。

6. 果体几乎通体光滑，或仅于上部有极少量的小瘤状突起物。

7. 外层总苞片绿色，具宽的白色膜质边缘；花柱分枝黄色；喙长 3.5～5.0 mm

…………………………………………………… **6. 寒生蒲公英 T. subglaciale** Schischk.

7. 外层总苞片暗绿色（干后近黑色），不具有白色膜质边缘；花柱分枝黑色；喙长 5～7 mm ……………………………………… **7. 光果蒲公英 T. glabrum** DC.

6. 果体上部具较密的小刺，下部有或无钝瘤。

8. 外层总苞片颜色深，暗绿色至黑绿色或黑色；花葶无毛或于顶端具稀疏的蛛丝状毛。

9. 所有总苞片或部分总苞片先端具有明显的角状突起。

10. 外层总苞片具细长且锐尖的小角，角的长度超过总苞片的宽度 ……

…………………………………………… **8. 角苞蒲公英 T. stenoceras** Dahlst.

10. 总苞片顶端小角短，角的长度绝不超过总苞片的宽度。

11. 喙长 4～6 mm，果体黑褐色或黄褐色，长 3.0～3.5 mm；冠毛长 5～6 mm；外层总苞片具白色膜质边缘；花柱分枝黑色 ………

…………………… **9. 策勒蒲公英 T. qirae** D. T. Zhai et Z. X. An

11. 喙长 7 mm 以上，果体长 3.5～4.0 mm；冠毛长 7～8 mm。

12. 花白色或淡黄色，花柱分枝黑色；外层总苞片具极窄的白色膜质边缘 ………………… **10. 尖角蒲公英 T. pingue** Schischk.

12. 花黄色，花柱分枝黄色或深黄色；外层总苞片具宽的白色膜质边缘 …………… **11. 和田蒲公英 T. stanjukoviczii** Schischk.

9. 总苞片无角。

13. 外层总苞片宽卵形或卵状披针形，宽于内层总苞片，没有明显的膜质边缘；喙与果体近等长 ……………………………………………

…………………………………… **12. 藏蒲公英 T. tibetanum** Hand. -Mazz.

13. 外层总苞片披针形，窄于内层总苞片，具明显的白色膜质边缘；喙长于果体。

14. 瘦果深紫色、红棕色至橘红色；头状花序较大，总苞长约 15 mm …………… **13. 锡金蒲公英 T. sikkimense** Hand. -Mazz.

14. 瘦果淡褐色；头状花序小，总苞长 9～13 mm ……………………… **14. 中亚蒲公英 T. centrasiaticum** D. T. Zhai et Z. X. An

8. 外层总苞片颜色淡，淡绿色至绿色，有时于先端显紫红色；通常情况下（白花蒲公英 *T. leucanthum* 例外）花葶顶端具丰富的蛛丝状毛，于头状花序附近成毡片状或绵团状。

15. 冠毛污白色。

16. 花白色；外层总苞片具非常宽的膜质边缘或几乎整个总苞片全为膜质；瘦果的喙较粗，果体长 2.5～3.0 mm，冠毛长 5 mm；叶通常不分裂 ……… **15. 白花蒲公英 T. leucanthum**（Ledeb.）Ledeb.

16. 花黄色；外层总苞片草质；瘦果的喙纤细，果体长 4.0～4.5 mm，冠毛长 6 mm；叶羽状分裂 …………………………………………………………………… **16. 红角蒲公英 T. luridum** Hagl.

15. 冠毛白色。

17. 外层总苞片花时直立而伏贴，内层总苞片长为外层的 2.0～2.5 倍。

18. 总苞片顶端无角；喙长 3～6 mm；花亮黄色或白色 ……………………………… **17. 粉绿蒲公英 T. dealbatum** Hand. -Mazz.

18. 总苞片顶端有角，且内层总苞片每片具 2 枚小角；喙长 7～9 mm；花黄色 …………… **18. 双角蒲公英 T. bicorne** Dahlst.

17. 外层总苞片花时开展或反折，内层总苞片长为外层的 1.5 倍；喙长 7～12 mm …………………… **19. 药用蒲公英 T. officinale** Wigg.

1. 毛叶蒲公英 图版 161：1～6

Taraxacum minutilobum M. Popov ex Kovalevsk. in Bot. Mat. Gerb. Inst. Bot. Akad. Nauk Uzb. SSR 17：6. 1962；Schischk. in Fl. URSS 29：548. 1964；中国植物志 80（2）：10. 图版 1：1～6. 1999；新疆植物志 5：408. 图版 105：1～6. 1999；青藏高原维管植物及其生态地理分布 1058. 2008.

植株高 3～8 cm。根颈部被大量黑褐色残存叶基，枯叶腋内有褐色皱曲毛。叶狭倒披针形或长椭圆形，长 3.5～6.0 cm，宽 6～10 mm，两面均被蛛丝状毛，羽状深裂，顶裂片戟形或三角形，全缘，急尖，侧裂片 5～10 对，狭长圆形至椭圆形，急尖或渐尖，边缘具不多的小齿或无齿，常于裂片基部两侧有 2 枚大齿，裂片间无齿或小裂片，稀具细小的牙齿。花葶少数，等长或稍长于叶，被蛛丝状毛，花序附近尤为丰富；总苞窄钟状，长 10～13 mm；总苞片被丰富的蛛丝状毛，先端有暗紫色小角，外层总苞片淡绿色，披针状卵圆形至宽披针形，长 3～4 mm，宽 2.0～2.5 mm，直立，边缘宽膜质，窄于内层总苞片，内层总苞片绿色，长为外层的 2.0～2.5 倍。花黄色，花冠无毛，舌片长 8～9 mm，宽约 1.5 mm；花冠筒长约 3 mm；花柱分枝黄色。瘦果黄褐色，果体长 5.5～6.0 mm，仅顶部有极少量的小瘤状突起，果锥分化不甚明显；喙粗壮，长 0.5～1.5 mm。冠毛白色或污白色，长 4～5 mm。 花果期 6～7 月。

产新疆：阿克陶（阿克塔什，青藏队吴玉虎 870107）、塔什库尔干（县城郊，安峥皙 Tash 116；卡拉其古，西植所新疆队 1012；麻扎，高生所西藏队 8160，青藏队吴玉虎 870424，西植所新疆队 3160）。生于海拔 3 000～4 000 m 的沟谷山地河漫滩草甸、河谷汇水洼地。

分布于我国的新疆；中亚地区各国也有。

2. 葱岭蒲公英 图版 161：7～11

Taraxacum pseudominutilobum Kovalevsk. in Bot. Mat. Gerb. Inst. Bot. Akad. Nauk Uzb. SSR 17：7. 1962；Schischk. in Fl. URSS 29：547. 1964；中国植物志 80 (2)：12. 图版 2：1～5. 1999；新疆植物志 5：410. 1999；青藏高原维管植物及其生态地理分布 1058. 2008.

植株高 3～6 cm。根颈部被暗褐色残存叶基，枯叶腋内有少量褐色细毛。叶无毛，条形，少长椭圆形，长 3～7 cm，宽 5～10 mm，羽状深裂或浅裂，稀不裂，顶裂片小，条状戟形，全缘，急尖或渐尖，侧裂片 2～5 对，平展或下倾，条形，渐尖，全缘或具小齿，裂片间常具齿或小裂片。花葶 2～5（11）个，等长或短于叶，顶端被丰富的蛛丝状毛；总苞窄钟状，长8～12 mm；总苞片暗绿色，被蛛丝状毛，少无毛或仅有睫毛，外层总苞片披针形至条状披针形，长 3～5 mm，宽 1～2 mm，直立，具窄膜质边，无角或有暗色小角，窄于内层总苞片，内层总苞片有角，长为外层的 2.0～2.5 倍。花黄色，花冠喉部及舌片下部疏生短柔毛或无毛；舌片长约 7 mm，宽 1.5～2.0 mm；花冠筒长 2.0～2.5 mm；花柱分枝黄色。瘦果黄褐色或暗褐色，果体长 4.5～5.5 mm，纵沟少，仅于顶部有极少量的小刺，果锥很短；喙粗壮，长 1～2 mm。冠毛白色，长 4～5 mm。花果期 7～8 月。

产新疆：塔什库尔干（托云乡，安峥皙 Tash 341；麻扎种羊场，青藏队吴玉虎 870420；高生所西藏队 3259）、和田（喀什塔什，青藏队吴玉虎 2011、2564、3050、3051）。生于海拔3 200 m左右的山地河谷草甸。

分布于我国的新疆；中亚地区各国也有。

3. 小叶蒲公英 图版 162：1

Taraxacum goloskokovii Schischk. Fl. URSS 29：742. 544. 1964；Oraz. in Fl.

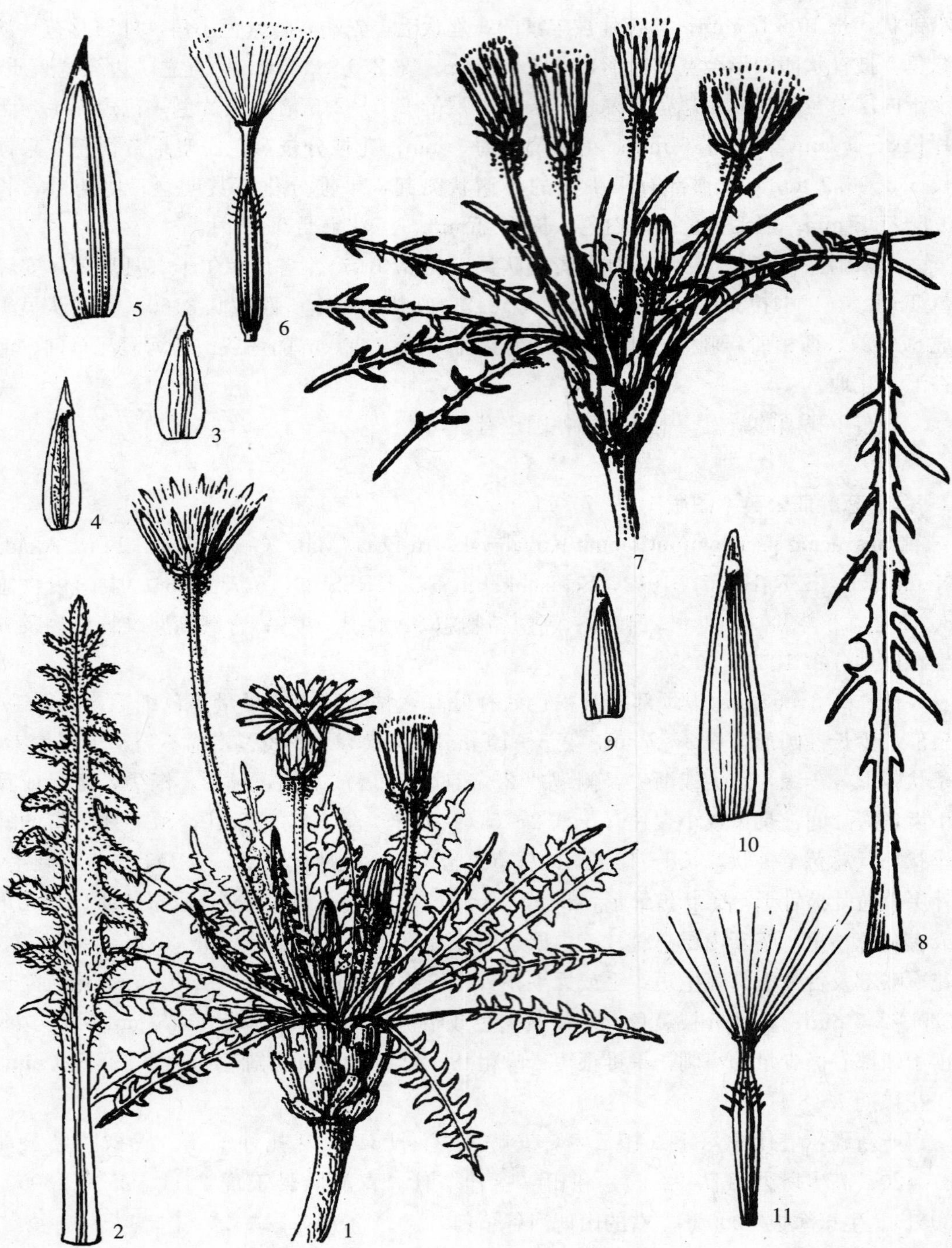

图版 161　毛叶蒲公英 **Taraxacum minutilobum** M. Popov ex Kovalevsk. 1. 植株；2. 叶；3～5. 总苞片；6. 瘦果。葱岭蒲公英 **T. pseudominutilobum** Kovalevsk. 7. 植株；8. 叶；9～10. 总苞片；11. 瘦果。
(引自《新疆植物志》，张荣生绘)

Kazakh. 9：497. 1966；中国植物志 80（2）：10. 图版 1：7. 1999；新疆植物志 5：410. 图版 105：7. 1999；青藏高原维管植物及其生态地理分布 1057. 2008.

植株高 6～8 cm。根颈部被黑褐色残存叶基，枯叶腋内有大量褐色皱曲毛。叶条形，长 2～4 cm，宽 3～4 mm，不裂，全缘或具波状齿，先端钝或急尖。花葶 1～2 个，较叶长或等长，光滑无毛；总苞窄钟状，长 8～12 mm；总苞片绿色，光滑无毛，无角或具不明显的小角，外层总苞片披针状卵圆形至披针形，长 2～6 mm，宽约 2 mm，直立，边缘膜质，较内层总苞片宽或等宽，内层总苞片绿色，长为外层的 2.0～2.5 倍。花黄色，花冠喉部及舌片下部外面被短柔毛；舌片长 10～11 mm，宽 1～2 mm，花冠筒长 2.5～3.0 mm；花柱分枝干时黑色。瘦果浅褐色，果体长 4～5 mm，完全平滑或于顶部有极少量的小瘤，无明显的果锥；喙粗壮，长 1～2 mm。冠毛白色，长约 5 mm。花果期 7～8 月。

产新疆：塔什库尔干（县城郊，安峥晳 Tash 317）。生于海拔 3 200 m 左右的山地河谷草甸。

分布于我国的新疆；中亚地区各国也有。

4. 线叶蒲公英（新种）　图版 162：2～6

Taraxacum taxkorganicum Z. X. An ex D. T. Zhai **sp. nov.** in Addenda 866. ——*T. brevirostre* auct. non Hand.-Mazz.：Fl. URSS 29：547. 1964. p. p.；Одув. Казах. и Сред. Азии：40，табл. 2：6. 1975. p. p.

植株高 5～10 cm。根粗壮，根颈部密被黑褐色残存叶基，其腋间有大量的褐色皱曲柔毛。叶多数，无毛，线形至细线形，长 2～8（10）cm，宽 1～3 mm，不裂而全缘，稀具疏齿，先端渐尖。花葶通常多数，少仅 1 个，纤细，直立或弯伏，顶端靠近头状花序处密被蛛丝状柔毛。总苞窄钟形或近圆柱状，长 9～12 mm；总苞片绿色或干后稍暗，多无角，先端略有胼胝状加厚或具不明显的小角，有时带紫红色；外层总苞片卵状披针形至三角状披针形，长 3.0～3.5 mm，宽 1～2 mm，近等宽于内层总苞片，直立，具狭窄而不十分明显的膜质边缘；内层总苞片长为外层的 2.5～3.0 倍。花黄色，舌片长约 6 mm，花冠筒长约2.5 mm，花柱分枝暗黄色。瘦果淡黄褐色，果体纺锤状长圆形，长 4～5 mm，通体无尖瘤或上部 1/4 有极少量的尖瘤，下部具少量钝瘤，顶部渐狭为长约 1 mm 的果锥；喙粗壮，长 1.5～2.0 mm；冠毛长约 5 mm，白色。花果期 6～7 月。

产新疆：塔什库尔干（卡拉其古，青藏队吴玉虎 541；卡拉其古营房，西植所新疆队 1011）。生于海拔 3 600 m 左右的沟谷砾石山坡、河滩草甸。

新疆特有种。模式标本采自新疆塔什库尔干。

5. 短喙蒲公英

Taraxacum brevirostre Hand.-Mazz. Monogr. Tarax. 46. tab. 1：18，1907；

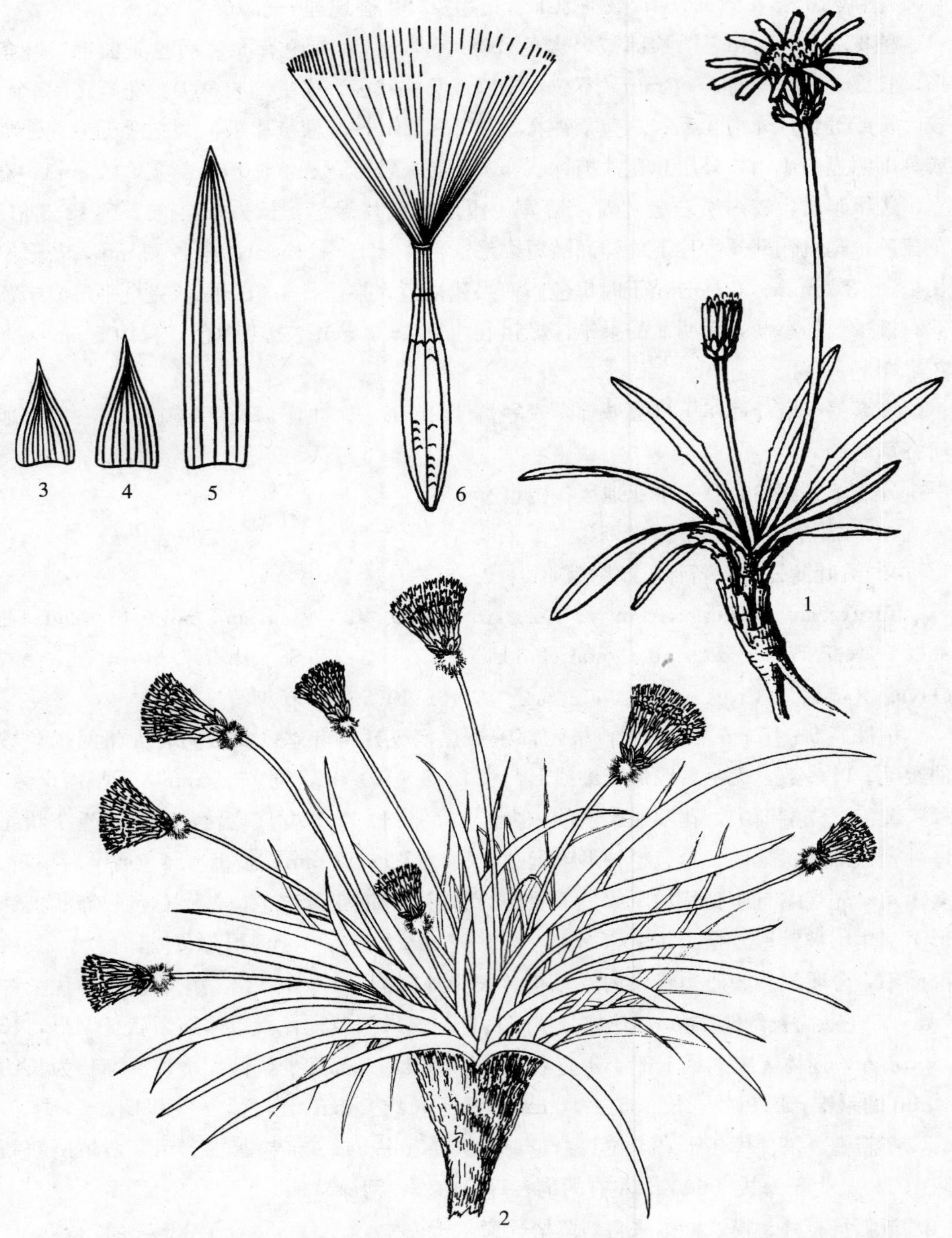

图版 **162** 小叶蒲公英 **Taraxacum goloskokovii** Kovalevsk. 1. 植株。线叶蒲公英 **T. taxkorganicum** Z. X. An ex D. T. Zhai 2. 植株；3～5. 总苞片；6. 瘦果。（1. 引自《新疆植物志》，张荣生绘；2～6. 古小玲绘）

Nasir et Ali in Fl. W. Pakist. 789. 1972；中国植物志 80（2）：12. 图版 4：5～9. 1999；青藏高原维管植物及其生态地理分布 1055. 2008.

植株高 8～10 cm。根垂直，颈部有褐色残存叶基，其腋内具褐色柔毛。叶无毛，线状披针形或狭披针形，长 3～5 cm，宽 0.5～1.0 cm，羽状深裂；裂片小，顶端裂片披针形或三角形，先端渐尖；侧裂片 4～7 对，常呈线形或狭三角形，叶下部侧裂片较小而近齿状，全缘，急尖或渐尖，下倾，裂片间无小齿。花葶 1～5 个，长于叶，花期上端密被短蛛丝状柔毛；总苞钟状，狭小，长约 10 mm；总苞片无角，先端略有胼胝状加厚，渐尖且常带紫红色，外层总苞片卵形，长 3～5 mm，宽 1～2 mm，具宽的白色膜质边缘，内层总苞片长为外层的 2.0～2.5倍。花黄色，舌片长约 5 mm；花冠筒长约 2 mm；柱头和花柱黄色或淡绿色。瘦果淡黄并稍带有绿色，果体长约 3.2 mm，中部以上有小刺，向下刺逐渐减少而小乃至近于无刺，顶端渐狭成浅色的果锥，果锥长约 0.2 mm；喙粗壮，长 1.5～2.5 mm。冠毛白色，长 5～6 mm。 花果期 6～8 月。

产新疆：和田（喀什塔什，青藏队吴玉虎 2050、3047）、若羌（明布拉克东，青藏队吴玉虎 4192；依夏克帕提，青藏队吴玉虎 4278；鸭子沟西 35 km 处，克里木 A116）。生于海拔4 140～4 600 m 的沟谷山坡草地、河谷阶地草甸。

西藏：改则（大滩，高生所西藏队 4316）。生于海拔 4 400 m 的高原沟谷河滩高寒草甸。

青海：称多（清水河，吴玉虎 32437）、玛多（鄂陵湖半岛，吴玉虎 392）。生于海拔4 430 m的沟谷山地高寒草甸、河谷山坡草甸。

分布于我国的新疆、甘肃、青海、西藏；中亚地区各国，巴基斯坦，伊拉克也有。

6. 寒生蒲公英

Taraxacum subglaciale Schischk. Fl. URSS 29：743. 524. 1964；Orza. in Fl. Kazakh. 9：491. t. 53：8. 1966；中国植物志 80（2）：31. 1999；新疆植物志 5：417. 1999；青藏高原维管植物及其生态地理分布 1059. 2008.

植株高 4～6 cm。根颈部密被黑褐色残存叶基。叶条形至狭倒披针形，长 2.5～6.0 cm，宽 3～8 mm，不裂而具齿至羽状浅裂，顶裂片长三角形，先端急尖或钝，全缘，侧裂片 2～4 对，小，三角形齿状或条形，下倾，全缘、渐尖，裂片间无齿与小裂片。花葶少数，长于叶，直立，纤细，无毛；总苞狭钟状，长 10～14 mm；总苞片绿色，先端钝，无角，外层总苞片卵圆形、卵状披针形至狭椭圆形，长 5～6 mm，宽 1.5～3.0 mm，直立，边缘宽膜质，等宽或稍宽于内层总苞片，内层总苞片长为外层的 2 倍。花黄色或亮黄色，花冠无毛，舌片长 8～10 mm，宽约 2 mm，花冠筒长约 4 mm；花柱分枝黄色。瘦果淡褐色，果体长 3.5～4.5 mm，几乎完全平滑，被极少量的小瘤状突起物，果锥长约 0.5 mm。喙长 3.5～5.0 mm；冠毛白色，长 5～6 mm。 花果期 7～8 月。

产新疆：叶城（柯克亚乡，青藏队吴玉虎 870876）、塔什库尔干（水布浪沟，西植所新疆队 1444；卡拉其古，西植所新疆队 1007；麻扎种羊场，西植所新疆队 1539）、若羌（雅格库姆，克里木 A587；喀尔墩，采集人不详 84A-107）。生于海拔 2 800～4 500 m 的沟谷河滩草甸、山坡砾石地、沟谷山地高寒灌丛草甸。

分布于我国的新疆；哈萨克斯坦也有。

7. 光果蒲公英

Taraxacum glabrum DC. Prodr. 7（1）：147. 1838；Schischk. in Fl. URSS 29：523. 1964；中国植物志 80（2）：28. 图版 6：7～10. 1999；新疆植物志 5：416. 1999；青藏高原维管植物及其生态地理分布 1056. 2008.

植株高 5～10 cm。根颈部密被黑褐色残存叶基，枯叶腋间有褐色长曲毛。叶狭倒卵形至倒披针形，长 4～9 cm，宽 4～10（20）mm，不裂而全缘或具齿至羽状浅裂，顶裂片三角形，先端急尖或钝，全缘，侧裂片 2～3 对，三角形，平展，急尖或钝，全缘，裂片间无齿与小裂片。花葶 2～4 个，长于叶，常带紫红色，无毛；总苞钟状，长 8～16 mm；总苞片暗绿色，干后近黑色，外层总苞片卵状披针形至披针形，长 4～6 mm，宽 1.5～3.0 mm，直立，渐尖，无膜质边，等宽或稍宽于内层总苞片，无角，内层总苞片先端钝，无角或稀具短角，长为外层的 2.0～2.5 倍。花黄色，花冠无毛；舌片长 10～14 mm，宽 1.5～2.5 mm；花冠筒长3～5 mm；花柱分枝干时黑色。瘦果淡褐色，果体长 3.5～4.0 mm，完全光滑，稀在上部可见到隐约的小瘤状突起，果锥长约 0.6 mm；喙长 5～7 mm。冠毛白色，长 5～6 mm。 花果期 7～8 月。

产新疆：叶城（麻扎，安峥皙 025）。生于海拔 4 200 m 左右的宽谷河滩草甸、山坡砾石质草甸。

分布于我国的新疆；中亚地区各国，俄罗斯西伯利亚也有。

8. 角苞蒲公英

Taraxacum stenoceras Dahlst. in Acta Hort. Gothob. 2：166. f. 8. t. 2：9～11. 1926；中国植物志 80（2）：52. 图版 10：1～5. 1999；青藏高原维管植物及其生态地理分布 1059. 2008.

植株高 5～15 cm。根颈部被褐色残存叶基。叶无毛，狭椭圆形至狭倒披针形，长 4～10 cm，宽 10～15 mm，基部渐狭成短柄，羽状浅裂至深裂；顶裂片长戟形或长三角形，急尖或渐尖，全缘；侧裂片小，3～6 对，三角形或线形，平展或下倾，全缘，裂片间无齿与小裂片。花葶 2～3 个，无毛，长于叶，常带紫红色；总苞宽钟状，长 12～15 mm；总苞片无毛，干后暗绿色至墨绿色，外层总苞片披针形，长 6～7 mm，宽约 1 mm，稍狭于或约等宽于内层总苞片，具极窄的白色膜质边缘，花时直立，先端具极长的小角，小角先端锐尖，内层总苞片长为外层的 1.5～2.0 倍，先端小角圆钝且比外层总苞片的为短。花黄色；舌片长约15 mm；花冠筒长 3～5 mm，喉部外面被少量短柔毛。瘦果倒卵状长圆形，淡黄褐色或淡砖红色，长约 4 mm，全部具小瘤状突起或 1/3 以上具小刺，顶端逐渐收缩成长约 1 mm 的果锥，喙长 5～9 mm。冠毛淡黄白色，长 5～6 mm。 花果期 7～8 月。

产青海：兴海（中铁林场卓琼沟，吴玉虎 45714、45721；中铁乡至中铁林场途中，吴玉虎 43074、43116、43167；中铁乡附近，吴玉虎 42959）、玛沁（大武乡江让水电站，H. B. G. 617）。生于海拔 3 500～3 680 m 的宽谷河滩草甸、沟谷山坡多砾石草地、山地阴坡林缘灌丛草甸。

分布于我国的甘肃、青海、西藏、四川。

9. 策勒蒲公英 图版 163：1～7

Taraxacum qirae D. T. Zhai et Z. X. An in Journ. Aug.-1st Agr. College 18 (3)：3. 1995；中国植物志 80 (2)：60. 图版 17：8～14. 1999；新疆植物志 5：420. 图版 108：8～14. 1999；青藏高原维管植物及其生态地理分布 1058. 2008.

植株高 5～12 cm，根颈部被黑褐色残存叶柄，其腋间有少量深褐色细毛。叶无毛或被少量弯曲短毛，长椭圆形至长倒卵状披针形，长 2～9 cm，宽 0.5～1.5 cm，不裂而边缘具齿至羽状浅裂；裂片三角形，侧裂片下倾，全缘，渐尖；叶基渐狭成短柄，常显紫红色。花葶数个，长于叶，无毛或在顶端有极少量的细毛。总苞长 13～18 mm；总苞片暗绿色，部分总苞片有角，外层总苞片椭圆形、矩圆形至矩圆状条形，边缘膜质，宽于内层总苞片，直立；内层总苞片长为外层的 1.5 倍。花黄色，缘花舌片背面有宽的暗色条带，花冠喉部外面被疏散的短细毛，柱头黑色。瘦果黑褐色或黄褐色，果体倒锥状，长 3.0～3.5 mm，上 1/4 部分被尖瘤，以下有钝瘤或近无瘤，顶端突然缢缩为长约 1 mm 的果锥；喙纤细，长 4～6 mm;冠毛长约 6 mm，白色。 花果期 7～8 月。

产新疆：策勒（恰哈乡，安峥皙 318）、若羌（祁漫塔格山，青藏队吴玉虎 2682）、叶城（岔路口，青藏队吴玉虎 1201）。生于海拔 3 100～4 200 m 的沟谷山坡草地、河漫滩高寒草地、河谷阶地多砾石草甸。

新疆特有种。模式标本采自新疆策勒。

10. 尖角蒲公英

Taraxacum pingue Schischk. in Not. Syst. Herb Inst. Bot. Acad. Sci. URSS 7：3. t. 1. 1937 et Fl. URSS 29：513. 1964；中国植物志 80 (2)：46. 1999；新疆植物志 5：421. 1999；青藏高原维管植物及其生态地理分布 1058. 2008.

植株高 10～12 cm。根颈部被暗褐色残存叶基，枯叶腋内有褐色皱曲毛。叶狭倒卵形或倒披针形，长 7～9 cm，宽 10～25 mm，不裂而具波状齿，先端圆钝。花葶少数，较粗，等长或稍长于叶，顶端被少量蛛丝状毛；总苞宽钟状，长 15～20 mm；总苞片暗绿色，先端具长而尖的角，外层总苞片披针状卵圆形至披针形，长 6～8 mm，宽 2.5～3.0 mm，直立，具极窄的白色膜质边缘，先端渐尖，较内层总苞片宽或稍窄，内层总苞片钝、少渐尖，长为外层的 2 倍。花白色，干后常显黄色，无毛；舌片长 9～10 mm，宽约 2 mm；花冠筒长约 5 mm；花柱分枝干时黑色。瘦果浅黄褐色，果体长约 4 mm，上部 1/3 有小刺，果锥长 0.6～0.8 mm；喙长 7～8 mm。冠毛白色，长 7～8 mm。 花果期 7～8 月。

产新疆：塔什库尔干（红其拉甫达坂，采集人不详 83719 - 39）。生于海拔 4 500 m 左右的沟谷山坡高山草甸、宽谷河滩砾石质草甸。

分布于我国的新疆；中亚地区各国，俄罗斯西西伯利亚也有。

11. 和田蒲公英 图版 163：8～10

Taraxacum stanjukoviczii Schischk. Fl. URSS 29：737. 508. 1964；中国植物志 80 (2)：46. 1999；新疆植物志 5：421. 图版 106：8～10. 1999.

植株高 12～17 cm。根颈部被暗褐色残存叶基，其腋间无毛。叶狭倒披针形，长7～17 cm，宽 13～20 mm，不裂而具稀疏的牙齿，先端急尖或圆钝。花葶 1～2 个，直立，等长于叶，无毛；总苞窄钟状，长 12～18 mm；总苞片暗绿色，先端渐尖具不大的角，外层总苞片披针形至窄披针形，长 7～10 mm，宽 1.5～2.0 mm，直立，具很宽的白色膜质边，稍宽于内层总苞处，内层总苞片长为外层的 1.5～2.0 倍。花黄色，无毛；舌片长 7～8 mm，宽约1.5 mm，花冠筒长约 4 mm；花柱分枝黄色。瘦果黄褐色，果体长 3.5～4.0 mm，纵沟多，上部 1/3 有小刺，中下部具少量短钝瘤，果锥长 0.8～1.2 mm；喙长 7～10 mm。冠毛白色，长 7～8 mm。 花果期 7～8 月。

产新疆：和田（风光乡，杨昌友 750521）。生于海拔 3 200 m 左右的宽谷河滩草甸、河谷阶地多砾石草甸。

分布于我国的新疆；中亚地区各国也有。

12. 藏蒲公英

Taraxacum tibetanum Hand.-Mazz. Monogr. Tarax. 67. t. 2：12. 1907；Nasir et Ali Fl. W. Pakist. 795. 1972；西藏植物志 4：935. 图 399. 1985；中国植物志 80 (2)：52. 图版 15：5～8. 1999；青藏高原维管植物及其生态地理分布 1059. 2008.

植株高 3～10 cm。根颈部具褐色残存叶基，其腋间具稀疏的褐色绉曲柔毛。叶狭倒披针形，长 2～6 cm，宽 5～10 mm，通常羽状深裂，少为浅裂或不裂；顶端裂片三角形或半长圆形，急尖或渐尖；侧裂片 4～7 对，三角形、披针形或齿状，平展或下倾，相邻裂片的基部相连接或稍有间距，近全缘。花葶 1～3 个，直立或弯伏，无毛；总苞钟形，长 10～12 mm；总苞片干后变黑绿色至黑色，先端膜质扩大，无角，外层总苞片宽卵形至卵状披针形，长 5～6 mm，宽约 3 mm，宽于内层总苞片，无或具为极窄的不

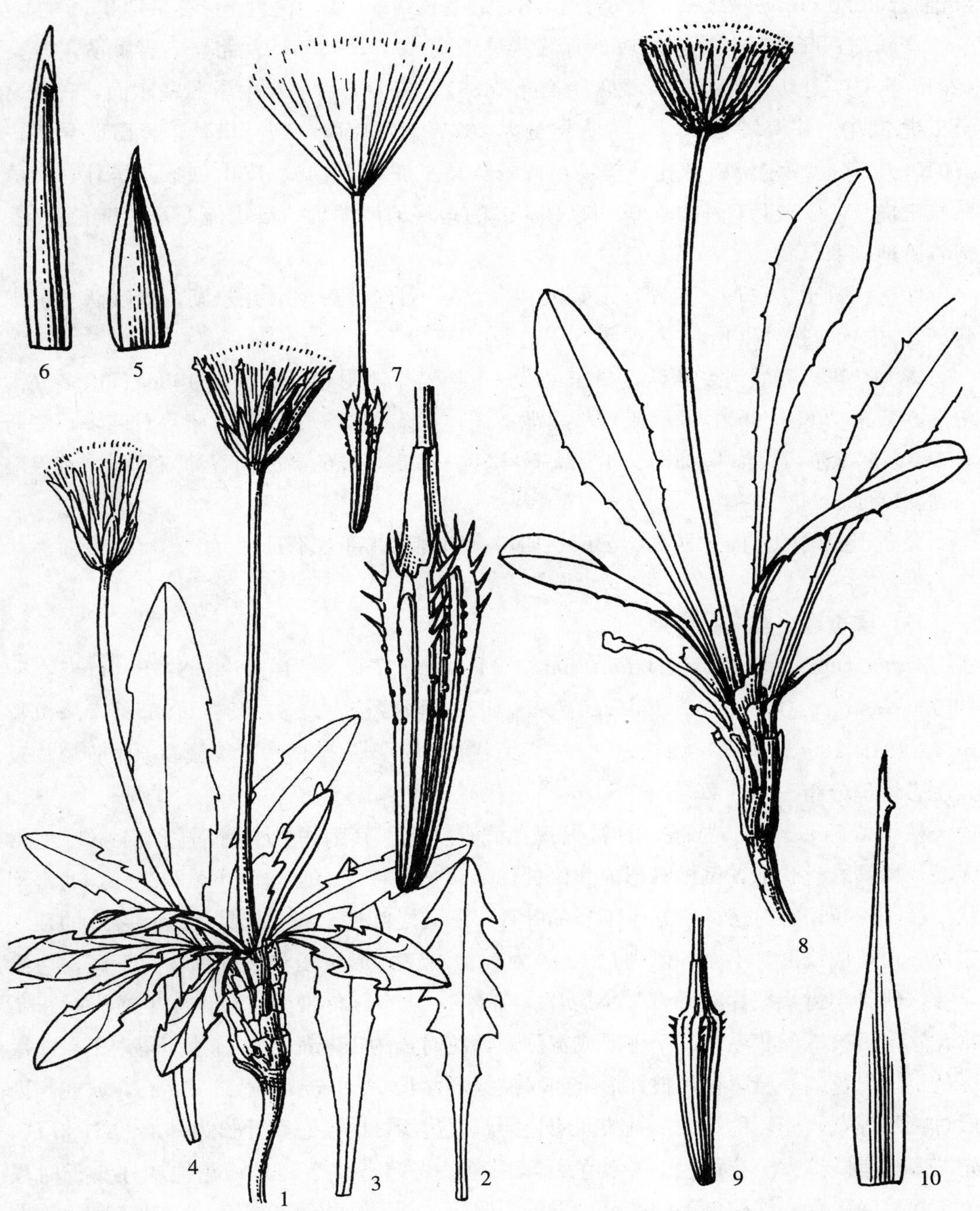

图版 **163** 策勒蒲公英 **Taraxacum qirae** D. T. Zhai et Z. X. An 1. 植株；2～4. 叶；5～6. 总苞片；7. 瘦果。和田蒲公英 **T. stanjukoviczii** Schischk. 8. 植株；9. 瘦果；10. 内层总苞片。（引自《新疆植物志》，张荣生绘）

明显的膜质边缘，内层总苞片长为外层的2倍。花黄色；柱头和花柱干后黑色。瘦果淡褐色，果体倒卵状长圆形至长圆形，长约4 mm，上部1/3具小刺，以下具少量钝瘤，果锥长约0.5 mm；喙纤细，长3～4 mm。冠毛长约6 mm，白色。 花果期8～9月。

产新疆：叶城（卡拉克达坂，青藏队吴玉虎4505、4055；岔路口，青藏队吴玉虎1201；卡拉克达坂至麻扎，青藏队吴玉虎1483）、若羌（阿尔金山雪照壁东面，青藏队吴玉虎2270；祁漫塔格山，青藏队吴玉虎2671）、阿克陶（阿克塔什，青藏队吴玉虎870107）、塔什库尔干（麻扎种羊场，青藏队吴玉虎870424）、皮山（喀尔塔什，青藏队吴玉虎3606）。生于海拔4 300～5 160 m的沟谷河滩草甸、高山流石坡稀疏植被带、河谷阶地高寒草甸。

西藏：日土、尼玛（双湖，采集人和采集号不详）、班戈（瓦尔湖，青藏队吴玉虎4056）。生于海拔4 730 m左右的沟谷湖边沙地。

青海：玛多（黑河乡四队，吴玉虎389；哈姜盐池附近，吴玉虎1586）、治多（太阳湖，武素功K－906）、曲麻莱（采集地不详，黄荣福053）、久治（索乎日麻乡，藏药队506；夏德尔，果洛队086）。生于海拔4 300～5 000 m的高原沟谷河滩草地、宽谷滩地高寒草原、河边草甸。

分布于我国的青海、西藏、云南、四川；印度东北部，不丹也有。

13. 锡金蒲公英

Taraxacum sikkimense Hand.-Mazz. Monogr. Tarax. 103, t. 3: 6. t. 5: 5. 1907; Nasir et Ali Fl. W. Pakist. 794. 1972；西藏植物志4：934. 1985；青海植物志3：494. 1996；中国植物志80（2）：58. 图版16：1～4. 1999；青藏高原维管植物及其生态地理分布1058. 2008.

植株高5～15 cm。根颈部具被黑褐色残存叶基，其腋内具少量褐色柔毛。叶通常无毛，稀被蛛丝状毛，倒披针形或狭倒披针形，长5～12 cm，宽0.6～2.0 cm，通常羽状浅裂至深裂，有时植株中含有不裂的叶片；不裂之叶片全缘或仅具浅齿；裂叶的顶端裂片三角形或线形，不大，侧裂片4～6对，偏斜三角形至线状披针形，常下倾，边缘全缘，偶具小齿，裂片间无齿与小裂片。花葶1～4个，常带紫红色，无毛或有时于头状花序附近被蛛丝状毛；总苞钟形或宽钟形，花时长约15 mm；总苞片无角，干后淡墨绿色至墨绿色，外层总苞片披针形至卵状披针形，长5～8 mm，宽1～2 mm，狭或与内层总苞片等宽，先端稍扩大，具狭而明显的膜质边缘，内层总苞片长为外层的2～3倍，先端多少有些扩大。花黄色、淡黄色乃至白色，先端有时带红晕；花柱和柱头干时黑色。瘦果深紫色、红棕色至橘红色，果体倒卵状长圆形，长约3 mm，上部1/3～1/2有小刺，顶端突然缢缩成长0.5～1.0 mm的果锥；喙纤细，长6～8 mm。冠毛白色，长5～6 mm。 花果期7～8月。

产青海：兴海（大河坝，吴玉虎42472、42530、42552；中铁乡至中铁林场途中，吴玉虎 43074、43147；大河坝乡赞毛沟，吴玉虎 46456、46465）、玛多（清水乡，陈桂琛等 1884）、称多（清水河，张新学 83－12、83－13；清水河乡阿尼海边，苟新京 83－43；清水河乡附近，苟新京 83－78）。生于海拔 3 680～4 500 m 的沟谷山坡高寒草甸、宽谷湖盆河滩草甸。

分布于我国的青海、西藏、云南、四川；尼泊尔，印度东北部，巴基斯坦也有。

14. 中亚蒲公英 图版 164：1～5

Taraxacum centrasiaticum D. T. Zhai et Z. X. An in Journ. Aug.-1st. Agr. College 18（3）：4. 1995. 中国植物志 80（2）：71. 图版 2：10～14. 1999；新疆植物志 5：413. 1999；青藏高原维管植物及其生态地理分布 1056. 2008.

植株高 12～22 cm。根细，根颈部被少量褐色残存叶基。叶无毛，狭椭圆状条形，长8～14 cm，宽 0.7～2.0 cm，羽状深裂，裂片全缘；顶裂片戟形，侧裂片多条形、平展，叶基渐狭成长柄。花葶 2～3 个，长于叶，无毛或有少量细毛；总苞钟状，长 9～13 mm；总苞片暗绿色，无角，外层总苞片披针形，直立，稍窄于内层总苞片或近等宽，具窄膜质边缘，内层总苞片长为外层的 2.5～3.0 倍。花黄色，花冠无毛或在喉部外面有零星短柔毛；花柱分枝黄色。瘦果淡褐色，果体长约 3 mm，上部 1/3～1/2 具有大量小尖刺，其下于果棱上有钝瘤；果锥圆锥状，长约 0.8 mm；喙纤细，长 5～6 mm。冠毛长 5～6 mm，白色。 花果期 7～8 月。

产新疆：策勒（奴尔乡亚门，安峥皙 084）。生于海拔 3 500 m 左右的河谷滩地草甸、沟谷山坡砾石质草甸。

新疆特有种。模式标本产区。

15. 白花蒲公英 图版 164：6～8

Taraxacum leucanthum（Ledeb.）Ledeb. Fl. Ross. 2：815. 1846；Schischk. in Fl. URSS 29：540. 1964；中国高等植物图鉴 4：1975；西藏植物志 4：935. 1985. p. p.；中国植物志 80（2）：14. 图版 3：6～9. 1999；新疆植物志 5：411. 1999；青藏高原维管植物及其生态地理分布 1057. 2008. ——*Leontodon leucanthus* Ledeb. Icon. Pl. Fl. Ross. 2：12. t. 132. 1830.

植株高 3～10 cm。根颈部被大量黑褐色残存叶基，枯叶腋内无毛。叶无毛，条形少狭倒卵形，长 2～9 cm，宽 3（1）～6（10）mm，不裂而全缘或少具齿，稀羽状分裂，裂叶的顶裂片长戟形，全缘，渐尖，侧裂片 4～8 对，条形，稀三角形，平展或下倾，渐尖，裂片间无齿或小裂片。花葶 1～5（10）个，等长至长于叶，有时带紫红色，无毛，少于顶端被少量蛛丝状毛；总苞钟状，7～10（12）mm；外层总苞片淡绿且常带红色，披针形，少卵状披针形，长2～4 mm，宽 1～2 mm，膜质边缘很宽或几乎整个总苞片全为膜质，无角，少具不明显的小角，花时直立，等宽于内层总苞片；内层总苞片绿色，长为外层的2.0～2.5倍，无角或具小角。花白色，花冠无毛或于喉部外面被短柔毛；舌片长7～9 mm，宽1.5～2.0 mm；花冠筒长约3 mm；花柱分枝干时黑色。瘦果淡黄褐色至浅褐色，果体长2.5～3.0 mm，上部1/3被小刺，其余部分具小瘤状突起或无瘤，果锥长0.5～1.2 mm；喙长3～6 mm，稍粗。冠毛污白色，长4～5 mm。 花果期6～8月。

产新疆：阿克陶（恰克拉克，青藏队吴玉虎570、870572；托拉海，高生所西藏队3081；琼块勒巴什，青藏队吴玉虎870640A）、塔什库尔干（县城郊，安峥皙285；麻扎，青藏队吴玉虎870422；县城西1～2 km处，采集人不详318；克克吐鲁克，西植所新疆队1341）、叶城（岔路口，青藏队吴玉虎1228；叶阿公路富图拉，高生所西藏队3388；阿格勒达坂，黄荣福C. G. 86-143）、皮山（康西瓦，安峥皙He 152；大红柳滩，安峥皙He 086）、策勒（恰哈乡乌库，安峥皙288）、于田（阿克赛库拉湖，青藏队吴玉虎3751）、且末（解放牧场，青藏队吴玉虎3057；昆其布拉克，青藏队吴玉虎2632）、若羌（阿尔金山保护区鸭子泉，青藏队吴玉虎4009；祁漫塔格山，青藏队吴玉虎2681）。生于海拔3 200～4 800 m的河滩草甸、河谷山地草原、高寒草甸。

西藏：日土（采集地不详，青藏队吴玉虎1631；班公湖西段，高生所西藏队3636；空喀山口，高生所西藏队3718；班公湖西段，高生所西藏队3636；多玛区界山达坂，青藏队吴玉虎76-9097；军功乡三大队阿尼孜，区划二组21285）、尼玛（双湖无人区江爱雪山北侧，青藏队藏北分队郎楷永9650、9674）、班戈（多玛区界山达坂，青藏队76-9097）。生于海拔4 200～4 800 m的宽谷湖边草甸、高寒草甸砾地、山坡高寒草地。

青海：兴海（黄青河畔，吴玉虎42724；河卡山北坡，弃耕地考察队440；河卡乡纳滩，吴珍兰106）、玛沁（当项尼亚嘎玛沟，区划二组125；雪山乡，黄荣福C. G. 81-026、C. G. 81-165）、久治（索乎日麻乡附近，藏药队578、528；索乎日麻乡背面山上，果洛队272）、玛多（哈姜盐池周围，植被地理组585；鄂陵湖畔，吴玉虎390；哈姜盐池，吴玉虎1585）、称多（清水河，吴玉虎32437）。生于海拔3 700 m的沟谷阴坡灌丛草甸、宽谷河滩高寒草甸。

甘肃：阿克塞。生于海拔3 600 m左右的沟谷山坡草地、河谷阶地高寒草地。

分布于我国的新疆、甘肃、青海、西藏；印度，伊朗，巴基斯坦，俄罗斯也有。

16. 红角蒲公英 图版164：9～12

Taraxacum luridum Hagl. Bot. Notis. 307. 1938；Schischk. in Fl. URSS 29：555. 1964；Nasir et Ali in Fl. W. Pakist. 792. 1972；中国植物志80（2）：16. 图版2：6～9. 1999；新疆植物志5：413. 1999；青藏高原维管植物及其生态地理分布1057. 2008.

植株高5～10 cm。根颈部被褐色残存叶基，枯叶腋内有稀疏的细毛。叶狭长椭圆形至条形，无毛，长5～8 cm，宽8～20 mm，羽状深裂，顶裂片长戟形，全缘，渐尖；

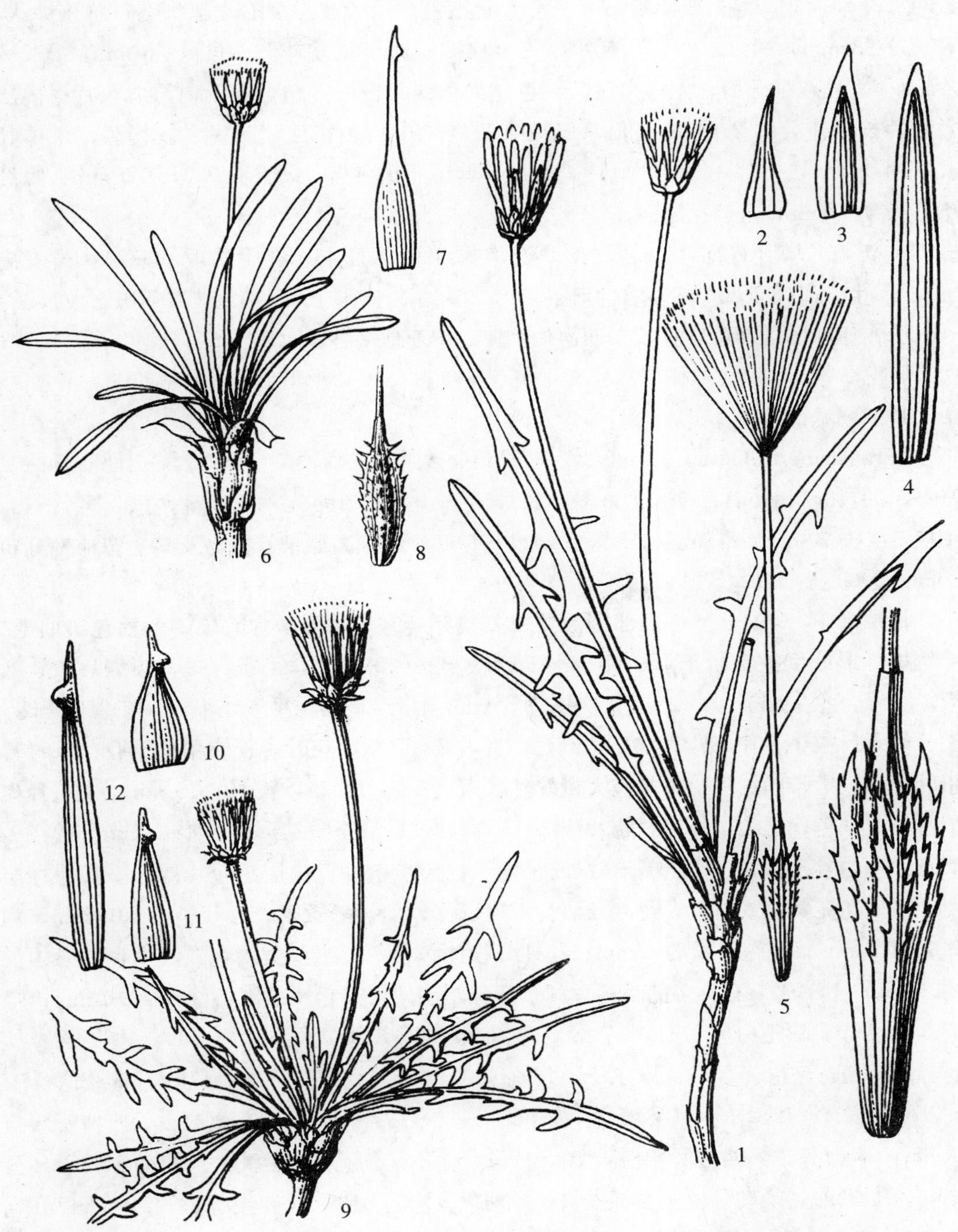

图版 **164** 中亚蒲公英 **Taraxacum centrasiaticum** D. T. Zhai et Z. X. An 1. 植株；2～4. 总苞片；5. 瘦果。白花蒲公英 **T. leucanthum**（Ledeb.）Ledeb. 6. 植株；7. 内层总苞片；8. 瘦果。红角蒲公英 **T. luridum** Hagl. 9. 植株；10～12. 总苞片。（引自《新疆植物志》，张荣生绘）

侧裂片4～6对，条形，下倾或平展，急尖，全缘，裂片间无齿或小裂片，叶脉常显紫红色。花葶少数，等长或稍长于叶，常带紫红色，顶端被丰富的蛛丝状毛；总苞钟状，长10～13 mm，绿色；外层总苞片，三角状披针形至宽披针形，长5～6 mm，宽2～3 mm，直立或稍开展，先端常显暗红色，无角或具极小的角，宽于内层总苞片；内层总苞片长为外层的2.0～2.5倍，先端有暗红色小角。花黄色。瘦果浅褐色，果体长4.0～4.5 mm，上部1/3具小刺，其余部分具小瘤状突起，果锥长0.7～1.0 mm；喙纤细，长5～7 mm。冠毛污白色，长约6 mm。　花果期7～9月。

产新疆：塔什库尔干（县城郊，安峥皙336）、且末（红旗达坂，青藏队吴玉虎3852）。生于海拔3 200 m左右的河谷草甸、溪流汇水洼地、沟谷山坡草甸砾石地。

分布于我国的新疆；俄罗斯西西伯利亚，中亚地区各国也有。

17. 粉绿蒲公英

Taraxacum dealbatum Hand.-Mazz. Monogr. Tarax. 30，1907；Schischk. in Fl. URSS 29：541，1964；Oraz. in Fl. Kazak. 9：496. 1966；中国植物志80（2）：15. 图版5：1～5. 1999；新疆植物志5：411. 1999；青藏高原维管植物及其生态地理分布1056. 2008.

植株高10～20 cm。根颈部密被黑褐色残存叶基，枯叶腋内有丰富的褐色皱曲毛。叶倒披针形或倒披针状条形，长5～15 cm，宽5～20 mm，羽状深裂，顶裂片条状戟形，全缘，急尖或渐尖，侧裂片4～9对，长三角形或条形，平展或下倾，渐尖，全缘，裂片间无齿或小裂片，叶基常显紫红色。花葶1～7个，花时等长或稍长于叶，果时长于叶许多，常带粉红色，顶端被大量蛛丝状短毛；总苞钟状，长10～15 mm；总苞片先端常显紫红色，无角，外层总苞片淡绿色，卵状披针形至披针形，长4～7 mm，宽2～3 mm，直立，边缘白色膜质，等宽或稍宽于内层总苞片，内层总苞片绿色，长为外层的2倍。花亮黄色或白色，花冠喉部及舌片下部外面被短柔毛，舌片长9～10 mm，宽1.0～1.5 mm；花冠筒长约4 mm；花柱分枝深黄色。瘦果淡黄褐色或浅褐色，果体长约3 mm，上部1/3有不多的小刺，其余部分具小瘤状突起，果锥长0.6～1.0 mm；喙长3～6 mm。冠毛白色，长6～7 mm。　花果期6～8月。

产新疆：乌恰（至塔什库尔干，司马义159）、阿克陶（琼块勒巴什，青藏队吴玉虎870640）、塔什库尔干（县城郊，安峥皙Tash 175、AJZ 9541；温泉乡，西植所新疆队856；卡拉其古，西植所新疆队1007；采集地不详，高生所西藏队3114）、和田（县城郊，R1329）、策勒（奴尔乡都木村拉龙河，安峥皙212；恰哈乡，R1572）、于田（克里亚河，7-9913-18）、和田（县城郊，R1309、R1409）、若羌（铁木里克河，克里木A0050、A6050；东风乡七大队，采集人不详2025）。生于海拔2 100～3 350 m的沟谷河滩草甸、宽谷湖盆多砾石草地、河谷阶地草甸。

分布于我国的新疆、甘肃、内蒙古；俄罗斯东西伯利亚，中亚地区各国，蒙古也有。

18. 双角蒲公英 图版 165：1～4

Taraxacum bicorne Dahlst. in Arkiv. Bot. Stockh. 5（9）：29. 1905～1906；Schischk. in Fl. URSS 29：478，1964；Oraz. in Fl. Kazak. 9：475. t. 54：11. 1966；中国沙漠植物志 3：441. 图版 177：5～8. 1990；中国植物志 80（2）：45. 图版 11：5～10. 1999；新疆植物志 5：414. 图版 107：1～4. 1999.

植株高 10～25 cm。根颈部被黑褐色残存叶基，枯叶腋内有少量的褐色皱曲毛。叶无毛，条形、狭倒披针形或长椭圆形，长 5～20 cm，宽 7～35 mm，羽状浅裂或深裂，有时显灰蓝绿色；顶裂片不大，三角状戟形或长戟形，全缘，先端急尖或钝尖，侧裂片 5～7 对，三角形、矩圆形或条形，急尖或渐尖，全缘或具牙齿，裂片间有齿或小裂片，叶基有时显紫红色。花葶 2～5 个，稍长于叶，基部常带紫红色，顶端有丰富的蛛丝状毛；总苞钟状，长 11～13（15）mm；外层总苞片苍白绿色，卵状披针形，长 3～5 mm，宽 1.5～2.5 mm，直立，边缘白色膜质，先端常显紫红色，具长角，等宽于内层总苞片；内层总苞片绿色，长为外层的 2.5 倍，先端常具 2 枚明显的小角。花黄色，花冠喉部及舌片下部外面被短柔毛；舌片长 8～9 mm，宽约 1 mm；花冠筒长约 5 mm；花柱分枝黄色。瘦果黄褐色，果体圆柱形，长 3～4 mm，中部以上有大量小刺，以下具小瘤状突起，果锥长 0.8～1.2 mm；喙纤细，长 7～9 mm。冠毛白色，长 5.5～7.0 mm。花果期 5～7 月。

产新疆：阿克陶（阿克塔什，青藏队吴玉虎 870111；恰克拉克，青藏队吴玉虎 870570）、塔什库尔干（县城郊，安峥皙 Tash 276、西植所新疆队 798；麻扎种羊场，西植所新疆队 1537）、皮山（跃进卡尔苏，安峥皙 62；克依克曲，青藏队吴玉虎 1811）、和田（火箭乡，安峥皙 He 180；风光乡，杨昌友 750453）、策勒（恰哈乡乌库，安峥皙 237；奴尔乡，青藏队吴玉虎 88-1916）。生于海拔 2 050～3 620 m 的沟谷河漫滩草甸、宽谷河滩盐碱草甸。

青海：格尔木（克鲁克湖，郭本兆 23920）、都兰（城郊，郭本兆等 11808）。生于海拔 2 600～2 880 m 的戈壁荒漠河谷草甸。

分布于我国的新疆、甘肃、青海；中亚地区各国，伊朗也有。

19. 药用蒲公英 图版 165：5～8

Taraxacum officinale Wigg. in Prim. Fl. Holsat. 56. 1780，et Linn. Soc. Bot. 23：478. 1888；Schischk. in Fl. URSS 29：433. 1964；中国沙漠植物志 3：443. 图版 178：9～12. 1990；中国植物志 80（2）：50. 图版 13：5～8. 1999；新疆植物志 5：426. 1999；青藏高原维管植物及其生态地理分布 1056. 2008.

植株高 5～35（>50）cm。根颈部密被黑褐色残存叶基。叶狭倒卵形、长椭圆形，

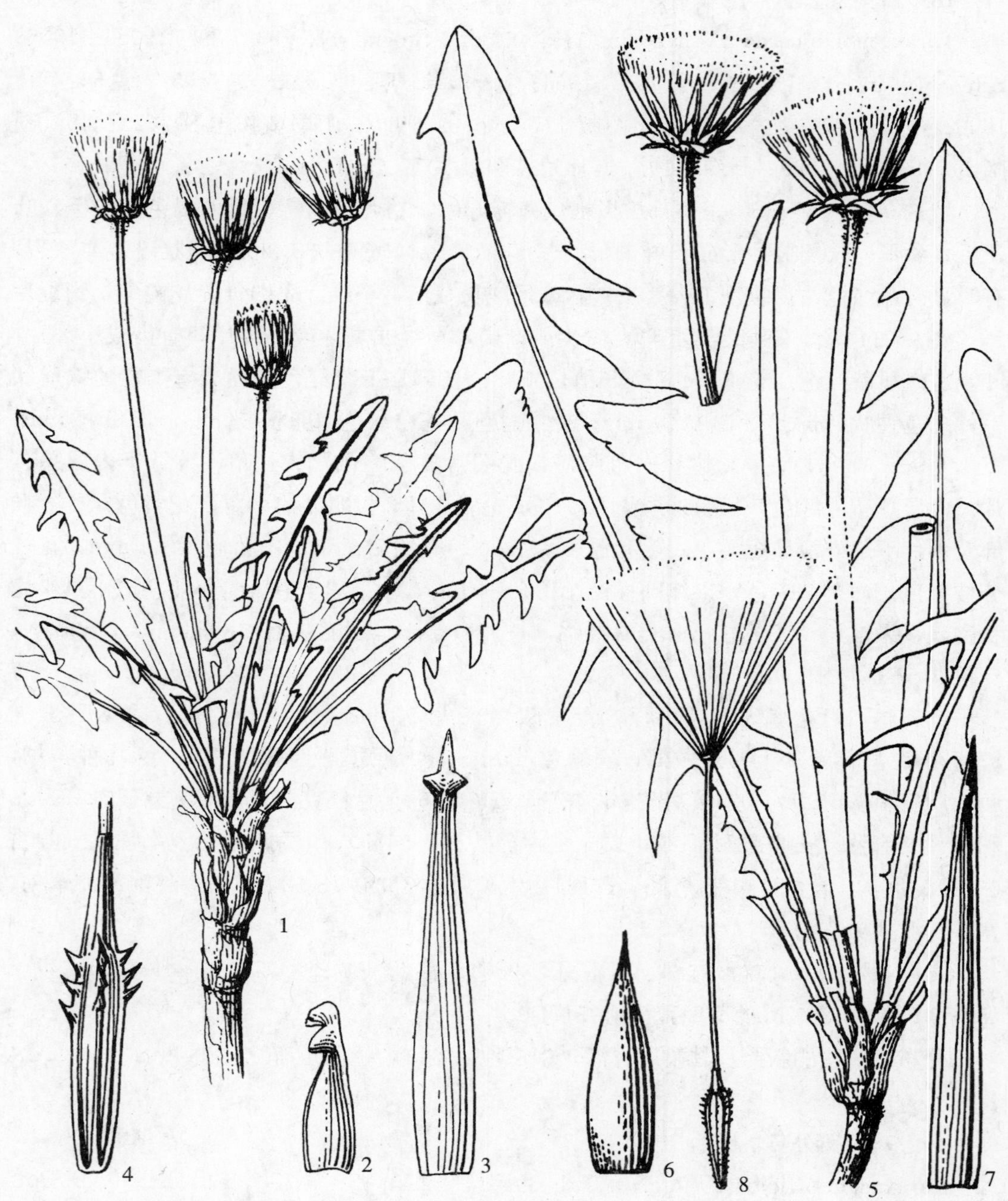

图版 **165**　双角蒲公英 **Taraxacum bicorne** Dahlst. 1. 植株；2～3. 总苞片；4. 瘦果。药用蒲公英 **T. officinale** Wigg. 5. 植株；6～7. 总苞片；8. 瘦果。（引自《新疆植物志》，张荣生绘）

少倒披针形，长 4～20 cm，宽 10～65 mm，无毛或沿主脉被稀疏的蛛丝状短柔毛，大头羽状深裂或羽状浅裂至深裂，稀不裂而具波状齿；顶裂片三角形或长三角形，全缘或具齿，先端急尖或圆钝；侧裂片 4～7 对，三角形至三角状条形，全缘或具牙齿，急尖或渐尖，裂片间常有小齿或小裂片；叶基有时显红紫色。花葶多数，长于叶，顶端被丰富的蛛丝状毛，基部常显红紫色；总苞宽钟状，长 13～20 mm；总苞片绿色，先端渐尖、无角，有时略微胼胝状加厚，外层总苞片宽披针形至披针形，长 4～10 mm，宽 1.5～3.5 mm，反折，无或有极窄的膜质边缘，等宽或稍宽于内层总苞片，内层总苞片长为外层的 1.5 倍。花亮黄色，花冠喉部及舌片下部外面有大量的短柔毛，舌片长 7～8 mm，宽 1.0～1.5 mm。花冠筒长 3～4 mm；花柱分枝暗黄色。瘦果淡黄褐色，果体圆柱形，长 3～4 mm，中部以上有大量小尖刺，其余部分具大量小瘤状突起，果锥长 0.4～0.6 mm；喙纤细，长 7～12 mm；冠毛白色，长 6～8 mm。 花果期 6～8 月。

产新疆：叶城（棋盘乡库力阿合孜，阿不力米提 204）。生于海拔 2 600 m 左右的沟谷河滩草甸、河谷阶地多砾石草甸、山谷草地。

分布于我国的新疆；中亚地区各国，欧洲，北美洲也有。

附录A　新分类群特征集要
DIAGNOSES TAXORUM NOVARUM

1. 紫花半扭卷马先蒿（新变种）

Pedicularis semitorta Maxim. var. **porphyrantha** Z. L. Wu **var. nov.**

A var. *semitorta* differt flore purpureo-rubro，galea apice parties verticalis utrinque hinnulis orbiculatis auriculis circ. 1.5 mm diam.

Typus，**Qinghai**，**China**（中国青海）：Jigzhi County（久治县），Suohurima Village（索乎日麻乡），on alpine meadow，alt. 4 130 m. 2003-07-31，WuYuhu（吴玉虎）26481 [Holotype，QTPMB（HNWP），模式标本存中国科学院青藏高原生物标本馆].

Partypus，**Qinghai**，**China**（中国青海）：Darlag County（达日县），Manzhang Village（满掌乡），on alpine meadow，alt. 4 290 m. 2003-08-02，WuYuhu（吴玉虎）26797，26809；Jigzhi County（久治县），Wa'eryi Village（哇尔依乡），on Shrub of north slope，alt. 3 670 m. 2003-08-01，WuYuhu（吴玉虎）26753；Baima County（班玛县），Wangroucun，Ya'ertang Village（亚尔堂乡王柔村），on shrub of forest，alt. 3 360 m. 2003-07-28，WuYuhu（吴玉虎）26192；Baima County（班玛县），near county，in valley，alt. 3 750 m. 1983-07-25，Wangweiyi（王为义）26707；Baima County（班玛县），Makehe Forestry Center（马柯河林场），on north slope，alt. 3 375 m. 1983-07-29，Wangweiyi（王为义）26911.

2. 线叶蒲公英（新种）　图版 162：1～5

Taraxacum taxkorganicum Z. X. An ex D. T. Zhai **sp. nov.**

——*T. brevirostre* auct. non Hand.-Mazz.：Фл. СССР，29：547，1964. p. p.；Одув. Казах. и Сред. Азии：40，табл. 2：6. 1975. p. p.

Affine *T. brevirostre* Hand.-Mazz. et *T. goloskokovii* Schischk.，a priore differt achenia parte dilatatis longioribus（4～5 mm.），foliis anguste linearibus（vix 3 mm. lat.）；a posteriore scapis sub involuvro copiose araneoso-tomentosis，pyramis 1 mm. longis differt.

Xinjiang，**China**（中国新疆）：Taxkorgan Tajik Autonomous County（塔什库尔干塔吉克自治县），WuYuhu（吴玉虎）0541 [Holotype，QTPMB（HNWP），模式标本存中国科学院青藏高原生物标本馆]，in locis saxosis montium，alt. 3 600 m，1987-

07 - 09.

本种与短喙蒲公英 *T. brevirostre* Hand.-Mazz. 和小叶蒲公英 *T. goloskokovii* Schischk. 相近，但果体较长（4～5 mm）、叶细线形（宽不超过 3 mm），而与前者不同；花葶顶端有丰富的蛛丝状毛，瘦果有长约 1 mm 的果锥，而与后者也有明显差别。

中名索引

（按笔画顺序排列）

二画

丁香属　71
丁座草　449
二叶獐牙菜　149
二色香青　595
二色党参　520
二齿马先蒿　405

三画

三叶马先蒿　410
三色龙胆　109
三角叶蟹甲草　703
三歧龙胆　84
三斑点马先蒿　405
千里光族　698
千里光属　705
叉枝黄鹌菜　868
口药花属　136
大车前　458
大叶白麻　161
大叶报春　20
大叶橐吾　727
大头续断　514
大花女蒿　618
大花龙胆　93
大花肋柱花　141
大花角蒿　440
大花蒿　638
大苞点地梅　38
大籽蒿　639
大唇马先蒿　395
大翅蓟属　834
女蒿属　617
小毛萼獐牙菜　153
小车前　463
小风毛菊　788
小叶忍冬　487
小叶彩花　63
小叶蒲公英　889
小头花香薷　307
小甘菊属　619
小米草　372
小米草属　371
小舌垂头菊　740
小花风毛菊　812
小花玄参　345
小花西藏微孔草　192
小花鬼针草　608
小花缬草　503
小垂头菊　741
小果齿缘草　221
小果雪兔子　776
小果微孔草　197
小果鹤虱　210
小苦荬属　877
小点地梅　36
小籽口药花　137
小球花蒿　665
小裂叶荆芥　246
小微孔草　197
小缬草　504

山地飞蓬 565
山地糙苏 274
山莨菪 330
山莨菪属 328
山野火绒草 588
川甘毛鳞菊 879
川西小黄菊 611
川西风毛菊 813
川西獐牙菜 154
川续断科 509
川续断属 512
川藏风毛菊 796
川藏沙参 526
飞廉属 835
飞蓬 567
飞蓬属 562
马尔康香茶菜 312
马先蒿属 375
马尿泡 332
马尿泡属 332
马鞭草科 224

四画

中亚风毛菊 804
中亚柳穿鱼 340
中亚秦艽 88
中亚粉苞苣 881
中亚紫菀木 555
中亚蒲公英 899
中国马先蒿 402
中败酱 500
中新风毛菊 807
乌奴龙胆 80
乌恰风毛菊 800
乌恰百里香 302
乌恰还阳参 860
乌恰彩花 61
乌恰黄芩 239
云状雪兔子 773
云南紫菀 547
云雾龙胆 82
五福花 496
五福花科 496
五福花属 496
仁昌龙胆 85
元宝草属 283
六叶龙胆 95
内蒙古旱蒿 644
分枝亚菊 621
分枝列当 446
分药花属 296
匹菊属 610
双角蒲公英 903
天山千里光 710
天山龙胆 88
天山报春 31
天山点地梅 43
天山梣 71
天山彩花 63
天山橐吾 723
天仙子 326
天仙子属 326
天芥菜属 176
少齿黄芩 239
巴隆补血草 67
心萼孪果鹤虱 178
心愿报春 18
无茎黄鹌菜 865
无梗风毛菊 791
无梗齿缘草 216
无喙粉苞苣 884
日本毛连菜 849
木质风毛菊 803
木犀科 70
毛叶蒲公英 888
毛花忍冬 480

毛连菜属 848
毛果齿缘草 218
毛果婆婆纳 368
毛冠菊 572
毛冠菊属 571
毛莲蒿 653
毛球莸 225
毛盔马先蒿 385
毛萼獐牙菜 153
毛颏马先蒿 386
毛蓬子菜 473
毛嘴杜鹃 8
毛穗香薷 308
毛穗夏至草 242
毛鳞菊属 878
水母雪兔子 777
水生龙胆 112
水苏属 291
水茫草 342
水茫草属 342
火绒草 585
火绒草属 576
牛耳风毛菊 793
牛舌草属 185
牛尾蒿 684
牛蒡 820
牛蒡属 820
车前 457
车前科 456
车前属 456
车前状垂头菊 739
长毛风毛菊 791
长叶火绒草 583
长叶车前 462
长叶微孔草 195
长花马先蒿 400
长果婆婆纳 369
长果黄鹌菜 870
长果微孔草 194
长苞大叶报春 20
长苞荆芥 249
长茎飞蓬 566
长齿列当 445
长柱沙参 525
长柱琉璃草 201
长柱琉璃草属 201
长根马先蒿 390
长梗婆婆纳 365
长梗喉毛花 127
长萼龙胆 96
长蕊青兰 261
长蕊青兰属 261
风毛菊属 751
风铃草属 522

五画

丛生刺头菊 817
丛卷毛荆芥 253
东俄洛紫菀 541
丝毛飞廉 835
丝毛刺头菊 818
丝毛蓝刺头 746
丝路蓟 831
凸额马先蒿 399
北千里光 707
北方还阳参 859
北方拉拉藤 471
北水苦荬 362
北车前 463
北艾 660
北极果 10
北极果属 10
北点地梅 37
半扭卷马先蒿 423
半卧狗娃花 534
半球齿缘草 218

卡氏龙胆 105
叶苞蒿 663
四川丁香 72
四川马先蒿 418
四川忍冬 489
四川角蒿 437
四数獐牙菜 151
头花杜鹃 5
宁夏枸杞 323
对叶齿缘草 215
平车前 460
平卧黄芩 238
打箭风毛菊 803
玄参科 338
玄参属 344
玉门点地梅 47
玉树雪兔子 777
甘西鼠尾草 293
甘松 505
甘松属 505
甘肃马先蒿 420
甘青报春 18
甘青青兰 264
甘青微孔草 195
甘露子 291
田旋花 172
白毛杜鹃 4
白毛粉钟杜鹃 3
白叶风毛菊 786
白叶蒿 662
白条纹龙胆 117
白花丹科 56
白花甘肃马先蒿 442
白花刺参 510
白花蒲公英 899
白苞筋骨草 232
白莲蒿 650
白麻 160
白麻属 159
石松状彩花 61
石莲叶点地梅 38
龙胆状车前 458
龙胆科 73
龙胆属 75
龙葵 317
龙蒿 670

六画

亚洲薄荷 303
亚菊属 620
伊朗蒿 649
伊犁绢蒿 688
伊塞克绢蒿 690
优雅风毛菊 814
光山飞蓬 566
光叶扁芒菊 615
光果鸦葱 841
光果婆婆纳 368
光果蒲公英 894
光苞刺头菊 817
光青兰 270
光鸦葱 842
光滑匹菊 614
全叶马先蒿 406
全叶苦苣菜 853
全缘叶青兰 269
全缘兔耳草 356
冰川雪兔子 773
列当 446
列当科 441
列当属 443
刚毛忍冬 490
华马先蒿 393
华北獐牙菜 150
华西忍冬 490
华丽龙胆 99

合头菊属 875
合萼肋柱花 143
向日葵族 605
团花马先蒿 408
地笋属 305
地梢瓜 165
多节青兰 269
多花马先蒿 408
多花亚菊 621
多花微孔草 192
多花蒿 669
多茎还阳参 858
多齿列当 444
多脉报春 17
多榔菊属 700
多鞘雪莲 765
夹竹桃 158
夹竹桃科 157
夹竹桃属 157
尖叶假龙胆 133
尖叶微孔草 198
尖头风毛菊 781
尖角蒲公英 895
尖苞风毛菊 797
尖苞雪莲 765
并头黄芩 237
异叶元宝草 283
异叶忍冬 489
异叶青兰 266
异色风毛菊 784
异苞高山紫菀 544
江孜蒿 675
灰毛甘青青兰 265
灰毛忍冬 494
灰毛软紫草 180
灰毛齿缘草 219
灰叶匹菊 612
灰色马先蒿 388
灰杆补血草 66
灰枝紫菀 539
灰苞蒿 660
百里香属 300
百金花属 74
竹灵消 165
米蒿 656
红叶婆婆纳 362
红叶雪兔子 770
红花还阳参 859
红花岩生忍冬 484
红角蒲公英 900
红果龙葵 319
红枝枸杞 323
红柄雪莲 763
红背杜鹃 8
纤杆蒿 676
纤枝香青 593
纤细绢蒿 692
纤梗蒿 680
羊角子草 164
羊眼花 602
羽叶千里光 711
羽叶扁芒菊 615
羽叶点地梅 53
羽叶点地梅属 53
羽冠大翅蓟 834
羽裂玄参 347
耳柄蒲儿根 718
肉叶雪兔子 768
肉苁蓉属 441
肉果草 341
肉果草属 341
肋柱花 144
肋柱花属 137
西南圆头蒿 668
西南琉璃草 203
西域龙胆 115
西域橐吾 722
西敏诺夫马先蒿 412

西藏马先蒿 398
西藏风毛菊 788
西藏亚菊 624
西藏多榔菊 702
西藏扭连钱 260
西藏报春 33
西藏附地菜 187
西藏泡囊草 325
西藏扁芒菊 617
西藏点地梅 39
西藏茜草 467
西藏微孔草 190
西疆飞蓬 568
西疆短星菊 558
达乌里风毛菊 805
达乌里秦艽 87
阳芋 317
阴郁马先蒿 381

七画

两形鹤虱 207
两裂婆婆纳 363
伸梗龙胆 101
冷蒿 641
冻原白蒿 648
卵叶风毛菊 809
卵果鹤虱 212
块根紫菀 542
忍冬科 477
忍冬属 478
扭连钱 259
扭连钱属 259
扭藿香属 245
报春花科 12
报春花属 15
拟鼻花马先蒿 393
拟篦齿马先蒿 424
杈枝忍冬 494
杜鹃花科 1
杜鹃属 2
束伞女蒿 618
束花粉报春 30
条叶垂头菊 736
条纹龙胆 100
沙生风毛菊 793
沙参属 523
沙蒿 681
沙穗属 272
玛多补血草 68
羌塘雪兔子 772
花叶丁香 72
花叶滇苦菜 850
花锚属 119
苍耳 606
苍耳属 605
苍绿绢蒿 689
苣叶车前 465
苣荬菜 851
补血草属 65
角苞蒲公英 855
角蒿属 436
豆列当 452
豆列当属 451
还阳参属 855
连翘叶黄芩 237
里普氏荆芥 251
针叶龙胆 106
阿尔金风毛菊 802
阿尔泰狗娃花 533
阿克点地梅 42
阿克陶齿缘草 220
阿坝龙胆 117
阿拉善马先蒿 431
阿勒泰橐吾 727
附地菜 187
附地菜属 186

鸡肉参 438
鸡娃草 57
鸡娃草属 56
鸡骨柴 307
麦仁珠 469

八画

乳白香青 596
乳苣 854
乳苣属 854
乳菀属 551
兔耳草属 350
兔唇花属 285
具冠马先蒿 430
刺叶彩花 60
刺头菊属 816
刺芒龙胆 107
刺苞粉苞苣 883
刺齿马先蒿 404
刺旋花 171
刺续断 510
刺续断属 509
单头亚菊 624
单花拉拉藤 474
和田鸦葱 844
和田蒲公英 896
垂头菊属 733
宝盖草 281
岩生忍冬 482
岩生假报春 13
岩参 877
岩参属 876
岩菀 550
岩菀属 550
岩蒿 643
岷山报春 19
岷县龙胆 81
帕米尔分药花 297
帕米尔扭藿香 245
帕米尔报春 31
帕米尔苓菊 751
帕米尔齿缘草 213
帕米尔柳穿鱼 340
帕米尔鸦葱 844
帕米尔新塔花 299
帕米尔橐吾 729
帚状鸦葱 841
抱茎獐牙菜 156
拉拉藤 470
拉拉藤属 468
拉萨狗娃花 536
昆仑山千里光 708
昆仑山橐吾 722
昆仑风毛菊 786
昆仑沙蒿 673
昆仑绢蒿 696
昆仑雪兔子 770
昆仑蒿 683
松蒿属 373
林生风毛菊 808
林沙参 525
林荫千里光 708
果洛杜鹃 6
欧氏马先蒿 392
欧洲地笋 305
欧洲菟丝子 169
歧伞獐牙菜 152
河边龙胆 105
河西苣 871
河西苣属 871
沼生忍冬 487
沿海车前 461
泡囊草属 325
狗舌草属 715
狗娃花属 531
直立点地梅 36

直茎蒿 680
直管列当 448
空桶参 873
线叶千里光 708
线叶蒲公英 891
细叶亚菊 622
细叶还阳参 864
细叶鸦葱 842
细叶益母草 289
细叶彩花 62
细叶黄鹌菜 868
细花獐牙菜 149
细花缬草 503
细根马先蒿 413
细梗千里光 706
细萼扁蕾 122
细裂叶松蒿 375
细裂叶莲蒿 651
细裂黄鹌菜 867
细穗玄参 360
细穗玄参属 358
细穗密花香薷 310
罗布麻 158
罗布麻属 158
肾叶龙胆 110
苓菊属 749
苔状点地梅 48
苞叶雪莲 760
苞芽粉报春 27
若羌紫菀 546
苦苣菜 850
苦苣菜属 849
茄 316
茄科 314
茄属 315
茄参属 335
虎头蓟 819
虎头蓟属 819
败酱科 499
败酱属 499
轮叶马先蒿 415
软紫草 180
软紫草属 178
金川粉报春 26
金沙绢毛苣 875
金黄还阳参 856
青兰属 263
青南马先蒿 399
青海马先蒿 422
青海毛冠菊 571
青海玄参 345
青海合头菊 876
青海刺参 512
青海茄参 336
青海齿缘草 216
青海香青 596
青藏马先蒿 398
青藏风毛菊 810
青藏狗娃花 532
青藏蒿 682
顶羽菊 821
顶羽菊属 821
齿叶玄参 346
齿缘草属 213

九画

南山龙胆 109
南疆苓菊 749
南疆点地梅 41
厚毛马先蒿 423
垫状风毛菊 800
垫状点地梅 48
垫型蒿 645
孪果鹤虱属 177
弯果婆婆纳 365
弯茎还阳参 861

弯齿风毛菊　814
弯管马先蒿　434
弯管列当　447
弯穗补血草　68
总苞微孔草　199
扁芒菊　616
扁芒菊属　614
扁蕾　121
扁蕾属　121
指裂蒿　685
星毛补血草　67
星毛短舌菊　609
星状雪兔子　766
春黄菊族　608
枸杞属　319
染色茜草　467
柔小粉报春　28
柔毛微孔草　194
柔软紫菀　544
柔弱喉毛花　128
柳叶菜风毛菊　812
柳穿鱼属　339
栉叶蒿　698
栉叶蒿属　697
歪斜麻花头　836
点地梅属　34
独一味　277
独一味属　277
狭叶马先蒿　407
狭舌毛冠菊　572
狭舌多榔菊　701
狭舌垂头菊　735
狭果鹤虱　211
狭苞兔耳草　355
狭萼报春　26
狮牙草状风毛菊　797
砂蓝刺头　745
秋鼠麹草　599
类尖头风毛菊　780
绒毛荆芥　253
绒毛蒿　666
绒舌马先蒿　386
美头火绒草　579
美丽匹菊　611
美丽列当　448
美丽百金花　74
美丽沙穗　273
美花补血草　68
美花圆叶筋骨草　234
脉花党参　520
茜草　468
茜草科　466
茜草属　466
荆芥属　248
草地鹤虱　210
草甸马先蒿　419
草甸还阳参　861
草甸雪兔子　767
草苁蓉属　449
草原狗舌草　716
药用蒲公英　903
莛子藨　478
莛子藨属　477
费尔干绢蒿　690
费尔干鹤虱　209
重齿风毛菊　792
重冠紫菀　549
钝苞雪莲　765
钟花报春　22
革叶飞蓬　568
革叶车前　458
香叶蒿　645
香芸火绒草　551
香青兰　267
香青属　577
香茶菜属　311
香薷属　306
鬼针草属　606

鸦葱属 840

十画

倒钩琉璃草 203
倾卧兔耳草 356
党参属 519
准噶尔马先蒿 389
准噶尔拉拉藤 476
准噶尔婆罗门参 848
原拉拉藤 470
唇形科 228
唐古拉点地梅 51
唐古拉婆婆纳 366
唐古特马先蒿 416
唐古特忍冬 488
唐古特莸 225
唐古特雪莲 760
唐古特橐吾 731
圆叶筋骨草 234
圆头蒿 671
圆齿狗娃花 536
圆齿褶龙胆 103
圆萼刺参 511
圆裂风毛菊 789
圆穗兔耳草 358
圆瓣黄花报春 17
夏至草 244
夏至草属 241
夏河紫菀 547
宽叶拉拉藤 472
宽叶齿缘草 215
宽苞微孔草 192
宽齿兔唇花 285
宽齿青兰 272
宽冠粉苞苣 884
弱小火绒草 583
桔梗科 518
浩罕彩花 60
海乳草 54
海乳草属 54
烟草 324
烟草属 323
狸藻 453
狸藻科 453
狸藻属 453
狼紫草 185
班玛杜鹃 6
皱边喉毛花 127
皱褶马先蒿 414
益母草属 288
盐生车前 461
盐生肉苁蓉 442
盐地风毛菊 807
盐蒿 672
砾玄参 348
窄叶小苦荬 878
粉苞苣 883
粉苞苣属 880
粉钟杜鹃 3
粉绿蒲公英 902
绢毛苣 874
绢毛苣属 873
绢毛点地梅 44
绢毛鹤虱 212
绢蒿属 686
翅膜菊属 825
臭蒿 654
莲座蓟 829
莳萝蒿 649
莸属 224
钻叶风毛菊 783
钻状风毛菊 780
钻裂风铃草 523
铃铃香青 591
高大中亚紫菀木 556
高山龙胆 81

高山百里香 300
高山点地梅 43
高山绢蒿 694
高山短星菊 559
高山紫菀 544
高山糙苏 274
高原扁蕾 124
高原点地梅 44
高原香薷 311
高原绢蒿 696
高盐地风毛菊 804
鸭首马先蒿 427

十一画

桲属 70
假九眼菊 824
假水生龙胆 118
假龙胆属 132
假报春 14
假报春属 13
假泽山飞蓬 569
假弯管马先蒿 433
假硕大马先蒿 384
假酸浆 328
假酸浆属 328
假鹤虱齿缘草 219
假鳞叶龙胆 111
偏花报春 24
偏翅龙胆 102
匙叶龙胆 116
匙叶翼首花 514
堇色马先蒿 417
婆罗门参 847
婆罗门参属 847
婆婆纳属 360
宿根肋柱花 141
密序肋柱头 143
密花角蒿 437
密花荆芥 252
密花香薷 309
密枝喀什菊 628
康定风毛菊 795
康定鼠尾草 293
康藏荆芥 258
彩花 62
彩花属 59
斜升秦艽 86
旋花科 169
旋花属 170
旋覆花族 574
旋覆花属 602
曼陀罗 335
曼陀罗属 334
淡黄香青 591
淡紫荆芥 255
匐地龙胆 103
猪毛蒿 678
猪殃殃 471
球花雪莲 764
球花蒿 667
球穗兔耳草 353
琉璃草属 202
盘花垂头菊 737
硕大马先蒿 382
粗茎秦艽 89
粗野马先蒿 382
粗糙蓬子菜 474
绵参 289
绵参属 289
绵苞飞蓬 563
绵穗马先蒿 412
绿花党参 522
菊科 529
菊苣族 837
菊苣属 839
菜椒 337

莱蓟族 746
菟丝子属 169
萝卜秦艽 275
萝藦科 163
野艾蒿 659
野芝麻属 280
野胡麻 371
野胡麻属 371
银叶火绒草 579
银叶蒿 643
银灰旋花 172
银蒿 657
雪山杜鹃 4
雪层杜鹃 7
颈果草 204
颈果草属 204
麻花头属 836
麻花艽 85
黄白火绒草 587
黄白龙胆 115
黄白扁蕾 123
黄芩属 236
黄花川西獐牙菜 154
黄花马先蒿 389
黄花补血草 66
黄花软紫草 179
黄花夏至草 241
黄花烟草 324
黄花粉叶报春 24
黄花鸭首马先蒿 429
黄花蒿 654
黄帚橐吾 732
黄盆花 516
黄腺香青 594
黄鹌菜属 864
黄管秦艽 90
黄缨菊 823
黄缨菊属 822

十二画

喀什牛皮消 167
喀什风毛菊 805
喀什补血草 65
喀什兔唇花 288
喀什菊属 628
喀什蜡菊 600
喉毛花 126
喉毛花属 125
喜马拉雅沙参 524
喜马拉雅垂头菊 735
塔什库尔干荆芥 251
寒生蒲公英 893
寒地报春 25
寒蓬属 561
戟叶火绒草 578
戟叶鹅绒藤 164
掌叶橐吾 723
掌裂蒿 676
散布报春 27
斑唇马先蒿 401
斯文马先蒿 426
朝天椒 337
棘枝忍冬 485
椭圆叶天芥菜 177
椭圆叶花锚 119
湿生扁蕾 123
湿地蒿 655
琴盔马先蒿 405
番茄 327
番茄属 327
疏序黄帚橐吾 733
疏花齿缘草 217
疏散微孔草 192
短舌菊属 609
短花柱婆婆纳 366

短齿列当 444
短星火绒草 582
短星菊 558
短星菊属 556
短柄龙胆 92
短柄野芝麻 280
短药肋柱花 139
短唇马先蒿 413
短梗鹤虱 209
短喙粉苞苣 881
短喙蒲公英 891
短筒獐牙菜 148
短葶小点地梅 37
短腺小米草 373
短管兔耳草 353
短蕊龙胆 105
短穗兔耳草 352
硬毛拉拉藤 472
硬苞刺头菊 819
筋骨草属 231
策勒蒲公英 895
紫叶兔耳草 357
紫红假龙胆 136
紫花半扭卷马先蒿 424
紫花龙胆 108
紫花冷蒿 641
紫罗兰报春 20
紫草科 175
紫菀族 530
紫菀属 538
紫菀木属 553
紫筒花 179
紫筒草 181
紫筒草属 181
紫葳科 436
紫缨乳菀 551
缘毛紫菀 541
缘毛橐吾 731
葱岭蒲公英 889
葵花大蓟 827
蛛毛车前 459
裂叶风毛菊 778
裂叶荆芥属 246
道孚龙胆 96
铺散亚菊 623
铺散肋柱花 140
阔刺兔唇花 286
雅江点地梅 46
集花龙胆 92
鹅绒藤属 163
鹅首马先蒿 429
黑毛雪兔子 776
黑边假龙胆 134
黑果枸杞 320

十三画

蜀西香青 594
微孔草 198
微孔草属 188
新塔花属 299
新缬草 507
新缬草属 507
新疆千里光 713
新疆亚菊 627
新疆齿缘草 221
新疆枸杞 321
新疆党参 521
新疆假龙胆 133
新疆蓟 829
新疆缬草 504
新疆蝟菊 824
矮小风毛菊 790
矮小白苞筋骨草 223
矮小忍冬 495
矮小还阳参 860
矮小苓菊 750

矮火绒草　581
矮丛风毛菊　785
矮丛蒿　657
矮生甘青青兰　265
矮生忍冬　485
矮生豆列当　451
矮亚菊　626
矮垂头菊　743
矮齿缘草　217
矮假龙胆　135
矮密花香薷　310
矮蓝刺头　745
矮鼠麹草　599
碎米蕨叶马先蒿　425
腹脐草　186
腹脐草属　186
腺毛飞蓬　567
腺毛风毛菊　784
腺毛柔软紫菀　546
腺毛菊苣　839
蒙古鸦葱　845
蒙古莸　224
蒙古蒿　664
蒙古鹤虱　207
蒙青绢蒿　688
蒲儿根属　717
蒲公英属　886
蒿属　630
蓝玉簪龙胆　97
蓝白龙胆　113
蓝灰龙胆　100
蓝舌飞蓬　563
蓝花荆芥　257
蓝刺头族　744
蓝刺头属　744
蓝刺鹤虱　208
蓝盆花属　516
蓝钟花　519
蓝钟花属　518
蓝钟喉毛花　131
蓟属　826
蓬子菜　473
辐状肋柱花　142
辐花　145
辐花属　145
锚刺果　202
锚刺草属　202
锡金蒲公英　898
锯叶风毛菊　809
鼠尾草属　292
鼠麹草属　598
鼠麹雪兔子　774

十四画

截萼忍冬　493
獐牙菜属　148
碱菀　552
碱菀属　552
管花肉苁蓉　442
管花秦艽　90
聚头绢蒿　697
膜边獐牙菜　148
膜果龙胆　101
膜苞雪莲　759
膜鞘雪莲　763
蓼子朴　603
蜡菊属　600
褐毛垂头菊　737
褐毛橐吾　721
褐花雪莲　761
辣椒　337
辣椒属　336

十五画

箭叶橐吾　725

缬草 500
缬草属 502
蝟菊属 823
蝶须 575
蝶须属 575
鹤虱属 206

十六画以上

儒侏马先蒿 416
橐吾属 718
橙舌狗舌草 715
糙叶纤枝香青 593
糙苏属 273
糙草 183
糙草属 183
薄叶翅膜菊 825
薄荷 303
薄荷属 302
穗状百金花 75
黏毛蒿 668
黏毛鼠尾草 294
翼首花属 514
藏玄参 350
藏玄参属 348
藏白蒿 648
藏龙蒿 674
藏西忍冬 492
藏沙蒿 673
藏角蒿 438
藏岩蒿 672
藏寒蓬 561
藏新风毛菊 799
藏蒲公英 896
藏蓟 832
藓生马先蒿 398
鹬形马先蒿 430
镰萼喉毛花 129
鼬瓣花 279
鼬瓣花属 279
蟹甲草属 703
灌木小甘菊 619
灌木亚菊 626
灌木旋花 171
灌木紫菀木 553
鳞叶龙胆 111
鳞叶点地梅 49

拉丁名索引

（按字母顺序排列）

A

Acantholimon Boiss. 59
alatavicum Bunge 60
borodinii Krasan. 62
diapensioides Boiss. 63
hedinii Ostenf. 62
kokandense Bunge 60
lycopodioides (Girard) Boiss. 61
popovii Czerniak. 61
tianschanicum Czerniak. 63
Acroptilon Cass. 821
repens (Linn.) DC. 821
Actinocarya Benth. 202
tibetica Benth. 202
Adenophora Fisch. 523
himalayana Feer 524
liliifolioides Pax et Hoffm. 526
stenanthina (Ledeb.) Kitagawa 525
subsp. sylvatica Hong 525
Adoxa Linn. 496
moschatellina Linn. 496
ADOXACEAE 496
Ajania Poljak. 620
fastigiata (Winkl.) Poljak. 627
fruticulosa (Ledeb.) Poljak. 626
khartensis (Dunn) Shih 623
myriantha (Franch.) Ling ex Shih 621
ramosa (Chang) Shih 621
scharnhorstii (Regel et Schmalh.) Tzvel. 624
tenuifolia (Jacq.) Tzvel. 622
tibetica (Hook. f. et Thoms. ex C. B. Clarke) Tzvel. 624
trilobata Poljak. 626
Ajuga Linn. 231
lupulina Maxim. 232
humilis Sun ex C. H. Hu 233
ovalifolia Bur. et Franch. 234
var. calantha (Diels) C. Y. Wu et C. Chen 234
Alajja S. Ikonn. 283
anomala (Juz.) S. Ikonn. 283
Alfredia Cass. 825
acantholepis Kar. et Kir. 825
Anaphalis DC. 588
aureo-punctata Lingelsh et Borza 594
bicolor (Franch.) Diels 595
var. kokonorica Ling 596
flavescens Hand. -Mazz. 591
gracilis Hand. -Mazz. 593
var. aspera Hand. -Mazz. 593
hancockii Maxim. 591
lactea Maxim. 596
souliei Diels 594
Anchusa Linn. 185
ovata Lehmann 185
Androsace Linn. 34
akbaitalensis Derg. 42
brachystegia Hand. -Mazz. 47
erecta Maxim. 36
flavescens Maxim. 41
gmelinii (Gaertn.) Roem. et Schult. 36
var. geophila Hand. -Mazz. 37

integra (Maxim.) Hand. -Mazz. 38
mariae Kanitz 39
maxima Linn. 38
muscoidea Duby 48
olgae Ovcz. 43
ovczinnikovii Schischk. et Bobr. 43
septentrionalis Linn. 37
sericea Ovcz. 44
squarrosula Maxim. 49
tangulashanensis Y. C. Yang et R. F. Huang 51
tapete Maxim. 48
yargongensis Petitm. 46
zambalensis (Petitm.) Hand. -Mazz. 44

Anisodus Link et Otto 328
tanguticus (Maxim.) Pascher 330

APOCYNACEAE 157

Apocynum Linn. 158
venetum Linn. 158

Arctium Linn. 820
lappa Linn. 820

Arctous (A. Gray) Niedenzu 10
alpinus (Linn.) Niedenzu 10

Arnebia Forssk. 178
euchroma (Royle) Johnst. 180
fimbriata Maxim. 180
guttata Bunge 179
obovata Bunge 179

Artemisia Linn. 630
anethoides Mattf. 649
annua Linn. 654
argyrophylla Ledeb. 643
austriaca Jacq. 657
caespitosa Ledeb. 657
campbellii Hook. f. et Thoms. 666
dalai-lamae Krasch. 656
demissa Krasch. 676
desertorum Spreng. 681
dracunculus Linn. 670
dubia Wall. ex Bess. 684
duthreuil-de-rhinsi Krasch. 682
edgeworthii Balakr. 680
frigida Willd. 640
var. atropurea Pamp. 641
gmelinii Web. ex Stechm. 651
gyangzeensis Ling et Y. R. Ling 675
halodendron Turcz. ex Bess. 672
hedinii Ostenf. et Pauls. 654
kuschakewiczii Winkl. 676
lavandulaefolia DC. 659
leucophylla (Turcz. ex Bess.) C. B. Clarke 662
macrocephala Jacq. ex Bess. 638
mattfeldii Pamp. 668
minor Jacq. ex Bess. 645
mongolica (Fisch. ex Bess.) Nakai 664
moorcroftiana Wall. ex DC. 665
myriantha Wall. ex Bess. 669
nanschanica Krasch. 683
persica Boiss. 649
pewzowii Winkl. 680
phyllobotrys (Hand. -Mazz.) Ling et Y. R. Ling 663
prattii (Pamp.) Ling et Y. R. Ling 672
roxburghiana Bess. 660
rupestris Linn. 643
rutifolia Steph. ex Spreng. 645
sacrorum Ledeb. 650
saposhnikovii Krasch. ex Poljak. 673
scoparia Waldst. et Kit. 678
sieversiana Ehrhart. ex Willd. 639
sinensis (Pamp.) Ling et Y. R. Ling 668
smithii Mattf. 667
sphaerocephala Krasch. 671
stracheyi Hook. f. et Thoms. ex C. B. Clarke 648
tournefortiana Reichb. 655
tridactyla Hand. -Mazz. 685

vestita Wall. ex Bess. 653
vulgaris Linn. 660
waltonii J. R. Drumm. ex Pamp. 674
wellbyi Hemsl. et Pears. ex Deasy 673
xerophytica Krasch. 644
younghusbandii J. R. Drumm. ex Pamp. 648
ASCLEPIADACEAE 163
Asperugo Linn. 183
procumbens Linn. 183
Aster Linn. 538
alpinus Linn. 542
var. diversisquamus Ling 544
asteroides (DC.) O. Kuntze 542
diplostephioides (DC.) C. B. Clarke 549
flaccidus Bunge 544
subsp. glandulosus (Keissl.) Onno 546
poliothamnus Diels 539
ruoqiangensis Y. Wei et Z. X. An 546
souliei Franch. 541
tongolensis Franch. 541
yunnanensis Franch. 547
var. labrangensis (Hand. -Mazz.) Ling 547
Asterothamnus Novopokr. 553
centrali-asiaticus Novopokr. 555
var. procerior Novopokr. 556
fruticosus (Winkl.) Novopokr. 553

B

Bidens Linn. 606
parviflora Willd. 608
BIGNONIACEAE 436
BORAGINACEAE 175
Boschniakia C. A. Mey. ex Bong. 449
himalaica Hook. f. et Thoms. 449
Brachanthemum DC. 609
pulivinatum (Hand. -Mazz.) Shih 609
Brachyactis Ledeb. 556
alpinus Y. Wei et Z. X. An 559
ciliata Ledeb. 558
roylei (DC.) Wendelbo 558

C

Campanula Linn. 522
aristata Wall. 523
CAMPANULACEAE 518
Cancrinia Kar. et Kir. 619
maximowiczii C. Winkl. 619
CAPRIFOLIACEAE 477
Capsicum Linn. 336
annuum Linn. 337
var. conoides (Mill.) Irish 337
var. grossum (Linn.) Sendt. 337
Carduus Linn. 835
crispus Linn. 835
Caryopteris Bunge 224
mongholica Bunge 224
tangutica Maxim. 225
trichosphaera W. W. Smith 225
Centaurium Hill 74
pulchellum (Swartz) Druce 74
spicatum (Linn.) Fritsch. 75
Chaetoseris Shih 878
roborowskii (Maxim.) Shih 879
Chondrilla Linn. 880
ambigua Fisch. ex Kar. et Kir. 884
brevirostris Fisch. et C. A. Mey. 881
laticoronata Leonova 884
lejosperma Kar. et Kir. 883
ornata Iljin 881
piptocoma Fisch. et C. A. Mey. 883
Cicerbita Wallr. 876
azurea (Ledeb.) Beauv. 877
Cichorium Linn. 839
glandulosum Boiss. et Huet. 839
Cirsium Mill. 826
arvense (Linn.) Scop. 831

esculentum (Sievers) C. A. Mey. 829
lanatum (Roxb. ex Willd.) Spreng. 832
semenovii Regel et Schmalh. 829
souliei (Franch.) Mattf. 827
Cistanche Hoffmanns et Link. 441
salsa (C. A. Mey.) G. Beck 442
tubulosa (Schrenk) Wight 442
Codonopsis Wall. 519
bicolor Nannf. 521
clematidea (Schrenk) C. B. Clarke 521
nervosa (Chipp) Nannf. 520
viridiflora Maxim. 522
Comastoma (Wettst.) Toyokuni 125
cyananthiflorum (Franch. ex Hemsl.) Holub 131
falcatum (Turcz. ex Kar. et Kir.) Toyokuni 129
pedunculatum (Royle ex D. Don) Holub 127
polycladum (Diels et Gilg) T. N. Ho 127
pulmonarium (Turca.) Toyokuni 126
tenellum (Rottb.) Toyokuni 128
COMPOSITAE 529
CONVOLVULACEAE 169
Convolvulus Linn. 170
ammannii Desr. 172
arvensis Linn. 172
fruticosus Pall. 171
tragacanthoides Turcz. 171
Cortusa Linn. 13
brotheri Pax ex Lipsky 13
matthioli Linn. 14
Cousinia Cass. 816
caespitosa Winkl. 817
lasiophylla Shih 818
leiocephala (Regel) Juz. 817
sclerolepis Shih 819
Cremanthodium Benth. 733
brunneo-pilosum S. W. Liu 737
decaisnei C. B. Clarke 735
discoideum Maxim. 737
ellisii (Hook. f.) Kitam. 739
humile Maxim. 743
lineare Maxim. 736
microglossum S. W. Liu 740
nanum (Decne.) W. W. Smith 741
stenoglossum Ling et S. W. Liu 735
Crepis Linn. 855
chrysantha (ledeb.) Turcz. 856
crocea (Lam.) Babcock 859
flexuosa (Ledeb.) C. B. Clarke 861
var. tenuifolia Z. X. An 864
karelinii M. Popov. et Schischk. ex Czer. 860
lactea lipsch. 859
multicaulis Ledeb. 858
nana Richards. 860
pratensis Shih 861
Cuscuta Linn. 169
europaea Linn. 169
Cyananthus Wall. ex Benth. 518
hookeri C. B. Clarke 519
Cynanchum Linn. 163
cathayense Tsiang et Zhang 164
inamoenum (Maxim.) Loes. 165
kashgaricum Liou f. 167
sibiricum Willd. 164
thesioides (Freyn) K. Schum. 165
Cynoglossum Linn. 202
wallichii G. Don 203
var. glochidiatum (Wall. ex Benth.) Kazmi 203

D

Datura Linn. 334
stramonium Linn. 335
DIPSACACEAE 509
Dipsacus Linn. 512
chinensis Batal. 514

Dodartia Linn. 371
orientalis Linn. 371
Doronicum Linn. 700
stenoglossum Maxim. 701
thibetanum Cavill. 702
Dracocephalum Linn. 263
heterophyllum Benth. 266
imberbe Bunge 270
integrifolium Bunge 269
moldavica Linn. 267
nodulosum Rupr. 269
paulsenii Briq. 272
tanguticum Maxim. 264
var. cinereum Hand. -Mazz. 265
var. nanum C. Y. Wu et W. T. Wang 265

E

Echinops Linn. 744
gmelini Turcz. 745
humilis M. Bieb. 745
nanus Bunge 746
Elsholtzia Willd. 306
cephalantha Hand. -Mazz. 307
densa Benth. 309
var. calycocarpa (Diels) C. Y. Wu et S. C. Huang 310
var. ianthina (Maxim. ex Kanitz) C. Y. Wu et S. C. Huang 310
eriostachya Benth. 308
feddei Levl. 311
fruticosa (D. Don) Rehd. 307
Eremostachys Bunge 272
speciosa Rupr. 273
ERICACEAE 2
Erigeron Linn. 562
acer Linn. 567
elongatus Ledeb. 566
var. glandulosus Y. Wei et Z. X. An 567
eriocalyx (Ledeb.) Vierh. 563
krylovii Serg. 568
leioreades M. Popov. 566
oreades (Schrenk) Fisch. et C. A. Mey. 565
pseudoseravschanicus Botsch. 569
schmalhausenii M. Popov 568
vicarius Botsch. 563
Eriophyton Benth. 289
wallichii Benth. 289
Eritrichium Schrad. 213
canum (Benth.) Kitamura 219
hemisphaericum W. T. Wang 218
humillimum W. T. Wang 217
lasiocarpum W. T. Wang 218
latifolium Kar. et Kir. 215
laxum Johnst. 217
longifolium Decaisne 220
medicarpum Lian et J. Q. Wang 216
pamiricum Fedtsch. 214
pseudolatifolium M. Popov 215
sessilifructum Lian et J. Q. Wang 216
sinomicrocarpum W. T. Wang 221
subjacquemontii M. Popov 221
thymifolium (DC.) Lian et J. Q. Wang 219
Euphrasia Linn. 371
pectinata Ten. 372
regelii Wettst. 373

F

Fedtschenkiella Kudr. 261
staminea (Kar. et. Kir.) Kudr. 261
Fraxinus Linn. 70
sogdiana Bunge 71

G

Galatella Cass. 551
chromopappa Novopokr. 551

Galeopsis Linn. 279
bifida Boenn. 279
Galium Linn. 468
aparine Linn. 470
var. echinospermum (Wallr.) Cuf. 470
var. tenerum (Greni et Godr) Rchb. 471
boreale Linn. 471
var. ciliatum Nakai 472
var. latifolium Turcz. 472
exile Hook. f. 474
soongoricum Schrenk 476
tricorne Stokes 469
verum Linn. 472
var. tomentosum (Nakai) Nakai 473
var. trachyphyllum Wallr. 474
Gastrocotyle Bunge 186
hispida (Forssk.) Bunge 186
Gentiana (Tourn.) Linn. 75
abaensis T. N. Ho 117
algida Pall. 81
altorum H. Smith ex Marq. 96
aquatica Linn. 112
aristata Maxim. 107
burkillii H. Smith 117
caeruleo-grisea T. N. Ho 100
clarkei Kusnez. 115
crassicaulis Duthie ex Burk. 89
crassuloides Bureau et Franch. 110
crenulato-truncata (Marq.) T. N. Ho 103
dahurica Fisch. 87
decumbens Linn. f. 86
dolichocalyx T. N. Ho 96
grumii Kusnez. 109
heleonastes H. Smith ex Marq. 106
hexaphylla Maxim. ex Kusnez. 95
hyalina T. N. Ho 101
kaufmanniana Regel et Schmalh. 88
leucomelaena Maxim. 113
nubigena Edgew. 82
officinalis H. Smith 90
olivieri Griseb. 92
prattii Kusnez. 115
producta T. N. Ho 101
prostrata Haenk. 103
var. ludllowii (Marq.) T. N. Ho 105
var. karelinii (Griseb.) Kusnezow 105
pseudo-aquatica Kusnez. 118
pseudosquarrosa H. Smith 111
pudica Maxim. 102
purdomii Marq. 81
riparia Kar. et Kir. 105
sino-ornata Balf f. 99
siphonantha Maxim. ex Kusnez. 90
spathulifolia Maxim. ex Kusnez. 116
squarrosa Ledeb. 111
stipitata Edgew. 92
straminea Maxim. 85
striata Maxim. 100
syringea T. N. Ho 108
szechenyii Kanitz 93
tianschanica Rupr. 88
trichotoma Kusnez. 84
var. chingii (Marq.) T. N. Ho 85
tricolor Diels et Gilg 109
urnula H. Smith 80
veitchiorum Hemsl. 97
GENTIANACEAE 73
Gentianella Moench 132
acuta (Michx.) Hulten 133
arenaria (Maxim.) T. N. Ho 136
azurea (Bunge) Holub 134
pygmaea (Regel et Schmalh.) H. Smith 135
turkestanorum (Gand.) Holub 133
Gentianopsis Ma 121
barbata (Fröel.) Ma 121
var. albo-flavida T. N. Ho 123
var. stenocalyx H. W. Li ex T. N. Ho 122

paludosa (Hook. f.) Ma 123
var. alpina T. N. Ho 124
Glaux Linn. 54
maritima Linn. 54
Gnaphalium Linn. 598
hypoleucum DC. 599
stewartii C. B. Clarke ex Hook. f. 599

H

Halenia Borkh. 119
elliptica D. Don 119
Helichrysum Mill. 600
kashgaricum Z. X. An 600
Heliotropium Linn. 176
ellipticum Ledeb. 177
Heteropappus Less. 531
altaicus (Willd.) Novopokr. 533
bowerii (Hemsl.) Griers. 532
crenatifolius (Hand. -Mazz.) Griers. 536
gouldii (C. E. C. Fisch.) Griers. 536
semiprostratus Griers. 534
Hippolytia Poljak. 617
desmantha Shih 618
megacephala (Rupr.) Poljak. 618
Hyoscyamus Linn. 326
niger Linn. 326

I

Incarvillea Juss. 436
beresowskii Batal. 437
compacta Maxim. 437
mairei (Levl.) Griers. 438
var. grandiflora (Wehrhahn) Griers. 440
younghusbandii Sprague 438
Inula Linn. 602
rhizocephala Schrenk 602
salsoloides (Turcz.) Ostenf 603
Ixeridium (A. Gray) Tzvel. 877
gramineum (Fisch.) Tzvel. 878

J

Jaeschkea Kurz 136
microsperma C. B. Clarke 137
Jurinea Cass. 749
algida Iljin 750
kaschgarica Iljin 749
pamirica Shih 751

K

Kaschgaria Poljak. 628
brachanthemoides (Winkl.) Poljak. 628
Krylovia Schischk. 550
limoniifolia (Less.) Schischk. 550

L

LABIATAE 228
Lagochilus Bunge 285
kaschgaricus Rupr. 288
macrodentus Knorr. 285
platyacanthus Rupr. 286
Lagopsis Bunge ex Benth. 241
eriostachys (Benth.) Ik. -Gal. ex Knorr. 242
flava Kar. et Kir. 241
supina (Steph.) Ik. -Gal. ex Knorr. 244
Lagotis Gaertn. 350
angustibracteata Tsoong et Yang 355
brachystachya Maxim. 352
brevituba Maxim. 353
decumbens Rupr. 356
globosa (Kurz) Hook. f. 353
integra W. W. Smith 356
praecox W. W. Smith 357
ramalana Batal. 358
Lamiophlomis Kudo 277
rotate (Benth.) Kudo 277

Lamium Linn. 280
album Linn. 280
amplexicaule Linn. 281
Lancea Hook. f. et Thoms. 341
tibetica Hook. f. et Thoms. 341
Lappula Moench 206
consanguinea (Fisch. et C. A. Mey.) Gürke 208
duplicicarpa N. Pavl. 207
ferganensis (M. Popov) Kamelin et G. L. Chu 209
intermedia (Ledeb.) M. Popov 207
microcarpa (Ledeb.) Gürke 210
patula (Lehm.) Aschers. ex Gürke 212
pratensis C. J. Wang 210
semiglabra (Ledeb.) Gürke 211
sericata M. Popov 212
tadshikorum M. Popov 209
LENTBULARIACEAE 453
Leontopodium R. Brown 476
brachyactis Gandog. 582
calocephalum (Franch.) Beauv. 579
campestre (Ledeb.) Hand. -Mazz. 588
dedekensii (Bur. et Franch.) Beauv. 578
haplophylloides Hand. -Mazz. 577
leontopodioides (Willd.) Beauv. 585
longifolium Ling 583
nanum (Hook. f. et Thoms.) Hand. -Mazz. 581
ochroleucum Beauv. 587
pusillum (Beauv.) Hand. -Mazz. 583
souliei Beauv. 579
Leonurus Linn. 288
sibiricus Linn. 289
Ligularia Cass. 718
alpigena Pojark. 729
altaica DC. 727
kunlunshanica Z. X. An 722
liatroides (Winkl.) Hand. -Mazz. 731
macrophylla (Ledeb.) DC. 727
narynensis (Winkl.) O. et B. Fedtsch. 723
przewalskii (Maxim.) Diels 723
purdomii (Turrill) Chittenden 721
sagitta (Maxim.) Mattf. 725
tangutorum Pojark. 731
thomsonii (C. B. Clarke) Pojark. 722
virgaurea (Maxim.) Mattf. 732
var. oligocephalum (R. Good) S. W. Liu 733
Limonium Mill. 65
aureum (Linn.) Hill. 66
var. dielsianum (Wangerin) Peng 67
var. maduoensis Y. C. Yang et Y. H. Wu 68
var. potaninii (Ik. -Gal.) Peng 67
drepanostachyum Ik. -Gal. 68
subsp. callianthum Peng 68
kaschgaricum (Rupr.) Ik. -Gal. 65
roborowskii Ik. -Gal. 66
Limosella Linn. 342
aquatica Linn. 342
Linaria Mill. 339
kulabensis B. Fedtsch. 340
popovii Kuprian. 340
Lindelofia Lehm. 201
stylosa (Kar. et Kir.) Brand 201
Lomatogoniopsis T. N. Ho et S. W. Liu 145
alpina T. N. Ho et S. W. Liu 145
Lomatogonium A. Br. 137
brachyantherum (C. B. Clarke) Fern. 139
carinthiacum (Wulfen.) A. Br. 144
gamosepalum (Burk.) H. Smith 143
macranthum (Diels et Gilg) Fern. 141
perenne T. N. Ho et S. W. Liu ex J. X. Yang 141
rotatum (Linn.) Fries ex Nym. 142
var. floribundum (Franch.) T. N. Ho 143

thomsonii (C. B. Clarke) Fern. 140

Lonicera Linn. 478

alberti Regel 487

altmannii Regel et Schmalh. 493

cinerea Pojark. 492

heterophylla Decne. 489

hispida Pall. ex Roem. et Schult. 490

humilis Kar. et Kir. 495

microphylla Willd. ex Roem. et Schult. 487

minuta Batal. 485

rupicola Hook. f. et Thoms. 482

var. syringantha (Maxim.) Zabel 484

semenovii Regel 492

simulatrix Pojark. 494

spinosa Jacq. ex Walp. 484

szechuanica Batal. 489

tangutica Maxim. 488

trichosantha Bur. et Franch. 480

webbiana Wall. ex DC. 490

Lophanthus Adans. 245

subnivalis Lipsky. 245

Lycium Linn. 319

barbarum Linn. 323

dasystemum Pojark. 321

var. rubricaulium A. M. Lu 323

ruthenicum Murr. 320

Lycopersicon Mill 327

esculentum Mill. 327

Lycopus Linn. 305

europaeus Linn. 305

M

Mandragora Linn. 335

chinghaiensis Kuang et A. M. Lu 336

Mannagettaea H. Smith 451

hummelii H. Smith 451

labiata H. Smith 452

Mentha Linn. 302

asiatica Boriss. 303

haplocalyx Briq. 303

Metaeritrichium W. T. Wang 204

microuloides W. T. Wang 204

Microula Benth. 188

blepharolepis (Maxim.) Johnst. 198

diffusa (Maxim.) Johnst. 192

floribunda W. T. Wang 192

involucriformis W. T. Wang 199

pseudotrichocarpa W. T. Wang 195

pustulosa (C. B. Clarke) Duthie 197

rockii Johnst. 194

sikkimensis (C. B. Clarke) Hemsl. 198

tangutica Maxim. 192

tibetica Benth. 190

var. pratensis (Maxim.) W. T. Wang 192

trichocarpa (Maxim.) Johnst. 195

turbinata W. T. Wang 194

younghusbandii Duthie 197

Morina Linn. 509

chinensis (Batal.) Diels 511

kokonorica Hao 512

nepalensis D. Don 510

var. alba (Hand. -Mazz.) Y. C. Tang ex C. H. Hsing 510

Mulgedium Cass. 854

tataricum (Linn.) DC. 854

N

Nannoglottis Maxim. 571

carpesioides Maxim. 572

gynura (Winkl.) Ling et Y. L. Chen 572

ravida (Winkl.) Y. L. Chen 571

Nardostachys DC. 505

chinensis Batal. 505

Neopallasia Poljak. 697

pectinata (Pall.) Poljak. 698

Nepeta Linn. 248

coerulescens Maxim. 257
densiflora Kar. et Kir. 252
floccosa Benth. 253
kokanica Regel 253
lipskyi Kudr. 251
longibracteata Benth. 249
prattii Levl. 258
taxkorganica Y. F. Chang 251
yanthina Franch. 255
Nerium Linn. 157
indicum Mill. 158
Nicandra Adans. 328
physaloides (Linn.) Gaertn. 328
Nicotiana Linn. 323
rustica Linn. 324
tabacum Linn. 324

O

OLEACEAE 70
Olgaea Iljin 823
pectinata Iljin 824
roborowskyi Iljin 24
Onopordum Linn. 834
leptolepis DC. 834
Oreosolen Hook. f. 348
wattii Hook. f. 350
OROBANCHACEAE 441
Orobanche Linn. 443
aegyptiaca Pers. 446
amoena C. A. Mey. 448
cernua Loefling 447
var. hansii (A. Kerner) G. Beck 448
coelestis (Reuter) Boiss. et Reuter ex Beck 445
coerulescens Steph. 446
kelleri Novopokr. 444
uralensis G. Beck 444

P

Parasenecio W. W. Smith et Small 703
deltophyllus (Maxim.) Y. L. Chen 703
Patrinia Juss. 499
intermedia (Horn.) Roem. et Schult. 500
Pedicularis Linn. 375
alaschanica Maxim. 431
anas Maxim. 427
var. xanthantha (Li) Tsoong 429
armata Maxim. 404
var. trimaculata X. F. Lu 405
bidentata Maxim. 405
brevilabris Franch. 413
cheilanthifolia Schrenk 425
subsp. svenhedinii (Pauls.) Tsoong. 426
chenocephala Diels 429
chinensis Maxim. 402
cinerascens Franch. 388
cranolopha Maxim. 399
cristatella Pennell et Li ex Li 430
curvituba Maxim. 434
dolichorrhiza Schrenk 390
flava Pall. 389
floribunda Franch. 408
heydei Prain 407
ingens Maxim. 382
integrifolia Hook. f. 406
kansuensis Maxim. 420
subsp. kansuensis Maxim. f. albiflora Li 422
subsp. kokonorica Tsoong. 422
subsp. villosa Tsoong 423
lachnoglossa Hook. f. 386
lasiophrys Maxim. 386
longiflora Rudolph 400
var. tubiformis (Klotz.) Tsoong 401
ludwigii Regel 413
lyrata Prain ex Maxim. 405

muscicola Maxim. 398
oederi Vahl 392
var. sinensis (Maxim.) Hurus. 393
pectinatiformis Bonati 424
pilostachya Maxim. 412
plicata Maxim. 414
przewalskii Maxim. 398
subsp. australis (Li) Tsoong 399
pseudocurvituba Tsoong 433
pseudo-ingens Bonati 384
pygmaea Maxim. 416
rhinanthoides Schrenk ex Fisch. et C. A. Mey. 393
subsp. labellata (Jacques.) Tsoong 395
roylei Maxim. 419
rudis Maxim. 382
scolopax Maxim. 430
semenovii Regel 412
semitorta Maxim. 423
var. porphyrantha Z. L. Wu 424
songarica Schrenk 389
sphaerantha Tsoong 408
szetschuanica Maxim. 418
ternata Maxim. 410
tibetica Franch. 396
trichoglossa Hook. f. 385
tristis Linn. 381
verticillata Linn. 415
subsp. tangutica (Bonati) Tsoong 416
violascens Schrenk 417
Perovskia Karel. 296
pamirica C. Y. Yang et B. Wang 297
Phlomis Linn. 273
alpina Pall. 274
medicinalis Diels 275
oreophila Kar. et Kir. 274
Phtheirospermum Bunge 373
tenuisectum Bur. et Franch. 375
Phyllophyton Kudo 259
complanatum (Dunn) Kudo 259
tibeticum (Jacquem.) C. Y. Wu 260
Physochlaina G. Don 325
praealta (Decne.) Miers 325
Picris Linn. 810
japonica Thunb. 811
PLANTAGINACEAE 456
Plantago Linn. 456
arachnoidea Schrenk. 459
asiatica Linn. 457
depressa Willd. 460
gentianoides Sibth. et Smith 458
subsp. griffithii (Decne.) Rech. f. 458
lanceolata Linn. 462
major Linn. 458
maritime Linn. 461
subsp. ciliata Printz 461
media Linn. 463
minuta Pall. 463
perssonii Pilger 465
Plumbagella Spach 56
micrantha (Ledeb.) Spach 57
PLUMBAGINACEAE 56
Poacynum Baill. 159
hendersonii (Hook. f.) Woodson. 161
pictum (Schrenk) Baill. 160
Pomatosace Maxim. 53
filicula Maxim. 53
Primula Linn. 15
algida Adam 25
conspersa Balf. f. et Purdom 27
fangii Chen et C. M. Hu 26
fasciculata Balf. f. et Ward 30
flava Maxim. 24
gemmifera Batal. 27
macrophylla D. Don 20
var. moorcroftiana (Wall. ex Klatt) W. W. Smith et Fletcher 20
nutans Georgi 31

optata Farrer 18
orbicularis Hemsl. 17
pamirica Fed. 31
polyneura Franch. 17
pumilio Maxim. 28
purdomii Craib 20
secundiflora Franch. 24
sikkimensis Hook. f. 22
stenocalyx Maxim. 26
tangutica Duthie 18
tibetica Watt. 33
woodwardii Balf. f. 19
PRIMULACEAE 12
Przewalskia Maxim. 332
tangutica Maxim. 332
Psychrogeton Boiss. 561
poncinsii (Franch.) Ling et Y. L. Chen 561
Pterocephalus Vaill. ex Adans. 514
hookeri (C. B. Clarke) Höck. 514
Pyrethrum Zinn. 610
arrasanicum (Winkl.) O. et B. Fedtsch. 614
pulchrum Ledeb. 611
pyrethroides (Kar. et Kir.) B. Fedtsch. ex Krasch. 612
tatsienense (Bur. et Franch.) Ling ex Shih 611

R

Rabdosia (Bl.) Hassk. 311
smithiana (Hand. -Mazz.) Hara 312
Rhododendron Linn. 2
aganniphum Balf. f. et K. Ward 4
balfourianum Diels 3
var. aganniphoides Tagg et Forrest 3
bamaense Z. J. Zhao 6
capitatum Maxim. 5
gologense C. J. Xu et Z. J. Zhao 6
nivale Hook. f. Rhodod. 7
rufescens Franch. 8
trichostomum Franch. 8
vellereum Hutch. ex Tagg 4
Rochelia Reichenbach 177
cardiosepala Bunge 178
Rubia Linn. 466
cordifolia Linn. 468
tibetica Hook. f. 467
tinctorum Linn. 467
RUBIACEAE 466

S

Salvia Linn. 292
prattii Hemsl. 293
przewarlskii Maxim. 293
roborowskii Maxim. 294
Saussurea DC. 751
aerjingensis K. M. Shen 802
apus Maxim. 791
arenaria Maxim. 793
aster Hemsl. 773
bella Ling in Contr. 810
bracteata Decne. 759
brunneopilosa Hand. -Mazz. 784
var. eopygmaea (Hand. -Mazz.) Lipsch. 785
ceterach Hand. -Mazz. 795
chondrilloides Winkl. 803
cinerea Franch. 786
davurica Adams. 805
depsangensis Pamp. 770
dzeurensis Franch. 813
elegans Ledeb. 814
epilobioides Maxim. 812
erubescens Lipsch. 763
famintziniana Krassn. 807
glacialis Herd. 773
glanduligera Sch. -Bip. ex Hook. f. 784
globosa Chen 764

gnaphalodes (Royle) Sch. -Bip. 774
hieracioides Hook. f. 791
hypsipeta Diels 776
kaschgarica Rupr. 805
katochaete Maxim. 792
kuschakewiczii Winkl. 799
laciniata Ledeb. 778
lacostei Danguy. 804
leontodontoides (DC.) Sch. -Bip. 797
leucophylla Schrenk 786
malitiosa Maxim. 781
medusa Maxim. 777
minuta Winkl. 788
nematolepis Ling 780
nigrescens Maxim. 765
obvallata (DC.) Edgew. 760
ovata Benth. 800
ovatifolia Y. L. chen et S. Y. Liang 809
parviflora (Poir.) DC. 812
paxiana Diels 770
phaeantha Maxim. 761
polycolea Hand. -Mazz. 765
var. acutisquama (Ling) Lipsch. 765
przewalskii Maxim. 814
pseudomalitiosa Lipsch. 780
pseudosalsa Lipsch. 804
pulvinata Maxim. 800
pulviniformis Winkl. 789
pumila Winkl. 790
salsa (Pall.) Spreng. 807
semifasciata Hand. -Mazz. 809
simpsoniana (Field. et Gardn.) Lipsch. 776
stella Maxim. 766
stoliczkai C. B. Clarke 796
subulata C. B. Clarke 783
subulisquama Hand. -Mazz. 797
sylvatica Maxim. 808
tangutica Maxim. 760
tatsienensis Franch. 802
thomsonii C. B. Clarke 768
thoroldii Hemsl. 767
tibetica C. Winkl. 788
tunicata Hand. -Mazz. 763
wellbyi Hemsl. 772
woodiana Hemsl. 793
yushuensis S. W. Liu et T. N. Ho 777
Scabiosa Linn. 516
ochroleuca Linn. 516
Schizonepeta Briq. 246
annua (Pall.) Schischk. 246
Schmalhausenia C. Winkl. 819
nidulans (Regel) Petrak 819
Scorzonera Linn. 840
hotanica Z. X. An 844
mongolica Maxim. 845
pamirica Shih 844
parviflora Jacq. 842
pseudodivaricata Lipsch. 841
var. leiocarpa Z. X. An 841
pusilla Pall. 842
Scrofella Maxim. 358
chinensis Maxim. 360
Scrophularia Linn. 344
dentata Royle 346
incisa Weinm. 348
kiriloviana Schischk. 347
przewalskii Batal. 345
souliei Franch. 345
SCROPHULARIACEAE 338
Scutellaria Linn. 236
hypericifolia Lévl. 237
jodudiana B. Fedtsch. 239
oligodonta Juz. 239
prostrata Jacq. 238
scordifolia Fisch. ex Schrank 237
Senecio Linn. 705
diversipinnus Ling 711
dubitabilis C. Jeffrey et Y. L. Chen 707

var. linearifolius Z. X. An et S. L. Keng 708
jacobaea Linn. 713
krascheninnikovii Schischk. 706
kunlunshanicus Z. X. An 708
nemorensis Linn. 708
thianshanicus Regel et Schmalh. 710
Seriphidium (Bess.) Poljak. 686
compactum (Fisch. ex Bess.) Poljak. 697
fedtschenkoanum (Krasch.) Poljak. 689
ferganense (Krasch. ex Poljak.) Poljak. 690
gracilescens (Krasch. et Iljin) Poljak. 692
grenardii (Franch.) Y. R. Ling et C. J. Humphries 696
issykkulense (Poljak.) Poljak. 690
korovinii (Poljak.) Poljak. 696
mongolorum (Krasch.) Ling et Y. R. Ling 688
rhodanthum (Rupr.) Poljak. 694
transiliense (Poljak.) Poljak. 688
Serratula Linn. 836
procumbens Regel 836
Sinosenecio B. Nord. 717
euosmus (Hand. -Mazz.) B. Nord. 718
SOLANACEAE 314
Solanum Linn. 315
alatum Moench 319
melongena Linn. 316
nigrum Linn. 317
tuberosum Linn. 317
Sonchus Linn. 849
arvensis Linn. 851
asper (Linn.) Hill 850
oleraceus Linn. 850
transcaspicus Nevski 853
Soroseris Stebbins 873
erysimoides (Hand. -Mazz.) Shih 8735
gillii (S. Moore) Stebbins 875
glomerata (Decne.) Stebbins 874
Stachys Linn. 291
sieboldii Miq. 291
Stenosolenium Turcz. 181
saxatiles (Pall.) Turcz. 181
Swertia Linn. 147
bifolia Batal. 149
connata Schrenk 148
dichotoma Linn. 152
franchetiana H. Smith 156
graciliflora Gontsch. 149
hispidicalyx Burk. 153
var. minima Burk. 153
marginata Schrenk 148
mussotii Franch. 154
var. flavescens T. N. Ho et S. W. Liu 154
tetraptera Maxim. 151
wolfangiana Gruning 150
Syncalathium Lipsch. 875
qinghaiense (Shih) Shih 876
Syringa Linn. 71
persica Linn. 72
sweginzowii Koehne et Lingelsh. 72

T

Taraxacum Wigg. 886
bicorne Dahlst. 903
brevirostre Hand. -Mazz. 891
centrasiaticum D. T. Zhai et Z. X. An 899
dealbatum Hand. -Mazz. 902
glabrum DC. 894
goloskokovii Schischk. 889
leucanthum (Ledeb.) Ledeb. 899
luridum Hagl. 900
minutilobum M. Popov ex Kovalevsk. 888
officinale Wigg. 903
pingue Schischk. 895
pseudominutilobum Kovalevsk. 889
qirae D. T. Zhai et Z. X. An 895

sikkimense Hand. -Mazz. 898
stanjukoviczii Schischk. 896
stenoceras Dahlst. 894
subglaciale Schischk. 893
taxkorganicum Z. X. An ex D. T. Zhai 891
tibetanum Hand. -Mazz. 896
Tephroseris (Reichenb.) Reichenb. 715
praticola (Schischk. et Serg.) Holub 716
rufa (Hand. -Mazz.) B. Nord. 715
Thymus Linn. 300
diminutus Klok. 300
seravschanicus Klok. 302
Tragopogon Linn. 847
pratensis Linn. 847
songoricus S. Nikit. 848
Trib. Anthemideae Cass. 608
Trib. Astereae Cass. 530
Trib. Cynareae Less. 746
Trib. Echinopsideae Cass. 744
Trib. Heliantheae Cass. 605
Trib. Inuleae Cass. 574
Trib. Lactuceae cass. 837
Trib. Senecioneae Cass. 698
Trigonotis Stev. 186
peduncularis (Trev.) Benth. ex Baker et Moore 187
tibetica (C. B. Clarke) Johnst. 187
Triosteum Linn. 477
pinnatifidum Maxim. 478
Tripolium Nees 552
vulgare Nees 552

U

Utricularia Linn. 453
vulgaris Linn. 453

V

Valeriana Linn. 500
fedtschenkoi Coincy 504
meonantha C. Y. Cheng et H. B. Chen 503
minutiflora Hand. -Mazz. 503
pseudofficinalis C. Y. Cheng et H. B. Chen 502
tangutica Batal. 504
VALERIANACEAE 499
Valerianella Mill. 507
cymbocarpa C. A. Mey. 507
VERBENACEAE 224
Veronica Linn. 360
anagallis-aquatica Linn. 362
biloba Linn. 363
campylopoda Boiss. 365
ciliata Fisch. 369
deltigera Wall. ex Benth. 365
eriogyne H. Winkl. 368
ferganica M. Popov. 362
lasiocarpa Pennell. 366
rockii Li 368
vandellioides Maxim. 366

W

Waldheimia Kar. et Kir. 614
glabra (Decne.) Regel 617
stoliczkae (C. B. Clarke) Ostenf. 615
tomentosa (Decne.) Regel 615
tridactylites Kar. et Kir. 616

X

Xanthium Linn. 605
sibiricum Patrin. ex Widder 605
Xanthopappus C. Winkl. 822
subacaulis C. Winkl. 823

Y

Youngia Cass. 864

diversifolia (Ledeb. ex Spreng.) Ledeb. 867
seravschanica (B. Fedtsch) Babcock et Stebbins 870
simulatrix (Babcock) Babcock et Stebbins 865
tenuicaulis (Babcock et Stebbins) Czer. 868
tenuifolia (Willd.) Babcock et Stebbins 868

Z

Ziziphora Linn. 299
pamiroalaica Juz. ex Nevski 299
Zollikoferia DC. 871
polydichotoma (Ostenf.) Iljin 871

重庆出版集团（社）科学学术著作出版基金资助书目

第一批书目

蜱螨学	李隆术　李云瑞　编著
变形体非协调理论	郭仲衡　梁浩云　编著
胶东金矿成因矿物学与找矿	陈光远　邵　伟　孙岱生　著
中国天牛幼虫	蒋书楠　著
中国近代工业史	祝慈寿　著
自动化系统设计的系统学	王永初　任秀珍　著
宏观控制论	牟以石　著
法学变革论	文正邦　程燎原　王人博　鲁天文　著

第二批书目

中国自然科学的现状与未来	全国基础性研究状况调研组 中国科学院科技政策局　编著
中国水生杂草	刁正俗　著
中国细颚姬蜂属志	汤玉清　著
同伦方法引论	王则柯　高堂安　著
宇宙线环境研究	虞震东　著
难产（《头位难产》修订版）	凌萝达　顾美礼　主编
中国现代工业史	祝慈寿　著
中国古代经济史	余也非　著
劳动价值的动态定量研究	吴鸿城　著
社会主义经济增长理论	吴光辉　陈高桐　马庆泉　著
中国明代新闻传播史	尹韵公　著
现代语言学研究——理论、方法与事实	陈　平　著
艺术教育学	魏传义　主编
儿童文艺心理学	姚全兴　著
从方法论看教育学的发展	毛祖桓　著

第三批书目

奇异摄动问题数值方法引论　苏煜城　吴启光　著
结构振动分析的矩阵摄动理论　陈塑寰　著
中国古代气象史稿　谢世俊　著
临床水、电解质及酸碱平衡　江正辉　主编
历代蜀词全辑　李　谊　辑校
中国企业运行的法律机制　顾培东　著
法西斯新论　朱庭光　主编
《易》与人类思维　张祥平　著

第四批书目

计算流体力学　陈材侃　著
中国北方晚更新世环境　郑洪汉等　著
质点几何学　莫绍揆　著
城市昆虫学　蒋书楠　主编
马克思主义哲学与现时代　李景源　主编
马克思主义的经济理论与中国社会主义　项启源　主编
科学社会主义在中国　李凤鸣　张海山　主编
马克思主义历史观与中华文明　王戎笙　主编
莎士比亚绪论——兼及中国莎学　王佐良　著
中国现代诗学　吕　进　著
汉语语源学　任继昉　著
中国神话的思维结构　邓启耀　著

第五批书目

重磁异常波谱分析原理及应用　刘祥重　著
烧伤病理学　陈意生　史景泉　主编
寄生虫病临床免疫学　刘约翰　赵慰先　主编
国民革命史　黄修荣　著
现代国防论　王普丰　王增铨　主编
中国农村经济法制研究　种明钊　主编
走向21世纪的中国法学　文正邦　主编
复杂巨系统研究方法论　顾凯平　高孟宁　李彦周　著
辽金元教育史　程方平　著

中国原始艺术精神　张晓凌　著
中国悬棺葬　陈明芳　著
乙型肝炎的发病机理及临床　张定凤　主编

第六批书目

非线性量子力学理论　庞小峰　著
胆道流变学　吴云鹏　主编
中国蚜小蜂科分类　黄　建　著
中国历史时期植物与动物变迁研究　文焕然等　著
中国新闻传播学说史　徐培汀　裘正义　著
列宁哲学思想的历史命运　张翼星　编著
唐高僧义净生平及其著作论考　王邦维　著
中国远征军史　时广东　冀伯祥　著
历代蜀词全辑续编　李　谊　辑校

第七批书目

亚夸克理论　焦善庆　蓝其开　著
肝癌　江正辉　黄志强　主编
计算机系统安全　卢开澄　郭宝安　戴一奇　黄连生　编著
声韵语源字典　齐冲天　著
幼儿文学概论　张美妮　巢　扬　著
黄河上游地区历史与文物　芈一之　主编
论公私财产的功能互补　忠　东　著

第八批书目

长江三峡库区昆虫（上、下册）　杨星科　主编
小波分析与信号处理——理论、应用及软件实现　李建平　主编
世界首例独立碲矿床的成矿机理及成矿模式　银剑钊　著
临床内分泌外科学　朱　预　主编
当代社会主义的若干问题
——国际社会主义的历史经验和中国特色社会主义　江　流　徐崇温　主编
科技生产力：理论与运作　刘大椿　主编
世界语言词典　黄长著　著

第九批书目

法医昆虫学　胡　萃　主编

储藏物昆虫学　李隆术　朱文炳　编著
15 世纪以来世界主要发达国家发展历程　陈晓律等　著
重庆移民实践对中国特色移民理论的新贡献　罗晓梅　刘福银　主编
中华人民共和国科技传播史　司有和　主编
高原军事医学　高钰琪　主编
现代大肠癌诊断与治疗　孙世良　温海燕　张连阳　主编
城市灾害应急与管理　王绍玉　冯百侠　著

第十批书目

当代资本主义新变化　徐崇温　著
全球背景下的中国民主建设　刘德喜　钱　镇　林　喆　主著
费孝通九十新语　费孝通　著
中国政治体制改革的心声　高　放　著
中国铜镜史　管维良　著
中国民间色彩民俗　杨健吾　著
发髻上的中国　张春新　苟世祥　著
科幻文学论纲　吴　岩　著
人类体外受精和胚胎移植技术　黄国宁　池　玲　宋永魁　编著

第十一批书目

邓小平实践真理观研究　王强华等　著
汉唐都城规划的考古学研究　朱岩石　著
三峡远古时代考古文化　杨　华　著
外国散文流变史　傅德岷　著
变分不等式及其相关问题　张石生　著
子宫颈病变　郎景和　主编
北京第四纪地质导论　郭旭东　著
农作物重大生物灾害监测与预警技术　程登发等　著

第十二批书目

马克思主义国际政治理论发展史研究　张中云　林德山　赵绪生　著
现代交通医学　王正国　主编
昆仑植物志　吴玉虎　主编
河流生态学　袁兴中　颜文涛　杨　华　著